CB127580

PROPRIEDADES FÍSICAS DOS MATERIAIS

CONSELHO EDITORIAL

André Luiz V. da Costa e Silva

Cecilia Consolo

Dijon De Moraes

Jarbas Vargas Nascimento

Luís Augusto Barbosa Cortez

Marco Aurélio Cremasco

Rogerio Lerner

Blucher

Sérgio de Souza Camargo Jr.

PROPRIEDADES FÍSICAS DOS MATERIAIS

Uma introdução às bases físicas da ciência dos materiais para estudantes das engenharias e ciências básicas

Propriedades físicas dos materiais: uma introdução às bases físicas da ciência dos materiais para estudantes das engenharias e ciências básicas.
© 2024 Sérgio de Souza Camargo Junior
Editora Edgard Blücher Ltda.

Publisher Edgard Blücher
Editor Eduardo Blücher
Coordenador editorial Rafael Fulanetti
Coordenação de produção Andressa Lira
Produção editorial Thaís Costa
Preparação de texto Beatriz Francisco
Diagramação Alessandra de Proença
Revisão de texto Regiane Myashiro
Capa Laércio Flenic
Imagem da capa iStockphoto

(*) As imagens utilizadas neste livro não caracterizam preferência por marca ou fabricante. Foram utilizadas devido à sua clareza e disponibilidade somente para ilustrar didaticamente os conceitos mencionados.

(**) As imagens de equipamentos da marca Zaccaria estão sendo usadas com o consentimento da empresa aos autores.

Blucher

Rua Pedroso Alvarenga, 1245, 4º andar
04531-934 - São Paulo - SP - Brasil
Tel.: 55 11 3078-5366
contato@blucher.com.br
www.blucher.com.br

Segundo o Novo Acordo Ortográfico, conforme 6. ed. do *Vocabulário Ortográfico da Língua Portuguesa*, Academia Brasileira de Letras, julho de 2021.

É proibida a reprodução total ou parcial por quaisquer meios sem autorização escrita da editora.

Todos os direitos reservados pela Editora Edgard Blücher Ltda.

Dados Internacionais de Catalogação na Publicação (CIP)
Angélica Ilacqua CRB-8/7057

Camargo Junior, Sérgio de Souza
Propriedades físicas dos materiais: uma introdução às bases físicas da ciência dos materiais para estudantes das engenharias e ciências básicas/ Sérgio de Souza Camargo Junior. - 1. ed. - São Paulo: Blucher, 2024.
718 p.

Bibliografia
ISBN 978-85-212-2034-3

1. Ciência dos materiais - Física I. Título

24-0112 CDD 620.11

Índices para catálogo sistemático:
1. Ciência dos materiais - Física

Para Claudia, Marcelo e Júlia.
Em memória de minha mãe Mariana,
que me ensinou a gostar dos livros.

Sempre que uma teoria pareça como a única possível,
tome isto como um sinal de que você não entendeu a teoria
nem o problema que pretendia resolver.

Karl R. Popper. *Objective Knowledge: An Evolutionary Approach* (1972).

Vá aprender suas lições na Natureza,
pois toda teoria é provisória, mas o resultado empírico, não!

Cesar Lattes.

CONTEÚDO

APRESENTAÇÃO **15**

1. INTRODUÇÃO: ELEMENTOS DE FÍSICA QUÂNTICA E FÍSICA ESTATÍSTICA **21**

1.1 Introdução 21
1.2 Antecedentes históricos 22
1.3 Elementos de física quântica 36
Nota 1.1: Densidade de probabilidade 54
1.4 Elementos de física estatística 70
Leituras complementares 83
Referências 83
Exercícios 84

2. ENERGIA DE COESÃO E PROPRIEDADES ELÁSTICAS **93**

2.1 Introdução 93
2.2 As constantes elásticas 94
2.3 Um análogo mecânico para os sólidos 104
2.4 O potencial interatômico 109
2.5 Módulo de compressibilidade e energia de coesão 114
Nota 2.1: Cálculo da constante de Madelung 121
2.6 Relação entre as deformações elástica e plástica 133
2.7 Propagação de ondas mecânicas em sólidos homogêneos e isotrópicos 139
Leituras complementares 144

Referências 144
Exercícios 145

3. FÔNONS E PROPRIEDADES TÉRMICAS DOS MATERIAIS ISOLANTES 149

3.1 Introdução 149
3.2 Capacidade térmica e calor específico 150
3.3 O modelo clássico para o calor específico 156
3.4 Modos de vibração da rede cristalina 158
3.5 Modelos quânticos para o calor específico 169
3.6 Desvios da harmonicidade 184
3.7 Espalhamento inelástico da luz por fônons 207
Leituras complementares 210
Referências 210
Exercícios 212

4. ELÉTRONS LIVRES E PROPRIEDADES DOS MATERIAIS CONDUTORES 217

4.1 Introdução 217
4.2 Condutividade e resistividade 219
4.3 O modelo de Drude 220
4.4 O gás de Fermi 227
4.5 Condutividade AC 263
4.6 Efeito Hall 265
4.7 Ressonância de cíclotron 269
4.8 Polímeros condutores 270
Leituras complementares 274
Referências 274
Exercícios 275

5. BANDAS DE ENERGIA E PROPRIEDADES DOS MATERIAIS SEMICONDUTORES 281

5.1 Introdução 281

5.2 Bandas de energia 282
5.3 Condutores, semicondutores e isolantes 286
5.4 Elétrons em um potencial periódico 294
Nota 5.1: Determinação da massa efetiva 306
5.5 Densidades de portadores 311
5.6 Semicondutores intrínsecos 319
5.7 Semicondutores extrínsecos 323
5.8 Mobilidade dos portadores 347
Leituras complementares 353
Referências 353
Exercícios 355

6. DIPOLOS ELÉTRICOS E PROPRIEDADES DOS MATERIAIS DIELÉTRICOS 361

6.1 Introdução 361
6.2 Momento de dipolo elétrico e polarização 362
Nota 6.1: Momento de dipolo de moléculas diatômicas 365
6.3 Polarizabilidade e permissividade 370
6.4 Polarização por campos elétricos alternados 402
6.5 A equação de Onsager 413
6.6 Ferroeletricidade 418
6.7 Piezoeletricidade 422
6.8 Condução em materiais dielétricos 425
Leituras complementares 427
Referências 427
Exercícios 429

7. MOMENTOS MAGNÉTICOS E PROPRIEDADES MAGNÉTICAS 433

7.1 Introdução 433
7.2 Magnetismo em materiais 434
Nota 7.1: Unidades magnéticas 438
7.3 Momentos magnéticos atômicos 441
Nota 7.2: Momento angular atômico 443

7.4 Diamagnetismo 444
7.5 Paramagnetismo 452
7.6 Ferromagnetismo 466
7.7 Antiferromagnetismo 499
7.8 Ferrimagnetismo 503
Leituras complementares 507
Referências 507
Exercícios 509

8. OSCILADORES CLÁSSICOS, ESTADOS QUÂNTICOS E PROPRIEDADES ÓPTICAS 513

8.1 Introdução 513
8.2 Transmissão, reflexão, absorção e espalhamento de luz 515
Nota 8.1: A cor inexistente 523
8.3 Refletância e transmitância 524
8.4 O modelo do oscilador de Lorentz 531
8.5 Absorção 558
8.6 Emissão de luz 569
8.7 Espalhamento 575
Leituras complementares 578
Referências 578
Exercícios 580

9. PARES DE COOPER E SUPERCONDUTIVIDADE 585

9.1 Introdução 585
9.2 O fenômeno da supercondutividade 586
9.3 Teorias da supercondutividade 621
9.4 Materiais supercondutores 643
Leituras complementares 648
Referências 649
Exercícios 650

10. NANOMATERIAIS ... 653

10.1 Introdução ... 653
10.2 Nanociência e nanotecnologia ... 654
10.3 Breve histórico da nanotecnologia ... 662
10.4 Nanomateriais ... 678
Leituras complementares ... 713
Referências ... 713
Exercícios ... 715

UNIDADES E CONSTANTES FÍSICAS ... 717

Unidades do sistema internacional ... 717
Outras unidades ... 718
Prefixos ... 718
Constantes físicas ... 718

Apresentação

Este livro é fruto de mais de três décadas de experiência didática à frente de disciplinas relacionadas ao tema, tanto na graduação como na pós-graduação, principalmente ministrando a disciplina "Propriedades físicas dos materiais" para alunos de graduação dos cursos de Engenharia Metalúrgica e de Engenharia de Materiais, da Universidade Federal do Rio de Janeiro (UFRJ).

A redação de um texto como este é como uma grande aventura, tendo em vista o tempo de dedicação que exige e o fato de ser extremamente gratificante. A decisão de realizar esta publicação parte de diferentes constatações e convicções. Em primeiro lugar, de que é necessário dispor de uma literatura técnico-científica especializada em nossa própria língua, redigida por autores nacionais. São pouquíssimos os livros que tratam da ciência dos materiais e áreas correlatas originalmente redigidos em português por autores brasileiros. Acreditar firmemente que nosso país possui hoje maturidade suficiente para produzir literatura acadêmica e didática de qualidade nas ciências exatas é condição imprescindível para ingressar numa empreitada como esta. O resultado é nossa modesta contribuição neste sentido.

Em segundo lugar, muitíssimo importante, a constatação de que muitos dos modelos, mecanismos e processos físicos envolvidos nos diferentes aspectos da ciência dos materiais ainda não são, de uma maneira geral, bem contemplados nos currículos profissionais em nosso país. Mais do que isso, alguns pontos são totalmente ausentes. Essa é uma carência na formação de nossos profissionais que merece maior atenção.

Para além destas, está a convicção de que se deve buscar maior aproximação da teoria com a experimentação, dos modelos com os exemplos práticos, procurando estabelecer para os estudantes uma relação mais clara entre a ciência dos materiais, a física do estado sólido e o mundo concreto. Esta é, a meu ver, a melhor forma de aumentar o interesse e a motivação dos alunos, de incentivá-los a procurar entender o mundo ao seu redor e buscar soluções para os problemas científicos e tecnológicos.

Este livro foi redigido principalmente para estudantes dos diversos ramos das engenharias e das ciências básicas, num nível de profundidade compatível com o do curso superior de graduação. O tratamento matemático é o mais simples que o conteúdo permite, sem rigores, de forma que o livro possa ser acompanhado com facilidade por estudantes que tenham conhecimento dos cursos básicos de matemática. Em alguns casos, quando se percebeu que uma maior elaboração matemática poderia desviar a atenção dos conceitos envolvidos, deu-se prioridade à ênfase dos últimos, fazendo referência à bibliografia em que "as contas" podem ser encontradas. Embora em diversos casos tenha-se procurado introduzir os conceitos fundamentais necessários à compreensão dos temas abordados, este livro deve ser idealmente adotado por alunos que já tenham realizado os cursos de física básica e que possuam algum conhecimento prévio de ciência dos materiais. Caso contrário, sugere-se que sempre que necessário os estudantes busquem ajuda nos livros-texto destes assuntos.

A despeito de ter sido redigido de forma acessível aos alunos dos cursos de graduação, este livro pode ser igualmente utilizado por alunos de pós-graduação, em especial os iniciantes ou aqueles que não possuem formação básica na área de materiais. A ciência e a engenharia de materiais têm apresentado um crescimento vertiginoso em nosso país nas últimas décadas, despertando uma atenção e interesse crescentes por estudantes e profissionais das mais diversas áreas. É o caso, por exemplo, de muitos profissionais da área biomédica. Da mesma forma, muitos estudantes e profissionais da área tecnológica com limitada formação em materiais também têm optado por estudar ou mesmo atuar na área de materiais. Este texto pode ser de grande utilidade para esse público. Até mesmo os pesquisadores encontrarão utilidade como uma fonte de consulta rápida e introdutória aos conceitos básicos de assuntos fora de sua especialidade.

Neste livro, a física pode ser encontrada ao longo de praticamente todas as suas páginas. No entanto, procurou-se enfatizar não somente os modelos físicos, mas também a fenomenologia dos assuntos tratados. Buscou-se um enfoque simples, dentro dos limites que os temas permitem, mas evitando analogias ou simplificações que possam distanciar o leitor da real compreensão dos fenômenos. Em muitas situações, esta é uma tarefa extremamente difícil (e, às vezes, virtualmente impossível), uma vez que os estudantes que este livro pretende alcançar, de maneira geral, não possuem os conhecimentos mais avançados, como de mecânica quântica, imprescindíveis para um completo entendimento de diversos dos tópicos abordados. Por esse motivo, sempre que a descrição clássica dos problemas foi considerada satisfatória para os propósitos do texto, optou-se por esta.

Sempre que possível, procurou-se incluir dados experimentais relacionados aos assuntos estudados, na forma de gráficos quantitativos ou tabelas, evitando-se uma apresentação esquemática ou simplificada dos fenômenos. Dessa forma, pretendeu-se apresentar de maneira realista aos estudantes, mesmo que por meio de alguns poucos exemplos, a natureza dos fenômenos em sua verdadeira dimensão. Em cada capítulo, procurou-se ilustrar o texto com exemplos numéricos simples. Procurou-se também dar alguns exemplos de pesquisas ou aplicações avançadas relacionadas aos assuntos tratados, esperando, com isso, mostrar a utilidade tecnológica do conhecimento apresentado, conferindo atualidade ao texto. Em muitos casos, quando se verificou que o assunto abordado apresentava relevância científica ou tecnológica, procurou-se destacar esse fato em seções de caráter informativo, denominadas "na ponta da ciência e da tecnologia", que remetem o leitor à literatura especializada atual. A inclusão de algumas referências a patentes tem a intenção de introduzir ao estudante a ideia da inovação tecnológica como consequência natural da atividade científica. Temas mais específicos e/ou aprofundados estão destacados na forma de alguns "tópicos avançados", que podem ser omitidos sem prejuízo do restante do texto. Ao final de todos os capítulos, incluem-se exercícios.

Os dez capítulos deste livro contêm uma quantidade de material consideravelmente maior do que seria aconselhável se apresentar em um curso tradicional de apenas um semestre. Assim, pode-se selecionar a parte do material a ser abordada com relativa liberdade, muito embora os capítulos não sejam completamente autocontidos ou independentes entre si.

O Capítulo 1 apresenta de forma bastante resumida o desenvolvimento da teoria atômica e das noções de quantização desde um ponto de vista histórico, para em seguida fazer uma breve recordação de conceitos básicos da física quântica e da física estatística que serão úteis ao longo do restante do texto.

O Capítulo 2 trata das relações entre as propriedades elásticas e a energia de coesão de um sólido. Um modelo simples que relaciona as constantes elásticas com os parâmetros microscópicos do potencial interatômico é elaborado, e os casos específicos dos materiais iônicos e covalentes são discutidos. Analisa-se as relações entre as propriedades elásticas e plásticas (dureza) em materiais metálicos e não metálicos. Ao final do capítulo, aborda-se a propagação de ondas mecânicas em sólidos.

O Capítulo 3 aborda as propriedades térmicas dos sólidos. Inicialmente, é apresentado o modelo clássico para o calor específico. Em seguida, as vibrações da rede cristalina são discutidas, e introduz-se o conceito de fônons. Os modelos quânticos de Einstein e Debye são apresentados. Analisa-se as contribuições adicionais ao calor específico a altas temperaturas. Em seguida, são discutidas a dilatação térmica e a condutividade térmica. O capítulo é concluído com uma discussão do espalhamento inelástico da luz por fônons.

Elétrons livres em materiais condutores são o foco do Capítulo 4. Inicialmente, apresenta-se o modelo de Drude e, em seguida, o modelo quântico do gás de Fermi. Discute-se a condutividade elétrica e os mecanismos de espalhamento que afetam a condutividade em metais e ligas metálicas. Em seguida, as propriedades de gás de Fermi, calor específico, condutividade térmica e módulo de compressibilidade são analisados. Ao final, a condutividade AC, o efeito Hall e a ressonância de cíclotron são discutidos.

O Capítulo 5 introduz o conceito de bandas de energia. A distinção entre materiais condutores, semicondutores e isolantes é apresentada à luz desse modelo. Analisa-se o comportamento dos elétrons em um potencial periódico, para compreender a origem do *gap* de energia e introduzir os conceitos de portadores de carga e de massa efetiva.

As densidades de portadores são calculadas, e a lei de ação das massas é obtida. São analisados os casos particulares dos semicondutores intrínsecos e extrínsecos. O capítulo termina com uma breve discussão sobre a mobilidade dos portadores e o caso dos semicondutores degenerados.

As propriedades dos materiais dielétricos são discutidas no Capítulo 6. São definidos os conceitos de momento de dipolo e polarização, e suas relações com os campos elétricos no interior de meios materiais. Os diferentes tipos de polarizabilidade são definidos, e os modelos microscópicos que os relacionam à permissividade do meio são discutidos. Inicia-se com sistemas diluídos e, em seguida, trata-se dos sistemas mais complexos, como gases a alta pressão, líquidos e sólidos. Posteriormente, discute-se a polarização por campos elétricos alternados. Ao final do capítulo, o modelo de Onsager, bem como os fenômenos da ferroeletricidade, piezoeletricidade e a condução iônica em materiais dielétricos são abordados brevemente.

Os fenômenos magnéticos em materiais são o tema do Capítulo 7. Os conceitos básicos relacionados ao magnetismo em materiais e a origem dos momentos magnéticos atômicos são apresentados inicialmente. Em seguida, discutimos os diferentes fenômenos magnéticos em materiais: diamagnetismo de elétrons localizados e de elétrons livres, o paramagnetismo atômico e a lei de Curie, o paramagnetismo de elétrons livres, e o ferromagnetismo. Aspectos particulares dos materiais ferromagnéticos são discutidos: domínios magnéticos, anisotropia magnética, magnetostricção e histerese, e propriedades dos materiais ferromagnéticos moles e duros. Ao final do capítulo, apresentamos os fenômenos do antiferromagnetismo e do ferrimagnetismo.

O Capítulo 8 é dedicado às propriedades ópticas dos materiais. Inicialmente, são definidos os conceitos básicos para a compreensão das propriedades ópticas. Em seguida, o modelo de Lorentz é utilizado para a obtenção da permissividade relativa e o índice de refração, e determinar a transmitância e a refletância óptica. Em seguida, os casos específicos de materiais condutores, semicondutores e isolantes polares são analisados. Os processos de absorção de luz em materiais semicondutores, isolantes e metálicos são abordados, bem como a emissão espontânea e estimulada de luz. O capítulo é encerrado com uma rápida explanação sobre os mecanismos de espalhamento de luz.

As propriedades dos materiais supercondutores são enfocadas no Capítulo 9. São apresentados os fenômenos mais importantes associados à supercondutividade, como resistividade nula, efeito Meissner, quantização do fluxo magnético, corrente crítica, calor específico e efeito isotópico. Em seguida, é feita uma descrição dos principais modelos teóricos da supercondutividade, incluindo o modelo de dois fluidos, as equações de London, o conceito de comprimento de coerência, pares de Cooper e a teoria BCS. O capítulo encerra com uma breve explanação dos principais tipos de materiais supercondutores.

O Capítulo 10 aborda os nanomateriais. Inicialmente, apresenta-se a definição de nanomateriais e discute-se por que a escala nanométrica confere propriedades inovadoras.

Apresenta-se um breve resumo da utilização de nanomateriais ao longo da história. Em seguida, a classificação e as tecnologias de fabricação dos nanomateriais são discutidas. Na parte final do capítulo, é apresentada uma visão geral das propriedades dos nanomateriais, com destaque para os nanomateriais de carbono.

Muitas pessoas contribuíram para a elaboração deste livro, certamente mais do que seria possível enumerar. A ajuda de alguns, entretanto, foi imprescindível e contribuiu muito para o resultado final. Agradeço, em primeiro lugar, aos inúmeros estudantes que ao longo dos anos me estimularam a preparar e aperfeiçoar as notas de aula que acabaram por resultar no presente texto. Agradeço também à Marta Elisa Dotto, pela ajuda na revisão e correção na fase inicial deste texto. Ao Luis Ghivelder, ao Rodrigo Prioli Menezes, à Patricia Lustoza de Souza, ao Marco Cremona, ao Rodrigo Capaz e ao João Paulo Sinnecker, agradeço a leitura crítica de alguns capítulos e as sugestões e correções apontadas, que contribuíram muito para melhorá-los. Agradeço de antemão pelas sugestões e contribuições que, no futuro, certamente virão e serão úteis para o contínuo aperfeiçoamento do texto.

Sérgio de Souza Camargo Jr.

CAPÍTULO 1
Introdução: elementos de física quântica e física estatística

A experiência é a única fonte da verdade:
só ela pode ensinar-nos algo novo, só ela pode dar-nos a certeza.
Esses são dois pontos que ninguém pode contestar.

(Henri Poincaré, *La Science et l'Hypothèse*, 1902)

1.1 INTRODUÇÃO

Os materiais têm acompanhado a evolução humana desde a pré-história. A despeito do seu papel fundamental no desenvolvimento da civilização e sua presença crescente no dia a dia dos seres humanos, a ciência dos materiais evoluiu durante muitos séculos com base no método da "tentativa e erro", ou seja, de forma essencialmente empírica. A moderna ciência dos materiais somente se desenvolveu com maior impulso a partir de meados do século XIX, quando as primeiras teorias científicas sobre a estrutura da matéria começaram a ser estabelecidas.

O conceito mais importante sobre o qual se estrutura a ciência dos materiais é o da quantização da matéria, que se constitui no principal fundamento da teoria atômica. Com base nas ideias clássicas de quantização, pode-se descrever de forma satisfatória, por exemplo, as estruturas cristalinas, os defeitos cristalinos, além de diversos outros aspectos dos sólidos, embora não de forma completa. No entanto, somente a partir do primeiro quarto do século XX, com o advento da mecânica quântica, que traz consigo conceitos revolucionários, por exemplo o comportamento ondulatório da matéria e a quantização da energia, questões mais fundamentais, como a estrutura atômica, as ligações químicas e modelos físicos detalhados para as propriedades dos sólidos, puderam ser formuladas e compreendidas.

Assim, este capítulo está dividido em três partes relativamente independentes. Na primeira parte, pretende-se apresentar um breve relato da longa trajetória histórica que levou à elaboração da teoria atômica e da mecânica quântica. Na segunda parte, será apresentada uma revisão breve de alguns aspectos básicos e problemas simples da física quântica. Finalmente, na terceira parte, apresentam-se alguns elementos da física estatística, em particular as funções de distribuição estatística, uma vez que estas nos serão úteis ao longo deste livro.

Os leitores que ainda não estão familiarizados com esses assuntos devem consultar textos especializados, mais aprofundados e abrangentes. Para uma apresentação mais completa em nível introdutório, recomenda-se consultar os livros de física básica, da preferência do leitor. Para uma introdução mais detalhada, sugere-se utilizar textos mais específicos.[1] Outras sugestões de leitura estão listadas ao final deste capítulo.

1.2 ANTECEDENTES HISTÓRICOS

1.2.1 A TEORIA ATÔMICA DA MATÉRIA

O desenvolvimento da teoria atômica é, com certeza, uma das maiores realizações do intelecto humano em todos os tempos. São mais de 25 séculos do desenrolar de uma história ainda inacabada, desempenhada por muitos dos maiores cientistas e pensadores da humanidade. Embora alguns dos conceitos hoje bem estabelecidos possam, à primeira vista, parecer simples, naturais, ou mesmo intuitivos, exigiram longo tempo e intenso debate para seu desenvolvimento. A seguir, apresentamos um brevíssimo resumo da evolução dessa teoria, desde a antiguidade até o início do século XX.

O chamado *atomismo* foi concebido inicialmente como uma corrente em diversas das escolas filosóficas da antiguidade. Suas origens se perdem na história. Alguns cientistas antigos e pensadores clássicos atribuem sua origem ao fenício Mochus, que viveu em Sídon à época da Guerra de Troia (século XIII a.C.). Na antiga Índia, por outro lado, o atomismo surgiu por volta do século VI a.C., tendo sido o filósofo hindu Kanad um dos primeiros a considerar esse conceito. Segundo Kanad, existiriam quatro tipos de átomos primordiais, cada um relacionado a um dos quatro elementos – terra, água, fogo e ar –, de maneira muito semelhante às filosofias ocidentais da Grécia antiga, conforme veremos mais adiante. Para os hindus, os átomos seriam eternos, indestrutíveis, indivisíveis e

1 Ver, por exemplo: Tipler, 2014; Eisberg, 1979; Griffiths, 2011, dentre inúmeros outros. Para uma visão histórica da física moderna, consultar o excelente trabalho de Caruso, 2016.

inumeráveis. De forma a caracterizarem os quatro tipos de átomos, os hindus admitiam a existência de 24 qualidades diferentes, como cor, odor, sabor etc., cada uma podendo apresentar diversas variedades. Assim, por exemplo, existiriam sete cores possíveis, seis sabores, e assim por diante.

Teorias detalhadas sobre como os átomos podiam se combinar, reagir, vibrar, mover e realizar outras ações foram formuladas na antiga Índia. Até mesmo a possibilidade da divisão atômica foi considerada por alguns dos pensadores daquela época. As substâncias seriam formadas por combinações complexas dos quatro tipos de átomos primordiais, que se combinavam em pares. Os pares, por sua vez, combinariam-se em trincas com um total de seis átomos, e assim por diante, formando átomos binários, ternários, quaternários etc. Os átomos ternários, ou tríades, seriam as menores unidades de matéria que poderiam ser percebidos por nossos sentidos, ao contrário dos átomos binários ou primordiais, que seriam imperceptíveis. Segundo um filósofo da época, "o átomo é a sexta parte de uma partícula visível em um raio de sol". Atualmente, faz-se a analogia dessas antigas ideias com a moderna teoria dos quarks, segundo a qual se acredita que pares ou trincas dessas partículas se combinam para formar a matéria.

Na antiga Índia, uma diversidade de escolas filosóficas e variações de diferentes filosofias atômicas se desenvolveram em grande número e complexidade, em grau comparável ao que ocorreu na Grécia. Embora seja provável que tenha havido uma comunicação entre essas culturas e, a despeito das óbvias semelhanças que podem ser encontradas, até o presente não existem evidências concretas suficientes para se concluir que essas escolas filosóficas tenham se influenciado mutuamente. Assim, vigora um certo consenso de que tais ideias tiveram origens e desenvolvimento relativamente independentes.

No Ocidente, a filosofia atômica se originou por volta do século V a.C., embora seja muito difícil precisar as datas em que viveram os principais protagonistas de seu desenvolvimento. São eles: Leucipo de Mileto e Demócrito de Abdera, que viveram por volta do século V a.C.; e Epicuro de Samos, que viveu no século IV a.C., todos os três na Grécia; e o poeta e filósofo Lucrécio, que viveu muito mais tarde (século I a.C.) em Roma.

Um ponto fundamental comum às ideias dos antigos filósofos gregos é que a matéria se encontra na essência de todas as coisas e que, em última análise, esta é constituída por um ou alguns elementos ou substâncias primordiais, a partir dos quais tudo mais é constituído. Foi com Empédocles de Agrigento, no século V a.C., que a *teoria das substâncias primordiais* atingiu seu ápice, formulada de tal maneira que muitas de suas ideias vieram a perdurar mais de 20 séculos, até o advento da química moderna. A originalidade de suas ideias consiste em propor a existência de quatro substâncias primordiais de igual importância – terra, água, fogo e ar –, que, combinadas, formam todas as substâncias do Universo. Cada uma das substâncias primordiais seria constituída por pequenas partículas homogêneas, indivisíveis, imutáveis e eternas, separadas por vazios ou poros. Empédocles é considerado um precursor da filosofia atômica, mas não um verdadeiro atomista, uma vez que muitas de suas ideias contrastam com as do atomismo. Os primeiros atomistas de fato foram Leucipo, que formulou os conceitos fundamentais da filosofia, e seu discípulo Demócrito, ambos contemporâneos de Empédocles, bem como de Anaxágoras.

Demócrito propôs suas ideias como uma tentativa de conciliar duas visões opostas e conflitantes, argumentando que a matéria seria formada por partículas indivisíveis e imutáveis, que, ao reorganizarem-se, criariam a ilusão de mudança. Embora o senso comum associe a filosofia atômica a apenas um conceito fundamental (o átomo), essa doutrina na realidade se estabelece sobre dois conceitos básicos indissociáveis, formulados numa mesma proposição: o corpúsculo ou átomo, e o vazio ou vácuo, de forma que um não pode existir sem o outro. É importante observar que o papel primordial desempenhado pelo vácuo na teoria atômica se constituiu, durante os séculos, em uma das principais objeções à sua validade.

A palavra átomo é derivada do adjetivo *atomos*, que, no grego antigo, significa "algo que não pode ser cortado ou dividido". Os átomos concebidos pelos antigos filósofos gregos, como o nome implica, seriam indivisíveis, homogêneos, compactos, incompressíveis, indeformáveis e não possuiriam partes. No entanto, podem diferir uns dos outros por suas características, como tamanho, forma, ordem, arranjo e posição. Além disto, os átomos estão em constante e eterno movimento, podendo colidir uns com os outros. É a partir da colisão e da associação de diferentes átomos em agregados que tudo se constitui, produzindo um número infinito de substâncias e objetos. Nesse processo de formação de agregados, entretanto, os átomos não perdem sua individualidade, permanecendo em contato, embora separados por um vazio absoluto (o vácuo).

É com a contribuição de Epicuro, cerca de um século após Demócrito, que a filosofia atômica atinge o mais alto grau de elaboração, a tal ponto de se manter praticamente inalterada pelos cerca de dois mil anos seguintes. Epicuro foi um filósofo essencialmente materialista que adotou a teoria atômica como base de suas ideias, incluindo as implicações dessa doutrina na religião, na vida humana, na existência da alma e morte. Suas ideias foram reunidas cerca de dois séculos mais tarde no famoso poema do romano Lucrécio, "De Rerum Natura" ("Sobre a natureza das coisas"), escrito por volta de 90 a.C. Em sua obra, Epicuro baseou-se totalmente nos conceitos de Leucipo e Demócrito, embora tenha, ao mesmo tempo, proposto algumas importantes inovações que levaram essas filosofias além daquela formulada por seus predecessores.

A primeira grande contribuição de Epicuro foi atribuir peso aos átomos, embora alguns sustentem que essa ideia foi, na verdade, introduzida por Demócrito. Outra importante contribuição foi afirmar que, no vácuo (o qual permite o movimento), os átomos se movem com a mesma velocidade, independentemente de seu tamanho ou peso. Indo mais além, para Epicuro, todas as nossas sensações, que seriam a base de nossa percepção do Universo, podem ser relacionadas às características dos átomos. Até mesmo a alma seria constituída por átomos. Em consequência, a alma seria perecível, sendo seus átomos dispersos pelo Universo após a morte. Esses conceitos, que contradizem frontalmente preceitos fundamentais da religião católica, mais tarde levaram a teoria atômica a ser frontalmente combatida pela Igreja, contribuindo para relegá-la a um virtual esquecimento durante cerca de quinze séculos, até o final da Idade Média, na Europa.

Em paralelo com o desenvolvimento da filosofia atômica, filosofias alternativas foram desenvolvidas por diversos outros pensadores. Anaxágoras, por exemplo, defendia a existência de um número infinito de substâncias primordiais formadas por partículas infinitamente pequenas, chamadas homeomerias. Para ele, essas partículas elementares seriam infinitamente divisíveis e, embora separadas por poros, o vácuo não poderia existir. Platão, por outro lado, que também discordava da concepção formulada por Leucipo, Demócrito e Epicuro, propôs uma teoria alternativa baseada essencialmente na geometria.

Um dos mais importantes filósofos da Grécia antiga, Aristóteles, foi um dos mais ferrenhos adversários do atomismo. Grande parte do que se sabe acerca das ideias dos filósofos gregos mais antigos se deve à sua volumosa obra, que contém alguns dos preceitos básicos utilizados por uma extensa linhagem de combativos antiatomistas, que se estende até o início do século XX. Aristóteles não podia conceber corpos distintos caindo igualmente rápido através do vazio e, assim, rejeitava a ideia do vácuo e, consequentemente, a própria existência do átomo.

Durante a Idade de Ouro do mundo árabe (que coincide em parte com a Idade Média europeia), filósofos islâmicos, que herdaram a cultura do mundo antigo, contribuíram para a preservação e o desenvolvimento da filosofia atômica. Com a influência do mundo islâmico, primeiramente na Península Ibérica, e, posteriormente, espalhando-se para o restante da Europa, o atomismo se propaga por esse continente por volta do fim da Idade Média, quando as primeiras ideias da ciência moderna começaram a surgir. Dessa maneira, o que até então era uma simples corrente filosófica, começou a tomar a forma de uma teoria científica.

A principal força motriz responsável pelo ressurgimento da filosofia atômica no Ocidente foi o trabalho do padre francês Pierre Gassendi, contemporâneo de Galileu Galilei, Descartes e Pascal, no século XVII. Gassendi contribuiu para difundir as ideias contidas no famoso poema de Lucrécio, e, apesar de ser um homem religioso, aceitou os mesmos fundamentos dos atomistas gregos, admitindo que os átomos e o vácuo são os dois princípios básicos sobre os quais o Universo material se estrutura. A grande evolução em relação ao atomismo grego, entretanto, é que suas ideias tiveram o suporte dos experimentos de Boyle, Mariotte, Torricelli e Pascal sobre o comportamento do ar atmosférico, realizados após Galileu ter reconhecido a existência do vácuo, em 1638.

Gassendi propôs também a possibilidade da associação de átomos para formar aquilo que ele explicitamente denominou de moléculas. Esse é um feito notável, uma vez que uma clara diferenciação entre os conceitos de átomo e de molécula somente foi estabelecida cerca de 200 anos depois. No entanto, de um ponto de vista filosófico, a mais importante contribuição de Gassendi foi ter realizado a aproximação entre conceitos da filosofia atômica e a religião católica, abrindo caminho para sua aceitação pelo mundo ocidental. Para tal, incorporou ideias como a da criação divina (dos átomos, inclusive) e de uma alma humana imaterial e, portanto, eterna.

Isaac Newton, que nasceu no mesmo ano da morte de Galileu, não só foi um defensor como também autor de importantes contribuições para o desenvolvimento da teoria atômica. Às propriedades associadas aos átomos pelos antigos gregos, Newton acrescentou a inércia, no sentido atribuído pelas suas leis do movimento. Embora tenha sido o formulador da lei da gravitação universal, que é responsável pela interação entre os corpos macroscópicos, Newton não incluiu a gravidade dentre as propriedades intrínsecas da matéria, mas especulou que forças de atração e repulsão, como forças elétricas e magnéticas, deveriam vigorar no curto alcance da escala atômica. O atomismo de Newton, como de seus contemporâneos, entretanto, não era nem poderia ser baseado na observação e no experimento.

Poderoso adversário de Newton, Leibniz desenvolveu uma filosofia alternativa, segundo a qual a matéria seria composta por infinitas substâncias, chamadas mônadas, ideia semelhante à sustentada por Anaxágoras, na antiga Grécia. Segundo Leibniz, as mônadas seriam as verdadeiras unidades fundamentais da natureza, isto é, elementos simples que compõem todas as coisas, mas que não devem ser confundidos com os diminutos corpúsculos de matéria indivisível dos antigos gregos. As mônadas seriam imateriais, não possuiriam extensão ou partes, sendo, portanto, indivisíveis e sem começo nem fim. Igualmente, Leibniz advogava a impossibilidade da existência do vácuo.

Em 1758, Boscovich, aluno de Newton, publicou uma teoria que considerava a matéria como formada por átomos pontuais, sem dimensão, que interagiam entre si por meio de forças de atração e repulsão, regidos pelas leis da mecânica newtoniana. Supondo que as forças atrativas seriam dominantes quando a distância entre átomos é grande, e que as forças repulsivas se tornam cada vez maiores quando essa distância diminui (veja Seção 2.4), Boscovich concluiu que seria impossível que os átomos tocassem uns aos outros. Dessa forma, a existência de forças repulsivas impediria que a matéria fosse contínua e tornaria os átomos impenetráveis.

Por cerca de 23 séculos, o desenvolvimento da teoria atômica se constituiu essencialmente em um embate filosófico, sem ao menos uma única evidência empírica concreta em favor ou contra a estrutura corpuscular da matéria. Embora os experimentos conduzidos no século XVII sobre a rarefação dos gases tenham sido extremamente importantes para o desenvolvimento do método científico e contribuído para afirmar o conceito de vácuo, constituíam-se em evidências muito tênues da existência dos átomos.

Somente no século XVIII, o trabalho de Lavoisier e outros começou a estabelecer as bases da química moderna. Uma das principais contribuições desse trabalho para o surgimento do que se chama de atomismo científico, foi a demonstração da estrutura composta da água, que teve como consequência a derrocada da antiga teoria dos quatro elementos primordiais. Além desta, uma outra relevante contribuição de Lavoisier, a chamada lei da conservação das massas, segundo a qual não há alteração detectável de massa numa reação química, estabeleceu a importância dos estudos gravimétricos e constituiu-se na base de grandes avanços subsequentes em favor da teoria atômica da matéria.

No entanto, é no início do século XIX que finalmente ocorrem os grandes avanços no sentido do estabelecimento de uma teoria atômica verdadeiramente científica. Esses avanços se referem principalmente aos trabalhos de Dalton e Proust, que, a partir de estudos gravimétricos, levaram à obtenção da chamada lei das proporções definidas, que estabelece relações numéricas simples entre as massas dos elementos envolvidos nas reações químicas e constitui-se em forte evidência em favor de uma teoria corpuscular da matéria.

Em 1808, Dalton publicou seu famoso trabalho *Um novo sistema de filosofia química* no qual lança as bases da primeira teoria atômica moderna, estruturada a partir dos conceitos do atomismo grego de Leucipo e Demócrito, reafirmando que os átomos são os constituintes básicos da matéria. Na teoria de Dalton, os átomos são diminutas esferas maciças, indivisíveis, impenetráveis, indestrutíveis e sem carga, representando o que se convencionou chamar de modelo atômico de bolas de bilhar. Indo além, entretanto, Dalton enunciou quatro pressupostos básicos de sua teoria: i) todos os átomos de um determinado elemento químico são idênticos e têm a mesma massa; ii) átomos de elementos distintos têm propriedades distintas, em particular massas distintas; iii) as partículas fundamentais (as moléculas) dos compostos são formadas por combinações de números bem definidos de átomos constituintes; e iv) a massa dessas partículas é igual à soma das massas dos átomos que as formam. Dessa maneira, em uma reação química os átomos de um elemento não podem ser criados, destruídos ou transformados em átomos de outro elemento.

É importante ressaltar o imenso avanço que se constituiu em caracterizar os átomos por uma única propriedade específica, ou seja, sua massa. Esse fato abriu caminho para a sistematização da química e permitiu, cerca de 60 anos mais tarde, a organização dos elementos químicos na Tabela Periódica. Embora Dalton tenha explicitamente denominado sua teoria de moderna, teve o cuidado de reter a denominação "átomo", em reconhecimento aos antigos atomistas gregos. Nessa época, ainda não havia clareza com relação à diferenciação entre os conceitos de átomo e de molécula, uma vez que é muito difícil se estabelecer uma completa distinção a partir de simples reações químicas. Dessa forma, para Dalton, o hidrogênio e o oxigênio seriam gases monoatômicos, e não constituídos por moléculas diatômicas, como atualmente se sabe. Essa distinção se tornou mais clara a partir dos trabalhos de Gay-Lussac e Avogadro.

A lei de Gay-Lussac diz que "os volumes de substâncias gasosas que reagem e são produzidas em uma reação química realizada a temperatura e pressão constantes obedecem a uma relação de números inteiros entre si". A aplicação dessa lei a reações químicas simples trouxe à discussão a distinção entre átomos e moléculas, e, mais do que isto, a determinação do número de átomos ou moléculas que existem em um determinado volume de gás.

Por volta de 1811, Avogadro considerou que os átomos de gases elementares podem existir como átomos isolados ou também se apresentarem ligados, formando moléculas, e formulou pela primeira vez a hipótese, mais tarde conhecida por lei de Avogadro, segundo a qual "volumes iguais de quaisquer gases, às mesmas temperatura e pressão, contêm o mesmo número de moléculas". Essa hipótese, entretanto, veio a ser aceita somente cerca de 50 anos mais tarde, durante a realização do primeiro congresso de química da história em 1860, em grande parte como resultado do trabalho de Cannizzaro, que diferenciou os conceitos de peso atômico e peso molecular.

A despeito desses grandes avanços, ainda seriam necessários cerca de 100 anos até que a teoria atômica fosse universalmente aceita. Durante esse período, inúmeros outros avanços importantes ocorreram. Em 1819, Dulong e Petit enunciaram a lei empírica segundo a qual o produto do calor específico de um elemento químico pelo seu peso atômico é uma constante (ou, em outras palavras, que a capacidade térmica depende apenas do número de átomos), estabelecendo a primeira relação quantitativa entre uma propriedade macroscópica da matéria e uma característica atômica. Essa regra, no entanto, apresenta inúmeras exceções e não foi completamente compreendida até o início do século XX (veja Seção 3.3).

O desenvolvimento da eletroquímica, com os trabalhos de Volta, Davy e, posteriormente, Faraday, também foi de importância fundamental para a teoria atômica, embora nem sempre esses próprios cientistas fossem defensores dessa doutrina. As observações experimentais da eletroquímica permitiram a Berzelius propor os conceitos de elementos eletropositivos e eletronegativos em 1819, elaborando uma escala em que os elementos foram dispostos de acordo com sua eletronegatividade. Em 1832, Faraday descobriu que a quantidade dos elementos separados pela passagem de corrente por um eletrólito é proporcional à carga total que passa pelo circuito, o que veio a ser a base da primeira lei da eletrólise. Dessa maneira, Faraday pôde obter a razão entre as massas dos átomos e as cargas de seus íons de forma precisa. Essas descobertas sugeriam que deveria haver uma íntima relação entre átomos e cargas elétricas e reafirmavam o papel das forças elétricas nas reações químicas, em contraste com a visão puramente mecânica de alguns atomistas mais antigos.

Um grande avanço, que pode ser considerado como a pedra fundamental do estabelecimento de uma teoria da estrutura atômica, ocorreu em 1869, com a proposição por Mendeleiev da organização dos elementos químicos em uma Tabela Periódica, constituída inicialmente pelos 63 elementos conhecidos à época. Nessa tabela, os elementos organizados por ordem de seus pesos atômicos, determinados a partir das densidades dos gases correspondentes e da lei de Avogadro, apresentam uma evidente periodicidade de suas propriedades. Embora a razão para essa periodicidade fosse desconhecida à época, ela estabelecia uma relação clara entre as propriedades químicas e uma propriedade mensurável dos elementos, o peso atômico. Assim, os elementos exibem propriedades semelhantes sempre que possuem pesos atômicos semelhantes ou pesos que aumentam de maneira periódica. Desse modo, Mendeleiev foi capaz de prever que um novo elemento deveria existir sempre que havia uma lacuna nos pesos atômicos entre elementos adjacentes na tabela. Por outro lado, a Tabela Periódica também levantou uma pergunta fundamental: qual é a origem do padrão de pesos atômicos?

O desenvolvimento da teoria cinética dos gases, cujas bases foram lançadas por Bernoulli em 1738, também desempenhou importante papel na consolidação da teoria atômica, uma vez que permite expressar as propriedades macroscópicas de um gás, como pressão, volume e temperatura, como resultantes do movimento e colisões de um número muito grande de partículas constituintes (átomos ou moléculas). Além de Bernoulli, outros dois cientistas, Herapath, em 1820, e Waterston, em 1845, posteriormente desenvolveram a teoria de forma independente. Essa teoria, rejeitada por mais de um século, foi, mais tarde, aprofundada por Clausius, em 1857, para logo em seguida Maxwell e, depois, Boltzmann estabelecerem a famosa distribuição estatística para as velocidades das moléculas do gás, embora ainda sem comprovação experimental.

Em 1865, o químico alemão Loschmidt utilizou os resultados da teoria cinética dos gases para fazer estimativas para o número de átomos em um determinado volume de gás e para o diâmetro atômico. O tamanho atômico e a distância entre átomos podem ser obtidos a partir da contração do gás na liquefação e do livre caminho médio percorrido por suas moléculas. Para determinar o livre caminho médio, Loschmidt realizou medidas de condutividade térmica e de taxas de difusão no gás. Dessa maneira, para a constante de Avogadro, Loschmidt obteve um valor muito próximo do valor atualmente aceito e, para o diâmetro do átomo, um valor na ordem de grandeza correta, 10^{-10} m.

Finalmente no início do século XX, a prova experimental definitiva da teoria atômica veio de um fenômeno simples, conhecido desde 1827, quando o botânico R. Brown observou pela primeira vez o movimento errático de grãos de pólen flutuando na água, com um simples microscópio ótico. O modelo elaborado por Einstein para o movimento browniano, atribuindo-o às colisões pelas moléculas da água, constituiu-se numa confirmação da teoria cinética e uma das mais fortes evidências de que a teoria atômica está correta. A demonstração experimental de J. Perrin, com a consequente determinação da constante de Avogadro, contribuiu para seu Prêmio Nobel concedido em 1926.

Na segunda metade do século XIX, um movimento que incluía Mach, Ostwald, Duhem e Pearson se opôs à teoria atômica com base em argumentos filosóficos, e perdurou até a primeira década do século XX. No entanto, por volta do início do século XX, a teoria atômica da matéria já parecia estar quase que universalmente aceita. Evidências experimentais de diversos campos contribuíam para essa certeza, como a determinação da constante de Avogadro, por Perrin, de treze maneiras diferentes (e, mais tarde, por mais outras três), demonstrando acima de qualquer dúvida que os átomos podem ser efetivamente contados.

A importância fundamental da teoria atômica da matéria levou o físico Richard Feynman (2018) a afirmar:

> Se, em algum cataclisma, todo o conhecimento científico for destruído e só uma frase for passada para a próxima geração, qual seria a afirmação que conteria a maior quantidade de informação na menor quantidade de palavras? Eu acredito que seria a hipótese atômica (ou o fato atômico ou como quiser chamá-lo) que todas as coisas são feitas de átomos – pequenas partículas que se movem em constante movimento, atraindo-se umas às outras quando separadas por pequenas distâncias, mas repelindo-se ao serem comprimidas umas sobre as outras. Nessa única frase, você verá, existe uma enorme quantidade de informação sobre o mundo, se aplicarmos apenas uma pequena quantidade de imaginação e raciocínio.

Entretanto, novas descobertas, realizadas quase que simultaneamente à comprovação da teoria atômica, mostraram que esses constituintes fundamentais da matéria, na realidade, são formados por componentes ainda menores, fazendo com que os átomos perdessem sua tradicional característica de indivisibilidade e o posto de partícula mais fundamental da matéria. Esses novos acontecimentos deram início a um novo capítulo desta longa história, caracterizado pelo surgimento de novas ideias, conceitos revolucionários e por uma intensa atividade científica, que perdura até os dias de hoje.

1.2.2 A NATUREZA DA LUZ

Por volta do século V ou VI a.C., na antiga Índia, a escola filosófica Samkhya considerava a luz como um dos cinco elementos fundamentais (junto com terra, água, fogo e ar) a partir dos quais todos os outros elementos se formam. Aproximadamente nessa mesma época, outra escola, a Vaisheshika, acreditava que a luz seria formada por feixes muito velozes de átomos do elemento fogo. Diferentes arranjos desses átomos se movendo a diferentes velocidades explicariam as diferentes características da luz. Muitos séculos mais tarde, para os budistas indianos, como Dignaga no século V e Dharmakirti no século

VII, a matéria seria composta de átomos que são simplesmente *flashes* de luz ou energia. Esses filósofos consideravam a luz como composta por partículas ou corpúsculos de luz ou energia, de forma muito semelhante ao moderno conceito dos fótons, embora, para eles, a matéria também fosse composta por essas mesmas partículas.

Inúmeras civilizações da antiguidade produziram e utilizaram instrumentos ópticos simples, como espelhos planos, espelhos curvos e lentes convexas. Entretanto, como ocorre com a teoria atômica, os filósofos gregos e hindus foram os primeiros a desenvolver teorias elaboradas a respeito da natureza e do comportamento da luz. Essas teorias foram objeto da especulação de muitos dos grandes filósofos gregos, embora de forma menos intensa e detalhada que a dedicada à teoria atômica da matéria. Em certa medida, o grande empecilho para o desenvolvimento dessas antigas teorias residiu na dificuldade em distinguirem-se claramente as noções relativas à verdadeira natureza da luz das questões relativas à percepção da luz pelo olho humano, ou seja, à visão.

Os filósofos gregos mais antigos concentraram suas elaborações acerca do mecanismo da visão. Por volta de 500 a.C., Pitágoras propôs que a emissão de raios pelo olho humano em direção aos objetos resultaria na visão. Por outro lado, de forma a explicar por que não é possível enxergar no escuro, Empédocles sugeriu que a visão seria resultado da emissão de luz tanto pelo olho quanto pelo objeto observado. De forma mais acertada, Epicuro acreditava que a visão ocorre quando a luz, após ser emitida por uma fonte externa, é refletida por um objeto e atinge o olho humano.

Já por volta de 300 a.C., Euclides estudou as propriedades da luz e escreveu o primeiro tratado de óptica, no qual postulou que luz se propagava em linha reta e descreveu matematicamente as leis da reflexão. Em 55 a.C., Lucrécio descreveu a luz e o calor do sol como compostos por partículas que se propagariam de forma instantânea. Mais tarde, Ptolomeu (século II) realizou um dos primeiros estudos quantitativos da refração da luz quando esta é transmitida de um meio a outro, tendo medido e registrado valores de ângulos de incidência e transmissão para diferentes combinações de meios transparentes, determinando uma relação empírica.

Com o declínio da civilização greco-romana, grande parte do conhecimento técnico e científico se transferiu para o mundo islâmico. Por volta do ano 1000, o cientista persa al-Haytham, conhecido no Ocidente por Alhazen, foi responsável por desenvolver as bases da teoria que hoje é conhecida por óptica geométrica e, por este motivo, é considerado o precursor da óptica moderna. Ele atribuiu corretamente a visão à recepção passiva pelo olho dos raios luminosos refletidos pelos objetos e descreveu matematicamente as leis da reflexão por espelhos esféricos e parabólicos. Aprofundando as teorias de Ptolomeu, investigou as leis da refração da luz e chegou perto de formular a relação entre os senos dos ângulos, obtida somente 600 anos mais tarde. Alhazen, que considerava os raios de luz como formados por feixes de pequenas partículas que viajam a uma velocidade finita, realizou ainda os primeiros experimentos de dispersão da luz branca em suas cores constituintes. Seu trabalho foi traduzido para o latim no século XIII e constituiu-se na principal motivação para os estudos realizados pelo filósofo Roger Bacon, que foi um dos pioneiros a utilizar lentes corretivas para a visão, por volta de 1270.

A partir do século XVII teve início a revolução científica no Ocidente. Em 1611, o astrônomo holandês W. Snell fundamentou a lei da refração em uma relação matemática entre os ângulos de incidência e refração, quando a luz atravessa a interface entre dois meios. Em 1637, R. Descartes publicou uma teoria que considerava, em analogia com a propagação do som, a luz como uma vibração que se propaga a velocidade infinita em um meio ou substância presente em todo o Universo, chamada *plenum*, chegando erradamente à conclusão de que a luz se move mais rápido num meio mais denso. A despeito disso, a teoria de Descartes é considerada como a precursora da moderna teoria ondulatória da luz. Em 1665, foram publicados os estudos do matemático jesuíta F. Grimaldi a respeito da difração da luz, explicando o pequeno desvio observado na trajetória da luz ao passar por obstáculos.

O debate quanto à natureza da luz se intensificou muito a partir do século XVII, paralelamente às diversas observações empíricas da época. A controvérsia se estabeleceu entre o modelo ondulatório proposto por Descartes, mais tarde corroborado por Hooke e Huygens, e o modelo corpuscular, cujo principal defensor era Newton.

Após a teoria corpuscular da luz de Gassendi ter sido publicada postumamente em 1660, Newton adotou esta teoria em detrimento à visão ondulatória de Descartes. Em 1675, Newton publicou sua *Hypotesis of Light*, em que afirma que a luz é composta de corpúsculos (partículas de matéria) que são emitidos em todas as direções pela fonte luminosa. Um dos argumentos mais fortes de Newton contra teoria ondulatória da luz era de que as ondas são capazes de contornar os obstáculos, enquanto a luz somente se propaga em linha reta. A teoria de Newton, porém, era capaz de explicar os fenômenos da reflexão e difração da luz, mas a refração somente pôde ser explicada com a suposição incorreta (mas de acordo com Descartes) de que a luz aumentaria de velocidade ao passar para um meio mais denso. A teoria completa de Newton foi publicada em 1704, em seu tratado *Óptica*. Sua grande reputação fez com que a teoria corpuscular da luz prevalecesse durante todo o século XVIII.

Em 1665, Hooke concluiu que a luz era um tipo de vibração que se propaga muito rapidamente através de um meio. Pouco mais tarde, em 1678, Huygens elaborou a primeira teoria ondulatória detalhada da luz e publicou seu *Tratado sobre a luz*, em 1690, intensificando a disputa com Newton. A teoria de Huygens propõe que a luz é emitida como uma série de ondas que se propagariam em um meio chamado éter. Na teoria ondulatória, ao contrário da teoria de Newton, a luz não é afetada pela gravidade e, portanto, prevê acertadamente que a luz diminui de velocidade ao passar para um meio mais denso. Nessa teoria, a luz, da mesma forma que as ondas sonoras, pode sofrer interferência e ser polarizada. Além disso, a teoria de Huygens também explicava a reflexão e a refração.

Outros adeptos de peso da teoria ondulatória da luz foram Euler, que, em 1746, elaborou uma teoria para a difração; Young, que, em 1801, logrou realizar experimentos de interferência da luz e o famoso experimento de difração por fenda dupla, em 1805; mais tarde, Fresnell, que realizou importantes experimentos de interferência da luz e publicou uma teoria sobre difração em 1818; Malus, que demonstrou a possibilidade de se obter luz polarizada; e, finalmente, Poisson, que contribuiu para aprofundar a teoria ondulatória.

Conforme já mencionado anteriormente, a teoria corpuscular de Newton implicava em uma propagação mais rápida da luz em um meio mais denso, enquanto a teoria ondulatória de Huygens e outros sugeria justamente o contrário. Dessa maneira, uma medida precisa da velocidade da luz seria de enorme importância no sentido de decidir qual das teorias era válida.

Uma das primeiras tentativas de medida da velocidade da luz é creditada a Galileu, que já em 1638 teria tentado mensurar o tempo necessário para a luz percorrer a distância de ida e volta de menos de uma milha entre duas colinas, onde ele e seu assistente estariam posicionados com lanternas. Como o tempo que a luz leva para percorrer tal distância (da ordem de alguns microssegundos) é muito pequeno para ser mensurado com os recursos disponíveis na época, o experimento fracassou, levando Galileu a concluir que a propagação da luz, se não é instantânea, é extraordinariamente rápida.

A primeira tentativa consistente de determinação da velocidade da luz de que se tem registro foi realizada em 1676, a partir das observações de Ole Rømer dos eclipses do satélite Io pelo planeta Júpiter. Seus resultados mostravam valores menores para o período da órbita de Io em torno de Júpiter quando a Terra se aproximava daquele planeta, e valores maiores quando se afastava, discrepâncias que foram atribuídas ao tempo que a luz demora para percorrer a distância entre Júpiter e a Terra. A partir dessas observações, foi possível concluir que a luz demora 22 minutos para cruzar a órbita da Terra ao redor do Sol. Caso conhecesse o diâmetro dessa órbita, teria sido possível determinar o valor de 212.000 km/s para a velocidade da luz (no entanto, Rømer não fez isso), ou seja, um valor cerca de 29% menor que o atualmente aceito. Independentemente disso, a observação de Rømer se constituiu na primeira confirmação experimental de que a luz se propaga com velocidade finita.

A primeira medida terrestre da velocidade da luz foi realizada muito mais tarde por Fizeau, em 1849, que utilizou uma roda dentada que girava a uma velocidade conhecida e um espelho a vários quilômetros de distância. Ajustando-se a velocidade da roda para que o feixe de luz passasse por uma fresta no caminho de ida e pela fresta seguinte no seu caminho de volta, foi possível obter o valor de 313.000 km/s. Somente em 1862, J. B. Foucault, utilizando espelhos girantes, foi capaz de determinar a velocidade da luz com precisão suficiente para decidir qual das teorias é a correta. Ele determinou 298.000 km/s, ou seja, um erro da ordem de 0,5% em relação ao valor aceito atualmente, permitindo mostrar que a luz se propaga mais lentamente na água que no ar. Seus resultados confirmaram a teoria ondulatória da luz, e a teoria corpuscular de Newton foi desacreditada.

No entanto, a teoria ondulatória da luz possuía um ponto fraco. De acordo com o conhecimento científico da época, qualquer onda necessita de um meio para se propagar. Dessa maneira, como seria possível entender a propagação da luz no vácuo? De forma a sustentar a teoria, foi proposta a existência de uma substância hipotética, o chamado éter, que seria um meio imaterial que preencheria todo o Universo (inclusive o vácuo). A existência do éter, no entanto, nunca pôde ser demonstrada. Mais tarde, em 1887, Michelson e Morley realizaram o famoso experimento de interferência, cujo resultado nulo foi a primeira evidência concreta da inexistência do éter.

Em 1845, Faraday descobriu que a polarização da luz podia ser alterada por um campo magnético. Esse foi o primeiro resultado a favor de uma relação entre a luz e o eletromagnetismo. Dois anos mais tarde, Faraday propôs que a luz seria, na verdade, uma onda eletromagnética de alta frequência. O trabalho de Faraday inspirou Maxwell a estudar as ondas eletromagnéticas, levando à descoberta de que estas se propagam no espaço com velocidade igual à da luz. Finalmente, em 1873, Maxwell publicou seu *Tratado sobre eletricidade e magnetismo*, uma descrição matemática completa dos campos elétricos e magnéticos, contendo o famoso conjunto das quatro equações básicas do eletromagnetismo. Essa teoria, mais tarde confirmada experimentalmente, estabeleceu em bases muito sólidas a ideia de que a luz é um fenômeno ondulatório.

1.2.3 A FÍSICA NO FINAL DO SÉCULO XIX

A ciência atingiu um grande desenvolvimento durante os séculos XVIII e XIX. Em particular, o conjunto de teorias atualmente conhecido por física clássica, que inclui a mecânica newtoniana, a termodinâmica, a óptica e o eletromagnetismo, formava um impressionante patrimônio de conhecimento científico que trouxe transformações fundamentais para o mundo e a vida humana da época.

A mecânica, por exemplo, atingiu grande desenvolvimento, permitindo a descrição acurada dos movimentos dos planetas, a construção de máquinas; possibilitando a Revolução Industrial e novos meios de transporte, mais eficientes e rápidos. É essencialmente a mesma teoria que ainda hoje nos permite prever a trajetória de um foguete e direcionar uma nave aos limites do sistema solar. A termodinâmica e suas aplicações, por outro lado, levaram ao desenvolvimento das máquinas térmicas movidas a vapor, que se constituíram na principal força motriz da civilização moderna, fazendo funcionar as indústrias e levando os seres humanos e a civilização até regiões distantes do globo terrestre.

A teoria eletromagnética, por sua vez, embora muito mais recente, permitia a realização de grandes descobertas e invenções revolucionárias. São dessa época o telégrafo sem fio e o telefone, para citar apenas duas grandes inovações no campo das comunicações. São também dessa época as invenções da fotografia e do cinema. Talvez o avanço mais importante nesse campo, que maior influência teve na construção do mundo moderno, foi o controle sobre a geração e utilização da eletricidade, com o desenvolvimento dos primeiros dínamos capazes de gerar correntes elétricas, motores elétricos para o acionamento de máquinas e as lâmpadas elétricas, que substituíram com imensa vantagem os lampiões a gás na iluminação das cidades.

Ao final do século XIX, os cientistas podiam se orgulhar dos grandes avanços teóricos e experimentais atingidos e suas importantes aplicações tecnológicas, que se constituíram numa contribuição substancial para a profunda transformação da sociedade. No entanto, ao mesmo tempo que o desenvolvimento científico e tecnológico gerava um sentimento de realização que permeava a comunidade científica, todo o potencial desenvolvido também permitia o estabelecimento de novos desafios e questionamentos, a realização de novos experimentos em campos até então pouco explorados e a obtenção de novas descobertas, que não podiam ser compreendidas à luz do conhecimento científico estabelecido.

Por exemplo, o estudo das descargas elétricas em gases rarefeitos avançava intensamente e permitiu a W. Crookes a descoberta dos raios catódicos. Os experimentos nesse campo levaram, mais tarde, a inúmeras descobertas e invenções, que vão desde os raios X até as válvulas a vácuo, que permitiram o desenvolvimento da eletrônica e resultaram nos primeiros cinescópios, que, depois, deram origem aos aparelhos de televisão. Em 1897, Thomson conseguiu comprovar que, na realidade, os raios catódicos são constituídos por diminutas partículas de carga elétrica negativa, independentemente do tipo de gás no interior da ampola. Hoje se sabe que essas partículas são os elétrons. Os experimentos de J. J. Thomson permitiram determinar a razão entre a carga e a massa dos elétrons, comprovando experimentalmente pela primeira vez a existência de partículas menores que o átomo.

Em fins do século XIX, Hertz e outros cientistas observaram que a luz ultravioleta podia descarregar eletrodos carregados negativamente, produzindo raios análogos aos chamados raios catódicos. De acordo com as teorias clássicas existentes à época, esse fenômeno, denominado de efeito fotoelétrico, deveria depender da intensidade da luz, mas não de seu comprimento de onda (ou da frequência). Não era isso, entretanto, que mostravam os experimentos. Caso uma placa de vidro (que absorvesse a luz ultravioleta) fosse introduzida no percurso da luz, o fenômeno cessava completamente. Caso a luz visível incidisse sobre o eletrodo, o efeito não ocorreria, mesmo que o feixe de luz fosse muito intenso. Posteriormente, compreendeu-se que a incidência de radiação com comprimento de onda menor que determinado valor é condição necessária para promover a emissão de elétrons dos metais. O modelo elaborado por Einstein no início do século XX para explicar esse fenômeno se constituiu em um dos grandes passos para o surgimento da mecânica quântica (veja Seção 1.3.1. adiante).

Nessa época, embora a teoria cinética dos gases já estivesse estabelecida, muito pouco ou nada se sabia sobre a estrutura da matéria no estado sólido ou líquido. Embora a estrutura atômica ainda fosse um mistério a ser desvendado, já havia fortes indícios da presença de cargas elétricas no interior dos átomos. O eletromagnetismo, entretanto, mostra que não é possível se obter um sistema estável de partículas carregadas, e, assim, não era possível compreender a estrutura dos materiais sólidos. Além dos mencionados acima, outros fenômenos físicos observados, como as raias espectrais de emissão dos gases, a radiação de corpo negro, dentre outros, mostravam à comunidade científica que, a despeito do imenso avanço científico, nem tudo podia ser explicado pela ciência. E, assim, ao despertar do século XX, uma revolução científica sem precedentes teve início.

1.3 ELEMENTOS DE FÍSICA QUÂNTICA

Vamos iniciar agora uma breve revisão de alguns conceitos básicos da física quântica. Antes disso, porém, vale relembrar de forma muito rápida alguns conceitos clássicos fundamentais que nos serão úteis adiante.

O primeiro conceito é o de partícula (ou corpúsculo). Esse termo denota um objeto que possui massa, mas não possui dimensão e, portanto, ocupa um simples ponto no espaço de coordenadas (x, y e z). Fazendo as derivadas temporais de sua posição, pode-se obter sua velocidade v e aceleração a e, logo, calcular seu momento linear p e energia cinética E_c, que são, portanto, quantidades diretamente associadas ao conceito de partícula. Partículas podem sofrer a ação de forças e descrever trajetórias bem definidas. Conhecendo-se a posição da partícula num dado instante de tempo e as forças que atuam sobre ela, pode-se, a partir das leis da mecânica newtoniana, calcular a posição da partícula em um instante de tempo qualquer, ou seja, obter sua trajetória. Essas leis podem ser generalizadas para conjuntos de partículas e também para corpos rígidos, permitindo, assim, a resolução de problemas como descrever o movimento de uma bola de tênis ou de um satélite lançado por um foguete.

O segundo conceito é o de onda, que é definido como a propagação de uma perturbação de forma regular, em geral periódica, de um ponto a outro do espaço. As ondas podem ser caracterizadas pelo comprimento de onda λ e frequência de oscilação ν, e, de uma forma geral, estendem-se em uma região do espaço, podendo se propagar com velocidade v em diferentes direções através do vácuo ou de meios materiais, governadas por uma equação de onda. A relação entre comprimento de onda e frequência de oscilação (por exemplo, nos casos mais simples $v = \lambda\nu$) é chamada *relação de dispersão*. As ondas apresentam fenômenos característicos próprios, como refração, difração e interferência, que, segundo a física clássica, as partículas não podem apresentar.

No final do século XIX, esses dois conceitos, onda e partícula, estavam muito bem definidos, claros e distintos, com comportamentos descritos por teorias distintas. Os exemplos mais claros desse fato são a mecânica clássica ou newtoniana, que consiste em uma teoria constituída a partir do conceito de partícula, e o eletromagnetismo de Maxwell, que é uma teoria ondulatória clássica. No entanto, conforme mencionado, a partir do fim do século XIX e do início do século XX, experimentos cujos resultados não podiam ser explicados sem entrar em conflito com esses conceitos básicos colocaram à prova a distinção entre os comportamentos clássicos de onda e de partícula. Desses diversos experimentos, descreveremos brevemente a seguir apenas alguns que nos parecem ser os mais ilustrativos.

1.3.1 O NASCIMENTO DA FÍSICA QUÂNTICA

A lâmpada elétrica, desenvolvida ao longo do século XIX, constituiu-se em um avanço tecnológico espetacular que muito contribuiu para transformar o mundo daquela época. Do ponto de vista teórico, por outro lado, o problema da radiação de corpo negro desafiava os cientistas desde o trabalho de G. R. Kirchhoff, de 1859. Buscava-se expressar a intensidade de radiação emitida como função do comprimento de onda por um corpo considerado absorvedor perfeito e, portanto, negro, em equilíbrio térmico à temperatura T. A despeito de inúmeras tentativas, nenhuma teoria elaborada até então era capaz de explicar corretamente as observações experimentais. A partir de 1897, Max Planck, da Universidade de Berlim, dedicou-se a estudar o problema da radiação emitida pelo corpo aquecido.

A Figura 1.1 mostra o comportamento da intensidade de radiação eletromagnética emitida por um corpo negro em função do comprimento de onda para diversas temperaturas entre 100 K e 8.000 K. Observa-se que a intensidade total de radiação emitida aumenta ordens de grandeza com o aumento da temperatura. A uma dada temperatura do corpo negro, à medida que o comprimento de onda decresce, a intensidade de radiação aumenta exponencialmente; em seguida, passa por um máximo (situado em comprimentos de onda progressivamente menores, à medida que aumenta a temperatura do corpo) e, depois, cai rapidamente. Ou seja, a intensidade luminosa emitida em comprimentos de onda curtos é muito pequena. Esse é o comportamento observado experimentalmente. Por outro lado, os modelos teóricos clássicos elaborados no final do século XIX previam um comportamento distinto e fisicamente inaceitável de uma intensidade de radiação que crescia indefinidamente com o decréscimo do comprimento de onda, tendendo ao infinito no limite de comprimentos de onda muito curtos. Essa inconsistência ficou conhecida como *catástrofe do ultravioleta*.

No final do ano de 1900, após diversas tentativas frustradas, Planck finalmente conseguiu formular uma teoria capaz de reproduzir o comportamento dos dados experimentais, fazendo uma suposição ousada, que mais tarde ficou conhecida como postulado de Planck. Ele impôs que o corpo negro emite energia eletromagnética de frequência ν de forma quantizada, ou seja, na forma de "pacotes" ou quantidades múltiplas de uma unidade elementar (ou *quantum*) de energia expressa por:

$$E = h\nu \tag{1.1}$$

Esta é a famosa relação de Planck. Nessa equação, a constante h é conhecida como *constante de Planck* e vale $h = 6{,}64 \times 10^{-34}$ J.s. O estabelecimento da teoria para a radiação de corpo negro é considerado o marco que representa o nascimento da mecânica quântica.

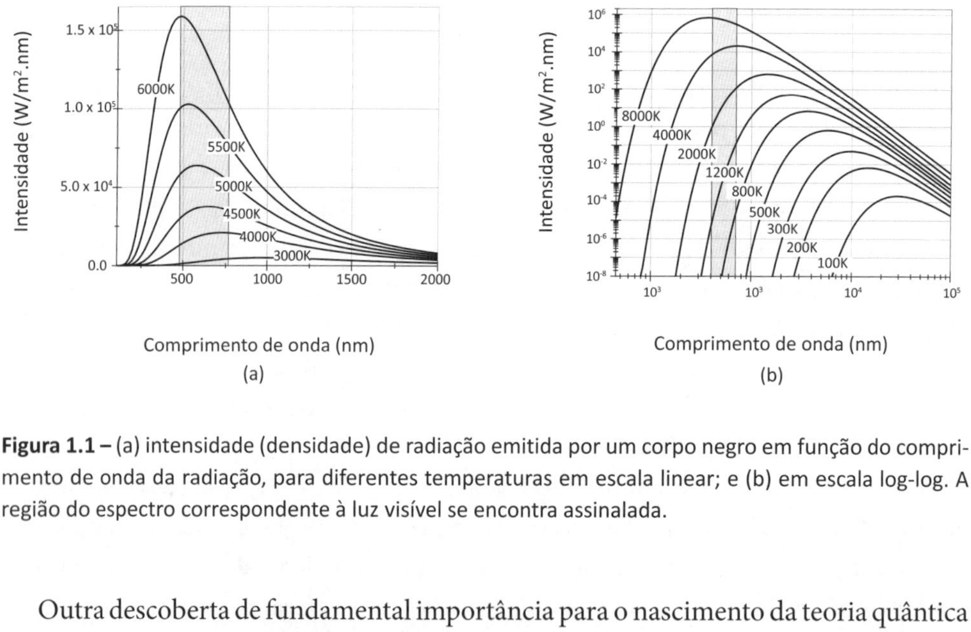

Figura 1.1 – (a) intensidade (densidade) de radiação emitida por um corpo negro em função do comprimento de onda da radiação, para diferentes temperaturas em escala linear; e (b) em escala log-log. A região do espectro correspondente à luz visível se encontra assinalada.

Outra descoberta de fundamental importância para o nascimento da teoria quântica foi o efeito fotoelétrico, observado por H. Hertz, em 1887. Esse é um dos experimentos mais simples para demonstrar a natureza corpuscular da luz e pode ser facilmente realizado em um laboratório didático. Sua montagem experimental está ilustrada de forma esquemática na Figura 1.2a. Nesse experimento, ao incidir luz monocromática sobre um eletrodo metálico em vácuo (cátodo, C) polarizado negativamente em relação ao ânodo A, pode-se observar a passagem de corrente elétrica no circuito proporcional à intensidade de luz incidente, como resultado da emissão de elétrons pelo metal. Isso ocorre sempre que o comprimento de onda da luz incidente é curto o suficiente (por exemplo, luz azul, violeta ou ultravioleta). Entretanto, o fato surpreendente é que, ao incidir luz de comprimento de onda longo (por exemplo, luz vermelha ou infravermelha), não há emissão de elétrons e, logo, a corrente no circuito é nula, mesmo que a luz incidente seja muito intensa. Do ponto de vista da física clássica, não há explicação para esse fenômeno, pois, de acordo com os conceitos clássicos, deveria sempre ser possível aos elétrons acumular energia suficiente para escapar do metal qualquer que seja o comprimento de onda da luz incidente. No entanto, a experiência mostra que não é isso o que ocorre.

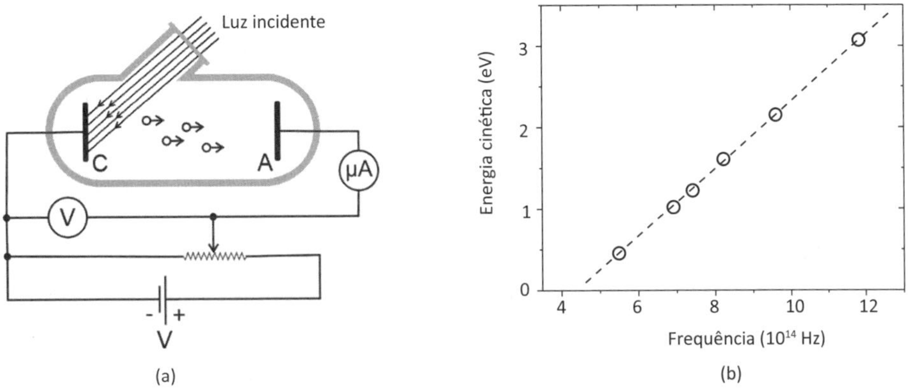

Figura 1.2 – (a) diagrama esquemático ilustrando o experimento do efeito fotoelétrico. Elétrons são emitidos do cátodo (C) em direção ao ânodo (A) somente quando o comprimento de onda (a frequência) da luz monocromática incidente no metal for menor (maior) que um determinado valor; (b) energia cinética máxima dos elétrons fotoemitidos por um cátodo de metal alcalino (sódio) sob incidência de luz monocromática *versus* a frequência da luz incidente. A reta tracejada representa o ajuste obtido com a Equação 1.2 e permite a determinação experimental da constante de Planck h.

Fonte: Millikan, 1916.

Quando o cátodo é iluminado por luz de comprimento de onda curto, a corrente de fotoemissão pode ser anulada polarizando o ânodo negativamente em relação ao cátodo. Variando-se a voltagem aplicada, pode-se determinar o valor exato da voltagem $-V_0$ necessária para isso. Esse valor de voltagem é simplesmente igual em módulo à energia cinética máxima dos elétrons emitidos, em unidades de elétrons-volt (eV). Dessa forma, estudando-se o comportamento de V_0 para diferentes valores da frequência da luz incidente, obtém-se uma dependência linear, conforme ilustrado na Figura 1.2b.

Em 1905, A. Einstein elaborou um modelo para explicar esse fenômeno, postulando que a energia eletromagnética é transportada em pacotes discretos de energia, com um *quantum* de energia expresso da mesma forma que a relação de Planck apresentada anteriormente (Equação 1.1). Mais tarde, o *quantum* de energia eletromagnética foi denominado de *fóton*. Assim, de acordo com Einstein, uma onda eletromagnética de frequência ν é constituída por partículas chamadas fótons, que possuem um *quantum* de energia E indivisível, proporcional à frequência da luz.

Dessa maneira, a energia cinética máxima dos elétrons fotoemitidos pode ser facilmente obtida como igual à diferença entre a energia do fóton incidente e a quantidade de energia necessária para escapar do metal, ou seja:

$$E_C = h\nu - \phi \qquad (h\nu \geq \phi) \tag{1.2}$$

Em que ϕ, a energia mínima necessária para extrair elétrons do metal, chamada de *função trabalho*, é uma característica do material metálico utilizado como cátodo. O gráfico correspondente à Equação 1.2 permite a determinação experimental da constante de Planck, conforme realizado por Millikan, em 1916 (veja Figura 1.2b e Exercício 11).

Assim, se por um lado diversos experimentos conhecidos demonstram de forma inequívoca a natureza ondulatória da luz, como a difração por fenda dupla[2] ou a interferência entre dois feixes de luz coerentes, o efeito fotoelétrico foi o primeiro experimento a demonstrar claramente a natureza corpuscular da luz, trazendo de volta ao debate a antiga teoria corpuscular da luz, advogada por Newton e outros.

Exemplo 1.1: utilizando a relação de Planck, calcule a energia (em eV) dos fótons de uma onda eletromagnética com comprimento de onda de 500 nm (luz verde).

$$\nu = \frac{c}{\lambda} = \frac{3,0x10^8}{500x10^{-9}} = 6,0x10^{14}\,Hz \Rightarrow E = h\nu = 6,63x10^{-34}\,x6,0x10^{14} = 3,98x10^{-19}\,J$$

Logo: $E = \dfrac{3,98x10^{-19}}{1,6x10^{-19}} = 2,49\ eV$

1.3.2 O MODELO ATÔMICO DE BOHR

No início do século XX, a estrutura atômica era uma das questões científicas mais fundamentais a serem resolvidas. Dentre os modelos atômicos desenvolvidos na época, os mais importantes foram os de J. J. Thomson e de E. Rutherford. O modelo de Thomson, formulado ainda em fins do século XIX, chamado modelo do pudim de passas (ou ameixas), considerava o átomo como constituído por uma esfera com carga positiva uniformemente distribuída. De forma que o átomo fosse eletricamente neutro, a esfera deveria conter partículas de carga negativa (os elétrons), que Thomson sabia serem de dimensões muito menores que o átomo. Mais tarde, experimentos de espalhamento de

2 O experimento de difração de fenda dupla ou difração de Young será discutido mais adiante.

partículas alfa realizados por Rutherford em folhas finas de ouro mostraram que esse modelo não era correto, pois a carga positiva do átomo deveria estar concentrada em uma região de dimensões muito menores (cerca de $10^4 - 10^5$ vezes) que o próprio átomo.

Dessa maneira, no modelo atômico clássico de Rutherford, proposto em 1911, os elétrons se movem em órbitas circulares ao redor do núcleo (que concentra quase toda a massa do átomo), sujeitos a uma força central de atração coulombiana, de forma análoga ao movimento dos planetas ao redor do Sol no sistema solar. No entanto, esse modelo apresenta um problema intransponível: segundo a própria física clássica, cargas aceleradas devem irradiar energia na forma de ondas eletromagnéticas e, assim, os elétrons em suas órbitas circulares devem perder energia cinética progressivamente, diminuindo os raios de suas órbitas e chocando-se com o núcleo após um intervalo de tempo muito pequeno.

A impossibilidade de se elaborar um modelo clássico consistente para o átomo somente pôde ser superada com a proposição do modelo atômico de Bohr, que incorpora ideias da física quântica. Nesse modelo, N. Bohr postulou, em oposição ao caso clássico em que quaisquer órbitas são permitidas, que os elétrons somente podem ocupar órbitas estáveis ou estados estacionários no átomo, quando o momento angular é um múltiplo inteiro da constante de Planck h dividida por 2π (ou $\hbar$). Em outras palavras, Bohr impôs que o momento angular das órbitas eletrônicas no átomo deve ser quantizado. Com essa imposição e considerando-se a força centrípeta como igual à força de interação coulombiana entre o elétron e o núcleo, pode-se mostrar facilmente que os raios das órbitas estacionárias e as energias dos estados eletrônicos correspondentes são quantizados e dados respectivamente por:

$$r_n = \frac{\varepsilon_0 h^2}{\pi m_e Z e^2} n^2 = \frac{a_0}{Z} n^2 \qquad n = 1,2,3,\ldots\infty. \tag{1.3}$$

$$E_n = -\frac{m_e Z^2 e^4}{8\varepsilon_0^2 h^2} \frac{1}{n^2} = -\frac{E_0 Z^2}{n^2} \qquad n = 1,2,3,\ldots\infty. \tag{1.4}$$

Em que ε_0 é a permissividade do vácuo; m_e é a massa do elétron; e é a carga elementar; e n é um número inteiro, positivo e não nulo, denominado *número quântico*. Nas expressões dadas, admitiu-se que o átomo possui uma carga nuclear igual a $+Ze$. No caso do estado fundamental ($n = 1$) do átomo de hidrogênio ($Z = 1$), o raio da órbita do elétron, o chamado *raio de Bohr*, vale $a_0 = 0{,}529$ Å, e sua energia é $E_0 = -13{,}6$ eV.

Deve-se notar que o modelo de Bohr é um modelo semiclássico extremamente simples, elaborado a partir de ideias da física clássica e um conceito quântico. Por isso, é de certa forma surpreendente que a equação para as energias dos estados eletrônicos (Equação 1.4) seja idêntica à obtida pelo modelo quântico mais elaborado para esse problema e esteja em bom acordo com os resultados experimentais obtidos para as raias espectrais de emissão do átomo de hidrogênio e do átomo de hélio ionizado.

No átomo de Bohr, o elétron ocupa estados estacionários com valores discretos e bem definidos de energia, e, portanto, por hipótese, não irradia energia. Todavia, no caso de uma transição de um estado de energia para outro de energia menor, o elétron deve emitir instantaneamente um pacote de energia correspondente a:

$$\Delta E = E_i - E_f \tag{1.5}$$

Em que E_i e E_f são as energias dos estados inicial e final, respectivamente. De forma inversa, caso a transição seja de um nível menos energético para outro de maior energia, o átomo deverá absorver esse pacote de energia. Dessa maneira, no caso de transições eletrônicas que envolvem a emissão ou a absorção de luz (veja Capítulo 8), esse pacote de energia poderá ser emitido ou absorvido na forma de um fóton. Assim, de posse da equação para as energias dos estados eletrônicos, é possível determinar as energias (ou as frequências ou comprimentos de onda) das raias espectrais de emissão de gases como o hidrogênio (veja Exercício 14).

1.3.3 ONDAS DE MATÉRIA

Uma pequena revolução no mundo científico se deu em 1924, quando o jovem físico francês De Broglie, em sua tese de doutorado, propôs o comportamento ondulatório da matéria. Sua hipótese considerou que, como a luz (radiação) pode apresentar tanto o comportamento ondulatório como corpuscular, na escala atômica, a matéria também poderia se comportar como onda. Para o comprimento de onda λ da matéria, De Broglie propôs uma relação inversamente proporcional ao momento linear p:

$$\lambda = \frac{h}{p} \tag{1.6}$$

Em que h é a conhecida constante de Planck. Essa é a chamada relação de De Broglie. Para a frequência das ondas, De Broglie simplesmente lançou mão da mesma equação já utilizada por Planck e Einstein (Equação 1.1), porém escrita na forma inversa, ou seja, $\nu = E / h$.

A partir da Equação 1.6, De Broglie foi capaz de fornecer uma elegante interpretação física para a quantização do momento angular das órbitas eletrônicas postulada por Bohr, mostrando que aquele postulado equivale a considerar que, nas órbitas estáveis, os elétrons formam ondas estacionárias (veja o Exercício 16).

A proposição de De Broglie foi comprovada experimentalmente três anos mais tarde por C. Davisson e L. Germer (veja o Exercício 19), que observaram o fenômeno de difração incidindo um feixe de elétrons sobre a superfície de um cristal de níquel, o que levou De Broglie receber o Prêmio Nobel em 1929.

Exemplo 1.2: calcular o comprimento de onda de um elétron acelerado por uma diferença de potencial de 10 V.
A energia do elétron será 10 eV, ou seja: $E = qV = 1{,}60\text{x}10^{-19}\text{x}10 = 1{,}60\text{x}10^{-18}\,\text{J}$

Assim: $p = (2mE)^{1/2} = (2x9{,}11x10^{-31}x1{,}60x10^{-18})^{1/2} = 1{,}71x10^{-24}\,kg.m/s$

Logo: $\lambda = \frac{h}{p} = \frac{6{,}63x10^{-34}}{1{,}71x10^{-24}} = 3{,}88x10^{-10}\,m = 0{,}388nm$

Esse valor é da ordem de grandeza do espaçamento interatômico dos sólidos.

A difração de elétrons, hoje rotineiramente realizada em microscópios eletrônicos de transmissão, é uma técnica largamente empregada para a caracterização de materiais em universidades e centros de pesquisa. A Figura 1.3 mostra o resultado da difração de elétrons por cristais de $NiNb_3$ em uma matriz de superliga de níquel (Inconel 718), obtida por microscopia eletrônica de transmissão. Nessa figura, observa-se a presença de máximos de difração muito nítidos, na forma de pontos claros, de maneira muito semelhante aos resultados obtidos em experimentos de difração de luz ou raios X. Experimentos de difração podem ser realizados não apenas com elétrons, mas também com uma grande diversidade de outras partículas, átomos e moléculas, como prótons, nêutrons, átomos de hélio, lítio, hidrogênio molecular etc. Até mesmo a difração de moléculas grandes e pesadas, como os fulerenos (moléculas com 60 átomos de carbono, C_{60}), já foi observada em 1999 (Arndt, 1999).

Figura 1.3 – Difração de elétrons por cristais de NiNb3 em uma matriz de superliga de níquel (Inconel 718), obtida em um microscópio eletrônico de transmissão.

Fonte: figura gentilmente cedida por L. H. Almeida – Coppe/UFRJ.

Inúmeras evidências confirmam o comportamento corpuscular das partículas fundamentais,[3] mas os experimentos descritos demonstram de forma inequívoca a natureza ondulatória da matéria. Essa situação aparentemente contraditória levou Bragg, na época, a afirmar: "Os elétrons se comportam como partículas às segundas, quartas e sextas, e como ondas às terças, quintas e aos sábados".

Conforme já mencionado, a proposição de De Broglie estende também para a matéria o comportamento dual da radiação, anteriormente estabelecido por Einstein, por meio das mesmas duas relações simples entre as características corpusculares (energia E e momento linear p) e ondulatórias (frequência ν e comprimento de onda λ). Essas relações (Equações 1.1 e 1.6) também são frequentemente escritas de forma alternativa:

$$p = \hbar k \tag{1.7}$$

$$E = \hbar w \tag{1.8}$$

3 Como por exemplo, o experimento de J. J. Thomson com o tubo de raios catódicos que resultou na descoberta do elétron e na determinação da razão e/m_e.

Em que $k = 2\pi / \lambda$ é o número de onda, e $w = 2\pi\nu$ é a frequência angular, e a constante:

$$\hbar = \frac{h}{2\pi} = 1.05x10^{-34}\,J.s$$

é a chamada constante de Planck reduzida, também conhecida como "h-cortado" (em inglês, *h-bar*).

Vamos discutir um pouco mais a fundo o experimento de difração de elétrons, considerando a difração de fenda dupla. Primeiramente, porém, vamos descrever o famoso experimento clássico de difração de fenda dupla, conhecido como experimento de Young, realizado com luz visível por T. Young, em 1805. Imaginemos uma onda proveniente de uma fonte pontual F incidindo sobre um anteparo em que há duas fendas estreitas F1 e F2 (veja Figura 1.4a). Caso a largura das fendas seja suficientemente pequena, de acordo com o princípio de Huygens, cada uma das fendas se comportará como uma nova fonte de um novo movimento ondulatório. Assim, as duas novas frentes de onda se propagam e incidem sobre outro anteparo (A), interferindo entre si. O fenômeno de interferência reflete o fato de as ondas provenientes de cada uma das fendas serem coerentes, e suas amplitudes serão somadas ou subtraídas uma da outra, a depender da diferença de fase entre elas. Dessa forma, a intensidade da onda resultante sobre o anteparo apresenta máximos e mínimos da intensidade. Essa é a chamada figura de interferência, que pode ser observada na Figura 1.4b.

É importante observar que, nesse experimento clássico, ocorre a difração da onda ao passar pelas fendas, e em seguida a interferência entre as ondas difratadas. A figura de interferência somente pode ser observada caso a largura das fendas seja suficientemente pequena para que a difração ocorra; caso contrário, os máximos e mínimos de intensidade não se formarão sobre o anteparo. Isso equivale a dizer que essa largura deve ser da ordem de grandeza do comprimento de onda da luz empregada no experimento. Por exemplo, se estamos realizando o experimento com luz visível, a largura das fendas deve ser da ordem do mícron. Caso se utilize fendas muito mais largas, não será possível observar a figura de difração.

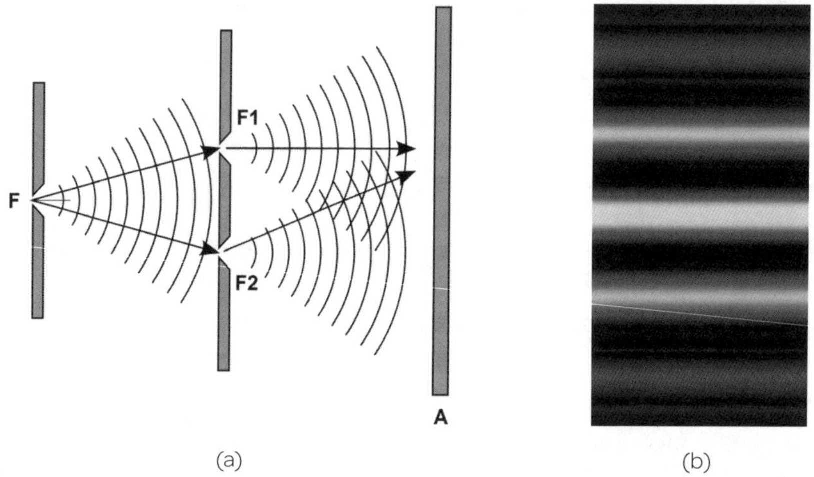

Figura 1.4 – Experimento de difração de fenda dupla (experimento de Young): (a) arranjo experimental, no qual estão assinaladas as posições da fonte luminosa F, duas fendas estreitas F1 e F2 e do anteparo A, e (b) intensidade luminosa observada no anteparo.

Vamos, agora, repetir a mesma experiência, utilizando partículas em vez de ondas. Nessa situação, segundo a física clássica, as partículas provenientes de uma ou outra fenda simplesmente atingem o anteparo formando dois máximos distintos, conforme ilustra esquematicamente a Figura 1.5. Entretanto, quando essa experiência é realizada com partículas microscópicas, como elétrons, ocorre um fenômeno inesperado: a quantidade de partículas que atinge o segundo anteparo forma uma figura de interferência, de maneira semelhante ao experimento de Young realizado com ondas, apresentado na Figura 1.4b.

Entretanto, deve-se notar que, da mesma forma que ocorre com o experimento realizado com ondas, para que a figura de interferência com partículas seja obtida, é necessário que estas sofram difração ao passar pelas fendas, ou seja, é necessário que a largura destas seja comparável ao comprimento de onda das partículas incidentes. Embora não tenhamos conhecimento suficiente para avaliar esta questão em detalhe, pode-se adiantar que esse fato, aliado a outras questões, torna bastante complexa a realização prática deste tipo de experimento.

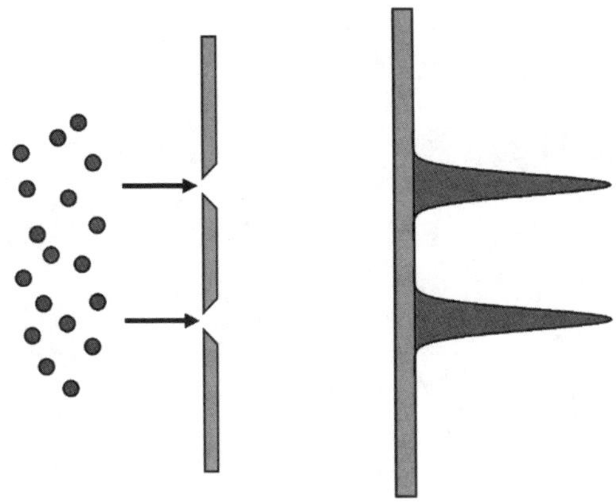

Figura 1.5 – Desenho esquemático, segundo a física clássica, do experimento de difração de fenda dupla efetuado com partículas.

Embora o resultado do último experimento descrito pareça surpreendente ao leitor não familiarizado com esse assunto, ainda mais espetacular é o resultado que se obtém com a realização dessa mesma experiência com apenas uma partícula. Nesse caso, o senso comum sugere que uma partícula pode passar por apenas uma das fendas e atingir o anteparo em apenas um ponto. De fato, o resultado que se observa após a passagem de uma partícula é exatamente esse. O mesmo ocorre com outras partículas, caso o experimento seja repetido outras vezes, e assim sucessivamente. No entanto, se repetirmos essa mesma experiência com uma partícula de cada vez, um número muito grande de vezes, cada vez que o experimento é realizado a partícula atinge o segundo anteparo em um ponto distinto dos anteriores. Surpreendentemente, após um número muito grande de experimentos, ao se sobreporem todos os resultados obtidos nos sucessivos experimentos, obtém-se uma figura de interferência análoga àquela observada no experimento de difração de Young.

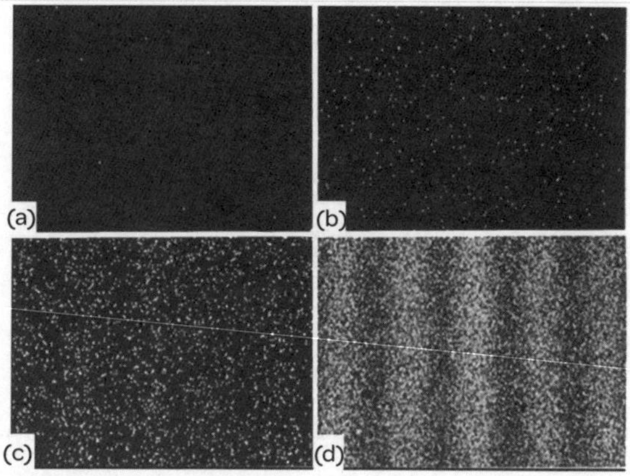

Figura 1.6 – Resultado do experimento de difração de fenda dupla com elétrons (experimento Hitachi), realizado com: (a) 8 elétrons; (b) 270 elétrons; (c) 2.000 elétrons; (d) 160.000 elétrons. Observe a semelhança da Figura (d) com a figura de interferência do experimento de Young (Figura 1.4b).

Fonte: Tonomura, 1989.

A Figura 1.6 mostra o resultado de um experimento como o descrito. Esse é o famoso experimento Hitachi, realizado em 1989. O experimento Hitachi foi realizado em condições tais que é altamente improvável a existência de mais de um elétron no interior da câmara do equipamento em cada instante. Note que as figuras apresentadas são formadas por uma infinidade de pontos, cada um deles resultante da colisão de um único elétron com o detector. Enquanto um único elétron colide com o detector num ponto bem determinado, o conjunto de muitos elétrons forma uma figura de interferência análoga ao experimento de Young (Figura 1.4b), evidenciando a natureza ondulatória dessas partículas. Portanto, mesmo considerando apenas uma partícula, devemos admitir a ocorrência da difração e considerar seu comportamento ondulatório para compreender o resultado deste experimento.[4]

1.3.4 A DUALIDADE ONDA-PARTÍCULA

Conforme visto, tanto a radiação quanto a matéria podem apresentar os comportamentos ondulatório ou corpuscular. Essa situação é sintetizada pelo *princípio de complementariedade* formulado por Bohr: se um experimento demonstra o caráter ondulatório da matéria ou da radiação, não é possível demonstrar seu caráter corpuscular no mesmo experimento, e vice-versa. É o experimento realizado que determina qual maneira,

4 Um experimento análogo a esse pode ser realizado com fótons, difratando-se um único fóton de cada vez e obtendo figuras de difração muito semelhantes às apresentadas na Figura 1.6 (ver: Dimitrova, 2008).

ondulatória ou corpuscular, vai se manifestar. Mais do que isso, o nosso entendimento da matéria ou da radiação será sempre incompleto, a menos que ambos os aspectos, ondulatórios e corpusculares, sejam considerados. Assim, esses entes microscópicos não podem ser considerados simplesmente nem como partículas clássicas nem como ondas clássicas, mas, sim, como dotados de uma natureza dual, podendo apresentar tanto comportamento ondulatório quanto corpuscular. Para se obter uma compreensão mais abrangente desse comportamento, é necessário dispor de uma nova teoria mais geral.

A conexão entre os modelos ondulatório e corpuscular é realizada pela interpretação probabilística da dualidade onda-partícula. Vamos discutir esse conceito a partir de um exemplo simples. Consideremos, como exemplo, uma onda eletromagnética se propagando ao longo do eixo x, como um feixe de laser ligado continuamente. Essa onda poderia ser descrita por uma função simples do tipo $y(x, t) = Asen(kx - wt)$, que, por exemplo, descreveria a variação do módulo do campo elétrico, $E(x, t)$. Essa equação, ilustrada no gráfico da Figura 1.7a, corresponde a uma onda de número de onda k (ou comprimento de onda λ) e uma frequência angular w (ou frequência v) bem determinados, propagando-se ao longo do eixo x, desde $x = -\infty$ até $x = +\infty$, de $t = -\infty$ até $t = +\infty$. Uma vez que a onda se estende em todo o espaço com amplitude constante, a intensidade $I(x)$ da onda eletromagnética, que é proporcional ao valor médio quadrático do módulo do campo elétrico $<|E|^2>$, é independente da posição, ou seja, é uniforme ao longo de todo eixo x (Figura 1.7b).

Sob o ponto de vista corpuscular, essa mesma onda pode ser descrita por fótons, de modo que a energia dos fótons seja igual à intensidade da onda, ou seja, $I(x) = Nhv$, em que N o número médio de fótons por unidade de tempo que cruza uma unidade de área perpendicular à direção de propagação. Assim, como a intensidade da onda é uniforme ao longo do eixo x, o número de fótons também será homogeneamente distribuído ao longo desse eixo. Desse modo N nada mais é que a densidade de fótons, constante ao longo do eixo x. Em outras palavras, o gráfico da Figura 1.7b também representa a probabilidade (ou é proporcional a ela) de se encontrar fótons em cada ponto ao longo do eixo x em um certo instante de tempo.

Vamos agora considerar uma onda de matéria e ampliar esse conceito, associando à partícula não apenas um comprimento de onda e uma frequência, como já fizemos, mas representando-a por uma função, $\psi(x, t)$. Suponhamos que essa função de onda seja dada pela mesma equação anterior, representada na Figura 1.7a, ou seja, uma onda de número de onda k e frequência angular w bem determinados e amplitude constante. Nesse caso, o valor médio quadrático da função $<|\psi|^2>$ tem papel análogo ao caso anterior, ou seja, representa a "intensidade" da onda ou a sua "densidade"; em outras palavras, a probabilidade de encontrar a partícula num certo ponto do espaço em determinado instante de tempo, que, nesse caso, é uma constante independente de x (Figura 1.7b). Assim, no caso de a função $\psi(x, t)$ representar uma partícula, não é possível saber a localização da partícula em determinado instante de tempo, mas apenas obter a probabilidade de encontrá-la em determinado ponto do espaço num certo instante de tempo. A função $\psi(x, t)$ será denominada *função de onda.*

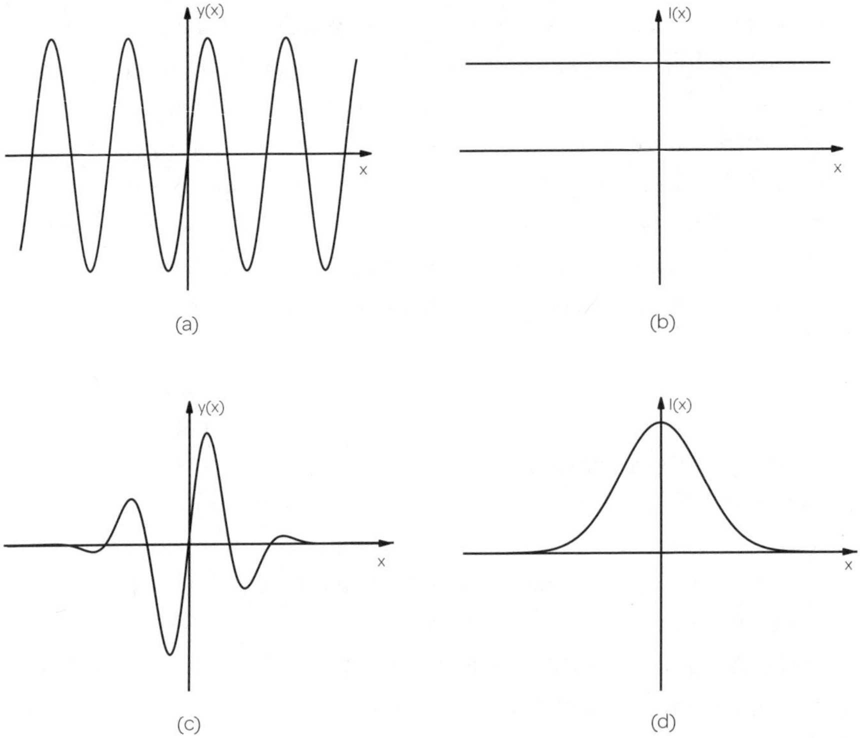

Figura 1.7 – Gráficos da função $y = y(x, t)$ para uma onda se propagando ao longo do eixo x e da intensidade $I(x)$ correspondente para (a, b) uma onda senoidal, e (c, d), um pulso.

Entretanto, embora seja bastante óbvio, deve-se ressaltar que, a despeito da analogia entre as duas situações descritas, enquanto a propagação de uma onda eletromagnética é governada pela conhecida equação de onda, que decorre das equações de Maxwell, a função de onda $\psi(x, t)$ deverá obedecer a outra equação de onda, distinta daquela, que será a responsável por governar o comportamento ondulatório da matéria. Esta é a equação de Schrödinger, que será apresentada um pouco mais adiante.

1.3.5 O PRINCÍPIO DA INCERTEZA

Nas Figuras 1.7a e 1.7b, vimos o exemplo de uma onda que se propaga ao longo do eixo x com intensidade uniforme em todo o espaço, desde $x = -\infty$ até $x = +\infty$, constante e independente do tempo de $t = -\infty$ até $t = +\infty$. Essa onda é expressa por uma função senoidal com comprimento de onda e frequência bem definidos. Consideremos agora uma onda na forma de um pulso. Um pulso seria produzido caso a fonte (um laser, por exemplo) fosse ligada e desligada pouco tempo depois. A Figura 1.7c mostra um pulso no instante em que passa por $x = 0$. Nesse caso, a onda é localizada em uma região determinada do espaço, com uma largura finita, ou, de forma equivalente, é limitada a certo intervalo de tempo. Consequentemente, a intensidade da onda apresenta uma distribuição que apresenta um máximo em $x = 0$, que decresce em seu entorno, com uma largura que é dada pela extensão ou duração do pulso (Figura 1.7d). Embora seja possível fazer estimativas de valores para o comprimento de onda e a frequência do pulso, esses valores não estão bem definidos, pois essa onda não pode ser bem representada como uma função senoidal, como fizemos no caso anterior.

Entretanto, um pulso pode ser expresso como uma soma de ondas senoidais de diferentes comprimentos de onda e frequências. Ondas com comprimentos de onda próximos ao estimado inicialmente vão se somar construtivamente em torno do pico do pulso, enquanto ondas com comprimentos de onda muito diferentes desse valor não contribuirão para a soma, pois se anularão mutuamente. Dessa forma, é possível mostrar que um pulso, como aquele ilustrado na Figura 1.7c, pode ser escrito como uma soma de funções senoidais, cujos comprimentos de onda (ou números de onda) e frequências (ou frequências angulares) formam uma distribuição contínua de valores com uma certa largura em torno de um valor máximo.[5]

Quando a extensão (ou duração) do pulso é extremamente grande, tendendo a infinito, se aproxima do caso da onda senoidal apresentada anteriormente, constituída por um único número de onda e uma única frequência angular, bem definidos. Logo, conclui-se que a extensão (ou duração) do pulso deve variar inversamente à largura da distribuição de valores de números de onda (ou de frequências angulares) que constituem a onda.

Uma análise mais aprofundada dessa questão mostra que, quanto mais localizada no espaço, ou seja, quanto menor a largura do pulso Δx, maior o intervalo de números de onda Δk que formam o pulso. Por outro lado, quanto maior for a largura do pulso, ou seja, quanto maior Δx mais estreita é a distribuição de números de onda, ou seja, menor será Δk. No limite, um pulso de largura nula ou um pulso instantâneo seria constituído por uma distribuição de números de onda infinitamente larga. De maneira inversa, um pulso de duração infinita, que nada mais é que a onda senoidal, é constituído por uma distribuição de números de onda de largura nula, isto é, por um único número de onda k, conforme já dito. Assim, conclui-se que Δx varia inversamente a Δk, ou seja, o produto $\Delta x \, \Delta k$ deve ser igual a um valor constante.

Pode-se desenvolver raciocínio análogo para a duração do pulso Δt e a faixa de frequências angulares Δw. Assim, quanto menor a duração do pulso Δt, maior o intervalo

---

5 Uma descrição quantitativa aprofundada desse aspecto pode ser feita utilizando-se a análise de Fourier. Uma análise qualitativa mais detalhada pode ser encontrada em Eisberg, 1979.

de frequências angulares Δw que o pulso deve conter. Por outro lado, quanto maior for a duração do pulso Δt, mais estreita a faixa de frequências Δw. No limite, um pulso instantâneo seria constituído por uma distribuição de frequências infinitamente larga. De maneira inversa, um pulso de duração infinita, que é uma onda senoidal, é constituído por uma distribuição de frequências de largura nula, ou seja, por uma única frequência angular w. Portanto, conclui-se que Δt varia inversamente a Δw, ou seja, o produto Δw Δt também deve ser igual a uma constante.

Essa discussão ilustra uma propriedade geral dos fenômenos ondulatórios: se conhecemos a localização de uma onda, não podemos saber seu número de onda ou comprimento de onda com precisão. Por outro lado, se conhecemos o número de onda com exatidão, a onda se estende no espaço, e não podemos saber sua localização. Uma conclusão análoga também vale com relação à frequência (ou frequência angular) e ao intervalo de tempo em que a onda se propaga. Uma análise matemática rigorosa dessa questão é capaz de mostrar que: $\Delta x\, \Delta k \geq 1 / 4\pi$ e $\Delta t\, \Delta w \geq 1 / 4\pi$.[6] Essas relações, verificadas para os sistemas clássicos, são inerentes a qualquer fenômeno ondulatório.

Em 1927, W. Heisenberg formulou o chamado princípio da incerteza da mecânica quântica, que estabelece que não é possível conhecer simultaneamente os valores exatos da posição e do momento linear de uma partícula ou de um sistema de partículas. Assim, se Δx é a incerteza na determinação da posição e Δp é a incerteza no momento, então:

$$\Delta x \Delta p \geq \hbar / 2 \tag{1.9}$$

De maneira equivalente, o princípio da incerteza também estabelece uma segunda relação:

$$\Delta E \Delta t \geq \hbar / 2 \tag{1.10}$$

Em que ΔE é a incerteza na determinação da energia e a incerteza no tempo Δt é o intervalo de tempo característico do sistema considerado.

O princípio da incerteza estende para a (onda de) matéria a limitação fundamental observada nos sistemas ondulatórios já discutida. É importante deixar claro, entretanto, que o princípio da incerteza não tem relação alguma com limitações experimentais, instrumentais ou quaisquer outras de ordem prática que possam existir (e que sempre existem). Da mesma forma, o princípio da incerteza também não se constitui na expressão de uma possível perturbação do sistema físico causada pelo processo de medida. Antes disso, o princípio da incerteza é uma propriedade inerente a qualquer sistema quântico,

6 Os produtos podem ser maiores que 1 / 4 π, uma vez que não há limite superior para as imprecisões.

independentemente de qualquer medição, uma limitação fundamental da natureza, que não pode ser ultrapassada e está diretamente relacionada à natureza ondulatória da matéria. O princípio da incerteza, um dos fundamentos básicos sobre os quais se estabelece a mecânica quântica, impõe um limite mínimo fundamental para o nosso conhecimento sobre os sistemas físicos, em nítido contraste com a física clássica, segundo a qual as grandezas poderiam, em princípio, ser conhecidas com precisão ilimitada.

1.3.6 A EQUAÇÃO DE SCHRÖDINGER

A equação que governa o comportamento ondulatório da matéria foi proposta originalmente por E. Schrödinger, em 1925:

$$-\frac{\hbar^2}{2m}\nabla^2\Psi + V\Psi = i\hbar\frac{\partial\Psi}{\partial t} \tag{1.11}$$

Em que $\Psi = \Psi(\vec{r},t)$ é a chamada função de onda da partícula, que é uma função da posição $\vec{r} = (x,y,z)$ e do tempo *t*; *m* é a massa da partícula; e $V = V(\vec{r},t)$ é o potencial que atua sobre a partícula, que, no caso mais geral, pode depender da posição e do tempo. Ao longo deste texto, consideraremos exclusivamente as situações mais simples, nas quais o potencial depende apenas da posição, mas é independente do tempo, ou seja, $V = V(\vec{r})$. Nesse caso, pode-se utilizar o método da separação de variáveis para desmembrar as partes espacial e temporal da função de onda, escrevendo:

$$\Psi(\vec{r},t) = \psi(\vec{r})exp(-iwt) \tag{1.12}$$

Ou seja, supõe-se que Ψ pode ser expressa como o produto de duas funções independentes, uma função ψ, que depende somente da posição $\vec{r}$, e outra função apenas do tempo t, que oscila harmonicamente com frequência angular *w*.

Substituindo-se a função de onda 1.12 na Equação 1.11 e utilizando-se a relação de Planck (Equação 1.1), obtém-se a equação de Schrödinger independente do tempo:

$$-\frac{\hbar^2}{2m}\nabla^2\psi + V\psi = E\psi \tag{1.13}$$

Assim, nas situações em que o potencial é independente do tempo, nosso problema resumir-se-á em encontrar a parte espacial da função de onda $\psi = \psi(\vec{r})$, uma vez que sua dependência temporal já está explicitada na Equação 1.12, que depende da energia da partícula por meio da relação de Planck (Equação 1.8).

A interpretação física da função de onda, no entanto, não é óbvia e foi objeto de intenso debate entre os cientistas na época em que a equação de Schroedinger foi proposta. Conforme já esboçado na Seção 1.3.4, o valor médio quadrático da função de onda está relacionado à probabilidade de se encontrar a partícula em determinado ponto de espaço.

NOTA 1.1: DENSIDADE DE PROBABILIDADE

Uma função de densidade de probabilidade $f(x)$ é definida tal que:

$$f(x) = \frac{dp(x)}{dx} \tag{1.14}$$

em que $p(x)$ é a probabilidade do valor da variável se situar entre x e $x + dx$. De outra forma:

$$p(x) = \int_{x}^{x+dx} f(x')dx' \tag{1.15}$$

A função definida pela Equação 1.14 não pode ser considerada como uma densidade de probabilidade, a menos que satisfaça a condição de normalização, ou seja, a condição de que a probabilidade de uma variável assumir um valor qualquer deva ser igual à unidade, ou seja:

$$\int_{-\infty}^{\infty} f(x)dx = 1 \tag{1.16}$$

De posse da função de densidade de probabilidade, pode-se determinar o valor médio da variável x seguinte forma:

$$\langle x \rangle = \frac{\int_{-\infty}^{\infty} xf(x)dx}{\int_{-\infty}^{\infty} f(x)dx} \tag{1.17}$$

A mecânica quântica postula que o módulo ao quadrado da função de onda é proporcional à função densidade de probabilidade associada à partícula. O módulo ao quadrado da função de onda é dado por:

$$|\psi|^2 = \psi\psi^* \tag{1.18}$$

em que ψ^* é o complexo conjugado de ψ. Dessa maneira, para se obter a probabilidade de encontrar a partícula em uma certa região do espaço, basta integrar a função densidade de probabilidade no interior do volume correspondente. A condição de normalização da função de onda é obtida integrando seu módulo ao quadrado em todo espaço e igualando à unidade:

$$\int |\psi|^2 \, d\tau = 1 \tag{1.19}$$

A seguir, resolveremos a equação de Schrödinger independente do tempo (Equação 1.13) para obtermos a parte espacial da função de onda $\psi(\vec{r})$ em alguns casos simples, a começar com o caso da partícula livre.

1.3.6.1 A partícula livre

Uma partícula livre está isenta de qualquer interação, e, dessa maneira, a equação de Schrödinger que descreve esse caso pode ser facilmente obtida fazendo-se $V = 0$ na Equação 1.13. Ou seja, em uma dimensão:

$$-\frac{\hbar^2}{2m}\frac{d^2\psi}{dx^2} = E\psi \tag{1.20}$$

ou

$$\frac{d^2\psi}{dx^2} = -\frac{2mE}{\hbar^2}\psi \tag{1.21}$$

Essa equação admite como soluções funções oscilantes, como seno, cosseno ou a exponencial complexa. Interessa-nos obter simplesmente uma das soluções possíveis. Nesse caso, escolhemos soluções do tipo:[7]

7 Estas soluções, entretanto, não podem ser normalizadas. Para o leitor interessado nesta questão, ver: Griffiths, 2011. O problema da partícula livre suscita outras questões físicas interessantes que também são discutidas na mesma referência.

$$\psi(x) = A\exp(ikx) \text{ ou } \psi(x) = A\exp(-ikx) \tag{1.22}$$

Essas expressões, acrescidas da parte temporal da função de onda (Equação 1.12), representam ondas que se propagam ao longo do eixo x, sendo a exponencial positiva no sentido de x positivo, enquanto a exponencial negativa representa a onda que se propaga no sentido de x negativo. Essas funções de onda correspondem a situações idealizadas de um feixe partículas livres, ou seja, que não interagem, em movimento ao longo do eixo x, de maneira tal que sua coordenada é completamente desconhecida, pois a amplitude da função de onda é constante e independente de x. Assim, a probabilidade de encontrar a partícula em qualquer ponto do espaço é a mesma, e, logo, a incerteza em sua posição é infinita. Consequentemente, de acordo com o princípio da incerteza, nessa situação, o valor do momento p da partícula pode ser determinado com total precisão ou incerteza nula, o que pode ser facilmente verificado, já que $p = \hbar k$ e as funções de onda (Equação 1.22) possuem um valor do número de onda k bem determinado.

Substituindo-se a Equação 1.22 na Equação 1.20, obtém-se a relação entre energia da partícula e o número de onda, que é a condição para que a função de onda proposta seja solução da equação de Schrödinger:

$$E = \frac{\hbar^2}{2m} k^2 \tag{1.23}$$

Essa é a *relação de dispersão* da partícula livre, que se caracteriza pelo fato de a energia da partícula ser uma função quadrática do número de onda k. Tendo em vista a proporcionalidade entre o número de onda e o momento linear p da partícula (Equação 1.7), verifica-se que a relação dada é análoga à equação clássica para a energia cinética, uma vez que, para a partícula livre, o potencial é nulo.

1.3.6.2 O poço de potencial infinito

O poço de potencial infinito unidimensional é um dos casos mais simples da mecânica quântica. Consideremos o poço situado, por exemplo, entre $x = 0$ e $x = L$. No seu interior, o potencial é constante; logo, pode ser convenientemente tomado como nulo. Fora do poço, o potencial é infinitamente repulsivo e, portanto, é uma região onde a partícula não pode estar presente. A Figura 1.8 ilustra esta situação.

No interior do poço ($0 < x < L$), a equação de Schrödinger é análoga ao caso anterior (Equação 1.20). Assim, de forma similar, a função de onda pode ser escrita como uma exponencial complexa ou como funções seno ou cosseno (ou uma combinação linear dessas funções). Aqui, consideramos mais conveniente escolher como solução a seguinte combinação linear:

$$\psi(x) = Asen(kx) + Bcos(kx) \qquad (1.24)$$

Fora do poço ($x<0$ e $x>L$), o potencial é infinito, e, nessas regiões, $\psi(x) = 0$ (solução trivial) é a única solução possível para a equação de Schrödinger. Portanto, conforme comentado, a probabilidade de se encontrar a partícula é nula. Assim, aplicando-se as condições de contorno à função de onda, resulta que $\psi(x)$ deve se anular em $x=0$ e $x=L$.

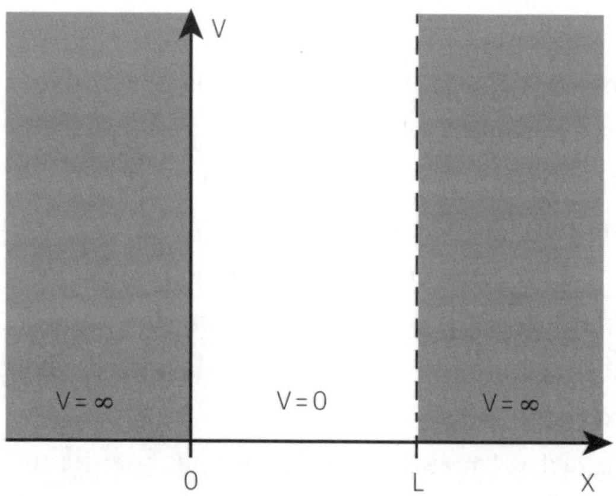

Figura 1.8 – Representação do poço de potencial infinito unidimensional.

A primeira dessas condições resulta em $B = 0$, e, portanto, a função de onda no interior do poço (Equação 1.24) fica reduzida apenas à função seno (para mais detalhes da solução desse problema, veja Exercício 24). A aplicação da segunda condição de contorno obriga o número de onda k a admitir, necessariamente, apenas aqueles valores que anulam a função seno em $x=L$, ou seja:

$$k = \frac{\pi}{L}n \qquad (n = 1, 2, 3, \ldots \infty) \qquad (1.25)$$

Essa relação expressa a quantização do número de onda k, ou, de forma equivalente, do momento linear p. Tendo em vista que dentro do poço de potencial vale a mesma relação de dispersão obtida para a partícula livre, podemos substituir a Equação 1.25 na Equação 1.23, obtendo como resultado estados quantizados de energia:

$$E_n = \frac{\pi^2 \hbar^2}{2mL^2} n^2 \qquad (n = 1,2,3,\ldots\infty) \tag{1.26}$$

em que n é o número quântico que designa os estados de energia. Dessa forma, no interior do poço de potencial, a partícula só pode ocupar estados com valores discretos de energia, dados pela Equação 1.26, designados por um número quântico, em que a diferença de energia entre níveis adjacentes aumenta à medida que aumenta a energia. No interior do poço, cada função de onda correspondente ao número quântico n possui $(n - 1)$ zeros ou nós, que correspondem às posições em que a probabilidade de se encontrar a partícula se anula, e n extremos (máximos ou mínimos), em que a probabilidade de a partícula estar localizada é máxima.

É interessante observar que o estado de energia $E = 0$ não é permitido, pois esse estado corresponderia a $n = 0$, e, logo, implicaria a solução trivial, ou seja, em $\psi = 0$. Assim, a menor energia (cinética) possível para uma partícula no interior do poço é um valor finito maior que zero (o que equivale a dizer que o momento linear e a velocidade não podem ser nulos). Esse fenômeno, denominado *energia de ponto zero*, é uma consequência direta do fato de a partícula estar confinada a uma região finita do espaço. Observe que essa mesma conclusão pode ser obtida a partir da aplicação do princípio da incerteza (veja Exercício 27).

Os fenômenos descritos (quantização da energia, energia de ponto zero) resultam do chamado confinamento quântico e somente se manifestam de forma clara quando a largura do poço L é suficientemente pequena. À medida que L aumenta, a separação entre os níveis de energia decresce, e a energia do estado fundamental diminui, de forma que para um valor de L muito grande, os valores de energia se distribuem continuamente a partir de $E = 0$, conforme previsto pela mecânica clássica.

Exemplo 1.3: calcular as energias (em eV) do estado fundamental e dos primeiros estados excitados de um elétron ($m = m_e = 9{,}11 \times 10^{-31}$ kg) situado no interior de um poço unidimensional de largura $L = 1{,}0$ nm.

$$E_n = \frac{\hbar^2 \pi^2}{2mL^2} n^2 = \frac{\left(1{,}05x10^{-34}\right)^2 x\pi^2}{2x9{,}11x10^{-31} x\left(1{,}0x10^{-9}\right)^2 x1{,}60x10^{-19}} n^2 = 0{,}373 n^2 \left(eV\right)$$

Resultando em $E_1 = 0{,}37$ eV; $E_2 = 1{,}49$ eV; $E_3 = 3{,}36$ eV; $E_4 = 5{,}97$ eV; $E_5 = 9{,}33$ eV.

A Figura 1.9 mostra uma representação dos níveis de energia, funções de onda e as funções densidade de probabilidade para os cinco estados de energia mais baixa deste poço de potencial.

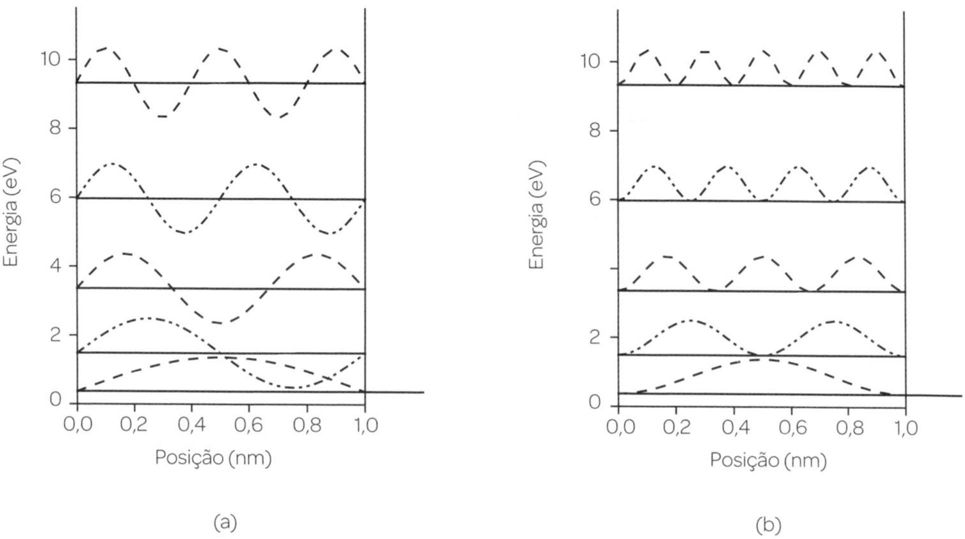

Figura 1.9 – Estado fundamental ($n = 1$) e os quatro primeiros estados excitados ($n = 2, 3, 4$ e 5) de um elétron situado no interior de um poço de potencial infinito unidimensional de largura $L = 1{,}0$ nm. Além dos níveis de energia, também estão representados os gráficos (a) das funções de onda $\psi(x)$ e (b) das funções densidade de probabilidade $|\psi(x)|^2$. Os gráficos de todas as funções estão deslocados verticalmente de um valor igual à energia do estado correspondente.

NA PONTA DA CIÊNCIA E DA TECNOLOGIA

Currais de elétrons e outros bichos quânticos

Uma demonstração sensacional dos efeitos do comportamento ondulatório das partículas no mundo microscópico foi realizada em 1993 no centro de pesquisas da IBM de Almaden, Califórnia. Átomos de ferro foram dispostos em círculo sobre uma superfície de cobre, formando o que se chamou de "curral quântico" de elétrons. Em decorrência do confinamento quântico proporcionado pelos átomos de ferro, os elétrons da superfície do cobre formaram ondas estacionárias no interior do círculo, de maneira semelhante ao resultado obtido no problema do poço de potencial. A imagem apresentada na Figura 1.10 mostra o "curral quântico" formado pelos átomos de ferro. As ondulações que podem ser observadas no interior do círculo, apresentando máximos e mínimos, são a visualização da densidade de carga associada às funções de onda eletrônicas (análogas às apresentadas na Figura 1.9b, para o poço infinito unidimensional) e confirmam a existência de estados quânticos no interior do curral.[8]

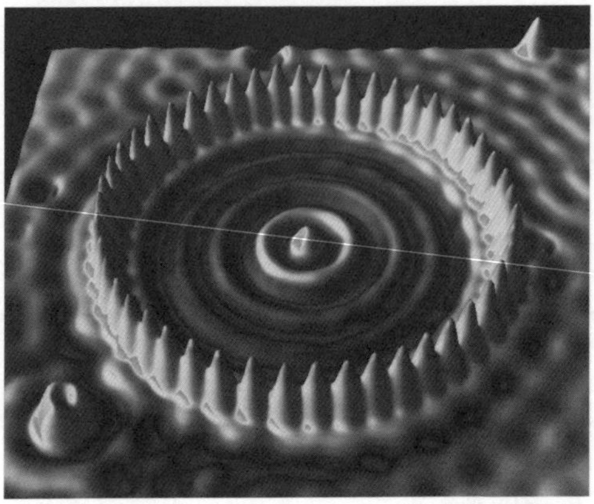

Figura 1.10 – Imagem de uma superfície de cobre contendo 48 átomos de ferro dispostos em círculo, formando o que se chama de "curral quântico" de elétrons. As ondulações que se observam no interior do círculo de átomos de ferro, apresentando máximos e mínimos, são uma confirmação da existência de estados eletrônicos quantizados no interior do "curral". Esta estrutura e a posterior captura das imagens foram obtidas pela técnica de microscopia de tunelamento e varredura – STM.

Fonte: Crommie, 1993.

O experimento mostrado na Figura 1.10 foi elaborado movendo-se os átomos de ferro, um a um, sobre a superfície do cobre e dispondo-os cuidadosamente na forma de um círculo. Durante todo o processo, a amostra é mantida a temperatura de 4 K para evitar que os átomos de ferro se desloquem sobre a superfície do cobre por difusão térmica, o que poderia desfazer o arranjo. Esse processo e a posterior obtenção da imagem foram realizados pela técnica de microscopia de tunelamento e varredura (STM), descrita mais adiante.

8 Neste caso, as funções de onda dos elétrons podem ser obtidas resolvendo a equação de Schrödinger em duas dimensões em coordenadas polares para um poço de potencial de formato circular. Esse problema, entretanto, não será tratado aqui.

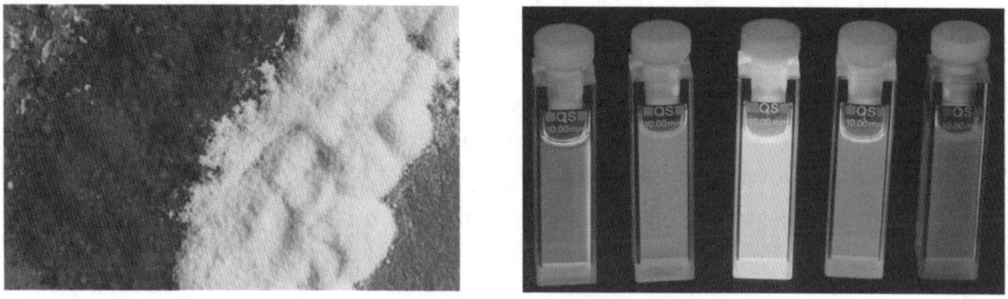

(a) (b)

Figura 1.11 – (a) amostras de seleneto de cádmio (CdSe) em pó com diferentes granulometrias. A amostra com maior tamanho de partícula reflete luz com menor energia (vermelho) em relação à amostra de menor tamanho de partícula que reflete fótons de energia mais alta (amarelo) e (b) luminescência de nanopartículas de CdS/CdSe em suspensão líquida com diâmetros entre 1,7 nm (primeira amostra, da esquerda para direita) e 6,0 nm (última amostra).

Fonte: Reed, 1993; Gaponik, 2010.

Dois exemplos dos efeitos de confinamento quântico sobre as propriedades ópticas dos sólidos podem ser observados na Figura 1.11. A Figura 1.11a mostra duas amostras de seleneto de cádmio (CdSe) em pó, com tamanhos de partículas (ou granulometrias) diferentes, ambas de dimensões nanométricas, apresentando colorações distintas. O CdSe é um material semicondutor, e suas partículas nanométricas agem como poços de potencial que aprisionam elétrons. Assim, as energias dos estados eletrônicos no interior das partículas variam de forma inversamente proporcional às suas dimensões (veja Seção 1.3.6.3 adiante). A amostra que aparece à esquerda na Figura 1.11a possui maior granulometria, o que equivale a dizer que os elétrons estão aprisionados em poços mais largos e, portanto, apresenta menor espaçamento energético entre os estados eletrônicos. Consequentemente, o limiar de energia para absorção de luz é menor nesse caso. A cor vermelha é resultado da reflexão da parcela de menor energia do espectro de luz visível que não foi absorvida. No lado direito da Figura 1.11a, a amostra de CdSe apresenta menor granulometria, menor largura do poço, maior espaçamento entre os níveis de energia e, logo, um limiar de energia maior para absorção de luz, refletindo, portanto, fótons de energia mais alta.

A Figura 1.11b mostra suspensões líquidas contendo nanopartículas de CdS/CdSe de diferentes diâmetros, desde 1,7 nm até 6,0 nm, excitadas por luz ultravioleta emitindo luz de diferentes comprimentos de onda, que abrangem toda a faixa do espectro visível. O comprimento de onda da luz emitida (ou a energia do fóton emitido) pode ser controlado por meio do ajuste do tamanho das nanopartículas durante o processo de síntese. Esse tipo de nanopartícula encontra aplicação em células fotovoltaicas e diodos emissores de luz (*light-emitting diodes*, leds).[9] Atualmente, os leds contendo nanocristais de CdSe, os chamados pontos quânticos, constituem-se em uma das mais modernas e avançadas tecnologias para produção de displays, monitores e televisores. O Prêmio Nobel de Química de 2023 foi conferido a M. G. Bawendi, L. E. Brus e A. Yekimov pela descoberta e desenvolvimento dos pontos quânticos.

Para mais detalhes sobre efeitos de confinamento quântico sobre as propriedades ópticas de materiais, veja o Capítulo 10.

1.3.6.3 O poço infinito tridimensional

O poço infinito em três dimensões em coordenadas cartesianas tem as características de uma caixa, com potencial nulo em seu interior e infinitamente repulsivo do lado de fora (Figura 1.12). Nesse caso, a equação de Schrödinger no interior do poço é uma equação diferencial em três variáveis x, y e z, que assume a seguinte forma:

$$-\frac{\hbar^2}{2m}\left(\frac{\partial^2}{\partial x^2}+\frac{\partial^2}{\partial y^2}+\frac{\partial^2}{\partial z^2}\right)\psi = E\psi \qquad (1.27)$$

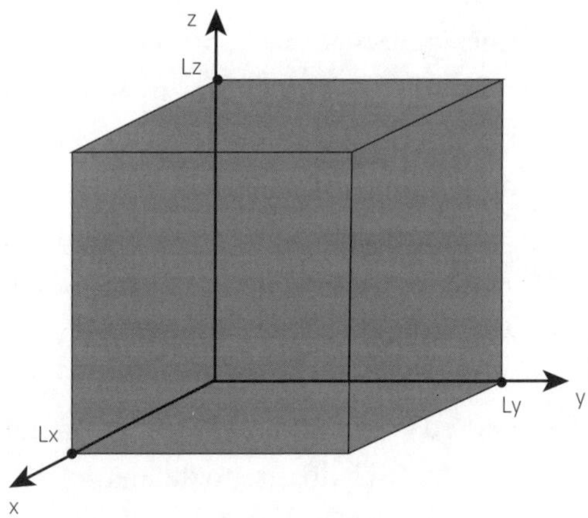

Figura 1.12 – Representação do poço de potencial infinito tridimensional. O potencial é nulo no interior da caixa e infinito fora dela.

A solução dessa equação, que aqui será apresentada apenas em linhas gerais, pode ser obtida pelo método de separação de variáveis. Esse método consiste em supor que a

9. Veja, por exemplo, Nanoparticle sensitized nanostructured solar cells, Patent US 20080110494.

função de onda de três variáveis $\psi = \psi\,(x, y, z)$ pode ser escrita como o produto de três funções de uma variável apenas:

$$\psi(x,y,z) = F(x)G(y)H(z) \tag{1.28}$$

Substituindo-se a Equação 1.28 na Equação 1.27, pode-se desmembrar a equação diferencial de três variáveis em três equações de somente uma variável, cada uma delas análoga ao caso do poço infinito unidimensional (Equação 1.21):

$$\frac{\partial^2 F(x)}{\partial x^2} = -k_x^2 F(x)\ ;\ \frac{\partial^2 G(y)}{\partial y^2} = -k_y^2 G(y)\ ;\ \frac{\partial^2 H(z)}{\partial z^2} = -k_z^2 H(z) \tag{1.29}$$

De forma que a energia da partícula pode ser expressa:

$$E = \frac{\hbar^2}{2m}\left(k_x^2 + k_y^2 + k_z^2\right) = \frac{\hbar^2}{2m}\left|\vec{k}\right|^2 \tag{1.30}$$

Procedendo de forma análoga ao caso anterior, utilizando soluções na forma de combinações lineares de seno e cosseno para cada uma das equações 1.29, e impondo as condições de contorno de que as funções devem se anular nas paredes do poço, obtemos as energias dos estados permitidos:

$$E = \frac{\pi^2\hbar^2}{2mL^2}\left(n_x^2 + n_y^2 + n_z^2\right) \tag{1.31}$$

onde, por simplicidade, fez-se $L_x = L_y = L_z = L$. Desta forma, cada estado de energia é designado por três números quânticos independentes, cada um deles relacionado a uma das três coordenadas do espaço cartesiano.

Alternativamente, pode-se adotar soluções na forma de funções exponenciais complexas, de maneira que a função de onda total ficaria:

$$\psi(x,y,z) = A\exp(-ik_x x)\exp(-ik_y y)\exp(-k_z z) = A\exp\left[-i\left(k_x x + k_y y + k_z z\right)\right]$$

ou

$$\psi(x,y,z) = A\exp\left(-i\vec{k}.\vec{r}\right) \tag{1.32}$$

Neste caso, deve-se impor condições de contorno periódicas. Assim, obtém-se uma expressão para a energia distinta da Equação 1.31:

$$E = \frac{2\pi^2\hbar^2}{mL^2}\left(n_x^2 + n_y^2 + n_z^2\right) \tag{1.33}$$

Outros exemplos de solução da equação de Schrödinger em situações simples podem ser encontrados nos diversos livros de física quântica. Aqui, abordaremos de forma muito breve apenas mais dois exemplos que consideramos interessantes. O primeiro é o do poço de potencial finito.

1.3.6.4 O poço finito

O poço de potencial unidimensional finito é um caso semelhante ao poço infinito tratado na Seção 1.3.6.2, exceto pelo fato de que, nesse caso, o poço tem profundidade V_0. A Figura 1.13 ilustra um poço de potencial finito, onde o potencial vale $-V_0$ no seu interior e é nulo fora dele. São duas as situações possíveis de interesse: quando a energia da partícula $E > 0$ e quando $E < 0$. Consideraremos aqui apenas o segundo caso, que corresponde a analisar os possíveis estados ligados da partícula no interior do poço de potencial.

Matematicamente, a solução desse problema não é tão simples como no caso do poço infinito. Portanto, vamos analisá-la apenas de forma qualitativa. Considerando a equação de Schrödinger em uma dimensão, temos para a região no interior do poço:

$$\frac{\hbar^2}{2m}\frac{d^2\psi}{dx^2} = -\left(E + V_0\right)\psi \qquad (0 < x < L) \tag{1.34}$$

Em que $\left(E + V_0\right) > 0$, pois, por suposição, $|E| < V_0$. Assim, a Equação 1.34 é similar à 1.21 e, portanto, de forma análoga ao caso do poço infinito, as soluções no interior do poço são funções oscilantes.

Fora do poço, ou seja, para $x < 0$ ou $x > L$, encontramos uma situação nova, pois o potencial é nulo, mas a energia da partícula é negativa. Assim, a equação de Schrödinger fica:

$$\frac{\hbar^2}{2m}\frac{d^2\psi}{dx^2} = |E|\psi \qquad (x < 0 \text{ e } x > L) \tag{1.35}$$

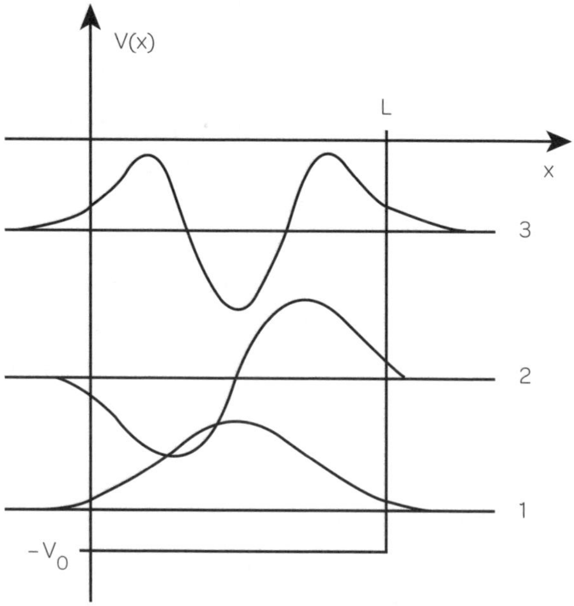

Figura 1.13 – Poço de potencial finito unidimensional de profundidade V_0 e largura *L*, mostrando as funções de onda de três estados permitidos. Note que há penetração da função de onda no interior das paredes do poço.

As soluções da Equação 1.35 são exponenciais crescentes ou decrescentes. Aplicando-se as condições de contorno de continuidade da função de onda e de sua derivada e considerando-se que, muito longe do poço, a função de onda deve tender a zero, têm-se soluções como as ilustradas na Figura 1.13 para os estados de energia de $n = 1$ até $n = 3$.

Note que a função de onda penetra no interior das paredes do poço, ainda que a energia da partícula seja menor que o valor do potencial nessas regiões. Este é um fenômeno puramente quântico, que seria proibido para a partícula do ponto de vista da física clássica. O poço finito apresenta um número limitado de estados permitidos de energia, que depende de sua largura e profundidade. No caso ilustrado na Figura 1.13, de um elétron confinado em um poço com $L = 1{,}0$ nm e $V_0 = 10{,}0$ eV, existem apenas três estados de energia permitidos.

NA PONTA DA CIÊNCIA E DA TECNOLOGIA

Colorindo cristais

Sólidos formados por ligações químicas de forte caráter iônico são, em geral, isolantes e transparentes à luz visível (veja Capítulo 8). Este é o caso, por exemplo, dos halogenetos alcalinos (como, LiF, NaCl, KBr etc.), dos halogenetos de metais alcalinos terrosos (MgF_2, CaF_2, $MgCl_2$ etc.) e de diversos óxidos (MgO, CaO, ZnO, Al_2O_3 etc.). No entanto, a presença de defeitos ou imperfeições na estrutura cristalina desses sólidos resulta na absorção de luz em certos comprimentos de onda, e, por esse motivo, esses defeitos são, de maneira geral, denominados de *centros de cor*. Os centros de cor podem ser simples defeitos cristalográficos, como também podem estar associados à presença de átomos de impurezas no interior do sólido.

O tipo mais simples e bem conhecido de centro de cor é o chamado *centro F*, que se forma quando a uma vacância (ou lacuna) aniônica da rede cristalina aprisiona um elétron. No interior do poço de potencial finito tridimensional formado pelos íons vizinhos da rede, o elétron pode ocupar estados discretos de energia, de forma análoga ao apresentado na Figura 1.13. Assim, quando luz incide sobre o cristal, o elétron poderá sofrer uma transição entre o estado fundamental e um estado excitado, absorvendo um fóton com energia igual à diferença entre esses dois estados e resultando em um pico de absorção óptica centrado em um comprimento de onda bem determinado (veja Exercício 33). Por esse motivo, os cristais iônicos, que normalmente são transparentes em toda a faixa do espectro de luz visível, quando possuem centros F em sua estrutura passam a apresentar uma certa coloração. A denominação desses defeitos (ou centros) pela letra F tem origem na palavra *farbe*, que, em alemão, significa "cor". A Figura 1.14a mostra as diferentes colorações adquiridas por cristais dos halogenetos alcalinos NaCl, KCl e KBr contendo centros F.

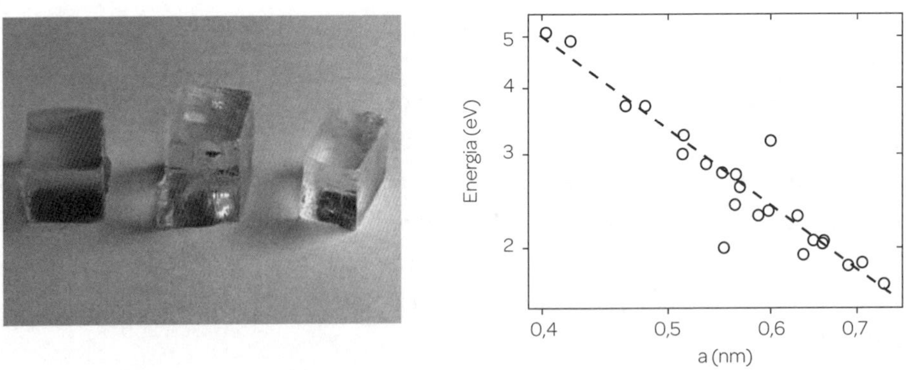

(a) (b)

Figura 1.14 – (a) cristais de NaCl, KCl e KBr contendo centros F (imagem reproduzida de University of Wisconsin Materials Research Science and Engineering Center, Interdisciplinary Education Group); e b) energia do pico de absorção óptica de centros F em função do parâmetro de rede em escala log-log para diversos halogenetos alcalinos, alguns óxidos e sulfetos com estrutura cúbica do NaCl. A linha tracejada corresponde a uma lei de potência de expoente aproximadamente igual a –1,80.

Fonte: Popov, 2010.

A equação que relaciona a energia do pico de absorção óptica dos centros F com o inverso do parâmetro de rede do cristal de halogeneto alcalino é a chamada relação de Mollwo-Ivey:

$$E = \frac{C}{a^m} \tag{1.36}$$

Em que a é o parâmetro de rede do cristal; m é um expoente próximo, mas não exatamente igual a 2,0; e C é uma constante. A Figura 1.14b mostra um gráfico log-log da energia do pico de absorção óptica de centros F em diversos halogenetos alcalinos, alguns óxidos e sulfetos com a estrutura cristalina cúbica do NaCl em função do parâmetro de rede do cristal correspondente. Nota-se que essa energia varia inversamente ao parâmetro de rede, ou seja, inversamente às dimensões do poço de potencial que aprisiona o elétron, em acordo qualitativo com a solução da equação de Schrödinger para o poço de potencial (veja Equação 1.31, por exemplo). Mais recentemente, observou-se que essa mesma relação também é válida para óxidos do tipo ABO_3 (Popov, 2010).

A incidência de radiação de alta energia (raios-X, por exemplo) é uma das formas mais simples e práticas de se produzirem vacâncias na rede cristalina em cristais iônicos e, consequentemente, centros de cor. Assim, cristais de halogenetos alcalinos podem ser utilizados como dosímetros, que são dispositivos utilizados para medir a dose de radiação. Nos halogenetos alcalinos a intensidade de absorção de luz em certos comprimentos de onda pode ser monitorada como uma medida da dose de radiação recebida. Um dos cristais utilizados com essa finalidade é o fluoreto de lítio (LiF), graças à sua grande durabilidade e à estabilidade dos centros de cor.[10] Outras aplicações interessantes dos centros de cor são a formação e o armazenamento de imagens radiográficas e a produção de gemas artificiais.

1.3.6.5 A barreira de potencial e o efeito túnel

Vamos apresentar agora, de forma muito breve, o caso de uma barreira de potencial de largura L e altura V_0, ilustrada na Figura 1.15, considerando apenas o caso em que a energia E da partícula é menor que a altura da barreira V_0. Nesse caso, temos de resolver a equação de Schrödinger em três regiões distintas: nas duas regiões à esquerda e à direita da barreira, $V = 0$, e, portanto, a equação de Schrödinger é análoga ao caso da partícula livre, com soluções bem-descritas por funções exponenciais complexas (veja Equação 1.22). No interior da barreira, $V = V_0 > E$ e, portanto, a situação é análoga à penetração da função de onda nas paredes do poço finito, ou seja, as soluções da

10 Veja, por exemplo, Inorganic crystal based composite material high dose dosimeter and method of using same, Patent US 6249004B1.

equação de onda são funções exponenciais crescentes ou decrescentes. Supondo, como condição inicial, que a partícula incide sobre a barreira proveniente de $x = -\infty$, deve-se considerar também a possibilidade de reflexão da função de onda e aplicar as condições de contorno nas duas interfaces existentes. Para mais detalhes da solução desse problema, o leitor interessado deve consultar o livro citado de Eisberg e Resnick.

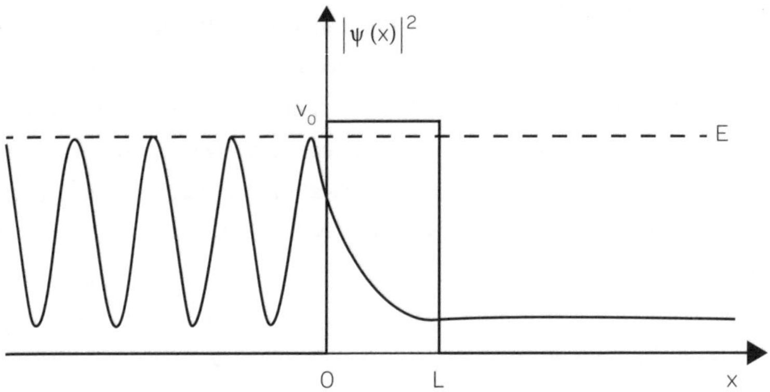

Figura 1.15 – Barreira de potencial de largura L e altura V_0 , mostrando a função densidade de probabilidade $|\psi(x)|^2$ para uma partícula que se propaga da esquerda para a direita com energia $E < V_0$. Note que a partícula pode atravessar a barreira, no chamado efeito túnel ou tunelamento.

A Figura 1.15 ilustra o comportamento da função densidade de probabilidade $|\psi(x)|^2$ após a aplicação das condições de contorno. Essa solução mostra que, mesmo sendo a energia da partícula menor que a altura da barreira, existe uma certa probabilidade de a partícula atravessá-la. Esse efeito, chamado de efeito túnel ou *tunelamento*, não tem paralelo na física clássica e é a base de importantes fenômenos físicos, como o decaimento radioativo e a emissão eletrônica de campo, e de aplicações tecnológicas, como o diodo túnel e o microscópio de tunelamento (veja nota "Átomos no fim do túnel"). A probabilidade de uma partícula atravessar a barreira de potencial é dada pelo chamado *coeficiente de transmissão da barreira*, calculado como a razão entre o módulo ao quadrado da função de onda transmitida e a incidente; é uma função que cai exponencialmente com a largura da barreira L (veja Exercício 35).

NA PONTA DA CIÊNCIA E DA TECNOLOGIA

Átomos no fim do túnel

Uma aplicação muito interessante do efeito de tunelamento quântico é a técnica de microscopia de tunelamento e varredura ou simplesmente STM (do inglês, *scanning tunneling microscopy*). Nessa técnica, uma agulha muito fina é mantida muito próxima à superfície de uma amostra condutora, a uma distância da ordem ou menor que 1 nanometro. Caso uma certa tensão seja aplicada entre a agulha e a amostra, elétrons poderão "saltar" de uma para outra, por efeito túnel, fazendo com que haja passagem de corrente elétrica sem que exista um contato físico real entre as duas partes. Como a probabilidade de tunelamento depende exponencialmente da largura da barreira, essa corrente é fortemente dependente da distância entre a agulha e a superfície da amostra. Dessa forma, se a agulha (ou a amostra) for movimentada, a existência de relevo na superfície da amostra leva a alterações na distância entre ambas, resultando em grandes variações na corrente de tunelamento. Assim, esse fenômeno pode ser utilizado para mapear a superfície, permitindo a formação de imagens à medida que a agulha varre a superfície da amostra.

A técnica STM permite a obtenção de imagens com resolução atômica. Na prática, a resolução lateral dessa técnica é da ordem de 0,1 nm, enquanto a resolução vertical se situa na faixa de 0,01 nm. Essa técnica também possibilita movimentar átomos sobre uma superfície, permitindo a construção de estruturas, como o "curral quântico" mostrado na Figura 1.10 e muitas outras. Microscópios STM são, na atualidade, largamente comercializados e estão disponíveis em inúmeros laboratórios ao redor do mundo. O desenvolvimento do microscópio STM rendeu aos físicos G. Binnig e H. Rohrer o Prêmio Nobel de Física de 1986, junto com E. Ruska, inventor do microscópio eletrônico. A Figura 1.16 mostra uma imagem da superfície (111) de uma amostra de silício obtida por Binnig e Rohrer no início da década de 1980, na qual se pode evidenciar claramente a estrutura atômica da superfície do material.

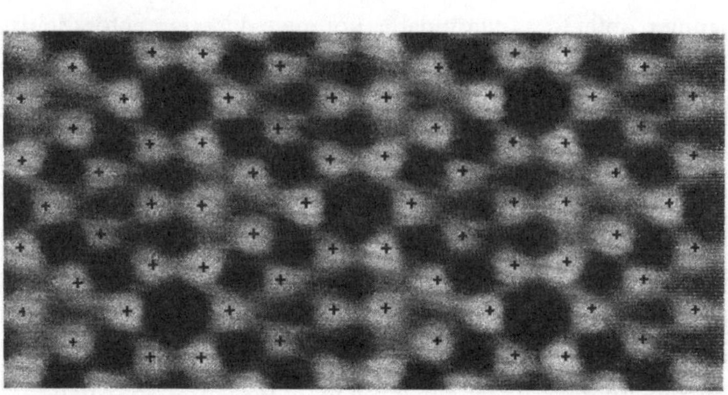

Figura 1.16 – Micrografia obtida por microscopia de tunelamento e varredura (STM) da superfície (111) de silício, onde se pode visualizar claramente a estrutura atômica da superfície deste semicondutor, evidenciando a alta resolução desta técnica.

Fonte: Binnig, 1983.

Finalmente, na terceira e última parte deste capítulo, apresentaremos alguns conceitos básicos da física estatística que serão úteis ao longo deste livro.

1.4 ELEMENTOS DE FÍSICA ESTATÍSTICA

Em muitos problemas da física, seja clássica ou quântica, estamos interessados em obter o comportamento das partículas em função do tempo, como suas trajetórias. Caso essas partículas interajam entre si, como em uma colisão, as forças associadas a essa interação alterarão as suas trajetórias de forma previsível. Em um sistema quântico, embora não se possa definir uma trajetória, as funções de onda das partículas podem ser obtidas como função da posição e do tempo. Esses problemas podem ser satisfatoriamente resolvidos de forma exata ou com o auxílio de métodos analíticos ou numéricos aproximados quando os sistemas considerados contêm um número pequeno de partículas. No entanto, como lidar com sistemas contendo um número de partículas extremamente grande, como no caso de gases, líquidos ou sólidos?

A física estatística é o ramo da física que lida com sistemas nos quais o número de partículas é muito grande. No caso de um gás ideal, por exemplo, existem cerca de 10^{19} a 10^{20} átomos ou moléculas por centímetro cúbico em temperatura e pressão ambientes. Em sólidos ou líquidos, esse número é consideravelmente maior, cerca de 10^{22} a 10^{23} partículas por centímetro cúbico, dependendo do caso. Quando estudamos sistemas como esses, entretanto, não estamos interessados em conhecer o comportamento individual de cada uma de suas partículas. Essa informação, além de impossível de ser obtida, é irrelevante. Via de regra, o que se quer saber são as propriedades coletivas ou macroscópicas do sistema de muitas partículas. Conforme veremos adiante, as ferramentas da física estatística permitem obter essas quantidades por meio de tratamentos estatísticos, sendo possível calcular as propriedades do sistema de partículas sem que haja necessidade do conhecimento detalhado do comportamento de suas partículas individuais.

Vejamos o caso de um gás ideal no equilíbrio termodinâmico, por exemplo. Para resolver um problema como esse, a física estatística utiliza funções de distribuição de probabilidade para calcular os valores médios das quantidades físicas do sistema (a velocidade das moléculas do gás, por exemplo), permitindo a obtenção de suas propriedades macroscópicas (como a pressão do gás), sem que para isso seja necessário conhecer o comportamento microscópico de cada uma de suas partículas (por exemplo, suas trajetórias). Ao introduzir-se o conceito de probabilidade, entretanto, não se quer sugerir que as partículas do sistema se comportam de forma randômica ou aleatória, uma vez que estas obedecem a leis físicas bem definidas. Esse fato reflete simplesmente nosso desconhecimento ou nossa incapacidade de obter as propriedades individuais de cada uma das partículas do sistema.

Consideremos, agora, um sistema de N partículas idênticas entre si, tal que N é um número muito grande $(N \gg 1)$, e seja E a energia total do sistema. Deseja-se saber como a energia é distribuída entre as partículas desse sistema. Considerando um estado de uma partícula como designado pelo par de valores de momento e energia (ou, de forma equivalente, de posição e velocidade), basta computar todas as distribuições possíveis das N partículas pelos seus estados possíveis, para se obter a distribuição da energia.

Na obtenção das possíveis distribuições das partículas pelos seus estados, duas questões fundamentais se colocam.

A primeira delas se refere à distinguibilidade das partículas. Deve-se perguntar o que acontece quando se faz uma permuta de duas partículas idênticas entre seus estados. Caso essa troca leve a um novo estado do sistema, as partículas são ditas distinguíveis; do contrário, são indistinguíveis. Nos sistemas clássicos as partículas são distinguíveis, ou seja, é sempre possível identificar as partículas, mesmo que elas interajam entre si, como numa colisão, uma vez que suas trajetórias podem ser seguidas. Nos sistemas quânticos, por outro lado, a natureza ondulatória das partículas e a possibilidade de superposição de suas funções de onda impedem que as partículas possam ser identificadas e, por isso, devem ser consideradas como indistinguíveis.

A segunda questão fundamental que se coloca refere-se ao número de estados acessíveis do sistema. Supondo que G seja o número de estados do sistema que podem ser ocupados por N partículas, cabe a pergunta: quantas partículas podem ocupar um determinado estado? A resposta a essa questão depende das características do sistema e da natureza de suas partículas.

Caso o sistema considerado seja tal que o número de estados acessíveis se apresente muito maior que o número de partículas, isto é, $G \gg N$, teremos uma grande disponibilidade de estados, e as partículas poderão se distribuir por esses estados de forma independente umas das outras, pois a chance de as partículas se encontrarem no mesmo estado e interagirem entre si é muito pequena. Assim, sua natureza não será um fator relevante. Nesse caso, o sistema é dito não degenerado, pode ser tratado pela termodinâmica clássica e a função de distribuição utilizada é a função de Maxwell-Boltzmann.

Caso o número de estados acessíveis seja da mesma ordem do número de partículas, ou seja, $G \approx N$, o sistema é dito degenerado, ou seja, a chance de as partículas se encontrarem no mesmo estado e interagirem entre si é grande. Assim, a ocupação dos estados dependerá da natureza das partículas. Portanto, o sistema deve ser tratado pela termodinâmica quântica, e a função de distribuição a ser utilizada é uma das funções de distribuição quânticas. Existem duas possibilidades:

a) quando não há restrição à ocupação de um estado por mais de uma partícula. Esse é o caso de partículas com *spin* nulo ou inteiro (zero, 1, 2 etc.), como fótons e átomos de hélio. Essas partículas obedecem à função de distribuição de Bose-Einstein e, por este motivo, são conhecidas como *bósons*;

b) quando as partículas devem obedecer a uma restrição à ocupação dos estados por mais de uma partícula (o chamado princípio de exclusão de Pauli). Essas partículas, chamadas *férmions*, são aquelas com valor de spin semi-inteiro (1/2, 3/2, 5/2 etc.), como elétrons ou prótons. Nesse caso, é utilizada a função de distribuição de Fermi-Dirac.

As funções de distribuição de probabilidade, sejam clássica ou quânticas, são funções de densidade de probabilidade, conforme definimos anteriormente (veja Nota 1.1). A seguir, analisaremos em detalhe o comportamento de cada uma destas funções.

1.4.1 A FUNÇÃO DE DISTRIBUIÇÃO DE MAXWELL-BOLTZMANN

Segundo a função de distribuição de Maxwell-Boltzmann, em um sistema clássico de muitas partículas, em equilíbrio térmico a temperatura T, a probabilidade de uma partícula possuir energia entre E e $E+dE$ é dada por:

$$f_{MB}(E) = A\exp(-E/k_BT) \tag{1.37}$$

Em que k_B é a constante de Boltzmann e A é uma constante de normalização a ser determinada.

A Figura 1.17a apresenta os gráficos da distribuição de Boltzmann *versus* energia para diferentes valores da temperatura. Note que essa distribuição se caracteriza simplesmente por uma exponencial decrescente que cai por um fator $1/e$ para cada incremento de k_BT na energia.

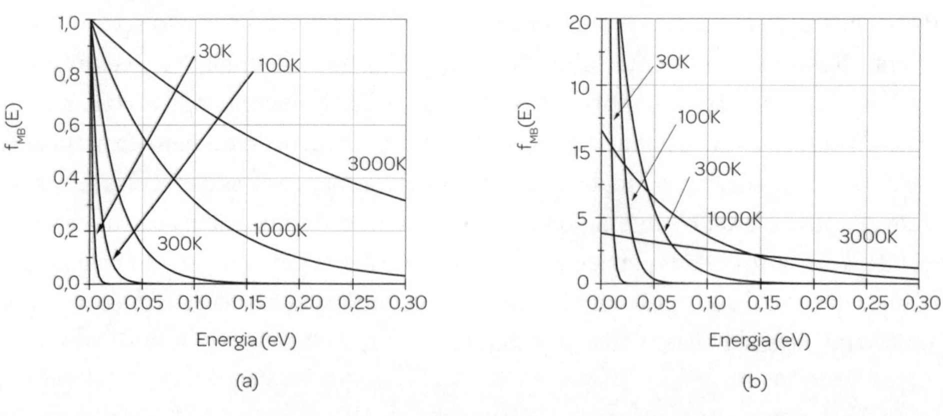

Figura 1.17 – Função de distribuição de Boltzmann *versus* energia para diferentes valores de temperatura: 30K, 100K, 300K, 1.000K e 3.000K: (a) curvas não normalizadas e (b) curvas normalizadas.

Aplicando-se a condição de normalização (Equação 1.16), é simples se obter o valor da constante de normalização $A = 1/k_B T$. A Figura 1.17b mostra os gráficos da distribuição de Boltzmann normalizada em função da energia para diferentes valores da temperatura. Nesse gráfico, fica claro que, à medida que a temperatura diminui, as partículas tendem a se acumular nos estados de menor energia, de forma que, quando a temperatura tende ao zero absoluto, as partículas gradualmente tendem a se acumular no estado de energia nula. Para altas temperaturas, por outro lado, as partículas passam a ocupar estados de energia cada vez maiores, de maneira progressivamente homogênea. Para obtenção da constante de normalização, veja o Exercício 38.

Exemplo 1.4: utilizando a função de distribuição de Boltzmann, obtenha como varia a densidade de um gás ideal em equilíbrio a temperatura T com a altura h na presença do campo gravitacional.

Neste caso a energia total das moléculas do gás é dada pela soma da energia cinética com a energia potencial gravitacional:

$$E = \frac{p^2}{2m} + mgh$$

onde m é a massa das moléculas do gás. Assim, utilizando a Equação 1.37:

$$f_{MB} = A\exp\left(-p^2 / 2mk_B T\right)\exp\left(-mgh / k_B T\right)$$

Assim, integrando sobre todos os valores possíveis do momento p:

$$f_{MB}\left(\mathrm{h}\right) = A'\exp\left(-mgh / k_B T\right)$$

Onde A' é uma constante a ser determinada. Dessa forma, pode-se obter a densidade do gás em função da altura:

$$n\left(\mathrm{h}\right) = n\left(0\right)\exp\left(-mgh / k_B T\right)$$

Uma expressão análoga também vale para a pressão do gás.

Exemplo 1.5: obtenha uma estimativa da pressão atmosférica em função da altitude, supondo o ar composto exclusivamente por moléculas de nitrogênio, em equilíbrio térmico a temperatura $T = 15\ ^{o}\mathrm{C}$.

$$P(h) = P(0)\exp(-mgh/k_BT) = P(0)\exp\left(\frac{-28x10^{-3}x9,81}{6,02x10^{23}x1,38x10^{-23}x288}h\right)$$

Fazendo $P(0) = P_{atm}$ = 1,013 bar, resulta para h = 3.000 m, por exemplo:

$$P(3000) = P_{atm}\exp(-mgh/k_BT) = 1,013\exp\left(\frac{-28x10^{-3}x9,81x3000}{6,02x10^{23}x1,38x10^{-23}x288}\right)$$

$$P(3000) = 0,718 \text{ bar}$$

Para h = 8.850 m (altura do Monte Everest), obteríamos P (8.850) = 0,367 bar. Esses valores estão um pouco acima (3% e 8%, respectivamente) dos valores tabelados. A Figura 1.18a mostra uma comparação entre os valores obtidos para a pressão atmosférica em função da altitude a partir da equação obtida e os valores tabelados da pressão atmosférica padrão a T = 15 °C. O bom acordo entre esse modelo pouco realista e os valores tabelados é surpreendente.

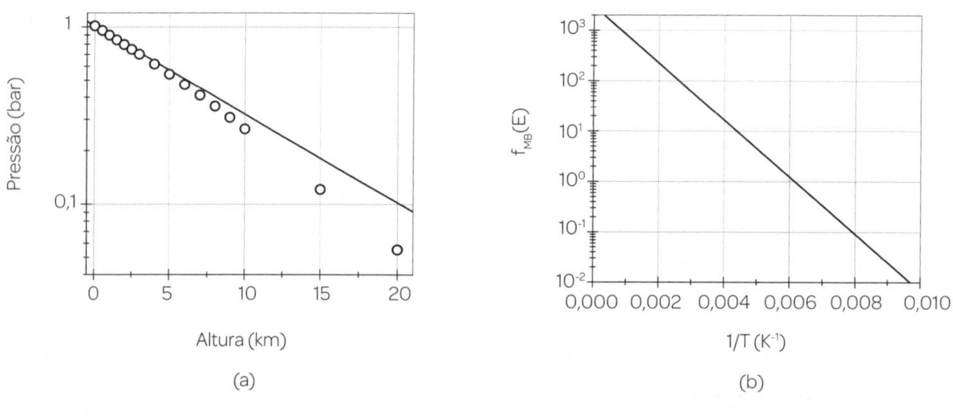

Figura 1.18 – (a) pressão atmosférica em função da altitude em escala semilog, calculada a partir da equação da distribuição estatística de Maxwell-Boltzmann, Exemplo 1.5 (linha cheia). Os pontos correspondem aos valores da pressão atmosférica padrão a T = 15 °C = 288,15 K (Gray, 1972); e (b) gráfico semilog da função de Maxwell-Boltzmann em função do inverso da temperatura.

A dependência da função de Boltzmann com a temperatura é típica de um grande número de situações encontradas na ciência dos materiais. Os processos que apresentam esse tipo de comportamento são ditos processos termicamente ativados. A Figura 1.18b mostra que um gráfico em escala semilog de $f_{MB}(E)$ em função do inverso da temperatura apresenta uma dependência linear. O coeficiente angular da reta permite determinar a chamada *energia de ativação* do processo, que, no presente caso, é simplesmente a energia E na Equação 1.37. Esse tipo de dependência na temperatura é conhecida como lei de Arrhenius.

De um ponto de vista mais formal (veja Seção 1.4.4, adiante), a constante A pode ser reescrita como e^{μ}, e a distribuição de Boltzmann assume uma forma modificada:

$$f_{MB}\left(E\right)=\frac{1}{e^{\left(E-\mu/k_BT\right)}} \tag{1.38}$$

Em que o potencial químico μ é, em geral, função da temperatura.

1.4.2 A FUNÇÃO DE DISTRIBUIÇÃO DE BOSE-EINSTEIN

A distribuição de Bose-Einstein determina que a probabilidade de uma partícula ocupar um estado de energia entre E e $E + dE$ é dada por:

$$f_{BE}\left(E\right)=\frac{1}{e^{\left(E-\mu\right)/k_BT}-1} \tag{1.39}$$

Como no caso anterior, μ deve ser determinado pela condição de normalização.

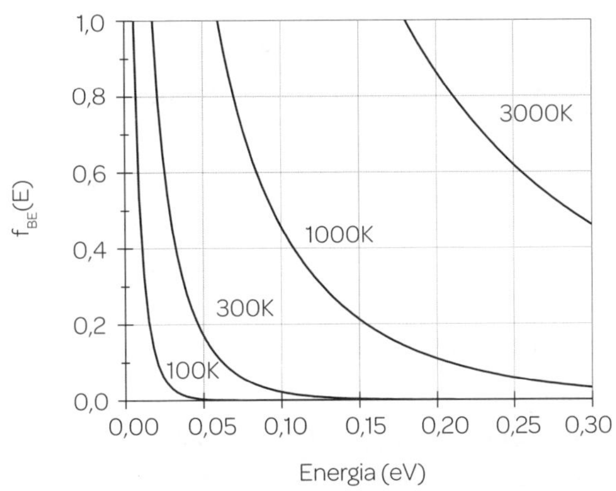

Figura 1.19 – Função de distribuição de Bose-Einstein em função da energia para diferentes valores de temperatura: 100K, 300K, 1.000K e 3.000K. As curvas não estão normalizadas. Para $E >> k_BT$, essa distribuição se aproxima da forma exponencial da distribuição de Boltzmann, mas, para $E << k_BT$, excede os valores dados pela função de Boltzmann, tendendo a infinito quando a energia vai a zero.

Note que, para energias pequenas comparadas com $k_B T$, o número de partículas por estado quântico da distribuição de Bose é maior que o número equivalente previsto pela distribuição de Boltzmann. Isso é resultado da presença do termo -1 no denominador da distribuição de Bose, que também faz a probabilidade tender a infinito quando a energia tende a zero. Em outras palavras, as partículas que obedecem à estatística de Bose-Einstein, chamadas *bósons*, têm maior tendência a ocuparem os estados de mais baixa energia. Para energias grandes em comparação com $k_B T$, entretanto, essa distribuição se aproxima do comportamento exponencial característico da distribuição clássica de Boltzmann, já que, nessa condição a exponencial na equação apresentada supera o termo -1, que pode ser desprezado. Nessa situação, o número médio de partículas por estado quântico é muito menor do que a unidade.

A Figura 1.19 mostra os gráficos da distribuição de Bose *versus* energia para diferentes valores da temperatura. Escolheu-se $\mu = 0$ em todos os casos, de forma que as curvas não estão normalizadas.

NA PONTA DA CIÊNCIA E DA TECNOLOGIA

Subindo pelas paredes, superfluidos e supersólidos!

O *spin* nuclear dos átomos de hélio (He^4) é nulo e, portanto, quando resfriados a temperaturas muito baixas, esses átomos se comportam como bósons, acumulando-se nos estados de energia mais baixa, conforme previsto pela estatística de Bose-Einstein (veja Figura 1.19). Ao ser resfriado e atingir a temperatura de 4,2 K, o hélio gasoso torna-se líquido, o que não representa surpresa alguma. No entanto, caso a temperatura continue sendo baixada, um fenômeno muito interessante ocorre abaixo da temperatura crítica de 2,17 K, o chamado *ponto lambda*. Uma vez que o hélio líquido já se encontra no estado de mais baixa energia, torna-se virtualmente impossível reduzir mais a energia dos seus átomos, e, consequentemente, o líquido não pode perder energia, nem mesmo por fricção. Nessa condição, o hélio líquido apresenta viscosidade nula, dentre outras propriedades incomuns, e por esse motivo é denominado de *superfluido*.

Uma vez que apresenta viscosidade nula, o hélio superfluido é capaz de escoar verticalmente para cima, contra a força da gravidade, subindo nas paredes de um recipiente sob a ação apenas da capilaridade. O superfluido pode ainda de escapar de um recipiente aparentemente hermético, fluindo através de furos microscópicos. Uma demonstração interessante da superfluidez, que pode ser facilmente realizada, é o chamado "efeito chafariz", no qual o hélio líquido esguicha forte, espontaneamente, através de um tubo estreito colocado em seu interior.

O hélio superfluido é considerado como uma segunda fase do hélio líquido, em contrapartida ao hélio líquido normal. Outras de suas propriedades interessantes são uma condutividade térmica que chega a ser cerca de 30 vezes maior que a do cobre, ou seja, cerca de um milhão de vezes maior que a do hélio normal; e a grande velocidade de propagação de ondas em seu interior, dentre outras características incomuns. A superfluidez foi descoberta por P. Kapitsa, J. F. Allen e D. Misener em 1937. Kapitsa recebeu o Prêmio Nobel de Física de 1978 por suas contribuições à física de baixas temperaturas.

O fenômeno em que os átomos de um gás a temperaturas extremamente baixas condensam no estado de mais baixa energia, conhecido por condensação de Bose-Einstein, foi previsto teoricamente por volta de 1925 e observado pela primeira vez em 1995 com átomos de rubídio a uma temperatura de $0{,}17 \times 10^{-6}$ K. A transição do hélio líquido em hélio superfluido não é estritamente uma condensação de Bose-Einstein, uma vez que a temperaturas acima da transição o hélio já se encontra no estado líquido, com seus átomos interagindo entre si.

Recentemente, cientistas observaram evidências experimentais do fenômeno da superfluidez no estado sólido.[11] Nesse fenômeno, descoberto para o hélio He^4 a temperaturas de cerca de 0,2 K, uma parte do sólido flui sem resistência, enquanto ainda conserva sua estrutura cristalina, o que significa se comportar ao mesmo tempo como sólido e como superfluido. A explicação para esse fenômeno, que já havia sido previsto teoricamente desde o final da década de 1960, ainda divide a opinião dos cientistas e é objeto de intensa pesquisa científica. O sólido que apresenta esse tipo de comportamento recebeu o nome de *supersólido*.

1.4.3 A FUNÇÃO DE DISTRIBUIÇÃO DE FERMI-DIRAC

Segundo a distribuição de Fermi-Dirac, a probabilidade de uma partícula ocupar um estado de energia entre E e $E + dE$ é dada por:

$$f_{FD}\left(E\right) = \frac{1}{e^{(E-E_F)/k_B T} + 1} \tag{1.40}$$

Em que, nesse caso, μ foi substituído pela chamada energia de Fermi, E_F.

Para $T = 0$, a distribuição de Fermi fornece $f_{FD}(E) = 1$ para todos estados com energia abaixo de E_F, e $f_{FD}(E) = 0$ para todos os estados com energia acima de E_F. Assim, para $T = 0$, o estado de mais baixa energia para o conjunto das N partículas é obtido preenchendo-se todos os estados, a começar de $E = 0$, colocando-se um férmion em cada estado quântico, com energias sucessivamente maiores, até que o último férmion

11 Veja, por exemplo: Kim, 2004; Prokofiev, 2007.

seja colocado no estado de mais alta energia, ou seja, $E = E_F$. Acima de E_F, todos estados estarão desocupados. Esse comportamento minimiza a energia total do sistema no zero absoluto, respeitando a restrição imposta pela mecânica quântica de que dois férmions não podem ocupar o mesmo estado quântico simultaneamente. Essa restrição, que nada mais é que o conhecido *princípio de exclusão de Pauli*, é a responsável pelo comportamento distinto dessa função de distribuição em comparação aos casos anteriores, nos quais não há restrição quanto à múltipla ocupação dos estados.

A Figura 1.20 mostra os gráficos da função de distribuição de Fermi em função da energia com E_F= 1,0 eV para diferentes valores de temperatura. Neste caso, para estados quânticos com $E << E_F$, o termo exponencial na Equação 1.40 é essencialmente zero a baixas temperaturas e $f_{FD}(E) = 1$. Para estados com $E >> E_F$, o termo exponencial domina o denominador a baixas temperaturas, e a distribuição de Fermi se aproxima de uma exponencial decrescente, tendendo a zero. A variação da função ocorre em torno E_F e torna-se mais e mais gradual à medida que aumenta a temperatura.

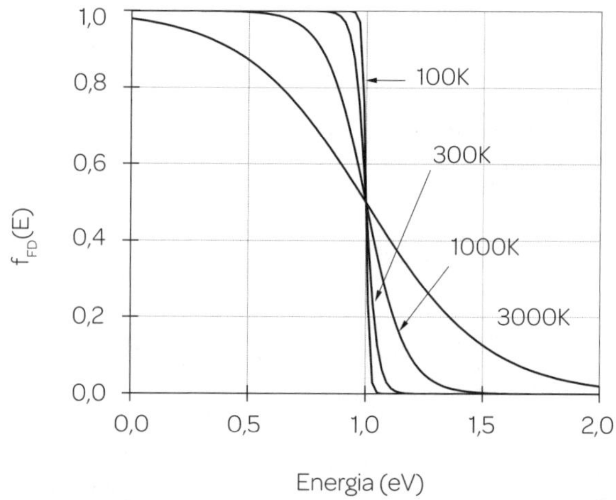

Figura 1.20 – Função de distribuição de Fermi versus energia com E_F = 1,0 eV para diferentes valores da temperatura: 100K, 300K, 1.000K e 3.000K. A variação da função, que ocorre numa região de largura da ordem de algumas vezes o valor de k_BT em torno E_F, se torna mais gradual à medida que aumenta a temperatura.

Para temperaturas relativamente baixas, E_F se situa aproximadamente à mesma energia independentemente da temperatura. Isso ocorre porque a energia térmica do sistema é gasta na promoção de alguns dos férmions dos estados numa faixa estreita ligeiramente abaixo de E_F para os estados com energia um pouco acima dessa energia. As mudanças de ocupação dos estados estão restritas a uma região de largura da ordem de algumas vezes o valor de k_BT em torno de E_F, uma vez que k_BT é uma medida da energia térmica disponível por partícula do sistema. Para temperaturas baixas, a redução na ocupação dos estados abaixo de E_F é compensada pelo aumento da população acima dessa energia, de forma que E_F praticamente não se altera, conforme pode ser visto pela simetria das curvas apresentadas na figura 1.20 em torno de E_F.

Para temperaturas mais altas, entretanto, o comportamento da função de Fermi-Dirac se altera substancialmente, passando a comportar-se de uma forma monotonicamente decrescente e, para temperaturas muito altas, aproxima-se de uma exponencial decrescente, conforme mostra a Figura 1.21. Nessa situação a energia de Fermi começa a deslocar-se para energias menores, uma vez que o comportamento descrito deixa de ocorrer. Nessas condições, o deslocamento do nível de Fermi com a temperatura pode ser dado aproximadamente pela equação:

$$E_F(T) \cong E_F\left[1 - \frac{\pi^2}{12}\left(\frac{T}{T_F}\right)^2\right] \tag{1.41}$$

Em que $T_F = E_F / k_B$ é a chamada temperatura de Fermi.

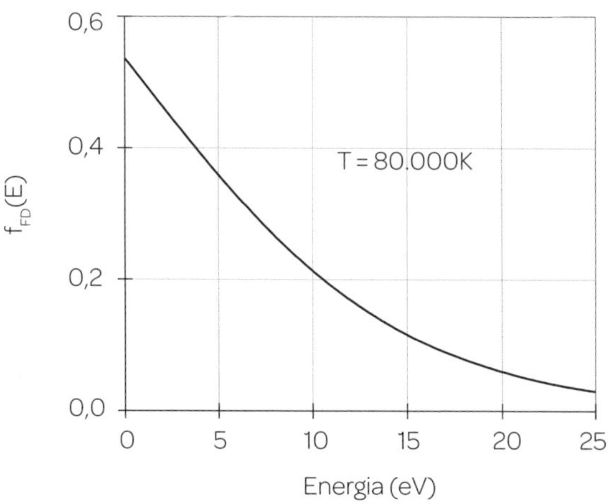

Figura 1.21 – Distribuição de Fermi em função da energia para T = 80.000K.

A distribuição de Fermi também pode ser escrita na forma modificada, bastando para isto fazer $\mu = -E_F / k_B T$:

$$f_{FD}(E) = \frac{1}{e^{(E-\mu)/k_B T} + 1} \tag{1.42}$$

Exemplo 1.6: a energia de Fermi dos elétrons livres no cobre é de 7,0 eV (veja Capítulo 4). Utilizando a expressão para a estatística de Fermi-Dirac (Equação 1.40), obtenha a probabilidade de encontrar um elétron com energia igual a 7,1 eV à temperatura ambiente (T = 300 K). Faça o mesmo para a temperatura de nitrogênio líquido (T = 77 K).

$$f_{FD}(E)=\frac{1}{e^{(E-E_F)/k_BT}+1}=\left[\exp\left(\frac{0,1x1,6x10^{-19}}{1,38x10^{-23}x300}\right)+1\right]^{-1}=0,0205$$

Ou seja, à temperatura ambiente, a probabilidade é de cerca de 2%.

$$f_{FD}(E)=\frac{1}{e^{(E-E_F)/k_BT}+1}=\left[\exp\left(\frac{0,1x1,6x10^{-19}}{1,38x10^{-23}x77}\right)+1\right]^{-1}=2,89x10^{-7}$$

Ou seja, à temperatura nitrogênio líquido esta probabilidade cai cerca de 5 ordens de grandeza em relação à temperatura ambiente.

Exemplo 1.7: Calcule o deslocamento da energia de Fermi do cobre quando a temperatura é aumentada de T = 0 K para T = 300 K.

$$E_F(T)\cong E_F\left[1-\frac{\pi^2}{12}\left(\frac{T}{T_F}\right)^2\right]\Rightarrow \Delta E_F(T)=E_F(0)-E_F(T)\cong E_F(0)\left[\frac{\pi^2}{12}\left(\frac{T}{T_F}\right)^2\right]=\frac{\pi^2k_B^2T^2}{12E_F(0)}$$

A energia de Fermi no cobre a T = 0 K é 7,0 eV; assim, para se obter a variação de E_F em elétron-volts:

$$\Delta E_F\cong\frac{\pi^2x\left(1,38x10^{-23}\right)^2x300^2}{12x7,0x\left(1,6x10^{-19}\right)^2}=7,87x10^{-5}eV$$

1.4.4 COMPARAÇÃO ENTRE AS FUNÇÕES DE DISTRIBUIÇÃO ESTATÍSTICA

A comparação entre as expressões das funções de distribuição escritas nas formas modificadas evidencia interessantes semelhanças e diferenças entre essas três estatísticas.

A Tabela 1.1 sumariza as três funções de distribuição e suas principais características, algumas das quais devem ser ressaltadas.

A baixas energias ($E << k_BT$), quando o número médio de partículas por estado é próximo a 1, a distribuição clássica prevê uma probabilidade considerável de haver mais de uma partícula por estado; portanto, as distribuições quânticas diferem da distribuição clássica, sendo os valores fornecidos pela função de Fermi sempre menores, e pela distribuição de Bose, sempre maiores que os da função de Boltzmann. Para altas energias ($E >> k_BT$), quando o número médio de partículas por estado previsto pela distribuição de Boltzmann é muito menor que a unidade, os efeitos da indistinguibilidade das partículas terão pouca chance de manifestar-se, porque há pouca chance de duas partículas ocuparem o mesmo estado. Assim, as distribuições quânticas se confundem com a distribuição clássica. No caso da distribuição de Fermi, isso é válido somente para temperaturas altas, ou seja, da ordem ou maior que T_F, pois, para temperaturas mais baixas, a função de Fermi-Dirac assume um comportamento totalmente distinto das outras funções de distribuição (veja Figura 1.20).

Tabela 1.1 – Comparação entre as principais características das três funções de distribuição

Funções de distribuição	**Clássica**	**Quântica**	
	Boltzmann	**Bose**	**Fermi**
Forma usual	$A exp(-E/k_BT)$	$\frac{1}{e^{\alpha}e^{(E/k_BT)}-1}$	$\frac{1}{e^{(E-E_F)/k_BT}+1}$
Forma modificada	$\frac{1}{e^{(E-\mu)/k_BT}}$	$\frac{1}{e^{(E-\mu)/k_BT}-1}$	$\frac{1}{e^{(E-\mu)/k_BT}+1}$
Características básicas	Aplica-se a partículas distinguíveis	Aplica-se a partículas indistinguíveis que não obedecem ao princípio de exclusão	Aplica-se a partículas indistinguíveis que obedecem ao princípio de exclusão de Pauli
Exemplos de sistemas	Partículas distinguíveis, ou aproximações das distribuições quânticas com $E >> k_BT$	Bósons – partículas idênticas com *spin* inteiro ou nulo	Férmions – partículas idênticas com *spin* semi-inteiro
Comportamento da função de distribuição *versus* E/k_BT	Exponencial	Para $E >> k_BT$, exponencial; para $E << k_BT$, fica acima de Boltzmann	Para $E >> k_BT$, exponencial se $E >> E_F$; se $E_F >> k_BT$, decresce abruptamente em torno de E_F.

Funções de distribuição	Clássica	Quântica	
	Boltzmann	**Bose**	**Fermi**
Exemplos de aplicação	Gases a qualquer temperatura; modos de vibração a temperatura constante.	Gás de fótons (radiação de corpo-negro); gás de fônons (capacidade térmica); hélio líquido	Gás de elétrons (calor específico eletrônico, potencial de contato, emissão termiônica)

Fonte: adaptada de Eisberg, 1979.

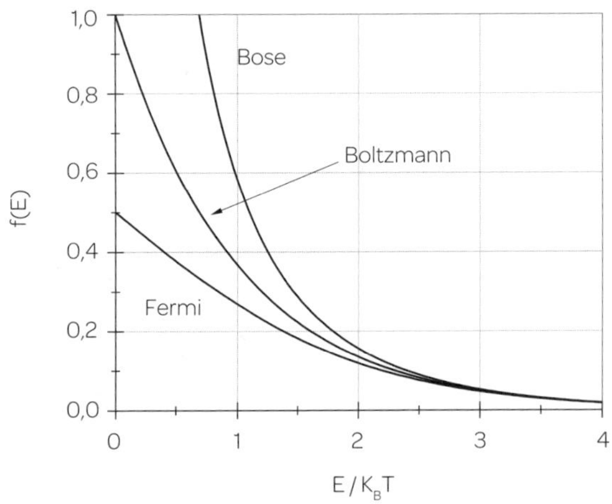

Figura 1.22 – Comparação entre as distribuições de Boltzmann, Bose e Fermi. No caso desta última escolheu-se $E_F / k_B T = 0{,}10$. Note como as três curvas se confundem para E maior ou da ordem de $3k_B T$, aproximadamente.

As características descritas no parágrafo anterior podem ser observadas na Figura 1.22, que mostra gráficos das três funções de distribuição em função da razão $E / k_B T$. Para $E / k_B T < 3$, aproximadamente, os valores previstos pela distribuição clássica se aproximam de 1 e, logo, as distribuições quânticas diferem consideravelmente da distribuição clássica, com a distribuição de Bose sempre acima, e a de Fermi, sempre abaixo em relação à distribuição de Boltzmann. Para $E / k_B T > 3$, aproximadamente, quando a distribuição de Boltzmann nos fornece valores muito menores que a unidade, as três distribuições se confundem, pois é pequena a probabilidade de mais de uma partícula ocupar o mesmo estado.

Nas relações apresentadas, o parâmetro μ, para uma dada temperatura e um dado sistema, pode ser determinado pela condição de normalização (Equação 1.16). De forma análoga, a uma certa temperatura, μ pode ser determinado conhecendo-se o número total de partículas que o sistema contém e, neste caso, $f(E)$ fornecerá o número de partículas com energia entre E e $E + dE$.

LEITURAS COMPLEMENTARES

CARUSO, F.; OGURI, V. *Física moderna* - Origens clássicas e fundamentos quânticos. 2ª ed. São Paulo: LTC, 2016.

EISBERG, R.; RESNICK, R. *Física quântica* – Átomos, moléculas, sólidos, núcleos e partículas. São Paulo: LTC, 1979.

GRIFFITHS, D. J. *Introdução à mecânica quântica*. 2ª ed. São Paulo: Pearson, 2011.

PULLMAN, B. *The atom in the history of human thought*. Oxford: Oxford University Press, 1998.

SCHROEDER, D. V. *An Introduction to Thermal Physics*. Boston: Addison-Wesley, 1999.

TIPLER, P. A.; LLEWELLYN, R. A. *Física Moderna*. 6ª ed. São Paulo: LTC, 2014.

REFERÊNCIAS

ARNDT, M. *et al.*, *Nature* 401 (1999) 680.

BINNIG, G. *et al. Physical Review Letters* 50 (1983) 120.

CROMMIE, M. F.; LUTZ, C. P.; EIGLER, D. M. *Science* 262 (1993) 218.

DIMITROVA, T. L.; WEIS, A. *American Journal of Physics* 76 (2008) 137.

FEYNMAN, R. P. *Feynman lições de física*. Porto Alegre: Bookman, 2018.

GAPONIK, N. *et al. Small* 6 (2010) 1364.

GRAY, D. E. *American Institute of Physics Handbook*, 3rd edition, 1972.

KIM, E.; CHAN, M. H.W. *Nature* 427 (2004) 225.

MILLIKAN, R. A. *Physical Review* 7 (1916) 355.

POPOV, A. I.; KOTOMIN, E. A.; MAIER, J. *Nuclear Instruments and Methods in Physics Research B* 268 (2010) 3084.

PROKOFIEV, N. *Advances in Physics* 56 (2007) 381.

REED, M. A. *Scientific American* 268 (1993) 118.

TONOMURA, A.; ENDO, J.; MATSUDA, T. *American Journal of Physics* 57 (1989) 117.

EXERCÍCIOS

1. Calcule o comprimento de onda e a frequência associados a um elétron acelerado até atingir os valores de energia cinética a seguir. Em seguida, faça o mesmo para um íon de argônio Ar^+. Compare seus valores de comprimento de onda com as dimensões de outros objetos conhecidos e os valores de frequência com as diferentes regiões do espectro eletromagnético (consulte a Figura 8.1):
   a) 1 meV
   b) 1 eV
   c) 1 keV
   d) 1 MeV

2. Calcule as energias dos fótons (em eV) associados à radiação eletromagnética com os seguintes comprimentos de onda:
   a) 1 nm (raios X)
   b) 100 nm (ultravioleta)
   c) 400 nm (luz violeta)
   d) 1 μm (infravermelho)
   e) 1 mm (micro-ondas)
   f) 10 m (ondas de rádio)

3. Faça estimativas realistas para os valores de comprimento de onda e frequência das ondas associadas às situações a seguir e conclua sobre o sentido físico desses resultados.
   a) Uma partícula de poeira flutuando no ar.
   b) Uma bola de tênis após o saque de um jogador profissional.
   c) Um caminhão trafegando em alta velocidade.

4. a) Um determinado microscópio óptico trabalha com luz monocromática verde de comprimento de onda 520 nm. Calcule a frequência e a energia do fóton associado a essa radiação eletromagnética.
   b) Um determinado microscópio eletrônico trabalha com um feixe de elétrons acelerado por uma diferença de potencial de 10 kV. Calcule o comprimento de onda e a frequência da onda associada a esses elétrons.

5. A densidade de energia emitida por um corpo negro em equilíbrio térmico à temperatura T em função do comprimento de onda é dada pela *lei de Planck*:

$$\rho(\lambda)d\lambda = \frac{8\pi hc}{\lambda^5}\frac{d\lambda}{e^{(hc/\lambda k_B T)}-1}$$

cujo gráfico se encontra na Figura 1.1. A partir dessa relação, mostre que o comprimento de onda λ_{max} no qual a energia emitida é máxima, varia de forma inversamente proporcional à temperatura (lei de deslocamento de Wien).

6. Utilizando o resultado obtido no exercício anterior, obtenha o comprimento de onda no qual o corpo humano emite a máxima intensidade de radiação.

7. Um fóton proveniente de uma fonte de luz monocromática amarela de comprimento de onda 590 nm é absorvido por um átomo de hidrogênio no estado $n = 3$, que se ioniza. Calcule a energia (em eV) e o comprimento de onda de De Broglie do elétron emitido após o processo de ionização.

8. Um elétron com velocidade igual a 5,0 x 10^6 m/s é capturado por uma partícula alfa, formando um íon He^+ em repouso no estado fundamental. Obtenha o comprimento de onda do fóton emitido nesse processo.

9. Mostre que a relação de De Broglie (Equação 1.6) também é válida para fótons, se admitirmos que o momento linear do fóton é dado por $p = E/c$, onde c é a velocidade da luz.

10. Um experimento de efeito fotoelétrico é realizado com um eletrodo de magnésio (função trabalho, $\phi = 3{,}68$ eV) sob incidência de luz ultravioleta de comprimento de onda 220 nm. Pede-se para calcular:
    a) a frequência e a energia (em eV) dos fótons incidentes;
    b) a energia cinética máxima dos elétrons emitidos;
    c) o comprimento de onda de corte.

11. A tabela a seguir apresenta os dados originais obtidos por Millikan em seus experimentos de efeito fotoelétrico em 1916. Ele determinou a energia cinética máxima dos elétrons emitidos por um fotocátodo de sódio sob incidência de luz monocromática para diversos valores de comprimento de onda da luz incidente.
    A partir desses dados, obtenha uma estimativa para a constante de Planck h e a função trabalho do sódio metálico. Determine também o comprimento de onda de corte acima do qual não há fotoemissão.

Comprimento de onda (nm)	E_c (eV)
546,1	0,455
433,9	1,021
404,7	1,225
365,0	1,608
312,6	2,149
253,5	3,070

12. Uma lâmpada de vapor de sódio (lâmpada de cor amarelada comumente usada para iluminação pública, em túneis, monumentos etc.) de 100 W de potência emite luz de comprimento de onda 590 nm. Calcule o número de fótons emitidos por essa lâmpada por unidade de tempo, supondo que a eficiência da lâmpada seja de 90%.

13. Deduza as expressões para os raios das órbitas e as energias dos estados eletrônicos do átomo de Bohr (Equações 1.3 e 1.4).

14. De acordo com o segundo postulado de Bohr, um elétron excitado pode voltar ao estado fundamental emitindo um fóton de energia bem determinada (Equação 1.5).
    a) Calcule, utilizando o modelo do átomo de Bohr, os comprimentos de onda emitidos nas transições dos diversos estados excitados para o estado fundamental ($n = 1$). Qual é o menor comprimento de onda emitido? E o maior?
    b) Particularize seu resultado para a transição $n = 2 \rightarrow n = 1$ dos átomos de hidrogênio ($Z = 1$) e potássio ($Z = 19$), e compare-o com os valores experimentais tabelados: hidrogênio $\lambda = 121{,}6$ nm e potássio $\lambda = 0{,}375$ nm. Discuta.

15. Mostre que no átomo de Bohr, o comprimento de onda do elétron no estado fundamental é $\lambda = 2\pi a_0$, onde a_0 é o raio de Bohr.

16. Mostre que o postulado de Bohr de quantização do momento angular, $L = mvr = n\hbar$, em que n é um número quântico inteiro positivo e não nulo, é equivalente a supor que os elétrons nas órbitas formam ondas estacionárias, ou seja, que $n\lambda = 2\pi r_n$, em que λ é o comprimento de onda de De Broglie do elétron, e r_n são os raios das órbitas.

17. Utilizando o modelo atômico de Bohr, calcule a velocidade do elétron no estado fundamental do átomo de hidrogênio.

18. Suponha que um átomo de hidrogênio é colocado no interior de um sólido como o silício (permissividade $\varepsilon = 11{,}8\ \varepsilon_0$). Com base no modelo do átomo de Bohr, calcule o raio da órbita (em nm) e a energia do seu estado fundamental (em eV). Compare o resultado com os valores obtidos para o átomo de hidrogênio isolado no vácuo, discuta e conclua.

19. Em seu famoso experimento, Davisson e Germer incidiram um feixe de elétrons de energia 54 eV sobre a superfície de um cristal de níquel e observaram um máximo de difração a um ângulo $\phi = 50°$ (veja figura).
    a) Utilizando a condição de difração de Bragg $2dsen\theta = n\lambda$, obtenha o comprimento de onda λ do feixe de elétrons, sabendo que o espaçamento interplanar do cristal de níquel é $d = 0{,}215$ nm. Observação: note que $\phi = 2\alpha$ e $\theta = 90^0 - \alpha$.
    b) Calcule o valor de λ utilizando a relação de De Broglie e compare seu resultado com o do item anterior.

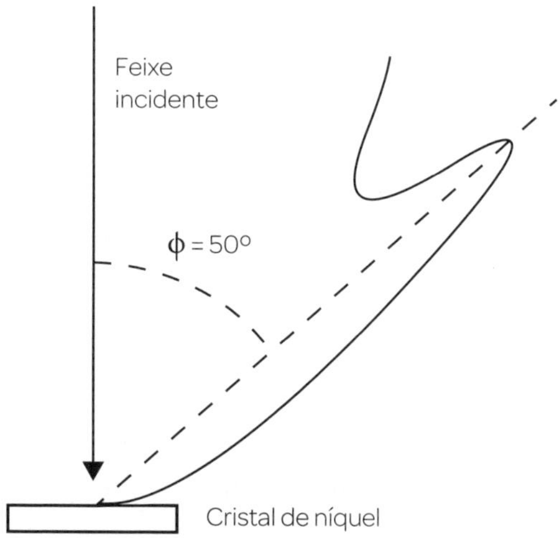

20. Um vírus possui massa de $7{,}6 \times 10^{-21}$ g e diâmetro de 28,0 nm. Se sua posição for determinada com precisão de 0,1 nm, qual será a menor incerteza na determinação da sua velocidade?

21. A lâmpada de vapor de sódio apresenta duas raias de emissão centradas em 589,00 nm e 595,59 nm. Sabendo que o tempo característico (tempo de vida) dessas transições é 20 ns, calcule a largura (incerteza) desses picos de emissão (em nm).

22. Estime a incerteza no momento linear de uma partícula cuja incerteza na posição é da ordem do seu comprimento de onda de De Broglie.

23. Mostre que, para uma partícula livre, o princípio da incerteza pode ser escrito como: $\Delta x \Delta \lambda \geq \lambda^2 / 2\pi$, em que Δx é a incerteza na posição da partícula, e $\Delta \lambda$ é a incerteza no seu comprimento de onda.

24. Considere uma partícula de massa m situada no interior de um poço de potencial infinito unidimensional.
   a) Resolva a equação de Schrödinger e obtenha as funções de onda.
   b) Aplique as condições de contorno do problema.
   c) Obtenha a equação para as funções de onda $\psi_n(x)$.
   d) Obtenha a constante de normalização das funções de onda.

25. a) Resolva a equação de Schrödinger para uma partícula aprisionada em um poço infinito unidimensional de largura L e obtenha os valores possíveis da energia.
   b) Utilize seu resultado do item anterior para fazer uma estimativa para a energia do estado fundamental do elétron no átomo, utilizando um valor para a largura do poço da ordem das dimensões atômicas, $L = 10^{-10}$ m.
   c) Utilize seu resultado do item (a) para fazer uma estimativa para a energia do estado fundamental de um próton no núcleo, utilizando um valor para a largura do poço da ordem das dimensões núcleo atômico, $L = 10^{-14}$ m.
   d) Compare os resultados dos dois itens anteriores e comente suas implicações sobre a estrutura atômica.

26. a) Resolva a equação de Schrödinger para uma partícula de massa m aprisionada em um poço infinito unidimensional de largura $2L$ situado entre $-L < x < L$.
   b) Obtenha as funções de onda dos estados possíveis e, aplicando as condições de contorno, obtenha uma equação para os valores possíveis dos estados de energia, E_n.
   c) Verifique se seu resultado está correto, comparando sua equação com aquela obtida para o poço infinito de largura L (Equação 1.26).

27. Aplique o princípio da incerteza a uma partícula confinada em um poço infinito de largura L e obtenha o valor mínimo da sua energia. Compare com o resultado obtido fazendo $n = 1$ na Equação 1.26.

28. a) Escreva a equação de Schrödinger para uma partícula de massa m confinada em um poço infinito tridimensional de dimensões L_x, L_y e L_z.
   b) Faça a separação de variáveis e obtenha as soluções $\Psi(x, y, z) = F(x)G(y)H(z)$.
   c) Aplique as condições de contorno e obtenha os valores permitidos para o vetor de onda $\vec{k} = (k_x, k_y, k_z)$.

d) Obtenha os níveis de energia em função dos números quânticos n_x, n_y e n_z.
e) Supondo que a partícula é um elétron e que $L_x = L_y = L_z = L = 1{,}0$ nm, estime as energias dos dez primeiros estados de energia e compare com o caso do poço unidimensional de mesma largura.

29. a) Enumere os dez estados de mais baixa energia do poço infinito tridimensional, especificando os valores de seus números quânticos n_x, n_y e n_z, da energia e da degenerescência de cada estado.
b) Qual é o valor da energia do estado (3, 3, 3)? E sua degenerescência? Existe outra combinação de números quânticos que resulta no mesmo valor de energia?
c) Você é capaz de descobrir outros conjuntos de números quânticos distintos que resultem em valores idênticos de energia? Quais?

30. Suponha que um poço de potencial infinito de dimensões $L_x = L_y = L_z = L$ é submetido à ação de uma força compressiva ao longo da direção x, de forma que sua dimensão diminui de δL_x ao longo dessa direção. O que acontece com as energias dos estados permitidos? Analise o que ocorre com cada um dos cinco estados de menor energia do poço de potencial e suas degenerescências.

31. Considere um poço de potencial infinito tridimensional em que uma das dimensões (ao longo do eixo x, por exemplo) é menor que as demais por um fator $\sqrt{2}$.
a) Escreva as energias dos estados permitidos desse sistema em função dos números quânticos n_x, n_y e n_z.
b) Obtenha as energias dos dez primeiros estados permitidos do sistema e suas degenerescências.

32. Considere um elétron aprisionado no interior de uma partícula metálica tridimensional; e, supondo o potencial nulo nessa região, obtenha o limite inferior para sua energia cinética. Estime em ordem de grandeza esse valor para o caso de partículas metálicas de dimensões da ordem de 1,0 mm, 1,0 μm e 1,0 nm. Discuta seus resultados.

33. Um defeito típico em sólidos iônicos é o chamado centro F, que é constituído por um elétron aprisionado em uma vacância do ânion da rede.
a) Considere, como primeira aproximação para esse defeito, o elétron aprisionado em um poço infinito tridimensional de lado L e calcule as energias dos estados possíveis.
b) Obtenha a energia e comprimento de onda do fóton necessário para induzir uma transição do estado fundamental para o primeiro estado excitado. Caso o

elétron esteja aprisionado por um par de vacâncias vizinhas, esse comprimento de onda será maior ou menor?

c) Estime as energias do estado fundamental e do primeiro estado excitado de um elétron aprisionado em uma vacância aniônica de um cristal de cloreto de sódio, considerando L como igual ao parâmetro de rede do NaCl (a = 0,564 nm). Qual será a energia do fóton absorvido numa transição entre esses estados? Compare seu resultado com os resultados experimentais apresentados na Figura 1.14b.

34. a) Resolva a equação de Schrödinger para um elétron aprisionado em um poço de potencial infinito bidimensional de largura L e obtenha a equação para as energias dos estados permitidos:

$$E = \frac{\pi^2 \hbar^2}{2mL^2}\left(n_x^2 + n_y^2\right)$$

b) Enumere os dez estados de mais baixa energia do poço infinito bidimensional, especificando os valores de seus números quânticos n_x e n_y, da energia e a degenerescência de cada estado.

35. O coeficiente de transmissão que fornece a probabilidade de uma partícula atravessar uma barreira de potencial de largura L e altura V_0 por efeito túnel é dado aproximadamente por:

$$T \cong 16\frac{E}{V_0}\left(1 - \frac{E}{V_0}\right) exp\left[-\frac{2L}{\hbar}\left(2m\left(V_0 - E\right)\right)^{1/2}\right]$$

em que E é a energia, e m, a massa da partícula.

a) Calcule a probabilidade de um elétron com energia E = 5,0 eV atravessar uma barreira de altura V_0 = 10 eV e largura L = 1,0 nm.

b) Qual é a variação relativa do coeficiente de transmissão, se a largura da barreira diminuir para 0,9 nm?

c) Como seu resultado do item (a) seria alterado se a da massa partícula fosse o dobro da massa do elétron?

36. Uma molécula apresenta níveis discretos de energia associados às vibrações de seus átomos em relação ao seu centro de massa, denominados níveis vibracionais. Na molécula de CO, a diferença de energia entre o estado fundamental vibracional e o primeiro estado excitado é cerca de 0,25 eV. Pergunta-se:

a) Qual o comprimento de onda da luz necessária para induzir uma transição entre esses níveis vibracionais da molécula de CO? Em que região do espectro eletromagnético esta radiação se situa?

b) Qual a razão entre o número de moléculas no primeiro estado excitado vibracional e no estado fundamental, para o gás monóxido de carbono em equilíbrio térmico à temperatura ambiente?

37. Como estados vibracionais, uma molécula também apresenta níveis discretos de energia associados à sua rotação em torno de seu centro de massa (níveis rotacionais). Na molécula de CO, a diferença de energia entre o estado fundamental e o primeiro estado excitado rotacional é cerca de 0,5 meV. Pergunta-se:
   a) Qual o comprimento de onda da radiação necessária para induzir uma transição entre esses dois níveis rotacionais da molécula de CO? Em que região do espectro eletromagnético essa radiação se situa?
   b) Qual a razão entre o número de moléculas no primeiro estado excitado rotacional e o no estado fundamental, para o gás monóxido de carbono à temperatura ambiente?

38. Obtenha a constante de normalização para a estatística clássica de Maxwell-Boltzmann (Equação 1.37).

39. Mostre que, para energias muito altas, as estatísticas quânticas de Bose-Einstein e de Fermi-Dirac se reduzem à estatística clássica de Maxwell-Boltzmann. Explique.

40. Mostre que, para temperaturas muito altas, a estatística de Fermi-Dirac se comporta de forma análoga à estatística clássica de Maxwell-Boltzmann. Explique.

41. a) Faça gráficos quantitativos da estatística de Fermi-Dirac para as temperaturas $T = 0$ K e $T = 300$ K com $T_F = 5{,}0$ eV.
   b) Considerando um conjunto com 10^{23} partículas, estime qual o número de partículas que é excitada para estados de maior energia quando a temperatura aumenta de $T = 0$ K para $T = 300$ K.

CAPÍTULO 2
Energia de coesão e propriedades elásticas

Uma teoria pode ser comprovada pelo experimento, mas não há caminho que leve do experimento ao nascimento de uma teoria.

(Albert Einstein)

2.1 INTRODUÇÃO

A resistência mecânica, ou seja, a capacidade de resistir a deformações ou alterações das suas dimensões quando submetido à ação de forças, é a propriedade mais básica dos materiais sólidos, uma vez que é a propriedade que os caracteriza como tal. No entanto, os diferentes tipos de sólidos podem reagir de maneiras muito diversas quando sujeitos a esforços mecânicos. É parte do senso comum que enquanto alguns sólidos são capazes de resistir fortemente a deformações, outros mudam dramaticamente de forma, e outros ainda podem quebrar-se facilmente em pedaços, para mencionar apenas alguns exemplos simples e amplamente conhecidos. Por outro lado, é fato de fácil comprovação empírica que os sólidos que são muito resistentes mecanicamente também são altamente resistentes a temperatura e apresentam alto ponto de fusão. Esse é o caso típico dos materiais cerâmicos ou de metais refratários como o tungstênio, por exemplo. De forma inversa, os materiais facilmente deformáveis em geral não resistem a alta temperatura e fundem-se facilmente, como é o caso, por exemplo, de alguns metais macios, como chumbo ou estanho, e de materiais poliméricos. Essa constatação, de que há uma relação entre as propriedades mecânicas e térmicas dos sólidos, sugere-nos que deve haver uma relação direta entre coesão atômica e resistência mecânica dos materiais sólidos.

O objetivo deste capítulo é colocar a relação intuitiva mencionada em bases físicas consistentes, a partir do estabelecimento de um modelo atômico simples para os materiais sólidos e da obtenção de sua energia de coesão em função das forças de interação entre seus átomos. Serão elaborados modelos simples para as deformações elásticas dos sólidos em geral, procurando-se relacionar as suas constantes elásticas, em particular o módulo de compressibilidade, com parâmetros microscópicos, como energia de ligação e distância interatômica. Em seguida, serão analisados os casos particulares dos sólidos iônicos e dos sólidos covalentes. Ao final do capítulo, discute-se brevemente a propagação de ondas elásticas e as possíveis relações entre as propriedades elásticas dos sólidos com propriedades plásticas, como a dureza.

2.2 AS CONSTANTES ELÁSTICAS

A aplicação de uma força sobre um material sólido resulta em deformações. Em muitos casos, quando a força aplicada é pequena, essas deformações são totalmente reversíveis, ou seja, uma vez anulada a força, o material retorna à sua forma original. Esse é o chamado *regime elástico*. O regime elástico ocorre até um determinado valor máximo da força aplicada, que corresponde ao chamado limite elástico. Acima desse limite, cessada a aplicação da força, o material passa a apresentar deformações permanentes ou irreversíveis, que caracterizam o regime plástico e, por este motivo, a deformação permanente é conhecida como deformação plástica.

Ao longo deste capítulo, dedicaremos nossa atenção somente para o regime elástico. Vamos considerar uma barra cilíndrica de comprimento L_0 e área da seção reta A_0 inicialmente na ausência de esforços mecânicos, como mostra a Figura 2.1a. Quando uma carga trativa axial T é aplicada, a barra tende a deformar-se, aumentando seu comprimento (ou seja, $L > L_0$), enquanto a área da seção reta transversal tende a ser reduzida (isto é, $A < A_0$, veja Figura 2.1b). Caso o material seja homogêneo e livre de defeitos, a força aplicada se distribui homogeneamente ao longo da área A e é compensada por uma tensão interna σ que atua em toda a área da seção reta da barra. A Figura 2.1c, que representa apenas a porção inferior do material, ilustra essa situação. Assim, supondo que a tensão é uniformemente distribuída ao longo da área A, obtém-se σ como a tensão média, por meio da relação $\sigma = T / A$.

Em muitos casos, em especial quando as deformações são pequenas, despreza-se a variação da área da seção reta durante a deformação do material e, portanto, define-se a tensão média considerando-se o valor inicial da área da seção reta. Dessa forma:

$$\sigma = T / A_0 \tag{2.1}$$

A deformação, por sua vez, é definida como a variação do comprimento da barra em relação a seu comprimento original:

$$\varepsilon = \Delta L / L_0 = \left(L - L_0\right) / L_0 \tag{2.2}$$

De maneira que a deformação é uma quantidade adimensional. No chamado regime elástico linear, as tensões mecânicas aplicadas ao material e as deformações resultantes são proporcionais entre si, satisfazendo a relação conhecida por lei de Hooke.[1] Assim, para uma tensão uniaxial aplicada em tração, conforme mostra a Figura 2.1, vale a seguinte relação:

$$\sigma = Y\varepsilon \tag{2.3}$$

Em que a constante de proporcionalidade Y é o chamado *módulo de elasticidade* ou módulo de Young do material, que é medido nas mesmas unidades da tensão mecânica (Pa no Sistema Internacional).

Uma análise semelhante pode ser realizada para outras situações em que as tensões mecânicas atuam sobre os sólidos de formas distintas. Por exemplo, sob uma carga cisalhante S pode-se escrever a relação entre tensão e deformação na seguinte forma:[2]

$$\tau = G\gamma \tag{2.4}$$

Neste caso, $\tau = S / A_0$ é a tensão de cisalhamento; e $\gamma = tan\theta$ é a deformação angular resultante (veja Figura 2.2a). Aqui, a constante de proporcionalidade G é o chamado *módulo de cisalhamento*.

1 Nem sempre o regime elástico corresponde a um comportamento linear de tensão x deformação. Em alguns casos, como ouro, ferro fundido e diversos polímeros, a curva σ x ε no regime elástico não é linear.

2 Para o leitor que não está bem familiarizado com esses conceitos, consultar textos mais específicos, como: Dieter, 1986.

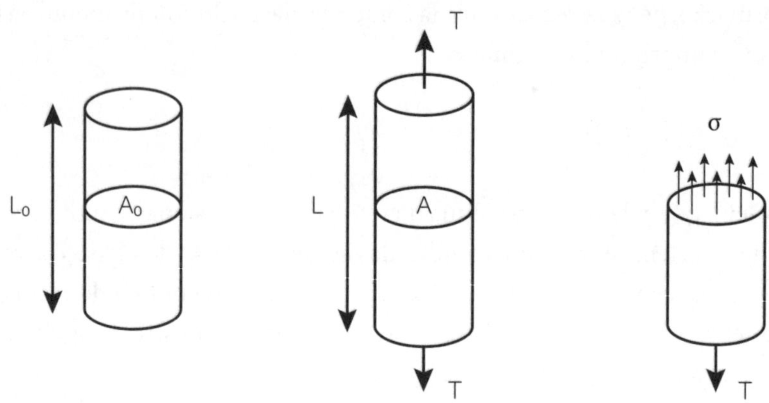

Figura 2.1 – (a) barra cilíndrica de comprimento inicial comprimento L_0 e área da seção reta A_0 na ausência de carga aplicada; (b) sob a ação de uma carga trativa axial T, com comprimento $L > L_0$ e área da seção reta $A < A_0$ e (c) diagrama ilustrativo da tensão mecânica σ que equilibra a carga aplicada.

O ensaio hidrostático é um ensaio mecânico volumétrico em que a tensão mecânica aplicada atua igualmente em todas as direções, ou seja, de forma isotrópica. Na prática, isso é realizado por meio da aplicação de uma pressão P num fluido no qual o corpo se encontra imerso, enquanto sua ação sobre o sólido é monitorada medindo-se a variação do seu volume $\Delta V = V - V_0$. Nesse caso, pode-se escrever:

$$P = -B\upsilon \tag{2.5}$$

Em que P é a pressão hidrostática aplicada; $\upsilon = \Delta V / V_0$, a variação relativa de volume da amostra em relação ao volume inicial V_0; e B, o *módulo de compressibilidade*. Em contraste com os casos anteriores, o sinal negativo na Equação 2.5 denota, que nesse caso, um aumento da pressão acarreta uma diminuição do volume do sólido. A Figura 2.2b ilustra esquematicamente esse tipo de ensaio mecânico.

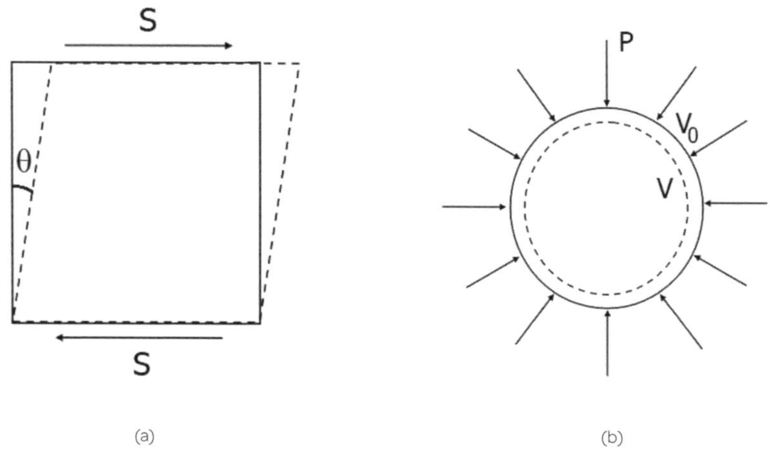

Figura 2.2 – Ilustração esquemática dos ensaios mecânicos de (a) cisalhamento e (b) hidrostático.

O módulo de compressibilidade pode então ser calculado por:

$$B = -\frac{\Delta P}{\Delta V / V} \tag{2.6}$$

Ou, na forma diferencial:

$$B = -V\frac{dP}{dV} \tag{2.7}$$

As relações dadas são macroscópicas e podem ser aplicadas no caso de sólidos isotrópicos, que podem conter mais de uma fase, desde que estas sejam homogeneamente distribuídas do ponto de vista estatístico. Por outro lado, os sólidos monocristalinos, de maneira geral, são anisotrópicos, e, portanto, as suas constantes elásticas podem depender tanto da direção de aplicação da tensão como da direção da deformação resultante. Dessa forma, as constantes elásticas devem ser representadas por tensores, conforme descrito pela teoria da elasticidade. Esse assunto, porém, não será abordado no presente texto. Os leitores interessados devem buscar a literatura específica do assunto, como o livro de Dieter citado.

É razoável esperar que haja uma interrelação entre as constantes elásticas *Y*, *G* e *B*, uma vez que todas envolvem fenômenos físicos semelhantes, isto é, estão relacionadas à capacidade que o sólido apresenta de resistir às deformações mecânicas. De fato, no caso de materiais homogêneos e isotrópicos, como em geral é o caso dos materiais policristalinos, existem apenas duas constantes elásticas independentes a partir das quais as outras podem ser determinadas. As relações entre essas constantes podem ser escritas de variadas formas, dentre elas as seguintes:

$$Y = 2G(1+\nu) \tag{2.8}$$

$$G = \frac{3B}{2}\frac{(1-2\nu)}{(1+\nu)} \tag{2.9}$$

$$B = \frac{Y}{3(1-2\nu)} \tag{2.10}$$

$$Y = \frac{9BG}{G+3B} \tag{2.11}$$

Nessas expressões, foi introduzida uma constante elástica adicional, a chamada *razão de Poisson* ν, que é definida como a razão entre as deformações transversal e longitudinal do sólido, quando este está submetido à ação de uma tensão uniaxial. No caso de uma tensão aplicada ao longo do eixo z, por exemplo, ν seria dada por:

$$\nu = -\frac{\varepsilon_x}{\varepsilon_z} = -\frac{\varepsilon_y}{\varepsilon_z} \tag{2.12}$$

Em que ε_z é a deformação longitudinal, e ε_x e ε_y são as deformações transversais. O sinal negativo na relação apresentada sinaliza que a razão de Poisson é positiva quando as deformações transversais têm sinal contrário à deformação longitudinal.

A análise das relações entre Y, G e B, e o fato de que estas constantes são sempre positivas mostram que $\nu = 0,5$ é o limite superior para o valor da razão de Poisson ($\nu = 0,5$ corresponde ao caso do material incompressível, ou seja, $B = \infty$; veja Exercício 2) e assim, $Y \leq 3G$ é uma condição que deve ser necessariamente satisfeita.[3] De uma maneira geral, para materiais isotrópicos, ν é um número positivo e assim, neste caso, $Y \geq 2G$, $Y \leq 3B$ e $B \geq 2G$ são relações válidas. No entanto, um valor de ν negativo

3 A borracha, por exemplo, é facilmente deformável, mas pouco compressível, de forma que $Y << B$ e, assim, $\nu \approx 0,5$ para esse material. Um exemplo de material com ν próximo de zero é a cortiça, além de alguns elementos puros de alto valor de módulo elástico, como o berílio e o carbono (diamante).

não é fisicamente inaceitável. Na realidade, o limite inferior para o valor da razão de Poisson é –1,0 (veja Exercício 4 e nota mais adiante).

Nas Tabelas 2.1 e 2.2, são apresentados valores de Y, G, B e ν em temperatura ambiente para diversos elementos e compostos metálicos e não metálicos, respectivamente. Pode-se observar que as constantes Y, G e B para os metais apresentam valores na faixa de dezenas a centenas de GPa, com os maiores valores sendo dos metais refratários, como o tungstênio e o molibdênio, e os menores valores, dos metais de baixo ponto de fusão, como o chumbo, o magnésio e o estanho. A razão de Poisson se situa, nesse caso, em torno de um valor médio de aproximadamente 0,3. No caso dos materiais não metálicos, as constantes Y, G e B são, em geral, superiores às dos metais, à exceção de alguns halogenetos alcalinos, caso em que podem assumir valores menores que uma dezena de GPa. Os maiores valores são os do diamante, nitreto de boro cúbico, alguns carbetos e nitretos. Os valores da razão de Poisson dos sólidos não metálicos são, na sua maioria, inferiores aos dos metais, em especial aqueles dos materiais que apresentam os maiores valores dos diferentes módulos.

Tabela 2.1 – Constantes Y, G e B (GPa) e razão de Poisson de alguns elementos e materiais metálicos policristalinos em temperatura ambiente

Metal	Y	G	B	ν	Metal	Y	G	B	ν
Aço-carbono	210	81	169	0,29	Mo	323	125	260	0,29
Aço doce	211	82	169	0,29	Nb	105	38	164	0,39
Aço ferramenta	211	82	165	0,29	Nd	42	16	32	0,28
Aço inox	215	84	166	0,28	Ni	221	85	186	0,3
Ag	82	30	101	0,36	Ni doce	199	76	177	0,31
Al	70	26	75	0,35	Ni duro	219	84	188	0,31
Au	79	28	174	0,42	Pb	16	6	46	0,44
Be	312	151	112	0,033	Pd	134	48	193	0,39
Ca	26	10	21	0,3	Pr	37	15	29	0,28
Cd	62	24	54	0,31	Re	462	179	365	0,29
Co	203	77	187	0,32	Rh	379	150	267	0,26

Metal	Y	G	B	ν	Metal	Y	G	B	ν
Cr	279	115	162	0,21	Sc	78	31	56	0,27
Cu	129	48	138	0,35	Sn	50	18	58	0,36
Fe	212	82	167	0,29	Ta	185	69	190	0,34
Fe doce	211	81	170	0,29	Tb	57	23	39	0,26
Fe fundido	152	60	110	0,27	Ti	114	43	105	0,32
Ho	65	26	41	0,23	Va	129	48	156	0,36
Ir	561	225	370	0,25	W	410	160	310	0,28
Lu	68	27	48	0,26	Y	63	25	41	0,24
Mg	45	17	35	0,29	Zn	102	41	66	0,24

Fonte: Clerc, 1998; Carter, 1979.

Tabela 2.2 – Constantes Y, G e B (GPa) e razão de Poisson de alguns elementos e compostos não metálicos policristalinos à temperatura ambiente

Sólido	Y	G	B	ν	Sólido	Y	G	B	ν
C (diam.)	1140	533	442	0,07	KBr	20	7,8	15	0,28
					KCl	23	9,6	13	0,2
Si	164	67	98	0,22	KI	15	5,8	12	0,29
Ge	133	55	75	0,21	LiF	113	46	70	0,23
SiC	402	170	210	0,18	NaBr	30	12	20	0,25
TaC	302	119	217	0,27	NaCl	38	15	25	0,25
TiC	421	183	200	0,15	NaF	77	31	49	0,24
VC	383	163	196	0,17	NaI	22	8,5	16	0,27
ZrC	388	166	195	0,17	RbBr	17	6,5	13	0,29
BP	324	136	175	0,19	RbCl	19	7,4	16	0,3
BN	909	405	401	0,12	RbI	13	4,9	11	0,31

Sólido	Y	G	B	ν	Sólido	Y	G	B	ν
TiN	500	210	270	0,19	AlSb	83	33	59	0,26
TiB_2	447	169	417	0,32	GaP	139	56	89	0,24
BeO	396	162	237	0,22	GaAs	117	47	76	0,24
CoO	191	72	185	0,33	GaSb	85	34	56	0,25
MgO	310	131	162	0,18	CdS	41	15	59	0,38
MnO	176	67	154	0,31	CdSe	41	15	54	0,37
ZnO	125	46	144	0,36	CdTe	38	14	42	0,35
SiO_2	95	44	38	0,082	ZnS	81	31	69	0,3
TiO_2	288	113	215	0,28	ZnSe	75	29	59	0,29
Al_2O_3	402	163	252	0,23	ZnTe	60	23	51	0,3

Fonte: Clerc, 1998.

A Figura 2.3a mostra o gráfico de todos os valores do módulo de cisalhamento *versus* módulo de elasticidade para os elementos, compostos e materiais listados nas Tabelas 2.1 e 2.2, exceto o diamante e o nitreto de boro, que possuem valores de Y e G muito superiores aos demais. Todos os pontos encontram-se entre os limites $G = Y/2$ e $G = Y/3$, que correspondem a $\nu = 0$ e $\nu = 0,5$, respectivamente. A maioria dos pontos se agrupa em torno de uma mesma tendência, que pode ser razoavelmente aproximada por uma reta, refletindo a faixa relativamente pequena de variação dos valores da razão de Poisson (veja Equação 2.8).

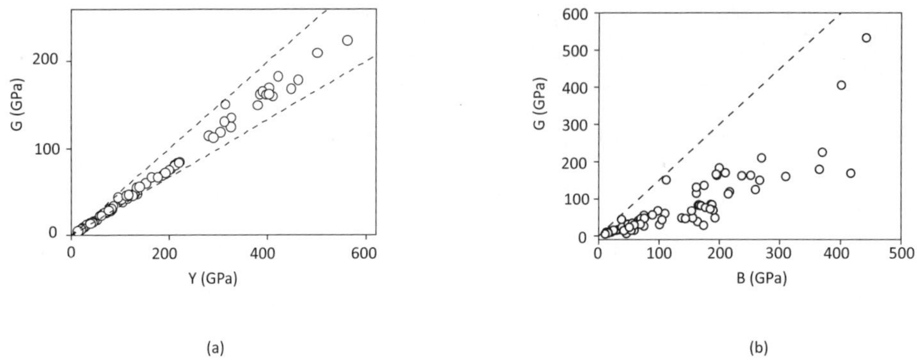

Figura 2.3 – Relação entre os (a) módulos de cisalhamento e de elasticidade e (b) entre os módulos de cisalhamento e de compressibilidade para todos os elementos e compostos listados nas Tabelas 2.1 e 2.2, exceto o diamante e o nitreto de boro (BN). Na Figura (a), as linhas tracejadas correspondem aos casos em que $\nu = 0$ e $\nu = 0{,}5$, ou seja, $G = Y / 2$ e $G = Y / 3$, respectivamente; na Figura (b), a linha tracejada corresponde ao limite superior $G = 1{,}5\ B$, caso em que $\nu = 0$.

A Figura 2.3b, por outro lado, apresenta os valores do módulo de cisalhamento em função do módulo de compressibilidade para todos os elementos, compostos e materiais listados nas Tabelas 2.1 e 2.2, em que o limite superior $G = 1{,}5B$, que corresponde ao caso em que $\nu = 0$ está assinalado pela reta tracejada. Nesse caso, a dispersão dos pontos é grande, em contraste com o caso anterior. Isso está relacionado à distinta natureza dos módulos G e B, uma vez que o módulo de cisalhamento corresponde a uma deformação estrutural do sólido, sem variação de seu volume, enquanto o módulo de compressibilidade corresponde a uma variação de volume, sem que haja alteração da estrutura do material.

NA PONTA DA CIÊNCIA E DA TECNOLOGIA

Meióticos, anepiréticos e auxéticos

Quando se estica uma tira de borracha, pode-se perceber com facilidade que suas dimensões transversais à direção de alongamento diminuem. Esse comportamento intuitivo, no caso da borracha, corresponde a uma razão de Poisson de valor positivo relativamente grande, em torno de 0,5. A grande maioria dos materiais conhecidos apresenta fenômeno semelhante, embora, em grande parte das vezes, de forma imperceptível, pois as deformações são muito pequenas. Os materiais que apresentam uma razão de Poisson positiva e maior que 0,1 são denominados *materiais meióticos* (veja Tabelas 2.1 e 2.2).

No entanto, alguns materiais não se comportam dessa maneira. Os materiais que praticamente não alteram suas dimensões transversais quando alongados são chamados de *materiais anepiréticos*. Um material é considerado anepirético quando o módulo da razão de Poisson é inferior a 0,1. Nas Tabelas 2.1 e 2.2, pode-se encontrar três exemplos desse tipo material: berílio, diamante e sílica (SiO_2). Outros exemplos são todos óxidos, como $FePO_4$, $GaPO_4$, BVO_4, FeV_3O_4, CoV_3O_4 e MnV_3O_4.

Um comportamento mais raro e surpreendente, uma vez que contraria o senso comum, é apresentado por alguns materiais que possuem razão de Poisson negativa, ou seja, aumentam suas dimensões nas direções transversais à direção de tração. Esses são os chamados *materiais auxéticos*. Diversos materiais cristalinos anisotrópicos apresentam razão de Poisson negativa em certas direções cristalinas específicas, enquanto nas outras direções esta razão é positiva. Por esse motivo, durante longo tempo, considerou-se que esse fenômeno não poderia ocorrer em materiais isotrópicos.

Existem diferentes tipos de materiais auxéticos, a grande maioria deles constituída por materiais heterogêneos como espumas, compósitos e outras estruturas artificialmente produzidas. Materiais heterogêneos com $\nu = -0,8$, já foram reportados. Por outro lado, são muito poucos os casos de materiais policristalinos homogêneos e isotrópicos que exibem este comportamento. O exemplo mais conhecido, descoberto em 1992, é o da fase α da cristobalita, uma forma tetragonal da sílica, que apresenta razão de Poisson $\nu = -0,29$. Recentemente, outros materiais auxéticos foram identificados, como o $AlPO_4$ e outras formas tetragonais e ortorrômbicas do SiO_2 (veja, por exemplo, Dagdelen, 2017 e Lakes, 2017).

O comportamento fora do comum desses materiais pode ser entendido com base na rotação dos tetraedros SiO_4 (ou PO_4) existentes na estrutura cristalina dos óxidos auxéticos, que ocorre quando o material é tracionado. A Figura 2.4 ilustra esquematicamente esse comportamento em uma hipotética estrutura bidimensional composta por quadrados conectados pelos vértices. Na Figura 2.4a, situação em que a estrutura se encontra relaxada, os quadrados estão dispostos de forma que se encontram rotacionados uns em relação aos outros por um certo ângulo, em sentidos alternados. Com a aplicação de uma tensão uniaxial (Figura 2.4b), o ângulo de rotação dos quadrados aumenta, fazendo com que as dimensões da estrutura aumentem na direção de aplicação da força e também aumentem na direção transversal a ela. Um fenômeno análogo a esse, que ocorre com os tetraedros SiO_4 na estrutura tridimensional, é responsável pelo comportamento dos óxidos auxéticos.

Os materiais auxéticos apresentam alta dureza e grande resistência ao impacto, bem como absorvem vibrações de maneira muito eficiente. Dessa forma, esses materiais encontram aplicações na fabricação de materiais compósitos resistentes a impactos, sensores extremamente precisos, cerâmicas mais duras, blindagens de alto desempenho, materiais esportivos, dentre outras.[4]

Na seção a seguir, vamos dar início à elaboração de um modelo simples que permita relacionar as constantes elásticas, mais especificamente, o módulo de compressibilidade, com as características microscópicas dos sólidos.

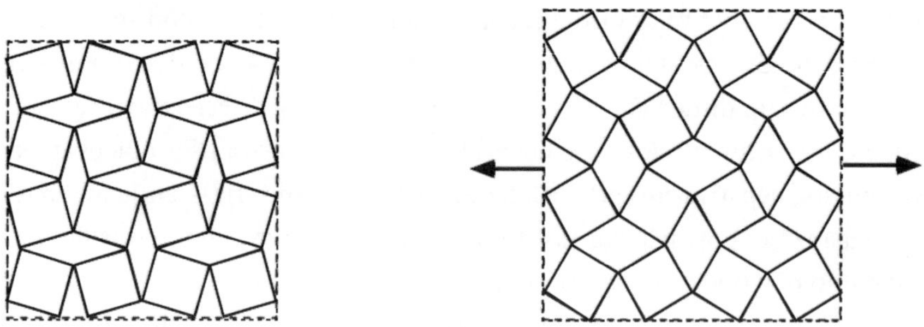

(a) (b)

Figura 2.4 – Ilustração esquemática de um modelo para o comportamento dos materiais auxéticos, (a) na ausência de tensão e (b) sob tensão trativa uniaxial aplicada.

2.3 UM ANÁLOGO MECÂNICO PARA OS SÓLIDOS

Quando realizamos um ensaio mecânico com o objetivo de determinar as propriedades elásticas de um material, como um ensaio de tração, devemos fazê-lo de forma que as deformações envolvidas sejam pequenas. Assim, garante-se que o sólido não apresente deformações plásticas ou permanentes e que apenas deformações elásticas ou reversíveis ocorram. Além disto, também é necessário que o teste seja realizado lentamente, para que a cada instante o material se encontre em seu estado de equilíbrio. Assim, considera-se, neste caso, o ensaio quase estático. Para a maioria dos materiais, isso é um procedimento simples, pois equivale a realizar o ensaio durante um tempo de algumas dezenas de segundos ou alguns minutos. Em consequência, o trabalho realizado pela força aplicada será acumulado exclusivamente na forma de energia potencial (elástica) no interior do sólido. Portanto, não há contribuição de energia cinética envolvida, uma vez que o processo é realizado de forma muito lenta. Essa energia potencial pode retornar caso a força aplicada seja anulada, fazendo o sólido voltar à sua situação original, da

4 Veja, por exemplo: Auxetic structures and footwear with soles having auxetic structures, Patent US 9402439B2; e Negative Poisson ratio piezoresistive sensor and method of manufacture, Patent WO 2016179245A1.

mesma forma que um gás comprimido no interior de um pistão se expande novamente, realizando trabalho, depois que cessa a força aplicada.

Para descrevermos o comportamento elástico do sólido, vamos considerar um modelo microscópico clássico no qual se supõe o material constituído por átomos de massa m separados por uma distância interatômica de equilíbrio, r_0. Vamos supor também que o material tem a forma de uma barra longa de comprimento L e que N ($N \gg 1$) é o número de átomos de uma extremidade à outra ao longo do comprimento da barra. Assim, supondo que o sólido apresenta uma estrutura cristalina livre de defeitos, então $L = Nr_0$.

A Figura 2.5a ilustra uma cadeia linear de átomos da barra. Nesse modelo mecânico, as forças interatômicas associadas às ligações químicas existentes entre os átomos são representadas por pequenas molas. De forma a simplificarmos a elaboração desse modelo, vamos considerar que cada átomo interage apenas com seus vizinhos mais próximos (ou *primeiros vizinhos*). Assim, cada átomo está ligado por molas a dois átomos vizinhos. Além disso, vamos supor também que as molas obedecem à conhecida *lei de Hooke*:

$$F = -Kx \tag{2.13}$$

Em que F é a força que atua sobre a mola, K é a constante de mola e x é sua deformação em relação ao comprimento da mola relaxada. Essa suposição equivale a expressar a energia de interação U entre um par de átomos vizinhos por um potencial harmônico; em outras palavras, essa é a chamada *aproximação harmônica*, ou seja:

$$U = \frac{1}{2}Kx^2 \tag{2.14}$$

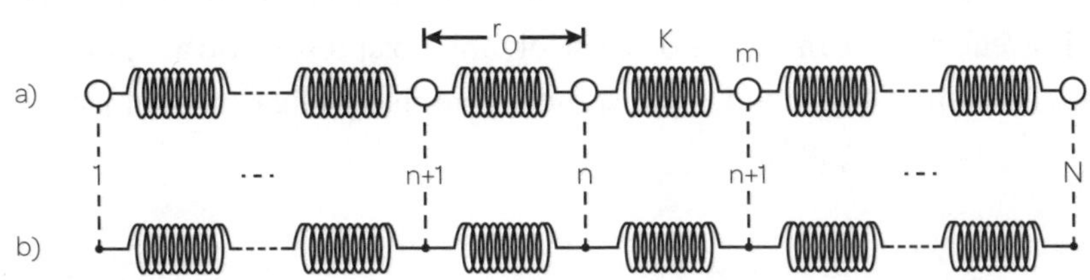

Figura 2.5 – (a) cadeira linear com N átomos ($N >> 1$) de massa m separados por uma distância r_0, ligados por molas de constante K e (b) a mesma cadeia, desprezando-se a massa dos átomos.

Quando a barra é submetida a uma carga uniaxial ao longo do seu comprimento, sua deformação será simplesmente dada por:

$$\varepsilon = \frac{dL}{L} = \frac{dr_0}{r_0} \tag{2.15}$$

Considerando-se que o número de átomos N não se modifica. Esse resultado significa que a deformação macroscópica da barra como um todo (dL/L) é igual à deformação microscópica da distância interatômica ou das ligações entre os átomos que formam o sólido (dr_0/r_0). Essa relação somente será válida caso ao deformar o sólido não haja criação de defeitos em sua estrutura que possam alterar as dimensões do material, que é o que ocorre quando a deformação é totalmente elástica. Assim, conclui-se que quando o sólido é submetido a esforços mecânicos dentro do limite elástico, na realidade, estão sendo testadas as forças de interação entre os seus átomos. Quando cessa a ação da força aplicada externamente, o sólido volta à situação original, pois as forças interatômicas fazem com que os átomos retornem às suas posições de equilíbrio.

Portanto, de um ponto de vista microscópico, as propriedades elásticas de um sólido são determinadas unicamente pelas forças de interação entre os átomos que o compõem. Outras características dos átomos propriamente ditos, como suas massas, não exercem papel algum nesse caso. Dessa maneira, para a obtenção das propriedades elásticas do sólido, o modelo mecânico para a cadeia de átomos apresentado pode ter as massas desprezadas, sendo constituído exclusivamente por molas, conforme mostra a Figura 2.5b.

Vamos considerar agora um sólido tridimensional homogêneo e isotrópico, cujos átomos, por simplicidade, supõem-se arranjados segundo uma estrutura cúbica simples. Também por simplicidade, vamos supor que esse sólido tem a forma cúbica, de lado L. A figura 2.6a apresenta o análogo mecânico para esse sólido, em que, como no caso anterior, K é a constante de mola que representa as ligações, e r_0 é a distância interatômica. Sólidos cristalinos que apresentam outras estruturas que não a cúbica simples também poderiam ser considerados por um modelo semelhante, com pequenas modificações. Entretanto, esse modelo e o desenvolvimento apresentado a seguir se aplicam apenas a sólidos simples formados por somente um tipo de ligação química.[5]

5 Materiais mais complexos (por exemplo, materiais poliméricos formados por uma estrutura que compreende dois tipos de ligações, como ligações covalentes no interior das cadeias poliméricas e ligações fracas entre as cadeias) não se enquadram nessa categoria.

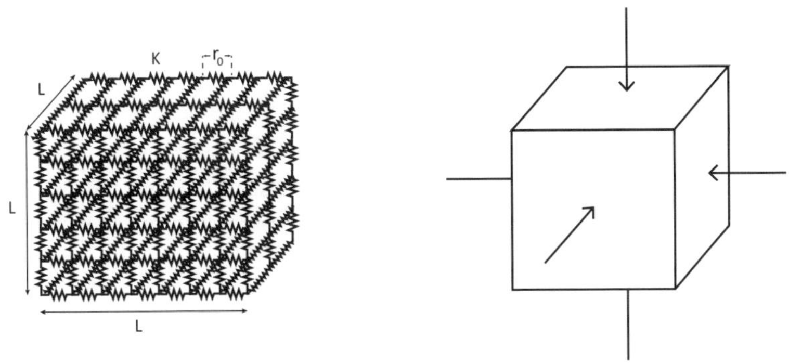

(a) (b)

Figura 2.6 – (a) análogo mecânico de um sólido de estrutura cúbica em que as forças interatômicas são representadas por molas; e (b) um sólido cúbico submetido à ação de uma carga hidrostática.

Supondo que a carga atua ao longo de uma das direções principais da estrutura cúbica, apenas as molas alinhadas paralelamente a essa direção serão comprimidas ou distendidas à medida que a carga atua.[6] Dessa maneira, se o comprimento do sólido ao longo da direção de aplicação da carga é L, existem L/r_0 planos atômicos transversalmente dispostos a essa mesma direção. Sendo a área da seção transversal a essa direção igual a A, então, existem A/r_0^2 molas ligando cada par de planos consecutivos. Assim, o sólido responderá à ação da força aplicada com uma constante de mola que é resultado da associação em série de L/r_0 molas de constante K', que é a constante de mola equivalente que atua entre dois planos adjacentes e resulta da associação em paralelo das A/r_0^2 molas de constante K existentes entre átomos vizinhos no mesmo plano.[7] Logo:

$$F = -\frac{r_0}{L}K'\Delta L = -\frac{r_0}{L}\frac{A}{r_0^2}K\Delta L \tag{2.16}$$

Da qual, rearranjando-se os termos:

6 Caso a situação não seja esta, então a carga aplicada deverá ser decomposta em suas componentes ao longo das direções principais da estrutura cristalina.

7 Deve-se lembrar ao leitor que a associação de molas em série ou em paralelo obedece a regras análogas à associação de resistores. No entanto, molas associadas em paralelo têm as suas constantes somadas de forma similar ao que ocorre com a associação de resistores em série. Por outro lado, a associação de molas em série obedece a uma regra análoga à associação de resistores em paralelo (veja o Exercício 5).

$$\frac{F}{A} = -\frac{K}{r_0}\frac{\Delta L}{L} \tag{2.17}$$

No caso de um material isotrópico sob a ação de cargas hidrostáticas, conforme representado na Figura 2.6b, a deformação será a mesma em todas as direções. Logo:

$$\frac{\Delta V}{V} = 3\frac{\Delta L}{L} \tag{2.18}$$

Então:

$$P = -\frac{K}{3r_0}\frac{\Delta V}{V} \tag{2.19}$$

Comparando-se a Equação 2.19 com a Equação 2.5, obtém-se para o módulo de compressibilidade:

$$B = \frac{1}{3}\frac{K}{r_0} \tag{2.20}$$

de forma que o módulo de compressibilidade é diretamente proporcional à constante da mola associada às ligações químicas e inversamente proporcional à distância interatômica. A constante de proporcionalidade ⅓ se deve às três direções cristalinas ortogonais equivalentes da célula cúbica. No caso de um sólido com outra estrutura que não seja a estrutura cúbica simples, esse fator deve ser substituído por um outro fator geométrico na equação apresentada, de maneira a levar em conta a nova disposição espacial das molas.

De um ponto de vista macroscópico, quando um ensaio mecânico é realizado dentro do regime elástico, a aplicação de uma força ao sólido acarreta um aumento da sua energia potencial interna. A prova disso é que, quando cessa a ação da força, o sólido volta às suas dimensões iniciais, realizando trabalho, como ocorre, obviamente, no caso de uma mola. No caso de um ensaio hidrostático, por exemplo, o aumento da energia interna do sólido está relacionado à variação de seu volume e à pressão aplicada. Da termodinâmica, tem-se a relação:

$$dE = TdS - PdV \tag{2.21}$$

Para temperaturas suficientemente baixas, a primeira parcela do lado direito da Equação 2.21 pode ser desprezada diante da segunda, e o acréscimo na energia interna será simplesmente igual ao trabalho realizado, de forma que podemos escrever:

$$dE = -PdV \tag{2.22}$$

E, portanto:

$$P = -\frac{dE}{dV} \tag{2.23}$$

Essa é uma expressão interessante, pois associa o conceito de pressão ao aumento da energia interna por unidade de volume (o sinal negativo se deve ao fato de que a energia interna aumenta quando o volume diminui), em contraste com a definição usual de pressão, mais comumente utilizada, como força aplicada por unidade de área. Assim, utilizando-se a definição do módulo de compressibilidade na sua forma diferencial (Equação 2.7), obtém-se:

$$B = V\frac{d^2E}{dV^2} \tag{2.24}$$

Essa é uma relação macroscópica, ou seja, expressa a dependência do módulo de compressibilidade com propriedades do sólido que podem ser obtidas macroscopicamente, sua energia interna e seu volume. Na seção seguinte, vamos procurar relacionar B com $U(r)$ – uma quantidade microscópica – a energia potencial de interação entre os átomos que compõem o sólido como função da distância interatômica.

2.4 O POTENCIAL INTERATÔMICO

De forma a tentarmos entender as interações que mantêm um material sólido coeso, vamos analisar, de um ponto de vista qualitativo, o comportamento das forças de interação entre um par de átomos em função da distância entre eles. Quando estão muito afastados, os átomos não interagem entre si; logo, a força de interação é nula. Por outro lado, para distâncias muito pequenas, a interação entre os átomos tende a ser infinitamente grande, como resultado da forte repulsão entre suas nuvens eletrônicas. Entre esses dois extremos, deve haver um ponto de equilíbrio, no qual a força resultante que age sobre os átomos é nula. Nessa situação, a distância entre os átomos é a distância interatômica de equilíbrio ($r = r_0$). A Figura 2.7 ilustra qualitativamente o comportamento descrito para dois casos distintos: para um sólido cuja ligação química é forte (curva a); e quando a ligação é fraca (curva b). Nesse gráfico, por uma questão de simplicidade e para permitir uma melhor comparação entre as duas curvas, escolheu-se a mesma distância interatômica de equilíbrio r_0 em ambos os casos.

No caso de um par de átomos que interage fortemente, ou seja, quando a ligação química é forte, é necessária uma força considerável para afastar ou aproximar os átomos em relação à posição de equilíbrio (curva a). Aqui, a tangente à curva, ou a derivada dF / dr , é grande, e o sólido correspondente deve ser rígido, ou seja, o seu módulo de compressibilidade é grande. Por outro lado, quando os átomos interagem mais fracamente (ligação química fraca, curva b), a força necessária para produzir a mesma deformação no comprimento das ligações químicas será menor que no caso anterior. Nesse segundo caso, a derivada dF / dr é menor e o sólido correspondente deve ser menos rígido, ou seja, apresenta menor módulo de compressibilidade.

Dessa forma, espera-se que haja uma correspondência direta entre as propriedades elásticas de um sólido e a inclinação da curva $F(r)$ em torno de $r = r_0$. Note que essa inclinação é justamente a constante de mola K (Equação 2.13, sendo $x = r - r_0$), caso a deformação seja suficientemente pequena para que a curva $F(r)$ possa ser aproximada por uma reta em torno de $r = r_0$.

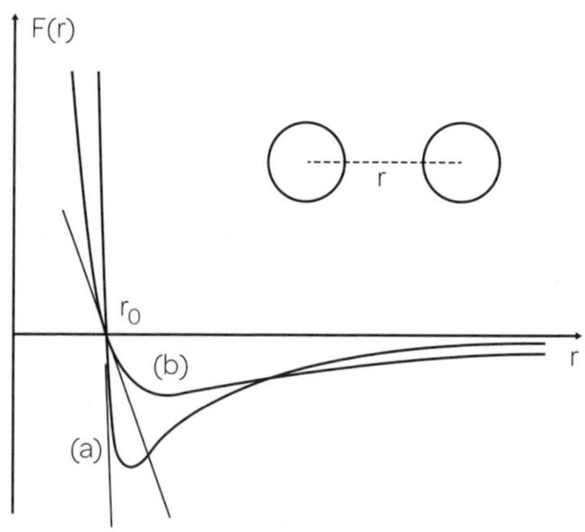

Figura 2.7 – Dependência da força de interação $F(r)$ entre um par de átomos com a distância interatômica r, mostrando os casos de (a) uma ligação química forte e (b) uma ligação química fraca. O primeiro caso corresponde a um sólido mais rígido que o segundo. Por simplicidade, escolheu-se a mesma distância interatômica de equilíbrio r_0 nos dois casos.

A energia potencial de interação $U(r)$ entre um par de átomos apresenta um comportamento semelhante àquele analisado para a curva $F(r)$. Para distâncias muito grandes, os átomos não interagem, de forma que a energia $U(r)$ não varia com a distância; então, deve ser tomada como constante. Logo, podemos considerar essa constante como nula. À medida que os átomos se aproximam, passam a interagir atrativamente, e $U(r)$ diminui. Para distâncias muito pequenas, $U(r)$ se torna fortemente repulsiva, mas, antes, deve passar por um mínimo. A distância de equilíbrio $r = r_0$ corresponde, nesse caso, ao mínimo da energia potencial $U(r)$. Nesse ponto, a energia de interação vale $-U_L$, em que U_L é a energia de ligação do par de átomos, que é a quantidade de energia necessária para separar um par de átomos inicialmente em equilíbrio. Esse comportamento está ilustrado na Figura 2.8. No caso de outro sólido com ligações químicas mais fortes do que aquele cuja interação está representada na Figura 2.8, o mínimo da curva $U(r)$ seria mais profundo, ou seja, a energia de ligação U_L seria maior. Consequentemente, a curvatura da curva $U(r)$ seria mais acentuada. A curvatura de $U(r)$ (ou sua segunda derivada) é proporcional à tangente à curva $F(r)$, ou seja, à própria constante de mola *K*.

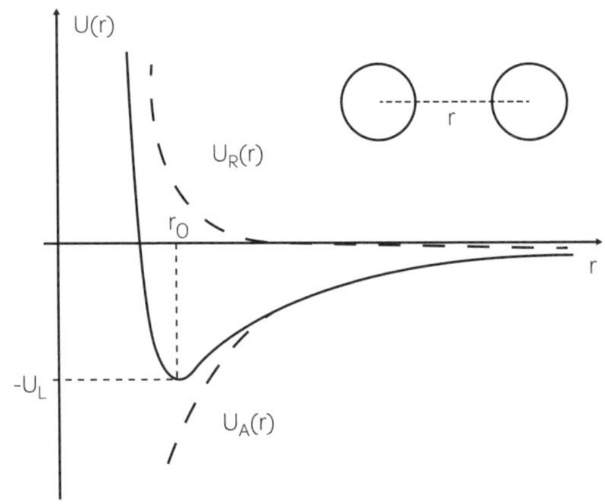

Figura 2.8 – Dependência da energia potencial de interação $U(r)$ entre um par de átomos com a distância interatômica *r*, mostrando os termos atrativo (U_A) e repulsivo (U_B).

O comportamento da energia potencial de interação *U*(*r*) pode ser parametrizado por uma função conhecida como *potencial de Morse*:

$$U(r) = U_L\left[1 - \exp\left(-b\left(r - r_0\right)\right)\right]^2 \qquad (2.25)$$

Em que b é uma constante que controla a largura do potencial, quanto menor o valor de b, mais largo será o poço. Na equação de Morse, $U(r_0) = 0$ e $U(\infty) = U_L$, ou seja, a escala de energia está deslocada verticalmente por um valor U_L em relação àquela da Figura 2.8. Embora simples, a Equação 2.25 não é muito conveniente para os objetivos do presente capítulo, pois não é a mais apropriada para a obtenção das propriedades de interesse, ou seja, a energia de coesão e o módulo de compressibilidade. Afortunadamente, existem outras expressões alternativas mais adequadas a esse propósito, conforme veremos a seguir.

Outra maneira de descrever a energia potencial de interação entre dois átomos de um sólido é considerá-la como a soma de duas contribuições distintas: um termo atrativo que prevalece a distâncias relativamente grandes e uma parcela repulsiva, relacionada à interação entre as nuvens eletrônicas, que atua mais intensamente a distâncias pequenas (veja Figura 2.8):

$$U(r) = -U_A(r) + U_R(r) \tag{2.26}$$

O termo atrativo é, em geral, bem aproximado por uma função do tipo lei de potência. O termo repulsivo, por outro lado, pode ser muito bem descrito por uma função exponencial, pois esta reflete de forma mais realista a dependência com a distância da densidade de carga das nuvens eletrônicas. No entanto, nesse momento, é mais interessante considerar o segundo termo também como uma lei de potência. Dessa forma, $U(r)$ pode ser escrito como:

$$U(r) = -\frac{a}{r^m} + \frac{b}{r^n} \tag{2.27}$$

Em que a e b são parâmetros positivos a serem determinados, e n e m são números inteiros, tais que $n > m$, pois o potencial repulsivo deve variar mais rápido com a distância que o potencial atrativo; caso contrário, $U(r)$ não apresentará um mínimo. No caso de gases e líquidos apolares, sólidos moleculares e sólidos de gases nobres, essa equação assume a forma do potencial de Lennard-Jones, com $m = 6$ e $n = 12$, em que o termo atrativo corresponde à interação de Van der Waals (interação elétrica dipolar, $m = 6$). A Tabela 2.3 apresenta valores típicos de n e m para sólidos formados por diferentes tipos de ligações químicas. Note que, em alguns casos, como nos metais alcalinos, n e m podem apresentar valores comparáveis, enquanto em outros, $n \gg m$.

Tabela 2.3 – Parâmetros m e n da equação da energia potencial $U(r)$ (Equação 2.27) para diferentes tipos de sólidos

Tipo de Sólido	m	n
Iônico	1	8 – 10
Halogeneto alcalino	1	6 – 12
Molecular e gás nobre	6	12
Metal	≈ 1	5 – 9
Metal alcalino	1	2

As constantes a e b da Equação 2.27 podem ser obtidas como função de r_0 e U_L, ou vice-versa, impondo-se as seguintes condições válidas no ponto de mínimo do potencial $r = r_0$ (veja Exercício 8):

$$U(r = r_0) = -U_L \text{ e } \left[\frac{dU}{dr}\right]_{r=r_0} = 0 \tag{2.28}$$

Assim, por exemplo:

$$U_L = \frac{a}{r_0^{\,m}}\left(1 - \frac{m}{n}\right) \tag{2.29}$$

Quando $n \gg m$ é uma boa aproximação (veja Tabela 2.3), podemos obter uma relação muito simples, que mostra que, nesse caso, a energia de ligação é dominada pelo termo atrativo do potencial de interação:

$$U_L \cong \frac{a}{r_0^{\,m}} \qquad (n \gg m) \tag{2.30}$$

Uma forma mais elegante e conveniente de $U(r)$, equivalente à Equação 2.27, pode ser escrita explicitamente em função da distância internuclear de equilíbrio e da energia de ligação do par de átomos da seguinte forma:

$$U(r)=U_L\left(\frac{mn}{n-m}\right)\left[\frac{1}{n}\left(\frac{r_0}{r}\right)^n-\frac{1}{m}\left(\frac{r_0}{r}\right)^m\right] \tag{2.31}$$

2.5 MÓDULO DE COMPRESSIBILIDADE E ENERGIA DE COESÃO

De forma a se obter módulo de compressibilidade do sólido (Equação 2.24), pode-se escrever para a segunda derivada da energia de coesão:

$$\frac{d^2E}{dV^2}=\frac{dE}{dr}\frac{d^2r}{dV^2}+\frac{d^2E}{dr^2}\left(\frac{dr}{dV}\right)^2 \tag{2.32}$$

No limite elástico, as deformações são muito pequenas, e, logo, pode-se considerar a distância r como aproximadamente igual à distância interatômica de equilíbrio r_0. Consequentemente, a energia encontra-se próxima a seu mínimo, ou seja, $dE / dr = 0$. Assim:

$$\left[\frac{d^2E}{dV^2}\right]_{r=r_0}=\left[\frac{d^2E}{dr^2}\left(\frac{dr}{dV}\right)^2\right]_{r=r_0} \tag{2.33}$$

De forma a se obter o termo do lado direito dessa equação, é necessário conhecer a relação entre o volume do sólido e a distância interatômica $V = V(r)$, que, obviamente, depende da estrutura cristalina do sólido considerado. Para uma estrutura cúbica simples, é fácil verificar que:

$$V=Nr^3 \tag{2.34}$$

Em que N é o número total de átomos do sólido. Para outras estruturas cristalinas, o lado direito da equação 2.34 deverá ser multiplicado por uma constante de proporcionalidade (veja Exercício 14). Assim, substituindo-se a Equação 2.34 em 2.33, e, depois em 2.24, chega-se à seguinte expressão para o módulo de compressibilidade em função da energia de coesão do sólido:

$$B=\frac{1}{9Nr_0}\left[\frac{d^2E}{dr^2}\right]_{r=r_0} \tag{2.35}$$

Resta agora expressar a energia de coesão do sólido $E(r)$ em função da energia de interação entre seus átomos $U(r)$. Para isso, e com o intuito de simplificar o problema, vamos fazer as seguintes aproximações:

a) somente há interação entre átomos vizinhos mais próximos (ou primeiros vizinhos) na rede cristalina. Essa suposição pode ser mais ou menos adequada, a depender do tipo de ligação química que constitui o sólido considerado, conforme veremos mais adiante;
b) a energia de interação entre um par de átomos vizinhos não é afetada pela presença dos outros átomos vizinhos. Assim, a energia de coesão do sólido pode ser escrita como uma soma das energias de interação entre todos os seus pares de átomos;
c) a rede cristalina é suficientemente rígida para que a vibração dos átomos, ou seja, sua energia cinética, possa ser desprezada. De forma equivalente, pode-se supor que a temperatura seja baixa o suficiente para que a energia cinética dos átomos seja muito pequena;
d) o sólido é finito, constituído por N átomos, mas, ao mesmo tempo, grande o suficiente para que os efeitos de superfície possam ser desprezados.

Dessa maneira, a energia de coesão do sólido $E(r)$ pode ser escrita como simplesmente igual à energia de interação entre um par de átomos $U(r)$ multiplicada pelo número de pares de átomos vizinhos existentes no sólido, ou seja:

$$E(r) = \frac{1}{2} NgU(r) \tag{2.36}$$

Em que se considerou que todos os pares de átomos vizinhos são idênticos e g é o número de coordenação (número de vizinhos) médio dos átomos. O fator ½ aparece de forma que não se conte duas vezes o mesmo par de átomos.

Substituindo 2.36 em 2.35, finalmente temos uma expressão para o módulo de compressibilidade:

$$B = \frac{g}{18r_0}\left[\frac{d^2U}{dr^2}\right]_{r=r_0} \tag{2.37}$$

Esse resultado mostra que o módulo de compressibilidade é proporcional à segunda derivada da energia potencial de interação entre um par de átomos $U(r)$ (veja Figura

2.8) ou, de outra forma, à primeira derivada da força de interação entre estes átomos, $F(r)$ em $r = r_0$ (Figura 2.7), conforme já discutido qualitativamente na seção anterior.

Uma vez que o termo entre colchetes do lado direito da Equação 2.37 nada mais é que a "constante de mola" da interação dos átomos do sólido, pode-se escrever:

$$B = \frac{gK}{18r_0} \quad (2.38)$$

Assim, fazendo-se $g = 6$ para a estrutura cúbica simples, obtém-se uma expressão idêntica à Equação 2.20.

Valores para a constante de mola podem ser determinados experimentalmente de maneira muito precisa por espectroscopia óptica, medindo-se a frequência de vibração de moléculos ou átomos do sólido.[8] Quando se referem a medidas realizadas em sólidos, entretanto, os valores determinados correspondem a uma constante de mola efetiva K^* ($\sim gK$), pois cada átomo participa de g ligações, ou seja, está ligado a g molas. A Tabela 2.4 apresenta esses valores para diferentes tipos de ligação química.

Tabela 2.4 – Constante de mola (N/m) para alguns tipos de ligação química

Ligação	K	Ligação	K	Ligação	K
H-H (H_2)	575	C-O (CO)	1902	O-O (O_2)	1177
C-H (CH)	448	C-O (CO_2)	1600	S-O (SO)	830
C-H (CH_4)	544	C-S (CS)	849	Cl-Cl (Cl_2)	323
C-H (C_2H_6)	483	C-S (CS_2)	788	Na-F (NaF)	176
N-H (NH)	597	C-N (CN)	1629	Na-Cl (NaCl)	109
O-H (OH)	780	Si-Si (Si_2)	215	Na-Br (NaBr)	94
O-H (H_2O)	845	Si-O (SiO)	924	Na-I (NaI)	76
C-C (C_2)	1216	Si-F (SiF)	490	Be-O (BeO)	751
C-C (C_2H_6)	450	N-N (N_2)	2295	Mg-O (MgO)	348
C-F (CF)	742	N-O (NO)	1595	Ca-O (CaO)	361

Fonte: Haynes, 2017.

8 Os modos de vibração da rede cristalina (fônons) serão assunto do Capítulo 3, Seção 3.4.

Exemplo 2.1: considerando que a constante de mola efetiva da ligação Na-Br vale 94 N/m e sua distância interatômica é de 0,299 nm, estime o módulo de compressibilidade do cristal de NaBr.

$$B = \frac{gK}{18r_0} \Rightarrow B = \frac{94}{18x0,299x10^{-9}} = 17,5GPa$$

em acordo razoável com o valor tabelado de 19,9 GPa.

Exemplo 2.2: sabendo que o módulo de compressibilidade do diamante vale 443 GPa e sua distância interatômica é de 0,154 nm, estime a constante de mola efetiva da ligação C-C no diamante.
No caso da estrutura cúbica do diamante, a Equação 2.32 deve ser multiplicada por um fator que vale 1,54. Assim, a Equação 2.36 para o módulo de compressibilidade fica:

$$B = \frac{gK}{18x1,54r_0} \Rightarrow K^* = gK = Bx27,7xr_0 = 443x10^9x27,7x0,154x10^{-9} = 1890N/m$$

De volta à Equação 2.37 e substituindo a expressão para $U(r)$ (Equação 2.27), pode-se chegar a:

$$B = \frac{g}{18}\frac{(n-m)ma}{r_0^{m+3}} = \frac{g}{18}\frac{(n-m)nb}{r_0^{n+3}} \tag{2.39}$$

De forma semelhante à seção anterior, se a aproximação $n \gg m$ for válida, (veja Tabela 2.3), obtém-se a seguinte relação aproximada:

$$B \cong \frac{g}{18}\frac{n^2 b}{r_0^{n+3}} \qquad (n \gg m) \tag{2.40}$$

mostrando que, nesse caso, o módulo de compressibilidade é dominado pelo termo repulsivo do potencial de interação.

Finalmente, de forma a expressarmos o módulo de compressibilidade em termos dos parâmetros físicos do potencial interatômico, substituímos a Equação 2.31 em 2.37 para obter:

$$B = \frac{mn}{18} \frac{gU_L}{r_0^3} \tag{2.41}$$

O segundo fator do lado direito da Equação 2.41 é simplesmente a energia de ligação de um átomo com seus vizinhos dividida pelo volume da célula unitária da rede cúbica. Portanto, de acordo com esse modelo simples, o módulo de compressibilidade é diretamente proporcional à energia de ligação por unidade de volume, com uma constante de proporcionalidade da ordem da unidade.

Com base nesse resultado, podemos obter o módulo de compressibilidade computando a razão entre a energia de coesão de um certo número de átomos E_L e o volume V correspondente, resultando:

$$B = \beta \frac{E_L}{V} \tag{2.42}$$

Em que $E_L = \frac{1}{2} NgU_L$ e $V = CNr_0^3$, na qual C é uma constante que depende da estrutura cristalina. A constante de proporcionalidade β deve ser um número da ordem da unidade, que depende apenas das características do potencial interatômico.

A Figura 2.9 mostra um gráfico comparativo entre os valores obtidos para a energia de coesão por unidade de volume E_L / V e os do módulo de compressibilidade B para a maior parte dos elementos da tabela periódica. A despeito de uma considerável dispersão dos pontos, pode-se observar uma clara correlação entre essas grandezas e que a tendência geral expressa pela Equação 2.42 é verificada, com uma constante de proporcionalidade $\beta > 1$.

Exemplo. 2.3: O módulo de compressibilidade do carbeto de titânio TiC é 200 GPa. Estime o valor da constante de proporcionalidade β da Equação 2.40 para esse caso, uma vez que a energia de ligação Ti-C é 423 kJ/mol e sua densidade é 4,93 g/cm³.

$$B = \beta \frac{E_L}{V} \Rightarrow \beta = \frac{BV}{E_L} = \frac{200x10^9 x 59,878x10^{-3}}{423x10^3 x 4,93x10^3} = 5,74$$

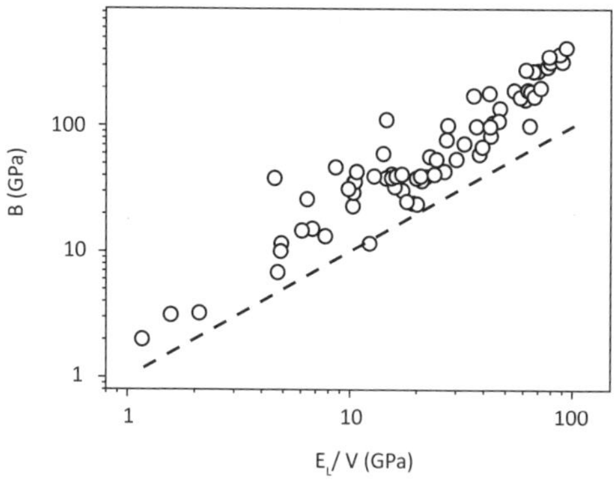

Figura 2.9 – Relação entre o módulo de compressibilidade e a energia de coesão por unidade de volume em escala log-log para os elementos da Tabela Periódica. Os gases nobres e os elementos com Z = 1, 5-9, 15-17, 34, 35, 53 e 85 não foram incluídos. A linha tracejada representa a reta $y = x$.

Fonte: Kittel, 2006.

Deve-se observar, entretanto, que a maior parte dos elementos puros incluídos no gráfico da Figura 2.9 é constituída por elementos metálicos. Uma análise das características particulares das ligações metálicas (veja Capítulo 4) nos leva a concluir de imediato que algumas das suposições que levaram à obtenção da Equação 2.42 não são adequadas para esses materiais (veja a Equação 2.36). Dessa maneira, não se deve esperar que um modelo simples como o que foi elaborado seja realista no caso destes elementos. Uma relação mais exata entre as propriedades elásticas e a energia de coesão depende das características específicas de cada tipo de sólido considerado. Na próxima seção, consideraremos o caso dos sólidos iônicos e, em seguida, abordaremos brevemente o caso dos materiais covalentes. O módulo de compressibilidade dos materiais metálicos será abordado brevemente no Capítulo 4 (Seção 4.4.7).

2.5.1 SÓLIDOS IÔNICOS

Nos sólidos iônicos, os íons da rede interagem entre si por meio de um potencial coulombiano. Esse potencial varia de forma inversamente proporcional à distância, ou seja, com $1/r$ ($m = 1$, na Equação 2.27) e, por esse motivo, é uma interação de longo alcance. Desse modo, no cômputo da parcela atrativa do potencial de interação $U_A(r)$, não é razoável supor, como fizemos anteriormente, que somente há interação entre átomos primeiros vizinhos. Pelo contrário; nesse caso, deve-se levar em conta a interação coulombiana de cada um dos íons com todos os outros íons (positivos e negativos) da rede cristalina. Assim, o termo atrativo do potencial $U_A(r)$ é calculado como uma soma em série infinita, de parcelas alternadamente atrativas e repulsivas que expressam a interação coulombiana de um determinado íon com todos os demais íons de rede, sejam de carga oposta ou de mesmo sinal. O cômputo dessa soma resulta em um potencial atrativo que é mais intenso que a interação entre um simples par de íons por um fator numérico α_M, denominado *constante de Madelung* (para exemplos do cálculo da constante de Madelung, veja Nota 2.1 a seguir).

A interação repulsiva entre as nuvens eletrônicas, por outro lado, ocorre entre átomos que estão em estreito contato entre si e, portanto, atua apenas entre vizinhos mais próximos. Então, vamos escrever explicitamente a dependência desse termo do potencial de interação com o número de átomos vizinhos ou número de coordenação *g*. Assim, a energia de coesão da rede de um sólido iônico é expressa pela chamada *equação de Born-Landè*:

$$U(r) = g\frac{b}{r^n} - \alpha_M \frac{z_a z_c e^2}{4\pi\varepsilon_0 r} \tag{2.43}$$

Nesse caso, n é chamado de expoente de Born, e z_c (z_a) é o número de cargas elementares dos cátions (ânions) que compõem o sólido iônico. O produto $z_c z_a$ é conhecido como *produto de valência* e dá-nos uma medida da intensidade da interação eletrostática entre os íons da rede.

A expressão para a energia de ligação do sólido iônico é obtida da equação de Born-Landè, diferenciando *U*(*r*) em relação a r e utilizando o fato de que a derivada é nula em $r = r_0$, obtendo-se:

$$U_L = \frac{\alpha_M z_a z_c e^2}{4\pi\varepsilon_0 r_0}\left(1 - \frac{1}{n}\right) \tag{2.44}$$

Define-se:

$$U_M = \frac{\alpha_M z_a z_c e^2}{4\pi\varepsilon_0 r_0} \tag{2.45}$$

como sendo a chamada *energia de Madelung*, que se refere apenas à contribuição da interação coulombiana (atrativa e repulsiva) de um dado íon com todos os demais íons do cristal. Assim:

$$U_L = U_M\left(1 - \frac{1}{n}\right) \tag{2.46}$$

Note que, nos diversos casos em que $n \gg 1$, o número entre parêntesis à direita da Equação 2.46 não difere muito da unidade, e, desta forma, a energia de ligação do cristal iônico será dominada pelo termo de Madelung.

A partir da Equação 2.37 e utilizando mais uma vez a Equação 2.43 para $U(r)$, podemos obter o módulo de compressibilidade do sólido iônico como dado por:

$$B = \frac{\alpha_M z_a z_c e^2}{72\pi\varepsilon_0 r_0^4}(n-1) \tag{2.47}$$

Combinando-se a Equação 2.47 com aquela obtida para a energia de ligação (Equação 2.44), obtém-se uma relação análoga à Equação 2.41, obtida na seção anterior.

Exemplo 2.4: obtenha a energia de ligação (em eV) do KCl, considerando que a distância interatômica é 0,3147 nm e utilizando o valor $n = 9$ para esse halogeneto alcalino.

$$U_L = \frac{\alpha_M z_a z_c e^2}{4\pi\varepsilon_0 r_0}\left(1 - \frac{1}{n}\right) \Rightarrow U_L = \frac{1{,}7476 x (1{,}6x10^{-19})^2}{4\pi x 8{,}85x10^{-12} x 0{,}3147x10^{-9} x 1{,}6x10^{-19}} x(0{,}889) = 7{,}10eV$$

Bem próximo, portanto, do valor tabelado da energia de ligação do KCl (7,20 eV).

Exemplo 2.5: obtenha o módulo de compressibilidade do KCl, utilizando os mesmos dados do exemplo anterior.

$$B = \frac{\alpha_M z_a z_c e^2}{72\pi\varepsilon_0 r_0^4}(n-1) \Rightarrow B = \frac{1{,}7476 x (1{,}6x10^{-19})^2}{72\pi x 8{,}85 x 10^{-12} x (0{,}3147 x 10^{-9})^4} x(9-1) = 18{,}2GPa$$

O valor tabelado para o módulo de compressibilidade do KCl é de 17,4 GPa, ou seja, uma diferença menor que 5%.

NOTA 2.1: CÁLCULO DA CONSTANTE DE MADELUNG

Em sólidos iônicos, a determinação da parcela atrativa do potencial de interação $U_A(r)$ envolve a soma de contribuições atrativas e repulsivas relacionadas à interação coulombiana de um dado íon com todos outros íons da rede cristalina. Assim, pode-se escrever para o i-ésimo íon:

$$U_A^i(r) = \sum_j^{j \neq i} \pm \frac{z_a z_c e^2}{4\pi\varepsilon_0 r_{ij}} = \frac{z_a z_c e^2}{4\pi\varepsilon_0} \sum_j^{j \neq i} \pm \frac{1}{r_{ij}} \tag{2.48}$$

Em que a soma engloba todos os íons, exceto $i = j$, e o sinal negativo é utilizado para pares de cargas de sinais contrários e o sinal positivo para pares de cargas de mesmo sinal. Fazendo:

$$r_{ij} = p_{ij} r_0 \tag{2.49}$$

Em que r_0 é a distância entre átomos primeiros vizinhos do cristal e p_{ij} é um fator numérico geométrico que depende do par de íons considerado. Assim, substituindo-se 2.49 em 2.48 e comparando-se com o termo atrativo de 2.43, temos:

$$\alpha_M = \sum_j^{j \neq i} \frac{\pm 1}{p_{ij}} \tag{2.50}$$

Dessa maneira, fica evidente que a constante de Madelung é simplesmente um fator numérico que depende somente da geometria da estrutura cristalina, e não da valência de seus íons ou do parâmetro de rede.

O cálculo da constante de Madelung envolve a avaliação da seguinte série:

$$\frac{\alpha_M}{r_0} = \sum_j^{j \neq i} \frac{\pm 1}{p_{ij} r_0} = \sum_j^{j \neq i} \frac{\pm 1}{r_{ij}} \tag{2.51}$$

Caso tomemos como referência um íon negativo, o sinal positivo será utilizado para os íons positivos, e o sinal negativo, para os íons negativos. É importante ter cuidado com a definição utilizada para a constante de Madelung. Alguns autores a definem, como fizemos nas equações apresentadas, em termos da distância entre átomos vizinhos r_0. Já em outros casos, essa constante é definida em termos do parâmetro da rede cristalina a no lugar de r_0, resultando em valores distintos para a constante de Madelung. A Tabela 2.5 lista os valores da constante de Madelung obtidos por meio da Equação 2.51 para diversas estruturas cristalinas de cristais iônicos.

Tabela 2.5 – Constante de Madelung para algumas estruturas cristalinas de cristais iônicos

Estrutura	α_M
Cloreto de cádmio ($CdCl_2$)	2,244
Cloreto de cálcio ($CaCl_2$)	2,365
Cloreto de césio (CsCl)	1,762675
Cloreto de sódio (NaCl – sal gema)	1,747565
Fluoreto de cálcio (CaF_2 – fluorita)	2,51939
Fluoreto de magnésio (MgF_2)	2,381
Iodeto de cádmio (CdI_2)	2,355
Óxido de alumínio α (Al_2O_3 – alumina alfa)	4,1719
Óxido cuproso (Cu_2O)	2,22124
Óxido de silício (SiO_2 – sílica)	2,2197
Dióxido de titânio (TiO_2 – anatásio)	2,400
Dióxido de titânio (TiO_2 – rutilo)	2,408
Óxido de zinco (ZnO)	1,4985
Sulfeto de zinco cúbico (ZnS – blenda ou esfalerita)	1,63806
Sulfeto de zinco hexagonal (ZnS – wurtzita)	1,64132

Fonte: Haynes, 2017.

Exemplo 2.6: constante de Madelung da cadeia linear infinita.
No caso simples de uma cadeia linear (unidimensional) infinita, a Equação 2.51 fica:

$$\frac{\alpha_M}{r_0} = \left[\frac{2}{r_0} - \frac{2}{2r_0} + \frac{2}{3r_0} - \frac{2}{4r_0} + \dots \right] \tag{2.52}$$

em que o fator 2, presente em todas as parcelas da série, vem do fato de existirem dois íons à mesma distância r_{ij}, um à esquerda e outro à direita, em relação ao íon central considerado. Logo:

$$\alpha_M = 2\left[1 - \frac{1}{2} + \frac{1}{3} - \frac{1}{4} + ...\right] \tag{2.53}$$

Lembrando a expansão em série:

$$\ln(1+x) = x - \frac{x^2}{2} + \frac{x^3}{3} - \frac{x^4}{4} + ... \tag{2.54}$$

Obtém-se:

$$\alpha_M = 2\ln 2 = 1,3863 \tag{2.55}$$

Exemplo 2.7: constante de Madelung da estrutura cúbica do cloreto de sódio
No caso de uma estrutura cristalina tridimensional, a dificuldade em se calcular a constante de Madelung é consideravelmente maior, pois a obtenção dos sucessivos termos referentes aos íons cada vez mais distantes do íon central não é tão simples como no caso unidimensional.
Por exemplo, no caso da estrutura do NaCl, tomando como referência um íon negativo (veja Figura 2.10), temos:

a) 6 íons positivos vizinhos à distância correspondente a $p = 1$;
b) 12 íons negativos à distância correspondente a $p = \sqrt{2}$;
c) 8 íons positivos à distância correspondente a $p = \sqrt{3}$;
d) 6 íons negativos à distância correspondente a $p = \sqrt{4} = 2$;

E assim sucessivamente. Logo, a série 2.50 fica:

$$\alpha_M = 6 - \frac{12}{\sqrt{2}} + \frac{8}{\sqrt{3}} - \frac{6}{\sqrt{4}} + ... \tag{2.56}$$

ou seja:

$$\alpha_M = 6,000 - 8,485 + 4,620 - 3,000 + ... \tag{2.57}$$

O valor da constante de Madelung calculado para essa estrutura é 1,74756 (veja Tabela 2.5). Entretanto, efetuando-se o cálculo da forma indicada, essa série não converge.

Um artifício que permite obter a convergência com apenas algumas parcelas da série é considerar cada parcela como igual à carga total (soma das cargas positivas e negativas) no interior de um cubo com centro situado sobre o átomo central. Assim, as parcelas da série seriam correspondentes a cubos sucessivamente maiores, sendo que a carga considerada em um determinado cubo não é levada em conta na carga no interior do cubo seguinte (veja Exercício 21).[9]

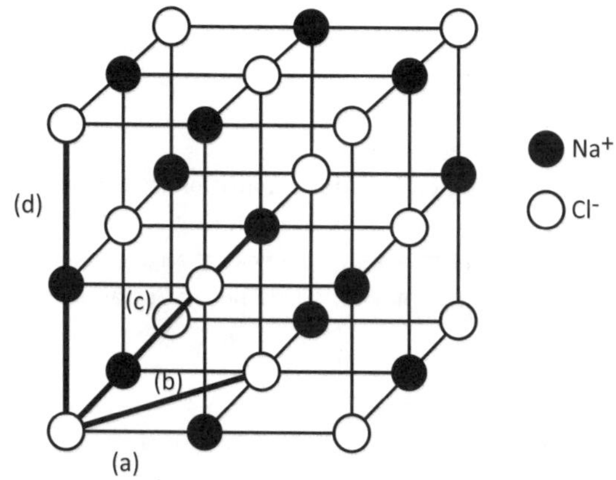

Figura 2.10 – Estrutura cristalina do NaCl, onde estão assinaladas as distâncias entre os íons para o cálculo dos quatro primeiros termos da série da constante de Madelung (Equação 2.56): (a) r_0, (b) $\sqrt{2}r_0$, (c) $\sqrt{3}r_0$, e (d) $2r_0$.

Uma vez conhecidos os valores experimentais da energia de coesão, do módulo de compressibilidade e da distância interatômica dos halogenetos alcalinos, pode-se avaliar a validade das expressões obtidas. A Figura 2.11a apresenta os valores da energia de ligação em função da distância interatômica para todos os halogenetos alcalinos com a estrutura cúbica do NaCl. Verifica-se uma clara correlação entre essas grandezas, confirmando o comportamento previsto de uma energia de ligação inversamente proporcional à distância interatômica. No entanto, o ajuste por regressão linear fornece um coeficiente angular um pouco menor (em valor absoluto) que o previsto pela Equação 2.44.

A Figura 2.11b, por sua vez, mostra os valores do módulo de compressibilidade em função da distância interatômica para os halogenetos alcalinos com a estrutura cúbica do NaCl. Nesse caso, também se verifica uma clara correlação entre os parâmetros em questão, em acordo com o modelo apresentado. O melhor ajuste por regressão linear fornece, então, um coeficiente angular igual a –3,1 aproximadamente.

9 Para mais detalhes a respeito dessa forma de calcular a constante de Madelung, ver: Kittel, 1966.

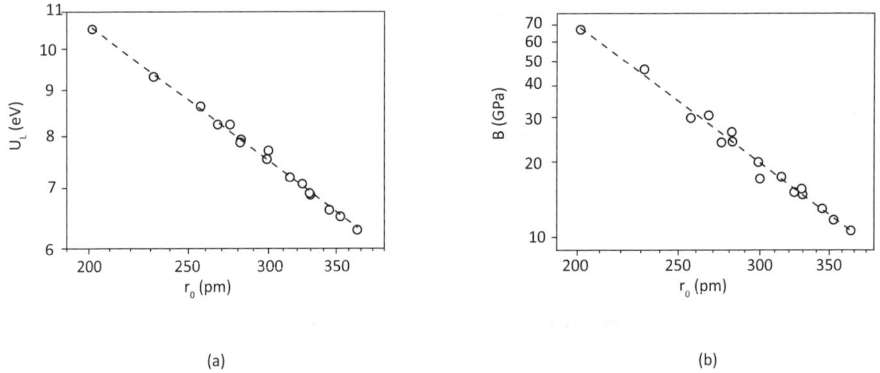

Figura 2.11 – (a) energia de ligação e (b) módulo de compressibilidade em função da distância interatômica em escala log-log para todos os halogenetos alcalinos com a estrutura cúbica do NaCl. Na figura (a), o melhor ajuste por regressão linear fornece um coeficiente angular de -0,85, e não -1,0 como prevê a Equação 2.44, enquanto na figura (b) o melhor ajuste por regressão linear fornece um coeficiente angular -3,1 aproximadamente.

Fonte: Tosi, 1964.

Cabe lembrar, entretanto, conforme já indicado anteriormente na Tabela 2.3, que o chamado expoente de Born não é uma constante, mas pode variar em uma faixa relativamente ampla, a depender do cristal considerado, ou seja, em função dos íons que compõem a rede cristalina. A Tabela 2.6 apresenta valores aproximados de *n* para os diversos íons de metais alcalinos e halogênios. Íons com maiores raios iônicos correspondem a valores maiores deste expoente. No caso de cristais formados por um par de íons correspondentes a valores distintos de *n*, os valores médios devem ser utilizados. Por exemplo, no caso de um cristal de NaCl, o valor de *n* a ser utilizado seria igual a 8.

Tabela 2.6 – Expoente de Born da equação da energia potencial $U(r)$ para diferentes de íons

Tipo de íon	*n*
Li^+	5
Na^+, F^-	7
K^+, Cu^+, Cl^-	9
Rb^+, Ag^+, Br^-	10
Cs^+, Au^+, I^-	12

Fonte: Haynes, 2017.

Conforme mencionado anteriormente, no lugar da lei de potência, pode-se considerar a dependência exponencial como uma forma alternativa para o termo repulsivo do potencial de interação $U_R(r)$. A dependência exponencial é mais adequada do ponto de vista físico, pois, de acordo com a mecânica quântica, essa função expressa de forma realista a variação da densidade de probabilidade da nuvem eletrônica em função da distância ao núcleo $\left|\Psi(r)\right|^2$, para valores de r grandes. Assim, a Equação 2.43 pode ser reescrita como:

$$U(r) = \lambda \exp\left(-\frac{r}{\rho}\right) - \frac{\alpha_M z_a z_c e^2}{4\pi\varepsilon_0 r} \tag{2.58}$$

Em que a intensidade λ e o alcance ρ do potencial repulsivo são parâmetros a serem determinados.

A Figura 2.12 mostra um gráfico quantitativo para a energia de coesão de um cristal de KCl obtido a partir da Equação 2.58, destacando as contribuições da energia atrativa coulombiana de Madelung e da energia repulsiva. Observa-se que o ponto de mínimo do potencial, onde $U(r_0) = -U_L$, é muito próximo do valor da energia de Madelung U_M, conforme a Equação 2.46.

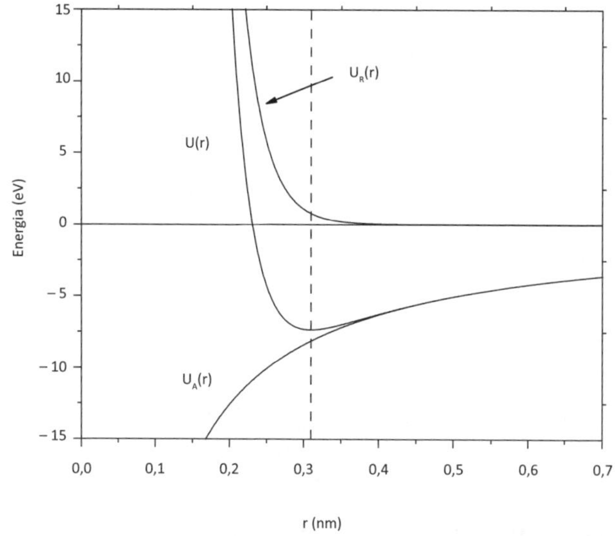

Figura 2.12 – Energia de coesão para um cristal de KCl obtido a partir da Equação 2.58, explicitando as contribuições das energias atrativa e repulsiva. A linha tracejada vertical assinala a distância interatômica de equilíbrio.

Embora a Equação 2.58 seja considerada mais exata e fisicamente mais razoável que a equação de Born-Landè, a expressão para o módulo de compressibilidade obtida a partir dessa equação é equivalente à Equação 2.47 (veja Exercício 22). A conversão entre a equação obtida a partir de Born-Landè e aquela obtida a partir da Equação 2.58 pode ser realizada fazendo-se simplesmente:

$$n = \frac{r_0}{\rho} - 1 \tag{2.59}$$

Infelizmente, não se dispõe de um modelo analítico simples capaz de prever os comportamentos observados para os sólidos iônicos. Entretanto, o resultado obtido para os halogenetos alcalinos, ilustrado na Figura 2.11b, sugere uma relação empírica muito simples e conveniente, ou seja, que o produto do módulo de compressibilidade pelo volume atômico (ou, de forma equivalente, pelo volume da célula unitária ou pelo volume molar) deve ser igual a uma constante:

$$BV = cte \tag{2.60}$$

Essa relação, que está em contraste com as expressões obtidas, é satisfeita não apenas pelos halogenetos alcalinos, mas também por outros tipos de sólidos iônicos. Na seção a seguir, veremos o caso dos óxidos.

TÓPICO AVANÇADO

2.5.1.1 Óxidos

Além dos halogenetos alcalinos, os óxidos em geral, como os nitretos de metais de transição, também obedecem à relação empírica $BV = cte$ (Equação 2.60). A Figura 2.13a mostra esse comportamento para diversos tipos de óxidos. Estão apresentados valores para óxidos dos tipos XO (de estrutura cristalina do cloreto de sódio ou wurtzita), XO_2 (de estrutura cristalina rutila), X_2O_3 (de estrutura cristalina corundum ou perovskita) e XY_2O_4 (de estrutura cristalina spinel). No entanto, de forma a se permitir a comparação direta entre os dados dos diferentes tipos de óxidos, nesse caso, r_0 é definido como a raiz cúbica do volume da célula unitária, uma vez que, em alguns casos, há mais de um tipo de ligação química envolvido e, logo, mais de uma distância interatômica.

Embora o comportamento qualitativo esperado $BV = cte$ possa ser verificado de maneira geral para os quatro tipos de óxidos, observa-se que estes recaem sobre tendências distintas. Uma análise mais detalhada do problema, entretanto, sugere-nos que é possível descrever o conjunto dos dados da Figura 2.13a por uma única relação empírica, independentemente do tipo de óxido considerado. Observando que, segundo a Equação 2.47, o módulo de compressibilidade é proporcional ao produto de valência e que, para um mesmo valor de r_0, os óxidos de fórmula química mais complexa são aqueles que apresentam os maiores valores do módulo de compressibilidade, pode-se escrever:

$$\frac{BV}{pz_a z_c} = cte \qquad (2.61)$$

Em que p é o número de átomos na fórmula química do óxido. No caso dos óxidos que possuem mais de um cátion, o valor de z_c a ser utilizado no cálculo do produto de valência deve ser a média ponderada dos números de elétrons de valência de todos os cátions. A Tabela 2.7 apresenta os valores dos parâmetros da Equação 2.61 para os quatro tipos de óxidos considerados.

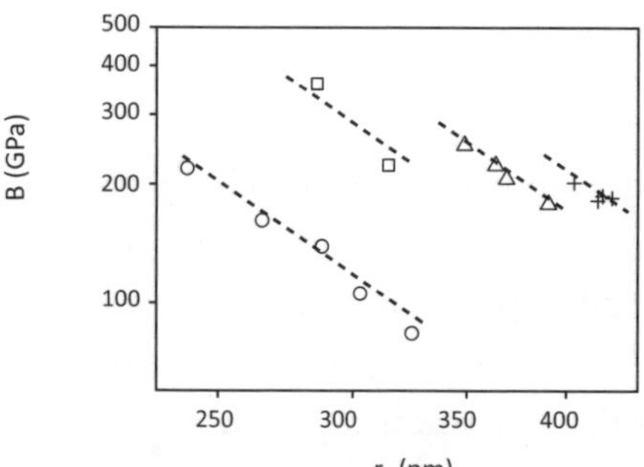

(a)

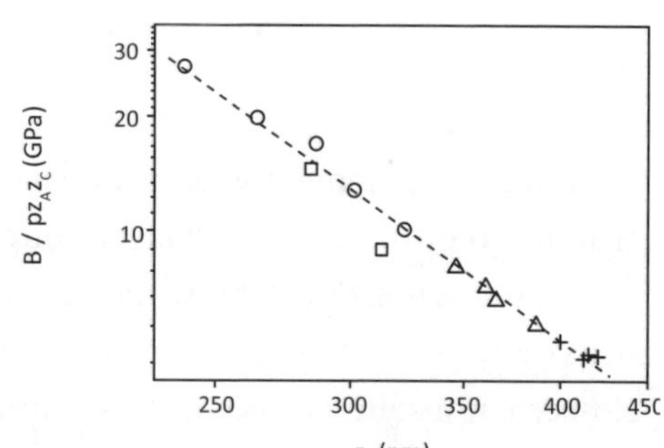

(b)

Figura 2.13 – (a) módulo de compressibilidade versus distância interatômica em escala log-log para diversos óxidos dos tipos XO (círculos), XO2 (quadrados), X_2O3 (triângulos) e XY2O4 (estrelas). Na figura (b), os valores do módulo de compressibilidade foram divididos por $pz_a z_c$. Veja o texto para saber o significado dos parâmetros e consulte a Tabela 2.7 para os valores. As linhas tracejadas representam retas $Br_0^3 = cte$.

Fonte: Anderson, 1970.

Tabela 2.7 – Valores dos parâmetros da Equação 2.61 para os diferentes tipos de óxidos.

Tipo de óxido	p	z_a	z_c	$z_a z_c$	$p z_a z_c$
XO	2	2	2	4	8
XO_2	3	2	4	8	24
X_2O_3	5	2	3	6	30
XY_2O_4	7	2	2,67	5,33	37,31

Obtém-se uma excelente concordância da Equação 2.61 com os dados experimentais para os diferentes tipos de óxidos, com todos os pontos seguindo uma única tendência linear (veja Figura 2.13b). Dessa maneira, a Equação 2.61 mostra que o módulo de compressibilidade dos óxidos é proporcional ao número médio de elétrons de valência por unidade de volume.

NA PONTA DA CIÊNCIA E DA TECNOLOGIA

Carbônia

De todos os elementos do grupo 14 (antigo grupo IV A) da Tabela Periódica, o carbono é o único a formar ligações duplas com o oxigênio em condições normais de temperatura e pressão. Por esse motivo, nessas condições, o dióxido de carbono (CO_2) é um gás, e, quando a temperatura é abaixada a -78 °C, solidifica-se, formando o conhecido gelo-seco, um sólido molecular constituído por ligações fracas dipolo-dipolo entre as moléculas de dióxido de carbono.

O dióxido de silício (SiO_2) ou sílica, por outro lado, é um sólido em que cada átomo de silício está ligado a quatro átomos de oxigênio em coordenação tetraédrica. O dióxido de silício, que pode ser obtido tanto na forma cristalina (caso em que é denominado quartzo) como amorfa, possui excelentes propriedades mecânicas, ópticas, estabilidade química e térmica, dentre outras características que se constituem a base para uma infinidade de aplicações. Como o silício, o germânio também forma um óxido estável, conhecido como germânia (GeO_2), utilizado em aplicações ópticas e de infravermelho.

Tendo em vista que a ligação C–O é uma das ligações químicas mais energéticas (U_L = 1076 kJ/mol) e de menor comprimento (r_0 = 0,142 nm) dentre todas as ligações químicas conhecidas, o sólido cristalino de dióxido de carbono com estrutura cristalina tetraédrica, análoga aos óxidos de silício e germânio, deve constituir um material que apresenta altos valores de módulo de compressibilidade e dureza (veja Equação 2.41). Esse material é a carbônia. Uma das fases cristalinas da carbônia apresenta módulo de compressibilidade $B = 365$ GPa (Yoo, 1999; Dong, 2000). Para simples comparação, pode-se observar que o módulo de compressibilidade da sílica é somente 38 GPa (Tabela 2.2). Até hoje, entretanto, a despeito das diversas tentativas, a carbônia cristalina somente pôde ser sintetizada a pressões extremamente altas, da ordem de algumas dezenas de GPa. A carbônia amorfa, entretanto, já foi obtida em condições normais de temperatura e pressão há alguns anos, mas, infelizmente, não apresenta as mesmas propriedades extremas de seu análogo cristalino (Santoro, 2006).

2.5.2 SÓLIDOS COVALENTES

A elaboração de um modelo que permita obter as propriedades elásticas de sólidos covalentes é muito mais complexa que no caso dos sólidos iônicos, uma vez que não pode ser levada a cabo sem uma compreensão detalhada dos estados eletrônicos correspondentes aos elétrons de valência desses materiais (veja Seção 5.2). Além disso, são poucos os sólidos formados por ligações químicas exclusivamente covalentes e, dessa forma, na maior parte dos casos também seria necessário considerar que um certo grau de ionicidade também está presente. Entretanto, de um ponto de vista puramente empírico e, em analogia com os casos anteriores, é razoável admitir uma dependência do módulo de compressibilidade com a distância interatômica conforme uma lei de potência, ou seja:

$$B = \frac{C}{r_0^q} \tag{2.62}$$

Em que q é o expoente e C é uma constante a ser determinada.

Essa dependência do módulo de compressibilidade com a distância interatômica é observada de uma forma geral para todos os sólidos covalentes, sejam eles formados pelos elementos do grupo do carbono (grupo IV) ou pelos compostos dos grupos III-V ou II-VI da Tabela Periódica (veja Figura 2.14a).[10] Esses elementos puros e compostos apresentam estrutura cristalina de simetria hexagonal com coordenação igual a 4 (estrutura do diamante e estrutura da blenda de zinco). Nesse caso, entretanto, o ajuste aos valores experimentais fornece um expoente um pouco maior (em valor absoluto) que nos casos dos sólidos iônicos, aproximadamente igual a -3,5.

10 De acordo com a nomenclatura atual da Tabela Periódica, as colunas devem ser numeradas sequencialmente com números arábicos. Dessa forma, as antigas colunas IIB, IIIA, IVA, VA e VIA, passam a ser colunas 12, 13, 14, 15 e 16, respectivamente. No entanto, a tradicional nomenclatura dos compostos continua a ser utilizada.

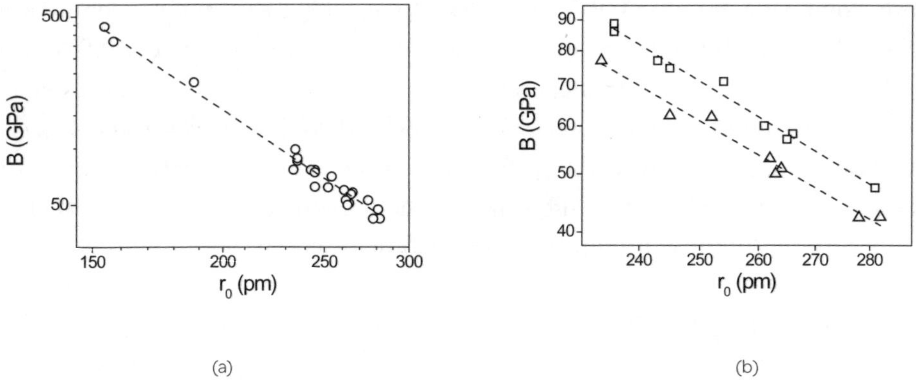

Figura 2.14 – (a) módulo de compressibilidade em função da distância interatômica em escala log-log para sólidos covalentes dos grupos IV, III-V e II-VI e (b) detalhe da figura (a), mostrando apenas os valores para compostos III-V (quadrados) e II-VI (triângulos). As linhas tracejadas representam ajustes por regressão linear com coeficientes angulares -3,5.

Fonte: Cohen, 1985.

Uma análise mais atenta destes dados mostra, no entanto, que a situação não é tão simples quanto parece. A Figura 2.14b mostra em detalhe apenas os valores relativos aos sólidos formados pelos elementos dos grupos III-V e II-VI. Embora a dependência prevista pela Equação 2.62 seja verificada para os dois grupos de materiais, observa-se que, para um mesmo valor da distância interatômica, os sólidos formados pelos elementos das colunas III-V apresentam valores maiores do módulo de compressibilidade que aqueles das colunas II-VI. Essa diferença pode ser entendida, de forma análoga ao caso dos óxidos, pelos distintos valores do produto de valência dos dois grupos, que, no caso dos materiais III-V é igual a 15, enquanto no caso dos materiais II-VI é somente 12 (veja Equação 2.61). Realizando a normalização dos valores do módulo de compressibilidade pelo produto de valência, nos mesmos moldes do que foi feito no caso dos óxidos (veja Figura 2.13b), os resultados desses dois grupos de materiais, como também aqueles do grupo IV, recaem sobre uma única reta.

TÓPICO AVANÇADO

2.6 RELAÇÃO ENTRE AS DEFORMAÇÕES ELÁSTICA E PLÁSTICA

Embora não seja o objetivo principal deste capítulo, não podemos deixar de abordar, mesmo que de forma bastante breve, a questão da deformação plástica em sólidos. Esta seção, entretanto, pressupõe que o leitor já possua algum conhecimento básico a respeito das propriedades mecânicas e estruturais dos sólidos, e sobre as relações existentes entre elas, uma vez que esses assuntos não serão discutidos aqui.

A deformação elástica, conforme vimos, é diretamente relacionada à deformação da estrutura cristalina dos sólidos por meio do tensionamento (reversível) das ligações químicas entre seus átomos. A deformação plástica, por sua vez, está diretamente relacionada à quebra dessas ligações, que, posteriormente, podem ser refeitas com outros átomos, e assim sucessivamente, levando a uma alteração macroscópica da forma do material. Em última análise, a única maneira de um sólido apresentar modificações permanentes em seu formato é por meio do rompimento de ligações. Esse processo deve, necessariamente, envolver mecanismos de criação e movimentação de defeitos na rede cristalina que são objeto de estudo da teoria de deformação plástica da ciência dos materiais.

Pode-se inadvertidamente pensar que as propriedades de resistência à deformação plástica de um material, como a dureza ou o limite de escoamento, poderiam estar diretamente relacionadas à energia de suas ligações e, consequentemente, à sua energia de coesão. Isso, no entanto, em geral não é o caso. Embora as forças interatômicas certamente tenham influência sobre a resistência à deformação plástica, conforme apontado, essa característica é diretamente relacionada aos mecanismos de formação e movimentação de defeitos (como discordâncias) em sua estrutura. Esses mecanismos, por sua vez, são dependentes de diversos outros fatores, como da estrutura cristalina e microestrutura do material, da presença de outros defeitos, impurezas, tensão mecânica na rede etc. Dessa forma, não se deve esperar que uma relação geral entre as propriedades de deformação plástica e a energia de coesão possa ser obtida e, consequentemente, com base nesses argumentos, pode-se concluir que uma relação geral entre as propriedades de deformação plástica e elástica dos sólidos não pode ser estabelecida.

A dureza é, talvez, uma das propriedades dos sólidos que envolve o maior grau de ambiguidade, uma vez que sua definição precisa depende fundamentalmente do método de medida. Costuma-se associar a dureza de um material à sua capacidade de resistir à deformação permanente localizada, como resultado da penetração ou risco por meio de um penetrador ou indentador. Quantitativamente, em um ensaio de indentação, a dureza H é um número adimensional determinado como proporcional à razão entre a carga aplicada Q e a área da deformação ou impressão resultante A, ou seja:

$$H = C\frac{Q}{A} \tag{2.63}$$

Em que C é uma constante de proporcionalidade que depende da forma com que o ensaio é realizado. A dureza pode ser medida de diversas maneiras, que envolvem a utilização de indentadores de diferentes formas, geometrias e dimensões, resultando em distintos valores ou escalas de dureza, como as escalas Rockwell, Brinell, Vickers, Knoop, Berkovich etc. Assim, o valor de dureza obtido em um certo tipo de ensaio não é absoluto, mas comparativo e, em geral, também depende da carga aplicada.

A dureza de um material depende fundamentalmente tanto das suas propriedades elásticas quanto das propriedades plásticas. Quando se comparam valores da dureza com as constantes elásticas dos sólidos, em alguns casos é possível observar uma certa correlação entre essa propriedade e o módulo de cisalhamento G. Isso se deve ao fato de que grande parte das tensões mecânicas envolvidas nas medidas de dureza são de cisalhamento, muito embora esses não sejam os únicos esforços envolvidos. Por outro lado, quando se comparam os valores da dureza com os do módulo de elasticidade ou compressibilidade, resulta uma correlação muito mais pobre, com uma dispersão de valores muito acentuada.

As Figuras 2.15a e b mostram os valores de dureza H *versus* o módulo de cisalhamento G para um grande número de materiais metálicos e não metálicos, respectivamente. Em ambos os casos, os valores de dureza estão apresentados em unidades de tensão (força aplicada/área da impressão, Equação 2.63) de forma a permitir uma comparação direta, com base nas mesmas unidades de medida, com os valores das constantes elásticas. Embora uma grande dispersão dos valores possa ser constatada, de uma maneira geral verifica-se uma tendência no sentido de aumento da dureza para maiores valores do módulo de cisalhamento em ambos os casos.

Primeiramente, deve-se observar que no caso da maioria dos materiais metálicos, os valores de dureza são consideravelmente menores relativamente aos do módulo de cisalhamento, quando diretamente comparados (a razão H/G se situa aproximadamente na faixa de 0,006 – 0,02). Essa situação está relacionada à grande plasticidade dos metais e é bastante distinta do caso dos materiais não metálicos. Além disso, sabe-se que a deformação plástica de um material metálico e, por conseguinte, sua dureza são fortemente afetadas por fatores intrínsecos, como sua estrutura cristalina, e extrínsecos aos materiais propriamente ditos, como a presença de defeitos, impurezas, microestrutura e tensão mecânica. Dessa maneira, a comparação entre os valores obtidos para diferentes metais torna-se difícil, uma vez que não se pode precisar se a dispersão de valores observada na Figura 2.15a é uma característica inerente ao problema em questão, ou simplesmente se deve aos fatores mencionados. Sendo assim, não é possível observar uma tendência clara dos dados nesse caso, fazendo com que não seja possível relacionar as propriedades de deformação elástica e plástica dos materiais metálicos.

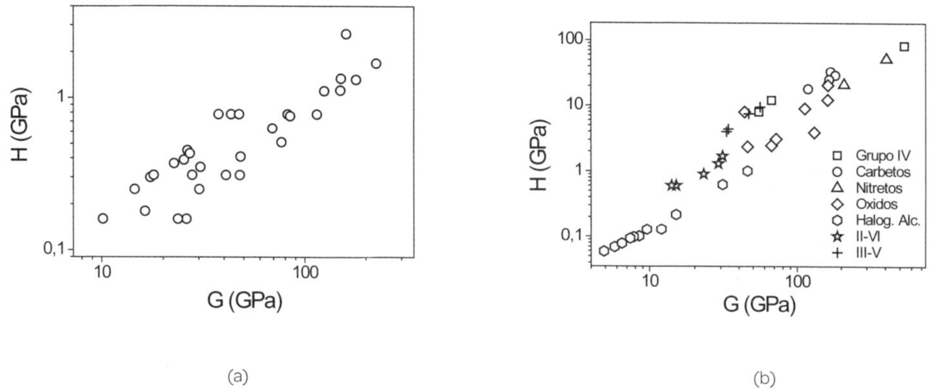

Figura 2.15 – (a) relação entre a dureza e o módulo de cisalhamento em escala log-log para cerca de 30 elementos metálicos puros e (b) cerca de 40 sólidos não metálicos. Para realizar a conversão dos valores de dureza em GPa para a escala de dureza Vickers convencional (H_v), deve-se multiplicar o número por 100.

Fonte: Clerc, 1998.

No caso de materiais não metálicos, entretanto, pode-se estabelecer uma correlação mais clara entre a dureza e o módulo de cisalhamento, conforme mostra a Figura 2.15b, embora uma certa dispersão dos valores também possa ser verificada. Nesse caso, para um dado valor de G, os valores de dureza são muito superiores em comparação com o caso dos materiais metálicos, em especial aqueles dos materiais mais fortemente covalentes (a razão H / G se situa na faixa de aproximadamente 0,01 – 0,25). Logo, verifica-se que a direcionalidade das ligações e o baixo caráter iônico são fatores que contribuem para a alta dureza do material. Por outro lado, no caso de compostos não metálicos fortemente iônicos, como alguns halogenetos alcalinos, os valores de dureza observados são baixos, podendo ser inferiores ao da maioria dos metais.

Nos materiais não metálicos, os mecanismos de deformação plástica são de maneira geral processos intrínsecos, fazendo com que os valores de dureza sejam determinados mais diretamente pelas características do próprio material. Dessa maneira, quando se observa separadamente as diferentes categorias de materiais não metálicos (veja Figura 2.15b) uma correlação entre dureza e módulo de cisalhamento torna-se mais evidente.

A Figura 2.16 mostra a relação entre a dureza Vickers e o módulo de cisalhamento para três categorias distintas de materiais não metálicos: halogenetos alcalinos, calcogenetos e carbetos, que apresentam o mesmo tipo de estrutura cristalina, a estrutura do cloreto de sódio. Cada grupo de dados mostra uma clara correlação, entretanto, as diferentes categorias se alinham em torno de tendências distintas. Esse fato não pode ser atribuído ao diferente produto de valência dos diferentes grupos de materiais, pois isso afetaria igualmente a dureza e ao módulo de cisalhamento, mas deve estar relacionado ao distinto caráter iônico-covalente das ligações químicas desses sólidos. Deve-se lembrar que os halogenetos alcalinos são fortemente (mas não totalmente) iônicos; os calcogenetos são parcialmente iônicos e parcialmente covalentes; e os carbetos são muito covalentes (embora também não totalmente). Conforme já mencionado, as ligações covalentes, por serem direcionais, contribuem para a formação de sólidos de mais alta dureza que as ligações iônicas.

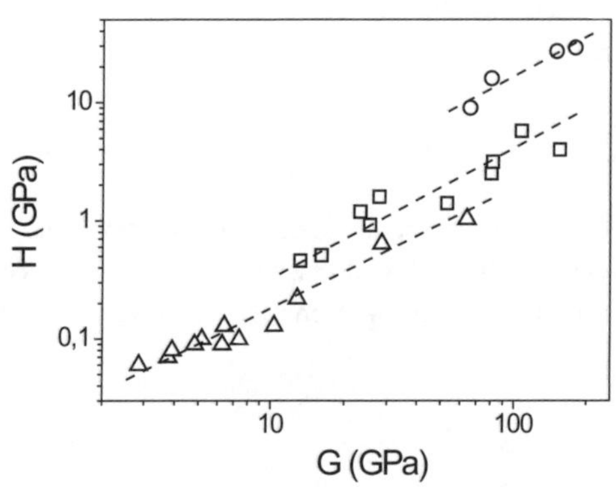

Figura 2.16 – Relação entre a dureza Vickers e módulo de cisalhamento em escala log-log para cristais cúbicos com estrutura do cloreto de sódio: halogenetos alcalinos (triângulos), calcogenetos (quadrados) e carbetos (círculos).

Fonte: Sirdeshmukh, 2006.

NA PONTA DA CIÊNCIA E DA TECNOLOGIA

Os diamantes são eternos?[11]

O diamante é um material de propriedades extremas. Isso se deve basicamente ao fato de ser formado por ligações covalentes muito fortes, com uma distância interatômica muito pequena, resultando em uma estrutura cristalina tridimensional de altíssima densidade atômica. Assim, o diamante é o material com a mais larga faixa de transpa-

11 *007 – Os diamantes são eternos* (*007 – Diamonds are Forever*) é um filme da franquia James Bond, de 1971 dirigido por Guy Hamilton.

rência conhecida, desde o infravermelho até o ultravioleta, e apresenta o mais alto índice de refração dentre os materiais transparentes. Essas características resultam no seu atraente brilho, que faz com que seja a pedra mais cobiçada da indústria joalheira. Apesar de ser um excelente isolante elétrico, tão bom quanto o quartzo ou o polietileno, o diamante apresenta a maior condutividade térmica de toda a tabela periódica, que pode chegar a ser mais de quatro vezes maior que a dos melhores condutores metálicos de calor, como o cobre ou a prata. Além disso, o diamante é o material menos compressível (maior valor do módulo B) e de maior dureza conhecido até hoje, o que o torna um material insubstituível para operações industriais de corte, furação, lixamento, polimento, dentre muitas outras. Diamantes naturais ou produzidos artificialmente têm, portanto, amplo emprego na indústria moderna. A Tabela 2.8 apresenta valores para as principais propriedades do diamante em temperatura ambiente.

Tabela 2.8 – Propriedades do diamante à temperatura ambiente

Propriedade	Valor
Energia de ligação	6,54 eV
Distância interatômica	0,154 nm
Densidade atômica	$1{,}76 \times 10^{23}$ átomos/cm^3
Massa específica	3,51 g/cm^3
Ponto de fusão	3.500 °C
Dureza Vickers	80 – 150
Índice de refração	2,42
Permissividade relativa	5,6
Resistividade elétrica	10^{18} Ω.m
Condutividade térmica	2.000 W/m.K
Coeficiente de dilatação linear	$1{,}0 \times 10^{-6}$ K^{-1}

Fonte: Pierson, 2004.

Infelizmente, no entanto, o diamante é um material raro e, consequentemente, de altíssimo custo. Além do material obtido naturalmente da mineração, o diamante também é produzido artificialmente em escala industrial há muitas décadas. Existem basicamente dois tipos de processos de produção de diamante: o processo de alta pressão e alta temperatura (HPHT); e o processo por CVD (*chemical vapour deposition* – deposição química a vapor) a baixa pressão. No processo HPHT, o diamante é produzido a partir do carbono sólido (grafite) em grandes prensas, a pressões da ordem de 5 a 6 GPa (50 a 60 mil atmosferas, aproximadamente) e temperaturas da ordem de 1.500 K a 2.000 K, que são condições nas quais o diamante é a fase do carbono termodinamicamente mais estável. Nesse caso, é comum utilizar-se de catalisadores para acelerar o processo de transformação do grafite em diamante. No processo CVD, o diamante é produzido em condições fora do equilíbrio termodinâmico a partir de gases de hidrocarbonetos (metano ou acetileno, p. ex.), fortemente diluídos em hidrogênio, a pressões abaixo da pressão atmosférica e alta temperatura. Neste caso, o diamante se forma sobre um substrato sólido, que, uma vez que o processo é realizado a alta temperatura, deve ser constituído por um material refratário. A depender do tipo de aplicação, o substrato é posteriormente removido.

O diamante apresenta uma grande desvantagem que limita sua mais ampla aplicação industrial: a altas temperaturas, na presença do ferro, transforma-se rapidamente em grafite, o que o torna inútil para usinagem de aços e outros materiais ferrosos. Por esse motivo, há um imenso interesse científico e tecnológico no desenvolvimento de outros materiais de alta dureza. O nitreto de boro (BN) não ocorre naturalmente, mas pode ser sintetizado, à semelhança do diamante, a alta temperatura e alta pressão. No entanto, das suas duas fases cristalinas possíveis, cúbica e hexagonal, apenas o nitreto de boro cúbico (c-BN) apresenta alta dureza, cerca da metade daquela do diamante, sendo o segundo material mais duro conhecido. Sua fase hexagonal apresenta dureza bastante inferior. Esse fato dificulta muito a produção do nitreto de boro para as aplicações pretendidas.

Em 1985, M. L. Cohen obteve uma relação empírica que expressa com bastante precisão o módulo de compressibilidade de todos os elementos e compostos dos grupos IV, III-V e II-VI (veja dados nas Figuras 2.14 a e b) como inversamente proporcional à distância interatômica e que depende de um fator que expressa o caráter iônico das ligações. Dessa forma, os sólidos menos compressíveis (maior B) seriam aqueles cujas ligações apresentam o menor caráter iônico e que possuem os menores comprimentos de ligação. Com base nessas ideias, Liu e Cohen sugeriram que um hipotético composto de carbono e nitrogênio com estrutura tetraédrica cúbica, caso pudesse ser sintetizado, apresentaria um módulo de compressibilidade superior ao do diamante (LIU, 1990). A partir dessa constatação, verificou-se uma intensa atividade científica no sentido de se obter o nitreto de carbono (β-C_3N_4) durante a década de 1990, resultando em inúmeras aplicações tecnológicas, em particular na área de revestimentos protetores para discos rígidos de computador, dentre várias outras.[12]

Até hoje, a busca persiste, sendo inúmeros os candidatos possíveis para a obtenção de um material que apresente dureza superior à do diamante: óxidos, nitretos, compostos de metais de transição, compostos de carbono e suas outras formas descobertas mais recentemente, fulerenos e nanotubos, materiais nanoestruturados e nanocompósitos. Diversos resultados têm sido publicados na literatura a respeito de materiais novos e medidas de dureza comparáveis ou mesmo superiores à do diamante. No entanto, até hoje não há um consenso de que um material mais duro que o diamante tenha sido ou possa vir a ser obtido.

Serão os diamantes os materiais mais duros eternamente?

2.7. PROPAGAÇÃO DE ONDAS MECÂNICAS EM SÓLIDOS HOMOGÊNEOS E ISOTRÓPICOS

Até aqui, consideramos apenas o caso em que as forças que atuam sobre o material são estáticas ou variam de forma muito lenta, ou seja, quase estática. Em geral, quando um sólido é submetido a uma força dependente do tempo, deformações dinâmicas surgirão e, consequentemente, poderão se propagar ao longo do sólido na forma de ondas mecânicas. Um exemplo comum desse fato é a propagação do som em materiais.[13] Não é difícil perceber que, caso as deformações sejam suficientemente pequenas, as propriedades mecânicas estáticas e dinâmicas dos sólidos devem guardar uma estreita relação entre si, e, dessa maneira, a propagação de ondas mecânicas em sólidos deve depender das suas constantes elásticas.

Quando as ondas mecânicas são de baixas frequências ou, de forma equivalente, apresentam grandes comprimentos de onda, como é o caso das ondas sonoras, o comprimento de onda é muito maior que o espaçamento interatômico ($\lambda \gg r_0$). Nesse caso pode-se considerar como válida a aproximação do meio contínuo, pois a estrutura

12 Veja, por exemplo, Coating with carbon nitride and carbon nitride coated product, Patent CN 101389440B.

13 Convenciona-se denominar de som as ondas mecânicas com frequência audível para o ser humano, o que corresponde ao intervalo de frequências 20 Hz $\leq \nu \leq$ 20 kHz, aproximadamente. Acima desse intervalo (até GHz ou mesmo acima), situa-se a faixa denominada de ultrassom. A velocidade de propagação do som ou ultrassom é bastante maior nos meios mais rígidos (sólidos ou líquidos) do que em gases. No ar, em condições normais de temperatura e pressão, a velocidade de propagação do som é de 340 m/s, e os comprimentos de onda se situam na faixa de centímetros, a pouco mais de uma dezena de metros, dependendo da frequência considerada. Deve-se lembrar também que, em um meio como o ar, o som é uma onda longitudinal, pois ondas transversais não se propagam em gases.

atômica do material pode ser negligenciada. Uma onda mecânica se propaga em um meio contínuo, homogêneo e isotrópico conforme a equação de onda dada por:

$$\nabla^2 u(\vec{r},t) - \frac{1}{v^2}\frac{\partial^2 u(\vec{r},t)}{\partial t^2} = 0 \tag{2.64}$$

Em que $u(\vec{r},t)$ representa a deformação do meio e v é a velocidade de propagação da onda.

Para uma onda se propagando em uma dimensão ao longo do eixo x, a equação de onda se reduz a:

$$\frac{\partial^2 u(x,t)}{\partial x^2} - \frac{1}{v^2}\frac{\partial^2 u(x,t)}{\partial t^2} = 0 \tag{2.65}$$

Com uma possível solução dada por:

$$u(x,t) = u_0 \exp[-i(kx \pm wt)] \tag{2.66}$$

Substituindo-se a Equação 2.66 na equação de onda 2.65, obtém-se uma *relação de dispersão linear*:

$$w = vk \tag{2.67}$$

Lembrando que $w = 2\pi\nu$ e $k = 2\pi / \lambda$, essa equação se reduz à bem conhecida expressão $v = \lambda\nu$. A relação de dispersão 2.67 é característica de um *meio não dispersivo*, ou seja, um meio no qual a velocidade de propagação é independente do comprimento de onda ou frequência. Podemos citar como exemplos de sistemas não dispersivos, além da propagação de som em diversos meios, a propagação de uma onda eletromagnética no vácuo ou no ar, e em certos casos a propagação de ondas na superfície de fluidos. De fato, nesse caso a chamada *velocidade de grupo*:

$$v_g = \frac{dw}{dk} \tag{2.68}$$

resulta em um valor constante, ou seja, independente de w ou k (ou λ). A velocidade de grupo é a velocidade com que um pulso se propaga ao longo do meio. No caso de um meio não dispersivo, um pulso de formato arbitrário se propagará ao longo do meio sem sofrer alteração ou distorção em sua forma. A velocidade de grupo não deve ser confundida com a velocidade de fase, $v_f = w / k$, ou velocidade de propagação da onda. No caso de um meio não dispersivo, a velocidade de grupo é idêntica à velocidade de fase.

Por outro lado, quando a relação de dispersão não é linear, a velocidade de grupo não é constante, ou seja, depende do comprimento de onda ou frequência. Diz-se, então, que se tem um *meio dispersivo*, pois um pulso de deformação será distorcido à medida que se propaga ao longo do meio. Esse também é o caso da propagação de ondas eletromagnéticas em diversos sólidos, como a luz se propagando no interior de um vidro. É o fenômeno de dispersão, ou seja, a dependência da velocidade de propagação com a frequência (ou comprimento de onda) que faz com que a luz branca se disperse nas cores do arco-íris ao atravessar um prisma (veja Seção 8.4.3). Conforme veremos no próximo capítulo, as vibrações mecânicas com frequências muito altas em sólidos também obedecem a uma relação de dispersão não linear, ou seja, a sua propagação é dispersiva.

No caso particular de uma onda mecânica transversal que se propaga em um sólido, as tensões envolvidas são somente tensões cisalhantes, de forma que a velocidade desse tipo de onda se propagando ao longo de uma barra longa e estreita, cuja largura é muito menor que o comprimento de onda, é dada por:

$$v_T = \sqrt{\frac{G}{\rho}} \tag{2.69}$$

Em que ρ é a densidade de massa (ou massa específica) do meio em questão. Por outro lado, a propagação de uma onda longitudinal envolve simultaneamente tensões tanto compressivas quanto cisalhantes e, dessa forma, a velocidade da onda é dada por:

$$v_L = \sqrt{\frac{3B+4G}{3\rho}} = \sqrt{\frac{Y(1-\nu)}{\rho(1+\nu)(1-2\nu)}} \tag{2.70}$$

em que as equações de 2.8 a 2.11 foram utilizadas. É interessante notar que:

$$\frac{v_L}{v_T} = \sqrt{\frac{2(1-\nu)}{1-2\nu}} \tag{2.71}$$

Ou seja, a razão entre as velocidades de propagação de onda longitudinais e transversais depende apenas de ν e independe das constantes elásticas Y, G e B. No caso de materiais metálicos, $\nu \cong 1/3$ é uma aproximação razoável na maior parte dos casos. Logo:

$$v_L \cong \sqrt{\frac{4G}{\rho}} \cong \sqrt{\frac{3B}{2\rho}} \cong \sqrt{\frac{3Y}{2\rho}} \tag{2.72}$$

E, dessa forma, na maior parte dos materiais metálicos, pode-se utilizar a aproximação:

$$v_L \cong 2v_T \tag{2.73}$$

Com base nas Equações 2.69, 2.70 e 2.71, pode-se determinar as propriedades elásticas dos materiais a partir de medidas da velocidade de propagação de ondas sonoras. De fato, técnicas de ultrassom são amplamente utilizadas para a medição dos módulos de elasticidade, cisalhamento ou compressibilidade de materiais de forma não destrutiva. Nessa técnica, um transdutor envia pulsos ultrassônicos curtos, que se propagam ao longo de uma barra do material, enquanto um sensor capta esses pulsos. Medindo-se o tempo do trajeto dos pulsos ao longo da barra, a velocidade de propagação dos pulsos pode ser determinada de forma muito precisa, permitindo a determinação das constantes elásticas. A Tabela 2.9 mostra valores da velocidade de propagação de ondas sonoras longitudinais e transversais em diversos elementos puros, ligas metálicas, não metais, cerâmicos e vidros.

Tabela 2.9 – Velocidade de propagação (m/s) de ondas sonoras longitudinais e transversais em diversos sólidos

Categoria	Material	v_L	v_T	Categoria	Material	v_L	v_T
Elementos metálicos puros	Al	6.374	3.111	Ligas metálicas	Aço-carbono 1% C	5.940	3.220
	Be	12.890	8.880		Aço inox 347	5.790	3.100
	Pb	2.160	700		Aço K9	5.940	3.250
	Cu	4.760	2.325		Constantan	5.177	2.625
	Cr	6.608	4.005		Duralumínio 17S	6.320	3.130
	Sn	3.380	1.594		Ferro fundido	4.994	2.809
	Fe	5.950	3.240		Latão (70Cu:30Zn)	4.700	2.110
	Mg	5.770	3.050	Não metais e semimetais	Sb	3.420	---
	Mo	6.250	3.350		B	16.200	---
	Nb	5.068	2.092		C (diam.)	18.350	9.200
	Ni	6.040	3.000		Ge	5.400	---
	Au	3.240	1.200		Se	3.350	---
	Pt	3.260	1.730		Si	2.200	---
	Ag	3.650	1.610		Te	2.610	---
	Ta	4.159	2.036	Cerâmicos e vidros	WC	6.655	3.980
	Ti	6.070	3.125		Sílica (cristalina)	5.720	---
	W	5.220	2.890		Sílica (fundida)	5.968	3.764
	U	3.370	1.940		Vidro *crown*	5.100	2.840
	V	6.023	2.774		Vidro *heavy flint*	3.980	2.380
	Zn	4.187	2.421		Vidro *pyrex*	5.640	3.280
	Zr	4.650	2.250	---	---	---	---

Fonte: Haynes, 2017; De Podesta, 1996.

LEITURAS COMPLEMENTARES

KITTEL, C. *Introdução à Física do Estado Sólido*. 8. ed. São Paulo: LTC, 2006.

McGREGOR TEGART, W. J. *Elements of Mechanical Metallurgy*. McMillan, 1966.

DIETER, G. E. *Mechanical Metallurgy*. Mac Graw-Hill, 1986.

GRIMVALL, G. *Thermophysical Properties of Materials*. North Holland, 1999.

MERCIER, J. P.; ZAMBELLI, G.; KURZ, W. *Introduction to Materials Science*. Elsevier, 2002.

ASHCROFT, N. W.; MERMIN, N. D. *Solid State Physics*. Brooks-Cole, 1976.

SIMON, S. H. *The Oxford Solid State Basics*. Oxford University Press, 2013.

REFERÊNCIAS

ANDERSON, D. L; ANDERSON, O. L. *Journal of Geophysical Research* 75 (1970) 3494.

CARTER, G. *Principles of Physical and Chemical Metallurgy*. American Society for Metals, 1979.

CLERC, D. G.; LEDBETTER, H. M.; *Journal of Physics and Chemistry of Solids* 59 (1998) 1071.

COHEN, M. L. *Physical Review* B 32 (1985) 7988.

DAGDELEN, J. *et al. Nature Communications* 8 (2017) 323.

DE PODESTA, M. *Understanding the Properties of Matter*. Taylor and Francis, 1996.

DONG, J. *et al. Physical Review* B 62 (2000) 14685.

KITTEL, C. *Introdução à Física do Estado Sólido*. 8. ed. São Paulo: LTC, 2006.

KITTEL, C. *Introduction to Solid State Physics*. 3. ed. John Wiley & Sons, 1966.

LAKES, R. S. *Annual Review of Materials Research* 47 (2017) 63.

HAYNES, W. N. *CRC Handbook of Chemistry and Physics*. 97. ed. CRC Press, 2017.

LIU, A. Y.; COHEN, M. L. *Physical Review* B 41 (1990) 10727.

PIERSON, H. O. *Handbook of Carbon, Graphite, Diamond and Fullerenes*: Properties, Processing and Applications. William Andrew Publishing/Noyes, 2004.

SANTORO, M. *et al. Nature* 441 (2006) 857.

SIRDESHMUKH, D. B.; SIRDESHMUKH, L.; SUBHADRA, K. G. *Micro- and Macro--Properties of Solids*: Thermal, Mechanical and Dielectric Properties, Springer Series in Materials Science. Springer, 2006. v. 80.

TOSI, M. P. *Solid State Physics* 16 (1964) 1.

YOO, C. S. *et al. Physical Review Letters* 83 (1999) 5527.

EXERCÍCIOS

1. Em um ensaio de tração, um sólido homogêneo e isotrópico de módulo de elasticidade Y e razão de Poisson ν é submetido a uma tensão uniaxial σ e sofre deformação elástica ε. Obtenha a variação do volume da amostra como resultado da aplicação da tensão. Qual a condição que a razão de Poisson deve satisfazer para que o volume da amostra se mantenha inalterado?

2. Mostre que $\nu = 0,5$ corresponde ao caso de um material incompressível.

3. A partir das Equações de 2.8 a 2.11, obtenha as seguintes relações entre as constantes elásticas Y, G, B e ν:

$$Y = 3B(1-2\nu) = \frac{9BG}{3B+G} \qquad G = \frac{Y}{2(1+\nu)} = \frac{3B(1-2\nu)}{2(1+\nu)}$$

$$B = \frac{2G(1+\nu)}{3(1-2\nu)} = \frac{GY}{3(3G-Y)} \qquad \nu = \frac{1}{2} - \frac{Y}{6B} = \frac{3B-2G}{2(3B+G)}$$

4. Com base nas relações entre Y, G e B (Equações de 2.8 a 2.11), discuta se há um limite inferior para a razão de Poisson e por quê.

5. a) Mostre que a constante de mola equivalente a duas molas de constantes K_1 e K_2 associadas em paralelo é $K_{eq} = K_1 + K_2$.
   b) Mostre que a constante de mola equivalente a duas molas de constantes K_1 e K_2 associadas em série é $K_{eq} = K_1 K_2 / (K_1 + K_2)$.

6. Faça um gráfico do potencial de Morse para $U_L = 5,0$ eV, $r_0 = 0,30$ nm e $b = 2,0 \times 10^{-10}$ m^{-1}. Modifique o valor de b e verifique como a forma da curva se modifica.

7. Faça a expansão em série de Taylor da equação do potencial de Morse, obtenha o termo quadrático e expresse a constante de mola K em função dos parâmetros do potencial.

8. A partir da equação para o potencial de interação entre um par de átomos $U(r)$ (Equação 2.27), aplique as condições 2.28 e obtenha os valores das constantes a e b em função de U_L e r_0.

9. A partir da Equação 2.27 para o potencial de interação entre um par de átomos, mostre que a força interatômica é dada por uma equação análoga, ou seja:

$$F(r) = -\frac{A}{r^M} + \frac{B}{r^N}$$

Em que $A = ma$, $B = nb$, $M = m+1$ e $N = n+1$.

10. Determine os valores das constantes a e b para um potencial $U(r)$ com $m = 1$ e $n = 2$, para um sólido cuja energia de ligação é $U_L = 3{,}2$ eV, e a distância interatômica é $r_0 = 0{,}230$ nm. Escolha as unidades adequadas para expressar seu resultado.

11. Faça um gráfico para $U(r)$ utilizando a Equação 2.31, com $U_L = 5{,}0$ eV, $r_0 = 0{,}30$ nm para $m = 6$ e $n = 12$. Compare seu gráfico com o do potencial de Morse do Exercício 6. Modifique os valores de e n e verifique como a forma da curva se modifica.

12. Mostre que em torno do seu mínimo, a função $U(r)$ (Equação 2.31) pode ser aproximada por uma parábola, obtendo uma constante de mola dada por $K = mnU_L / r_0^2$.

13. Deduza a Equação 2.32.

14. Calcule a constante de proporcionalidade em que deve ser multiplicada a equação que relaciona o volume do sólido com a distância interatômica (Equação 2.34) nos casos das seguintes estruturas cristalinas:
    a) estrutura cúbica de corpo centrado (ccc);
    b) estrutura cúbica de face centrada (cfc);
    c) estrutura hexagonal compacta (hc);
    d) estrutura cúbica do cloreto de sódio (NaCl);
    e) estrutura cúbica da fluorita (CaF_2);
    f) estrutura do diamante.

15. No chamado modelo de esferas rígidas, os átomos de um sólido são aproximados por esferas indeformáveis que estão em contato entre si. Nesse modelo, define-se o fator de empacotamento atômico de uma estrutura cristalina como a razão entre o volume ocupado pelas esferas e o volume total da estrutura. Obtenha a relação entre a constante determinada no exercício anterior e o fator de empacotamento atômico nos casos das seguintes estruturas cristalinas:
    a) cúbicas simples (cs);

b) cúbica de corpo centrado (ccc);
c) cúbica de face centrada (cfc).

16. Utilizando uma relação análoga a 2.38, estime o módulo de compressibilidade da carbônia cristalina, conhecendo o comprimento da ligação da ligação C–O, r_0 = 0,143 nm e supondo uma constante de mola K = 1.600 N/m. Comente seu resultado.

17. Supondo que distância interatômica em um hipotético cristal de nitreto de carbono β-C_3N_4 seria r_0 = 0,147 nm, estime seu módulo de compressibilidade, utilizando o valor para a constante de mola da ligação C–N, K = 1.629 N/m. Como esse valor se compara ao do diamante?

18. De posse dos dados para alguns halogenetos alcalinos com estrutura do cloreto de sódio (veja Tabela a seguir), obtenha os valores para o expoente n e para a razão ρ / r_0 em cada caso.

Cristal	r_0 (nm)	U_L (eV)
NaF	0,2317	9,31
KCl	0,3147	7,20
RbBr	0,3445	6,62

19. A partir dos valores de distância interatômica, obtenha o módulo de compressibilidade e a energia de ligação dos halogenetos alcalinos com estrutura do NaCl listados e compare com os valores tabelados a seguir.

Cristal	r_0 (nm)	B (GPa)	U_L (eV)
LiF	0,2014	67,1	10,52
NaCl	0,2820	24,0	7,93
KBr	0,3298	14,8	6,88
RbI	0,3671	10,6	6,29

20. Calcule a constante de Madelung para um hipotético cristal iônico bidimensional A^+B^- de estrutura cristalina quadrada.

21. Seguindo a sugestão dada no texto, obtenha os três primeiros termos da série para o cálculo da constante de Madelung para a estrutura cúbica do cloreto de sódio. Considere um íon qualquer da estrutura e desenhe os cubos centrados nesse íon. Compute a contribuição (carga total/distância) das cargas positivas e negativas situadas no interior de cada cubo, sendo que a carga considerada no interior de um dado cubo não deve ser incluída no computo do cubo seguinte. Note que os íons situados nas faces do cubo contribuem com 1/2, nas arestas com 1/4 e nos vértices com 1/8 da sua carga. Some as parcelas relativas aos três primeiros termos e compare com o valor tabelado.

22. Utilize a Equação 2.58 para o potencial de interação $U(r)$ entre os átomos de um sólido iônico, que expressa o termo repulsivo por meio de uma função exponencial, obtenha uma equação para a energia de ligação e compare com Equação 2.44. Discuta.

23. De forma análoga ao exercício anterior, utilizando a mesma Equação 2.58 para o potencial de interação $U(r)$, obtenha uma equação para o módulo de compressibilidade, compare com a Equação 2.47 e também com o resultado do exercício anterior. Discuta.

24. a) A velocidade de propagação de ondas sonoras longitudinais no diamante é 18.350 m/s. Calcule suas constantes elásticas, uma vez que o valor de sua densidade é ρ = 3,51 g/cm^3, e sua razão de Poisson é ν = 0,07. Compare com os valores tabelados.
    b) Obtenha a velocidade de propagação de ondas sonoras transversais no diamante.

25. Um certo tipo de aço é submetido a um ensaio ultrassônico, obtendo-se uma velocidade de propagação do pulso longitudinal igual a 5.940 m/s. Calcule seu módulo de elasticidade, conhecendo a densidade deste aço ρ = 7,86 g/cm^3 e ν = 0,29.

26. Dadas as velocidades de propagação de ondas mecânicas longitudinais e transversais no alumínio (ρ = 2,71 g/cm3), v_L = 6.374 m/s e v_L = 3.111 m/s, calcule a suas constantes elásticas Y, G, B e ν , e compare com os valores tabelados.

27. Analise o comportamento da expressão para a razão entre as velocidades de propagação de ondas longitudinais e transversais (Equação 2.71) e discuta fisicamente o que acontece quando o valor da razão de Poisson se aproxima de 0,5.

CAPÍTULO 3

Fônons e propriedades térmicas dos materiais isolantes

Veja o poder da verdade; a mesma experiência
que à primeira vista parece mostrar uma coisa,
quando analisada com mais cuidado, assegura-nos do contrário.

(Galileo Galilei. *Discorsi e Dimostrazioni Matematiche*, 1638)

3.1 INTRODUÇÃO

Algumas propriedades térmicas dos sólidos, como a capacidade térmica e a dilatação térmica, são conhecidas e utilizadas há séculos. No caso desta última, desde a Antiguidade. No entanto, a compreensão desses fenômenos só foi possível com moderna física do estado sólido, que surgiu após advento da mecânica quântica, no início do século XX. Quando se estuda a estrutura cristalina dos sólidos e algumas de suas propriedades, como as propriedades elásticas (veja Capítulo 2), considera-se a rede cristalina como rígida, com átomos estáticos, admitindo apenas deformações da rede muito lentas, ou seja, que ocorrem de forma quase estática. Mesmo quando consideramos a propagação de ondas mecânicas ao longo do sólido (Seção 2.7), estas correspondem a vibrações de frequência relativamente baixas, de forma que a aproximação de uma rede cristalina estática permanece válida. Isso equivale a considerar o sólido em equilíbrio em temperatura nula, uma vez que a movimentação ou vibração dos átomos é totalmente negligenciada.

Quando a temperatura do sólido aumenta, entretanto, ocorre um acréscimo na sua energia interna, na maior parte associado ao aumento da energia cinética de seus átomos, que passam a vibrar. Existem outras contribuições possíveis para o aumento da energia interna, como o aumento da energia dos elétrons livres ou dos momentos magnéticos que eventualmente estejam presentes no material, mas, na maioria dos casos, a maior contribuição está relacionada às vibrações da rede cristalina.

No presente capítulo, estudaremos as propriedades térmicas dos sólidos e sua relação com as vibrações da rede cristalina. Veremos que essas vibrações podem ser descritas de forma satisfatória com base em um modelo mecânico clássico para a rede cristalina similar ao que foi proposto no capítulo anterior. As propriedades térmicas dos materiais, entretanto, somente poderão ser compreendidas completamente a partir quantização dessas vibrações e a introdução de um novo tipo de partículas, os chamados fônons. A partir desse conceito, estudaremos os modelos para o calor específico e seu comportamento em função da temperatura. Em seguida, a dilatação térmica e a condutividade térmica serão discutidas. O capítulo é concluído com uma breve discussão do espalhamento inelástico da luz por fônons.

3.2 CAPACIDADE TÉRMICA E CALOR ESPECÍFICO

A capacidade térmica pode ser definida empiricamente como a quantidade de calor necessária para aumentar um grau a temperatura de uma certa quantidade de matéria. Em outras palavras, nada mais é que uma medida da capacidade da matéria de armazenar calor. Formalmente, a capacidade térmica de um sólido, líquido ou gás pode ser entendida como a razão entre o aumento da sua energia interna e o aumento de temperatura correspondente. No limite, quando o aumento da temperatura é infinitesimal, pode-se obter a capacidade térmica a uma certa temperatura T, fazendo-se:

$$C_V(T) = \lim_{\Delta T \to 0} \frac{\Delta E}{\Delta T} = \frac{\partial E}{\partial T} \tag{3.1}$$

Em que, nesse caso, o aumento de temperatura seria realizado mantendo-se o volume constante, conforme denota o subscrito V.

Na prática, existem duas maneiras distintas de se realizar a medida da capacidade térmica, mantendo a pressão constante ou, conforme indicado, o volume constante. No caso dos sólidos, a capacidade térmica à pressão constante (C_p) é a forma mais simples de ser realizada na prática, pois basta manter a amostra à pressão atmosférica ou mesmo em vácuo. Já a segunda forma, a capacidade térmica a volume constante (C_V), embora possa ser obtida facilmente no caso de gases, é extremamente difícil ou mesmo impraticável no caso de amostras sólidas ou líquidas. Essas duas medidas distintas resultam em valores distintos da capacidade térmica, pois, no caso da medida a pressão constante, uma parte da energia cedida é dispendida no aumento do volume do sólido e deve-se à dilatação térmica. Portanto, enquanto do ponto de vista prático a capacidade térmica a pressão constante é a quantidade mais frequentemente utilizada, a capacidade térmica a volume constante é aquela que pode ser calculada de modo mais fácil, teoricamente.

Pode-se mostrar que a diferença entre a capacidade térmica a pressão constante e a capacidade térmica a volume constante depende da temperatura T e é dada por:

$$C_P - C_V = VB\alpha_V{}^2 T \tag{3.2}$$

Em que V é o volume da amostra; B é seu módulo de compressibilidade; e α_V é o coeficiente de dilatação térmica volumétrica. Como o módulo de compressibilidade é sempre positivo, conclui-se que C_P é sempre maior que C_V.

Ao contrário do que ocorre com os gases, no caso de materiais sólidos, a diferença entre essas duas quantidades é muito pequena a baixas temperaturas, pois o coeficiente de dilatação dos sólidos é muito pequeno. Dessa forma, para temperaturas baixas, pode-se utilizar valores de C_P ou de C_V indiferentemente, sem a preocupação de realizar correções. Para temperaturas mais altas, entretanto, a diferença dada pela Equação 3.2 pode ser bastante considerável (veja Seção 3.5.4 adiante). Na análise que se segue, relativa à temperatura ambiente, utilizaremos por simplicidade valores de C_P no lugar de C_V, cientes de que o erro envolvido é pequeno.

Exemplo 3.1: A capacidade térmica a pressão constante de um mol de alumínio a $T = 300$ K é igual a 24,35 J/K e seu coeficiente de dilatação térmica volumétrica à mesma temperatura é 6,9 x 10^{-5} K^{-1}. Calcule sua capacidade térmica a volume constante.

$$C_P - C_V = VB\alpha_V{}^2 T \Rightarrow C_V = C_P - VB\alpha_V{}^2 T$$

O módulo de compressibilidade do alumínio vale 75 GPa (Tabela 2.1). Como a quantidade de material é de um mol, utiliza-se o volume molar do alumínio, $C_M = 9{,}96$ x 10^{-6} m^3. Então:

$$C_V = 24{,}37 - [9{,}96x10^{-6}x75x10^9 x\left(6{,}9x10^{-5}\right)^2 x300\Big] \Rightarrow C_V = 23{,}28\,J/K$$

Ou seja, uma diferença de pouco mais de 4%.

Conforme foi mencionado na introdução deste capítulo, quando o sólido é aquecido, o aumento da sua energia interna pode ocorrer em decorrência de diferentes contribuições, ou, em outras palavras, a energia necessária para aumentar a temperatura pode ser armazenada de diferentes formas. De maneira geral, esse acréscimo de energia se traduz no aumento da energia cinética de vibração dos átomos, indicando que as propriedades térmicas dos sólidos estão em grande parte relacionadas às vibrações da rede cristalina. No entanto, a energia cedida ao material também pode ser armazenada de outras formas, como promovendo elétrons para estados de energia mais alta, contribuição que pode ser importante nos materiais metálicos (veja Seção 4.4.5). De forma análoga, a energia térmica pode ser transferida para momentos magnéticos que eventualmente estejam presentes no material, no caso de materiais magnéticos. Outras contribuições possíveis podem ter origem em deslocamentos atômicos e mudanças estruturais que eventualmente podem ocorrer no sólido. Neste capítulo, vamos nos limitar a estudar as propriedades térmicas relacionadas às vibrações da rede cristalina, ou seja, estudaremos exclusivamente as propriedades térmicas de sólidos isolantes e não magnéticos. As propriedades térmicas associadas aos elétrons livres em materiais condutores serão objeto de estudo no Capítulo 4.

A capacidade térmica definida pela Equação 3.1 é uma grandeza extensiva, ou seja, que depende da quantidade de material considerada. Na maior parte das situações, é mais conveniente utilizar uma grandeza intensiva, ou seja, que independe da quantidade de substância que constitui o corpo. Assim, pode-se definir o chamado calor específico (c_V ou c_P), que é a capacidade térmica por quantidade de matéria. O calor específico pode ser definido de diferentes maneiras, a saber:

a) calor específico mássico (medido em J/kg.K), que é a capacidade térmica por unidade de massa;
b) calor específico volumétrico (medido em J/m^3.K), que é a capacidade térmica por unidade de volume;
c) calor específico molar (medido em J/mol.K), que é a capacidade térmica por número de moles.

Adotaremos esta última forma, ou seja, o calor específico molar, que é numericamente igual à capacidade térmica de um mol de um elemento ou composto químico qualquer.

Quando analisamos os valores do calor específico molar à temperatura ambiente dos elementos puros, observa-se que grande parte, na realidade a grande maioria, apresenta valores muito próximos entre si. Esse é um fato surpreendente, uma vez que estamos comparando elementos químicos com características extremamente diversas. A Tabela 3.1 apresenta os valores do calor específico molar à pressão constante (c_P) de todos os elementos puros sólidos com número atômico menor ou igual a 96, enquanto a Figura 3.1 mostra esses mesmos dados em função do número atômico. Nota-se que a distribuição de valores apresenta uma grande concentração, com a grande maioria dos pontos situados próximos a um valor médio em torno de aproximadamente 25 J/mol.K. Não se pode deixar de reconhecer, entretanto, que alguns elementos apresentam calor específico consideravelmente abaixo (elementos de número atômico pequeno) ou acima (dentre eles, os metais alcalinos) desse valor.

As Tabelas 3.2 e 3.3 mostram valores do calor específico molar à temperatura ambiente para alguns compostos selecionados. A análise desses dados mostra que o calor específico molar dos compostos químicos pode ser muitas vezes superior ao dos elementos puros. Entretanto, esse valor não está correlacionado com a massa molar do composto. É interessante notar que o calor específico parece aumentar com o número de átomos da fórmula química.

Tabela 3.1 – Calor específico molar (J/K.mol) à pressão constante (c_P) à temperatura ambiente (25 °C ou 298,15 K) para os elementos puros sólidos com número atômico menor ou igual a 96. Note que o carbono aparece duas vezes, como diamante e como grafite. Para obter o calor específico por unidade de massa, deve-se dividir o calor específico molar pela massa molar

Z	Elemento	c_P	Z	Elemento	c_P	Z	Elemento	c_P
3	Li	24,86	38	Sr	26,79	68	Er	28,12
4	Be	16,44	39	Y	26,53	69	Tm	27,03
5	B	11,09	40	Zr	25,36	70	Yb	26,74
6	C (graf.)	8,52	41	Nb	24,60	71	Lu	26,86
6	C (diam.)	6,11	42	Mo	24,06	72	Hf	25,73
11	Na	28,23	43	Tc	25,88	73	Ta	25,36
12	Mg	24,87	44	Ru	24,06	74	W	24,27
13	Al	24,20	45	Ro	24,98	75	Re	25,48
14	Si	19,99	46	Pd	25,98	76	Os	24,70
15	P	23,82	47	Ag	25,35	77	Ir	25,10
16	S	22,70	48	Cd	26,02	78	Pt	25,86
19	K	29,60	49	In	26,74	79	Au	25,42
20	Ca	25,93	50	Sn	26,99	81	Tl	26,32
21	Sc	25,52	51	Sb	25,23	82	Pb	26,84
22	Ti	25,06	52	Te	25,73	83	Bi	25,52
23	V	24,89	55	Cs	32,21	84	Po	25,75

Z	Elemento	c_p	Z	Elemento	c_p	Z	Elemento	c_p
24	Cr	23,35	56	Ba	28,07	87	Fr	31,70
25	Mn	26,32	57	La	27,11	88	Ra	25,79
26	Fe	25,10	58	Ce	26,94	89	Ac	27,20
27	Co	24,81	59	Pr	27,20	90	Th	27,32
28	Ni	26,07	60	Nd	27,45	91	Pa	27,20
29	Cu	24,44	61	Pm	26,81	92	U	27,66
30	Zn	25,39	62	Sm	29,54	93	Np	29,62
31	Ga	26,03	63	Eu	27,66	94	Pu	32,80
32	Ge	23,22	64	Gd	37,03	95	Am	25,86
33	As	24,64	65	Tb	28,91	96	Cm	27,70
34	Se	25,36	66	Dy	28,16	--	---	---
37	Rb	31,06	67	Ho	27,15	--	---	---

Fonte: Haynes, 2017.

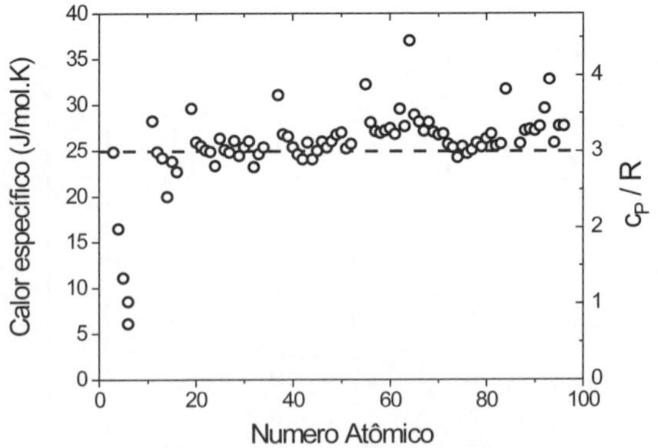

Figura 3.1 – Calor específico molar (J/K.mol) dos elementos puros sólidos à temperatura ambiente em função do número atômico, para $Z \leq 96$. A escala da direita apresenta os valores normalizados em relação à constante universal dos gases R. Note que um grande número de elementos possui calor específico próximo ao valor $c_p = 3R = 24{,}94$ J/mol.K, assinalado pela linha tracejada.

Tabela 3.2 – Calor específico molar à pressão constante (c_p) para diversos halogenetos

Composto	c_p (J/K.mol)	Composto	c_p (J/K.mol)
AgBr	54,7	KF	48,2
AgCl	50,9	KI	51,8
AgI	53,8	NaBr	50,7
CsBr	51,8	NaCl	41,4
CsCl	52,6	NaF	45,4
KBr	51,8	RbBr	51,5
KCl	50,7	RbCl	51,3

Fonte: Hann, 1971.

Tabela 3.3 – Massar molar e calor específico molar à pressão constante (c_p) para alguns compostos à temperatura ambiente. Note que os compostos com maior número de átomos na fórmula química apresentam maior calor específico

Composto	Fórmula química	Massa molar (g/mol)	C_p (J/K.mol)
Ácido benzoico	$C_7H_6O_2$	122,1	147,4
Água	H_2O	18,0	75,34
Antraceno	$C_{14}H_{10}$	178,2	210,7
Carbonato de cálcio	$CaCO_3$	100,1	83,82
Fenilbenzeno	$C_{12}H_{10}$	154,2	197,2
Hexaclobenzeno	C_6Cl_6	284,78	202,4
Naftaleno	$C_{10}H_8$	128,2	167,8
Óxido de alumínio	Al_2O_3	102	79,45
Óxido de cálcio	CaO	56,07	42,18
Óxido de cobre	CuO	79,55	44,95
Óxido de magnésio	MgO	40,3	42,77
Óxido de silício	SiO_2	60,08	44,77
Sulfato de cobre	$CuSO_4$	159,6	99,25

Fonte: Haynes, 2017.

3.3 O MODELO CLÁSSICO PARA O CALOR ESPECÍFICO

Em 1819, após uma série de observações experimentais, P. L. Dulong e A. T. Petit formularam a lei segundo a qual o produto do calor específico mássico de um elemento químico por seu peso atômico é uma constante (veja Exercício 2). Essa lei empírica possui grande importância histórica, pois pela primeira vez na história foi possível relacionar uma propriedade macroscópica da matéria com sua estrutura atômica. Quase 70 anos depois, em 1896, L. Boltzmann formulou um modelo termodinâmico capaz de explicar esse comportamento.

Boltzmann considerou um sólido contendo N átomos como constituído por um conjunto de N osciladores vibrando sem interação entre si, ou seja, como um sistema de N osciladores independentes em três dimensões (Figura 3.2). Consequentemente, esse sistema possui $3N$ graus de liberdade associados à energia cinética de vibração e outros $3N$ graus de liberdade associados à energia potencial elástica. Esse modelo é o análogo tridimensional ao modelo mecânico proposto no Capítulo 2 (Figura 2.5a), exceto pelo fato de que, nesse caso, não há interação entre os átomos.

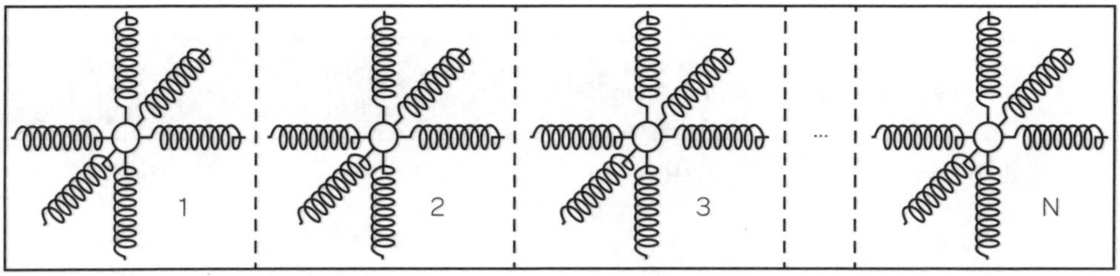

Figura 3.2 – Representação do modelo de N osciladores independentes em três dimensões.

Portanto, de acordo com o teorema da equipartição da energia, a energia total do sistema de osciladores será dada por:[1]

$$E = 3N\left(\frac{1}{2}k_B T + \frac{1}{2}k_B T\right) = 3Nk_B T \tag{3.3}$$

1 Segundo o teorema da equipartição da energia, a energia média de um sistema clássico de muitas partículas em equilíbrio térmico à temperatura T é de $\frac{1}{2}k_B T$ por grau de liberdade do sistema.

Em que k_B é a constante de Boltzmann. Para obtermos o calor específico molar, consideramos que a quantidade de material é de um mol e, portanto:

$$c_V = \frac{\partial E}{\partial T} = 3N_A k_B = 3R \tag{3.4}$$

Em que N_A é a constante de Avogadro, e R é a constante universal dos gases. A Equação 3.4 resulta em c_V = 24,94 J/mol.K (ou 5,958 cal/mol.K), ou seja, muito próximo ao valor experimental medido para a maior parte dos elementos puros sólidos à temperatura ambiente (veja Tabela 3.1 e Figura 3.1).

Para se obter o calor específico molar de compostos químicos, basta considerar que um composto cuja fórmula química seja constituída por p átomos possui $3p$ graus de liberdade por molécula, ou seja, um número de graus de liberdade p vezes maior que um elemento puro. Assim, nesse caso:

$$c_V = 3pN_A k_B = 3pR \tag{3.5}$$

Dessa forma, o calor específico molar deve aumentar proporcionalmente ao número de átomos na fórmula química (veja Tabelas 3.2 e 3.3). As Equações 3.4 e 3.5 preveem resultados excepcionalmente bons, considerando-se a grande simplicidade desse modelo. Esses resultados implicam que o calor específico molar de um elemento ou composto sólido qualquer é uma constante, independentemente de características como massa molar, tipo ou energia de ligação e estrutura cristalina. Mais do que isso, esse modelo prevê um calor específico independentemente da temperatura.

É evidente, entretanto, que alguns valores experimentais de calor específico em temperatura ambiente (veja Tabela 3.1) estão um pouco acima do previsto pela Equação 3.4, como aqueles relativos a metais alcalinos. Pode-se atribuir essa discrepância a contribuições adicionais para o calor específico, que não foram levadas em consideração no modelo simples aqui apresentado. Voltaremos a tratar desse assunto mais adiante, em conexão com a discussão relativa à variação do calor específico com a temperatura (veja Seção 3.5).

Outros valores de calor específico em temperatura ambiente também estão em desacordo com o modelo clássico, sendo, entretanto, consideravelmente mais baixos. Esse é o caso do carbono, por exemplo, para o qual os valores tabelados são 3 ou 4 vezes menores que o valor previsto por esse modelo, dependendo se na forma de grafite ou diamante (Tabela 3.1). Outros exemplos são o silício, o berílio e o boro. O mesmo também ocorre com diversos compostos, especialmente aqueles constituídos por átomos leves (veja Tabela 3.3). Essas discrepâncias têm origem no fato de que nem sempre todas as vibrações possíveis num sólido estão excitadas à temperatura ambiente. Isso é particularmente verdadeiro para os elementos e compostos químicos de menor massa ou aqueles formados por ligações químicas mais fortes, pois seus átomos apresentam frequências de vibração mais altas. Assim, caso a temperatura não seja suficientemente alta, um número menor de modos de vibração está excitado, o que implica um calor específico menor que o previsto.

Como consequência desse raciocínio, deve-esperar que o calor específico de um sólido qualquer diminua com a temperatura, uma vez que um número gradativamente menor de modos de vibração vai contribuir para armazenar energia térmica do sistema à medida que a temperatura diminui. Experimentalmente, verifica-se que o calor específico diminui com a redução da temperatura, tendendo a zero quando a temperatura se aproxima do zero absoluto. Esse comportamento não é previsto pelo modelo clássico para o calor específico. A dependência do calor específico com a temperatura somente pode ser compreendida considerando-se a quantização dos modos de vibração da rede cristalina, que será assunto da próxima seção.

3.4 MODOS DE VIBRAÇÃO DA REDE CRISTALINA

De forma a obtermos os modos de vibração de uma rede cristalina, vamos adotar mais uma vez o modelo mecânico para o sólido, em que cada átomo é representado por uma massa, e as interações entre os átomos da rede são representadas por molas. O problema se reduz, então, a utilizar as leis da mecânica clássica newtoniana para escrever as equações de movimento do sistema e encontrar as suas possíveis soluções. Com o intuito de compreender os pontos fundamentais deste sistema físico vamos enfocar uma situação muito simples, que traz consigo as características fundamentais do problema, que é a cadeia linear de átomos infinita.

3.4.1 A CADEIA LINEAR MONOATÔMICA

Consideremos uma cadeia linear de átomos, semelhante àquela ilustrada na Figura 2.5a. Agora, consideremos uma cadeia linear infinitamente grande, ou seja, constituída por um número infinito de átomos. Como estamos interessados em analisar os modos de vibração da cadeia, as massas dos átomos devem ser consideradas, sendo idênticas entre si e iguais a m. Vamos supor também, como fizemos no capítulo anterior, que cada átomo interage apenas com os seus primeiros vizinhos e, além disto, que essa interação se dá por meio de um potencial harmônico (Equação 2.14). Conforme discutido no Capítulo 2, a aproximação harmônica é uma boa aproximação para pequenos desvios em relação à posição de equilíbrio.

Uma vez feitas essas hipóteses, a cadeia linear de átomos pode ser substituída por seu análogo mecânico, ou seja, uma sucessão infinita de átomos de massa *m* ligados por molas que obedecem à lei de Hooke, com constante de mola *K*, conforme ilustrado na Figura 3.3. Nesse caso o parâmetro de rede da cadeia coincide com a distância interatômica, ou seja, $a = r_0$.

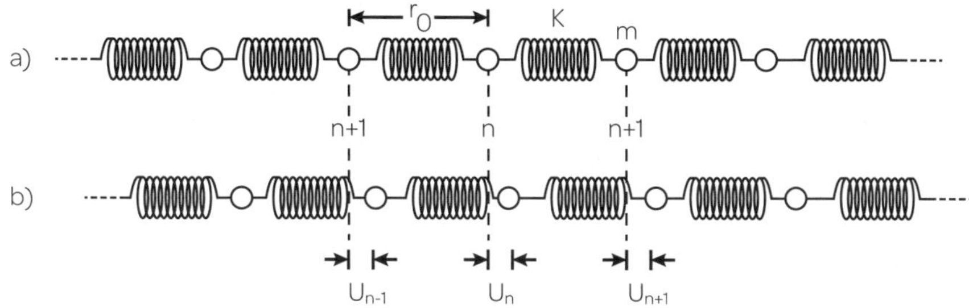

Figura 3.3 – Modelo mecânico de uma cadeia linear monoatômica infinita de átomos de massa m com parâmetro de rede $a = r_0$, mostrando os deslocamentos dos átomos em relação à sua posição de equilíbrio. A interação entre átomos vizinhos é representada por molas de constante *K*.

A Figura 3.3 mostra a cadeia linear em duas situações. Na primeira (Figura 3.3a), a rede está relaxada, e todos os átomos encontram-se em suas posições de equilíbrio. Na segunda (Figura 3.3b), que mostra a rede em um instante de tempo *t* qualquer enquanto a rede vibra, os átomos estão deslocados em relação às suas posições de equilíbrio. Assim, sendo $x_n(t)$ a posição do n-ésimo átomo da cadeia linear, e $u_n(t)$, o seu deslocamento em relação à sua posição de equilíbrio, então:

$$x_n(t) = nr_0 + u_n(t) \tag{3.6}$$

Em que se supôs que a origem coincide com a posição de equilíbrio do átomo de número zero. Dessa forma, a equação de movimento para o *n*-ésimo átomo da cadeia linear pode ser escrita com base na segunda lei de Newton:

$$m\frac{d^2u_n(t)}{dt^2} = K\left(u_{n+1} + u_{n-1} - 2u_n\right) \tag{3.7}$$

Em que a lei de Hooke foi utilizada para expressar as forças relacionadas às molas que atuam sobre o átomo. Supondo uma solução que oscila harmonicamente no tempo, podemos escrever:

$$u_n(t) = A\,exp[-i(wt + \phi_n)] \tag{3.8}$$

Em que, tendo em vista a simetria de translação da rede, o único parâmetro que depende do número n é a fase ϕ_n, que é dada por:

$$\phi_n = nkr_0 \tag{3.9}$$

Em que k é o número de onda ($k = 2\pi / \lambda$). Substituindo-se as Equações 3.9 e 3.8 em 3.7, pode-se chegar à *relação de dispersão* da cadeia linear monoatômica:

$$w = 2\sqrt{\frac{K}{m}}\left|sen\left(\frac{kr_0}{2}\right)\right| \tag{3.10}$$

Em que se tomou o módulo da função seno, pois a frequência não pode apresentar valores negativos.

A relação de dispersão é a função que relaciona a frequência angular e o número de onda (ou, de forma equivalente, a frequência e o comprimento de onda) dos chamados modos normais de vibração de um sistema. Esta função para o caso da cadeia linear infinita está ilustrada na Figura 3.4. Note que essa é uma relação de dispersão periódica, o que está relacionado ao fato de que a rede é periódica. Além disto, também é importante notar que a cadeia apresenta uma frequência máxima acima da qual não existem modos normais de vibração:

$$w_{max} = 2\sqrt{\frac{K}{m}} \tag{3.11}$$

A ideia de que a cadeia apresenta uma frequência máxima de vibração pode parecer surpreendente à primeira vista. No entanto, isso está diretamente ligado ao fato de que as vibrações de uma cadeia discreta possuem um comprimento de onda mínimo, dado por $\lambda = 2r_0$. Vibrações com comprimentos de onda menores que esse não possuem sentido físico. Assim, de forma equivalente, espera-se que as frequências de vibração possuam um limite superior. Obviamente, o mesmo não acontece com as vibrações em um meio contínuo, no qual não existem limites (inferior ou superior) para os valores que o comprimento de onda e a frequência podem assumir (ver Seção 2.7).

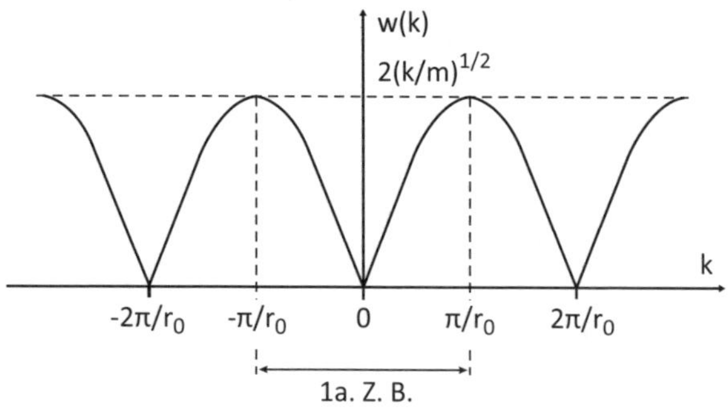

Figura 3.4 – Relação de dispersão periódica $w = w(k)$ da cadeia linear monoatômica, destacando a região correspondente à primeira zona de Brillouin (1ª Z.B.).

A existência do limite inferior para os comprimentos de onda $\lambda = 2r_0$ equivale a dizer que valores de k com módulo maior que π / r_0 não possuem sentido físico. Dessa forma, uma vez que a relação de dispersão é uma função periódica, toda sua informação está contida em um período, ou seja, no intervalo de valores $-\pi / r_0 \leq k \leq \pi / r_0$ ou $|k| \leq \pi / r_0$. Este intervalo é denominado *1ª zona de Brillouin* (conforme assinalado na figura 3.4, 1ª Z.B.). Assim, qualquer valor de k, tal que $|k| > \pi / r_0$, pode encontrar um valor de k equivalente no interior da 1ª zona de Brillouin por meio de uma translação por um múltiplo de $2\pi / r_0$ (veja Exercício 6).

Para valores de *k* pequenos ($k \to 0$), podemos aproximar a função seno na Equação 3.10 pelo seu argumento, e a relação de dispersão se reduz simplesmente a uma função linear:

$$w = \sqrt{\frac{Kr_0^2}{m}}\,|k| \qquad (kr_0 \ll 1) \tag{3.12}$$

ou seja, obtém-se uma relação de dispersão análoga àquela obtida no caso da propagação de ondas sonoras em um meio contínuo (Equação 2.67). Esse resultado era esperado, pois valores de *k* pequenos correspondem a comprimentos de onda muito grandes, ou seja, muito maiores que o espaçamento interatômico r_0. Nessas condições, é razoável que o efeito do espaçamento interatômico não seja importante, e, portanto, os resultados obtidos para a cadeia linear de átomos e para a aproximação do meio contínuo devem coincidir.

A velocidade de propagação (velocidade de grupo, Equação 2.68) pode ser obtida a partir da Equação 3.10 como:

$$v_g = \sqrt{\frac{Kr_0^2}{m}} \left| \cos\left(\frac{kr_0}{2}\right) \right| \tag{3.13}$$

Conforme ilustrado na Figura 3.5, o valor máximo da velocidade de propagação ocorre para valores de k em torno de $k = 0$, ou seja, para grandes comprimentos de onda (baixas frequências), que corresponde à velocidade das ondas sonoras:

$$v_s = \sqrt{\frac{Kr_0^2}{m}} \tag{3.14}$$

Para valores de k maiores (altas frequências), a velocidade de propagação diminui, atingindo valores nulos nos limites da 1ª zona de Brillouin, o que significa que, nesses limites, as vibrações da rede correspondem a ondas estacionárias.

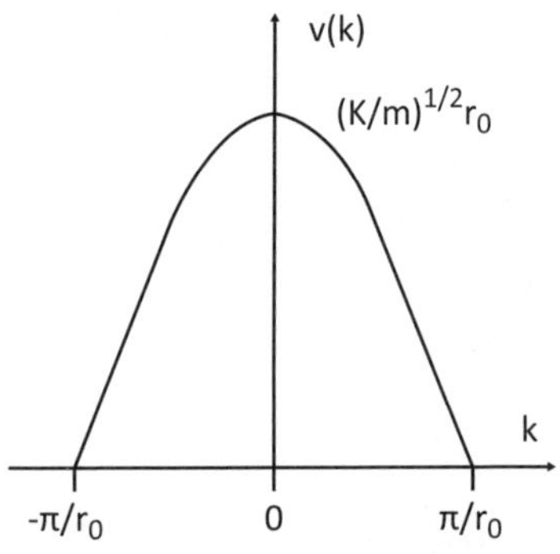

Figura 3.5 – Velocidade de propagação $v = v(k)$ da cadeia linear monoatômica na região correspondente à primeira zona de Brillouin.

A Figura 3.6 mostra, como exemplo, resultados experimentais obtidos por espalhamento inelástico de raios X para as relações de dispersão de ondas elásticas longitudinais (L) e transversais (T) se propagando ao longo da direção [100] em alumínio, para valores de k na primeira zona de Brillouin. As frequências dos fônons se encontram na faixa de 10^{12} a 10^{13} Hz.[2] Fica evidente que os resultados obtidos para a relação de dispersão $w = w(k)$ do alumínio apresentam comportamento análogo ao previsto pelo modelo apresentado para a cadeia linear de átomos (Equação 3.10).

2 Em termos do espectro eletromagnético, essa faixa de frequências equivale à região do infravermelho (veja o Capítulo 8).

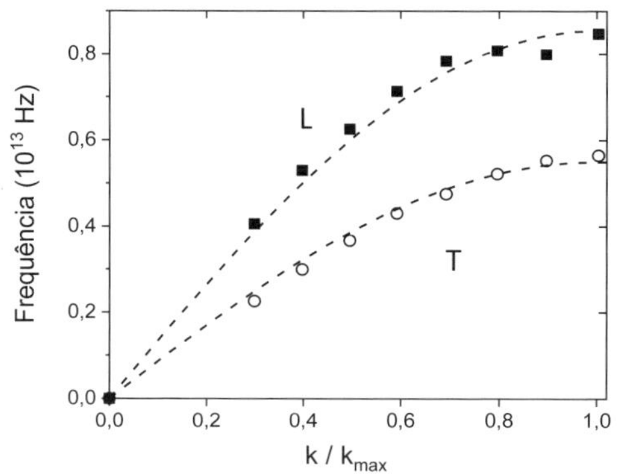

Figura 3.6 – Relações de dispersão de ondas elásticas longitudinais (L) e transversais (T) se propagando ao longo da direção [100] em alumínio determinadas experimentalmente por espalhamento inelástico de raios X. As curvas tracejadas são funções seno, conforme a Equação 3.10.

Fonte: Kittel, 1966.

3.4.2 A CADEIA LINEAR DIATÔMICA

Consideremos agora uma cadeia linear diatômica com átomos de duas massas diferentes, m e M ($M > m$), segundo mostra a Figura 3.7. O parâmetro de rede da cadeia é o dobro do espaçamento interatômico, $a = 2r_0$. Como existem apenas dois tipos de átomos ligados entre si, pode-se considerar todas as molas idênticas com constante de molas iguais a K.[3] Nesse caso, teremos dois conjuntos de equações de movimento correspondentes aos dois tipos de átomos da cadeia linear diatômica. De forma análoga ao caso anterior, pode-se escrever:

$$m\frac{d^2u_{2n}(t)}{dt^2} = K\left(u_{2n+1} + u_{2n-1} - 2u_{2n}\right) \tag{3.15}$$

$$M\frac{d^2u_{2n+1}(t)}{dt^2} = K\left(u_{2n+2} + u_{2n} - 2u_{2n+1}\right)$$

3 Alternativamente, pode-se formular um problema equivalente a este escolhendo todos os átomos com mesma massa m e molas com duas constantes diferentes, K_1 e K_2.

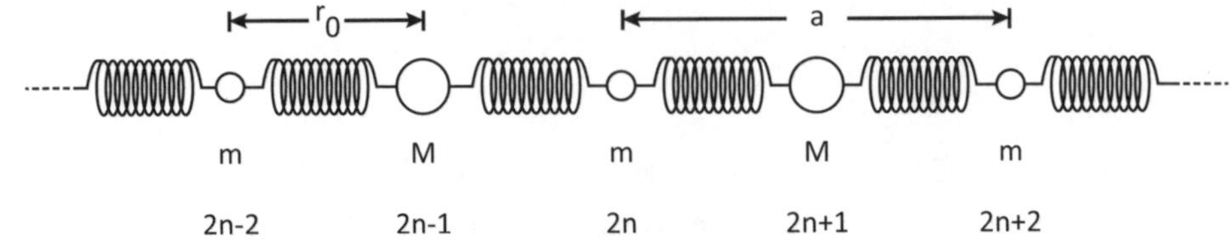

Figura 3.7 – Modelo mecânico para a cadeia linear diatômica infinita de átomos de massas m e M, com espaçamento interatômico r_0 e parâmetro de rede $a = 2r_0$.

Como estamos interessados nos modos normais de vibração, vamos considerar soluções das equações de movimento análogas à Equação 3.8 para os dois tipos de átomos, que somente diferem entre si nas amplitudes e fases:

$$u_{2n}(t) = A\,exp\left[-i\left(wt + \phi_{2n}\right)\right] \tag{3.16}$$

$$u_{2n+1}(t) = B\,exp[-i\left(wt + \phi_{2n+1}\right)]$$

com valores das fases dados por expressões análogas à Equação 3.9. Substituindo-se as soluções 3.16 nas equações de movimento 3.15, obtém-se:

$$-mw^2A = K\left[B\exp(-ikr_0) + B\exp(+ikr_0) - 2A\right] \tag{3.17}$$

$$-Mw^2B = K\left[A\exp(-ikr_0) + A\exp(+ikr_0) - 2B\right]$$

Impondo a condição de que esse sistema de equações deve possuir solução não trivial, chega-se à equação:

$$mMw^4 - 2K\left(m + M\right)w^2 + 4K^2sen^2\left(kr_0\right) = 0 \tag{3.18}$$

De que se obtém a relação de dispersão da cadeia linear diatômica:

$$w^2 = K\left\{\left(\frac{1}{m} + \frac{1}{M}\right) \pm \left[\left(\frac{1}{m} + \frac{1}{M}\right)^2 - \frac{4sen^2\left(kr_0\right)}{mM}\right]^{\frac{1}{2}}\right\} \tag{3.19}$$

Para cada valor de k, existem dois valores de w possíveis, correspondentes aos sinais positivo e negativo na Equação 3.19 (as raízes negativas dessa equação não possuem sentido físico e, por esse motivo, devem ser descartadas). Assim, a relação de dispersão da cadeia linear diatômica possui dois ramos: o ramo inferior é chamado ramo acústico (A), enquanto o ramo superior é chamado ramo óptico (O). Entre esses dois ramos, há uma região proibida correspondente a um intervalo de frequências no qual não existem modos de vibração permitidos. Como a periodicidade da rede (parâmetro de rede) nesse caso é $2r_0$, os limites da primeira zona de Brillouin se situam em $k = \pm\pi / 2r_0$. O gráfico da relação de dispersão da cadeia linear diatômica está mostrado na Figura 3.8.

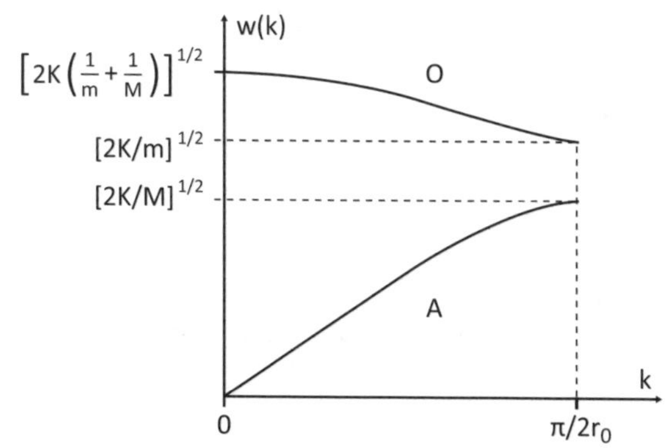

Figura 3.8 – Relação de dispersão $w = w(k)$ da cadeia linear diatômica, mostrando os ramos acústico (A) e óptico (O).

O que distingue os ramos acústico e óptico da relação de dispersão é o fato de que, enquanto, no modo acústico, os átomos vizinhos (de massas m e M) vibram aproximadamente em fase, no modo de ótico, esses átomos se movimentam aproximadamente em oposição de fase. As denominações dadas a esses ramos da relação de dispersão se referem às maneiras distintas com que se podem excitar as vibrações correspondentes: mecanicamente (ramo acústico) ou eletromagneticamente (ramo ótico). A Figura 3.9 mostra a disposição dos átomos no caso de dois modos de vibração transversais, acústico e ótico, correspondentes ao mesmo comprimento de onda, $\lambda = 12r_0$ (ou $k = \pi / 6r_0$).

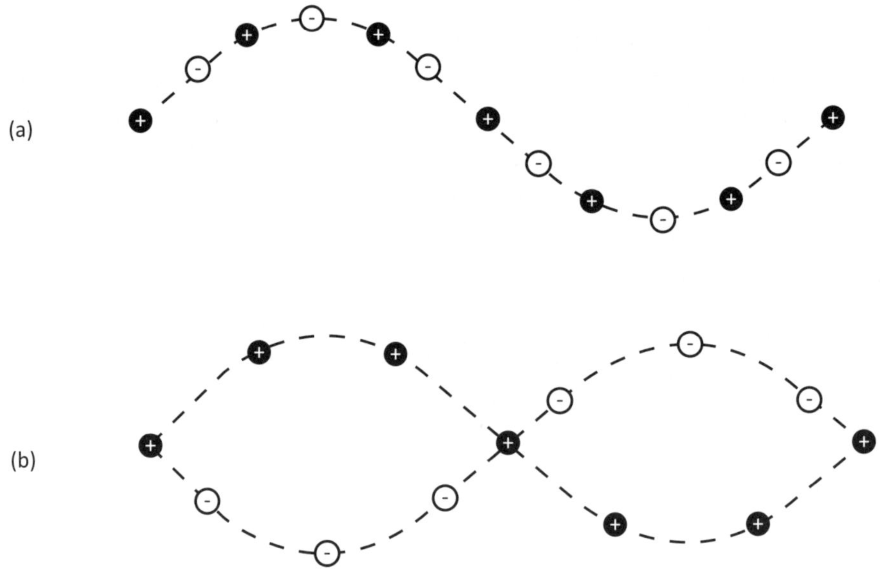

Figura 3.9 – Modos de vibração transversais em uma cadeia diatômica correspondentes ao mesmo comprimento de onda $\lambda = 6a = 12r_0$: (a) modo acústico e (b) modo ótico.

De forma semelhante ao caso da cadeia monoatômica, nos limites da primeira zona de Brillouin observa-se a formação de ondas estacionárias, ou seja, modos de vibração com velocidade de propagação nula. No caso do ramo acústico, a frequência de vibração atinge o maior valor para esse ramo e só depende da massa M, o que significa que apenas os átomos mais massivos vibram, enquanto os demais átomos permanecem em repouso. De maneira análoga, nos limites da primeira zona de Brillouin do ramo ótico, o modo de menor frequência corresponde à situação na qual apenas os átomos de massa m vibram, enquanto os átomos de maior massa se mantêm imóveis. O modo de vibração de frequência máxima situado em $k = 0$, também corresponde a uma onda estacionária na qual as duas sub-redes vibram simultaneamente (veja Exercício 11).

Para efeito de comparação com o modelo apresentado, a Figura 3.10 mostra as relações de dispersão de ondas elásticas longitudinais (L) e transversais (T) dos ramos acústico (A) e óptico (O) se propagando ao longo da direção [111] de KBr obtidas a partir de resultados experimentais de espalhamento inelástico de nêutrons à temperatura de 90 K. Esses resultados apresentam essencialmente as características previstas pela relação de dispersão obtida para a cadeia linear diatômica, em concordância qualitativa com o modelo.

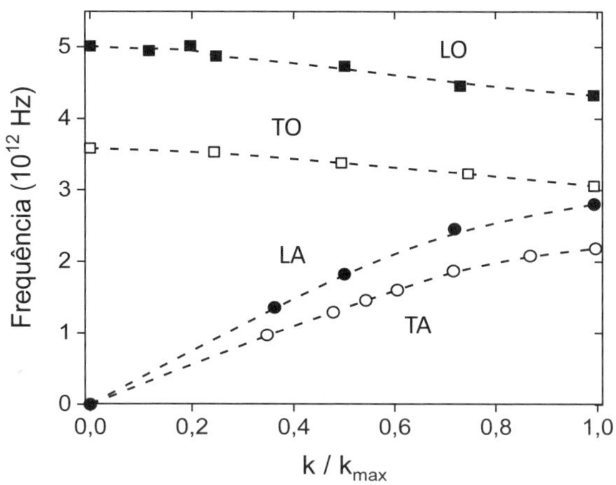

Figura 3.10 – Relações de dispersão de ondas elásticas longitudinais (L) e transversais (T) dos ramos acústico (A) e óptico (O) se propagando ao longo da direção [111] de KBr, determinadas experimentalmente por espalhamento inelástico de nêutrons a $T = 90$ K.

Fonte: Kittel, 2006.

A generalização do resultado obtido para a cadeia diatômica é imediata. No caso de um sólido tridimensional que possui p átomos por célula unitária, sua relação de dispersão apresentará $3p$ ramos, sendo 3 ramos acústicos (2 transversais e 1 longitudinal) e $(3p-3)$ ramos ópticos, para cada direção de propagação ao longo da rede cristalina.

3.4.3 QUANTIZAÇÃO DOS MODOS DE VIBRAÇÃO

Nas seções anteriores, consideramos cadeias lineares infinitas. Vamos considerar agora a cadeia linear finita, contendo um número N muito grande de átomos ($N \gg 1$) (Figura 3.11). Nesse caso, consequentemente, condições de contorno devem ser impostas ao problema, levando à obtenção de restrições às possíveis soluções das equações de movimento. O desenvolvimento apresentado anteriormente permanece inalterado, desde que N seja um número muito grande, pois, nessa situação, os efeitos de borda podem ser desprezados, e, assim, as relações de dispersão obtidas permanecem as mesmas.

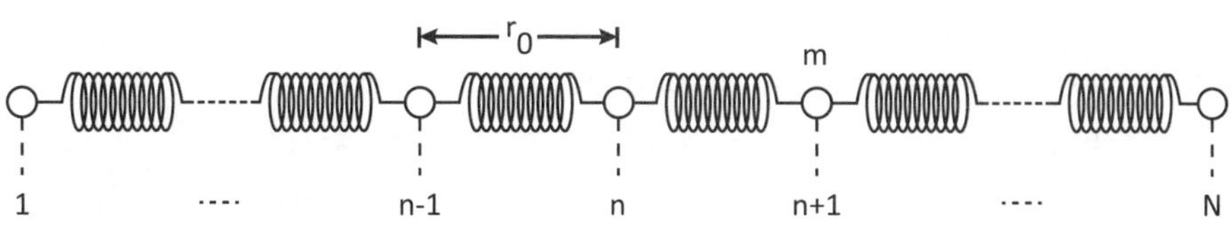

Figura 3.11 – A cadeia linear finita com N átomos, com $N \gg 1$.

Pode-se traçar uma analogia entre o presente problema e o caso de uma corda vibrante, comumente apresentado nos cursos de física básica. Em uma corda infinita, ondas podem se propagar com qualquer frequência ou comprimento de onda, pois não há qualquer tipo de restrição. Uma corda finita com extremidades fixas, por outro lado, somente admite certos modos de vibração com frequências ou comprimentos de onda bem definidos, ou seja, aqueles que satisfazem as condições de contorno. Assim, se no primeiro caso as frequências de vibração formam um conjunto ou espectro contínuo de valores, no segundo caso as frequências possíveis se apresentam como um conjunto de valores discretos.

De forma análoga, no caso da cadeia linear finita contendo N átomos, a imposição de condições ao contorno implica a existência de N modos normais de vibração, que satisfazem à seguinte condição:

$$k = n\frac{2\pi}{Nr_0} \qquad (n = 1,2,3\ldots N) \tag{3.20}$$

Ou seja, são N valores do número de onda k quantizados no intervalo correspondente à 1ª zona de Brillouin. Dessa forma, as relações de dispersão expressas por 3.10 e 3.19 passam a ser funções discretas, e não mais contínuas, onde k não pode assumir qualquer valor, mas apenas os N valores distintos e bem determinados, dados pela Equação 3.20. No entanto, como N é muito grande (num sólido macroscópico, $N \sim 10^{23}$), pode-se considerar as relações de dispersão como "quase contínuas".

Conforme vimos no Capítulo 1, o conceito de quantização se baseia na noção do *quantum*, que corresponde à menor quantidade indivisível de uma determinada grandeza quantizada. Por exemplo, a quantização da carga tem como base a ideia de que todas as cargas são múltiplas de uma carga elementar (e = 1,6021 x 10^{-19} C), não sendo possível existir uma fração desse valor de carga. Assim, os corpos adquirem carga ganhando ou perdendo (um número inteiro de) cargas elementares (elétrons, por exemplo). De forma análoga, associa-se a quantização da matéria à existência dos átomos, que são os *quanta*[4] de matéria, e, assim, toda matéria é formada por (um número inteiro de) átomos. De forma semelhante, a quantização dos modos de vibração de uma cadeia de átomos leva ao conceito de fônons, que são as partículas elementares, ou os *quanta* de vibração.

Desse modo, a cada modo de vibração da cadeia definido pelo par de valores $(k, w(k))$ associa-se a existência de um certo número (inteiro) de partículas chamadas fônons, cujas características (p, E) podem ser obtidas por meio das bem conhecidas relações de Planck e de De Broglie (Equações 1.7 e 1.8) reproduzidas a seguir:

4 Plural de *quantum*.

$$E = h\nu = \hbar w \tag{3.21}$$

$$p = \frac{h}{\lambda} = \hbar k \tag{3.22}$$

O número de fônons associado a um dado modo de vibração é dado pela estatística de Bose-Einstein (Equação 1.39):

$$n(E) = \frac{1}{e^{(E/k_B T)} - 1} \tag{3.23}$$

Em que se tomou a constante μ como nula.

Deve-se observar, no entanto, que os fônons não são partículas com existência física própria, como elétrons, prótons ou fótons, no sentido que somente é possível tratar de fônons ao considerar o problema das vibrações da rede cristalina de sólidos. A despeito disso, o conceito de fônons é extremamente útil, pois permite descrever o problema das vibrações da rede cristalina e as propriedades térmicas dos sólidos de maneira extremamente simples e elegante, conforme veremos a seguir. Assim, os fônons são considerados como quase-partículas.

Exemplo 3.2: obtenha o comprimento de onda e a energia dos fônons transversais no limite da 1ª zona de Brillouin no alumínio, cuja distância interatomica é r_0 = 0,405 nm.

No limite da 1ª zona de Brillouin: $k = \frac{\pi}{r_0}$; mas $k = \frac{2\pi}{\lambda} \Rightarrow \lambda = 2r_0 = 0{,}810\,nm$

Consultando a Figura 3.6: $E = h\nu = 6{,}63x10^{-34}\,x\,5{,}5x10^{12} = 3{,}65x10^{-21}\,J = 0{,}023\,eV$

3.5 MODELOS QUÂNTICOS PARA O CALOR ESPECÍFICO

3.5.1 O MODELO DE EINSTEIN

O modelo de Einstein para o calor específico dos sólidos tem o mérito de ter sido o primeiro a considerar a quantização dos modos de vibração da rede cristalina e de prever, embora não de maneira quantitativamente correta, que o calor específico dos sólidos diminui com a temperatura e tende a zero em temperaturas muito baixas.

Einstein elaborou um modelo simples no qual o sólido apresenta modos normais de vibração com uma única frequência, a chamada *frequência de Einstein*, w_E. Dessa forma, pode-se escrever a energia total associada aos N modos de vibração utilizando a estatística de Bose-Einstein (Equação 3.23) e a Equação 3.21, como dada por:

$$E = \frac{N\hbar w_E}{e^{(\hbar w_E/k_B T)} - 1} \tag{3.24}$$

No caso de um sólido tridimensional, o calor específico molar será então dado por:

$$c_V = \frac{\partial E}{\partial T} = 3N_A k_B \left(\frac{\hbar w_E}{k_B T}\right)^2 \frac{e^{(\hbar w_E/k_B T)}}{\left[e^{(\hbar w_E/k_B T)} - 1\right]^2} \tag{3.25}$$

Definindo a *temperatura de Einstein* como:

$$\theta_E = \hbar w_E / k_B \tag{3.26}$$

a equação para o calor específico fica:

$$c_V = 3N_A k_B \left(\frac{\theta_E}{T}\right)^2 \frac{e^{(\theta_E/T)}}{\left[e^{(\theta_E/T)} - 1\right]^2} \tag{3.27}$$

Ou seja, o calor específico molar dos sólidos isolantes pode ser expresso por uma curva universal, que depende de apenas um parâmetro característico do sólido considerado, a temperatura de Einstein, θ_E.

Segundo esse modelo, na região de temperaturas altas, o calor específico tende para o valor constante de Dulong e Petit ($c_V = 3N_A k_B$). À medida que a temperatura é reduzida abaixo da temperatura de Einstein, o calor específico diminui gradativamente. Para temperaturas muito baixas, c_V tende exponencialmente a zero. Esse fato constitui-se em uma falha quantitativa do modelo de Einstein, pois resultados experimentais mostram que o calor específico varia com T^3 na região de baixas temperaturas. A Figura 3.12 mostra o comportamento da curva prevista pela Equação 3.27, no intervalo de temperaturas entre zero e a temperatura de Einstein, θ_E.

A Figura 3.12 apresenta também os dados experimentais para o calor específico a volume constante do diamante (com θ_E = 1.350 K). Nota-se um bom acordo com o modelo, embora exista uma certa discrepância entre os valores experimentais e a curva teórica, em especial para baixas temperaturas, faixa na qual o modelo de Einstein prevê valores sistematicamente mais baixos que os obtidos em laboratório, conforme mencionado. O modelo de Einstein, no entanto, tem o grande mérito de ter sido o primeiro a prever corretamente que o calor específico do sólido se anula quando a temperatura tende ao zero absoluto.

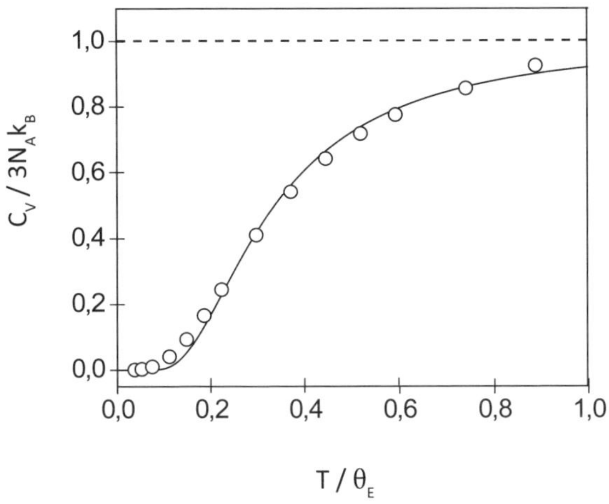

Figura 3.12 – Calor específico a volume constante do diamante em função da temperatura em escalas normalizadas, utilizando $\theta_E = 1.350$ K. Os pontos se referem aos dados experimentais, enquanto a curva é o gráfico previsto pelo modelo de Einstein (linha cheia).

Fonte: Gray, 1972.

Exemplo 3.3: calcule o calor específico molar do diamante a $T = 300$ K e $T = 600$ K, utilizando o valor para a temperatura de Einstein $\theta_E = 1.350$ K

$$C_V = 3Nk_B \left(\frac{\theta_E}{T}\right)^2 \frac{e^{(\theta_E/T)}}{[e^{(\theta_E/T)} - 1]^2} = 29{,}94 \left(\frac{1350}{300}\right)^2 \frac{\exp(1350/300)}{\left[\exp(1350/300) - 1\right]^2} = 5{,}74\, J/K.mol$$

$$C_V = 3Nk_B \left(\frac{\theta_E}{T}\right)^2 \frac{e^{(\theta_E/T)}}{[e^{(\theta_E/T)} - 1]^2} = 29{,}94 \left(\frac{1350}{600}\right)^2 \frac{\exp(1350/600)}{\left[\exp(1350/600) - 1\right]^2} = 16{,}6\, J/K.mol$$

Com erros de apenas 6% e 3%, respectivamente, em relação aos valores tabelados de 6,11 J/K.mol e 16,1 J/K.mol.

3.5.2 O MODELO DE DEBYE

No modelo de Debye, o sólido apresenta modos normais de vibração com um espectro contínuo de frequências que variam desde zero até uma frequência máxima (ou frequência de corte), chamada *frequência de Debye*, w_D. Por simplicidade, entretanto, neste modelo adota-se uma aproximação linear para a relação de dispersão ($w = vk$), análoga à relação de dispersão obtida no limite de grandes comprimentos de onda (ou limite do contínuo, Equação 2.67).

De forma a se obter energia total associada aos modos de vibração, deve-se realizar a soma das energias associadas a todos os modos de vibração, ou seja:

$$E = \sum_{n=1}^{N} \frac{\hbar w_n}{e^{(\hbar w_n / k_B T)} - 1} \tag{3.28}$$

Uma vez que N é muito grande, essa soma pode ser convenientemente substituída pela integral:

$$E = \int_0^{w_D} N(w) \frac{\hbar w}{e^{(\hbar w / k_B T)} - 1} dw \tag{3.29}$$

Em que $N(w)dw$ é a chamada densidade de estados, ou seja, o número de modos de vibração por unidade de frequência com um determinado valor de frequência entre w e $w + dw$. Dessa forma, o número total de modos de vibração com frequência entre zero e a frequência de corte w_D deve satisfazer:

$$\int_0^{w_D} N(w) dw = N \tag{3.30}$$

Em três dimensões, a quantização dos valores de k é dada por uma equação análoga à Equação 3.20 para as três componentes do vetor de onda (k_x, k_y e k_z). Assim, cada modo de vibração é representado no espaço dos k ou *espaço recíproco* por um elemento de volume $\Delta V_k = (2\pi / L)^3$.

No espaço recíproco, para um dado valor de módulo de k, tem-se um número $N(k)dk$ de estados ocupando uma casca esférica de raio k, cujo volume é $4\pi k^2 dk$. Logo, podemos escrever:

$$\left(\frac{2\pi}{L}\right)^3 N(k) dk = 4\pi k^2 dk \tag{3.31}$$

Ou:

$$N(k) dk = \frac{L^3 k^2}{2\pi^2} dk \tag{3.32}$$

Dessa maneira, utilizando-se a relação de dispersão $w = vk$ e considerando-se que o volume do material é $V = L^3$, obtém-se:

$$N(w)dw = \frac{Vw^2}{2\pi^2 v^3}dw \qquad (w < w_D) \tag{3.33}$$

Assim, integrando-se para frequências entre zero e w_D, obtém-se a frequência de Debye:

$$w_D = v\left(6\pi^2 \frac{N}{V}\right)^{1/3} \tag{3.34}$$

Substituindo 3.33 em 3.29, obtém-se a energia total associada aos modos de vibração:

$$E = \int_0^{w_D} \frac{3Vw^2}{2\pi^2 v^3} \frac{\hbar w}{e^{(\hbar w/k_B T)} - 1} dw = \frac{3\hbar V}{2\pi^2 v^3} \int_0^{w_D} \frac{w^3}{e^{(\hbar w/k_B T)} - 1} dw \tag{3.35}$$

Multiplicou-se por um fator 3, supondo, por simplicidade, que os três modos de vibração, um longitudinal e os dois transversais, possuem a mesma velocidade de propagação. Diferenciando-se a Equação 3.35 em relação à temperatura e definindo-se a chamada *temperatura de Debye*:

$$\theta_D = \hbar w_D / k_B \tag{3.36}$$

pode-se chegar a:

$$c_V = 9N_A k_B \left(\frac{T}{\theta_D}\right)^3 \int_0^{x_D} \frac{x^4 e^x}{\left(e^x - 1\right)^2} dx \tag{3.37}$$

Em que a variável de integração adimensional é $x = \theta / T$. A integral no lado direito da Equação 3.37 se encontra tabelada, pois não possui solução analítica (Abramowitz, 1972). Pode-se mostrar que, para altas temperaturas, essa equação concorda com o resultado clássico de Dulong e Petit, $c_V = 3N_A k_B$, enquanto, no limite de baixas temperaturas, prevê a dependência proporcional a T^3, que aparece de forma explícita em 3.37. Efetuando-se esse último limite, obtém-se:

$$c_V \cong \left(\frac{12\pi^4}{5}\right) N_A k_B \left(\frac{T}{\theta_D}\right)^3 \qquad (T \to 0) \qquad (3.38)$$

em acordo com as observações experimentais.

Como no modelo de Einstein, neste caso o calor específico, também pode ser expresso por uma curva universal, dependente de apenas um parâmetro característico do sólido considerado, a temperatura de Debye, θ_D. A Figura 3.13 mostra o ajuste do modelo de Debye para o calor específico aos resultados experimentais obtidos para 18 substâncias diferentes, sendo 13 elementos puros metálicos e não metálicos e 5 compostos. Para cada uma das substâncias, a escala horizontal foi ajustada de forma a obter o melhor ajuste possível do modelo de Debye (Equação 3.37) com os dados experimentais, resultando num valor da temperatura de Debye. Note-se a excelente concordância obtida nesses casos, em toda a faixa de temperaturas. A aproximação de Debye vale especialmente bem para baixas temperaturas, pois, nessa situação, apenas modos de vibração de baixa energia (frequência) ou grandes comprimentos de onda estão excitados, fazendo com que o limite do contínuo seja de fato uma boa aproximação.

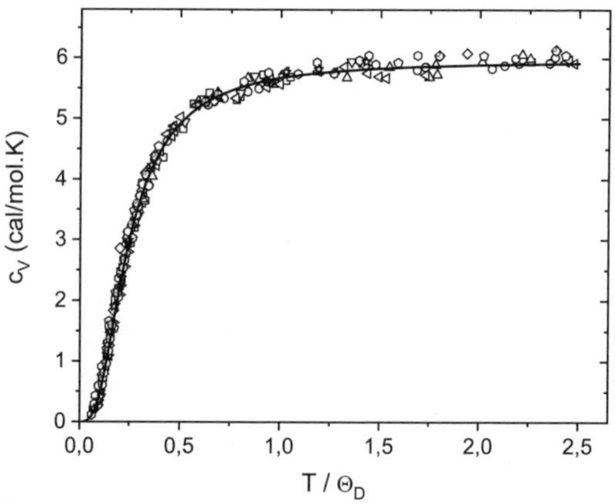

Figura 3.13 – Calor específico a volume constante em função da temperatura para 18 substâncias diferentes: chumbo, tálio, mercúrio, iodo, cádmio, sódio, prata, cálcio, zinco, cobre, alumínio, ferro, carbono (diamante), cloreto de sódio, cloreto de potássio, brometo de potássio, sulfeto de ferro e fluoreto de cálcio. A linha cheia corresponde à curva prevista pelo modelo de Debye.

Fonte: Fowler, 1956.

As Tabelas 3.4 e 3.5 apresentam os valores de θ_D obtidos a partir do ajuste da Equação 3.37 a medidas do calor específico para elementos puros e compostos, respectivamente. Deve-se observar que o valor obtido para a temperatura de Debye pode depender da região de temperatura em que se realiza o ajuste do modelo aos dados experimentais.

Os valores apresentados na Tabela 3.4 e 3.5 se referem às temperaturas de Debye determinadas na região de temperaturas em torno de $T / \theta_D \cong 0{,}3$.

Tabela 3.4 – Temperatura de Debye θ_D para elementos puros. Os valores se referem à região de temperaturas em torno de $T / \theta_D \cong 0{,}3$

Elemento	θ_D (K)	Elemento	θ_D (K)	Elemento	θ_D (K)
Ag	220	Hf	195	Re	300
Al	385	Hg	100	Rh	480
As	275	In	140	Ro	350
Au	180	Ir	290	Ru	600
B	1220	K	100	Sb	140
Ba	110	La	130	Sc	360
Be	940	Li	420	Se	150
Bi	120	Lu	210	Si	630
C (diam.)	2050	Mg	330	Sn	240 / 140
C (graf.)	700	Mn	420	Sr	170
Ca	230	Mo	375	Ta	230
Cd	280	Na	150	Te	130
Co	440	Nb	265	Th	163
Cr	430	Nd	150	Ti	355
Cs	45	Ni	440	Tl	78,5
Cu	310	Os	250	U	207
Dy	210	Pb	85	Va	280
Fe	460	Pd	150	W	315
Ga	240 / 125	Pr	120	Y	230
Gd	160	Pt	225	Zn	250
Ge	370	Rb	60	Zr	240

Fonte: Cheng, 2002.

Tabela 3.5 – Temperatura de Debye θ_D para alguns compostos. Os valores se referem à região de temperaturas em torno de $T/\theta_D \cong 0{,}3$

Elemento	θ_D (K)	Elemento	θ_D (K)
AgBr	140	$CrCl_3$	100
AgCl	180	FeS_2	630
As_2O_3	140	KBr	180
As_2O_5	240	KCl	230
$AuCu_3$	200	KI	195
BN	600	LiF	680
CaF_2	470	MgO	200
Cr_2O_3	360	MoS_2	290
$CrCl_2$	80	NaCl	280

Fonte: Cheng, 2002.

Um teste mais rigoroso para o modelo de Debye pode ser realizado da seguinte forma: o valor do calor específico obtido para uma determinada temperatura é comparado com o valor previsto pelo modelo de Debye, e, fazendo-se a escolha apropriada da temperatura de Debye, esse valor é ajustado. Desse procedimento, resulta um conjunto de valores de temperaturas de Debye como função da temperatura. No caso de um sólido onde a aproximação de Debye fosse exata, θ_D seria uma constante em toda faixa de temperaturas, a menos de pequenas variações dos valores de suas constantes elásticas (veja as Equações 3.39 e 3.41 a seguir). Variações maiores de θ_D são interpretadas como decorrentes de desvios em relação à aproximação de Debye. A Figura 3.14a mostra a variação da temperatura de Debye do diamante com a temperatura. Note que θ_D varia pouco mais de 100 K (o que equivale a cerca de 5%) na faixa de temperatura analisada.

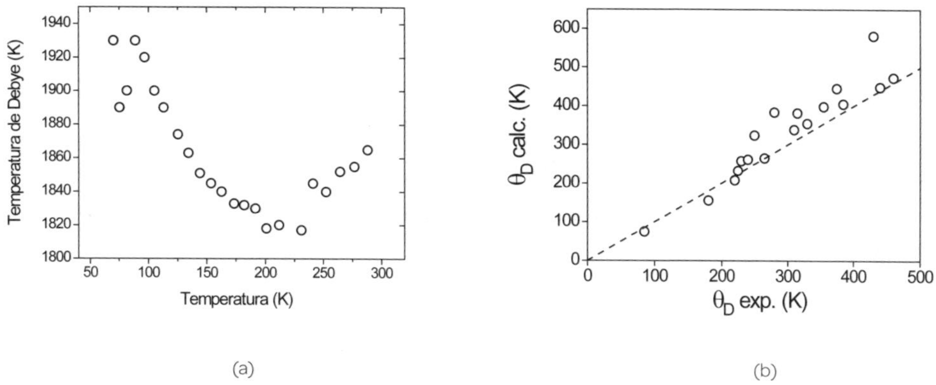

Figura 3.14 – (a) temperatura de Debye do diamante em função da temperatura na faixa de 70 K a 300 K; e (b) comparação entre os valores experimentais (Tabela 3.4) e calculados (Equação 3.39) da temperatura de Debye para 19 elementos metálicos. A linha tracejada representa a reta $y = x$.

Fonte: Pitzer, 1938.

A temperatura de Debye é diretamente proporcional às frequências de vibração da rede cristalina (Equação 3.36). Assim, em geral, espera-se que sólidos com altos valores das constantes elásticas apresentem temperaturas de Debye altas, enquanto sólidos com baixos valores das constantes elásticas apresentam baixos valores de θ_D. Por exemplo, as Tabelas 3.4 e 3.5 mostram as temperaturas de Debye de materiais rígidos, como o diamante e o berílio, são muito altas, enquanto as de metais macios, como o chumbo e o césio, são baixas, confirmando essa correlação. No desenvolvimento a seguir, vamos detalhar a correlação existente entre a temperatura de Debye e as constantes elásticas.

Combinando-se as Equações 3.34 e 3.36, pode-se escrever para a temperatura de Debye:

$$\theta_D = \frac{\hbar}{k_B}\left(\frac{6\pi^2 N}{V}\right)^{1/3} v \tag{3.39}$$

Na realidade, a velocidade de propagação utilizada na aproximação de Debye pode ser entendida como uma média ponderada entre os três modos de vibração (um longitudinal e dois transversais), uma vez que, no caso geral, esses modos obedecem a relações de dispersão distintas (veja Figura 3.6, por exemplo). Computando o número total de modos de vibração, a partir de equações análogas a 3.33, essa velocidade pode ser expressa por meio da seguinte relação:

$$\frac{3}{v^3} = \frac{1}{v_L^3} + \frac{2}{v_T^3} \tag{3.40}$$

Em que v_L e v_T são as velocidades de propagação de ondas longitudinais e transversais, dadas pelas Equações 2.70 e 2.69, respectivamente. Utilizando-se as relações 2.7 a 2.10 entre as constantes elásticas, obtém-se:

$$v = v_T \left[\frac{2}{3} + \frac{1}{3} \left(\frac{1-2\nu}{2(1-\nu)} \right)^{3/2} \right]^{-1/3} \tag{3.41}$$

O segundo termo dentro dos colchetes do lado direito da Equação 3.41 varia muito pouco com o valor da razão de Poisson (consulte valores nas Tabelas 2.1 e 2.2), de forma que na maior parte dos casos esta equação pode ser bem aproximada por:

$$v \cong 1{,}12 v_T \tag{3.42}$$

Conclui-se que, utilizando a Equação 2.69 para a velocidade de propagação de ondas elásticas transversais junto com a Equação 3.39, se pode obter a temperatura de Debye a partir do conhecimento das constantes elásticas do sólido. A Figura 3.14b mostra uma comparação entre os valores de θ_D determinados por meio desse procedimento e os valores obtidos a partir das medidas do calor específico (Tabela 3.4) para diversos elementos metálicos. Os dados estão em bom acordo na maior parte dos casos.

Exemplo 3.4: utilizando as Equações 3.39 e 3.42, calcule a temperatura de Debye para o níquel.

$$\theta_D = \frac{\hbar}{k_B} \left(\frac{6\pi^2 N}{V} \right)^{1/3} v = \frac{\hbar}{k_B} \left(\frac{6\pi^2 N}{V} \right)^{1/3} x 1{,}12 v_T$$

$$\theta_D = \frac{1{,}05x10^{-34}}{1{,}38x10^{-23}} \left(\frac{6\pi^2 x 6{,}02x10^{23}}{6{,}59x10^{-6}} \right)^{1/3} x 1{,}12 x 3.000 = 449 K$$

Em que se utilizou o volume molar do níquel V_M = 6,59 cm^3 e v_T = 3.000 m/s (tabela 2.9). O valor obtido está em excelente acordo com o valor tabelado, θ_D = 440 K.

3.5.3 COMPARAÇÃO ENTRE OS MODELOS DE EINSTEIN E DE DEBYE

Embora o modelo de Einstein falhe em prever a dependência correta na região de baixas temperaturas, isso não significa que esse modelo forneça uma descrição inexata do calor específico dos sólidos. Na realidade, o modelo de Einstein e de Debye são igualmente adequados em muitos casos. Ambos os modelos são dependentes de um único parâmetro, as frequências características (w_E e w_D) que se relacionam às respectivas temperaturas características (θ_E e θ_D). O modelo de Einstein apresenta a conveniência de fornecer uma expressão analítica para o calor específico.

A Figura 3.15 mostra as relações de dispersão $w(k)$ utilizadas nos modelos de Einstein e de Debye, nas quais estão assinaladas as frequências características dos dois modelos. A relação de dispersão do modelo de Einstein é caracterizada por uma única frequência de vibração, $w = w_E = cte$ e, portanto, é mais conveniente para representar as vibrações associadas aos fônons ópticos. No caso do modelo de Debye, w_D representa a frequência máxima de uma relação de dispersão linear, $w = vk$. Consequentemente, esse modelo é mais apropriado quando se deseja considerar os fônons acústicos.

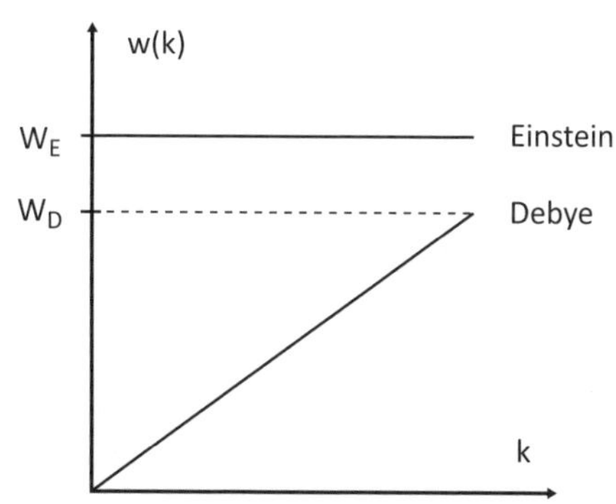

Figura 3.15 – Relações de dispersão $w(k)$ dos modelos de Einstein e de Debye. No caso de Einstein, a relação de dispersão é $w = w_E = cte$, enquanto, no caso de Debye, w_D representa a frequência máxima da relação de dispersão linear, $w = vk$.

Em altas temperaturas, modos de vibração em toda a faixa de frequências estão excitados, e, dessa forma, ambos os modelos dão conta de computar igualmente bem a energia associada a esses modos e, em consequência, obter corretamente o calor específico. Para baixas temperaturas, no entanto, a maior parte dos modos de vibração excitados são de baixa frequência e, assim, o modelo de Einstein não é capaz de descrever essa situação de maneira satisfatória, uma vez que leva em conta uma única frequência de vibração.

Isso resulta numa energia total de vibração menor e, consequentemente, em um calor específico menor que o valor correto.

A Figura 3.16 mostra a comparação entre as curvas do calor específico em função da temperatura para os modelos de Einstein e de Debye. Essa comparação somente pode ser realizada caso sejam escolhidas as escalas de temperatura adequadas para os dois modelos. Utilizando-se como critério a melhor coincidência entre os valores previstos pelos dois modelos na região de altas temperaturas, obtém-se a seguinte relação entre suas temperaturas características:

$$\theta_D \cong 1{,}29\theta_E \qquad (3.43)$$

Fica claro a partir da inspeção da Figura 3.16 que, para temperaturas em que T/θ é maior ou da ordem de 0,4 aproximadamente, os modelos preveem valores praticamente idênticos entre si. Para temperaturas inferiores a esse valor, a discrepância entre os modelos fica cada vez mais clara à medida que a temperatura diminui. Finalmente, a temperaturas muito baixas, ambos os modelos tendem a zero.

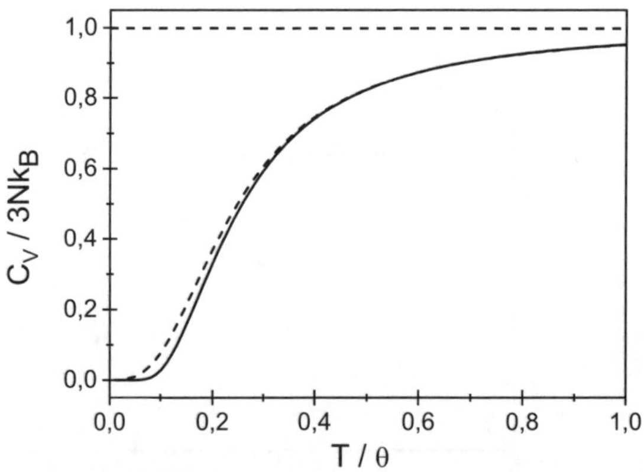

Figura 3.16 – Calor específico normalizado em função da temperatura para os modelos de Einstein (linha cheia) e de Debye (linha tracejada). A escala de temperatura foi definida de forma que $\theta_D / \theta_E = 1{,}29$.

3.5.4 CALOR ESPECÍFICO A ALTAS TEMPERATURAS

Embora o calor específico a volume constante seja a quantidade que pode ser calculada diretamente a partir dos modelos apresentados, é o calor específico à pressão constante que, na maior parte dos casos práticos, representa a capacidade de um material armazenar energia térmica quando aquecido. Conforme observado no início deste capítulo, essas quantidades são aproximadamente iguais em baixas temperaturas, mas, como veremos adiante, podem diferir substancialmente quando a temperatura aumenta.

Na Figura 3.17a, estão apresentados os valores de c_P e c_V em função da temperatura para o cobre, em que os valores de c_V foram determinados a partir dos valores de c_P utilizando-se a Equação 3.2. Nota-se que há uma discrepância considerável, mesmo para temperaturas abaixo da ambiente. Nesse caso, a temperatura de Debye é bastante próxima da temperatura ambiente (θ_D = 310 K). De uma maneira geral, pode-se adotar como regra aproximada que a diferença entre c_P e c_V é da ordem de 0,1% a $T = \theta_D / 6$ e cerca de 1% a $T = \theta_D / 3$. Em altas temperaturas, a diferença pode chegar a mais de 20%.

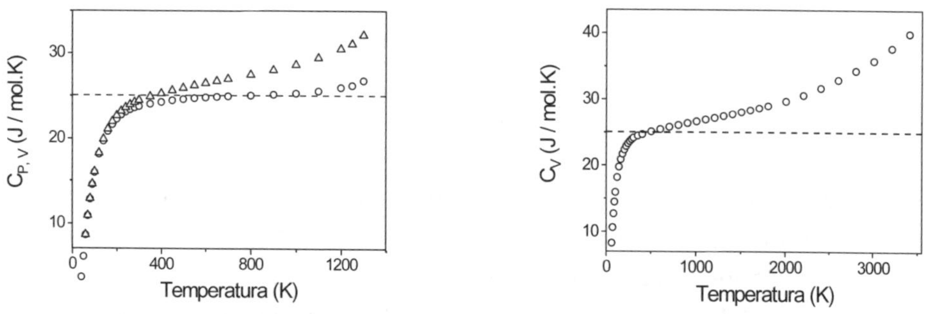

(a) (b)

Figura 3.17 – (a) calor específico à pressão constante (triângulos) e a volume constante (círculos) para o cobre a temperaturas acima de 40 K; e (b) calor específico a volume constante para o tungstênio a temperaturas acima de 60 K. As linhas tracejadas correspondem ao limite de Dulong e Petit.

Fonte: White, 1984.

A Equação 3.2 permite fazer a conversão entre c_P e c_V, mas, para isso, é necessário o conhecimento do coeficiente de dilatação volumétrico, do volume molar e do módulo de compressibilidade no intervalo de temperatura considerado. Embora, conforme veremos adiante, os dados de coeficiente de dilatação como função da temperatura, possam ser obtidos com relativa facilidade, os valores do módulo de compressibilidade, quando conhecidos, em geral se referem a medidas realizadas apenas por volta da temperatura ambiente. Para contornar essa dificuldade, pode-se utilizar alternativamente uma equação empírica aproximada, conhecida por *relação de Nernst-Lindemann*:

$$c_P - c_V = A c_P{}^2 T \tag{3.44}$$

Em que $A = VB\alpha_V^2 / c_P^2$ pode ser considerado como uma constante, para temperaturas maiores que a temperatura de Debye. A Tabela 3.6 apresenta os valores da constante A para alguns metais.

Tabela 3.6 – Valores da constante A da relação de Nernst-Lindemann (Equação 3.44) para alguns metais.

Metal	T (K)	A (10^{-6} mol/J)
Al	15 – 300	5,32
Ag	15 – 300	5,21
Cu	100 – 800	3,95
Pb	15 – 300	8,24
Pd	30 – 300	2,8
W	100 – 1300	3,55

Outro aspecto importante a ser destacado no comportamento do calor específico a altas temperaturas é que, mesmo após atingir o patamar relativo ao valor previsto por Dulong e Petit, o calor específico a volume constante pode voltar a aumentar, ultrapassando esse limite. A Figura 3.17a mostra claramente que isso ocorre no caso do cobre. Entretanto, esse comportamento é ainda mais evidente em sólidos que podem suportar temperaturas ainda mais altas, como o tungstênio (veja Figura 3.17b). Isso indica que, a altas temperaturas, outros mecanismos passam a constituir-se em contribuições adicionais para o calor específico, além daqueles levados em conta nos modelos aqui apresentados. Os mecanismos possíveis que podem justificar este aumento são os seguintes:

a) a contribuição dos elétrons livres, no caso dos metais. Essa contribuição é, em geral, linear na temperatura, mas a constante de proporcionalidade pode diferir substancialmente daquela que é usualmente determinada na região de baixas temperaturas (veja Seção 4.4.5);
b) a anarmonicidade do potencial interatômico, que se faz sentir quando as amplitudes de vibração se tornam cada vez maiores, leva a um calor específico que aumenta linearmente com a temperatura, ao contrário do previsto pelo modelo harmônico (veja Exercícios 4 e 5). É importante frisar que essa contribuição não está relacionada ao aumento de volume ligado à dilatação térmica do material (veja Seção 3.6.1 adiante), que é a causa da mencionada diferença entre c_p e c_V;
c) a formação de vacâncias na estrutura cristalina do sólido. Esse mecanismo aumenta exponencialmente na temperatura, mas só é considerável para temperaturas próximas ao ponto de fusão do sólido.

NA PONTA DA CIÊNCIA E DA TECNOLOGIA

Mudando de fase

Conforme já mencionado anteriormente, as vibrações da rede cristalina ou fônons constituem-se em apenas uma das possíveis contribuições para o calor específico dos materiais. Elétrons livres, dipolos elétricos, momentos magnéticos (*spins*), deslocamentos atômicos ou qualquer outro processo físico que possa receber e armazenar energia também podem contribuir para o calor específico.

Mudanças de fase, sejam estruturais ou não, envolvem considerável quantidade de energia (o chamado calor latente), que, no entanto, não acarreta um aumento da energia cinética das partículas, ou seja, da temperatura, mas contribuem para o deslocamento atômico e variação da entropia associadas à mudança de fase em questão. Dessa maneira, uma mudança ou transição de fase representa uma contribuição adicional, em geral de valor considerável, ao calor específico do material na faixa de temperaturas em que ocorre.

A medida do calor específico de um sólido, que pode ser realizada de forma extremamente acurada, se constitui em uma importante ferramenta no estudo das transições de fases em materiais. Por meio de medidas de calor específico de materiais sólidos, pode-se observar e estudar transições de fase, que englobam simples mudanças na estrutura cristalina (como o caso da transição ferrita-austenita, que ocorre no ferro à temperatura de 912 °C), transições do tipo ordem-desordem de natureza estrutural (como no caso da cristalização de um sólido amorfo) ou mesmo transições de fase não estruturais. Um exemplo muito conhecido de uma transição de fase ordem-desordem não estrutural, mas de natureza magnética, é a mudança da fase paramagnética para a fase ferromagnética que o ferro alfa (ferrita) apresenta à temperatura de 770 °C (veja Capítulo 7). No Capítulo 9, veremos que também existem transições de fase relacionadas ao fenômeno da supercondutividade.

Na Figura 3.18, pode-se observar, como exemplo, o resultado de uma medida de calor específico em função da temperatura para o óxido de titânio Ti_5O_9, que apresenta duas transições de fase estruturais, em temperaturas em torno de 130 K e 140 K, aproximadamente. As transições de fase aparecem nos resultados da medida de calor específico, como picos muito abruptos e estreitos, em que o calor específico atinge valores muitas vezes maior que aquele previsto pelo modelo de Debye. Uma vez que o calor específico de um sólido sofre grande aumento durante uma transição de fase sem que haja aumento correspondente da sua temperatura, materiais que apresentam transições de fase podem ser utilizados como armazenadores de calor em aplicações de controle de temperatura.[5]

5 Latent heat storage material and process for manufacture of the latent heat storage material, Patent US 7923112 B2.

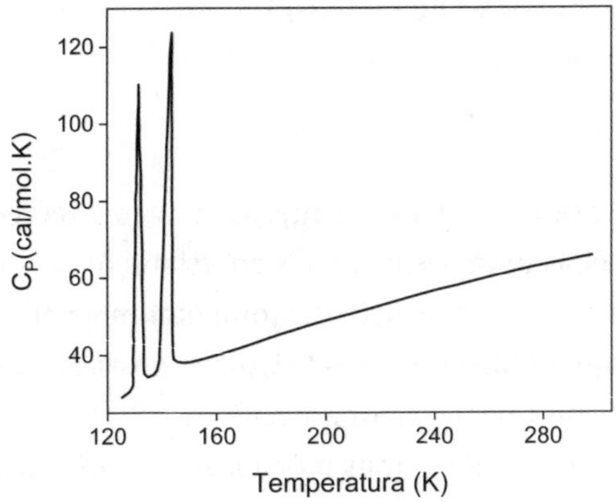

Figura 3.18 – Calor específico em função da temperatura para o óxido de titânio Ti_5O_9, que apresenta duas transições de fase estruturais, situadas em torno de 130 K e 140 K, aproximadamente. Note que, nos seus valores de pico, o calor específico é muito maior que o valor previsto pelo modelo de Debye.

Fonte: Maresio, 1977.

3.6 DESVIOS DA HARMONICIDADE

Conforme discutido no Capítulo 2, o potencial de interação $U(r)$ entre os átomos de um sólido não é um potencial harmônico. No presente capítulo, entretanto, a imposição de um potencial harmônico (ou, de maneira equivalente, de molas que obedecem à lei de Hooke) foi uma aproximação introduzida com o propósito de elaborar um análogo mecânico à rede cristalina, de forma a permitir a obtenção de uma solução analítica para as equações de movimento da cadeia linear de átomos. No entanto, um sólido cujos átomos interagissem exclusivamente por meio de um potencial harmônico apresentaria propriedades muito específicas, dentre as quais pode-se destacar:

a) as ondas elásticas se propagariam sem sofrer nenhuma atenuação ou dispersão;
b) o sólido não sofreria dilatação térmica;
c) a contribuição das vibrações da rede para o calor específico seria constante a altas temperaturas;
d) fônons não interagiriam entre si e, logo, a condutividade térmica do material seria infinita.

Embora, na prática, alguns casos possam se aproximar de um ou outro desses comportamentos, nenhuma das propriedades apresentadas é totalmente satisfeita por um sólido real. Dessa forma, caso se deseje elaborar um modelo realista, os desvios da harmonicidade do potencial devem ser necessariamente levados em conta.

3.6.1 DILATAÇÃO TÉRMICA

O fenômeno da dilatação térmica é provavelmente o mais antigo fenômeno térmico conhecido nos materiais. No entanto, sua compreensão é muito recente. Conforme mencionado, um sólido formado por átomos que interagissem entre si por meio de um potencial puramente harmônico não sofreria dilatação térmica. Embora existam sólidos que não dilatam em certa faixa de temperatura ou que dilatam muito pouco (existem até mesmo sólidos que contraem quando aquecidos, conforme veremos mais adiante), esta não é a regra. De uma maneira geral, a grande maioria dos sólidos aumenta suas dimensões quando aquecido, na proporção de algumas partes a algumas centenas de partes por milhão, para cada grau de aquecimento.

O coeficiente de dilatação térmica linear é definido como:

$$\alpha_L = \frac{1}{L}\frac{dL}{dT} \tag{3.45}$$

Em que L é a dimensão linear do sólido, e α_L é da ordem de 10^{-4} a 10^{-6} K^{-1} para a maioria dos sólidos. As Tabelas 3.7, 3.8 e 3.9 apresentam valores do coeficiente de dilatação térmica linear de alguns elementos puros, ligas metálicas e materiais cerâmicos, respectivamente, a diferentes temperaturas.

O coeficiente de dilatação volumétrica é definido como:

$$\alpha_V = \frac{1}{V}\frac{dV}{dT} \tag{3.46}$$

Em que V é o volume. No caso de sólidos isotrópicos, a dilatação é idêntica em todas as direções, e, assim, uma vez que $V \sim L^3$, é imediato obter-se $\alpha_V = 3\alpha_L$.

Tabela 3.7 – Coeficiente de dilatação térmica linear de elementos puros a diferentes temperaturas

Elemento	α_L (10^{-6} K^{-1})						
	100 K	200 K	293 K	500 K	800 K	1.100 K	1.500 K
Ag	14,2	17,8	18,9	20,6	23,7	27,1	–
Al	12,2	20,3	23,1	26,4	34	–	–
Au	11,8	13,7	14,2	15,4	17	19,7	–
B	–	–	4,7	5,4	6,2	6,8	–
Be	1,3	7,1	11,3	15,1	19,1	21,6	23,7
Bi	12,3	13,1	13,4	12,7	–	–	–
C (diam.)	0,05	0,4	1,0	2,3	3,7	4,7	5,6
C (graf.)	–	–	7,1	7,5	8,1	8,6	9,3
Cd	26,9	29,8	30,8	36	–	–	–
Co	6,8	11,5	13	15	15,2	17	–
Cr	2,3	5,3	4,9	8,8	10,8	12,3	14,9
Cu	10,3	15,2	16,5	18,3	20,3	23,7	–
Fe	5,6	10,1	11,8	14,4	16,2	16,7	23,3
Ge	2,4	4,9	5,7	6,5	7,2	7,8	–
In	25,4	28,1	32,1	–	–	–	–
Ir	4,4	5,9	6,4	7,2	8,1	8,5	9,4
Mg	13,5	21,4	24,7	28,9	35,2	–	–
Mo	2,8	4,6	4,8	5,1	5,7	6,5	7,5
Nb	5,2	6,8	7,3	7,8	8,2	8,7	9,3
Ni	6,6	11,3	13,4	15,3	16,8	17,8	20,3
Pb	25,6	27,5	28,9	33,3	–	–	–
Pd	8,0	10,7	11,8	13,2	14,5	16,3	–
Pt	6,6	8,5	8,8	9,6	10,3	11,1	12,8
Ro	5,0	7,3	8,2	9,3	10,8	12,5	14,8

Elemento	α_L (10^{-6} K^{-1})						
	100 K	200 K	293 K	500 K	800 K	1.100 K	1.500 K
Sb	9,1	10,5	11	11,7	11,7	–	–
Si	-0,4	1,5	2,6	3,5	4,1	4,5	4,7
Sn	16,5	19,6	22	27,2	–	–	–
Ta	4,8	6,0	6,3	6,8	7,2	7,4	7,8
Ti	4,5	7,4	8,6	9,9	11,1	11,7	12,9
Tl	25,2	28	29,9	34,7	–	–	–
U	10	13,4	13,9	16,9	24,3	22,9	–
V	5,1	7,1	8,4	9,9	10,9	12	14,1
W	2,6	4,1	4,5	4,6	5,0	5,3	5,5
Zn	24,5	28,6	30,2	32,8	–	–	–

Fonte: Kaye, 1995.

Tabela 3.8 – Coeficiente de dilatação térmica linear de algumas ligas metálicas a diferentes temperaturas

Ligas metálicas (composições aproximadas em % p.)	α_L (10^{-6} K^{-1})					
	100 K	200 K	293 K	500 K	800 K	1.100 K
Bronze (85 Cu + 15 Sn)	–	–	17,3	19,3	21,9	–
Bronze de alumínio (90 Cu + 5 Al + 4,5 Ni)	12–14	–	15,9	18,1	20,3	–
Cobre-níquel (65 Ni + 30 Cu + 1,5 Fe + 1 Mn)	9,8	–	12,7	15,4	18,2	–
Constantan (65 Cu + 35 Ni)	11,2	–	15	17,4	19,2	–
Dural (94 Al + 4–5 Cu)	13,1	–	21,6	27,5	30,1	–
Ferro fundido (Fe + 3 C + 2 Si)	–	–	11,9	13,1	14,5	–
Inconel	8,7	–	11,6	14,4	17,6	–
Latão (67 Cu + 33 Zn)	–	–	17,5	20	22,5	–
Invar (64 Fe + 36 Ni)	1,4	0,53	0,13	5,1	17,1	–

Ligas metálicas (composições aproximadas em % p.)	α_L (10^{-6} K^{-1})					
	100 K	200 K	293 K	500 K	800 K	1.100 K
Super Invar (63 Fe + 32 Ni + 5 Co)	–	–	0	–	–	–
Ferro-níquel (50 Fe + 50 Ni)	–	–	9,9	10,2	13,7	17,3
Bronze fosforoso	–	–	17	20	–	–
Aço inox AISI 430 (14-20 Cr, < 1 Ni)	-	-	10,7	10,6	13,3	19,3
Aço inox AISI 304 (16-22 Cr, 8–20 Ni)	11,8	13,1	14,1	16,2	18,3	19,9
Aço-carbono (0,7–1,4 C)	6,9	–	10,7	13,7	16,2	–
Estealite (65 Co + 20–30 Cr + 6–15 W)	6,9	9,3	11,2	14,6	17,2	17,4
Carbeto de tungstênio WC-Co (4–11 Co)	–	–	3,7	4,3	4,8	5,5

Fonte: Kaye, 1995.

Tabela 3.9 – Coeficiente de dilatação térmica linear de alguns materiais cerâmicos a diferentes temperaturas

Cerâmicos	α_L (10^{-6} K^{-1})						
	100 K	200 K	293 K	500 K	800 K	1.100 K	1.500 K
Alumina (Al_2O_3)	0,6	3,3	5,5	7,8	8,5	9,4	10,2
Berília (BeO)	–	–	5,5	8,0	9,5	10,6	12,4
Nitreto de boro (BN, paralelo)	–	0–2	0–2,3	0–3	0–4	1–8	4–9
Nitreto de boro (BN, perpendicular)	–	~ 1	0–1	0–1	0–1	1–2	1–2
Cordierita ($Mg_2Al_4Si_5O_{18}$)	–	–	~ 0	~ 1,0	1–2	–	–
Forsterita (Mg_2SiO_4)	–	–	9,0	10,3	11,8	13,2	–
Vidro borosilicato (pirex)	1,5	2,7	2,8	3,3	5,0	–	–
Vidro borosilicato (*crown*)	–	–	7–8	–	–	–	–
Vidro *flint* denso	–	–	8–9	–	–	–	–
sílica fundida	–0,53	0,13	0,49	0,63	0,47	0,35	–

Cerâmicos	α_L (10^{-6} K^{-1})						
	100 K	200 K	293 K	500 K	800 K	1.100 K	1.500 K
Vidro *soda-lime* (*float*)	–	–	7,5	–	–	–	–
Vidro Zerodur	–	< 0,1	< 0,1	–	–	–	–
Magnésia (MgO)	2,2	7,6	–	11	13	15,2	16,2
Fluoreto de magnésio (MgF_2)	2,2	–	11,1	13,3	16,8	–	–
Mulita ($Al_6Si_2O_{13}$)	–	–	3,0	4,4	5,2	6,0	6,5
Porcelana aluminosa	–	–	3–6	4–7	5–8	7–10	–
Porcelana química	–	–	2–4	–	–	–	–
Quartzo	–	–	3–6	4–7	5–8	7–10	–
Quartzo monocristalino (paralelo eixo c)	4,0	5,2	6,8	11,4	31,4	–	–
Quartzo monocristalino (perpedicular eixo c)	9,1	10,3	12,2	19,5	37,6	–	–
Safira monocristalina (paralelo eixo c)	3,6	4,1	4,8	7,9	8,9	9,8	10,9
Safira monocristalina (perpendicular eixo c)	3,3	2,2	6,6	7,4	8,3	9,1	10
Arseneto de gálio (GaAs)	1,9	–	5,7	6,5	7,1	–	–
Fosfeto de gálio (GaP)	–	–	4,7	5,5	6,0	–	–
Antimoneto de índio (InSb)	2,8	–	5,0	6,1	–	–	–
Carbeto de silício (SiC)	0,14	–	3,3	4,2	4,9	5,5	6,1
Nitreto de silício (Si_3N_4)	–	–	2,5	2,7	3,2	4,0	4,5
Esteatita ($MgSiO_3$)	–	–	6–9	6–9	6–9	–	–
Titânia (TiO_2)	6,5	7,1	7,5	8,4	9,3	9,8	–
Zircônia (ZrO_2) estabilizada	–	–	8–9	9–10	11–13	13–15	13–15

Fonte: Kaye, 1995.

Considerando-se uma barra de comprimento L à temperatura T e supondo-se que, durante o aquecimento, não há a formação de defeitos na estrutura do sólido, o coeficiente de dilatação linear deve satisfazer:

$$\alpha_L = \frac{1}{L}\frac{dL}{dT} = \frac{1}{r}\frac{dr}{dT} \tag{3.47}$$

Em que r é a distância interatômica à temperatura T. A relação 3.47 nada mais é que uma generalização da Equação 2.15, de forma a admitir variações de temperatura. Assim, para uma dada variação da temperatura, a dilatação das dimensões macroscópicas da barra é igual ao aumento relativo das distâncias interatômicas (microscópicas) do sólido. Essa relação vale até uma certa temperatura máxima. Para temperaturas muito altas, próximas ao ponto de fusão, a formação de vacâncias na estrutura cristalina contribui fortemente para a dilatação macroscópica, sem necessariamente alterar as distâncias interatômicas ou o parâmetro de rede do sólido.

Num caso hipotético em que os átomos do sólido interagissem por meio de um potencial harmônico, o aumento da amplitude de vibração, como consequência do aumento da temperatura, não implicaria uma mudança da posição média dos átomos, pois o potencial harmônico é simétrico em relação à distância internuclear de equilíbrio r_0. Portanto, nesse caso, o aumento da amplitude de vibração não implicaria num aumento da distância interatômica e, assim, o sólido não dilataria. Uma situação distinta acontece no caso real, em que o potencial de interação é anarmônico. Tendo em vista a assimetria do potencial, que varia de forma mais suave quando os átomos se afastam, e mais abrupta, quando se aproximam, um aumento da amplitude de vibração acarreta também o aumento da distância interatômica de equilíbrio (veja Figura 3.19). Dessa maneira, um aumento da temperatura resulta no aumento das distâncias interatômicas e implica a dilatação térmica.

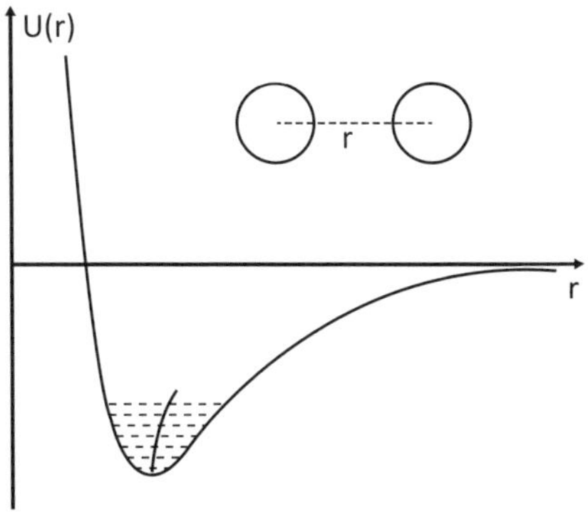

Figura 3.19 – Gráfico ilustrativo do efeito do aumento da temperatura na amplitude de vibração de um par de átomos sujeitos a um potencial anarmônico, com o consequente aumento da distância internuclear de equilíbrio.

Quantitativamente, a dilatação térmica de um sólido pode ser calculada a partir do conhecimento do potencial de interação entre seus átomos $U(r)$. Para um dado par de átomos, podemos fazer a mudança de variáveis $r = r_0 + x$, em que x é o acréscimo em relação à distância interatômica de equilíbrio r_0. Assim, o coeficiente de dilatação pode ser obtido calculando o valor médio de x como função da temperatura (veja Equação 1.17):

$$< x > = \frac{\int_{-\infty}^{\infty} x \exp\left(-\frac{U(x)}{k_B T}\right) dx}{\int_{-\infty}^{\infty} \exp\left(-\frac{U(x)}{k_B T}\right) dx} \tag{3.48}$$

É simples ver que, no caso em que $U(x)$ é uma função simétrica (função par), como quando o potencial é harmônico, a integral no numerador da Equação 3.48 é nula, implicando um coeficiente de dilatação também nulo. Para solucionar essa integral no caso geral, pode-se expandir o potencial $U(x)$ em série de Taylor, da seguinte forma:

$$U(x) = -U_L + \frac{1}{2} K x^2 - \beta x^3 + \ldots \tag{3.49}$$

Em que U_L é a energia de ligação, e K é a constante de mola. Nesse caso, procurou-se expressar o termo quadrático na mesma forma do potencial harmônico (Equação 2.14), enquanto o termo cúbico repulsivo é o primeiro termo responsável pela anarmonicidade do potencial. Substituindo-se a Equação 3.49 em 3.48 e desprezando-se os termos de ordem superior, chega-se ao resultado:

$$< x > = \frac{3\beta}{K^2} k_B T \qquad (3.50)$$

Isso significa que a posição de equilíbrio aumenta proporcionalmente à energia térmica de vibração, ou seja, cresce linearmente com a temperatura. Utilizando a definição do coeficiente de dilatação linear (Equação 3.47), obtém-se (veja o Exercício 17):

$$\alpha_L = \frac{3\beta k_B}{K^2 r_0} \qquad (3.51)$$

De acordo com essa equação, o coeficiente de dilatação é tanto maior quanto mais anarmônico for o potencial (maior valor da constante β), conforme esperado. O coeficiente de anarmonicidade β e a constante de mola K podem ser obtidos em função das características do potencial interatômico $U(r)$ (veja Capítulo 2).

Utilizando a equação para $U(r)$ dada por 2.31, pode-se facilmente mostrar que:

$$K \sim \left.\frac{d^2U}{dr^2}\right|_{r=r_0} \sim \frac{U_L}{r_0^2} \text{ e } \beta \sim \left.\frac{d^3U}{dr^3}\right|_{r=r_0} \sim \frac{U_L}{r_0^3} \qquad (3.52)$$

E, assim, substituindo-se 3.52 em 3.51, obtém-se para o coeficiente de dilatação:

$$\alpha_L \sim \frac{3k_B}{U_L} \qquad (3.53)$$

Ou seja, o coeficiente de dilatação é inversamente proporcional à energia de ligação. De acordo com esse resultado, sólidos que apresentam alta energia de ligação devem apresentar coeficiente de dilatação pequeno, como no caso do diamante, silício ou de metais refratários como tungstênio ou molibdênio. Já sólidos de baixa energia de ligação, como chumbo, estanho e magnésio, apresentam coeficiente de dilatação grande (veja Tabela 3.7). Quando se comparam materiais de mesmo tipo, o coeficiente de dilatação varia inversamente ao ponto de fusão do material, em acordo qualitativo com a Equação 3.53.

Os resultados dados por 3.51 e 3.53, entretanto, apontam no sentido de um coeficiente de dilatação fracamente dependente da temperatura, o que não está de acordo com a experiência. Experimentalmente se observa, à semelhança do calor específico, que o coeficiente de dilatação diminui com a temperatura e tende a zero quando a temperatura tende ao zero absoluto. Essa discrepância pode ser entendida observando-se que, na discussão apresentada, foi utilizada uma equação clássica para a energia de vibração (veja Equações 3.48 a 3.50). Se, de outra forma, como fizemos no caso do modelo de Einstein para o calor específico, substituirmos a equação clássica da energia dos osciladores ($k_B T$) na Equação 3.50 pela expressão quântica de Bose-Einstein, obtemos:

$$< x > = \frac{3\beta}{K^2} \frac{\hbar w_E}{e^{(\hbar w_E / k_B T)} - 1} \qquad (3.54)$$

que é uma equação análoga à Equação 3.24. Assim, diferenciando-se a Equação 3.54 e utilizando-se a definição do coeficiente de dilatação linear, chega-se a uma expressão para o coeficiente de dilatação linear como função da temperatura (veja o Exercício 19):

$$\alpha_L = \frac{3\beta k_B}{K^2 r_0} \left(\frac{\theta_E}{T} \right)^2 \frac{e^{(\theta_E / T)}}{[e^{(\theta_E / T)} - 1]^2} \qquad (3.55)$$

Em que se utilizou a definição da temperatura de Einstein (Equação 3.26). Note que essa equação para o coeficiente de dilatação em função da temperatura é análoga à equação para o calor específico do modelo de Einstein (Equação 3.27) e, portanto, sofre das mesmas limitações que aquela na região de baixas temperaturas. Já no limite de temperaturas altas, a Equação 3.55 tende a um valor constante, independente da temperatura, idêntico à Equação 3.51. Resultados experimentais para o coeficiente de dilatação térmica linear de alguns elementos puros estão apresentados na Figura 3.20a na região de baixas temperaturas, e na Figura 3.20b para temperaturas altas de até 1.000 K. É bastante evidente a semelhança desse comportamento com o observado para o calor específico (veja Figura 3.17a).

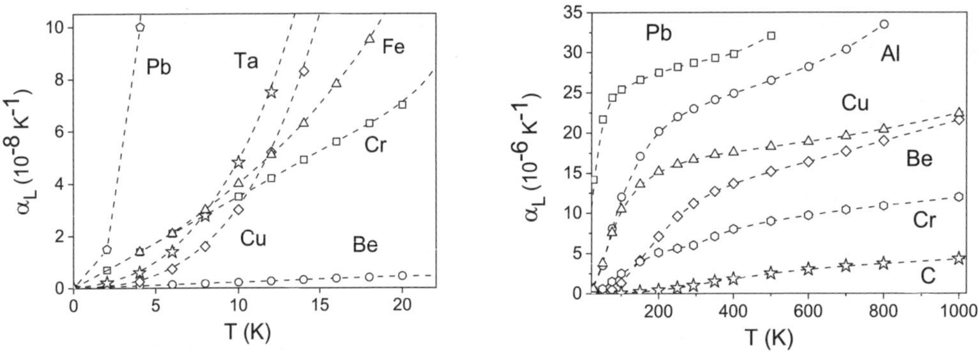

Figura 3.20 – (a) coeficiente de dilatação térmica linear em função da temperatura para alguns elementos metálicos na região de baixas temperaturas e (b) para temperaturas até 1.000 K.

A partir do modelo de Debye, E. Grüneisen propôs uma abordagem distinta para o coeficiente de dilatação. Ele considerou o potencial interatômico como harmônico, mas supôs as frequências de vibração dependentes da amplitude e, consequentemente, do volume do sólido. Essa é a chamada aproximação quase harmônica. Dessa forma, pode-se definir o *parâmetro de Grüneisen* em termos da temperatura de Debye:

$$\gamma = -\frac{\partial ln\theta_D}{\partial lnV} = -\frac{V}{\theta_D}\frac{\partial\theta_D}{\partial V} \tag{3.56}$$

O sinal negativo na expressão 3.56 se deve ao fato de que, fisicamente, é razoável esperar que com o aumento da amplitude de vibração (e do volume do sólido), haja uma diminuição da interação entre os átomos (menor constante de mola), o que implicaria uma diminuição da frequência de vibração e da temperatura de Debye. Assim, em geral, γ deve ser um número positivo. A partir dessa definição, é possível se obter a seguinte relação entre o coeficiente de dilatação volumétrico e o calor específico:

$$\alpha_V = \gamma\frac{c_V}{BV} \tag{3.57}$$

Em que B é o módulo de compressibilidade do sólido, e V, o seu volume. A relação de Grüneisen reflete a interdependência entre as propriedades térmicas e mecânicas dos sólidos. O parâmetro γ é um número adimensional não exatamente constante, mas que varia pouco com a temperatura e o sólido considerado, podendo assumir valores entre 1 e 3, aproximadamente. A Tabela 3.10 apresenta valores de γ para alguns sólidos.

Tabela 3.10 – Parâmetro de Grüneisen à temperatura ambiente para alguns elementos puros e compostos

Sólido	γ	Sólido	γ	Sólido	γ
Ag	2,4	Na	1,25	KBr	1,68
Al	2,17	Ni	1,88	KCl	1,6
As	1,44	Pt	2,54	KF	1,45
Bi	1,11	Sb	1,18	KI	1,63
Co	1,87	Se	1,59	MgF_2	1,02
Cu	1,96	Sn	2,01	NaCl	1,63
Fe	1,6	Te	1,28	ZnO	0,64
K	1,34	BeO	1,19	ZnS	0,63
Mn	2,42	CdS	0,61	---	---

Fonte: Sirdeshmukh, 2006.

Exemplo 3.5: calcule o valor do parâmetro de Grüneisen para o alumínio à temperatura ambiente.

$$\alpha_V = \gamma \frac{c_V}{BV} \Rightarrow \gamma = \frac{3BV\alpha_L}{c_V} = \frac{3x75x10^9 x9,99x10^{-6} x23,1x10^{-6}}{24,2} = 2,15$$

O valor tabelado (veja Tabela 3.8) é 2,17.

Em função do parâmetro de Grüneisen, a equação para a diferença entre o calor específico à pressão constante e o calor específico a volume constante (Equação 3.2) pode ser expressa como:

$$c_P - c_V = \gamma c_V \alpha_V T \tag{3.58}$$

Ou seja:

$$c_P = c_V \left(1 + \gamma \alpha_V T\right) \tag{3.59}$$

Essa é uma equação muito conveniente, pois permite relacionar c_P e c_V sem necessidade do conhecimento do módulo de compressibilidade.

A similaridade entre o comportamento do calor específico e do coeficiente de dilatação como função da temperatura pode ser constatada na Figura 3.21, em que estão apresentados os dados para o cobre (θ_D = 310 K). Conforme se pode observar, nesse caso, os dados seguem um comportamento praticamente idêntico, desde temperaturas muito baixas até temperaturas pouco acima da temperatura ambiente. Para temperaturas mais altas, o coeficiente de dilatação aumenta mais rapidamente que o calor específico. Esse maior aumento se deve à criação de defeitos na estrutura cristalina, como vacâncias ou lacunas, que cresce exponencialmente com a temperatura e contribui para o aumento pronunciado do volume do sólido.

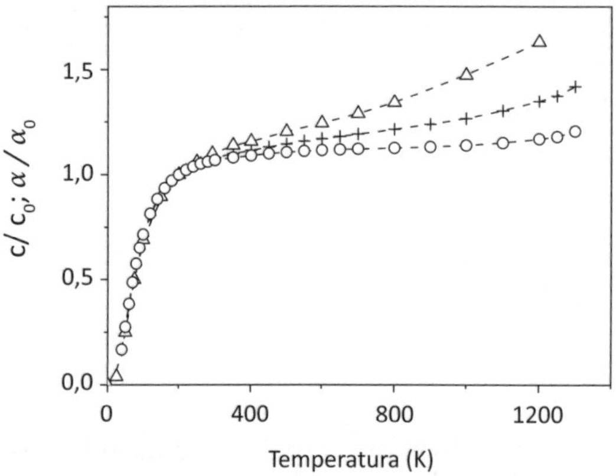

Figura 3.21 – Coeficiente de dilatação térmica linear (triângulos), calor específico à pressão constante (cruzes) e a volume constante (círculos) em função da temperatura para o cobre. Os dados foram normalizados para coincidir com a unidade em T = 200 K.

Fonte: White, 1984.

NA PONTA DA CIÊNCIA E DA TECNOLOGIA

Quanto mais quente, menor[6]

Alguns sólidos dilatam muito pouco ou mesmo não dilatam quando aquecidos. Este é o caso de algumas ligas metálicas, como o Invar ou Superinvar (cujos nomes vêm da palavra "invariável"), que são ligas de ferro e níquel. Estas ligas possuem coeficiente de dilatação da ordem de 1 x 10^{-7} K^{-1} ou menor (mais baixo que o do diamante) em uma faixa de temperaturas que vai aproximadamente desde –50 °C até 50 °C (veja Tabela

6 Uma alusão a *Quanto mais quente, melhor*, título em português do famoso filme de Billy Wilder, de 1959, com Marilyn Monroe no papel principal.

3.8) e podem ser utilizadas em aplicações muito importantes, sempre que se necessita de componentes mecânicos de precisão ou de padrões que mantenham suas dimensões estáveis (na metrologia, por exemplo). Alguns materiais não metálicos também apresentam coeficiente de dilatação excepcionalmente baixos. Esse é o caso do Zerodur, um vidro especial fabricado pela empresa alemã Schott, que possui α_L muito próximo de zero ($\pm$ 6,2 x 10^{-9} K^{-1}) a temperaturas entre 0 °C e 50 °C. Esse tipo de vidro é utilizado na fabricação de componentes ópticos de alta precisão, como espelhos de telescópios.

No entanto, certos materiais apresentam um coeficiente de dilatação negativo, ou seja, contraem quando são aquecidos. Embora pareça surpreendente, essa propriedade é muito mais frequente do que se imagina. Materiais comuns como a sílica ou o vidro pirex, utilizados em utensílios de cozinha, possuem α_L negativo em determinada faixa de temperatura. Muitos elementos puros, como Si, Ge, Zn, Cd, Sn, In, Mn, Nd e La, apresentam coeficiente de dilatação negativo, em geral a baixas temperaturas. Compostos com estrutura cristalina da blenda, como GaAs, GaSb, InAs e InSb, também contraem quando aquecidos a temperaturas criogênicas. O grafite apresenta esse fenômeno em larga faixa de temperaturas até 600 K. Até mesmo alguns polímeros elastômeros se comportam dessa maneira.

O exemplo mais amplamente conhecido de coeficiente de dilatação negativo é, no entanto, o caso não de um sólido, mas de um líquido. A água, que apresenta essa propriedade entre zero e 4 °C, constitui-se em um caso tão importante desse fenômeno que, se assim não fosse, poder-se-ia supor que a própria existência de vida em muitas regiões do nosso planeta não estaria garantida. O fato de o gelo ser menos denso que a água faz com que, quando a temperatura atinge 0 °C, rios e mares congelem sua superfície enquanto permanecem no estado líquido abaixo dela, mantendo a possibilidade de vida em seu interior.

Muitos materiais apresentam um comportamento fortemente anisotrópico, apresentando contração em determinadas direções cristalinas, enquanto dilatam em outras. Exemplos desse caso são o Zn, Cd e grafite, dentre muitos outros. Entretanto, apenas os sólidos de estrutura cristalina cúbica e sólidos amorfos podem apresentar dilatação térmica negativa isotrópica, ou seja, em todas as direções. Dentre esses, os óxidos são os materiais que mais se destacam, podendo apresentar esse comportamento em uma faixa de temperaturas extremamente larga. Por exemplo, o ZrW_2O_8 apresenta coeficiente de dilatação negativo desde 0,3 K até 1.050 K. Entre 20 K e 350 K, aproximadamente, seu coeficiente de dilatação atinge valores de cerca de –9 x 10^{-6} K^{-1}, ou seja, esse material contrai tanto quanto a maioria dos outros materiais é capaz de dilatar. Outros materiais que apresentam comportamento semelhante são o HfW_2O_8 e o $ZrPVO_7$.

Existem diferentes mecanismos que podem explicar um coeficiente de dilatação negativo nos sólidos, alguns deles bastante complexos, cuja discussão detalhada se encontra fora do escopo do presente texto. No entanto, esse comportamento excepcional dos óxidos pode ser compreendido de forma bastante simples. Primeiramente, é preciso que fique claro que, dadas as características qualitativas do potencial interatômico já discutidas anteriormente, um aumento de temperatura sempre deve resultar no aumento das distâncias interatômicas. Assim, os mecanismos que explicam o coeficiente de dilatação negativo dos materiais devem ser baseados em estruturas com maior grau de complexidade.

Muitos óxidos apresentam em sua estrutura cristalina ligações do tipo M–O–M (nas quais M representa um átomo de metal) formando ângulos próximos a 180°. Como as ligações M–O são muito fortes, apresentam pequena dilatação térmica. Nessas estruturas, os modos de vibração que predominam são movimentos transversais do átomo de oxigênio, ou seja, no plano perpendicular ao eixo da ligação M–O–M. Assim, à medida que a temperatura aumenta, a amplitude de movimento transversal do átomo de oxigênio também aumenta, resultando na diminuição da distância média entre os átomos metálicos, embora a distância interatômica M–O não diminua. Dessa maneira, toda a estrutura cristalina contrai.

A Figura 3.22a ilustra esquematicamente uma estrutura cristalina, conhecida como estrutura perovskita, formada por octaedros MO_6, nos quais o átomo de metal está posicionado ao centro, e os átomos de oxigênio, nos vértices do octaedro. Os octaedros encontram-se ligados pelos vértices, por meios das ligações M–O–M mencionadas. A representação esquemática bidimensional (Figuras 3.22b e 3.22c) mostra que, quando os tetraedros giram, alterando os ângulos das ligações M-O-M, o parâmetro de rede da estrutura diminui, e a célula unitária se contrai. Os materiais de coeficiente de dilatação negativo apresentam aplicações em muitas áreas da tecnologia.[7]

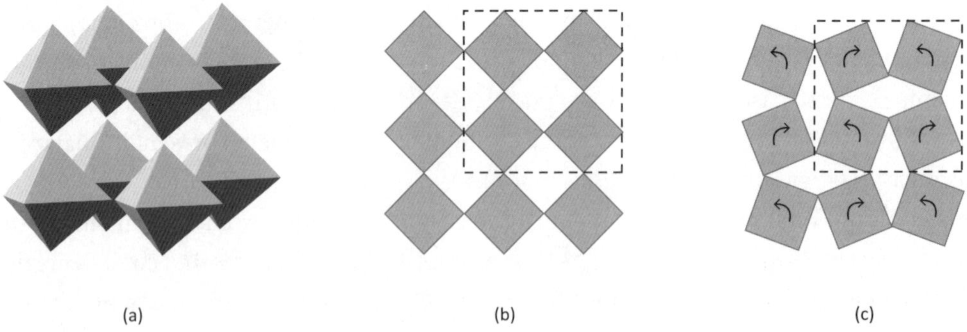

Figura 3.22 – Representação esquemática da estrutura cristalina das perovskitas, ilustrando o mecanismo responsável pelo coeficiente de dilatação negativo (veja o texto).

7 Veja, por exemplo, Negative thermal expansion layer for heat assisted magnetic recording media, Patent 10896693 e Negative thermal expansion current interrupter, Patent US 20180315988 A1.

3.6.2 CONDUTIVIDADE TÉRMICA

Enquanto o calor específico mede a capacidade de um material armazenar energia, a condutividade térmica é a propriedade que mede a capacidade de o material transportar energia térmica. Da mesma forma que naquele caso, diferentes mecanismos também podem contribuir para a condutividade térmica dos materiais sólidos. No caso de isolantes, entretanto, a condução de calor é realizada quase que exclusivamente por meio da propagação dos fônons. Nos metais, por outro lado, a condução de calor também pode ser realizada por meio dos elétrons livres, que, via de regra, é o mecanismo dominante para a condução de calor nesses materiais (veja o Capítulo 4). Embora, em torno da temperatura ambiente, os metais sejam melhores condutores de calor que os isolantes, alguns materiais não-metálicos (silício e diamante, por exemplo) podem apresentar condutividades térmicas tão ou mais altas que a maioria dos metais. A Tabela 3.11 apresenta valores da condutividade térmica de diversos elementos químicos sólidos a diferentes temperaturas.

Tabela 3.11 – Condutividade térmica para elementos puros sólidos a algumas temperaturas. As letras M, I e SC se referem aos elementos que são metais, isolantes e semicondutores, respectivamente. Os espaços em branco significam que a condutividade não foi medida ou que o elemento não é sólido àquela temperatura

		κ (W/m.K)							κ (W/m.K)				
T (K)		173	273	373	573	973	T (K)		173	273	373	573	973
Elemento	Tipo						Elemento	Tipo					
Ag	M	432	428	422	407	377	Na	M	141	142	-	-	-
Al	M	241	236	240	233	92	Nb	M	53	53	55	58	64
B	I	72	32	19	11	10	Ni	M	113	94	83	67	71
Be	M	367	218	168	129	93	P	I	20	13	-	-	-
C (diam)	I	1700	1000	700	-	-	Pd	M	72	72	73	79	93
C (graf)	I	70	80	75	50	35	Rb	M	59	58	-	-	-
Cd	M	100	97	95	89	44.5	Rh	M	156	151	147	137	-
Co	M	130	105	89	69	53	Ru	M	123	117	115	108	98
Cr	M	120	96,5	92	82	66	S	I	0,39	0,29	0,15	-	-
Cu	M	420	403	395	381	354	Sb	M	33	25,5	22	19	-
Fe	M	99	83,5	72	56	34	Se	I	6,8	4,8	4,8	-	-

	κ (W/m.K)							κ (W/m.K)					
Ga	M	43	41	-	-	-	Si	SC	330	168	108	65	32
Ge	SC	113	67	46,5	29	17,5	Sn	M	76	68	63	-	-
In	M	92	84	76	-	-	Te	I	5,1	3,6	2,9	2,4	-
K	M	105	104	-	-	-	Ti	M	26	22	21	19	21
Li	M	94	86	82	-	-	V	M	32	31	31	33	38
Mg	M	160	157	154	150	-	Y	M	16,5	17	-	-	-
Mn	M	7	8	-	-	-	Zn	M	117	117	112	104	-
Mo	M	145	139	135	127	113	Zr	M	26	23	22	21	23

Fonte: De Podesta, 1996.

Os diferentes mecanismos de transporte de calor acarretam distintos comportamentos com a temperatura da condutividade térmica de elementos metálicos e não metálicos. De uma maneira geral, a condutividade térmica dos elementos aumenta quando estes são resfriados, atinge um máximo e cai a zero quando a temperatura tende ao zero absoluto. Entretanto, essa variação ocorre de forma distinta para as diferentes classes de materiais. No que se segue, discutiremos exclusivamente a condutividade térmica dos materiais isolantes e semicondutores, ou seja, os casos nos quais o transporte de calor é dominado pelos fônons. A condutividade térmica relacionada aos elétrons livres nos materiais condutores será discutida no Capítulo 4, Seção 4.4.6.

Considerando-se a condução de calor em uma dimensão ao longo do eixo x, a condutividade térmica pode ser definida a partir da seguinte relação:

$$\frac{dQ}{dt} = -\kappa A \frac{dT}{dx} \tag{3.60}$$

Em que dQ/dt é o fluxo de calor, que é a quantidade de calor que flui por unidade de tempo; κ é a condutividade térmica; A é a área da seção reta através da qual o calor flui; e dT/dx é o gradiente de temperatura. O sinal negativo na Equação 3.60 se deve ao fato de o fluxo de calor ser contrário ao gradiente de temperatura, ou seja, o calor flui da temperatura mais alta para a mais baixa, de forma que a condutividade térmica é sempre positiva.

A Equação 3.60 mostra que o processo de condução de calor pelo sólido depende do gradiente de temperatura, ou seja, depende não apenas da diferença de temperatura entre as extremidades da amostra, mas também de suas dimensões. Isso é característico de um mecanismo de transporte de energia térmica no qual os portadores transitam através do material sofrendo colisões frequentes. Se os portadores simplesmente se movimentassem sem nenhuma oposição a seu movimento, a condutividade térmica deveria depender apenas da diferença de temperatura e não dependeria das dimensões da amostra. A condutividade térmica de um sistema de partículas que se movimentasse sem sofrer interação alguma seria infinita.

O modelo clássico para a condutividade térmica de um sólido é análogo ao elaborado para o caso de um gás ideal, em que a condução de calor é feita por meio da movimentação dos seus átomos ou moléculas. Levando em conta as colisões entre as partículas do gás e supondo que λ é o *livre caminho médio* destas partículas, a teoria cinética dos gases permite obter a condutividade térmica do gás ideal como dada por:

$$\kappa = \frac{1}{3}\frac{C_V v\lambda}{V} = \frac{1}{3}\frac{c_V v\lambda}{V_M} \tag{3.61}$$

Em que C_V é a capacidade térmica a volume constante do gás; v é a velocidade média de seus átomos ou moléculas; e V é o volume. No caso da condutividade térmica de um sólido, C_V é a capacidade térmica a volume constante associada aos fônons; v é a velocidade média dos fônons; e λ é o livre caminho médio desses mesmos fônons. Caso, no lugar da capacidade térmica, utilizarmos o valor do calor específico molar c_V, o volume V deve ser substituído pelo volume molar V_M.

Dessa maneira, analisando-se a Equação 3.61, pode-se compreender a dependência da condutividade térmica de um sólido isolante com a temperatura como o produto de três fatores: i) o calor específico, que possui uma dependência bem conhecida, descrita pelo modelo de Debye, variando com T^3 a baixas temperaturas, e tendendo a um valor aproximadamente constante a temperaturas altas; ii) a velocidade dos fônons (velocidade do som), que depende fundamentalmente das relações de dispersão de fônons e que pode ser considerada aproximadamente constante em todo intervalo de temperaturas; e iii) o livre caminho médio, que decorre do aumento da população de fônons com o aumento da temperatura e, logo, pode ser considerada inversamente proporcional à temperatura. Assim, a condutividade térmica deve variar a baixas temperaturas com T^3, passar por um máximo e, para altas temperaturas, cair aproximadamente com $1/T$. A Figura 3.23a apresenta resultados experimentais obtidos para a condutividade térmica do diamante e do silício em função da temperatura, evidenciando o comportamento descrito.

Segundo a Equação 3.61, o fator que limita a condutividade térmica é o livre caminho médio dos fônons. Para temperaturas altas, o livre caminho médio está determinado pelas colisões dos próprios fônons entre si, uma vez que a densidade de fônons é muito alta. Dessa forma, a condutividade térmica de sólidos isolantes deve ser aproximadamente independente de sua microestrutura, quantidade de defeitos ou impurezas. A baixas temperaturas, por outro lado, são exatamente esses os fatores que limitam o livre caminho médio, já que a quantidade de fônons é muito baixa, permitindo negligenciar a interação entre eles. Dessa maneira, nessa faixa de temperaturas, o livre caminho médio dos fônons é determinado pela interação dos fônons com defeitos, impurezas etc., e, logo, a condutividade térmica pode variar com a amostra, a depender de suas características específicas.

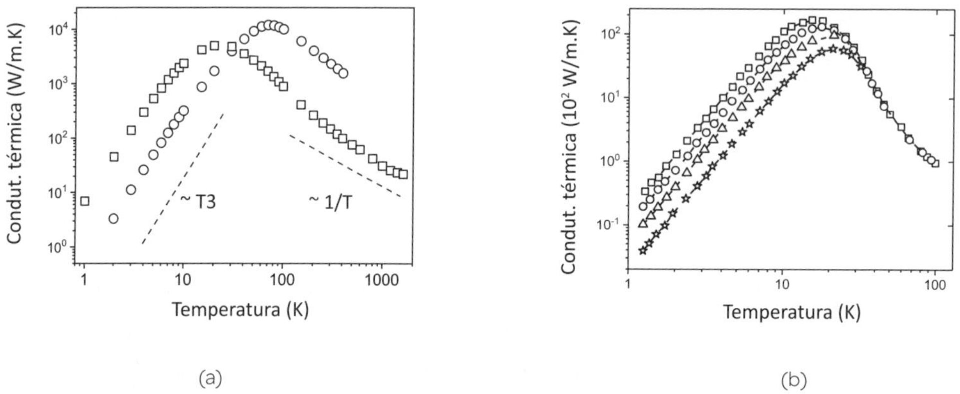

Figura 3.23 – (a) condutividade térmica do diamante (círculos) e do silício (quadrados) em função da temperatura em escala log-log. As linhas tracejadas indicam os comportamentos proporcionais a T^3 em baixa temperatura e a $1/T$ em alta temperatura e (b) condutividade térmica do fluoreto de lítio (LiF) cristalino em função da temperatura em escala log-log, para amostras com diferentes espessuras: 7,25 mm (quadrados), 4,00 mm (círculos), 2,15 mm (triângulos) e 1,06 mm (estrelas).

Fonte: Haynes, 2017; Tacher, 1967.

Um exemplo muito interessante do comportamento discutido está ilustrado na Figura 3.23b. Essa figura mostra o comportamento da condutividade térmica em função da temperatura de cristais de fluoreto de lítio (LiF) de diferentes espessuras. Conforme se pode observar, todas as amostras apresentam valores similares da condutividade térmica na região de altas temperaturas, independentemente da sua espessura. No entanto, na região de baixas temperaturas a condutividade térmica depende da espessura da amostra, sendo menor para as mais finas. Esse fenômeno se deve à limitação do livre caminho médio dos fônons como resultado da interação (ou colisão) destes com as superfícies dos cristais. Em temperaturas mais altas, o mesmo não acontece, pois o livre caminho médio é muito menor que a espessura dos cristais, sendo, portanto, limitado unicamente pelo espalhamento dos fônons entre si.

Exemplo 3.6: a maior condutividade térmica medida em um sólido é de $\kappa = 4{,}1 \times 10^4$ W/m.K a uma temperatura de 100 K, para um cristal de diamante purificado e enriquecido. Obtenha o livre caminho médio dos fônons a esta temperatura. Consultando-se os valores tabelados para o diamante, tem-se $c_V = 0{,}247$ J/mol.K a $T = 100$ K, volume molar $V_M = 5{,}29$ cm^3 e velocidade do som $v = 18.350$ m/s. Assim,

$$\kappa = \frac{1}{3}\frac{c_V v\lambda}{V_M} \Rightarrow \lambda = \frac{3\kappa V_M}{v c_V} \Rightarrow \lambda = \frac{3x4{,}1x10^4 x5{,}29x10^{-6}}{18.350x0{,}247} = 1{,}4x10^{-4}m = 0{,}14mm$$

Valores extremamente altos da condutividade térmica (e livre caminho médio extremamente grande) foram obtidos com cristais de diamante enriquecido, contendo 99,9% de ^{12}C e apenas 0,1% de ^{13}C. A abundância natural dos isótopos do carbono é 98,9% de ^{12}C e 1,1% de ^{13}C. Os átomos de carbono 13, de maior massa, agem como imperfeições da rede, contribuindo para o espalhamento dos fônons e, logo, reduzindo o livre caminho médio. Segundo estimativas teóricas, a condutividade térmica de um cristal de diamante enriquecido com 99,999% de ^{12}C poderia atingir valores da ordem de 2×10^5 W/m.K.

Exemplo 3.7: a condutividade térmica do silício em temperatura ambiente ($T = 300$ K) é $\kappa = 148$ W/m.K. Obtenha o livre caminho médio dos fônons a esta temperatura.
Nesse caso, tem-se $c_v = 20{,}0$ J/mol.K a $T = 300$ K, volume molar $V_M = 12{,}06$ cm^3 e velocidade do som $v = 2.200$ m/s. Assim,

$$\kappa = \frac{1}{3}\frac{c_V v\lambda}{V_M} \Rightarrow \lambda = \frac{3\kappa V_M}{v c_V} \Rightarrow \lambda = \frac{3x148x12{,}06x10^{-6}}{2.200x20{,}0} = 1{,}2x10^{-7}m = 0{,}12\mu m$$

Nessa temperatura, o livre caminho médio é limitado pela própria densidade de fônons no cristal, sendo praticamente independente das quantidades de impurezas ou defeitos no sólido (desde que não sejam muito altas).

TÓPICO AVANÇADO

3.6.2.1 Condutividade térmica em materiais desordenados

Conforme visto, a condutividade térmica de materiais cristalinos a altas temperaturas está determinada pelo livre caminho médios dos fônons. À medida que a temperatura diminui, o livre caminho médio aumenta, como resultado da redução da interação dos fônons entre si e, logo, a condutividade térmica cresce de forma correspondente. Eventualmente, o livre caminho médio atinge seu limite superior, em função da presença de impurezas, defeitos, contornos de grão, ou mesmo as superfícies da amostra, levando a um máximo da condutividade. Para temperaturas mais baixas, a condutividade térmica cai a zero acompanhando o decréscimo do calor específico do material.

Em sólidos não cristalinos ou amorfos, o comportamento é distinto. À medida que a temperatura é reduzida, a condutividade térmica cai monotonicamente em toda a faixa de temperatura, sem apresentar um máximo. A condutividade térmica desses sólidos é muito pequena e, em determinada faixa de temperaturas, pode ser muitas ordens de grandeza menor que a das suas fases cristalinas. Mais do que isso, de forma surpreendente, a condutividade térmica de materiais amorfos é muito pouco dependente da composição química do material. Assim, a condutividade térmica da sílica pura é semelhante à de inúmeros vidros contendo outros tipos de óxidos, como o vidro borossilicato, o vidro *crown* ou o vidro comum (*soda-lime*), dentre outros. Isso se verifica em larga faixa de temperatura (zero a 1.000 K, aproximadamente). Até mesmo sólidos não cristalinos com composições químicas muito distintas, como elementos puros, como o selênio ou o telúrio, cerâmicos, polímeros, resinas, minerais etc., apresentam valores similares da condutividade térmica. A Tabela 3.12 apresenta valores da condutividade térmica de diversos tipos de vidros para três valores diferentes de temperatura, em que se pode verificar que todos os valores para os diferentes tipos de vidros diferem no máximo por um fator próximo a 2, a despeito das suas composições químicas muito variadas.

Tabela 3.12 – Condutividade térmica e composição de diferentes tipos de vidros para três valores de temperatura

Vidro	Composição (% p.)	κ (W/m.K)		
		173 K	273 K	373 K
Sílica pura	SiO_2: 100	1,05	1,3	1,5
Vycor	SiO_2: 96 B_2O_3: 3	1,0	1,25	1,4
Borossilicato	SiO_2: 65 - 70 B_2O_3: 10 - 15	0,75 – 0,80	0,95 – 1,00	1,05 – 1,15
Pirex	SiO_2: 80 - 81 B_2O_3: 12 - 13 Na_2O: 4 Al: 2	0,9	1,1	1,25
Soda-lime	SiO_2: 75 Na_2O: 12 CaO: 13	0,9	1,1	1,15
Crown	SiO_2: 75 Na_2O: 9 K_2O: 11 CaO: 5	0,8	1,0	1,1
Flint	SiO_2: 45 PbO: 45 outros: 10	0,50 – 0,60	0,65 – 0,75	0,80 – 0,85
Zinco borato	SiO_2: zero B_2O_3: 40 ZnO: 60	0,65	0,75	0,85

Fonte: Haynes, 2017.

Essas constatações levam a concluir que, no caso dos materiais amorfos, a estrutura desordenada possui um papel preponderante sobre qualquer outro fator na determinação da condutividade térmica desses sólidos. A desordem estrutural desses materiais provoca um forte espalhamento dos fônons, fazendo com que seu livre caminho médio seja limitado superiormente em um valor muito baixo, da ordem de apenas alguns espaçamentos interatômicos. Isso explica a baixa condutividade térmica e sua pequena variação com a temperatura em comparação com as fases cristalinas, uma vez que os demais parâmetros (calor específico e velocidade de propagação dos fônons, ver Equação 3.61) não devem depender muito da estrutura. À medida que a temperatura diminui, o livre caminho médio não pode aumentar, uma vez que está limitado pela desordem estrutural e, dessa forma, a condutividade térmica cai simplesmente acompanhando a variação do calor específico. A Figura 3.24 mostra o comportamento da condutividade térmica da sílica amorfa em função da temperatura.

A partir da Equação 3.61, pode-se estimar o livre caminho médio dos fônons na sílica pura à temperatura $T = 0$ °C como da ordem de 0,6 nm, ou seja, aproximadamente igual ao dobro da distância interatômica Si-O (veja Exercício 22). Esse resultado está de acordo com o esperado para uma rede desordenada. O comportamento da condutividade térmica de sólidos amorfos na faixa de temperaturas muito baixas (abaixo de 100 K) apresenta outras características particulares muito interessantes, como a existência de um patamar em que a condutividade térmica pouco varia (veja Figura 3.24). A discussão destes fenômenos, no entanto, está além do escopo do presente texto.

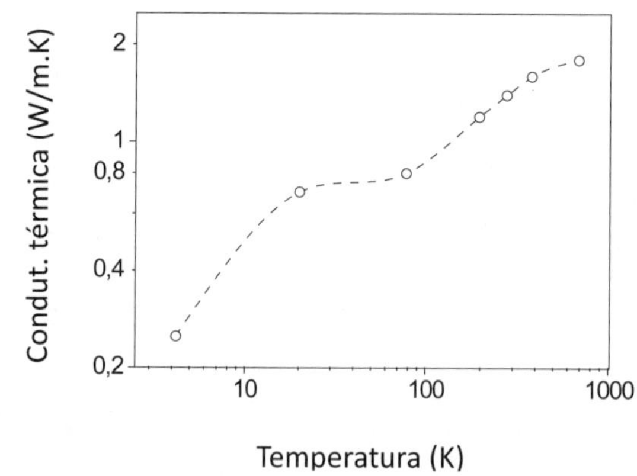

Figura 3.24 – Condutividade térmica da sílica amorfa em função da temperatura.

Fonte: Haynes, 2017.

NA PONTA DA CIÊNCIA E DA TECNOLOGIA

Impedindo o trânsito de calor

Os materiais desordenados ou amorfos tradicionalmente constituem-se no limite inferior para a condutividade térmica de materiais sólidos. Conforme discutido, isso se deve ao fato de, nesses materiais, o livre caminho médio dos fônons atingir os menores valores possíveis, da ordem do espaçamento interatômico. Recentemente, no entanto, observou-se que a condutividade térmica à temperatura ambiente de filmes de WSe_2 pode atingir valores ainda menores, tão pequenos quanto 0,05 W/m.K, ou seja, apenas cerca do dobro daquela do ar. Esse valor, que se constitui no menor valor de condutividade térmica jamais medido para um material sólido compacto, é cerca de 30 vezes menor que a condutividade térmica do WSe_2 cristalino e cerca de 6 vezes menor que o limite inferior previsto teoricamente para esse material na sua forma amorfa. Esses filmes, obtidos por deposição de camadas alternadas de W e Se apresentam uma estrutura lamelar desordenada que, segundo os autores, seria responsável pela baixa condução de calor (Chiritescu, 2007).

3.7 ESPALHAMENTO INELÁSTICO DA LUZ POR FÔNONS

Ao incidir um feixe de luz sobre um sólido, diferentes processos podem ocorrer. A luz pode ser absorvida pelo sólido, caso em que a energia luminosa é totalmente convertida em outra forma de energia, geralmente em calor. A luz também pode ser simplesmente refletida ou espalhada com o mesmo comprimento de onda (ou mesma frequência) do feixe incidente, caso que é denominado *espalhamento elástico*. No entanto, a radiação luminosa também pode ser espalhada com comprimento de onda (ou frequência) diferente daquela do feixe incidente. Este caso é denominado *espalhamento inelástico*. Existem diferentes mecanismos de espalhamento inelástico de luz em sólidos. Abordaremos aqui brevemente espalhamento inelástico de luz por fônons (outros fenômenos ópticos em materiais serão abordados no Capítulo 8).

O espalhamento inelástico de luz por fônons está ilustrado de maneira esquemática na Figura 3.25. A luz incidente (fóton) de frequência angular w_i e vetor de onda $\vec{k_i}$ interage com o sólido, absorvendo ou emitindo um fônon de frequência angular Ω e vetor de onda $\vec{Q}$, e resultando em um fóton espalhado com frequência angular w_f e vetor de onda $\vec{k_f}$. No caso em que há emissão de um fônon (Figura 3.25a), o fóton espalhado tem energia menor que o fóton incidente, e o processo é denominado *Stokes*, enquanto, quando um fônon é absorvido (Figura 3.25b), o fóton espalhado tem energia maior que o fóton incidente, e o processo é denominado *anti-Stokes*.

Aplicando-se a conservação da energia e do momento tem-se, respectivamente:

$$\hbar w_i = \hbar w_f \pm \hbar \Omega \tag{3.62}$$

$$\hbar \vec{k}_i = \hbar \vec{k}_f \pm \hbar \vec{Q} \tag{3.63}$$

Em que o sinal positivo se refere ao processo de emissão, e o sinal negativo, à absorção de um fônon. Uma vez que as energias do fóton incidente e espalhado são diferentes, esse é um processo de espalhamento inelástico. O espalhamento elástico de luz em sólidos será tratado mais adiante, no Capítulo 8, que trata das propriedades ópticas dos sólidos (Seção 8.7).

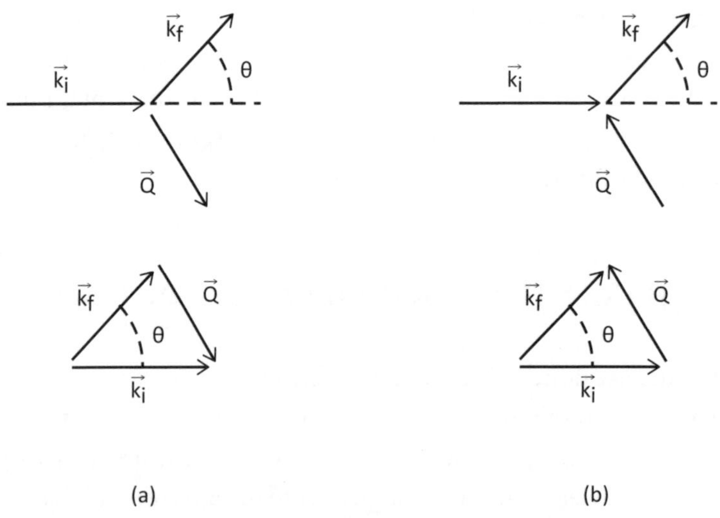

Figura 3.25 – Representação do espalhamento inelástico de um fóton nos casos de (a) criação ou emissão e (b) absorção ou aniquilação de um fônon. O ângulo de espalhamento θ é o ângulo entre os vetores de onda dos fótons incidente ($\vec{k}_i$) e espalhado ($\vec{k}_f$).

Conforme vimos, as frequências de fônons (ópticos) em sólidos se situam na faixa de até, no máximo, 10^{13} Hz. Dessa maneira, caso seja utilizada luz visível (frequência entre, aproximadamente, 4 a 8 x 10^{14} Hz) para realizar o espalhamento, a variação de energia dos fótons deve ser da ordem ou menor que 2%, o que implica a utilização de um aparato experimental com boa resolução. Substituindo-se na equação da conservação da energia 3.62, a relação de dispersão $w = ck$ para os fótons; e desprezando-se a parcela relativa aos fônons, obtém-se que:

$$\left|\vec{k}_i\right| \cong \left|\vec{k}_f\right| = k \tag{3.64}$$

Assim, a conservação do momento 3.63 resulta em:

$$Q \cong 2ksen(\theta/2) \tag{3.65}$$

Em que θ é o ângulo de espalhamento. De outra forma:

$$Q \cong \frac{2nw}{c} sen(\theta/2) \tag{3.66}$$

Em que n é o índice de refração do material. Essa equação mostra que os valores de Q se situam na faixa de até 10^7 m^{-1}, ou seja, muito pequenos comparados com a largura de 1ª zona de Brillouin. Por esse motivo, em geral, considera-se que o espalhamento inelástico de luz somente pode mensurar fônons próximos ao centro da 1ª zona de Brillouin ($Q \cong 0$).

No caso do chamado espalhamento Raman, os fônons são ópticos, de forma que $\Omega \cong \Omega_0 \cong cte$, e a medida da variação da frequência da luz nos dá informação direta sobre a energia dos fônons ópticos no material. O espalhamento Raman também é muito utilizado para a determinação de modos de vibração localizados em sólidos, como vibrações moleculares, constituindo-se em uma poderosa técnica de caracterização de materiais complementar à absorção no infravermelho. A técnica Raman é sensível a ligações polares e apolares, e não apenas a ligações polares como no caso da espectroscopia de infravermelho. A Figura 3.26 mostra o espectro de espalhamento Raman obtido em um cristal de silício, com a presença do pico estreito característico desse material situado em torno de 520 cm^{-1}.

No caso do chamado espalhamento Brillouin, os fônons são acústicos e, portanto, $\Omega = vQ$, de forma que:

$$\Delta w = \Omega \cong \frac{2nvw}{c} sen(\theta/2) \tag{3.67}$$

Ou seja, medindo-se a variação da frequência da luz no processo de espalhamento, pode-se obter a velocidade de propagação dos fônons acústicos no material. Essa variação é muito pequena, pois $v \ll c$, e é máxima para um ângulo de espalhamento de 180° (retroespalhamento), motivo pelo qual essa é a geometria em geral utilizada nos experimentos.

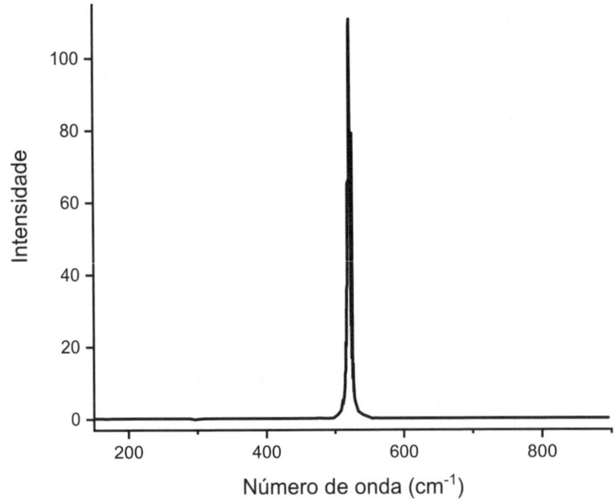

Figura 3.26 – Espectro de espalhamento Raman de silício cristalino, mostrando um pico estreito situado em torno de 520 cm^{-1}. Note que, nesse tipo de espectro, a escala horizontal (número de onda) é tradicionalmente definida como $1/\lambda$ (veja Seção 8.2).

LEITURAS COMPLEMENTARES

KITTEL, C. *Introdução à Física do Estado Sólido*. 8. ed. Editora LTC, 2006.
GRIMVALL, G. *Thermophysical Properties of Materials*. North Holland, 1999.
KEER, H. V. *Principles of the Solid State*. John Wiley & Sons, 1993.
POLLOCK, D. D. *Physical Properties of Materials for Engineers*. 2. ed. CRC Press, 1993.
ROSENBERG, H. M. *The Solid State*. 3. ed. Oxford Science Publications, 1988.
SCHROEDER, D. V. *An Introduction to Thermal Physics*. Addison-Wesley, 1999.

REFERÊNCIAS

ABRAMOWITZ, M.; STEGUN, I. A. Debye Functions. In: *Handbook of Mathematical Functions with Formulas, Graphs and Mathematical Tables*. Dover, 1972.
GRAY, D. E. *American Institute of Physics Handbook*. 3. ed. 1972.
CHIRITESCU, C. *et al. Science* 315 (2007) 351.
DE PODESTA, M. *Understanding the Properties of Matter*. Taylor and Francis, 1996.
FOWLER, R. H.; GUGGENHEIM, E. A. *Statistical Thermodynamics*. Cambridge University Press, 1956.
STEPHEN Z. D. CHENG *Handbook of thermal analysis and calorimetry*. Elsevier, 2002. v. 3.

HANN, B. F. *Physics of Heat Capacity*. Ed. Mac Millan, 1971.

HAYNES, W. N. *CRC Handbook of Chemistry and Physics*. 97. ed. CRC Press, 2017.

KAYE, G. W. C.; LABY, T. H. *Tables of Physical & Chemical Constants*. 16. ed. National Physical Laboratory, 1995.

KITTEL, C. *Introduction to Solid State Physics*. 3. ed. John Wiley & Sons, 1966.

KITTEL, C. *Introdução à Física do Estado Sólido*. 8. ed. Editora LTC, 2006.

MARESIO, M; *et al*. *Physical Review B* 16 (1977) 2811.

PITZER, K. S. *Journal of Chemical Physics* 6 (1938) 68.

SIRDESHMUKH, D. B.; SIRDESHMUKH, L.; SUBHADRA, K. G. *Micro- and Macro--Properties of Solids*: Thermal, Mechanical and Dielectric Properties, Springer Series in Materials Science. Springer, 2006. V. 80.

THACHER, P. D. *Physical Review* 156 (1967) 975.

WHITE, G. K.; COLLOCOTT, S. J. *Journal of Physical and Chemical Reference Data* 13 (1984) 1251.

EXERCÍCIOS

1. a) O calor específico molar à pressão constante da prata em temperatura ambiente é igual a 25,35 J/mol.K, e seu coeficiente de dilatação térmica volumétrica na mesma temperatura é de 18,9 x 10^{-6} K^{-1}. Calcule o seu calor específico a volume constante. Utilize o valor de B = 101 GPa.
   b) Faça o mesmo utilizando a equação de Nernst-Lindemann (Equação 3.44), utilizando o valor da constante A dado na Tabela 3.6.
   c) Obtenha mais uma vez o valor de c_V, utilizando, desta vez, a relação 3.59 com o valor do parâmetro de Grüneisen da prata dado na Tabela 3.8.
   d) Compare os resultados obtidos.

2. Mostre que o enunciado de Dulong e Petit, que afirma que o produto do calor específico de uma certa massa de um elemento químico por seu peso atômico é igual a uma constante, é equivalente a afirmar que o calor específico molar é uma constante.

3. A tabela a seguir mostra os dados obtidos por Dulong e Petit em 1819 para o calor específico mássico de alguns elementos químicos.

Elemento	Peso atômico (g/mol)	Calor específico (cal/g.K)
Ag	108	0,0557
Au	198,9	0,0298
Bi	213	0,0288
Co	39,4	0,1498
Cu	63,31	0,0949
Fe	54,27	0,1100
Ni	59,04	0,1035
Pb	207,2	0,0293
Pt	178,6	0,0314
S	32,17	0,1880
Sn	118	0,0514
Te	64,5	0,0912
Zn	64,5	0,0927

a) Com esses resultados, faça um gráfico do calor específico mássico em função do peso atômico em escala log-log e verifique qual a relação entre essas grandezas.
b) Avalie se a relação 3.4 é verificada, calculando o produto do calor específico mássico pelo peso atômico para todos os elementos. Qual é o valor médio desse produto? E o seu desvio padrão?

4. Calcule a energia média de um oscilador harmônico $U(x) = \frac{1}{2}Kx^2$, utilizando a função de distribuição de Maxwell-Boltzmann e mostre que o calor específico molar a alta temperatura de um conjunto de osciladores harmônicos é $c_v = N_A k_B$.

5. Refaça o exercício anterior adicionando um termo anarmônico $U(x) = -\beta x^3$ ao potencial e mostre que, nesse caso o calor específico a alta temperatura do conjunto de osciladores é dado por $c_v = N_A k_B + \alpha T$, em que α é uma constante.

6. Considerando o problema dos modos de vibração da cadeia linear infinita de átomos, responda:
   a) Mostre que a Equação 3.9 para o fator de fase é válida.
   b) Substitua a solução (Equação 3.8) na equação de movimento (Equação 3.7) e obtenha a relação de dispersão da cadeia (Equação 3.10).
   c) Mostre que dois modos de vibração que diferem apenas com relação ao valor de k por um múltiplo de $2\pi / r_0$, correspondem, na verdade, ao mesmo modo de vibração da cadeia.
   d) Substituindo $k = \pm\pi / r_0$ na solução da equação de movimento, mostre que as soluções nos limites da 1ª zona de Brillouin são ondas estacionárias.

7. As relações de dispersão para fônons longitudinais e transversais obtidas experimentalmente por espalhamento inelástico de raios X para a direção [100] do alumínio (parâmetro de rede $a =$ 0,405 nm) podem ser vistas na Figura 3.6. A partir da interpolação dos pontos experimentais, obtenha:
   a) Uma estimativa para a velocidade de propagação do som no alumínio para ondas longitudinais e transversais e compare com os valores experimentais apresentados na Tabela 2.9.
   b) A partir desses valores, obtenha uma estimativa para os módulos de elasticidade e de cisalhamento, utilizando as Equações apresentadas no Capítulo 2 (Seção 2.7) e compare com os valores experimentais (Tabela 2.1).
   c) Discuta as possíveis fontes de erro nas suas estimativas.

8. Considere uma cadeia linear monoatômica de átomos de peso atômico 23,0 g/mol, densidade 0,968 g/cm^3, constante de mola de 17 N/m e espaçamento interatômico 0,210 nm. Pergunta-se:
   a) Qual é o menor comprimento de onda dos fônons nesta cadeia?
   b) Qual é a frequência máxima de vibração?
   c) Qual é a velocidade de propagação do som?
   d) Calcule o calor específico a $T = 100$ K, supondo $w_E = 0{,}7\ w_{max}$.
   e) Obtenha a condutividade térmica em alta temperatura, supondo um livre caminho médio de 50 nm.

9. Obtenha a Equação 3.19 para a relação de dispersão da cadeia linear diatômica.

10. Considere um cristal de NaCl (distância entre primeiros vizinhos $r_0 = 0{,}280$ nm) e suponha que a constante de mola associada à interação entre os átomos de Na e Cl é de 100 N/m. Faça um gráfico quantitativo para as relações de dispersão dos fônons ópticos e acústicos no NaCl.

11. Considere a cadeia linear diatômica, conforme representada na Figura 3.7.
   a) Faça um esboço do gráfico das relações de dispersão para os fônons ópticos e acústicos nessa cadeia.
   b) Faça um esboço do gráfico da velocidade de grupo para os dois tipos de fônons.
   c) Como esses gráficos são afetados quando $m \cong M$? e quando $m \ll M$?
   d) Mostre que as amplitudes de vibração dos átomos de massas m e M para fônons acústicos com $k = 0$ são iguais, ou seja, $A = B$. Interprete esse resultado.
   e) Mostre que a razão entre as amplitudes de vibração dos átomos de massas m e M para fônons ópticos com $k = 0$, é dada por $A/B = -M/m$. Interprete esse resultado.
   f) Encontre a razão A/B para os fônons acústicos e ópticos nos limites da primeira zona de Brillouin. Mostre que, nesse caso, enquanto uma das sub-redes vibra, a outra permanece em repouso.
   g) Suponha um modo de vibração da cadeia linear diatômica com uma frequência qualquer situada no interior do *gap* proibido. Escolha uma frequência angular para esse modo e determine o valor de k correspondente. O que você conclui?

12. Mostre que, no limite de altas temperaturas, as expressões de Einstein e de Debye para o calor específico de um sólido se reduzem à equação clássica de Dulong e Petit $c_v = 3N_A k_B$.

13. a) Mostre que, no limite de baixas temperaturas, o modelo de Einstein para o calor específico prevê uma dependência exponencial na temperatura.
    b) Mostre que no limite de baixas temperaturas, o modelo de Debye para o calor específico prevê uma dependência T^3.

14. A temperatura de Debye do diamante é 2.050 K em temperatura ambiente. Obtenha uma estimativa para a frequência máxima de vibração dos átomos de carbono nesse material.

15. A tabela a seguir apresenta valores da velocidade de propagação do som e da temperatura de Debye de diferentes elementos metálicos puros. Verifique se existe uma relação entre essas quantidades. Discuta.

Elemento	v_S (m/s)	θ_D (K)
Al	6374	428
Au	3240	165
Be	12890	1440
Cu	4759	343
Mg	5823	400
Pb	2160	105
Sn	3380	200
Zr	4650	291

16. Sabendo que a velocidade de propagação de ondas transversais no alumínio é 3.111 m/s, estime a sua temperatura de Debye. Compare com o valor tabelado (Tabela 3.4).

17. A partir da definição do coeficiente de dilatação linear (Equação 3.45) e utilizando as Equações 3.48 e 3.49 para $U(r)$, deduza a Equação 3.50 para α_L.

18. Utilizando a Equação 2.31 para o potencial internuclear $U(r)$, obtenha uma expressão para o coeficiente de dilatação linear em função dos parâmetros do potencial.

19. Utilizando a Equação 3.54 para distância interatômica média, obtenha o coeficiente de dilatação linear em função da temperatura. Compare o resultado com a expressão para o calor específico dos sólidos do modelo de Einstein.

20. Dentre os elementos da tabela periódica, a maior condutividade térmica é a do carbono (diamante), que pode atingir mais de 1.000 W/m.K à temperatura ambiente. Discuta esse fato com base na equação para a condutividade térmica dos sólidos.

21. Conhecendo o valor da condutividade térmica do óxido de silício (sílica) de 1,3 W/m.K, estime o livre caminho médio dos fônons nesse material e interprete seu resultado (utilize os valores de capacidade térmica e velocidade do som dados nas Tabelas 3.3 e 2.9, respectivamente).

CAPÍTULO 4
Elétrons livres e propriedades dos materiais condutores

Os cursos de matemática, química, física e ciências naturais, são larga e seriamente feitos, porém... os professores não parecem haver compreendido suficientemente que as ciências físicas não se ensinam única e principalmente por manuais.

(Jean Louis Rodolphe Agassiz, em referência à visita à Escola Central de Engenharia, atual Escola Politécnica da UFRJ, em *Viagem ao Brasil, 1865-1866*)

4.1 INTRODUÇÃO

Do ponto de vista da condução de corrente elétrica, os materiais sólidos apresentam uma grande diversidade de comportamentos. Para exemplificar esse fato, basta mencionar que, dentre todas as propriedades físicas dos sólidos, a condutividade elétrica é aquela que varia em uma faixa mais ampla. Alguns materiais isolantes, como o quartzo ou o polietileno, podem apresentar condutividades menores que $10^{-18}\ \Omega^{-1}m^{-1}$, enquanto bons condutores, como o cobre ou a prata, possuem condutividades próximas a $10^{8}\ \Omega^{-1}.m^{-1}$, à temperatura ambiente. Ao todo, são mais de 26 ordens de grandeza de variação, mesmo sem considerar os materiais supercondutores, que devem ser tratados como uma categoria à parte (veja Capítulo 9). Para tentar vislumbrar de forma mais concreta quão imensa é essa faixa de variação, pode-se fazer um paralelo dos valores de condutividade com uma escala de distâncias. Assim, a comparação entre a condutividade do quartzo e a do cobre seria equivalente aproximadamente àquela entre o diâmetro de um átomo e a distância do planeta Terra à estrela mais próxima, a Próxima do Centauro!

Grosso modo, os materiais que possuem condutividade à temperatura ambiente acima de cerca de $10^4\ \Omega^{-1}.m^{-1}$ são considerados condutores, enquanto os materiais que apresentam condutividades menores que $10^{-8}\ \Omega^{-1}.m^{-1}$ são os isolantes. Na faixa intermediária, entre cerca de $10^4\ \Omega^{-1}.m^{-1}$ e $10^{-8}\ \Omega^{-1}.m^{-1}$, estão os materiais semicondutores. A Figura 4.1 mostra uma escala logarítmica de variação da condutividade, em que alguns exemplos de materiais bem conhecidos estão assinalados. Os metais em geral são bons condutores de eletricidade. No entanto, hoje já se conhecem materiais poliméricos capazes de conduzir corrente quase tão bem como o cobre. Dentre os semicondutores, podemos citar elementos como o silício e o germânio, e compostos como o arseneto de gálio (GaAs) ou o carbeto de silício (SiC). Exemplos comuns de isolantes são o vidro, o quartzo, o diamante e diversos polímeros, como o polietileno, o poliestireno ou o teflon. O presente capítulo tem como objetivo enfocar as propriedades dos materiais condutores. Os materiais semicondutores e supercondutores serão tratados nos Capítulos 5 e 9, respectivamente. A condução de corrente elétrica por materiais isolantes, que, apesar de pequena, não pode ser considerada nula, será abordada brevemente no Capítulo 6 (Seção 6.8).

Neste capítulo, primeiramente apresentaremos o modelo clássico para os elétrons livres em metais (modelo de Drude), para, em seguida, apresentarmos o modelo quântico do gás de Fermi. Com base neste, discutiremos a condutividade elétrica dos metais e os principais fatores que a afetam nos metais puros e nas ligas metálicas. Em seguida, as propriedades de calor específico, condutividade térmica e módulo de compressibilidade do gás de elétrons serão discutidas. Na parte final do capítulo, a condutividade em corrente alternada e o efeito Hall serão abordados.

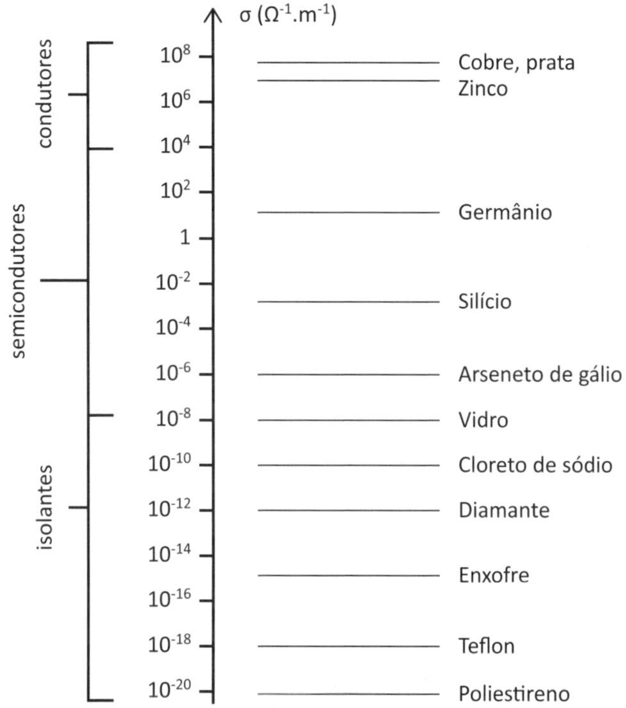

Figura 4.1 – Diagrama ilustrativo da larga faixa de variação da condutividade elétrica em temperatura ambiente dos sólidos em geral.

4.2 CONDUTIVIDADE E RESISTIVIDADE

Antes de iniciarmos a apresentação dos modelos para a condução elétrica nos metais, vamos fazer uma revisão muito breve de alguns conceitos básicos relacionados ao assunto.

Vamos considerar um condutor cilíndrico homogêneo de área da seção reta A e comprimento l, conforme ilustrado na Figura 4.2, percorrido por uma corrente i uniformemente distribuída em seu interior. Nesse caso, a densidade de corrente $\vec{J}$ pode ser obtida pelo produto da densidade volumétrica de carga ρ associada aos portadores de carga por sua velocidade média $\vec{v}$. Como o condutor em geral é um metal, supõe-se que a condução é realizada por elétrons e, portanto, a densidade volumétrica de carga é simplesmente o produto da densidade de elétrons de condução n por sua carga. Portanto:

$$\vec{J} = -en\vec{v} \tag{4.1}$$

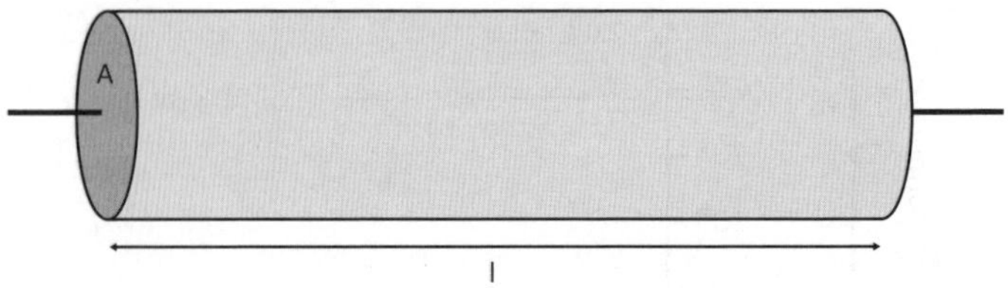

Figura 4.2 – Condutor cilíndrico de comprimento l e área de seção reta A .

Em condições usuais, a grande maioria dos condutores apresenta uma variação linear da densidade de corrente em função do campo elétrico aplicado, desde que os campos não sejam muito intensos. Esse comportamento é expresso pela conhecida *lei de Ohm*:

$$\vec{J} = \sigma\vec{E} \tag{4.2}$$

Em que a *condutividade* σ é o inverso da resistividade ρ ($\sigma = 1/\rho$).

Como a densidade de corrente no condutor é uniforme, a corrente total i que o atravessa é $i = JA$, e a diferença de potencial entre seus terminais se relaciona com o campo elétrico por $V = El$. Assim, obtém-se a partir de 4.2:

$$V = \rho\frac{l}{A}i \tag{4.3}$$

Em que a constante de proporcionalidade $\rho l / A = R$ é a *resistência* do condutor. Portanto, a resistência é uma propriedade que depende das características geométricas do condutor, enquanto a resistividade é uma propriedade intrínseca ao material e, em princípio, não depende de sua geometria ou dimensões. De forma análoga, o mesmo se pode dizer a respeito da condutividade e da condutância ($G = 1/R$).

4.3 O MODELO DE DRUDE

Os metais são materiais que apresentam um conjunto de propriedades muito particulares quando comparados a outros tipos de material. Do ponto de vista de suas propriedades mecânicas, são dúcteis e tenazes, excelentes refletores de luz, apresentando o brilho metálico característico, e conduzem muito bem tanto o calor como a eletricidade. Essas propriedades mecânicas, ópticas, térmicas e elétricas singulares são resultado do fato de que esses materiais são formados por um tipo particular de ligação química, a *ligação metálica*.

Na ligação metálica, ao unirem-se uns aos outros para formar o sólido, os átomos se ionizam, perdendo seus elétrons de valência que se dispersam pelo interior do sólido. Esses elétrons passam a constituir um conjunto coletivo de elétrons, compartilhado por todos os íons do cristal, cuja carga negativa atrai os íons e blinda a repulsão eletrostática entre eles, mantendo, dessa forma, a rede cristalina coesa. É comum o uso de analogias como "mar de elétrons" para ilustrar a situação dos elétrons de valência no interior do metal, conforme ilustra a Figura 4.3a. Uma vez que não estão ligados a átomos individuais, esses elétrons coletivos podem se mover com relativa facilidade pelo interior do metal e, portanto, são responsáveis pelas propriedades de condução e demais propriedades características dos materiais metálicos já mencionadas.

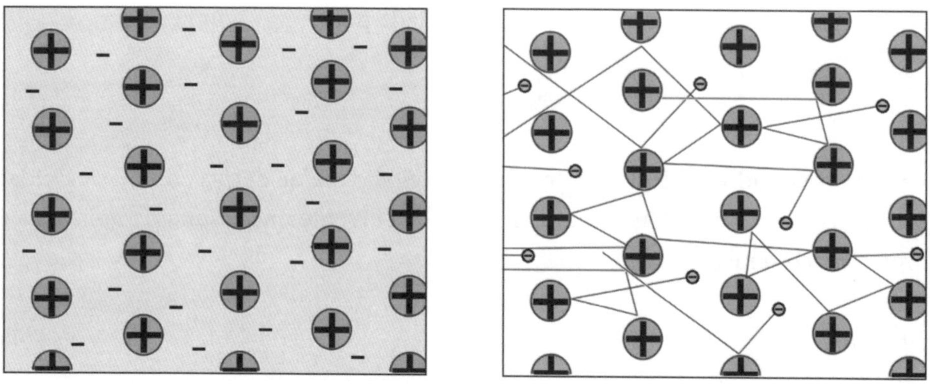

(a) (b)

Figura 4.3 – Ilustrações esquemáticas da ligação metálica mostrando (a) os íons positivos imóveis e os elétrons de valência dispersos (cargas negativas) pela rede cristalina; e (b) os elétrons se movimentando livremente e, eventualmente, sofrendo colisões.

O modelo clássico para o comportamento dos metais, que foi elaborado por P. Drude em 1900 e, mais tarde, complementado por H. Lorentz, será apresentado brevemente. Nesse modelo cinético, consideramos um metal contendo um número N muito grande ($N \gg 1$) de elétrons confinados em seu interior, de forma semelhante a um gás contido no interior de um recipiente. Entretanto, além dos elétrons, é necessário considerar a presença dos íons positivos da rede cristalina, de forma a resultar num sólido eletricamente neutro. A alta condutividade elétrica dos metais é levada em conta considerando-se que os elétrons são livres para se moverem, sem qualquer interação com os íons da rede cristalina ou mesmo entre si, embora eventualmente possam sofrer colisões instantâneas com os íons da rede (Figura 4.3b). Dadas as semelhanças existentes entre algumas dessas suposições e aquelas da teoria cinética dos gases, o presente modelo é muitas vezes denominado de modelo do *gás de elétrons*.

Na ausência de qualquer força externa, os elétrons se movem em movimento retilíneo uniforme com velocidades que possuem direção e sentido aleatoriamente distribuídos. Assim, efetuando-se a média das velocidades de todos os elétrons em um dado instante, obtém-se resultado nulo. Se um campo elétrico $\vec{E}$ for aplicado ao metal, os elétrons livres sofrem a ação de uma força dada por:

$$\vec{F} = \frac{d}{dt}\vec{p} = -e\vec{E} \tag{4.4}$$

Como os elétrons são livres, essa é a única força que atua, e, portanto, estarão sujeitos a uma aceleração constante. Dessa forma, após um intervalo de tempo τ, terão adquirido uma velocidade denominada de *velocidade de deriva* ou velocidade de arraste, com a mesma direção e sentido contrário ao campo, dada por:

$$v_d = -\frac{e\tau}{m_e}E \tag{4.5}$$

Assim, no estado estacionário, tomando a velocidade de deriva como a velocidade média do conjunto dos elétrons, a densidade de corrente que resulta da aplicação do campo elétrico será:

$$J = qnv_d = \frac{e^2 n\tau}{m_e}E \tag{4.6}$$

Em que a densidade de elétrons livres no metal é $n = N/V$.

Exemplo 4.1: um fio de cobre de diâmetro de 1 mm transporta uma corrente de 20 A. Calcule a velocidade de deriva dos elétrons.
A densidade de corrente no fio é 80/π A/mm². Conhecendo a densidade de elétrons livres no cobre $n =$ 8,49 x 10^{28} m^{-3} (Tabela 4.3), temos:

$$J = env_d \Rightarrow v_d = \frac{J}{en} = \frac{25,47x10^6}{1,6x10^{-19}x8,49x10^{28}} = 1,87x10^{-3}m/s = 1,87mm/s$$

Portanto, a velocidade de deriva em um condutor é de forma geral muito pequena.

A Equação 4.6 está na forma da lei de Ohm (Equação 4.2). Desse modo, obtém-se a expressão para a condutividade:

$$\sigma = \frac{e^2 n\tau}{m_e} \tag{4.7}$$

Ou seja, a condutividade do metal é diretamente proporcional à densidade de elétrons livres.

A Tabela 4.1 apresenta valores da resistividade para diversos metais a temperaturas entre 1,0 K e 900 K. Esses valores podem variar desde 10^{-6} Ω.m para alguns metais em temperaturas mais altas até 10^{-12} Ω.m ou mesmo abaixo para outros metais em temperaturas muito baixas. Em temperatura ambiente, prata e cobre são os melhores condutores; mas, em temperaturas mais baixas, outros metais, como tungstênio e alumínio, são menos resistivos.

Nas expressões, τ representa o tempo médio durante o qual os elétrons estão sob a ação do campo elétrico, sendo acelerados, antes de sofrer uma colisão. Esse tempo é denominado *tempo médio entre colisões*. De forma a estimar valores para esse parâmetro, pode-se obter a densidade de elétrons n a partir do conhecimento da massa específica ρ_m e da valência z dos diferentes metais, por meio da seguinte equação:

$$n = N_A \frac{z\rho_m}{M_A} \tag{4.8}$$

Em que M_A é a peso atômico do metal,[1] e N_A é a constante de Avogadro.

Com os valores da densidade eletrônica, que com boa precisão podem ser considerados constantes e independentes da temperatura, o tempo médio entre colisões pode ser calculado a partir dos valores da condutividade, utilizando-se a Equação 4.7. A Tabela 4.2 mostra os valores de τ estimados para alguns metais a diferentes temperaturas. Nota-se que esses valores são bem pequenos, variando na faixa de 10^{-14} s a 10^{-15} s em temperatura ambiente, podendo chegar, em alguns casos, até cerca de 10^{-10} s em baixas temperaturas.

No modelo cinético, o tempo médio entre colisões se relaciona com o *livre caminho médio* da seguinte forma:

$$\lambda = v\tau \tag{4.9}$$

Em que v é a velocidade média dos elétrons no percurso entre duas colisões. Sendo esse um modelo cinético clássico, a velocidade média dos elétrons deve ser igual à velocidade térmica média (que pode ser obtida considerando-se a energia cinética média dos elétrons como da ordem de $k_B T$), permitindo, dessa forma, a obtenção de estimativas para o livre caminho médio (veja Exemplos 4.2 e 4.3 adiante).

---

1 O peso atômico de um elemento pode ser expresso em dalton (Da ou u) por átomo, ou em kg/mol (ou g/mol). Neste livro, daremos preferência à segunda opção.

Tabela 4.1 – Resistividade de diversos metais (em unidades de 10^{-8} Ω.m ou μΩ.cm) para diferentes valores da temperatura. O valor de β na última coluna, a inclinação da curva de resistividade *versus* temperatura em escala log-log em torno da temperatura ambiente, mostra uma variação muito próxima de linear em todos os casos

T (K)	1,0	10	20	40	60	80	100	200	300	400	500	600	700	800	900	β (300 K)
Ag	0,00100	0,00115	0,0042	0,0539	0,162	0,289	0,418	1,029	1,629	2,241	2,87	3,53	4,21	4,91	5,64	0,98
Al	0,000100	0,000193	0,000755	0,0181	0,0959	0,245	0,442	1,587	2,733	3,87	4,99	6,13	7,35	8,70	10,18	1,01
Au	0,022	0,0226	0,035	0,141	0,308	0,481	0,65	1,462	2,271	3,107	3,97	4,87	5,82	6,81	7,86	1,00
Ba	0,081	0,189	0,94	2,91	4,86	6,83	8,85	20,2	34,3	51,4	72,4	98,2	130	168	216	1,00
Be	0,0332	0,0332	0,0336	0,0367	0,067	0,075	0,133	1,29	3,76	6,76	9,90	13,2	16,5	20,0	23,7	1,04
Ca	0,045	0,047	0,060	0,175	0,40	0,65	0,91	2,19	3,45	4,7	6,0	7,3	8,7	10,0	11,4	0,95
Cr	-	-	-	-	-	-	1,6	7,7	12,7	15,8	20,1	24,7	29,5	34,6	39,9	0,98
Cs	0,0026	0,243	0,86	1,99	3,07	4,16	5,28	12,2	21,0	-	-	-	-	-	-	1,00
Cu	0,002	0,00202	0,00280	0,0239	0,0971	0,215	0,348	1,046	1,725	2,402	3,090	3,792	4,514	5,262	6,041	1,02
Fe	0,0225	0,0238	0,0287	0,0758	0,271	0,693	1,28	5,20	9,98	16,1	23,7	32,9	44,0	57,1	-	1,02
Hf	1,00	1,00	1,11	2,52	4,53	6,75	9,12	21,0	34,0	48,1	63,1	78,5	-	-	-	1,00
K	0,0008	0,016	0,117	0,48	0,90	1,34	1,79	4,26	7,47	-	-	-	-	-	-	1,01
Li	0,007	0,008	0,012	0,074	0,345	1,00	1,73	5,71	9,55	13,4	-	-	-	-	-	1,00

T (K)	1,0	10	20	40	60	80	100	200	300	400	500	600	700	800	900	β (300 K)
Mg	0,0062	0,0069	0,0123	0,074	0,261	0,557	0,91	2,75	4,51	6,19	7,86	9,52	11,2	12,8	14,4	1,00
Mo	0,00070	0,00089	0,00261	0,0457	0,206	0,482	0,858	3,13	5,52	8,02	10,6	13,1	15,8	18,4	21,2	1,01
Na	0,00090	0,0015	0,016	0,172	0,447	0,80	1,16	2,89	4,93	-	-	-	-	-	-	1,01
Ni	0,0032	0,0057	0,014	0,068	0,242	0,545	0,96	3,67	7,20	11,8	17,7	25,5	32,1	35,5	38,6	1,01
Pb	-	-	-	-	-	4,9	6,4	13,6	21,3	29,6	38,3	-	-	-	-	0,98
Pd	0,0200	0,0242	0,0563	0,334	0,938	1,75	2,62	6,88	10,80	14,48	17,94	21,2	24,2	27,1	29,4	0,98
Pt	0,002	0,0154	0,0484	0,409	1,107	1,922	2,755	6,77	10,8	14,6	18,3	21,9	25,4	28,7	32,0	1,01
Rb	0,0131	0,109	0,444	1,21	1,94	2,65	3,36	7,49	13,3	-	-	-	-	-	-	1,00
Sr	0,80	0,80	0,92	1,70	2,68	3,64	4,58	9,04	13,5	17,8	22,2	26,7	31,2	35,6	-	0,98
Ta	0,10	0,102	0,146	0,751	1,65	2,62	3,64	8,66	13,5	18,2	22,9	27,4	31,8	35,9	40,1	1,01
V	-	0,0145	0,039	0,304	1,11	2,41	4,01	12,4	20,2	28,0	34,8	41,1	47,2	53,1	58,7	0,99
W	0,000016	0,000137	0,00196	0,0544	0,266	0,606	1,02	3,18	5,44	7,83	10,3	13,0	15,7	18,6	21,5	1,01
Zn	0,0100	0,0112	0,0387	0,306	0,715	1,15	1,60	3,83	6,06	8,37	10,82	13,49	-	-	-	1,00
Zr	0,250	0,253	0,357	1,44	3,75	6,64	9,79	26,3	43,3	60,3	76,5	91,5	104,2	114,9	123,1	1,00

Fonte: Haynes, 2017.

Tabela 4.2 – Tempo de relaxação dos elétrons calculados a partir da Equação 4.7 para alguns metais a diferentes temperaturas

	τ (s)			
T (K)	10	100	300	500
Ag	$5{,}29 \times 10^{-11}$	$1{,}46 \times 10^{-13}$	$3{,}73 \times 10^{-14}$	$2{,}12 \times 10^{-14}$
Al	$1{,}02 \times 10^{-10}$	$4{,}45 \times 10^{-14}$	$7{,}19 \times 10^{-15}$	$3{,}94 \times 10^{-15}$
Au	$2{,}67 \times 10^{-12}$	$9{,}28 \times 10^{-14}$	$2{,}66 \times 10^{-14}$	$1{,}52 \times 10^{-14}$
Ba	$5{,}88 \times 10^{-13}$	$1{,}26 \times 10^{-14}$	$3{,}24 \times 10^{-15}$	$1{,}54 \times 10^{-15}$
Be	$4{,}43 \times 10^{-13}$	$1{,}11 \times 10^{-13}$	$3{,}91 \times 10^{-15}$	$1{,}49 \times 10^{-15}$
Cs	$1{,}61 \times 10^{-12}$	$7{,}41 \times 10^{-14}$	$1{,}86 \times 10^{-14}$	—
Cu	$2{,}08 \times 10^{-11}$	$1{,}21 \times 10^{-13}$	$2{,}44 \times 10^{-14}$	$1{,}36 \times 10^{-14}$
Fe	$8{,}80 \times 10^{-13}$	$1{,}64 \times 10^{-14}$	$2{,}10 \times 10^{-15}$	$8{,}83 \times 10^{-16}$
K	$1{,}59 \times 10^{-11}$	$1{,}42 \times 10^{-13}$	$3{,}40 \times 10^{-14}$	—
Li	$9{,}46 \times 10^{-12}$	$4{,}38 \times 10^{-14}$	$7{,}93 \times 10^{-15}$	—
Mg	$6{,}00 \times 10^{-12}$	$4{,}55 \times 10^{-14}$	$9{,}17 \times 10^{-15}$	$5{,}26 \times 10^{-15}$
Na	$8{,}95 \times 10^{-11}$	$1{,}16 \times 10^{-13}$	$2{,}72 \times 10^{-14}$	—
Pb	—	$4{,}21 \times 10^{-15}$	$1{,}27 \times 10^{-15}$	$7{,}04 \times 10^{-16}$
Sr	$1{,}25 \times 10^{-13}$	$2{,}18 \times 10^{-14}$	$7{,}40 \times 10^{-15}$	$4{,}50 \times 10^{-15}$
Zn	$2{,}43 \times 10^{-12}$	$1{,}70 \times 10^{-14}$	$4{,}48 \times 10^{-15}$	$2{,}51 \times 10^{-15}$

Exemplo 4.2: estime o valor da velocidade média dos elétrons no interior do metal, supondo que sua energia cinética é de origem térmica. Considere a temperatura ambiente $T = 300$ K.

De acordo com o teorema da equipartição da energia, a energia cinética média é dada por:

$$E = \frac{1}{2} m_e v^2 = \frac{3}{2} k_B T \Rightarrow v = \left(\frac{3k_B T}{m_e} \right)^{1/2} = \left(\frac{3x1{,}38x10^{-23} x300}{9{,}11x10^{-31}} \right)^{1/2} = 1{,}17x10^5 m/s$$

Exemplo 4.3: estime o livre caminho médio dos elétrons no cobre em temperatura ambiente, considerando o valor da velocidade térmica obtido no exemplo anterior.

$$\lambda = v\tau = 1{,}17x10^5 x2{,}44x10^{-14} = 2{,}85x10^{-9} m = 2{,}85 nm$$

Este valor é cerca de 8 vezes maior que o parâmetro de rede do cobre.

Conforme indicam os Exemplos 4.2 e 4.3, o modelo clássico leva a obter, para muitos metais em temperaturas mais altas, um livre caminho médio comparável ao espaçamento interatômico, o que permitiria concluir no sentido da existência de uma interação entre os elétrons de condução e os íons da rede cristalina do metal. Tomando como hipótese, em determinada faixa de temperatura, a interação dos elétrons com os íons da rede como a interação preponderante na determinação da condutividade dos metais, é razoável supor que, nessa faixa de temperatura, o livre caminho médio fosse aproximadamente constante, posto que seria da ordem do espaçamento interatômico. Assim, uma vez que a velocidade térmica média é proporcional à raiz quadrada da temperatura (veja Exemplo 4.2), isso implicaria uma condutividade inversamente proporcional à raiz quadrada da temperatura (ou uma resistividade proporcional à raiz quadrada da temperatura).

Entretanto, conforme pode ser verificado a partir dos valores de resistividade apresentados na Tabela 4.1, para temperaturas suficientemente altas, a resistividade dos metais varia de forma linear com a temperatura para todos os metais listados. Essa discrepância se constitui, portanto, em uma grande falha do modelo de Drude (a dependência da resistividade com a temperatura será discutida em mais detalhe na Seção 4.4.4). O modelo cinético de Drude, por outro lado, permite explicar a condutividade térmica dos metais de forma satisfatória. Contudo, também falha completamente ao prever um calor específico excepcionalmente alto para os metais. Conclui-se que o modelo clássico não é capaz de explicar as propriedades dos materiais condutores como um todo e, portanto, deve-se buscar um modelo alternativo para o comportamento eletrônico desses materiais. Esse modelo será o assunto da seção a seguir.

4.4 O GÁS DE FERMI

De forma a resolver as inconsistências do modelo cinético de Drude, que trata os elétrons no interior do metal como um sistema de partículas clássicas (que obedecem à distribuição de Boltzmann), A. Sommerfeld elaborou em 1927 um modelo que considera os elétrons como partículas quânticas regidas pela estatística de Fermi-Dirac. Nesse modelo, os elétrons são considerados como partículas livres, pois não interagem com a rede cristalina, e independentes, pois não interagem entre si. Desta forma, pode-se primeiramente resolver o problema de um elétron confinado no interior do metal para, em seguida, considerar o sistema de *N* elétrons.

Vamos considerar um elétron situado no interior de um metal na ausência de qualquer interação, mas confinado ao seu interior por um potencial infinitamente repulsivo. Considerando-se um metal de forma cúbica, dimensões L_x, L_y e L_z e volume V, esse problema se torna análogo ao poço de potencial infinito tridimensional, apresentado no Capítulo 1 (Seção 1.3.6.3). Portanto, a equação para os estados permitidos de energia é dada por (Equação 1.30):

$$E(\vec{k}) = \frac{|\vec{p}|^2}{2m_e} = \frac{\hbar^2}{2m_e}|\vec{k}|^2 = \frac{\hbar^2}{2m_e}\left(k_x^2 + k_y^2 + k_z^2\right) \tag{4.10}$$

Ou seja, a relação de dispersão $E = E(k)$ é uma função quadrática, conforme ilustra a Figura 4.4a. As funções de onda, soluções da equação de Schrödinger, são funções que se estendem pelo interior do metal, de forma coerente com a analogia que se faz com o "mar de elétrons" (Equação 1.32):

$$\psi(\vec{r}) = A\exp(-i\vec{k}.\vec{r}) = A\exp\left[-i\left(k_x x + k_y y + k_z z\right)\right] \tag{4.11}$$

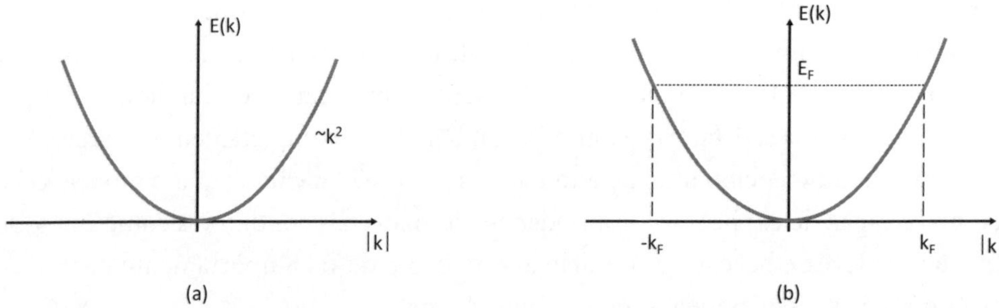

Figura 4.4 – (a) relação de dispersão $E x k$ para elétrons livres e (b) mesmo gráfico anterior, com os valores máximos do número de onda k_F e da energia de Fermi E_F assinalados.

Aplicando-se condições de contorno periódicas às funções de onda, obtém-se que as componentes do número de onda devem ser múltiplas de $2\pi / L$, e, logo, chega-se à quantização da energia:

$$E_{n_x,n_y,n_z} = \frac{2\pi^2\hbar^2}{m_e V^{2/3}}\left(n_x^2 + n_y^2 + n_z^2\right) \tag{4.12}$$

Em que n_x, n_y e n_z são números quânticos inteiros não nulos, e $V = L^3$ é o volume do metal (supondo, por simplicidade, $L_x = L_y = L_z = L$).[2]

Vamos considerar agora o conjunto de N elétrons. Para obter o estado de energia mais baixa ($T = 0$ K) do sistema, deve-se lembrar que os elétrons no interior do metal precisam obedecer à estatística de Fermi-Dirac; portanto, deve-se colocar um (ou dois, se levarmos em conta o *spin*) elétrons em cada nível de energia, com energias sucessivamente maiores, até acomodarmos todos os N elétrons. Ao fazermos isso, teremos preenchido todos os níveis de energia com valores de k (em módulo), desde zero até um valor máximo k_F, ou seja, com valores de energia entre zero e o valor máximo, denominado *energia de Fermi* E_F (veja Figura 4.4b).

Como a energia dos elétrons livres depende do módulo de k, o estado de mais baixa energia do conjunto dos N elétrons pode ser representado no espaço recíproco por uma esfera de raio $k = k_F$, centrada na origem, no interior da qual todos os estados estão ocupados, e todos estados fora dela estão vazios. A Figura 4.5 ilustra a chamada *esfera de Fermi*.

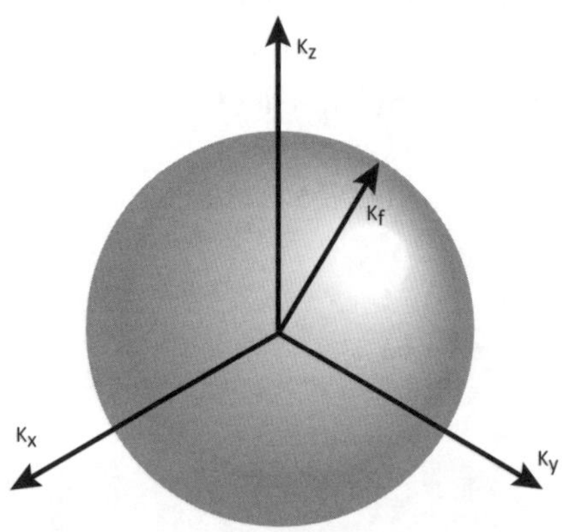

Figura 4.5 – Ilustração da *esfera de Fermi*, que representa o estado de mais baixa energia de um conjunto de N elétrons livres, no interior da qual todos os estados estão ocupados, e fora da qual todos estão vazios.

O *espaço recíproco* é um espaço discreto no qual as coordenadas k_x, k_y e k_z somente podem assumir os valores que satisfazem às condições de contorno do problema. Assim, cada ponto nesse espaço pode acomodar dois elétrons (um com *spin* para cima e outro com *spin* para baixo) e ocupa um elemento de volume $\Delta V_k = (2\pi / L)^3$. Dessa forma, vale a igualdade:

2 Consulte no Capítulo 1, a Equação 1.33.

$$\frac{N}{2}\left(\frac{2\pi}{L}\right)^3 = \frac{4\pi}{3}k_F^3 \qquad (4.13)$$

Portanto:

$$k_F = \left(3\pi^2 n\right)^{1/3} \qquad (4.14)$$

E, assim, obtém-se a energia de Fermi:

$$E_F = \frac{\hbar^2}{2m_e}\left(3\pi^2 n\right)^{2/3} \qquad (4.15)$$

Esse é um resultado muito simples e importante desse modelo, que mostra que a energia de Fermi depende apenas do número de elétrons livres por unidade de volume. A partir das expressões para k_F e E_F, pode-se definir também a velocidade de Fermi v_F, o comprimento de onda de Fermi λ_F e a temperatura de Fermi T_F, por meio das seguintes relações:

$$E_F = \frac{1}{2}m_e v_F^2 \qquad (4.16)$$

$$k_F = \frac{2\pi}{\lambda_F} \qquad (4.17)$$

$$E_F = k_B T_F \qquad (4.18)$$

Exemplo 4.4: uma vez que o cobre apresenta uma densidade de elétrons livres $n =$ 8,49 x 10^{28} m^{-3} em temperatura ambiente, obtenha o comprimento de onda de Fermi, a velocidade de Fermi, a energia de Fermi (em eV) e a temperatura de Fermi para este metal.
Sabemos que $k_F = \left(3\pi^2 n\right)^{1/3}$ e assim:

$$\lambda_F = \frac{2\pi}{\left(3\pi^2 n\right)^{1/3}} = \frac{2\pi}{\left(3\pi^2 x 8,49x10^{28}\right)^{1/3}} = 4,62x10^{-10} = 0,462nm$$

$$v_F = \frac{\hbar\left(3\pi^2 n\right)^{1/3}}{m_e} = \frac{1,05x10^{-34}x\left(3\pi^2 x8,49x10^{28}\right)^{1/3}}{9,11x10^{-31}} = 1,57x10^6 m/s$$

$$E_F = \frac{1}{2}m_e v_F^2 = \frac{1}{2}x9,11x10^{-31}x(1,57x10^6)^2 = 1,12x10^{-18}J = 7,03eV$$

$$T_F = \frac{E_F}{k_B} = \frac{1,12x10^{-18}}{1,38x10^{-23}} = 8,12x10^4 K$$

A Tabela 4.3 mostra valores de n, v_F, λ_P, E_F e T_F para diversos metais. Nesse modelo, a densidade de elétrons varia muito pouco com a temperatura, pois depende somente da densidade atômica ou da massa específica (veja Equação 4.8). Portanto, conclui-se que a energia de Fermi e os parâmetros dela decorrentes também são aproximadamente independentes da temperatura (o papel da temperatura sobre o gás de Fermi será analisado na Seção 4.4.2).

Tabela 4.3 – Propriedades do gás de Fermi para alguns metais em temperatura ambiente, exceto para o Na, K, Rb e Cs a 5 K, e para o Li a 78 K. A densidade de elétrons é obtida a partir das massas atômicas, massas específicas e das valências dos metais por meio da Equação 4.8. O restante das propriedades é calculado por meio das Equações de 4.15 a 4.18

Valência	Metal	n (10^{28} m^{-3})	v_F (10^6 m/s)	λ_F (10^{-10} m)	E_F (eV)	T_F (10^4 K)
1	Li	4,63	1,29	5,65	4,70	5,46
	Na	2,54	1,05	6,91	3,15	3,65
	K	1,33	0,85	8,58	2,04	2,37
	Rb	1,08	0,79	9,19	1,78	2,07
	Cs	0,87	0,74	9,86	1,55	1,80
	Ag	5,86	1,39	5,23	5,50	6,38
	Au	5,90	1,40	5,22	5,53	6,41
	Cu	8,49	1,57	4,62	7,05	8,18
	Nb	5,55	1,37	5,32	5,31	6,16

Valência	Metal	n (10^{28} m^{-3})	v_F (10^6 m/s)	λ_F (10^{-10} m)	E_F (eV)	T_F (10^4 K)
2	Ba	3,08	1,12	6,48	3,58	4,16
	Be	24,72	2,25	3,24	14,4	16,7
	Ca	4,66	1,29	5,64	4,72	5,48
	Cd	9,27	1,62	4,49	7,47	8,67
	Fe	16,98	1,98	4,34	11,2	13,0
	Hg	8,65	1,58	3,67	7,13	8,29
	Mg	8,61	1,58	4,60	7,11	8,25
	Mn	15,81	1,94	3,76	10,7	12,4
	Sr	3,63	1,19	6,13	4,00	4,64
	Zn	13,15	1,82	3,99	9,43	11,0
3	Al	18,08	2,03	3,59	11,7	13,5
	Ga	15,31	1,92	3,80	10,4	12,1
	In	11,50	1,74	4,18	8,60	10,0
	Tl	10,47	1,69	4,31	8,10	9,40
4	Pb	13,18	1,82	3,99	9,45	11,0
	Sn	14,74	1,89	3,84	10,2	11,8
5	Bi	14,23	1,87	3,89	9,94	11,5
	Sb	16,56	1,97	3,70	11,0	12,8

A velocidade de Fermi é a velocidade dos elétrons de maior energia cinética no interior do metal, na temperatura do zero absoluto. Note que as velocidades de Fermi se situam na faixa de milhões de metros por segundo. Essa é uma velocidade considerável, da ordem de cerca de 1% da velocidade da luz e cerca de uma ordem de grandeza acima da velocidade térmica dos elétrons em temperatura ambiente (veja Exemplo 4.2). Essa alta velocidade (e alta energia cinética) se deve ao fato de os elétrons obedecerem ao princípio de Pauli e, consequentemente, não poderem se acumular nos níveis de energia mais baixa. Em um gás clássico, por outro lado, o estado de mais baixa energia é aquele em que todos os átomos ou moléculas se situam no estado de energia zero. Em outras palavras, caso fosse possível fazer um gás clássico atingir a temperatura do zero absoluto, este "congelaria" com todas suas partículas ocupando o estado de energia nula (e velocidade nula). No presente caso, isso não pode ocorrer. O gás de Fermi deve obedecer ao princípio de Pauli e, portanto, no estado de energia mais baixa, as partículas se distribuem pelos níveis de energia, ocupando todos os estados até a energia máxima E_F.

Outro fato interessante a ser ressaltado é que os valores do comprimento de onda de Fermi são da ordem do espaçamento interatômico dos metais (alguns angstrons). Portanto, é razoável esperar que os elétrons apresentem um comportamento ondulatório no interior da rede cristalina. Voltaremos a esse assunto no Capítulo 5.

A temperatura de Fermi T_F nos dá uma ideia de qual seria a temperatura a que um gás clássico deveria ser aquecido para que suas partículas atinjam energias cinéticas da mesma ordem de E_F. O alto valor de T_F, de algumas dezenas de milhares de graus, mostra quão dramáticas e importantes são as consequências da aplicação do princípio de Pauli a um sistema de partículas como o gás de elétrons (para recordar o comportamento das funções de distribuição estatísticas com a temperatura, consulte a Seção 1.4).

4.4.1 DENSIDADE DE ESTADOS

A densidade de estados de um determinado sistema é uma função que fornece o número de estados com energia entre E e $E+dE$ por unidade de energia e por unidade de volume. Ou seja, matematicamente:

$$g(E)=\frac{1}{V}\frac{dN(E)}{dE} \tag{4.19}$$

Em que $N(E)$ é o número de estados do sistema com energia menor ou igual a E. Para efeito da contagem da densidade de estados, vamos considerar que cada estado pode acomodar uma e apenas uma partícula. Dessa forma, $N(E_F)$ será igual ao número total de partículas do sistema, N. Para calcular $N(E)$, basta igualar o volume de uma esfera qualquer no espaço recíproco ao volume total dos estados contidos no seu interior. Assim, podemos obter:

$$N(E)=\frac{(2m_e)^{3/2}V}{3\pi^2\hbar^3}E^{3/2} \tag{4.20}$$

Combinando-se 4.19 e 4.20, obtém-se a densidade de estados:

$$g(E) = \frac{1}{2\pi^2}\left(\frac{2m_e}{\hbar^2}\right)^{3/2} E^{1/2} \tag{4.21}$$

A densidade de estados do gás de elétrons tridimensional é uma função que cresce com $E^{1/2}$. A Figura 4.6 ilustra esse comportamento.

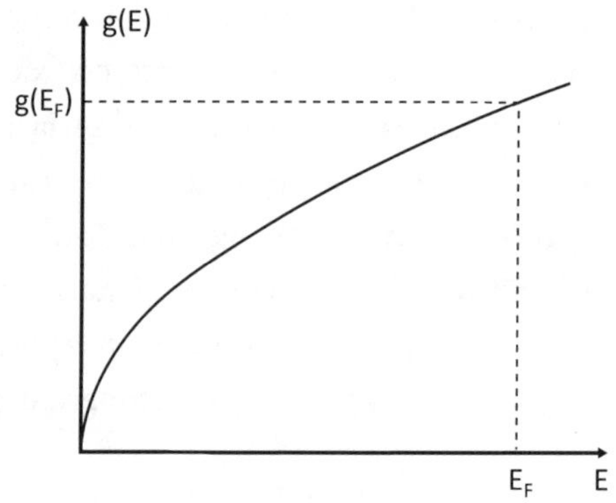

Figura 4.6 – Função densidade de estados para o gás de elétrons tridimensional.

De uma forma mais compacta, a densidade de estados pode ser escrita em função de E_F:

$$g(E) = \frac{3}{2}\frac{n}{E_F}\left(\frac{E}{E_F}\right)^{1/2} \tag{4.22}$$

Assim, a densidade de estados no nível de Fermi pode ser obtida de forma muito simples:

$$g(E_F) = \frac{3}{2}\frac{n}{E_F} \tag{4.23}$$

Essa é uma quantidade que pode ser muito útil, conforme veremos mais adiante.

De posse da função densidade de estados, a energia de Fermi de um sistema de partículas pode ser obtida a partir da condição de que a totalidade de estados com energia até E_F é igual à densidade de partículas:

$$\int_0^{E_F} g(E)dE = n \tag{4.24}$$

É também de interesse calcular a energia média do gás de elétrons a $T = 0$ K:

$$\langle E \rangle = \frac{\int_0^{E_F} Eg(E)dE}{\int_0^{E_F} g(E)dE} = \frac{3}{5}E_F \tag{4.25}$$

Ou seja, como era de esperar, a energia média dos elétrons é superior a $E_F / 2$ uma vez que a densidade de estados é uma função que cresce com a energia.

Exemplo 4.5: Calcule a densidade de estados no nível de Fermi para o cobre.

$$g(E_F) = \frac{3}{2}\frac{n}{E_F} = \frac{3}{2}\frac{8,49x10^{28}}{1,12x10^{-18}} = 1,14x10^{47}\,m^{-3}J^{-1}$$

Ou, em unidades mais convenientes:

$$g(E_F) = \frac{3}{2}\frac{8,49x10^{22}}{6,98} = 1,82x10^{22}\,cm^{-3}eV^{-1}$$

4.4.2 OCUPAÇÃO DOS ESTADOS E O EFEITO DA TEMPERATURA

A densidade de estados nos fornece o número de estados eletrônicos por unidade de volume num certo intervalo de energia, mas não informa se esses estados estão efetivamente ocupados. Para se obter essa informação, é necessário multiplicar a densidade de estados pela função de distribuição de Fermi (ver Capítulo 1), obtendo a chamada *função ocupação dos estados*:

$$D(E) = g(E)f_{FD}(E) \tag{4.26}$$

Obtendo-se:

$$D(E) = \frac{3}{2}\frac{n}{E_F}\left(\frac{E}{E_F}\right)^{1/2}\frac{1}{e^{(E-E_F/k_BT)}+1} \tag{4.27}$$

A Figura 4.7a ilustra a dependência da ocupação dos estados $D(E)$ com a energia para duas diferentes temperaturas $T = 0$ K e $T > 0$ K. Para $T = 0$ K, a função $D(E)$ é simplesmente idêntica à $g(E)$ até $E = E_F$, e, acima dessa energia, $D(E)$ se anula. Para $T > 0$ K, os elétrons devem ganhar energia térmica, aumentando sua energia e a energia total do sistema. A função $D(E)$ mostra que, com o aumento da temperatura, alguns estados com energia um pouco abaixo de E_F, que a $T = 0$ K estavam ocupados, têm seus elétrons transferidos para estados um pouco acima dessa energia, enquanto os estados com energia mais baixa não são afetados e mantêm sua ocupação inalterada. Dessa forma, desde que $k_BT < E_F$, a ocupação dos estados só é afetada em torno de E_F, numa região de largura da ordem de k_BT. Essa característica da distribuição de Fermi--Dirac foi discutida no Capítulo 1 (Seção 1.4.3). Entretanto, o gráfico da Figura 4.7a foi elaborado para uma temperatura extremamente alta, para melhor visualização do efeito, enquanto, para grande parte dos casos de interesse, a condição $k_BT \ll E_F$ é válida. O Exemplo 4.6 ilustra esse comportamento em escala real para a temperatura ambiente.

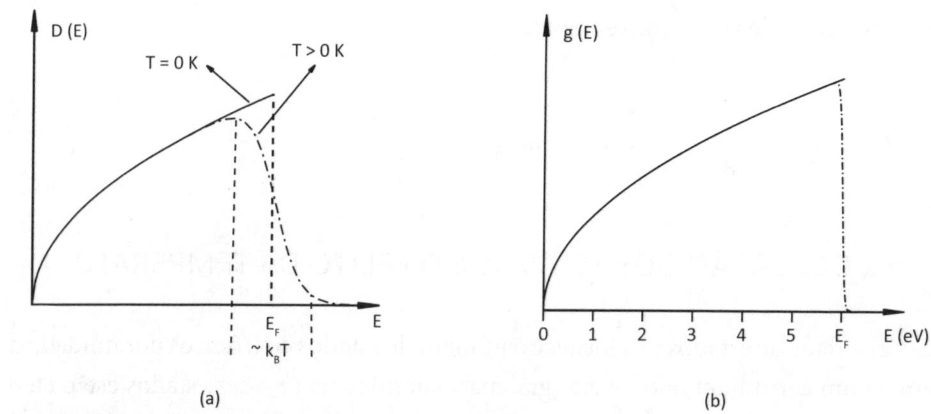

Figura 4.7 – (a) ilustração da função ocupação dos estados para o gás de elétrons tridimensional a duas temperaturas diferentes, $T = 0$ K e $T > 0$ K e (b) função ocupação dos estados para o gás de elétrons tri-dimensional a $T = 0$ K (curva cheia) e a $T = 300$ K (curva tracejada), com $E_F = 6{,}0$ eV. Note que $k_BT = 0{,}026$ eV a $T = 300$ K, ou seja, um valor muito menor que E_F.

Exemplo 4.6: faça gráficos quantitativos para a função ocupação dos estados $D(E)$ para uma energia de Fermi $E_F = 6{,}0$ eV a $T = 0$ K e $T = 300$ K. Compare.
A Figura 4.7b mostra os gráficos em escala real para a ocupação dos estados a $T = 0$ K e $T = 300$ K. Nota-se que a diferença entre as duas curvas em torno da energia de Fermi é pequena, pois $k_B T = 0{,}026$ eV para $T = 300$ K, ou seja, cerca de 230 vezes menor que o valor de E_F, ilustrando como é sutil o efeito da temperatura ambiente sobre a ocupação dos estados a esta temperatura.

4.4.3 CONDUTIVIDADE ELÉTRICA

A obtenção da condutividade elétrica no modelo do gás de Fermi é análoga à elaborada no caso do modelo de Drude, porém, nesse caso é mais conveniente considerar o problema do ponto de vista do espaço recíproco. A aplicação de um campo elétrico no condutor resulta em uma força que implica a variação do momento. Portanto:

$$\vec{F} = \frac{d}{dt}\vec{p} = \hbar\frac{d}{dt}\vec{k} = -e\vec{E} \tag{4.28}$$

Ou seja, a aplicação do campo elétrico leva ao deslocamento da esfera de Fermi no espaço recíproco. A Figura 4.8 ilustra o plano $k_x k_y$ do espaço recíproco, quando um campo elétrico é aplicado ao longo da direção $-\hat{x}$, resultando no deslocamento da esfera de Fermi no sentido de k_x positivo.

Na ausência de campo, a esfera de Fermi está centrada na origem, de forma que a soma dos momentos ou, de forma equivalente, das velocidades do conjunto de todos os elétrons é nula. Consequentemente, a corrente elétrica também é nula. Essa situação é representada na Figura 4.8 pelo círculo centrado na origem (linha tracejada). Com a aplicação do campo elétrico, a esfera de Fermi se desloca de δk no sentido de k_x positivo, fazendo com que alguns estados localizados à direita da esfera de Fermi com energia próxima a E_F sejam ocupados, e alguns estados com energia próxima à energia de Fermi localizados à esquerda sejam desocupados (círculo de linha sólida, Figura 4.8). Dessa forma, o momento linear total, bem como a corrente elétrica, deixa de ser nulo.

Entretanto, uma vez que os elétrons são livres e não estão submetidos à ação de nenhuma outra interação, com a rede ou entre si, a esfera de Fermi deveria se deslocar progressivamente, levando o momento a crescer indefinidamente no tempo, resultando em uma corrente elétrica que não cessaria de aumentar. Essa situação claramente não é realista, pois um campo elétrico constante não pode dar origem a uma corrente elétrica que cresce continuamente. Caso isso ocorresse e o campo elétrico fosse desligado após certo tempo, a corrente continuaria circulando na ausência de campo, o que obviamente não acontece nos materiais condutores ordinários.[3]

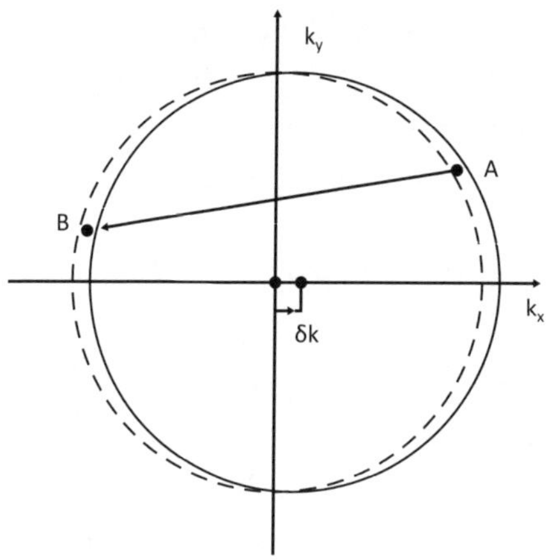

Figura 4.8 – Deslocamento da esfera de Fermi no espaço recíproco como resultado da aplicação de um campo elétrico na direção $\hat{x}$: antes (círculo tracejado) e depois (círculo sólido) da aplicação do campo. A seta A-B representa um evento de espalhamento de um elétron com energia próxima à energia de Fermi.

Os argumentos apresentados implicam que se deve incluir nesse modelo algum tipo de interação de dissipação da energia cedida aos elétrons pelo campo elétrico, de forma a se obter uma situação estacionária, com corrente elétrica constante, e garantir o retorno ao estado inicial com corrente nula, após o campo ser desligado. Essa interação é introduzida na equação de movimento (Equação 4.28) na forma de uma força dissipativa proporcional à velocidade (ou proporcional a k). Assim:

$$\frac{d}{dt}\vec{k} = -\frac{e\vec{E}}{\hbar} - \frac{1}{\tau}\vec{k} \tag{4.29}$$

Em que, para que a equação fique dimensionalmente correta, a constante τ deve ter dimensão de tempo. Note que no lado direito da Equação 4.29, o primeiro sinal negativo corresponde ao fato de a força aplicada ter sentido oposto ao do campo elétrico, e o

3 Nos materiais supercondutores, é possível fazer uma corrente elétrica circular no material por um tempo indeterminado, mesmo na ausência de campo elétrico. O fenômeno da supercondutividade, no entanto, ocorre somente em baixas temperaturas e não pode ser explicado por uma teoria simples como o modelo de elétrons livres. Esse fenômeno será abordado no Capítulo 9.

segundo sinal negativo mostra que a força dissipativa tem sentido inverso ao da velocidade (ou ao vetor de onda). Assim, embora essas forças tenham sentidos contrários, ambos os termos são negativos.

No estado estacionário, $dk/dt = 0$ e, logo, o deslocamento da esfera de Fermi será dado por:

$$\delta k = -\frac{e\tau}{\hbar}E \qquad (4.30)$$

Essa expressão fornece o valor médio do momento linear do gás de Fermi e, a partir dele, a velocidade de deriva e a condutividade podem ser obtidas. Caso τ seja considerado como igual ao tempo médio entre colisões, essas equações se tornam idênticas às Equações 4.5 e 4.7.

Nesse ponto, é oportuno introduzir o conceito de *mobilidade*, como a razão entre a velocidade dos elétrons e o campo elétrico aplicado. Assim, para um dado campo elétrico aplicado, quanto maior a mobilidade, maior será a velocidade adquirida pelo portador de carga:

$$\mu \equiv \frac{v}{E} = -\frac{e\tau}{m_e} \qquad (4.31)$$

E, assim, a condutividade pode ser expressa simplesmente como:

$$\sigma = en\mu \qquad (4.32)$$

Exemplo 4.7: estime a mobilidade dos elétrons no cobre em temperatura ambiente e a $T = 10$ K, considerando os valores de tempo de relaxação dados na Tabela 4.2.

$$T = 300\ \text{K:}\ \mu = -\frac{e\tau}{m_e} = \frac{1{,}60x10^{-19}x2{,}44x10^{-14}}{9{,}11x10^{-31}} = 42{,}9\,cm^2/V.s$$

$$T = 10\ \text{K:}\ \mu = -\frac{e\tau}{m_e} = \frac{1{,}60x10^{-19}x2{,}08x10^{-11}}{9{,}11x10^{-31}} = 3{,}59x10^4\,cm^2/V.s$$

Se, após atingir o estado estacionário, o campo elétrico for desligado repentinamente, a equação de movimento 4.29 prevê uma resposta transiente da corrente elétrica caindo a zero exponencialmente com tempo característico τ , ou seja:

$$I = I_0 \exp(-t/\tau) \tag{4.33}$$

Dessa maneira, τ pode ser considerado como o tempo característico com que o conjunto de elétrons responde às variações do campo aplicado e, por este motivo, é conhecido como *tempo de relaxação*.[4] Assim, observa-se que, por meio da inclusão de um mecanismo de perda de energia dos elétrons, pode-se obter a expressão para a condutividade dos metais. A condutividade é diretamente proporcional à densidade de elétrons livres e ao tempo característico das colisões sofridas por esses portadores (ou, de outra forma, proporcional à sua mobilidade). Assim, para uma dada densidade de elétrons, a condutividade será tanto menor quando mais frequentes forem as colisões que os elétrons sofrem, acarretando uma menor mobilidade.

É importante lembrar, conforme vimos, que, para as densidades de corrente usuais, os valores de velocidade de deriva (~ 10^{-3} m/s) são muitas ordens de grandeza inferiores aos da velocidade de Fermi (~ 10^6 m/s). Dessa maneira, percebe-se que o deslocamento da esfera de Fermi é ínfimo quando comparado ao seu raio e que a aplicação do campo elétrico pouco perturba a situação de equilíbrio do gás de elétrons (em termos simples, isso significa que a Figura 4.8 está desenhada de forma extremamente exagerada).

Deve-se observar também que os elétrons que sofrem espalhamento são aqueles com energia muito próxima a E_F (região à direita da Figura 4.8) e, após a colisão, vão ocupar os estados desocupados (região à esquerda da Figura 4.8), em um processo como o ilustrado pela seta A-B na Figura 4.8. Uma vez que a massa do elétron é muito pequena comparada à dos possíveis centros espalhadores (veja seção a seguir), o processo de colisão deve ser praticamente elástico, ou seja, o estado final do elétron (ponto B) deve possuir uma energia que difere muito pouco da energia do estado inicial (ponto A). Portanto, somente os elétrons situados em estados muito próximos à energia de Fermi podem sofrer espalhamento e, assim, possuem velocidade igual à velocidade de Fermi. Dessa forma, o livre caminho médio pode ser expresso como:

$$\lambda = v_F \tau \tag{4.34}$$

4 O tempo de relaxação e o tempo médio entre colisões são conceitos distintos e não são, necessariamente, iguais entre si. No entanto, para os propósitos do presente texto podemos considerar desta forma.

Conforme mostra o Exemplo 4.8 adiante, o livre caminho médio dos elétrons em temperatura ambiente calculado segundo essa expressão é cerca de duas ordens de grandeza maior que a distância interatômica, e, em baixas temperaturas, esse valor pode ser até três ordens de grandeza ainda maior. Logo, não é razoável imaginar os átomos da rede, ou mesmo outros elétrons, como causadores do espalhamento, confirmando a suposição de elétrons livres, como feito inicialmente. Portanto, mecanismos alternativos de espalhamento que sejam responsáveis por colisões tão distantes entre si na escala atômica devem ser considerados para explicar a origem da dissipação de energia durante o transporte de corrente nos materiais condutores. Esse assunto será discutido na próxima seção.

Exemplo 4.8: estime o livre caminho médio dos elétrons no cobre em temperatura ambiente, considerando que a velocidade média dos elétrons é a velocidade de Fermi.

$$\lambda = v_F \tau = 1{,}56\text{x}10^6 x 2{,}44 x 10^{-14} = 3{,}81 x 10^{-8} = 38{,}1 nm$$

Esse valor é cerca de 100 vezes maior que o parâmetro de rede do cobre. Em baixas temperaturas, com o aumento do tempo de relaxação (veja Tabela 4.2), esse valor pode ser três ordens de grandeza maior.

4.4.4 MECANISMOS DE ESPALHAMENTO E A DEPENDÊNCIA COM A TEMPERATURA

De uma maneira geral, elétrons em metais podem sofrer espalhamento por meio de diferentes mecanismos, como fônons ou vibrações da rede, impurezas, defeitos ou imperfeições da rede cristalina, outros elétrons etc. Considerando que o número de colisões por unidade de tempo é dado pelo inverso do tempo médio entre colisões τ^{-1} e que o número total de colisões que o elétron sofre por unidade de tempo é a soma do número de colisões causadas por cada um dos mecanismos existentes (supondo, em primeira aproximação, que um mecanismo de espalhamento não interfere com o outro), pode-se escrever:

$$\tau^{-1} = \tau_1^{-1} + \tau_2^{-1} + \tau_3^{-1} + \ldots \qquad (4.35)$$

Em que os subscritos designam os diferentes mecanismos de espalhamento. Assim, tendo em vista que a condutividade é diretamente proporcional a τ (Equação 4.7) e que a resistividade elétrica é o inverso da condutividade, chega-se à conclusão de que a resistividade do metal pode ser expressa como a soma de diversas parcelas, cada uma delas associada a um dos mecanismos de espalhamento atuantes. No caso de metais puros ou de ligas metálicas em que a concentração da liga não é muito grande (alguns poucos por cento ou menor), pode-se agrupar todas essas contribuições para a resistividade em apenas dois grupos, ou seja:

$$\rho = \rho_0 + \rho_i(T) \tag{4.36}$$

Essa relação é a chamada *regra de Matthiessen*, segundo a qual a resistividade pode ser escrita como a soma de duas parcelas:

a) a chamada de *resistividade residual* ρ_0, que se deve ao espalhamento por impurezas e, portanto, deve ser proporcional à concentração de átomos de impurezas presentes no material. Por isso, essa parcela pode variar de uma amostra para outra. Caso a concentração de impurezas não seja muito grande, a resistividade residual é independente da temperatura e, assim, pode ser determinada pela extrapolação dos valores da resistividade medidos a baixa temperatura. Na prática, para temperaturas da ordem ou menores que 10 K, a resistividade total é aproximadamente igual à resistividade residual. Em alguns casos, o espalhamento por defeitos da rede cristalina também pode ser incluído nesse termo e a resistividade residual também pode depender do histórico de tratamentos térmicos e/ou mecânicos da amostra em questão;
b) a *resistividade ideal* $\rho_i(T)$, também conhecida por resistividade intrínseca, que está associada basicamente ao espalhamento dos elétrons pelas vibrações ou fônons da rede cristalina. Outras contribuições, como o espalhamento elétron-elétron, que, em alguns casos, podem ser relevantes na região de baixas temperaturas, também são incluídas nesse termo. Essa parcela, que é característica do metal em questão, é responsável pela variação da resistividade com a temperatura e anula-se quando a temperatura tende ao zero absoluto.

A Figura 4.9 mostra valores da resistividade do cobre puro e de algumas ligas de cobre com pequenas concentrações de níquel, como função da temperatura no intervalo entre 100 K e 300 K, aproximadamente. Nota-se que, no caso do cobre puro, a resistividade aumenta com a temperatura de forma aproximadamente linear, em função do aumento da resistividade ideal. Para baixas temperaturas, a inclinação da curva deve diminuir, atingindo em $T = 0$ K um valor de resistividade residual muito pequeno (na escala da figura). As ligas de cobre com pequena concentração de níquel apresentam resistividade mais alta que o cobre puro, sendo as curvas deslocadas verticalmente em relação à do metal puro, mostrando que a resistividade residual aumenta proporcionalmente à concentração de níquel. Isso ocorre de forma que a dependência da resistividade com a temperatura seja essencialmente a mesma que no metal puro (ou seja, as curvas são paralelas entre si), pois essa dependência é determinada pela resistividade ideal e, portanto, independe da presença de impurezas. Essas observações estão de acordo com a regra de Matthiessen.

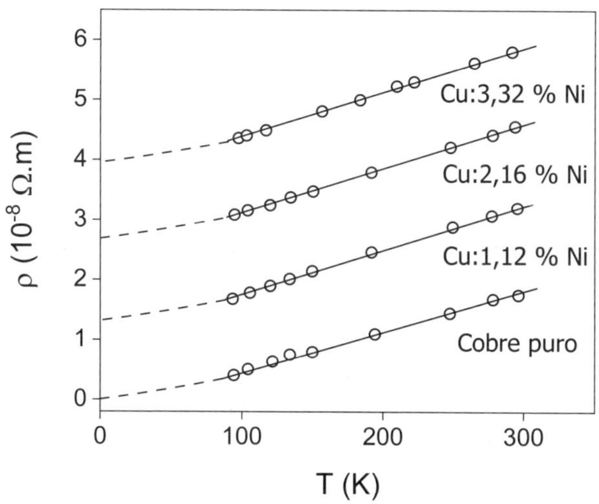

Figura 4.9 – Resistividade do cobre e ligas de cobre com diferentes concentrações de níquel como função da temperatura. Note que a dependência com a temperatura é essencialmente a mesma em todos os casos, mas o valor extrapolado para $T = 0$ K cresce com a concentração de impurezas de níquel.

Fonte: Linde, 1932.

Embora amplamente conhecida na forma expressa pela Equação 4.36, a regra de Matthiessen foi originalmente estabelecida de uma forma distinta. Conforme vimos, para temperaturas suficientemente altas, a variação da resistividade com a temperatura de um metal ou liga de baixa concentração independe da concentração de impurezas, ou seja:

$$\left[\frac{\partial \rho}{\partial T}\right]_P = \left[\frac{\partial \rho}{\partial T}\right]_I \tag{4.37}$$

Em que os subscritos P e I se referem ao metal puro e ao metal contendo uma certa concentração de impurezas, respectivamente.

Pode-se definir o coeficiente de temperatura da resistividade:[5]

$$\alpha_r = \frac{1}{\rho}\frac{\partial \rho}{\partial T} \tag{4.38}$$

Dessa forma, combinando-se as Equações 4.37 e 4.38, obtém-se:

$$\rho_P \alpha_P = \rho_I \alpha_I = K_M \tag{4.39}$$

Em que K_M é a *constante de Matthiessen*. Essa relação significa que, para temperaturas suficientemente altas, o produto da resistividade pelo seu coeficiente de temperatura é uma constante para um dado metal, independentemente da concentração de impurezas, desde que essa concentração não seja muito grande. Como a resistividade do metal depende da presença de impurezas (que contribui para a resistividade residual), conclui-se que o valor do coeficiente de temperatura da resistividade é muito sensível à presença de impurezas, sendo fortemente reduzido pela presença de pequenas quantidades de átomos estranhos ao metal. Como consequência desse fato, tem-se que a medida do coeficiente de temperatura da resistividade pode ser utilizada como um método muito simples e extremamente sensível de determinação da pureza de metais.

NA PONTA DA CIÊNCIA E DA TECNOLOGIA

Calibrando milésimos

A medida de resistividade de um metal é uma das maneiras mais simples, práticas e precisas de se medir temperatura. Por esse motivo, a Escala Internacional de Temperatura de 1990 (*International Temperature Scale*, ITS-90) é estabelecida entre o ponto triplo do argônio (T = –189,3442 °C) e o ponto de solidificação da prata (T = 961,78 °C), com base na interpolação por um termômetro de resistência de platina. O sensor de platina especialmente utilizado para esse fim deve possuir, entre outros atributos, alto grau de pureza, de forma a apresentar um coeficiente de temperatura da resistividade de 3.269

5 É importante notar que há uma diferença entre o coeficiente de temperatura da resistividade e o coeficiente de temperatura da resistência elétrica, em virtude das alterações dimensionais causadas pela dilatação térmica. No caso da maior parte dos metais, entretanto, essa diferença é muito pequena, da ordem ou menor que 0,2%, com exceção do alumínio e suas ligas, nos quais essa diferença é mais relevante.

ppm/°C, o que na prática equivale a um grau de pureza superior à sensibilidade de muitos métodos sofisticados de análise química.

Com esse sensor, o National Institute of Standards and Technology (NIST), dos Estados Unidos, realiza calibrações de temperatura com precisão da ordem de um milésimo de grau ou superior em todo o intervalo mencionado (Strouse, 2008). Obviamente, para obtenção desse nível de precisão, os desvios da linearidade devem cuidadosamente ser considerados. No entanto, para a maior parte das aplicações práticas de engenharia, um sensor de platina linearmente calibrado é suficiente, sendo o mais amplamente utilizado o sensor conhecido como Pt100, que é calibrado para apresentar uma resistência de 100 Ω a 0 °C. Sensores de temperatura de níquel ou de cobre, de mais baixo custo, também podem ser utilizados, porém, sem a mesma confiabilidade.

Quando a interação dos elétrons com fônons da rede cristalina é o mecanismo dominante de espalhamento dos elétrons livres, a dependência da resistividade com a temperatura de metais puros e ligas com baixa concentração pode ser descrito pelo modelo de Bloch e Grüneisen, que descreve a resistividade ideal na forma de uma curva universal dependente de um único parâmetro, a temperatura de Debye θ_D (veja Capítulo 3).[6]

Nesse modelo, a densidade de fônons é obtida a partir da função de distribuição estatística de Bose-Einstein (Equação 1.39), fazendo o limite de temperaturas altas e obtendo uma densidade de fônons proporcional a T. Como a probabilidade de espalhamento é proporcional à densidade de fônons, como também é a resistividade, chega-se a:

$$\rho_i(T) = \frac{C}{4M_A\theta_D}\left(\frac{T}{\theta_D}\right) \qquad (T > \theta_D) \tag{4.40}$$

Em que C é uma constante. Conforme se pode verificar na Tabela 4.1, a resistividade de todos os metais listados varia de forma linear em altas temperaturas (por volta da temperatura ambiente ou acima), confirmando que o espalhamento por fônons é o mecanismo dominante nessa faixa.

Para temperaturas baixas, a situação é muito mais complexa, e sua compreensão detalhada se encontra além do escopo deste texto. Nesse caso, deve-se levar em conta não apenas a densidade de fônons, mas também quais dos processos de espalhamento efetivamente contribuem para a resistividade. A consideração desses dois fatores conjuntamente leva a obter:[7]

---

6 A temperatura de Debye determinada a partir da resistividade tem valor próximo, mas não exatamente igual, à temperatura de Debye do calor específico.

7 O leitor interessado em conhecer mais detalhes do modelo de Bloch-Grüneisen deve consultar textos mais aprofundados, como Ashcroft, 1976.

$$\rho_i(T) = 124{,}431 \frac{C}{M_A \theta_D} \left(\frac{T}{\theta_D} \right)^5 \qquad (T \ll \theta_D) \qquad (4.41)$$

A Figura 4.10 mostra valores da resistividade ideal relativa $\rho_i(T)/\rho_i(\theta_D)$ em função da temperatura normalizada T/θ_D para os metais cobre, ouro, prata e alumínio. Os dados dos diversos metais seguem uma única curva em toda a faixa de temperaturas, apresentando um comportamento linear a altas temperaturas e uma lei de potência T^5 em baixas temperaturas, em acordo com a previsão do modelo teórico de Bloch e Grüneisen.

Na realidade, na região de baixas temperaturas, além da interação entre elétrons e fônons, outros mecanismos de espalhamento também podem ser importantes para a determinação da resistividade do metal, dando origem a dependências do tipo lei de potência T^β, cujo expoente pode assumir diferentes valores:

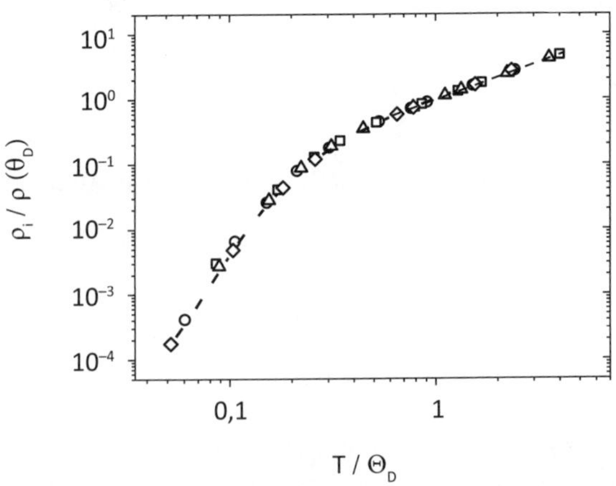

Figura 4.10 – Variação da resistividade ideal com a temperatura em escala log-log para os metais cobre, ouro, prata e alumínio. Para altas temperaturas a variação é linear, enquanto para baixas temperaturas a dependência é proporcional a T^5.

Fonte: Matula, 1979; Desai, 1984.

a) $\beta = 5$, quando o espalhamento dominante se deve à interação com fônons, conforme visto;
b) $\beta = 3$, quando a interação é entre elétrons s e d (como no caso dos metais de transição);
c) $\beta = 2$, no caso da interação de elétrons livres entre si.

Obviamente, quando mais de um mecanismo está presente, a resistividade pode ser aproximada pela soma dos diferentes termos, cada um com seu expoente característico. A Tabela 4.4 apresenta valores do expoente β e da temperatura de Debye da resistividade para diversos metais.

Tabela 4.4 – Expoente β e temperatura de Debye θ_D para diversos metais. Observe que a temperatura de Debye da resistividade é próxima, mas não igual à temperatura de Debye do calor específico

Metal	β	θ_D (K)	Metal	β	θ_D (K)
Al	5,0	385	Ni	3,1	390
Ag	4,7	220	Os	4,7	400
Au	5,1	185	Pd	3,2	295
Co	3,3	380	Pt	3,7	225
Cr	3,2	480	Re	4,6	280
Cu	5,1	310	Rh	4,6	350
Fe	3,3	400	Ru	4,7	500
Hf	4,7	210	Ta	3,8	230
Ir	4,7	290	Ti	5,3	360
Mn	2,0	410	V	3,4	390
Mo	5,1	380	W	4,0	315
Nb	2,7	250	Zr	4,5	250

Fonte: Gray, 1972.

Em tese, de acordo com a regra de Matthiessen, um metal livre de impurezas ou defeitos cristalográficos à temperatura do zero absoluto poderia apresentar resistividade nula.[8] Isso significa que os elétrons livres poderiam se locomover através do metal sem interagir com o potencial periódico associado aos íons da rede cristalina, desde que esta fosse totalmente rígida e não apresentasse imperfeições. Por outro lado, em uma liga metálica cuja concentração é maior que poucos por cento, a existência de íons estranhos ao metal dispersos pela rede traz distorções espaciais substanciais ao potencial da rede

8 Essa ideia não deve ser confundida com o fenômeno da supercondutividade que será apresentado no Capítulo 9; conforme veremos, trata-se de um fenômeno físico distinto.

cristalina, que deixa de ser periódico. Dessa maneira, surge um novo mecanismo de espalhamento relacionado à desordem da rede cristalina, que não está previsto na regra de Matthiessen. No caso dos metais puros ou ligas com baixa concentração este efeito é muito pequeno e pode ser desprezado.

Essa contribuição adicional para a resistividade das ligas metálicas tem origem em dois fenômenos distintos:

a) a desordem estrutural relacionada à mudança do parâmetro de rede da liga em relação ao metal puro, em consequência da incorporação de outro elemento metálico. Em primeira aproximação, a variação do parâmetro de rede é proporcional à concentração do elemento de liga, em acordo com a chamada lei de Vegard;[9]
b) a desordem química-composicional relacionada à distinta carga iônica do elemento de liga em relação ao íon da matriz, no caso de se tratar de elementos químicos com diferentes valências.

Assim, a variação da resistividade de uma liga A-B em relação ao metal puro A pode ser descrita de forma empírica pela relação de Linde:

$$\Delta\rho = \rho_{liga} - \rho_{puro} = [\alpha + \beta(z_A - z_B)^2]x \tag{4.42}$$

Na qual z designa a valência dos átomos da liga; x, a concentração da liga; e α e β são constantes positivas, uma vez que, em princípio, a resistividade da liga deve ser sempre maior que a do metal puro, pois apresenta maior grau de desordem. A Figura 4.11a mostra a variação da resistividade de ligas de cobre (Cu-Au e Cu-Ni) em temperatura ambiente em função da concentração de cobre nas ligas. Note que, ao se adicionarem elementos de liga aos metais puros (cobre, ouro ou níquel), a resistividade aumenta de maneira aproximadamente linear com a concentração. O maior aumento da resistividade no caso da liga Cu-Ni relativamente à liga Cu-Au pode ser atribuído em grande parte à maior valência do níquel (+2), em comparação com a do ouro ou do cobre (+1).

A Tabela 4.5 mostra valores do aumento da resistividade de ouro, prata e cobre em função da incorporação de diversos elementos de liga nesses metais.

9 A lei de Vegard (1921) é uma lei empírica que estabelece que o parâmetro de rede de uma solução sólida é a média ponderada dos parâmetros de rede dos seus constituintes, desde que tenham a mesma estrutura cristalina.

Tabela 4.5 – Aumento da resistividade de ouro, prata e cobre em função da incorporação de diversos elementos de liga

	Δρ (10^{-8} Ω.m/% at.)		
Elemento de liga	**Ouro**	**Prata**	**Cobre**
Ag	0,38	---	0,14
Au	---	0,38	0,55
Cu	0,485	0,068	---
Hg	0,41	0,79	1,00
In	1,41	1,78	1,10
Ni	1,00	---	1,25
Pd	0,407	0,436	0,89
Pt	1,02	1,59	2,51
Sb	---	7,26	5,45
Sn	3,63	4,32	2,85
Zn	0,96	0,62	0,335

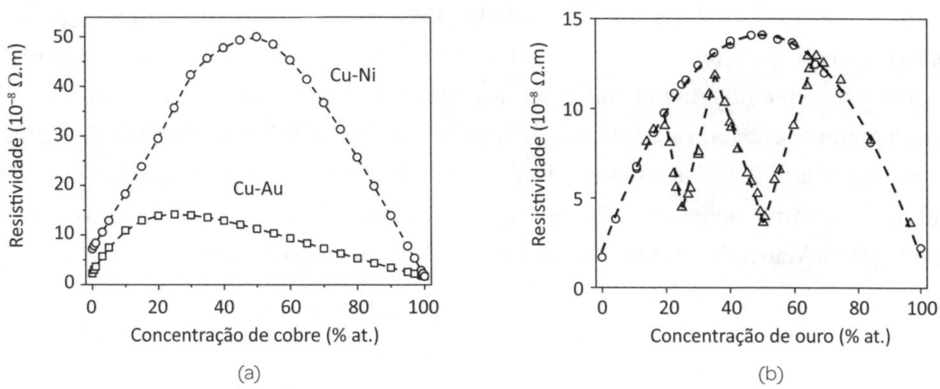

Figura 4.11 – (a) resistividade de ligas de cobre (Cu-Au e Cu-Ni) à temperatura ambiente em função da concentração de cobre e (b) resistividade de ligas de Cu-Au a T = 20 °C em função da concentração de ouro. Os círculos são os valores obtidos para as ligas desordenadas resfriadas rapidamente a partir de 650 °C, enquanto os triângulos são valores obtidos após um tratamento térmico a 200 °C.

Fonte: Ho, 1983; Johansson, 1936.

Um fenômeno muito interessante ocorre no caso de compostos intermetálicos, nos quais os elementos metálicos se posicionam na rede cristalina de maneira ordenada, e, portanto, o efeito da desordem é minimizado. Um exemplo desse fato pode ser observado no sistema Cu-Au, que apresenta dois compostos intermetálicos, CuAu e Cu_3Au. As ligas Cu-Au desordenadas, obtidas por resfriamento rápido a partir de 650 °C, apresentam um comportamento da resistividade com a concentração que varia suavemente, conforme visto (veja Figuras 4.11a e 4.11b, círculos). No entanto, ao se submeterem essas ligas a tratamentos térmicos, a maior mobilidade atômica em alta temperatura faz com que a estrutura atômica tenda a ordenar-se, formando os compostos intermetálicos. Uma vez que nos compostos intermetálicos a rede cristalina é ordenada, sua resistividade é consideravelmente inferior às das ligas desordenadas com composição química semelhante, e, portanto, a resistividade do material é diminuída. A Figura 4.11b mostra que a resistividade de ligas de Cu-Au tratadas termicamente é muito inferior em relação aos valores das ligas desordenadas com os valores de concentração de ouro próximos aos compostos intermetálicos CuAu (50% at.) e Cu_3Au (25% at.).

Quando a concentração da liga é alta, o mecanismo de espalhamento relacionado à desordem da rede é muito grande, superior a outros mecanismos e, portanto, domina o valor da resistividade. Dessa forma, a resistividade de ligas concentradas é, em geral, muito maior que a dos metais puros. A Tabela 4.6 traz valores da resistividade em temperatura ambiente e do seu coeficiente de temperatura para algumas ligas metálicas de largo emprego em engenharia. Conforme visto anteriormente, a variação da temperatura leva a um aumento do espalhamento dos elétrons por fônons, mas esse aumento é, em muitos casos, muito menor que o espalhamento relacionado à desordem da liga. Isso significa que o coeficiente de temperatura da resistividade em uma liga concentrada é muito menor que nos metais puros ou nas ligas diluídas. Assim, de uma forma geral, quanto maior a concentração da liga, menor se espera que seja o coeficiente de temperatura da resistividade. No entanto, diversas ligas metálicas apresentam comportamento anômalo, com um coeficiente de temperatura da resistividade muito inferior ao previsto pela regra de Matthiessen. Veja tópico sobre vidros metálicos, a seguir.

Tabela 4.6 – Resistividade e coeficiente de temperatura da resistividade para diversos materiais metálicos e ligas comerciais à temperatura ambiente

Metal ou liga	ρ (10^{-8} Ω.m)	α_r (10^{-6} K^{-1})
Cobre-níquel		
98 Cu-2 Ni	5,0	1400
94 Cu-6 Ni	10	700
89 Cu-11 Ni	15	450
78 Cu-22 Ni	30	180
Manganin		
87 Cu-13 Mn	48	±15
85 Cu-10 Mn-4 Ni	38	±10
83 Cu-13 Mn-4 Ni	48	±15
Constantan		
57 Cu-43 Ni	50	±20
53 Cu-44 Ni-3 Mn	52,5	±70
55 Cu-45 Ni	50	±40
Níquel-cromo-alumínio		
72 Ni-20 Cr-3 Al-5 Mn	138	±20
75 Ni-20 Cr-3 Al-2 (Cu, Fe ou Mn)	133	±20
Ligas de níquel		
78,5 Ni-20 Cr-1,5 Si	108	80
71 Ni-29 Fe	20,8	4300
76 Ni-17 Cr-4 Si-3 Mn	133	±20
68,5 Ni-30 Cr-1,5 Si	119	90
60 Ni-16 Cr-22,5 Fe-1,5 Si	113	150
37 Ni-21 Cr-40 Fe-2 Si	108	300
35 Ni-20 Cr-43,5 Fe-1,5 Si	100	400

Metal ou liga	ρ (10^{-8} Ω.m)	α_r (10^{-6} K^{-1})
Ferro-cromo-alumínio		
73,5 Fe-22 Cr-4,5 Al	135	60
72,5 Fe-22 Cr-5,5 Al	145	20
73 Fe-22 Cr-5 Al	139	40
35 Ni-20 Cr-43,5 Fe-1,5 Si	100	400
81 Fe-15 Cr-4 Al	125	±50

Fonte: ASM International, 1992.

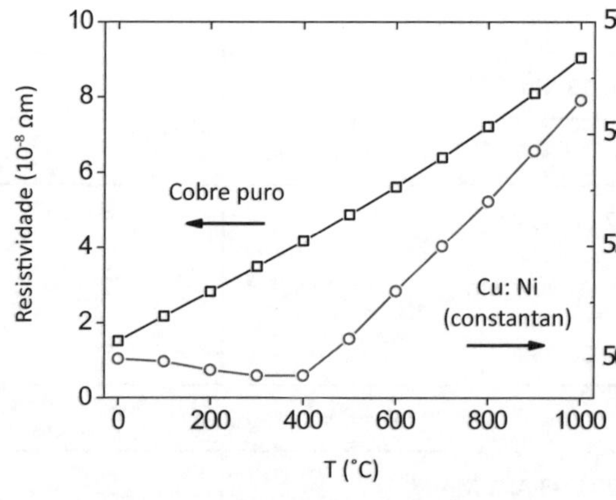

Figura 4.12 – Resistividade em função da temperatura para o cobre puro e a liga de cobre-níquel denominada constantan (Cu:Ni 55:45). Note que, enquanto a resistividade do cobre puro aumenta cerca de 500% entre 0 °C e 1.000 °C, a resistividade da liga apresenta uma pequena variação.

Fonte: Gray, 1972.

A Figura 4.12 ilustra a variação da resistividade com a temperatura de uma amostra de cobre puro e uma liga metálica de cobre-níquel 55:45 (constantan), para temperaturas entre 0 °C e 1.000 °C. Nota-se um grande aumento da resistividade do cobre puro (cerca de um fator 6), de forma aproximadamente linear, entre zero grau e 1.000 °C, enquanto a resistividade da liga Cu-Ni apresenta uma pequena variação. Isso demonstra que, no metal puro, o espalhamento dos elétrons por fônons tem papel preponderante, fazendo com que a resistividade ideal domine, resultando num aumento linear da resistividade. No caso da liga constantan, o mecanismo de espalhamento predominante é atribuído à desordem da rede cristalina e, portanto, aproximadamente independe da temperatura, especialmente para as temperaturas mais baixas. Para temperaturas mais altas, acima de 400 °C, a resistividade da liga passa a aumentar linearmente. A variação total da resistividade do constantan em todo intervalo de temperatura não chega a 10%. Importante observar, entretanto, que, à temperatura ambiente, a resistividade do constantan é cerca de 30 vezes maior que a do cobre puro.

NA PONTA DA CIÊNCIA E DA TECNOLOGIA

Vidros metálicos

Materiais metálicos que não apresentam estrutura cristalina, ou seja, cujos átomos se dispõem espacialmente de acordo com uma estrutura desordenada ou amorfa, são denominados vidros metálicos. Nesses materiais, como nos metais cristalinos convencionais, a condução elétrica é realizada por elétrons livres. Entretanto, a grande desordem estrutural desses materiais acarreta que esses elétrons sofram uma forte interação com a rede amorfa, fazendo com que seu livre caminho médio seja muito pequeno, e, portanto, sua resistividade elétrica seja alta (na faixa de 50 a 250 x 10^{-8} Ω.m) e pouco dependente da temperatura. Mais do que isso, enquanto alguns vidros metálicos apresentam uma resistividade que aumenta com a temperatura, em outros, a resistividade surpreendentemente se comporta de maneira contrária à convencional, diminuindo quando o material é aquecido.

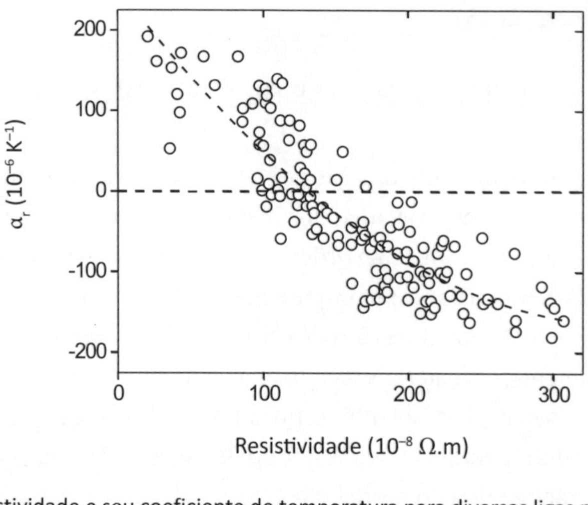

Figura 4.13 – Resistividade e seu coeficiente de temperatura para diversas ligas metálicas à temperatura ambiente. A linha tracejada indica a tendência dos dados.

Fonte: Moij, 1973.

Ligas metálicas convencionais, embora de uma maneira geral apresentem uma estrutura cristalina e, portanto, sejam estruturalmente ordenadas, são desordenadas do ponto de vista composicional, uma vez que a distribuição dos elementos presentes na liga pelos sítios da rede cristalina é aleatória. Diversas ligas metálicas apresentam um comportamento anômalo de alta resistividade e um coeficiente de temperatura muito menor que aquele previsto pela regra de Matthiessen, e, por esta razão, encontram larga aplicação como resistores de alta qualidade, tanto na sua forma maciça (*bulk*) como na forma de filme fino. As ligas mais comumente utilizadas são as de Ni-Cr, dentre outras ligas binárias ou ternárias, pertencentes aos sistemas Cu-Ni-Mn (constantan), Cu-Mn-Ni (manganin), Ni-Cr-Al e Ni-Cr-Si.

Em 1973, J. H. Mooij observou que os valores de resistividade e do coeficiente de temperatura da resistividade de diversas ligas metálicas estão inversamente correlacionados, ou seja, as ligas menos resistivas apresentam coeficiente de temperatura da resistividade positivo, em acordo com o que ocorre com os condutores convencionais, enquanto as ligas mais resistivas apresentam o comportamento inverso, com coeficiente de temperatura da resistividade negativo. A resistividade das ligas com resistividade em uma faixa intermediária, entre aproximadamente 100 e 200 μΩ.cm, é quase que independente da temperatura, com um coeficiente de temperatura virtualmente nulo. Os valores da resistividade e do coeficiente de temperatura de diversas ligas metálicas estão apresentados na Figura 4.13. Essa correlação bastante geral, observada em diversos sistemas metálicos desordenados, como ligas metálicas, vidros metálicos, compostos intermetálicos e quase cristais, chamada de correlação de Mooij, ocorre no limite em que o livre caminho médio dos elétrons se torna comparável às distâncias interatômicas. Os mecanismos básicos responsáveis por esse fenômeno, porém, ainda não são totalmente compreendidos (Ciuchi, 2018).

4.4.5 CALOR ESPECÍFICO DO GÁS DE ELÉTRONS

De acordo com o modelo clássico, o gás de elétrons deveria apresentar uma contribuição substancial para o calor específico dos metais. Uma vez que os metais possuem um número de elétrons livres da mesma ordem que o número de átomos (Equação 4.8), do ponto de vista clássico, seria de esperar que o gás de elétrons armazenasse uma quantidade de energia térmica comparável à rede cristalina. No entanto, isso não acontece. Em temperatura ambiente, os materiais metálicos apresentam valores de calor específico molar semelhantes aos materiais isolantes e, portanto, deduz-se que a contribuição dos elétrons livres seja muito pequena (veja Capítulo 3, Tabela 3.1). Esse fato constitui-se, portanto, em uma grande falha do modelo de Drude.

O modelo do gás de Fermi permite entender essa situação com base em alguns argumentos simples. O cálculo detalhado do calor específico do gás de Fermi, contudo, é complexo e não será apresentado aqui. Em temperaturas suficientemente baixas ($T \ll T_F$), o número de elétrons que é excitado termicamente por um pequeno acréscimo na temperatura do metal é da ordem de $g(E_F)k_BT$ (veja Figura 4.7a). Se, de acordo com o teorema da equipartição da energia, considerarmos que cada um desses elétrons recebe uma energia da ordem de $3/2k_BT$, então, o aumento de energia total do gás de elétrons será dado aproximadamente por:

$$U \cong \frac{3}{2}k_B^2T^2g(E_F) \tag{4.43}$$

Note que essa equação leva em conta apenas o acréscimo da energia relativo aos elétrons que são excitados termicamente pelo aumento de temperatura. A energia do restante dos elétrons não foi considerada, pois não é modificada pela variação de temperatura e, logo, não contribui para o calor específico. Diferenciando-se em relação à temperatura, obtém-se o calor específico do gás de elétrons:

$$c_{el} \cong 3g(E_F)k_B^2T = \gamma T \tag{4.44}$$

Ou seja, obtém-se um calor específico que cresce linearmente com a temperatura. Uma equação mais acurada, obtida de forma mais rigorosa, resulta em uma expressão análoga na qual a constante γ toma a forma:[10]

$$\gamma = \frac{\pi^2}{3}g(E_F)k_B^2 \tag{4.45}$$

Dessa maneira, uma medida da constante γ permite obter uma estimativa da densidade de estados no nível de Fermi (veja Figura 4.14 adiante). Utilizando-se a Equação 4.23 para a densidade de estados $g(E_F)$ do modelo de elétrons livres e fazendo-se $n = N_A$, para obter o calor específico molar, temos:

$$c_{el} = \frac{\pi^2}{2}N_Ak_B\frac{T}{T_F} \tag{4.46}$$

10 Os detalhes do cálculo dessa expressão podem ser encontrados em Ashcroft, 1976.

No limite clássico, ou seja, para temperaturas maiores ou da ordem da temperatura de Debye, pode-se obter a razão entre o calor específico do gás de elétrons e o calor específico da rede. Utilizando as Equações 4.46 e 3.4 e considerando um mol de átomos, cada um contribuindo com z elétrons, obtém-se:

$$\frac{C_{el}}{C_{rede}} = \frac{z\pi^2}{6}\frac{T}{T_F} \qquad (T > \theta_D) \tag{4.47}$$

Essa expressão mostra que o calor específico do gás dos elétrons é, em geral, muito menor que o calor específico da rede, uma vez que o termo T/T_F é um número muito menor que a unidade. Portanto, verifica-se que, em altas temperaturas, a contribuição do gás de elétrons para o calor específico do metal é, de fato muito pequena, da ordem ou menor que poucos por cento.

Por outro lado, para temperaturas muito abaixo da temperatura de Debye, o calor específico da rede cai rapidamente para zero com T^3, assumindo valores comparáveis ou mesmo menores que a contribuição dos elétrons livres, que vai a zero de forma linear - logo, mais lentamente. Assim, em baixas temperaturas, o calor específico dos metais pode ser escrito como a soma das duas contribuições:

$$c = \gamma T + AT^3 \qquad (T \ll \theta_D) \tag{4.48}$$

Em que A e γ são constantes características do metal considerado. Desse modo, é comum, em baixas temperaturas, expressarem-se os valores experimentais do calor específico dos metais num gráfico de c/T *versus* T^2. Conforme a expressão 4.48, esse gráfico deve apresentar uma variação linear com inclinação A e coeficiente linear γ. A Figura 4.14 apresenta resultados de medidas de calor específico do ouro a temperaturas abaixo de cerca de 4,2 K, mostrando um excelente acordo dos valores experimentais com a previsão teórica. A Tabela 4.7 apresenta valores de γ obtidos para diversos metais.

Tabela 4.7 – Valores experimentais da constante γ para alguns metais

Metal	γ (mJ/mol.K^2)	Metal	γ (mJ/mol.K^2)
Ag	0,67	In	1,80
Al	1,26	K	1,97
Au	0,67	Li	1,76
Ba	2,72	Mg	1,34

Metal	γ (mJ/mol.K²)	Metal	γ (mJ/mol.K²)
Be	0,21	Mn	16,75
Bi	0,08	Na	1,47
Ca	2,72	Nb	8,37
Cd	0,71	Pb	2,93
Cs	3,22	Rb	2,43
Cu	0,67	Sb	0,63
Fe	5,02	Sn	1,84
Ga	0,63	Sr	3,64
Hg	2,09	Zn	0,59

Fonte: Gray, 1972.

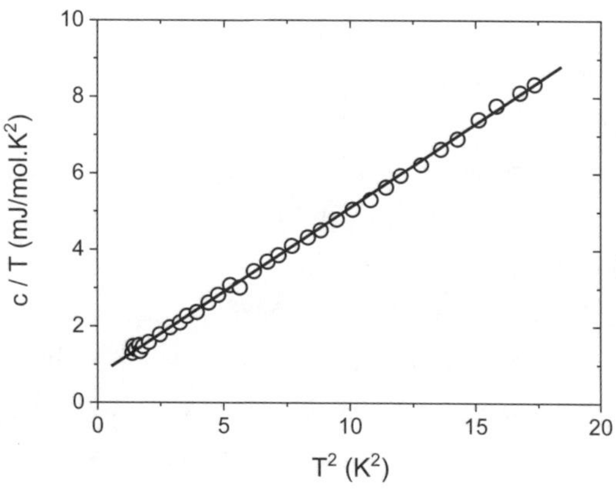

Figura 4.14 – Calor específico do ouro dividido pela temperatura c/T em função da temperatura ao quadrado T^2 em temperaturas muito baixas. A linha reta é um ajuste pela Equação 4.48.

Fonte: Corak, 1955.

Exemplo 4.9: calcule o valor de γ da Equação 4.48 para o caso do cobre.

Segundo a Tabela 4.3 a temperatura de Fermi do cobre é 8,18 x 10⁴ K. Assim, temos:

$$\gamma = \frac{\pi^2}{2}\frac{N_A k_B}{T_F} = \frac{\pi^2 x 8,31}{2x8,18x10^4} = 5,02x10^{-4}\,J/mol.K^2$$

O valor obtido experimentalmente (veja Tabela 4.7) é 6,7 x 10^{-4} J/mol.K^2.

Deve-se observar, porém, conforme foi visto no Capítulo 3, que, enquanto a contribuição dos fônons para o calor específico satura em altas temperaturas, o mesmo não acontece com a parcela relativa ao gás de elétrons, que cresce linearmente com a temperatura. Assim, em temperaturas muito altas, a parcela que se deve aos elétrons livres pode ser uma contribuição importante para o calor específico dos metais. No entanto, outras contribuições também podem ser importantes para o calor específico dos metais em temperaturas muito altas. Esse assunto foi abordado brevemente no Capítulo 3 (seção 3.5.4).

4.4.6 CONDUTIVIDADE TÉRMICA DO GÁS DE ELÉTRONS

É amplamente conhecido que os metais, além de serem excelentes condutores de eletricidade, também são bons condutores de calor. Na verdade, existe uma relação empírica entre essas duas quantidades, a chamada *lei de Wiedemann-Franz*:

$$\frac{\kappa}{\sigma T} = N_L \tag{4.49}$$

Em que N_L é o chamado número de Lorenz. A razão de haver uma relação direta entre essas duas propriedades se baseia no fato de os elétrons livres, além de serem os portadores de carga, também serem os maiores responsáveis pela condução de calor nos metais. A Tabela 4.8 traz valores da condutividade elétrica, térmica e número de Lorenz, em temperatura ambiente, para diversos metais. Observa-se que o número de Lorenz se situa na faixa entre 2,0 e 3,0 x 10^{-8} W.Ω/K^2 para os todos os metais listados.

Para calcular a condutividade térmica do gás de elétrons, utilizamos o mesmo modelo cinético já empregado anteriormente para obtermos a condutividade térmica dos fônons da rede (veja Seção 3.6.2). Dessa forma, a condutividade do gás de Fermi é dada por:

$$\kappa = \frac{1}{3}\frac{c v_F \lambda}{V_M} \tag{4.50}$$

Em que, no presente caso, $c = c_{el}$ é o calor específico molar do gás de elétrons (Equação 4.46), a velocidade dos portadores foi tomada como a velocidade de Fermi v_F; λ é o livre caminho médio; e V_M o volume molar. Substituindo-se a Equação 4.46 para o calor específico e utilizando-se as Equações 4.16 e 4.34, pode-se obter facilmente:

$$\kappa_{el} = \frac{\pi^2 n k_B^2 \tau}{3m_e} T \tag{4.51}$$

Esse valor é suficientemente grande nos metais puros para dominar, em toda a faixa de temperaturas, a condução de calor em relação à condução por fônons. Esse é o motivo pelo qual os metais possuem condutividade térmica uma ou duas ordens de grandeza maior que a maioria dos materiais isolantes. Existem exceções a esse fato, como o silício e o diamante, que possuem condutividades térmicas muito altas, superiores às dos materiais metálicos. Em metais impuros, ligas metálicas ou metais desordenados a contribuição dos elétrons é menor em virtude da forte interação entre os elétrons e a rede, que reduz o tempo de relaxação e, logo, também reduz a condutividade térmica, que pode ser da mesma ordem que a contribuição dos fônons.

Tabela 4.8 – Condutividade elétrica, térmica e número de Lorenz calculado para diversos metais, em temperatura ambiente. Os valores de N_L se situam entre 2 e 3 x 10^{-8} W.Ω/K^2

Metal	σ (10^7 Ω^{-1}.m^{-1})	κ (W/m.K)	N_L (10^{-8} W.Ω/K^2)
Ag	6,0	430	2,3
Al	3,8	235	2,1
Au	4,5	320	2,4
Be	2,6	190	2,4
Cd	1,5	97	2,2
Co	1,7	100	2,0
Cu	6,0	400	2,3
Fe	1,0	80	2,7
Ir	2,1	150	2,4
Mo	1,9	139	2,5
Nb	0,67	54	2,7
Ni	1,4	91	2,2
Pb	0,49	35	2,4
Pd	1,0	72	2,4
Pt	0,94	72	2,6

Metal	σ (10^7 Ω^{-1}.m^{-1})	κ (W/m.K)	N_L (10^{-8} W.Ω/K^2)
Sn	0,91	68	2,5
Ta	0,77	57	2,5
Ti	0,25	22	3,0
V	0,50	31	2,1
W	2,0	170	2,9
Zn	1,7	120	2,4

Fonte: Haynes, 2017.

De todas as quantidades no primeiro termo do lado direito da Equação 4.51, apenas o tempo de relaxação τ depende da temperatura. Em metais puros, em temperaturas não muito baixas, τ é determinado pela interação dos elétrons com fônons e inversamente proporcional à temperatura. Dessa forma, a condutividade térmica dos metais é independente de T. Esse é um fato observado experimentalmente que distingue de maneira clara o comportamento dos metais dos materiais isolantes. A Figura 4.15 mostra a dependência da condutividade térmica dos metais cobre, alumínio, prata e ouro com a temperatura, em que se pode facilmente observar que, acima de cerca de 100 K, a condutividade térmica assume um valor aproximadamente constante até temperaturas muito altas, de cerca de 1.000 K.

Na região de baixas temperaturas, a concentração de fônons cresce com T^3, fazendo com que τ seja proporcional a T^{-3}, e, assim, a condutividade térmica de um metal deve ser inversamente proporcional a T^2 (veja Figura 4.15). Para temperaturas muito baixas, próximas do zero absoluto, a concentração de fônons é tão pequena que o mecanismo de espalhamento dos elétrons passa a ser dominado por impurezas e defeitos, ou seja, um espalhamento que independe da temperatura. Dessa forma, nessa faixa de temperaturas, a condutividade térmica cresce proporcionalmente a T, conforme também mostra a Figura 4.15. Note que esse comportamento da condutividade térmica é essencialmente distinto daquele apresentado pelos materiais isolantes (compare com a Figura 3.23a, Seção 3.6.2).

Exemplo 4.10: calcule o valor da condutividade térmica do cobre em temperatura ambiente.

Utilizando-se a Equação 4.51 e obtendo-se os valores do tempo de relaxação e densidade de elétrons livres nas Tabelas 4.2 e 4.3, respectivamente, obtém-se:

$$\kappa_{el} = \frac{\pi^2 n k_B^2 \tau}{3m_e} T = \frac{\pi^2 x8,49x10^{28} x(1,38x10^{-23})^2 x2,44x10^{-14}}{3x9,11x10^{-31}} x300 = 427W/m.K$$

Em bom acordo com o valor tabelado (400 W/m.K), portanto.

Utilizando o resultado apresentado (Equação 4.51) e a equação para a condutividade elétrica (Equação 4.7), e substituindo-se na equação 4.49, podemos obter uma equação para o número de Lorenz:

$$N_L = \frac{1}{3}\left(\frac{\pi k_B}{e}\right)^2 \qquad (4.52)$$

Resultando N_L = 2,45 x 10^{-8} W.Ω/K^2, em excelente acordo com os valores experimentais listados na Tabela 4.8 (veja Exercício 25). Note que, de acordo com esse modelo, N_L é uma constante que não deve depender da densidade de elétrons ou do tempo de relaxação.

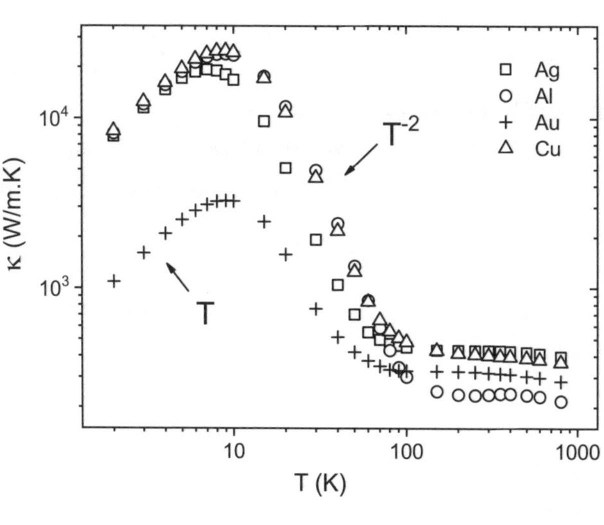

Figura 4.15 – Condutividade térmica dos metais cobre, alumínio, prata e ouro em função da temperatura em escala log-log. Note que a condutividade térmica desses metais cresce linearmente em baixas temperaturas, atinge um máximo em torno de 10 K, cai com T^{-2} e acima de 100 K se mantém aproximadamente constante até temperaturas muito altas.

Fonte: Haynes, 2017.

4.4.7 MÓDULO DE COMPRESSIBILIDADE DO GÁS DE ELÉTRONS

Segundo vimos no Capítulo 2, o módulo de compressibilidade de um sólido está diretamente relacionado à sua energia interna por unidade de volume (veja Seção 2.5). O modelo do gás de Fermi permite obter a energia interna dos elétrons de valência do metal e, portanto, do módulo de compressibilidade de forma simples. Utilizando a Equação 4.25, podemos escrever a seguinte expressão para a energia total do gás de elétrons:

$$E = \frac{3}{5} N E_F \tag{4.53}$$

Assim, pode-se facilmente obter o módulo de compressibilidade do gás de elétrons como:

$$B = V \frac{d^2 E}{dV^2} = \frac{2}{3} n E_F \tag{4.54}$$

Esta expressão fornece estimativas na ordem de grandeza correta, que estão, em geral, dentro de um fator aproximadamente 2 acima ou abaixo dos valores experimentais do módulo de compressibilidade dos metais (veja Exemplo 4.11). Isso se deve ao fato de que a Equação 4.54 leva em conta somente a energia cinética do gás de elétrons, deixando de lado outras contribuições importantes para a energia total do metal, como a energia eletrostática de interação entre os íons da rede e a interação (correlação) entre elétrons, dentre outras. Embora seja quantitativamente pobre, essa estimativa mostra, entretanto, que a contribuição do gás de elétrons para o módulo de compressibilidade dos metais não pode ser desprezada.

Exemplo 4.11: calcule o valor do módulo de compressibilidade do gás de elétrons para o caso do cobre.

$$B = \frac{2}{3} n E_F = \frac{2}{3} 8{,}49x10^{28} x7{,}03x1{,}60x10^{-19} = 6{,}37x10^{10}\, Pa = 63{,}7 GPa$$

O valor experimental do módulo de compressibilidade do cobre é 140 GPa.

4.5 CONDUTIVIDADE AC

A aplicação de um campo elétrico oscilante com frequência bem determinada em um condutor resulta no movimento oscilatório de seus elétrons livres e, consequentemente, na passagem de uma corrente que oscila na mesma frequência do campo aplicado. Nesse caso, de acordo com a lei de Ohm, a razão entre a densidade de corrente e o campo elétrico oscilante é a chamada *condutividade de corrente alternada*, ou condutividade AC. A partir da equação de movimento dos elétrons (Equação 4.29), a condutividade AC pode ser obtida introduzindo-se um campo elétrico oscilante no tempo:

$$\frac{d}{dt}\vec{k} = -\frac{1}{\tau}\vec{k} - \frac{e}{\hbar}\vec{E}_0 \exp(-iwt) \qquad (4.55)$$

Cuja solução deve ser uma função oscilante com mesma frequência que o campo:

$$\vec{k} = \vec{k}_0 \exp(-iwt) \qquad (4.56)$$

Substituindo-se 4.56 em 4.55, obtém-se:

$$iw\vec{k}_0 = \frac{1}{\tau}\vec{k}_0 + e\vec{E}_0 \qquad (4.57)$$

De forma análoga ao que foi feito anteriormente, a partir dessa equação pode-se facilmente obter a velocidade dos elétrons e calcular a densidade corrente ($J = -env$); e, utilizando a lei de Ohm, chega-se à uma expressão para condutividade AC (veja Exercício 19):

$$\sigma(w) = \frac{\sigma_0}{1 - iw\tau} \qquad (4.58)$$

Em que σ_0 é a condutividade de corrente contínua, ou condutividade DC, dada pela Equação 4.7. Note que a condutividade AC é uma grandeza complexa que, quando o produto $w\tau \ll 1$, reduz-se ao valor (real) da condutividade DC.

Pode-se expressar explicitamente a condutividade AC em termos de suas partes real e imaginária, obtendo:

$$\sigma(w) = \frac{\sigma_0}{1 + w^2\tau^2} - iw\tau\frac{\sigma_0}{1 + w^2\tau^2} \qquad (4.59)$$

A parte real da condutividade, que se refere à parcela puramente resistiva (lei de Ohm), é constante para baixas frequências, e, quando o produto $w\tau$ se aproxima da unidade, começa a diminuir, tendendo a zero para frequências muito altas. Isso ocorre porque, quando a frequência do campo elétrico aumenta, os elétrons não são capazes de acompanhar as rápidas variações do campo, até que, para frequências extremamente altas, não mais respondem ao campo aplicado, permanecendo imóveis. A parte imaginária, por sua vez, é nula para frequências muito baixas, como também para frequências muito altas, apresentando um pico largo em torno de $w\tau = 1$. Isso se deve ao fato de que, em baixas frequências os elétrons se deslocam em fase com o campo elétrico, acompanhando suas oscilações, enquanto, quando o campo varia muito rapidamente, os elétrons não são capazes de responder ao campo e permanecem em repouso. Ambas as situações correspondem a uma condutividade puramente real e, portanto, a parte imaginária é nula.

O pico da parte imaginária da condutividade na região de frequências intermediárias se refere ao intervalo de frequências em que os elétrons respondem ao campo com um certo atraso ou diferença de fase em relação às suas oscilações. Essa diferença de fase corresponde a uma condutividade elétrica complexa, ou seja, cuja parte imaginária não é zero. A Figura 4.16 apresenta o comportamento das partes real e imaginária da condutividade AC em função da frequência. Note que, sendo τ para a maioria dos metais puros da ordem de 10^{-14} s em temperatura ambiente (Tabela 4.2), a parte imaginária da condutividade somente será considerável quando a frequência de oscilação do campo estiver em torno de 10^{14} Hz, o que corresponde à frequência da luz infravermelha (veja Figura 8.1). Voltaremos a tratar deste assunto no capítulo referente às propriedades ópticas dos materiais (Capítulo 8).

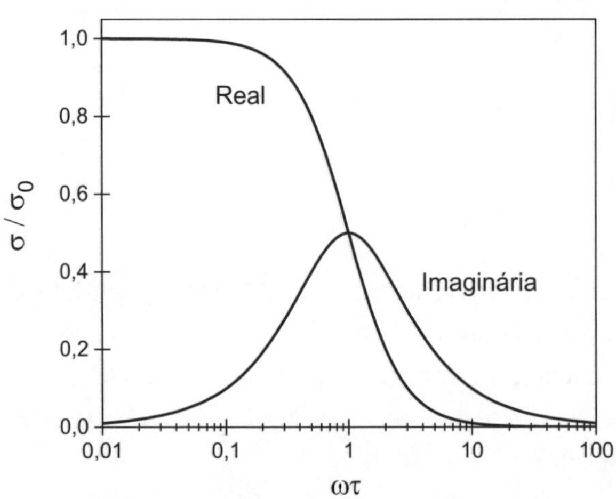

Figura 4.16 – Partes real e imaginária da condutividade AC (normalizada) de um metal em função do produto $w\tau$. Note que o eixo horizontal está em escala logarítmica.

4.6 EFEITO HALL[11]

Considere uma barra condutora de seção reta retangular, na qual flui uma densidade de corrente $\vec{J}$ ao longo da direção $\hat{x}$, conforme mostra a Figura 4.17. Nessa amostra, são colocados dois contatos elétricos diametralmente opostos ao longo da direção $\hat{y}$, perfeitamente alinhados, de maneira que a diferença de potencial entre eles é nula. Quando um campo magnético $\vec{B}$ é aplicado na direção $\hat{z}$, surge uma força magnética $(\vec{F}_M = q\vec{v}x\vec{B})$ sobre os elétrons, que se movimentam em presença desse campo, na direção $-\hat{y}$. Dessa maneira, os elétrons são defletidos, acumulando-se na face mais à esquerda da amostra e produzindo uma deficiência de elétrons na face à direita do condutor, segundo indicado na Figura 4.17. Essa separação de cargas dá origem a uma diferença de potencial V_H entre os eletrodos, denominada voltagem Hall.[12]

A voltagem (ou o campo elétrico) Hall implica que uma força elétrica, oposta à força magnética, atue sobre os elétrons. Na situação de equilíbrio, a força elétrica e a força magnética devem ser iguais em módulo, de forma que sua resultante é nula; então:

$$eE_H + ev_d B_z = 0 \tag{4.60}$$

Em que:

$$E_H = -v_d B_z \tag{4.61}$$

Define-se o *coeficiente de Hall* como:

$$R_H = \frac{-E_H}{J_x B_z} \tag{4.62}$$

Utilizando-se as Equações 4.61, 4.62 e a expressão para a densidade de corrente $J_x = -nev_d$, obtém-se:

$$R_H = -\frac{1}{ne} \tag{4.63}$$

---

11 O efeito Hall foi descoberto em 1879 pelo então estudante de doutorado H. E. Hall, que investigava a força exercida por um campo magnético sobre um fio que transportava corrente. Hall concluiu que os portadores responsáveis pela passagem de corrente no metal são cargas negativas cerca de 18 anos antes da descoberta do elétron pelo físico J. J. Thomson.

12 Note que, mantidos o sentido da passagem de corrente e do campo magnético aplicado, se os portadores fossem cargas positivas, a voltagem de Hall teria sua polaridade invertida.

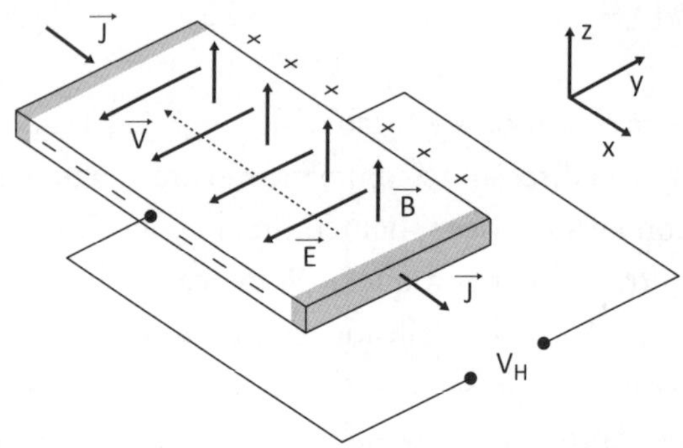

Figura 4.17 – Ilustração esquemática do experimento do efeito Hall. A corrente flui ao longo da direção $\hat{x}$, e o campo magnético é aplicado na direção $\hat{z}$. O campo elétrico resultante aponta na direção $-\hat{y}$.

Esse é um resultado muito importante, pois mostra que o coeficiente de Hall depende somente da concentração de elétrons e de sua carga, e nenhuma outra característica relativa ao material condutor. É importante notar que, de acordo com as convenções adotadas, o coeficiente de Hall é negativo, pois os portadores são cargas negativas (elétrons), nesse caso. Caso os portadores fossem cargas positivas, o coeficiente de Hall também seria positivo.

Assim, a Equação 4.63 mostra que, a partir do conhecimento do coeficiente de Hall, pode-se determinar o tipo de portador de carga e sua concentração em um condutor. Isso nos permite verificar a hipótese feita inicialmente neste capítulo de que os elétrons de valência são os responsáveis pela condução de corrente elétrica nos materiais metálicos. A Tabela 4.9 mostra os valores do coeficiente de Hall determinados para alguns metais. Esses valores devem ser tomados com certa cautela, uma vez que, em muitos casos encontra-se uma grande discrepância entre os valores disponíveis na literatura. Independentemente disso, um fato salta aos olhos ao se examinarem os resultados apresentados: o coeficiente de Hall de diversos metais é positivo, e não negativo, como seria de esperar. Isso sugere que, no caso desses metais, a condução de corrente não é realizada por elétrons, mas, sim, por partículas de carga positiva. Esse resultado inesperado e intrigante, que desafiou os cientistas durante várias décadas, somente pode ser explicado pela chamada teoria de bandas, que será objeto de estudo do Capítulo 5.

A partir dos valores do coeficiente de Hall e das densidades atômicas dos metais, pode-se determinar o número de elétrons de condução por átomo n/n_{at} (veja Tabela 4.9). No caso dos metais alcalinos, e em certa medida também no caso dos metais nobres, os resultados do efeito Hall estão próximos do esperado. Nesses casos, o coeficiente de Hall é negativo, e o número de elétrons de condução por átomo é aproximadamente igual ao número de elétrons de valência do metal. No entanto, em muitos outros casos, observam-se grandes discrepâncias entre esses valores, indicando que as suposições do modelo de elétrons livres não parecem ser válidas.

Tabela 4.9 – Coeficiente de Hall, número portadores de carga por átomo e mobilidade de Hall em temperatura ambiente para alguns metais. Note que, quando R_H é negativo, a condução é realizada por elétrons; e, quando R_H é positivo, a condução é realizada por cargas positivas (buracos).

	R_H (10^{-10} m³/C)	n/n_{at}	μ_H (cm²/V.s)
Ag	-0,84	1,27	51,6
Al	-0,34	3,05	12,4
Au	-0,71	1,49	31,3
Be	+2,44	0,21	64,9
Ca	-1,78	1,53	51,6
Cr	+3,70	0,20	29,1
Cs	-7,80	0,89	37,1
Cu	-0,55	1,34	31,9
Fe	+0,245	3,00	2,45
K	-4,20	1,06	56,2
Li	-1,70	0,78	17,8
Mg	-0,842	1,73	18,7
Mo	+1,26	0,77	22,8
Na	-2,50	0,94	50,7
Ni	-0,61	1,12	8,47
Pd	-0,77	1,19	7,13
Pt	-0,23	4,10	2,13
Rb	-5,04	1,08	37,9
Ta	+1,01	1,11	7,48
V	+0,76	1,14	3,76
W	+1,07	0,93	19,7
Zn	+0,33	2,89	5,45
Zr	+1,30	1,12	3,00

Outro resultado muito simples e importante pode ser obtido a partir do efeito Hall, multiplicando-se a Equação 4.63 para o coeficiente de Hall pela Equação 4.32 da condutividade, resultando na mobilidade:

$$\sigma R_H = -\mu \tag{4.64}$$

Assim, conjugando-se medidas de condutividade com medidas de efeito Hall, é possível se obter, além da densidade de portadores livres, sua mobilidade no material condutor. Os valores de mobilidade determinados dessa maneira costumam ser denominados de *mobilidade de Hall*. A Tabela 4.9 mostra valores de mobilidade de Hall para alguns metais obtidos a partir dos valores de condutividade em temperatura ambiente.

Exemplo 4.12: conhecendo o coeficiente de Hall do cobre R_H = –0,55 x 10^{-10} m^3/C, determine o número de portadores de carga por átomo, e também a mobilidade de Hall dos portadores em temperatura ambiente $(T = 300K)$ e a $T = 10K$.

Sendo o coeficiente de Hall negativo, os portadores são elétrons. A densidade de elétrons de condução no cobre é, então:

$$n = \frac{-1}{eR_H} = \frac{-1}{1{,}6x10^{-19}x\left(-0{,}55x10^{-10}\right)} = 1{,}136x10^{29}m^{-3}$$

Como a densidade atômica no cobre é 8,49 x 10^{28} m^{-3}, resulta que o número de elétrons de condução é de 1,34 elétron por átomo, valor em acordo razoável com o modelo de elétrons livres, uma vez que o cobre é um metal monovalente.

Segundo a Tabela 4.1, a resistividade do cobre à temperatura ambiente é 1,725 x 10^{-8} Ω.m e a T = 10 K é 2,02 x 10^{-11} Ω.m. Uma vez que a densidade de elétrons deve ser independente da temperatura, pode-se supor que o coeficiente de Hall também seja. Assim, obtemos para as mobilidades:

$$\text{T = 300 K: } \mu_H = \sigma R_H = \frac{R_H}{\rho} = \frac{0{,}55x10^{-10}}{1{,}725x10^{-8}} = 31{,}9\,cm^2/V.s$$

$$\text{T = 10 K: } \mu_H = \frac{R_H}{\rho} = \frac{0{,}55x10^{-10}}{2{,}02x10^{-10}} = 2{,}72x10^3\,cm^2/V.s$$

NA PONTA DA CIÊNCIA E DA TECNOLOGIA

Sensores e sondas

Uma vez que a voltagem Hall é proporcional ao campo, o efeito Hall pode ser utilizado para medir campos magnéticos. Os dispositivos que fazem isso são denominados de sondas Hall e podem ser utilizados na medição de campos magnéticos estáticos ou oscilantes. No entanto, como o efeito Hall é de pequena magnitude, a medida deve ser realizada com cuidado, evitando-se a interferência de campos magnéticos espúrios. Sendo utilizada corretamente, uma sonda Hall pode medir campos magnéticos menores que o campo magnético da Terra, com um limite de sensibilidade de cerca de 50 mG (o campo magnético da Terra é de cerca de 0,5 G). As sondas Hall são confiáveis, compactas e de utilização simples. No entanto, embora condutores como o cobre possam, em princípio, ser utilizados, materiais semicondutores como o GaAs, InSb e InAs, em especial este último, são os preferidos para a fabricação de sondas Hall, pois seu coeficiente de Hall é muito maior que dos metais, dentre diversas outras vantagens.

Sensores Hall são dispositivos que utilizam o efeito Hall para medir outras grandezas físicas. Por exemplo, uma vez que uma corrente elétrica produz campo magnético, esses sensores podem ser utilizados para a medição de corrente à distância, sem a necessidade de se intervir no circuito elétrico por onde a corrente circula. Outro exemplo é a medida da velocidade de rotação de um motor ou eixo, no qual se coloca um pequeno magneto acoplado, que faz o sensor gerar um pulso de tensão a cada rotação, permitindo determinar sua velocidade de rotação. Sensores Hall podem ser utilizados na medição de velocidade, rotação, posição, proximidade, fluxo, pressão, temperatura, dentre outras aplicações.[13]

4.7 RESSONÂNCIA DE CÍCLOTRON

Um problema simples e muito conhecido do eletromagnetismo trata do movimento de uma carga q que se desloca em presença de um campo magnético uniforme B com velocidade v. Se v é perpendicular a B, a carga descreve uma trajetória circular com velocidade angular que depende apenas de q, B e de sua massa m, mas não depende da velocidade da partícula ou do raio da trajetória.[14] Assim, se aplicarmos um campo magnético a um condutor no qual circula corrente, seus elétrons livres descreverão órbitas

13 Veja por exemplo, Hall sensor, Patent US 7339245 B2 ou Polarity insensitive hall effect sensor, Patent US 20150212165A1.

14 Veja, por exemplo, Nussenzveig, 1997.

circulares em resposta à força magnética. Pode-se mostrar facilmente que a frequência angular de rotação, chamada de frequência de cíclotron, é dada por:

$$\omega_c = \frac{eB}{m} \tag{4.65}$$

Portanto, se uma onda eletromagnética com frequência igual à frequência de cíclotron incide sobre um material condutor nessas condições, ocorre a ressonância, e a onda eletromagnética é absorvida. Esse fenômeno de ressonância pode ser utilizado para determinar o valor da massa do elétron (ou, no caso mais geral, do portador de carga) no interior do material condutor.

Para que seja possível se efetuar a medida de ressonância cíclotron e determinar a frequência de ressonância, é necessário, entretanto, que os elétrons possam percorrer vários ciclos de movimento sem sofrer espalhamento, ou seja, é necessário que a condição $w_c\tau \gg 1$ seja satisfeita. Para isso, nessa medida, normalmente são utilizados campos magnéticos muito intensos, de forma a tornar o valor de w_c tão grande quanto possível, ao mesmo tempo que o condutor é resfriado a temperaturas criogênicas, a fim de aumentar o tempo de relaxação τ. No Capítulo 5, voltaremos a tratar da ressonância de cíclotron, no contexto da determinação da massa efetiva dos portadores no interior de materiais semicondutores (veja Seção 5.4.3).

Exemplo 4.13: calcule a frequência da onda eletromagnética absorvida por ressonância cíclotron em um metal, considerando o valor de m como a massa do elétron livre m_e. Considere um campo magnético aplicado igual a 0,1 T.

$$\nu = \frac{\omega_c}{2\pi} = \frac{eB}{2\pi m_e} = \frac{1,6x10^{-19}x0,1}{2\pi x9,11x10^{-31}} = 2,8x10^9 Hz = 2,8GHz$$

Essa frequência se situa na faixa de micro-ondas.

TÓPICO AVANÇADO

4.8 POLÍMEROS CONDUTORES

A ideia de condução de corrente elétrica esteve associada aos materiais metálicos desde os primórdios da descoberta dos fenômenos elétricos no século XVIII. Portanto, a descoberta na década de 1970 de que alguns materiais orgânicos poliméricos são capazes de conduzir corrente tão bem quanto os metais teve enorme impacto. Esses materiais são os chamados *polímeros condutores*, ou, de forma mais precisa, *polímeros intrinsecamente condutores*.[15] Os polímeros condutores também são conhecidos como *metais sintéticos*.

Existem inúmeros tipos de polímeros condutores, sendo alguns deles constituídos exclusivamente por átomos de carbono, como o poliacetileno, PAc – $(C_2H_2)_n$, o poli-parafenileno, PPP – $(C_6H_4)_n$ ou o polifenilenovinileno, PPV – $(C_8H_6)_n$. Alguns contém nitrogênio, como a polianilina, PANI – $(C_6H_7N)_x$ ou o polipirrol, PPi – $(C_4H_2NH)_n$, enquanto outros contêm enxofre, como o politiofeno, PT – $(C_4H_2S)_n$. Alguns polímeros condutores apresentam cadeias lineares, enquanto outros são constituídos por anéis aromáticos. A Figura 4.18 mostra as estruturas moleculares de alguns dos polímeros condutores mais conhecidos.

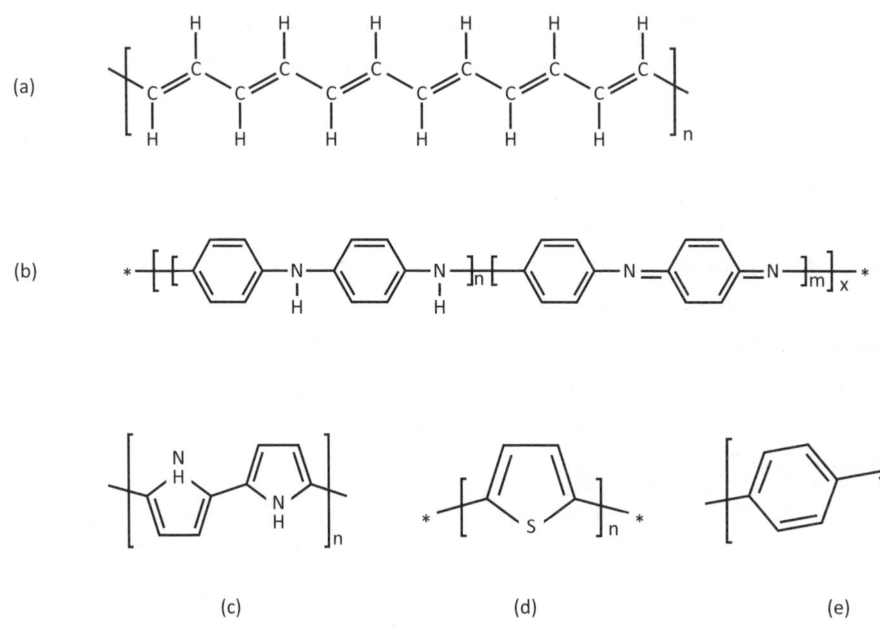

Figura 4.18 – Estrutura molecular de alguns polímeros condutores: (a) poliacetileno, PAc – $(C_2H_2)_n$; (b) polianilina, PANI – $(C_6H_7N)_x$; (c) polipirrol, PPi – $(C_4H_2NH)_n$; (d) politiofeno, PT – $(C_4H_2S)_n$ e polifenilenovinileno, PPV – $(C_8H_6)_n$.

15 Materiais compósitos de matriz polimérica com carga condutora metálica ou de carbono (negro de fumo) podem ser também bons condutores elétricos. Esses são chamados de *polímeros condutores extrínsecos*.

Muito embora tenham a capacidade de conduzir corrente elétrica tão bem quanto muitos metais, os mecanismos de condução nesses materiais são totalmente distintos daqueles responsáveis pela condução nos condutores convencionais. Uma característica comum aos polímeros condutores é a existência de ligações carbono-carbono alternadamente simples e duplas ao longo das cadeias poliméricas, as chamadas ligações duplas conjugadas (veja Figura 4.18). As ligações duplas C=C são formadas por uma ligação σ forte e uma ligação π , mais fraca que a primeira, e cujo orbital é perpendicular à ligação σ . Por serem mais fracamente ligados, os elétrons desses orbitais π apresentam alta mobilidade, e por isso estão relacionados aos mecanismos condução de corrente nos polímeros condutores.

No entanto, a condução de corrente nos polímeros condutores não se deve ao simples movimento de elétrons. Para que a condução ocorra, é necessária a presença de determinados defeitos ou imperfeições nas cadeias poliméricas. Esses defeitos, embora possuam carga, não apresentam *spin* e, portanto, não podem ser associados a elétrons livres, ou elétrons desemparelhados. Além da presença desses defeitos, a condução de corrente nos polímeros condutores também depende da criação de um desbalanceamento de carga na cadeia polimérica, seja perdendo (oxidação) ou ganhando (redução) elétrons, por meio da adição de elementos dopantes. A quantidade de dopantes necessária para se obter alta condutividade pode chegar a 50% da massa total do polímero.

A Figura 4.19 ilustra a situação no caso do poliacetileno. Durante o processo de polimerização forma-se um defeito na cadeia polimérica denominado sóliton, que é, inicialmente, neutro. Esse defeito pode ser tornado positivo, por meio da oxidação da cadeia, ou negativo, por meio da sua redução. Ao aplicar um campo elétrico, esse defeito carregado (positivo ou negativo) desloca-se ao longo da cadeia polimérica, transportando corrente.

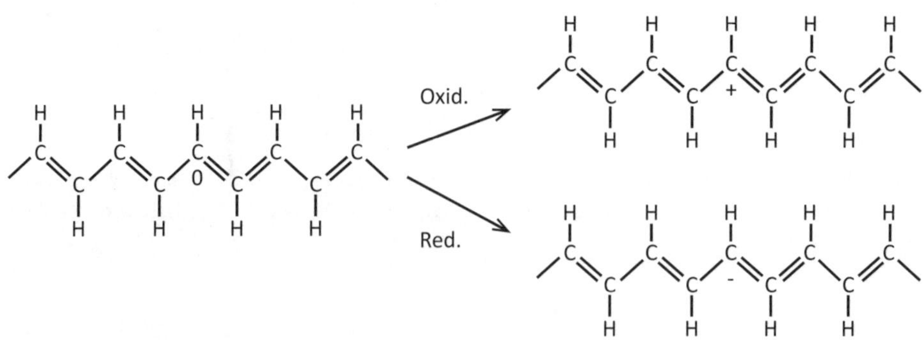

Figura 4.19 – Representação esquemática da estrutura da cadeia de poliacetileno contendo um sóliton neutro (à esquerda) e após a oxidação ou redução da cadeia (à direita).

Outro possível mecanismo de transporte de corrente envolve defeitos chamados polarons. O polaron se forma quando a carga (a remoção de um elétron ou cátion, por exemplo) se localiza em determinada região e leva a uma deformação espacial da cadeia polimérica, reduzindo sua energia. Quando um segundo elétron é removido, pode-se formar um segundo polaron em local distinto do primeiro, ou a carga pode ser removida do primeiro polaron, formando um bipolaron. A segunda situação é energeticamente favorável em relação à primeira, pois o ganho de energia relacionado à interação das duas cargas com a deformação da cadeia é maior que a repulsão coulombiana das duas cargas entre si. O bipolaron possui carga $2e$ (em módulo) e *spin* nulo, e pode se deslocar ao longo das cadeias poliméricas ou entre cadeias.

A Tabela 4.10 apresenta valores de condutividade de alguns polímeros condutores. Polímeros condutores não dopados apresentam condutividade muito baixa, na faixa de 10^{-2} a 10^{-8} $\Omega^{-1}.m^{-1}$ e, na realidade, são considerados materiais semicondutores ou isolantes.

Tabela 4.10 – Condutividade elétrica de alguns polímeros condutores

Polímero	σ ($\Omega^{-1}.m^{-1}$)
Poliacetileno	$1{,}0 \times 10^5 - 1{,}7 \times 10^7$
Polipirrol	$1{,}0 \times 10^4 - 7{,}5 \times 10^5$
Politiofeno	$1{,}0 \times 10^3 - 1{,}0 \times 10^5$
Polifenileno	$1{,}0 \times 10^4 - 1{,}0 \times 10^5$
Polifenilenovinileno	$3{,}0 \times 10^5 - 5{,}0 \times 10^5$
Polianilina	$3{,}0 \times 10^3 - 2{,}0 \times 10^4$

A descoberta da condutividade no poliacetileno dopado com iodo, em 1977, e o desenvolvimento dos polímeros condutores levaram os pesquisadores A. J. Heeger, A. G. McDiarmid e H. Shirakawa a receberem o Prêmio Nobel de Química de 2000. Os polímeros condutores possuem aplicações em larga escala como material para embalagens antiestáticas, camadas transparentes e condutoras, absorvedor de micro-ondas e na indústria eletrônica para inúmeras aplicações em dispositivos, diodos emissores de luz, sensores, displays, células fotovoltaicas, baterias, pilhas a combustível etc. Já há alguns anos, os televisores e monitores de tela plana que utilizam OLEDS (*organic light emiting diodes*, ou diodos emissores de luz orgânicos) se constituem nos aparelhos com tecnologia mais moderna no mercado.

LEITURAS COMPLEMENTARES

ASHCROFT, N. W.; MERMIN, N. D. *Solid State Physics*. Brooks-Cole, 1976.
HUMMEL, R. E. *Electronic Properties of Materials*. 3. ed. Springer, 2001.
LIVINGSTON, J. D. *Electronic Properties of Engineering Materials*. John Wiley & Sons, 1999.
KETTERSON, J. B. *The Physics of Solids*. Oxford University Press, 2016.
KITTEL, C. *Introdução à Física do Estado Sólido*. 8. ed. Editora LTC, 2006.
NUSSENZVEIG, H. M. *Curso de física básica*: Eletromagnetismo. Edgard Blucher Ltda, 1997. v. 3.
ROSENBERG, H. M. *The Solid State*. 3. ed. Oxford Science Publications, 1988.
SOLYMAR, L.; WALSH, D. *Lectures on the Electrical Properties of Materials*. 5. ed. Oxford Science Publications, 1993.

REFERÊNCIAS

GRAY, D. E. *American Institute of Physics Handbook*. 3. ed. 1972.
ASM INTERNATIONAL *Metals Handbook:* Properties and Selection: Nonferrous Alloys and Special-Purpose Materials. ASM International, 1992. v. 2.
CIUCHI, S. *et al. NPJ Quantum Materials* 3 (2018) 44.
CORAK, W. S. *et al. Physical Review* 98 (1955) 1699.
DESAI, P. D.; JAMES, H. M.; HO, C. Y. *Journal of Physical and Chemical Reference Data* 13 (1984) 1131.
HAYNES, W. N. *CRC Handbook of Chemistry and Physics*. 97. ed. CRC Press, 2017.
HO, C. Y. *et al. Journal of Physical and Chemical Reference Data* 12 (1983) 183.
JOHANSSON, C. H. *et al. Annalen der Physik* 25 (1936) 1.
LINDE, J. *Annals of Physics* 15 (1932) 219.
MATULA, R. A. *Journal of Physical and Chemical Reference Data* 8 (1979) 1147.
MOOIJ, J. H. *Physica Status Solidi* 17 (1973) 521.
STROUSE, G. F. *NIST Special Publication* 250-281, 2008.

EXERCÍCIOS

1. Calcule a velocidade de deriva dos elétrons de condução num fio de ouro percorrido por uma densidade de corrente de 1,0 A/mm^2. Compare com a velocidade de Fermi dada na Tabela 4.3. Conclua.

2. Considere um fio de ouro com área da seção reta A = 1,0 mm^2, transportando uma corrente i = 5,0 A em temperatura ambiente, e obtenha:
   a) a energia cinética média, a energia térmica e a energia de Fermi dos elétrons (em eV). Compare esses três resultados e discuta;
   b) conhecendo o valor da resistividade do ouro em temperatura ambiente (Tabela 4.1), obtenha o tempo de relaxação e o livre caminho médio dos elétrons nesse metal.

3. O alumínio apresenta densidade 2,697 g/cm^3 e é trivalente. A partir dessas informações, obtenha:
   a) a densidade de elétrons livres no alumínio;
   b) a velocidade de Fermi;
   c) o comprimento de onda de Fermi;
   d) a energia de Fermi (em eV);
   e) a temperatura de Fermi;
   f) a densidade de estados em torno de E_F (em cm^{-3}.eV^{-1});
   g) o livre caminho médio dos elétrons, considerando um tempo de relaxação de 7,19 x 10^{-15} s, em temperatura ambiente;
   h) A resistividade desse metal à temperatura ambiente, utilizando os dados do item anterior, e compare com o valor listado na Tabela 4.1.

4. Em temperatura ambiente, a resistividade estanho é 1,15 x 10^{-7} Ω.m, e a mobilidade dos elétrons a essa mesma temperatura é 3,9 cm^2/V.s. Calcule o número de elétrons livres por átomo de estanho, sabendo que sua densidade é 7,30 g/cm^3. Avalie seu resultado, considerando a posição do Sn na tabela periódica (coluna 14).

5. Considere uma placa metálica de resistividade elétrica ρ de forma quadrada, de lado L e espessura d.
   a) Mostre que a resistência elétrica medida entre lados opostos da placa é dada por $R_S = \rho / d$, independentemente das dimensões laterais da placa. R_S é a chamada de resistência de folha e sua unidade usual é $\Omega / \square$ (diz-se, ohms por quadrado).

b) Utilizando a Equação 4.7 para a condutividade e supondo que a espessura é pequena o suficientemente para que o principal mecanismo de espalhamento dos elétrons seja a colisão com as superfícies da placa, mostre que R_S será dado por:

$$R_S = \frac{m_e v_F}{ne^2} \frac{1}{d^2}$$

6. A massa do sol é de cerca de 2,0 x 10^{30} kg. Estime o número de elétrons no sol, supondo que seja constituído basicamente de hidrogênio. Numa estrela anã branca, esse número de elétrons pode estar contido numa esfera de raio da ordem de apenas 1 x 10^7 m (da mesma ordem do raio da Terra). Calcule a densidade de elétrons numa estrela anã branca e obtenha a energia de Fermi e a temperatura de Fermi nesse caso.

7. O isótopo do hélio He^3 possui *spin* ½ e, logo, é um férmion. A densidade do He^3 líquido é 0,081 g/cm^3 nas vizinhanças do zero absoluto. Calcule a energia de Fermi e a temperatura de Fermi nesse caso.

8. Mostre que a energia cinética de um conjunto de N elétrons livres em três dimensões é igual a $(3/5)NE_F$.

9. Partindo da equação para a densidade de estados em um metal (equação 4.21) mostre que:
   a) A energia de Fermi é dada pela Equação 4.15;
   b) A densidade de estados no nível de Fermi é dada pela Equação 4.23.

10. a) Com base na equação de movimento dos elétrons do modelo do gás de Fermi (Equação 4.29), escreva a equação equivalente para a corrente elétrica que percorre o metal.
   b) Resolva a equação diferencial para a corrente supondo que um campo elétrico constante E_0 é ligado em $t = 0$, considerando a condição inicial de corrente nula.
   c) Após a corrente atingir o valor do estado estacionário, o campo elétrico é repentinamente desligado. Obtenha uma Equação para a corrente elétrica em função do tempo.

11. a) A partir da solução da equação de Schrödinger para um poço infinito de largura L (veja Seção 1.3.6) e seguindo um procedimento análogo ao que foi realizado na

Seção 4.4, obtenha uma equação para a energia de Fermi de um fio metálico unidimensional em função de sua densidade de elétrons $n = N / L$:

$$E_F = \frac{\pi^2 \hbar^2}{2m_e} n^2$$

b) Mostre que, nesse caso, a densidade de estados é inversamente proporcional à raiz quadrada da energia, $g(E) = \left(m_e^{1/2} / \pi^2 \hbar^2\right) E^{-1/2}$.

12. a) A partir da solução da equação de Schrödinger para um poço infinito bidimensional de largura L (veja Exercício 34) e seguindo um procedimento análogo ao que foi realizado na Seção 4.4, obtenha uma expressão para a energia de Fermi para uma folha metálica bidimensional em função de sua densidade de elétrons $n = N / L^2$:

$$E_F = \frac{\pi \hbar^2}{m_e} n$$

b) Mostre que a densidade de estados, nesse caso, é uma constante independente da energia, $g(E) = m_e / \pi \hbar^2$.

13. Considere um condutor metálico de comprimento l e a área da seção reta A, conforme ilustrado na Figura 4.2. Considerando que a resistência R se relaciona com a resistividade ρ por meio da Equação $R = \rho(l / A)$, obtenha uma expressão para o coeficiente de temperatura da resistência desse condutor em termos de seu coeficiente de temperatura da resistividade (Equação 4.38) e do seu coeficiente de dilatação linear (Equação 3.45).

14. Considere um metal com uma densidade de elétrons livres igual a 5,0 x 10^{22} cm^{-3} e uma densidade de impurezas de 1,0 x 10^{20} cm^{-3}, a uma certa temperatura. Pede-se:
   a) Faça uma estimativa para o livre caminho médio dos elétrons a uma temperatura baixa o suficiente para que a única interação relevante dos elétrons seja com as impurezas.
   b) Nas mesmas condições do item anterior, estime o tempo de relaxação e a resistividade desse metal.

15. Considere uma amostra de ouro puro à temperatura ambiente. Obtenha:
   a) O livre caminho médio dos elétrons, considerando um tempo de relaxação de 2,66 x 10^{-14} s à temperatura ambiente.
   b) A resistividade desse metal em temperatura ambiente.

c) Esboce um gráfico da resistividade *versus* temperatura para essa amostra no intervalo entre 0 K e 300 K, comentando suas características. Marque no gráfico o valor obtido no item anterior.

Considere, agora, uma amostra de ouro puro nanocristalina de tamanho de grão igual a 3,0 nm.

d) Estime o valor da resistividade dessa amostra para temperaturas próximas do zero absoluto, supondo que os elétrons sofrem espalhamento pelos contornos de grão.

e) Esboce um gráfico da resistividade *versus* temperatura para essa amostra nanocristalina, no intervalo entre 0 K e 300 K, comentando suas características. Marque no gráfico o valor obtido no item anterior.

f) Compare os dois gráficos obtidos.

16. Considere duas amostras de cobre: uma amostra pura e outra contendo uma certa concentração de níquel. A condutividade da amostra de cobre contendo níquel em temperaturas próximas do zero absoluto é $8{,}3 \times 10^5\ \Omega^{-1}.cm^{-1}$. Na amostra de cobre, extremamente pura e livre de defeitos, esse valor é cerca de $5{,}80 \times 10^5\ \Omega^{-1}.cm^{-1}$ em temperatura ambiente. Obtenha a condutividade em temperatura ambiente da amostra de cobre que contém níquel.

17. a) Conhecendo a densidade de elétrons livres do cobre $n = 8{,}49 \times 10^{22}\ cm^{-3}$ e que uma amostra de cobre puro possui resistividade a $T = 1{,}0$ K igual a $2{,}0 \times 10^{-11}\ \Omega.m$, obtenha o tempo de relaxação dos elétrons a esta temperatura.

b) A resistividade do cobre puro em temperatura ambiente é $1{,}725 \times 10^{-8}\ \Omega.m$, ou seja, cerca de mil vezes superior ao valor próximo a $T = 0$ K. Uma certa amostra de cobre tem resistividade na temperatura ambiente de $1{,}740 \times 10^{-8}\ \Omega.m$. Qual será a sua resistividade a $T = 1{,}0$ K?

18. O ouro puro possui resistividade igual a $2{,}20 \times 10^{-10}\ \Omega.m$ próximo a $T = 1{,}0$ K e $2{,}271 \times 10^{-8}\ \Omega.m$ em temperatura ambiente. Conhecendo a densidade de elétrons livres no ouro $n = 5{,}90 \times 10^{22}\ cm^{-3}$, pede-se:

a) obtenha o tempo de relaxação para colisões com impurezas e defeitos;

b) obtenha o tempo de relaxação para colisões com fônons à temperatura ambiente;

c) calcule o livre caminho médio dos elétrons próximo a $T = 1{,}0$ K e $T = 300$ K;

d) calcule a condutividade térmica do ouro a $T = 1{,}0$ K e $T = 300$ K.

19. Deduza a Equação 4.58 para a condutividade AC de um metal.

20. A partir da Equação 4.58, obtenha as expressões para as partes real e imaginária da condutividade AC de um metal (Equação 4.59).

21. Deduza a Equação 4.63 para o coeficiente de Hall.

22. Calcule o calor específico dos elétrons no cobre, para os três valores de temperatura a seguir, utilizando os valores de sua temperatura de Fermi T_F = 8,18 x 10^4 K e sua densidade de elétrons n = 8,49 x 10^{22} cm^{-3}. Compare com os valores correspondentes do calor específico dos fônons, sabendo que a temperatura de Debye do cobre é 310 K.
    a) 0,1 K
    b) 4 K
    c) 300 K

23. a) Com base na Figura 4.14, que apresenta valores experimentais do calor específico do ouro a baixa temperatura, obtenha os valores das constantes A e γ (Equação 4.48).
    b) Compare o valor determinado para γ com o valor tabelado (Tabela 4.7) e determine a densidade de estados no nível de Fermi.
    c) Calcule $g(E_F)$ por meio da Equação 4.23 e compare com o resultado do item anterior.

24. Considere um experimento de efeito Hall conforme ilustra a Figura 4.17, no qual a amostra é de alumínio de dimensões 30 x 5,0 x 3,0 mm^3. Suponha que a corrente que atravessa a amostra é de 30 A, e o campo B aplicado é uniforme e vale 1,0 T. Quais seriam a polaridade e o valor da voltagem de Hall medida? O coeficiente de Hall do alumínio vale -0,34 x 10^{-10} m^3/C.

25. Faça um gráfico dos valores de condutividade térmica *versus* condutividade elétrica dos metais apresentados na Tabela 4.8 para verificar a lei de Wiedemann-Franz e, fazendo uma regressão linear, determine o número de Lorentz.

26. O ouro puro apresenta resistividade igual a 2,20 x 10^{-10} Ω.m a T = 1,0 K e 2,271 x 10^{-8} Ω.m em temperatura ambiente. Conhecendo a densidade de elétrons livres no ouro n = 5,90 x 10^{22} cm^{-3}, pede-se:
    a) Calcule a condutividade térmica do ouro a T = 1,0 K e T = 300 K.
    b) Obtenha o número de Lorentz para o ouro a T = 1,0 K e T = 300 K.

27. Com base nos valores da densidade de elétrons livres e da energia de Fermi apresentados na Tabela 4.3, calcule o módulo de compressibilidade dos elétrons livres para os metais a seguir e compare com os valores experimentais obtidos para esses materiais fornecidos entre parêntesis. Discuta.
  a) K ($B = 2{,}81$ GPa)
  b) Rb ($B = 1{,}92$ GPa)
  c) Ag ($B = 101$ GPa)
  d) Al ($B = 75$ GPa)

CAPÍTULO 5
Bandas de energia e propriedades dos materiais semicondutores

O verdadeiro valor do experimentador está na sua busca não apenas do que ele procura em seus experimentos, mas também do que ele não procurava.

(Claude Bernard)

5.1 INTRODUÇÃO

Nos últimos 50 anos, a eletrônica e as tecnologias da computação e das comunicações, que da eletrônica se beneficiaram diretamente, promoveram uma grande transformação no mundo em que vivemos. Isso somente foi possível graças ao grande avanço da ciência e da tecnologia dos materiais eletrônicos, que permitiu o desenvolvimento e o contínuo aperfeiçoamento dos dispositivos da microeletrônica. Dentre estes, devem-se citar os transistores, unidade básica de construção dos circuitos integrados. O impressionante desenvolvimento exponencial que a (micro) eletrônica tem apresentado desde sua origem até os dias de hoje (veja nota sobre a lei de Moore ao final deste capítulo) se deve principalmente ao avanço verificado pela tecnologia dos materiais semicondutores, em particular o silício, como de materiais isolantes, como o óxido de silício (SiO_2) e o nitreto de silício (Si_3N_4), dentre outros.

Conforme foi visto no Capítulo 4, o modelo de elétrons livres (gás de Fermi) é capaz de explicar as diversas propriedades dos materiais condutores. Esse modelo, porém, falha completamente na previsão das propriedades elétricas de outros tipos de materiais. A condutividade elétrica de materiais semicondutores ou isolantes é diversas ordens de grandeza inferior à dos bons condutores elétricos (veja Figura 4.1). Nesses materiais, os elétrons das camadas mais externas não estão livres para se movimentar ao longo do sólido, como nos metais, mas, a depender do tipo de material, podem estar ligados fraca ou fortemente, participando das ligações químicas (covalentes e/ou iônicas) entre seus átomos. Dessa forma, um modelo simples como o modelo de elétrons livres não pode ser realista e, portanto, não pode dar conta de explicar seu comportamento eletrônico. Assim, é necessário elaborar um modelo alternativo, mais geral, que seja capaz de descrever não apenas as propriedades eletrônicas dos materiais condutores, mas também dos semicondutores e dos isolantes.

O modelo de bandas de energia é o modelo em questão. O seu desenvolvimento não é uma tarefa simples, pois é um modelo essencialmente quântico, que inclui novos conceitos. Nesse sentido, o presente capítulo não entrará nos detalhes da teoria de bandas de energia. Vamos nos limitar a apresentar uma visão geral e qualitativa desse modelo, introduzindo os principais conceitos envolvidos e exemplificando com propriedades eletrônicas dos materiais semicondutores. Iniciaremos com uma explanação geral sobre o modelo de bandas de energia, mostrando a distinção entre materiais condutores, semicondutores e isolantes, apresentando alguns exemplos. Em seguida, discutiremos o comportamento dos elétrons quando submetidos a um potencial periódico para compreender a origem do *gap* de energia e introduzir os conceitos de portadores de carga (elétrons e buracos) nas bandas de condução e de valência e o conceito de massa efetiva. Em seguida, vamos calcular as densidades de portadores nas bandas e obter a lei de ação das massas. Serão analisados os casos particulares dos semicondutores intrínsecos e extrínsecos. O capítulo se encerra com uma breve discussão sobre os fatores que influem na mobilidade dos portadores.

5.2 BANDAS DE ENERGIA

A fim de iniciarmos a discussão a respeito dos estados eletrônicos nos sólidos, vamos analisar uma situação hipotética muito simples. Suponhamos dois átomos de um mesmo elemento, inicialmente separados por uma distância muito grande ou mesmo infinita; e, ainda, por simplicidade, que cada um desses átomos possui apenas um elétron. Embora sejam absolutamente idênticos, é perfeitamente possível distinguir esses átomos um do outro, uma vez que há uma grande distância entre eles. Nessa situação, os elétrons dos dois átomos ocupam estados de mesma energia, por exemplo, $E = E_0$.

Vamos supor agora que estes átomos são gradualmente aproximados. A partir de uma determinada distância (da ordem ou menor que 1 nm, aproximadamente), a interação entre os átomos começa a se tornar importante, de forma a afetar a energia dos estados eletrônicos de ambos os átomos, alterando a energia total do sistema. Além disso, quando os átomos estão muito próximos, suas nuvens eletrônicas começam a se interpenetrar. Em outras palavras, há uma superposição entre as funções de onda dos estados atômicos. Isso significa que passa a haver uma região do espaço entre os núcleos em que qualquer um dos dois elétrons pode estar presente, e, dessa forma, não é mais possível distingui-los um do outro. Nessa situação, é necessário descrever o sistema em termos dos estados eletrônicos pertencentes ao conjunto dos dois átomos (molécula).

A interação existente entre os átomos altera a energia dos estados eletrônicos, e, consequentemente, os dois estados (atômicos) que inicialmente possuíam energias idênticas (E_0) se desdobram em dois novos estados da molécula, que podem acomodar dois elétrons cada, e que possuem energias distintas: um estado com energia menor que os estados atômicos, $E_1 = E_0 - \delta E$, e outro estado com energia maior que aqueles estados, $E_1 = E_0 + \delta E$. A diferença de energia entre esses dois novos níveis ($E_2 - E_1 = 2\delta E$) é proporcional à interação existente entre os átomos, de forma que essa diferença aumenta à medida que os átomos se aproximam.

O estado de menor energia do sistema, que corresponde ao estado ligado da molécula, é aquele em que ambos os elétrons se situam no nível de menor energia com *spins* opostos e apresenta um mínimo de energia que corresponde à situação de equilíbrio (em $r = r_0$, veja Capítulo 2, Figura 2.8). Assim, na situação de equilíbrio, a energia total do sistema é mínima e menor do que a energia dos átomos separados. O estado de maior energia, por outro lado, corresponde a um estado não ligado, pois sua energia não apresenta mínimo e é maior que a energia dos átomos separados, encontrando-se, portanto, desocupado. A Figura 5.1a ilustra de maneira qualitativa como variam as energias dos estados eletrônicos do sistema de dois átomos em função da distância interatômica.

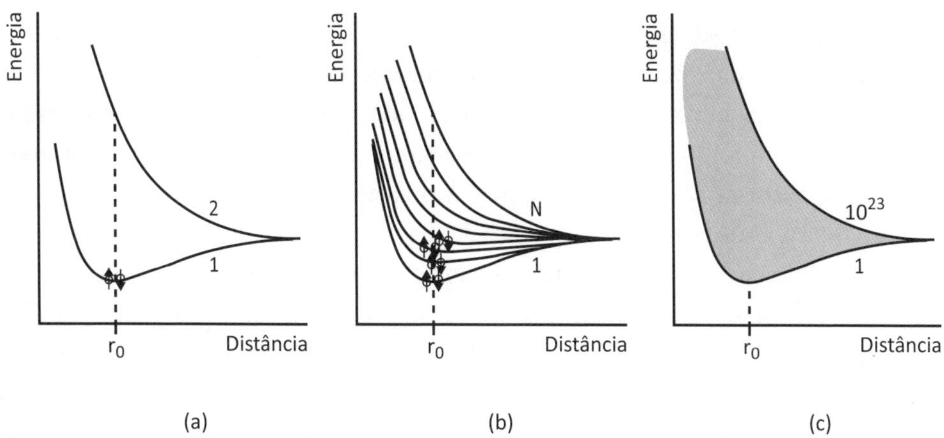

Figura 5.1 – Ilustração esquemática da evolução dos níveis eletrônicos em função da distância interatômica nos seguintes casos: (a) 2 átomos, (b) *N* átomos e (c) *N* átomos, quando *N* é muito grande ($N \gg 1$).

Um fenômeno análogo ocorre ao aproximarmos um número N de átomos entre si. Os níveis atômicos discretos dos diversos átomos isolados, quando aproximados, superpõem-se e sofrem desdobramentos em estados com energias distintas, resultando em uma faixa de energia contendo N estados que pertencem ao conjunto de átomos e, portanto, são estados coletivos do sistema. Entretanto, a largura da faixa de energia ocupada por esses estados não cresce arbitrariamente quando o número de átomos aumenta, pois depende fundamentalmente da interação entre os átomos, conforme observado. Assim, se, inicialmente, temos N átomos com um elétron cada, na situação final teremos metade dos estados coletivos ocupada com dois elétrons cada (com *spins* opostos) e a outra metade dos estados vazia. A Figura 5.1b ilustra essa situação.

Quando se considera um número de átomos muito grande, como é o caso de um sólido ($N \sim 10^{23}$), forma-se uma faixa de energia contendo um número igualmente grande de estados coletivos. A largura dessa faixa de energia, conforme discutido, depende da intensidade da interação entre os átomos do sólido considerado; logo, não é arbitrariamente grande. Assim, a diferença de energia entre estados consecutivos torna-se infinitesimalmente pequena. Dessa maneira, embora seja formada por um conjunto de N estados discretos, essa faixa de energia se constitui em um quase contínuo de estados. A esse conjunto quase contínuo de estados coletivos dá-se o nome de *banda de energia* (Figura 5.1c).

Caso a interação entre os átomos seja intensa, os N níveis atômicos darão origem a uma banda larga. Se essa interação for fraca, a banda formada será mais estreita, ou ainda, quando a interação entre os átomos for desprezível (em comparação com a energia dos níveis eletrônicos considerados), os estados permanecerão praticamente inalterados, preservando suas características atômicas originais. A ocupação da banda dependerá da relação entre o número total de elétrons e o número de estados disponíveis que inicialmente contribuiu para sua formação. Assim, uma determinada banda poderá estar parcialmente ocupada, totalmente ocupada ou mesmo totalmente vazia. Uma banda de energia pode ter origem em apenas um determinado nível atômico, como no exemplo ilustrado na Figura 5.1, ou dois ou mais níveis atômicos distintos podem, ao sofrerem alargamento, misturar-se e contribuir para a formação de uma mesma banda.

Uma banda pode estar separada de outra banda por uma faixa de energia proibida, ou seja, um intervalo de energia no qual não existem estados permitidos e, portanto, que não pode conter elétrons. A essa faixa de energia dá-se o nome de *banda proibida* ou *lacuna de energia*. Comumente, utiliza-se a denominação em inglês, ou, simplesmente, *gap*. A largura do *gap* pode variar, dependendo do elemento ou composto químico constituinte do sólido, podendo, inclusive, ser negativo, no caso em que ocorre a superposição de duas bandas consecutivas.

Um exemplo ilustrativo dessa discussão está apresentado na Figura 5.2a, que mostra as energias dos estados eletrônicos de átomos de sódio ($Z = 11$) em função da distância interatômica, obtidas a partir da solução da equação de Schrödinger. Observa-se que o nível interno 2p, cuja energia de ligação é de cerca de 30 eV, mantém-se um nível discreto inalterado, preservando-se suas características atômicas, até mesmo para distâncias interatômicas muito pequenas, da ordem de 0,3 nm. O nível 3s, cuja função de onda está mais afastada do núcleo, sofre alargamento para distâncias interatômicas da ordem de 1,0 nm ou menores, enquanto níveis ainda mais externos, de energia mais alta, como 3p e 4s começam a se alargar a distâncias ainda maiores, e se misturam com este, formando uma banda larga.

O cômputo da energia total dos elétrons do sódio em função da distância interatômica, mostra que a energia total é mínima para a distância $r_0 = 0{,}367$ nm. Dessa forma, esta é a distância interatômica de equilíbrio no sódio sólido, pois é a situação mais estável. A Figura 5.2a mostra que as bandas correspondentes aos orbitais 3s, 3p e 4s apresentam uma forte superposição na distância interatômica de equilíbrio. Como o sódio possui apenas 1 elétron 3s por átomo e a banda é formada por um total de 10 estados por átomo (2 estados 3s + 6 estados 3p + 2 estados 4s), essa banda está parcialmente ocupada por elétrons, com uma grande parcela de estados desocupados. Essas características fazem com que estes elétrons tenham liberdade para se mover na banda e o cristal de sódio apresente um comportamento metálico e, portanto, seja um material condutor.

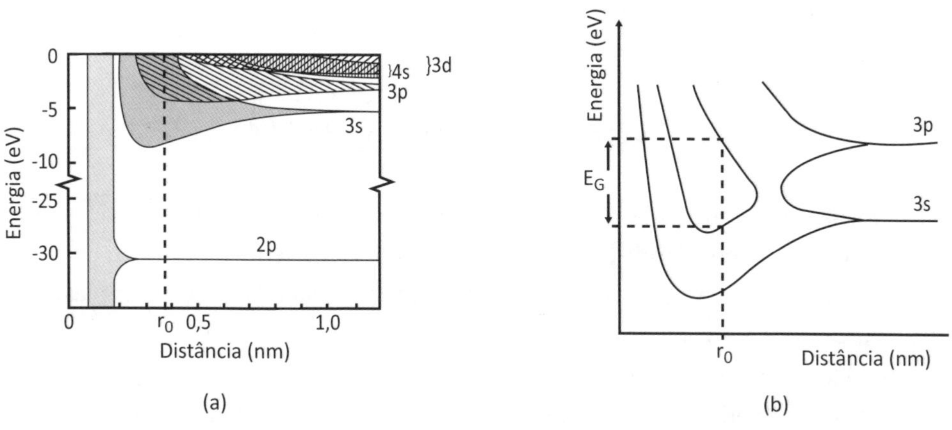

Figura 5.2 – (a) energia dos estados eletrônicos de um cristal de sódio em função da distância interatômica. Note a formação de bandas a partir dos níveis de energia atômicos à medida que a distância entre os átomos decresce. Note também que os níveis mais internos são menos afetados que os mais externos. A linha tracejada assinala a distância interatômica de equilíbrio do sódio metálico (r_0 = 0,367 nm), ou seja, aquela na qual a energia total é mínima; e (b) ilustração esquemática da formação das bandas de valência e de condução em um cristal de silício a partir dos níveis discretos de energia dos orbitais dos átomos de Si. Note que há uma mistura dos orbitais s e p na formação das bandas. A linha tracejada assinala a distância interatômica de equilíbrio do silício (r_0 = 0,235 nm), ou seja, aquela na qual a energia total é mínima. O mesmo tipo de esquema também é válido para o carbono (diamante) e o germânio.

Fonte: Eisberg, 1979.

Vamos analisar agora o caso de um material semicondutor. A Figura 5.2b ilustra de maneira qualitativa o que ocorre com os estados eletrônicos quando aproximamos um número muito grande N ($N \gg 1$) de átomos de silício ($Z = 14$) entre si. Cada átomo de silício possui 4 elétrons na última camada ocupada, com configuração $3s^2$ $3p^2$, ou seja, um total de 4 elétrons e 8 estados disponíveis. Nesse caso, à medida que os átomos são aproximados, os níveis 3s e 3p sofrem alargamento, misturam-se e formam uma banda híbrida. Essa banda em seguida se separa em duas, cada uma delas constituída por 4 N estados, sendo N estados s e $3N$ estados p. Esse fenômeno, conhecido como hibridização sp^3, é característico dos elementos da coluna 14 (antiga coluna IVA) da tabela periódica.

No estado de menor energia, os 4 N elétrons da última camada do silício vão ocupar totalmente os 4 N estados da banda de menor energia, chamada banda de valência, deixando a banda superior, a banda de condução, com seus 4 N estados totalmente vazios. Na situação de equilíbrio, que corresponde a uma distância interatômica $r_0 = 0{,}235$ nm, essas bandas estão separadas por um *gap* $E_G = 1{,}1$ eV, aproximadamente. O mesmo tipo de esquema mostrado na Figura 5.3 também é válido para outros sólidos do grupo 14 da tabela periódica, como o germânio ($E_G = 0{,}67$ eV). Essas características fazem com que o silício e o germânio sejam materiais semicondutores. No caso do carbono (na forma de diamante), embora o esquema de formação das bandas também seja análogo a este, o elevado valor do *gap* ($E_G = 5{,}47$ eV) faz com que esse material se comporte como um isolante, e não um semicondutor.

5.3 CONDUTORES, SEMICONDUTORES E ISOLANTES

Estamos, agora, aptos a abordar a questão levantada no início deste capítulo, ou seja, explicar a distinção entre materiais condutores, isolantes e semicondutores. Do ponto de vista do modelo de bandas de energia, essa distinção está relacionada simplesmente à distribuição dos elétrons pelos estados nas bandas de energia. De maneira simples, pode-se dizer que, quando a distribuição eletrônica à temperatura nula ($T = 0$ K) de um determinado sólido é tal que a última banda ocupada (a de maior energia) está parcialmente ocupada, o material é um condutor. Por outro lado, se as bandas estão totalmente preenchidas ou totalmente vazias, o material é um semicondutor ou um isolante. Essa regra, no entanto, pode falhar quando houver sobreposição parcial de bandas consecutivas (*gap* negativo), conforme veremos mais adiante.

De uma forma esquemática, pode-se representar as bandas de um material semicondutor ou isolante conforme mostra a Figura 5.3. Nesse esquema, o eixo vertical corresponde à energia dos elétrons, enquanto o eixo horizontal é a posição x. A banda inferior é a banda de valência, e a superior, a de condução. As energias correspondentes ao topo da banda de valência e ao fundo da banda de condução são designadas por E_V e E_C, respectivamente. Logo, o *gap* de energia E_G é dado por:

$$E_G = E_C - E_V \tag{5.1}$$

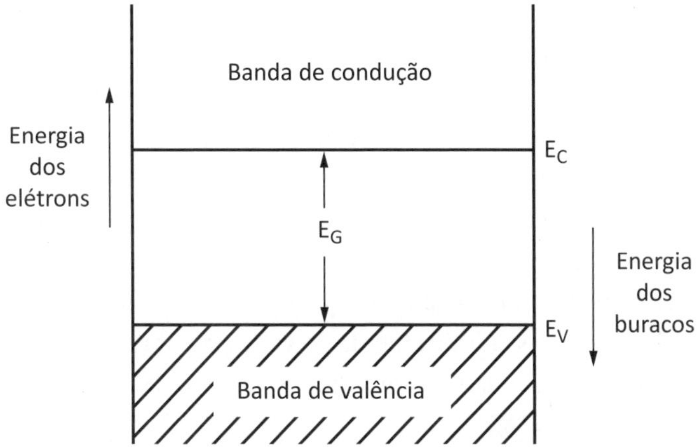

Figura 5.3 – Esquema de bandas simplificado para um semicondutor ou isolante. O eixo vertical corresponde à energia dos elétrons, enquanto o eixo horizontal é a posição x. A banda inferior é a banda de valência e a superior à de condução. A energia correspondente ao topo da banda de valência é designada por E_V, e a do fundo da banda de condução, por E_C. O *gap* de energia é dado por $E_G = E_C - E_V$.

No caso de materiais isolantes ou semicondutores, a ocupação dos estados a $T = 0\,\text{K}$ é tal que a banda de valência se encontra totalmente preenchida por elétrons, enquanto a banda de condução se encontra totalmente vazia. O que difere um material semicondutor de um isolante é simplesmente a largura de seu *gap*. Se um material apresenta uma banda proibida de valor considerável (E_G maior ou da ordem de 3 ou 4 eV), é considerado um material isolante. Uma banda proibida larga implica que a probabilidade de elétrons serem termicamente promovidos da banda de valência para a banda de condução é muito pequena. Se, por outro lado, o material apresentar um *gap* de valor pequeno (E_G menor ou da ordem de 3 ou 4 eV), a probabilidade de elétrons da banda de valência serem termicamente excitados para a banda de condução é apreciável, e esse material será um semicondutor. Dessa forma, conclui-se que a distinção entre isolantes e semicondutores, embora puramente quantitativa, tem grande influência sobre seu comportamento eletrônico.

À temperatura $T = 0$ K, tanto um semicondutor como um isolante apresentam condutividade nula. A essa temperatura, esses materiais não podem conduzir corrente elétrica, pois, em ambos os casos, a banda de valência encontra-se totalmente preenchida, e a banda de condução, completamente vazia. Ao se aumentar a temperatura, no caso de um material semicondutor, alguns elétrons da banda de valência adquirem energia térmica para saltar para os estados desocupados da banda de condução. Dessa forma, tanto a banda de valência como a banda de condução se tornam parcialmente preenchidas (a banda de valência quase totalmente completa e a de condução apenas parcialmente ocupada por elétrons) e, portanto, ambas se tornam capazes de conduzir corrente elétrica. Assim, a condutividade de um material semicondutor aumenta rapidamente com a temperatura.[1]

Essa situação, no entanto, não ocorre em materiais isolantes, pois a largura do *gap* é grande demais para que os elétrons da banda de valência consigam superá-lo e cheguem à banda de condução. O Exemplo 5.1 apresenta uma estimativa da probabilidade de elétrons ultrapassarem o *gap* entre a banda de valência e a banda de condução, e permite concluir que essa probabilidade decresce muito rapidamente quando o *gap* aumenta, tornando-se virtualmente nula no caso de materiais isolantes. Para o cálculo correto do número de elétrons que saltam da banda de valência para a banda de condução em materiais semicondutores e isolantes, consulte a Seção 5.5 e o Exercício 5.

Exemplo 5.1: estime as probabilidades de, em temperatura ambiente, elétrons serem promovidos da banda de valência para a banda de condução, "saltando" o *gap* de energia, nos seguintes casos: a) $E_G = 1{,}0$ eV, b) $E_G = 3{,}0$ eV e c) $E_G = 5{,}0$ eV. Utilizando a estatística de Fermi-Dirac (Equação 1.40) e supondo que o nível de Fermi se situa no meio do *gap* em todos os casos (essa suposição será justificada mais adiante), temos:

$$f_{FD}(E) = \frac{1}{e^{\frac{E-E_F}{k_BT}}+1} = \left[exp\left(\frac{(1{,}0-0{,}5)x1{,}60x10^{-19}}{1{,}38x10^{-23}x300}\right)+1\right]^{-1} \cong exp\left(-\frac{0{,}5x1{,}60x10^{-19}}{1{,}38x10^{-23}x300}\right) = 4{,}05x10^{-9}$$

$$f_{FD}(E) = \frac{1}{e^{\frac{E-E_F}{k_BT}}+1} = \left[exp\left(\frac{(3{,}0-1{,}5)x1{,}60x10^{-19}}{1{,}38x10^{-23}x300}\right)+1\right]^{-1} \cong exp\left(-\frac{1{,}5x1{,}60x10^{-19}}{1{,}38x10^{-23}x300}\right) = 6{,}66x10^{-26}$$

$$f_{FD}(E) = \frac{1}{e^{\frac{E-E_F}{k_BT}}+1} = \left[exp\left(\frac{(5{,}0-2{,}5)x1{,}60x10^{-19}}{1{,}38x10^{-23}x300}\right)+1\right]^{-1} \cong exp\left(-\frac{2{,}5x1{,}60x10^{-19}}{1{,}38x10^{-23}x300}\right) = 1{,}09x10^{-42}$$

Vê-se que a probabilidade dada pela função $f_{FD}(E)$ diminui muitas ordens de grandeza à medida que o *gap* aumenta, sendo muito pequena para o *gap* de 3,0 eV e virtualmente nula para um material isolante com *gap* de 5,0 eV.

1 Note que esse comportamento é o oposto daquele apresentado pelos materiais condutores, nos quais a condutividade diminui com o aumento da temperatura. Veja Seção 4.4.4.

A Tabela 5.1 apresenta valores de *gap* de energia de diversos materiais isolantes. Enquanto alguns materiais isolantes apresentam *gap* de aproximadamente 3,0 a 4,0 eV, outros, como a sílica e os halogenetos alcalinos, apresentam *gap* maior que 10 eV, podendo chegar a 13,6 eV no caso do fluoreto de lítio (LiF).

Tabela 5.1 – *Gap* de energia para diversos materiais isolantes

Material	E_G (eV)	Material	E_G (eV)	Material	E_G (eV)
Halogenetos alcalinos		**Elementares**		**Nitretos**	
LiF	13,6	C (diam.)	5,47	AgN_3	3,9
NaF	10,5	S	3,82	AlN	5,74
KF	10,9	**Óxidos**		BN	8,0
RbF	10,4	Al_2O_3	9,5	CuN_3	4,17
CsF	10,0	B_2O_3	7,0	Si_3N_4	5,0
LiCl	9,33	BeO	10,6	**Outros**	
NaCl	8,97	CaO	7,7	AgBr	4,29
KCl	8,5	CeO_2	5,5	AgCl	5,13
RbCl	8,29	Ga_2O_3	4,54	Al_2S_3	4,1
CsCl	8,1	GeO_2	5,56	CaF_2	10,0
LiBr	7,95	MgO	7,77	$CdBr_2$	4,47
NaBr	7,5	Nb_2O_5	3,48	CdF	6,0
KBr	7,6	NiO	3,7	CdI	6,25
RbBr	7,2	SiO_2	11,0	Hg_2Cl_2	3,5
CsBr	7,18	SnO_2	3,8	MgF_2	11,8
LiI	6,0	Ta_2O_5	4,6	MgTe	4,7
NaI	5,89	TiO_2	3,3	NdB_6	4,9
KI	6,17	WO_3	2,8	NdF_3	6,15
RbI	5,83	ZnO	3,35	$PbCl_2$	3,82
CsI	6,37	ZrO_2	4,99	SmB_6	4,9

Fonte: Strehlow, 1973

A Figura 5.4 mostra uma Tabela Periódica na qual estão destacados os elementos que normalmente formam materiais semicondutores. Estes podem ser semicondutores elementares, quando formados por apenas um elemento (como Si ou Ge); ou semicondutores compostos, quando formados pela combinação de dois elementos dos grupos IV (por exemplo, SiC), III-V (como GaAs ou InP), II-VI (CdS ou HgTe), I-VII (AgBr ou CuCl) ou IV-VI (PbS ou PbTe) ou três elementos, como compostos I-III-VI_2, II-IV-V_2 ou I_2-IV-VI_3, dentre outros.[2] Ligas semicondutoras ternárias (por exemplo, $Ga_xAl_{1-x}As$ ou $Hg_xCd_{1-x}Te$) ou quaternárias (como $Ga_xAl_{1-x}As_ySb_{1-y}$) também podem ser sintetizadas. Existem muitas centenas de materiais semicondutores. A Tabela 5.2 apresenta os valores do *gap* de alguns materiais semicondutores conhecidos.

Tabela 5.2 – *Gap* para diversos materiais semicondutores em temperatura ambiente. Onde há dois valores listados, estes se referem a diferentes fases ou estruturas cristalinas do mesmo composto

Semicondutor	E_G (eV)	Semicondutor	E_G (eV)
Compostos IV-IV		**Elementares**	
SiC	2,86 / 2,3	B	1,55
Compostos I-VII		α–Sn	0,08
AgBr	2,5	Ge	0,67
AgI	2,63 / 2,22	Se	1,5
CuBr	2,91	Si	1,107
CuCl	3,17	Te	0,33
CuI	2,95	**Compostos I-III-VI_2**	
Compostos II-VI		$AgInSe_2$	0,96 / 0,52
CdO	2,5	$AgAlSe_2$	0,7
CdS	2,42	$CuAlSe_2$	2,67
CdSe	1,74	$CuCaS_2$	2,38
CdTe	1,50 / 1,44	$CuFeS_2$	0,53

2 De acordo com a nomenclatura atual da Tabela Periódica, as colunas devem ser numeradas sequencialmente com números arábicos. Dessa forma, as antigas colunas IB e IIB passaram a ser denominadas de colunas 11 e 12, e as colunas IIIA, IVA, VA e VIA passam a ser colunas 13, 14, 15 e 16, respectivamente. No entanto, a tradicional nomenclatura dos semicondutores permanece.

Semicondutor	E_G (eV)	Semicondutor	E_G (eV)
GdTe	1,44	$CuFeSe_2$	0,16
HgSe	0,6	$CuInS_2$	1,2
HgSe	2,1	$CuInSe_2$	0,92 / 0,86
HgTe	0,15	$CuInTe_2$	0,95
ZnO	3,2	**Outros**	
ZnS	3,87 / 3,54	Bi_2S_3	1,3
ZnSe	2,58	Bi_2Se_3	0,27
ZnTe	2,26	Bi_2Te_3	0,13
Compostos III-V		CdSb	0,45
AlP	2,45	$CoAs_3$	0,69
AlAs	2,16	GaSe	2,05
AlSb	1,6	GaTe	1,66
GaAs	1,42	In_2Te_2	1,1
GaN	3,24	InSe	1,8
GaP	2,24	Mg_2Ge	0,74
GaSb	0,67	Mg_2Si	0,77
InAs	0,36	ZnSb	0,5
InN	2,0	Ag_2SnTe_3	0,08
InP	1,27	Cu_3AsSe_4	0,88
InSb	0,163	$CuSnSe_3$	0,66
Compostos IV-VI		$ZnIn_2Se_4$	1,82
PbS	0,37	$ZnSiAs_2$	1,7
PbSe	0,26	---	---
PbTe	0,25	---	---

Fonte: Haynes, 2017.

1 H																		2 He
3 Li	4 Be												5 B	6 C	7 N	8 O	9 F	10 Ne
11 Na	12 Mg												13 Al	14 Si	15 P	16 S	17 Cl	18 Ar
19 K	20 Ca		21 Sc	22 Ti	23 V	24 Cr	25 Mn	26 Fe	27 Co	28 Ni	29 Cu	30 Zn	31 Ga	32 Ge	33 As	34 Se	35 Br	36 Kr
37 Rb	38 Sr		39 Y	40 Zr	41 Nb	42 Mo	43 Tc	44 Ru	45 Rh	46 Pd	47 Ag	48 Cd	49 In	50 Sn	51 Sb	52 Te	53 I	54 Xe
55 Cs	56 Ba	*	71 Lu	72 Hf	73 Ta	74 W	75 Re	76 Os	77 Ir	78 Pt	79 Au	80 Hg	81 Tl	82 Pb	83 Bi	84 Po	85 At	86 Rn
87 Fr	88 Ra	**	103 Lr	104 Rf	105 Db	106 Sg	107 Bh	108 Hs	109 Mt	110 Ds	111 Rg	112 Cn						

Figura 5.4 – Elementos da Tabela Periódica que podem formar materiais semicondutores (quadrados cinzentos). Os semicondutores podem ser elementares, quando formados por um elemento do grupo IV; ou compostos, quando formados pela combinação de dois ou mais elementos dos grupos I, II, III, IV, V, VI ou VII.

De uma maneira geral, o *gap* de um semicondutor diminui com o aumento da temperatura. Como exemplo, a Figura 5.5 mostra a variação do *gap* do silício com a temperatura na faixa de zero a 800 K. Em $T = 0$ K, o *gap* do silício vale $E_G(0) = 1{,}169$ eV, diminui com a temperatura inicialmente de maneira quadrática e, para altas temperaturas, de forma aproximadamente linear, segundo uma relação empírica conhecida como *relação de Varshni*:

$$E_G(T) = E_G(0) - \frac{\alpha T^2}{T + \beta} \tag{5.2}$$

Em que α e β são constantes. Essa relação aproxima bem a variação do *gap* com a temperatura de diversos semicondutores. A Tabela 5.3 apresenta os valores dos parâmetros dessa relação para alguns materiais. No entanto, alguns semicondutores apresentam o comportamento inverso, ou seja, têm seu *gap* ampliado com o aumento da temperatura, como é o caso do PbS e do InSb.

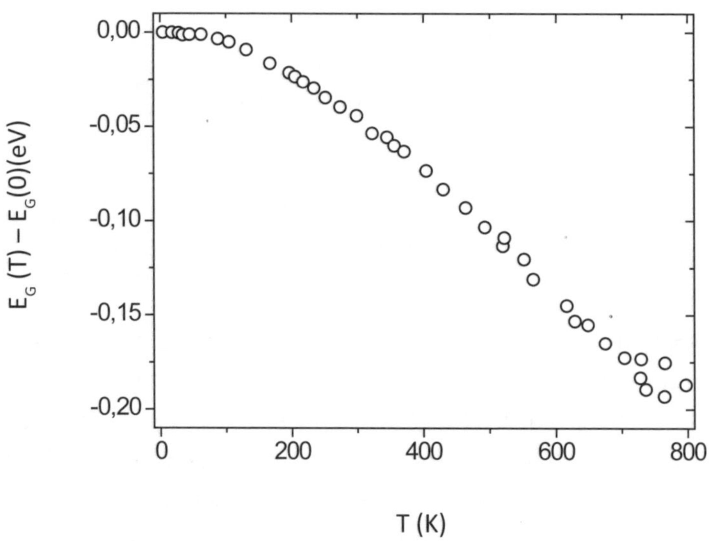

Figura 5.5 – Variação do *gap* do silício com a temperatura.

Fonte: Alex, 1996.

Tabela 5.3 – Parâmetros $E_G(0)$, α e β da relação de Varshni (Equação 5.2) para alguns semicondutores

	E_G (0) (eV)	α (10^{-4} eV.K)	β (K)
C (diamante)	5,41	–1,979	–1437
Si	1,169	4,90	655
Ge	0,739	4,561	210
SiC	3,023	–0,3055	–311
ZnSe	2,81	5,780	175
GaP	2,321	6,860	576
GaAs	1,518	8,871	572
InP	1,421	4,906	327
InAs	0,425	3,158	93

Fonte: Vainshtein, 1999.

Exemplo 5.2: Calcule o *gap* do silício a $T = 750$ K utilizando a relação de Varshni.

$$E_G(750) = 1{,}169 - \frac{4{,}9x10^{-4}x750^2}{750+655} = 0{,}973eV$$

5.4 ELÉTRONS EM UM POTENCIAL PERIÓDICO

Conforme discutimos na Seção 5.2, as bandas de energia têm origem na interação entre os átomos do sólido, que afeta os estados eletrônicos, levando à formação de estados eletrônicos coletivos. Veremos agora que, mais do que isso, as bandas de energia são consequência da interação dos estados eletrônicos com uma rede regular e periódica de átomos. Existem diversos modelos que permitem, cada um à sua maneira, levar em conta a interação dos elétrons com o potencial periódico da rede cristalina. Um dos mais simples e ilustrativos é o chamado modelo do elétron quase livre, ou modelo de Ziman. Esse modelo baseia-se mais na argumentação do que propriamente na dedução de expressões matemáticas. É, no entanto, um modelo muito esclarecedor do ponto de vista físico.

Suponhamos inicialmente que elétrons livres se movem ao longo de uma rede cristalina unidimensional. Como não há interação entre os elétrons e a rede, esse problema se reduz ao problema da partícula livre, cuja solução é dada por funções de onda oscilantes, com energia proporcional ao quadrado do vetor de onda (veja Capítulo 1, equações 1.22 e 1.23). Entretanto, vamos admitir que possa existir uma pequena interação (tão pequena quanto se queira) entre os elétrons e a rede cristalina. Assim, uma vez que essa interação pode ser infinitesimalmente pequena, nada deve mudar essencialmente no problema, sejam as funções de onda ou as energias dos estados, exceto quando o comprimento de onda do elétron obedecer à seguinte relação:

$$n\lambda = 2r_0 \tag{5.3}$$

Em que λ $(= 2\pi / k)$ é o comprimento de onda do elétron; r_0 é a distância interatômica; e n, um número inteiro diferente de zero. Essa relação nada mais é que a condição de difração de Bragg em uma dimensão. Quando essa condição for satisfeita, a função de onda será espalhada pela rede e todas as contribuições infinitesimalmente pequenas dos átomos da rede para o espalhamento vão se somar construtivamente, uma vez que a rede é periódica, e, portanto, a função de onda será totalmente refletida. Em termos do número de onda, a Equação 5.3 pode ser escrita como:

$$k = n\frac{\pi}{r_0} \tag{5.4}$$

Assim, conclui-se que, quando k satisfaz a condição apresentada, o modelo do elétron livre não é mais válido, pois a função de onda é totalmente refletida. Nessas condições, existem duas soluções possíveis para a equação de Schrödinger, com energias distintas. Essas duas soluções são as duas combinações lineares (a soma e a diferença) de ondas que se propagam nos dois sentidos da rede unidimensional, com mesma amplitude e o mesmo comprimento de onda. Tais combinações lineares formam ondas estacionárias, ou seja, ondas que possuem velocidade de propagação nula.

Em resumo, quando se admite uma pequena interação com a rede cristalina, os elétrons se comportam de forma muito semelhante ao caso do elétron livre, exceto quando seu número de onda for múltiplo de π / r_0 (Equação 5.4). Nesse caso, existem duas soluções possíveis para o problema, com energias distintas e velocidade de propagação nula. Assim, deve-esperar que a relação de dispersão do modelo do elétron quase livre seja uma função semelhante à relação parabólica obtida no caso do modelo de elétrons livres para todos os valores de k, exceto para os valores de k próximos aos valores dados pela Equação 5.4, quando a relação de dispersão deverá adotar dois valores distintos de energia e apresentar velocidade de propagação ($v_g = dw / dk$) igual a zero.

A Figura 5.6a apresenta a relação de dispersão que satisfaz as condições descritas. A linha tracejada representa a relação de dispersão parabólica da partícula livre (Equação 1.23). A linha cheia mostra a relação de dispersão do modelo da partícula quase livre, que se confunde com a primeira em praticamente toda a faixa de valores do número de onda, exceto para os valores próximos a aqueles dados pela Equação 5.4. Note que a formação de bandas ou faixas de energia onde existem estados permitidos, separadas por *gaps* ou bandas proibidas, é uma consequência natural desse modelo. É importante ressaltar que esse fato não está ligado à intensidade da interação do elétron com a rede, pois o resultado será qualitativamente o mesmo, independentemente do valor dessa interação, mesmo que seja infinitesimal. O gráfico apresentado na Figura 5.6a, no qual a função $E = E(k)$ é representada em toda faixa de valores do espaço recíproco, é o chamado *esquema de zona estendida.*

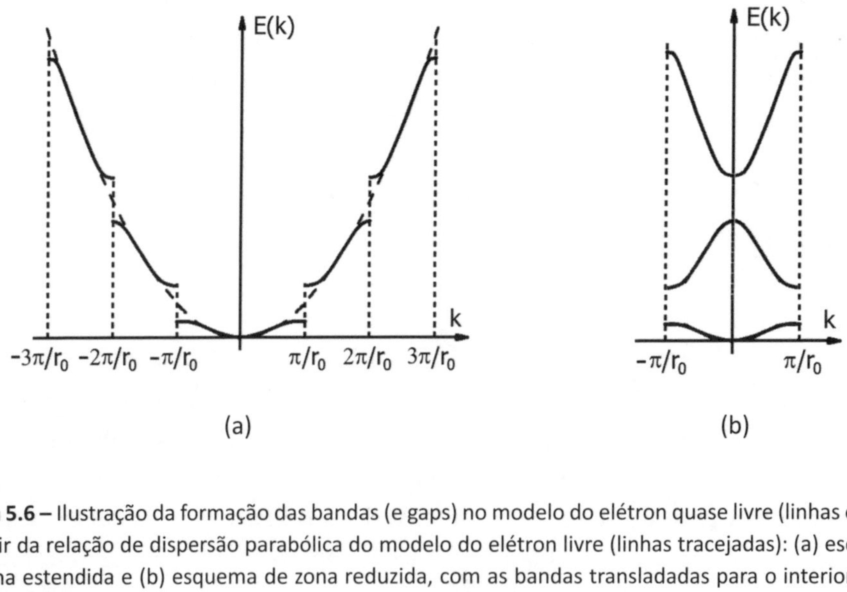

Figura 5.6 – Ilustração da formação das bandas (e gaps) no modelo do elétron quase livre (linhas cheias) a partir da relação de dispersão parabólica do modelo do elétron livre (linhas tracejadas): (a) esquema de zona estendida e (b) esquema de zona reduzida, com as bandas transladadas para o interior da 1ª zona de Brillouin.

No esquema da Figura 5.6a, um elétron com número de onda tal que $-\pi / r_0 < k < \pi / r_0$ está na 1ª zona de Brillouin e situa-se na primeira banda (a de energia mais baixa), enquanto um elétron com valor de *k* tal que $\pi / r_0 < k < 2\pi / r_0$ ou $-2\pi / r_0 < k < -\pi / r_0$ está na segunda zona de Brillouin e pertence a uma outra banda. É importante observar que não há uma ligação ou um caminho contínuo possível entre uma banda e outra, pois estas estão separadas por *gaps* ou bandas proibidas, que são regiões em que não existem estados. Dessa forma, um elétron situado em determinada banda deve ficar confinado a ela, a menos que receba instantaneamente o pacote (ou *quantum*) de energia necessário para "saltar" de uma banda para outra, num processo instantâneo, de forma análoga ao salto quântico que ocorre entre níveis atômicos (veja Capítulo 1, Equação 1.5).

De forma alternativa, pode-se representar o esquema de bandas por meio do chamado esquema de zona reduzida (Figura 5.6b), fazendo translações dos valores de k por múltiplos de $2\pi / r_0$ de forma a levar todas as bandas para o interior da 1ª zona de Brillouin. Note que uma translação de k por um múltiplo de $2\pi / r_0$ não altera as funções de onda eletrônicas devido à sua periodicidade no espaço recíproco.

O modelo de elétron quase livre é bom para um metal alcalino como o sódio, em que os elétrons interagem muito fracamente com a rede. Em um sólido mais complexo do ponto de vista eletrônico, no entanto, as funções de onda dos elétrons devem ser obtidas por meio da solução da equação de Schrödinger para um elétron sujeito a um potencial $V(r)$, que possui a periodicidade da rede. Segundo o teorema de Bloch, se o potencial é periódico, então ψ_k, a solução para a equação de Schrödinger tem a forma:

$$\psi_k(\vec{r},t) = u_k(\vec{r},t)\exp\left(\pm i\vec{k}.\vec{r}\right) \tag{5.5}$$

Em que $u_k(\vec{r},t)$ possui a mesma periodicidade da rede. Em outras palavras, isso significa que a solução da equação de Schrödinger é uma função de onda análoga ao caso do elétron livre, modulada por uma função $u_k(\vec{r},t)$, que possui a periodicidade da rede cristalina. Dessa maneira, as funções de onda de elétrons que interagem com o potencial periódico também são caracterizadas por um vetor de onda $\vec{k}$ e, portanto, sua energia é uma função $E = E(\vec{k})$. Assim, mesmo que as características das bandas de energia possam ser distintas em cada caso (veja Seção 5.4.3 adiante), de forma geral as bandas podem ser representadas por diagramas de bandas $E(k)xk$, análogos ao apresentado na Figura 5.6.

5.4.1 ELÉTRONS E BURACOS

Conforme discutido anteriormente, quando elétrons de um semicondutor são transferidos da banda de valência para a banda de condução, ambas as bandas passam a contribuir para a condução de corrente. No entanto, como o número de elétrons promovidos da banda de valência para a banda de condução é, via de regra, muitas ordens de grandeza inferior à quantidade total de estados nessas bandas, a situação que resulta é uma banda de condução com uma pequena parte de estados ocupados próximos ao seu mínimo; e uma banda de valência quase totalmente ocupada por elétrons e alguns poucos estados desocupados próximos ao seu topo. Assim, torna-se mais natural (e também simétrico) tratar o transporte de carga nos semicondutores considerando na banda de condução o movimento dos elétrons e, no caso da banda de valência, descreve-se o movimento das "faltas" de elétrons. Essas "faltas" de elétrons são denominadas *buracos*.[3]

Buracos (*holes*, em inglês), que também podem ser chamados de lacunas, embora a primeira forma seja mais utilizada,[4] são partículas que representam os estados vazios ou não preenchidos da banda de valência. O buraco é considerado uma partícula de carga positiva, pois, quando um campo elétrico é aplicado, a falta de um elétron se movimenta no sentido contrário ao próprio elétron. Portanto, se a carga negativa dos elétrons os faz se movimentar no sentido contrário do campo elétrico, os buracos, sendo positivos, se movimentam no mesmo sentido do campo.

Assim, podemos considerar que a condução de corrente pelos elétrons em uma banda de valência quase completa de um cristal semicondutor, é equivalente à condução por meio de partículas, chamadas buracos, que se comportam como partículas de carga positiva. Na realidade, o buraco não é uma partícula com existência física concreta como o elétron, sendo apenas uma consequência do movimento dos elétrons no potencial periódico. Embora este possa ser considerado um artifício teórico, essas partículas têm uma importância fundamental na descrição das propriedades eletrônicas de materiais semicondutores.

Quando um campo elétrico é aplicado em um semicondutor com um certo número de elétrons na banda de condução e de buracos na banda de valência, resulta uma corrente dada pela superposição das contribuições relativas aos dois tipos de carga. É importante notar que, como elétrons e buracos possuem cargas opostas, adquirem velocidades em sentidos contrários, em resposta ao campo elétrico, e, consequentemente, ambos contribuem para a condução de corrente no mesmo sentido do campo. Dessa maneira, as contribuições de elétrons e buracos para a corrente total se somam. Assim, em um semicondutor contendo uma densidade de elétrons n e uma densidade de buracos p, a equação para a densidade corrente pode ser escrita como:

$$J = env_e + epv_b \tag{5.6}$$

Em que v_e e v_b são as velocidades dos elétrons e buracos, respectivamente. Utilizando-se a expressão da lei de Ohm e a definição de mobilidade (Equação 4.31), obtém-se a expressão para a condutividade do semicondutor:

$$\sigma = e\left(n\mu_e + p\mu_b\right) \tag{5.7}$$

3 Mais adiante, veremos uma justificativa formal mais elegante para introduzir o conceito de buracos.

4 A primeira forma é preferida, pois na ciência dos materiais "lacuna" também pode designar a falta de um átomo na rede cristalina ou vacância.

Em que μ_e e μ_b são as mobilidades dos elétrons e buracos, respectivamente. Uma vez que tanto elétrons na banda de condução quanto buracos na banda de valência podem contribuir para a condução de corrente, elétrons e buracos são, de uma maneira geral, denominados portadores.

NA PONTA DA CIÊNCIA E DA TECNOLOGIA

Trocando fótons por elétrons

O Sol é a nossa principal fonte de energia. A maior parte das fontes de energia utilizadas pela humanidade são, em última análise, provenientes da luz solar. Quando se fala em energia solar, entretanto, refere-se ao aproveitamento direto da energia proveniente da radiação solar incidente sobre a superfície da Terra e de sua conversão em outras formas de energia. A potência total média que incide sobre a superfície da Terra é estimada em cerca de $9{,}0 \times 10^{16}$ W. Considerando-se que o consumo anual total de energia do planeta estimado para o ano de 2020 foi de cerca de $2{,}0 \times 10^{14}$ kWh, verifica-se que a energia solar é tão abundante, que seria suficiente para suprir todo o consumo anual mundial em pouco mais de 2 horas.

Existem basicamente duas formas de aproveitamento da energia solar: a fototérmica, que transforma a energia solar em calor, podendo ser utilizado diretamente, ou posteriormente convertido em outras formas de energia; e a fotovoltaica, na qual a luz solar é convertida diretamente em corrente elétrica utilizando-se uma célula fotovoltaica. O efeito fotovoltaico foi observado pela primeira vez por E. Becquerel, em 1839, incidindo luz sobre eletrodos de cobre cobertos por sais de cobre ou prata, no interior de um eletrólito. Esse fenômeno não deve ser confundido com o efeito fotoelétrico (veja Seção 1.3.1), no qual há a emissão de elétrons para fora do material, em geral para o vácuo.

A primeira célula fotovoltaica de estado sólido, obtida por C. Fritts em 1884, utilizando selênio com contatos de ouro, apresentou apenas 1% de eficiência. A moderna célula fotovoltaica construída com base em uma junção p-n de materiais semicondutores, no entanto, foi patenteada somente em 1947 por R. Ohl. Em poucas palavras, o princípio básico de funcionamento da moderna célula fotovoltaica é a promoção de elétrons da banda de valência para a banda de condução a partir da absorção de fótons da luz incidente, resultando na geração de pares elétron-buraco no interior do semicondutor. Sendo os pares elétron-buraco gerados na região de uma junção p-n (o contato entre um semicondutor tipo p e um semicondutor do tipo n), onde há campo elétrico, os elétrons e buracos são separados, criando uma diferença de potencial e, portanto, corrente elétrica.

O parâmetro mais importante de uma célula solar é a chamada eficiência de conversão, que é definida como a razão entre a potência elétrica gerada pela célula e a potência luminosa incidente sobre ela. Existem diversos limites para a eficiência de conversão de uma célula fotovoltaica. Considerando-se que o Sol pode ser bem aproximado por um corpo negro de temperatura aproximada $T = 6.000$ K, com um espectro de emissão solar com máximo em torno de 500 nm (veja Capítulo 1, figura 1.1), para aproveitar o máximo de energia, seria desejável a absorção da maior parcela possível deste espectro. Entretanto, supondo que a célula fotovoltaica é constituída por um único material semicondutor, somente os fótons com energia maior ou igual ao *gap* do semicondutor serão absorvidos. Todos os fótons incidentes com energia menor que o *gap* não serão absorvidos e, portanto, não poderão gerar pares elétron-buraco, contribuindo apenas para a geração de calor. Assim, deste ponto de vista, seria desejável utilizar um semicondutor de *gap* pequeno para absorver uma parcela grande do espectro solar. Por outro lado, os fótons com energia maior que o *gap* do semicondutor terão apenas uma fração da sua energia aproveitada, pois a porção da energia que excede o valor do *gap* se converte em energia cinética dos portadores e também acaba por se dissipar na forma de calor. Portanto, esse outro argumento implica que é importante que o *gap* seja grande, para o melhor aproveitamento da energia dos fótons absorvidos. Dessa maneira, percebe-se que deve haver um valor ótimo do *gap* do semicondutor no qual a eficiência da célula será máxima.

Considerando-se o espectro real da luz solar incidente sobre a superfície da Terra, é possível mostrar que o ponto ótimo é obtido com uma célula solar constituída por um semicondutor com *gap* de 1,34 eV e resulta em uma eficiência de 33,7%. Esse é o chamado limite de eficiência de Shockley-Queisser. No entanto, na prática, a existência de perdas adicionais (que não serão discutidas aqui) limita a eficiência das células em menos de 30%. A Figura 5.7 ilustra de forma esquemática esse limite de eficiência em função do *gap* de energia, em que também estão representados os maiores valores de eficiência obtidos com algumas células solares produzidas com diferentes materiais semicondutores.

Existem algumas maneiras de se contornar o limite de Schockley-Queisser, sendo a produção de células acopladas (*tandem cells*) com *gaps* diferentes, para melhor aproveitamento do espectro da luz solar, uma das mais utilizadas. Nesse tipo de estrutura, células solares com diferentes *gaps* de energia são superpostas, sendo a célula de *gap* maior, que absorve a parcela de maior energia da luz solar, a que recebe a incidência da luz solar. Em seguida, a luz incide sobre a segunda célula, de *gap* um pouco menor, que absorve uma região do espectro de energia intermediária, e assim sucessivamente.[5] Estruturas desse tipo, com dois, três ou até quatro *gaps* diferentes, são produzidas, resultando em um aumento substancial da eficiência total da célula fotovoltaica. Atualmente, eficiências de conversão de até cerca de 45% são obtidas com esse tipo de estrutura.

5 Veja, por exemplo: High efficiency thin film tandem solar cells and other semiconductor devices, Patent US 20170271622A1.

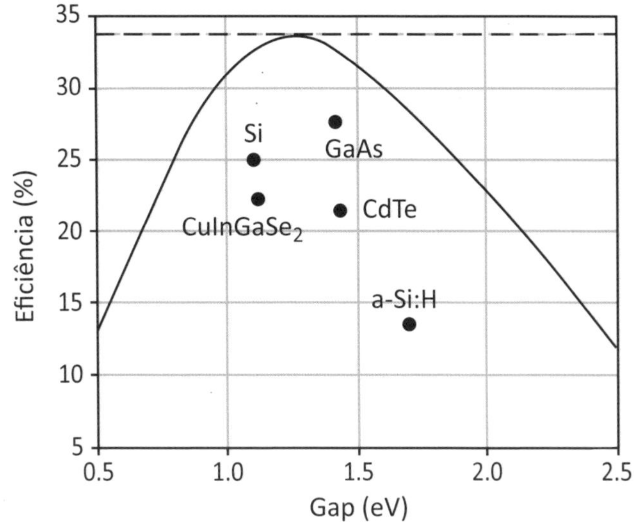

Figura 5.7 – Limite de Schockley-Queisser em função do valor do *gap* do semicondutor e valores máximos de eficiência obtidos com algumas células solares produzidas com diferentes materiais semicondutores.

5.4.2 DIAGRAMAS DE BANDAS DE MATERIAIS SEMICONDUTORES

Até este ponto, consideramos na maior parte de nossa análise um cristal hipotético unidimensional. Esse caso foi analisado porque, a despeito de sua maior simplicidade, é suficiente para a apresentação dos conceitos básicos. No caso de um cristal tridimensional, o desenvolvimento matemático é mais complexo e, por esse motivo, não será apresentado neste texto. No entanto, os conceitos discutidos nos itens anteriores permanecem válidos e, com a devida cautela, podem ser aplicados no caso tridimensional.

A Figura 5.8 apresenta os diagramas de bandas correspondentes a dois cristais semicondutores de grande interesse tecnológico: o silício (Si) e o arseneto de gálio (GaAs), nos quais o topo das bandas de valência foi tomado como referência de energia (zero de energia). As curvas apresentadas representam de forma simplificada os estados permitidos para as bandas de valência e condução, em função do vetor de onda, para duas direções cristalinas diferentes, [100] e [111]. Uma vez que a simetria e periodicidade da rede cristalina são distintas para as diferentes direções, os diagramas de bandas de energia em geral também dependem da direção considerada. Como é convencional, apresentam-se os diagramas de banda em apenas um dos sentidos de *k*, pois esses sistemas são invariantes por inversão, $k \leftrightarrow -k$. É possível reconhecer nesses diagramas algumas das características gerais previstas pelo modelo simples unidimensional apresentado (Figura 5.6b); porém, suas características distintas refletem a complexidade da interação entre os portadores e a rede cristalina tridimensional.

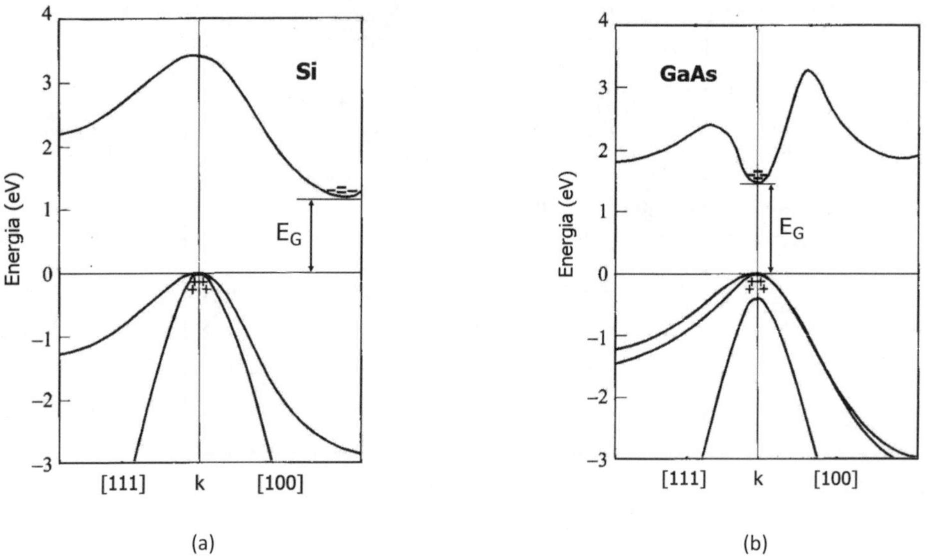

Figura 5.8 – Estruturas de bandas de dois importantes materiais semicondutores: (a) Si e (b) GaAs, nas direções cristalinas [100] e [111]. E_G representa a largura do gap de energia. Os pequenos sinais + no topo das bandas de valência e – no vale inferior da banda de condução representam de forma pictórica os buracos e elétrons nestes estados, respectivamente.

Observa-se que o Si e o GaAs apresentam bandas de valência com comportamentos muito similares, com máximos em $k = 0$. Entre a banda de valência e a banda de condução, há o *gap* de energia, cuja largura E_G é definida pela Equação 5.1, independentemente da posição ao longo do eixo k, em que o mínimo da banda de condução se situa. No caso do diagrama de bandas do Si (Figura 5.8a), o mínimo da banda de condução não corresponde ao mesmo valor de vetor de onda k que o máximo da banda de valência. Nesse caso, o semicondutor é denominado de *gap indireto*. Isso significa que a transição de um elétron entre estados próximos ao máximo da banda de valência e do mínimo da banda de condução, ou vice-versa, requer não apenas um aumento de energia, absorvendo ou emitindo um fóton, mas também uma mudança do momento. Para o elétron receber momento, deve interagir com uma outra partícula, por exemplo, absorver ou emitir um fônon (veja Capítulo 3). Por essa razão, a transição do elétron entre essas bandas é menos provável de ocorrer que no caso do semicondutor de *gap* direto, que será descrito a seguir.

No caso do diagrama de bandas do GaAs (Figura 5.8b), o mínimo da banda de condução corresponde ao mesmo valor de vetor de onda do máximo da banda de valência ($k = 0$). Esse é o caso denominado de semicondutor de *gap direto*. Isto significa que, para um elétron ser promovido entre estados próximos ao máximo da banda de valência e estados próximos do mínimo da banda de condução, ou vice-versa, basta absorver ou emitir um *quantum* de energia, por meio de um fóton, sem a necessidade mudar o seu vetor de onda associado ao momento do elétron. A transição de um elétron de um estado para outro com apenas mudança de energia é muito mais provável de ocorrer do que o caso anterior, onde há necessidade da mudança das duas grandezas simultaneamente.[6]

5.4.3 MASSA EFETIVA

Suponhamos que um campo elétrico é aplicado a um semicondutor. Em resposta à aplicação do campo, os portadores sofrem a ação de uma força externa dada pelo produto do campo pela carga do portador correspondente. Entretanto, esta não é a única força que atua sobre os portadores, uma vez que estes interagem com a rede cristalina, e essa interação não pode ser negligenciada. Portanto, a resposta dos portadores no interior de um semicondutor deve ser claramente distinta em relação ao caso de portadores livres em um material condutor.

De uma maneira geral, a interação entre os portadores e a rede cristalina periódica de um material semicondutor não é conhecida ou somente pode ser conhecida por meio da solução de cálculos relativamente sofisticados. Para contornar esse problema, utiliza-se como artifício o conceito de massa efetiva.

Considerando que um campo elétrico é aplicado ao semicondutor, a força externa F_{ext} que atua sobre o portador realiza trabalho, de forma que, após um deslocamento dx, a variação de sua energia é $F_{ext}dx$. A partir da equação para a velocidade de grupo (Equação 2.68) e da relação de Planck (Equação 1.1), pode-se escrever essa mesma variação de energia de outra forma e, portanto, igualando ambas:

$$F_{Ext}dx = \hbar v_g dk \tag{5.8}$$

Mas, como $v_g = dx / dt$, obtém-se uma equação de movimento envolvendo a força externa, que é análoga à utilizada no caso do modelo do gás de elétrons (Equação 4.28):

$$F_{Ext} = \hbar \frac{dk}{dt} \tag{5.9}$$

6 Esta característica faz com que o GaAs e os semicondutores III-V em geral apresentem propriedades optoeletrônicas, como alta eficiência de absorção e emissão de luz, adequadas para aplicações tecnológicas em leds, lasers, dentre outras. Veja nota sobre esse assunto mais adiante neste capítulo.

Neste caso, entretanto, o portador não é uma carga livre. Essa equação equivale à 2ª lei de Newton, mas relaciona a variação do momento do elétron no interior da rede cristalina como resultado apenas da ação da força externa. A partir de 5.9, podemos escrever:

$$F_{Ext} = \hbar \frac{\partial k}{\partial v} \frac{\partial v}{\partial t} \tag{5.10}$$

Utilizando mais uma vez a equação para a velocidade de grupo e a relação de Planck, temos:

$$v_g = \frac{\partial w}{\partial k} = \frac{1}{\hbar} \frac{\partial E}{\partial k} \tag{5.11}$$

Onde se vê que a velocidade de grupo é diretamente determinada pela variação de $E = E(k)$. Diferenciando 5.11 em relação a k e substituindo em 5.10, obtemos, finalmente:

$$F_{Ext} = \frac{\hbar^2}{\dfrac{\partial^2 E}{\partial k^2}} a \tag{5.12}$$

Ou seja, obteve-se uma relação de proporcionalidade entre a força externa, que resulta da ação do campo elétrico, e a aceleração adquirida pelo portador de carga. Isso significa que o portador se comporta de forma análoga a uma partícula livre, porém, em lugar de sua massa de repouso, o portador apresenta uma massa efetiva, dada pela seguinte relação:

$$m^* = \frac{\hbar^2}{\dfrac{\partial^2 E}{\partial k^2}} \tag{5.13}$$

A massa efetiva representa a resposta do portador à aplicação do campo externo e, portanto, traz consigo a interação com a rede cristalina. A massa efetiva, portanto, é uma característica da banda de energia, uma vez que é função exclusivamente da curvatura (segunda derivada) da banda $E = E(k)$.

É simples verificar que, no caso de um elétron livre, para o qual a relação de dispersão é uma função parabólica (Equação 4.10), a massa efetiva é uma constante igual à própria massa do elétron. Entretanto, conforme visto na seção anterior, nos materiais semicondutores a interação dos portadores com a rede cristalina faz com que as bandas apresentem uma forma $E = E(k)$ mais complexa e, portanto, movimentem-se com uma massa efetiva que pode assumir valores variados, tanto maiores como menores que a massa do elétron livre.

Próximo aos extremos (mínimo ou máximo) das bandas (condução ou valência) pode-se aproximar satisfatoriamente a relação $E = E(k)$ por funções parabólicas:

$$E(k) = E_C + \frac{\hbar^2}{2m_c^*}(k - k_0)^2 \qquad (E \geq E_C) \tag{5.14a}$$

$$E(k) = E_V - \frac{\hbar^2}{2m_v^*}k^2 \qquad (E \geq E_V) \tag{5.14b}$$

Em que k_0 corresponde à posição do mínimo da banda de condução ao longo do eixo k (que seria nulo no caso de um semicondutor de *gap* direto), e o máximo da banda de valência foi considerado situado em $k = 0$. Nas Equações 5.14a e b, m^*_c e m_v^* são as massas efetivas dos elétrons na banda de condução e de valência, respectivamente, e estão relacionadas com a curvatura das bandas correspondentes (Equação 5.13). Sendo a massa efetiva proporcional ao inverso da segunda derivada das curvas $E(k)$, conclui-se que próximo ao mínimo da banda de condução e ao máximo da banda de valência, a massa efetiva tem valor constante, independente de k. Além disso, observa-se que, quanto mais fechada a curvatura, menor a massa efetiva do portador. Assim, em uma banda de condução com um mínimo estreito como o caso do GaAs (Figura 5.8b), a massa efetiva do elétron é menor que no caso do silício, que apresenta a banda de condução com um mínimo bem mais largo (Figura 5.8a). Nos semicondutores que apresentam duas bandas de valência, como o Si e o GaAs (Figuras 5.8a e b), a banda de maior curvatura é responsável pela condução pelos buracos de menor massa, chamados de buracos leves, enquanto na banda de menor curvatura os portadores são os buracos de maior massa, ou buracos pesados.

No caso da banda de condução, como a concavidade é voltada para cima, a massa efetiva dos elétrons é positiva, e sua aceleração tem o mesmo sentido da força. Na banda de valência, entretanto, a aplicação da Equação 5.11 fornece um valor negativo para a massa efetiva, pois a concavidade dessa banda é negativa. Isso implicaria que os elétrons sofreriam aceleração em sentido contrário ao da aplicação da força. Esse é um fato surpreendente, e até certo ponto incômodo, que merece uma análise um pouco mais cuidadosa.

Vamos supor que uma força é aplicada sobre os elétrons de uma banda de valência incompleta e deslocam-se em determinada direção e sentido do espaço $\vec{k}$, por exemplo, no sentido de k_x. Os buracos, consequentemente, movimentam-se em sentido contrário dos elétrons, ou seja, sentido $-k_x$. Portanto, tendo em vista a equação de movimento 5.9 e o fato de que a força elétrica é dada pelo produto da carga pelo campo aplicado, devemos concluir, conforme vimos antes, que os buracos se comportam como partículas de carga oposta à dos elétrons, ou seja, carga positiva. Consequentemente, no diagrama de energia do semicondutor, a energia dos buracos deve variar em sentido contrário à energia dos elétrons. Assim, tendo em vista a Equação 5.13, conclui-se que a massa efetiva do buraco na banda de valência é $m_b^* = -m_e^*$, e, portanto, a massa efetiva dos buracos é positiva. Dessa maneira, o conceito de buraco na banda de valência, com carga positiva e massa efetiva positiva, surge como uma alternativa fisicamente mais razoável (e mais confortável) do que considerar o incômodo movimento dos elétrons, com carga negativa e massa efetiva negativa, nesta banda.

Para a determinação da massa efetiva dos portadores nos materiais semicondutores veja a nota 5.1 a seguir.

NOTA 5.1: DETERMINAÇÃO DA MASSA EFETIVA

Conforme foi visto no capítulo anterior (veja Seção 4.7), a medida da frequência de cíclotron (Equação 4.65) pode ser utilizada para determinar a massa de um portador no interior de materiais. Esse experimento pode ser realizado para diferentes direções da passagem de corrente e do campo magnético aplicado. Em um semicondutor de *gap* direto, quando o mínimo da banda de condução se situa em $k = 0$, como é por exemplo o caso do GaAs, o movimento dos elétrons é o mesmo em todas as direções cristalinas. Em outras palavras, isso implica que a superfície de energia constante é uma esfera, de forma análoga à esfera de Fermi do modelo de elétrons livres, a menos de uma translação da origem do eixo das energias para $E = E_C$. Assim, a massa efetiva, embora seja diferente da massa do elétron livre, assume um único valor independente da direção.

Já no caso do semicondutor de *gap* indireto, quando o mínimo da banda de condução ocorre em $k = k_0 \neq 0$, como no caso do silício e do germânio, a superfície de energia constante não é uma esfera. Isso gera um complicador adicional na teoria de bandas, cuja análise em detalhe se encontra além do escopo deste texto. Neste caso, o movimento dos elétrons depende da direção cristalina e o valor da massa efetiva depende da direção de movimento. Consequentemente, para a determinação das propriedades do material deve-se considerar um valor da massa efetiva que representa um "valor médio" dos diferentes valores associados às diferentes direções cristalinas.

No caso do cálculo da densidade de estados, a massa efetiva é simplesmente a média geométrica dos valores nas diferentes direções, e é dada por:

$$m^* = \left(m_1^* m_2^* m_3^*\right)^{1/3} \tag{5.15}$$

Utilizaremos m_c^* e m_v^* para designar as massas efetivas da densidade de estados de elétrons e buracos nas bandas de condução e de valência, respectivamente. Por outro lado, no cálculo da condutividade, deve-se tomar uma média distinta, pois essa propriedade é inversamente proporcional à massa. Assim, nesse caso, a massa efetiva deve ser obtida conforme a expressão a seguir:

$$m^* = \frac{3}{\left(m_1^{-1} + m_2^{-1} + m_3^{-1}\right)} \tag{5.16}$$

Utilizaremos m_e^* e m_b^* para designar as massas efetivas da condutividade de elétrons e buracos, respectivamente. Nesse texto, estaremos sempre nos referindo à massa efetiva da densidade de estados, ou seja, à massa efetiva calculada segundo a Equação 5.15, a menos que se especifique o contrário.

Na medida de ressonância de cíclotron, em geral incide-se uma radiação eletromagnética com frequência fixa na faixa de micro-ondas e varia-se a intensidade do campo magnético aplicado, à medida que se monitora a absorção da radiação. Em geral, conforme dito, a massa efetiva varia em função da direção de aplicação do campo magnético e do movimento dos portadores, de forma que é necessária uma série de medidas para se obter um quadro completo dos valores de massa efetiva para as diferentes direções cristalinas do material semicondutor. Os valores medidos por essa técnica, entretanto, são valores médios entre diferentes direções, uma vez que os portadores realizam movimentos circulares em torno da direção de aplicação do campo. A Figura 5.9 apresenta um espectro típico de ressonância de cíclotron obtido para o silício a $T = 4$ K, utilizando uma frequência de 24 GHz. É interessante notar que se observam quatro picos no total, sendo dois picos relacionados a elétrons, que se devem aos diferentes valores de massa efetiva dos elétrons em diferentes direções cristalinas, e dois picos relacionados aos buracos. Estes últimos, que foram observados em torno dos valores mais baixos e mais altos de campo magnético, estão associados aos buracos leves e buracos pesados, respectivamente.

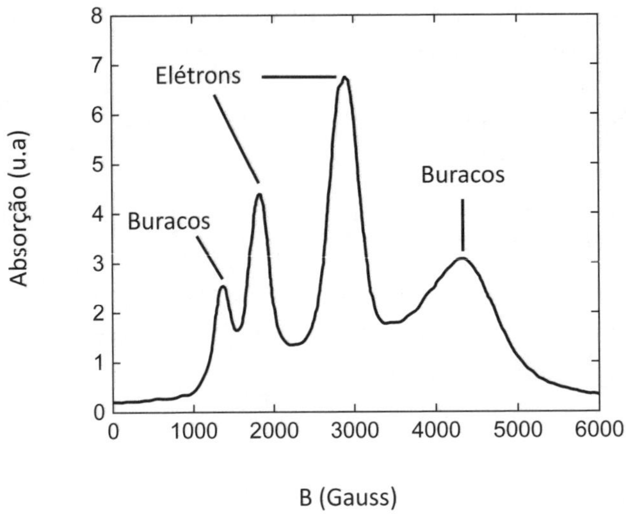

Figura 5.9 – Espectro de ressonância de cíclotron típico obtido em silício a 24 GHz e $T = 4$ K.

Fonte: Dresselhaus, 1955.

Além da ressonância de cíclotron, a massa efetiva também pode ser mensurada por outras técnicas como medidas de transporte, medidas ópticas e outros tipos de espectroscopia que determinam mais diretamente a densidade de estados do semicondutor. De uma maneira geral, verifica-se uma certa discrepância nas diferentes fontes de valores tabelados para a massa efetiva. A Tabela 5.4 apresenta valores da massa efetiva da densidade de estados de elétrons e buracos em relação à massa do elétron livre para diversos materiais semicondutores.

Tabela 5.4 – Massa efetiva da densidade de estados de elétrons e buracos em relação à massa do elétron livre para diversos materiais semicondutores

Semicondutor	m_c^*/m_e	m_v^*/m_e	Semicondutor	m_c^*/m_e	m_v^*/m_e
Elementares			Compostos II-VI		
Si	1,07	0,56	CdO	0,1	---
Ge	0,55	0,37	CdS	0,165	0,8
α-Sn	0,02	0,3	CdSe	0,13	0,6
Compostos III-V			GdTe	0,14	0,35
AlSb	0,09	0,4	HgSe	0,03	---
GaAs	0,068	0,5	HgTe	0,017	0,5
GaP	0,35	0,5	ZnO	0,38	---
GaSb	0,05	0,23	Compostos IV-VI		
InAs	0,022	0,41	PbS	0,16	0,1
InP	0,067	---	PbSe	0,3	0,34
InSb	0,014	0,4	PbTe	0,21	0,14

Fonte: Haynes, 2017.

NA PONTA DA CIÊNCIA E DA TECNOLOGIA

Carbono em folhas

O grafeno é uma das formas cristalinas do carbono, como o diamante, o grafite, os nanotubos de carbono e os fulerenos (veja Seção 10.4.3). Esse material é constituído por uma estrutura planar de átomos de carbono com espessura de apenas um átomo, de modo que cada átomo está ligado a outros três, em uma estrutura cristalina hexagonal de forma semelhante a um plano do grafite. Por ser um material bidimensional, o grafeno apresenta propriedades extremas. O grafeno é quase que totalmente transparente, extremamente leve, excelente condutor de eletricidade e de calor e muito resistente mecanicamente. Seu módulo de elasticidade é cerca de 100 vezes maior que o do aço. Suas propriedades eletrônicas são especialmente peculiares.

Na estrutura do grafeno, os átomos de carbono, que possuem 4 elétrons de valência, estão na hibridização sp^2, em que cada átomo faz três ligações do tipo σ com seus vizinhos, e o quarto elétron (π) é o responsável pela condução ao longo do plano. A estrutura de bandas do grafeno é tal que as bandas de valência e de condução se tocam em determinados pontos dos limites da 1ª zona de Brillouin, e, portanto, a largura de seu *gap* é nula. Em torno desses pontos, a relação de dispersão $E(k)$ pode ser aproximada por uma função que não é parabólica, como nos condutores ou semicondutores convencionais (veja Equações 4.10 e 5.14), mas linear, na forma $E(k) \cong \pm\hbar v_F k$. Essa relação de dispersão é análoga àquela encontrada no eletromagnetismo e que governa a propagação da luz no vácuo e em meios não dispersivos, como o ar. Consequentemente, os elétrons no grafeno comportam-se de maneira análoga aos fótons, ou seja, como partículas de massa nula.

Uma partícula de massa nula não obedece à equação de Schrödinger, mas à equação de Dirac, que une a mecânica quântica à relatividade restrita. Assim, o comportamento eletrônico no grafeno obedece a leis análogas às previstas pela eletrodinâmica quântica, muito embora os seus elétrons não possuam velocidades próximas à da luz (a velocidade de Fermi no grafeno é da mesma ordem que nos condutores convencionais, ou seja, $v_F \sim 10^6$ m/s). A possibilidade de ter à disposição uma partícula de massa nula sobre a bancada do laboratório, que se tornou realidade com a descoberta do grafeno, constituiu-se em uma pequena revolução na física, pois permitiu a confirmação de teorias da eletrodinâmica quântica por meio da realização de experimentos simples e de baixo custo. O Prêmio Nobel de Física de 2010 foi atribuído a A. Geim e K. Novoselov, da Universidade de Manchester, por seus experimentos com o grafeno (Geim, 2007).

A mobilidade dos elétrons no grafeno é extremamente alta, atingindo valores na faixa de 10^5 cm^2/V.s em temperatura ambiente (para comparação com valores de mobilidade em outros materiais semicondutores, consulte a Tabela 5.6). Nesse material, os elétrons são capazes de se mover distâncias da ordem de um mícron sem sofrer interação ou espalhamento. Assim, espera-se que o grafeno possa se tornar uma alternativa ao silício para a produção de dispositivos eletrônicos no futuro próximo.

O grafeno pode ser sintetizado de diversas maneiras. A mais simples e extremamente prosaica consiste em simplesmente esfoliar grafite com um pedaço de fita adesiva. Foi procedendo dessa maneira que os ganhadores do Prêmio Nobel produziram suas primeiras amostras. Pode-se ainda produzir grafeno por meio da redução do óxido de grafite, por ultrassom, por aquecimento de carbeto de silício a altas temperaturas ou por deposição a alta temperatura a partir de hidrocarbonetos, dentre outras. No entanto, o grande desafio existente atualmente é o de se produzir este material em larga escala, de forma a permitir aplicações comerciais desse material revolucionário. Inúmeros laboratórios e empresas ao redor do mundo estão trabalhando intensamente para atingir esse objetivo.

5.5 DENSIDADES DE PORTADORES

Conforme já discutido, na temperatura do zero absoluto, a ocupação dos estados em um semicondutor é muito simples: todos os estados da banda de valência estão preenchidos por elétrons, e a banda de condução está totalmente vazia, com todos seus estados desocupados. Dessa forma, não há portadores em nenhuma das duas bandas, e o semicondutor não é capaz de conduzir corrente. Mas, o que acontece com a ocupação dos estados quando o semicondutor é aquecido?

A Figura 5.10 ilustra qualitativamente esse problema. A Figura 5.10a mostra a função de Fermi-Dirac a $T = 0$ K e o diagrama de bandas simplificado do semicondutor com a banda de valência totalmente ocupada por elétrons, e a banda de condução vazia. Nesse diagrama, foi feita a suposição de que o nível de Fermi está situado no interior do *gap* (mais adiante, vamos obter a posição do nível de Fermi com precisão).

A situação se modifica ao aumentarmos a temperatura, como mostra a Figura 5.10b. Nessa situação, a função de Fermi-Dirac passa a apresentar uma variação mais suave em torno de $E = E_F$, e, como consequência, elétrons são promovidos para a banda de condução, criando buracos na banda de valência. Desta forma, concluímos que um material semicondutor, que se comporta como um isolante à temperatura $T = 0$ K, passa a ser capaz de conduzir corrente (por meio dos elétrons e dos buracos) a temperaturas mais altas. É fácil concluir, a partir da figura 5.10b, que quanto menor o valor de E_G, maior será a concentração de elétrons na banda de condução e de buracos na banda de valência, a uma certa temperatura.

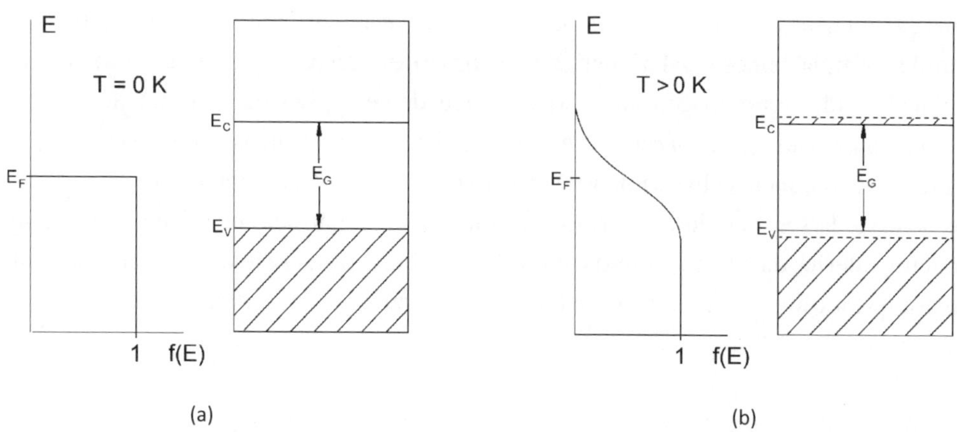

Figura 5.10 – Função de Fermi-Dirac e diagrama de bandas simplificado de um semicondutor: (a) à temperatura $T = 0$ K, a banda de valência se encontra totalmente preenchida; a de condução, totalmente vazia; e as densidades de portadores nas duas bandas são nulas; e (b) a uma temperatura $T > 0$ K, um certo número de elétrons é promovido para a banda de condução, consequentemente criando buracos na banda de valência.

De forma a calcularmos a condutividade de um semicondutor, devemos primeiramente obter as concentrações de portadores nas bandas de condução e de valência (veja Equação 5.7). Para o cálculo das densidades de portadores, deve-se, no caso da banda de condução, somar todos os estados ocupados por elétrons, enquanto na banda de valência computam-se todos os estados que não estão ocupados por elétrons, ou seja, aqueles ocupados por buracos. Assim, deve-se efetuar as seguintes integrais:

$$n = \int_{-\infty}^{+\infty} D_C(E)dE = \int_{-\infty}^{+\infty} g_C(E) f_{FD}(E)dE \tag{5.17a}$$

$$p = \int_{-\infty}^{+\infty} D_V(E)dE = \int_{-\infty}^{+\infty} g_V(E)\left[1 - f_{FD}(E)\right]dE \tag{5.17b}$$

Em que $D_C(E)$ e $D_V(E)$ são as funções ocupação dos estados nas bandas de condução e de valência, respectivamente. $D_C(E)$ é definida de forma análoga ao caso dos materiais condutores (Equação 4.26), ou seja, como o produto da densidade de estados da banda de condução $g_C(E)$ pela probabilidade de ocupação dos estados, que é dada pela função de Fermi-Dirac $f_{FD}(E)$. $D_V(E)$, por outro lado, é definida como o produto da densidade de estados da banda de valência $g_V(E)$ pela probabilidade de não ocupação dos estados, que é simplesmente $1 - f_{FD}(E)$.

Essas operações estão ilustradas graficamente na Figura 5.11, para três posições distintas do nível de Fermi: a) no meio do *gap*; b) na metade superior do *gap*; e c) na metade inferior do *gap*. Quando o nível de Fermi está aproximadamente no meio da banda proibida, temos igual número de elétrons e de buracos, o que corresponde ao caso do semicondutor intrínseco. No caso de o nível de Fermi se situar na metade superior da banda proibida, a ocupação por elétrons na banda de condução é muito superior ao número de buracos na banda de valência. Isso corresponde, conforme veremos adiante, ao caso do semicondutor do tipo n. Similarmente, quando o nível de Fermi está na metade inferior da banda proibida, o número de buracos na banda de valência é muito maior que o número de elétrons na banda de condução, o que corresponde ao caso do semicondutor do tipo p.

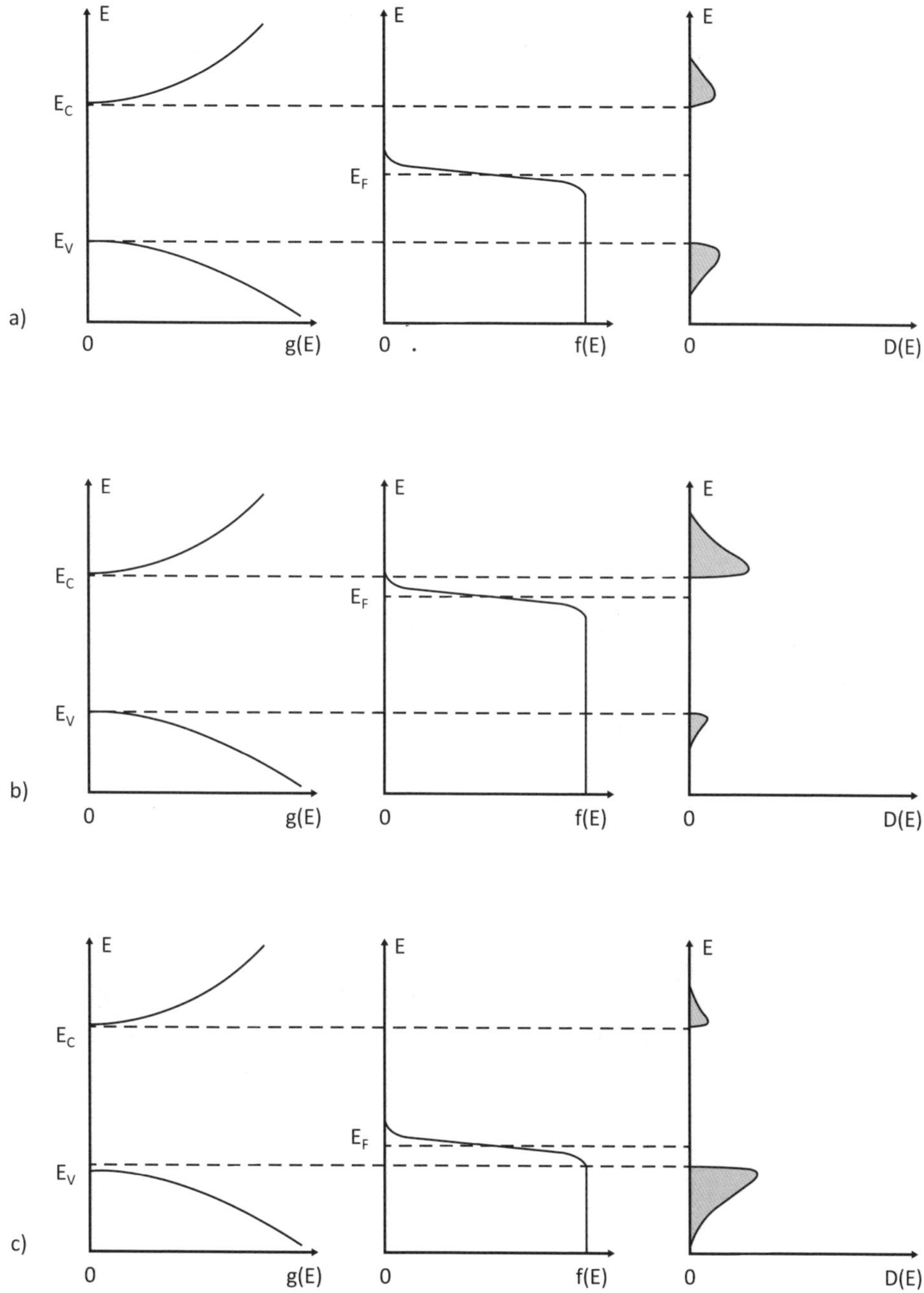

Figura 5.11 – Densidade de estados $g(E)$, probabilidade de ocupação de estados $f(E)$ e ocupação dos estados nas bandas de condução $D_C(E)=g_C(E)f(E)$ e de valência $D_V(E)=g_V(E)[1-f(E)]$ para os casos do nível de Fermi localizado: a) no meio do *gap* ou semicondutor intrínseco; b) na metade superior do *gap* ou semicondutor dopado do tipo n; e c) na metade inferior do *gap* ou semicondutor dopado do tipo p.

As densidades de estados nas bandas de valência e de condução podem ser obtidas a partir das soluções da equação de Schrödinger no potencial periódico do cristal. No entanto, de uma forma mais simples e direta, pode-se considerar que os portadores se distribuem apenas nos estados muito próximos dos extremos (máximos ou mínimos) das respectivas bandas, e, que, nesses casos, as relações de dispersão $E(k)$ das bandas de valência e condução podem ser bem aproximadas por parábolas (equações 5.14a e b). Dessa maneira, o problema torna-se análogo ao caso do cálculo da densidade de estados no modelo de elétrons livres (veja Seção 4.4.1) e, assim, as densidades de estados próximo ao máximo da banda de valência e ao mínimo da banda de condução podem ser aproximadas respectivamente por:

$$g_C(E) \cong \frac{\left(2m_c^*\right)^{3/2}}{2\pi^2\hbar^3}(E-E_C)^{1/2} \qquad (E \geq E_C) \tag{5.18a}$$

$$g_V(E) \cong \frac{\left(2m_v^*\right)^{3/2}}{2\pi^2\hbar^3}(E_V-E)^{1/2} \qquad (E \leq E_V) \tag{5.18b}$$

A Figura 5.12 apresenta as curvas de densidade de estados das bandas de condução e de valência. Nota-se que, tendo em vista as diferentes massas efetivas dos portadores nas duas bandas, as curvas das densidades de estados (equações 5.18a e b) são semelhantes, porém, apresentam curvaturas distintas.

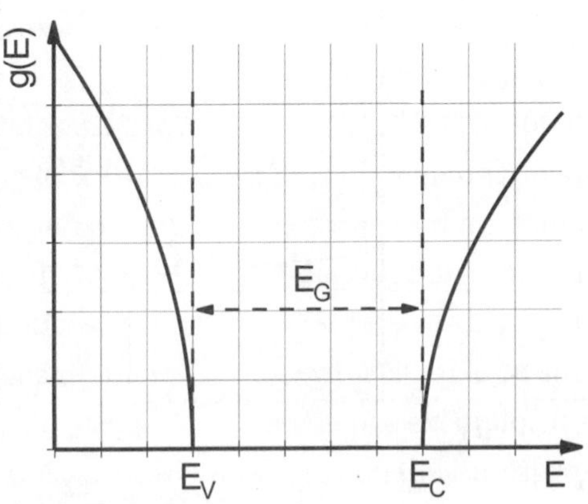

Figura 5.12 – Densidades de estados (Equações 5.18a e b) nas regiões próximas aos extremos (máximo ou mínimo) das bandas de condução e de valência. As densidades de estados caem abruptamente a zero em $E = E_V$ e $E = E_C$ e, no interior do *gap*, $g(E)$ é rigorosamente nula.

Uma vez conhecidas as densidades de estados, pode-se efetuar as integrais das Equações 5.17, tomando-se o cuidado de definir os limites de integração da forma apropriada, ou seja, para a banda de valência $-\infty < E \leq E_V$, e para a banda de condução $E_C \leq E < +\infty$. Fazendo isso, obtêm-se:

$$n = \frac{\left(2m_c^*\right)^{3/2}}{2\pi^2\hbar^3} \int_{E_C}^{+\infty} (E - E_C)^{1/2} f_{FD}\left(E\right) dE \quad (5.19a)$$

$$p = \frac{\left(2m_v^*\right)^{3/2}}{2\pi^2\hbar^3} \int_{-\infty}^{E_V} (E_V - E)^{1/2} \left[1 - f_{FD}\left(E\right)\right] dE \quad (5.19b)$$

Ou, de forma mais compacta:

$$n = N_C \frac{2}{\sqrt{\pi}} F_{1/2}\left(x_C\right) \quad (5.20a)$$

$$p = N_V \frac{2}{\sqrt{\pi}} F_{1/2}\left(x_V\right) \quad (5.20b)$$

Em que $F_{1/2}(x)$ é uma integral tabelada, $x_C = (E_F - E_C) / k_BT$ e $x_V = (E_V - E_F) / k_BT$. Ainda na equação apresentada, N_C e N_V são as chamadas *densidades efetivas de estados* das bandas de condução e de valência, respectivamente, que dependem explicitamente da temperatura como $T^{3/2}$ e diferem entre si apenas pelo valor das massas efetivas:

$$N_C = 2\left(\frac{m_c^* k_B T}{2\pi\hbar^2}\right)^{3/2} \quad (5.21a)$$

$$N_V = 2\left(\frac{m_v^* k_B T}{2\pi\hbar^2}\right)^{3/2} \quad (5.21b)$$

N_C e N_V representam o número efetivo de estados por unidade de volume disponíveis em $E = E_C$ (ou $E = E_V$) para ocupação por elétrons (ou buracos). Valores de N_C e N_V em temperatura ambiente para alguns semicondutores de interesse estão listados na Tabela 5.5.

Tabela 5.5 – Densidades efetivas de estados nas bandas de condução e de valência e concentração intrínseca de portadores em temperatura ambiente para alguns semicondutores.

Semicondutor	E_G (eV)	N_C (cm^{-3})	N_V (cm^{-3})	n_i (cm^{-3})
GaP	2,26	$5{,}3 \times 10^{18}$	$9{,}0 \times 10^{18}$	$6{,}6 \times 10^{-1}$
CdSe	1,74	$1{,}2 \times 10^{18}$	$1{,}2 \times 10^{19}$	$8{,}6 \times 10^{3}$
GaAs	1,42	$4{,}5 \times 10^{17}$	$9{,}0 \times 10^{18}$	$2{,}3 \times 10^{6}$
Si	1,12	$2{,}9 \times 10^{19}$	$1{,}1 \times 10^{19}$	$9{,}5 \times 10^{9}$
Ge	0,67	$1{,}0 \times 10^{19}$	$4{,}2 \times 10^{18}$	$1{,}5 \times 10^{13}$
PbTe	0,25	$2{,}4 \times 10^{18}$	$1{,}3 \times 10^{18}$	$1{,}4 \times 10^{16}$

O fato de não ser possível obter uma solução analítica para as integrais 5.20 dificulta a utilização das expressões 5.19a e b para a determinação das densidades de portadores. Entretanto, essas expressões podem ser solucionadas em um caso particular de grande interesse, o chamado *semicondutor não degenerado*. Essa situação ocorre quando o nível de Fermi do semicondutor se encontra no interior do *gap*, em posição relativamente afastada das bandas de condução e de valência. Na prática, essa condição se verifica quando o nível de dopagem não é muito alto. Quando, por outro lado, essa aproximação não é satisfeita, diz-se que o semicondutor é degenerado.

No caso do semicondutor não degenerado pode-se fazer a aproximação $|E - E_F| \gg k_B T$. Nesse caso, conforme visto no Capítulo 1, a função de Fermi-Dirac pode ser aproximada pela distribuição de Maxwell-Boltzmann, ou seja:

$$f_{FD}(E) \cong e^{-(E-E_F/k_BT)} \tag{5.22a}$$

$$1 - f_{FD}\left(E\right) \cong e^{\left(E-E_F/k_BT\right)} \tag{5.22b}$$

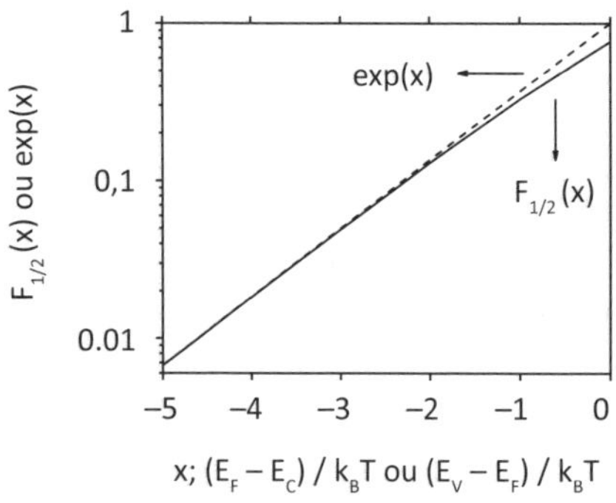

(a)

x	$F_{½}(x)$	exp(x)
0	$7{,}65 \times 10^{-1}$	1,00
-1	$3{,}28 \times 10^{-1}$	$3{,}68 \times 10^{-1}$
-2	$1{,}29 \times 10^{-1}$	$1{,}35 \times 10^{-1}$
-3	$4{,}89 \times 10^{-2}$	$4{,}98 \times 10^{-2}$
-4	$1{,}82 \times 10^{-2}$	$1{,}83 \times 10^{-2}$
-5	$6{,}72 \times 10^{-3}$	$6{,}74 \times 10^{-3}$

(b)

Figura 5.13 – Comparação entre a integral $F_{1/2}(x)$ e a função exponencial $\exp(x)$, ver equações 5.19, 5.20 e 5.23. Note que, quando x é menor que -3, aproximadamente, os valores das duas funções se tornam muito próximos, a menos de alguns por cento.

Fonte: Blackmore, 1952.

A Figura 5.13 mostra uma comparação entre a função $F_{1/2}(x)$ e a aproximação exponencial $\exp(x)$. Essa comparação mostra que, quando o nível de Fermi está mais distante que cerca de $3k_BT$ das bandas de condução e de valência, a aproximação é boa dentro de alguns por cento de precisão.

Assim, considerando-se essa aproximação e efetuando-se as integrais das equações 5.19a e b, obtêm-se expressões analíticas muito simples para as concentrações de portadores:

$$n = N_C \exp\left(\frac{E_F - E_C}{k_B T}\right) \tag{5.23a}$$

$$p = N_V \exp\left(\frac{E_V - E_F}{k_B T}\right) \tag{5.23b}$$

Observe que as exponencias das equações em 5.23 são negativas, uma vez que E_F se situa no interior do *gap*, entre E_V e E_C. Assim, as densidades de portadores n e p aumentam exponencialmente com a temperatura. Deve-se notar que as equações em 5.23 são gerais e valem sempre que o semicondutor possa ser considerado como não degenerado. Dessa forma, a obtenção das densidades de portadores em cada caso particular resume-se ao conhecimento da posição do nível de Fermi no interior do *gap*. Entretanto, não é possível determinar as densidades de portadores no caso geral, pois não é possível se obter uma expressão analítica para a posição do nível de Fermi.

Embora as densidades n e p dependam da posição do nível de Fermi, é fácil verificar que o produto dessas duas densidades é independente de E_F:

$$np = N_C N_V \exp\left(\frac{-E_G}{k_B T}\right) = n_i^2 \tag{5.24}$$

Essa relação, fundamental na física de semicondutores, é a conhecida *lei de ação das massas*. Tal lei expressa o fato de que, para um certo semicondutor em equilíbrio térmico a uma dada temperatura, o produto das densidades de elétrons e de buracos é uma constante. Dessa forma, se de alguma maneira a concentração de um dos portadores for aumentada, a concentração do outro tipo de portador será reduzida proporcionalmente, mantendo o produto inalterado. Essa relação, é importante frisar, é válida para o semicondutor na condição do equilíbrio térmico e expressa o equilíbrio dinâmico existente entre elétrons na banda de condução e buracos na banda de valência. A denominação de lei de ação das massas para a Equação 5.24 é proveniente da química, em que, numa reação reversível, as massas de reagentes químicos obedecem a uma lei semelhante. Por analogia, no presente caso pode-se considerar que elétrons e buracos "reagem" resultando em energia, conforme representado a seguir:

$$energia \overset{G,R}{\leftrightarrows} e^- + b^+ \tag{5.25}$$

Dessa forma, cedendo-se energia ao semicondutor (aumentando sua temperatura, por exemplo) a "reação" se desloca da esquerda para a direita, e as concentrações de elétrons e buracos aumentam. A esse processo dá-se o nome de *geração de portadores, G*. Se por outro lado, a uma dada temperatura, o semicondutor for deslocado do equilíbrio e as densidades de elétrons ou de buracos (ou ambas) forem aumentadas, a "reação" se desloca da direita para a esquerda, dando origem à energia, no processo denominado recombinação de portadores, *R*.

O processo de geração depende obviamente da temperatura e da largura do *gap* do semicondutor. Já o processo de recombinação depende da probabilidade de um par elétron-buraco se encontrar, e o elétron retornar para o estado do buraco, aniquilando ambos. Essa probabilidade aumenta proporcionalmente a ambas as concentrações e, portanto, é proporcional ao produto das mesmas. Dessa forma, no equilíbrio, tem-se que as taxas de geração e de recombinação devem ser iguais, ou seja:

$$R = \alpha np = G = f\left(T, E_G\right) \tag{5.26}$$

Em que α é uma constante. No equilíbrio térmico, esse é um processo dinâmico, em que elétrons e buracos estão continuamente sendo gerados e recombinando-se, de forma a manterem suas concentrações de equilíbrio constantes, em acordo com a Equação 5.24. A relação 5.26, entretanto, também vale em situações fora do equilíbrio térmico, como quando há incidência de luz. A absorção de fótons produz pares elétron-buraco, e a recombinação ocorre com certa probabilidade de levar à emissão de fótons (veja Capítulo 8). Na situação de estado estacionário, o número de pares elétron-buraco tem de ser constante e, portanto, as taxas de geração e recombinação sob incidência de luz devem ser iguais, ou seja, $R = G$.

Como mencionado, até aqui, consideramos o caso geral do semicondutor não degenerado. De maneira a determinarmos as concentrações de portadores e a posição do nível de Fermi, a partir de agora passaremos a considerar alguns casos particulares.

5.6 SEMICONDUTORES INTRÍNSECOS

Em um material semicondutor extremamente puro, a única forma de se obterem elétrons na banda de condução é que esses elétrons tenham sido promovidos dos estados de valência do próprio semicondutor. Assim, as propriedades eletrônicas desse material dependem unicamente das suas próprias características e, por este motivo, é denominado *semicondutor intrínseco*. Embora, na prática, qualquer material apresente uma certa quantidade de impurezas, a evolução da tecnologia de semicondutores e dos processos de síntese desses materiais possibilitam a obtenção de semicondutores extremamente puros, em alguns casos com densidades de impurezas menores que 1 parte por bilhão.[7]

Assim, vamos considerar um semicondutor ideal, totalmente livre de impurezas, no qual cada elétron na banda de condução corresponde a um buraco na banda de valência. Portanto:

$$n = p = n_i \tag{5.27}$$

Assim, utilizando-se as Equações 5.24 e 5.21a e b, podemos determinar a concentração intrínseca de portadores:

$$n_i = 2\left(\frac{k_B T}{2\pi\hbar^2}\right)^{3/2} \left(m_c^* m_v^*\right)^{3/4} \exp\left(\frac{-E_G}{2k_B T}\right) \tag{5.28}$$

7 No caso do silício, a densidade de impurezas pode chegar a ser da ordem de 1 x 10^{12} cm^{-3}.

Ou

$$n_i = \left(N_C N_V\right)^{1/2} \exp\left(\frac{-E_G}{2k_B T}\right) \tag{5.29}$$

Essa equação mostra, conforme era esperado, que a concentração intrínseca de portadores a uma dada temperatura diminui exponencialmente quando aumenta a largura do *gap* do semicondutor. Valores de concentração intrínseca de portadores em temperatura ambiente para alguns semicondutores estão listados na Tabela 5.5.

Além disso, n_i apresenta uma dependência que é muito próxima de exponencial com o aumento da temperatura. A função exponencial domina o comportamento da Equação 5.28, pois varia muito mais rapidamente que o termo pré-exponencial $T^{3/2}$. Deve-se observar, entretanto, que o próprio *gap* do semicondutor não é constante, mas também varia com a temperatura (veja Equação 5.2). A Figura 5.14a mostra dados da concentração intrínseca de portadores no silício em função da temperatura obtidos experimentalmente entre a temperatura de nitrogênio líquido (77 K) e 345 K. O gráfico em escala semilogarítmica *versus* o inverso da temperatura apresenta um comportamento que pode ser bem ajustado por uma reta no intervalo de temperatura investigado, em acordo com a dependência exponencial. Essa mesma tendência se mantém em altas temperaturas.

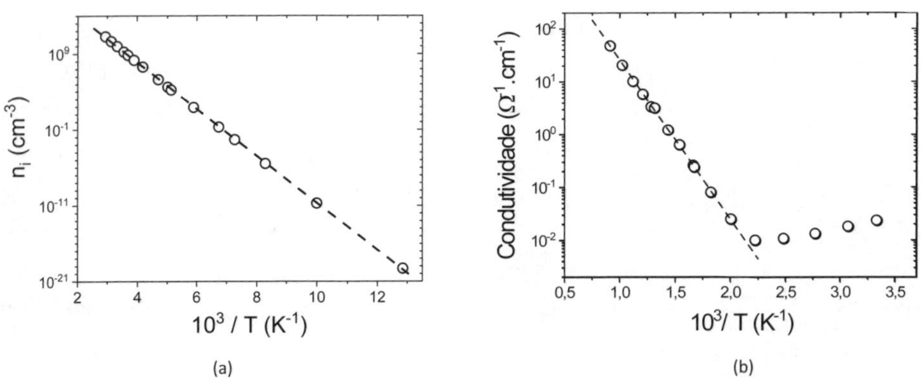

Figura 5.14 – (a) concentração intrínseca de portadores e (b) condutividade elétrica do silício intrínseco em função do inverso da temperatura em escala semilog. As linhas tracejadas representam ajustes lineares aos pontos experimentais.

Fonte: Misiakos, 1993.

Exemplo 5.3: Calcule a densidade de portadores no silício intrínseco à temperatura ambiente.

$$n_i = 2\left(\frac{k_B T}{2\pi\hbar^2}\right)^{3/2}\left(m_c^* m_v^*\right)^{3/4}\exp\left(\frac{-E_G}{2k_B T}\right)$$

$$n_i = 2\left(\frac{1,38x10^{-23}x300x9,11x10^{-31}}{2\pi x(1,05x10^{-34})^2}\right)^{3/2}\left(1,1x0,56\right)^{3/4}\exp\left(\frac{-1,107x1,60x10^{-19}}{2x1,38x10^{-23}x300}\right)$$

$$n_i = 9,06x10^{15}m^{-3} = 9,06x10^9 cm^{-3}$$

Utilizando a Equação 5.7, podemos calcular a condutividade do semicondutor intrínseco, que, nesse caso, é dada por:

$$\sigma_i = e\left(\mu_n + \mu_p\right)n_i \qquad (5.30)$$

Na qual, utilizando-se a equação para a concentração intrínseca de portadores, obtém-se:

$$\sigma_i = e\left(\mu_n + \mu_p\right)\left(N_C N_V\right)^{1/2}\exp\left(\frac{-E_G}{2k_B T}\right) \qquad (5.31)$$

Ou seja:

$$\sigma_i = \sigma_0 \exp\left(\frac{-E_G}{2k_B T}\right) \qquad (5.32)$$

Em que os termos dependentes da temperatura na forma de lei de potência foram incluídos no fator pré-exponencial σ_0. Dessa forma, espera-se que a condutividade do semicondutor intrínseco apresente um comportamento que cresce exponencialmente com a temperatura, e um gráfico da condutividade em escala logarítmica em função do inverso da temperatura pode ser satisfatoriamente aproximado por uma reta, permitindo obter, a partir da determinação de seu coeficiente angular, o valor do *gap* do semicondutor.

A Figura 5.14b mostra os resultados de medidas de condutividade elétrica do silício intrínseco em função da temperatura, na faixa entre temperatura ambiente e 1.200 K, aproximadamente. Na faixa de temperaturas mais altas, acima de cerca de 500 K, a condutividade varia exponencialmente por mais de 3 ordens de grandeza, em bom acordo com a Equação 5.32. No entanto, para temperaturas mais baixas, a condutividade diminui mais lentamente, sofre uma inflexão e passa a apresentar um ligeiro aumento com a diminuição da temperatura abaixo de 400 K, aproximadamente. O motivo dessa mudança de comportamento ficará claro mais adiante.

Exemplo 5.4: calcule a resistividade do silício intrínseco à temperatura ambiente. As mobilidades de elétrons e buracos no silício são 1.450 e 500 $cm^2/V.s$, respectivamente (Tabela 5.6). Assim:

$$\sigma_i = e\left(\mu_n + \mu_p\right)n_i = 1,60x10^{-19}x\left(0,145+0,05\right)x9,06x10^{15} = 2,8x10^{-4}\Omega^{-1}m^{-1}$$

$$\sigma_i = 2,8x10^{-6}\Omega^{-1}cm^{-1}$$

Logo: $\rho_i = \dfrac{1}{\sigma_i} = 3,5x10^5\Omega cm$

Exemplo 5.5: com base nos resultados de medidas de condutividade elétrica do silício intrínseco em função da temperatura apresentados na Figura 5.14b, estime o valor do *gap* do silício.
Escolhendo dois pontos da figura, por exemplo: T = 975 K, σ = 20,5 $\Omega^{-1}.cm^{-1}$ e T = 500 K, σ = 0,025 $\Omega^{-1}.cm^{-1}$; utilizando a Equações 5.32, e lembrando que o termo pré-exponencial inclui uma dependência $T^{3/2}$, tem-se:

$$\frac{-E_G}{2k_B} = \frac{ln\left(\dfrac{2,5x10^{-2}}{500^{3/2}}\right) - ln\left(\dfrac{20,6}{1000^{3/2}}\right)}{2x10^{-3} - 1x10^{-3}} = -5,91x10^3 \Rightarrow E_G = \frac{2x1,38x10^{-23}x5,91x10^3}{1,60x10^{-19}}$$

$$\Rightarrow E_G \cong 1,0eV$$

É uma boa estimativa para o *gap* do silício na faixa de temperatura considerada, embora não se possa esperar uma estimativa precisa, uma vez que o *gap* varia com a temperatura (veja Figura 5.5).

No caso do semicondutor intrínseco, pode-se igualar as equações para as densidades de elétrons e buracos, Equações 5.23a e b:

$$N_C \exp\left(\frac{E_F^i - E_C}{k_B T}\right) = N_V \exp\left(\frac{E_V - E_F^i}{k_B T}\right) \tag{5.33}$$

De que se obtém uma expressão para a posição do nível de Fermi intrínseco:

$$E_F^i = \frac{E_C + E_V}{2} + \frac{1}{2} k_B T \ln\left(\frac{N_V}{N_C}\right) \tag{5.34a}$$

ou, utilizando as expressões 5.21 (a) e (b) para N_C e N_V:

$$E_F^i = \frac{E_C + E_V}{2} + \frac{3}{4} k_B T \ln\left(\frac{m_V^*}{m_C^*}\right) \tag{5.34b}$$

Conclui-se que o nível de Fermi no semicondutor intrínseco está localizado muito próximo ao meio do *gap* de energia, pois a segunda parcela do lado direito da Equação 5.34 é, de forma geral, muito pequena quando comparada à primeira.

Exemplo 5.6: calcule a posição do nível de Fermi (em eV) no silício intrínseco em temperatura ambiente.
Tomando o meio do *gap* como referência (zero de energia) e dividindo pela carga elementar para obter a energia em elétron-volts:

$$E_F^i - \left(\frac{E_C + E_V}{2}\right) = \frac{3}{4}\frac{k_B T}{e} \ln\left(\frac{m_v^*}{m_c^*}\right) = \frac{3}{4} x \frac{1,38x10^{-23} x300}{1,60x10^{-19}} x \ln\left(\frac{0,56}{1,1}\right) = -0,013eV$$

Ou seja, o nível de Fermi se situa apenas 0,013 eV abaixo do meio do *gap* do silício em temperatura ambiente.

5.7 SEMICONDUTORES EXTRÍNSECOS

Na seção anterior, apresentamos as propriedades de semicondutores intrínsecos, ou seja, semicondutores puros, sem adição de impurezas. Semicondutores extrínsecos ou dopados são aqueles nos quais uma certa concentração de átomos de impurezas é adicionada de forma intencional e controlada, com a finalidade de alterar suas concentrações de portadores e, consequentemente, suas propriedades eletrônicas. A Figura 5.15 apresenta resultados de medidas de condutividade em baixa temperatura de germânio dopado com diferentes concentrações de arsênio. Observa-se um efeito extraordinário das impurezas sobre as propriedades elétricas do semicondutor, uma vez que a adição de pequenas quantidades de átomos dopantes permite uma variação controlada da condutividade do material de algumas ordens de grandeza.

A dopagem de semicondutores elementares da coluna 14, como Si e Ge, é realizada pela adição de impurezas de elementos químicos das colunas 13 e 15 da tabela periódica. Veremos agora como essas impurezas adicionadas a um semicondutor elementar podem alterar as concentrações de portadores. No caso dos semicondutores compostos, como GaAs e outros, a dopagem pode ser obtida pela adição de elementos das colunas 12, 14 e 16 da Tabela Periódica. Esse assunto será abordado brevemente mais adiante, na Seção 5.7.3.

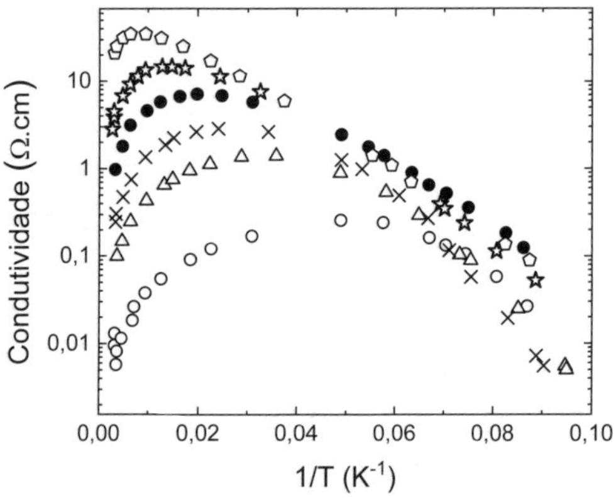

Figura 5.15 – Condutividade em função do inverso da temperatura (em escala semilog) entre cerca de 10 K e a temperatura ambiente de germânio dopado com diferentes concentrações de arsênio, entre 1,0 x 10^{13} cm^{-3} e 5,5 x 10^{16} cm^{-3}. Note que a adição de pequenas concentrações de impurezas permite variar a condutividade em temperatura ambiente do germânio em cerca de 4 ordens de grandeza.

Fonte: Debye, 1954.

Tomemos como exemplo o caso do silício dopado com pequenas concentrações de elementos da coluna 15 da Tabela Periódica, como o fósforo. Quando esses elementos são incorporados de forma substitucional na rede cristalina, cada átomo de impureza pode realizar quatro ligações covalentes com os quatro átomos de silício vizinhos na rede cristalina. Dessa forma, o átomo de impureza, que é pentavalente, terá um elétron em excesso, que não pode participar de uma ligação covalente, pois não há um quinto átomo vizinho, conforme ilustra de maneira esquemática a Figura 5.16a. Esse quinto elétron, desemparelhado, fica muito fracamente ligado ao átomo da impureza (veja Exemplo 5.7 mais adiante). Com o aumento da temperatura, o átomo de impureza pode ser facilmente ionizado, perdendo o elétron adicional, que passa a ser um elétron de condução do cristal. O átomo de impureza, por sua vez, ao doar esse elétron, torna-se um íon de carga positiva e, portanto, é uma carga fixa. Como a criação dos íons positivos é concomitante com a geração correspondente de elétrons (carga negativa) na banda de condução, a neutralidade de carga do material é preservada. No diagrama de bandas do semicondutor, o elétron adicional introduzido pela impureza doadora está situado em um estado de energia no interior do *gap*, situado um pouco abaixo da banda de condução. Ao receber a quantidade de energia necessária, esse elétron salta para a banda de condução, deixando a impureza positivamente ionizada (Figura 5.16b).

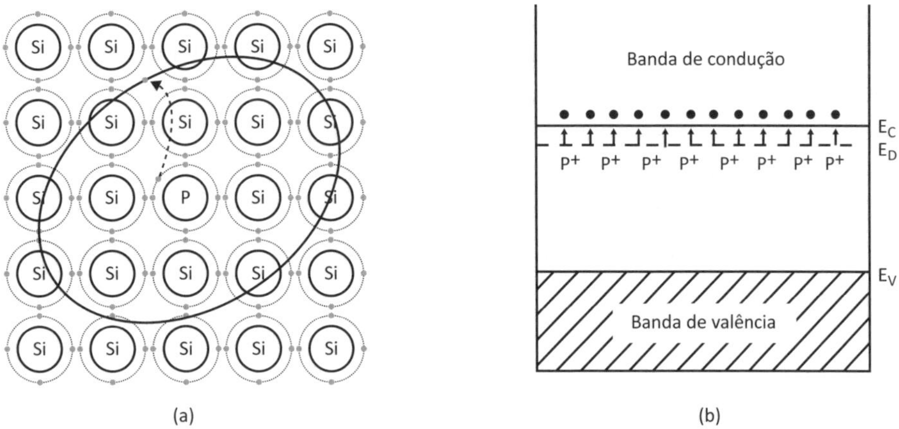

Figura 5.16 – (a) esquema ilustrativo de um átomo de impureza doadora no interior de um cristal de silício. A impureza pentavalente realiza quatro ligações covalentes e o elétron adicional fica fracamente ligado, orbitando o átomo da impureza e (b) estados das impurezas no interior do *gap*, após doar elétrons para a banda de condução, resultando em átomos de impureza ionizados positivamente.

Em outras palavras, com uma pequena quantidade de energia (via de regra, energia térmica), o elétron adicional da impureza é transferido para a banda de condução do semicondutor, aumentando a concentração de elétrons nessa banda. De acordo com a lei de ação das massas (Equação 5.24), o aumento da concentração de elétrons n resulta em uma redução na concentração dos buracos p. Isso significa que, por meio da adição de elementos da coluna 15 ao cristal de Si, há um incremento na concentração de elétrons e uma correspondente redução na concentração de buracos. Nessa situação, os elétrons são chamados de portadores majoritários, pois estão em maior número e, portanto, os buracos são os portadores minoritários. Assim, a condutividade do material (Equação 5.7) será realizada predominantemente pela banda condução por cargas negativas (elétrons) e, por esse motivo, o semicondutor é denominado do *tipo n* (de negativo), e as impurezas da coluna 15, que fornecem elétrons para a banda de condução, são chamadas de *impurezas doadoras*, pois doam elétrons. Os dopantes doadores mais utilizados no silício são: P, As e Sb. Os outros elementos da mesma coluna, N e Bi, apresentam características indesejadas que os tornam de pouco interesse para esse fim.

Quando adicionamos pequenas concentrações de um elemento da coluna 13 da tabela periódica à rede cristalina do Si, também de maneira substitucional, observa-se que falta um elétron ao átomo de impureza, pois esta é trivalente. Assim, uma das ligações covalentes com seus quatro átomos de silício vizinhos permanece incompleta, conforme mostra a Figura 5.17a. Com o aumento de temperatura, um elétron de valência pode ser promovido a ocupar essa ligação incompleta, criando, assim, um buraco na banda de valência. O átomo de impureza, por sua vez, ao receber um elétron, torna-se um íon de carga negativa e, portanto, é uma carga fixa. Como a criação dos íons negativos é concomitante com a geração correspondente de buracos (de carga positiva) na banda de valência, a neutralidade de carga do material é garantida também nesse caso. No diagrama de bandas do semicondutor, o buraco introduzido pela impureza aceitadora está situado em um estado de energia no interior do *gap*, situado um pouco acima da banda de valência. Ao receber uma certa quantidade de energia, esse buraco salta para a banda de valência (o que equivale a um elétron saltar da banda de valência para a impureza), deixando a impureza negativamente ionizada (Figura 5.17b).

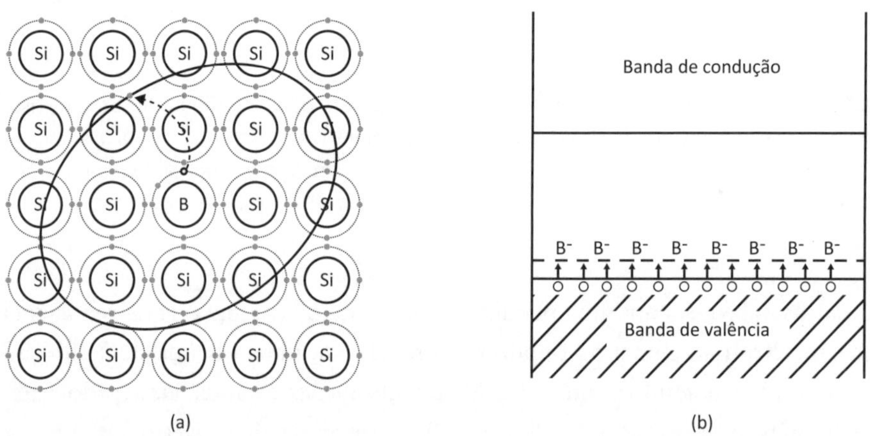

Figura 5.17 – (a) esquema ilustrativo de um átomo de impureza aceitadora no interior de um cristal de silício. A impureza trivalente realiza três ligações covalentes, e o buraco fica fracamente ligado, orbitando o átomo da impureza e (b) estados das impurezas no interior do *gap*, após aceitar elétrons da banda de valência, resultando em impurezas negativamente ionizadas.

Assim, com uma pequena quantidade de energia, elétrons da banda de valência do cristal são transferidos para os estados disponíveis associados aos átomos de impureza, aumentando, assim, a concentração de buracos. Logo, conclui-se que o aumento da concentração p resulta em um aumento na taxa de recombinação dos portadores e, consequentemente, em uma redução na concentração de elétrons n. Portanto, pela adição de elementos da coluna 13 ao cristal de Si, tem-se um aumento na concentração de buracos e uma redução na concentração de elétrons. Nessa situação, os buracos serão portadores majoritários, e, portanto, os elétrons serão os portadores minoritários. Assim, a condução elétrica desse material será feita predominantemente por cargas positivas (buracos) na banda de valência e, dessa forma, o semicondutor é denominado do *tipo p* (de positivo). As impurezas da coluna 13, que recebem elétrons provenientes da banda de valência, são chamadas de *impurezas aceitadoras*, porque aceitam elétrons. Os dopantes aceitadores mais utilizados no caso do silício são: B, Al, Ga e In. Dentre esses, o B é o mais usado, tendo em vista que apresenta maior solubilidade sólida, além de outras vantagens do ponto de vista técnico.

Conforme mencionado, em um semicondutor dopado existe um balanço de cargas que deve ser satisfeito. Esse balanço, denominado *condição de neutralidade de carga*, reflete o fato de que o semicondutor como um todo deve ser neutro. Dessa forma, a soma de todas as cargas fixas, isto é, impurezas doadoras e/ou aceitadoras ionizadas, com todas as cargas móveis (os portadores, ou seja, elétrons e buracos) deve ser nula:

$$N_D^+ - N_A^- + p - n = 0 \tag{5.35}$$

Em que N_D e N_A são as concentrações dos elementos dopantes doadores e aceitadores, respectivamente.

Conforme foi mencionado, existem níveis de energia no interior do *gap* associados à presença dos átomos das impurezas dopantes. No caso de um cristal perfeito, a banda proibida está totalmente livre de estados, ou seja, a densidade de estados no seu interior é nula, conforme foi visto na seção anterior (veja Figura 5.12). No entanto, um defeito cristalino, como um átomo de impureza substitucional, causa uma perturbação no potencial periódico da rede, que altera localmente a solução da equação de Schrödinger, podendo resultar em estados permitidos dentro do *gap*. Isso acontece no caso dos dopantes doadores e aceitadores. De uma maneira geral, impurezas doadoras introduzem estados um pouco abaixo do mínimo da banda de condução E_C, enquanto, no caso de impurezas aceitadoras, os estados de energia se situam um pouco acima do máximo da banda de valência E_V.

Um modelo simples que permite estimar a energia dos estados de impureza no semicondutor é baseado no modelo do átomo de Bohr (veja Seção 1.3.2). Vejamos o caso de uma impureza doadora, por exemplo. Nesse modelo, considera-se o elétron desemparelhado do átomo doador como fracamente ligado, "orbitando" em torno do átomo doador, de maneira similar a um átomo de hidrogenóide. Assim, pode-se utilizar os resultados obtidos para os raios das órbitas e energias de ligação do átomo de Bohr (Equações 1.3 e 1.4), adaptando-os para essa nova situação. Para isso, deve-se considerar a permissividade do semicondutor e utilizar a massa efetiva do elétron no material.[8] Dessa forma, obtêm-se para o estado fundamental ($n = 1$):

$$r = \frac{h^2 \varepsilon_{Si}}{\pi m_e^* Z e^2} \tag{5.36}$$

e

$$E = -\frac{m_e^* Z^2 e^4}{8 h^2 \varepsilon_{Si}^2} \tag{5.37}$$

Como a permissividade do semicondutor é, de maneira geral, muito maior que a do vácuo, essas expressões implicam que o elétron adicional é fracamente ligado e situa-se numa órbita muito afastada do átomo da impureza doadora (veja Exemplo 5.7). Deve-se deixar claro, no entanto, que esse modelo é muito simplificado, pois não leva em conta detalhes da natureza específica do átomo de impureza. Na realidade, a energia necessária para ionizar um átomo de impureza, ou seja, transferir um elétron (buraco) do átomo de impureza doadora (aceitadora) para a banda de condução (valência) depende da impureza considerada. A essa energia dá-se o nome de *energia de ativação da impureza*. Na Figura 5.18a e b estão apresentados os níveis de energia de diversas impurezas doadoras e aceitadoras, e os valores correspondentes de energia de ativação em Si e GaAs, respectivamente.

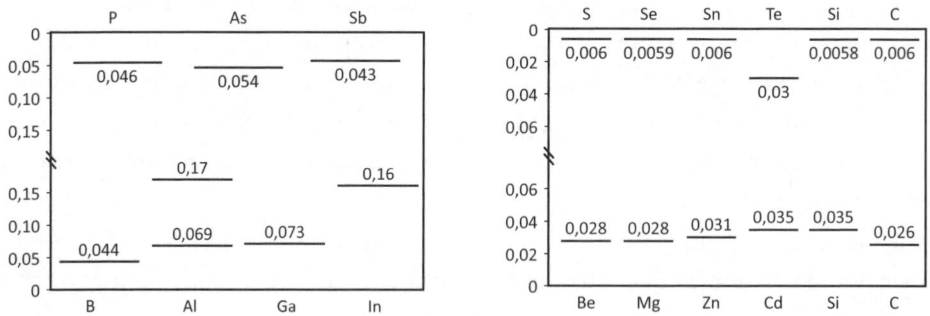

Figura 5.18 – Estados no interior do gap de impurezas doadoras e aceitadoras e suas respectivas energias de ativação (em eV) em (a) Si e (b) GaAs. As energias de ativação das impurezas aceitadoras (doadoras) são medidas a partir do topo (fundo) da banda de valência (condução).

8 Nesse caso, deve-se utilizar a massa efetiva da condutividade, dada pela Equação 5.16.

Exemplo 5.7: dado que a permissividade do silício é $\varepsilon_{Si} = 11{,}8\ \varepsilon_0$, utilize o modelo do átomo de Bohr para obter o raio da órbita e a energia de ativação de uma impureza doadora neste semicondutor.

$$r = \frac{h^2 \varepsilon_{Si}}{\pi m_e^* Z e^2} = \frac{\left(6{,}63x10^{-34}\right)^2 x 11{,}8x8{,}85x10^{-12}}{\pi\, x 0{,}26x9{,}11x10^{-31} x 1 x \left(1{,}60x10^{-19}\right)^2} = 2{,}41x10^{-9} = 2{,}41nm$$

Ou seja, aproximadamente dez vezes maior que a distância interatômica desse semicondutor (r_0 = 0,234 nm).

$$E = -\frac{m_e^* Z^2 e^4}{8h^2 \varepsilon_{Si}^{\ 2}} = -\frac{0{,}26x9{,}11x10^{-31} x 1^2 x \left(1{,}6x10^{-19}\right)^4}{8x\left(6{,}63x10^{-34} x 11{,}8x8{,}85x10^{-12}\right)^2} = -4{,}05x10^{-21} J = -0{,}025 eV$$

Observa-se que essa energia de ativação é cerca de 45 vezes menor que o *gap* do silício em temperatura ambiente, o que significa que o nível da impureza se situa muito próximo da banda de condução.

Qualitativamente, podemos descrever o comportamento do semicondutor extrínseco em função da temperatura da maneira a seguir. Consideremos, por exemplo, um semicondutor do tipo n. À temperatura nula, o semicondutor se comporta como um material isolante, pois não há portadores de carga na banda de valência ou de condução. A banda de valência está completa, o nível de impurezas doadoras também está repleto de elétrons (pois nenhuma impureza foi ionizada) e a banda de condução está vazia. Consequentemente, o nível de Fermi está situado entre o nível doador e a banda de condução. Quando a temperatura aumenta, os átomos de impureza começam a ser ionizados e seus elétrons transferidos para a banda de condução. A densidade de elétrons na banda de condução cresce com o aumento da temperatura e é muito maior que a de buracos na banda de valência, pois a temperatura ainda é muito baixa para haver transferência de elétrons desta banda para a banda de condução. Essa é a chamada região de baixas temperaturas (veja Seção 5.7.1).

Se a temperatura continua a aumentar, à medida que mais e mais impurezas são ionizadas, a ocupação do nível doador começa a diminuir sensivelmente, e o nível de Fermi começa a afastar-se da banda de condução. Eventualmente, pode-se atingir a situação na qual todas as impurezas perderam seus elétrons para a banda de condução e, assim, a concentração desses portadores tende a estabilizar-se. Essa situação é denominada de *região de exaustão das impurezas* ou *região extrínseca* (veja Seção 5.7.1). Essa é uma condição comum, pois com frequência é o caso encontrado para o Si em torno da temperatura ambiente.

Continuando a aumentar a temperatura, elétrons provenientes da banda de valência começam a ser transferidos para a banda de condução. Como a densidade de elétrons disponíveis na banda de valência é, via de regra, muitas ordens de grandeza superior à densidade de dopantes, o número de elétrons provenientes dessa banda pode facilmente suplantar aqueles provenientes das impurezas doadoras, bastando que se atinja uma temperatura suficientemente alta. Assim, na região de altas temperaturas, logo se obtém a condição $n = p = n_i$. Assim, o semicondutor atinge a situação em que se comporta de maneira análoga um semicondutor intrínseco, com o nível de Fermi situado próximo ao meio do *gap*. Portanto, essa região também é chamada de *região intrínseca*.

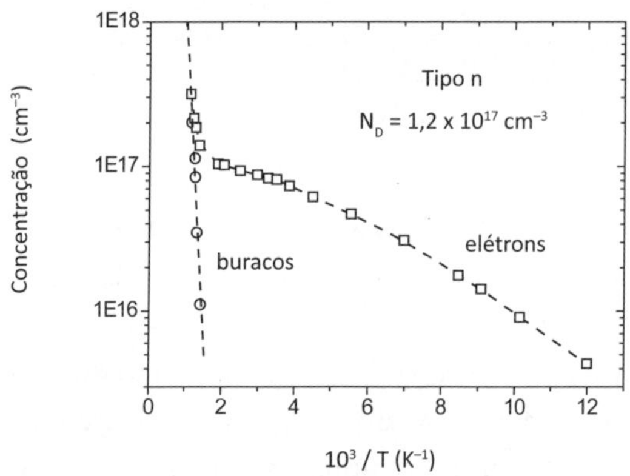

Figura 5.19 – Densidade de portadores (em escala log) em função do inverso da temperatura para silício do tipo n, dopado com uma densidade N_D = 1,2 x 10^{17}cm^{-3} de fósforo

Fonte: Pearson, 1949.

A Figura 5.19 mostra as densidades de portadores de uma amostra de silício tipo n dopada com uma concentração de N_D = 1,2 x 10^{17} cm^{-3} impurezas de fósforo em função da temperatura entre 80 K e 1.000 K, aproximadamente. Na região de baixas temperaturas, a concentração de elétrons cresce gradualmente de forma exponencial até aproximadamente T = 150 K, quando passa a crescer mais lentamente até cerca de 500 K (região extrínseca). Para temperaturas acima desse valor, na região intrínseca, a densidade de elétrons passa a apresentar um crescimento exponencial muito rápido, como o que ocorre no semicondutor intrínseco (veja Figura 5.14a). A densidade de buracos segue essa mesma tendência exponencial e iguala-se à densidade de elétrons na região intrínseca. Para temperaturas abaixo de 500 K, ou seja, na região extrínseca e na região de baixas temperaturas, a concentração de elétrons é muitas ordens de grandeza maior que a de buracos, justificando o fato de os elétrons serem denominados de portadores majoritários, e os buracos, de portadores minoritários.

A Figura 5.20 apresenta os gráficos para a densidade de estados $g(E)$, a função de distribuição de Fermi-Dirac $f(E)$ e a ocupação dos estados por elétrons na banca de condução $D_C(E) = g(E)f(E)$, e a ocupação de estados por buracos na banda de valência dada por $D_V(E) = g(E)[1 - f(E)]$ para um semicondutor tipo n nas diferentes regiões de temperatura. A uma temperatura muito próxima a zero, a curva $f(E)$ vale 1 abaixo de E_F e zero acima desse nível, de forma que não há elétrons na banda de condução ou buracos na banda de valência, e o nível das impurezas doadoras (E_D) está completamente ocupado (Figura 5.20a). Com o aumento da temperatura, ainda na região de baixas temperaturas, a variação da função de Fermi-Dirac, no entorno de E_F, já é suficiente para que alguns elétrons das impurezas se transfiram para a banda de condução, mas a densidade de buracos na banda de valência é desprezível (Figura 5.20b).

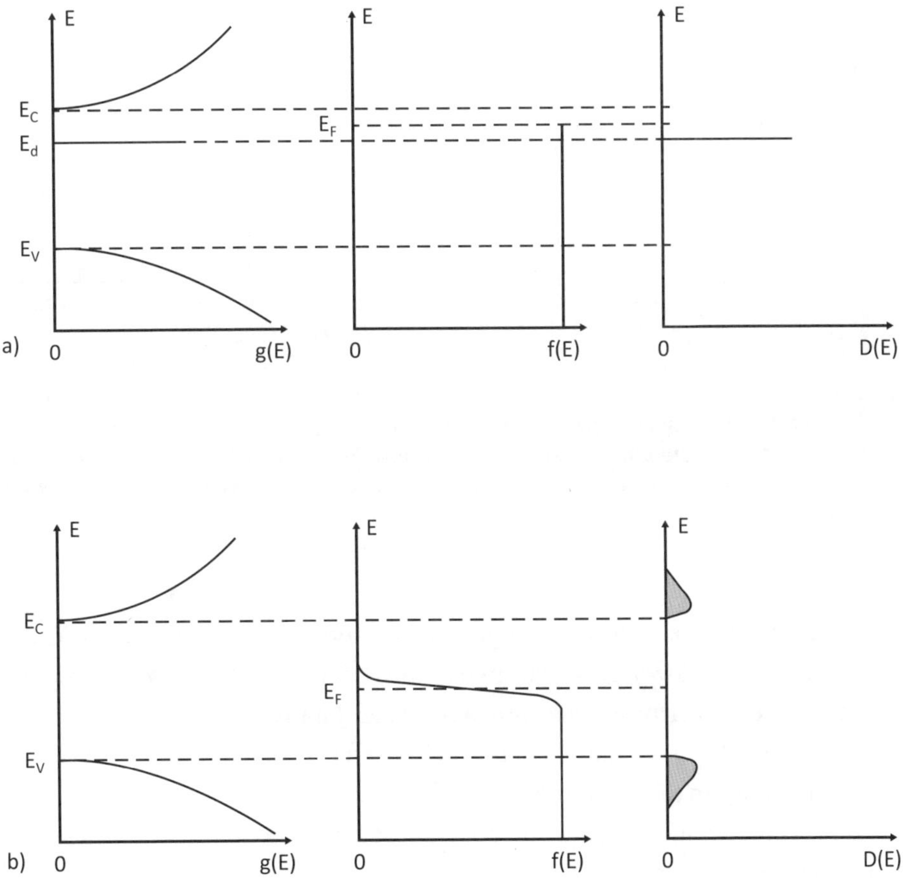

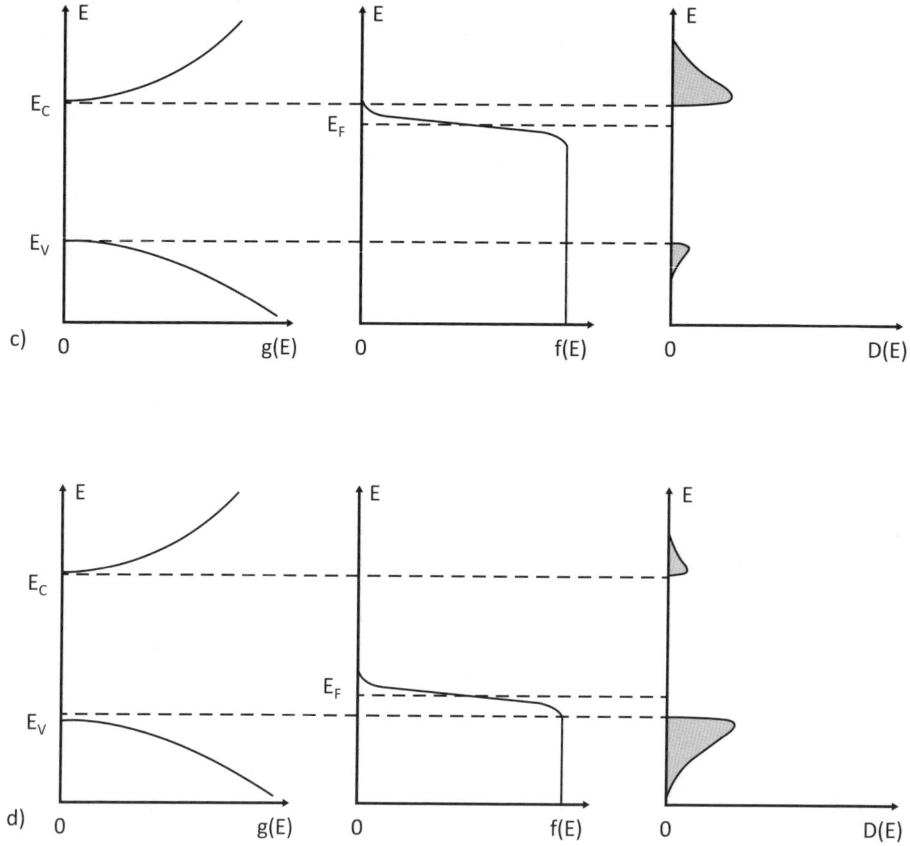

Figura 5.20 – Representação da densidade de estados $g(E)$, função de distribuição de Fermi-Dirac $f(E)$ e ocupação dos estados nas bandas de condução $D_C(E)=g(E)f(E)$ e de valência $D_V(E)=g(E)[1-f(E)]$ para um semicondutor extrínseco do tipo n, nos casos de: (a) temperatura nula, (b) região de baixa temperatura, (c) região de exaustão das impurezas ou região extrínseca e (d) região intrínseca.

Para temperaturas mais altas, as impurezas estão totalmente ionizadas; assim, existe uma concentração considerável de elétrons na banda de condução, e o nível das impurezas está vazio. O nível de Fermi se situa entre o nível das impurezas e o meio do *gap*. Nessa situação, a densidade de buracos na banda de valência ainda é muito pequena (Figura 5.20c). Finalmente, em temperaturas muito altas, atinge-se a região intrínseca, na qual o nível de Fermi está situado próximo ao meio do *gap*, e as densidades de elétrons e buracos são iguais (Figura 5.20d).

A Figura 5.21 mostra o comportamento do nível de Fermi em função da temperatura para o silício dopado tipo n e tipo p, para diferentes níveis de dopagem. Nessa figura, também está representada a variação do *gap* do silício com a temperatura, por meio do deslocamento das posições de E_V e E_C. O deslocamento do nível de Fermi em função da temperatura depende claramente do nível de dopagem. Enquanto o semicondutor dopado com 10^{12} cm^{-3} impurezas atinge o comportamento intrínseco a temperaturas abaixo de 400 K, quando a concentração de impurezas é de 10^{16} cm^{-3} é necessário atingir uma temperatura acima de 600 K para atingir o mesmo comportamento.

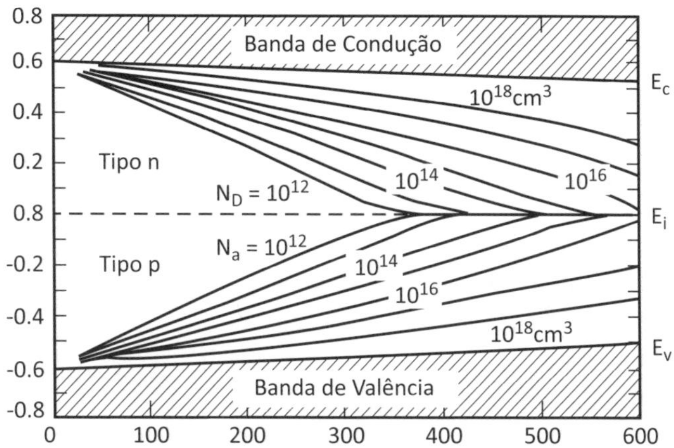

Figura 5.21 – Posição do nível de Fermi em função da temperatura para silício tipo n e tipo p com diferentes valores de dopagem. A variação do *gap* com a temperatura também está representada na figura por meio da variação das posições de E_V e E_C.

Fonte: Sze, 2012.

A condutividade do semicondutor extrínseco pode ser obtida a partir da Equação 5.7, sendo largamente dominada pela contribuição dos portadores majoritários (exceto, obviamente, na região intrínseca). As Figuras 5.22a e b mostram gráficos da condutividade em função do inverso da temperatura para silício dopado do tipo n e do tipo p, respectivamente, com diferentes concentrações de impurezas. Na região de baixas temperaturas, o comportamento exponencial é característico da ativação térmica das impurezas dopantes, que transferem portadores do nível de impureza para as bandas correspondentes. Para temperaturas mais altas, a condutividade apresenta um máximo largo, a despeito do fato da concentração de portadores se estabilizar (veja Figura 5.19). Conforme veremos mais adiante, esse comportamento está relacionado com a variação da mobilidade com a temperatura (veja Seção 5.8). Para temperaturas ainda mais altas, o semicondutor atinge a região intrínseca, e a condutividade cresce exponencialmente de forma muito rápida.

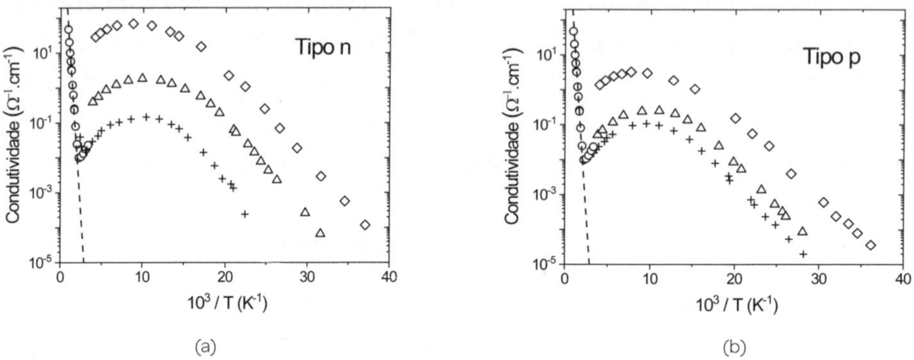

Figura 5.22 – Condutividade em função do inverso da temperatura (em escala semilog) para o silício (a) do tipo n e (b) do tipo p dopados com arsênio e boro, respectivamente, com concentrações de dopantes N_D = 1,75 x 10^{14} cm^{-3}, 2,1 x 10^{15} cm^{-3} e 1,3 x 10^{17} cm^{-3}, e N_A = 3,1 x 10^{14} cm^{-3}, 7,0 x 10^{14} cm^{-3} e 2,4 x 10^{16} cm^{-3}. As retas tracejadas representam uma extrapolação do comportamento exponencial da região intrínseca.

Fonte: Morin, 1954.

O cálculo das densidades de portadores em um semicondutor extrínseco depende, obviamente, do conhecimento da posição do nível de Fermi, que é, por sua vez, função da temperatura e da dopagem do semicondutor. Infelizmente, conforme mencionado, a obtenção da posição do nível de Fermi em função da temperatura e da dopagem é um problema que, no caso geral, não possui solução analítica. Entretanto, uma elegante solução gráfica para esse problema foi proposta originalmente por Shockley e será descrita a seguir (Shockley, 1950).

Quando impurezas são introduzidas em um semicondutor, nem todas serão ionizadas, a depender da temperatura e dos valores de suas energia de ativação e concentração. Em um semicondutor do tipo *n*, dopado com N_D impurezas doadoras, a concentração de impurezas ionizadas será:

$$N_D^+ = N_D - N_D^0 = N_D - N_D f_{FD}\left(E_D\right) \tag{5.38}$$

Em que N_D^+ e N_D^0 são as concentrações de impurezas ionizadas e não ionizadas (neutras), respectivamente, e $f_{FD}\left(E\right)$ é a função de Fermi-Dirac. Assim:

$$N_D^+ = N_D\left(1 - \frac{1}{(1/2)e^{\left(E_D - E_F/k_B T\right)} + 1}\right) \tag{5.39}$$

Em que o fator ½ vem do fato de que cada nível de impureza acomodar dois elétrons com spins opostos. Assim:

$$N_D^+ = N_D\left(\frac{1}{2e^{(E_F - E_D/k_BT)} + 1}\right) \tag{5.40}$$

Supondo que não há impurezas aceitadoras, a condição de neutralidade do semicondutor (equação 5.35) fica:

$$n = N_D^+ + p \tag{5.41}$$

Utilizando as Equações de 5.23 para n e p, obtém-se:

$$N_C \exp\left(\frac{E_F - E_C}{k_BT}\right) = \frac{N_D}{2e^{(E_F - E_D/k_BT)} + 1} + N_V \exp\left(\frac{E_V - E_F}{k_BT}\right) \tag{5.42}$$

Assim, a partir dessa expressão, conhecendo-se N_D, E_D, N_C, N_V, E_C, E_V e T, pode-se determinar a posição do nível de Fermi e, consequentemente, obter as densidades de portadores. O Exemplo 5.8 apresenta a solução gráfica para esse problema, para o caso de um cristal de silício do tipo n dopado com uma densidade N_D = 1,0 x 10^{16} cm^{-3} de fósforo a T = 300 K.

Exemplo 5.8: determine graficamente a posição do nível de Fermi e as concentrações de portadores para o silício do tipo n dopado com uma densidade N_D = 1,0 x 10^{16} cm^{-3} de fósforo em temperatura ambiente.
No gráfico da Figura 5.23, que representa em escala semilog as concentrações de portadores em função da posição do nível de Fermi, as expressões para n e p (Equações 5.23a e b, respectivamente) são duas retas que se cruzam aproximadamente no meio do *gap*, em $n = p = n_i$. A Equação para N_D^+ (Equação 5.40) é uma constante igual a N_D para E_F = 0 e cai somente quando E_F se aproxima de E_D. Determina-se, então, o ponto no qual a Equação 5.41 é satisfeita, ou seja, no qual a soma $p + N_D^+$ se iguala a n, obtendo-se a posição do nível de Fermi e a concentração de portadores majoritários.

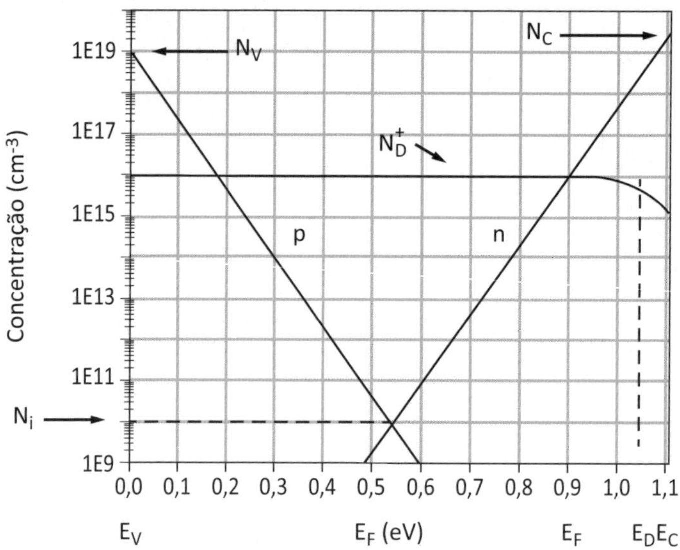

Figura 5.23 – Método gráfico para determinação da posição do nível de Fermi e da concentração de portadores. Neste caso, os dados se referem ao silício do tipo n dopado com uma densidade N_D = 1,0 x 10^{16} cm^{-3} de fósforo (E_D = 0,045 eV) a T = 300 K. Note que nestas condições $n = N_D^+ \cong N_D$ é uma boa aproximação e E_F resulta estar situado aproximadamente 0,9 eV acima da banda de valência.

NA PONTA DA CIÊNCIA E DA TECNOLOGIA

Conduzindo em meio à desordem

A estrutura periódica da rede cristalina se constitui em uma das bases da teoria de bandas, pois permite descrever o problema no espaço recíproco por meio de estados deslocalizados que são caracterizados pelo vetor de onda $\vec{k}$ (veja Seção 5.4). As restrições impostas pela estrutura cristalina do material também se constituem em uma das principais razões para o fenômeno da dopagem, uma vez que a substituição de um átomo da rede por outro de valência maior ou menor implica que portadores estejam disponíveis para serem promovidos para as bandas de condução ou de valência do semicondutor.

Durante longo tempo os semicondutores amorfos ou desordenados se constituíram em um desafio do ponto de vista científico e tecnológico, pois, nesses materiais, a ordem de longo alcance, característica dos sólidos cristalinos, não está presente. Como compreender que um material desordenado apresenta propriedades semicondutoras? A dopagem de um material amorfo poderia ser possível? As tentativas em dopar um semicondutor amorfo, como o silício amorfo (a-Si), resultavam em fracasso. A estrutura desordenada do material seria a responsável por esse insucesso?

Esse panorama mudou a partir de 1976, quando P. G. LeComber e W. Spear obtiveram sucesso em produzir filmes finos de silício e germânio amorfos, e efetivamente dopá-los, alterando sua condutividade de forma controlada em cerca de até dez ordens de grandeza (Spear, 1976). Filmes de silício amorfo hidrogenado (a-Si:H) foram produzidos pela decomposição do gás silano (SiH_4) em um plasma de rádiofrequência por meio de uma técnica denominada deposição química a vapor auxiliada por plasma (*plasma-enhanced chemical vapor deposition* – PECVD) a uma temperatura na faixa de 200° a 300° C, aproximadamente. Para a dopagem dos tipos n e p, foram adicionadas pequenas quantidades de gases contendo fósforo e boro, respectivamente.

Embora o a-Si:H não apresente uma rede cristalina ordenada, uma vez que é um material amorfo, a ordem de curto alcance está preservada. Nesse material, os átomos de Si se ligam aos seus quatro vizinhos em coordenação tetraédrica, de forma muito similar ao que acontece no material cristalino, porém, com pequenas variações da distância interatômica e do ângulo entre suas ligações. A inexistência de ordem de longo alcance, entretanto, não permite que todas as ligações covalentes da rede amorfa sejam realizadas e, assim, o semicondutor amorfo apresenta uma certa quantidade de ligações insatisfeitas ou insaturadas.

Embora em um material desordenado não possua ordem de longo alcance, o semicondutor amorfo apresenta bandas de valência e de condução nas quais a densidade de estados é alta, os estados eletrônicos são estendidos ao longo do material, e, portanto, os portadores apresentam alta mobilidade. A desordem estrutural faz com que a densidade de estados das bandas se prolongue exponencialmente para o interior do *gap*, na forma de caudas (*band tails*), em que os estados são localizados, ou seja, têm mobilidade muito pequena. O valor de energia que separa os estados localizados dos estados estendidos nas bandas é denominado *limiar de mobilidade*. Defeitos eventualmente presentes na estrutura amorfa, como ligações insatisfeitas, contribuem para a densidade de estados na região em torno do meio do *gap*. A Figura 5.24 apresenta um esquema da densidade de estados de um semicondutor amorfo.

Em função de sua estrutura desordenada, os semicondutores amorfos apresentam propriedades ópticas e eletrônicas muito particulares, adequadas a aplicações em dispositivos, como células solares, transistores a filme fino, sensores, detetores e fotocatálise. Além do a-Si:H e materiais relacionados, como suas ligas com outros elementos (Ge, C, N etc), outros semicondutores amorfos de importância tecnológica são os calcogênios e calcogenetos (Se, As_2X_3, GeX_2, em que X = S, Se, Te) e óxidos como ZnO, SnO_2 e TiO_2.

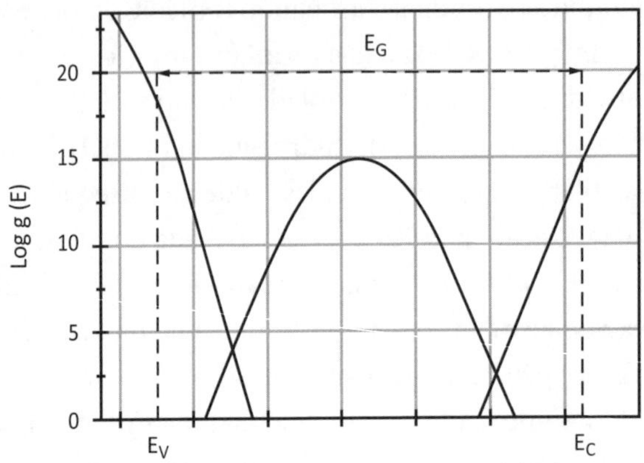

Figura 5.24 – Densidade de estados em escala semilog em função da energia para um semicondutor amorfo. Note que as bandas apresentam prolongamentos exponenciais (*band tails*) na direção do *gap*, e no interior do *gap* a densidade de estados não é nula. Nesse caso, E_V e E_C são os chamados limiares de mobilidade e E_G é o *gap* de mobilidade.

A seguir, vamos analisar em mais detalhe os casos particulares das regiões extrínseca e de baixas temperaturas.

5.7.1 REGIÃO EXTRÍNSECA

Conforme mencionado anteriormente, um caso frequentemente encontrado na prática corresponde à chamada região de exaustão das impurezas, também conhecida como região extrínseca. Nessa situação, quando a temperatura é suficientemente alta, pode-se atingir a condição em que a totalidade das impurezas dopantes estão ionizadas, ou seja:

$$N_A^- \cong N_A \text{ ou } N_D^+ \cong N_D \tag{5.43}$$

Essa condição é conhecida como *condição de impurezas totalmente ionizadas*. No caso de um material dopado tipo *n*, com $N_D \gg N_A$ e, logo, $n \gg p$, obtêm-se, a partir da relação de neutralidade de carga (Equação 5.35) e da lei de ação das massas (Equação 5.24):

$$n \cong N_D \tag{5.44a}$$

$$p \cong \frac{n_i^2}{N_D} \tag{5.44b}$$

Dessa forma, a concentração dos portadores majoritários é uma constante igual à densidade de dopantes e, portanto, independente da temperatura.

Analogamente, no caso de um material tipo p, com $N_A \gg N_D$ e $p \gg n$, temos:

$$p \cong N_A \tag{5.45a}$$

$$n \cong \frac{n_i^2}{N_A} \tag{5.45b}$$

Exemplo 5.9: calcule as concentrações de portadores majoritários e minoritários em temperatura ambiente para o silício dopado com N_D = 10^{16} cm^{-3} doadores, supondo que as impurezas estão totalmente ionizadas a esta temperatura.

$$n \cong N_D = 1x10^{16} cm^{-3} \text{ e } p \cong \frac{n_i^2}{N_D} = \frac{(9,06x10^9)^2}{1x10^{16}} = 8,21x10^3 cm^{-3}$$

Ou seja, a concentração de elétrons é mais de doze ordens de grandeza superior à de buracos.

Ainda considerando a aproximação de impurezas totalmente ionizadas, pode-se obter a posição do nível de Fermi igualando a equação da densidade de portadores à densidade de dopantes. Assim, no caso do semicondutor do tipo n dopado com N_D doadores, igualamos as Equações 5.23a e 5.44a para obtermos:

$$N_C \exp\left(\frac{E_F^n - E_C}{k_B T}\right) = N_D \tag{5.46}$$

Resultando:

$$E_F^n = E_C - k_B T \ln\left(\frac{N_C}{N_D}\right) \tag{5.47a}$$

De forma análoga, para o semicondutor do tipo p dopado com N_A impurezas aceitadoras, igualam-se as expressões 5.23b e 5.45a, e obtém-se:

$$E_F^p = E_V + k_B T \ln\left(\frac{N_V}{N_A}\right) \tag{5.47b}$$

Considerando que a aproximação do semicondutor não degenerado exige que o nível de Fermi esteja afastado das bandas pelo menos $3k_BT$, aproximadamente, as expressões dadas implicam que essa aproximação será válida até um limite de dopagem de aproximadamente $N_D \cong N_C / 20$ para o semicondutor tipo n e $N_A \cong N_V / 20$ para o semicondutor tipo p.

Exemplo 5.10: calcule a posição do nível de Fermi (em eV) em temperatura ambiente no silício dopado com $N_D = 10^{16}$ cm^{-3} doadores, supondo que as impurezas estão totalmente ionizadas a essa temperatura.
Tomando-se a banda de condução como referência (zero de energia) e dividindo-se pela carga elementar para obter a energia em elétron-volts:

$$E_F^n - E_C = -\frac{k_BT}{e}\ln\left(\frac{N_C}{N_D}\right) = -\frac{1,38x10^{-23}x300}{1,60x10^{-19}}x\ln\left(\frac{2,8x10^{19}}{1x10^{16}}\right) = -0,205eV$$

Ou seja, aproximadamente 0,2 eV abaixo da banda de condução e, portanto, confirmando o resultado obtido pelo método gráfico (veja Figura 5.23).

Em alguns casos, não se pode desprezar a concentração de um dos tipos de portador em relação ao outro, e assim, as aproximações utilizadas não são válidas. Nesse caso, deve-se levar em conta a condição de neutralidade (Equação 5.35) integralmente. Substituindo-se a lei de ação das massas (Equação 5.24) naquela expressão, obtém-se:

$$\frac{n_i^2}{n} - n + N_D - N_A = 0 \tag{5.48}$$

Resolvendo-se a equação do segundo grau, obtém-se, para a concentração de portadores majoritários do semicondutor tipo n:

$$n_n = \frac{N_D - N_A}{2} + \left[\left(\frac{N_D - N_A}{2}\right)^2 + n_i^2\right]^{1/2} \tag{5.49a}$$

ou, de forma análoga, para os portadores majoritários do semicondutor do tipo p:

$$p_p = \frac{N_A - N_D}{2} + \left[\left(\frac{N_A - N_D}{2}\right)^2 + n_i^2\right]^{1/2} \tag{5.49b}$$

De posse da concentração de portadores majoritários, a concentração de portadores minoritários em cada caso (n_p ou p_n) pode ser obtida utilizando a lei de ação das massas.

Caso a densidade líquida de dopantes $|N_D - N_A|$ seja muito grande quando comparada com a concentração intrínseca, as expressões dadas poderão ser simplificadas, obtendo-se para as concentrações de majoritários em cada caso:

$$n_n \cong N_D - N_A \tag{5.50a}$$

$$p_p \cong N_A - N_D \tag{5.50b}$$

Dessa maneira, observa-se que domina o tipo de dopante que está em maior concentração. Pode-se dizer que a dopagem é "reversível". Por exemplo, se um semicondutor do tipo p está dopado com uma certa concentração N_A de impurezas aceitadoras, pode ser dopado do tipo n, bastando para isso que seja adicionada uma concentração de impurezas doadoras N_D, desde que N_D seja maior que N_A. Esse fenômeno, denominado de compensação, é uma das bases da tecnologia de fabricação da microeletrônica.

Um caso interessante ocorre quando $N_A = N_D$, ou seja, quando o semicondutor é dopado com igual concentração dos dois tipos de dopante. Nesse caso, conforme pode-se facilmente verificar nas relações apresentadas, $n = p = n_i$, ou seja, o material apresenta uma concentração de portadores igual à do semicondutor intrínseco. Esse semicondutor é denominado de *semicondutor compensado*. Deve-se observar, entretanto, que, apesar de as concentrações de portadores do semicondutor compensado serem iguais às do semicondutor intrínseco, esse material não pode ser considerado intrínseco, pois contém impurezas. Conforme veremos adiante (Seção 5.8), a presença de impurezas no semicondutor afeta diretamente a mobilidade dos portadores e, portanto, sua condutividade.

5.7.2 REGIÃO DE BAIXAS TEMPERATURAS

Conforme já discutido de forma qualitativa, em temperaturas muito baixas a ionização de impurezas é o mecanismo que domina a geração de portadores para as bandas. Consideremos um semicondutor do tipo n, mais uma vez. Para se calcular a concentração de portadores nesta região de temperatura, basta utilizar a relação 5.40 para a densidade de impurezas ionizadas:

$$n = N_D^{\ +} = N_D\left(\frac{1}{2e^{\left(E_F - E_D/k_BT\right)} + 1}\right) \cong \frac{N_D}{2} e^{\left(E_D - E_F/k_BT\right)}, \tag{5.51}$$

pois, em baixas temperaturas, $\exp\left[\left(E_F - E_D\right)/k_BT\right] \gg 1$. Assim, utilizando-se também a Equação 5.23a para a densidade de elétrons, pode-se obter:

$$n = \left(\frac{N_D N_C}{2}\right)^{1/2} \exp\left(\frac{E_D - E_C}{k_B T}\right) \tag{5.52}$$

A posição do nível de Fermi é obtida igualando-se as Equações 5.51 e 5.23a:

$$E_F = \frac{E_C + E_D}{2} - \frac{k_B T}{2} \ln\left(\frac{2N_C}{N_D}\right) \tag{5.53}$$

O que significa que a $T = 0$ K, o nível de Fermi se situa exatamente a meio caminho entre E_D e E_C e, à medida que a temperatura aumenta, E_F se desloca em direção ao meio do *gap*, conforme mostra a figura 5.21.

5.7.3 DOPAGEM DE SEMICONDUTORES COMPOSTOS

A dopagem de semicondutores compostos é mais complexa do que no caso dos semicondutores elementares, embora os princípios físicos envolvidos sejam exatamente os mesmos. No caso dos semicondutores III-V, por exemplo, pode-se substituir o elemento do grupo III por um elemento do grupo II para dopar com impurezas aceitadoras ou substituir o elemento do grupo V por um do grupo VI para dopar com doadores. Assim, no GaAs, por exemplo, pode-se utilizar enxofre, selênio e telúrio como impurezas doadoras substitucionais (substituindo o As), para se obter o material tipo n; ou berílio, zinco, cádmio e magnésio como impurezas aceitadoras (substituindo-se o Ga), para se obter o semicondutor tipo p (as energias de ativação das impurezas dopantes em arseneto de gálio estão apresentadas na Figura 5.18).

Uma alternativa é realizar a dopagem por um elemento do grupo IV que pode substituir tanto o elemento do grupo III, para se obter o semicondutor tipo n, como o elemento do grupo V, para se obter o semicondutor tipo p. Assim, ainda utilizando o GaAs como exemplo, se o doparmos com átomos de C, Si ou Ge, que têm quatro elétrons de valência, substituindo átomos de Ga, que tem somente três, teremos um elétron adicional que poderá ser promovido para a banda de condução e o GaAs será dopado do tipo n. Caso os átomos de Si (ou C, Ge) substituam os átomos de As, que tem cinco elétrons de valência, haverá a falta de um elétron que poderá capturar um elétron da banda de valência, ou seja, ceder um buraco para essa banda, o GaAs será dopado do tipo p. Esse tipo de dopagem, em que o mesmo elemento dopante pode dopar o semicondutor tanto do tipo n como do tipo p, é conhecido como *dopagem anfotérica*. É importante ressaltar, entretanto, que esse tipo de dopagem deve ser realizada de forma cuidadosamente controlada de maneira a garantir que o resultado desejado seja obtido.

Uma outra maneira de alterar a condutividade de semicondutores compostos é por meio do controle de sua composição estequiométrica. Esse artifício, embora não se trate propriamente da adição de impurezas, também é considerado um método de dopagem. Assim, por exemplo, em um semicondutor binário, se aumentarmos ligeiramente a concentração do elemento de maior valência, a concentração de elétrons é aumentada, conferindo ao semicondutor o caráter tipo n; ou, de maneira inversa, se essa concentração for reduzida, que é o mesmo que aumentar a proporção do elemento de menor valência, a concentração de elétrons diminui, e o semicondutor adquire o comportamento do tipo p, de que se deduz a importância de um controle estrito da composição em caso de se desejar produzir um semicondutor binário intrínseco. Em compostos mais complexos, como em semicondutores ternários ou quaternários, a dopagem pode, em princípio, ocorrer pela variação da proporção de qualquer dos seus componentes, como no caso do $CuInSe_2$, em que tanto um aumento da razão Cu/In como um aumento da concentração de Se podem levar à dopagem do tipo p.

NA PONTA DA CIÊNCIA E DA TECNOLOGIA

Produzindo luz

Conforme mencionado anteriormente, diversos semicondutores compostos apresentam gap direto. Além disto, alguns destes semicondutores também apresentam altas mobilidades, o que representa uma vantagem adicional sobre os semicondutores elementares (veja Tabela 5.6). Essas características fazem com que esses semicondutores possuam um grande potencial de aplicação na produção de dispositivos. Os semicondutores compostos III-V, em particular, têm sido largamente aplicados em dispositivos optoeletrônicos, na fabricação de lasers e diodos emissores de luz (leds).

A emissão de luz por materiais semicondutores se baseia no fenômeno da eletroluminescência, que é a emissão de luz a partir da passagem de corrente elétrica, observada pela primeira vez por H. J. Round em 1907. No caso de um laser ou led, essa emissão ocorre a partir da passagem de corrente por uma junção p-n, quando os buracos provenientes do semicondutor tipo p e os elétrons provenientes do semicondutor tipo n se encontram na região da junção, recombinam-se e emitem a diferença de energia na forma de luz (fótons). A energia dos fótons emitidos é determinada pelo *gap* do material semicondutor utilizado. O primeiro led foi reportado por O. V. Losev em 1927, utilizando um diodo de carbeto de silício (SiC).

A Figura 5.25 mostra os valores de *gap* em função do parâmetro de rede de 12 diferentes compostos binários, em que os círculos cheios representam os semicondutores de *gap* direto, e os círculos abertos indicam os de *gap* indireto. Esses valores variam em uma faixa muito larga, desde aproximadamente 0,16 eV (InSb) até 6,0 eV (AlN). Assim, em princípio, os dispositivos que podem ser produzidos a partir desses materiais abrangem uma extensa faixa do espectro eletromagnético, que vai desde o infravermelho até o ultravioleta. Além disso, esses semicondutores apresentam uma característica extremamente interessante, que é a possibilidade de produzir ligas ternárias, misturando-se diferentes compostos, como x GaAs + $(1-x)$ InAs → $Ga_xIn_{(1-x)}As$, obtendo-se ligas cujo *gap* depende da composição x da mistura. Em alguns casos, o *gap* da liga ternária varia linearmente com a composição da liga (a chamada lei de Vegard), porém, em outros casos, essa variação é parabólica. Na Figura 5.25, as linhas indicam a variação do *gap* das ligas ternárias, em que as linhas cheias denotam as ligas semicondutoras de *gap* direto, e as linhas tracejadas indicam os materiais de *gap* indireto. De maneira geral, quando a liga semicondutora apresenta uma transição entre *gap* direto/indireto, observa-se uma descontinuidade desse comportamento. Pode-se também produzir ligas quaternárias, como $Ga_xIn_{(1-x)}As_yP_{(1-y)}$, porém, essas ligas não estão representadas na Figura 5.25.

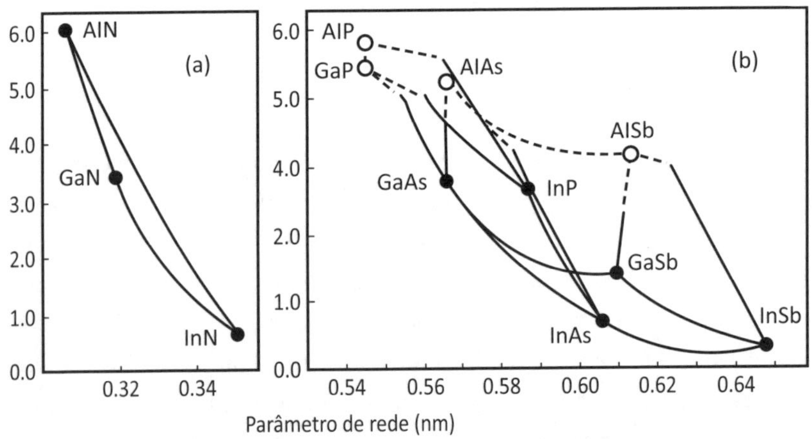

Figura 5.25 – Largura do *gap* em função do parâmetro de rede de semicondutores III-V binários e ligas semicondutoras ternárias: (a) nitretos, que apresentam os menores parâmetros de rede e os maiores valores de *gap*, e (b) demais semicondutores compostos. Os círculos cheios e as linhas cheias denotam semicondutores de *gap* direto, e os círculos abertos e as linhas tracejadas indicam os materiais de *gap* indireto.

Essas características permitem aos semicondutores III-V uma grande flexibilidade de produção de dispositivos emissores de luz, pois possibilita sintetizar materiais de forma a sintonizar o comprimento de onda da luz emitida de acordo com a aplicação pretendida. Esses dispositivos encontram aplicações em displays, televisores, impressoras a laser, scanners, leitores de códigos de barras, leitores e gravadores de CDs e DVDs, e também na área de telecomunicações para transmissão de sinais por fibras ópticas.[9] Atualmente, entretanto, os semicondutores III-V encontram sua aplicação em mais larga escala na fabricação de leds emissores de luz branca para iluminação.

O primeiro led moderno, desenvolvido em 1962 com base em semicondutores III-V, emitia uma luz fraca de cor vermelho escuro, no limiar de sensibilidade do olho humano. Com o aperfeiçoamento da tecnologia, uma série de novos materiais foi desenvolvida, como, GaP, GaAsP, GaAlAs e GaAlInP, permitindo a fabricação de leds com emissão em comprimentos de onda menores e proporcionando um grande aumento da eficiência de emissão (definida como a razão entre a potência de luz emitida e a potência elétrica fornecida). Um marco muito importante no desenvolvimento dessa tecnologia foi a obtenção do led azul utilizando a liga ternária GaInN, em 1992. A partir desse avanço, a obtenção de luz branca a partir da mistura de cores primárias tornou-se possível.

Um led de luz branca consiste basicamente em um dispositivo que emite fótons de alta energia (ou pequeno comprimento de onda), via de regra a luz azul, com duas ou três camadas de material luminescente depositadas no interior de seu encapsulamento. Esses materiais, também chamado de fósforos, absorvem parte dos fótons alta energia emitidos e luminescem, reemitindo fótons de menor energia (maior comprimento de onda), num processo semelhante ao que ocorre nas tradicionais lâmpadas fluorescentes. A mistura dos diferentes comprimentos de onda (por exemplo, azul, verde e vermelho) é percebida pelo olho humano como luz branca (veja nota 8.1, Capítulo 8). Diferentes tipos de fósforo podem ser utilizados para se obter luz branca com distintas tonalidades. Outra possibilidade de obtenção de luz branca é a utilização de três leds de cores diferentes em um mesmo encapsulamento, que podem ter sua emissão controlada para produzir o espectro desejado. Embora a primeira alternativa seja em geral preferida, a segunda, em alguns casos, pode ser vantajosa.

A iluminação led é, hoje, uma tecnologia em franco desenvolvimento com o potencial de substituir literalmente todas as lâmpadas atualmente instaladas, desde as mais diminutas lâmpadas de painéis de equipamentos até as de alta potência, para iluminação pública e holofotes utilizados em estádios e grandes eventos. Além disso, as lâmpadas led permitem o desenvolvimento de novos tipos iluminação com espectros específicos para cada aplicação, de iluminação programável e sistemas de iluminação inteligentes. Embora a alta eficiência das lâmpadas led tenha como concorrentes alguns outros tipos de lâmpada, o progressivo aperfeiçoamento desta tecnologia, além das demais vantagens mencionadas, certamente apontam no sentido de um futuro brilhante.[10]

---

9 Veja nota sobre transmissão de dados por fibras ópticas no Capítulo 8.

10 Veja, por exemplo, White LED light source and method of making same, Patent US 20210098661 A1.

5.7.4 SEMICONDUTORES DEGENERADOS

Quando o nível de Fermi se situa muito próximo a uma das bandas, ou seja, quando a aproximação $|E - E_F| \gg k_B T$ não é válida, o semicondutor é dito degenerado. Em geral, essa situação ocorre quando o material é dopado com altas concentrações de impurezas. De acordo com as Equações 5.47a ou b, quando o nível de dopagem se aproxima da densidade efetiva de estados da banda correspondente (N_C ou N_V), a função de Fermi-Dirac não pode ser aproximada pela distribuição de Maxwell-Boltzmann, e as expressões obtidas na Seção 5.5 deixam de ser válidas (veja Equações 5.19 até 5.23). Indo mais além, quando o nível de dopagem é ainda mais alto, o nível de Fermi pode se deslocar para o interior da banda correspondente, e o semicondutor passa a apresentar um comportamento metálico.

A Figura 5.26 mostra a condutividade em função do inverso da temperatura para duas amostras de silício fortemente dopadas com arsênio (tipo n) e boro (tipo p). Em primeiro lugar, deve-se observar que a condutividade de ambos os materiais é muito alta, na faixa entre $10^2\ \Omega^{-1}.cm^1$ e $10^3\ \Omega^{-1}.cm^1$, somente cerca de uma ordem de grandeza menor que a de diversas ligas metálicas (veja Tabela 4.6). Nota-se também que o comportamento característico dos semicondutores, de uma condutividade que cresce com a temperatura, não se verifica. Ao contrário, observa-se uma condutividade aproximadamente constante e, na faixa de temperaturas mais altas, um decréscimo com o aumento da temperatura, comportamento semelhante ao observado em materiais metálicos. Esse decréscimo se deve à diminuição da mobilidade dos portadores (veja Seção 5.8).

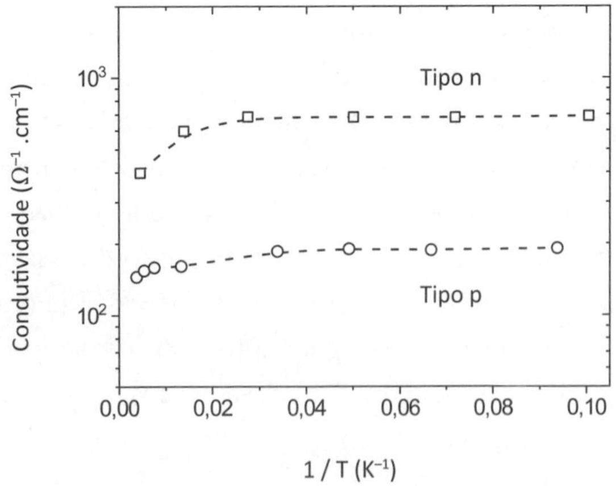

Figura 5.26 – Condutividade em função do inverso da temperatura para duas amostras de silício fortemente dopadas com N_D = 2,7 x 10^{19} cm^{-3} átomos de arsênio e N_A = 1,5 x 10^{19} cm^{-3} átomos de boro.

Fonte: Morin, 1954.

Quando o nível de dopagem é muito alto, eventualmente os átomos das impurezas se tornam suficientemente próximos uns dos outros para que os seus elétrons (buracos, no caso de impurezas aceitadoras) interajam entre si, e suas funções de onda passam a se sobrepor. Deve-se lembrar que o raio da órbita do elétron da impureza é muito maior que o parâmetro da rede cristalina (veja Exemplo 5.7). Assim, nessa situação, os estados de impurezas não podem ser mais considerados como estados localizados, representados por níveis discretos no interior do *gap* do semicondutor. De forma semelhante ao processo de formação das bandas descrito no início deste capítulo, o nível de impureza tende a alargar-se, formando uma pequena "banda". Isso significa que pode haver condução por uma "banda" das impurezas, mesmo em baixa temperatura, com os portadores saltando de impureza em impureza através do cristal, conferindo ao semicondutor um caráter metálico. Em dopagens muito elevadas, a banda de impurezas pode se superpor à banda de condução. Exemplos de semicondutores fortemente dopados amplamente utilizados são os contatos ôhmicos em dispositivos eletrônicos em geral e óxidos condutores transparentes utilizados em telas e displays sensíveis ao toque.

5.8 MOBILIDADE DOS PORTADORES

Para se obter a condutividade de um semicondutor, ainda falta conhecer a mobilidade dos portadores (veja Equação 5.7). A mobilidade, definida como a razão entre a velocidade de um portador e o campo elétrico aplicado (Equação 4.31), é uma propriedade extremamente importante, pois é uma grandeza diretamente relacionada aos mecanismos de espalhamento dos portadores durante seu deslocamento no interior do material semicondutor.[11] A Tabela 5.6 apresenta valores de mobilidade de elétrons e buracos em diversos semicondutores em temperatura ambiente.

11 Do ponto de vista das aplicações tecnológicas em dispositivos, a mobilidade é um parâmetro que limita a velocidade ou o tempo de resposta do dispositivo, daí o interesse em materiais que apresentem altos valores de mobilidade dos portadores.

Tabela 5.6 – Mobilidade (cm²/V.s) de elétrons e buracos em diversos semicondutores em temperatura ambiente

Semicondutor	μ_e	μ_b	Semicondutor	μ_e	μ_b
Elementares			**Compostos IV-IV**		
C	1.800	1.400	SiC	400	50
Si	1.450	500	**Compostos II-VI**		
Ge	3.900	1.900	CdO	120	---
α–Sn	2.500	2.400	CdS	350	40
Compostos III-V			CdSe	900	50
AlAs	1.200	420	CdTe	1.050	100
AlP	80	450	HgSe	20.000	1,5
AlSb	400	550	HgTe	25.000	350
BN	200	500	ZnO	200	180
GaAs	8.800	500	ZnS	280	800
GaN	400	10	ZnSe	540	28
GaP	300	150	ZnTe	340	100
GaSb	4.000	1.400	**Compostos IV-VI**		
InAs	33.000	460	PbS	600	700
InP	4.600	150	PbSe	1.000	900
InSb	80.000	1.250	PbTe	6.000	4.000

Fonte: Sze, 2007.

A mobilidade dos portadores em um semicondutor pode ser limitada por diferentes mecanismos. Considerando que esses mecanismos atuam de maneira independente uns dos outros, pode-se aplicar a regra de Matthiessen (veja Seção 4.4.4) e escrever:

$$\tau^{-1} = \tau_1^{-1} + \tau_2^{-1} + \tau_3^{-1} + \ldots \qquad (5.54)$$

Assim, como a mobilidade é proporcional ao tempo médio entre as colisões (Equação 4.31), temos que:

$$\mu^{-1} = \mu_1^{-1} + \mu_2^{-1} + \mu_3^{-1} + \ldots \qquad (5.55)$$

Em que os índices se referem aos diferentes mecanismos de espalhamento.

De maneira geral, a mobilidade dos portadores em um semicondutor é limitada por dois mecanismos principais, ou seja, a interação com os fônons e o espalhamento pelos átomos das impurezas dopantes. Dentre os mecanismos mais simples de espalhamento, cabe destacar, em primeiro lugar, a interação com fônons acústicos, que resulta numa mobilidade da forma:

$$\mu_L \sim \frac{1}{m^{*5/2}T^{3/2}} \qquad (5.56)$$

Outro mecanismo de espalhamento comum é a interação coulombiana com impurezas (dopantes) ionizadas, que fornece:

$$\mu_I \sim \frac{T^{3/2}}{N_I m^{*1/2}} \qquad (5.57)$$

Em que N_I é a densidade de impurezas ionizadas. Note que ambos os mecanismos são inversamente proporcionais à massa efetiva do portador, mas apresentam comportamentos opostos em relação à temperatura. Assim, se ambos os mecanismos estiverem atuando em conjunto, a interação com fônons deve dominar para altas temperaturas e/ou baixas concentrações de dopantes, enquanto a interação com impurezas será mais importante quando a temperatura for muito baixa e/ou o nível de dopagem for alto. Com relação à massa efetiva, em ambos os casos o portador de maior massa será o mais afetado. Como a mobilidade é uma propriedade de transporte, para o seu cálculo devem ser utilizadas as massas efetivas da condutividade de elétrons e buracos.

As Figuras 5.27a e b apresentam resultados de medidas de mobilidade de elétrons e buracos, respectivamente, em função da temperatura para amostras de silício com diferentes concentrações de impurezas dopantes. Para temperaturas altas, os valores de mobilidade obtidos para as diferentes amostras tendem a convergir, independentemente da concentração de impurezas, indicando que o espalhamento por fônons domina, conforme discutido. À medida que a temperatura diminui, a mobilidade aumenta seguindo uma lei de potência, mas, a depender da concentração de dopantes, passa a aumentar mais lentamente, e eventualmente diminui com a temperatura. À baixa temperatura, a mobilidade é inversamente proporcional à concentração de impurezas, conforme previsto na Equação 5.57, demonstrando que esse é o mecanismo dominante nessa faixa de temperatura.

Quantitativamente, entretanto, os comportamentos observados no silício para a mobilidade em função da temperatura não seguem aqueles previstos pelos mecanismos simples apresentados (Equações 5.56 e 5.57). No caso de elétrons, em torno da temperatura ambiente, a mobilidade varia como uma lei de potência com expoente igual a -2,42, enquanto, para os buracos, esse expoente é de -2,2. Uma discussão mais aprofundada desses comportamentos se encontra fora do escopo deste texto.

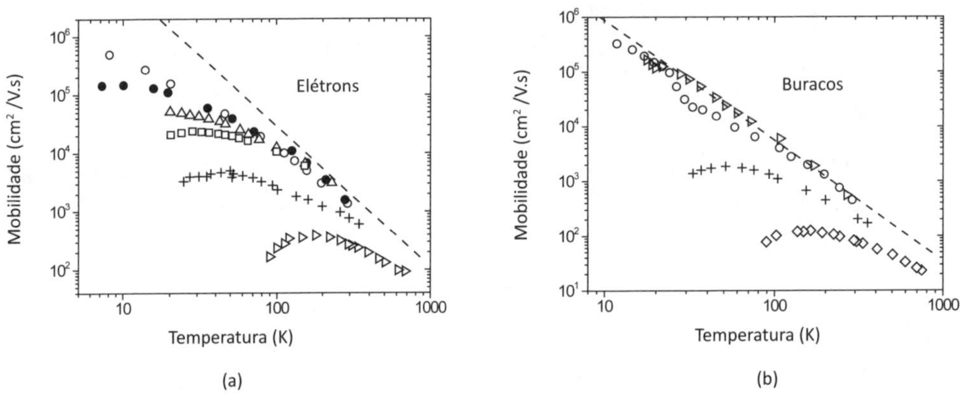

Figura 5.27 – Mobilidade de (a) elétrons e (b) buracos em função da temperatura em escala log-log para o silício com diferentes concentrações de dopantes. As linhas tracejadas representas leis de potência com expoentes igual a -2,42 (a) e -2,2 (b).

Fonte: Canali, 1975; Logan, 1970; Jacoboni *et al.*, 1977; Ottaviani, 1975.

A Figura 5.28 mostra a variação da mobilidade de elétrons e buracos no silício em temperatura ambiente como função da concentração de impurezas. Para uma dada concentração de impurezas, os buracos apresentam menor mobilidade, o que está relacionado à sua maior massa efetiva (veja Equações 5.56 e 5.57). Para baixas concentrações de impurezas, as mobilidades de elétrons e buracos variam pouco, mas, quando a concentração de impurezas aumenta acima de cerca de 10^{16} cm^{-3}, aproximadamente, as mobilidades caem com o aumento da quantidade de impurezas, conforme previsto pela Equação 5.57, até que, acima de cerca de 10^{19} cm^{-3}, tendem a estabilizar. Nessa situação, o semicondutor é degenerado.

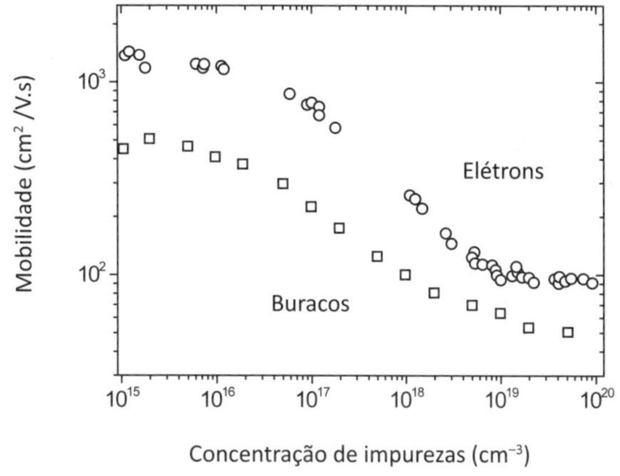

Figura 5.28 – Mobilidade de elétrons e buracos em função da concentração de impurezas em escala log-log para o silício em temperatura ambiente.

Fonte: Jacoboni *et al.*, 1977.

NA PONTA DA CIÊNCIA E DA TECNOLOGIA

Diminuí e multiplicai!

O transistor foi inventado em 1947, por W. Shockley, W. Brattain e J. Bardeen, com base em um semicondutor de germânio com contatos metálicos de ouro, e resultou na concessão do Prêmio Nobel de Física de 1956 aos seus inventores. Em 1959, D. Kahng e M. M. Atalla, da Bell Labs, inventaram o transistor de efeito de campo metal-óxido-semicondutor (MOSFET) com base em silício, que é constituído por um eletrodo metálico depositado sobre uma camada de óxido crescida sobre a superfície do semicondutor. Com essa estrutura, é possível diminuir drasticamente a presença de defeitos na interface entre o semicondutor e a camada de óxido crescida termicamente, reduzindo o espalhamento de portadores que prejudicava o funcionamento dos transistores FET convencionais, produzidos anteriormente a essa inovação. Assim, nasceu a possibilidade de criação da chamada tecnologia planar e da integração dos circuitos em lâminas de silício que deu origem à microeletrônica.

O primeiro circuito integrado foi proposto por J. Kilby em 1958, fato que o levou a receber o Prêmio Nobel de Física do ano 2000. Em 1964, G. Moore (que, quatro anos mais tarde, veio a ser um dos fundadores da empresa Intel) observou que o número de transistores em um chip dobrava a cada 18 meses (Moore, 1965). A partir de 1970, essa taxa se desacelerou um pouco para dobrar a cada dois anos, aproximadamente. Embora seja uma relação puramente empírica, essa tendência tem se mantido constante por mais de 50 anos, configurando a chamada *lei de Moore*. É evidente que esse aumento exponencial na densidade de integração dos chips deve ser acompanhado por uma redução correspondente nas dimensões dos transistores, pois, na tecnologia planar, os dispositivos são dispostos lado a lado na lâmina de silício, e o tamanho dos circuitos integrados não varia substancialmente. Assim, enquanto o número de transistores por chip aumentou aproximadamente 6 ordens de grandeza em quatro décadas, suas dimensões diminuíram cerca de três ordens de grandeza (veja Figura 5.29).

Cada geração de circuitos integrados é caracterizada por uma tecnologia capaz de produzir dispositivos com determinadas dimensões mínimas, a chamada *minimum feature size*. Assim, por exemplo, enquanto a dimensão mínima dos dispositivos produzidos no ano de 1970 era de 10 μm, em 2020, esse tamanho passou a ser de apenas 5 nm. O aspecto mais surpreendente com relação à lei de Moore é que até hoje esta lei não tenha demonstrado sinais de desaceleração, embora sua extrapolação para o futuro indique que, dentro de alguns anos, os transistores devam atingir dimensões atômicas.

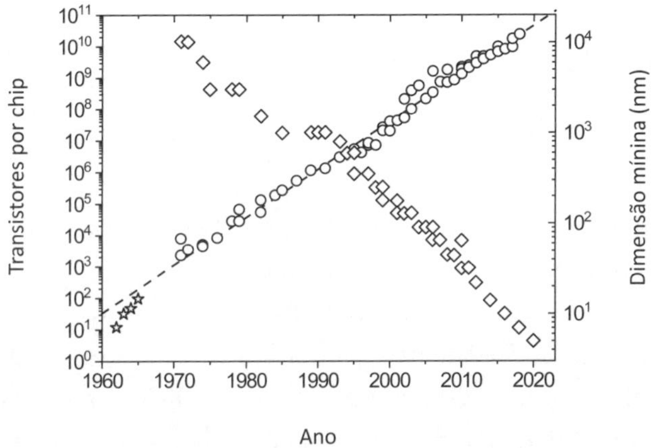

Figura 5.29 – Lei de Moore: número de transistores por chip (círculos) e a dimensão mínima dos dispositivos (*minimum feature size*, losangos) em escala logarítmica ao longo do tempo. Os quatro pontos (estrelas) abaixo à esquerda correspondem aos dados do trabalho original de G. Moore publicado em 1964. A linha tracejada representa a um crescimento exponencial, que corresponde a um aumento por um fator 2 a cada dois anos.

LEITURAS COMPLEMENTARES

ASHCROFT, N. W.; MERMIN, N. D. *Solid State Physics*. Brooks-Cole, 1976.

LIVINGSTON, J. D. *Electronic Properties of Engineering Materials*. John Wiley & Sons, 1999.

KASAP, S. O. *Principles of Electronic Materials and Devices*. 3. ed. McGraw Hill, 2006.

KITTEL, C. *Introdução à Física do Estado Sólido*. 8. ed. Editora LTC, 2006.

REZENDE, S. M. *Materiais e dispositivos eletrônicos*. Livraria da Física Editora, 2004.

SHOCKLEY, W. *Electrons and Holes in Semiconductors*. D. van Nostrand, 1950.

SOLYMAR, L.; WALSH, D. *Lectures on the Electrical Properties of Materials*. 5. ed. Oxford Science Publications, 1993.

STREETMAN, B; BANERJEE, S. *Solid State Electronic Devices*. 7. ed. Prentice Hall, 2014.

SZE, S. M.; LEE, M. K. *Semiconductor Devices*: Physics and Technology. 3. ed. John Wiley & Sons, 2012.

SZE, S. M.; NG, K. K. *Physics of Semiconductor Devices*. 3. ed. John Wiley & Sons, 2007.

REFERÊNCIAS

ALEX, V.; Finkbeiner, S.; WEBER, J. *Journal of Applied Physics* 79 (1996) 6943.

BLACKMORE, J. S. *Electron. Commun.* 29 (1952) 131.

CANALI, C. *et al. Physical Review B* 12 (1975) 2265.

DEBYE, P. P. *Physical Review* 93 (1954) 693.

DRESSELHAUS, G.; KIP, A. F.; KITTEL, C. *Physical Review* 98 (1955) 368.

EISBERG, R; RESNICK, R. *Física quântica*: átomos, moléculas, sólidos, núcleos e partículas. Editora GEN LTC, 1979.

GEIM, A. K.; NOVOSELOV, K. S. *Nature Materials* 6 (2007) 183.

HAYNES, W. N. *CRC Handbook of Chemistry and Physics*. 97. ed. CRC Press, 2017.

JACOBONI, C.; CANALI, C.; OTTAVIANI, G.; ALBERIGI QUARANTA, A. *Solid-State Electronics* 20 (1977) 7749.

LOGAN, R. A.; PETERS, A. J.; *Journal of Applied Physics* 31 (1960) 122.

MISIAKOS, K.; TSAMAKIS, D. *Journal of Applied Physics* 74 (1993) 3293.

MOORE, G. E. *Electronics*, pp. 114–117, April 19, 1965; republicado em: Proceedings of the IEEE 86, No. 1 (1998) 82.

MORIN, F. J.; MAITA, J. P. *Physical Review* 96 (1954) 28.

OTTAVIANI, G. *et al. Physical Review B* 12 (1975) 3318.

PEARSON G. L.; BARDEEN, J. *Physical Review* 75 (1949) 865.

SHOCKLEY, W. B. *Electrons and holes in semiconductors*. D. van Nostrand, 1950.

SPEAR, W. E.; LECOMBER, P. G. *Philosophical Magazine* 33 (1976) 935.

STREHLOW, W. H.; COOK, E. L. *Journal of Physical and Chemical Reference Data* 2 (1973) 163.

SZE, S. M.; LEE, M. K. *Semiconductor Devices*: Physics and Technology. 3. ed. John Wiley & Sons, 2012.

SZE, S. M. NG, K. K. *Physics of Semiconductor Devices*. 3. ed. John Wiley & Sons, 2007.

VAINSHTEIN, I. A.; ZATSEPIN, A. F.; KORTOV, V. S. *Physics of the Solid State* 41 (1999) 905.

EXERCÍCIOS

1. Utilizando a equação do modelo do átomo de Bohr (Equação 1.3), estime valores para os raios das órbitas dos elétrons 1s e 3s do átomo de sódio e compare com a distância entre primeiros vizinhos no sódio metálico (0,367 nm). Discuta se esses elétrons são afetados pela presença dos átomos vizinhos quando da formação do metal.

2. Considere a equação a seguir como uma aproximação para a relação de dispersão de um elétron em uma certa banda:

$$E(k) = E_0 + E_1 \cos(kr_0)$$

Em que r_0 é a distância interatômica.

a) Encontre o valor de k para o qual a velocidade do elétron é máxima.

b) Deduza uma equação para a massa efetiva $m^*(k)$. Faça um gráfico de $m^*(k)$ dentro da primeira zona de Brillouin.

c) Utilizando os dados do sódio metálico, cuja distância entre primeiros vizinhos é 0,367 nm e a largura da banda de condução é aproximadamente 4,0 eV, obtenha a massa efetiva dos elétrons para $k = 0$.

3. Considere um material cujas relações de dispersão em torno dos extremos das bandas de valência e de condução podem ser aproximadas respectivamente pelas seguintes expressões (energia dada em eV e número de onda em nm^{-1}):

$$E_V(k) = -5,56x10^{-2}k^2 \quad E_C(k) = 1,40 + 5,43x10^{-1}k^2$$

a) Qual o *gap* deste semicondutor?

b) Esse semicondutor é de *gap* direto ou indireto?

c) Obtenha a massa efetiva (normalizadas em relação a m_e) dos elétrons e dos buracos.

d) Calcule as densidades efetivas de estados nas bandas de valência e condução em temperatura ambiente.

4. A partir das Equação 5.14 para as relações de dispersão das bandas de valência e de condução, obtenha as Equações 5.18 para as densidades de estados dessas bandas.

5. a) Calcule a concentração de portadores no silício intrínseco em temperatura ambiente.
   b) Calcule a concentração de portadores no diamante intrínseco em temperatura ambiente (nesse caso, utilize a massa do elétron livre como aproximação para as massas efetivas).
   c) Conclua por que um deles é um semicondutor, e o outro, isolante.
   d) Estime qual a temperatura que o diamante deveria atingir para que sua concentração de portadores seja da mesma ordem que a do silício em temperatura ambiente (desconsidere a variação do *gap* com a temperatura). É possível atingir esta situação?
   e) Estime a concentração de portadores do silício intrínseco a $T = 100$ K, negligenciando a variação do *gap* com a temperatura. A essa temperatura, o silício deve ser considerado um material semicondutor ou isolante?

6. Considerando que, em temperatura ambiente, a concentração intrínseca de portadores no germânio é $1{,}5 \times 10^{13}$ cm^{-3} e que as mobilidades de elétrons e de buracos são iguais a 3.900 cm^2/V.s e 1.900 cm^2/V.s, respectivamente, calcule a condutividade do germânio intrínseco.

7. O InSb tem *gap* $E_G = 0{,}163$ eV e massas efetivas $m_c^* = 0{,}014\ m_e$ e $m_v^* = 0{,}40\ m_e$.
   a) Calcule N_C e N_V em temperatura ambiente.
   b) Obtenha a concentração intrínseca de portadores.
   c) Obtenha a posição do nível de Fermi (em eV), em relação ao meio do *gap*.
   d) Calcule a sua resistividade.

   Diminui-se agora a temperatura para $T = 80$ K. Sabendo que o *gap* do material aumenta para 0,23 eV, calcule:

   e) a nova concentração de portadores;
   f) obtenha o novo valor da resistividade;
   g) com base nos resultados dos itens anteriores, discuta sobre as condições para o InSb ser dopado.

8. Considere um cristal de GaAs intrínseco em temperatura ambiente e obtenha:
   a) a concentração intrínseca de portadores;
   b) a sua resistividade;
   c) abaixa-se agora a temperatura para $T = 250$ K. Desprezando qualquer variação do *gap* ou das mobilidades com a temperatura, obtenha o novo valor da resistividade.

9. Realiza-se uma medida em uma amostra de silício a T = 190 K e obtém-se que a concentração de buracos é 5,0 x 10^5 cm^{-3}. Considerando o *gap* do silício como independente da temperatura, responda:
   a) Esta amostra é do tipo n ou p?
   b) Qual é a concentração de elétrons?
   c) Qual é a posição do nível de Fermi?

10. Mostre que a aproximação do semicondutor não degenerado na condição de impurezas totalmente ionizadas implica um limite superior para a concentração de impurezas de aproximadamente $N_C / 20$ para o semicondutor tipo n ou $N_V / 20$, para o semicondutor tipo p.

11. Esboce o diagrama de bandas, densidade de estados, função distribuição de probabilidade e ocupação dos estados, para um semicondutor dopado com impurezas aceitadoras nas seguintes situações:
    a) $T = 0$ K;
    b) região de baixas temperaturas;
    c) região de exaustão de impurezas;
    d) região intrínseca;
    e) faça o gráfico apropriado para a variação da densidade de portadores com a temperatura;
    f) faça o gráfico apropriado para a condutividade, identificando cada um dos comportamentos citados (itens b-d).

12. Calcule o raio da órbita e a energia de ligação do elétron adicional de uma impureza substitucional de fósforo em germânio (a permissividade do germânio é $\varepsilon_{Ge} = 16\varepsilon_0$).

13. a) Mostre que, para um semicondutor dopado (tipo n, por exemplo), existe um valor de condutividade mínima σ_{min} que é atingido quando a dopagem é dada por:

$$n = n_i \left(\frac{\mu_p}{\mu_n} \right)^{1/2}$$

    b) Obtenha o valor de σ_{min} e compare-a com a condutividade do semicondutor intrínseco.

    (Observação: considere as mobilidades dos portadores independentes da dopagem.)

14. Calcule o valor da dopagem obtido no exercício anterior, a condutividade mínima σ_{min} e a resistividade máxima $\rho_{max}\left(\rho_{max}=1/\sigma_{min}\right)$ para:
   a) silício dopado tipo n em temperatura ambiente;
   b) silício dopado tipo p em temperatura ambiente.

   Compare os valores obtidos com os valores correspondentes obtidos para o silício intrínseco (Exemplo 5.4).

15. Utilize o método gráfico para determinar a posição do nível de Fermi e a concentração de portadores de uma amostra de silício dopada do tipo n com 5,0 x 10^{14} cm^{-3} átomos de fósforo (E_D = 0,045 eV) a T = 200 K.

16. Estime qual é a temperatura mínima necessária para uma amostra de silício dopado com N_D impurezas doadoras com energia de ionização E_I atingir:
   a) a região extrínseca;
   b) a região intrínseca.

17. Calcule a concentração de portadores majoritários de uma amostra de silício do tipo n dopada com 1,0 x 10^{16} cm^{-3} átomos de fósforo (E_D = 0,045 eV) a T = 50 K, considerando a aproximação de baixas temperaturas.

18. Um cristal de silício é dopado com 1,0 x 10^{16} cm^{-3} átomos de fósforo em temperatura ambiente. Supondo as impurezas totalmente ionizadas:
   a) calcule a condutividade deste semicondutor;
   b) obtenha a posição do nível de Fermi em relação a meio de *gap*; adiciona-se 9,0 x 10^{15} cm^{-3} átomos de boro a este mesmo semicondutor;
   c) calcule o novo valor da condutividade;
   d) obtenha a posição do nível de Fermi em relação a meio de *gap*. Esse semicondutor agora é tipo n ou tipo p?

19. a) Estime a distância média entre átomos de impureza no interior de um semicondutor dopado em função de sua concentração N_D.
   b) Utilizando o modelo de Bohr para obter o raio da órbita do elétron (Equação 5.36), obtenha o valor de N_D para que a distância entre os átomos de impureza seja da ordem do raio da órbita do elétron. O que acontece nesse caso?
   c) Calcule o valor de N_D obtido acima para o caso do silício (ε_{Si} = 11,8 ε_0).

20. O efeito Hall em semicondutores depende das concentrações de elétrons e de buracos, e também das mobilidades desses portadores. Assim, no caso geral, o coeficiente de Hall é dado pela Equação:

$$R_H = \frac{p - n\left(\dfrac{\mu_e}{\mu_b}\right)^2}{e\left[p - n\left(\dfrac{\mu_e}{\mu_b}\right)\right]^2}$$

a) Mostre que quando $n \gg n_i$, $R_H = -1/en$ e quando $n \ll n_i$, $R_H = +1/ep$.
b) Supondo que as mobilidades dos portadores são aproximadamente independentes da dopagem, calcule a densidade n para a qual R_H é máximo.
c) Obtenha o valor de n obtido no item anterior e determine o valor máximo do coeficiente de Hall para o silício em temperatura ambiente.

21. Uma amostra de silício (espessura 0,05 cm; área da seção reta $1{,}6 \times 10^{-3}$ cm^2) que possui dopagem desconhecida é submetida a uma medida Hall, conforme ilustrado na Figura 4.17. Com uma corrente i = 2,5 mA que circula no sentido do eixo x e um campo magnético $B =$ 30 mT que aponta no sentido do eixo z, a voltagem Hall medida é positiva e vale 10 mV. De posse desses dados, obtenha:
a) o tipo de portador majoritário;
b) o coeficiente de Hall;
c) a densidade de portadores;
d) a resistividade da amostra de silício;
e) a mobilidade dos portadores majoritários.

22. Supondo que a lei de Moore continue a ser válida, faça uma estimativa de quando a menor dimensão dos dispositivos atingiria 0,1 nm.

CAPÍTULO 6
Dipolos elétricos e propriedades dos materiais dielétricos

Antes que um experimento possa ser realizado, ele deve ser planejado – a pergunta à natureza deve ser formulada antes de ser feita. Antes que o resultado de uma medida possa ser usado, ele deve ser interpretado – a resposta da natureza deve ser entendida corretamente. Essas duas tarefas são as do teórico.

(Max Planck, "The Meaning and Limits of Exact Science", *Science,* 1949)

6.1 INTRODUÇÃO

Conforme visto, os materiais podem ser classificados de acordo com sua capacidade de conduzir corrente elétrica, como condutores, semicondutores e isolantes. As duas primeiras classes de materiais foram abordadas nos capítulos precedentes. Neste capítulo, trataremos da terceira categoria. Um material dielétrico é aquele que não conduz corrente elétrica e, portanto, é um isolante perfeito. Embora essa definição seja uma idealização, na prática, muitos materiais isolantes têm um comportamento bem próximo disto. Os materiais isolantes são de grande interesse tecnológico, uma vez que possuem importância fundamental na indústria eletroeletrônica para uma infinidade de aplicações, desde a microeletrônica até o seu uso em altas tensões. Estudaremos como um material dielétrico se comporta quando submetido a um campo elétrico, procurando estabelecer uma relação entre a resposta macroscópica do material e o comportamento microscópico de seus átomos ou moléculas sob ação do campo que atua localmente sobre eles.

Quando em presença de um campo elétrico, os elétrons livres de um material condutor se movimentam até que o campo em seu interior seja totalmente anulado. No caso de um isolante, o mesmo não acontece, pois não há cargas livres que possam se movimentar. No entanto, embora não existam cargas móveis capazes de anular o campo, ainda assim o campo aplicado causa um deslocamento ou uma reorientação de cargas (a chamada polarização) que resulta em uma diminuição do campo elétrico no interior do material. Essa situação pode se tornar ainda mais complexa, pois esse rearranjo de cargas cria, por sua vez, um novo campo, que contribui para o campo local que atua sobre os próprios átomos e/ou moléculas do sólido, e determina a resposta final do material ao campo elétrico.

No início deste capítulo, vamos definir os conceitos de momento de dipolo e polarização, e estabelecer suas principais relações com os campos elétricos existentes no interior de meios materiais. Os diferentes tipos de polarizabilidade serão apresentados, bem como os principais modelos microscópicos que permitem relacioná-los com a permissividade do meio, iniciando com os sistemas diluídos, em que a interação entre os átomos ou moléculas constituintes é muito pequena ou inexistente. Em seguida, serão abordados os sistemas mais complexos, nos quais essa interação é progressivamente maior, como gases a alta pressão, líquidos e sólidos. Posteriormente, apresentaremos também o caso da polarização por campos elétricos alternados. Ao final do capítulo, o modelo de Onsager para a polarizabilidade, os fenômenos da ferroeletricidade, piezoeletricidade e a condução iônica em materiais dielétricos serão abordados de forma breve.

6.2 MOMENTO DE DIPOLO ELÉTRICO E POLARIZAÇÃO

Para efeito do estudo do comportamento dos materiais dielétricos, vamos considerar que há uma ausência total de cargas livres no interior do material. Assim, sua condutividade será rigorosamente nula. Isso é claramente uma aproximação, uma vez que, conforme já visto, mesmo os melhores materiais isolantes são capazes de conduzir corrente (veja Figura 4.1, por exemplo). Sendo a condutividade nula, o principal efeito do campo elétrico sobre o material será a polarização.

Considerando-se duas cargas elétricas de módulos iguais q e sinais opostos, separadas por uma distância r , pode-se definir o momento de dipolo elétrico como (veja Figura 6.1):

$$\vec{p} = q\vec{r} \tag{6.1}$$

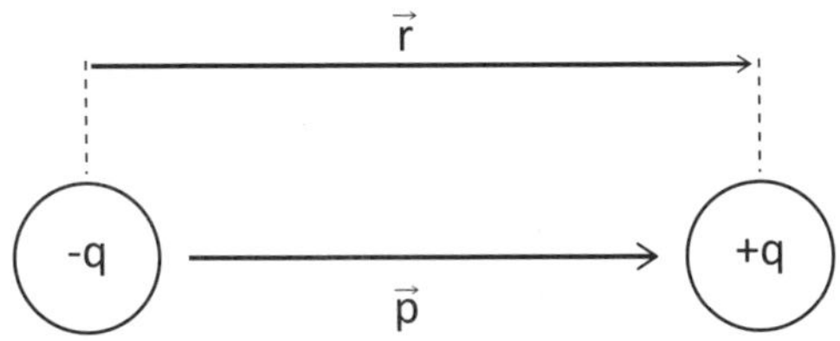

Figura 6.1 – Momento de dipolo elétrico $\vec{p}=q\vec{r}$ formado por duas cargas de sinais opostos e mesmo módulo q, separadas por uma distância r.

Note que a carga total do dipolo elétrico é nula, mas o campo elétrico gerado por ele não é, uma vez que as cargas de sinais opostos estão separadas por uma certa distância e, sendo assim, o campo elétrico criado pela carga positiva não é anulado pelo campo criado pela carga negativa. A obtenção de uma expressão para o campo elétrico gerado por um dipolo elétrico é um problema simples da eletrostática e não será apresentado aqui. O leitor que não está familiarizado com esse assunto deve consultar os livros de física básica.[1]

De um ponto de vista microscópico, no interior de um meio material podem existir momentos de dipolo elétricos associados às moléculas ou às ligações químicas entre os átomos. Isso ocorre quando há uma diferença de eletronegatividade entre os átomos ligantes e as moléculas apresentam uma configuração espacial de seus átomos que resulta em uma distribuição assimétrica de cargas. Nessas situações, o centro da distribuição das cargas positivas é diferente do centro da distribuição das cargas negativas, acarretando um momento de dipolo elétrico diferente de zero. Consequentemente, nesse caso, as ligações químicas apresentam um momento de dipolo permanente. Essas ligações químicas ou moléculas são ditas polares. Por exemplo, moléculas diatômicas são polares sempre que forem constituídas por elementos de eletronegatividades diferentes, como no caso de CO, HF, NaCl etc.

No caso de ligações químicas que se formam entre dois átomos de mesma eletronegatividade, não há desbalanceamento entre as distribuições de cargas negativas e positivas. Logo, o momento de dipolo resulta ser nulo, e a ligação química é dita apolar. Assim, são apolares todas as moléculas homonucleares (H_2, N_2, O_2, O_3 etc.) e todos os sólidos de elementos puros (Si, C, S, P etc.).

No caso de moléculas mais complexas, entretanto, não é apenas a diferença de eletronegatividade entre os átomos, mas também sua disposição espacial na molécula ou na estrutura cristalina do sólido, que define se o composto será polar ou apolar. Assim, para

1 Ver, por exemplo: Nussenzveig, 1997.

uma molécula triatômica formada por dois elementos A e B, por exemplo, pode-se ter um arranjo A–B–A linear apolar ou um arranjo triangular polar. Exemplos do primeiro caso, são moléculas apolares, como CO_2, CS_2 e N_2O, e do segundo caso, moléculas polares como H_2O, SO_2 e NO_2. Analogamente, para moléculas tetra-atômicas, temos que BCl_3 é apolar, pois seu arranjo atômico é planar, enquanto NH_3 é polar, pois sua configuração é piramidal. No caso de moléculas penta-atômicas, temos, por exemplo, a seguinte série de moléculas de estrutura tetraédrica: CH_4, CCl_4, CH_3Cl, CH_2Cl_2, $CHCl_3$, em que as duas primeiras moléculas são apolares, por serem totalmente simétricas, enquanto as demais são polares, uma vez que são assimétricas.

A Tabela 6.1 apresenta valores de momento de dipolo elétrico para diversas moléculas em unidades de debye (D), que é a unidade de dipolo elétrico do sistema CGS.[2]

Tabela 6.1 – Momento de dipolo elétrico de algumas moléculas no estado gasoso. O momento de dipolo é dado em unidades de debye (D), tal que 1 D = 3,33564 × 10^{-30} C.m

Molécula	Dipolo	Molécula	Dipolo	Molécula	Dipolo	Molécula	Dipolo
AgBr	5,62	CrO	3,88	HNO_3	2,17	NO	0,1587
AgCl	6,08	CS	1,958	HO	1,655	NO_2	0,316
AgF	6,22	CsCl	10,387	KBr	10,628	O_3	0,5337
AgI	4,55	CuF	5,77	KCl	10,269	PbO	4,64
AsH_3	0,217	CuO	4,5	KF	8,585	PbS	3,59
BaO	7,954	FO	0,0043	KI	≈10,8	PH_3	0,5740
BrO	1,76	GeO	3,2823	LiBr	7,268	RbBr	≈10,9
BrO_2	2,8	GeS	2,00	LiCl	7,1289	RbCl	10,510
CaCl	≈3,6	GeSe	1,65	LiF	6,3274	RbI	≈11,5
CF	0,645	GeTe	1,06	LiI	7,428	$SiCl_2H_2$	1,17
CFN	2,120	H_2O	1,8546	LiO	6,84	$SiCl_3H$	0,86
CH	≈1,46	H_2O_2	1,573	MgO	6,2	$SiClF_3$	0,636
CH_2O_2	1,425	H_2S	0,9783	N_2O	0,1608	$SiClH_3$	1,31
CH_3Cl	1,8963	H_3NO	0,59	NaBr	9,1183	SiO	3,0982

2 No Sistema Internacional (SI), a unidade de dipolo elétrico é C.m. O debye (D) equivale a 3,33564 × 10^{-30} C.m ou 0,20819434 *e*.Å.

Molécula	Dipolo	Molécula	Dipolo	Molécula	Dipolo	Molécula	Dipolo
CH_3I	1,6406	HBr	0,8272	NaCl	9,0012	SnO	4,32
$CHCl_3$	1,04	HCl	1,1086	NaI	9,236	SO_2	1,6331
CHF_3	1,6515	HF	1,8262	NCl_3	0,39	SrO	8,900
CHN	2,9852	HI	0,448	NaF	8,156	TiO	2,96
ClO	1,297	HN_3	1,70	NH	1,39	ZrO	2,55
CO	0,1098	HNO	1,62	NH_3	1,4718	ZrO_2	7,80

Fonte: Haynes, 2017.

NOTA 6.1: MOMENTO DE DIPOLO DE MOLÉCULAS DIATÔMICAS

O momento de dipolo de uma molécula diatômica pode ser estimado de uma maneira simples por meio da seguinte equação:

$$\vec{p} = ezf_i\vec{r}_0 \qquad (6.2)$$

Em que e é a carga elementar, z é a valência dos átomos envolvidos na ligação, r_0 é a distância interatômica de equilíbrio e f_i é o caráter iônico da ligação química que forma a molécula. Supondo idealmente uma molécula diatômica formada por uma ligação iônica entre dois átomos monovalentes em que houvesse a transferência de um elétron de um átomo (aquele de menor eletronegatividade) para o outro (aquele de maior eletronegatividade), esse fator seria igual à unidade, e o momento de dipolo da molécula seria simplesmente $p = er_0$. Na realidade, entretanto, o caráter iônico é sempre menor que a unidade, pois, na formação da molécula, a transferência da nuvem eletrônica de um átomo para outro nunca é total, mas parcial. O que ocorre, na realidade, é um deslocamento da função de onda eletrônica na direção do átomo mais eletronegativo, produzindo um desbalanceamento de cargas que resulta na formação do momento de dipolo elétrico. Por outro lado, quando a ligação química é realizada entre dois átomos com uma diferença de eletronegatividade muito pequena ou nula, a ligação formada será uma ligação covalente, e o caráter iônico da ligação será nulo, o mesmo acontecendo com o momento de dipolo da molécula.

O caráter iônico ou ionicidade de uma ligação química pode ser expresso em função da diferença de eletronegatividade entre os átomos ligantes. Pauling propôs a seguinte expressão empírica para obter o caráter iônico de uma ligação química:[3]

$$f_i = 1 - \exp\left[-\left(X_A - X_B\right)^2 / 4\right] \tag{6.3}$$

Em que X_A e X_B são as eletronegatividades dos átomos envolvidos na ligação. As eletronegatividades dos elementos da Tabela Periódica variam na faixa desde 0,7 (para o átomo de frâncio) até 4,0 (para o flúor) e, consequentemente, o caráter iônico de uma ligação, calculado pela Equação 6.3, resulta ser um número que pode variar de zero até um máximo de 0,934. Assim, utilizando as equações 6.2 e 6.3, podemos estimar o momento de dipolo de uma molécula diatômica. Em moléculas com número maior de átomos, as expressões dadas podem ser utilizadas, em princípio, para efetuar estimativas com relação às ligações entre cada par de átomos. No entanto, a influência dos demais átomos sobre essas ligações não pode, a priori, ser negligenciado.

Exemplo 6.1: calcule o momento de dipolo elétrico da molécula de NaCl, conhecendo o valor de sua distância interatômica de equilíbrio, r_0 = 0,236 nm. Consultando a Tabela Periódica, obtemos que as eletronegatividades do sódio e do cloro são 0,93 e 3,16, respectivamente. Assim:

$$f_i = 1 - \exp\left[-\left(3{,}16 - 0{,}93\right)^2 / 4\right] = 1 - \exp\left(-1{,}24\right) = 0{,}712$$

Logo: $p = 0{,}712x1{,}6x10^{-19}x0{,}236x10^{-9} = 2{,}69x10^{-29}C.m = 8{,}06D$

O valor experimental tabelado (Tabela 6.1) para a momento de dipolo elétrico da molécula de NaCl é de 9,00 D.

6.2.1 POLARIZAÇÃO

É fato empírico bem conhecido que um capacitor que possui um material dielétrico preenchendo o espaço entre suas placas apresenta uma capacitância maior que outro capacitor idêntico ao primeiro, mas que entre suas placas contém vácuo.[4] Em outras palavras, o capacitor que contém o dielétrico armazena maior quantidade de carga Q para uma mesma diferença de potencial V, uma vez que a capacitância é definida

3 De forma análoga, pode-se definir o caráter covalente f_c da ligação química, tal que $f_i + f_c = 1$.

4 Esse fato foi observado pela primeira vez por Faraday, em 1837.

como a razão entre a carga armazenada e a diferença de potencial entre as placas, ou seja, $C = Q / V$.

Ao se colocar o material dielétrico entre as placas do capacitor, este sofre ação do campo elétrico existente entre as placas, e polariza-se (Figura 6.2). A resposta do meio material ao campo aplicado é determinada por sua *permissividade*. Empiricamente, a permissividade relativa de um material pode ser obtida pela razão:

$$\varepsilon_r = \frac{C'}{C} \qquad (\varepsilon_r \geq 1) \tag{6.4}$$

Em que C' é a capacitância do capacitor preenchido pelo dielétrico, e C é a capacitância do mesmo capacitor em vácuo. Caso o experimento que consiste em inserir o dielétrico entre as placas seja realizado de tal forma que a quantidade de carga no capacitor seja a mesma nos dois casos, chega-se à conclusão de que a única maneira da capacitância aumentar com a inserção do dielétrico é que a diferença de potencial seja diminuída por igual fator. Daí se conclui que, nesse caso, o campo elétrico existente no interior do capacitor preenchido pelo dielétrico é menor que o campo elétrico no capacitor em vácuo, por esse mesmo fator (veja Figura 6.2).

A chamada *permissividade relativa* do material é definida como a razão entre a permissividade ε do material em relação a permissividade do vácuo ε_0:[5]

$$\varepsilon_r = \frac{\varepsilon}{\varepsilon_0} \tag{6.5}$$

Do ponto de vista macroscópico, o aumento da capacitância pode ser atribuído a um fenômeno de polarização, ou seja, ao aparecimento de cargas nas superfícies do dielétrico, induzidas pela ação do campo elétrico aplicado. Essas cargas criam um campo em sentido contrário ao campo aplicado, que resulta na redução do campo elétrico no interior do material, conforme mencionado.

No vácuo, pode-se definir o vetor *indução elétrica*, como igual a:

$$\vec{D} = \varepsilon_0 \vec{E} \tag{6.6}$$

5 Embora a terminologia atual correta seja esta, ainda é muito comum se utilizar a antiga denominação para ε de constante dielétrica.

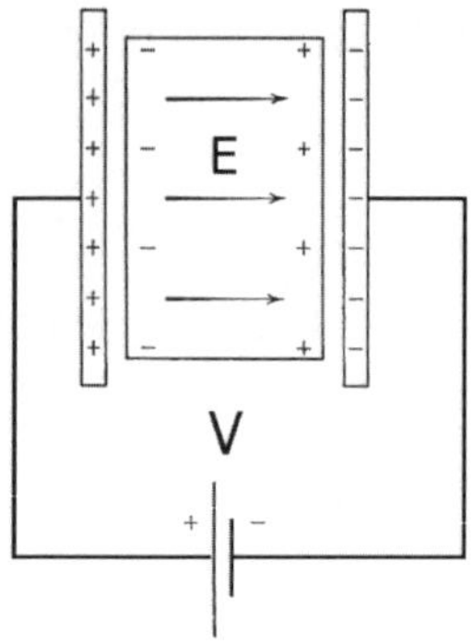

Figura 6.2 – Capacitor de placas planas e paralelas com seu interior preenchido por um material dielétrico. Note o aparecimento de cargas de polarização nas superfícies do dielétrico que contribuem para diminuir o campo elétrico no interior do capacitor.

Enquanto no interior de um meio material, vale a seguinte relação:

$$\vec{D} = \varepsilon \vec{E} \tag{6.7}$$

Lembrando que o campo elétrico é reduzido na segunda situação, e, utilizando-se a definição da permissividade relativa (Equação 6.5), é fácil perceber que o valor de D é o mesmo em ambas as situações. Conclui-se que o vetor $\vec{D}$ está determinado unicamente pelas densidades de cargas livres que o produzem, que são as cargas livres armazenadas nas placas do capacitor. O campo $\vec{E}$, por outro lado, é o campo físico que pode ser mensurado e, portanto, além das cargas livres, inclui também o efeito das cargas de polarização. O campo elétrico $\vec{E}$, na realidade, é o valor médio do campo obtido em um certo volume macroscópico do material e se distingue do campo microscópico local, conforme ficará claro mais adiante.

Dessa forma, no interior do material, a *polarização* se relaciona ao campo elétrico, e a indução elétrica, por meio da seguinte relação:

$$\vec{P} = \vec{D} - \varepsilon_0 \vec{E} \tag{6.8}$$

Definindo-se ainda a *susceptibilidade* elétrica como:

$$\chi = \varepsilon_r - 1 \tag{6.9}$$

pode-se escrever para a polarização:

$$\vec{P} = \varepsilon_0 \chi \vec{E} \tag{6.10}$$

De uma maneira geral, o problema a ser abordado é a obtenção da polarização do meio em resposta ao campo elétrico aplicado, conforme definida pela Equação 6.10, ou, de forma equivalente, combinando com 6.9:

$$\vec{P} = \varepsilon_0 \left(\varepsilon_r - 1\right)\vec{E} \tag{6.11}$$

Deve-se observar que, para campos elétricos não muito intensos, tanto a susceptibilidade quanto a permissividade são constantes independentes da intensidade do campo, mas podem depender das características (temperatura e densidade) do meio material. Para campos elétricos muito intensos, a relação entre a polarização e o campo aplicado pode deixar de ser linear, e a permissividade (ou a susceptibilidade) passa a depender do campo elétrico.

De um ponto de vista microscópico, a polarização pode ser entendida como tendo origem nos momentos de dipolo elétricos presentes ou induzidos no interior do material. A polarização é, portanto, simplesmente igual ao momento de dipolo total por unidade de volume:

$$\vec{P} = \frac{1}{V}\sum_i \vec{p}_i \tag{6.12}$$

Em que o somatório se estende sobre todos os momentos de dipolo presentes no interior do volume V do material. De maneira alternativa, podemos escrever:

$$\vec{P} = n\vec{p}_m \tag{6.13}$$

Em que $\vec{p}_m$ é o momento de dipolo médio por átomo ou molécula e n é o número de momentos de dipolo existentes por unidade de volume.

No caso de materiais apolares, ou seja, nos quais não existem momentos de dipolo permanentes, e para baixos valores do campo aplicado, a aplicação de um campo elétrico cria ou induz um momento de dipolo que é proporcional ao campo elétrico que o produziu:

$$\vec{p}_{ind} = \alpha \vec{E}_{loc} \tag{6.14}$$

Em que $\vec{E}_{loc}$ é o *campo elétrico local* (microscópico) que atua sobre o átomo ou molécula, e α é a chamada *polarizabilidade*. Nesse caso, o momento de dipolo expresso pela relação 6.14 é chamado de *momento de dipolo induzido*. Como no caso da polarização (Equação 6.11), aqui também a relação pode deixar de ser linear quando o campo elétrico se torna muito intenso. Deve-se observar que, a depender da simetria de um material cristalino, um campo apontando numa certa direção pode induzir uma polarização em outra direção, de forma que, no caso mais geral, a polarizabilidade deve ser expressa por um tensor.

É importante frisar que o campo elétrico $\vec{E}_{loc}$ na Equação 6.14 é o campo elétrico local que atua sobre o átomo ou molécula e induz o momento de dipolo e, em geral, não é igual ao campo externo aplicado $\vec{E}$. Conforme já mencionado, cada momento de dipolo cria o seu próprio campo elétrico, e a presença de outros momentos de dipolo no interior material reforça o campo elétrico. Dessa maneira, o campo elétrico local possui intensidade sempre maior que o campo elétrico aplicado.

O momento de dipolo permanente e a polarizabilidade são características atômicas ou moleculares, enquanto a permissividade e a susceptibilidade elétrica são características macroscópicas médias dos materiais. O principal objetivo do restante deste capítulo é relacionar as propriedades macroscópicas dos materiais dielétricos às suas características microscópicas. Esse é, entretanto, um problema muito complexo. De forma a aprofundarmos nosso entendimento sobre este assunto, nas seções a seguir vamos nos dedicar a discutir esse problema, iniciando pelos casos mais simples de sistemas muito diluídos, nos quais a distância entre os átomos ou moléculas é grande, e, portanto, a interação entre os dipolos é muito pequena e pode ser desprezada. Esse é o caso dos gases a baixa pressão. Em seguida, discutiremos o caso de sistemas mais concentrados, nos quais, em consequência da menor distância entre as moléculas, há uma interação entre os dipolos, como no caso dos gases a pressões mais altas, ou mesmo dos líquidos. Finalmente, discutiremos qualitativamente o caso de materiais dielétricos sólidos.

6.3 POLARIZABILIDADE E PERMISSIVIDADE

Conforme vimos por meio da Equação 6.14, a característica microscópica fundamental que define a polarização de um determinado meio material é a polarizabilidade. Existem diversos tipos de polarizabilidade, seja em nível atômico, molecular, da estrutura cristalina ou da microestrutura do sólido. Os tipos de polarizabilidade podem ser divididos em dois grupos: i) as polarizabilidades associadas a efeitos de deslocamento ou efeitos translacionais; e ii) as polarizabilidades associadas a efeitos de rotação ou efeitos orientacionais. Os efeitos translacionais são independentes ou apenas fracamente dependentes da temperatura. A orientação (rotação) das moléculas, por outro lado, é contrabalançada pela agitação térmica que tende a desorientá-las. Por esse motivo, tal efeito é fortemente dependente da temperatura.

No primeiro grupo se enquadram:

a) polarizabilidade eletrônica P_e – está relacionada ao deslocamento relativo entre a nuvem eletrônica e o núcleo atômico, e resulta na indução de um momento de dipolo elétrico no átomo. Esse tipo de polarizabilidade é universal, ou seja, está presente em todos os átomos de todos os elementos químicos, independentemente do estado físico da matéria. Entretanto, a polarizabilidade eletrônica é responsável por valores relativamente baixos de polarizabilidade (da ordem de 10^{-39} F.m^2; veja Tabelas 6.2 e 6.3). Em decorrência de sua inércia muito pequena, os elétrons são capazes de responder a campos elétricos que variam muito rapidamente, em frequências da ordem de até 10^{15} Hz;

b) Polarizabilidade iônica P_i, ou polarizabilidade atômica – refere-se ao deslocamento dos íons positivos e negativos na rede cristalina de um sólido e, portanto, ocorre apenas em sólidos iônicos. Esse tipo de polarizabilidade assume valores cerca de uma ordem de grandeza maiores que o caso anterior. Como depende essencialmente da movimentação atômica na rede, a polarizabilidade iônica responde a campos elétricos que oscilam até as frequências dos fônons ópticos no sólido, ou seja, frequências da ordem de 10^{12} – 10^{13} Hz;

c) Polarizabilidade de carga espacial P_{ce}, ou polarizabilidade interfacial – corresponde ao acúmulo de cargas positivas ou negativas em superfícies ou interfaces do sólido, resultando em polarização. Como esse efeito depende do deslocamento de cargas ao longo de certas distâncias, que, embora sejam microscópicas, são grandes quando comparadas às distâncias interatômicas, esse tipo de polarizabilidade é aquele que, comparativamente aos outros tipos, apresenta a resposta mais lenta a variações do campo elétrico.

O segundo grupo, na realidade, inclui somente um tipo de polarizabilidade:

a) Polarizabilidade dipolar P_d, ou polarizabilidade orientacional – está associada à rotação de moléculas polares e à tendência ao alinhamento sob ação do campo elétrico dos seus momentos de dipolo permanentes. A polarizabilidade dipolar varia de forma inversamente proporcional à temperatura, podendo atingir valores muito grandes a baixos valores de T. Como envolve a rotação de moléculas, esse tipo de polarizabilidade é efetivo até as frequências características dos modos rotacionais das moléculas, ou seja, da ordem de 10^9 – 10^{10} Hz.

A polarizabilidade e, portanto, a polarização de um determinado meio ou material serão dadas pela soma das diversas contribuições dos diferentes tipos de polarizabilidade presentes. Assim:

$$\vec{P} = \overrightarrow{P_e} + \overrightarrow{P_i} + \vec{P}_{ce} + \vec{P}_d \tag{6.15}$$

Ao longo deste capítulo, apresentaremos modelos simples para descrever os diferentes tipos de polarizabilidade, com exceção da polarizabilidade de carga espacial, que não será tratada em maior detalhe aqui. A dependência da polarizabilidade (ou da polarização) com a frequência do campo elétrico alternado aplicado será abordada na Seção 6.4.

6.3.1 GASES A BAIXA PRESSÃO

6.3.1.1 Gases apolares e polarizabilidade eletrônica

Quando o material não possui momentos de dipolo permanentes, como no caso de um gás formado por moléculas apolares, o momento de dipolo médio $\vec{p}_m$ da Equação 6.13 é simplesmente igual ao momento de dipolo induzido p_{ind} e tem a mesma direção e mesmo sentido do campo elétrico aplicado, então:

$$\vec{P} = n\vec{p}_{ind} \tag{6.16}$$

Substituindo-se a Equação 6.14 para o momento de dipolo induzido em 6.16 e uma vez que se trata de um sistema muito diluído, considerando-se o campo elétrico local como igual ao campo aplicado, obtém-se:

$$\vec{P} = n\alpha\vec{E}_{loc} = n\alpha\vec{E} \tag{6.17}$$

Combinando 6.17 com 6.11, obtemos:

$$\varepsilon_r - 1 = \frac{n\alpha}{\varepsilon_0} \tag{6.18}$$

Esse é um resultado muito importante, pois permite relacionar uma propriedade macroscópica do material (sua permissividade relativa) com uma propriedade microscópica (atômica ou molecular), que é a polarizabilidade. É importante lembrar, entretanto, que essa equação é válida somente no caso de sistema apolares muito diluídos, ou seja, gases apolares a baixas pressões, uma vez que consideramos na sua dedução que o meio não possui momentos de dipolo permanentes e que o campo local é igual ao campo aplicado. Nessa aproximação, a relação 6.18 mostra que permissividade do meio é diretamente proporcional à densidade de moléculas e à sua polarizabilidade.

Exemplo 6.2: Utilizando a Equação 6.18, calcule a permissividade relativa do nitrogênio gasoso à pressão atmosférica e temperatura de 20 °C, conhecendo sua polarizabilidade α = 1,935 x 10^{-40} F.m^2.
Nessas condições de temperatura e pressão, o nitrogênio pode ser considerado como um gás ideal. Assim, o número de moléculas por unidade de volume calculado a partir da equação dos gases ideais é n = 2,46 x 10^{25} m^{-3}. Logo:

$$\varepsilon_r = 1 + \frac{n\alpha}{\varepsilon_0} = 1 + \frac{2,46x10^{25}x1,935x10^{-40}}{8,85x10^{-12}} = 1,000538$$

Vê-se que o valor da permissividade relativa de um gás apolar a baixa pressão é muito pouco maior que a unidade. O valor tabelado para a permissividade relativa do nitrogênio gasoso é ligeiramente maior, ε_r = 1,0005480.

6.3.1.1.1 Polarizabilidade eletrônica

A polarizabilidade eletrônica pode ser obtida considerando-se o efeito do campo elétrico sobre um átomo ou molécula (apolar) isolado. Os átomos em geral apresentam uma distribuição simétrica da nuvem eletrônica, tal que o centro geométrico das cargas negativas (elétrons) coincide com a posição do núcleo (cargas positivas, prótons). Dessa maneira, o momento de dipolo de um átomo ou íon é geralmente nulo. Entretanto, ao ser submetido a um campo elétrico, a distribuição de cargas do átomo é afetada, pois ocorre uma separação de cargas, com a nuvem eletrônica sendo deslocada em relação ao núcleo, conforme ilustrado na Figura 6.3. Assim, enquanto na ausência do campo o momento de dipolo do átomo ou íon é nulo, quando o campo é aplicado, um momento de dipolo não nulo é induzido. Esse fenômeno é chamado de polarizabilidade eletrônica.

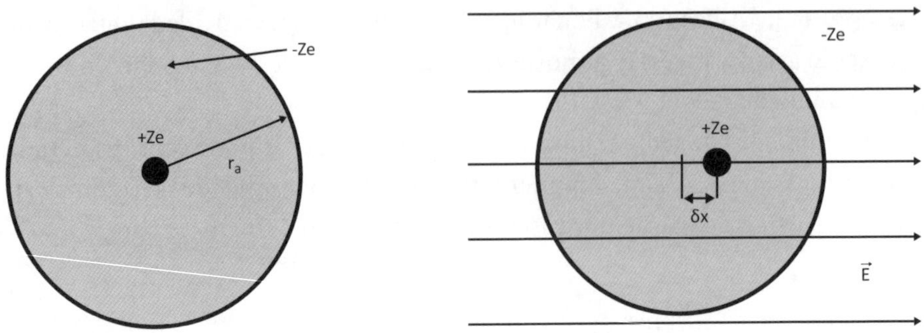

(a) (b)

Figura 6.3 – Ilustração esquemática do fenômeno da polarizabilidade eletrônica: (a) na ausência de campo, o centro da distribuição das cargas negativas (elétrons) coincide com a das cargas positivas (núcleo), e, logo, o momento de dipolo elétrico é nulo e (b) quando o campo elétrico é aplicado, há um deslocamento relativo das cargas negativas e positivas, gerando um momento de dipolo elétrico não nulo. Note que a figura se encontra fora de escala, uma vez que o deslocamento de cargas δx é muitas ordens de grandeza menor que o diâmetro atômico.

A polarizabilidade eletrônica está presente em todos os tipos de átomos ou moléculas e em todas as formas de matéria, seja sólida, líquida ou gasosa. No entanto, esse mecanismo é responsável por valores de polarizabilidade relativamente baixos e frequentemente é mascarado por outros tipos de polarizabilidade que podem estar presentes e sobrepor-se a este. Uma vez que os elétrons possuem massa muito pequena, são capazes de responder muito rapidamente a variações do campo elétrico e, portanto, a polarizabilidade eletrônica é atuante até frequências muito altas, da ordem de 10^{15} Hz, o que corresponde à região do ultravioleta do espectro eletromagnético.

De um ponto de vista puramente clássico, pode-se obter a polarizabilidade eletrônica a partir de um modelo muito simples. Nesse modelo, considera-se um átomo de número atômico Z cujo núcleo é constituído por uma carga pontual central $+Ze$, e a nuvem eletrônica, por uma carga estática volumétrica $-Ze$, homogeneamente distribuída em uma esfera de raio r_a (Figura 6.3a). A aplicação de um campo elétrico externo ao átomo inicialmente despolarizado exerce uma força sobre as cargas positivas e negativas presentes no átomo, deslocando-as. Essa força é contrabalançada pela força atrativa entre essas cargas, de forma que se estabelece uma situação de equilíbrio em que os centros das distribuições de cargas estão separados por uma distância δx entre si (Figura 6.3 b). Dessa forma, o momento de dipolo induzido no átomo é dado por:

$$\vec{p} = Ze\delta\vec{x} \tag{6.19}$$

Por outro lado, de acordo com a lei de Gauss, o campo elétrico no interior do átomo num ponto a uma distância δx do seu centro é dado por:

$$E = \frac{1}{4\pi\varepsilon_0}\frac{q}{\delta x^2} = \frac{1}{4\pi\varepsilon_0}\frac{Ze}{\delta x^2}\left(\frac{\delta x^3}{r_a^3}\right) = \frac{1}{4\pi\varepsilon_0}\frac{Ze\delta x}{r_a^3} \tag{6.20}$$

Esse campo deve ser igual ao campo aplicado para que se estabeleça o equilíbrio de forças. Dessa forma, combinando-se as equações 6.19 e 6.20, tem-se:

$$p = 4\pi\varepsilon_0 r_a^3 E \tag{6.21}$$

Em que, utilizando-se a Equação 6.14 para o momento de dipolo induzido, a polarizabilidade eletrônica será dada por:

$$\alpha_e = 4\pi\varepsilon_0 r_a^3 \tag{6.22}$$

Ou, de outra forma:

$$\alpha_e = 3\varepsilon_0 V_a \tag{6.23}$$

Em que V_a é o volume atômico. Dessa forma, é muito comum se reportarem valores de polarizabilidade em unidades de volume, em geral em $Å^3$ ou cm^3 (no sistema CGS).[6] Como os raios atômicos são da ordem do angstrom, valores de polarizabilidade eletrônica, em geral, são da ordem de 1 $Å^3$ ou 10^{-24} cm^3.

A Tabela 6.2 apresenta valores de polarizabilidade eletrônica para alguns átomos e moléculas, enquanto a Tabela 6.3 apresenta esses valores para alguns íons. Ao se compararem átomos da mesma coluna da tabela periódica, vê-se que, quanto maior o número de elétrons do átomo, maior será sua polarizabilidade, fato que será analisado em maior detalhe a seguir. Comparando-se átomos de um mesmo período da tabela periódica, nota-se que a polarizabilidade cai rapidamente quando aumenta o número de elétrons. Elétrons em níveis de energia internos e fortemente ligados têm menor influência na polarizabilidade do que elétrons em níveis externos e mais fracamente ligados. Átomos de elementos metálicos em seu estado fundamental apresentam polarizabilidade maior do que quando estão ionizados; já íons negativos apresentam o fenômeno inverso. No

6 No Sistema Internacional, a polarizibilidade tem unidade de $F.m^2$ (ou $C.m^2/V = A^2.s^4/kg$). A conversão do sistema CGS para o SI é obtida multiplicando-se o valor da polarizibilidade por $4\pi\varepsilon_0$ e dividindo por 10^6.

caso de moléculas, a polarizabilidade pode depender da direção de aplicação do campo. Assim, nesse caso, os valores apresentados são valores médios.

Tabela 6.2 – Polarizabilidade eletrônica α (10^{-40} F.m^2) de alguns átomos e moléculas

Átomo	α	Átomo	α	Átomo	α	Átomo	α	Átomo	α
H	0,742	Be	6,23	Al	7,6	F	0,619	He	0,228
Li	27,06	Mg	11,8	Ga	9,03	Cl	2,42	Ne	0,440
Na	26,81	Ca	25,4	In	11,3	Br	3,39	Ar	1,825
K	48,3	Sr	30,7	Cu	6,9	I	5,95	Kr	2,763
Rb	52,6	Ba	44,2	Ag	8,0	Si	5,98	Xe	4,497
Cs	66,08	Ra	42,6	Au	6,5	Sn	8,6	O	0,892
Fr	54,0	Ir	8,5	Ti	16,2	Pb	7,6	Hg	5,58

Molécula	α	Molécula	α	Molécula	α	Molécula	α	Molécula	α
H_2	0,894	O_2	1,758	N_2	1,935	Cl_2	5,13	NO	1,89
CO	2,17	HF	0,89	HCl	2,92	HBr	4,01	LiF	12,0
CO_2	3,237	H_2O	1,61	H_2S	4,206	N_2O	3,37	SO_2	4,14
NH_3	3,13	PH_3	5,38	SF_6	8,15	SiH_4	6,05	$SnCl_4$	20,0

Fonte: Haynes, 2017.

Tabela 6.3 – Polarizabilidade eletrônica α (10^{-40} F.m^2) de alguns íons

Íon	α	Íon	α	Íon	α	Íon	α
Li^+	0,031	Be^+	4,036	Be^{+2}	0,0086	F^-	1,17
Na^+	0,17	Mg^+	5,8	Mg^{+2}	0,079	Cl^-	4,10
K^+	0,91	Ca^+	12,3	Ca^{+2}	0,52	Br^-	5,35
Rb^+	1,50	Sr^+	15,0	Sr^{+2}	0,96	I^-	7,96
Cs^+	2,59	Ba^+	20,4	Ba^{+2}	1,73	---	---
Fr^+	3,36	Ra^+	17,5	Ra^{+2}	2,21	---	---

Fonte: Mitroy, 2010.

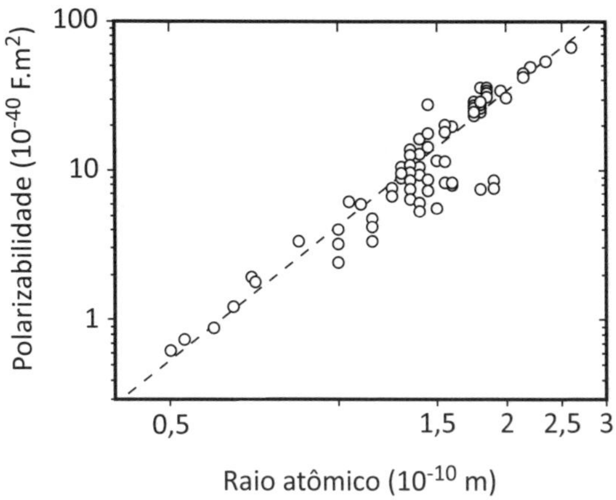

Figura 6.4 – Polarizabilidade eletrônica em função do raio atômico em escala log-log para todos os elementos da tabela periódica com número atômico menor ou igual a 95. A reta tracejada corresponde a um gráfico de $\alpha \sim r_a^3$.

Fonte: Haynes, 2017.

A Figura 6.4 mostra o gráfico em escala log-log dos valores experimentais de polarizabilidade eletrônica para todos os átomos da Tabela Periódica com número atômico menor ou igual a 95 em função do seu raio atômico. Nota-se que uma parcela significativa dos dados segue o comportamento qualitativo $\alpha \sim r_a^3$ previsto pelo modelo apresentado (Equação 6.22). Entretanto, o acordo quantitativo não é bom. Esse modelo fornece valores até cerca de um fator quatro vezes menor que os valores experimentais (veja Exemplo 6.3).

Exemplo 6.3: calcule a polarizabilidade eletrônica do átomo de sódio.
O raio atômico do sódio é 0,18 nm, logo:

$$\alpha_e = 4\pi\varepsilon_0 r_a^3 = 4\pi x 8,85x10^{-12} x \left(0,18x10^{-9}\right)^3 = 6,49x10^{-40} F.m^2$$

O valor tabelado para a polarizabilidade eletrônica do sódio é de 26,81 x 10^{-40} F.m^2, ou seja, cerca de quatro vezes maior.

A partir da Equação 6.20, pode-se estimar o deslocamento de cargas δx para um dado valor do campo elétrico aplicado. Verifica-se que, mesmo para um campo aplicado muito intenso, δx resulta ser extremamente pequeno, algumas ordens de grandeza menor que o diâmetro atômico (veja Exercício 5).

Vamos considerar que um átomo é inicialmente polarizado pela aplicação de um campo elétrico externo e que, repentinamente, o campo é desligado. Nessa situação, as forças de interação entre as cargas no interior do átomo tendem a fazer com que o átomo volte à condição de equilíbrio. Podemos supor que essa força de restauração obedece à lei de Hooke, ou seja, é proporcional à distância. A aproximação linear deve ser válida, uma vez que, conforme vimos, os deslocamentos envolvidos são extremamente pequenos. Então, a equação de movimento do conjunto dos Z elétrons no átomo é simplesmente a equação do oscilador harmônico, que pode ser escrita como:

$$Zm_e \frac{d^2\delta x}{dt^2} + K\delta x = 0 \tag{6.24}$$

Em que K é a constante de mola relativa à força restauradora (interação entre elétrons e núcleo). A solução dessa equação implica que o conjunto de elétrons oscile harmonicamente no tempo com uma frequência característica w_0 dada por:

$$w_0 = \left(\frac{K}{Zm_e}\right)^{1/2} \tag{6.25}$$

No entanto, de acordo com o eletromagnetismo, sabe-se que uma carga acelerada irradia energia na forma de ondas eletromagnéticas. Dessa forma, deve-esperar que isso ocorra, e, com o passar do tempo, o sistema deve perder energia, de forma que a amplitude de oscilação deve diminuir até cessar completamente. Assim, seria mais realista introduzir um termo de amortecimento na Equação 6.24. Isso, entretanto, não altera os resultados pretendidos e, portanto, no momento o amortecimento será negligenciado.[7]

Na situação de equilíbrio, a força elétrica é igual à força elástica, ou seja:

$$ZeE = K\delta x \tag{6.26}$$

Dessa maneira, utilizando-se 6.19, pode-se obter o momento de dipolo:

$$p = \frac{(Ze)^2}{K} E \tag{6.27}$$

7 Para uma discussão da Equação 6.24 incluindo o termo de amortecimento, veja Seção 6.4.

Utilizando-se 6.14, obtém-se a polarizabilidade:

$$\alpha_e = \frac{Ze^2}{m_e w_0^2} \tag{6.28}$$

Em que a Equação 6.25 para a frequência w_0 foi utilizada.

A partir dessa equação, pode-se concluir que deve haver uma relação linear da polarizabilidade com o número atômico, desde que a frequência w_0 possa ser considerada como constante. A Figura 6.5 apresenta a polarizabilidade eletrônica de átomos de alguns elementos químicos em função do seu número atômico. Para os gases nobres e os halogênios, que são elementos de camada completa ou quase completa, a polarizabilidade cresce de forma aproximadamente linear com o número atômico, em acordo qualitativo com a Equação 6.28. Em outras palavras, isso significa que a frequência w_0 não varia de forma apreciável para os elementos desses dois grupos da Tabela Periódica. Por outro lado, vê-se que o mesmo não acontece no caso dos átomos de metais alcalinos, que apresentam apenas um elétron fracamente ligado na última camada e, portanto, uma polarizabilidade consideravelmente maior. Em consequência disso, a frequência w_0 deve variar fortemente para os átomos dos elementos dessa família.

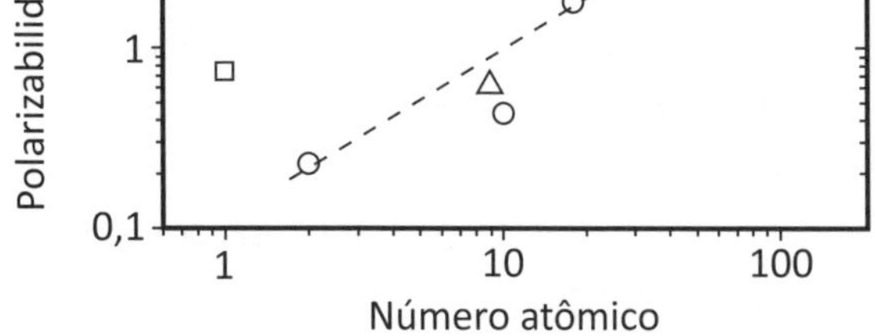

Figura 6.5 – Polarizabilidade eletrônica em função do número atômico em escala log-log para os gases nobres (círculos), halogênios (triângulos) e metais alcalinos (quadrados). As retas representam ajustes de funções lineares aos dados experimentais.

Fonte: Haynes, 2017.

A aplicação da Equação 6.28 aos dados experimentais permite fazer uma estimativa do valor da frequência w_0. Fazendo isso, obtém-se uma frequência da ordem de 10^{15} Hz, (veja Exemplo 6.4). Isso significa que a polarização eletrônica de átomos ou moléculas é capaz de acompanhar oscilações de campo elétrico desde frequências muito baixas até valores desta ordem, mantendo-se inalterada. No entanto, caso o material seja submetido a campos elétricos oscilantes com frequências ainda mais altas, os elétrons passam a não ser capazes de acompanhar a variação do campo, fazendo com que a polarizabilidade diminua, e, no limite de frequências extremamente altas, a polarizabilidade deve cair a zero. A dependência da polarizabilidade com a frequência será analisada em maior detalhe mais adiante, na Seção 6.4.

Exemplo 6.4: utilizando a Equação 6.26, calcule a frequência w_0 para o caso do átomo de hidrogênio.

O valor tabelado para a polarizabilidade eletrônica do hidrogênio é de 7,42 x 10^{-41} F.m^2. Assim:

$$w_0 = \left(\frac{Ze^2}{m_e \alpha_e} \right)^{1/2} = \frac{1x1,6x10^{-19}}{\left(9,11x10^{-31} x7,42x10^{-41}\right)^{1/2}} = 1,95x10^{16}\,Hz$$

Ou seja: $f_0 = \frac{w_0}{2\pi} = 3,10x10^{15}\,Hz$

Essa frequência corresponde à da luz ultravioleta.

É importante frisar, no entanto, que o modelo apresentado é muito simplificado, pois considera o átomo como uma esfera rígida, que, como sabemos, não é uma aproximação realista. O raio atômico não é uma característica atômica que pode ser definida de maneira precisa. Além disso, a distribuição da carga eletrônica nos átomos, em orbitais representados por funções de onda, não pode ser bem aproximada por uma distribuição homogênea. Assim, de uma forma geral, não se deve esperar um bom acordo quantitativo das expressões obtidas com os resultados experimentais. Uma descrição mais detalhada e acurada da polarizabilidade eletrônica é um problema complexo que envolve o tratamento do problema pela mecânica quântica, o que extrapola o escopo do presente texto.

6.3.1.2 Gases polares e polarizabilidade dipolar

Vamos abordar agora o caso de um gás muito diluído de moléculas que possuem momento de dipolo permanente. Primeiramente, consideraremos a situação em que o momento de dipolo induzido pelo campo elétrico é desprezível ou nulo. Sendo assim, a polarizabilidade envolve somente o alinhamento pelo campo dos dipolos elétricos permanentes no interior do meio. Esse tipo de polarizabilidade é chamado *polarizabilidade dipolar* (também conhecida como polarizabilidade orientacional).

A Figura 6.6 representa esquematicamente uma substância cujos átomos ou moléculas possuem momentos de dipolo permanentes diferentes de zero. Na ausência de um campo elétrico externo, os dipolos estão orientados em direções distribuídas aleatoriamente, de forma que, segundo a equação 6.12, a polarização resultante deve ser nula (Figura 6.6a). Quando um campo externo é aplicado, os dipolos sofrem a ação de um torque, que faz com que tenham a tendência de se alinharem preferencialmente no sentido do campo e, portanto, não apontam mais ao acaso. Dessa maneira, a soma dos momentos de dipolo não se anula e resulta em uma polarização diferente de zero (Figura 6.6b).

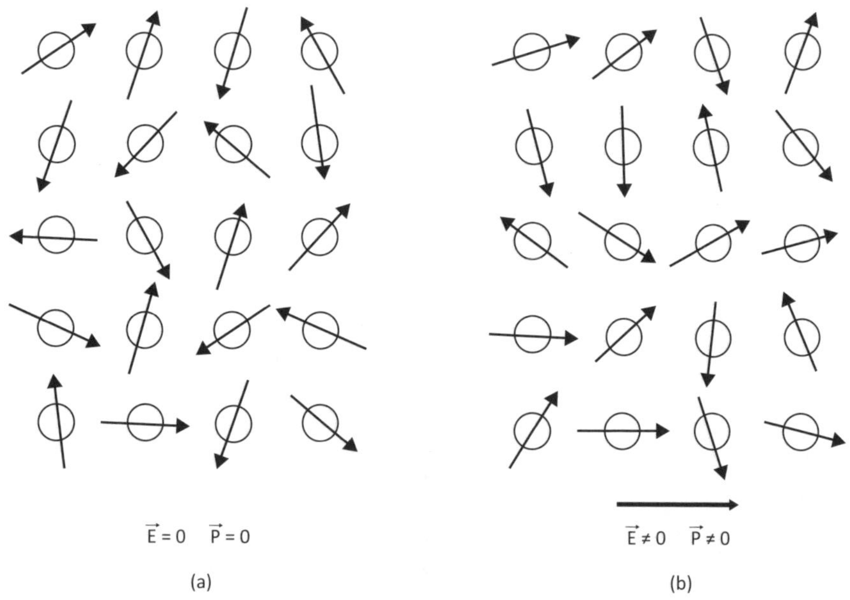

Figura 6.6 – Ilustração do fenômeno de polarizabilidade dipolar (ou polarizabilidade orientacional): (a) na ausência de campo, os dipolos elétricos apontam em direções aleatórias, e a polarização é nula; e, (b) sob a ação de um campo elétrico aplicado, os dipolos tendem a alinhar-se com o campo, e a polarização deixa de ser nula.

A tendência de alinhamento dos dipolos elétricos encontra oposição na agitação térmica das moléculas que tendem a desalinhá-los. A polarização resultante depende, então, da competição entre o alinhamento dos momentos de dipolo em resposta ao campo elétrico aplicado e a desordem associada à temperatura, e, assim, a polarizabilidade dipolar deve apresentar uma dependência com a temperatura, diminuindo quando T aumenta.

A polarização orientacional de um material pode ser calculada considerando-se a equação para a energia de um dipolo elétrico em presença de um campo elétrico:

$$U = -\vec{p} \cdot \vec{E} = -pE\cos\theta \tag{6.29}$$

Em que θ é o ângulo que o momento de dipolo faz com o campo $\vec{E}$, conforme mostra a Figura 6.7. A situação de energia mínima é aquela na qual o torque exercido é nulo, com o dipolo elétrico alinhado apontando no mesmo sentido do campo (θ = 0). Assim, para um material com n átomos ou moléculas por unidade de volume, a polarização será dada por:

$$P = np\langle\cos\theta\rangle \tag{6.30}$$

Em que $\langle cos\theta \rangle$ especifica o valor médio do cosseno tomado sobre a distribuição de todas as orientações angulares possíveis, na situação de equilíbrio térmico.

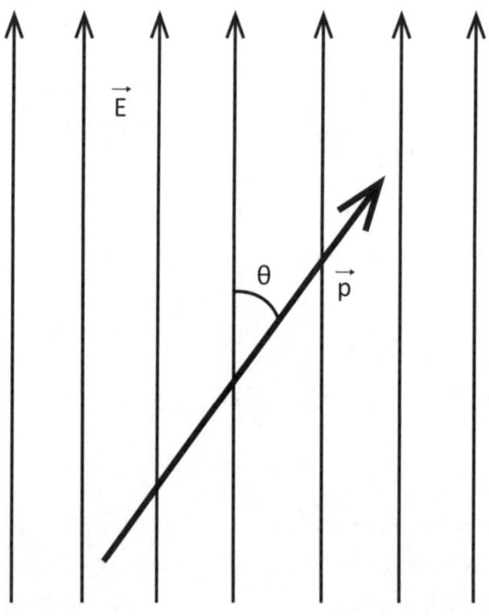

Figura 6.7 – Momento de dipolo elétrico $\vec{p}$ em presença de um campo magnético $\vec{E}$. A situação de menor energia é aquela na qual o torque exercido é nulo, com o dipolo elétrico alinhado apontando no mesmo sentido do campo ($\theta = 0$).

Como se trata de um sistema clássico, no cálculo do valor médio pode-se utilizar a função de distribuição de Maxwell-Boltzmann (veja Capítulo 1, Equação 1.37), e logo:

$$\langle \cos\theta \rangle = \frac{\int \cos\theta \exp(-U / k_B T) d\Omega}{\int \exp(-U / k_B T) d\Omega} \tag{6.31}$$

Em que U é a energia do dipolo em presença do campo (Equação 6.29). Utilizando-se essa equação, fazendo-se $x = pE / k_B T$ e desenvolvendo-se a integral, chega-se a:

$$\langle \cos\theta \rangle = \coth x - \frac{1}{x} = L(x) \tag{6.32}$$

Que é a chamada *função de Langevin*, cujo gráfico está apresentado na Figura 6.8. Dessa forma, a equação para a polarização fica:

$$P = np\, L(pE / k_B T) \tag{6.33}$$

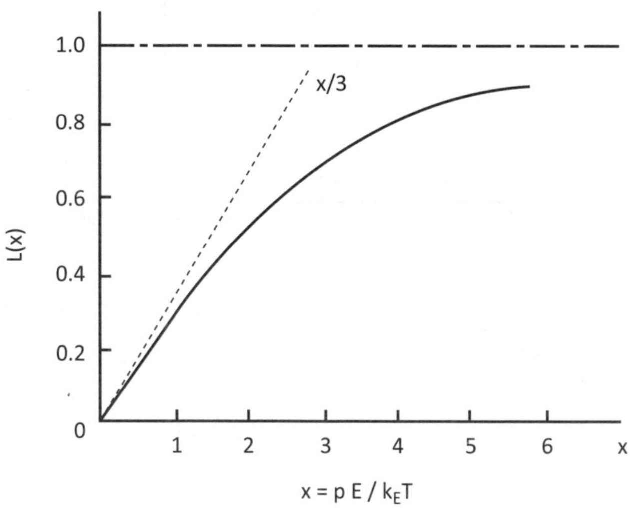

Figura 6.8 – Função de Langevin $L(x)$. Note que, para valores de x pequenos $L(x) \cong x/3$ e para valores de x muito grandes, $L(x)$ tende a 1.

Observa-se que a função de Langevin, para pequenos valores de x, cresce proporcionalmente a $x/3$; em seguida varia mais lentamente, tendendo a 1 para valores de x grandes. Ou seja:

$$\lim_{x\to 0} L(x) \cong \frac{x}{3} \tag{6.34}$$

$$\lim_{x\to \infty} L(x) \cong 1 \tag{6.35}$$

O primeiro caso corresponde a baixos valores de campo e/ou altas temperaturas (temperatura ambiente, por exemplo), enquanto o segundo caso pode ser atingido a temperaturas muito baixas ($T <$ 1 K) e campos muito intensos. A Tabela 6.4 apresenta valores de $L(x)$ em comparação com $x/3$. Para $x =$ 0,2 a diferença é de apenas 0,3% e para $x =$ 0,5 é de 1,6%. Essa comparação permite concluir que se pode adotar a aproximação $L(x) \cong x/3$ quando $x \leq$ 0,1 com excelente precisão.

Tabela 6.4 – Comparação entre os valores da função de Langevin $L(x)$ e $x/3$.

x	L(x)	x/3
0,1	0,0333	0,0333
0,2	0,0665	0,0667
0,5	0,1640	0,1667
1,0	0,3130	0,3333
2,0	0,5373	0,6667

Exemplo 6.5: obtenha o valor médio $\langle cos\theta \rangle$, considerando que momentos de dipolo p = 5,0 D estão sob ação de um campo elétrico aplicado de $E =$ 1,0 x 10^4 V/cm em temperatura ambiente.

Nesse caso, tem-se que:

$$\frac{pE}{k_B T} = \frac{5{,}0x3{,}34x10^{-30}x10^6}{1{,}38x10^{-23}x300} = 4{,}03x10^{-3} \ll 1 \text{ e, logo:}$$

$$L(x) \cong \frac{x}{3} \Rightarrow \langle \cos\theta \rangle \cong 1{,}34x10^{-3}$$

Conclui-se que, mesmo sob um campo elétrico muito intenso, o valor médio do cosseno corresponde a um alinhamento muito sutil dos dipolos elétricos do material. No entanto, esse pequeno alinhamento é suficiente para produzir a polarização.

A situação de maior interesse ocorre quando $x \ll 1$, ou seja, quando $pE \ll k_B T$. Nesse caso, utilizando a aproximação linear (6.34) para a função de Langevin em 6.33 e, em seguida, utilizando 6.14, obtém-se a expressão para a polarizabilidade dipolar:

$$\alpha_d = \frac{p^2}{3k_B T} \tag{6.36}$$

Ou seja, obtém-se uma polarizabilidade inversamente proporcional à temperatura. Utilizando a Equação 6.18 para a permissividade relativa, podemos, então, obter:

$$\varepsilon_r - 1 = \frac{np^2}{3\varepsilon_0 k_B T} \tag{6.37}$$

Esse modelo, originalmente proposto por Langevin para descrever o fenômeno do paramagnetismo (veja Capítulo 7, Seção 7.5.1), foi posteriormente aplicado por Debye para descrever a polarização dos materiais dielétricos polares. A Equação 6.37 prevê um aumento da permissividade relativa de forma inversamente proporcional à temperatura, comportamento que, conforme veremos adiante, está de acordo com os resultados experimentais. Entretanto, a permissividade não pode aumentar indefinidamente quando a temperatura tende a zero, pois isso implicaria violar a aproximação $pE \ll k_B T$ realizada para a obtenção da Equação 6.37. Na realidade, no limite de temperaturas muito baixas, a Equação 6.33 prevê o alinhamento total dos momentos de dipolo.

No caso em que o momento de dipolo induzido pela aplicação do campo não for desprezível em relação aos momentos de dipolo permanentes das moléculas do gás, pode-se levar em conta os dois efeitos separadamente adicionando-se as duas contribuições. Esse procedimento se justifica no caso de um sistema muito diluído, pois o campo local responsável pela indução dos momentos de dipolo e o campo local responsável pelo alinhamento dos dipolos permanentes são iguais ao próprio campo elétrico aplicado. Assim, combinando-se a Equação 6.18 com 6.37, obtém-se:

$$\varepsilon_r - 1 = \frac{n}{\varepsilon_0}\left(\alpha + \frac{p^2}{3k_B T}\right) \tag{6.38}$$

Essa é a chamada *equação de Langevin-Debye*. Uma forma muito útil, alternativa a essa equação, pode ser obtida substituindo-se a densidade de moléculas por $n = N_A / V_M$, e assim:

$$\left(\varepsilon_r - 1\right)V_M = \frac{N_A}{\varepsilon_0}\left(\alpha + \frac{p^2}{3k_B T}\right) \tag{6.39}$$

Em que N_A é a constante de Avogadro, e V_M é o volume molar. Assim, para uma dada temperatura, o lado direito da Equação 6.39 representa uma quantidade constante, independente da densidade do gás, conhecida como *polarizabilidade molar*.

A Equação 6.39 pode ser confrontada com os dados experimentais fazendo-se um gráfico de $\left(\varepsilon_r - 1\right)V_M$ em função do inverso da temperatura ou $\left(\varepsilon_r - 1\right)V_M T$ em função da temperatura. Em ambos os casos, deve-se obter uma reta cujos coeficientes linear e angular permitem determinar a polarizabilidade e o momento de dipolo permanente da molécula. Medidas da susceptibilidade relativa de gases de HCl, HBr e HI à pressão atmosférica em função de temperatura mostram resultados experimentais em bom acordo com o comportamento previsto pela Equação 6.39, conforme mostra a Figura 6.9a.

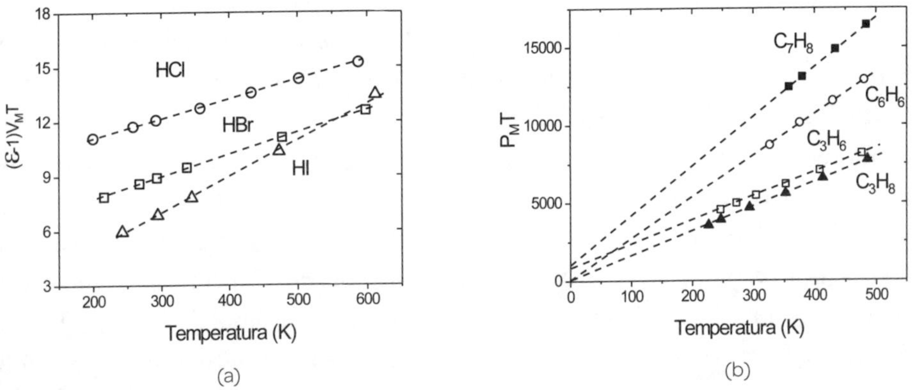

Figura 6.9 – (a) $\left(\varepsilon_r - 1\right)V_M T$ em função da temperatura para os gases HCl, HBr e HI a pressão atmosférica e (b) polarizabilidade molar x temperatura em função da temperatura para alguns hidrocarbonetos gasosos: propano (C_3H_8), propileno (C_3H_6), benzeno (C_6H_6) e tolueno (C_7H_8).

Fonte: Zahn, 1924; Mc Alpine, 1933.

Resultados experimentais para o produto da polarizabilidade molar pela temperatura em função da temperatura para os hidrocarbonetos gasosos, propano (C_3H_8), propileno (C_3H_6), benzeno (C_6H_6) e tolueno (C_7H_8) também estão de acordo com a equação de Langevin-Debye (veja a Figura 6.9b). Nos casos do propano e do benzeno, a extrapolação linear dos dados passa pela origem, mostrando que essas duas substâncias não possuem momento de dipolo permanente, uma vez que são constituídas por moléculas simétricas apolares. As moléculas de propileno e do tolueno, por outro lado, não são simétricas; logo, essas substâncias são polares. Portanto, nesses dois casos, a extrapolação linear dos dados não passa pela origem, permitindo que os momentos de dipolo permanentes possam ser obtidos a partir da determinação do coeficiente linear das retas.

6.3.2 GASES A ALTA PRESSÃO E LÍQUIDOS

Conforme vimos até agora, a permissividade de um meio material pode ser obtida a partir do conhecimento do momento de dipolo de suas moléculas e de sua polarizabilidade, quando o sistema é muito diluído, de forma que a interação entre suas moléculas pode ser desprezada, e, assim, o campo local pode ser aproximado pelo campo elétrico aplicado. Quando a densidade do sistema aumenta, como é o caso de gases a alta pressão ou de líquidos, o campo elétrico criado pelos próprios dipolos (permanentes ou induzidos) contribui para reforçar o campo local, fazendo com que a relação anteriormente obtida deixe de ser válida. O problema que surge nesse caso é saber como a presença dos dipolos altera o campo elétrico ou, em outras palavras, como se obter o campo elétrico local que atua sobre as moléculas do sistema em função do campo aplicado.

6.3.2.1 O campo local

Conforme vimos no início deste capítulo, em um capacitor carregado, o aparecimento de cargas de polarização nas superfícies do material faz com que o campo elétrico no interior do dielétrico se torne menor que o campo elétrico no vácuo. Esse campo, que resulta da solução da lei de Gauss, é o campo macroscópico médio no interior do sólido. No entanto, caso fosse possível medir o campo elétrico microscópico que atua sobre um determinado átomo ou molécula do sólido, verificaríamos que este é, na verdade, bem mais intenso. Esse campo microscópico, que atua sobre cada um dos átomos ou moléculas que compõem o sólido, denominado campo local, é resultado da soma do campo externo aplicado com o campo produzido pelos momentos de dipolo elétrico existentes no material.

O cálculo do campo local é um problema de importância fundamental na teoria dos materiais dielétricos e foi resolvido pela primeira vez por H. Lorentz. Ele delimitou uma cavidade fictícia no interior do sólido, com dimensões suficientemente grandes para englobar grande número de átomos ou moléculas, mas suficientemente pequena em termos macroscópicos (veja Figura 6.10), e dividiu o problema em quatro partes. Dessa forma, o campo local pode ser considerado como composto pela soma de diferentes parcelas, com distintas origens:

a) o campo externo aplicado, $\vec{E}_0$;
b) o campo das cargas de polarização nas superfícies externas do material, chamado *campo de despolarização*, que é usualmente levado em conta na solução da lei de Gauss e que possui sentido contrário ao campo aplicado, $\vec{E}_1$;
c) o campo das cargas de polarização nas superfícies internas da cavidade, chamado de *campo de Lorentz*, $\vec{E}_2$;
d) o campo dos momentos de dipolo existentes no interior da cavidade, $\vec{E}_3$.

A obtenção do campo $\vec{E}_0$ é trivial. O campo $\vec{E}_1$, de obtenção também bastante simples, obviamente depende do formato do sólido, pois isso determina a localização espacial das cargas de polarização em sua superfície externa. O campo $\vec{E}_3$, por sua vez, é o único que depende da estrutura cristalina do material, pois esta define a disposição espacial dos momentos de dipolo no interior da cavidade. Em determinadas condições simples, como para um material em forma de placa fina e de estrutura cristalina cúbica, pode-se mostrar que $\vec{E}_3$ é nulo, e a equação para o campo local se reduz a:

$$\vec{E}_{loc} = \vec{E} + \vec{E}_2 \tag{6.40}$$

Em que $\vec{E}$ é o campo elétrico macroscópico médio no interior do dielétrico, já mencionado.

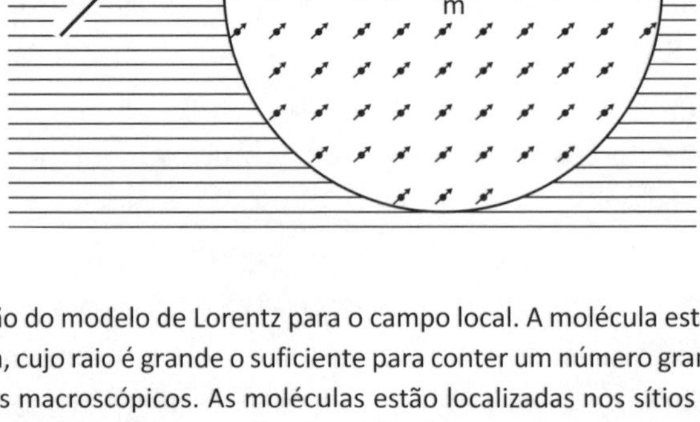

Figura 6.10 – Ilustração do modelo de Lorentz para o campo local. A molécula está situada no centro de uma cavidade esférica, cujo raio é grande o suficiente para conter um número grande de moléculas, mas é pequeno em termos macroscópicos. As moléculas estão localizadas nos sítios de uma rede cúbica e possuem momentos de dipolo $\vec{p}$. O restante do sólido (situado fora da cavidade esférica) é tratado como um meio contínuo de permissividade ε.

Por meio da simples integração da densidade de cargas na superfície interna de uma cavidade esférica, pode-se obter que o campo elétrico em seu centro é igual a:

$$\vec{E}_2 = \frac{\vec{P}}{3\varepsilon_0} \tag{6.41}$$

É o chamado *campo de Lorentz*. E, dessa forma, o campo local fica:

$$\vec{E}_{loc} = \vec{E} + \frac{\vec{P}}{3\varepsilon_0} \tag{6.42}$$

Deve-se frisar que essa relação foi obtida para um sólido com geometria e estrutura cristalina particulares e, portanto, constitui-se em uma aproximação para os demais casos.

6.3.2.2 A equação de Clausius-Mossotti

A partir da equação para o campo de Lorentz (Equação 6.42) e utilizando as relações 6.13 e 6.14, obtém-se a polarização:

$$\vec{P} = n\alpha\left(\vec{E} + \frac{\vec{P}}{3\varepsilon_0}\right) \tag{6.43}$$

Na qual, utilizando-se 6.11, chega-se à chamada *equação de Clausius-Mossotti*:

$$\frac{\varepsilon_r - 1}{\varepsilon_r + 2} = \frac{n}{3\varepsilon_0}\alpha \tag{6.44}$$

Essa equação representa a relação entre as características dielétricas macroscópicas e microscópicas quando o campo gerado pelos dipolos não pode ser desprezado, sendo válida para materiais que não possuem momentos de dipolo permanentes. Para valores muito baixos da densidade, ou seja, quando $n\alpha / 3\varepsilon_0 \ll 1$, a permissividade relativa se aproxima de 1 e, assim, pode-se fazer a aproximação $\varepsilon_r + 2 \cong 3$ no denominador do lado esquerdo da Equação 6.44 e, consequentemente, a equação de Clausius-Mossotti se torna idêntica à equação anteriormente obtida para a permissividade no caso do sistema diluído (Equação 6.18).

Exemplo 6.6: utilizando a equação de Clausius-Mossotti, calcule a permissividade relativa do nitrogênio gasoso à pressão atmosférica e temperatura de 20 °C, conhecendo sua polarizabilidade $\alpha = 1{,}935 \times 10^{-40}$ F.m^2.
Considerando o nitrogênio nessas condições de temperatura e pressão como um gás ideal, o número de moléculas por unidade de volume é 2,46 x 10^{25} m^{-3}.

$$\frac{\varepsilon_r - 1}{\varepsilon_r + 2} = \frac{n\alpha}{3\varepsilon_0} = \frac{2,46x10^{25}x1,935x10^{-40}}{3x8,85x10^{-12}} = 1,79x10^{-4}$$

$$\varepsilon_r = \frac{1 + 2x1,79x10^{-4}}{1 - 1,79x10^{-4}} = 1,000538$$

Este é exatamente o mesmo resultado obtido anteriormente a partir da Equação 6.19 (veja exemplo 6.2).

Exemplo 6.7: utilizando a equação de Clausius-Mossotti, calcule a permissividade relativa do tetracloreto de carbono (CCl_4), conhecendo a polarizabilidade da molécula de CCl_4, $\alpha = 1{,}24 \times 10^{-39}$ F.m^2 e que o CCl_4 é um líquido de densidade 1,59 g/cm^3.
A partir das características do CCl_4, obtém-se:

$$n = \frac{1,59x10^{-3}x6,02x10^{23}}{153,82x10^{-3}} = 6,22x10^{21}cm^{-3}$$

Assim:

$$\frac{\varepsilon_r - 1}{\varepsilon_r + 2} = \frac{n\alpha}{3\varepsilon_0} = \frac{6,22x10^{27}x1,24x10^{-39}}{3x8,85x10^{-12}} = 2,905x10^{-1} \Rightarrow \varepsilon_r = \frac{1 + 2x2,905x10^{-1}}{1 - 2,905x10^{-1}}$$

$$\Rightarrow \varepsilon_r = 2,228$$

O valor tabelado para a permissividade relativa do tetracloreto de carbono é 2,238, ou seja, uma diferença de apenas 0,45%.

Podemos reescrever a equação de Clausius-Mossotti da seguinte forma:

$$\frac{\varepsilon_r - 1}{\varepsilon_r + 2} V_M = \frac{N_A}{3\varepsilon_0}\alpha \quad (6.45)$$

De forma a se testar a validade dessa relação, pode-se medir a permissividade em função da pressão ou da densidade do gás ou líquido a uma certa temperatura fixa. A quantidade expressa pelo lado direito da Equação 6.45, que é essencialmente a polarizabilidade molar, definida anteriormente (Equação 6.39), deve ser uma constante.

A Figura 6.11 mostra a variação da permissividade relativa e da polarizabilidade molar do hidrogênio e do gás carbônico em função da pressão, para pressões altas, até cerca de 1.500 atmosferas. Para o hidrogênio, o aumento da pressão leva a um aumento gradual da permissividade (Figura 6.11a), enquanto a polarizabilidade molar se mantém num valor aproximadamente constante (Figura 6.11b), dentro da precisão experimental. Esse comportamento reflete a validade da equação de Clausius-Mossotti, neste caso. Por outro lado, no caso do gás carbônico, cuja molécula apresenta uma polarizabilidade eletrônica muito maior que o hidrogênio, a permissividade relativa aumenta abruptamente, e a polarizabilidade molar apresenta uma variação considerável com o aumento da pressão do gás, evidenciando a falha da relação de Clausius-Mossotti.

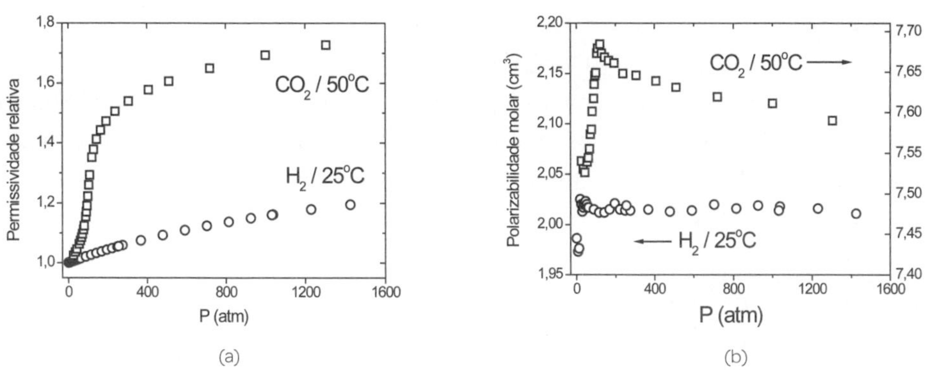

Figura 6.11 – (a) permissividade relativa e (b) polarizabilidade molar do hidrogênio e gás carbônico em função da pressão.

Fonte: Michaels, 1935; Michaels, 1939.

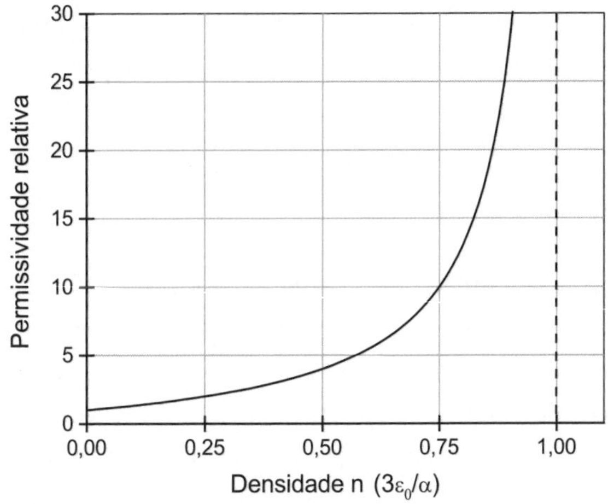

Figura 6.12 – Permissividade relativa ε_r em função da densidade n (normalizada a $3\varepsilon_0 / \alpha$), conforme previsto pela equação de Clausius-Mossotti (Equação 6.44).

A equação de Clausius-Mossotti (Equação 6.44) prevê um aumento da permissividade relativa com o aumento da densidade n, conforme é esperado. Entretanto, para valores muito grandes da densidade, a permissividade aumenta rapidamente e diverge quando o $n\alpha / 3\varepsilon_0$ se aproxima de 1. Esse comportamento, ilustrado na Figura 6.12, é conhecido como *catástrofe de Clausius-Mossotti*.[8] Na prática, essa condição somente pode ser atingida utilizando pressões extremamente altas (veja Exercício 11).

6.3.2.3 A equação de Debye

Da mesma forma que obtivemos a equação de Langevin-Debye, aqui também, em princípio, podemos levar em conta as contribuições da polarizabilidade induzida e da polarizabilidade dipolar, adicionando-as e obtendo a chamada *equação de Debye*:

$$\frac{\varepsilon_r - 1}{\varepsilon_r + 2} = \frac{n}{3\varepsilon_0}\left(\alpha + \frac{p^2}{3k_B T}\right) \tag{6.46}$$

Ou, de forma análoga aos casos anteriores:[9]

---

8 Também conhecida como catástrofe dipolar ou catástrofe dielétrica.

9 Note que há uma diferença de um fator 3 entre a polarizabilidade molar definida a partir da Equação 6.39 ou a partir da Equação 6.47. Ainda assim, a denominação polarizabilidade molar é utilizada em ambos os casos.

$$\frac{\varepsilon_r - 1}{\varepsilon_r + 2} V_M = \frac{N_A}{3\varepsilon_0}\left(\alpha + \frac{p^2}{3k_B T}\right) \tag{6.47}$$

É importante notar, entretanto, que, para se obter essa equação, deve-se admitir a correção do campo de Lorentz e supor que os campos locais responsáveis pelas duas contribuições para a polarizabilidade, ou seja, pela indução dos momentos de dipolo e pelo alinhamento dos dipolos permanentes, são idênticos. Como veremos mais adiante, essa suposição não é necessariamente verdadeira. Por esse motivo, a equação de Debye está, em muitos casos, em desacordo com os experimentos. Voltaremos a este ponto mais adiante quando tratarmos do modelo de Onsager.

Exemplo 6.8: utilize a equação de Debye para calcular o momento de dipolo da molécula de H_2O, sabendo que a permissividade relativa da água em temperatura ambiente é $\varepsilon_r = 80$ e que sua polarizabilidade é $\alpha = 1{,}61 \times 10^{-40}$ F.m^2,
A água é um líquido fortemente polar de densidade 1,00 g/cm^3 e massa molecular 18,0 g/mol.

Assim, obtém-se: $n = \dfrac{1{,}00x10^{-3}\,x6{,}03x10^{23}}{18{,}0x10^{-3}} = 3{,}34x10^{22}\,cm^{-3}$

$$\frac{\varepsilon_r - 1}{\varepsilon_r + 2} = \frac{n}{3\varepsilon_0}\left(\alpha + \frac{p^2}{3k_B T}\right) \Rightarrow \frac{80-1}{80+2} = \frac{3{,}34x10^{28}}{3x8{,}85x10^{-12}}\left(1{,}61x10^{-40} + \frac{p^2}{3x1{,}38x10^{-23}\,x300}\right)$$

$$7{,}66x10^{-40} = \left(1{,}61x10^{-40} + \frac{p^2}{1{,}24x10^{-20}}\right) \Rightarrow p = 2{,}74x10^{-30}\,\text{C.m}$$

O valor tabelado (tabela 6.1) é 2,2 vezes maior.

A Figura 6.13 mostra resultados de medidas da permissividade relativa do HCl em função da pressão entre 100 e 2.000 bar para diferentes temperaturas entre 15 °C e 400 °C. Para pressões muito baixas, o gás é muito rarefeito, e todas as curvas devem convergir em $\varepsilon_r = 1$. À medida que a pressão aumenta, a permissividade também aumenta, pois a densidade cresce. O aumento da permissividade é gradual para temperaturas altas e bem mais pronunciado para temperaturas menores. Isso se deve ao aumento da contribuição dipolar para a polarizabilidade (segundo termo do lado direito da Equação 6.47). Para temperaturas mais baixas, a polarizabilidade dipolar é tão grande que, mesmo com um pequeno aumento da pressão, há um salto da permissividade para valores grandes. Para temperaturas mais altas, esse aumento é lento e gradual, pois as moléculas se reorientam rapidamente, e a polarizabilidade dipolar é consideravelmente menor.

Conforme discutido, a uma dada pressão, a equação de Debye prevê um aumento da permissividade com a diminuição da temperatura. Isso pode ser compreendido como resultado do alinhamento progressivo dos momentos de dipolo com a redução da agitação térmica. No entanto, segundo essa equação, quando a temperatura se aproxima de um determinado valor, que chamaremos de "T_C", a permissividade deveria divergir (veja Exercício 13). Isso, na realidade, significa dizer que os momentos de dipolo estariam totalmente alinhados. Dessa forma, para temperaturas abaixo de "T_C", o material deveria apresentar uma polarização espontânea. O fenômeno de polarização espontânea, no entanto, nunca foi observado em líquidos polares. Portanto, esse comportamento previsto pela equação de Debye deve ser visto como um resultado espúrio do modelo que não é verificado experimentalmente e não deve ser confundido com o fenômeno de polarização espontânea observado no caso dos materiais ferroelétricos. O fenômeno da ferroeletricidade será abordado mais adiante, na Seção 6.6.

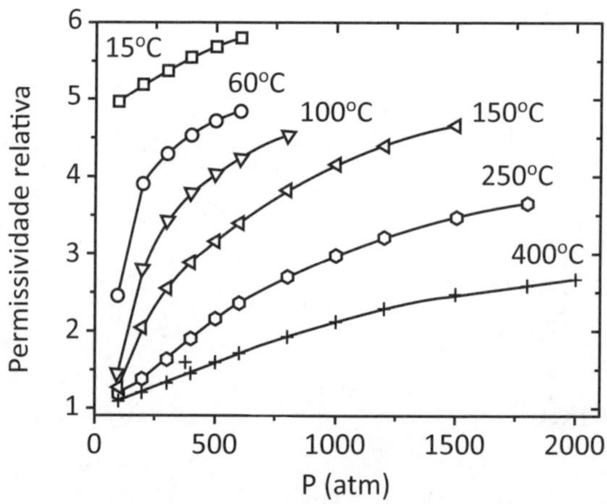

Figura 6.13 – Permissividade relativa do HCl em função da pressão para diversas temperaturas.

Fonte: Harder, 1989.

6.3.3 SÓLIDOS

6.3.3.1 Sólidos apolares

Os sólidos formados por ligações apolares têm um comportamento qualitativo muito semelhante ao dos líquidos apolares. Sua permissividade tem origem exclusivamente na polarizabilidade eletrônica e, portanto, é aproximadamente independente da temperatura. Dessa forma, a equação de Clausius-Mossotti pode ser utilizada. Alguma diferença quantitativa que eventualmente exista entre as permissividades de sólidos e líquidos apolares se deve basicamente à diferença de densidade entre essas duas fases e é, em muitos casos, menor que a precisão experimental. Como exemplo, a Figura 6.14 mostra que a permissividade relativa do benzeno varia muito pouco com a temperatura na faixa de 80 K a 300 K. Em torno do ponto de fusão ($\cong$ 280 K), ocorre uma pequena variação da permissividade, que é associada à presença de uma pequena quantidade de impurezas na amostra utilizada. Além disso, a permissividade é essencialmente constante dentro da precisão experimental, independente da temperatura ou do estado físico, como é o caso de muitos outros sólidos apolares, como as parafinas.

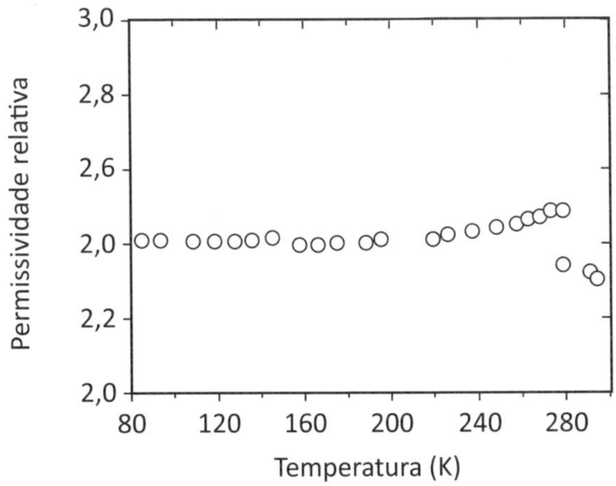

Figura 6.14 – Permissividade relativa do benzeno em função da temperatura. A pequena variação observada em torno do ponto de fusão ($\cong$ 280 K) se deve ao efeito de uma pequena concentração de impurezas existente na amostra.

Fonte: Smyth, 1936.

6.3.3.2 Sólidos contendo moléculas polares

Em princípio, quando um sólido contém moléculas polares, a sua permissividade deve seguir um comportamento semelhante ao previsto pela teoria de Debye, desde que essas moléculas estejam livres para girar e alinhar-se no interior da rede cristalina, dando origem à polarização dipolar, de maneira semelhante ao que ocorre nos líquidos e nos gases. No entanto, em muitos casos, a rede cristalina impõe restrições à rotação das moléculas, impedindo que esse fenômeno ocorra. Quando as moléculas polares estão impedidas pela rede cristalina de girar, o comportamento do sólido contendo moléculas polares é análogo ao observado em sólidos constituídos por moléculas apolares, pois as moléculas polares não podem se alinhar com o campo e, portanto, não contribuem de forma alguma para a permissividade do material.

A permissividade do nitrometano (CH_3NO_2) em função da temperatura é um exemplo desse tipo de comportamento, conforme mostra a Figura 6.15a. À medida que a temperatura aumenta, a partir de cerca de 180 K, a permissividade permanece aproximadamente constante. Nessa faixa de temperatura a permissividade tem origem somente na polarizabilidade eletrônica, pois as moléculas estão "congeladas" na rede cristalina, apontando em direções aleatórias, e não podem girar para se alinharem com o campo. Portanto, a contribuição da polarizabilidade dipolar é nula. No entanto, quando o ponto de fusão é atingido, há um aumento grande e abrupto da permissividade, pois, no estado líquido, as moléculas podem girar livremente, e a permissividade aumenta consideravelmente em consequência da contribuição adicional da polarizabilidade dipolar, que é cerca de uma ordem de grandeza maior que a polarizabilidade eletrônica. Em seguida, acima do ponto de fusão, a permissividade passa a diminuir gradualmente com a temperatura, em acordo com a equação de Debye.

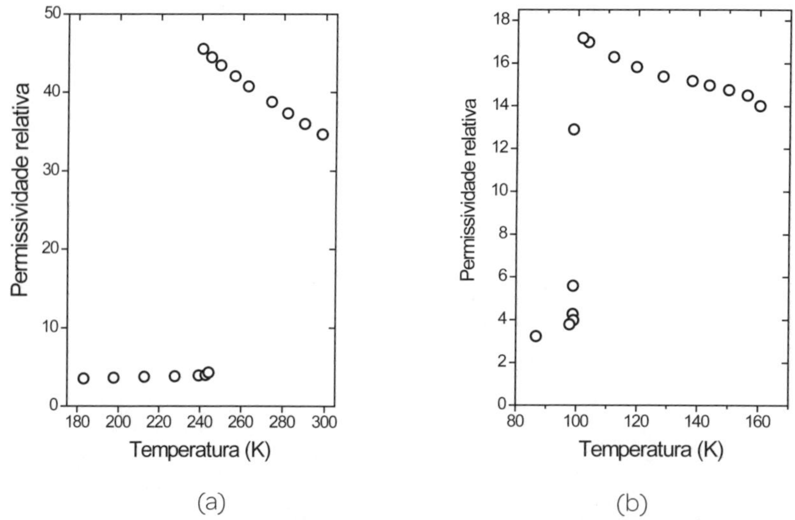

Figura 6.15 – Permissividade em função da temperatura para (a) nitrometano (CH_3NO_2) e (b) HCl.

Fonte: Smyth, 1936.

No caso do HCl, a transição entre o estado em que as moléculas se encontram "congeladas" na rede cristalina e o estado em que as moléculas estão livres para girar e alinhar-se com o campo, ocorre a uma temperatura abaixo do ponto de fusão, ou seja, ainda no estado sólido. A permissividade relativa varia pouco a baixas temperaturas, conforme a Figura 6.15b. Quando a temperatura atinge $T = 98{,}7$ K, ocorre um aumento abrupto, indicando que a polarizabilidade dipolar passa a contribuir para a permissividade, sem que haja mudança do estado físico do sólido. Acima dessa temperatura, a permissividade cai gradualmente com o aumento da temperatura em acordo com a equação de Debye e, ao passar pelo ponto de fusão (159 K), sofre uma pequena variação, provavelmente em decorrência das diferentes densidades dos estados sólido e líquido. Mudanças abruptas da permissividade no estado sólido, como a observada para o HCl em $T = 98{,}7$ K, estão muitas vezes associadas a modificações na estrutura cristalina e são acompanhadas por grandes variações do calor específico do material (veja o tópico "Mudando de fase", no Capítulo 3).

6.3.3.3 Sólidos iônicos e polarizabilidade iônica

Além da polarizabilidade eletrônica que está sempre presente, o fenômeno de polarização em materiais dielétricos formados por ligações químicas que possuem caráter iônico (ligações polares) conta com a contribuição adicional da polarizabilidade iônica (também conhecida como polarizabilidade atômica). Em uma comparação grosseira, pode-se dizer que, como a polarizabilidade eletrônica resulta do deslocamento da nuvem eletrônica em relação ao núcleo do átomo, a polarizabilidade iônica resulta do deslocamento dos íons na rede cristalina do sólido iônico. Entretanto, a descrição quantitativa da polarizabilidade iônica é muito mais complexa e, portanto, limitar-nos-emos aqui a apresentar uma descrição simplificada deste fenômeno.

Vamos considerar, por simplicidade, uma cadeia linear diatômica de átomos (íons), conforme ilustrado na Figura 6.16. Uma vez que esses átomos estão unidos por ligações químicas de caráter iônico, pode-se associar a cada par de átomos vizinhos um momento de dipolo elétrico (dado pela Equação 6.1). Tendo em vista a simetria da cadeia diatômica e que as distâncias entre todos os pares de átomos vizinhos são idênticas, os momentos de dipolo elétrico de cada par de átomos vizinhos possuem o mesmo módulo e apontam em sentidos alternados (Figura 6.16a). Dessa forma, na ausência de campo, a polarização da cadeia como um todo é nula. Essa situação é, em essência, análoga à encontrada em inúmeros sólidos iônicos, como NaCl, KBr, LiF etc. Embora as ligações químicas sejam fortemente polares e apresentem momentos de dipolo de grande intensidade (veja Tabela 6.1), a simetria da estrutura cristalina cúbica é tal que os momentos de dipolo se anulam, resultando numa polarização nula para o sólido como um todo.

Quando um campo elétrico é aplicado em uma certa direção, os átomos (ou íons) carregados positivamente serão deslocados no mesmo sentido do campo, enquanto aqueles carregados negativamente deslocar-se-ão no sentido oposto (veja Figura 6.16b). Dessa forma, os momentos de dipolo que apontam no mesmo sentido do campo aumentam, enquanto os momentos de dipolo que apontam no sentido contrário ao campo diminuem de valor. Desse modo, o momento de dipolo elétrico de um par de átomos agora não é mais contrabalançado pelo momento de dipolo do par de átomos vizinho e, consequentemente, a polarização da cadeia (ou do sólido) como um todo deixa de ser nula.

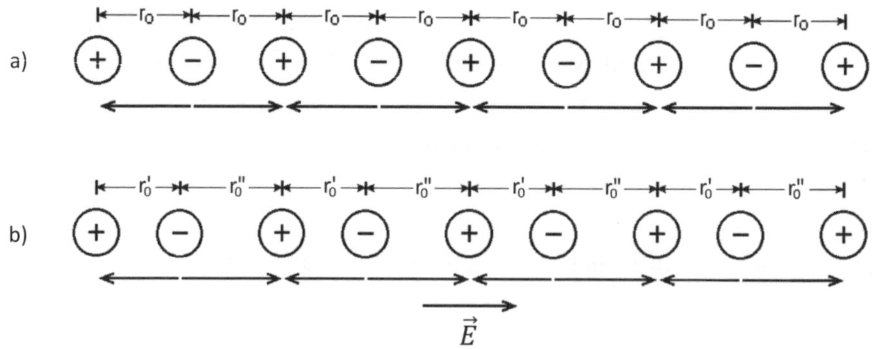

Figura 6.16 – Representação de uma cadeia linear diatômica de átomos ligados por ligações iônicas: a) na ausência de campo elétrico e b) com campo elétrico $\vec{E}$ aplicado apontando no sentido da esquerda para a direita. As setas indicam o momento de dipolo elétrico associado a cada par de átomos vizinhos.

A polarização iônica pode ser estimada utilizando-se um modelo análogo ao desenvolvido no Capítulo 3 para a cadeia linear diatômica. Considerando o limite de comprimentos de onda muito grandes ($k \to 0$) e adicionando às equações de movimento um termo de força relativo à ação do campo elétrico, podemos reescrever a Equação 3.17 na seguinte forma:

$$-mw^2 A = 2K(B - A) + eE_{loc} \tag{6.48}$$

$$-Mw^2 B = -2K(B - A) - eE_{loc}$$

De que se obtém:

$$A = \frac{(e/m)}{w_T^{\;2} - w^2} E_{loc} \quad \text{e} \quad B = \frac{(e/M)}{w_T^{\;2} - w^2} E_{loc} \tag{6.49}$$

Em que: $$w_T = \left[2K\left(\frac{1}{m} + \frac{1}{M} \right) \right]^{1/2} \tag{6.50}$$

É a frequência dos fônons ópticos transversais.

Uma vez que o campo aplicado é estático, podemos fazer $w = 0$, e, assim, o momento de dipolo elétrico induzido será:

$$p = e(A - B) = \frac{e^2}{w_T^{\ 2}}\left(\frac{1}{m} + \frac{1}{M}\right)E_{loc} \tag{6.51}$$

Obtém-se, então, a polarizabilidade iônica da cadeia:

$$\alpha_i = \frac{e^2}{w_T^{\ 2}}\left(\frac{1}{m} + \frac{1}{M}\right) \tag{6.52}$$

E a permissividade pode ser obtida utilizando-se a equação de Clausius-Mossotti (Equação 6.44).

Exemplo 6.9: utilize a Equação 6.52 para estimar a polarizabilidade iônica do KBr. As massas atômicas do potássio e do bromo são 39,1 g/mol e 79,9 g/mol, respectivamente. Utilizando a relação de dispersão de fônons do KBr, que foi apresentada no Capítulo 3 (Figura 3.10), observa-se que a frequência de fônons ópticos transversais em $k = 0$ é $w_T = 2{,}3 \times 10^{13}$ Hz. Assim:

$$\alpha_i = \frac{e^2}{w_T^{\ 2}}\left(\frac{1}{m} + \frac{1}{M}\right) = \frac{(1{,}6x10^{-19})^2}{(2{,}3x10^{13})^2}6{,}02x10^{23}\left(\frac{10^3}{39{,}1} + \frac{10^3}{79{,}9}\right) = 1{,}11x10^{-39}\,F.m^2$$

De acordo com a Tabela 6.3, as polarizabilidades eletrônicas dos íons K^+ e Br^- são $0{,}91 \times 10^{-40}$ F.m^2 e $5{,}35 \times 10^{-40}$ F.m^2, respectivamente. Conclui-se que a polarizabilidade iônica é mais intensa que a polarizabilidade eletrônica, sendo cerca de uma ordem de grandeza superior a esta.

Conforme foi visto, a polarização iônica é de intensidade consideravelmente maior que a polarizabilidade eletrônica, em geral, uma ordem de grandeza superior àquela. É evidente que, como resultado da aplicação do campo elétrico, cada um dos átomos (ou íons) individuais da cadeia também se polariza, de forma que os dois tipos de polarização, eletrônica e iônica, se superpõem. Quando isso ocorrer, a polarização total é dada pela soma das duas contribuições. Entretanto, essas duas formas de polarização apresentam distintos tempos de resposta, pois, enquanto a polarização eletrônica responde a variações muito rápidas do campo, uma vez que envolve o movimento dos elétrons que possuem inércia muito pequena, a polarização iônica é bem mais lenta, exigindo o deslocamento dos íons de suas posições de equilíbrio na rede cristalina. A polarização iônica é capaz de acompanhar variações do campo com frequências da ordem de 10^{12} a 10^{13} Hz, que são as frequências características dos fônons, correspondendo à frequência da luz infravermelha (veja Capítulo 3). Dessa maneira, realizando-se uma medida da polarização em diferentes valores de frequência do campo aplicado, pode-se, em princípio, separar as contribuições dos dois tipos de polarização. Esse será o assunto da seção a seguir.

NA PONTA DA CIÊNCIA E DA TECNOLOGIA

Alto ká, baixo ká

Os materiais dielétricos desempenham um papel fundamental na eletrônica e na microeletrônica. Nesta, a tecnologia planar de fabricação de dispositivos sobre lâminas de silício cristalino se desenvolveu rapidamente ao longo dos anos, utilizando o óxido de silício (SiO_2, $\varepsilon_r = 3{,}9$) como material isolante. Com a rápida miniaturização dos dispositivos da tecnologia MOS (metal-óxido-semicondutor), as menores dimensões dos dispositivos atingiram valores da ordem de alguns nanômetros (veja Capítulo 5, Figura 5.29). Acompanhando esse desenvolvimento, a camada de óxido tornou-se proporcionalmente cada vez mais fina. Enquanto, na década de 1970, um transistor MOS utilizava uma camada de óxido com espessura de cerca de 100 nm, atualmente essa camada possui algumas poucas camadas atômicas. Tal redução na espessura leva ao aparecimento de uma corrente de fuga que atravessa a camada de material isolante dos dispositivos e prejudica seu funcionamento (veja Figura 6.17a).

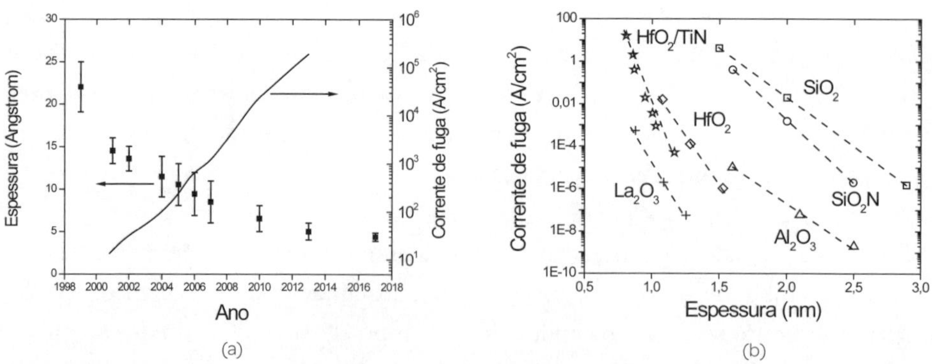

Figura 6.17 – (a) espessura da camada isolante e corrente de fuga em transistores MOS em função do ano de fabricação e (b) corrente de fuga em transistores MOS em função da espessura de óxido equivalente (EOT) para diferentes materiais isolantes.

Fonte: Yeo, 2003; Robertson, 2015.

A corrente de fuga nos dispositivos MOS, que se deve ao tunelamento de portadores pela fina camada de óxido, surge somente quando a espessura da camada isolante é inferior a cerca de 20 nm e cresce exponencialmente com a diminuição da espessura da camada (veja Capítulo 1, Figura 1.15). Olhando o problema somente sob esse aspecto, uma possível solução seria simplesmente aumentar a espessura do óxido de silício. No entanto, sabe-se que um capacitor de placas planas e paralelas apresenta uma capacitância inversamente proporcional à distância entre suas placas.[10] Assim, um aumento da espessura da camada de óxido resultaria na diminuição da capacitância, o que acarreta o aumento da corrente em altas frequências, algo que deve ser evitado em circuitos que operam em alta velocidade.

Dessa forma, torna-se importante buscar materiais dielétricos alternativos com permissividade maior que o óxido de silício, de forma que seja possível aumentar a espessura do dielétrico, para reduzir a corrente de tunelamento, sem reduzir a capacitância do circuito. Outra limitação com relação à espessura da camada de óxido se refere à sua uniformidade, pois, sendo extremamente fina, uma variação muito pequena da espessura, mesmo de uma camada atômica, pode representar uma variação relativa considerável, resultando em diferenças de desempenho dos dispositivos produzidos em uma mesma lâmina de silício.

Para efeito de projeto dos circuitos, o parâmetro relevante é a chamada "espessura equivalente do óxido" (*equivalent oxide thickness* - EOT), definida como:

$$EOT = \frac{3,9}{\varepsilon_r} t \tag{6.53}$$

Em que ε_r é a permissividade relativa do isolante, e t, a sua espessura (3,9 é a permissividade relativa do óxido de silício). É desejável que a permissividade relativa do dielétrico seja maior que 12, de preferência na faixa de 25 a 35, aproximadamente. Conforme foi visto anteriormente, a permissividade relativa é a soma das contribuições eletrônica e iônica. Para os materiais isolantes de *gap* grande, a permissividade eletrônica se situa na faixa de apenas 4 ou 5, e, dessa forma, os altos valores de permissividade devem se originar na contribuição iônica da permissividade. Isso ocorre para os materiais com baixos valores de frequência de fônons ópticos transversais w_T (veja Equação 6.52).

Materiais que podem ser utilizados em substituição ao SiO_2 são o óxido de háfnio (HfO_2, ε_r = 25) e o silicato de háfnio ($HfSiO_4$, ε_r = 11). Outros candidatos possíveis

10 A capacitância de um capacitor de placas planas e paralelas é dada por $C = \frac{\varepsilon A}{d}$, em que A é a área, e d é a distância entre as placas do capacitor.

são os óxidos de alumínio (Al_2O_3, $\varepsilon_r = 9$) e de lantânio (La_2O_3, $\varepsilon_r = 30$). A Figura 6.17b mostra que os valores de corrente de fuga obtidos com esses materiais isolantes em função da sua espessura equivalente (EOT) são várias ordens de grandeza inferiores aos obtidos com o óxido de silício. Esses materiais de alta permissividade ou alta constante dielétrica (frequentemente designada pela letra *K*) são comumente chamados dielétricos de alto K (*high-K dielectrics*) (Robertson, 2006).

Outro papel importante dos materiais dielétricos na microeletrônica é exercer a função de isolante que separa os diversos dispositivos e interconexões. Com o aumento da escala de integração dos circuitos e a consequente redução das distâncias entre os dispositivos, a espessura dessas camadas isolantes foi reduzida, dando origem a um fenômeno de capacitância parasita e, consequentemente, ao aparecimento de interferência entre eles. Nesse caso, substituir o óxido de silício por outro material de permissividade relativa menor leva à redução da capacitância parasita, possibilitando a operação em frequências mais altas e menor dissipação de calor. Dielétricos contendo Si, C, O e H, com permissividades relativas na faixa de 2,4 a 3,0, têm sido utilizados com essa finalidade. Esses materiais são produzidos de forma a apresentarem uma certa porosidade em sua estrutura, o que ajuda a reduzir ainda mais o valor da permissividade. Esses materiais de baixa constante dielétrica são comumente conhecidos por dielétricos de baixo K (*low-K dielectrics*).[11]

6.4 POLARIZAÇÃO POR CAMPOS ELÉTRICOS ALTERNADOS

Quando um campo elétrico oscilante é aplicado ao sólido, a polarização tende a acompanhar a variação temporal do campo. Esse fenômeno pode ser compreendido adotando-se o modelo clássico de Lorentz, considerando o sólido como constituído por um conjunto de osciladores com uma força restauradora que obedece à lei de Hooke e escrevendo uma equação de movimento análoga à Equação 6.24. No entanto, aqui se faz necessário levar em conta que há um mecanismo de amortecimento que atua no sistema, que aparece na equação de movimento como um termo proporcional à velocidade. Dessa forma, a equação de movimento pode ser reescrita como a equação de um oscilador harmônico forçado com amortecimento:

$$m\frac{d^2\delta x}{dt^2} + m\gamma\frac{d\delta x}{dt} + mw_0{}^2\delta x = -eE_{loc} \tag{6.54}$$

11 Ver, por exemplo, *Ultra low dielectric constant material with enhanced mechanical properties*, Patent US 20120308735.

Em que m é a massa reduzida do oscilador; δx, o seu deslocamento em relação à posição de equilíbrio; w_0, a frequência característica ou de ressonância; e γ é o fator de amortecimento, tal que $\gamma \ll w_0^2$. O oscilador pode representar qualquer um dos tipos de polarização, seja eletrônica, iônica ou dipolar. No caso de considerarem-se estados eletrônicos, a massa reduzida m será aproximadamente igual à massa do próprio elétron m_e, uma vez que esta é muito menor que a massa do núcleo atômico.

Por simplicidade, vamos considerar novamente o caso do sistema muito diluído, em que o campo elétrico local é aproximadamente igual ao campo aplicado e que varia harmonicamente no tempo com frequência angular w, ou seja:

$$\vec{E}(t) = \vec{E}_0 \exp(-iwt) \tag{6.55}$$

Estamos à procura de soluções para a Equação 6.54 do tipo:

$$\delta x(t) = A \exp(-iwt + \varphi) \tag{6.56}$$

Substituindo-se as equações 6.55 e 6.56 em 6.54, obtém-se para amplitude de oscilação a seguinte expressão:

$$A = \frac{-eE_0 / m}{{w_0}^2 - w^2 - i\gamma w} \tag{6.57}$$

A incidência do campo eletromagnético sobre o conjunto de osciladores induz momentos de dipolo que variam no tempo com a mesma frequência da radiação incidente e que contribuem para um aumento da polarização macroscópica do meio. Sendo n o número de osciladores, ou de dipolos induzidos por unidade de volume, a contribuição para a polarização será dada por:

$$P = np = -ne\delta x \tag{6.58}$$

Em que:

$$\vec{P} = \frac{ne^2}{m} \frac{1}{\left({w_0}^2 - w^2 - i\gamma w\right)} \vec{E} \tag{6.59}$$

Como se pode notar, a polarização dada pela Equação 6.59 aumenta substancialmente quando a frequência da radiação se aproxima da frequência de ressonância dos osciladores.

Logo, a polarizabilidade será dada por:

$$\alpha = \frac{e^2}{m\left(w_0^{\,2} - w^2 - i\gamma w\right)} \tag{6.60}$$

Utilizando a Equação 6.60 e substituindo em 6.18, obtemos para a permissividade relativa do sistema diluído:

$$\varepsilon_r\left(w\right) - 1 = \frac{ne^2}{\varepsilon_0 m}\frac{1}{\left(w_0^{\,2} - w^2 - i\gamma w\right)} \tag{6.61}$$

No limite de baixas frequências, obtém-se a permissividade estática:

$$\varepsilon_r\left(0\right) = \varepsilon_r^0 = 1 + \frac{ne^2}{\varepsilon_0 m w_0^{\,2}} \tag{6.62}$$

E, no limite de frequências muito altas, obtém-se:

$$\varepsilon_r\left(\infty\right) = \varepsilon_r^\infty = 1 \tag{6.63}$$

Note que ε_r^0 é sempre maior que ε_r^∞, pois a baixas frequências todos os osciladores oscilam junto com o campo, mas, quando a frequência é muito alta, os osciladores não são capazes de acompanhar a variação do campo elétrico, e a permissividade tende ao valor do vácuo (ε_r = 1). A partir da Equação 6.61, pode-se obter as partes real e imaginária da permissividade como respectivamente:

$$\varepsilon_1\left(w\right) = 1 + \frac{ne^2}{\varepsilon_0 m}\frac{w_0^{\,2} - w^2}{(w_0^{\,2} - w^2)^2 - (\gamma w)^2} \tag{6.64}$$

$$\varepsilon_2\left(w\right) = \frac{ne^2}{\varepsilon_0 m}\frac{\gamma w}{(w_0^{\,2} - w^2)^2 - (\gamma w)^2} \tag{6.65}$$

A parte real da permissividade expressa pela Equação 6.64 representa a polarização do material, pois resulta das oscilações dos dipolos que estão em fase com o campo aplicado.

A parte imaginária, expressa pela Equação 6.65, é proporcional ao fator de amortecimento γ e, portanto, refere-se à perda, dissipação ou absorção de energia pelo material.

A Figura 6.18 ilustra o comportamento de ε_1 e ε_2 com a frequência para um material dielétrico com frequência de ressonância, $w_0 = 2{,}0 \times 10^{12}$ Hz. A parte real da permissividade relativa apresenta uma forte oscilação em torno de w_0. À medida que a frequência aumenta, aproximando-se de w_0, ε_1 passa por um máximo em $w_0 - \gamma / 2$, cai abruptamente em torno de w_0, torna-se negativo, passa por um mínimo em $w_0 + \gamma / 2$ e, à medida que se afasta de w_0, volta a aumentar suavemente, passando por zero e saturando em frequências muito altas. Para frequências suficientemente afastadas de w_0, ε_1 varia lentamente como $1 / w$. A dependência de ε_2 com a frequência é mais simples, sendo caracterizada por um pico centrado em w_0 cuja largura à meia altura (*full width at half maximum*, FWHM) é igual a γ, que denota um pico de absorção de energia em torno da frequência de ressonância. Longe desse valor, ε_2 cai a zero com $1 / w^2$. Esse tipo de variação é denominada de Lorentziana. Ambas as curvas são aproximadamente simétricas em relação a w_0 e alargam-se quando o valor de γ aumenta.

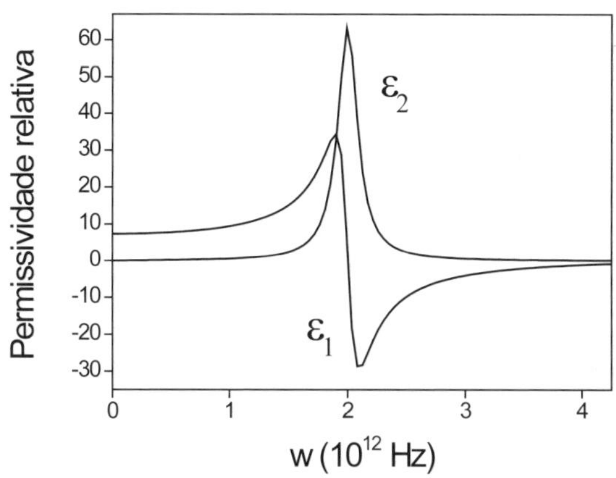

Figura 6.18 – Partes real ε_1 e imaginária ε_2 da permissividade de um material em função da frequência com $w_0 = 2{,}0 \times 10^{12}$ Hz.

Em um material qualquer, a polarizabilidade é a soma das diversas contribuições (veja Equação 6.15). Essas parcelas, entretanto, apresentam diferentes tempos de resposta à ação do campo. Tal fato se reflete no comportamento das partes real e imaginária da permissividade em função da frequência, evidenciando as contribuições das polarizabilidades dipolar, iônica e eletrônica, e as correspondentes absorções ressonantes, com suas frequências características nas diferentes faixas do espectro eletromagnético, conforme ilustra a Figura 6.19 (para um panorama geral do espectro eletromagnético, consulte a Figura 8.1).

Na região de frequências baixas, a parte real da permissividade é máxima e igual à permissividade estática ε_r^0, pois todos os dipolos conseguem acompanhar a variação lenta do campo. À medida que a frequência aumenta, atinge-se uma faixa de frequências na qual a polarizabilidade dipolar começa a não responder mais à ação do campo, surge o primeiro pico de absorção ressonante, relativo à polarizabilidade dipolar, e a parte real da polarizabilidade diminui, atingindo o valor ε_r^∞. Esse valor de frequência, que é aproximadamente igual ao inverso do tempo característico que os momentos de dipolo permanentes levam para responder à ação do campo, situa-se na faixa de 10^9 a 10^{11} Hz, e corresponde à frequência de micro-ondas. A frequências mais altas, restam somente as contribuições das polarizabilidades iônica e eletrônica.

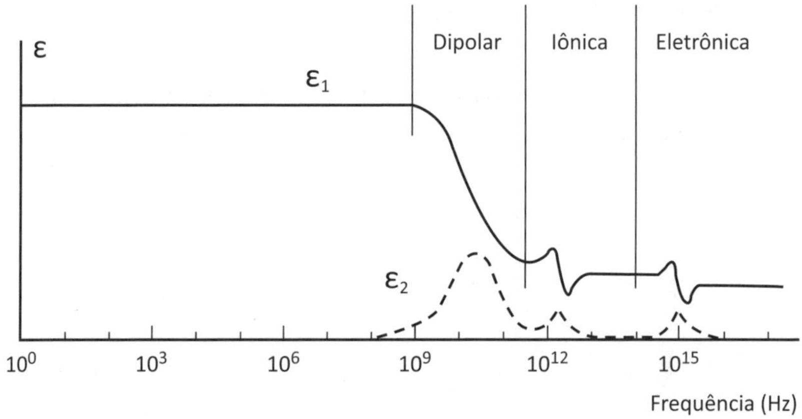

Figura 6.19 – Dependência qualitativa das partes real ε_1 e imaginária ε_2 da permissividade em função da frequência do campo elétrico, mostrando as regiões onde ocorrem as absorções ressonantes relativas à polarizabilidade dipolar, iônica e eletrônica.

A equação de Clausius-Mossotti (Equação 6.44) pode ser usada em sistemas polares nessa faixa de frequências quando os dipolos permanentes não são capazes de girar acompanhando a variação do campo, mas as polarizações iônica e eletrônica ainda atuam:

$$\frac{\varepsilon_r^\infty - 1}{\varepsilon_r^\infty + 2} = \frac{n}{3\varepsilon_0}\left(\alpha_e + \alpha_i\right) \tag{6.66}$$

Em que ε_r^∞ é a permissividade medida a frequências muito altas e está associada à polarizabilidade induzida iônica e eletrônica.

A polarizabilidade que aparece na equação de Clausius-Mossotti (Equação 6.44) é a polarizabilidade total, medida a frequências muito baixas, ou mesmo com campos estáticos. Assim, subtraindo-se a Equação 6.66 de 6.44, pode-se obter a contribuição somente da polarização dipolar, desde que a polarização de carga espacial esteja ausente:

$$\frac{\varepsilon_r^0 - \varepsilon_r^\infty}{\left(\varepsilon_r^0 + 2\right)\left(\varepsilon_r^\infty + 2\right)} = \frac{n}{3\varepsilon_0}\alpha_d \tag{6.67}$$

Quando a frequência do campo aumenta mais e atinge valores acima das frequências dos fônons ópticos, acima de 10^{12} a 10^{13} Hz, os íons da rede deixam de acompanhar a variação do campo elétrico, e a polarizabilidade iônica deixa de contribuir, restando apenas a polarizabilidade eletrônica. Nessa situação, conforme veremos no Capítulo 8, a parte real da permissividade torna-se igual ao quadrado do índice de refração, n^2. A equação de Clausius-Mossotti também pode ser utilizada nessa faixa de frequências, quando apenas a polarização eletrônica é responsável pela permissividade do meio:

$$\frac{n^2 - 1}{n^2 + 2} = \frac{n}{3\varepsilon_0}\alpha_e \tag{6.68}$$

Essa é a chamada *relação de Lorenz-Lorentz*. A vantagem de se utilizar a Equação 6.68 em relação à Equação 6.66 é que, de uma maneira geral, o índice de refração pode ser medido com precisão muito maior que a permissividade elétrica, e, assim, é preferível utilizar o primeiro para a determinação da polarizabilidade. Caso a frequência do campo elétrico aumente ainda mais, acima da faixa de resposta da polarização eletrônica, até mesmo os elétrons não responderão mais à variação do campo, e a permissividade assumirá o valor igual à permissividade do vácuo, ou seja, $\varepsilon_r = 1$.

Exemplo 6.10: considere um cristal de CsCl, que apresenta a estrutura cristalina cúbica com parâmetro de rede igual a 0,412 nm. A polarizabilidade eletrônica dos íons Cs^+ e Cl^- são 2,59 x 10^{-40} F.m^2 e 4,10 x 10^{-40} F.m^2, respectivamente, e a polarizabilidade iônica por par é 6,0 x 10^{-40} F.m^2. Calcule a permissividade relativa do CsCl para baixas frequências e altas frequências.

A estrutura do CsCl tem um íon de Cs^+ e um de Cl^- por célula unitária. Assim, o número de íons ou de pares de íons por unidade de volume é $n = 1/a^3$ = 1,43 x 10^{28} m^{-3}. Desse modo:

$$\frac{\varepsilon_r^\infty - 1}{\varepsilon_r^\infty + 2} = \frac{n}{3\varepsilon_0}\left[\alpha_i\left(Cs^+\right) + \alpha_i\left(Cl^-\right) + \alpha_d\right]$$

$$\frac{\varepsilon_r^\infty - 1}{\varepsilon_r^\infty + 2} = \frac{1,43x10^{28}}{3x8,85x10^{-12}}\left(12,69x10^{-40}\right) = 6,835x10^{-1}$$

$$\text{Logo: } \varepsilon_r^\infty = \frac{1 + 2x6,835x10^{-1}}{1 - 6,835x10^{-1}} = 7,48$$

Para frequências altas (frequências da ordem da frequência da luz visível), a polarizabilidade iônica é lenta demais para acompanhar as variações do campo, logo:

$$\frac{n^2 - 1}{n^2 + 2} = \frac{n}{3\varepsilon_0}\left[\alpha_i\left(Cs^+\right) + \alpha_i\left(Cl^-\right)\right]$$

$$\frac{n^2 - 1}{n^2 + 2} = \frac{1,43x10^{28}}{3x8,85x10^{-12}}\left(6,69x10^{-40}\right) = 3,603x10^{-1}$$

$$\text{Portanto: } n^2 = \frac{1 + 2x3,603x10^{-1}}{1 - 3,603x10^{-1}} = 2,69$$

Os valores experimentais são 7,20 e 2,62, com erros de 3,8% e 2,7%, respectivamente.

6.4.1 PERDA DIELÉTRICA

Conforme vimos, em materiais polares, os dipolos permanentes seguem a orientação do campo elétrico quando este é estático ou oscila a baixas frequências, enquanto, a altas frequências (na faixa de frequências de rádio ou micro-ondas), os dipolos não são capazes de acompanhar a variação do campo, e a permissividade diminui (veja Figura 6.19). Esse fenômeno é sempre acompanhado por absorção ou dissipação de energia, conforme mostra o aumento da parte imaginária da permissividade. A seguir, veremos como a variação da permissividade com a frequência nos permite investigar os mecanismos de absorção ou perda de energia nos materiais dielétricos.

Conforme foi visto no início deste capítulo, a polarização total é a soma de diversas contribuições (Equação 6.15). Vamos supor, então, que o campo elétrico é ligado instantaneamente em $t = 0$, e que aguardamos um certo intervalo de tempo t, tal que as polarizações eletrônica e iônica já tenham atingido seu valor máximo de saturação, mas a polarização dipolar, que é mais lenta que aquelas, ainda não. A dependência da polarização dipolar com o tempo pode ser escrita como:

$$P_d(t) = P_d^0\left[1 - \exp(-t/\tau)\right] \tag{6.69}$$

Em que τ , o chamado tempo de relaxação, é o tempo de resposta característico dos momentos de dipolos para se alinhar com o campo. Quando o campo é desligado, os dipolos voltam a orientar-se aleatoriamente, e a polarização decai exponencialmente com o tempo com o mesmo tempo característico:

$$P_d(t) = P_d^0 \exp(-t/\tau) \tag{6.70}$$

A polarização dipolar obedece à seguinte equação diferencial:

$$\frac{dP_d(t)}{dt} = \frac{1}{\tau}\left[\varepsilon_0\left(\varepsilon_r^0 - \varepsilon_r^\infty - 1\right)E - P_d(t)\right] \tag{6.71}$$

Em que a diferença $\varepsilon_r^0 - \varepsilon_r^\infty$ corresponde à parcela da polarização associada somente à polarização dipolar. Já a contribuição das polarizações eletrônica e iônica é simplesmente dada por:

$$P_e + P_i = \varepsilon_0\left(\varepsilon_r^\infty - 1\right)E \tag{6.72}$$

Resolvendo-se a equação diferencial 6.71 para um campo elétrico que oscila no tempo com frequência w (Equação 6.55) e adicionando-se todas as contribuições para a polarização, obtém-se a permissividade complexa:

$$\varepsilon_r(w) = \varepsilon_r^\infty + \frac{\varepsilon_r^0 - \varepsilon_r^\infty}{1 + iw\tau} \tag{6.73}$$

Em que se pode obter as partes real e imaginária:

$$\varepsilon_1(w) = \varepsilon_r^\infty + \frac{\varepsilon_r^0 - \varepsilon_r^\infty}{1 + (w\tau)^2} \tag{6.74}$$

$$\varepsilon_2(w) = \frac{\left(\varepsilon_r^0 - \varepsilon_r^\infty\right)w\tau}{1 + (w\tau)^2} \tag{6.75}$$

As equações 6.74 e 6.75 são conhecidas como equações de Debye e são muito importantes por descrever de forma simples o fenômeno de relaxação dielétrica em um material. A Figura 6.20 mostra os gráficos das partes real e imaginária da permissividade relativa dadas por essas expressões. Note que o comportamento descrito por essas duas expressões é o mesmo que o comportamento da polarização dipolar apresentado qualitativamente na Figura 6.19. A parte real, que se refere à polarização propriamente dita, é máxima a baixas frequências, quando todos os dipolos são capazes de acompanhar a variação do campo. Nessa região de frequências, a parte imaginária, que é proporcional à perda ou à absorção de energia, é nula. Quando a frequência se aproxima de $w_0 = 1/\tau$, a permissividade diminui, mostrando que os dipolos já não são capazes de acompanhar a variação do campo totalmente, e o sistema absorve energia do campo elétrico, ou seja, há perdas, e a parte imaginária apresenta um máximo. Para frequências mais altas, comparadas a $1/\tau$, os dipolos já não respondem à ação do campo, a permissividade atinge seu valor mínimo e a perda volta a ser nula.

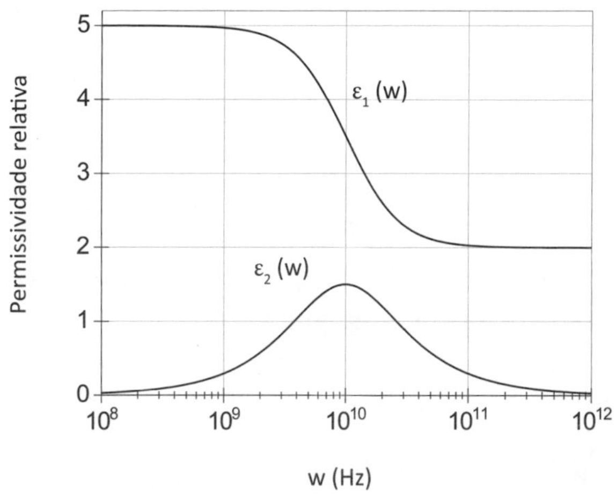

Figura 6.20 – Partes real e imaginária da permissividade de acordo com as equações de Debye (Equações 6.74 e 6.75) para um material com $\varepsilon_r^0 = 5{,}0$, $\varepsilon_r^\infty = 2{,}0$ e $\tau = 1{,}0 \times 10^{-10}$ s.

É comum representar os valores da permissividade no plano complexo por meio de um gráfico da parte imaginária *versus* a parte real, o chamado *diagrama de Argand*. Eliminando-se a frequência w nas equações 6.74 e 6.75, pode-se mostrar que as equações de Debye se reduzem à equação de um círculo de raio $\left(\varepsilon_r^0 - \varepsilon_r^\infty\right)/2$ centrado no ponto $\left(\left(\varepsilon_r^0 + \varepsilon_r^\infty\right)/2, 0\right)$ (veja Exercício 18). A Figura 6.21a mostra a representação desse círculo no plano complexo, conforme descrito. Neste diagrama, a frequência aumenta no sentido anti-horário.

O diagrama de relaxação dielétrica obtido para o n-propanol à temperatura de −140 °C está apresentado na figura 6.21b. O diagrama é um semicírculo quase perfeito, permitindo concluir que a relaxação dielétrica do n-propanol é bem descrita pelo modelo de Debye. No entanto, o mesmo não acontece na maioria dos casos, pois, em geral observam-se vários valores, ou mesmo uma distribuição contínua de valores de tempos de relaxação, fazendo com que as equações de Debye tenham de ser modificadas. Essa situação, entretanto, não será abordada neste texto.

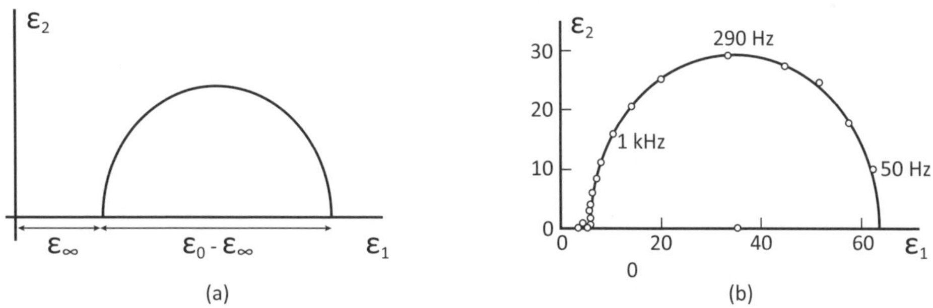

Figura 6.21 – (a) diagrama de Argand para a permissividade complexa e (b) relaxação dielétrica do n--propanol a temperatura de −140 °C.

Fonte: Davidson, 1951.

Uma vez que a permissividade é um número complexo, podemos representá-la de duas maneiras equivalentes, por meio de suas partes real ε_1 e imaginária ε_2 ou de seu módulo $|\varepsilon|$ e da fase δ, ou seja:

$$\tilde{\varepsilon} = \varepsilon_1 - i\varepsilon_2 = |\varepsilon|\exp(-i\delta) \tag{6.76}$$

Em que:

$$|\varepsilon|^2 = \varepsilon_1^{\,2} + \varepsilon_2^{\,2} \text{ e } \tan\delta = \varepsilon_2 / \varepsilon_1 \tag{6.77}$$

De forma que, conhecendo-se dois dentre os três parâmetros ε_1, ε_2 e $\tan\delta$, pode-se utilizar as Equações 6.77 para se determinar o terceiro.

Quando um campo elétrico oscilante é aplicado, a energia dissipada ao longo de um ciclo no interior do material é dada pelo produto da densidade de corrente total pelo campo elétrico:

$$U = \frac{1}{2\pi}\int_0^{2\pi} J_T(t)E(t)d(wt) \tag{6.78}$$

A corrente total no material é a soma de duas componentes, a corrente ôhmica e a corrente de deslocamento:

$$J_T = \sigma E + \frac{dD}{dt} = \sigma E + \varepsilon \frac{dE}{dt} \tag{6.79}$$

Substituindo nessa equação as expressões para o campo elétrico (Equação 6.55) e para a permissividade complexa, e rearranjando os termos, temos:

$$J_T = \sigma E + w\varepsilon_2 E - iw\varepsilon_1 E \tag{6.80}$$

O primeiro termo da Equação 6.80 é independente da frequência e refere-se simplesmente à lei de Ohm, ou seja, corresponde à dissipação de energia por efeito Joule. O segundo termo é diretamente proporcional à frequência e corresponde à perda dielétrica, que é nula no caso de um campo estático. O terceiro termo, um termo complexo, é a corrente de deslocamento que ocorre livre de perdas. Supondo, como fizemos no início deste capítulo, que o material dielétrico é um isolante perfeito, podemos considerar a condutividade nula, desprezar o primeiro termo e, assim, calcular a energia total dissipada no dielétrico substituindo 6.80 em 6.78:

$$U = \frac{1}{2\pi}\int_0^{2\pi} w\varepsilon_2 E^2 d(wt) \tag{6.81}$$

Em que:

$$U = \frac{E_0^2 w}{2}\varepsilon_2 = \frac{E_0^2 w}{2}\varepsilon_1 \tan\delta \tag{6.82}$$

Ou seja, a perda de energia é diretamente proporcional à $\tan\delta$. Por esse motivo, $\tan\delta$ é denominada *perda dielétrica* ou fator de dissipação.[12] Dessa forma, a medida da fase δ é uma medida da perda de energia no material dielétrico.

12 Em inglês, *dielectric loss, loss tangent* ou *loss factor.*

6.5 A EQUAÇÃO DE ONSAGER

Conforme vimos anteriormente, a equação de Debye não é capaz de prever corretamente a permissividade de gases e líquidos polares. Onsager mostrou que isso se deve ao fato de que não é correto utilizar o campo de Lorentz como responsável por ambas as contribuições (eletrônica e dipolar) para a polarização do meio material. A dedução da equação de Onsager, entretanto, é trabalhosa e está além do escopo deste texto. Por esse motivo, limitar-nos-emos aqui a apresentá-la apenas em linhas muito gerais. O leitor interessado em conhecer esse modelo em detalhes deve consultar o livro de Böttcher (1973).

No modelo de Onsager, o campo local $\vec{E}_{loc}$ responsável pela polarização induzida é o chamado *campo interno* $\vec{E}_i$. Esse campo é constituído por duas componentes, o campo da cavidade $\vec{E}_c$, que é o campo criado pelo meio no interior de uma cavidade criada quando a molécula é retirada, e o campo de reação $\vec{E}_R$, que é o campo gerado pelo momento de dipolo sobre a própria molécula.

Consideremos um momento de dipolo $\vec{p}$ situado no centro de uma cavidade esférica de raio a em um meio de permissividade relativa ε_r. Nesse caso, a cavidade é uma cavidade real, ao contrário do modelo de Lorentz, que considera uma cavidade fictícia. O raio a da cavidade é escolhido de forma que o volume da cavidade é o volume disponível para a molécula:

$$\frac{4\pi}{3}na^3 = 1 \tag{6.83}$$

Considerando-se que a presença do dipolo em seu centro polariza o material, cria uma densidade de carga na superfície interna da cavidade, e o campo resultante gera um campo sobre o dipolo. Esse campo é chamado de *campo de reação* $\vec{E}_R$.

Mantendo-se o momento de dipolo $\vec{p}$ constante, ou seja, não podendo ser alterado pela ação do campo, uma análise da simetria do problema permite concluir que o campo de reação é paralelo e proporcional ao dipolo elétrico que o produziu:

$$\vec{E}_R = f\vec{p} \tag{6.84}$$

Em que f é o fator do campo de reação. Pode-se mostrar que:

$$f = \frac{1}{a^3}\frac{2(\varepsilon_r - 1)}{2\varepsilon_r + 1} \tag{6.85}$$

No entanto, no caso de um dipolo polarizável, ou seja, em que o campo elétrico pode induzir uma parcela adicional ao momento de dipolo, tem-se que:

$$\vec{E}_R = f\left(\vec{p} + \alpha \vec{E}_R\right) \tag{6.86}$$

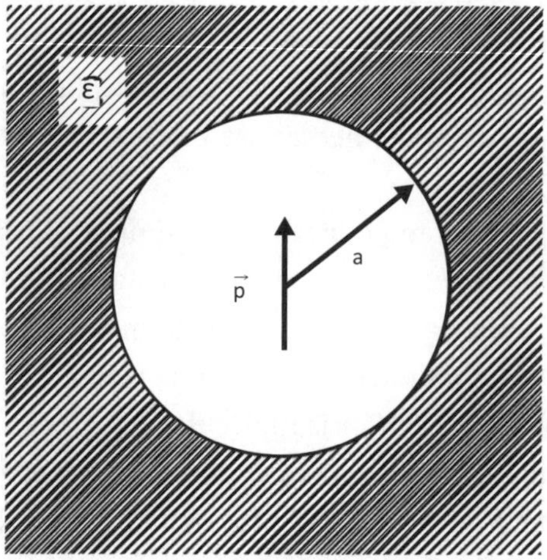

Figura 6.22 – Molécula com momento de dipolo $\vec{p}$ no interior de uma cavidade esférica de raio a em um meio contínuo de permissividade ε.

E então:

$$\vec{E}_R = \frac{f}{1 - f\alpha}\vec{p} \tag{6.87}$$

Em que, substituindo-se a Equação 6.85 para o fator *f*, pode-se obter $\vec{E}_R$.

No caso de um material polar, devemos levar em conta as contribuições da polarizabilidade eletrônica e dipolar; porém, em contraste com o que foi feito na obtenção da equação de Debye, aqui consideramos que os campos que atuam sobre cada uma dessas parcelas são distintos:

$$\left(\varepsilon_r - 1\right)\vec{E} = \frac{n\alpha}{\varepsilon_0}\vec{E}_i + \frac{p^2}{3k_B T}\vec{E}_d \tag{6.88}$$

Em que $\vec{E}_i$, o chamado campo interno, é responsável pela polarização eletrônica, é igual à soma do campo de reação $\vec{E}_R$, e o campo da cavidade $\vec{E}_c$, e $\vec{E}_d$, o chamado campo direcionador, é responsável pela polarização dipolar, difere de $\vec{E}_i$, pois o campo de reação não pode contribuir para o alinhamento do dipolo, por lhe ser paralelo.

O campo elétrico $\vec{E}_c$ no interior de uma cavidade esférica em um meio homogêneo de permissividade ε_r submetido a um campo elétrico uniforme *E* é um problema simples da eletrostática e é dado por:[13]

$$\vec{E}_c = \frac{3\varepsilon_r}{2\varepsilon_r + 1}\vec{E} \tag{6.89}$$

O campo direcionador $\vec{E}_d$, por sua vez, envolve o campo da cavidade e uma parcela adicional de reação ao dipolo induzido:

$$\vec{E}_d = \vec{E}_c + f\alpha\vec{E}_d \tag{6.90}$$

Em que:

$$\vec{E}_d = \frac{1}{1 - f\alpha}\vec{E}_c \tag{6.91}$$

E logo:

$$\vec{E}_d = \frac{1}{1 - f\alpha}\frac{3\varepsilon_r}{2\varepsilon_r + 1}\vec{E} \tag{6.92}$$

O campo interno é dado por:

$$\vec{E}_i = \vec{E}_d + \vec{E}_R \tag{6.93}$$

Em que $\vec{E}_R$ é dado pela Equação 6.87 com:

---

13 Ver, por exemplo: Nussenzveig, 1997.

$$\vec{p} = \frac{p^2}{3k_B T}\vec{E}_d \tag{6.94}$$

E assim:

$$\vec{E}_i = \vec{E}_d + \frac{f}{1-f\alpha}\frac{p^2}{3k_B T}\vec{E}_d \tag{6.95}$$

Logo:

$$\vec{E}_i = \left(1 + \frac{f}{1-f\alpha}\frac{p^2}{3k_B T}\right)\frac{1}{1-f\alpha}\frac{3\varepsilon_r}{2\varepsilon_r + 1}\vec{E} \tag{6.96}$$

Assim, substituindo-se as expressões de $\vec{E}_i$, $\vec{E}_d$ e f na equação para a permissividade relativa (Equação 6.88) e utilizando-se a equação de Clausius-Mossotti para ε_r^∞ (Equação 6.66), pode-se chegar à equação de Onsager:

$$\frac{(\varepsilon_r - \varepsilon_r^\infty)(2\varepsilon_r + \varepsilon_r^\infty)}{\varepsilon_r(\varepsilon_r^\infty + 2)^2} = \frac{n}{3\varepsilon_0}\left(\frac{p^2}{3k_B T}\right) \tag{6.97}$$

A equação de Onsager permite obter o momento de dipolo da molécula a partir da permissividade do material, se sua densidade e ε_r^∞ forem conhecidos[14] (veja o Exemplo 6.11). Os valores calculados do momento de dipolo elétrico a partir da equação de Onsager para 43 líquidos polares comparados aos valores obtidos experimentalmente estão apresentados na Figura 6.23. A maior parte dos valores calculados apresenta uma diferença menor ou igual a 10% em relação ao valor experimental, embora em alguns casos o erro seja consideravelmente maior.

14 Na maior parte dos casos, o valor de ε_r^∞ é difícil de ser determinado. Quando esse for o caso, pode-se utilizar como aproximação $\varepsilon_r^\infty = 1{,}05n^2$.

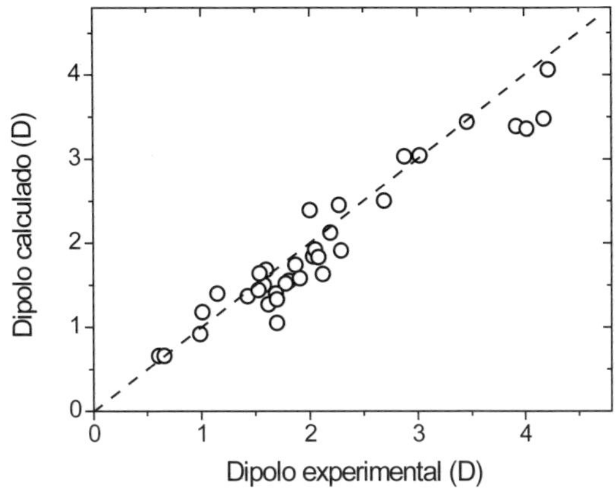

Figura 6.23 – Momento de dipolo elétrico calculado a partir da equação de Onsager (equação 6.81) em função do valor obtido experimentalmente para 43 líquidos polares. A linha tracejada corresponde à reta $y = x$.

Fonte: Böttcher, 1973.

Na equação de Onsager, a permissividade do meio é uma função que cresce continuamente quando a temperatura diminui e tende a infinito somente quando T tende a zero (veja Exercício 20). A divergência da permissividade a uma certa temperatura finita, como verificado no modelo de Debye, não ocorre nesse caso. A suposição de uma molécula contida em uma cavidade situada no interior de um meio dielétrico homogêneo restringe a validade do modelo de Onsager para os casos em que a interação entre as moléculas e sua orientação relativa podem ser negligenciadas. A interação entre as moléculas é levada em conta pela *equação de Kirkwood-Fröhlich*:

$$\frac{\left(\varepsilon_r - \varepsilon_r^{\infty}\right)\left(2\varepsilon_r + \varepsilon_r^{\infty}\right)}{\varepsilon_r\left(\varepsilon_r^{\infty} + 2\right)^2} = \frac{n}{3\varepsilon_0}\left(\frac{gp^2}{3k_B T}\right) \tag{6.98}$$

Em que g é o chamado *fator de correlação*, que é maior que 1 quando os momentos de dipolo tendem a alinhar-se paralelamente uns aos outros, e é menor que 1 quando estes tendem a alinhar-se antiparalelamente. Quando $g = 1$, a equação de Kirkwood-Fröhlich se reduz à equação de Onsager.

Exemplo 6.11: utilize a equação de Onsager para calcular o momento de dipolo do bromoetano (C_2H_5Br) a 20 °C, conhecendo os valores de ε_r e ε_r^{∞} a essa temperatura iguais a 9,4 e 2,13, respectivamente.

O bromoetano é um líquido de densidade 1,46 g/cm^3 e massa molecular 109 g/mol. Assim obtém-se:

$$n = \frac{1,46x10^{-3}x6,03x10^{23}}{109x10^{-3}} = 8,06x10^{21}cm^{-3}$$

Logo:

$$\frac{(\varepsilon_r - \varepsilon_r^{\infty})(2\varepsilon_r + \varepsilon_r^{\infty})}{\varepsilon_r(\varepsilon_r^{\infty} + 2)^2} = \frac{n}{3\varepsilon_0}\left(\frac{p^2}{3k_B T}\right)$$

$$\frac{(9,4-2,13)(18,8+2,13)}{9,4x(2,13+2)^2} = \frac{8,06x10^{27}}{3x8,85x10^{-12}}\left(\frac{p^2}{3x1,38x10^{-23}x293}\right)$$

$$p^2 = 0,9490x\frac{3,22x10^{-31}}{8,06x10^{27}} \Rightarrow p = 6,16x10^{-30}C.m$$

Esse resultado apresenta um erro de 10% em relação ao valor tabelado, que é 6,77 x 10^{-30} C.m.

Embora não seja o principal foco deste texto, encerraremos este capítulo abordando de maneira breve dois fenômenos muito importantes apresentados pelos materiais dielétricos, que são a ferroeletricidade e a piezoeletricidade. Finalmente, concluiremos o capítulo com uma breve discussão acerca da condutividade iônica em materiais dielétricos.

6.6 FERROELETRICIDADE

Certos materiais sólidos cristalinos são capazes de polarizar-se espontaneamente abaixo de uma certa *temperatura crítica*, T_C. Esse fenômeno é denominado ferroeletricidade, e os materiais que apresentam tal comportamento são chamados de materiais ferroelétricos. A ferroeletricidade está associada a uma mudança de fase cristalina do material para uma configuração na qual a interação entre os momentos de dipolo é responsável por seu alinhamento, mesmo na ausência de campo elétrico aplicado. Além disso, abaixo da temperatura crítica, o material ferroelétrico pode ter seus momentos de dipolo alinhados por um campo elétrico aplicado e, em seguida, manter esse alinhamento mesmo após o campo ter sido desligado ou removido (polarização permanente). Acima da temperatura crítica, entretanto, a ferroeletricidade desaparece, e o material passa a apresentar um comportamento paraelétrico. A ferroeletricidade se constitui no análogo do ponto de vista elétrico ao ferromagnetismo, embora, de uma maneira geral, seja bem menos conhecido que esse outro fenômeno (veja Capítulo 7, Seção 7.6).[15]

A ferroeletricidade se manifesta como uma transição de fase do material cristalino entre uma fase apolar acima da temperatura crítica e uma fase polar abaixo da temperatura crítica. Na fase polar, o centro das cargas positivas não coincide com o centro das cargas negativas, e, por esse motivo, o material ferroelétrico apresenta polarização mesmo na ausência de um campo elétrico aplicado (polarização espontânea). É importante frisar que esse é um fenômeno característico do estado sólido que está diretamente relacionado à estrutura cristalina do material.

Um exemplo muito conhecido de material ferroelétrico é o titanato de bário ($BaTiO_3$). Para $T > T_C$, esse cristal apresenta uma estrutura cúbica simétrica, em que o centro das cargas positivas e negativas coincidem, de forma que as moléculas não apresentam momento de dipolo permanente. Entretanto, quanto $T = T_C$, o material sofre uma mudança de fase para uma outra estrutura, na qual os cátions de Ba e Ti estão deslocados de cerca de 0,015 nm, o que é suficiente para formar um momento de dipolo com o centro das cargas negativas (os ânions de oxigênio). Dessa maneira, surge a polarização espontânea do cristal.

Acima da temperatura crítica, o material ferroelétrico apresenta um comportamento denominado de *paraeletricidade*, ou seja, diz-se que se torna um material paraelétrico. Nessa situação, a susceptibilidade varia de maneira inversamente proporcional à temperatura, ou seja:

$$\chi = \frac{C}{T - T_C} \qquad (T > T_C) \tag{6.99}$$

Dentre os materiais ferroelétricos mais conhecidos estão os cristais de estrutura cristalina do tipo perovskita MXO_3, em que M é elemento metálico, e X representa um metal de transição, como $BaTiO_3$, $PbTiO_3$, $LiNbO_3$, $LiTaO_3$ etc.; e aqueles do tipo KDP,[16] como KH_2PO_4, RbH_2PO_4 e KH_2AsO_4. Na Tabela 6.5, são apresentados alguns materiais ferroelétricos e seus respectivos valores de temperatura crítica.

15 O fenômeno da ferroeletricidade é o análogo elétrico do ferromagnetismo, como a paraeletricidade o é do paramagnetismo. No entanto, não existe um análogo elétrico ao fenômeno do diamagnetismo, que se caracteriza por uma susceptibilidade magnética negativa (veja Capítulo 7).

16 KDP: *potassium dihydrogen phosphate*, ou dihidrogenofosfato de potássio.

Tabela 6.5 – Alguns materiais ferroelétricos e valores de suas temperaturas críticas

Material	T_C (K)	Material	T_C (K)
CsH_2AsO_4	143	$BaTiO_3$	406
CsH_2PO_4	159	$KNbO_3$	712
CsD_2AsO_4	212	KNO_3	397
KH_2AsO_4	97	$LiIO_3$	529
KH_2PO_4	123	$LiNbO_3$	1483
KD_2AsO_4	162	$LiTaO_3$	891
KD_2PO_4	213	$NaNO_3$	548
RbH_2AsO_4	111	$PbTiO_3$	765
RbH_2PO_4	146	$SrTiO_3$	32
RbD_2AsO_4	178	$RbNO_3$	437–487
RbD_2PO_4	218	WO_3	223
K_2SeO_4	93	$CsH_3(SeO_3)_2$	143
$(NH_4)_2SO_4$	224	$Gd_2(MoO_4)_3$	432
$(NH_4)HSO_4$	271	$(NH_4)_2Cd_2(SO_4)_3$	95
$Cd_2Nb_2O_7$	185	---	---

Resultados de medidas da permissividade relativa para alguns materiais ferroelétricos do tipo perovskita na fase paraelétrica, ou seja, para temperaturas acima da temperatura crítica em função de $1/\left(T - T_C\right)$, estão apresentados na Figura 6.24. Verifica-se uma relação linear em ampla faixa de temperatura, em excelente acordo com a Equação 6.99.

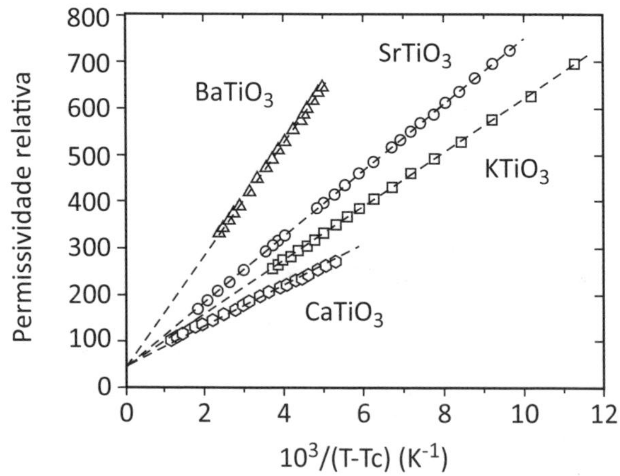

Figura 6.24 – Permissividade relativa de alguns materiais ferroelétricos do tipo perovskita na fase para-elétrica, ou seja, para $T > T_C$, *versus* $1/(T - T_C)$.

Fonte: Ruppretch, 1964.

NA PONTA DA CIÊNCIA E DA TECNOLOGIA

Memórias ferroelétricas

Atualmente, os meios de armazenamento de dados não voláteis são dispositivos de grande importância tecnológica largamente utilizados. Memórias não voláteis ou permanentes são memórias capazes de armazenar informação por longo tempo, mesmo quando o dispositivo está desligado ou sem alimentação. Exemplos são os discos rígidos de computadores. Esses dispositivos operam com base no armazenamento magnético da informação (veja Capítulo 7, Seções 7.6.7.2 e 7.8). Materiais ferroelétricos, entretanto, também podem ser utilizados como meio de gravação para memórias não voláteis. Nesse caso, a informação pode ser armazenada pela direção da polarização em determinada região do material, que é "gravada" ou "apagada" por meio da aplicação de um campo elétrico que altera a direção da polarização local. Uma vez apontando em determinada direção, que indique o estado '1', por exemplo, a polarização assim permanecerá por um tempo muito grande, até que um campo elétrico em sentido contrário seja aplicado, revertendo a polarização para o estado '0'.

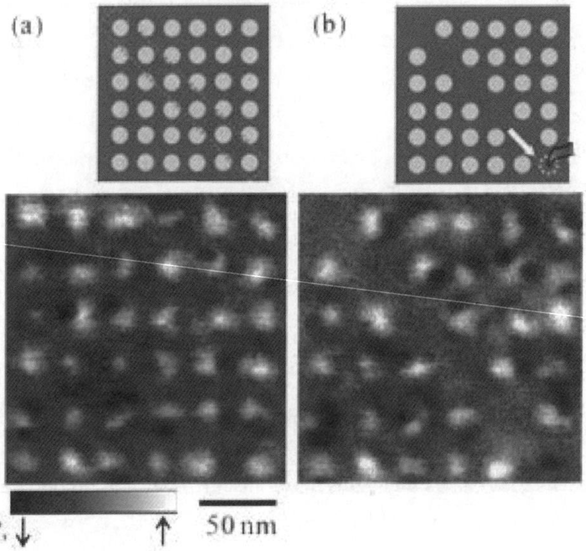

Figura 6.25 – Imagem de uma matriz de pontos de diâmetro de 15 nm, antes (a) e depois (b) de os pontos ao longo da linha diagonal serem "apagados". A escala de cores está apresentada no canto inferior esquerdo da figura: a cor escura corresponde à polarização ↓ ou '1' e a cor clara corresponde à polarização ↑ ou '0'.

Fonte: Tanaka, 2010.

Em 2010, um grupo de pesquisa no Japão demonstrou que é possível armazenar informação de maneira não volátil em um cristal ferroelétrico de $LiTaO_3$. A Figura 6.25 apresenta uma imagem da superfície de um cristal de $LiTaO_3$, em que foi gravada uma matriz de pontos de diâmetro de 15 nm, aproximadamente, antes (a) e depois (b) de os pontos ao longo da linha diagonal serem "apagados". Foi atingida uma densidade de armazenamento de até 4 Tbit/pol^2, ou seja, 4 x 10^{12} bit/pol^2. Essa é a maior densidade de armazenamento de dados já obtida até hoje em memórias não voláteis e é significativamente maior que a densidade de armazenamento que pode ser obtida nos discos magnéticos convencionais (Tanaka, 2010).

6.7 PIEZOELETRICIDADE

A piezoeletricidade é o fenômeno exibido por certos materiais que consiste em gerar uma diferença de potencial quando submetidos a uma deformação mecânica. Esse fenômeno, que foi descoberto por P. Curie e P. Jacques em 1880, pode ser compreendido da seguinte maneira: considere um sólido iônico cuja estrutura cristalina possui um centro de simetria, como uma estrutura cúbica. Se uma força for aplicada a esse sólido, ao longo de uma direção qualquer, a deformação resultante não produzirá momento de dipolo elétrico, pois a simetria continuará existindo, e os centros das cargas positivas e negativas continuarão coincidindo. No entanto, no caso de um sólido cuja estrutura cristalina não possui centro de simetria, a aplicação de uma força resultará no deslocamento relativo das cargas positivas e negativas, de forma a produzir a polarização do material e, portanto, um campo elétrico. Os materiais piezoelétricos também exibem o fenômeno inverso, ou seja, a aplicação de uma diferença de potencial ou um campo elétrico no material resulta em sua deformação mecânica.

A partir da relação entre a polarização e o campo elétrico, dada pela Equação 6.11, e da conhecida relação entre a tensão mecânica σ e deformação s (lei de Hooke, Equação 2.3)[17], pode-se obter as duas relações básicas da piezoeletricidade. Para pequenos campos elétricos e pequenas deformações, as relações entre as grandezas envolvidas são lineares e podem ser escritas da seguinte maneira:

$$s = \frac{\sigma}{Y} - d_p E \tag{6.100}$$

$$P = \varepsilon_0 \left(\varepsilon_r - 1\right) E + d_p \sigma \tag{6.101}$$

Em que Y é o módulo de elasticidade ou módulo de Young, e d_p é a *constante piezoelétrica*. Como consequência dessas duas expressões, pode-se observar que, em um material piezoelétrico, a polarização pode ser diferente de zero mesmo na ausência de campo ($E = 0$), bastando que a tensão não seja nula ($\sigma \neq 0$) e que a aplicação de um campo elétrico produz uma deformação ($s \neq 0$) mesmo quando não há tensão mecânica aplicada ($\sigma = 0$).

A constante piezoelétrica é definida da seguinte forma:

$$d_p = \frac{\partial s}{\partial E} \tag{6.102}$$

Em princípio, em um material cristalino, a aplicação de um campo elétrico numa certa direção pode produzir uma deformação em outra direção, como a tensão numa dada direção pode produzir uma polarização em outra. Dessa forma, no caso geral, a constante piezoelétrica deve ser representada por um tensor.

17 Neste caso, a deformação é denotada por s de maneira a distingui-la da permissividade ε.

Uma grande diversidade de materiais apresenta o fenômeno da piezoeletricidade, desde os naturais, como quartzo, topázio, turmalina, sacarose (açúcar) e o chamado sal de Rochelle (tartarato de sódio e potássio), que foi o primeiro material ferroelétrico a ser descoberto. Outros materiais piezoelétricos são os cerâmicos da família das perovskitas, como $BaTiO_3$, $KNbO_3$, $LiNbO_3$, $LiTaO_3$, Na_2WO_3, e outros óxidos, como, $KNbO_3$, $NaNbO_3$, $BiFeO_3$, $Bi_4Ti_3O_{12}$ e ZnO. A Tabela 6.6 apresenta alguns materiais piezoelétricos e os valores das suas constantes piezoelétricas.

Os materiais piezoelétricos apresentam uma imensa variedade de aplicações, desde os simples acendedores elétricos até diversos tipos de sensores e atuadores, transdutores, moduladores de luz, geradores, micro e nanoposicionadores etc.[18]

Tabela 6.6 – Valores das constantes piezoelétricas de alguns materiais piezoelétricos

Material	d_p (10^{-12} m/V)
$(NH_4)H_2PO_4$ (ADP)	48
$BaTiO_3$ (monocristal)	587
$BaTiO_3$ (cerâmica policristal)	270
$PbZrTiO_3$ (PZT)	117
$PbLaZrTiO_3$ (PLZT)	545
$(CH_2CF_2)_n$	28
KH_2PO_4 (KDP)	21
SiO_2	2,3
ZnO	12

Exemplo 6.12: aplica-se um campo elétrico $E = 2{,}0 \times 10^6$ V/m em um piezoelétrico de constante $d_p = 550 \times 10^{-12}$ m/V e módulo elástico $Y = 70$ GPa. Obtenha o valor da deformação resultante, na ausência de tensão mecânica.

$$s = \frac{\sigma}{Y} - d_p E \Rightarrow s = -d_p E = -550x10^{-12} x2{,}0x10^6 \Rightarrow s = -1{,}1x10^{-3}$$

18 Veja, por exemplo, *Touch screen panel using piezoelectric elements*, Patent KR 101329340B1, e *Energy harvesting utilizing stress induced phase transformation in ferro-electric piezocrystals*, Patent US 9048762B1.

Caso uma deformação equivalente a essa seja produzida, corresponderá a uma tensão mecânica:

$$s = \frac{\sigma}{Y} - d_p E \Rightarrow \sigma = Ys \Rightarrow \sigma = 70x10^9 x1,1x10^{-3} \Rightarrow \sigma = 77x10^6 = 77MPa$$

Resultando, portanto, em polarização do piezoelétrico:

$$P = \varepsilon_0 \left(\varepsilon_r - 1\right) E + d_p \sigma = 550x10^{-12} x77x10^6 \Rightarrow P = 4,23x10^{-2} C / m^2$$

6.8 CONDUÇÃO EM MATERIAIS DIELÉTRICOS

Até aqui, consideramos o material dielétrico como um isolante perfeito, com condutividade rigorosamente nula. No entanto, sabe-se que todo material, não importa quão bom isolante seja, apresenta condutividade diferente de zero. Embora não possuam elétrons livres, os materiais dielétricos podem apresentar condução de corrente por mecanismos alternativos. A condução de corrente nos dielétricos pode ocorrer como resultado do movimento dos íons da rede, caso que se denomina de condução intrínseca, ou por meio do movimento de impurezas, neste caso chamada de condução extrínseca. Aqui, abordaremos de forma muito breve o primeiro mecanismo.

6.8.1 CONDUÇÃO INTRÍNSECA

A condução intrínseca se dá por meio do movimento dos próprios íons da rede cristalina. Como a energia de ligação de materiais iônicos é muito alta, esse movimento ocorre de forma apreciável somente para campos elétricos muito intensos. No entanto, na presença de defeitos cristalinos, como vacâncias, o movimento iônico pode ser muito facilitado e ocorrer com campos elétricos relativamente mais baixos.

Consideremos inicialmente uma rede unidimensional de um sólido iônico, contendo uma certa densidade de vacâncias. O salto de um íon para ocupar o sítio da vacância resulta no movimento de uma vacância no sentido inverso, de forma que, no lugar de analisarmos o movimento dos íons da rede, podemos considerar o movimento das vacâncias. A probabilidade de uma vacância saltar de uma posição da rede para uma posição vizinha pode ser obtida a partir da distribuição de Maxwell-Boltzmann:

$$f = \nu \exp(-\Delta E_B / k_B T) \tag{6.103}$$

Em que ΔE_B é a altura da barreira de potencial que deve ser vencida, e, nesse caso, o fator pré-exponencial ν é um fator de frequência ou *frequência de salto*, que está associada à frequência de fônons do material em questão. Obviamente, a probabilidade dada pela Equação 6.103 é a mesma para saltos em qualquer direção na rede cristalina, e, dessa forma, resulta numa corrente total nula quando não há campo elétrico aplicado.

Com a aplicação de um campo elétrico E, a probabilidade de salto de uma vacância aniônica (catiônica) no sentido do campo torna-se menor (maior) que no sentido oposto, uma vez que a altura da barreira a ser vencida diminui (aumenta) de $eEr_0/2$ em que r_0 é a distância do salto. Para calcular a corrente, devemos obter a diferença da probabilidade de salto no sentido do campo e no sentido contrário ao campo:

$$\Delta f = \nu \exp(-\Delta E_B / k_B T)\left[\exp(+eEr_0 / 2k_B T) - \exp(-eEr_0 / 2k_B T)\right] \tag{6.104}$$

Em que, para pequenos campos, tais que $eEr_0 / 2k_B T \ll 1$, pode-se obter a velocidade de deriva como:

$$v_d = \frac{\nu e E r_0^2}{k_B T} \exp(-\Delta E_B / k_B T) \tag{6.105}$$

E, assim, pode-se obter a mobilidade dos íons:

$$\mu = \frac{\nu e r_0^2}{k_B T} \exp(-\Delta E_B / k_B T) \tag{6.106}$$

Em um sólido iônico, a condutividade intrínseca será dada pela soma das contribuições dos movimentos dos cátions e dos ânions da rede:

$$\sigma = e\left(n_+ \mu_+ + n_- \mu_-\right) \tag{6.107}$$

Considerando que, de uma maneira geral, os cátions apresentam menor raio iônico, estes possuem maior mobilidade que os ânions, de forma que podemos levar em conta apenas a contribuição dos primeiros. Além disso, considerando-se que o número total de vacâncias por unidade de volume obedece a uma equação dada pela distribuição de Maxwell-Boltzmann:

$$n_V = n_0 \exp(-\Delta E_V / k_B T) \tag{6.108}$$

Em que E_V é a energia de formação de vacâncias. Substituindo-se 6.108 em 6.107 e rearranjando-se os termos, tem-se:

$$\sigma = \frac{n_0 e^2 r_0^2 \nu}{k_B T} \exp\left[-\left(\Delta E_V + \Delta E_B\right) / k_B T\right] \tag{6.109}$$

Essa equação é válida no caso em que um dos tipos de vacância, em geral as catiônicas, domina o mecanismo de condução. No caso em que os dois tipos contribuem, a condutividade será dada pela soma de dois termos semelhantes à Equação 6.109. Além disso, deve-se lembrar que essa equação foi elaborada para um sólido unidimensional hipotético. No caso real do sólido tridimensional, deve-se considerar que há diversas possibilidades de salto e levar em conta a contribuição de todos eles.

LEITURAS COMPLEMENTARES

BÖTTCHER, C. J. F. *Theory of Electric Polarization*, v. 1: Dielectrics in Static Fields. 2. ed. Elsevier, 1973.

HOOK, J. R.; HALL, H. E. *Solid State Physics*. 2. ed. John Wiley & Sons, 1991.

KAO, K. C. *Dielectric Phenomena in Solids*. Elsevier Academic Press, 2004.

KASAP, S. O. *Principles of Electronic Materials and Devices*. 3. ed. McGraw Hill, 2006.

KITTEL, C. *Introdução à Física do Estado Sólido*. 8. ed. Editora LTC, 2006.

NUSSENZVEIG, H. M. *Curso de física básica*, v. 3 – Eletromagnetismo. Edgard Blucher Ltda, 1997.

SOLYMAR, L.; WALSH, D. *Lectures on the Electrical Properties of Materials*. 5. ed. Oxford Science Publications, 1993.

REFERÊNCIAS

BÖTTCHER, C. J. F. *Theory of Electric Polarization*, v. 1: Dielectrics in Static Fields. 2. ed. Elsevier, 1973.

DAVIDSON, D. W.; COLE, R. H. *Journal of Chemical Physics* 19 (1951) 1484.

HARDER, W. D.; FRANCK, E. U. *Zeitschrift fur Physikalische Chemie Neue Folge* 161 (1989) 123.

HAYNES, W. N. *CRC Handbook of Chemistry and Physics*. 97. ed. CRC Press, 2017.

McALPINE, K. B.; SMYTH, C. P. *Journal of the American Chemical Society* 55 (1933) 453.

MICHAELS, A.; SANDERS, P.; SCHIPPER, A. *Physica* 2 (1935) 752.

MICHAELS, A.; KLEEREKOPER, L. *Physica* 6 (1939) 586.

MITROY, J. SAFRONOVA, M. S.; CLARK, C. W. *Journal of Physics B*: Atomic, Molecular and Optical Physics 43 (2010) 202001.

ROBERTSON, J.; WALLACE, R. M. *Materials Science and Engineering R* 88 (2015) 1–41.

ROBERTSON, J. *Reports on Progress in Physics* 69 (2006) 327.

RUPPRECHT, G.; BELL, R. O. *Physical Review* A 135 (1964) 748.

SMYTH, C. P. *Chemical Reviews* 19 (1936) 329.

TANAKA, K.; CHO, Y. *Applied Physics Letters* 97 (2010) 092901.

YEO, Y. -C.; KING, T. -J.; HU, C. *IEEE Transactions on Electron Devices* 50 (2003) 1027.

ZAHN, C. T. *Physical Review* 24 (1924) 400.

EXERCÍCIOS

1. a) A distância interatômica de equilíbrio da molécula de LiF é de 0,156 nm. Calcule o seu momento de dipolo elétrico utilizando a Equação 6.1, supondo que, ao realizar a ligação iônica, um elétron é totalmente transferido do Li para o F.
   b) Consulte em uma Tabela Periódica os valores para a eletronegatividade do Li e do F e obtenha o momento de dipolo elétrico da molécula de LiF novamente, desta vez utilizando a Equação 6.2.
   c) Compare os valores obtidos com o valor tabelado (Tabela 6.1) e conclua.

2. Consulte em uma Tabela Periódica os valores de eletronegatividade dos átomos envolvidos e obtenha o caráter iônico das seguintes moléculas diatômicas:
   a) KBr
   b) CO
   c) PbS
   d) HCl
   e) AgBr

3. Calcule a permissividade relativa do argônio gasoso à pressão atmosférica e temperatura de 20 °C, utilizando o valor de sua polarizabilidade $\alpha = 1{,}6411 \times 10^{-24}$ cm^3. Compare com o valor tabelado ($\varepsilon_r = 1{,}0005172$).

4. Conhecendo o valor da polarizabilidade eletrônica do átomo de argônio dada no exercício anterior, utilize a Equação 6.28 para obter o valor da frequência w_0.

5. A partir da Equação 6.20, estime o deslocamento de cargas δx em um átomo sob um campo aplicado $E = 1{,}0 \times 10^8$ V/m.

6. A partir do gráfico de polarizabilidade molar em função da temperatura, apresentado na Figura 6.9a, obtenha a polarizabilidade e o momento de dipolo da molécula de HCl. Compare com os valores tabelados.

7. Considere um sistema de N momentos de dipolo elétricos $p = 1{,}0$ D em temperatura ambiente, em presença de um campo elétrico $E = 10^5$ V/m.
   a) Calcule a função de Langevin $L(x)$, compare o valor obtido com $x/3$ e conclua se a aproximação utilizada na dedução da equação de Langevin-Debye é válida.
   b) Compare o valor de $L(x) = \langle \cos\theta \rangle$ com a unidade. O que você conclui com relação ao efeito do campo sobre a orientação dos dipolos elétricos no interior do material?

8. Considerando o modelo de Langevin-Debye, estime as condições de temperatura e campo elétrico necessárias para atingir um alinhamento superior a 90% para um conjunto de momentos de dipolo p = 1,0 D.

9. Mostre que a relação da equação de Clausius-Mossotti (Equação 6.44) é válida somente quando o termo $n\alpha / 3\varepsilon_0$ é menor que a unidade, pois, quando esse termo tende a 1, a permissividade tende a infinito, e quando ultrapassa esse valor, a relação falha, pois ε_r se torna negativo. Interprete seus resultados.

10. Supondo que a polarizabilidade é dada pela relação obtida para a polarizabilidade eletrônica (Equação 6.22), obtenha o valor da densidade n para a qual a permissividade relativa dada pela equação de Clausius-Mossotti diverge. Interprete seu resultado.

11. a) Calcule a densidade n em que ocorre a catástrofe de Clausius-Mossotti para o caso do nitrogênio (N_2).
    b) Faça o mesmo um gás de átomos de potássio.
    c) Discuta a possibilidade de obtenção na prática dos valores de densidade obtidos nos itens anteriores.

12. A partir de uma estimativa para o valor experimental da polarizabilidade molar do hidrogênio (Figura 6.11b) calcule a polarizabilidade da molécula de H_2. Compare seu resultado com o valor dado na Tabela 6.2.

13. Mostre que, a partir de Equação de Debye, pode-se obter uma equação para a permissividade relativa, que diverge quando a temperatura tende ao valor de "T_C".

$$\varepsilon_r = \frac{\left(3 + \frac{2n\alpha}{\varepsilon_0}\right)T + 2\left(3 - \frac{n\alpha}{\varepsilon_0}\right)T_C}{\left(3 - \frac{n\alpha}{\varepsilon_0}\right)\left(T - T_C\right)} \quad \text{onde } T_C = \frac{p^2}{3k_B}\left(\frac{3\varepsilon_0}{n} - \alpha\right)^{-1}$$

14. Calcule qual seria o valor da temperatura "T_C" obtido no exercício anterior no caso da água, considerando que a polarizabilidade e o momento de dipolo permanente da molécula de água são iguais a 1,61 x 10^{-40} F.m^2 e 6,17 10^{-30} C.m, respectivamente. Discuta e conclua.

15. Carbono (diamante), silício e germânio são sólidos covalentes que apresentam a mesma estrutura cristalina. A tabela a seguir fornece os valores da densidade, permissividade relativa e índice de refração para estes sólidos.

Sólido	ρ **(g/cm³)**	ε_r^0	n
Diamante	5,8	5,8	2,42
Silício	11,9	11,9	3,45
Germânio	16	16,2	4,09

a) Calcule a polarizabilidade destes sólidos e verifique se os valores obtidos apresentam correlação com os valores de *gap* (Tabelas 5.1 e 5.2). Discuta.
b) Verifique se a polarizabilidade correlaciona com os valores de módulo elástico (Tabela 2.2) desses sólidos. Discuta.
c) Verifique se a relação $n = \left(\varepsilon_r^0\right)^{1/2}$ é válida.

16. Calcule a polarizabilidade iônica de um cristal de iodeto de sódio (NaI), conhecendo a frequência de fônons ópticos transversais, $w_T = 2{,}2 \times 10^{13}$ Hz.

17. O cristal de NaI apresenta a estrutura cúbica do cloreto de sódio, com parâmetro de rede $a = 0{,}323$ nm. De posse do valor da polarizabilidade iônica do iodeto de sódio calculado no exercício anterior e dos valores das polarizabilidades dos íons de Na^+ e I^- de $0{,}17 \times 10^{-40}$ F.m² e $7{,}96 \times 10^{-40}$ F.m², respectivamente, calcule a permissividade relativa do NaI a baixas frequências e a altas frequências.

18. Mostre que eliminando a frequência nas Equações 6.74 e 6.75 e escrevendo a parte imaginária da permissividade em função da sua parte real obtém-se a equação de um círculo de raio $\left(\varepsilon_r^0 - \varepsilon_r^\infty\right)/2$ centrado sobre o eixo x, a uma distância $\left(\varepsilon_r^0 + \varepsilon_r^\infty\right)/2$ da origem.

19. A tabela a seguir apresenta dados das partes real e imaginária da permissividade relativa da água em função da frequência a uma temperatura pouco acima do ponto de congelamento, $T = 0{,}2$ °C.

a) Faça os gráficos de ε_1 e ε_2 em função da frequência.

b) Faça um gráfico de ε_2 *versus* ε_1.

c) Verifique se o comportamento da permissividade pode ser bem descrito pelo modelo de Debye e determine os valores de ε_r^0 e ε_r^∞.

f (GHz)	0,2	0,4	0,7	1,0	2,0	4,0	7,0	10	20	40	70	100	200	400
ε_1	87,92	87,31	87,04	86,7	84,72	73,78	57,72	42,91	20,51	10,68	7,65	6,7	5,6	5,01
ε_2	2,0	3,46	6,18	8,72	17,16	29,31	39,36	40,28	31,16	18,68	11,13	8,42	5,34	2,80

20. Mostre, a partir de equação de Onsager, que a permissividade relativa pode ser escrita como:

$$\varepsilon_r = \frac{1}{4}\{[\varepsilon_r^\infty + y(\varepsilon_r^\infty + 2)^2] + [\varepsilon_r^\infty + y(\varepsilon_r^\infty + 2)^2 + 8(\varepsilon_r^\infty)^2]^{1/2}\}$$

em que $y = \dfrac{4\pi n}{9k_B T} p^2$

e que, portanto, nesse modelo, a permissividade diverge quando a temperatura tende a $T = 0$ K.

21. O nitrometano (CH_3NO_2) é um líquido de densidade 1,125 g/cm³, sua permissividade relativa à temperatura de 20 °C é 35,9 e o valor de ε_r^∞ é 1,99. Utilize a equação de Onsager para calcular o momento de dipolo da molécula de CH_3NO_2.

22. Aplica-se uma tensão mecânica $\sigma = 100$ MPa em um piezoelétrico de constante $d_p = 390 \times 10^{-12}$ m/V e permissividade relativa $\varepsilon_r = 1900$.

a) Obtenha o valor da polarização resultante, na ausência de campo elétrico aplicado.

b) Mantido esse valor de polarização, qual seria a deformação deste piezoelétrico?

CAPÍTULO 7
Momentos magnéticos e propriedades magnéticas

Hoje os físicos sabem, pelo estudo de Einstein e Bohr, que às vezes uma ideia que parece completamente paradoxal à primeira vista, se for analisada até a conclusão em todos os detalhes e em situações experimentais, pode, de fato, não ser um paradoxo.

(Richard Feynman, *Nobel Lecture*, 1965)

7.1 INTRODUÇÃO

No capítulo anterior, vimos como um material isolante se comporta sob a ação de um campo elétrico: o dielétrico se polariza, gerando cargas de polarização que contribuem para o campo, alterando sua magnitude no interior do meio. Neste capítulo, vamos discutir o que ocorre quando um material qualquer é submetido a um campo magnético. Existem semelhanças entre os dois casos, pois em ambas as situações dipolos, elétricos ou magnéticos, sejam induzidos ou permanentes, desempenham o papel fundamental. Isso permite que algumas analogias possam ser traçadas (veja Seção 7.2).

Conforme será apresentado no decorrer deste capítulo, todo e qualquer meio material, seja sólido, líquido ou gás, reage de alguma maneira (ou, em outras palavras, magnetiza-se) em resposta à aplicação de um campo magnético. Assim, a denominação "materiais magnéticos", amplamente empregada e encontrada nos mais diversos textos sobre o assunto, não deve ser enganosa, levando a pressupor que, em contrapartida, existem "materiais não magnéticos". Em alguns casos, a resposta do material ao campo pode ser muito pequena, e, em outros, extremamente grande. Não existem, entretanto, materiais que não respondam de alguma maneira quando submetidos à ação de um campo magnético.

Via de regra, quando falamos em materiais magnéticos, na verdade nos referimos aos chamados materiais ferromagnéticos e a outros tipos de materiais que apresentam um comportamento magnético muito intenso e que podem ser magnetizados de forma permanente. Materiais magnéticos têm grande importância tecnológica, encontrando uma infinidade de aplicações, desde simples fixadores até dispositivos de armazenamento de informação de alta densidade, passando por transformadores, motores elétricos e inúmeros outros utensílios e aparelhos que utilizamos no dia a dia.

No presente capítulo, os principais fenômenos magnéticos em materiais serão apresentados e discutidos de um ponto de vista microscópico. Inicialmente, apresentamos alguns conceitos básicos relacionados ao magnetismo em materiais e, logo a seguir, discutimos brevemente a origem dos momentos magnéticos atômicos. Em seguida, apresentamos os fenômenos do diamagnetismo de elétrons localizados e de elétrons livres, o paramagnetismo atômico e a lei de Curie, e o paramagnetismo de elétrons livres. É dada uma atenção especial ao ferromagnetismo e aos materiais ferromagnéticos, discutindo alguns de seus aspectos particulares, como formação dos domínios magnéticos, anisotropia magnética, magnetostricção e histerese. Discute-se um pouco mais em detalhe as propriedades dos materiais ferromagnéticos moles e duros. Finalmente, ao final do capítulo, apresentamos de forma breve os fenômenos do antiferromagnetismo e do ferrimagnetismo.

7.2 MAGNETISMO EM MATERIAIS

Os materiais em geral podem responder de diferentes formas à aplicação de um campo magnético. Para avaliar e distinguir as diferentes respostas dos materiais à aplicação do campo magnético, pode-se realizar um experimento simples: uma amostra é suspensa em uma região do espaço onde um campo magnético intenso e não uniforme pode ser aplicado, de maneira que a força exercida sobre a amostra possa ser medida por uma balança de precisão. Nesse experimento, que está ilustrado de forma esquemática na Figura 7.1, é imprescindível que o campo seja não uniforme, pois um campo uniforme não exerce força magnética. Assim, ao se aplicar o campo magnético, existem três tipos principais de comportamento que podem ser observados:

a) A amostra é repelida fracamente pela região onde o campo é intenso e desloca-se para a região onde o campo é mais fraco (direção vertical para baixo, na Figura 7.1). Nesse caso, o material é predominantemente diamagnético. Conforme veremos mais adiante, sua susceptibilidade magnética é pequena e negativa, ou seja, o material tende a repelir o campo de seu interior e, logo, o valor do campo no interior do material é ligeiramente menor que seu valor no vácuo.

b) A amostra é fracamente atraída pela região onde o campo é mais intenso. Nesse caso, o material é predominantemente paramagnético. Sua susceptibilidade magnética é pequena e positiva, ou seja, o material tende a reforçar o campo em seu interior e, logo, o valor do campo no interior do material é ligeiramente aumentado em relação ao seu valor no vácuo.

Em ambos os casos apresentados, o campo no interior do material se anula quando a amostra é removida da região onde existe campo magnético ou quando o campo é desligado; ou seja, sua magnetização volta a ser nula.

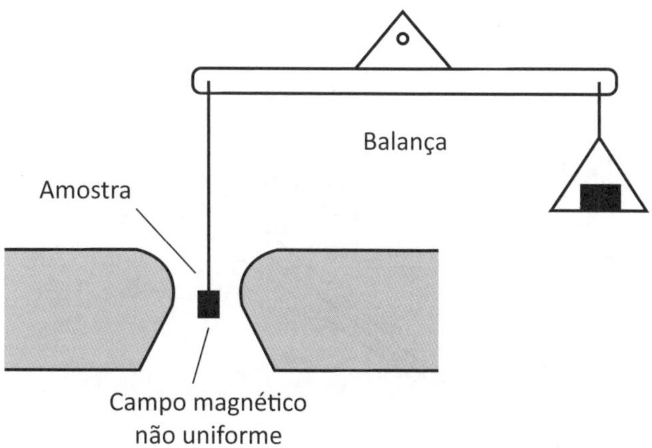

Figura 7.1 – Representação esquemática de um experimento para medida da susceptibilidade magnética de sólidos.

c) No terceiro caso, finalmente, a amostra é fortemente atraída pela região onde o campo é intenso. O material é predominantemente ferromagnético e pode apresentar uma magnetização diferente de zero mesmo na ausência de qualquer campo magnético (magnetização permanente) ou quando está sujeito a um campo magnético. A resposta magnética do material é tão intensa que o campo magnético no seu interior será muitas vezes (ou mesmo muitas ordens de grandeza) superior ao seu valor no vácuo ou no ar. Os materiais ferromagnéticos apresentam uma susceptibilidade muito grande, que é dependente do valor campo.

A variação do campo magnético no interior dos três tipos de materiais descritos, em função do campo aplicado, está ilustrada de forma qualitativa na Figura 7.2, em comparação com o vácuo (susceptibilidade nula). Enquanto no caso do material diamagnético o campo magnético é ligeiramente inferior ao campo magnético no vácuo, no material paramagnético esse campo tem valor um pouco superior. No caso do material ferromagnético, o campo magnético é muitas vezes mais intenso que o campo magnético no vácuo. Para uma comparação quantitativa entre os valores do campo magnético e da magnetização no interior dos três tipos de materiais, veja o Exercício 2.

A resposta magnética de um sólido é, em geral, a soma das contribuições de termos relativamente independentes: diamagnéticos, paramagnéticos e/ou ferromagnéticos, determinando, dessa forma, a sua resposta final. Além dos mencionados, existem ainda dois outros tipos importantes de fenômenos magnéticos em materiais: o ferrimagnetismo e o antiferromagnetismo, que serão apresentados ao final deste Capítulo.

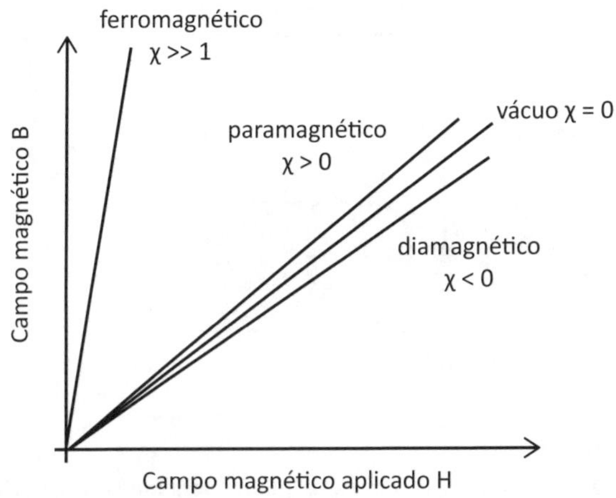

Figura 7.2 – Dependência qualitativa do campo magnético B em função do campo aplicado H para os três tipos de materiais: diamagnéticos ($\chi < 0$), paramagnéticos ($\chi > 0$) e ferromagnéticos ($\chi \gg 1$), em comparação com o vácuo ($\chi = 0$).

O campo magnético (também chamado de *indução magnética*) tem o símbolo B e, no Sistema Internacional de Unidades, é medido em Tesla (T). As fontes de campo magnético são as correntes elétricas e/ou os momentos magnéticos, uma vez que não existe uma "carga magnética" (ou monopolo magnético). Se uma espira de corrente, que delimita uma área A, é percorrida por uma corrente i, então, pode-se definir o *momento magnético* (também chamado dipolo magnético) associado a essa espira como:

$$\vec{m} = \mathrm{i}A\hat{n} \tag{7.1}$$

Em que $\hat{n}$ é o vetor unitário normal à superfície da espira. O momento magnético é medido em A.m^2 e aponta na direção indicada pela regra da mão direita em relação ao sentido de circulação da corrente, conforme ilustra a Figura 7.3.

Quando um momento magnético é colocado na presença de um campo $\vec{B}$ uniforme, a força total que atua sobre ele é nula. No entanto, o dipolo sofre a ação de um torque, que tende a alinhá-lo com o campo, assim como ocorre com a agulha imantada de uma bússola na presença do campo magnético da Terra. Esse torque é dado por:

$$\vec{\tau} = \vec{m} \times \vec{B} \tag{7.2}$$

Pode-se mostrar que a energia potencial do dipolo em presença do campo magnético é expressa por:

$$U = -\vec{m} \cdot \vec{B} \tag{7.3}$$

De forma que a situação de menor energia, ou seja, a situação de equilíbrio estável, é aquela em que o torque é nulo, quando o momento magnético e o campo são paralelos entre si e apontam no mesmo sentido. Fenômenos análogos ocorrem quando um dipolo elétrico é situado em presença de um campo elétrico uniforme (veja Capítulo 6).

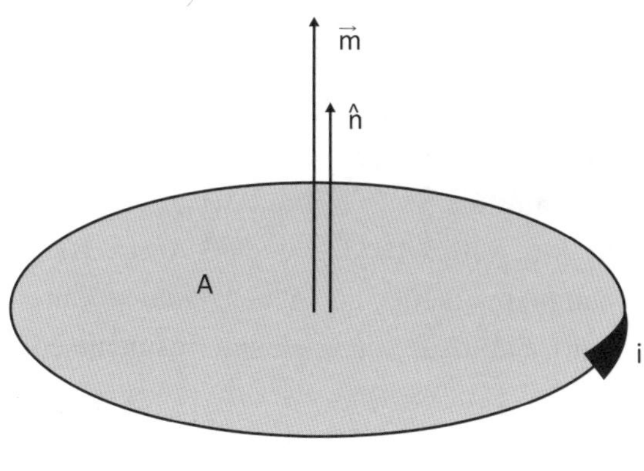

Figura 7.3 – Momento magnético (ou dipolo magnético) $\vec{m}$ associado a uma espira de corrente.

Pode-se definir também o campo $\vec{H}$, conhecido como *campo magnético aplicado*, que é medido em A/m. A existência de duas formas de descrever os campos magnéticos eventualmente pode levar a certa confusão. Microscopicamente, o campo magnético que pode ser mensurado e ao qual os momentos magnéticos no interior de um material respondem é dado pelo campo $\vec{B}$. No entanto, como veremos adiante, o campo $\vec{B}$ no interior de um material difere do campo no vácuo ou no ar em função da resposta magnética (magnetização) do material. O campo $\vec{H}$, por outro lado, é um campo auxiliar que independe da magnetização do material e, portanto, mantém-se o mesmo no interior ou fora do material.[1]

No vácuo, a relação entre o campo magnético $\vec{B}$ e o campo aplicado $\vec{H}$ é dada por:

$$\vec{B} = \mu_0 \vec{H} \tag{7.4}$$

onde μ_0, a permeabilidade magnética do vácuo, é uma constante que no Sistema Internacional vale exatamente $4\pi \times 10^{-7}$ T.m/A (ou N/A^2). Por outro lado, no caso de um meio material, a relação entre *B* e *H* depende da reação do meio à aplicação do campo, da seguinte forma:

$$\vec{B} = \mu_0(\vec{H} + \vec{M}) \tag{7.5}$$

em que a *magnetização* $\vec{M}$ é a resposta do material à ação do campo, que é medida nas mesmas unidades de *H*, ou seja, em A/m.

NOTA 7.1: UNIDADES MAGNÉTICAS

As unidades do sistema CGS também são frequentemente utilizadas para o campo magnético *B*, o campo aplicado *H* e a magnetização *M*. Essas unidades são o Gauss (G), o Oersted (Oe) e emu/cm^3, respectivamente. Os fatores de conversão para o Sistema Internacional (SI) são os seguintes:

1 Tesla = 10^4 Gauss, 1 A/m = $4\pi \times 10^{-3}$ Oersted e 1 A/m = 10^{-3} emu/cm^3

No sistema CGS, o campo magnético no vácuo é igual ao campo aplicado, ou seja, $B = H$ (ou $\mu_0 = 1$), portanto, a unidade Gauss é numericamente equivalente a Oersted.

A magnetização é simplesmente igual ao momento magnético por unidade de volume do material:

$$\vec{M} = \frac{1}{V}\sum_i \vec{m}_i \tag{7.6}$$

1 Fazendo-se um paralelo com a eletrostática, o campo magnético *B* tem o papel do campo elétrico *E*, enquanto o campo magnético aplicado *H* equivale à indução elétrica *D*, e a magnetização *M* corresponde à polarização *P*. Entretanto, as equações da eletrostática e da magnetostática não são análogas.

em que o somatório se estende sobre todos os momentos magnéticos presentes no interior do volume V do material. Tanto o momento magnético quanto a magnetização do material dependem da intensidade do campo magnético a que está submetido. Em um meio magnético linear, homogêneo e isotrópico, a magnetização $\vec{M}$ é proporcional ao campo aplicado $\vec{H}$, ou seja:

$$\vec{M} = \chi \vec{H} \tag{7.7}$$

em que χ é a chamada *susceptibilidade magnética* do meio. Uma vez que a magnetização é definida como o momento magnético por unidade de volume, a susceptibilidade na Equação 7.7 é, na verdade, a susceptibilidade volumétrica. Portanto, como M e H possuem a mesma unidade, a susceptibilidade volumétrica é uma quantidade adimensional. Com frequência é mais conveniente utilizar a susceptibilidade molar, que é a susceptibilidade de 1 mol de uma determinada substância, ou seja:

$$\chi_M = \chi V_M \tag{7.8}$$

Em que V_M é o volume molar. No Sistema Internacional, a susceptibilidade molar é medida em unidades de m^3/mol.[2]

Utilizando-se as Equações 7.5 e 7.7, obtém-se:

$$\vec{B} = \mu_0 \left(\vec{H} + \chi \vec{H} \right) = \mu_0 \left(1 + \chi \right) \vec{H} \tag{7.9}$$

Logo:

$$\vec{B} = \mu \vec{H} \tag{7.10}$$

Em que a constante $\mu = \mu_0 (1 + \chi)$ é *permeabilidade magnética* do meio. A permeabilidade magnética dos materiais tem, em vários aspectos, papel análogo à permissividade dos materiais dielétricos (no entanto, formalmente, $1/\mu_0$ equivale a ε_0; veja Capítulo 6).

Pode-se definir μ_r a permeabilidade magnética relativa, que é um número adimensional, como dada por:

$$\mu_r = \frac{\mu}{\mu_0} = \left(1 + \chi \right) \tag{7.11}$$

2 No sistema CGS, a susceptibilidade molar é medida em unidades de cm^3/mol. A conversão do sistema CGS para o SI é obtida multiplicando-se por $4\pi \times 10^{-6}$.

Que é análoga à Equação 6.9, utilizada para os materiais dielétricos.

No caso dos materiais diamagnéticos, $\mu < \mu_0$ ($\mu_r < 1$) e $\chi < 0$, e para os paramagnéticos, $\mu > \mu_0$ ($\mu_r > 1$) e $\chi > 0$. Em ambos os casos, conforme veremos adiante $|\chi| \ll 1$, valores típicos são da ordem de 10^{-3} a 10^{-6}; portanto, ambos são efeitos de pequena magnitude. Desse modo, nesses casos, $\mu = \mu_0$ e $B = \mu_0 H$ são boas aproximações, pois a magnetização é muito pequena.

Por outro lado, no caso dos materiais ferromagnéticos, conforme veremos mais adiante, os efeitos são muito mais pronunciados, ou seja, a magnetização é muito mais intensa. Assim, $\mu \gg \mu_0$, e $\mu_r \cong \chi \gg 1$. Os valores de μ_r podem variar aproximadamente de 10^2 a 10^6, dependendo do valor do campo e do material. Desse modo, para um material ferromagnético, $B = \mu_0 M$ é uma boa aproximação, desde que o campo aplicado não seja muito intenso. No entanto, deve ficar claro que esses efeitos não são lineares, o que equivale a dizer que μ e χ dependem do valor de B. As características magnéticas dos diferentes tipos de materiais estão resumidas na Tabela 7.1.

Tabela 7.1 – Propriedades dos diferentes tipos de materiais magnéticos

Tipo de material	Permeabilidade	Susceptibilidade	Relações aproximadas	
Vácuo	$\mu = \mu_0$ ($\mu_r = 1$)	$\chi = 0$	$\mu = \mu_0$ ($\mu_r = 1$)	$B = \mu_0 H$
Diamagnético	$\mu < \mu_0$ ($\mu_r < 1$)	$\chi < 0$ e $\|\chi\| \ll 1$	$\mu \cong \mu_0$ ($\mu_r \cong 1$)	$B \cong \mu_0 H$
Paramagnético	$\mu > \mu_0$ ($\mu_r > 1$)	$\chi > 0$ e $\|\chi\| \ll 1$	$\mu \cong \mu_0$ ($\mu_r \cong 1$)	$B \cong \mu_0 H$
Ferromagnético	$\mu \gg \mu_0$ ($\mu_r \gg 1$) (não linear)	$\chi \gg 1$ (não linear)	$\mu_r \cong \chi$	$B \cong \mu_0 M$ (H peq.)

A Figura 7.4 mostra os valores da susceptibilidade molar em temperatura ambiente para os elementos da Tabela Periódica, em função do seu número atômico Z, para Z menor ou igual a 94. A maior parte dos elementos é paramagnética e apresenta uma susceptibilidade que, de uma maneira geral, é maior (em módulo) que aquela dos elementos diamagnéticos. No caso de algumas terras raras, em particular as de números atômicos entre 67 e 73, como gadolínio, térbio, disprósio, dentre outras, a susceptibilidade paramagnética é ordens de grandeza maior que as dos demais elementos. Os elementos de números atômicos entre 29 e 31 (ferro, cobalto e níquel) são ferromagnéticos em temperatura ambiente e, portanto, apresentam uma susceptibilidade não linear e extremamente alta, não aparecendo na escala da Figura 7.4.

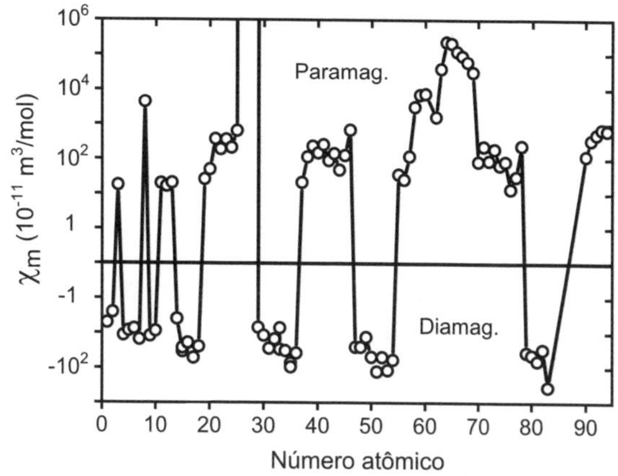

Figura 7.4 – Susceptibilidade molar, definida como a susceptibilidade de 1 mol de substância (Equação 7.8), em temperatura ambiente dos elementos da Tabela Periódica com número atômico menor ou igual a 94.

7.3 MOMENTOS MAGNÉTICOS ATÔMICOS

Na ausência de corrente elétrica, as fontes de campo magnético nos materiais são os momentos magnéticos atômicos (induzidos ou permanentes). Dessa forma, antes de tratar dos diferentes tipos de fenômenos magnéticos em materiais, é de fundamental importância compreender as origens dos momentos magnéticos.

Os momentos magnéticos atômicos têm três origens possíveis:

a) a variação do momento angular eletrônico pela aplicação de um campo magnético externo, levando ao aparecimento de um momento magnético induzido;
b) os momentos magnéticos dos elétrons em órbita em torno do núcleo; e
c) os *spins* dos elétrons.

Conforme veremos mais adiante, o primeiro caso está associado ao diamagnetismo, enquanto as outras duas contribuições estão associadas ao paramagnetismo e/ou ferromagnetismo.

Classicamente, um elétron em órbita em torno do núcleo em uma trajetória circular de raio r e velocidade v é equivalente a uma corrente $i = ev / 2\pi r$. Portanto, utilizando-se a Equação 7.1 para o momento magnético de uma espira de corrente, pode-se obter o momento magnético orbital do elétron, cujo módulo é dado por:

$$m_l = e\frac{v}{2\pi r}\pi r^2 = \frac{1}{2}evr \tag{7.12}$$

Em função do momento angular orbital $L = m_e vr$, a Equação 7.12 pode ser escrita de uma forma mais geral:

$$\vec{m}_l = -\frac{e}{2m_e}\vec{L} \tag{7.13}$$

Essa relação mostra que o momento magnético associado a um elétron em órbita é proporcional ao seu momento angular, com uma constante de proporcionalidade $\gamma = e / 2m_e$, a chamada *razão giromagnética*, que é uma combinação simples de constantes universais. O sinal negativo significa que o momento magnético e o momento angular são antiparalelos (ou seja, têm sentidos contrários) entre si, pois a carga do elétron é negativa. A Equação 7.13, obtida por meio de considerações simples puramente clássicas, coincide com a expressão quântica para o momento magnético orbital.

Usualmente, a proporcionalidade entre o momento magnético e o momento angular orbital é escrita na seguinte forma:

$$\vec{m}_l = -\frac{g_l \mu_B}{\hbar}\vec{L} \tag{7.14}$$

Na qual g_l, o *fator giromagnético*, nesse caso, é igual a 1 e:

$$\mu_B = \frac{e\hbar}{2m_e} \tag{7.15}$$

É o chamado *magneton de Bohr*, cujo valor é $\mu_B = 9{,}27 \times 10^{-24}$ A.m^2 (ou J/T).

Por outro lado, além do momento angular orbital (e do momento magnético associado a ele), os elétrons também apresentam um momento angular de *spin*, caracterizado pelo número quântico de *spin*, que é uma característica intrínseca ao elétron, como sua massa ou sua carga. Embora possua dimensão de momento angular, o *spin* não deve ser entendido como um movimento de rotação do elétron (veja Exercício 5). De forma análoga ao caso do momento angular orbital (Equação 7.14), o momento magnético de *spin* é dado por:

$$\vec{m}_s = -\frac{g_s \mu_B}{\hbar}\vec{s} \tag{7.16}$$

Nesse caso, o fator giromagnético g_s vale aproximadamente 2 para um elétron livre. Assim, considerando-se o *spin* do elétron (ou sua projeção ao longo do eixo z) como igual a $\hbar/2$, o momento magnético de *spin* de um elétron livre (na verdade, a sua projeção sobre uma certa direção) se torna aproximadamente igual a um magneton de Bohr:

$$m_S \cong \mu_B \tag{7.17}$$

NOTA 7.2: MOMENTO ANGULAR ATÔMICO

O momento angular total de um átomo é obtido pela soma vetorial dos momentos angulares de todos os seus elétrons. O cálculo do momento angular atômico é um problema conhecido da mecânica quântica, mas que não cabe ser abordado em detalhe neste texto.[3] Dentro de certas aproximações, os momentos angulares orbitais individuais dos elétrons $\vec{l}_i$ somam-se, resultando no momento angular orbital total $\vec{L}$. Similarmente, os *spins* individuais $\vec{s}_i$ são somados, resultando no momento angular de *spin* total $\vec{S}$. Os momentos angulares $\vec{L}$ e $\vec{S}$, por sua vez, combinam-se vetorialmente resultando no momento angular total:

$$\vec{J} = \vec{L} + \vec{S} \tag{7.18}$$

De forma a se obter o valor do momento angular total, deve-se distribuir os elétrons pelos estados quânticos (ou orbitais) possíveis, respeitando-se as chamadas regras de Hund:

a) os elétrons se distribuem pelos orbitais de modo a maximizarem o valor do spin total $\vec{S}$, respeitando o princípio de exclusão de Pauli;
b) os elétrons ocupam os estados de forma a resultar no maior valor de $\vec{L}$ possível, consistente com o valor de $\vec{S}$ estabelecido pela regra anterior;
c) o valor do momento angular total será $|L-S|$ quando a camada eletrônica estiver menos da metade preenchida, e será $|L+S|$ quando for preenchida mais da metade. Quando a camada estiver preenchida até a metade exatamente, a aplicação da primeira regra resulta em $\vec{L} = 0$ e, logo, $\vec{J} = \vec{S}$.

É uma consequência imediata das regras apresentadas que toda configuração eletrônica de camadas completas contribui com momento angular total nulo. Para possuir

---

3 Para o leitor interessado em procurar detalhes sobre este tópico, ver: Eisberg, 1994; Griffiths, 2011.

momento angular não nulo, um átomo deverá ter sempre uma camada eletrônica incompleta e, portanto, alguns elétrons desemparelhados. Esse é o caso, por exemplo, de qualquer átomo ou íon com número ímpar de elétrons, enquanto aqueles que possuem número par de elétrons terão, via de regra, somente camadas completas.

Exemplo 7.1: A camada d incompleta é a responsável pelas propriedades magnéticas do íon de cobalto Co^{2+}. Determine o momento angular de *spin* e o momento angular orbital total desse elemento em seu estado fundamental.
O cobalto é um metal de transição, sendo a configuração eletrônica do íon Co^{2+}: [Ar] $3d^7$. Para a camada d, temos que $l = 2$ e, logo, $m_l = -2, -1, 0, +1, +2$. Assim, de acordo com as regras de Hund, a distribuição eletrônica no orbital 3d é a seguinte:

m_l	-2	-1	0	1	2
ocupação	↑	↑	↑	↑↓	↑↓

Assim, obtém-se um *spin* total S = 3/2 e um momento angular orbital total L = 3. Como a camada eletrônica tem mais que a metade preenchida, $J = L + S = 9/2$. Na notação espectroscópica usual $^{2S+1}L_J$, esse estado é designado por $^4F_{9/2}$.
Por outro lado, o momento magnético total do átomo será dado pela soma dos momentos magnéticos orbital e de *spin*:

$$\vec{m} = \vec{m}_L + \vec{m}_S = -\frac{\mu_B}{\hbar}\left(\vec{L} + 2\vec{S}\right) = -\frac{\mu_B}{\hbar}\left(\vec{J} + \vec{S}\right) \tag{7.19}$$

Em que foram utilizadas as Equações 7.14 e 7.16 com $g_l = 1$ e $g_s \cong 2$, e também a Equação 7.18. Assim, vê-se que, de uma maneira geral, o momento magnético total do átomo não é paralelo ao seu momento angular total.

7.4 DIAMAGNETISMO

O diamagnetismo é um fenômeno que tem origem no momento magnético induzido em um átomo ou molécula pela aplicação de um campo magnético, independentemente da existência de um momento magnético permanente. Dessa forma, o diamagnetismo está presente em todos os átomos ou moléculas e em qualquer tipo de meio material, seja sólido, líquido ou gasoso. Na realidade, esse fenômeno simplesmente manifesta a tendência que toda matéria possui de expulsar um campo magnético aplicado. No entanto, o diamagnetismo é quase sempre de intensidade muito pequena e, portanto, com frequência pode passar despercebido ou não é passível de ser mensurado por estar mascarado por outros fenômenos magnéticos mais intensos, como o paramagnetismo ou o ferromagnetismo. O diamagnetismo se caracteriza por uma susceptibilidade magnética negativa, ou seja, a magnetização tem sempre sentido contrário ao campo aplicado, de valor pequeno ($|\chi_M|$ da ordem de 10^{-11} a 10^{-9} m^3/mol), e aproximadamente independente da temperatura.[4]

Tendo em vista sua pequena intensidade, o diamagnetismo é, em geral, observado apenas quando outros fenômenos magnéticos não estão presentes, ou seja, quando o momento magnético total é nulo. O diamagnetismo pode ser observado em numerosos materiais, como gases inertes, diversos metais (Au, Ag, Cu, In e Hg, por exemplo), elementos não metálicos (B, Si, P e S), diversos sais, moléculas diatômicas (H_2 e N_2), compostos orgânicos e água. A Tabela 7.2 apresenta valores de susceptibilidade diamagnética para uma variedade de elementos e compostos inorgânicos, enquanto a Tabela 7.3 apresenta esses valores para compostos orgânicos diamagnéticos. Conforme pode ser observado, os valores de susceptibilidade são, de fato, bastante pequenos.

Tabela 7.2 – Susceptibilidade molar (10^{-11} m^3/mol) de elementos e compostos inorgânicos diamagnéticos em temperatura ambiente

Símbolo	χ_M	Símbolo	χ_M	Símbolo	χ_M
Ag	-24,5	CuS	-2,5	N_2H_4	-252,6
Al_2O_3	-46,5	F_2	-12,1	NaBr	-51,5
Ar	-24,28	Gd	-27,1	NaCl	-38,0
As (amarelo)	-29,2	Ge	-14,6	NaF	-19,6
As (cinza)	-7,0	$GeCl_4$	-90,5	NaI	-71,6
AsH_3	-44,2	GeI_4	-215	Nb_2O_5	-12,6
Au	-35,2	GeO_2	-43,1	Ne	-8,75
B	-8,4	H_2	-5,01	NH_3	-20,5

4 Um material supercondutor (do tipo I) pode ser considerado como o material diamagnético perfeito, pois expulsa completamente o campo magnético do seu interior. Nesse caso, $\chi = -1$. Esse efeito, chamado de efeito Meissner, será visto em mais detalhe no Capítulo 9.

Símbolo	χ_M	Símbolo	χ_M	Símbolo	χ_M
B_2H_5	-26,4	H_2O	-16,29	P (branco)	-33,5
B_2O_3	-48,6	HCl	-28,4	P (vermelho)	-26,1
Be	-11,3	He	-2,54	Pb	-28,9
Bi	-352	HF	-11,7	PbI_2	-159
BiI_3	-252	Hg	-42,1	S (monoclín.)	-18,7
Br_2 (gas.)	-92,4	Hg_2Cl_2	-151	S (rômbico)	-19,5
Br_2 (liq.)	-70,9	HgI_2	-207,3	Sb	-124,4
C (diam.)	-7,4	I_2	-113	SbI_3	-185
$CaCO_3$	-48	I_2O_5	-99,8	Se	-31,4
Cd	-24,8	In	-12,8	Si	-3,92
Cl_2	-50,8	KBr	-61,7	SiC	-16,1
CO	-14,8	KCl	-48,8	SiO_2	-37,2
CO_2	-26,4	KF	-29,7	Sn	-47
Cs_2CO_3	-130,2	KI	-80,2	SnO_2	-51,5
Cs_2SO_4	-145,8	Kr	-36,4	Te	-47,8
CsF	-55,9	La_2O_3	-98	Tl	-62,8
CsI	-103,8	$MgBr_2$	-90,5	Xe	-57,2
Cu	-6,86	MgF_2	-28,5	Zn	-11,5
CuBr	-61,6	Mo_2O_3	-52,8	ZrC	-32,8
CuI	-79,2	N_2	-15,1	ZrO_2	-17,3

Fonte: Haynes, 2017.

Tabela 7.3 – Susceptibilidade molar (10^{-11} m^3/mol) de compostos orgânicos diamagnéticos em temperatura ambiente

Composto	χ_M	Composto	χ_M
CH_4	-21,9	C_4H_{10}	-63,2
CCl_4	-83,9	C_5H_{12}	-77,3
C_2H_2	-26,1	C_6H_6	-68,9
C_2H_4	-23,6	C_6Cl_6	-184,7
C_2H_6	-33,7	C_6H_{14}	-93,1
C_2H_6O	-42,3	C_7H_8	-82,4
C_3H_6	-38,6	C_7H_{16}	-107
C_3H_6O	-42,5	C_8H_{18}	-121,4
C_3H_8	-48,5	C_9H_{20}	-135,8
$C_3H_8O_3$	-71,8	$C_{10}H_{22}$	-150,2

Fonte: Haynes, 2017.

A explicação clássica para o fenômeno do diamagnetismo tem base na *lei de Faraday-Lenz*. Segundo essa lei, uma variação de fluxo magnético através de uma espira de corrente induz uma força eletromotriz que, por sua vez, gera uma corrente elétrica contrária à variação do fluxo que a produziu. Em um "circuito" sem resistência elétrica, como a órbita de um elétron em um átomo, a corrente induzida persiste indefinidamente, enquanto o campo magnético estiver presente. Quando o campo é desligado, ocorre uma variação de fluxo magnético em sentido contrário, que faz a corrente induzida voltar a zero. Considerando-se as órbitas eletrônicas em torno do núcleo como diminutas espiras de corrente, ao se aplicar um campo magnético, a variação do fluxo magnético induzirá uma perturbação na órbita do elétron (ou no seu momento angular) que resulta num momento magnético induzido de sentido contrário ao campo aplicado. Quando o campo é desligado, uma variação do fluxo magnético igual e contrária à primeira faz o momento magnético voltar a anular-se. Esse modelo simples, entretanto, não é consistente, pois, do ponto de vista clássico, não é possível existir órbitas eletrônicas estáveis.

A aplicação de um campo magnético a um átomo resulta, na realidade, num movimento de precessão de seus elétrons, tendo como eixo a direção de aplicação do campo. Classicamente, isso seria equivalente a dizer que a órbita do elétron lentamente retrocede.[5] A frequência de rotação do movimento de precessão é a chamada *frequência de Larmor*, que é dada por:

$$w_L = \frac{eB}{2m_e} \tag{7.20}$$

Se o momento magnético do elétron antes da aplicação do campo for nulo, a precessão será responsável pelo aparecimento de um momento magnético finito; caso o momento magnético não for nulo, seu valor será modificado pela aplicação do campo. Para um átomo com Z elétrons, a corrente induzida é dada por:

$$i_{ind} = -Ze\frac{1}{2\pi}\frac{eB}{2m_e} \tag{7.21}$$

E, logo, o momento magnético induzido é dado por:

$$\vec{m}_{ind} = -\frac{Ze^2B}{4m_e}\left\langle \rho^2 \right\rangle \tag{7.22}$$

Em que $\left\langle \rho^2 \right\rangle$ é o raio quadrático médio, obtido sobre o conjunto de todos os estados eletrônicos, projetado no plano perpendicular à direção de aplicação do campo. Para distribuições de carga esfericamente simétricas em torno do núcleo:

$$\left\langle \rho^2 \right\rangle = \left\langle x^2 + y^2 \right\rangle = \frac{2}{3}\left\langle r^2 \right\rangle \tag{7.23}$$

Em que r é a distância do elétron ao núcleo. Substituindo-se 7.23 em 7.22 e utilizando-se a Equação 7.6, pode-se obter a susceptibilidade diamagnética de um sólido com n átomos por unidade de volume como dada por:

$$\chi_{dia} = -\frac{n\mu_0 e^2}{6m_e}Z\left\langle r^2 \right\rangle \tag{7.24}$$

5 Esse fenômeno é análogo ao movimento de precessão do eixo de um pião, no sentido contrário de sua rotação, em presença do campo gravitacional. Para mais informações sobre esse fenômeno, o leitor pode consultar qualquer bom livro de mecânica clássica.

que é a chamada *susceptibilidade diamagnética de Langevin*. Essa equação prevê uma susceptibilidade proporcional ao raio médio quadrático $\langle r^2 \rangle$ e, portanto, deve ser maior para os átomos de maior raio atômico. O principal problema em obterem-se valores confiáveis para a susceptibilidade de Langevin consiste em determinar o raio quadrático médio do átomo. Esse cálculo somente pode ser feito de forma acurada a partir do conhecimento das funções de onda dos estados eletrônicos, o que certamente é uma tarefa complexa e trabalhosa.

Exemplo 7.2: estime o valor da susceptibilidade molar de um elemento de número atômico $Z = 20$ e raio atômico médio quadrático $\left(\langle \rho^2 \rangle\right)^{1/2} = 1,0 \times 10^{-10}$ m.

$$\chi_{dia} = -\frac{n\mu_0 e^2}{6m_e} Zr^2 \Rightarrow \chi_M = V_M \chi_{dia} \Rightarrow \chi_M = -\frac{N_A \mu_0 e^2}{6m_e} Zr^2$$

Assim:

$$\chi_M = -\frac{6,02x10^{23}\, x4\pi x10^{-7}\, x(1,60x10^{-19})^2}{6x9,11x10^{-31}} x20x(1,0x10^{-10})^2 = -7,09x10^{-10} m^3 / mol$$

Em átomos de muitos elétrons, a susceptibilidade é dominada pelas camadas mais externas, para as quais os valores do raio da órbita são maiores. Consequentemente, íons negativos tendem a apresentar os maiores valores de susceptibilidade. A Figura 7.5 apresenta um gráfico dos valores experimentais da susceptibilidade molar de alguns átomos diamagnéticos com camadas completas, como átomos de gases nobres e íons de metais alcalinos e halogênios, em função de Zr^2, em que os valores dos raios atômicos ou iônicos foram utilizados em substituição aos do raio médio quadrático $\langle r^2 \rangle$. O gráfico mostra que a tendência geral dos dados segue o comportamento previsto pela Equação 7.24, a despeito da dispersão dos valores.

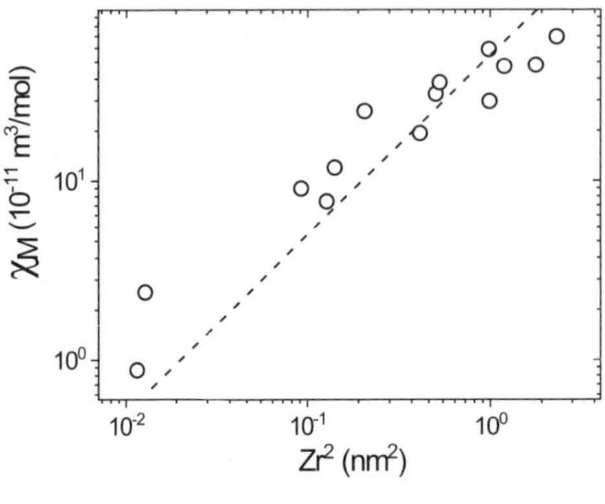

Figura 7.5 – Susceptibilidade molar em função de Zr^2 em escala log-log para alguns átomos diamagnéticos com camadas completas (gases nobres e íons de metais alcalinos e halogênios). A linha tracejada é o gráfico de uma expressão análoga à Equação 7.24.

Fonte: Kubo, 1969.

Uma característica que distingue a susceptibilidade diamagnética de Langevin de outros fenômenos magnéticos é o fato de ser independente da temperatura. De fato, elementos puros, como fósforo, enxofre e boro, apresentam uma susceptibilidade diamagnética independentemente da temperatura, dentro dos limites da precisão experimental. A susceptibilidade magnética de líquidos orgânicos, como o benzeno, permanece aproximadamente constante, ou apresenta um decréscimo muito pequeno com a variação da temperatura. A Figura 7.6a mostra a variação da susceptibilidade molar (valores normalizados) de alguns líquidos orgânicos diamagnéticos (benzeno, tolueno e tetracloreto de carbono) com a temperatura entre 10 °C e 70 °C, aproximadamente. A maior variação, observada no caso do tetracloreto de carbono, corresponde a apenas 0,5% na faixa de temperatura investigada. Esses resultados estão em consonância com a previsão do modelo de Langevin (Equação 7.24) de uma susceptibilidade independente da temperatura, a menos de pequenas variações que o valor médio $\langle r^2 \rangle$ possa apresentar.

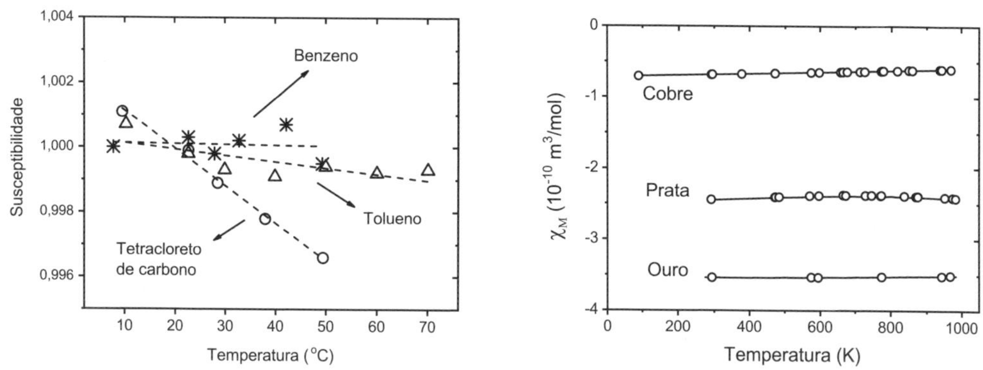

Figura 7.6 – Susceptibilidade molar em função da temperatura de (a) líquidos orgânicos diamagnéticos: tetracloreto de carbono, benzeno e tolueno e (b) metais diamagnéticos: cobre, prata e ouro.

Fonte: Boeker, 1933; Garber, 1960.

Um fenômeno interessante é observado em compostos orgânicos aromáticos, que apresentam grandes valores de suscetibilidade diamagnética. Anéis de benzeno contêm elétrons deslocalizados, que permitem às correntes induzidas girar em torno dos anéis de carbono. Dessa forma, a suscetibilidade diamagnética é aumentada, pois $\langle r^2 \rangle$ é muito maior que no caso de um átomo. Ademais, a suscetibilidade é anisotrópica, pois sua magnitude depende da direção de aplicação do campo, atingindo valor máximo quando o campo magnético aponta na direção perpendicular ao plano dos anéis de carbono.

Além dos elétrons localizados, ou seja, confinados a átomos ou moléculas, como nos casos discutidos, os elétrons livres também podem apresentar diamagnetismo, nesse caso denominado *diamagnetismo de Landau*. Assim, o diamagnetismo de metais, como Au, Ag, Cu, Sn, In, Pb etc. (veja Tabela 7.2), deve-se aos elétrons livres e não pode ser descrito pela equação de Langevin. Esse fenômeno será abordado de forma muito breve em conexão ao fenômeno do paramagnetismo, ao final da seção a seguir. No momento, limitar-nos-emos simplesmente a apresentar alguns resultados experimentais. A Figura 7.6b mostra que metais como cobre, prata e ouro, apresentam uma susceptibilidade molar negativa e aproximadamente independente da temperatura numa faixa de temperatura muito ampla, até cerca de 1.000 K.

7.5 PARAMAGNETISMO

7.5.1 PARAMAGNETISMO ATÔMICO

O paramagnetismo atômico se manifesta nos átomos e moléculas que possuem momento magnético permanente (intrínseco) diferente de zero, e resulta da tendência ao alinhamento desses momentos magnéticos na mesma direção e sentido do campo externo, quando este é aplicado. Consequentemente, esse fenômeno se caracteriza por uma susceptibilidade magnética positiva e relativamente pequena, embora, em geral, maior (em módulo) que aquela do diamagnetismo, conforme se pode verificar na Figura 7.4. É importante lembrar que o diamagnetismo está presente em todos os elementos químicos, e, assim, para que o paramagnetismo se manifeste, é necessário que sua intensidade seja superior, sobreponha-se e supere o efeito diamagnético.

Para entendermos o fenômeno do paramagnetismo atômico, vamos considerar uma substância cujos átomos ou moléculas possuem momentos de dipolo magnético permanentes diferentes de zero que, entretanto, não interagem entre si. Na ausência de campo magnético externo, a situação de menor energia (situação de equilíbrio) para o conjunto dos átomos (ou moléculas) é aquela em que os dipolos magnéticos estão orientados ao acaso e, portanto, a magnetização resultante, dada pela Equação 7.6, é nula (veja Figura 7.7a). Quando um campo magnético externo é aplicado, os dipolos interagem com o campo e sofrem a ação de um torque, dado pela Equação 7.2, que faz com que tenham a tendência a se alinhar preferencialmente no sentido do campo e, portanto, não apontam mais ao acaso. Dessa forma, a soma dos momentos de dipolo não se cancela e a magnetização se torna diferente de zero (Figura 7.7b). Note que a situação em que os dipolos apontam na mesma direção do campo é energeticamente favorecida em relação à situação em que apontam na direção oposta, de forma que a susceptibilidade é positiva, neste caso.

A tendência de alinhamento dos dipolos magnéticos, causada pelo campo magnético, encontra oposição na agitação térmica que tende a desordená-los. Consequentemente, a magnetização paramagnética resultante depende da competição entre o alinhamento dos momentos de dipolo, que tem origem na interação com o campo e a desordem associada à temperatura e, assim, a susceptibilidade paramagnética deve possuir uma dependência com a temperatura, diminuindo quando T aumenta. Esse fenômeno é análogo à polarizabilidade dipolar, vista no Capítulo 6.[6]

6 Inicialmente, o paramagnetismo foi explicado por Langevin, em 1905, e, posteriormente, um modelo semelhante foi aplicado por Debye à polarizabilidade dipolar.

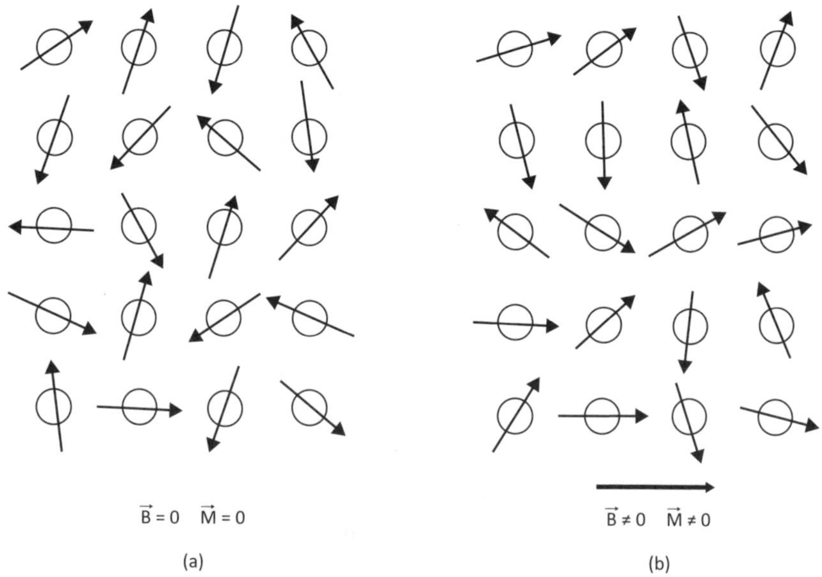

Figura 7.7 – Ilustração do fenômeno do paramagnetismo atômico (ou paramagnetismo de Langevin): (a) na ausência de campo, os momentos magnéticos apontam em direções aleatórias, e a magnetização é nula e (b) sob a ação de um campo magnético aplicado, os momentos magnéticos tendem a se alinhar com o campo e a magnetização deixa de ser nula.

O paramagnetismo é um fenômeno de pequena intensidade, com valores de susceptibilidade molar positivos que variam na faixa de 10^{-10} a 10^{-6} m^3/mol, em temperatura ambiente. Esse efeito pode ser observado em numerosos materiais, por exemplo, diversos metais (Al, Cr, Mn, Mo, Pd, Pt, W etc.), sais e óxidos, e alguns gases diatômicos (por exemplo, O_2 e NO). Algumas terras raras (Gd, Tb e Dy, por exemplo) apresentam susceptibilidades particularmente altas, por motivos que serão discutidos mais adiante. A Tabela 7.4 apresenta valores de susceptibilidade de alguns elementos e compostos paramagnéticos.

Tabela 7.4 – Susceptibilidade molar (10^{-11} m^3/mol) de elementos e compostos paramagnéticos em temperatura ambiente

Símbolo	χ_M	Símbolo	χ_M	Símbolo	χ_M
Al	20,7	Ir	31	Rb	21
Ba	26,0	K	26,1	Re	84
Ca	50	La	1,21 x 10^2	Rh	1,28 x 10^2

Símbolo	χ_M	Símbolo	χ_M	Símbolo	χ_M
Ce	$3{,}1 \times 10^3$	Li	17,8	Ru	49
Ce_2S_3	$6{,}38 \times 10^3$	Lu	$2{,}298 \times 10^2$	Sc	$3{,}710 \times 10^2$
$CeCl_3$	$3{,}13 \times 10^3$	Mg	16,5	Sm	$1{,}606 \times 10^3$
CeO_2	33	Mn	$6{,}42 \times 10^2$	Sm_2O_3	$2{,}498 \times 10^3$
Co_2O_3	$5{,}73 \times 10^3$	Mn_2O_3	$1{,}77 \times 10^2$	$SmBr_2$	$6{,}710 \times 10^3$
$CoCl_2$	$1{,}59 \times 10^4$	Mn_3O_4	$1{,}56 \times 10^4$	Sr	$1{,}2 \times 10^2$
$CoSO_4$	$1{,}26 \times 10^4$	$MnBr_2$	$1{,}75 \times 10^4$	Ta	$1{,}94 \times 10^2$
Cr	$2{,}10 \times 10^2$	$MnCl_2$	$1{,}80 \times 10^4$	$TaCl_5$	$1{,}8 \times 10^2$
$Cr_2(SO_4)_3$	$1{,}48 \times 10^4$	Mo	90	Tb	$2{,}1 \times 10^4$
Cr_2O_3	$2{,}46 \times 10^3$	Na	20	Tb_2O_3	$9{,}844 \times 10^4$
Cs	36	Nb	$2{,}61 \times 10^2$	Tc	$1{,}45 \times 10^2$
CuO	$3{,}00 \times 10^2$	Nd	$7{,}45 \times 10^3$	Th	$1{,}2 \times 10^2$
$CuSO_4$	$1{,}67 \times 10^3$	Nd_2O_3	$1{,}28 \times 10^4$	Ti	$1{,}90 \times 10^2$
Dy	$1{,}2 \times 10^5$	$NiCl_2$	$7{,}722 \times 10^3$	$TiCl_3$	$1{,}40 \times 10^3$
Er	$6{,}0 \times 10^4$	NiO	$8{,}30 \times 10^2$	Tm	$3{,}10 \times 10^4$
Er_2O_3	$9{,}289 \times 10^4$	$NiSO_4$	$5{,}033 \times 10^3$	Tm_2O_3	$6{,}4646 \times 10^4$
Eu	$3{,}88 \times 10^4$	NO	$1{,}840 \times 10^3$	U	$5{,}14 \times 10^3$
$FeBr_2$	$1{,}71 \times 10^4$	Np	$7{,}23 \times 10^2$	V_2O_3	$2{,}483 \times 10^3$
$FeCl_2$	$1{,}854 \times 10^4$	O_2	$4{,}334 \times 10^3$	V	$3{,}58 \times 10^2$
FeO	$9{,}1 \times 10^3$	Os	14	W	67
Gd	$2{,}33 \times 10^5$	Pa	$3{,}48 \times 10^2$	WC	13
Gd_2O_3	$6{,}69 \times 10^4$	Pd	$6{,}80 \times 10^2$	WO_2	72
Hf	89	Pr	$6{,}95 \times 10^3$	Y	$2{,}359 \times 10^2$
Ho	$9{,}16 \times 10^4$	Pt	$2{,}43 \times 10^2$	Yb	84
Ho_2O_3	$1{,}11 \times 10^5$	Pu	$6{,}60 \times 10^2$	Zr	$1{,}50 \times 10^2$

Fonte: Haynes, 2017.

O cálculo da magnetização de um material paramagnético é análogo à obtenção da polarizabilidade dipolar, que foi apresentada no Capítulo 6 (Seção 6.3.1.2). A despeito disso, e de forma a manter os capítulos independentes entre si, repetiremos aqui o procedimento nesta nova situação.

A magnetização pode ser obtida considerando-se a expressão para a energia de um dipolo magnético em presença do campo (Equação 7.3):

$$U = -\vec{m} \cdot \vec{B} = -mB\cos\theta \tag{7.25}$$

Em que θ é o ângulo que o momento de dipolo faz com o campo $\vec{B}$, conforme mostra a Figura 7.8. Essa equação é análoga à Equação 6.29. Assim, para um material com n átomos ou moléculas por unidade de volume, a magnetização será dada por:

$$M = nm\cos\theta \tag{7.26}$$

Em que $\langle\cos\theta\rangle$ especifica o valor médio do cosseno tomado sobre a distribuição de todas as orientações angulares possíveis, na situação de equilíbrio térmico. Essa expressão é idêntica à Equação 6.30 para a polarização.

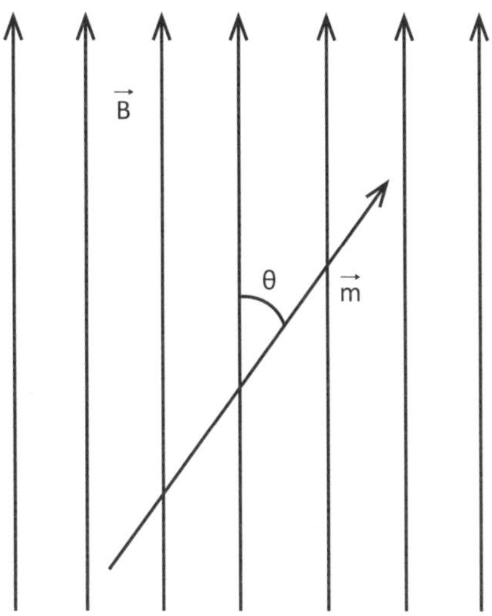

Figura 7.8 – Momento de dipolo magnético $\vec{m}$ em presença de um campo magnético $\vec{B}$. A situação de menor energia é aquela na qual o momento magnético está alinhado apontando no mesmo sentido do campo ($\theta = 0$) e o torque exercido é nulo.

Como se trata de um sistema clássico, deve-se utilizar a função de distribuição de Maxwell-Boltzmann para o cálculo do valor médio $\langle \cos\theta \rangle$ (veja Capítulo 1, Equação 1.37). Logo:

$$\langle \cos\theta \rangle = \frac{\int \cos\theta \exp(-U / k_B T) d\Omega}{\int \exp(-U / k_B T) d\Omega} \tag{7.27}$$

Em que U é a energia do dipolo em presença do campo (Equação 7.25). Utilizando-se essa equação, fazendo-se $x = mB / k_B T$ e desenvolvendo-se a integral, chega-se a:

$$\langle \cos\theta \rangle = \coth x - \frac{1}{x} = L(x) \tag{7.28}$$

Em que $L(x)$ é a chamada *função de Langevin*, cujo gráfico está apresentado na Figura 7.9. A função de Langevin cresce proporcionalmente a $x / 3$ para pequenos valores de x, em seguida varia mais lentamente e tende à unidade para valores de x muito grandes. Utilizando-se a Equação 7.28, a expressão para a magnetização fica:

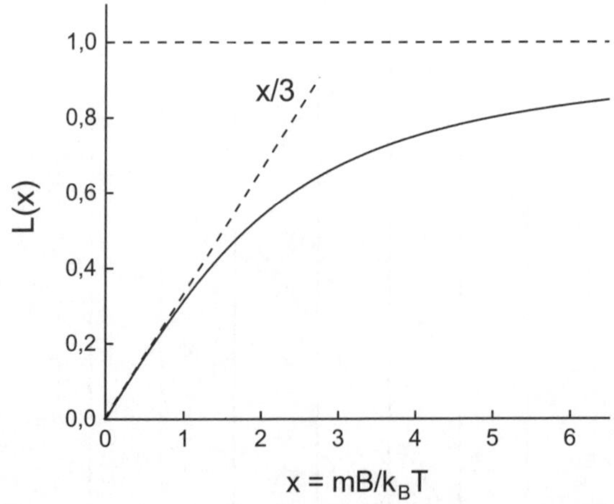

Figura 7.9 – Função de Langevin $L(x)$. Note que, para valores de x pequenos $L(x) \cong x/3$ e para valores de x muito grandes, $L(x)$ tende a 1.

$$M = nm L(mB / k_B T) \tag{7.29}$$

Esse fenômeno é conhecido como *paramagnetismo de Langevin*. Conforme foi observado, no limite em que x tende a zero, a função de Langevin pode ser aproximada por:

$$\lim_{x \to 0} L(x) \cong \frac{x}{3} \tag{7.30}$$

Esse limite corresponde a baixos valores de campo e/ou altas temperaturas. A Tabela 6.4, apresentada no Capítulo 6, mostra uma comparação entre valores das funções $L(x)$ e $x/3$. É possível se adotar a aproximação $L(x) \cong x/3$ para $x \leq 0{,}1$ com excelente precisão.

Assim, no limite de x muito pequeno, ou seja, quando $mB \ll k_B T$ (baixos campos e/ou altas temperaturas), substituindo-se 7.30 em 7.28 e, depois, em 7.26, e utilizando-se que $B = \mu_0 H$ e $M = \chi H$, obtém-se a expressão para a susceptibilidade:

$$\chi_{para} = \frac{nm^2 \mu_0}{3k_B} \frac{1}{T} = \frac{C}{T} \tag{7.31}$$

Em que C, a chamada constante de Curie, tem dimensão de temperatura. Essa é a conhecida *lei de Curie* (descoberta por Pierre Curie em 1895), que mostra que a susceptibilidade paramagnética é inversamente proporcional à temperatura absoluta T. Obviamente, o comportamento expresso pela Equação 7.31 não implica na divergência da susceptibilidade quando T tende a 0 K, pois isso violaria a suposição inicial de que $mB \ll k_B T$. Deve-se observar que a equação de Langevin (Equação 7.29) prevê um alinhamento total dos momentos magnéticos com $M = nm$ em temperatura nula. Na realidade, em temperaturas muito baixas, a interação entre os momentos magnéticos pode tornar-se importante, modificando o comportamento do sistema.

Medidas de susceptibilidade magnética em função da temperatura de compostos paramagnéticos, como o sulfato de ferro hidratado ($FeSO_4.7H_2O$) e o sulfato de ferro e amônio hidratado ($FeSO_4(NH_4)_2SO_4.6H_2O$), permitem comprovar experimentalmente a lei de Curie. A Figura 7.10 apresenta os resultados experimentais obtidos na faixa entre 15 K e 300 K, aproximadamente. Observa-se que o inverso da susceptibilidade magnética desses compostos varia linearmente com a temperatura em bom acordo com a lei de Curie.

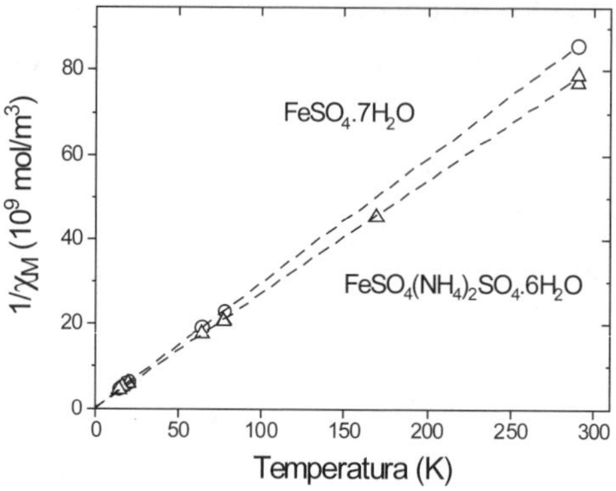

Figura 7.10 – Inverso da susceptibilidade molar do sulfato de ferro hidratado e do sulfato de ferro e amônio hidratado, em função da temperatura. As retas tracejadas são gráficos que expressam a lei de Curie, Equação 7.31.

Fonte: Jackson, 1923.

Exemplo 7.3: considerando que o óxido de cobre CuO possui uma densidade de momentos magnéticos igual a 4,78 x 10^{22} cm^{-3} e supondo o momento magnético da molécula de CuO $m = \mu_B$, estime o valor da susceptibilidade desse óxido em temperatura ambiente.

Inicialmente, vamos calcular a constante de Curie, C:

$$C = \frac{nm^2\mu_0}{3k_B} = \frac{n\mu_B{}^2\mu_0}{3k_B} = \frac{4{,}78x10^{28}x(9{,}27x10^{-24})^2x4\pi x10^{-7}}{3x1{,}38x10^{-23}} = 0{,}124K$$

$$\text{Logo: } \chi = \frac{0{,}124}{300} = 4{,}13x10^{-4}$$

$$\chi_M = 4{,}13x10^{-4}xV_M = 4{,}13x10^{-4}x12{,}606x10^{-6} = 5{,}22x10^{-9}m^3/mol$$

O valor tabelado da susceptibilidade molar do óxido de cobre é 3,00 x 10^{-9} m^3/mol.

Exemplo 7.4: uma amostra de óxido de cobre está submetida a um campo magnético $B = 1{,}0$ T em temperatura ambiente. Verifique se a aproximação $mB/k_BT \ll 1$ utilizada na dedução da lei de Curie é válida.

$$\frac{mB}{k_BT} = \frac{9{,}27x10^{-24}x1{,}0}{1{,}38x10^{-23}x300} = 0{,}0022$$

Portanto, a aproximação é válida.

TÓPICO AVANÇADO

7.5.2 MODELO QUÂNTICO DO PARAMAGNETISMO

Embora a lei de Curie seja uma boa aproximação para baixos campos e/ou altas temperaturas, quando $mB / k_B T$, ou seja, para altos campos e/ou baixas temperaturas, o modelo de Langevin não prevê corretamente o comportamento observado experimentalmente.

De forma a se descrever corretamente o comportamento da magnetização de um material paramagnético em condições de altos campos e/ou baixas temperaturas, deve-se levar em conta a quantização do momento magnético atômico. Conforme vimos, o cálculo da magnetização é realizado a partir da soma de todas as orientações possíveis do momento magnético em relação ao campo magnético aplicado. No modelo clássico de Langevin, todas as orientações são possíveis, e, assim, essa soma é contínua e compreende todos os valores do ângulo, desde zero até π. No modelo quântico, o momento angular e, consequentemente, o momento magnético são quantizados. Portanto, apenas um número finito de orientações discretas é permitido. Considerando-se que os átomos possuem momento angular total $\vec{J}$, a soma deve se dar sobre as ($2J + 1$) orientações possíveis do momento magnético.

O modelo quântico que descreve o comportamento em presença de um campo magnético de um conjunto de *n* átomos por unidade de volume, com momento angular total *J*, que não interagem entre si, foi elaborado por L. Brillouin. Os detalhes desse modelo, no entanto, não serão discutidos aqui.[7] A expressão para a magnetização resulta em:

$$M = ng\mu_B J B_J(x) = g\mu_B J\left[\frac{2J+1}{2J}\coth\frac{2J+1}{2J}x - \frac{1}{2J}\coth\frac{x}{2J}\right] \qquad (7.32)$$

Em que $B_J(x)$ é a chamada função de Brillouin, e $x = mB / k_B T = gm_J \mu_B B / k_B T$, nesse caso. É simples perceber que a expressão clássica de Langevin pode ser obtida a partir do modelo de Brillouin, fazendo-se o limite $J \to \infty$.

---

7 O leitor interessado deve consultar a literatura específica do assunto. Ver: Coey, 2009.

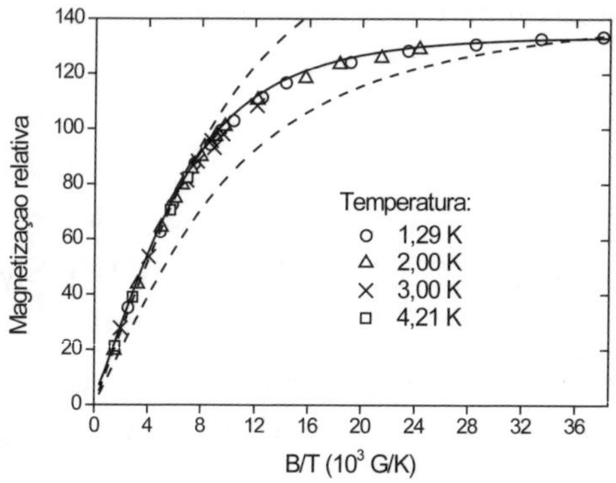

Figura 7.11 – Magnetização relativa do alume de cromo e potássio ($K_2SO_4Cr_2(SO_4)_3.24H_2O$) em função de B / T, para altos campos e baixas temperaturas. As linhas tracejadas representam tentativas de ajuste pelo modelo de Langevin, Equação 7.29, e a linha cheia representa o ajuste pelo modelo de Brillouin, Equação 7.32.

Fonte: Henry, 1952.

A Figura 7.11 mostra os resultados obtidos para a magnetização de um alume de cromo e potássio ($K_2SO_4Cr_2(SO_4)_3.24H_2O$) em função de B / T para campo magnéticos muito altos (até 5,0 T) e baixas temperaturas (entre 1,0 K e 4,0 K, aproximadamente). É bastante evidente que os dados experimentais não podem ser bem ajustados pelo modelo de Langevin (linhas tracejadas). Por outro lado, a linha cheia mostra que a equação do modelo de Brillouin (com $J = 3/2$ e $g = 2$) se ajusta muito bem aos resultados experimentais.

No limite de altas temperaturas e/ou baixos campos ($x \ll 1$), obtém-se que a Equação 7.32 se reduz a uma expressão análoga à lei de Curie:

$$\chi_{para} = \frac{ng^2\mu_B^2 J(J+1)\mu_0}{3k_B}\frac{1}{T} \tag{7.33}$$

Ou

$$\chi_{para} = \frac{nm_{ef}^{\ 2}\mu_0}{3k_B}\frac{1}{T} \tag{7.34}$$

Onde

$$m_{ef} = g\mu_B\sqrt{J(J+1)} = p\mu_B \tag{7.35}$$

É o *momento magnético efetivo*, e p é o chamado *número efetivo de magnetons de Bohr*, que pode ser determinado de forma simples a partir do valor de J, determinado de acordo com as regras de Hund (veja Nota 7.2, Seção 7.3). Valores empíricos de p obtidos a partir de medidas de susceptibilidade magnética em temperatura ambiente (utilizando-se a Equação 7.33) estão em bom acordo no caso de íons trivalentes de terras raras, como Ce^{3+}, Pr^{3+}, Nd^{3+}, Sm^{3+}, Eu^{3+}, Er^{3+}, Gd^{3+} etc. No entanto, no caso dos metais de transição, como Cr^{3+}, Ti^{3+}, Mn^{3+}, Fe^{3+}, Ni^{2+}, Cu^{2+}, V^{4+} etc., o acordo não é satisfatório. Nesse último caso, uma concordância muito melhor é obtida caso seja utilizado o valor de $p=2\left[S(S+1)\right]^{1/2}$, ou seja, se o momento angular orbital L for considerado nulo, um fenômeno conhecido como *quenching* do momento angular. O leitor poderá encontrar mais detalhes sobre este assunto nos textos mais avançados.[8]

Exemplo 7.5: obtenha o momento magnético efetivo e o número efetivo de magnetons de Bohr para o caso do íon de cobalto Co^{2+}.
Conforme visto no Exemplo 7.1, o valor de J para o íon Co^{2+} é $J = 9/2$. Assim:

$$m_{ef} = g\mu_B\sqrt{J(J+1)} = 2x9,27x10^{-24}x(4,5x5,5)^{1/2} = 9,22x10^{-23}\,A.m^2$$

$$p = g\sqrt{J(J+1)} = 9,95$$

Ou seja, cada íon de Co^{2+} contribui com um momento magnético próximo a 10 μ_B.

7.5.3 PARAMAGNETISMO DE ELÉTRONS LIVRES

Conforme visto, elétrons livres possuem um momento magnético permanente aproximadamente igual ao magneton de Bohr μ_B. Assim, seria de esperar que todos os materiais metálicos, da mesma forma que os materiais constituídos por átomos ou moléculas que possuem momentos magnéticos permanentes, também apresentassem uma susceptibilidade paramagnética. Se assim fosse, em um metal com n elétrons livres por unidade de volume, essa susceptibilidade deveria ser dada por uma equação análoga à lei de Curie (Equação 7.31), com $m = \mu_B$. Em consequência desse raciocínio, nenhum elemento metálico poderia ser puramente diamagnético, pois a contribuição paramagnética de seus elétrons de condução seria da mesma ordem de grandeza daquela expressão da lei de Curie e, em princípio, maior que a susceptibilidade diamagnética. No entanto, diversos metais apresentam susceptibilidade negativa, como Sn, Cu, Ag, Au, ou seja, são diamagnéticos (veja Tabela 7.2 e Figura 7.6b). Conclui-se, portanto, que os

8 Consulte, por exemplo: Kittel, 2006.

elétrons livres de um metal não devem apresentar uma susceptibilidade paramagnética conforme previsto pela lei de Curie.

Na realidade, a susceptibilidade paramagnética associada aos elétrons livres é cerca de duas ordens de grandeza menor que aquela prevista pela lei de Curie. Além disso, conforme veremos adiante, esta susceptibilidade é aproximadamente independente da temperatura.

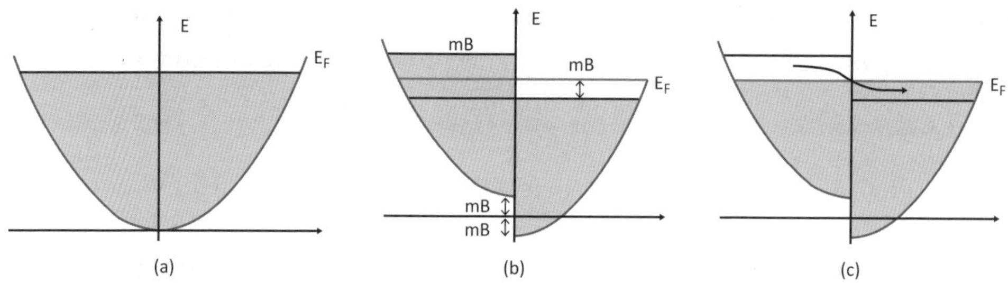

Figura 7.12 – Densidade de estados em função da energia para os elétrons livres em um metal: (a) na ausência de campo magnético, a energia dos elétrons independe da orientação do *spin* e existe igual número de elétrons com *spin* apontando "para cima" ou "para baixo", (b) quando um campo B é aplicado, a energia dos elétrons com spin no mesmo sentido do campo diminui de mB, enquanto a energia dos elétrons com *spin* contrário ao campo aumenta de mB, e (c) uma pequena parte dos elétrons com *spin* contrário ao campo reorienta seus *spins*, passando a apontar no mesmo sentido do campo, para ocupar os estados disponíveis com menor energia.

O argumento que permite compreender essa aparente discrepância tem base na distribuição de Fermi-Dirac, que governa a ocupação dos estados pelos elétrons livres, e está ilustrado na Figura 7.12. Ao aplicar o campo magnético, a energia dos elétrons com *spin* paralelo ao campo é diminuída, enquanto a energia daqueles com spin antiparalelo (contrário) ao campo aumenta. Para que a energia de Fermi se mantenha a mesma para todos os elétrons, parte dos elétrons deve inverter seu *spin*, reduzindo sua energia. No entanto, a grande maioria dos elétrons de condução não pode alinhar seu *spin* paralelamente ao campo porque todos estados com energia menor já estão ocupados por outros elétrons e, logo, apenas os elétrons situados nos estados próximos à energia de Fermi podem responder à ação do campo magnético.[9] Desta forma, apenas uma fração $k_B T / E_F$ dos elétrons contribuem para a susceptibilidade magnética. Assim, multiplicando a

9 No Capítulo 4, um argumento semelhante nos permitiu calcular a contribuição dos elétrons livres para o calor específico e compreender por que essa parcela é muito menor que a contribuição dos fônons. Veja a Seção 4.4.5.

Equação 7.31 por este fator e fazendo $m = \mu_B$ pode-se estimar a susceptibilidade paramagnética dos elétrons livres como:

$$\chi \cong \frac{n\mu_0\mu_B^{\ 2}}{k_B T_F} \tag{7.36}$$

Um cálculo mais rigoroso da susceptibilidade dos elétrons livres leva ao seguinte resultado:[10]

$$\chi = g\left(E_F\right)\mu_0\mu_B^2 \tag{7.37}$$

Utilizando a Equação 4.23 para a densidade de estados g (E_F do modelo de elétrons livres, obtém-se a susceptibilidade paramagnética destes elétrons como:

$$\chi = \frac{3n\mu_0\mu_B^2}{2k_B T_F} \tag{7.38}$$

que difere da Equação 7.36 simplesmente por um fator 3/2. Este é o chamado *paramagnetismo de Pauli*, que se caracteriza por uma susceptibilidade independente da temperatura e é muito menor que a susceptibilidade de Langevin à temperatura ambiente.

Exemplo 7.6: O alumínio possui uma densidade de elétrons livres n = 18,08 x 10^{28} m^{-3} e uma temperatura de Fermi T_F = 13,5 x 10^4 K. Calcule a susceptibilidade paramagnética dos elétrons livres no alumínio metálico.

$$\chi = \frac{3n\mu_0\mu_B^{\ 2}}{2k_B T_F} = \frac{3x18,08x10^{28}x4\pi x10^{-7}x(9,27x10^{-24})^2}{2x1,38x10^{-23}x13,5x10^4} = 1,57x10^{-5}$$

Ou seja,

$$\chi_M = 1,57x10^{-5}x9,25x10^{-6} = 1,45x10^{-10}m^3/mol$$

O valor tabelado da susceptibilidade do alumínio é 2,07 x 10^{-10} m^3/mol.

10 Os detalhes da obtenção dessa expressão podem ser encontrados em Ashcroft,1976.

Além do paramagnetismo de Pauli, os elétrons livres nos metais apresentam ainda efeitos diamagnéticos (veja Figura 7.6b). Esse é o chamado *diamagnetismo de Landau*, cuja susceptibilidade corresponde a cerca de −1/3 da susceptibilidade paramagnética de Pauli, ou seja:

$$\chi = -\frac{n\mu_0 \mu_B^{\ 2}}{2k_B T_F} \tag{7.39}$$

Essa contribuição à susceptibilidade dos elétrons livres pode ser vista, na verdade, como uma correção ao paramagnetismo de Pauli.

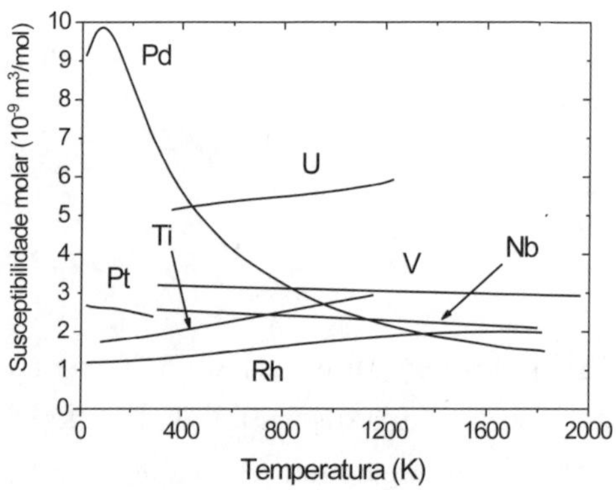

Figura 7.13 – Susceptibilidade molar em função da temperatura para diversos metais paramagnéticos.

Fonte: Kriesmann, 1954.

A Figura 7.13 mostra a dependência da susceptibilidade de alguns metais paramagnéticos em larga faixa de temperatura. Alguns metais apresentam um aumento, e outros, uma diminuição da susceptibilidade com o aumento da temperatura, sendo que, em diversos casos, essa variação é aproximadamente linear. Muito embora um entendimento detalhado desses fenômenos só possa ser obtido analisando-se em detalhe a densidade de estados eletrônicos em cada caso, pode-se compreender que a susceptibilidade magnética de um dado metal deve variar de acordo com o deslocamento do nível de Fermi com a temperatura, conforme mostra a Equação 7.37. Entretanto, tendo em vista o alargamento da distribuição de Fermi-Dirac, nas temperaturas mais altas, a contribuição dos estados no nível de Fermi deve ser substituída por uma soma para todos os estados em torno de E_F.

NA PONTA DA CIÊNCIA E DA TECNOLOGIA

Geladeiras magnéticas

Um método de refrigeração capaz de atingir temperaturas extremamente baixas utilizando-se sais paramagnéticos foi proposto por P. Debye e W. F. Giauque em 1926. Esse método, denominado de desmagnetização adiabática, baseia-se no fato de que, à temperatura constante, a entropia de um sistema de momentos magnéticos diminui quando um campo magnético é aplicado. A entropia é uma medida do grau de desordem de um sistema, ou seja, quanto maior a desordem, maior a entropia. Na presença do campo, os momentos magnéticos tendem a alinhar-se, reduzindo a desordem, ou seja, reduzindo a entropia do sistema. A entropia também é reduzida quando a temperatura diminui, pois o alinhamento dos momentos magnéticos é maior.

O método de refrigeração proposto consiste basicamente em duas etapas. Primeiramente, o material paramagnético, já previamente resfriado em baixa temperatura, é submetido a um campo magnético suficientemente forte para alinhar os seus momentos magnéticos, reduzindo a entropia de ΔS, enquanto a temperatura é mantida constante pelo banho térmico. Em seguida, o material é isolado do banho térmico, e o campo magnético é removido. Em consequência, a temperatura diminui de ΔT, uma vez que a entropia do sistema tem de manter-se constante, e, nessa etapa, não há troca de calor (processo adiabático). Com esse método, temperaturas da ordem de 10^{-3} K ou mesmo abaixo podem ser obtidas. Para se obter grande capacidade de refrigeração, é preciso obter grandes variações de entropia (ΔS, na 1ª etapa) e de temperatura (ΔT, na 2ª etapa) em cada ciclo. Os materiais ferromagnéticos são aqueles que apresentam as maiores variações em torno da temperatura de Curie.

O efeito que consiste nas mudanças reversíveis de temperatura de um corpo resultantes de mudanças na sua magnetização é conhecido por *efeito magnetocalórico*. Dentre os materiais que apresentam efeito magnetocalórico mais intenso estão o gadolínio e alguns de seus compostos e ligas. Em 1997, V. K. Pecharsky e K. A. Gschneidner descobriram que o composto $Gd_5(Si_2Ge_2)$ apresenta o efeito magnetocalórico gigante em torno da temperatura crítica $T_C = 276$ K (3 °C), abrindo novas perspectivas de aplicação desse fenômeno (Pecharsky, 1997). Nos últimos anos, diversas empresas têm investido no desenvolvimento de refrigeradores magnéticos.[11]

11 Veja, por exemplo, *Magnetic cooling apparatus*, Patent US 20150007582 A1.

7.6 FERROMAGNETISMO

O ferromagnetismo é um fenômeno magnético que se caracteriza por uma magnetização muito intensa ($\mu_r \gg 1$, $\chi \gg 1$, veja Tabela 7.1) e que se manifesta somente abaixo de uma temperatura bem definida, chamada *temperatura crítica* T_C, também conhecida como temperatura de Curie. Acima da temperatura crítica, os materiais ferromagnéticos apresentam comportamento paramagnético, análogo ao descrito na seção anterior. De todos os elementos da tabela periódica, apenas três, os metais ferro, níquel e cobalto, são ferromagnéticos em temperatura ambiente. Diversas ligas e compostos desses metais e de outros elementos (manganês e cromo, por exemplo), também são ferromagnéticos. Alguns elementos de terras raras, como o gadolínio, térbio e o disprósio, também são ferromagnéticos, mas somente abaixo da temperatura ambiente. Existem ainda compostos orgânicos que são ferromagnéticos, mas, em geral, sua temperatura crítica é muito baixa. A Tabela 7.5 apresenta valores da temperatura de Curie para diversos elementos e compostos ferromagnéticos. O ferromagnetismo é o fenômeno análogo à ferroeletricidade, apresentado no Capítulo 6 (veja Seção 6.6).

Tabela 7.5 – Temperatura de Curie T_C para diversos elementos, compostos e ligas ferromagnéticas

Material	T_C (K)	Material	T_C (K)	Material	T_C (K)
Fe	1043	$CrBr_3$	37	$NbCo_5$	910
Co	1388	CrI_3	68	$SmCo_5$	973
Ni	627	CrO_2	386	$Nd_2Fe_{14}B$	573
Gd	293	CrTe	339	PtCo	753
Tb	220	EuO	77	Au_2MnAl	200
Dy	87	EuS	16,5	Cu_2MnAl	630
Ho	20	Fe_2B	1043	Cu_2MnIn	500
Er	32	Fe_2P	215	$BaO.6Fe_2O_3$	723
Tm	32	Fe_3C	483	$CuO.Fe_2O_3$	728
Mn_4N	743	FeB	598	$MnO.Fe_2O_3$	573
MnAs	318	$FeBe_5$	75	$FeO.Fe_2O_3$	858
MnB	578	$LaCo_5$	840	$NiO.Fe_2O_3$	848
MnBi	670	$CeCo_5$	653	$MgO.Fe_2O_3$	713

Material	T_C (K)	Material	T_C (K)	Material	T_C (K)
MnSb	587	$PrCo_5$	893	$SrO.6Fe_2O_3$	723
MnSi	34	---	---	---	---

Fonte: Kittel, 2006; Ketterson, 2016.

Ao serem resfriados abaixo da temperatura crítica, os materiais ferromagnéticos apresentam magnetização espontânea e permanente. Em outras palavras, isso significa que o material é capaz de magnetizar-se mesmo na ausência de campo aplicado e permanecer permanentemente magnetizado, mesmo com campo nulo. Conforme veremos mais adiante, a intensidade da magnetização que surge abaixo de T_C cresce com a redução da temperatura, e é máxima em temperatura do zero absoluto, $T = 0$ K. No entanto, em aparente contradição com essas propriedades, um material ferromagnético em geral não apresenta indícios de magnetização macroscópica, como é o caso de qualquer pedaço de ferro comum que encontramos em nosso dia a dia. No entanto, caso seja submetido à ação de um campo magnético, esse material poderá ser magnetizado ($M \neq 0$), e assim vai permanecer, mesmo na ausência de campo, até que seja desmagnetizado de alguma outra maneira. A permeabilidade e a susceptibilidade magnéticas de um material ferromagnético não podem ser definidas de forma unívoca, uma vez que dependem do histórico do material. Esses fenômenos não lineares formam as bases das importantes aplicações tecnológicas desses materiais.

Enquanto no caso do paramagnetismo os dipolos magnéticos são independentes, ou seja, não interagem entre si, mas apenas com o campo aplicado, no ferromagnetismo, os momentos magnéticos interagem uns com os outros para se alinharem espontaneamente em determinada direção. Dessa forma, o ferromagnetismo é um fenômeno coletivo ou cooperativo, que se caracteriza por um ordenamento espontâneo dos momentos magnéticos, e, por este motivo, os materiais ferromagnéticos são classificados como materiais magnéticos ordenados. Consequentemente, a mudança do comportamento ferromagnético para paramagnético que ocorre na temperatura crítica T_C é considerada, do ponto de vista magnético, uma *transição de fase* ordem-desordem.

P. Weiss, em 1907, foi o primeiro a formular um modelo capaz de explicar satisfatoriamente o comportamento de um material ferromagnético na faixa de temperaturas acima da temperatura crítica ($T > T_C$). Nessa situação, conforme mencionado, o material apresenta comportamento paramagnético. Tomando o caso do material paramagnético como ponto de partida (veja Seção 7.5), Weiss introduziu uma interação entre os momentos magnéticos, na forma de um campo magnético interno efetivo, que denominou *campo molecular* e que atua em superposição ao campo magnético aplicado.[12] Esse campo, no entanto, não é um campo magnético real, que obedece às equações de Maxwell, mas um campo fictício extremamente intenso, cuja intensidade é muito maior que o campo magnético aplicado ou o campo gerado pelos próprios momentos magnéticos dos átomos do sólido.

O modelo de Weiss supõe que cada momento magnético interage com uma magnetização média resultante da contribuição de todos os outros dipolos. Dessa forma, o campo molecular deve ser proporcional à magnetização do sólido, e o campo resultante H_R que atua sobre os momentos magnéticos pode ser escrito como a soma do campo externo aplicado com o campo molecular, ou seja:

$$\vec{H}_R = \vec{H} + \vec{H}_m = \vec{H} + \lambda\vec{M} \tag{7.40}$$

Em que $\vec{H}$ é o campo externo aplicado, $\vec{H}_m = \lambda\vec{M}$ é o campo molecular e λ é uma constante de proporcionalidade. Utilizando-se 7.7 e a expressão da lei de Curie (equação 7.31), pode-se escrever para a magnetização:

$$\vec{M} = \chi\left(\vec{H} + \lambda\vec{M}\right) = \frac{C}{T}\left(\vec{H} + \lambda\vec{M}\right) \tag{7.41}$$

Em que a última expressão foi escrita, pois estamos considerando a região paramagnética ($T > T_C$). Assim, a expressão para a magnetização fica:

$$\vec{M} = \frac{C}{T - \lambda C}\vec{H} \tag{7.42}$$

Ou seja:

$$\chi = \frac{C}{T - T_C} \qquad \left(T > T_C\right) \tag{7.43}$$

que é a chamada *lei de Curie-Weiss*, em que a temperatura crítica é $T_C = \lambda C$.

12 A denominação "campo molecular", no entanto, não é precisa, pois não envolve a interação entre moléculas, mas, sim, entre átomos.

Essa expressão mostra que, à medida que a temperatura se aproxima da temperatura crítica, a susceptibilidade de um material ferromagnético aumenta, de forma semelhante ao que ocorre no paramagnetismo quando a temperatura tende ao zero absoluto. Isso significa que, nesse caso, também ocorre um mecanismo competitivo entre o alinhamento dos momentos magnéticos com o campo externo (porém, reforçado pelo campo de molecular) e a desordem relacionada à temperatura. A temperatura crítica, que depende do material considerado, é a temperatura abaixo da qual o material se torna ferromagnético, ou seja, abaixo da qual os momentos magnéticos se alinham, e o material passa a apresentar magnetização espontânea.

De uma forma geral, há um excelente acordo entre dados experimentais e o comportamento previsto pela lei de Curie-Weiss (Equação 7.43). A Figura 7.14a mostra a variação do inverso da susceptibilidade magnética do níquel puro em uma extensa faixa de temperatura. Verifica-se um bom acordo entre teoria e experimento para temperaturas acima da temperatura crítica (T_C = 654 K, neste caso) até cerca de 1.150 K. Para temperaturas mais altas, observa-se um certo desvio em relação ao comportamento previsto pela teoria.

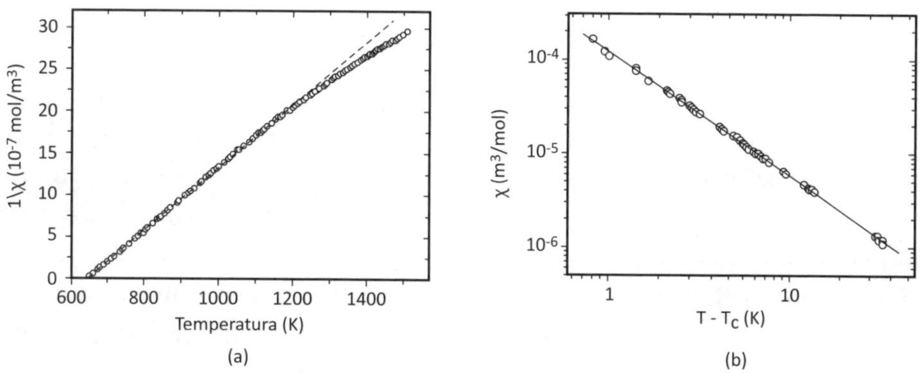

Figura 7.14 – (a) inverso da susceptibilidade magnética em função da temperatura para o níquel puro. A linha tracejada corresponde ao ajuste linear aos dados; e (b) susceptibilidade magnética do ferro em função de $T - T_C$ em escala log-log. A reta representa um ajuste linear aos dados experimentais com coeficiente angular igual a -4/3, em concordância com a Equação 7.44.

Fonte: Arajs, 1963, 1964.

É importante acrescentar, entretanto, que, para temperaturas muito próximas de T_C, o comportamento da susceptibilidade em função da temperatura se desvia da lei de Curie-Weiss, na seguinte forma:

$$\chi = \frac{C}{\left(T - T_C\right)^{\gamma}} \tag{7.44}$$

Em que γ é o chamado *expoente crítico*, cujo valor previsto teoricamente é 4/3. O ferro puro é um exemplo desse comportamento. A Figura 7.14b mostra a variação da susceptibilidade magnética do ferro com a temperatura na região próxima à temperatura crítica. O gráfico log-log apresenta um comportamento linear com coeficiente angular -4/3, em bom acordo com a previsão teórica. Valores de expoentes críticos para alguns materiais ferromagnéticos estão apresentados na Tabela 7.6.

Tabela 7.6 – Expoente crítico para alguns elementos e compostos ferromagnéticos

Material	γ
Fe	1,33
Co	1,21
Ni	1,35
Gd	1,3
$CrBr_3$	1,215
CrO_2	1,63

Conforme mencionado, a transição do comportamento paramagnético para o ferromagnético, que ocorre quando se resfria o material abaixo da temperatura crítica T_C, nada mais é que uma transição entre uma fase em que os momentos magnéticos apontam em direções aleatórias para outra na qual estão alinhados, ou seja, uma transição de uma fase magneticamente desordenada para uma fase magneticamente ordenada. Essa é, portanto, uma transição de fase relacionada apenas à orientação relativa de seus momentos magnéticos, que não está associada a nenhuma modificação estrutural e não requer deslocamentos atômicos. Dessa forma, os valores de temperatura crítica listados na Tabela 7.5 não têm correspondência ou relação alguma com mudanças de fases estruturais ou cristalinas que eventualmente esses materiais possam apresentar.[13]

7.6.1 MAGNETIZAÇÃO ESPONTÂNEA

Na região ferromagnética ($T < T_C$), o material apresenta uma magnetização espontânea (com campo nulo), mas o alinhamento dos momentos magnéticos não é total,

13 Por exemplo, no caso do ferro, a transição da fase alfa (ccc) para a fase gama (cfc) ocorre à temperatura de 912 °C (1185 K), enquanto a transição entre as fases paramagnética e ferromagnética se dá a 770 °C (1043 K).

conforme já mencionado. Nesse caso, os efeitos térmicos também possuem importância, fazendo com que a magnetização espontânea dependa da temperatura, partindo de zero quando $T = T_C$ e aumentando quando a temperatura diminui. O alinhamento total dos momentos magnéticos ocorre somente à temperatura nula ($T = 0$ K), quando a agitação térmica é mínima.

Para se calcular a magnetização de um material ferromagnético, pode-se utilizar a equação de Langevin para a magnetização do material paramagnético (Equação 7.29), substituindo-se o campo magnético pelo campo total, que é igual à soma do campo aplicado com o campo molecular:

$$M = nmL(x) \tag{7.45}$$

Em que $L(x)$ é a função de Langevin, sendo x, nesse caso, dado por:

$$x = \frac{m\mu_0 (H + \lambda M)}{k_B T} \tag{7.46}$$

As Equações 7.45 e 7.46 não possuem solução analítica para a magnetização M. Na região paramagnética ($T < T_C$), a única solução para essa equação com $H = 0$ é $M = 0$, ou seja, magnetização nula, conforme era esperado. No entanto, para $T < T_C$ pode-se mostrar que existe uma solução tal que $M \neq 0$, mesmo com $H = 0$. Por exemplo, para temperatura nula, tem-se que $L(\infty) = 1$ e, logo, $M = nm$, que corresponde ao alinhamento completo dos *spins*, mesmo na ausência de campo aplicado.

Vamos analisar o caso em que o campo aplicado é nulo. Fazendo-se $H = 0$ em 7.45 e 7.46, obtém-se as seguintes equações para a magnetização:

$$M = nmL(x) \text{ e } M = \frac{k_B T}{\mu_0 m\lambda} x \tag{7.47}$$

As soluções possíveis podem ser encontradas graficamente, bastando, para isto, encontrar os pontos de interseção entre as duas expressões 7.47, conforme mostra a Figura 7.15. Pode-se mostrar que, para $T < T_C$, as duas curvas se interceptam em dois pontos, $M = 0$ e $M \neq 0$. Por outro lado, para $T \geq T_C$, o coeficiente angular da reta é tal que as curvas se cruzam apenas na origem.

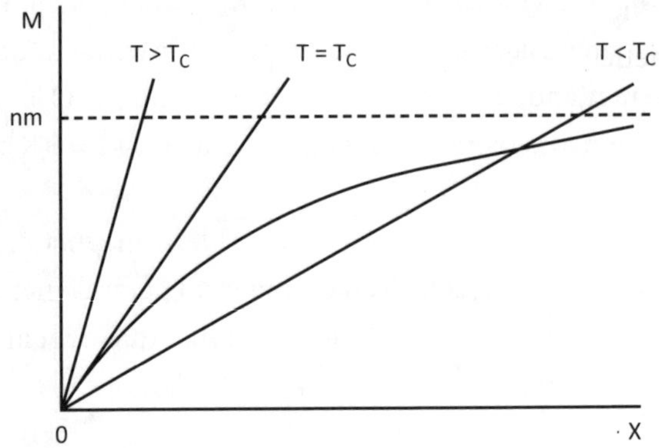

Figura 7.15 – Solução gráfica para as equações 7.47 a diferentes temperaturas, com campo aplicado nulo (veja texto).

A temperatura crítica T_C pode ser determinada igualando-se os coeficientes angulares das duas equações 7.47 na origem ($x = 0$), ou seja:

$$\frac{1}{3}nm = \frac{k_B T_C}{\mu_0 m \lambda} \tag{7.48}$$

O que leva a obter:

$$T_C = \frac{\lambda \mu_0 n m^2}{3k_B} \tag{7.49}$$

Assim, vê-se que a temperatura crítica é proporcional à constante λ. Isso significa que, quanto mais intenso o campo molecular, mais alta será a temperatura crítica, pois, quanto mais forte for a interação entre os momentos magnéticos, maior deve ser a energia térmica necessária para vencer o ordenamento magnético e induzir a transição para a fase paramagnética desordenada.

A partir do conhecimento da temperatura crítica de um dado material, pode-se utilizar a Equação 7.49 para se obter a constante λ e, consequentemente, estimar o campo molecular:

$$H_m = \lambda M = \frac{3k_B T_C}{\mu_0 m} \tag{7.50}$$

Exemplo 7.7: estime o valor da constante λ e do campo molecular para um material ferromagnético hipotético com temperatura crítica $T_C = 1.000$ K, contendo 5,0 x 10^{22} cm^{-3} momentos magnéticos atômicos iguais a um magneton de Bohr.

$$\lambda = \frac{3k_B T_C}{\mu_0 n m^2} = \frac{3k_B T_C}{\mu_0 n \mu_B^2} = \frac{3x1,38x10^{-23}x1000}{4\pi x10^{-7}x5x10^{28}x(9,27x10^{-24})^2} = 7,67x10^3$$

$$H_m = \frac{3k_B T_C}{\mu_0 m} = \frac{3k_B T_C}{\mu_0 \mu_B} = \frac{3x1,38x10^{-23}x1000}{4\pi x10^{-7}x9,27x10^{-24}} = 3,55x10^9\ A/m$$

O valor obtido para H_m corresponde a um campo magnético extremamente intenso, $B_m = \mu_0 H_m = 4,46 \times 10^3$ T. Esse valor de campo é mais de uma ordem de grandeza superior ao campo magnético mais intenso já produzido em laboratório. Essa é mais uma indicação no sentido de que o campo molecular, na realidade, não é um campo magnético real, mas um campo fictício, um artifício do modelo de Weiss.

A Figura 7.16 mostra resultados experimentais obtidos para a magnetização em função da temperatura para o ferro, níquel e cobalto. De forma a permitir a comparação entre os três metais, os dados apresentados estão normalizados, ou seja, na forma de uma magnetização relativa M / M_0 em função de T / T_C. Nota-se que, dessa maneira, os dados experimentais recaem sobre uma única curva. O alinhamento dos *spins* é quase total (mais de 90%) para temperaturas abaixo de 0,5 T_C, aproximadamente, e cai rapidamente a zero à medida que a temperatura se aproxima da temperatura crítica. Esse comportamento é característico de um fenômeno coletivo em que os momentos magnéticos cooperam mutuamente para produzir o alinhamento numa certa direção.

Por meio de um procedimento análogo ao descrito, pode-se obter a dependência da magnetização com a temperatura prevista pelo modelo clássico de Langevin. A Figura 7.16 (linha tracejada) mostra, entretanto, que essa dependência não reproduz bem o resultado experimental. Por outro lado, a equação obtida a partir do modelo de Brillouin com $J = ½$ (Equação 7.32, linha cheia) se ajusta aos dados experimentais.

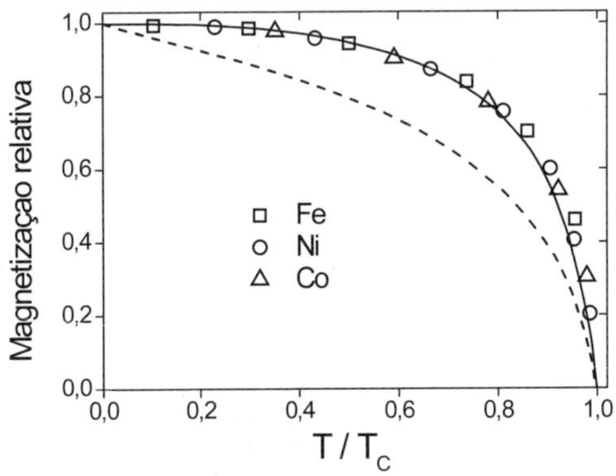

Figura 7.16 – Magnetização espontânea relativa para ferro, níquel e cobalto em função da temperatura normalizada T / T_C. Os pontos correspondem aos resultados experimentais, e as curvas, às expressões teóricas relativas à função de Langevin (linha tracejada) e à função de Brillouin com $J = ½$ (linha cheia).

Fonte: Tyler, 1931.

7.6.2 ORIGENS DO FERROMAGNETISMO

Conforme foi dito anteriormente, o fenômeno do ferromagnetismo ocorre como resultado da interação entre os momentos magnéticos permanentes de átomos ou moléculas e tem origem nos *spins* de elétrons de camadas atômicas internas incompletas (os íons de Fe, Ni e Co são metais de transição que possuem a camada 3d incompleta). Na tentativa de se obter uma pista a respeito das origens do ferromagnetismo, pode-se fazer uma estimativa simples do campo magnético criado por um momento magnético a uma distância igual à distância interatômica, obtendo-se um valor da ordem de apenas 10^{-1} T (veja Exercício 14). Mesmo se os campos criados por todos os momentos magnéticos do sólido fossem somados, ainda assim, o campo magnético obtido seria muitas ordens de grandeza inferior ao campo molecular (veja Exemplo 7.7). Esse resultado permite concluir, portanto, que o campo molecular não pode ser explicado com base em uma interação magnética entre os momentos magnéticos do material ferromagnético.

Por mais surpreendente que possa parecer, a mecânica quântica mostra que a interação entre os momentos magnéticos que dá origem ao ferromagnetismo, conhecida por *interação de troca* (em inglês, *exchange*), é de natureza elétrica, e não magnética. A energia das interações elétricas é algumas ordens de grandeza superior à das interações magnéticas e, portanto, suficientemente intensa para explicar o acoplamento entre os momentos magnéticos observado no ferromagnetismo.

A interação de troca é um fenômeno puramente quântico, logo não pode ser compreendida com base em argumentos da física clássica. De forma a se entender qualitativamente as origens dessa interação, deve-se recordar o que ocorre quando dois átomos interagem entre si ao realizarem uma ligação covalente, como no caso de uma molécula diatômica. Esse problema foi abordado brevemente no Capítulo 5. Na molécula, além das interações atrativas entre elétrons e núcleos e as interações repulsivas dos elétrons entre si e dos núcleos entre si, há uma interação puramente quântica atrativa entre os elétrons com seus *spins* orientados em sentidos opostos, de forma a satisfazer ao princípio de exclusão de Pauli, que permite que a molécula permaneça ligada. Caso esses elétrons tivessem seus *spins* orientados no mesmo sentido, essa interação seria repulsiva, e a molécula seria dissociada. Essa interação entre dois elétrons que se localizam na região do espaço entre os núcleos dos dois átomos, é a interação de troca. Embora a energia de interação entre os elétrons seja elétrica (coulombiana), tem sua origem na correlação entre as direções dos *spins* dos dois elétrons.

A interação de troca atua somente a distâncias muito pequenas, pois depende essencialmente da superposição entre as funções de onda dos orbitais eletrônicos envolvidos. Essa superposição pode ser expressa por meio de uma integral, denominada *integral de troca*, que depende dos orbitais envolvidos e da distância entre os átomos. Quando a integral de troca tem valor positivo, o alinhamento dos momentos magnéticos no mesmo sentido é favorecido, e quando seu valor é negativo os momentos magnéticos tendem a alinhar-se em sentidos opostos (antiparalelos).

No caso dos metais ferromagnéticos, o valor da integral de troca depende essencialmente da distância entre os orbitais dos elétrons 3d de átomos vizinhos. Assim, pode-se expressar essa integral em função da razão entre a distância interatômica e o raio desses orbitais ou, uma vez que a distância interatômica é aproximadamente o dobro do raio atômico ($r_0 = 2r_a$), em função da razão entre o raio atômico e o raio do orbital 3d, r_a / r_{3d}.

Considerando-se os elementos do 4º período da tabela periódica (que compreende os elementos ferromagnéticos) em ordem decrescente de número atômico, observa-se que, à medida que decresce o número atômico, r_d também diminui, enquanto em primeira aproximação, r_{3d} pode ser considerado aproximadamente constante. Assim, quando o raio é muito grande, a integral de troca é pequena, já que há pouca superposição entre os orbitais, mas é positiva e, logo, favorece o alinhamento dos momentos magnéticos no mesmo sentido. À medida que o número atômico diminui, a distância interatômica diminui, a superposição entre os orbitais 3d aumenta, e, assim, a integral de troca aumenta de valor até atingir um máximo e, em seguida, diminui de valor e cai a zero. Se a distância interatômica diminui ainda mais, a integral de troca passa a apresentar valores negativos, de forma semelhante ao que ocorre em uma molécula diatômica, favorecendo o alinhamento antiparalelo dos momentos magnéticos.

A Figura 7.17 mostra um gráfico qualitativo da variação da integral de troca em função da razão r_d / r_{3d}. Os elementos Fe, Co e Ni (números atômicos, $Z = 26$, 27 e 28) apresentam valores de r_d / r_{3d} que se situam na região em que a integral de troca é positiva e, portanto, são ferromagnéticos. O Mn ($Z = 25$), por outro lado, apresenta raio atômico menor que os demais e, consequentemente, se situa na região em que essa integral é negativa. O mesmo ocorre com o Cr ($Z = 24$). Conforme veremos mais adiante, materiais que apresentam alinhamento dos momentos magnéticos em sentidos opostos são antiferromagnéticos. Metais de transição com camadas eletrônicas 4d ou 5d incompletas (Ru, Rh, Pd, Os, Ir ou Pt, por exemplo) não apresentam ferromagnetismo, pois o diâmetro dos orbitais d desses elementos é grande demais. A curva da Figura 7.17 também permite entender por que determinadas ligas e compostos de elementos que não são ferromagnéticos, como o manganês e o cromo, podem apresentar ferromagnetismo. Por exemplo, ligas como Cu_2MnSn, Cu_2MnAl e Au_2MnAl, e compostos como MnBi, MnSb e Mn_4N (veja Tabela 7.5) são ferromagnéticos, pois, nesses materiais, a distância entre os átomos de manganês é maior que no metal puro, fazendo com que a integral de troca apresente valores positivos, dando origem ao comportamento ferromagnético.

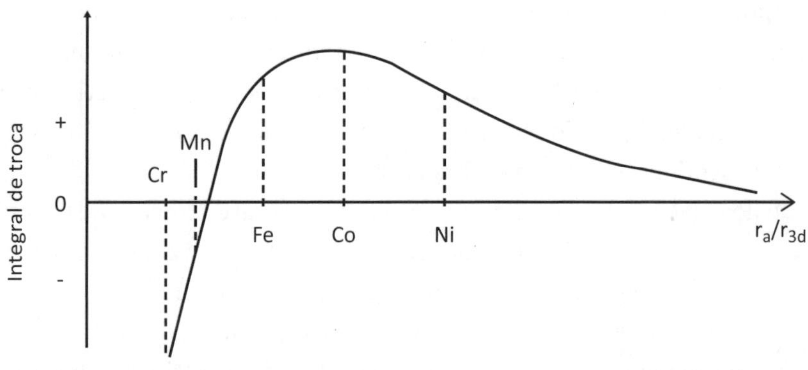

Figura 7.17 – Integral de troca em função do quociente entre o raio atômico e o raio da órbita 3d. Os elementos para os quais a integral de troca é positiva são ferromagnéticos; os que têm integral de troca negativa são antiferromagnéticos.

A argumentação apresentada se baseia na suposição de que os *spins* ou momentos magnéticos que dão origem ao ferromagnetismo estão associados a orbitais atômicos incompletos, ou seja, estados eletrônicos localizados nos átomos da rede. Se esse fosse realmente o caso, no que concerne ao ferro, cada íon de Fe^{+2} deveria contribuir com 4 elétrons 3d desemparelhados, ou seja, cada átomo deveria possuir um momento magnético $m = 4\ \mu_B$. No entanto, a partir da medida da magnetização de saturação do ferro ($M_S = 1{,}71 \times 10^6$ A/m), obtém-se um momento magnético de apenas $m = 2{,}2\ \mu_B$ por átomo, aproximadamente (veja Exercício 17). Essa discrepância se deve ao fato de que no metal, os estados eletrônicos envolvidos não são bem descritos por orbitais atômicos localizados, mas, sim, por estados coletivos, não localizados, que formam bandas de energia (veja Capítulo 5).

Nos metais de transição, como é o caso do Fe, Co e Ni, os orbitais 3d formam uma banda que se superpõe à banda formada pelos orbitais 4s. O número total de elétrons 3d + 4s deve se distribuir por essa banda, ocupando os estados até uma energia máxima, que é a energia de Fermi E_F. No entanto, conforme visto, apenas os elétrons que ocupam estados 3d são responsáveis pelo ferromagnetismo. No caso dos metais Fe, Co e Ni, essa banda está parcialmente ocupada por elétrons e parte dela está desocupada. A Figura 7.18 representa, de maneira esquemática, uma banda 3d parcialmente ocupada. Assim, sendo N o número total de elétrons nesta banda, $N/2$ elétrons tem seu *spin* apontando em uma dada direção, e $N/2$ apontam na direção contrária (Figura 7.18a). Nessa situação, a magnetização total é nula.

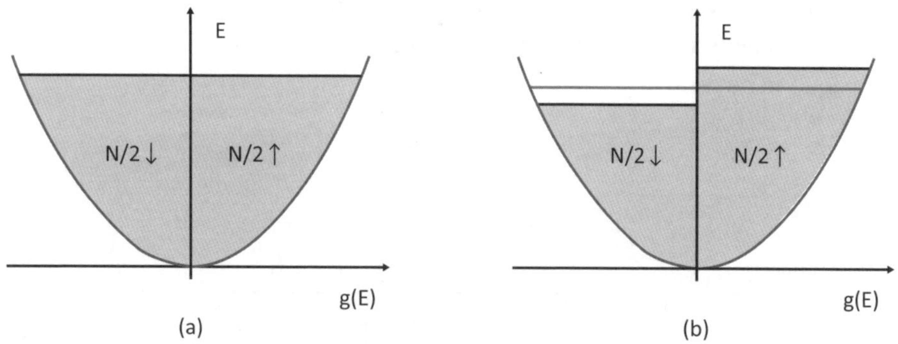

Figura 7.18 – Representação esquemática da banda 3d parcialmente ocupada por um número total de N elétrons, (a) na ausência e (b) na presença da interação de troca.

No entanto, se uma parcela dos elétrons inverter o sentido de seu *spin*, como resultado da interação de troca, então, haverá uma diferença δN no número de *spins* que apontam nos dois sentidos, dando origem à magnetização (Figura 7.18b). A magnetização será, então, relacionada à diferença entre as duas populações de elétrons, e não ao número total de elétrons existentes na banda 3d. Por esse motivo, o momento magnético médio observado nos metais ferromagnéticos é consideravelmente menor que o número de elétrons desemparelhados por íon do metal. Note que, caso a banda estivesse totalmente ocupada por elétrons, a inversão de sentido dos *spins* não poderia ocorrer, por não haver estados disponíveis e, portanto, não haveria magnetização.

7.6.3 DOMÍNIOS FERROMAGNÉTICOS

Como é possível explicar que utensílios de ferro (ou outro metal ferromagnético) com os quais lidamos no dia a dia estejam desmagnetizados à temperatura ambiente e que seja necessário aplicar um campo externo para magnetizá-los se, conforme vimos, os materiais ferromagnéticos devem apresentar magnetização espontânea abaixo de sua temperatura crítica?

A resposta a essa pergunta reside no fato de que os materiais ferromagnéticos, de uma maneira geral, não se magnetizam completamente em uma só direção.

Os materiais ferromagnéticos apresentam-se divididos em regiões ou domínios magnéticos, também denominados *domínios de Weiss*. Cada domínio magnético se encontra magnetizado completamente em uma única direção, porém, as direções de magnetização dos diferentes domínios são distintas. Dessa forma, a magnetização total macroscópica do material, que é a soma das magnetizações de todos os seus domínios, pode assumir valores muito pequenos, ou mesmo nulos (Figura 7.19). Em consequência, o campo magnético externo, gerado pela magnetização do material, também será muito pequeno ou nulo.

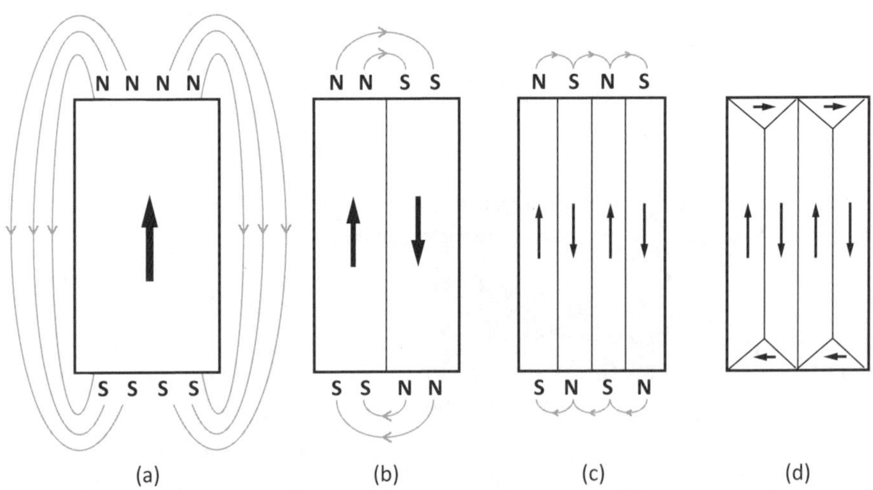

Figura 7.19 – Ilustração esquemática da formação de domínios magnéticos que leva à diminuição do campo magnético externo. Nas situações (a), (b) e (c), a energia armazenada no campo magnético externo é quase inversamente proporcional ao número de domínios. Em (d), essa energia é virtualmente nula, resultante da formação dos domínios em forma de prismas triangulares (domínios de fechamento) nas faces superior e inferior da amostra, com paredes formando ângulos de 45º com a direção de magnetização dos domínios adjacentes.

A existência de domínios magnéticos pode ser compreendida considerando-se que a energia magnética total do material magnético deve ser mínima. São três as contribuições mais importantes para essa energia:

a) a energia de troca entre os *spins* dos átomos vizinhos (que, para um material ferromagnético, é mínima quando estão alinhados no mesmo sentido);
b) a energia entre os momentos magnéticos dos átomos e a rede cristalina (que é mínima quando os momentos estão alinhados ao longo das direções de menor energia; ver Seção 7.6.4); e
c) a energia magnetostática do sistema, armazenada no campo magnético existente dentro e fora do material.

A formação de domínios magnéticos, ilustrada na Figura 7.19, contribui para a redução da terceira parcela, ou seja, da energia magnetostática, pois reduz ao mínimo o campo magnético externo.

A formação de um novo domínio leva a um decréscimo da energia magnética acumulada no campo, mas, por outro lado, também produz um aumento da energia de troca entre os *spins* dos átomos vizinhos na região da fronteira entre os domínios, uma vez que estes não apontam no mesmo sentido. Assim, o processo de formação de domínios é favorecido enquanto o decréscimo da energia armazenada no campo magnético externo for maior que o aumento da energia necessária para a formação de mais um domínio, fazendo com que novos domínios continuem sendo formados. No entanto, quando esse decréscimo se igualar ao aumento da energia de troca, não haverá mais ganho de energia, e a formação de domínios será interrompida.

Na região que separa dois domínios contíguos, conhecida por *paredes de Bloch*, os *spins* apontam em direções diferentes, embora a interação de troca favoreça o seu paralelismo. É necessário, portanto, um gasto de energia para formar essas paredes, que é proporcional à sua área total. Já a redução da energia magnética externa mencionada é proporcional ao volume dos domínios. A quantidade e forma dos domínios em que um material ferromagnético se divide depende da competição entre esses dois fatores e também das suas direções de fácil magnetização (vide Seção 7.6.4). Deve-se acrescentar, entretanto, que, à medida que se atravessa uma parede de Bloch, a orientação dos *spins* não muda de forma abrupta, pois isso seria extremamente desfavorável do ponto de vista energético, mas, sim, de maneira gradual, o que equivale a dizer que as paredes de domínio possuem uma certa "espessura", conforme ilustrado na Figura 7.20.

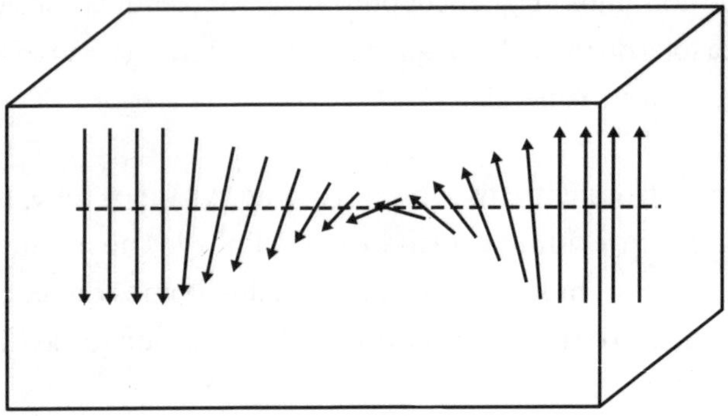

Figura 7.20 – Orientação dos momentos magnéticos em uma parede que separa dois domínios magnéticos adjacentes (parede de Bloch).

Os domínios de Weiss podem ser visualizados com o auxílio de diferentes técnicas experimentais. Uma delas, muito simples, chamada técnica de Bitter, consiste em espalhar uma suspensão coloidal de pó de material ferromagnético, como a magnetita, sobre uma superfície cuidadosamente polida do cristal ferromagnético e observar a superfície ao microscópio. As partículas do pó aderem às paredes de Bloch, atraídas por campos magnéticos intensos e não homogêneos que existem nestas regiões. Isso permite fotografar estas estruturas e observar o seu deslocamento, quando um campo magnético é aplicado. A Figura 7.21 mostra estruturas de domínios observadas em monocristais de ferro e de cobalto.

Quando se aplica um campo magnético externo a um material ferromagnético desmagnetizado, o material se magnetiza pois os domínios cujos momentos magnéticos apontam nas direções mais favoráveis, ou seja, paralelas ou aproximadamente paralelas ao campo magnético aplicado, crescem enquanto os domínios com orientações desfavoráveis diminuem de tamanho. O crescimento dos domínios "favoráveis" ocorre à custa dos domínios "desfavoráveis" como resultado do movimento das paredes de Bloch. Esse processo de movimento de paredes requer menos energia do que a rotação da magnetização dos domínios, pois esta é dificultada pelo fenômeno de anisotropia magnética, que será abordado em seguida. Em geral, a rotação da magnetização ocorre somente após ter cessado o crescimento dos domínios, caso o campo aplicado continue a aumentar significativamente. A saturação da magnetização (magnetização máxima) é alcançada quando momentos magnéticos de todas as regiões magnetizadas apontam na mesma direção do campo.

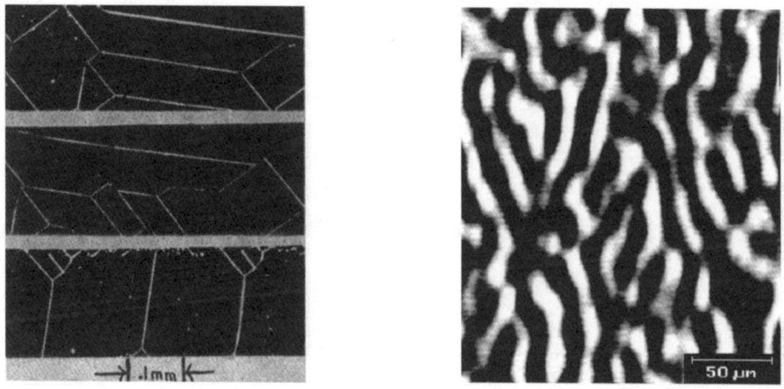

(a) (b)

Figura 7.21 – (a) estrutura de domínios na superfície (100) de monocristais de ferro e (b) em um monocristal de cobalto.

Fonte: Coleman, 1957; Smaja, 2006.

7.6.4 ANISOTROPIA MAGNÉTICA

Os cristais de materiais ferromagnéticos em geral se caracterizam por serem anisotrópicos, ou seja, suas propriedades magnéticas dependem da direção do campo aplicado. A Figura 7.22 mostra as curvas de magnetização M - H obtidas para monocristais de ferro, níquel e cobalto, com campos aplicados segundo as principais direções cristalinas desses três materiais. Segundo se pode observar, o campo necessário para alinhar completamente os momentos magnéticos, ou seja, atingir a magnetização total (magnetização de saturação) depende da direção de aplicação do campo. Dessa maneira, as direções cristalinas podem ser classificadas como de magnetização fácil, média ou difícil. A Tabela 7.7 mostra a classificação das diferentes direções cristalinas do ferro (estrutura cúbica de corpo centrado, ccc), níquel (cúbica de face centrada, cfc) e cobalto (hexagonal compacta, hc). O valor da magnetização de saturação, entretanto, não depende da direção de aplicação do campo.

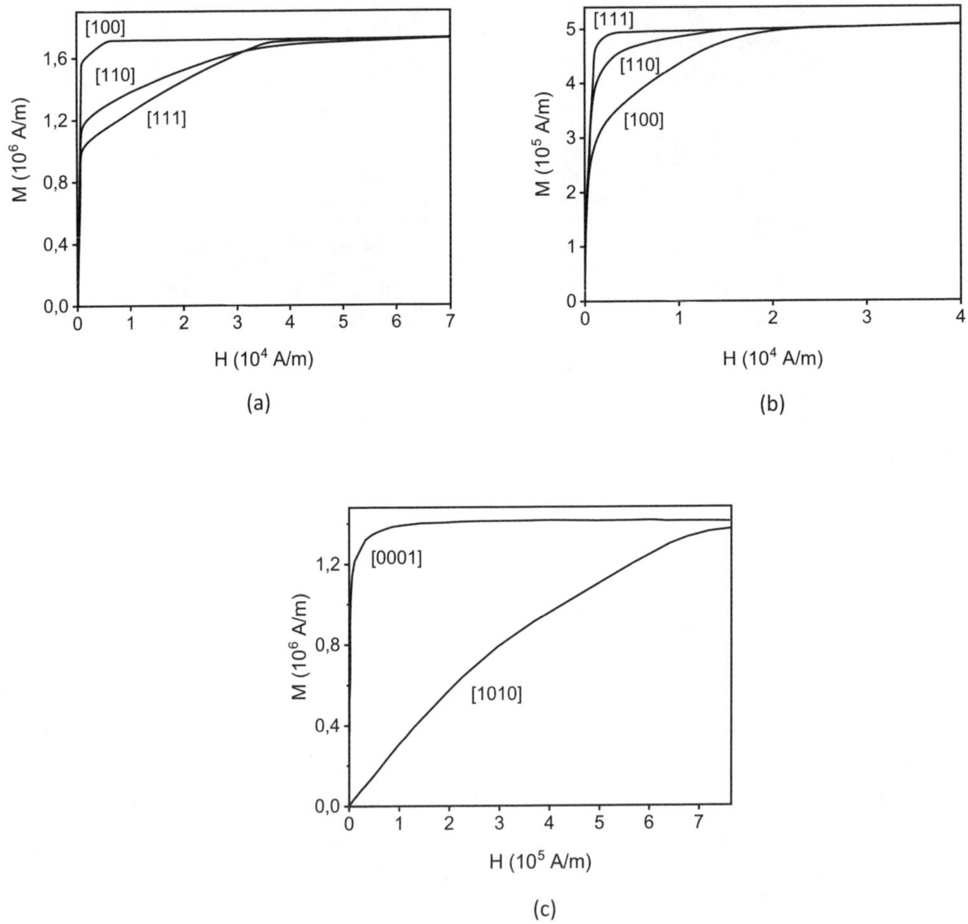

Figura 7.22 – Curvas de magnetização para monocristais de (a) ferro, (b) níquel e (c) cobalto em diferentes direções cristalinas.

Fonte: Cullity, 2009.

Tabela 7.7 – Direções de magnetização fácil, média e difícil para os cristais de ferro (estrutura ccc), níquel (estrutura cfc) e cobalto (estrutura hc)

Direções/Metais	Ferro	Níquel	Cobalto
Fácil	[100]	[111]	[0001]
Média	[110]	[110]	---
Difícil	[111]	[100]	[1010] [1120]

De acordo com o descrito, pode-se concluir que um material cristalino magnetizado espontaneamente terá seus domínios magnetizados segundo as direções de fácil magnetização, pois essa é a situação que exige menor energia. Assim, pode-se compreender as curvas de magnetização apresentadas na Figura 7.22a da seguinte forma: consideremos, por exemplo, um monocristal de ferro inicialmente desmagnetizado. Nessa situação, o cristal está dividido em grande número de domínios cuja magnetização aponta segundo as seis direções [100] equivalentes. Aplica-se, então, um campo magnético ao longo de uma dessas direções. À medida que o campo aumenta, crescem aqueles domínios cuja magnetização aponta no sentido do campo, enquanto os que apontam em sentido contrário diminuem de tamanho. Os domínios que apontam perpendicularmente ao campo giram sua magnetização entre duas direções fáceis, para se alinhar com o campo, até que o cristal seja formado por apenas um único domínio, com magnetização apontando na direção do campo. Dado que as paredes de domínio se movem com facilidade num monocristal, a saturação é atingida com campo relativamente baixo.

Suponhamos, agora, que o campo aplicado aponta segundo uma direção difícil, por exemplo, a direção [111]. À medida que o campo cresce, as paredes de Bloch se movimentam de forma a eliminar os domínios cuja magnetização (que aponta nas direções fáceis) possui componente no sentido contrário do campo, e faz com que a amostra seja formada apenas por domínios cujas magnetizações apontam em uma das três direções fáceis que possuem componentes da magnetização no mesmo sentido do campo. Isso ocorre com campos baixos. No entanto, em seguida, para que a magnetização continue aumentando, é necessário mudar a direção de magnetização desses domínios, isto é, girar a magnetização de uma direção fácil [100] para uma direção difícil [111], o que exige campos mais altos. Por esse motivo, a curva de magnetização passa a apresentar uma inclinação menor, e a saturação somente é atingida com campos muito mais intensos que no caso anterior.

A espessura das paredes de Bloch também depende da anisotropia magnética existente no material. Conforme mencionado na seção anterior, a mudança de orientação dos momentos magnéticos na interface entre dois domínios contíguos, não pode ser abrupta, pois isso é desfavorável do ponto de vista energético, uma vez que aumenta a interação de troca, que favorece o alinhamento. Por outro lado, a anisotropia age no sentido contrário. Se os *spins* de um domínio apontam numa direção fácil, e os do domínio vizinho, na direção oposta (que também é uma direção fácil), qualquer orientação intermediária é desfavorecida pela anisotropia magnética do cristal. Assim, uma mudança de orientação abrupta de um domínio para outro, implica grande quantidade de energia de troca, mas pouca energia de anisotropia, enquanto uma mudança gradual é favorável do ponto de vista da interação de troca, mas desfavorável do ponto de vista da anisotropia. Em cristais onde a anisotropia magnética é pequena, as paredes de domínio podem ter espessuras grandes, da ordem de 10 μm, enquanto, nos casos em que a anisotropia é grande, essa espessura pode ser tão estreita quanto 300 nm.

7.6.5 MAGNETOSTRICÇÃO

Quando um material é submetido à ação de um campo magnético, suas dimensões são alteradas (reduzidas ou aumentadas) na direção de aplicação do campo. Esse fenômeno, descoberto por J. P. Joule em 1842, é conhecido pelo nome de *magnetostricção*. A magnetostricção, que pode ocorrer não apenas em materiais ferromagnéticos, mas em qualquer substância, é medida em termos de uma deformação resultante da aplicação do campo magnético, ou seja:

$$\lambda = \frac{dL}{L_0} \tag{7.51}$$

Em que L_0 é a dimensão inicial do material (na ausência do campo). A magnetostricção, portanto, é dependente da intensidade do campo aplicado e, em geral, também depende de sua direção de aplicação. Define-se a magnetostricção de saturação λ_s como o valor da magnetostricção quando a magnetização de saturação é atingida (veja seção a seguir). De maneira geral, quando se reporta a magnetostricção, refere-se à magnetostricção de saturação.

A magnetostricção é, de maneira geral, um fenômeno de pequena magnitude. Mesmo para os materiais ferromagnéticos, onde os campos são de grande intensidade, a magnetostricção de saturação corresponde a uma variação dimensional relativa da ordem de apenas 10^{-5}. Em casos excepcionais, como no de algumas ligas de terras raras, como a liga Terfenol-D, cuja fórmula é $Tb_xDy_{1-x}Fe_2$ ($x \cong 0.3$), λ_s pode atingir valores tão grandes quanto 2×10^{-3}.

A Figura 7.23 apresenta valores de magnetostricção para três diferentes direções cristalinas de um monocristal de ferro, em função do campo aplicado. Nota-se que, nesse caso, a magnetostricção é positiva para uma certa direção de aplicação do campo, como [100], enquanto apresenta valores negativos para outras, como a direção [111]. Já ao longo da direção [110] a magnetostricção muda de sinal a partir de um certo valor do campo aplicado.

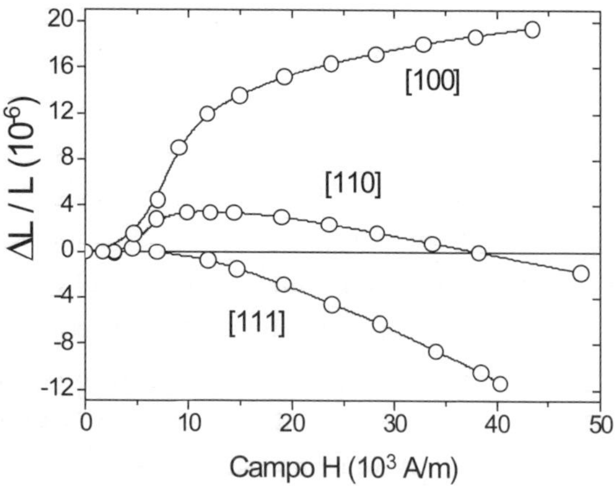

Figura 7.23 – Magnetostricção para diferentes direções de um cristal de ferro.

Fonte: Webster, 1925.

Uma vez que os materiais ferromagnéticos apresentam uma estrutura de domínios com diferentes direções de magnetização, o fenômeno de magnetostricção leva ao aparecimento de tensões mecânicas, pois a expansão ou contração de domínios vizinhos não se encaixa. De forma inversa, a presença ou aplicação de tensões mecânicas no material pode alterar a direção de magnetização, dando origem a direções "fáceis" locais, que dependem da presença de defeitos ou de impurezas. Isto afeta diretamente o movimento das paredes de domínio ao longo do material.

Quando um material sofre magnetostricção, seu volume praticamente não é afetado (há uma magnetostricção volumétrica muito pequena). Dessa forma, a magnetostricção transversal à direção do campo possui sinal contrário e vale a metade da magnetostricção longitudinal:

$$\lambda_t = -\frac{\lambda}{2} \qquad (7.52)$$

O fenômeno da magnetostricção é a causa do ruído (som) de baixa frequência típico emitido por transformadores de energia elétrica.

7.6.6 HISTERESE

Os materiais ferromagnéticos, em contraste com os materiais diamagnéticos e paramagnéticos, apresentam um comportamento não linear da magnetização em função do campo, ou seja, sua permeabilidade e susceptibilidade são dependentes do campo aplicado. De forma a compreender em maior detalhe estes efeitos não lineares, deve-se analisar o comportamento do material ferromagnético à medida que o campo é aplicado.

Suponhamos, por exemplo, um material ferromagnético inicialmente desmagnetizado em temperatura ambiente (abaixo da temperatura crítica). Nesse caso, os seus domínios estão magnetizados e apontam ao acaso, segundo as direções fáceis de magnetização. Se o campo for aplicado segundo uma direção arbitrária qualquer, os domínios cujas direções de magnetização apresentam componentes no mesmo sentido do campo serão favorecidos, enquanto aqueles que estiverem magnetizadas em sentido oposto serão desfavorecidos. À medida que o campo aplicado aumenta, o material se magnetiza na direção do campo, em decorrência do aumento de volume dos domínios favorecidos à custa dos demais domínios, que diminuem. Esse processo ocorre em decorrência da movimentação das paredes de domínio, como resultado da mudança de orientação dos momentos magnéticos situados em torno da região das paredes, que giram de uma direção desfavorecida para apontarem numa direção favorecida pelo campo. As Figuras 7.24a e b ilustram esquematicamente esse processo. Nessa situação, o campo no interior do material cresce rapidamente, conforme ilustra o gráfico $B - H$ da Figura 7.25a. Dessa maneira, a susceptibilidade magnética é grande, e a porção inicial da curva é reversível. Nessa etapa, não ocorre a rotação da magnetização dos domínios como um todo, pois essa rotação exige muita energia.

À medida que o campo aplicado continua a crescer, os domínios favorecidos aumentam seu volume progressivamente. No entanto, defeitos da estrutura cristalina agem como barreiras que dificultam o movimento das paredes de Bloch, de forma que é necessário um aumento extra do campo externo para serem transpostas, o que acontece bruscamente, por meio de pequenos saltos, conforme mostra o detalhe na Figura 7.25a. Isto leva a um efeito irreversível, pois é acompanhado de dissipação de energia. Nessa fase, a magnetização passa a crescer mais suavemente. Assim, os domínios favorecidos crescem até ocuparem o volume total da amostra, fazendo com que os domínios desfavorecidos desapareçam (Figura 7.24c e d).

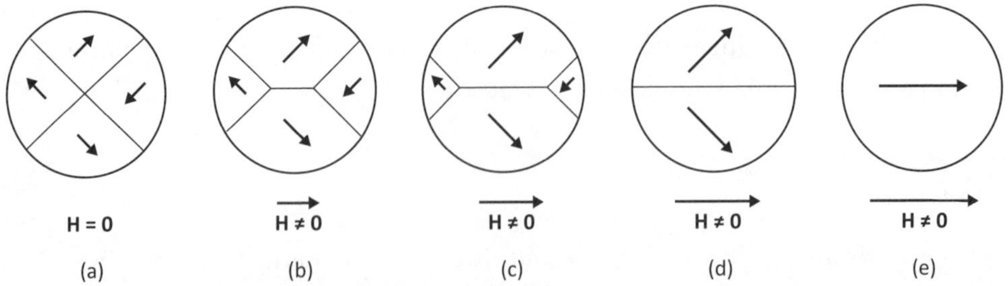

Figura 7.24 – Ilustração esquemática em duas dimensões do processo de magnetização de um material ferromagnético.

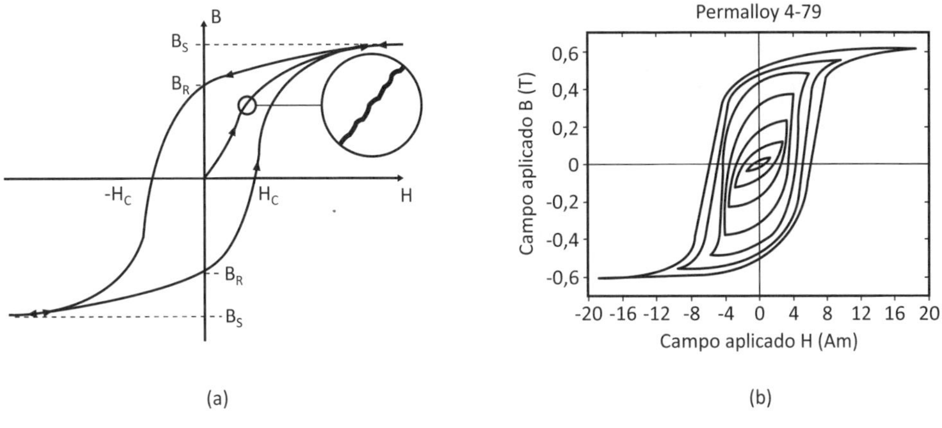

Figura 7.25 – (a) ciclo de histerese B - H para um material ferromagnético, em que estão assinaladas a remanência B_R, a coercividade H_C e o campo de saturação B_S e (b) ciclos de histerese da liga Permalloy 4-79.

Fonte: Heck, 1974.

Somente após essa situação ser atingida é que a magnetização dos domínios finalmente gira para se alinhar na direção do campo aplicado. Para atingir o patamar da curva, correspondente à magnetização de saturação, é necessário que a rotação da direção de magnetização ocorra: variações grandes do campo aplicado produzem pequenas variações de magnetização, uma vez que é preciso vencer a anisotropia magnética do material. A *magnetização de saturação* é atingida quando todo o material está magnetizado na mesma direção e no mesmo sentido do campo. A Figura 7.24e ilustra a situação final.

Se, após ter atingido a saturação, o campo externo for reduzido, a magnetização diminuirá gradativamente. Inicialmente, volta-se pelo mesmo caminho, o que significa que a rotação da direção de magnetização é um fenômeno reversível. Em seguida, a interação entre as paredes de domínios e as imperfeições da rede impede que os domínios voltem a desorientar-se completamente, fazendo com que a magnetização não volte a zero seguindo a curva inicial (veja Figura 7.25a). Assim, quando o campo aplicado se anula, ainda há um certo campo magnético no interior do material, denominado *remanência*, B_R (também conhecido como *retentividade*). O valor correspondente de magnetização é denominado *magnetização remanente* M_R. Dessa forma, pode-se dizer que o material "lembra" que foi magnetizado. Esse efeito de memória é uma das principais características dos materiais ferromagnéticos, pois é a base de uma de suas aplicações tecnológicas mais importantes, como meio de armazenamento de informação.

Se o sentido do campo aplicado for invertido, a magnetização é reduzida e anula-se somente quando o campo aplicado atingir o valor $-H_c$, chamado *força coercitiva* ou *coercividade*. A coercividade é tanto maior quanto mais imperfeições o material possui. Intensificando o valor do campo, a magnetização inverte seu sinal e aumenta (em módulo) até atingir novamente a saturação $- M_S$. Reduzindo-se novamente o campo externo até zero, teremos outro ponto de magnetização remanente $- M_R$, e, em seguida, aumentando o campo, voltamos à saturação M_S.

Dessa maneira, verifica-se que a magnetização de um material ferromagnético não está determinada unicamente pelo valor do campo aplicado, mas depende da "história" do material. A esse comportamento dá-se o nome de histerese (do grego "atraso"). Se a operação descrita for repetida diversas vezes, obtém-se uma curva fechada, que se repete sempre no sentido anti-horário, e que é denominada de *ciclo de histerese* (Figura 7.25a).

A interação entre as paredes de domínio em movimento e as tensões mecânicas existentes no sólido, relacionadas à presença de defeitos e impurezas, fazem com que esse movimento se dê em pequenos saltos. As paredes de domínio são momentaneamente aprisionadas e, em seguida, voltam a movimentar-se, dissipando energia e resultando numa variação descontínua da magnetização com o campo na região intermediária da curva de magnetização. Veja o detalhe na Figura 7.25a. Esse fenômeno pode ser verificado experimentalmente de forma simples. Para isso, basta enrolar uma segunda bobina em torno do material ferromagnético, além daquela que aplica o campo, a fim de captar pequenas variações de fluxo magnético. As variações bruscas da corrente induzida nessa bobina podem ser ouvidas em um altofalante como um ruído, após serem amplificadas. Esse é o chamado ruído ou *efeito Barkhausen*.

A Figura 7.25b apresenta uma família de curvas de histerese para uma liga Permalloy 4-79. Além do ciclo de histerese principal descrito, existe uma infinidade de outros ciclos menores que resultam caso o campo aplicado seja reduzido antes de atingir a saturação. À medida que os ciclos se tornam menores, seu formato se torna cada vez menos parecido ao formato de "S" do ciclo principal. Os parâmetros característicos correspondentes a esses ciclos são denominados *remanência aparente* e *coercividade aparente*.

É comum caracterizar um material ferromagnético por meio da curva de magnetização $B - H$ (ou, de forma análoga, da curva de magnetização $M - H$) obtida a partir do material desmagnetizado. Essa curva é conhecida como *curva de magnetização inicial*, ou curva virgem, e evidencia o comportamento não linear do campo magnético no interior do material, até atingir a saturação. A título de exemplo, a Figura 7.26a mostra a curva de magnetização inicial $B - H$ para um aço com 0,6% de carbono. Note que, nesse caso, a curva $B - H$ é praticamente idêntica à curva $M - H$, pois a magnetização é muito maior que o campo aplicado, o que acontece na maior parte dos casos ($M \gg H$, veja Seção 7.2 e Tabela 7.1), à exceção de materiais ferromagnéticos duros, conforme será visto adiante na Seção 7.6.7.2. No caso ilustrado na Figura 7.26, o campo aplicado chega a valores da ordem de 10^4 A/m, enquanto a magnetização atinge 10^6 A/m. Nos casos em que a condição $M \gg H$ não é satisfeita, a curva $M - H$ estabiliza ao atingir a saturação, enquanto a curva $B - H$ continua a crescer linearmente com o campo H, de acordo com a Equação 7.5.

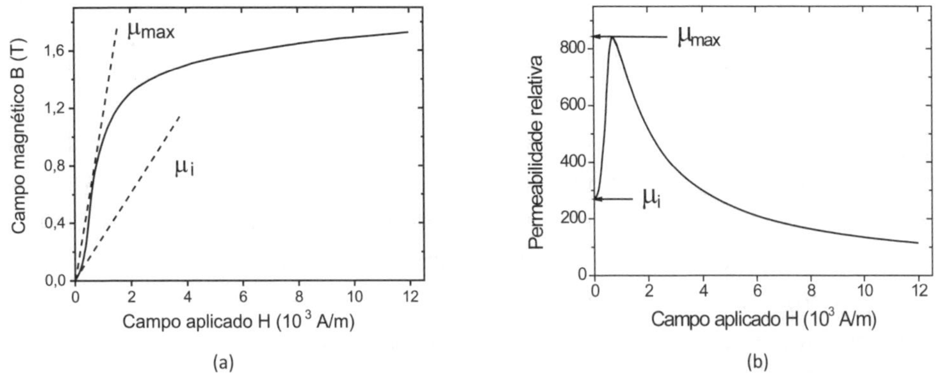

Figura 7.26 – (a) curva de magnetização inicial $B - H$ e (b) permeabilidade relativa em função do campo aplicado para o aço com 0,6% de carbono. As retas tracejadas representam as tangentes à curva de magnetização e permitem obter a permeabilidade inicial e permeabilidade máxima.

Fonte: Heck, 1974.

Uma vez que o comportamento da magnetização $B - H$ de um material ferromagnético não é linear, o valor da permeabilidade magnética, definida de acordo com a Equação 7.10, depende do valor campo aplicado, ou seja, $\mu = \mu\,(H)$. A Figura 7.26b mostra a variação da permeabilidade relativa do aço com 0,6% de carbono em função de H. É usual definir a permeabilidade inicial (μ_i) como a tangente à curva $B - H$ em $H = 0$, e a permeabilidade máxima (μ_{max}), como a tangente de máxima inclinação a essa curva, conforme ilustrado na Figura 7.26a. A permeabilidade relativa dos materiais ferromagnéticos pode atingir valores extremamente elevados, eventualmente maiores que 10^6, contrastando com os materiais diamagnéticos ou paramagnéticos, casos em que $\mu_r \cong 1$.

As curvas de histerese, que são simétricas em relação à origem, são uma demonstração de que a magnetização de um material ferromagnético é um processo irreversível do ponto de vista termodinâmico. O trabalho despendido em um ciclo de histerese é conhecido como *perda de histerese* e é dado por:

$$W_H = \oint \vec{H} \cdot d\vec{M} \tag{7.53}$$

Em que a integral apresentada deve ser tomada em um ciclo de histerese completo. Essa equação mostra que, na prática, para o computo da energia gasta em um ciclo, é necessário levar em conta apenas a componente da magnetização na direção paralela ao campo aplicado *H*.

NA PONTA DA CIÊNCIA E DA TECNOLOGIA

Gigante, colossal, extraordinário

Muitos materiais, quando submetidos a um campo magnético, apresentam uma variação de sua resistência elétrica. Esse fenômeno é conhecido por *magnetorresistência*. Na realidade, distintos fenômenos físicos podem resultar na variação da resistência elétrica por meio da aplicação de um campo magnético. Em um metal normal (não ferromagnético), a condução é feita por elétrons livres que transitam pelo material, ocasionalmente sofrendo colisões com impurezas, defeitos ou fônons (veja Capítulo 4, Seção 4.4.4). Com a aplicação de um campo magnético, os elétrons passam a descrever trajetórias espiraladas, aumentando a extensão de seu percurso no interior do metal e, assim, tendendo a sofrer maior número de colisões. Dessa forma, espera-se um aumento da resistência do metal com o campo magnético, e assim, a magnetorresistência, definida como a variação relativa da resistência $\Delta R / R$, será positiva. No entanto, para os metais comuns, esse efeito é de magnitude muito pequena e, consequentemente, não tem muita relevância do ponto de vista prático.

O fenômeno da magnetorresistência foi descoberto por Lord Kelvin em 1856. No experimento de Kelvin, uma barra (ou um fio) de um material condutor ferromagnético que transporta corrente é colocada em presença de um campo magnético, que aponta numa direção que faz um ângulo θ com a direção da passagem de corrente. De maneira geral, a magnetorresistência depende do ângulo entre o campo magnético aplicado e a direção da passagem de corrente, podendo eventualmente até mudar de sinal. Assim, a magnetorresistência pode ser negativa, quando o campo aplicado é perpendicular à direção da passagem da corrente; e positiva, quando o campo é paralelo a ela. Os valores da magnetorresistência no caso dos materiais ferromagnéticos são substancialmente maiores que no caso dos metais comuns. A magnetorresistência observada para o ferro é da ordem de 0,3%, enquanto, para o níquel, é de cerca de 3%. Em função da dependência no ângulo entre o campo e a direção da corrente, esse efeito é denominado de *magnetorresistência anisotrópica*, que também é observada em materiais semicondutores, especialmente em semicondutores dopados e de alta mobilidade dos portadores, como o antimoneto de índio (InSb).

A origem da magnetorresistência anisotrópica é totalmente distinta da magnetorresistência observada nos metais normais e é atribuída à interação entre os elétrons de condução (em geral, elétrons de orbitais s) com os elétrons responsáveis pela magnetização (elétrons de orbitais d). Esse efeito, denominado acoplamento *spin*-órbita, é puramente quântico e não encontra análogo na física clássica. Quando a direção de aplicação do campo magnético é alterada, a direção de magnetização muda correspondentemente, como mudam as nuvens eletrônicas dos orbitais dos elétrons d. Quando o campo é perpendicular à corrente, os orbitais se deformam, reduzindo o espalhamento dos elétrons de condução; e, quando o campo é paralelo, o espalhamento aumenta, aumentando a resistência.

Em 1988, A. Fert e P. Grumberg descobriram que uma estrutura "sanduíche", constituída por uma camada ou filme de material não ferromagnético entre duas camadas de materiais ferromagnéticos, apresenta uma grande diferença de sua resistividade (da ordem de 10%), dependendo da orientação relativa das magnetizações das duas camadas. A magnitude desse fenômeno, cerca de uma ordem de grandeza maior que a magnetorresistência anisotrópica, justificou sua denominação de *magnetorresistência gigante* (*giant magnetoresistance*, GMR), e sua descoberta levou à concessão do Prêmio Nobel de Física de 2007 aos seus descobridores. Esse fenômeno tem grande importância tecnológica e é base de inúmeras aplicações (Ennen, 2016). Por exemplo, é com base nesse fenômeno que os sensores utilizados atualmente em cabeças de leitura de discos rígidos magnéticos de computadores funcionam.

Dois mecanismos são fundamentais para se entender a GMR. Em primeiro lugar, o acoplamento entre as duas camadas ferromagnéticas depende da espessura da camada não magnética. Para pequenas espessuras da intercamada não magnética, as camadas magnéticas se acoplam ferromagneticamente, ou seja, com magnetizações paralelas. Para espessuras maiores, o acoplamento é antiferromagnético, ou seja, antiparalelo; depois, novamente ferromagnético, e assim por diante. À medida que a espessura aumenta, a intensidade do acoplamento entre as duas camadas diminui. O segundo mecanismo importante é que o transporte de elétrons entre as camadas magnetizadas depende da orientação dos seus *spins*. Assim, elétrons com *spin* para cima serão fortemente espalhados por uma camada magnetizada com *spins* para baixo, e vice-versa. Dessa maneira, a configuração em que as duas camadas estão magnetizadas antiparalelamente tem resistência elétrica maior que aquela em que estão magnetizadas paralelamente. Com a aplicação do campo externo, pode-se alternar entre essas duas situações, alterando o valor da resistência da estrutura.

Certos óxidos de manganês e terras raras (como $La_{.67}Ca_{.33}MnO_3$) apresentam magnetorresistência ainda maior, de 100% ou mais, num fenômeno conhecido por *magnetorresistência colossal*. Embora tenha sido observada inicialmente a baixas temperaturas, efeitos semelhantes já têm sido observados a temperaturas próximas da temperatura ambiente. A magnetorresistência colossal, entretanto, exige a aplicação de campos magnéticos muito grandes (da ordem de alguns Tesla). Outro fenômeno de magnetorresistência que pode atingir variações de até quatro ordens de grandeza foi descoberto por volta do ano 2000, a chamada *magnetorresistência extraordinária*. Nesse caso, trata-se da magnetorresistência geométrica, obtida em um dispositivo híbrido metal-semicondutor. Espera-se que essas descobertas abram novas e interessantes possibilidades de aplicações tecnológicas (Solin, 2004).[14]

7.6.7 MATERIAIS FERROMAGNÉTICOS

A depender de sua coercividade, os materiais ferromagnéticos podem ser classificados em duas categorias distintas. Os materiais ferromagnéticos moles ou doces são aqueles que apresentam pequenos valores de coercividade e, portanto, podem ser magnetizados e desmagnetizados facilmente. Já os materiais ferromagnéticos duros são magnetizados e desmagnetizados com maior dificuldade, pois apresentam valores de coercividade muito altos. A denominação dos materiais ferromagnéticos em moles e duros tem origem histórica, pois observou-se que amostras de ferro ou aço que se apresentavam duras do ponto de vista mecânico, eram magnetizadas com maior dificuldade, enquanto aquelas que eram mecanicamente macias podiam ser magnetizadas mais facilmente. Na realidade, entretanto, não é possível estabelecer uma correlação entre as propriedades mecânicas e magnéticas dos materiais. Mesmo assim, a denominação permaneceu. De uma forma geral, os ferromagnetos duros são aqueles que apresentam coercividade maior que cerca de 10 kA/m, enquanto os ferromagnetos moles possuem coercividades abaixo de cerca de 1,0 kA/m.

A Figura 7.27 apresenta os ciclos de histerese de alguns materiais ferromagnéticos. A liga Isoperm (Fe-Ni-Al), que apresenta remanência e coercividade extremamente baixas, características importantes para uso em transformadores, é um exemplo de material ferromagnético mole cuja curva de histerese está apresentada na Figura 7.27a. A liga Deltamax (Fe-Ni), cujo ciclo de histerese apresenta formato quase retangular, um comportamento típico de materiais para uso em armazenamento magnético de informação, é outro exemplo mostrado na Figura 7.27b. A Figura 7.27c, por outro lado, apresenta um exemplo de material ferromagnético duro, um aço-carbono comum (uma corda de piano), cujo ciclo de histerese tem o formato típico de "S", com remanência da ordem de 1,0 T e coercividade maior que 10^3 A/m. Finalmente, a liga Sm-Co, um material ferromagnético duro utilizado na fabricação de magnetos ou ímãs permanentes de alto desempenho, que apresenta coercividade acima de 10^5 A/m e remanência superior a 2,5 T, tem sua curva de histerese apresentada na Figura 7.27d.

Conforme visto, a área subentendida pela curva de magnetização é proporcional à energia dissipada em um ciclo de histerese (Equação 7.53). Dessa forma, a quantidade

14 Veja, por exemplo, *Narrow track extraordinary magneto resistive [EMR] device*, Patent US 20060018054 A1.

de energia dissipada em um ciclo de histerese de um material ferromagnético duro é muito maior que a de um ferromagneto mole.

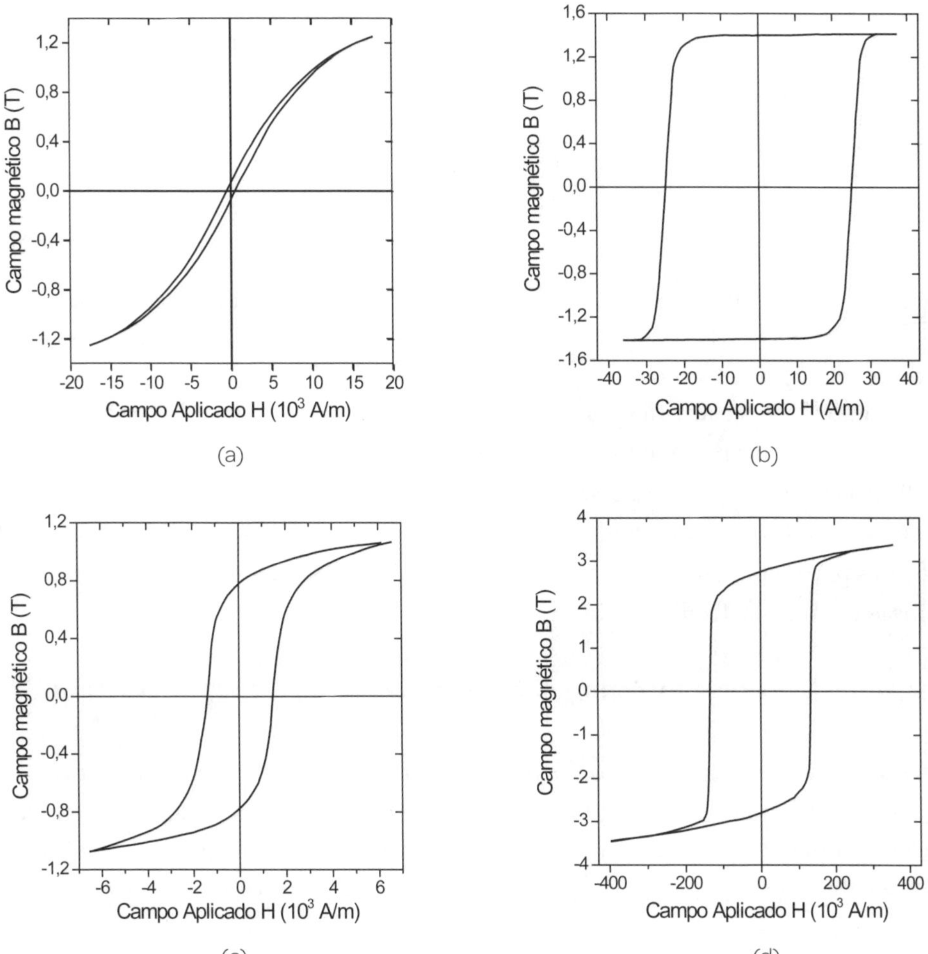

Figura 7.27 – Ciclos de histerese B–H de alguns materiais metálicos ferromagnéticos: a) liga Fe-Ni-Al Isoperm, b) liga Fe-Ni Deltamax, c) aço-carbono (corda de piano), e d) liga Sm-Co. Note as diferentes escalas dos gráficos, especialmente a horizontal.

Fonte: Heck, 1974.

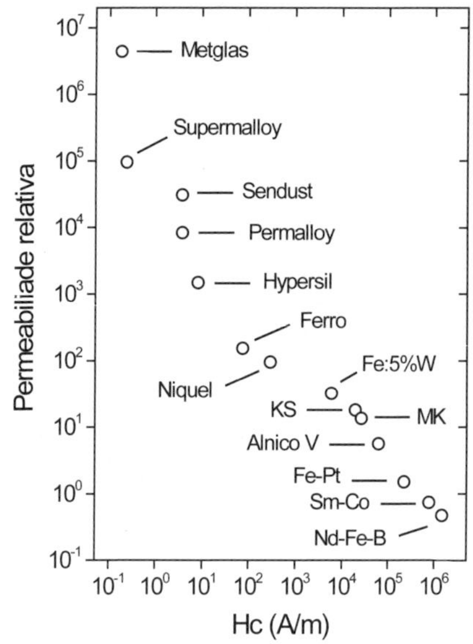

Figura 7.28 – Permeabilidade relativa inicial e coercividade de alguns materiais ferromagnéticos.

A Figura 7.28 mostra valores de permeabilidade relativa inicial e coercividade de alguns materiais ferromagnéticos de importância tecnológica. De maneira geral, há uma correlação inversa entre essas duas propriedades, ou seja, materiais que possuem valores grandes de coercividade apresentam permeabilidades pequenas e vice-versa. A seguir, as propriedades dos dois tipos de materiais ferromagnéticos, duros e moles, são analisadas em mais detalhe.

7.6.7.1 Materiais ferromagnéticos moles

Os materiais ferromagnéticos moles são materiais fáceis de magnetizar ou desmagnetizar, ou seja, que requerem pouca energia para esse fim. Esses materiais, também conhecidos por materiais ferromagnéticos doces, têm ciclos de histerese estreitos, com baixa coercividade H_C e elevada permeabilidade magnética relativa (Figura 7.27a e b). Um elevado valor de campo magnético de saturação B_S é também uma propriedade importante dos materiais ferromagnéticos moles. A Tabela 7.8 apresenta as propriedades de diversos materiais ferromagnéticos moles.

Os materiais ferromagnéticos moles podem ser utilizados para criar um alto fluxo magnético a partir de uma corrente elétrica ou para produzir uma grande indução magnética em resposta a um campo externo. Uma vez desligada a corrente elétrica ou o campo externo, o campo magnético no interior do material deve tender a anular-se.

Exemplos de aplicações em larga escala são motores elétricos, geradores e transformadores. Essas propriedades devem ser alcançadas com um mínimo de dissipação de energia. Dessa forma, um parâmetro importante desses materiais é a perda de histerese, definida pela Equação 7.53. Valores de perda de histerese de alguns materiais também estão listados na Tabela 7.8.

Tabela 7.8 – Propriedades de diversos materiais ferromagnéticos moles ou doces

Material	Composição (%p.)	μ_i	μ_{max}	H_C (A/m)	B_S (T)	W_H (J/m³ciclo)	T_C (K)
Ferro comercial	99Fe	200	6x10³	70	2,16	500	770
Ferro puro	99,9Fe	2,5x10⁴	3,5x10⁵	0,8	2,16	60	770
Aço doce	Fe-0,1C-0,1Si-0,4Mn	800	1.100	200	---	---	770
Ferro-silício	96Fe-4Si	500	7x10³	40	1,95	50-150	735
Ferro-silício (orientado)	97Fe-3Si	9x10³	4x10⁴	12	2,01	35-140	742
Hypernik	50Fe-50Ni	4.000	7x10⁴	4	1,60	22	480
Deltamax	50Fe-50Ni	500	2x10⁵	16	1,55	---	500
Isoperm	50Fe-50Ni	90	100	480	1,60	---	---
78 Permalloy	78Ni-22Fe	4.000	1x10⁵	4	1,05	50	378
Supermalloy	79Ni-16Fe-5Mo	1x10⁵	1x10⁶	0,15	0,79	2	400
Mumetal	77Ni-16Fe-5Cu-2Cr	2x10⁴	1x10⁵	4	0,75	20	400
Hyperco	64Fe-35Co-0,5Cr	650	1x10⁴	80	2,42	300	970
Permendur	50Fe-50Co	500	6.000	160	2,46	1200	980
2VPermendur	49Fe-49Co-2V	800	4.000	160	2,45	600	980
Supermendur	49Fe-49Co-2V	---	6x10⁴	16	2,40	1150	980
Alfenol (Alperm)	84Fe-16Al	3.000	5,5x10⁴	3,2	0,80	---	450
Alfer	87Fe-13Al	700	3700	53	1,20	---	400
Al-Fe	96,5Fe-3,5Al	500	19.000	24	1,9	---	---
Sendust	85Fe-10Si-5Al	3,6x10⁴	1,2x10⁵	1,6	0,89	---	480

Fonte: Haynes, 2017; Mccurrie, 1994.

Os materiais ferromagnéticos moles são empregados atualmente em inúmeras aplicações. Em dispositivos de baixa frequência (motores, geradores, transformadores, reatores etc.), os materiais mais comuns são os chamados aços elétricos, feitos com lâminas de aço com baixa concentração de carbono ou silício; ligas de ferro e níquel ou ferro e cobalto, na forma de material bruto ou de ligas amorfas preparadas por resfriamento rápido (*melt spinning*). Para dispositivos de frequência mais alta, acima de 10 kHz, utilizam-se as ferritas macias, que são materiais ferrimagnéticos, assunto que será abordado mais adiante na Seção 7.8.

7.6.7.2 Materiais ferromagnéticos duros

Os materiais ferromagnéticos duros ou magnetos permanentes são caracterizados por apresentarem elevados valores de remanência e alta coercividade. Esses materiais devem ser magnetizados por um campo magnético muito intenso, capaz de orientar os respectivos domínios magnéticos na direção do campo aplicado e, uma vez magnetizados, devem permanecer assim, somente podendo ser desmagnetizados com campos intensos. Os ciclos de histerese dos materiais ferromagnéticos duros são, portanto, largos e altos, conforme ilustrado na Figura 7.29, para o caso de uma liga samário-cobalto. A Tabela 7.9 apresenta as propriedades de diversos materiais ferromagnéticos duros.

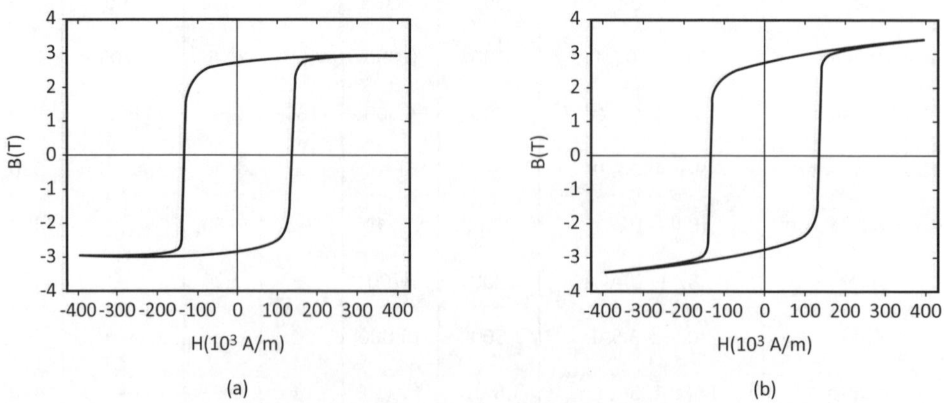

Figura 7.29 – Ciclos de histerese (a) $M - H$ e (b) $B - H$ de uma liga Sm-Co. Para facilitar a comparação entre os gráficos, os valores de magnetização foram multiplicados pela permeabilidade do vácuo μ_0.

Tabela 7.9 – Propriedades de diversos materiais ferromagnéticos duros ou permanentes

Material	Composição (%p.)	B_R (T)	H_c (kA/m)	$(BH)_{max}$ (kJ/m^3)	T_C (°C)	T_{max} (°C)
Aço-carbono	Fe-1,0C	0,9	4	1,59	770	---
Aço-tungstênio	Fe-6W-0,5Cr-0,7C	0,95	5,9	2,6	760	---
Aço-cobalto	Fe-36Co-5,75Cr-3,75W-0,8C	0,95	5,9	2,6	760	---
Alnico5	Fe-14Ni-8Al-24Co-3Cu	1,25	54	40	850	520
Alnico8	Fe-15Ni-7Al-35Co-4Cu-5Ti	0,83	160	45	850	---
Alnico9	Fe-15Ni-7Al-35Co-4Cu-5Ti	1,10	145	75	850	520
Alnico12	Fe-13,5Ni-8Al-24,5Co-2Nb	1,20	64	76,8	---	---
SmCo	$SmCo_5$	1,00	696	196	700	250
NdFeB (sinterizado)	$Nd_2Fe_{14}B$	1,22	1120	280	300	100
Vicalloy II	34Fe-52Co-14V	1,0	36	28	700	500
CuNiFe	60Cu-20Ni-20Fe	0,55	44	12	410	350
PtCo	77Pt-23Co	0,64	344	76	480	350
MnAlC (anisotrópico)	70Mn-29,5Al-0,5C	0,61	2,4	56	300	120

Fonte: Haynes, 2017; Jiles, 1991.

Tendo em vista os altos valores do campo aplicado empregados, a aproximação $B = \mu_0 M$, em geral não é válida nesse caso, pois o campo H não pode ser desprezado diante da magnetização M (veja Seção 7.2). Para ilustrar essa situação, na Figura 7.29 estão representados os ciclos de histerese $M - H$ (a) e $B - H$ (b) para uma liga Sm-Co. Como resultado dos altos valores de campo aplicado, observa-se, que nesse caso, enquanto a magnetização se estabiliza no seu valor de saturação, o campo magnético continua a crescer linearmente acompanhando o aumento do campo H (em acordo com a Equação 7.5).

Uma vez que as principais características de um bom magneto permanente são altos valores de coercividade e remanência, conclui-se que a região mais importante da curva de histerese a ser considerada se situa no segundo quadrante. A Figura 7.30 ilustra essa porção das curvas de histerese, as chamadas *curvas de desmagne*tização, para alguns materiais ferromagnéticos duros de importância tecnológica.

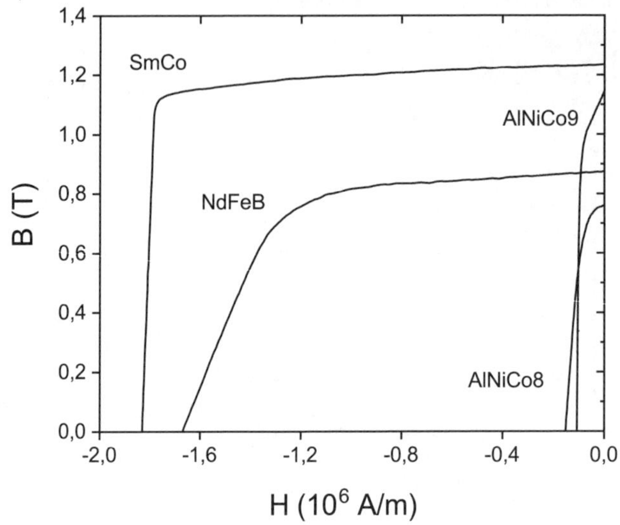

Figura 7.30 – Curvas de desmagnetização para algumas amostras de materiais ferromagnéticos duros: SmCo, NdFeB, e duas ligas Fe-Ni-Al-Co-Cu-Ti (AlNiCo).

A qualidade de um magneto permanente pode ser avaliada pelo chamado *produto-energia* $(BH)_{max}$. Esse parâmetro, que tem dimensão de energia, pode ser obtido calculando-se o valor do produto *B x H* ponto a ponto ao longo da curva de desmagnetização, conforme está ilustrado na Figura 7.31. Os valores obtidos, indicados no eixo horizontal à direita da mesma figura, atingem um máximo para o ponto (*H, B*) para o qual a área do retângulo cinzento assinalado no lado esquerdo da figura é máxima. Os melhores magnetos permanentes atingem produtos $(BH)_{max}$ da ordem ou maiores que 10^5 T.A/m (ou J/m^3). Valores do produto $(BH)_{max}$ de diversos materiais ferromagnéticos duros estão apresentados na Tabela 7.9.

Os ímãs permanentes são empregados em uma infinidade de aplicações, como geradores e motores elétricos, dispositivos eletroacústicos, instrumentos de medida (galvanômetros e balanças), dispositivos de torque (ultracentrífugas, medidores de potência elétrica etc.), equipamentos médicos, componentes de micro-ondas, e diversos outros instrumentos e equipamentos científicos.

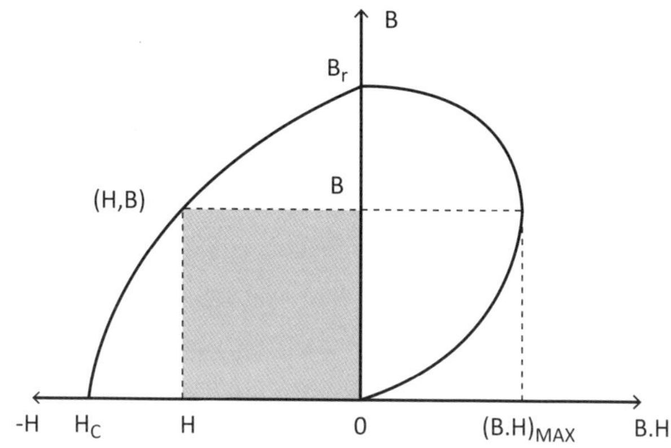

Figura 7.31 – Diagrama ilustrativo da obtenção do produto-energia $(BH)_{max}$.

7.7 ANTIFERROMAGNETISMO

Os materiais antiferromagnéticos apresentam um comportamento muito peculiar da susceptibilidade com a temperatura. À primeira vista, esse comportamento poderia ser confundido com o de um material paramagnético anômalo, mas uma investigação mais aprofundada mostrou que os materiais antiferromagnéticos são, na realidade, materiais magneticamente ordenados. Esse ordenamento, no entanto, é distinto daquele dos materiais ferromagnéticos. A teoria que explica o comportamento desses materiais foi desenvolvida por L. Néel em 1932.

Para entendermos o fenômeno do antiferromagnetismo, vamos analisar o comportamento da susceptibilidade em função da temperatura de um material antiferromagnético. A Figura 7.32a mostra o comportamento da susceptibilidade magnética do óxido de manganês (MnO) em função da temperatura. Para altas temperaturas, a susceptibilidade cresce à medida que a temperatura diminui de forma semelhante ao que ocorre no caso de um material paramagnético. Entretanto, a susceptibilidade atinge um máximo e, em seguida, decresce rapidamente.[15] A temperatura em que a susceptibilidade atinge seu valor máximo é conhecida como temperatura de Néel (T_N). A temperatura de Néel é a temperatura que delimita a transição nesse tipo de material entre a fase paramagnética de alta temperatura e a fase antiferromagnética de baixa temperatura. A Tabela 7.10 apresenta valores da temperatura de Néel para diversos materiais antiferromagnéticos

15 O valor da susceptibilidade do MnO na região de baixa temperatura depende do campo aplicado. Essa característica desse composto específico, no entanto, não será analisada aqui.

e mostra que em sua grande maioria, os materiais antiferromagnéticos são compostos (sais) iônicos. Em alguns casos o valor de T_N é muito pequeno, o que significa que é necessário medir a susceptibilidade a temperaturas muito baixas para observar a transição da fase paramagnética para a fase antiferromagnética. Muito embora os materiais antiferromagnéticos sejam muito comuns, até hoje não foram encontradas aplicações tecnológicas de grande relevância para esse tipo de propriedade magnética.

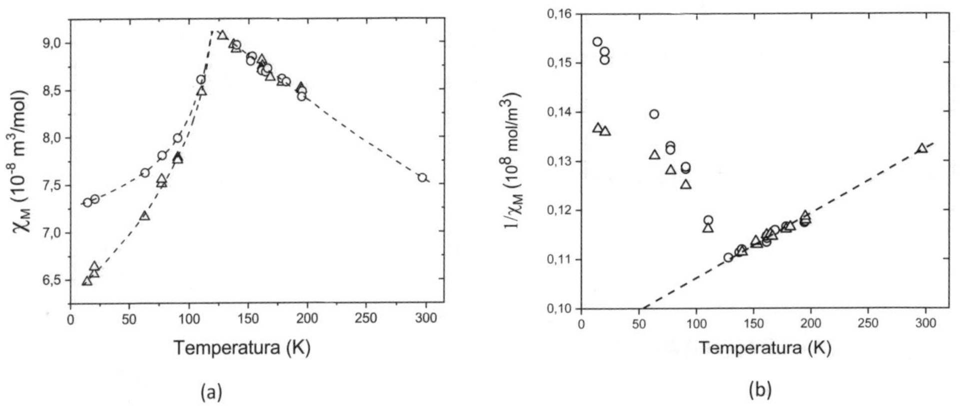

Figura 7.32 – (a) susceptibilidade molar do óxido de manganês (MnO) e (b) seu inverso em função da temperatura.

Fonte: Bizette, 1938.

Tabela 7.10 – Propriedades de diversos materiais antiferromagnéticos.

Material	T_N (K)	T_c (K)*	Material	T_N (K)	T_c (K)*
$CoCl_2$	25	38	$KMnF_3$	88,3	---
CoF_2	40	53	α-Mn	100	---
CoO	293	330	MnF_2	67	80
Cr	311	---	MnO	122	610
Cr_2O_3	307	1.070	MnO_2	84	---
CrN	273	---	α-MnS	154	465
CrSe	300	---	β-MnS	155	982
$FeCl_2$	24	48	MnTe	307	690

Material	T_N (K)	T_C (K)*	Material	T_N (K)	T_C (K)*
FeF_2	79	117	$NiCl_2$	50	68
FeO	198	570	NiF_2	78	116
α-Fe_2O_3	950	2.000	NiO	523	3.000
FeS	613	857	NiS	263	---
$KCoF_3$	125	---	$RbMnF_3$	54,5	---
$KFeF_3$	115	---	VS	1040	---

**As* temperaturas críticas T_c estão apresentadas em valor absoluto.

A Figura 7.32b mostra o comportamento do inverso da susceptibilidade do MnO com a temperatura. Verifica-se que na região de alta temperatura o material realmente apresenta um comportamento paramagnético, com o inverso da susceptibilidade variando linearmente com a temperatura, em acordo com a lei de Curie-Weiss (Equação 7.43). No entanto, a extrapolação linear dos dados experimentais (linha tracejada) leva à obtenção de uma temperatura crítica T_C negativa! A Tabela 7.10 apresenta a temperatura crítica (em valor absoluto) de alguns materiais antiferromagnéticos.

Na Seção 7.6, obtivemos que a temperatura crítica é proporcional à interação entre os momentos magnéticos, ou seja, ao chamado campo molecular (veja Equação 7.49). Assim, caso um modelo similar seja adotado aqui, o valor negativo de T_C deve implicar um campo molecular negativo que, consequentemente, leva os momentos magnéticos a alinharem-se de maneira antiparalela, ou seja, em sentidos opostos. A Figura 7.33 mostra esquematicamente como seria o alinhamento dos momentos magnéticos de um material ferromagnético (a) em comparação a um material antiferromagnético (b).

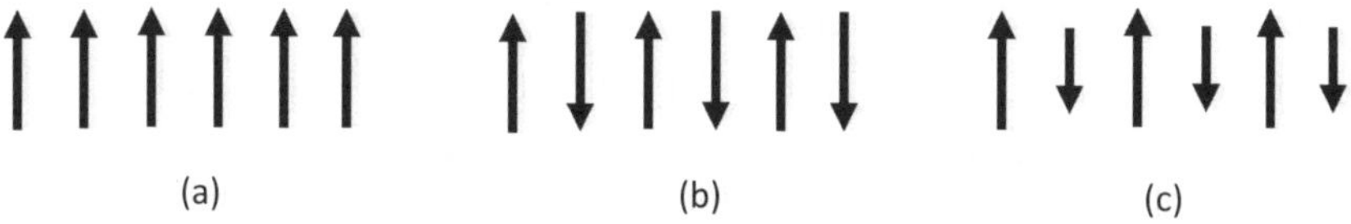

Figura 7.33 – Representação esquemática do alinhamento dos momentos magnéticos no caso dos materiais (a) ferromagnéticos, (b) antiferromagnéticos e (c) ferrimagnéticos.

Para temperaturas abaixo da temperatura de Néel, região em que o material tem comportamento antiferromagnético, a susceptibilidade passa a diminuir com a temperatura até o zero absoluto. Essa região se caracteriza pelo total ordenamento magnético antiparalelo, com magnetização nula.

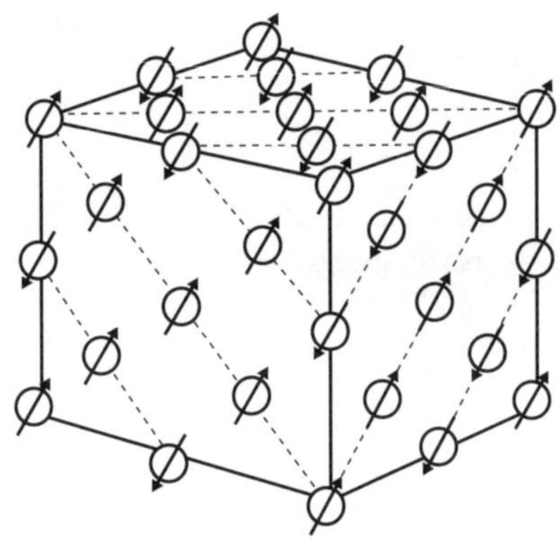

Figura 7.34 – Ordenamento antiferromagnético no cristal de manganês. Note que a célula unitária do ordenamento magnético tem parâmetro de rede duas vezes maior que a célula unitária da rede cristalina.

A Figura 7.34 mostra o ordenamento magnético em um cristal de manganês. Note que, nesse caso, o ordenamento magnético é muito simples, com os momentos magnéticos de átomos vizinhos apontando em sentidos contrários. Dessa maneira, o momento magnético total é nulo. Observa-se também que a célula unitária do ordenamento magnético tem parâmetro de rede duas vezes maior que a célula unitária da rede cristalina. O ordenamento magnético de outros materiais antiferromagnéticos, entretanto, pode ser muito mais complexo.

Na região paramagnética, podemos utilizar a lei de Curie para obtermos uma equação para a susceptibilidade, como fizemos no caso dos materiais ferromagnéticos (Seção 7.6). Nesse caso, entretanto, vamos considerar que o material está dividido em duas sub-redes e que a interação entre os momentos magnéticos se dá apenas entre átomos vizinhos, A e B. Assim, dois campos moleculares atuarão. O campo molecular que atua sobre a sub-rede dos átomos A, que é proporcional à magnetização da sub-rede B, e o campo que atua sobre a sub-rede B, que é proporcional à magnetização dos átomos A, ou seja:

$$H_m^A = -\lambda M^B \text{ e } H_m^B = -\lambda M^A \tag{7.54}$$

Em que os sinais negativos se devem ao fato de o campo de troca ser negativo nesse caso. Assim, analogamente ao caso do ferromagneto, podemos escrever:

$$M^A = \frac{C'}{T}\left(H - \lambda M^B\right) \text{ e } M^B = \frac{C'}{T}\left(H - \lambda M^A\right) \tag{7.55}$$

Resolvendo-se para M^A e M^B, pode-se obter para a magnetização $M = M^A + M^B$ a expressão:

$$M = \frac{2C'}{T + \lambda C'} H \tag{7.56}$$

Ou seja:

$$\chi = \frac{C}{T + T_C} \qquad \left(T > T_N\right) \tag{7.57}$$

que é uma equação para a susceptibilidade análoga à lei de Curie-Weiss, mas com uma temperatura crítica negativa, conforme mostram os resultados experimentais.

7.8 FERRIMAGNETISMO

Os materiais ferrimagnéticos se assemelham muito aos materiais ferromagnéticos no sentido de que apresentam uma magnetização espontânea abaixo da temperatura crítica T_C, mesmo na ausência de campo. Esses materiais também se magnetizam em domínios e exibem o fenômeno de saturação da magnetização e histerese. Acima da temperatura crítica, os materiais ferrimagnéticos também se comportam como paramagnetos. Por esse motivo, os materiais ferrimagnéticos não foram reconhecidos como um tipo específico de material magnético até que a teoria básica que explica o seu comportamento fosse publicada por L. Néel em 1948.

Por outro lado, os materiais ferrimagnéticos também são semelhantes aos materiais antiferromagnéticos, pois, como naquele caso, a interação entre momentos magnéticos vizinhos é negativa e leva ao alinhamento antiparalelo dos *spins*. Entretanto, nesse caso, a magnetização em $T = 0$ K não é nula, pois a magnetização de uma das sub-redes é maior do que a da sub-rede orientada em sentido contrário, de forma que a soma total é diferente de zero. A Figura 7.33c mostra esquematicamente o alinhamento dos momentos magnéticos de um material ferrimagnético, em comparação aos materiais ferromagnéticos (a) e antiferromagnéticos (b).

Os materiais ferrimagnéticos mais importantes são os óxidos de ferro denominados ferritas.[16] As ferritas são materiais isolantes ou semicondutores, que podem apresentar estrutura cúbica do tipo espinélio, com fórmula química $MO.Fe_2O_3$, onde M é um íon metálico divalente, como Mn, Fe, Co, Ni, Mg, Cu, Zn ou Cd. Estas ferritas são, em geral, magneticamente moles, exceto a ferrita de cobalto que é dura. As ferritas também podem apresentar a estrutura hexagonal, com fórmula química $MO.6Fe_2O_3$, sendo as mais importantes as de bário e estrôncio, que são magneticamente duras.

Sendo materiais cerâmicos, a resistividade destes materiais é muitas ordens de grandeza superior à dos metais, o que viabiliza sua aplicação em frequências altas, até mesmo na região de micro-ondas. Isto se deve ao fato de que a aplicação de um campo magnético oscilante num material condutor induz correntes elétricas parasitas, que dissipam energia por efeito Joule. Num material magnético de alta resistividade, como as ferritas, estas perdas são muito reduzidas. Embora apresentem menor magnetização de saturação, as ferritas têm menor densidade (massa específica) e possuem resistência à corrosão muito superior aos ferromagnetos metálicos. Estas características fazem com que as ferritas sejam materiais extremamente importantes do ponto de vista tecnológico. A magnetita, Fe_3O_4 (ou $FeO.Fe_2O_3$), que poderia ser chamada de "ferrita de ferro", é o material magnético mais antigo conhecido pela humanidade, o famoso *lodestone*, encontrado na natureza e conhecido desde o século VI a.C.

As principais aplicações das ferritas (macias) são transformadores e indutores de alta frequência, utilizados em equipamentos eletrônicos, dispositivos de micro-ondas para telecomunicações e radar, além de cabeças de gravação magnética. Outros materiais ferrimagnéticos importantes são as granadas (em inglês, *garnets*) de ferro, com fórmula química do tipo $M_3Fe_2.3FeO_4$, onde M é um metal do grupo dos lantanídeos, sendo aquela tecnologicamente mais importante a de ítrio. A Tabela 7.11 apresenta o campo de saturação e a temperatura crítica de algumas ferritas e granadas.

Tabela 7.11 – Campo magnético de saturação e temperatura crítica de algumas ferritas e granadas

Ferrita	B_s (T)	T_c (K)
γ-Fe_2O_3 (maghemita)	0,52	848
$CoO.Fe_2O_3$	0,53	793
$CuO.Fe_2O_3$	0,17	728
$FeO.Fe_2O_3$ (magnetita)	0,60	858

16 Não se deve confundir o termo ferrita utilizado na mineralogia, daquele utilizado na metalurgia para designar a fase cúbica de corpo centrado do ferro metálico puro ou ferro alfa (α-Fe).

Ferrita	B_S (T)	T_C (K)
$MgO.Fe_2O_3$	0,14	713
$MnO.Fe_2O_3$	0,50	573
$NiO.Fe_2O_3$	0,34	848
$LiFe_5O_8$	0,39	943
$BaO.6Fe_2O_3$	0,45	703
$SrO.6Fe_2O_3$	0,40	723
$Y_3F_2.3FeO_4$ (YIG)	0,18	553
$Gd_3F_2.3FeO_4$	0,017	564

O comportamento magnético das ferritas e de outros materiais ferrimagnéticos, em especial em altas frequências, é um assunto complexo, que se encontra fora do escopo desse texto. Limitar-nos-emos aqui a uma apresentação muito breve do comportamento da magnetização e da susceptibilidade como função da temperatura. O leitor interessado deve procurar a literatura específica sobre o assunto.[17]

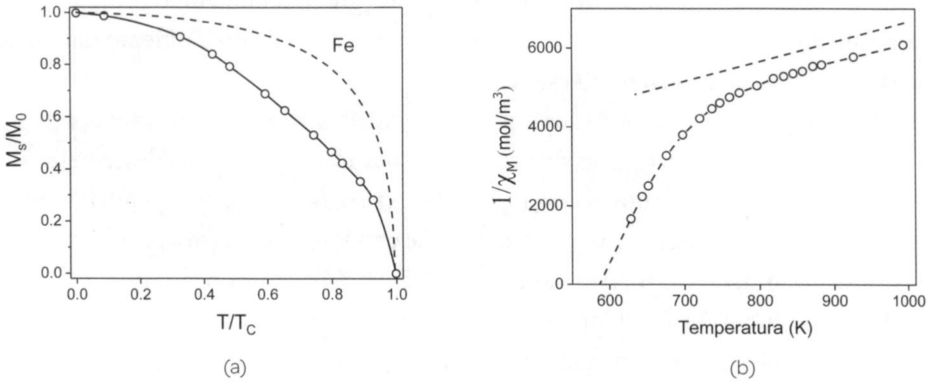

Figura 7.35 – (a) magnetização de saturação em função da temperatura para a ferrita de níquel e (b) inverso da susceptibilidade magnética em função da temperatura para a ferrita de manganês.

Fonte: Cullity, 2009.

17 Ver: Cullity, 2009; McCurrie, 1994.

A Figura 7.35a apresenta o comportamento da magnetização de saturação em função da temperatura para a ferrita de níquel na região abaixo da temperatura crítica. A magnetização tem um comportamento distinto de um material ferromagnético, diminuindo mais rapidamente com o aumento da temperatura em comparação com o ferro, representado pela linha tracejada. A Figura 7.35b mostra o comportamento do inverso da susceptibilidade magnética com a temperatura para a ferrita de manganês, na região acima da temperatura crítica, onde se pode observar que não há uma variação linear e que, portanto, a lei de Curie-Weiss não é válida.

NA PONTA DA CIÊNCIA E DA TECNOLOGIA

Quando o pequeno é grande

O superparamagnetismo é um fenômeno magnético que ocorre abaixo da temperatura crítica em partículas muito pequenas (nanopartículas, $d < 5 - 50$ nm) de materiais ferromagnéticos. Uma vez que são muito pequenas, essas nanopartículas são constituídas por um único domínio magnético que, na ausência de campo magnético aplicado, magnetiza-se segundo uma direção de fácil magnetização (veja Seção 7.6.4). Na ausência de campo, o momento magnético pode se reorientar espontaneamente entre duas direções diametralmente opostas, pois as duas situações são equivalentes, ou seja, possuem a mesma energia. O tempo necessário para o momento magnético se reorientar entre essas duas direções é chamado de tempo de relaxação de Néel τ_N. Caso τ_N seja muito inferior ao tempo de medida, então, o momento magnético pode mudar muitas vezes de direção durante a medida, resultando num valor médio nulo do momento magnético e, portanto, a magnetização obtida será nula.

Quando um campo magnético é aplicado, os momentos magnéticos das nanopartículas tendem a se alinhar com o campo, dando origem a uma magnetização, de maneira análoga ao comportamento de um material paramagnético. Embora esse seja um fenômeno mais complexo que o paramagnetismo, dentro de certas aproximações pode-se mostrar que a susceptibilidade magnética das nanopartículas é dada por uma equação similar à lei de Curie (Equação 7.31), ou seja, que é proporcional ao quadrado do momento magnético. Como o momento magnético da nanopartícula é muito maior que a de um átomo ou molécula, resulta uma susceptibilidade extremamente grande.

O superparamagnetismo impõe um limite na capacidade de armazenamento de discos rígidos magnéticos utilizados em computadores, o chamado limite superparamagnético, pois implica um tamanho mínimo do "bit" de informação que pode ser gravado magneticamente. Como resultado desse fenômeno, partículas menores que um certo tamanho mínimo não poderiam ser capazes de manter seu estado de magnetização, pois se reorientariam espontaneamente entre as direções de fácil magnetização. Além do armazenamento de informação, esse fenômeno encontra inúmeras outras aplicações, como em materiais magnéticos de alta performance e alta frequência, ferrofluidos, refrigeradores magnéticos, imagem por ressonância magnética, carreamento de fármacos, hipertermia magnética para tratamento tumores, manipulação de células etc. (Bedanta, 2013). O fenômeno do superparamagnetismo será analisado em mais detalhes no Capítulo 10, Seção 10.4.4.4.

LEITURAS COMPLEMENTARES

ASHCROFT, N. W.; MERMIN, N. D. *Solid State Physics*. Brooks-Cole, 1976.

COEY, J. M. D. *Magnetism and Magnetic Materials*, Cambridge. University Press, 2009.

CULLITY, B. D.; GRAHAM, C. D. *Introduction to Magnetic Materials*. 2. ed. IEEE Press, 2009.

EISBERG, R.; RESNICK, R. *Física Quântica* – átomos, moléculas, sólidos, núcleos e partículas. GEN LTC, 1979.

GRIFFITHS, D. J. Introdução à mecânica quântica. 2. ed. Editora Pearson do Brasil, 2011.

KITTEL, C. *Introdução à Física do Estado Sólido*. 8. ed. Editora LTC, 2006.

McCURRIE, R. A. *Ferromagnetic Materials Structure and Properties*. Academic Press 1994.

SPALDIN, N. A. *Magnetic Materials* – Fundamentals and Applications. 2. ed. Cambridge University Press, 2011.

REFERÊNCIAS

ARAJS, S.; COLVIN, R. V. *Journal of Physics and Chemistry of Solids* 24 (1963) 11233.

ARAJS, S.; COLVIN, R. V. *Journal of Applied Physics* 35 (1964) 2424.

BEDANTA, S. *et al. Journal of Nanomaterials*, 952540 (2013).

BIZETTE, H.; SQUIRE, C. F.; TSAI, B. *Comptes Rendus de l'Académie des Sciences* 207 (1938) 449.

BOEKER, G. F. *Physical Review* 43 (1933) 756.

COLEMAN, R. V.; SCOTT, G. G. *Physical Review* 107 (1957) 1276.

CULLITY, B. D.; GRAHAM, C. D. *Introduction to Magnetic Materials*. 2. ed. John Wiley and Sons, 2009.

ENNEN, I. *et al. Sensors* 16 (2016) 904.

GARBER, M.; HENRY, W. G.; HOEVE, H. G. *Canadian Journal of Physics* 38 (1960) 1595.

HECK, C. *Magnetic materials and their applications*. London Butterworths, 1974.
HENRY, W. E. *Physical Review* 88 (1952) 559.
HAYNES, W. N. *CRC Handbook of Chemistry and Physics*, 97th Ed., CRC Press, 2017.
JACKSON, L. C. *Philosophical Transactions* 124 (1923) 616.
JILES, D. *Introduction to Magnetism and Magnetic Materials*, 1991.
KETTERSON, J. B. *The Physics of Solids*. Oxford University Press, 2016.
KITTEL, C. *Introdução à Física do Estado Sólido*. 8. ed. Editora LTC, 2006.
KRIESSMAN, C. J.; CALLEN, H. B. *Physical Review* 94 (1954) 837.
KUBO, R. E.; NAGAMIYA, T. *Solid State Physics*. McGraw-Hill, 1969.
McCURRIE, R. A. *Ferromagnetic Materials* - Structure and Properties. Academic Press 1994.
PECHARSKY, V. K.; GSCHNEIDNER, K. A. Jr. *Physical Review Letters* 78 (1997) 4494.
SOLIN, S. A. *Scientific American* 291 (2004) 45.
SZMAJA, W. *Advances in Imaging and Electron Physics* 141 (2006) 175.
TYLER, F. *Philosophical Magazine* 11 (1931) 596.
WEBSTER, W. L. *Proceedings of the Royal Society* A109 (1925) 570.

EXERCÍCIOS

1. Uma espira, cuja área é $A = 1,0\ cm^2$, situada no campo magnético da Terra $B = 0,5$ G, é percorrida por uma intensidade de corrente $i = 100$ A. Obtenha:
   a) O momento magnético da espira de corrente.
   b) O torque máximo que a espira sofre na presença do campo.
   c) A diferença de energia potencial entre a situação em que o momento magnético da espira é paralelo ao campo e aquela em que o momento magnético é antiparalelo ao campo.

2. O cobre é um metal diamagnético, enquanto o alumínio é paramagnético. Suas susceptibilidades magnéticas valem $-9,8 \times 10^{-6}$ e $2,2 \times 10^{-5}$, respectivamente. Por outro lado, o ferro puro, que é obviamente ferromagnético, pode apresentar uma permeabilidade magnética máxima $\mu_r = 25.000$ e um campo de saturação de 2,16 T. Supondo que esses três metais são colocados em presença de um campo magnético $B = 1,0$ G, calcule os valores de B, H e M no interior de cada um deles e compare com os valores correspondentes desses campos no vácuo. Conclua.

3. Calcule a magnetização de uma barra de ferro de $1,0 \times 1,0 \times 10\ mm^3$ completamente magnetizada ao longo de sua dimensão maior. Considere o momento magnético do átomo de ferro como igual a $2,2\ \mu_B$ e a densidade do ferro $\rho = 7,88\ g/cm^3$.

4. Deduza a equação clássica para o momento magnético orbital (Equação 7.13) de um elétron que gira em torno do núcleo em uma trajetória circular de raio r e velocidade v.

5. Supondo que o *spin* do elétron se deve ao movimento de rotação em torno de seu próprio eixo, o momento angular do elétron pode ser estimado por $L \approx m_e v r$, em que o raio r do elétron é da ordem de 10^{-15} m. Considerando o momento angular do elétron como igual a $\hbar/2$, obtenha a velocidade. Conclua.

6. Obtenha os valores do momento angular orbital L, do *spin* S e do momento angular total J, e o estado fundamental dos seguintes íons na notação espectroscópica ${}^{2S+1}L_J$:
   a) Cr^{3+}
   b) Ni^{2+}
   c) Nd^{3+}
   d) Sm^{3+}
   e) Fe^{3+}
   f) Ti^{3+}

7. A prata é um metal diamagnético de densidade 10,46 g/cm^3. Obtenha a susceptibilidade molar da prata, utilizando o valor de raio atômico $r = 0{,}145$ nm. Compare com o valor tabelado.

8. O cromo é um metal paramagnético de densidade 7,20 g/cm^3. Obtenha a susceptibilidade molar do cromo em temperatura ambiente, considerando o momento magnético do átomo de cromo como igual a 4 μ_B. Compare com o valor tabelado.

9. Mostre que, para baixos campos magnéticos e/ou altas temperaturas, a equação de Brillouin para a magnetização (Equação 7.32) se reduz a uma expressão análoga à lei de Curie (Equação 7.31).

10. Mostre que a expressão de Brillouin para a magnetização é equivalente à de Langevin quando $J \to \infty$.

11. Considerando o modelo de Brillouin (Equação 7.32), estime a intensidade do campo necessário para alinhar 95% dos momentos magnéticos de um paramagneto com $m = \mu_B$ e $J = 1$, às seguintes temperaturas:
    a) T = 1,0 K
    b) $T = 10$ K
    c) $T = 300$ K

12. Obtenha o momento magnético efetivo e o número efetivo de magnetons de Bohr no caso dos seguintes íons:
    a) Cr^{3+}
    b) Ni^{2+}
    c) Fe^{3+}
    d) Ti^{3+}

13. O sódio é um metal alcalino cuja densidade é 0,968 g/cm^3. Calcule a susceptibilidade paramagnética de Pauli do sódio e compare com o valor tabelado.

14. Consulte em seu livro de eletromagnetismo a expressão para o campo magnético gerado por um dipolo magnético e obtenha a intensidade máxima do campo criado por um momento magnético igual a μ_B a uma distância de 0,3 nm. Compare com o valor do campo molecular de Weiss estimado no Exemplo 7.7. Conclua.

15. Explique claramente por que a fase alfa do ferro (ou ferrita), que se caracteriza por uma estrutura cristalina cúbica de corpo centrado (ccc) de parâmetro de rede 0,287 nm, é

ferromagnética, enquanto a fase gama, também conhecida por austenita, que é cúbica de face centrada (cfc) de parâmetro de rede 0,360 nm, não é ferromagnética, mas é paramagnética mesmo em baixa temperatura.

16. Calcule o valor do campo molecular no caso do níquel, considerando que a sua temperatura crítica é $T_C = 627$ K e a magnetização de saturação 0,6 μ_B por átomo.

17. O ferro puro apresenta uma magnetização de saturação de 1,71 x 10^6 A/m. Sabendo que sua densidade é 7,87 g/cm^3, pede-se:
    a) O valor do campo de saturação B_S.
    b) O número médio de magnetons de Bohr por átomo que contribuem para esta magnetização.

18. Em 1907, P. Weiss realizou medidas de magnetização da magnetita (Fe_3O_4) em função da temperatura. A tabela a seguir apresenta alguns valores obtidos da magnetização espontânea normalizada pela magnetização de saturação M / M_S em função de T / T_C.

T/T_C	0,23	0,33	0,43	0,54	0,66	0,78	0,89	0,94	0,95	0,98
M/M_S	0,92	0,88	0,83	0,77	0,68	0,58	0,43	0,32	0,22	0,03

Faça um gráfico desses valores e compare com a curva prevista pela teoria de Langevin. Discuta.

19. A magnetita ($FeO.Fe_2O_3$) é um mineral ferromagnético (temperatura crítica, T_C = 858 K) no qual a magnetização se deve à presença de íons Fe^{+2} e Fe^{+3} (o Fe possui 6 elétrons no orbital 3d). Pede-se:
    a) o momento magnético dos íons Fe^{+2} e Fe^{+3}, supondo que cada elétron contribui com um momento magnético igual a $\mu_B = 9{,}27 \times 10^{-24}$ J/T;
    b) A magnetização de saturação da magnetita, sabendo que a densidade da magnetita é 5,27 g/cm^3.
    c) O campo de saturação B_S.

20. As técnicas de imagem por ressonância magnética, muito importantes na medicina, baseiam-se na absorção de radiação eletromagnética por átomos sujeitos a um campo magnético intenso.
    a) Considere um átomo com momento magnético $m = \mu_B$ e obtenha a diferença de energia entre os estados em que o momento magnético atômico está paralelo e antiparalelo (contrário) ao campo, no caso de um campo $B = 1{,}0$ T.

b) Incide-se uma radiação eletromagnética sobre esse átomo. Qual seria a energia e a frequência da radiação eletromagnética absorvida? Em que faixa do espectro eletromagnético essa radiação se situa?

c) Considerando um material paramagnético com 5,0 x 10^{22} átomos/cm^3 e que a probabilidade de uma partícula estar no estado de energia E é dada pela distribuição de Boltzmann $f(E) = \exp(-E / k_B T)$, qual a fração dos átomos que se situam em cada um dos estados de energia possíveis à temperatura ambiente?

d) Refaça os cálculos dos itens anteriores substituindo o valor do momento magnético pelo momento magnético nuclear do átomo de hidrogênio m = 1,41 x 10^{-26} J/T.

21. A figura a seguir apresenta as curvas de histerese $B - H$ de duas ligas magnéticas: (a) uma liga de Ni-Fe, chamada Permalloy, e (b) Alnico, uma liga de Fe-Al-Ni-Co. Obtenha estimativas para as seguintes propriedades destas ligas:

a) a magnetização de saturação;

b) a remanência;

c) a coercividade;

d) o produto $(BH)_{max}$;

e) a perda de histerese.

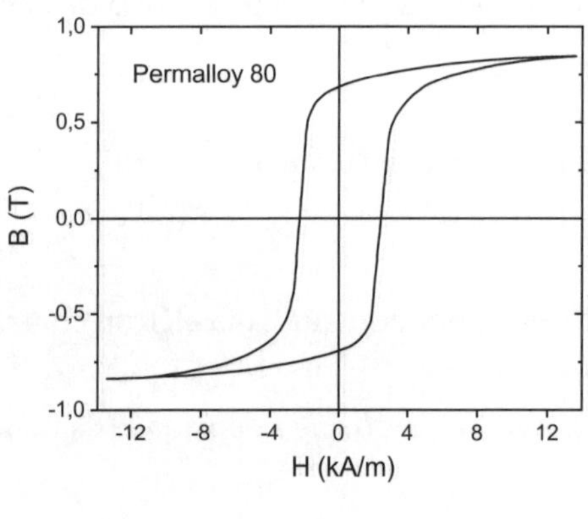

(a)

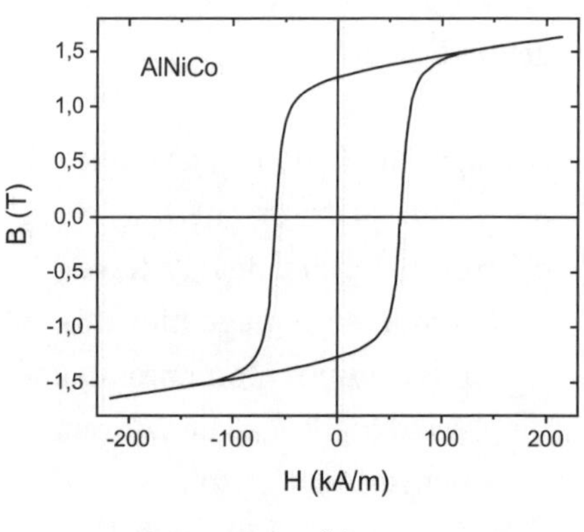

(b)

CAPÍTULO 8

Osciladores clássicos, estados quânticos e propriedades ópticas

Qualquer teoria física é sempre provisória, no sentido de que é apenas uma hipótese: nunca pode ser provada. Não importa quantas vezes os resultados dos experimentos estejam de acordo com alguma teoria, nunca se pode ter certeza de que na próxima vez um resultado não a contrarie. Por outro lado, pode-se refutar uma teoria descobrindo uma única observação em desacordo com suas predições.

(Stephen Hawking, *A Brief History of Time*, 1998)

8.1 INTRODUÇÃO

Este capítulo trata da interação da luz com os materiais. Por que alguns materiais, como os metais, refletem totalmente a luz, enquanto outros, como o vidro, são completamente transparentes, e outros ainda, a absorvem? Ou, indo mais além, por que alguns metais, como o alumínio ou a prata são prateados, e outros, como ouro ou cobre, são amarelados ou avermelhados? Há séculos, as propriedades ópticas dos materiais não somente despertam nossa curiosidade, como também são altamente valorizadas, como é o caso das lindas cores das pedras preciosas. Nos dias de hoje, rubis e safiras são produzidos e utilizados não apenas como joias, mas também em lasers de alta potência; a sílica é largamente empregada para a fabricação de fibras ópticas para telecomunicações, e certos materiais semicondutores nos permitem produzir dispositivos para enxergar no escuro. Esses são apenas alguns exemplos.

As propriedades ópticas dos materiais constitui um assunto extremamente vasto e diverso, uma vez que se relacionam com praticamente todas as outras propriedades dos sólidos. O objetivo deste capítulo é apresentar uma visão geral e introdutória de alguns fenômenos ópticos em materiais, procurando destacar aqueles que, por um motivo ou outro, possam possuir importância especial. Esta é, entretanto, uma escolha até certo ponto arbitrária do autor, com a consciência de que grande parte do tema não poderá ser abordada. Para maior aprofundamento neste tópico, sugere-se a leitura do texto de Fox (2010).

Embora, por uma questão de coerência do texto, alguns conceitos sejam apresentados neste capítulo, não há preocupação em incluir uma explanação geral dos fundamentos básicos da óptica. Os leitores não familiarizados com esse campo do conhecimento devem consultar qualquer livro básico do assunto, como o texto de Fowles (1989).

Iniciamos este capítulo com a definição de alguns conceitos básicos para a compreensão das propriedades ópticas de materiais. Em seguida, utilizamos o modelo clássico de Lorentz para obtermos a permissividade relativa e o índice de refração, e determinar a transmitância e refletância óptica. Vamos analisar os casos específicos de materiais condutores, semicondutores (dopados e intrínsecos) e isolantes polares. A dispersão de luz será abordada brevemente. Em seguida, os processos quânticos de absorção de luz em materiais metálicos, semicondutores e isolantes serão discutidos; assim como a emissão espontânea e estimulada de luz. O capítulo se encerra com uma rápida explanação sobre os diferentes mecanismos de espalhamento de luz.

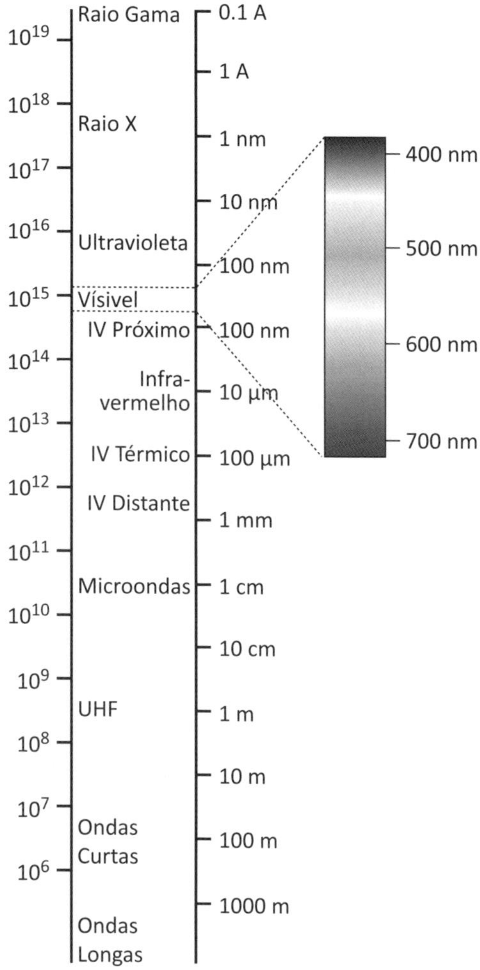

Figura 8.1 – O espectro eletromagnético.

8.2 TRANSMISSÃO, REFLEXÃO, ABSORÇÃO E ESPALHAMENTO DE LUZ

Convenciona-se denominar de *luz* uma porção extremamente larga do espectro de radiação eletromagnética com comprimentos de onda (frequências) que se estendem desde alguns nanômetros até a ordem de frações do milímetro ($\nu \sim 10^{12}$ a 10^{17} Hz), aproximadamente, embora não exista uma definição precisa a esse respeito. Os raios X se situam na faixa de comprimentos de onda imediatamente inferior, enquanto na faixa de comprimentos de onda maiores se encontram as micro-ondas. De toda ampla faixa associada à luz, uma parcela muito estreita com comprimentos de onda (frequências) na faixa aproximada de 380 nm até 740 nm (4,1 x 10^{14} a 7,9 x 10^{14} Hz) corresponde à faixa de sensibilidade do olho humano e, logo, é denominada de *luz visível* (veja Nota 8.1 adiante). A luz com frequência logo acima (comprimento de onda abaixo) da faixa do visível corresponde ao *ultravioleta*, enquanto aquela com frequência imediatamente inferior (comprimento de onda superior) a essa faixa corresponde à região que se denomina de *infravermelho*.

As unidades mais utilizadas para o comprimento de onda são o nanometro, nas regiões do visível e do ultravioleta, e o micrometro, na região do infravermelho. Nesse último caso, é muito comum especificar, no lugar do comprimento de onda, o *número de onda* em unidades de cm^{-1}, ou seja, o inverso do comprimento de onda em centímetros.

A Figura 8.1 ilustra de forma ampla o espectro eletromagnético, desde a faixa das ondas longas, com comprimentos de onda (frequências) de cerca de 10^3 m (3 x 10^5 Hz) até a faixa dos raios gama, com comprimentos de onda (frequências) de cerca de 10^{-11} m (3 x 10^{19} Hz), abrangendo catorze ordens de grandeza, portanto. As posições relativas às faixas mencionadas encontram-se assinaladas. Tomando-se o espectro eletromagnético como um todo, fica claro quão estreita é a faixa que corresponde à luz visível.

A luz pode interagir com os materiais de diferentes maneiras. De uma forma geral, quando um feixe de luz que se propaga no vácuo (ou no ar) e incide sobre a superfície de um sólido, uma parte de sua intensidade é refletida, enquanto outra penetra no meio, propaga-se em seu interior e, eventualmente, pode atravessá-lo. Durante a propagação no interior do sólido, a luz pode ser absorvida. Finalmente, a luz deve atravessar mais uma interface, antes de deixar o sólido e voltar a propagar-se no vácuo (ou ar). A Figura 8.2 ilustra essa situação de maneira esquemática.

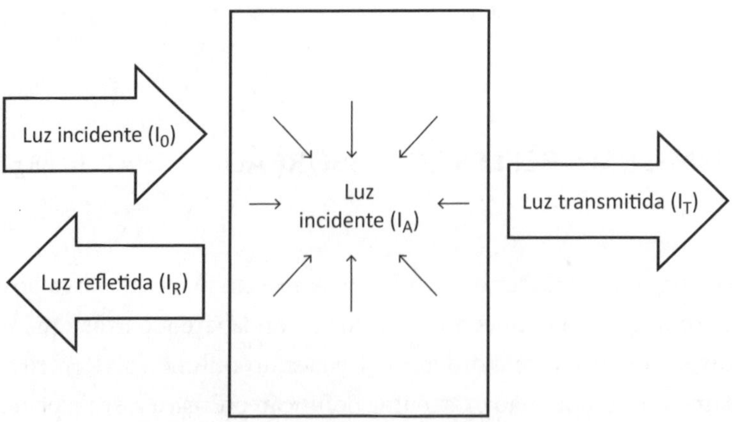

Figura 8.2 – Ilustração esquemática da interação da luz com a matéria.

O princípio da conservação da energia garante que a soma das intensidades de luz refletida, absorvida e transmitida deve ser igual à intensidade de luz incidente:

$$I_R + I_A + I_T = I_0 \tag{8.1}$$

Em que I_0 é a intensidade do feixe incidente e os índices R, A e T denotam as intensidades luminosas refletida, absorvida e transmitida pela amostra, respectivamente.

Pode-se definir os seguintes coeficientes:

$$R = I_R / I_0 \tag{8.2}$$

$$A = I_A / I_0 \tag{8.3}$$

$$T = I_T / I_0 \tag{8.4}$$

Em que R é a chamada *refletância*, A é a *absortância*, T a *transmitância* que, em princípio, são dependentes do comprimento de onda da luz incidente. Obtém-se, então, a seguinte relação:

$$R + A + T = 1 \tag{8.5}$$

Há muita dúvida, confusão e mesmo discordância com relação à terminologia correta, em particular sobre a utilização dos sufixos –ância e –idade na nomenclatura dos parâmetros ópticos, como em refletância e refletividade. Para muitos autores, a nomenclatura correta reserva os termos terminados em –idade para uso quando se refere a materiais ou elementos puros; e os terminados em –ância para amostras ou espécimes específicos. Assim, segundo esses autores, o correto seria falar na refletividade do metal alumínio puro e na refletância de um determinado tipo de alumínio, incluindo suas impurezas e sua camada superficial de óxido, por exemplo. Outra forma, também aceita por muitos, associa o termo terminado em –ância para as quantidades que são medidas experimentalmente, enquanto os terminados em –idade para a propriedades características dos materiais em geral. Dessa maneira, no caso de materiais (elementos ou compostos) puros, as denominações –ância e –idade se confundem. Por exemplo, de acordo com essa segunda interpretação, no caso de uma amostra alumínio puro, a refletância medida é a própria refletividade do metal. Por outro lado, uma lente de sílica recoberta com uma camada antirrefletora, apresenta uma certa refletância, enquanto os materiais que a compõem, a sílica e o material do revestimento, possuem suas próprias refletividades. Neste texto, adotaremos a segunda forma.

Para materiais transparentes, a absorção de luz pode ser desprezada e assim, nesse caso:

$$R + T = 1 \tag{8.6}$$

No caso de um meio absorvedor, a intensidade da luz diminui à medida que se propaga em seu interior. Sendo o meio homogêneo, a intensidade da luz decresce exponencialmente com a distância de acordo com a *lei de Beer-Lambert*:

$$I(z) = I_0 \exp(-\alpha z) \tag{8.7}$$

Em que I_0 é a intensidade de luz que penetra no material, z é a distância percorrida pela luz no interior do meio medida a partir de sua superfície, e α é o chamado *coeficiente de absorção* desse meio. O coeficiente de absorção pode variar fortemente com o comprimento de onda, ou seja, $\alpha = \alpha\ (\lambda)$. Note que α tem dimensão de inverso de comprimento, sendo usualmente expresso em cm^{-1}.

Exemplo 8.1: uma lâmina de 3,0 mm de espessura de um certo material absorve 99,0% da luz que a atravessa. Calcule o coeficiente de absorção desse material. Se a lâmina absorve 99,0% da luz, então, a intensidade luminosa que a atravessa será de 1,0%, logo:

$$\frac{I(0,3)}{I_0} = \exp(-0,3\alpha) = 0,01 \Rightarrow 0,3\alpha = \ln 100 \Rightarrow \alpha = 15,4\,\text{cm}^{-1}$$

Exemplo 8.2: um certo material tem coeficiente de absorção de 10^3 cm^{-1}. Qual a fração da intensidade da luz que será absorvida após atravessar uma espessura de 10 μm desse material?

$$\frac{I}{I_0} = \exp(-10^3 x 10 x 10^{-4}) = \exp(-1) = 0,368$$

Logo, a fração de luz absorvida é de 63,2%.

A absorção de luz de um dado meio pode ser medida em termos da sua *densidade óptica*, que é definida como o logaritmo da razão entre as intensidades de luz incidente e transmitida, ou seja:

$$D.O. = \log\frac{I_0}{I_T} = -\log\frac{I_T}{I_0} = -\log T \qquad (8.8)$$

Muitas vezes, a quantidade definida pela Equação 8.8 é denominada *absorbância*, dando origem a uma certa confusão com a definição de absortância, dada pela Equação 8.3. Utilizando a equação da lei de Beer-Lambert para a intensidade de luz transmitida, obtém-se a relação entre a densidade óptica e o coeficiente de absorção:

$$D.O. = \left(\log_{10} e\right)\alpha d \cong 0{,}434\alpha d \qquad (8.9)$$

Conclui-se que a densidade óptica do meio é dependente da sua espessura *d*, enquanto o coeficiente de absorção não é. Por esse motivo, a utilização do coeficiente de absorção para quantificar a absorção de luz é mais conveniente, mas exige o conhecimento da espessura do material para sua determinação.

Exemplo 8.3: calcule a densidade óptica de uma lâmina de espessura de 1 mm que absorve 99,99% da luz que incide sobre ela. Qual é o coeficiente de absorção do material dessa lâmina?

$$D.O. = -\log T = -\log(0{,}0001) = 4{,}0$$

A densidade óptica da lâmina é igual a 4,0. Assim:

$$D.O. = \left(\log_{10} e\right)\alpha d \Rightarrow \alpha = \frac{4{,}0}{0{,}434x0{,}1} = 92{,}1cm^{-1}$$

Tendo em vista a dificuldade prática em se mensurar a intensidade da luz absorvida, na maior parte dos casos a absortância é medida de forma indireta. O procedimento mais comum para se obter a absortância consiste em inferi-la a partir de medidas da transmitância e/ou refletância, pois estas podem ser determinadas diretamente com facilidade, bastando, para isso, medir as intensidades luminosas correspondentes e aplicar as definições 8.2 e 8.4. Com certa frequência, a reflexão é pequena, e, assim, pode-se medir apenas a transmitância e aplicar as correções necessárias para as perdas por reflexão, utilizando algumas relações que serão vistas mais adiante, caso o índice de refração do material seja conhecido ou possa ser estimado. Quando a absorção é muito pequena, entretanto, esses métodos levam a grandes incertezas, e a absorção deve ser medida diretamente. As técnicas utilizadas para esse fim são muito específicas e sofisticadas, e em geral se baseiam na medida da variação de temperatura da amostra como resultado da absorção de luz, como no caso das técnicas de espectroscopia fotoacústica ou calorimetria a laser. Esses assuntos, entretanto, não serão abordados nesse texto.

Nos casos em que a absorção de luz está associada à presença de centros absorvedores no interior do material, como impurezas ou defeitos, a seguinte relação é em geral de utilidade:

$$\alpha = N\sigma_A \tag{8.10}$$

Em que σ_A é a seção de choque de absorção, e N é o número de centros absorvedores por unidade de volume presentes no material. Assim, a combinação das expressões dadas permite a determinação experimental da concentração de centros absorvedores a partir de medidas de transmitância e refletância óptica.

Além dos fenômenos descritos, durante sua propagação, a luz também pode sofrer espalhamento em decorrência da presença de inomogeneidades no interior do material. O espalhamento de luz pode levar a uma atenuação exponencial da intensidade do feixe luminoso, de forma análoga à absorção, o que dificulta muito a distinção desses dois fenômenos quando ambos ocorrem simultaneamente. No caso de um material não absorvedor, o efeito do espalhamento pode ser observado de forma isolada, e a intensidade do feixe luminoso segue uma expressão semelhante à lei de Beer-Lambert (Equação 8.7):

$$I(z) = I_0 \exp(-\alpha_S z) = I_0 \exp(-N_S \sigma_S z) \tag{8.11}$$

Em que α_S e σ_S são o coeficiente e a seção de choque de espalhamento, respectivamente, e N_S é o número de centros espalhadores por unidade de volume. O espalhamento de luz será assunto da Seção 8.7. Em certos casos, a luz absorvida por um sólido pode ser reemitida, fenômeno denominado *luminescência*. Esse fenômeno será tratado mais adiante neste capítulo (veja Seção 8.6).

8.2.1 METAIS, ISOLANTES E SEMICONDUTORES

Uma vez definidos os conceitos importantes, vamos analisar agora, de uma forma breve e qualitativa, o comportamento óptico dos diferentes tipos de materiais. As Figuras 8.3a, b e c apresentam os espectros de transmitância ou refletância de um material isolante (o cloreto de sódio, NaCl), de um semicondutor (o arseneto de gálio, GaAs) e de um metal (o alumínio), respectivamente, em larga faixa de comprimentos de onda. A escala horizontal, em todos os casos, é apresentada de forma logarítmica para permitir melhor visualização dos espectros.

Conforme foi visto no Capítulo 5, os materiais isolantes possuem *gap* largo, maior que 3,0 ou 4,0 eV. Assim, esses materiais apresentam uma larga faixa de transparência que se estende desde a região do infravermelho até o ultravioleta. No caso do NaCl (veja Figura 8.3a), o material é opaco para comprimentos de onda longos, acima de cerca de 18 μm, pois, nessa região de baixa energia, ocorre uma forte absorção da luz pelos fônons da rede cristalina. Essa é uma absorção extremamente intensa, que corresponde a coeficientes de absorção de até cerca de 10^6 cm^{-1}, de forma que mesmo amostras com apenas 1 μm de espessura seriam totalmente opacas à radiação nessa faixa. Também nessa faixa, na região de comprimentos de onda um pouco menores, ocorre a absorção multifônons, que é a absorção de um fóton com a consequente criação de mais de um fônon simultaneamente, embora a intensidade dessa absorção diminua rapidamente quando aumenta o número de fônons envolvidos no processo. Para comprimentos de onda menores que cerca de 12 μm até cerca de 300 nm, a transmitância é da ordem de 90%, o que faz com que o NaCl, como muitos outros cristais isolantes, sejam materiais de alta transparência, desde o infravermelho próximo até o ultravioleta, apresentando, portanto, larga aplicação como materiais para confecção de janelas ópticas. Nessa faixa, a absortância é nula, e a pequena refletância ($\cong$ 10%) se deve ao baixo valor do índice de refração do material (n = 1,5; aproximadamente). Para comprimentos de onda menores que cerca de 300 nm ocorre a absorção fundamental (absorção banda-banda) do cristal, que corresponde às transições dos elétrons da banda de valência para a banda de condução, e o material torna-se mais uma vez fortemente absorvedor, ou seja, totalmente opaco à radiação.

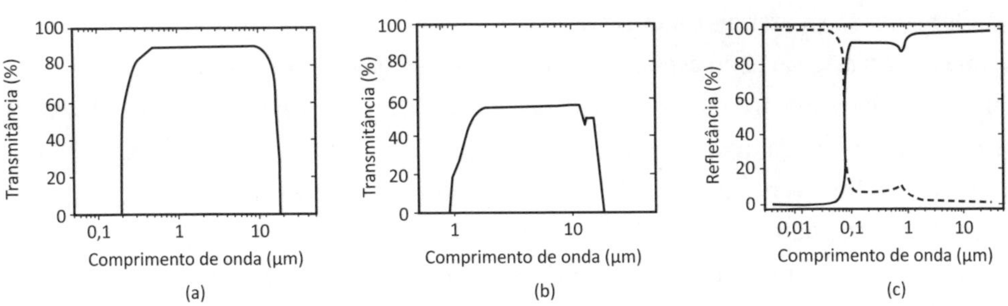

Figura 8.3 – (a) espectros de transmitância do (a) cloreto de sódio (NaCl) e (b) do arseneto de gálio (GaAs) e (c) espectros de refletância e absortância do alumínio. Note que as escalas horizontais são logarítmicas.

Observa-se, portanto, que os isolantes são materiais essencialmente transparentes à luz visível. No entanto, na prática verifica-se uma imensa variedade de cristais isolantes que apresentam as mais diversas colorações. Isso se deve à presença de impurezas e/ou defeitos na rede cristalina desses materiais, que levam ao aparecimento de estados no interior do *gap* e, consequentemente, à absorção de luz (veja Seção 8.5.3 adiante). Os centros de cor, como os centros F, são exemplos de defeitos na rede cristalina que dão origem à coloração em cristais isolantes (veja Nota "Colorindo cristais", no Capítulo 1). Como outro exemplo de impurezas que dão origem à coloração em cristais isolantes, podemos citar íons Cr^{+3}, que, quando presentes em cristais de safira (Al_2O_3), resultam na coloração vermelha característica do rubi, e, quando presentes em cristais de berilo ($Be_3Al_2(SiO_3)_6$), resultam na coloração verde da esmeralda.

Como já sabemos, os materiais semicondutores apresentam *gap* menor que os isolantes e, assim, em geral, esses materiais são opacos à luz visível. Em consequência, seu índice de refração é mais alto que o dos materiais isolantes e, portanto, apresentam uma refletância relativamente alta. Conforme se pode ver na Figura 8.3b, à semelhança do caso anterior, o GaAs é um material opaco aos comprimentos de onda mais longos da região do infravermelho, como resultado da forte absorção dos fótons pelos fônons da rede. Abaixo de cerca de 18 μm (coincidentemente valor quase idêntico ao observado no caso do NaCl), a transmitância aumenta e atinge um patamar de cerca de 55%, entre 12 μm e 1,5 μm. Nessa faixa, a absortância é nula, mas tendo em vista o alto valor do seu índice de refração, o material apresenta alta refletância ($\cong$ 45%). Para comprimentos de onda mais curtos, no infravermelho próximo e visível, verifica-se o início das transições banda-banda, de maneira que a transmitância cai a zero, fazendo com que o GaAs seja um cristal opaco à luz visível.

Os metais são materiais totalmente opacos à radiação, de forma que sua transmitância é nula em grande parte do espectro. Assim, o espectro apresentado para o alumínio na Figura 8.3c é o espectro de refletância. O espectro de absortância (linha tracejada) é o seu complementar, já que, de acordo com a Equação 8.5, a soma $R + A$ deve ser igual à unidade. No infravermelho, a refletância do alumínio é muito alta, chegando a atingir entre 98 e 99%, para os comprimentos de onda mais longos. Na região do visível, a refletância reduz um pouco, mas ainda é alta, cerca de 90%, e mantém-se assim até o ultravioleta. Para comprimentos de onda muito curtos, abaixo de cerca de 80 ou 90 nm, a absortância cresce rapidamente, com a refletância diminuindo correspondentemente, como resultado da transição dos elétrons de condução para bandas de mais alta energia.

NOTA 8.1: A COR INEXISTENTE[1]

Os materiais não possuem cor. Ela é a sensação visual causada no cérebro pela incidência no olho da luz emitida, refletida, transmitida ou espalhada por um corpo. É, portanto, uma característica subjetiva, não podendo ser considerada como uma propriedade intrínseca dos materiais. Exemplo disso é o fato da cor aparente de um objeto ser sensivelmente alterada em função das condições de sua iluminação.

A cor, por outro lado, é uma das características mais óbvias e eventualmente mais marcantes dos objetos e, por esse motivo, a despeito da ressalva feita e da incerteza a ela associada, tem sido utilizada em diversos campos da ciência e da engenharia para a determinação de diferentes características de sólidos, líquidos ou gases.

A sensibilidade do olho humano se estende na faixa do espectro eletromagnético que vai de comprimentos de onda desde cerca de 380 nm até 740 nm, chamada, consequentemente, de faixa de luz visível. Nesse intervalo, o olho humano distingue apenas sete cores diferentes associadas à luz visível monocromática, as chamadas *cores espectrais*, que são as conhecidas sete cores do arco-íris. A Tabela 8.1 fornece os valores correspondentes de comprimento de onda, frequência e energia das cores espectrais.

Tabela 8.1 – Faixas aproximadas de comprimento de onda, frequência e energia correspondentes às sete cores da luz visível monocromática (cores espectrais)

Cor espectral	Comprimento de onda (nm)	Frequência (10^{14} Hz)	Energia (eV)
Violeta	380 – 440	7,90 – 6,80	3,26 – 2,82
Azul	440 – 485	6,80 – 6,20	2,82 – 2,56
Anil ou índigo	485 – 500	6,20 – 6,00	2,56 – 2,48
Verde	500 – 565	6,00 – 5,30	2,48 – 2,19
Amarelo	565 – 590	5,30 – 5,10	2,19 – 2,10
Laranja	590 – 625	5,10 – 4,80	2,10 – 1,98
Vermelho	625 – 740	4,80 – 4,05	1,98 – 1,68

1 *Da cor à cor inexistente* é o título do famoso livro do pintor brasileiro Israel Pedrosa.

No entanto, um ser humano normal tem a capacidade de distinguir uma dentre milhões de cores distintas, com um pico de sensibilidade para o comprimento de onda de cerca de 550 nm (verde). A cor associada a um certo objeto é, na verdade, função dos diferentes comprimentos de onda presentes na luz que incide sobre o olho. Via de regra, essa luz incidente não é monocromática, mas, sim, constituída por mais de um comprimento de onda, ou mesmo por uma distribuição contínua de comprimentos de onda, com intensidades variadas. Quando esse é o caso, os comprimentos de onda individuais não são percebidos, porém, resulta a impressão de uma única cor. Essa cor é denominada *cor não espectral* (por exemplo, o marrom). Quando a luz incidente no olho contém todas as cores do espectro em intensidades comparáveis, o objeto é visto como de cor branca ou cinza. Por outro lado, caso seja subtraída da luz branca uma certa faixa estreita de comprimentos de onda, a cor percebida pelo olho humano é a cor complementar à cor associada ao comprimento de onda faltante. Duas cores são ditas complementares quando misturadas resultam em branco, cinza ou preto. A Tabela 8.2 mostra a correspondência entre algumas cores complementares.

Tabela 8.2 – Correspondência entre algumas cores complementares.

Violeta	Verde-amarelado
Azul	Amarelo
Azul-esverdeado	Laranja
Verde-azulado	Vermelho
Verde	Magenta
Verde-amarelado	Violeta
Amarelo	Azul
Laranja	Azul-esverdeado
Vermelho	Ciano

8.3 REFLETÂNCIA E TRANSMITÂNCIA

A propagação da luz através de um meio é governada pelo seu índice de refração, que é definido como a razão entre a velocidade da luz no vácuo c e a sua velocidade de propagação v no meio considerado:

$$n = c / v \tag{8.12}$$

Em geral, o índice de refração é função do comprimento de onda (ou frequência), ou seja, $n = n(\lambda)$. Esse fenômeno, denominado *dispersão*, tem origem nas diferentes velocidades de propagação da luz de distintos comprimentos de onda e será abordado mais adiante (veja Seção 8.4.3).

No caso geral, a refração e a absorção de luz por um dado meio podem ser descritas conjuntamente pelo índice de refração complexo:

$$\tilde{n} = n - i\kappa \tag{8.13}$$

Em que a parte real n é o próprio índice de refração definido pela Equação 8.12, e a parte imaginária κ é o chamado *coeficiente de extinção*, que está relacionado ao coeficiente de absorção da seguinte forma:

$$\kappa = \frac{\lambda}{4\pi}\alpha \tag{8.14}$$

Quando um feixe de luz monocromática incide sobre a interface entre dois meios de índices de refração diferentes, parte da luz é refletida e parte é transmitida (veja Figura 8.4). Esse problema simples do eletromagnetismo pode ser resolvido por meio da solução das equações de Maxwell e da aplicação das condições de contorno na interface entre os dois meios. No entanto, esse desenvolvimento não será feito aqui. O leitor interessado deve consultar os livros de física básica.[2] Pode-se mostrar que, quando a incidência do feixe de luz é normal à interface, a razão entre as intensidades de luz refletida e incidente, ou seja, a refletividade r da interface entre dois meios de índices de refração diferentes é dada por:

$$r = \left| \frac{\tilde{n}_1 - \tilde{n}_2}{\tilde{n}_1 + \tilde{n}_2} \right|^2 \tag{8.15}$$

E a transmissividade t pode ser obtida a partir da relação $r + t = 1$.

2 Ver: Nussenzweig, 1997.

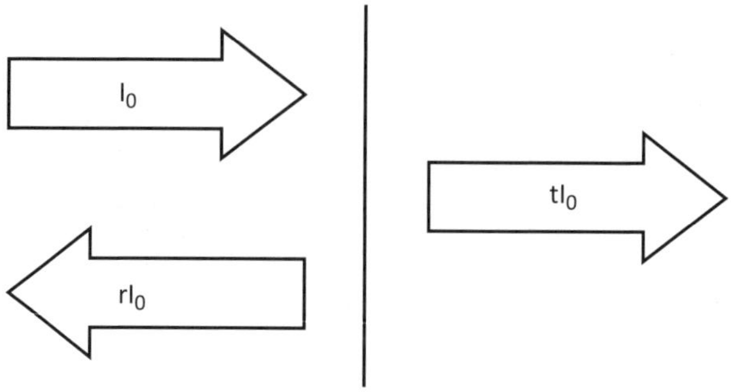

Figura 8.4 – Feixe de luz incidindo na interface entre dois meios distintos; r é a refletividade, e t é a transmissividade da interface, tal que $r + t = 1$.

Quando um desses meios é o vácuo (ou o ar), a Equação 8.15 fica:

$$r = \left| \frac{\tilde{n}-1}{\tilde{n}+1} \right|^2 \tag{8.16}$$

De outra forma, substituindo-se a Equação 8.13 para o índice de refração complexo, podemos obter a refletividade da interface entre um material e o vácuo (ou ar), em termos de n e κ como:

$$r = \frac{(n-1)^2 + \kappa^2}{(n+1)^2 + \kappa^2} \tag{8.17}$$

Com base nesse resultado, podemos calcular a refletividade de uma lâmina de espessura d de um material qualquer, conforme ilustrado na Figura 8.5. Vamos considerar a incidência normal, conforme se supôs na obtenção da Equação 8.17 (na Figura 8.5, a inclinação do feixe tem apenas a finalidade de dar maior clareza à mesma). Nesse caso, as duas interfaces entre o material e o vácuo (ou o ar) devem ser levadas em conta e são idênticas. Assim, o feixe de luz, após incidir sobre a primeira interface, é parcialmente refletido (raio r_1 na figura) e parcialmente transmitido para o interior do material, atravessa-o e incide sobre a segunda interface na qual o mesmo fenômeno ocorre novamente. Em seguida, a parcela do feixe que é refletida nesse ponto, retorna, atravessa novamente o material e incide mais uma vez sobre a primeira interface, desta vez em sentido contrário, sendo mais uma vez parcialmente refletida e transmitida. A parcela que é transmitida (raio r_2 na figura) soma-se à primeira reflexão para contribuir para a refletância do material. Esse processo ocorre sucessivas vezes, conforme ilustra a figura. Cada nova contribuição para a refletância (raios r_3, r_4 etc.) deve sofrer duas novas reflexões nas interfaces e atravessar duas vezes a espessura da lâmina, realizando o caminho de ida e volta.

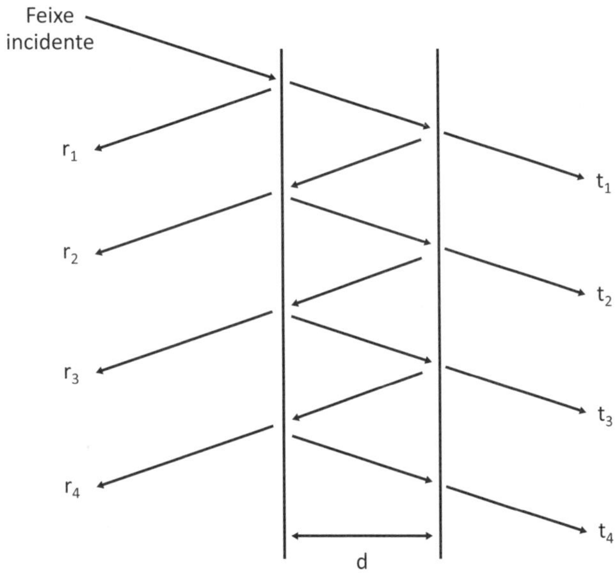

Figura 8.5 – Ilustração esquemática da incidência de um feixe de luz sobre uma lâmina de espessura *d*. As múltiplas reflexões que ocorrem nas duas interfaces contribuem para as intensidades de luz refletida e transmitida.

Assim, considerando que, ao atravessar o material, a intensidade do feixe de luz é atenuada exponencialmente de acordo com a lei de Beer-Lambert (Equação 8.7), podemos escrever a intensidade de luz refletida como a soma de infinitas parcelas:

$$I_R = rI_0 + (1-r)^2 r \exp(-2\alpha d) I_0 + (1-r)^2 r^3 \exp(-4\alpha d) I_0 + (1-r)^2 r^5 \exp(-6\alpha d) I_0 + \dots \quad (8.18)$$

Ou seja:

$$R = r\{1 + (1-r)^2 \left[\exp(-2\alpha d) + r^2 \exp(-4\alpha d) + r^4 \exp(-6\alpha d) + \dots\right]\} \quad (8.19)$$

Pode-se observar que a expressão entre colchetes é uma série geométrica cujo primeiro termo é *exp(-2αd)* e razão *r²exp(-2αd)*. Portanto, a refletividade pode ser expressa por:

$$R = r\left(1 + \frac{(1-r)^2 \exp(-2\alpha d)}{1 - r^2 \exp(-2\alpha d)}\right) \tag{8.20}$$

Assim, a refletividade é dada pela soma de dois termos: o primeiro é a refletividade da primeira interface, e o segundo é resultado das múltiplas reflexões no interior do material. Note que consideramos, nesse caso, que as intensidades dos múltiplos feixes refletidos e transmitidos são somadas de forma incoerente. Essa situação ocorre quando a espessura d do material é muito maior que o comprimento de onda da luz. No caso em que essa condição não é satisfeita, ou seja, quando a espessura do material é comparável ao comprimento de onda da luz, a soma deve ser realizada de forma coerente. Nesse caso, fenômenos de interferência aparecem, dando origem a máximos e mínimos na refletância e na transmitância, que dependem da relação entre os valores da espessura do material e do comprimento de onda, como ocorre, por exemplo, quando a luz incide sobre um filme fino. Aplicações bem conhecidas dessa situação são as camadas antirrefletoras utilizadas, por exemplo, em lentes oftálmicas, dispositivos e equipamentos ópticos em geral. Esse assunto, entretanto, não será discutido aqui.

Segundo a Equação 8.20, a refletância depende de apenas dois parâmetros, a refletividade da interface r e o produto do coeficiente de absorção pela espessura αd, que é essencialmente a densidade óptica do material (Equação 8.9). Quando o material é fortemente absorvedor (opaco), ou seja, quando o produto αd é grande, ou, ainda, quando a refletividade r é muito alta $(r \cong 1)$, a luz não é capaz de realizar as múltiplas reflexões no interior do material e a reflexão de luz ocorre essencialmente na primeira superfície. Nesse caso, a refletividade do material se aproxima da refletividade da primeira superfície, pois a segunda parcela entre parêntesis se anula, e a Equação 8.20 se reduz simplesmente a:

$$R \cong r \tag{8.21}$$

Por outro lado, para um material transparente, a absorção é nula ($\alpha = 0$). Logo a Equação 8.20 fica:

$$R = 2r\left(\frac{1-r}{1-r^2}\right) \tag{8.22}$$

Quando a refletividade da interface é muito pequena $(r \cong 0)$, a Equação 8.20 se reduz a:

$$R \cong r\left(1 + \exp(-2\alpha d)\right) \tag{8.23}$$

Se, além disso, o material for transparente ($\alpha = 0$), esta última expressão resulta em $R = 2r$, ou seja, a refletância será simplesmente igual à soma da refletância das duas interfaces. Esse é o caso típico de um material transparente, como uma lâmina de vidro.

Um desenvolvimento análogo ao realizado para a refletividade também pode ser realizado para se obter a transmissividade. Nesse caso, o feixe incidente deve ser transmitido pela primeira interface, atravessar o material e ser transmitido novamente pela segunda interface (raio t_1 na Figura 8.5). De forma análoga ao caso anterior, cada nova contribuição para a intensidade transmitida (raios t_2, t_3, t_4 etc.) deve sofrer duas novas reflexões e atravessar duas vezes a espessura da lâmina, fazendo o caminho de ida e volta. Computando todas as contribuições, obtém-se para a intensidade de luz transmitida:

$$I_T = (1-r)^2 \exp(-\alpha d) I_0 + (1-r)^2 r^2 \exp(-3\alpha d) I_0 + (1-r)^2 r^4 \exp(-5\alpha d) I_0 + \dots \qquad (8.24)$$

E assim, para a transmitância:

$$T = \frac{(1-r)^2 \exp(-\alpha d)}{1 - r^2 \exp(-2\alpha d)} \qquad (8.25)$$

Analogamente ao caso anterior, no caso em que o material é fortemente absorvedor, obtém-se a expressão:

$$T \cong (1-r)^2 \exp(-\alpha d) \qquad (8.26)$$

Para um material transparente, a expressão para a transmitância fica:

$$T = \frac{(1-r)^2}{1-r^2} \qquad (8.27)$$

E, quando a refletividade da interface é muito pequena ($r \cong 0$), a Equação 8.25 se reduz a:

$$T \cong \exp(-\alpha d) \qquad (8.28)$$

As expressões 8.20 a 8.28 mostram como a refletividade e a transmissividade se relacionam com o coeficiente de absorção α, nos diversos casos. Assim, realizando-se medidas de R e T e utilizando-se as expressões apropriadas, pode-se determinar α.

Exemplo 8.4: um vidro comum transparente tem índice de refração igual a 1,54. Calcule a transmissividade e a refletividade de uma lâmina de vidro.

Considerando que o vidro é transparente, a refletividade da interface ar-vidro será:

$$r = \frac{(n-1)^2 + \kappa^2}{(n+1)^2 + \kappa^2} = \frac{(n-1)^2}{(n+1)^2} = \frac{(1,54-1)^2}{(1,54+1)^2} = \frac{0,2916}{6,4516} = 0,045$$

Para um material transparente, pode-se utilizar as Equações 8.18 e 8.23 para R e T:

$$R = 2r\left(\frac{1-r}{1-r^2}\right) = 2x0,045x\left(\frac{1-0,045}{1-0,045^2}\right) = 0,086 \Rightarrow R = 8,6\%$$

$$T = \frac{(1-r)^2}{1-r^2} = \frac{(1-0,045)^2}{1-0,045^2} = \frac{0,912}{0,998} = 0,914 \Rightarrow T = 91,4\%$$

Com o objetivo de elaborar um modelo para as propriedades ópticas dos materiais, é mais conveniente trabalhar com a permissividade relativa em lugar do índice de refração. Conforme foi visto no Capítulo 6, quando o campo elétrico oscila com uma frequência da ordem da frequência da luz, a permissividade relativa é igual ao quadrado do índice de refração:

$$\varepsilon_r = \tilde{n}^2 \tag{8.29}$$

Lembrando que a permissividade relativa é um número complexo (equações 6.76) e substituindo a Equação 8.13 em 8.29, obtemos respectivamente para a parte real e imaginária da permissividade:

$$\varepsilon_1 = n^2 - \kappa^2 \tag{8.30}$$

$$\varepsilon_2 = 2n\kappa \tag{8.31}$$

Essas expressões simples permitem determinar ε_1 e ε_2 de posse dos valores de n e κ. Para um meio fracamente absorvedor, κ é muito pequeno, e, assim, a parte real da permissividade ε_2 será dada simplesmente pelo quadrado do índice de refração, enquanto sua parte imaginária ε_2 será diretamente proporcional ao coeficiente de extinção (e, logo, ao coeficiente de absorção). No caso de um meio totalmente transparente, κ e, portanto, ε_2 são nulos, e tanto o índice de refração quanto a permissividade são números reais puros.

De maneira inversa, para se determinar n e κ a partir das partes real e imaginária da permissividade, deve-se utilizar as expressões a seguir:

$$n = \frac{1}{\sqrt{2}}\left[(\varepsilon_1^2 + \varepsilon_2^2)^{1/2} + \varepsilon_1\right]^{1/2} \quad (8.32)$$

$$\kappa = \frac{1}{\sqrt{2}}\left[(\varepsilon_1^2 + \varepsilon_2^2)^{1/2} - \varepsilon_1\right]^{1/2} \quad (8.33)$$

Nesse ponto, é importante observar que, na realidade, o índice de refração e o coeficiente de extinção não são independentes, mas dependentes entre si, uma vez que são as partes real e imaginária de uma mesma função complexa (como também são ε_1 e ε_2). Assim, n e κ estão inter-relacionados por meio das chamadas *relações de Kramers-Kronig*:

$$n(w) = 1 + \frac{1}{\pi} P\int_{-\infty}^{\infty} \frac{k(w')}{w' - w} dw' \quad (8.34)$$

$$\kappa(w) = -\frac{1}{\pi} P\int_{-\infty}^{\infty} \frac{n(w') - 1}{w' - w} dw' \quad (8.35)$$

Em que P indica que se deve tomar o valor principal da integral. Assim, conhecendo-se o índice de refração em todo espectro de frequências, pode-se calcular o coeficiente de extinção, e vice-versa. Essas relações são extremamente úteis do ponto de vista prático, pois permitem determinar as propriedades ópticas de um material medindo-se apenas um desses parâmetros.

8.4 O MODELO DO OSCILADOR DE LORENTZ

O modelo clássico da propagação de luz em sólidos foi desenvolvido no final do século XIX por H. Lorentz. Nesse modelo, o sólido é considerado como constituído por um conjunto de átomos que se polarizam em resposta à aplicação do campo elétrico oscilante externo, e respondem à ação do campo como osciladores amortecidos. No Capítulo 6, consideramos um conjunto de osciladores clássicos constituídos pelos elétrons ligados aos núcleos atômicos. A equação de movimento (Equação 6.54) desse sistema foi escrita, e uma expressão para a permissividade relativa foi obtida (Equação 6.61, enquanto as partes real e imaginária são dadas pelas Equações 6.64 e 6.65, respectivamente). Aqui, vamos reescrever a expressão para a permissividade adicionando um termo independente da frequência para dar conta de outras contribuições (de frequência muito alta) para a permissividade:

$$\varepsilon_r\left(w\right)=\varepsilon_r^{\infty}+\frac{ne^2}{\varepsilon_0 m}\frac{1}{\left(w_0^{\ 2}-w^2-i\gamma w\right)} \tag{8.36}$$

Assim, o termo adicional da permissividade contribui para a sua parte real, enquanto a parte complexa permanece inalterada:

$$\varepsilon_1\left(w\right)=\varepsilon_r^{\infty}+\frac{ne^2}{\varepsilon_0 m}\frac{w_0^{\ 2}-w^2}{(w_0^{\ 2}-w^2)^2-(\gamma w)^2} \tag{8.37}$$

$$\varepsilon_2\left(w\right)=\frac{ne^2}{\varepsilon_0 m}\frac{\gamma w}{(w_0^{\ 2}-w^2)^2-(\gamma w)^2} \tag{8.38}$$

Em linhas gerais, ε_2 é muito pequeno em toda a faixa de frequências, exceto próximo à frequência de ressonância w_0, quando apresenta um pico intenso e estreito de largura à meia altura igual a γ. Por outro lado, ε_1 apresenta forte oscilação em torno da ressonância, assumindo primeiramente valores grandes positivos e, em seguida, valores negativos e finalmente estabilizando em um valor positivo constante. Observa-se que ε_1 é muito maior que ε_2 em toda a faixa, exceto em torno da ressonância. A Figura 8.6 a ilustra o comportamento de ε_1 e ε_2 obtido a partir das equações 8.37 e 8.38 como função da frequência normalizada $w\ /\ w_0$ para um material com γ = 0,1w_0 e permissividade relativa ε_r^{∞} = 3,0. Embora elaborada com parâmetros distintos, essa figura é análoga àquela apresentada e discutida no Capítulo 6 (Figura 6.18, Seção 6.4). A partir dos valores de ε_1 e ε_2, o índice de refração e o coeficiente de extinção podem ser obtidos utilizando-se as Equações 8.32 e 8.33.

A Figura 8.6b mostra a variação de n e κ em função da frequência w/w_0. Nota-se que o comportamento do índice de refração se assemelha ao de ε_1, enquanto o do coeficiente de extinção lembra o de ε_2, embora não sejam idênticos a aqueles. Isso se deve ao fato de o índice de refração ser muito maior que o coeficiente de extinção em praticamente toda faixa de frequências, exceto na região muito próxima à ressonância, uma vez que a forte absorção faz com que κ apresente valores muito grandes nessa região. Dessa maneira, sendo κ muito pequeno, valem as aproximações $n\cong\sqrt{\varepsilon_1}$ e $\kappa\cong\varepsilon_2$ em praticamente todo o espectro de frequências, exceto nas regiões mencionadas.

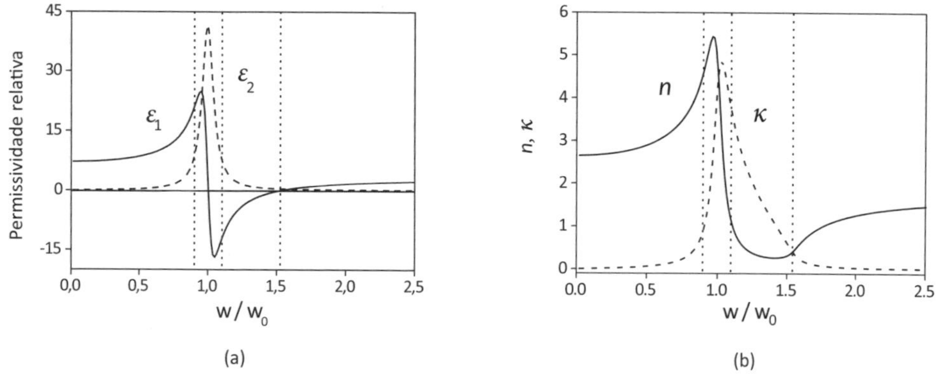

Figura 8.6 – Propriedades ópticas de um dielétrico em função da frequência normalizada w / w_0 conforme previsto pelo modelo de Lorentz com $\gamma = 0,1w_0$ e permissividade relativa ε_r^∞ = 3: (a) partes real e imaginária da permissividade (Equações 8.37 e 8.38) e (b) e índice de refração e coeficiente de extinção (Equações 8.34 e 8.35).

Conforme já foi visto no Capítulo 6, o comportamento da permissividade relativa é aproximadamente simétrico em relação a w_0. No entanto, o mesmo não acontece com n e κ, que apresentam uma variação assimétrica, um pouco mais alargada para a região de altas frequências. É interessante notar que, enquanto o pico da absorção ressonante é relativamente estreito (largura $\gamma = 0,1w_0$, nesse caso), o índice de refração é afetado pela presença desse pico em uma faixa de frequências muito mais larga que a da própria absorção. É interessante notar também que, em decorrência da sua forte oscilação próximo à ressonância, n chega a assumir valores muito pequenos e até mesmo menores que a unidade. Essas características se tornam tanto mais pronunciadas quanto maior for o amortecimento γ.

A Figura 8.7 mostra a curva de refletância obtida a partir dos dados de índice de refração e coeficiente de extinção apresentados na Figura 8.6b. Quando a frequência da luz se aproxima da ressonância, a refletância aumenta, primeiramente de forma lenta, como resultado do aumento do índice de refração, e depois mais abruptamente. Na ressonância, a refletância se aproxima de seu valor máximo. Em seguida, a diminuição da absorção e a variação extremamente abrupta do índice de refração, que se torna muito pequeno, leva a refletância a cair a zero, para, em seguida, variar lentamente para um valor pequeno e constante. Esse comportamento é tanto mais pronunciado quanto menor for o fator de amortecimento, sendo que quando o amortecimento é pequeno, observa-se uma variação abrupta da refletância do material entre valores de 0 a 100%, aproximadamente.

Uma vez que a absorção é muito intensa, o material é totalmente opaco, a menos que sua espessura seja muito pequena. Assim, a transmitância apresentada na Figura 8.7 se refere a uma película fina, de apenas 1,0 μm de espessura do material. Mesmo nesse caso, a transmitância não é nula somente em frequências muito abaixo ou muito acima da ressonância.

Com base nessa análise, pode-se dividir o espectro em quatro regiões distintas, que estão assinaladas nas Figuras 8.6a e b. Na primeira região, abaixo da ressonância, o índice de refração é maior que a unidade, e o coeficiente de extinção é praticamente nulo. Assim, o material não absorve luz, apresenta baixa refletividade e transmitância não nula. A segunda região é a região da ressonância e assim, n e κ aumentam muito de valor e são da mesma ordem. Dessa maneira, o material se torna fortemente absorvedor, é refletor e a transmitância se torna rigorosamente nula. Na terceira região, κ é maior que n, a refletância atinge seu valor máximo, a absorção ainda é muito intensa e a transmitância continua sendo nula. Finalmente, na quarta e última região, κ volta a ser nulo, e n é pequeno, e, assim, o material volta a transmitir luz, mas é muito pouco refletor.

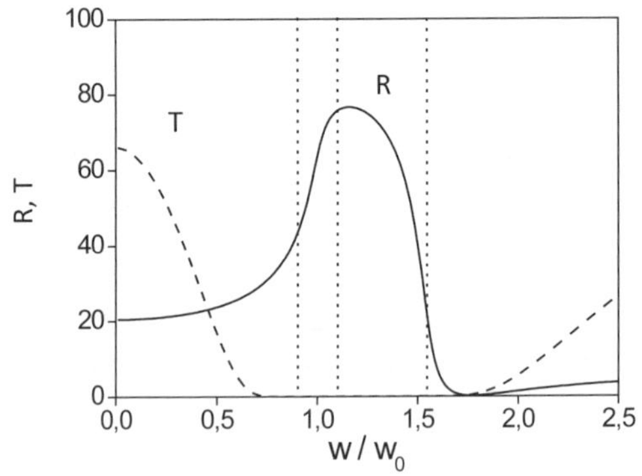

Figura 8.7 – Refletância e transmitância de um material dielétrico em função da frequência normalizada calculadas por meio das Equações 8.20 e 8.25, respectivamente, a partir dos dados apresentados na Figura 8.5.

A seguir, aplicaremos o modelo de Lorentz a diferentes casos de interesse.

8.4.1 INTERAÇÃO DA LUZ COM ELÉTRONS LIVRES

8.4.1.1 Materiais condutores

O modelo clássico que trata da propagação de luz em materiais condutores une o modelo do oscilador de Lorentz ao modelo de elétrons livres de Drude (veja Capítulo 4) e, por esse motivo, é chamado de *modelo de Drude-Lorentz*. O problema pode ser tratado de forma muito semelhante ao que foi apresentado na seção anterior, mas com algumas diferenças importantes. Nesse caso, o meio se polariza como resultado da ação do campo elétrico oscilante sobre os elétrons de condução do material. Como esses elétrons não estão ligados (elétrons livres), não há força restauradora. Assim, desprezando a terceira parcela no lado esquerdo da Equação 6.54, obtém-se a equação de movimento para os elétrons:

$$m\frac{d^2x}{dt^2}+m\gamma\frac{dx}{dt}=-eE \qquad (8.39)$$

Isso equivale a fazer a frequência de ressonância $w_0 = 0$. Note que a Equação 8.39 é análoga à equação de movimento dos elétrons livres apresentada no Capítulo 4 (Equação 4.29) substituindo-se γ por τ^{-1}, em que τ é o tempo de relaxação dos elétrons (veja Seção 4.3).

Com o propósito de descrever as propriedades ópticas dos metais, é conveniente definir a chamada *frequência de plasma*:[3]

$$w_p=\left(\frac{ne^2}{\varepsilon_0 m_e^*}\right)^{1/2} \qquad (8.40)$$

Em que m_e^* é a massa efetiva dos elétrons do metal. Note que a frequência de plasma depende de um único parâmetro, a densidade eletrônica n. Sendo a densidade de elétrons livres da ordem de 10^{22} a 10^{23} cm^{-3} (veja Capítulo 4, Tabela 4.3), obtém-se que, para um metal típico, a frequência de plasma se situa na faixa de 10^{15} a 10^{16} Hz, que corresponde à frequência da luz visível ou ultravioleta.

Exemplo 8.5: Obtenha a frequência de plasma para o cobre.
Segundo a Tabela 4.3, o cobre possui uma densidade de elétrons livres igual a 8,49 x 10^{28} m^{-3}. Considerando a massa do elétron livre, temos:

$$w_p=\left(\frac{ne^2}{\varepsilon_0 m_e^*}\right)^{1/2}=\left(\frac{8,49x10^{28}x(1,60x10^{-19})^2}{8,85x10^{-12}x9,11x10^{-31}}\right)^{1/2}=1,64x10^{16}\,Hz$$

3 Um plasma nada mais é que um gás contendo certa quantidade de íons e elétrons e, dessa maneira, um metal com os íons da rede e seus elétrons livres pode, de certa forma, ser visto como equivalente a um plasma.

O valor tabelado é 1,13 x 10^{16} Hz, que corresponde à luz de comprimento de onda de cerca de 168 nm (ultravioleta).

Assim, nesse caso, a equação para permissividade relativa (Equação 8.36) assume a forma:

$$\varepsilon_r(w) = 1 - \frac{w_p^{\ 2}}{w(w+i\gamma)} \tag{8.41}$$

De forma a entender o comportamento dessa equação, analisaremos, em primeiro lugar, o caso simples e ilustrativo em que o amortecimento é fraco. Fazendo γ tender a zero na Equação 8.41, obtém-se uma permissividade puramente real:

$$\varepsilon_r(w) = 1 - \frac{w_p^{\ 2}}{w^2} \tag{8.42}$$

Observa-se que para frequências menores que a frequência de plasma, a permissividade relativa é negativa, o que implica, segundo a Equação 8.29, que o índice de refração é um número imaginário puro. Isso significa que a luz não se propagaria no interior do condutor, pois a onda eletromagnética não seria expressa por uma exponencial complexa, mas assumiria a forma de uma exponencial decrescente, ou seja, uma onda de amplitude amortecida (chamada *onda evanescente*). Esse fenômeno será analisado em detalhe mais adiante. Nessa situação, a reflexão é total. Esse comportamento explica, portanto, a alta refletividade da maior parte dos metais para frequências abaixo da frequência de plasma, ou seja, na faixa da luz visível e do infravermelho próximo.

No entanto, quando a frequência da luz é igual à frequência de plasma, ε e n se anulam, enquanto, para frequências maiores que esse valor, ε e n se tornam números reais positivos. Isso significa que, nessa faixa de frequências (que, no caso da maioria dos metais, corresponde à região ultravioleta do espectro), a refletividade é baixa, a luz pode penetrar no metal e, eventualmente, atravessá-lo. Assim, embora na realidade o fator de amortecimento não possa ser considerado nulo, essa análise simples nos permite concluir que a frequência de plasma é a frequência que delimita o limiar entre a situação de reflexão total e de transmissão de luz pelo metal.

Conforme foi dito, na frequência de plasma, tanto n quanto ε se anulam. Isso sugere que um fenômeno interessante ocorre nesse valor de frequência. A solução das equações de Maxwell do eletromagnetismo mostra que, em princípio, dois tipos de ondas podem se propagar no interior do metal, ondas transversais e longitudinais. As ondas eletromagnéticas transversais se constituem no caso convencional que analisamos e que, essencialmente, só se propagam quando $w > w_p$, pois quando $w < w_p$, essas ondas não podem penetrar no interior do metal, pois ocorre reflexão total. Entretanto, ondas longitudinais também podem se propagar no metal. A permissividade nula na frequência $w = w_p$ implica a propagação de ondas longitudinais e, portanto, essa propagação se dá somente para esse valor de frequência.

Um plasma nada mais é que um gás contendo partículas carregadas. Nesse caso, esse gás é o gás de Fermi dos elétrons do metal. Os elétrons estão em constante movimento (veja Capítulo 4), e, portanto, o sistema apresenta pequenas flutuações. Essas flutuações levam ao acúmulo momentâneo de carga em determinadas regiões do metal, que interagem com as cargas em seu entorno, que, por sua vez, exercem uma força restauradora. Como resultado dessa interação surgem as oscilações de plasma. Essa é a visão puramente clássica do plasma, cujo modelo tradicional é um oscilador harmônico, com frequência de característica $w = w_p$. Entretanto, sabemos que na realidade as oscilações de um sistema de partículas são quantizadas, e, portanto, as oscilações do plasma têm sua energia quantizada em unidades de $\hbar w_p$. As oscilações de plasma quantizadas são associadas a quase partículas denominadas *plásmons*.

Voltando à análise do modelo de Drude-Lorentz, pode-se obter as partes real e imaginária da permissividade a partir da Equação 8.41:

$$\varepsilon_1(w) = 1 - \frac{(w_p\tau)^2}{1+(w\tau)^2} \tag{8.43}$$

$$\varepsilon_2(w) = \frac{(w_p\tau)^2}{\left[1+(w\tau)^2\right]w\tau} \tag{8.44}$$

Em que, desta vez, o fator de amortecimento γ foi levado em conta, substituído pelo tempo de relaxação τ ($\tau = \gamma^{-1}$). Conforme apresentado no Capítulo 4 (Tabela 4.2), o tempo de relaxação para muitos metais puros se situa na faixa de 10^{-15} a 10^{-14} s em temperatura ambiente. Assim, pode-se considerar que a condição $(w_p\tau)^2 \gg 1$ é de uma forma geral satisfeita.

A Figura 8.8 apresenta o comportamento das propriedades ópticas de um material condutor em função da frequência, conforme previsto pelas equações 8.43 e 8.44. A Figura 8.8a mostra o comportamento das partes real e imaginária da permissividade. Para frequências muito baixas, ε_1 é negativo e cresce com a frequência, passando por zero aproximadamente em $w = w_p$. Acima disso, ε_1 continua a crescer, tendendo assintoticamente à unidade. Por outro lado, ε_2 é positivo e muito grande em baixas frequências, caindo a zero muito rapidamente.

O índice de refração e o coeficiente de extinção, calculados por meio das equações 8.32 e 8.33, estão apresentados na Figura 8.8b. Ambos apresentam valores muito grandes a frequências muito baixas. O índice de refração cai muito rapidamente para valores próximos a zero, enquanto o coeficiente de extinção permanece grande e decresce de forma bem mais lenta se anulando em $w = w_p$. Acima desse valor, o índice de refração volta a aumentar e satura num valor próximo à unidade.

Os valores de n e κ apresentados na Figura 8.8b foram utilizados para calcular a refletância de uma lâmina metálica em função da frequência. A Figura 8.9 mostra que, para frequências baixas, a lâmina é totalmente refletora, e em $w = w_p$, a refletividade cai abruptamente, atingindo valores próximos a zero por volta de $w = 2w_p$. Como nesse caso a absorção é muito intensa, a transmitância foi calculada para uma película metálica fina. O comportamento obtido para a transmitância, também apresentado na Figura 8.9, é oposto ao da refletância, mostra que o metal, que é totalmente opaco em frequências abaixo da frequência de plasma, torna-se transparente em frequências acima de w_p. Esse comportamento está em concordância com a análise que foi feita para a expressão aproximada (Equação 8.42).

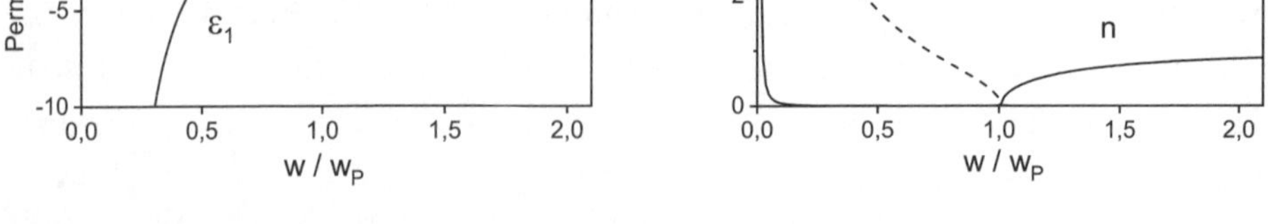

Figura 8.8 – Propriedades ópticas de um material condutor em função da frequência normalizada $w = w_p$ calculadas a partir das expressões dadas no texto: (a) partes real e imaginária da permissividade e (b) e índice de refração e coeficiente de extinção.

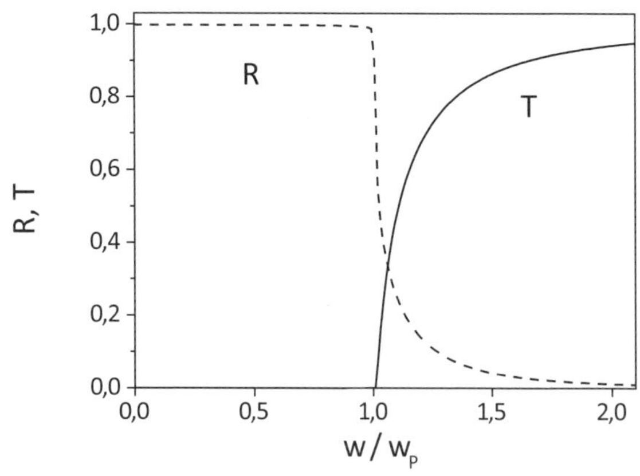

Figura 8.9 – Refletância e transmitância em função da frequência normalizada para um material condutor, calculadas a partir das expressões dadas no texto.

Resultados de medidas do índice de refração e do coeficiente de extinção do alumínio em larga faixa, para energias de fóton de até 30 eV (frequências *w* até cerca de 4,6 x 10^{16} Hz) mostram um comportamento conforme o previsto pelo modelo de Drude-Lorentz, exceto por uma pequena oscilação do índice de refração na região de baixa energia (veja Figura 8.10).

A Figura 8.11a mostra que a refletividade de alumínio em função da energia também está em boa concordância qualitativa com o referido modelo. No entanto, quantitativamente, o modelo de Drude-Lorentz prevê uma refletividade de 100% abaixo da energia de plasma, enquanto a refletância medida para o alumínio para energias abaixo da energia de plasma (15 eV, aproximadamente) é cerca de 92% apenas, indicando que há absorção de luz. A Figura 8.11a também mostra a refletância da prata em função da frequência. A prata apresenta uma energia de plasma (9,0 eV) consideravelmente menor que o alumínio. No entanto, sua refletividade sofre uma forte queda em energias muito inferiores e não se anula para energias acima desse valor. A Figura 8.11b mostra que outros metais, como o titânio, cromo e ferro, apresentam comportamentos da refletividade em função da energia ainda mais complexos. Esse comportamento da refletividade como função da energia se deve a transições que ocorrem entre as bandas desses metais (transições banda-banda) e seu entendimento depende do conhecimento detalhado da estrutura de bandas de energia desses metais. O fenômeno de absorção banda-banda em metais será objeto de breve análise mais adiante nesse capítulo (Seção 8.5.2).

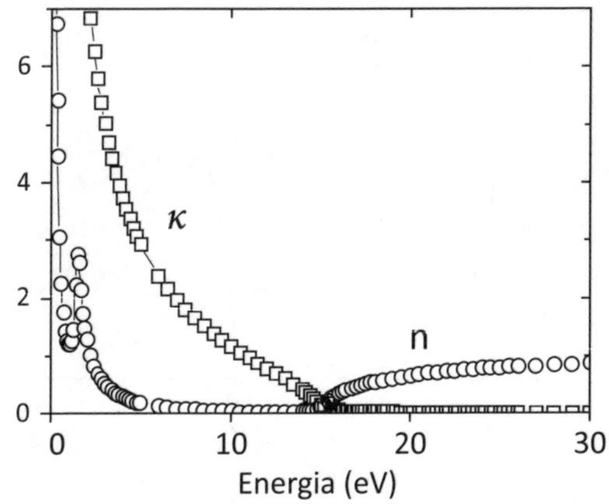

Figura 8.10 – Índice de refração e coeficiente de extinção do alumínio em função da energia.

Fonte: Haynes, 2017.

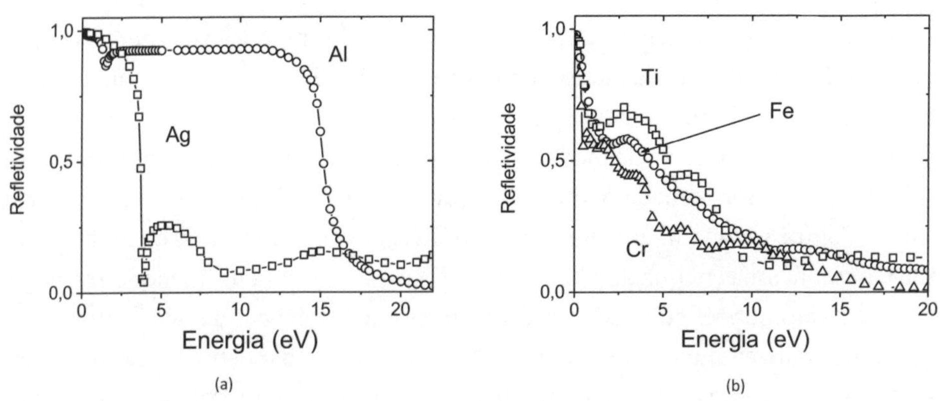

Figura 8.11 – Refletividade em função da energia para (a) alumínio e prata e (b) ferro, cromo e titânio.

Fonte: Haynes, 2017.

Fazendo a aproximação $(w\tau)^2 \gg 1$, que, geralmente, corresponde às regiões do infravermelho próximo e da luz visível, as Equações 8.43 e 8.44 ficam:

$$\varepsilon_1(w) \cong 1 - \frac{w_p{}^2}{w^2} \quad (8.45)$$

$$\varepsilon_2(w) \cong \frac{w_p^{\,2}}{w^3\tau} \tag{8.46}$$

Ou em função do comprimento de onda:

$$\varepsilon_1(w) \cong 1 - \frac{\lambda^2}{\lambda_p^{\,2}} \tag{8.47}$$

$$\varepsilon_2(w) \cong \frac{\lambda^3}{\lambda_p^{\,2}\tau'} \tag{8.48}$$

Em que $\lambda_p = 2\pi c / w_p$ e $\tau' = 2\pi c\tau$.

Assim, no caso em que a aproximação $(w\tau)^2 \gg 1$ é válida, o gráfico de ε_1 *versus* λ^2 deve ser uma reta e permite a determinação do comprimento de onda (ou da frequência) de plasma, a partir de seu coeficiente angular. A Figura 8.12a apresenta esses gráficos para o caso dos metais cobre, prata e ouro. Além disso, o gráfico de ε_2 / λ *versus* λ^2 também deverá ser linear, e seu coeficiente angular permite a determinação do tempo de relaxação. A Figura 8.12b apresenta esses gráficos para os mesmos três metais.

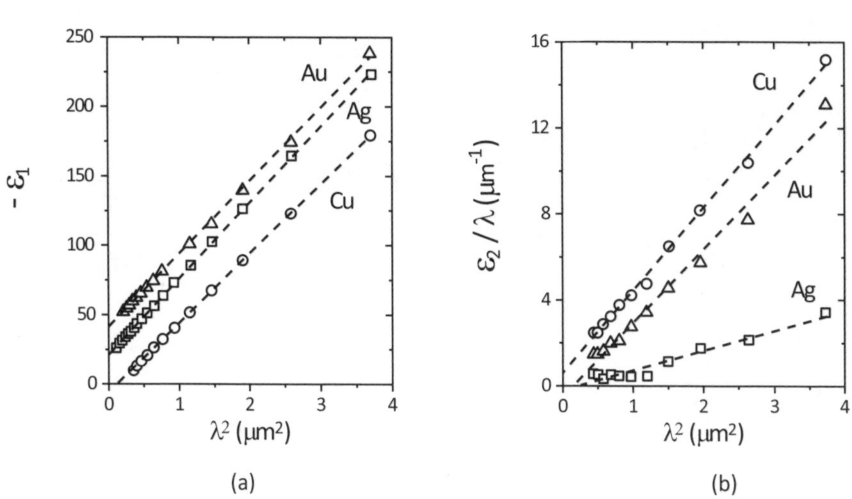

Figura 8.12 – (a) parte real da permissividade *versus* comprimento de onda ao quadrado e (b) parte imaginária da permissividade dividida pelo comprimento de onda *versus* comprimento de onda ao quadrado na região do infravermelho próximo e do visível, para os metais cobre, prata e ouro. As retas tracejadas representam ajustes lineares aos dados experimentais.

Fonte: Johnson, 1972.

A Tabela 8.3 apresenta valores de energia (frequência e comprimento de onda) de plasma para alguns metais. Valores do tempo de relaxação de metais obtidos a partir de medidas de condutividade elétrica são apresentados na Tabela 4.2.

Tabela 8.3 – Energia de plasma, frequência e comprimento de onda correspondentes, para alguns metais

Metal	E_p (eV)	$w_p/2\pi$ (10^{15} Hz)	λ_p (nm)
Ag	9,0	2,18	137,7
Al	14,8	3,60	83,8
Au	9,0	2,18	137,7
Be	18,5	4,46	67
Ca	8,0	1,93	156
Cs	2,82	0,68	440
Cu	7,4	1,80	167,5
Fe	4,1	0,99	302,4
K	4,25	1,03	291,7
Li	8,0	1,93	155
Mg	10,9	2,63	114
Mo	7,5	1,81	165,3
Na	5,91	1,43	209,8
Ni	4,9	1,19	253,0
Pd	5,5	1,34	225,4
Pt	5,1	1,24	243,1
Rb	3,65	0,88	340
Rh	3,8	0,92	326,2
Ta	6,2	1,50	200,0
V	5,2	1,26	238,4
W	6,4	1,56	193,7

Fonte: Palik, 1997.

Conforme foi visto (veja Figura 8.9), para frequências menores que a frequência de plasma, o metal é totalmente refletor e opaco à radiação. No entanto, ao incidir sobre o material, a radiação não é totalmente refletida na sua primeira superfície, mas penetra em seu interior, sofrendo atenuação em acordo com a lei de Beer-Lambert. Essa onda de intensidade exponencialmente decrescente é chamada *onda evanescente*. A esse fenômeno, em que onda penetra, mas fica limitada a uma região próxima à superfície do material condutor, dá-se o nome de *efeito pelicular*. Dessa maneira, é de interesse definir a chamada *profundidade pelicular* (em inglês, *skin depth*), que é uma medida da extensão que a onda eletromagnética penetra no interior do material condutor, como dada pela equação simples:

$$\delta = \frac{2}{\alpha} \tag{8.49}$$

Em que α é o coeficiente de absorção do material. O fator 2 nessa definição decorre do fato de que, se a amplitude da onda decai com exp $(- z / \delta)$, sua potência ou intensidade decresce com o seu quadrado, ou seja, exp $(- 2z / \delta)$. Comparando-se esse decaimento com a lei de Beer-Lambert (Equação 8.7), obtém-se a relação 8.49. Assim, δ é o comprimento característico para o qual a intensidade da onda cai a $1 / e$ do seu valor inicial na superfície do material. Caso a espessura do material seja muito superior à profundidade pelicular, a radiação não é capaz de atravessá-lo, fica limitada à região próxima à superfície e é totalmente refletida. No entanto, caso a espessura do metal seja da mesma ordem ou menor que a profundidade pelicular, então, parte da radiação será transmitida e, de forma a conservar a energia total, a refletividade deverá diminuir correspondentemente.

A partir da Equação 8.49, lembrando que $\alpha = 4\pi k / \lambda$, e utilizando-se 8.33 para obter o coeficiente de extinção a partir das equações 8.44 e 8.45 para a permissividade, pode-se obter uma expressão para a profundidade pelicular em função da frequência. É simples verificar que, para frequências baixas, tais que $w\tau \ll 1$, a profundidade pelicular é inversamente proporcional à frequência:

$$\delta = \frac{\sqrt{2}c}{w_p}\left(\frac{1}{w\tau}\right)^{1/2} \qquad (w\tau \ll 1) \tag{8.50}$$

Enquanto para frequências altas, $w\tau \gg 1$, a profundidade pelicular atinge o seu valor mínimo e constante, igual a:

$$\delta_{min} = \frac{\sqrt{2}c}{w_p} \qquad (w\tau \gg 1) \tag{8.51}$$

Para uma expressão da profundidade pelicular em toda a faixa de frequência, veja o Exercício 11. A Figura 8.13 mostra o gráfico da profundidade pelicular em função da frequência w, obtido no caso de um material condutor com características similares às do cobre ($\tau = 2{,}0 \times 10^{-14}$ s e $w_p = 1{,}2 \times 10^{16}$ Hz). Para frequências altas, da ordem de 10^{15} Hz, a profundidade pelicular atinge um valor mínimo de cerca de 25 nm, nesse caso.

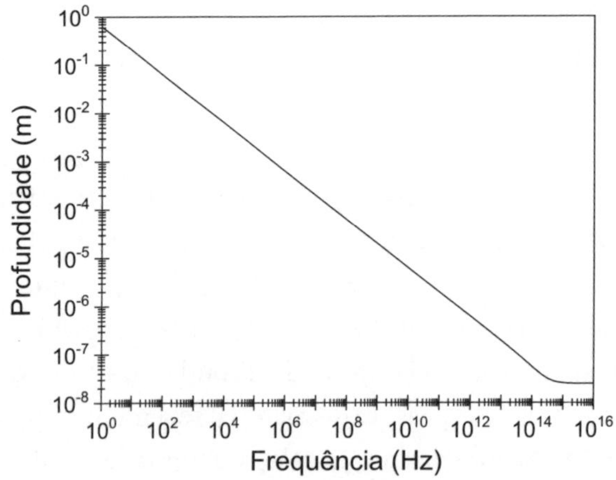

Figura 8.13 – profundidade pelicular em função da frequência f em escala log-log, para $\tau = 2{,}0 \times 10^{-14}$ s e $w_p = 1{,}2 \times 10^{16}$ Hz.

Conforme foi visto no Capítulo 4, a condutividade em corrente alternada (AC) de um material condutor pode ser expressa por (Equação 4.58):

$$\sigma(w) = \frac{e^2 n\tau}{m_e} \frac{1}{1 - iw\tau} \tag{8.52}$$

Assim, comparando-se as equações 8.52 e 8.41, e utilizando-se 8.40, pode-se mostrar que a permissividade relativa e a condutividade AC estão relacionadas entre si por uma expressão simples:

$$\varepsilon_r(w) = 1 + \frac{i\sigma(w)}{\varepsilon_0 w} \tag{8.53}$$

Dessa forma, medidas de condutividade AC e das propriedades ópticas podem ser complementares entre si.

Utilizando-se a expressão para a frequência de plasma (Equação 8.40) e lembrando que a velocidade da luz é função da permissividade e da permeabilidade magnética do meio, pode-se mostrar a partir da Equação 8.50 que a profundidade pelicular é inversamente proporcional à condutividade do material:

$$\delta = \left(\frac{2}{\sigma_0 \mu w}\right)^{1/2} \qquad (w\tau \ll 1) \tag{8.54}$$

Essa expressão, no entanto, é válida somente na região de frequências baixas, ou seja, menores que τ^{-1}. Deve-se observar, entretanto, que há uma certa discrepância entre os valores obtidos para a profundidade pelicular a partir das equações 8.54 e 8.50.

Exemplo 8.6: de posse dos valores da frequência de plasma w_p = 2,26 x 10^{16} Hz e do tempo de relaxação τ = 7,19 x 10^{-15} s no alumínio, obtenha a profundidade pelicular nesse metal para luz infravermelha de comprimento de onda 100 μm. Um comprimento de onda 100 μm corresponde a uma frequência w = 1,88 x 10^{13} Hz. Assim, podemos utilizar a Equação 8.50 para a profundidade pelicular:

$$\delta = \frac{\sqrt{2}c}{w_p}\left(\frac{1}{w\tau}\right)^{1/2} = \frac{\sqrt{2}x3,00x10^8}{2,26x10^{16}}\left(\frac{1}{1,88x10^{13}x7,19x10^{-15}}\right)^{1/2} = 5,1x10^{-8} = 51nm$$

Exemplo 8.7: conhecendo a condutividade DC do cobre em temperatura ambiente σ = 5,80 x 10^6 Ω^{-1}.m^{-1}, obtenha a profundidade pelicular nesse metal para a frequência de 60 Hz, considerando $\mu = \mu_0$, nesse caso.

$$\delta = \left(\frac{2}{\mu_0 \sigma_0 w}\right)^{1/2} = \left(\frac{2}{4\pi x10^{-7} x5,80x10^7 x377}\right)^{1/2} = 8,53x10^{-3} = 8,53mm$$

Assim, condutores de cobre com espessuras maiores que esse valor, transmitindo energia elétrica em corrente alternada, apresentarão o campo elétrico e, consequentemente, a passagem de corrente concentrada na região próxima à sua superfície.

8.4.1.2 Materiais semicondutores dopados

A interação da luz com elétrons livres em materiais semicondutores dopados é, em muitos aspectos, similar ao que ocorre em materiais condutores. Já a interação da luz com materiais semicondutores intrínsecos se dá de forma muito semelhante ao caso dos materiais dielétricos, desde que a energia correspondente aos fótons de luz seja menor que o *gap* do material $(\hbar w < E_G)$ e será objeto da próxima seção. O caso em que a energia dos fótons é maior ou igual ao *gap* $\hbar w \geq E_G$ será tratado mais adiante.

Os resultados obtidos na seção anterior podem ser aplicados para o caso dos semicondutores dopados com duas modificações importantes. Primeiramente, deve-se considerar que, nos semicondutores, os portadores de carga são elétrons e buracos que se movem no interior das bandas de condução e de valência, respectivamente (veja Capítulo 5). Dessa maneira, a massa dos portadores que deve ser levada em conta é a massa efetiva dos elétrons, no caso de semicondutores do tipo n, ou a massa efetiva dos buracos, no caso de semicondutores do tipo p (veja Seção 5.4). Em segundo lugar, em contraste com os metais e de forma análoga aos materiais dielétricos, um semicondutor pode ser polarizado, de maneira que uma contribuição adicional à polarização relacionada aos elétrons ligados deve ser considerada.

Após essas considerações e supondo, por exemplo, um semicondutor dopado do tipo n, pode-se escrever:

$$\varepsilon_r(w) = \varepsilon_i - \frac{ne^2}{\varepsilon_0 m^*} \frac{1}{(w^2 + i\gamma w)} \tag{8.55}$$

Em que m^* é a massa efetiva dos elétrons, n é a densidade desses portadores,[4] e ε_i é a permissividade relativa do semicondutor intrínseco, que inclui todas as outras contribuições para a permissividade que não aquela dos portadores livres. De forma semelhante ao caso anterior, pode-se fazer:

$$\varepsilon_r(w) = \varepsilon_i \left(1 - \frac{w_p^{\,2}}{(w^2 + i\gamma w)}\right) \tag{8.56}$$

4 Considera-se que o semicondutor seja suficientemente dopado de forma que a contribuição dos portadores minoritários possa ser desprezada.

Em que:

$$w_p = \left(\frac{ne^2}{\varepsilon_i \varepsilon_0 m^*} \right)^{1/2} \tag{8.57}$$

É a frequência de plasma nesse caso. Essa expressão é essencialmente a mesma que a Equação 8.40, a não ser pelo maior valor da permissividade nesse caso. A menor densidade de portadores e a maior permissividade relativa dos semicondutores fazem com que a frequência de plasma seja reduzida em algumas ordens de grandeza em relação à dos metais. Assim, no caso dos semicondutores mais fortemente dopados, w_p pode atingir valores da ordem de 10^{13} Hz, o que corresponde à frequência da luz infravermelha. À parte dessas diferenças quantitativas, o comportamento dos semicondutores dopados é análogo ao dos metais, de forma que o material também é altamente refletor e opaco à radiação em frequências abaixo da frequência de plasma, região em que normalmente um semicondutor intrínseco seria transparente e pouco refletor. Assim, a Equação 8.56 mostra que, da mesma forma que no caso dos metais, deve-esperar uma grande variação da refletividade do material no entorno da frequência de plasma.

Por outro lado, um fenômeno muito interessante que se observa nesse caso, é que a permissividade relativa apresenta valor unitário e, consequentemente, refletividade nula, para o seguinte valor da frequência:

$$w = \left(\frac{\varepsilon_i}{\varepsilon_i - 1} \right)^{1/2} w_p \tag{8.58}$$

Assim, realizando-se medidas de refletividade no infravermelho para se determinar o ponto de refletividade nula e utilizando-se as expressões obtidas, pode-se obter a massa efetiva dos portadores, desde que se conheça a permissividade relativa ε_i e a dopagem do semicondutor.

O antimoneto de índio (InSb) intrínseco apresenta uma janela de transparência entre a absorção por fônons, situada em cerca de 50 μm e a absorção banda-banda por volta de 6 μm, de forma semelhante ao gráfico apresentado na Figura 8.3b . Sua refletividade, portanto, é aproximadamente constante nesse intervalo. Medidas de refletância no infravermelho em temperatura ambiente do InSb dopado do tipo n, por outro lado, mostram uma forte variação da refletividade, que oscila desde quase 100%, cai abruptamente a zero e volta a aumentar novamente. Segundo mostra a Figura 8.14a, o material dopado apresenta esta variação da refletividade e, em acordo com o previsto pelas equações 8.57

e 8.58, o comprimento de onda em que a refletividade se anula diminui com o aumento da dopagem do semicondutor (veja Exercício 16).

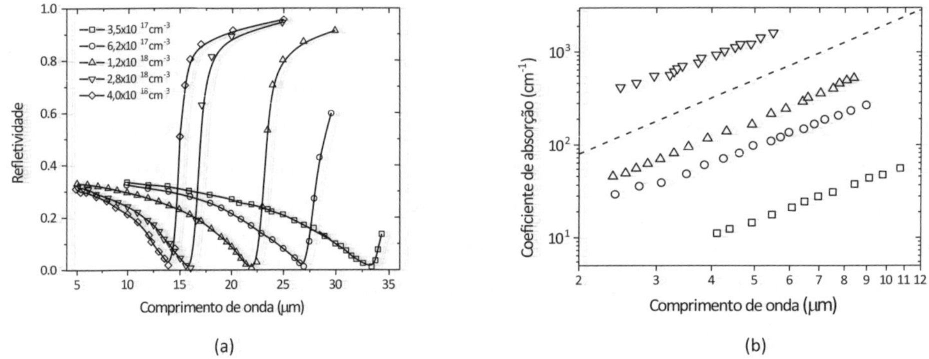

Figura 8.14 – (a) refletividade no infravermelho em função do comprimento de onda para o antimoneto de índio (InSb) dopado do tipo n, à temperatura ambiente, para diferentes valores da dopagem e (b) coeficiente de absorção em função do comprimento de onda em escala log-log para o silício dopado tipo p com diferentes concentrações de buracos: a) 4,6 x 10^{17} *cm^{-3}*; b) 1,4 x 10^{18} *cm^{-3}*; c) 2,5 x 10^{18} *cm^{-3}* e d) 1,68 x 10^{19} cm^{-3}, em temperatura ambiente. A linha tracejada representa a dependência quadrática prevista pela Equação 8.62.

Fonte: Spitzer, 1957; Hara, 1966.

Analogamente ao caso do metal, pode-se obter a partir de 8.56 as partes real e imaginária da permissividade, como:

$$\varepsilon_1(w) = \varepsilon_i \left(1 - \frac{(w_p\tau)^2}{1+(w\tau)^2} \right) \quad (8.59)$$

$$\varepsilon_2(w) = \varepsilon_i \left(\frac{(w_p\tau)^2}{\left[1+(w\tau)^2\right] w\tau} \right) \quad (8.60)$$

Em que, mais uma vez, substituiu-se γ^{-1} pelo tempo de relaxação τ. Essas expressões são análogas a 8.43 e 8.44. No caso de semicondutores, entretanto, ao contrário do caso dos metais, vale a condição $(w_p\tau)^2 \ll 1$, embora o tempo de relaxação seja maior que nos metais, da ordem de 10^{-13} a 10^{-12} s.

Nos semicondutores dopados, é comum observar, para frequências acima da frequência de plasma, o fenômeno de absorção por portadores livres ou absorção intrabanda. Esse fenômeno não encontra paralelo no caso dos semicondutores intrínsecos ou dos materiais isolantes, uma vez que as bandas se encontram totalmente ocupadas ou totalmente vazias, e, portanto, os portadores não podem absorver a radiação. Já no caso dos metais, a absorção por portadores livres pode ocorrer, mas encontra-se em geral mascarada pelas transições entre bandas (absorção banda-banda ou absorção fundamental, veja Seção 8.5.2).

De forma a obtermos uma expressão para o coeficiente de absorção por portadores livres, vamos considerar luz de comprimento de onda na região do infravermelho próximo e, assim, pode-se fazer nas Equações 8.59 e 8.60 a aproximação $w\tau \gg 1$. Além disso, lembrando que $w_p\tau \ll 1$, obtém-se que ε_1 é aproximadamente igual a ε_i e é muito maior que ε_2. Assim, obtém-se para o índice de refração e para o coeficiente de extinção:

$$n \cong \sqrt{\varepsilon_i} \text{ e } \kappa \cong \varepsilon_2 / 2n \tag{8.61}$$

E, logo, obtém-se para o coeficiente de absorção:

$$\alpha = \frac{\varepsilon_i w_p^2}{nc\tau}\frac{1}{w^2} = \frac{ne^2}{\varepsilon_0 m^* nc\tau}\frac{1}{w^2} \tag{8.62}$$

Ou seja, o coeficiente de absorção por portadores livres é proporcional à densidade de portadores e inversamente proporcional ao quadrado da frequência. Deve-se frisar, no entanto, que esta relação vale somente no limite $w\tau \gg 1$. Resultados de medidas do coeficiente de absorção em função do comprimento de onda para amostras de silício dopadas do tipo p, com diferentes dopagens, estão apresentados na Figura 8.14b. Verifica-se que o coeficiente de absorção de fato aumenta proporcionalmente com a concentração de dopante do semicondutor e varia com o comprimento de onda conforme a dependência quadrática prevista pela Equação 8.62.

8.4.2 INTERAÇÃO DA LUZ COM A REDE CRISTALINA EM MATERIAIS POLARES

Conforme foi apresentado anteriormente, os materiais isolantes e semicondutores apresentam uma larga janela de transparência que se estende desde o infravermelho distante até o infravermelho próximo, no caso dos semicondutores, ou até a região do visível ou ultravioleta, no caso dos isolantes. Em materiais polares, como nos cristais iônicos, a absorção de luz por fônons ópticos do cristal é observada na região de baixas energias (infravermelho distante). Essa é uma absorção extremamente intensa que corresponde a coeficientes de absorção da ordem de 10^4 – 10^5 cm^{-1} e que, portanto, torna os materiais totalmente opacos à radiação, a menos que amostras extremamente finas possam ser produzidas (espessuras da ordem ou menor que 1 μm). Esse fenômeno pode, no entanto, ser observado em amostras espessas por meio de medidas de refletância.

Devemos considerar a interação da radiação com os íons da rede cristalina. Assim, de maneira análoga ao que vimos no Capítulo 3 (Seção 3.4.2) e no Capítulo 6 (Seção 6.3.3.3) podemos escrever as equações de movimento:

$$M^{+}\frac{d^{2}u^{+}(t)}{dt^{2}}=-K\left(u^{+}-u^{-}\right)+eE$$

$$M^{-}\frac{d^{2}u^{-}(t)}{dt^{2}}=-K\left(u^{-}-u^{+}\right)-eE \tag{8.63}$$

Em que u^+ e u^- são os deslocamentos da posição de equilíbrio dos cátions e dos ânions, e M^+ e M^- são suas massas. Dividindo a primeira equação por M^+ e a segunda por M^-, subtraindo uma da outra, e definindo a posição relativa entre cátion e ânion, $u = (u^+ - u^-)$, obtém-se:

$$\mu\frac{d^{2}u}{dt^{2}}+\mu\Omega_{TO}^{2}u=eE \tag{8.64}$$

Em que μ é a massa reduzida $1/\mu=1/M^{+}+1/M^{-}$, e Ω_{TO} é a frequência dos fônons ópticos transversais (Equação 6.50). A Equação 8.64 representa, na verdade, a equação de movimento para os fônons ópticos na ausência de amortecimento. Um modelo mais realista, conforme já considerado em outras situações, deve incluir um fator de amortecimento, ou seja:

$$\mu\frac{d^{2}u}{dt^{2}}+\mu\gamma\frac{du}{dt}+\mu\Omega_{TO}^{2}u=eE \tag{8.65}$$

Essa expressão é análoga à Equação 6.54 do modelo de Lorentz, fazendo-se a substituição apropriada de parâmetros. Dessa maneira, podemos, mais uma vez, escrever a permissividade relativa de maneira análoga à Equação 8.36, ou seja:

$$\varepsilon_{r}(w)=\varepsilon_{r}^{\infty}+\frac{ne^{2}}{\varepsilon_{0}\mu}\frac{1}{\left(\Omega_{TO}^{2}-w^{2}-i\gamma w\right)} \tag{8.66}$$

Assim, de forma análoga ao Capítulo 6, obtém-se:

$$\varepsilon_r(0) = \varepsilon_r^0 = \varepsilon_r^\infty + \frac{ne^2}{\varepsilon_0 \mu \Omega_{TO}^2} \tag{8.67}$$

A Equação 8.66 pode ser reescrita da seguinte maneira:

$$\varepsilon_r(w) = \varepsilon_r^\infty + \left(\varepsilon_r^0 - \varepsilon_r^\infty\right)\frac{\Omega_{TO}^2}{\left(\Omega_{TO}^2 - w^2 - i\gamma w\right)} \tag{8.68}$$

É fácil verificar que a Equação 8.68 implica, caso o amortecimento possa ser considerado pequeno, que a permissividade relativa será nula para a frequência:

$$\Omega_0 = \left(\frac{\varepsilon_r^0}{\varepsilon_r^\infty}\right)^{1/2} \Omega_{TO} \tag{8.69}$$

Conforme já mencionado, de acordo com o eletromagnetismo, as ondas que se propagam em um meio de permissividade nula são ondas longitudinais e não transversais, como ocorre nos meios em que a permissividade é diferente de zero. Essas ondas longitudinais correspondem aos fônons ópticos longitudinais do material e, consequentemente, Ω_0 é a frequência desses fônons, Ω_{L0}. Assim, a Equação 8.69 pode ser reescrita na forma:

$$\frac{\Omega_{LO}^2}{\Omega_{TO}^2} = \frac{\varepsilon_r^0}{\varepsilon_r^\infty} \tag{8.70}$$

Essa é a *relação de Lyddane-Sachs-Teller*, que relaciona as frequências dos fônons ópticos transversais e longitudinais em $k = 0$ com os valores de permissividade relativa. É importante notar, entretanto, que, aqui, os valores ε_r^0 e ε_r^∞ se referem à permissividade em frequências muito mais baixas e muito mais altas, respectivamente, em comparação com as frequências de fônons do cristal (polarização iônica), mas ε_r^∞ inclui a contribuição da polarização eletrônica. A Tabela 8.4 mostra que há uma excelente concordância entre os valores determinados experimentalmente para a razão $\Omega_{L0} / \Omega_{T0}$ e $\left(\varepsilon_r^0 / \varepsilon_r^\infty\right)^{1/2}$ para diversos materiais. Uma consequência imediata da Equação 8.70 é que, nos cristais apolares, como carbono (diamante), silício e germânio, os modos de fônons ópticos transversais e longitudinais apresentam a mesma frequência, isto é, são degenerados.

Tabela 8.4 – Razão entre as frequências dos fônons ópticos longitudinais e transversais Ω_{L0}/Ω_{T0} (em $k = 0$) e razão entre os valores de permissividade relativa $\left(\varepsilon_r^0/\varepsilon_r^\infty\right)^{1/2}$ para diversos materiais polares

Material	Ω_{LO}/Ω_{TO}	$(\varepsilon_r^0/\varepsilon_r^\infty)^{1/2}$	Material	Ω_{LO}/Ω_{TO}	$(\varepsilon_r^0/\varepsilon_r^\infty)^{1/2}$
GaAs	1,07	1,08	KBr	1,39	1,38
AlAs	1,12	1,11	KCl	1,48	1,48
BN	1,24	1,26	KI	1,38	1,36
ZnSe	1,19	1,19	LiF	2,07	2,16
MgO	1,81	1,83	NaBr	1,53	1,51
AgBr	1,66	1,68	NaCl	1,62	1,58
AgCl	1,75	1,74	NaF	1,77	1,74
AgF	1,88	1,88	NaI	1,44	1,45
CsCl	1,66	1,66	---	---	---

Fonte: Kittel, 2006; Omar, 1975; Madelung, 1996.

A partir de 8.68, pode-se obter a parte real e imaginária da permissividade:

$$\varepsilon_1(w) = \varepsilon_r^\infty + \left(\varepsilon_r^0 - \varepsilon_r^\infty\right)\frac{\Omega_{TO}^2\left(\Omega_{TO}^2 - w^2\right)}{(\Omega_{TO}^2 - w^2)^2 - (\gamma w)^2} \tag{8.71}$$

$$\varepsilon_2(w) = \left(\varepsilon_r^0 - \varepsilon_r^\infty\right)\frac{\Omega_{TO}^2 \gamma w}{(\Omega_{TO}^2 - w^2)^2 - (\gamma w)^2} \tag{8.72}$$

De forma análoga ao que foi apresentado na Seção 8.3, podemos utilizar as Equações 8.71 e 8.72 para obtermos o índice de refração e o coeficiente de extinção para, em seguida, calcular a refletância.

A Figura 8.15 mostra os resultados experimentais de medidas de refletância em função do comprimento de onda na região do infravermelho para o antimoneto de alumínio (AlSb). A refletância apresenta uma variação abrupta, que oscila entre zero e quase 100%, semelhante a aquela prevista pela curva teórica apresentada na Figura 8.7. Esses resultados foram ajustados por meio da Equação 8.20 para a refletividade, utilizando valores do índice de refração e coeficiente de extinção calculados a partir das Equações 8.71 e 8.72, mostrando que a concordância do modelo com os dados experimentais é muito boa. Os comprimentos de onda λ_{T0} e λ_{L0}, correspondentes às frequências dos fônons ópticos transversais e longitudinais Ω_{T0} e Ω_{L0}, estão assinalados pelas linhas tracejadas na Figura 8.15. Verifica-se que a refletância é máxima exatamente na região entre esses valores de comprimento de onda, que corresponde à faixa em que a permissividade se torna negativa.

A Tabela 8.5 apresenta valores dos comprimentos de onda λ_{T0} e λ_{L0} para diversos materiais isolantes e semicondutores polares nos quais comportamento semelhante é observado.

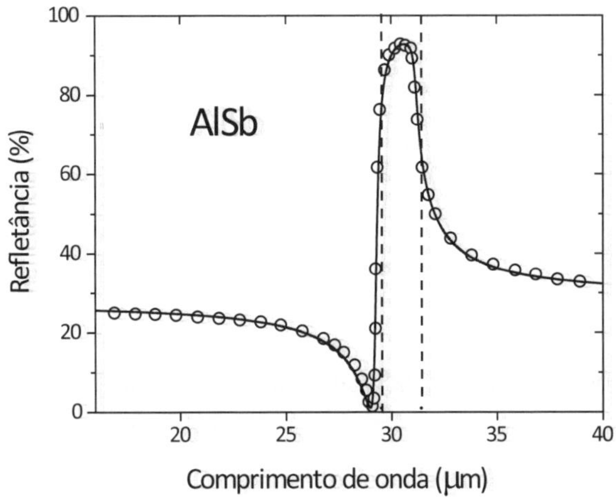

Figura 8.15 – refletividade do antimoneto de alumínio (AlSb) na região do infravermelho. Os pontos se referem a dados experimentais. A curva é um ajuste realizado com uma expressão para a refletividade obtida a partir do modelo de Lorentz (Equações 8.71 e 8.72), com Ω_{T0} = 6,01 x 10^{13} Hz, Ω_{T0} / γ = 180 e $\varepsilon_r^0 / \varepsilon_r^\infty$ = 1,13. Os comprimentos de onda correspondentes às frequências dos fônons ópticos transversais e longitudinais Ω_{T0} e Ω_{L0} estão assinalados pelas linhas tracejadas.

Fonte: Turner, 1962.

Tabela 8.5 – comprimentos de onda λ_{T0} e λ_{L0} correspondentes às frequências dos fônons ópticos transversais e longitudinais para diversos materiais polares, determinados a partir de medidas de refletividade na região do infravermelho

Material	λ_{TO} (μm)	λ_{LO} (μm)	Material	λ_{TO} (μm)	λ_{LO} (μm)
AlSb	31,4	29,5	KBr	88,5	66,4
Al_2O_3	17,6	11,0	KCl	70,4	53,0
BeO	14,7	9,1	KF	52,6	36,5
BN	9,39	7,5	KI	99,0	80,3
CaF_2	38,9	21,2	LiF	32,6	14,9
CsBr	136,0	91,3	MgO	25,0	15,0
CsCl	161,3	122,8	NaCl	61,0	43,8
GaAs	36,6	34,5	NaF	41,8	27,2
GaP	27,3	25,1	SiC	12,6	10,4

Fonte: Ribbing, 1991.

8.4.3 DISPERSÃO

Meios totalmente transparentes e sem cor (como o ar) apresentam índice de refração aproximadamente constante, independentemente do comprimento de onda. No entanto, conforme foi visto, a existência de um pico de absorção implica uma variação do índice de refração do material em uma região relativamente larga em torno da frequência de ressonância, mesmo onde a absorção é nula (veja Figura 8.6b). Por esse motivo, materiais que são transparentes em determinada região do espectro apresentam um índice de refração dependente do comprimento de onda, em função da presença de picos de absorção em outras regiões. Um exemplo clássico é o vidro, cujo índice de refração varia na região do visível, pois o material absorve luz ultravioleta. A variação do índice de refração com a frequência ou comprimento de onda da luz se constitui no fenômeno conhecido por *dispersão*. Quando o índice de refração aumenta com a frequência, ou seja, quando as ondas de maior frequência se propagam com menor velocidade, tem-se a chamada *dispersão normal*, enquanto, no caso em que o índice de refração decresce com a frequência, quando as ondas de maior frequência se propagam com maior velocidade, verifica-se a *dispersão anômala*. Dessa forma, conforme mostra a Figura 8.6, para frequências abaixo de um pico de absorção, a dispersão é normal, enquanto, para frequências acima do pico de absorção, a dispersão é anômala.

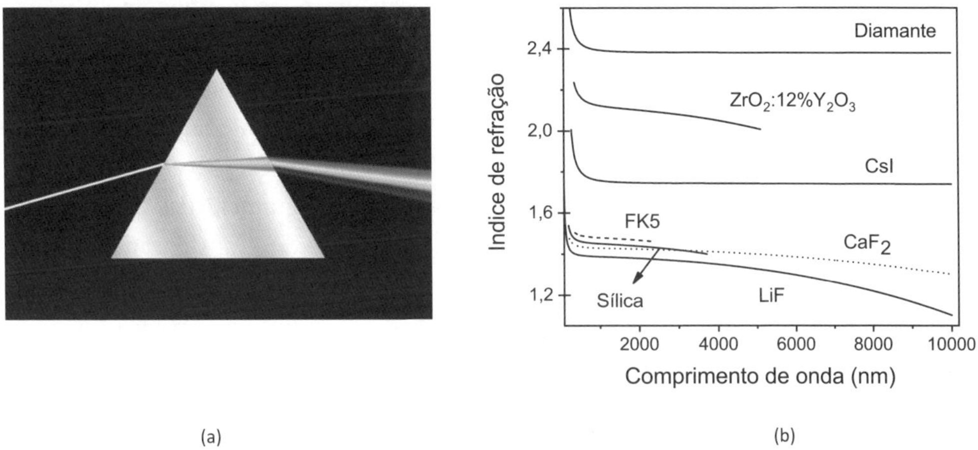

Figura 8.16 – (a) dispersão da luz branca por um prisma em suas cores espectrais. A situação ilustrada corresponde à dispersão normal, uma vez que a cor violeta é mais desviada que o vermelho e (b) índice de refração em função do comprimento de onda para alguns materiais ópticos transparentes. O FK5 é um tipo de vidro óptico fabricado pela empresa alemã Schott.

Fonte: Tropf, 1995.

A dispersão é o fenômeno responsável pelo conhecido efeito da separação da luz branca nas cores espectrais ao passar por um prisma, conforme ilustrado na Figura 8.16a. No caso em que o material do prisma apresenta dispersão normal, a luz de frequência mais alta (violeta ou azul) será mais difratada que a de frequência mais baixa (laranja ou vermelho; conforme ilustra a figura), pois, no primeiro caso, o índice de refração será maior e, portanto, de acordo com a *lei de Snell*, o feixe de luz será desviado de sua trajetória por um ângulo maior. Esse fenômeno é comumente utilizado para a obtenção de luz monocromática a partir de luz branca em equipamentos denominados de monocromadores. A dispersão da luz dá origem ao fenômeno chamado de *aberração cromática*, que é a variação da distância focal de uma lente com o comprimento de onda da luz e que pode levar a severas distorções na formação de imagens coloridas em instrumentos ópticos. Assim, a dispersão tem importantes implicações para a construção de componentes e instrumentos ópticos.

O fenômeno de dispersão tem também consequências importantes sobre a propagação de pulsos de luz. De acordo com o princípio da incerteza (veja Seção 1.3.5, Capítulo 1), um pulso de luz com duração Δt não pode ser totalmente monocromático, pois é necessariamente constituído por uma distribuição de frequências com largura dada por:

$$\Delta w \sim \frac{1}{\Delta t} \tag{8.73}$$

Assim, uma vez que a velocidade de propagação depende da frequência, à medida que o pulso se propaga ao longo do material, certas frequências vão se adiantar em relação a outras, acarretando o alargamento temporal do pulso. Esse fato tem consequências muito importantes quando se deseja transmitir informação por meio de pulsos de luz em fibras ópticas, pois o alargamento temporal estabelece um limite superior para a taxa de transmissão de informação. Veja nota sobre fibras ópticas, a seguir.

Uma expressão que descreve o fenômeno da dispersão em materiais transparentes pode ser obtida a partir do modelo de Lorentz (Equação 8.36). Considerando o amortecimento nulo nesse caso e que a permissividade é a soma de diferentes contribuições (Equação 6.15), obtém-se uma expressão simples para o índice de refração como uma função do comprimento de onda:

$$n^2(\lambda) - 1 = \sum \frac{A_i \lambda^2}{\lambda^2 - \lambda_i^2} \tag{8.74}$$

Em que λ_i são os valores dos comprimentos de onda correspondentes às ressonâncias. Essa é a *fórmula de Sellmeier*, e os coeficientes A_i e λ_i são conhecidos como coeficientes de Sellmeier. Essa equação fornece valores muito precisos para o índice de refração de materiais com apenas algumas parcelas (tipicamente de 2 a 6) da soma. É muito frequente atribuir o valor nulo ao menor valor do comprimento de onda de ressonância (λ_1), o que implica fazer o primeiro termo da soma igual a uma constante. Esse valor constante corresponde à contribuição para o índice de refração de ressonâncias que estão muito acima do gap do material.

Existem diversas variações da fórmula de dispersão de Sellmeier, mas a forma dada pela Equação 8.74, além de ser uma expressão simples que possui base física, é aquela que reproduz de maneira mais acurada e em faixa mais extensa o comportamento do índice de refração de materiais transparentes.[5] A Figura 8.16b apresenta o comportamento do índice de refração em função do comprimento de onda para alguns materiais ópticos. Pode-se observar que, de uma maneira geral, o índice de refração diminui com o comprimento de onda, ou seja, a dispersão é normal em todos os casos apresentados.

5 Outra expressão simples muito utilizada para a variação do índice de refração com o comprimento de onda é a equação de Cauchy, na qual A_1, A_2 e A_3 são constantes:

$$n(\lambda) = A_1 + \frac{A_2}{\lambda^2} + \frac{A_3}{\lambda^4}$$

NA PONTA DA CIÊNCIA E DA TECNOLOGIA

Fios de luz

A transmissão de informação por meio da propagação de sinais luminosos no interior de fibras ópticas é, hoje, uma tecnologia amplamente difundida. Uma fibra óptica é uma fibra flexível, em geral composta por sílica (SiO_2 amorfo), com espessura pouco maior que um fio de cabelo (da ordem de 100 a 200 μm), constituída por um núcleo de índice de refração mais alto (1,50, por exemplo), envolto por um revestimento (ou *cladding*) de índice de refração um pouco mais baixo (1,45, por exemplo). Dessa forma, graças ao fenômeno de reflexão total, a fibra age como um guia de onda, fazendo com que a luz fique confinada e propague-se em seu interior. As primeiras fibras ópticas foram desenvolvidas na década de 1960. Atualmente, essa é uma tecnologia altamente sofisticada, de forma que existem muitos tipos de fibras que variam conforme o material, dopagem, estrutura interna, variação do índice de refração ao longo da direção radial e suas diferentes aplicações.

A transmissão de sinais por meio de fibras ópticas representa um grande avanço com relação à utilização de condutores metálicos por dois motivos principais: i) a atenuação do sinal é muito menor numa fibra óptica, e, dessa forma, a informação pode ser transmitida a longas distâncias necessitando de menor número de circuitos repetidores ou amplificadores; e ii) a faixa de frequências de transmissão é muito maior nas fibras ópticas, pois a onda portadora (onda que transporta a informação, no caso, a luz) tem frequência muito superior à de um sinal elétrico.

A atenuação do sinal em fibras ópticas é o fator que limita a distância máxima de transmissão do sinal e deve-se principalmente à absorção e ao espalhamento de luz no interior da fibra. Embora a absorção de luz pela sílica seja extremamente baixa, esta deve ser dopada com impurezas para controlar seu índice de refração, e, por esse motivo, o coeficiente de absorção é aumentado. O espalhamento de luz, por sua vez, está relacionado à existência de imperfeições nas fibras, mesmo a nível molecular. Atualmente, é possível produzir fibras ópticas com atenuação na faixa de até 0,1 dB/km, o que corresponde à luz percorrer 30 km no interior de uma fibra para que a potência luminosa seja reduzida à metade.[6] As taxas de transmissão de dados a longas distâncias em fibras ópticas podem ser extraordinariamente altas. Recentemente, um grupo de pesquisadores na Inglaterra atingiu a taxa de transmissão de 178 Tbits/s, o que seria equivalente a transmitir uma quantidade de dados de cerca mil filmes de longa metragem em apenas um segundo (Galdino, 2020).

6 Uma atenuação de 3 dB corresponde a 50% de perda.

Um pulso de luz se propaga com a velocidade de grupo (veja Equação 2.68). Assim, o parâmetro que caracteriza o alargamento temporal dos pulsos é chamado de dispersão de velocidade de grupo, que mede a variação da velocidade de grupo com o número de onda, ou com o comprimento de onda. Em sólidos transparentes, a existência de uma banda de absorção associada às vibrações da rede, na região do infravermelho, e de outra banda de absorção associada às transições eletrônicas banda-banda, na região do ultravioleta, faz com que a dispersão possa se anular em algum valor de comprimento de onda na região intermediária. No caso da sílica, isso ocorre em torno de $\lambda = 1{,}3$ μm, de forma que pulsos com esse comprimento de onda podem se propagar em fibras ópticas de sílica com dispersão praticamente nula, fazendo com que seja uma das "janelas" utilizadas para transmissão em fibras ópticas.

Conforme mencionado, a quase totalidade das fibras produzidas para aplicação em telecomunicações é constituída de sílica. Atualmente, no entanto, fibras de material polimérico (*plastic optical fibers* – POFs) também têm sido utilizadas para aplicações de mais curta distância (e mais baixo custo).

8.5 ABSORÇÃO

Até esta altura, a absorção de luz foi levada em consideração admitindo-se que os mecanismos físicos responsáveis por esse fenômeno são puramente clássicos. No modelo de Lorentz, o campo elétrico oscilante entra em ressonância com os osciladores, cujo amortecimento é responsável por dissipar a energia luminosa, dando origem aos picos de absorção. No entanto, esse modelo clássico é pouco realista. Conforme visto no Capítulo 1, os elétrons ligados aos átomos ou moléculas são descritos por funções de onda e que se situam em estados (níveis) de energia discretos e bem definidos. Dessa forma, de acordo com o postulado de Bohr (Equação 1.5), a absorção de luz é um fenômeno puramente quântico, no qual um *quantum* de energia luminosa ou fóton é absorvido, e, em consequência, o elétron instantaneamente salta do estado de energia mais baixa para o estado de maior energia ou estado excitado. A Figura 8.17 ilustra esquematicamente esse processo.

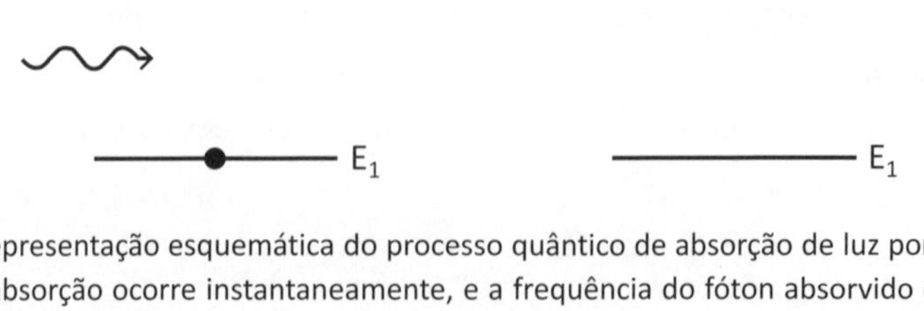

Figura 8.17 – Representação esquemática do processo quântico de absorção de luz por uma partícula. O processo de absorção ocorre instantaneamente, e a frequência do fóton absorvido deve ser igual a $w = (E_2 - E_1)/\hbar$, onde $E_2 > E_1$.

No processo de absorção do fóton, a energia deve ser conservada, portanto:

$$E_1 + \hbar w = E_2 \tag{8.75}$$

Em que $\hbar w$ é a energia do fóton absorvido; e E_1 e E_2 ($E_2 > E_1$) são as energias dos estados inicial (1) e final (2) da partícula, respectivamente.

Embora seja uma condição necessária, a relação 8.75 não garante, no entanto, que o processo de absorção ocorra. Para isto, algumas outras condições devem ser satisfeitas. Em primeiro lugar, o estado inicial da partícula deve estar ocupado, ou seja, deve existir uma partícula para absorver a energia do fóton. O estado final da partícula, por outro lado, deve estar desocupado, caso se trate de um elétron, pois o princípio de exclusão de Pauli deve ser satisfeito. Finalmente, a transição entre o estado inicial e o estado final deve ser possível, de acordo com as regras da mecânica quântica. As condições apresentadas somente podem ser discutidas em detalhe à luz da mecânica quântica e, portanto, sua análise detalhada está fora do escopo deste texto. Nos limitaremos aqui a fazer uma análise qualitativa de alguns dos principais casos de interesse.

8.5.1 ABSORÇÃO BANDA-BANDA EM SEMICONDUTORES E ISOLANTES

Na absorção banda-banda ou absorção interbandas em semicondutores e isolantes, o estado inicial e o estado final do elétron se encontram em bandas distintas. Nesse caso, o estado inicial (inicialmente ocupado) corresponde, em geral, a um estado da banda de valência, enquanto o estado final (inicialmente desocupado) se situa na banda de condução. Esse processo, que é responsável por uma absorção de luz muito intensa, também é denominado de *absorção fundamental*.

Conforme vimos no Capítulo 5, existem dois casos possíveis quanto às relações de dispersão das bandas de valência e de condução de um semicondutor: *gap* direto e *gap* indireto (veja Seção 5.4.2). Vamos analisar cada um desses casos separadamente. A Figura 8.18a ilustra o processo de absorção no caso de um material de *gap* direto. Nesse caso, a absorção se dá diretamente do topo da banda de valência (estado inicial ocupado) para o fundo da banda de condução (estado final desocupado), situação que é satisfeita para temperaturas relativamente baixas. Uma vez que o momento associado ao fóton h/λ (Equação 1.6) é muito menor que o momento associado aos estados eletrônicos envolvidos na transição (da ordem de h/a, onde a é o parâmetro de rede do cristal), a conservação do momento nos dá:

$$\hbar k_2 \cong \hbar k_1 \text{ ou } k_2 \cong k_1 \tag{8.76}$$

Ou seja, não há mudança de momento do elétron durante a transição. Em outras palavras, isso significa que, no diagrama de bandas do material, a absorção deve ser representada por uma seta vertical, conforme mostra a Figura 8.18a. Assim, a condição para que o processo de absorção ocorra é:

$$\hbar w \geq E_G \tag{8.77}$$

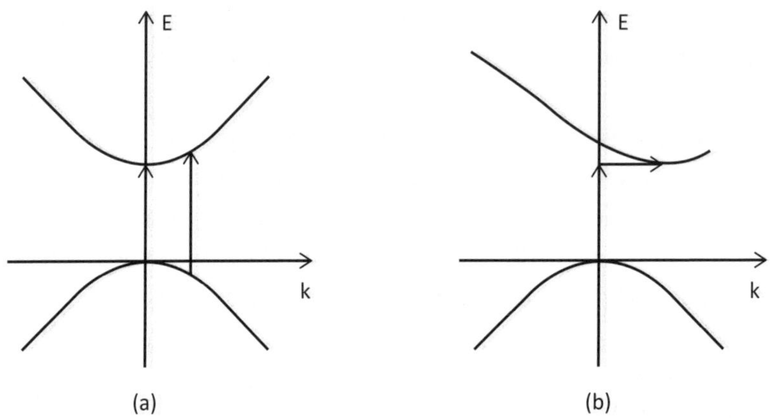

Figura 8.18 – Representação dos processos de transição banda-banda em um semicondutor de *gap* direto (a) e um semicondutor de *gap* indireto (b).

Considerando que, em torno de seus extremos, as bandas podem ser bem aproximadas por parábolas (Equação 5.14), a conservação da energia implica que:

$$E_G + \frac{\hbar^2 k^2}{2m_c^*} = \hbar w - \frac{\hbar^2 k^2}{2m_v^*} \tag{8.78}$$

Em que tomamos o topo da banda de valência como referência, ou seja, $E_V = 0$. A Equação 8.78 pode ser reescrita:

$$\hbar w - E_G = \frac{\hbar^2 k^2}{2\mu^*} \tag{8.79}$$

Em que μ^* é a massa efetiva reduzida $(1/\mu^* = m_c^* + 1/m_v^*)$. A partir daí, pode-se proceder de maneira análoga ao que foi elaborado no Capítulo 5, Seção 5.5, e obter a densidade de estados:

$$g(\hbar w) = \frac{(2\mu^*)^{3/2}}{2\pi^2\hbar^3}(\hbar w - E_G)^{1/2} \qquad (\hbar w \geq E_G) \tag{8.80}$$

E, portanto, o coeficiente de absorção em função da energia do fóton será:

$$\alpha(\hbar w) = 0 \qquad (\hbar w < E_G) \tag{8.81}$$

$$\alpha(\hbar w) = A(\hbar w - E_G)^{1/2} \qquad (\hbar w \geq E_G) \tag{8.82}$$

Em que A é uma constante. Essa expressão implica um limiar de absorção bem definido, com o coeficiente de absorção indo a zero abruptamente em $\hbar w = E_G$. Esse comportamento, no entanto, nem sempre é observado em semicondutores de *gap* direto, uma vez que diversos outros mecanismos tendem a suavizar a dependência de α (E). Por exemplo, agitação térmica, presença de impurezas e defeitos na rede cristalina, tensão mecânica etc., fazem com que se observe, com frequência, um decréscimo exponencial do coeficiente de absorção. A Figura 8.19a apresenta resultados do coeficiente de absorção ao quadrado α^2 em função da energia para uma liga semicondutora $In_{1-x}Ga_xN$ em temperatura ambiente. Note que os dados se desviam da linearidade antes de cair a zero, porém, a extrapolação da parte linear da curva permite estimar o *gap* do semicondutor, obtendo, nesse caso o valor de 1,56 eV, aproximadamente.

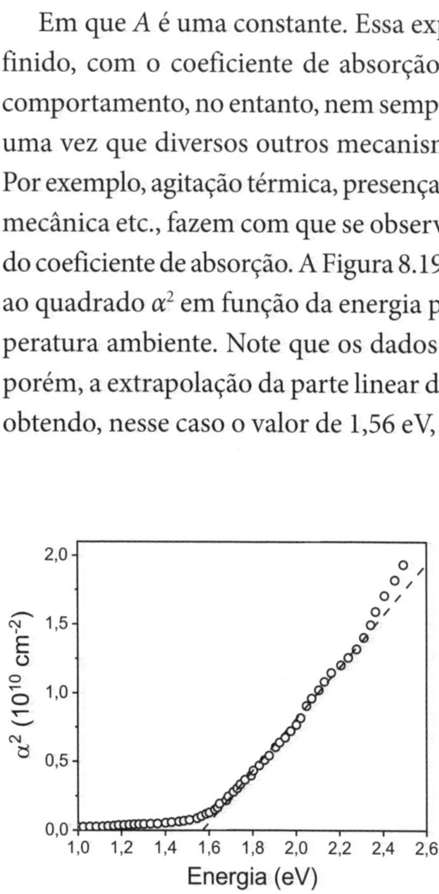

(a)

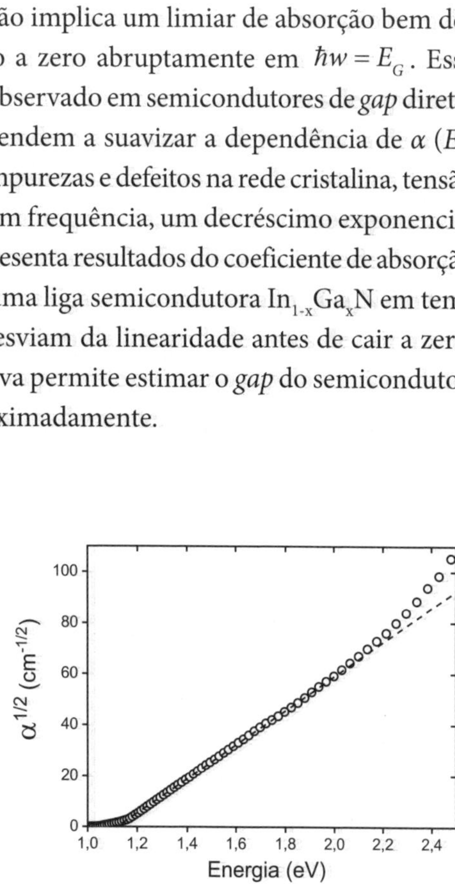

(b)

Figura 8.19 – (a) coeficiente de absorção ao quadrado α^2 em função da energia do fóton para uma liga semicondutora InGaN em temperatura ambiente e (b) raiz quadrada do coeficiente de absorção $\alpha^{1/2}$ em função da energia do fóton para o silício em temperatura ambiente. A extrapolação da parte linear das curvas permite estimar o *gap* dos semicondutores.

Fonte: Palik, 1997; Wu, 2002.

No caso de uma transição banda-banda em um material de *gap* indireto, ilustrada na Figura 8.18b, os estados do topo da banda de valência e do fundo da banda de condução não se situam no mesmo valor do momento k. Assim, simultaneamente à absorção do fóton, é necessário que o elétron também absorva (ou emita) um fônon, que é o responsável pela variação de momento entre o estado inicial e final do processo. Esse fato torna o processo de absorção menos provável de ocorrer do que no caso do material de *gap* direto, o que implica uma absorção menos intensa. Dessa forma, é de esperar que o coeficiente de absorção associado a esse mecanismo seja muito menor que no caso anterior.

A aplicação da conservação da energia e do momento, nesse caso, fornece-nos:

$$E_2 = E_1 + \hbar w \pm \hbar\Omega \tag{8.83}$$

$$\hbar k_2 = \hbar k_1 \pm \hbar Q \tag{8.84}$$

Em que o sinal $\pm$ se refere à possibilidade de haver simultaneamente à absorção do fóton, a absorção (+) ou emissão (−) de um fônon no processo, e Ω e Q são a frequência angular e o número de onda associados ao fônon, respectivamente. Note que, de maneira geral, a energia do fônon é muito menor que a energia do fóton envolvido no processo. Em outras palavras, isso significa que a seta correspondente à absorção/emissão do fônon na figura 8.18b é aproximadamente horizontal.

O cálculo do coeficiente de absorção, nesse caso, é mais complexo que no caso anterior e não será detalhado aqui. O resultado obtido é:

$$\alpha\left(\hbar w\right) = A'(\hbar w - E_G \pm \hbar\Omega)^2 \tag{8.85}$$

Em que A' é uma constante. A Figura 8.19b mostra o comportamento do coeficiente de absorção $\alpha^{1/2}$ em função da energia do fóton para o silício em temperatura ambiente. A extrapolação da parte linear da curva permite estimar o *gap* do semicondutor, obtendo o valor de 1,1 eV, aproximadamente. Devem-se enfatizar algumas diferenças básicas importantes com relação ao caso do material de *gap* direto. A primeira, que já foi mencionada, refere-se ao fato de a absorção indireta ser muito menos intensa que a direta, que se manifesta nas diferentes constantes de proporcionalidade nas expressões 8.82 e 8.85 (ou seja, $A \gg A'$). Outra diferença importante é que, na absorção indireta, não há um limiar de absorção bem definido em $\hbar w = E_G$, em função da existência de uma parcela relativa à energia dos fônons. Finalmente, no segundo caso, a dependência funcional do coeficiente de absorção na energia do fóton é parabólica.

A maior probabilidade de transição banda – banda dos semicondutores de *gap* direto em relação aos de *gap* indireto, que faz com que a absorção de luz seja muito mais intensa, também implica que a transição no sentido inverso, ou seja, da banda de condução para a banda de valência, com a consequente emissão de fótons, seja muito mais provável. Esse é o motivo pelo qual esses materiais encontram aplicações em dispositivos optoeletrônicos, como diodos emissores de luz (leds) e lasers de estado sólido (veja a nota "Produzindo luz", no Capítulo 5).

A Figura 8.20 mostra a dependência do coeficiente de absorção com o comprimento de onda para alguns materiais semicondutores de *gap* direto e indireto, em larga faixa de comprimentos de onda.

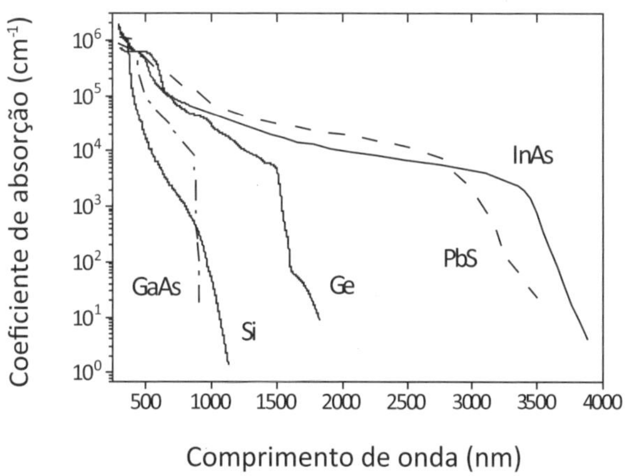

Figura 8.20 – Coeficiente de absorção em função do comprimento de onda para alguns materiais semicondutores à temperatura ambiente.

Fonte: Palik, 1997.

NA PONTA DE CIÊNCIA E DA TECNOLOGIA

Enxergando no escuro

Todos os objetos, desde que estejam a uma temperatura não nula, emitem radiação eletromagnética. Nossos olhos, porém, são sensíveis a uma parcela muito restrita do espectro eletromagnético e, portanto, de uma maneira geral, não nos damos conta desse fato (veja Figura 8.1). A teoria que governa a emissão de radiação por um corpo em equilíbrio térmico à temperatura *T*, a chamada radiação de corpo negro, foi elaborada por Planck em 1900 e é brevemente comentada no Capítulo 1 (veja Seção 1.3.1). A Figura 1.1 mostra as curvas de emissão de radiação por um corpo negro que se encontra em equilíbrio térmico a diferentes temperaturas. Um corpo em temperatura ambiente emite um espectro de radiação com pico largo situado na região do infravermelho com máximo em um comprimento de onda de aproximadamente 10 μm. Assim, caso pudéssemos enxergar a radiação infravermelha nessa faixa de comprimento de onda, seria possível enxergar mesmo na ausência total de iluminação.

Embora, obviamente, não seja possível enxergar a radiação infravermelha, certos detectores podem fazer isso por nós. Existem diversos tipos de detectores ou sensores de infravermelho. Os detectores que utilizam materiais semicondutores podem ser de dois tipos: intrínsecos e extrínsecos. Os detectores intrínsecos absorvem a radiação infravermelha e geram pares elétron-buraco por transição de elétrons diretamente da banda de valência para a banda de condução. Assim, esses detectores devem ter uma largura de *gap* compatível com a radiação que se deseja detectar. Para a região do infravermelho térmico, utilizam-se detectores de HgCdTe (veja Figura 8.21). O HgCdTe é uma liga semicondutora, ou seja, uma mistura de telureto de mercúrio (HgTe) e telureto de cádmio (CdTe), cujo *gap* varia de forma linear com a proporção da liga.

Esses detectores podem ser do tipo fotocondutivo, nos quais se mede a variação da sua resistência ou condutância como resultado da absorção de luz, ou fotovoltaico, que são aqueles que geram uma diferença de potencial (ou corrente elétrica) em resposta à incidência de luz. De forma a reduzir o ruído e melhorar sua sensibilidade, esses detectores são, em geral, operados em baixa temperatura, na temperatura do nitrogênio líquido (77 K). A diminuição de temperatura leva à uma diminuição do *gap* ótico, estendendo a faixa de sensibilidade desses detectores para comprimentos de onda maiores. Outros semicondutores, como o arseneto de índio (InAs), também ilustrado na Figura 8.21, apresentam o fenômeno inverso, ou seja, o *gap* aumenta quando a temperatura diminui (veja Seção 5.3). A Figura 8.21 mostra a variação do coeficiente de absorção de diversos semicondutores de *gap* estreito em função do comprimento de onda em temperatura ambiente e a $T = 77$ K.

Os detectores extrínsecos funcionam com base em semicondutores dopados, em que a geração de portadores pela radiação se dá pela transferência de elétrons (ou buracos) do nível da impureza doadora (ou aceitadora) para a banda de condução (ou de valência). Nesse caso, utilizam-se detectores de germânio ou de silício dopados com impurezas doadoras como P, As, Sb e Bi, ou aceitadoras como B, Ga e In. Impurezas como Au, Hg, Cu, Zn, Be e Li também são utilizadas. Esses detectores também devem trabalhar resfriados a baixa temperatura (77 K ou temperatura do hélio líquido, $T = 4{,}2$ K).

Detectores de infravermelho atualmente já atingem sensibilidades da ordem de um centésimo de grau, mas ainda representam uma tecnologia em pleno desenvolvimento.[7] Suas aplicações abrangem as mais diversas áreas, como militar, segurança, vigilância, astronomia, medicina e diagnóstico, prevenção contra incêndio etc.

---

7 Veja, por exemplo, *Infrared detector and infrared sensor including the same*, Patent US 20190245001 A1, e *Thermal infrared detector and manufacturing method thereof*, Patent US 20190145829 A1.

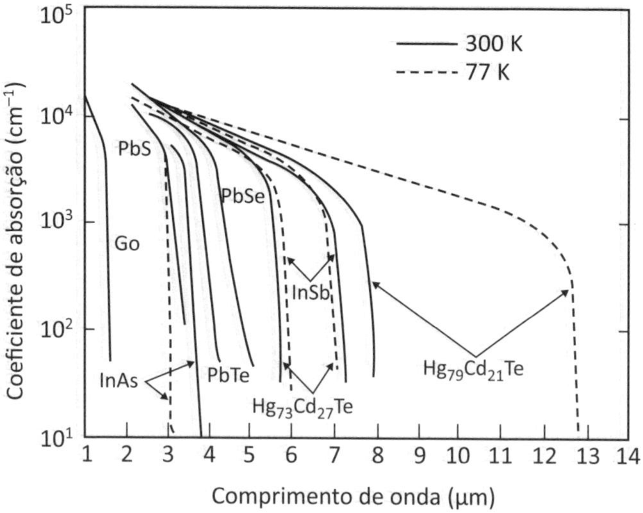

Figura 8.21 – Coeficiente de absorção em função do comprimento de onda para diversos materiais semicondutores de *gap* estreito. A linha cheia corresponde à temperatura ambiente, enquanto a linha tracejada corresponde à temperatura do nitrogênio líquido ($T = 77$ K).

Fonte: Rogalski, 2003.

8.5.2 ABSORÇÃO BANDA-BANDA EM METAIS

Conforme visto na Seção 8.4.1, quando luz de frequência inferior à frequência de plasma incide sobre os metais, esta penetra superficialmente no material e é fortemente refletida (veja Figura 8.9). Essa situação, na maior parte dos casos, estende-se para radiações desde o infravermelho até a região do visível ou do ultravioleta, dependendo do caso. No entanto, a absorção direta banda-banda pode ocorrer no metal, acarretando uma diminuição da refletividade (Figura 8.11). Essas transições podem ocorrer entre qualquer estado pertencente às bandas ocupadas abaixo do nível de Fermi para qualquer estado desocupado acima do nível de Fermi. A absorção banda-banda em metais é, em última análise, determinada por sua complexa estrutura de bandas, e seu tratamento detalhado está além do escopo deste texto.

De um ponto de vista qualitativo, podemos entender o processo de absorção interbandas nos metais utilizando como exemplo os metais da coluna 11 (antiga coluna IB) da tabela periódica, que são cobre, prata e ouro. Esses elementos apresentam uma configuração eletrônica do tipo $nd^{10}\,(n+1)s^1$. A figura 8.22a apresenta um esquema qualitativo para a densidade de estados desses metais. A banda *d*, situada abaixo do nível de Fermi, relativamente estreita e com grande número de estados, está totalmente ocupada. A banda *s* é bastante mais larga, superpõe-se parcialmente à banda *d* e está parcialmente ocupada, uma vez que o nível de Fermi se encontra no seu interior. Na Figura 8.22a, também estão assinaladas por uma seta as transições que podem ocorrer nesses metais, entre os estados ocupados da banda d e os estados desocupados da banda s, logo acima do nível de Fermi.

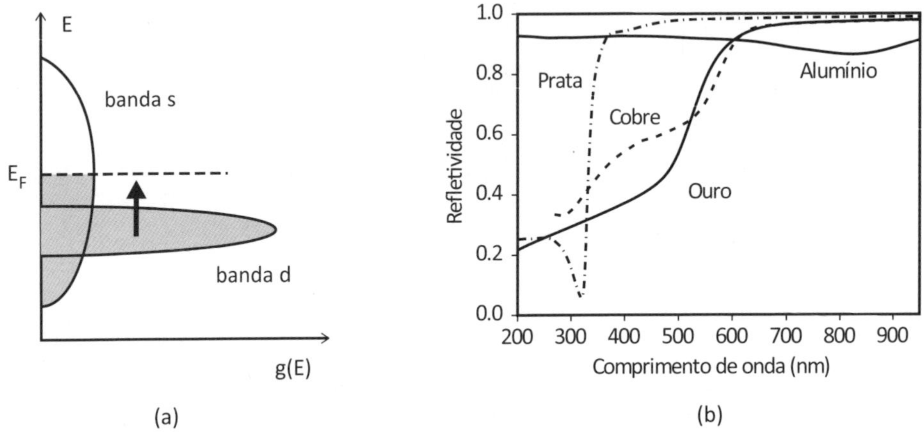

Figura 8.22 – (a) esquema qualitativo para a densidade de estados dos metais da coluna 11 (antiga coluna IB) da tabela periódica: cobre, prata e ouro e (b) refletividade do alumínio, prata, cobre e ouro em função do comprimento de onda.

Fonte: Haynes, 2017.

No caso de um metal como o cobre, as energias correspondentes a essas transições se situam em cerca de 2,0 eV e acima, de maneira que este metal absorve luz em grande parte da faixa do espectro visível, explicando, assim, sua cor avermelhada. No caso do ouro, a diferença energética entre os estados iniciais e os estados finais destas transições é um pouco maior, o que desloca a absorção para energias mais altas e justifica sua cor amarelada. Finalmente, no caso da prata, essa diferença de energia é muito maior, de forma que esse metal absorve apenas luz ultravioleta e não a luz visível. Dessa forma, a prata tem alta refletância em toda a faixa do visível, razão pela qual esse metal se apresenta sem uma cor particular, com seu aspecto prateado característico e, por esse motivo, é empregado para a confecção de espelhos de alta refletividade. A Figura 8.22b ilustra o comportamento da refletividade dos metais mencionados como função do comprimento de onda entre 200 nm e 900 nm, aproximadamente, em que, para comparação, apresenta-se também a refletividade do alumínio, já mostrada. Esse último, não apresenta absorção associada a transições banda-banda na faixa do visível e do ultravioleta próximo e, portanto, sua refletividade é aproximadamente constante em toda essa faixa do espectro.

8.5.3 ABSORÇÃO POR DEFEITOS E IMPUREZAS EM MATERIAIS ISOLANTES

Conforme vimos, os materiais isolantes apresentam uma larga faixa de transparência que se estende desde o infravermelho até o ultravioleta (Figura 8.3), que está relacionada ao grande valor do *gap* de energia desses materiais. No entanto, quando defeitos são produzidos ou impurezas são incorporadas à rede cristalina, estados de energia são introduzidos no interior do *gap*. Isso leva ao aparecimento de picos de absorção no interior da faixa de transparência. Caso o pico se situe na região correspondente à luz visível, o sólido passa a apresentar uma certa coloração. Por isso, os defeitos pontuais na rede cristalina de materiais iônicos que dão origem a picos de absorção são denominados de *centros de cor* (veja Nota "Colorindo cristais", no Capítulo 1). Existem diversos tipos de centros de cor que, de uma maneira geral, estão associados à presença de vacâncias (ou lacunas) da rede cristalina. De forma análoga, inúmeras impurezas, em geral de íons de metais pesados, também podem originar picos de absorção nesses materiais, como Ag, Cr, Cu, Ga, Ge, In, Ni, Pb, Sn etc. Um exemplo muito conhecido, já mencionado, é o da impureza Cr^{+3} em cristais de safira (Al_2O_3), que resulta na coloração vermelha característica do rubi.

O processo de absorção com uma diferença de energia bem definida entre dois estados discretos, ilustrado na Figura 8.17, é característico de um átomo livre ou isolado. No interior de um sólido, esse mecanismo é distinto, pois é influenciado pela presença dos átomos vizinhos. A Figura 8.23a mostra o espectro de absorção em função da energia do fóton para um cristal de cloreto de potássio dopado com impurezas de tálio (KCl:Tl). Nesse caso, a presença das impurezas leva ao aparecimento um pico alargado situado na região do ultravioleta, em torno de 5,0 eV ($\lambda \cong$ 250 nm), aproximadamente, com uma largura de cerca de 0,25 eV. Um comportamento análogo a esse, com picos de absorção situados em valores semelhantes de energia, é observado para praticamente todos os halogenetos alcalinos contendo diversos átomos de impurezas, como as mencionadas no parágrafo anterior. Esse fato, dentre outras evidências experimentais, permite concluir que o processo de absorção está limitado à região próxima ao entorno do íon da impureza, que é incorporada substitucionalmente e sofre pequena influência da rede cristalina.

Esses picos de absorção estão associados à transição de um elétron do último nível do estado fundamental para o primeiro nível desocupado, que, no caso do íon de tálio Tl^+, corresponde à transição entre os orbitais $6s^2\,6p^0 \rightarrow 6s^1\,6p^1$. Esses estados têm sua energia afetada pela interação do íon de impureza com os íons vizinhos da rede, fazendo com que a diferença de energia entre eles seja consideravelmente menor que no átomo isolado. Mais do que isso, quando a rede vibra, as energias dos estados são afetadas, causando o alargamento do pico de absorção. Por esse motivo, o pico observado na Figura 8.23a não é uma raia estreita, como seria o caso da absorção por um átomo isolado (no caso de um gás, por exemplo), mas apresenta uma largura considerável, que é tanto maior quanto mais alta for a temperatura da amostra.

Uma vez no estado excitado, o elétron da impureza volta ao estado fundamental, podendo eventualmente emitir um fóton no processo. Esse é o processo de emissão de luz, ou luminescência (veja a Seção 8.6). A Figura 8.23a mostra que o pico de luminescência do KCl:Tl é ainda mais alargado que o pico de absorção, pois o estado excitado é menos localizado e, logo, mais dependente da posição dos íons vizinhos que o estado fundamental. Além disso, é importante notar que o pico de emissão não se encontra centrado em torno da mesma energia que a absorção, mas numa energia menor. Essa diferença de energia é chamada de deslocamento de Stokes (*Stokes shift*). Conforme mostra a Figura 8.23a, o deslocamento de Stokes observado no caso do KCl:Tl é da ordem de 0,9 eV.

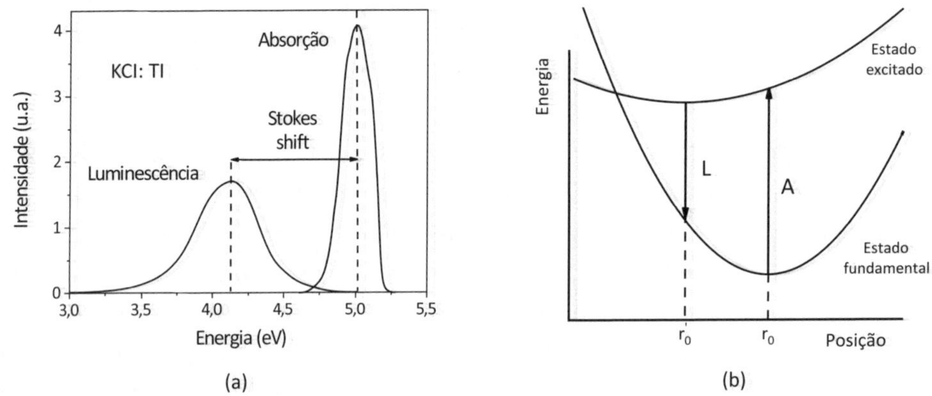

Figura 8.23 – (a) espectros de absorção e luminescência em função da energia do fóton para um cristal de KCl dopado com tálio e (b) diagrama de coordenada configuracional para o estado fundamental e o primeiro estado excitado de uma impureza em um cristal isolante.

Fonte: Eppler, 1961.

A Figura 8.23b mostra o gráfico conhecido como *diagrama de coordenada configuracional*, em que as energias dos estados da impureza são apresentadas em função de uma coordenada (generalizada) que representa as posições dos íons da rede cristalina. Tendo em vista que a amplitude de vibração dos átomos da rede é muito pequena, pode-se supor que as energias dos estados variam de forma parabólica e encontram um mínimo situado em torno de $r = r_0$. Assim, o processo de absorção pode ser representado pela seta vertical (A) assinalada na Figura 8.23b. Ao atingir o estado excitado, a distribuição de cargas associada ao íon de impureza se modifica e, em resposta, as posições dos átomos da rede cristalina no seu entorno relaxam rapidamente para uma nova situação e, momentaneamente, o sistema atinge um novo mínimo de energia ($r = r'_0$). Entretanto, como o estado excitado não é estável, o elétron volta ao estado fundamental no processo de luminescência, representado na Figura 8.23b pela seta vertical (L), emitindo um fóton com energia menor que na absorção (A). Essa diferença de energia entre os dois processos, relacionada à relaxação da rede cristalina, é o deslocamento de Stokes, assinalado na Figura 8.23a.

8.6 EMISSÃO DE LUZ

Na seção anterior, consideramos o processo de absorção de luz, no qual um fóton induz uma transição eletrônica do átomo de um nível de energia menor para um nível de energia maior. O elétron realiza um salto quântico instantâneo de um estado para o outro, absorvendo o fóton, garantindo, assim, a conservação da energia. Entretanto, o estado de maior energia em geral não é estável, e o elétron deve retornar ao estado inicial. Caso um fóton seja emitido nesse processo, ocorre o fenômeno da luminescência. Existem muitos tipos de luminescência, que variam conforme a forma de excitação. Assim, a eletroluminêscencia é a luminescência produzida pela passagem de corrente elétrica pelo material; a catodoluminescência, pela incidência de um feixe de elétrons; a termoluminescência, pelo aquecimento; a radioluminescência, pela incidência de radiação ionizante; a bioluminescência é observada em organismos vivos etc. A fotoluminescência é a luminescência que resulta da incidência de luz e pode ser de dois tipos: a fluorescência, quando a emissão de luz cessa quase instantaneamente após o estímulo ser interrompido; e a fosforescência, que permanece por longo tempo, desde alguns minutos até muitas horas após ter cessado a causa ou excitação.[8] A Figura 8.23a mostra o pico de luminescência do KCl dopado com íons de Tl^+.

8.6.1 EMISSÃO ESPONTÂNEA E EMISSÃO ESTIMULADA

Vamos considerar agora os possíveis processos de transição envolvendo a emissão de fótons. Existem dois mecanismos possíveis. O primeiro é a *emissão espontânea*, ilustrada na Figura 8.24a, na qual uma partícula simplesmente decai para o estado de energia mais baixa emitindo um fóton com frequência igual a $w = \left(E_2 - E_1\right)/\hbar$. Esse processo, do ponto de vista dos seus estados finais e iniciais, é o processo inverso ao da absorção,

8 O termo fluorescência vem do fato de uma das primeiras observações desse fenômeno ter sido realizada no mineral fluorita (CaF_2). No entanto, muito embora fosforescência seja um termo consagrado, o fósforo branco não exibe essa propriedade, mas, sim, a quimioluminescência.

discutido na seção anterior, ou seja, o estado inicial, aquele em que a partícula está situada no nível de energia mais alto, corresponde exatamente ao estado final do processo de absorção (Figura 8.17), e o estado final, constituído pela partícula no nível de energia menor e um fóton cuja energia é igual à diferença entre os dois níveis de energia, é equivalente ao estado inicial do processo de absorção. Esse mecanismo é espontâneo, pois o estado excitado é instável e, uma vez existindo um estado de menor energia disponível, a transição poderá ocorrer. A taxa de emissão de fótons deve ser proporcional ao número de átomos no estado excitado, N_2:

$$\frac{dN_2}{dt} = -A_{21}N_2 \tag{8.86}$$

Em que A_{21} é um coeficiente que fornece a probabilidade de transição entre os dois estados envolvidos e que depende das características específicas desses estados. Caso este seja o único mecanismo existente, a solução da Equação 8.86 fornece:

$$N_2(t) = N_2(0)\exp(-t/\tau) \tag{8.87}$$

Em que $\tau = 1/A_{21}$ é o *tempo de vida* (*lifetime*) do estado excitado. Isso significa que, como resultado da emissão espontânea, o número de partículas no estado excitado decresce exponencialmente com tempo característico τ. O valor do tempo de vida de estados eletrônicos, de uma forma geral, pode variar desde alguns nanossegundos até muitos milissegundos.

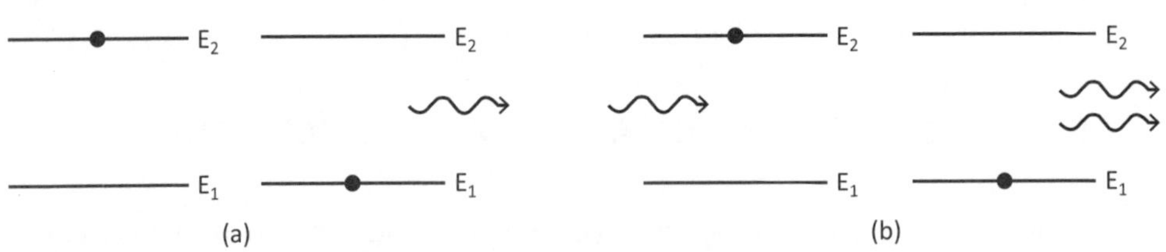

Figura 8.24 – Representação esquemática dos processos de transição entre dois estados de energia E_1 e E_2 ($E_2 > E_1$) envolvendo a emissão de fótons de frequência $w = (E_2 - E_1)/\hbar$: a) emissão espontânea e b) emissão estimulada.

O segundo mecanismo possível para a emissão de fótons é chamado *emissão estimulada* (Figura 8.24b). Nesse caso, um fóton com frequência $w = \left(E_2 - E_1\right)/\hbar$ incide sobre a partícula no estado de energia mais alta e induz a transição eletrônica para o estado de energia mais baixa, com a emissão de um segundo fóton de mesma frequência que o primeiro. Como resultado, ao final do processo temos dois fótons de mesma frequência, o fóton incidente e o fóton emitido. Uma vez que o segundo fóton foi emitido como resultado da incidência do primeiro fóton, esses dois fótons apresentam uma correlação temporal entre si. Diz-se que os dois fótons são coerentes. Mais adiante voltaremos a tratar deste assunto.

Nesse caso, a taxa de transição entre os estados excitado e fundamental depende do número de partículas no estado excitado, mas também da densidade energia eletromagnética $\rho(w)$ com frequência $w=(E_2-E_1)/\hbar$, assim:

$$\frac{dN_2}{dt}=-B_{21}N_2\rho(w) \tag{8.88}$$

A radiação existente também pode ser absorvida, e, portanto, a taxa de absorção, ou seja, a taxa de transição do estado fundamental para o estado excitado, também deve ser levada em conta no equilíbrio do sistema. Assim:

$$\frac{dN_1}{dt}=-B_{12}N_1\rho(w) \tag{8.89}$$

Como veremos mais adiante, os três coeficientes A_{21}, B_{12} e B_{21}, que são os chamados *coeficientes de Einstein*, não são independentes entre si, pois basta conhecer um deles para determinar os outros dois. Vamos procurar relacionar as probabilidades desses três processos – absorção, emissão espontânea e emissão estimulada.

Supondo que o sistema se encontra na situação de equilíbrio, a taxa de transição do estado 1 para o estado 2 deve ser igual à taxa no sentido inverso, ou seja:

$$B_{12}N_1\rho(w)=A_{21}N_2+B_{21}\rho(w)N_2 \tag{8.90}$$

Considerando-se ainda o equilíbrio térmico, a razão entre os números de átomos no primeiro e no segundo estado é dada pela estatística de Maxwell-Boltzmann, logo:

$$\frac{N_1}{N_2}=\exp\left(\frac{E_2-E_1}{k_BT}\right)=\exp\left(\frac{\hbar w}{k_BT}\right) \tag{8.91}$$

Na condição de equilíbrio térmico, a densidade de energia eletromagnética $\rho\ (w)$ deve ser dada pela conhecida expressão da radiação de corpo negro. Ou seja:

$$\rho(\nu)=\frac{8\pi h\upsilon^{3}}{c^{3}}\frac{1}{\exp\left(\frac{\hbar w}{k_{B}T}\right)-1} \tag{8.92}$$

Equacionando 8.90, 8.91 com 8.92, obtêm-se:

$$\frac{B_{12}}{B_{21}}=1 \tag{8.93}$$

$$\frac{A_{21}}{B_{21}}=\frac{\hbar w^{3}}{\pi^{2}c^{3}} \tag{8.94}$$

Dessa maneira, conclui-se da Equação 8.93 que os coeficientes de absorção e emissão estimulada são idênticos. Outra conclusão importante é que a razão entre os coeficientes de emissão espontânea e emissão estimulada aumenta com a frequência da radiação elevada ao cubo. Assim, quanto maior a diferença de energia entre os estados envolvidos no processo, mais provável é o processo de emissão espontânea ocorrer relativamente à emissão estimulada. A razão entre a probabilidade de emissão espontânea e a probabilidade de emissão estimulada pode ser obtida da seguinte forma:

$$\frac{A_{21}}{B_{21}\rho(w)}=\exp\left(\frac{\hbar w}{k_{B}T}\right)-1 \tag{8.95}$$

Isso significa que, para estados eletrônicos na condição do equilíbrio térmico, a emissão espontânea é muito mais provável que a emissão estimulada, desde que $\hbar w \gg k_{B}T$.

Uma relação geral para a razão entre as taxas de emissão e de absorção é dada por:

$$\frac{N_{2}R_{2-1}}{N_{1}R_{1-2}}=\frac{N_{2}}{N_{1}}\left(\frac{A_{21}+B_{21}\rho(w)}{B_{12}\rho(w)}\right)=\frac{N_{2}}{N_{1}}\left(1+\frac{A_{21}}{B_{21}\rho(w)}\right) \tag{8.96}$$

Essa relação vale mesmo que a condição de equilíbrio térmico não seja satisfeita e será útil na seção a seguir para entendermos o funcionamento do laser.

8.6.2 *LASERS*

Laser é uma palavra derivada da sigla em inglês para *Light Amplification by Stimulated Emission of Radiation*, ou seja, amplificação de luz por emissão estimulada de radiação. A ideia de amplificação da intensidade luminosa pode ser entendida com base no que foi visto na seção anterior. Na situação de equilíbrio térmico, o número de átomos no estado excitado é menor que no estado fundamental ($N_2 < N_1$), e, logo, conforme a Equação 8.96, nesta condição, a taxa absorção será sempre maior que a de emissão. Em condições fora do equilíbrio, entretanto, pode-se obter $N_2 > N_1$ e, consequentemente, a taxa de emissão poderá ser maior que a taxa de absorção. Assim, se incidirmos radiação de frequência w sobre um sistema nessa condição, esta poderá induzir a emissão (estimulada) de outros fótons de mesma frequência e terá sua intensidade amplificada, ou seja, a intensidade de radiação emitida pelo sistema será maior que a intensidade incidente.

À medida que os fótons são emitidos, entretanto, o número de átomos no estado excitado diminui, e o número de átomos no estado fundamental aumenta correspondentemente, no sentido de atingir o equilíbrio. Assim, para manter o mecanismo de emissão estimulada e amplificação de luz, é necessário manter a condição de *inversão de população*, ou seja, $N_2 > N_1$. Isso pode ser obtido fornecendo-se energia ao sistema por meio de um mecanismo denominado de bombeamento. Isso pode ser realizado de diversas maneiras, como a incidência de luz proveniente de uma outra fonte ou a passagem de corrente elétrica, dentre outras formas a depender do tipo de laser.

O feixe de luz gerado por um laser é intenso, monocromático, e espacialmente e temporalmente coerente, conforme veremos a seguir. Em uma fonte de luz convencional, os fótons são emitidos de forma aleatória, de maneira que não há relação definida entre as suas fases e, desse modo, a intensidade luminosa total é simplesmente a soma algébrica das intensidades. Diz-se, nesse caso, que a fonte de luz é incoerente. No caso do laser, por outro lado, os fótons são emitidos por emissão estimulada e, portanto, exatamente em fase com a radiação que induziu a emissão. Dessa maneira, a intensidade luminosa é alta, pois é resultado da soma coerente (ou interferência construtiva) das contribuições dos fótons emitidos.

Conforme mencionado, a inversão de população ($N_2 > N_1$) necessária para a emissão da radiação laser pode ser obtida por meio do bombeamento ótico, que nada mais é que a excitação de elétrons para os níveis de energia mais altos. Normalmente, os elétrons são excitados para outros níveis de energia mais altos, decaem e terminam por se acumular no nível excitado responsável pela emissão. Para que isso aconteça, é necessário que esse nível de energia seja um estado metaestável, ou seja, um estado com um tempo de vida Δt grande para que o número de elétrons N_2 possa atingir um valor suficientemente grande (veja Figura 8.25a). Utilizando a relação do princípio da incerteza, $\Delta E \Delta t \geq \hbar / 2$, sendo Δt igual ao tempo de vida do estado excitado, concluímos que a incerteza na diferença de energia ΔE entre os dois estados e, portanto, a incerteza na energia do fóton emitido, é muito pequena. Dessa forma, resulta que a luz emitida pelo laser é monocromática.

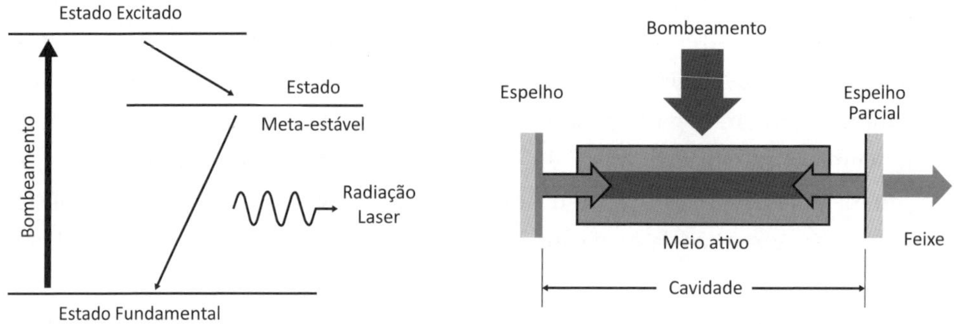

Figura 8.25 – Representação esquemática (a) dos processos de transição para emissão da radiação laser e (b) da cavidade ressonante de um laser.

De forma a se garantir a eficiência do processo de emissão estimulada, é necessário obter uma densidade de radiação $\rho\ (w)$ suficientemente alta. Isso é feito posicionando-se o material emissor no interior de uma cavidade ressonante, que é constituída por dois espelhos alinhados de maneira que a radiação emitida seja refletida de volta para o interior do meio ativo para induzir um maior número de transições de emissão estimulada (Figura 8.25b). Um dos espelhos deve ser apenas parcialmente refletor para que parte da radiação possa sair da cavidade. Caso os espelhos estejam muito bem alinhados, a radiação na saída da cavidade formará o feixe de luz colimado característico do laser. Esse fato permite que, por meio de focalização, sejam obtidas intensidades ou densidades de energia luminosa extremamente altas.

O primeiro laser obtido foi o laser de rubi, que emite um feixe de luz de cor vermelha de comprimento de onda igual a 694,3 nm. Atualmente, existe uma variedade enorme de lasers que funcionam com base em sólidos, líquidos ou gases e que produzem radiação de diversos comprimentos de onda desde o infravermelho, visível e até ultravioleta. No entanto, o fato de a razão entre a probabilidade emissão espontânea e de emissão estimulada aumentar com a frequência elevada ao cubo (Equação 8.94) torna mais complexa a obtenção de lasers de alta energia. Por esse motivo, são poucos os lasers disponíveis na região do azul, violeta e, principalmente, na região ultravioleta do espectro.

8.7 ESPALHAMENTO

Durante seu trajeto através de um sólido, a luz pode sofrer espalhamento, como resultado de sua interação com variações ou flutuações do índice de refração, de modo que parte da intensidade luminosa é desviada de sua trajetória. Quando a energia do fóton espalhado é igual à energia do fóton incidente, o fenômeno é chamado de *espalhamento elástico*. Se, por outro lado, a energia do fóton espalhado for diferente daquela do fóton incidente, tem-se o *espalhamento inelástico*. O espalhamento inelástico de luz em sólidos pode ocorrer em função da interação dos fótons com outras partículas, como fônons, plásmons ou mágnons.[9] O espalhamento inelástico de luz por fônons foi abordado brevemente na Seção 3.7, enquanto a interação com plásmons foi comentada na Seção 8.4.1. Trataremos aqui apenas do caso do espalhamento elástico de luz.

A teoria do espalhamento de luz foi desenvolvida por G. Mie em 1908. O espalhamento de luz é fortemente dependente das dimensões do centro espalhador. O parâmetro que define o tipo de espalhamento depende da relação entre o tamanho da partícula espalhadora e o comprimento de onda da luz e pode ser definido da seguinte forma:

$$\xi = \frac{\pi n D}{\lambda} \tag{8.97}$$

Em que D é a maior dimensão linear do centro espalhador, λ é o comprimento de onda da luz incidente no vácuo e n é o índice de refração do meio ou da partícula espalhadora, dependendo de qual deles resultar no menor valor do parâmetro assim definido. Quando o parâmetro de espalhamento ξ é da ordem de 0,1 ou menor, tem-se o chamado espalhamento Rayleigh. Nesse caso, o comprimento de onda da luz é muito maior que a dimensão do centro espalhador, e, logo, o campo elétrico que incide sobre o centro de espalhador pode ser considerado aproximadamente constante, tornando a solução do problema bastante simples. Quando essa condição não é satisfeita, o fenômeno é mais complexo e recebe o nome de espalhamento Mie, do qual o espalhamento Rayleigh é um caso particular.

Pode-se entender o fenômeno do espalhamento de luz considerando que a radiação incidente polariza os centros espalhadores. Os dipolos oscilantes induzidos nesses centros, por sua vez, emitem novamente a radiação em direções diversas daquela do feixe incidente. De acordo com as leis do eletromagnetismo, a potência irradiada (que aqui será denominada de potência espalhada) por um momento de dipolo elétrico oscilante $p = p_0 sen\,(wt)$ alinhado segundo o eixo z, é dada por:

9 Mágnons são excitações elementares magnéticas.

$$\frac{dP}{d\Omega}=\frac{w^4 p_0^{\ 2}}{32\pi^2\varepsilon_0 c^3}sen^2\theta \tag{8.98}$$

A partir daí, a seção de choque de espalhamento pode ser obtida em função da potência total espalhada P_S:

$$\sigma_S=\frac{2}{\varepsilon_0 c E_0^{\ 2}}P_S \tag{8.99}$$

Quando os centros espalhadores são átomos ou moléculas, pode-se utilizar o resultado do modelo de Lorentz para a polarização (Equação 6.59) e obter para a seção de choque de espalhamento:

$$\sigma_S=\frac{8}{3}\pi r_e^2\left(\frac{w^4}{(w_0^{\ 2}-w^2)^2+(\gamma w)^2}\right) \tag{8.100}$$

Em que:

$$r_e=\frac{e^2}{4\pi\varepsilon_0 mc^2} \tag{8.101}$$

É o chamado raio clássico de elétron, que vale $r_e = 2,82 \times 10^{-15}$ m.

Existem três casos distintos importantes a serem analisados. Quando a frequência da luz é muito maior que a frequência $w_0 (w \gg w_0)$, obtém-se o chamado *espalhamento Thomson*, no qual a seção de choque é independente da frequência da radiação e é exatamente a mesma que aquela do espalhamento de radiação por elétrons livres:

$$\sigma_S=\frac{8}{3}\pi r_e^2 \tag{8.102}$$

que fornece o valor $\sigma_S = 6,66 \times 10^{-25}$ cm^2. Quando a frequência da luz é igual à frequência w_0 $(w = w_0)$, o espalhamento é dito *espalhamento ressonante*, e a seção de choque atinge seu valor máximo:

$$\sigma_S = \frac{8}{3}\pi r_e^2\left(\frac{w_0}{\gamma}\right)^2 \tag{8.103}$$

Finalmente, quando a frequência da luz é muito menor que a frequência de ressonância $w_0 (w \ll w_0)$, obtém-se o caso típico de um elétron fortemente ligado. Nesse caso, a seção de choque de espalhamento se reduz a:

$$\sigma_S = \frac{8}{3}\pi r_e^2\left(\frac{w}{w_0}\right)^4 \tag{8.104}$$

Ou seja, σ_S é proporcional à quarta potência da frequência da radiação incidente. Esse comportamento é característico do *espalhamento Rayleigh* e resulta em valores da seção de choque muito pequenos. A despeito deste fato, o espalhamento Rayleigh é um mecanismo muito importante para uma série de fenômenos. Por exemplo, é o principal fator determinante para a atenuação de luz em fibras ópticas de sílica. O espalhamento Rayleigh é também o fenômeno responsável pela coloração azul do céu durante o dia, como o seu tom laranja ou avermelhado próximo ao pôr do sol.

Exemplo 8.8: calcule o valor da seção de choque de espalhamento Rayleigh para $w = 0{,}1 w_0$ e obtenha o coeficiente de espalhamento para um sólido contendo uma densidade de centros espalhadores $N_S = 5{,}0 \text{ x } 10^{21}$ cm^{-3}.

$$\sigma_S = \frac{8}{3}\pi r_e^2\left(\frac{w}{w_0}\right)^4 = \frac{8\pi}{3}\left(2{,}82x10^{-15}\right)^2 x\left(0{,}1\right)^4 = 6{,}60x10^{-33}m^2$$

$$\alpha_S = N_S\sigma_S = 5x10^{27}x6{,}60x10^{-33} = 3{,}30x10^{-5}m^{-1} = 3{,}30x10^{-3}cm^{-1}$$

Quando o espalhamento está relacionado a partículas esféricas de diâmetro *D*, no vácuo, o espalhamento Rayleigh pode ser expresso por:

$$\sigma_S = \frac{\pi}{24c^4}\left(\frac{n^2-1}{n^2+2}\right)^2 D^6 w^4 \tag{8.105}$$

Em que n é o índice de refração das partículas espalhadoras. A forte dependência da seção de choque de espalhamento com o diâmetro da partícula (D^6) faz com que, por exemplo, partículas de 50 nm espalhem 1 milhão de vezes mais luz do que partículas de 5 nm. Deve-se lembrar, entretanto, que esta relação é válida somente para partículas de tamanhos consideravelmente menores que o comprimento de onda da radiação e, por este motivo, no caso da luz visível se aplica somente para partículas de dimensões nanométricas.

Quando o tamanho da partícula é da ordem ou maior que o comprimento de onda, temos o *espalhamento Mie*. Nesse caso, resulta uma seção de choque aproximadamente independente da frequência da radiação. Esse tipo de espalhamento é, portanto, o responsável pela aparência esbranquiçada das nuvens no céu, do leite e de uma imensa variedade de materiais em pó, como o sal e o açúcar, por exemplo. Com base no fenômeno de espalhamento, polímeros, resinas, tintas e vidros podem ser tornados opacos pela adição de partículas de tamanho próximo ao comprimento de onda da luz visível em seu interior.

Finalmente, quando o diâmetro da partícula é muito maior que o comprimento de onda, a situação é simples e bem descrita pelas leis da óptica geométrica.

LEITURAS COMPLEMENTARES

FOWLES, G. R. *Introduction to Modern Optics*. Dover Publications, 1989.

FOX, M. *Optical Properties of Solids* (Oxford Master Series in Physics). 2. ed. Oxford University Press, 2010.

HEAVENS, O. S. *Optical Properties of Thin Solid Films*. Dover Books on Physics. 2. ed. 2011.

KASAP, S. O. *Principles of Electronic Materials and Devices*. 3. ed. McGraw Hill, 2006.

NUSSENZVEIG, H. M. *Curso de Física Básica*, v. 3: Eletromagnetismo. Edgard Blücher Ltda, 1997.

PANKOVE, J. I. *Optical Processes in Semiconductors*. 2. ed. Dover Books, 2010.

TILLEY, R. *Colour and the Optical Properties of Materials*. John Wiley & Sons, 2000.

WOOTEN, F. *Optical Properties of Solids*. Academic Press, 1972.

REFERÊNCIAS

OMAR, M. A. *Elementary Solid State Physics*. Addison Wesley, 1975.

EPPLER, R. A. *Chemical Reviews* 61 (1961) 523.

GALDINO, L. *et al. IEEE Photonics Technology Letters* 32 (2020) 1021.

HARA, H.; NISHI, Y. *Journal Physical Society of Japan* 21 (1966) 1222.

HAYNES, W. N. *CRC Handbook of Chemistry and Physics*, 97th Ed., CRC Press, 2017.

JOHNSON, P. B.; CHRISTY, R. W. *Physical Review* B 6 (1972) 4370.

KITTEL, C. *Introdução à Física do Estado Sólido*. 8. ed. Editora LTC, 2006.

MADELUNG, O. *Semiconductors, basic data*. 2. ed. Springer-Verlag, Berlin, 1996.

PALIK, E. D. (Ed.). *Handbook of Optical Constants of Solids*, v. 3: Academic Press, 1997.

RIBBING, C. G.; WACKELGARD, E. *Thin Solid Films* 206 (1991) 312.

ROGALSKI, A. *Progress in Quantum Electronics* 27 (2003) 59.

SPITZER, W. G.; FAN, H. Y. *Physical Review* 106 (1957) 882.

TURNER, W. J.; REESE, W. E. *Physical Review* 127 (1962) 126.

WU, J. *et al. Applied Physics Letters* 80 (2002) 4741.

TROPF, W. J.; THOMAS, M. E.; HARRIS, T. J. Properties of Crystals and Glasses. *In: Handbook of Optics,* v. 2. 2. ed. McGraw-Hill, 1995.

EXERCÍCIOS

1. Um vidro de 1,0 mm de espessura, contendo impurezas, absorve 70% da luz em certo comprimento de onda. Calcule a densidade de impurezas absorvedoras, sabendo que a seção de choque de absorção é 1,4 x 10^{-22} cm^2. Despreze a reflexão de luz.

2. Considerando as Equações 8.20 e 8.25 para a refletividade R e a transmissividade T, respectivamente, mostre que vale a seguinte relação:

   $$R = r\left[1 + T\exp(-\alpha L)\right].$$

3. Obtenha os valores para a refletância R e a transmitância T de uma lâmina de vidro transparente de índice de refração igual a 1,52. Faça o mesmo para uma lâmina de diamante (n = 2,42).

4. Com base no espectro de transmitância da Figura 8.3b, estime o valor do índice de refração do GaAs na região de máxima transmitância, considerando que nessa região a absorção é nula.

5. O coeficiente de absorção de luz visível pela água pura é da ordem de 0,1 m^{-1}. Obtenha qual deve ser a espessura da camada de água necessária para absorver 90% da intensidade da luz.

6. Calcule a refletância e a transmitância de uma lâmina de silício de 1,0 mm de espessura, de índice de refração n = 4,32 e coeficiente de extinção κ = 0,073, para um comprimento de onda de 500 nm.

7. Um filme polimérico absorvedor de espessura igual a 0,1 mm transmite 30% da luz incidente em um comprimento de onda λ = 500 nm. Pede-se:
   a) Desprezando a reflexão e considerando que não há espalhamento de luz, determine os coeficientes de absorção e de extinção.
   b) Considerando que o índice de refração do material é igual a 1,42. Determine as partes real e imaginária da permissividade.
   c) A partir dos resultados dos itens anteriores, verifique se desprezar a reflexão é uma boa aproximação.

8. Partindo das Equações 8.30 e 8.31, obtenha as Equações 8.32 e 8.33 para n e κ em função das partes real e imaginária da permissividade.

9. A tabela a seguir fornece valores do índice de refração n e da permissividade relativa ε_r^0 para alguns materiais. Verifique quais casos obedecem à relação 8.29 entre permissividade e índice de refração e discuta o resultado.

	Ge	Se	MgO	NaCl
n	4,09	2,45	1,71	1,54
ε_r^0	16,2	6,4	9,83	5,90

10. A partir das Equações 8.43 e 8.44, mostre que no caso de um metal:
    a) a parte real da permissividade se anula quando $w = w_p$;
    b) a absorção no limite de baixas frequências é muito intensa e, portanto, $n \cong \kappa \cong \left(\varepsilon_2 / 2\right)^{1/2}$.

11. A partir dos resultados experimentais para as partes real e imaginária da permissividade do ouro, prata e cobre apresentados na Figura 8.12, faça estimativas para a frequência de plasma e tempo de relaxação desses metais e compare os valores obtidos com aqueles listados nas tabelas 8.3 e 4.2.

12. a) A partir da Equação 8.49 e utilizando a Equação 8.33 para obter o coeficiente de extinção a partir das Equações 8.43 e 8.44 para a permissividade, obtenha a seguinte expressão para a profundidade pelicular em função da frequência:

$$\delta = \frac{\sqrt{2}c}{w}\left\{\left[\left(\frac{(w_p\tau)^2}{\left[1+(w\tau)^2\right]w\tau}\right)^2 + \left(1-\frac{(w_p\tau)^2}{1+(w\tau)^2}\right)^2\right]^{1/2} + \frac{(w_p\tau)^2}{1+(w\tau)^2} - 1\right\}^{-1/2}$$

    b) Mostre, a partir da expressão obtida para a profundidade pelicular, que para frequências baixas tais que $w\tau \ll 1$, δ é inversamente proporcional à frequência (Equação 8.50).
    c) Mostre, a partir da expressão para a profundidade pelicular, que para frequências altas tais que $w\tau \gg 1$, δ atinge o seu valor mínimo e constante (Equação 8.51).

13. Considerando que a Equação 8.54 para a profundidade pelicular seja válida, estime a profundidade pelicular nos seguintes casos e discuta as implicações dos resultados obtidos:
    a) Ondas de rádio ($f = 100$ kHz) na água do mar (condutividade 4,0 $\Omega^{-1}.m^{-1}$);
    b) Luz visível ($\lambda = 500$ nm) no silício intrínseco (resistividade 100 Ω.cm);
    c) Luz ultravioleta ($\lambda = 350$ nm) no chumbo (resistividade 21,3 $\mu\Omega$.cm).

14. Calcule a profundidade pelicular para o ferro na frequência de 60 Hz sabendo que sua resistividade à temperatura ambiente é 9,70 x 10^8 Ω.m e sua permeabilidade magnética é $\mu \cong 700\,\mu_0$. Compare seu resultado com o valor obtido para o cobre (Exemplo 8.7).

15. Mostre que permissividade relativa e a condutividade AC estão relacionadas pela Equação 8.53.

16. Utilize os resultados experimentais apresentados na Figura 8.14a para estimar a massa efetiva dos elétrons no InSb, conhecendo o valor da permissividade relativa do InSb intrínseco $\varepsilon_r = 15{,}6$.

17. A partir da expressão do modelo de Lorenz para a permissividade (Equação 6.61) e considerando o amortecimento nulo, obtenha a equação para o índice de refração em função do comprimento de onda, conhecida como fórmula de dispersão de Sellmeier (Equação 8.74).

18. a) Utilizando os dados dos coeficientes de Sellmeier e de Cauchy fornecidos na tabela a seguir, calcule o índice de refração do diamante em λ = 500 nm. Compare os resultados obtidos entre si e com o valor tabelado (n = 2,432).

Sellmeier	A_1 = 0,3306	A_2 = 4,3356	λ_1 = 0,175 μm	λ_2 = 0,106 μm
Cauchy	A_1 = 2,378	$A_2 = 1{,}231 \times 10^{-2}$ μm^2	$A_3 = 2{,}458 \times 10^{-4}$ μm^4	---

b) Utilize as duas expressões obtidas para dispersão para obter o índice de refração do diamante em λ = 2,0 μm.

19. a) Faça um gráfico qualitativo para a variação da seção de choque de espalhamento (Equação 8.100) em função da frequência w.

    b) A partir da Equação 8.100 para a seção de choque de espalhamento obtenha as expressões 8.102, 8.103 e 8.104 nos limites $w \ll w_0, w = w_0$ e $w \gg w_0$, respectivamente.

20. Considerando uma frequência de ressonância $w_0 = 1{,}2 \times 10^{16}$ Hz para o nitrogênio, estime a seção de choque de espalhamento da luz visível ($\lambda = 530$ nm) no ar. Qual é a fração da luz espalhada a cada quilometro de percurso na atmosfera?

21. O espalhamento Rayleigh é o principal mecanismo de atenuação em fibras ópticas de sílica. Se em uma determinada fibra óptica, para $\lambda = 1{,}3$ μm, há uma perda de 7% da intensidade da luz a cada quilometro, qual seria a atenuação para $\lambda = 850$ nm?

22. Calcule a razão entre as seções de choque de espalhamento Rayleigh por nanopartículas de sílica ($n = 1{,}5$) de diâmetros $D_1 = 10$ nm e $D_2 = 9{,}9$ nm.

CAPÍTULO 9
Pares de Cooper e supercondutividade

Não devemos confiar em nada além dos fatos: estes nos são apresentados pela Natureza e não podem nos enganar. Devemos, em todas as situações, submeter nossa argumentação ao teste do experimento, e nunca procurar a verdade a não ser no caminho natural da experiência e da observação.

(Antoine-Laurent Lavoisier, *Elements of Chemistry*, 1790)

9.1 INTRODUÇÃO

Nos capítulos anteriores, estudamos os materiais condutores, semicondutores e isolantes (dielétricos), discutindo o comportamento eletrônico característico de cada uma dessas categorias. Enquanto os materiais condutores apresentam alta condutividade, que diminui gradualmente com o aumento da temperatura, como resultado do espalhamento dos elétrons livres por impurezas, defeitos e fônons, os materiais semicondutores têm uma condutividade muito menor, mas que aumenta rapidamente com a temperatura e pode ser controlada pela dopagem. Os dielétricos, por outro lado, apenas se polarizam, pois apresentam uma condutividade eletrônica essencialmente nula, que se deve ao grande *gap* de energia entre as bandas de valência e de condução, embora possam apresentar alguma condução iônica.

A despeito desta grande diversidade de comportamentos que os materiais apresentam, abrangendo uma faixa extremamente larga de valores de condutividade (veja Figura 4.1), a existência de uma classe de materiais com resistividade rigorosamente nula dificilmente poderia ter sido antecipada. Assim, a observação de Kamerlingh Onnes em 1911 da resistividade nula do mercúrio a baixas temperaturas constituiu-se em uma das descobertas mais extraordinárias da história da física do estado sólido. Essa descoberta teve consequências muito importantes, tanto do ponto de vista prático, abrindo novas possibilidades de aplicações tecnológicas, por exemplo a produção de bobinas para obtenção de campos magnéticos extremamente intensos, como do ponto de vista teórico, pois inaugurou um campo de pesquisa totalmente novo da física.

A supercondutividade é um fenômeno quântico extremamente complexo. Por esse motivo, quase meio século se passou entre sua descoberta e a elaboração da primeira teoria microscópica capaz de explicar a supercondutividade, a teoria BCS. Essa teoria foi proposta por J. Bardeen, L. Cooper e J. R. Schrieffer em 1957 e levou à concessão do Prêmio Nobel de Física a esses três cientistas, em 1972. Por ser um fenômeno intrinsecamente quântico, a supercondutividade não pode ser compreendida com base em argumentos clássicos. Assim, no presente capítulo será apresentada uma descrição fenomenológica dos principais aspectos da supercondutividade, e em seguida, serão expostos, em linhas gerais e de uma maneira essencialmente qualitativa, os fundamentos teóricos que explicam tal fenômeno.

Iniciamos o capítulo com uma apresentação geral dos fenômenos mais importantes relacionados à supercondutividade, incluindo a resistividade nula, o efeito Meissner e outros efeitos magnéticos em supercondutores dos tipos I e II, como quantização do fluxo magnético, corrente crítica, calor específico e efeito isotópico. Em seguida, faremos uma descrição breve dos principais aspectos teóricos da supercondutividade, incluindo o modelo de dois fluidos, as equações de London, o conceito de comprimento de coerência, pares de Cooper e a teoria BCS. O capítulo termina com uma rápida exposição a respeito dos principais materiais supercondutores.

9.2 O FENÔMENO DA SUPERCONDUTIVIDADE

9.2.1 RESISTÊNCIA NULA E TEMPERATURA CRÍTICA

Conforme vimos no Capítulo 4, as impurezas desempenham um papel importante na condutividade dos metais, em especial em baixas temperaturas, pois estão associadas à chamada resistividade residual (veja Seção 4.4.4). No início do século XX, entretanto, não havia um consenso quanto ao comportamento da resistividade desses materiais em baixas temperaturas. Teoricamente, especulava-se qual seria o comportamento da resistividade de um metal quando a temperatura se aproximasse do zero absoluto; se deveria tender a um valor nulo, constante, ou mesmo infinito. Os resultados experimentais, por sua vez, apontavam para uma influência importante do grau de pureza dos materiais metálicos utilizados nos experimentos. Assim, em 1911, apenas três anos após obter com sucesso o hélio líquido,[1] o físico holandês H. Kamerlingh Onnes decidiu realizar medidas da resistividade elétrica do mercúrio em baixas temperaturas. A escolha desse metal se deve à facilidade de purificá-lo, uma vez que é líquido à temperatura ambiente. Entretanto, ao realizar a medida, Onnes surpreendentemente observou que a resistência elétrica do mercúrio cai a zero abruptamente à temperatura de 4,2 K. Uma reprodução desses resultados está apresentada na Figura 9.1.

A Figura 9.1 mostra que, acima de $T = 4{,}2$ K, a resistência elétrica do mercúrio varia de forma análoga aos materiais condutores convencionais. Nessa faixa de temperatura, a resistividade elétrica diminui gradualmente com o decréscimo da temperatura, na forma de uma lei de potência, que é o comportamento esperado para os metais (veja Tabela 4.1, Capítulo 4). No entanto, quando o Hg atinge uma determinada temperatura, sua resistividade elétrica cai abruptamente a zero, enquanto a resistividade de um condutor normal permaneceria variando suavemente com valor não nulo. A temperatura na qual ocorre essa queda brusca da resistividade é denominada *temperatura crítica*, T_C. Esse comportamento fora do comum ganhou o nome de supercondutividade, e o material que apresenta esse tipo de fenômeno foi denominado de supercondutor.

Embora o termo supercondutor refira-se unicamente ao transporte de corrente sem resistência, a supercondutividade não é um fenômeno que se limita simplesmente à resistência elétrica nula. É muito importante frisar que, além desse fato e tão ou mais importante quanto, o supercondutor apresenta um comportamento magnético singular que se caracteriza por possuir uma susceptibilidade magnética $\chi = -1$, ou seja, além de ser um condutor elétrico perfeito, o supercondutor é também um material diamagnético perfeito. Na seção a seguir, esse fenômeno será discutido em detalhe.

1 O hélio torna-se líquido a $T = 4{,}2$ K, mas essa temperatura pode ser reduzida baixando-se a pressão com uma bomba de vácuo.

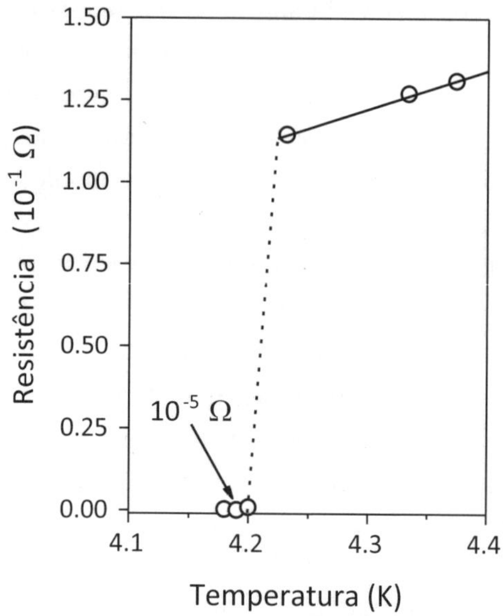

Figura 9.1 – Resultados de resistividade do mercúrio em função da temperatura obtidos por Kamerlingh Onnes em 1911.

Fonte: Onnes, 1911.

As tentativas realizadas até hoje para medir a resistência elétrica de um material supercondutor (abaixo da temperatura crítica) mostraram que essa resistência é menor do que o valor mínimo que pode ser mensurado pelos métodos experimentais disponíveis. Um método de medida simples e extremamente sensível de uma eventual resistência elétrica de um fio supercondutor pode ser realizado induzindo-se uma corrente elétrica em uma bobina supercondutora e observando-se a evolução do comportamento da corrente persistente $i(t)$ com o tempo, após a fonte ser desligada. Na ausência de campo elétrico aplicado, a corrente na bobina deveria decair exponencialmente com um tempo característico que é inversamente proporcional à sua resistência elétrica, de acordo com a seguinte expressão:

$$i(t) = i_0 \exp\left(-\frac{R}{L}t\right) \tag{9.1}$$

Em que i_0 é o valor da corrente induzida em $t = 0$, R é a resistência elétrica da bobina supercondutora e L é sua autoindutância. Caso a resistência elétrica seja nula, a corrente será constante no tempo e permanecerá circulando indefinidamente. Utilizando um fio metálico condutor comum, em temperatura ambiente, a constante de tempo $\tau = L / R$

na Equação 9.1 seria da ordem de alguns microssegundos. No caso de materiais supercondutores, a experiência mais longa de que se tem notícia, realizada com o intuito de verificar o decaimento da corrente circulando em uma bobina supercondutora, durou cerca de três anos, sem alteração perceptível no valor da corrente.[2]

Embora não possa ser medida de maneira direta, atualmente estima-se que a resistividade de um material supercondutor seja da ordem ou menor que 10^{-26} Ω.m, ou seja, cerca de dezoito ordens de grandeza abaixo daquela dos melhores materiais condutores. Isso significa que a razão entre a condutividade de um supercondutor e a de um material condutor normal em temperatura ambiente é aproximadamente a mesma que aquela entre um condutor normal e um bom material isolante (veja Figura 4.1). Admitindo-se o valor mencionado como correto, para que fosse possível observar o decaimento da corrente em uma bobina supercondutora, seria necessário aguardar milhares ou milhões de anos! Portanto, é razoável admitir que a resistência elétrica de um supercondutor seja considerada nula (veja Exercício 1). No entanto, a propriedade de resistividade nula se aplica apenas à resistividade em corrente contínua ou resistividade DC. A resistividade em corrente alternada (ou resistividade AC) de um material supercondutor, por motivos que ficarão claros mais adiante, não é nula.

Posteriormente à descoberta da supercondutividade do mercúrio, Kamerlingh Onnes descobriu outros elementos metálicos que apresentam o mesmo fenômeno. A supercondutividade não é um fenômeno raro; inúmeros materiais, elementos puros e compostos, metálicos ou não, apresentam esse comportamento peculiar e surpreendente. Conforme mostra a Tabela Periódica apresentada na Figura 9.2, dezenas de elementos puros apresentam supercondutividade à pressão atmosférica, enquanto muitos outros se tornam supercondutores sob altas pressões (veja Nota "Superconduzindo sob pressão" neste capítulo).[3] Existem basicamente dois grandes grupos de elementos supercondutores: os metais de transição, à esquerda, e os metais que não são de transição, à direita. É interessante também notar que não apenas os elementos metálicos podem ser supercondutores, mas também alguns semimetais, como o fósforo ou arsênio, e mesmo alguns não metais, como o bromo e o iodo. É curioso observar que maus condutores metálicos são supercondutores, como o chumbo ou estanho, enquanto bons condutores, como ouro, prata e cobre, não apresentam esse fenômeno.

A Tabela 9.1 apresenta valores da temperatura crítica para elementos puros supercondutores. Dentre esses, a temperatura crítica mais alta é a do nióbio, com $T_C = 9{,}25$ K.

---

2 Conta-se que o experimento somente foi interrompido porque um estudante esqueceu-se de adicionar nitrogênio líquido a um recipiente.

3 Alguns elementos apresentam supercondutividade somente quando produzidos na forma de filmes finos.

Tabela 9.1 – Temperatura crítica T_C (K) para elementos puros supercondutores. No caso de elementos que apresentam mais de uma fase cristalina supercondutora, apresenta-se o valor da temperatura crítica mais alta

Elemento	T_c	Elemento	T_c	Elemento	T_c
Al	1,175	Lu	0,1	Ta	4,47
Be	0,026	Mo	0,915	Tc	7,82
Cd	0,517	Nb	9,25	Th	1,38
Ga	7,85	Os	0,66	Ti	0,40
Hf	0,128	Pa	1,4	Tl	2,38
Hg	4,154	Pb	7,196	V	5,43
In	3,408	Re	1,697	W	0,0154
Ir	0,1125	Ru	0,49	Zn	0,85
La	6,00	Sn	3,722	Zr	0,61

Fonte: Roberts, 1976.

Além dos elementos puros, milhares de compostos e ligas apresentam a supercondutividade. A Tabela 9.2 fornece valores da temperatura crítica para algumas ligas e compostos supercondutores selecionados. As Tabelas 9.1 e 9.2 englobam os chamados materiais supercondutores convencionais. A temperatura crítica dos materiais supercondutores convencionais varia enormemente de material para material, de uma maneira geral desde alguns milésimos ou centésimos de grau até temperaturas da ordem de 10 K. Alguns compostos de nióbio apresentam temperaturas críticas superiores a 20 K. O composto MgB_2, cuja supercondutividade foi descoberta somente em 2001, apresenta uma temperatura crítica de 39 K, a maior dentre todos os supercondutores convencionais.[4]

4 O fato de o elemento químico nióbio estar presente em diversos dos supercondutores convencionais com as temperaturas críticas mais altas pode não ser exatamente uma coincidência, mas não deve ser interpretado como uma regra a ser seguida por outros tipos de materiais ou compostos.

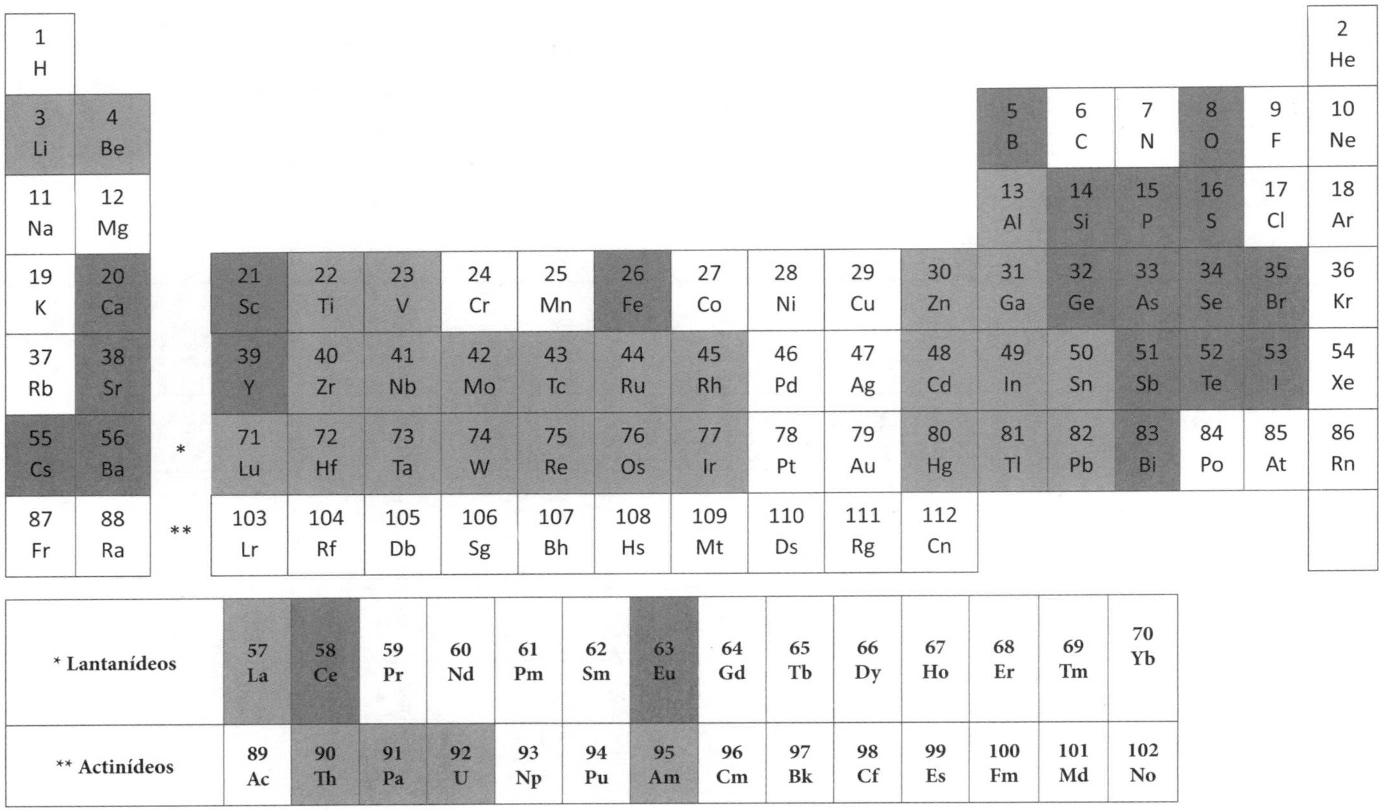

Figura 9.2 – Elementos puros que apresentam o fenômeno da supercondutividade. Os elementos marcados em cinza-claro são supercondutores à pressão atmosférica, enquanto os em cinza-escuro são os elementos supercondutores somente sob altas pressões.

Tabela 9.2 – Temperatura crítica T_C (K) para algumas ligas e alguns compostos supercondutores convencionais selecionados. A grande maioria dos materiais convencionais apresenta temperatura crítica abaixo de 10 K, exceto alguns compostos de nióbio cujas temperaturas críticas se situam na faixa de 20 K e o MgB_2, que apresenta temperatura crítica de 39 K

Material	T_c	Material	T_c	Material	T_c	Material	T_c	Material	T_c
Ag_7NO_{11}	1,04	Cr_3Ir	0,45	HgIn	3,81	MoRe	7,8	Re_3Zr	7,40
AgAl	0,34	Cr_3Os	4,68	HgSn	4,2	$MoRe_3$	9,89	$Rh_{17}S_{15}$	5,8
$AgBi_2$	3,0	$CsWO_3$	1,12	InPb	6,65	Nb_2C	9,1	Rh_2Sr	6,2
Al_2Mo_3C	10,0	$Cu_2Mo_6O_2S_6$	9	InSn	7,3	Nb_2SnV	9,8	$Rh_4Sc_5Si_{10}$	8,54
$AlAu_4$	0,7	CuLa	5,85	$InSnNb_3$	18,19	Nb_3Si	19	$RhRuB_4$	8,38
$AlGe_2$	1,75	CuPb	7,7	$Ir_4Sc_5Si_{10}$	8,46	Nb_3Sn	18,05	RhZr	9,0
$AlGeNb_3$	20,7	CuS	1,62	$IrMo_3$	9,6	NbC	11,5	Ru_2Sc	1,67
AlN	1,55	$CuSe_2$	2,43	IrNb	7,9	NbN	16,10	Ru_3Si_2Th	3,98
$AlNb_3$	18,0	CuSn	3,7	$K_2Mo_{15}S_{19}$	3,32	NbNO	17,0	RuW	7,5
AlV_3	11,8	$DyMo_6S_8$	2,1	La_3S_4	6,5	NbO	1,25	RuZrP	3,46
As_4La_3	0,6	$ErMo_6Se_8$	6,2	La_3Se_4	8,6	NbReSi	5,1	$SbTi_3$	5,8
AsPb	8,4	$ErRh_4B_4$	8,7	LaC_3	11,0	NbS_2	6,3	SeTh	1,7
$AuNb_3$	11,5	Fe_3C	1,30	$LaOs_2$	6,5	NbTi	9,8	Si_2W_3	2,84
$AuPb_3$	4,40	$Fe_3Lu_2Si_5$	6,1	$Li_2Mo_6S_8$	4,2	$NiZr_2$	1,52	SnO	3,81
BeRe	9,62	FeMoRe	10	LiPb	7,2	OsW_2	3,81	$SnTa_3$	8,35
BeTc	5,21	FeTiV	6,8	$LuOs_2$	3,49	OsZrP	7,4	$SnTi_3$	5,80
Bi_2Cs	4,75	FeU_6	3,86	$LuRuB_2$	9,86	PbP	7,8	TaC	10,3
BiCdPbSn	8,2	$GaGeNb_3$	7,3	Mg_2Nb	5,6	PbSb	6,6	Tc_6Zr	9,7
BiPbSb	8,9	GaN	5,85	MgB_2	39,0	$PbTa_3$	17	TcW	7,52
BMoC	12,5	GaSb	4,24	MgZn	0,9	PbTe	5,27	TeY	1,02
BNb	8,25	GaV_3	16,8	MnU_6	2,32	PbTl	7,06	ThS	0,5
$Br_2Mo_6S_6$	13,8	$Ge_{10}As_4Y_5$	9,06	Mo_2BC	5,4	PdRuZr	9	TiO	0,58
$BrMo_6Se_7$	7,1	GeIr	4,7	Mo_2N	5,0	PdZr	7,5	TiV	6,14
$CaIr_2$	6,15	$GeNb_3$	23,2	Mo_3Os	7,2	Pt_5Th	3,13	V_2Zr	8,80

Material	T_c	Material	T_c	Material	T_c	Material	T_c	Material	T_c
CaPb	7,0	$GeTa_3$	8,0	Mo_3Si	1,4	PtZr	3,0	V_3Si	17,1
CdSn	3,65	$H_{0,05}Nb_{0,95}$	7,83	$Mo_6Na_2S_8$	8,6	PW_3	2,26	V_3Zr_3O	7,5
$Ce_3Mo_6Se_5$	5,7	HfN	6,6	Mo_6PrSe_8	9,2	$Re_{24}Ti_5$	6,60	VSiB	15,8
$CeRu_2$	6,0	HfNb	9,5	Mo_6YbS_8	9,2	Re_2Sc	4,2	WC	10
$CoSi_2$	1,40	HfRuP	9,9	MoC	14,3	Re_3Ta	6,78	Y_2C_3	11,5
$CoZr_2$	6,3	HfV_2	9,6	MoN	12	Re_3W	9,0	ZrN	9,8

Fonte: Roberts, 1976.

A temperatura crítica T_C delimita a transição entre o estado normal e o estado supercondutor. Mais adiante veremos como temperatura crítica pode ser compreendida de um ponto de vista microscópico. Do ponto de vista prático, por outro lado, esta é uma das características mais fundamentais do material supercondutor, pois constitui o limite superior para sua temperatura de utilização. Até meados da década de 1980, a grande maioria dos materiais supercondutores conhecidos apresentava temperaturas críticas muito baixas, da ordem ou menores que 20 K, aproximadamente, o que tornava aplicação prática deste fenômeno muito limitada.

Em 1986, a descoberta de uma nova classe de materiais supercondutores veio a revolucionar a pesquisa em materiais supercondutores. Os chamados *supercondutores de alta temperatura crítica* (também conhecidos como *high-*T_C) são materiais cerâmicos cuja temperatura crítica se situa acima de 30 K, atingindo hoje valores de cerca de 140 K. Essa nova classe de materiais supercondutores é constituída por materiais cerâmicos, em sua grande maioria óxidos de cobre (ou cupratos) de composição complexa e estrutura cristalina do tipo perovskita. O primeiro supercondutor de alta temperatura descoberto, em 1986, um cuprato de bário e lantânio, $La_{1.85}Ba_{0.15}CuO_4$, apresentou T_C = 30 K.[5] O recorde atual de mais alta temperatura crítica à pressão atmosférica pertence ao material $Hg_{0.8}Tl_{0.2}Ba_2Ca_2Cu_3O_8$, que apresenta T_C= 138 K. A Tabela 9.3 apresenta valores de temperatura crítica de alguns supercondutores de alta temperatura. Mais recentemente, foram obtidos supercondutores de alta temperatura de compostos de ferro e arsênio com temperaturas críticas até cerca de 55 K. Observou-se também a supercondutividade em

5 O primeiro óxido supercondutor a ser descoberto foi o $Ba(Pb,Bi)O_3$, em 1973, que apresenta T_C = 13 K, ou seja, uma temperatura crítica comparável a alguns supercondutores metálicos convencionais.

compostos de carbono, em materiais orgânicos, dentre outros materiais (veja Seção 9.4 adiante).

Tabela 9.3 – Temperatura crítica T_C (K) para alguns supercondutores de alta temperatura com T_C maior que a temperatura do nitrogênio líquido, T = 77 K

Composto	T_c	Composto	T_c
$Hg_{0.8}Tl_{0.2}Ba_2Ca_2Cu_3O_{8.33}$	138	$Bi_2Sr_2CaCu_2O_9$	110
$HgBa_2Ca_2Cu_3O_8$	133	$TlBa_2CaCu_2O_7$	103
$Tl_2Ba_2Ca_2Cu_3O_{10}$	128	$HgBa_2CuO_4$	94
$HgBa_2CaCu_2O_6$	127	$YBa_2Cu_3O_7$	93
$TlBa_2Ca_2Cu_3O_9$	123	$Bi_2Sr_2CaCu_2O_8$	92
$Tl_2Ba_2CaCu_2O_8$	119	$Tl_2Ba_2CuO_6$	92
$Tl_2Ba_2Ca_3Cu_4O_{12}$	112	$YBa_2Cu_4O_8$	80
$Bi_2Sr_2Ca_2Cu_3O_{10}$	110	---	---

Fonte: Haynes, 2017.

9.2.2 O EFEITO MEISSNER

Quando um material normal é submetido a um campo magnético H, as linhas de campo magnético penetram em seu interior. O valor do campo B no interior do sólido é determinado pela magnetização resultante, que depende se material é diamagnético, paramagnético ou ferromagnético. A Figura 9.3a ilustra, por exemplo, a situação de uma esfera de material diamagnético submetido a um campo uniforme, no qual o campo em seu interior tem valor muito próximo ao campo fora dele (veja Capítulo 7).

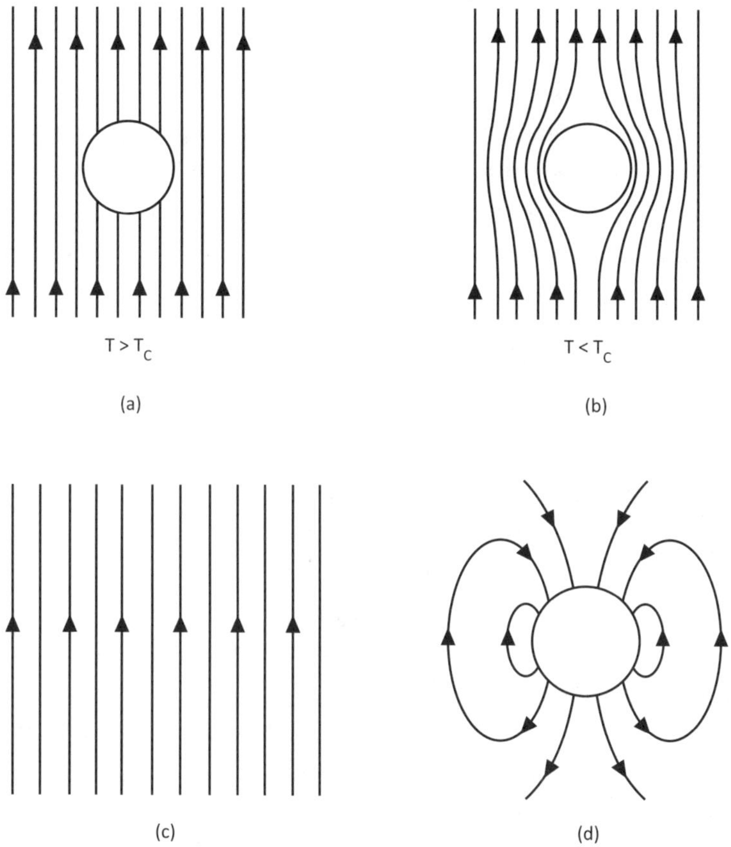

Figura 9.3 – Efeito Meissner em uma esfera supercondutora: (a) no estado normal ($T > T_C$) as linhas de campo magnético penetram no interior do material, (b) no estado supercondutor ($T < T_C$) as linhas de campo são expulsas do material de forma a anular completamente o campo em seu interior, (c) linhas do campo magnético aplicado uniforme e (d) campo magnético gerado pela corrente superficial induzida em uma esfera supercondutora, que superposto ao campo aplicado resulta no campo ilustrado na Figura b.

Por outro lado, quando um material supercondutor (abaixo da temperatura crítica) é submetido a um campo magnético, seu comportamento é completamente distinto e singular. Nesse caso, quando o campo é aplicado, correntes superficiais são induzidas no material e acarretam a completa expulsão das linhas de campo do interior do sólido. Dessa forma, o campo B no interior do supercondutor se torna rigorosamente nulo (Figura 9.3b). Esse fenômeno, descoberto em 1933, é conhecido como *efeito Meissner-Ochsenfeld*. Em outras palavras, as correntes superficiais induzidas no supercondutor são responsáveis por produzir uma magnetização volumétrica M de sentido contrário e módulo rigorosamente igual ao campo magnético aplicado H, ou seja, $M = - H$, de maneira a anular o campo magnético B no interior do material (veja Equação 7.5). Dessa forma, pode-se dizer que o material supercondutor é o material diamagnético perfeito ($\chi = -1$).[6]

As correntes superficiais geram um campo magnético na região externa ao supercondutor que se superpõe ao campo uniforme aplicado, alterando-o. A Figura 9.3c mostra a distribuição das linhas do campo magnético uniforme aplicado, enquanto o campo gerado pelas supercorrentes superficiais induzidas está apresentado na Figura 9.3d. A superposição desses campos resulta nas linhas de campo mostradas na Figura 9.3b. Observe que na região próxima à superfície da esfera, em seu plano do equador, o campo gerado tem o mesmo sentido e reforça o campo aplicado, tornando-o mais intenso, enquanto próximo aos polos, o campo gerado é contrário e reduz o campo aplicado.

A existência do efeito Meissner pressupõe uma resistência elétrica nula; caso contrário, as correntes superficiais diminuiriam com o tempo de acordo com a Equação 9.1, e, portanto, o valor de B gradualmente deixaria de ser nulo no interior do material. No entanto, a recíproca não é verdadeira, ou seja, uma resistência elétrica nula não implica o efeito Meissner, conforme veremos a seguir.

A *lei de Faraday* do eletromagnetismo afirma que uma variação temporal do fluxo do campo magnético através de uma espira cria uma força eletromotriz e, consequentemente, induz a passagem de corrente elétrica. Essa corrente induzida tem sentido tal que o campo magnético por ela gerado se opõe à variação de fluxo magnético que a produziu (*lei de Lenz*). Consequentemente, no interior de um condutor de resistência nula, o campo magnético tende a se manter constante, mas não necessariamente nulo.

Vamos imaginar o seguinte experimento, que será descrito com o auxílio da Figura 9.4: inicialmente, vamos supor que o experimento é realizado com uma esfera constituída por um material condutor perfeito, ou seja, um material cuja resistividade elétrica se torna nula quando resfriado abaixo de certa temperatura, conforme mostra a Figura 9.4a na ausência de campo magnético. Ao aplicarmos um campo magnético uniforme, o campo no interior da esfera deve continuar sendo nulo. Logo, as linhas de campo se distorcem, conforme mostra a Figura 9.4b.

6 A susceptibilidade (volumétrica) magnética dos metais normais é da ordem de 10^{-5} (veja Capítulo 7).

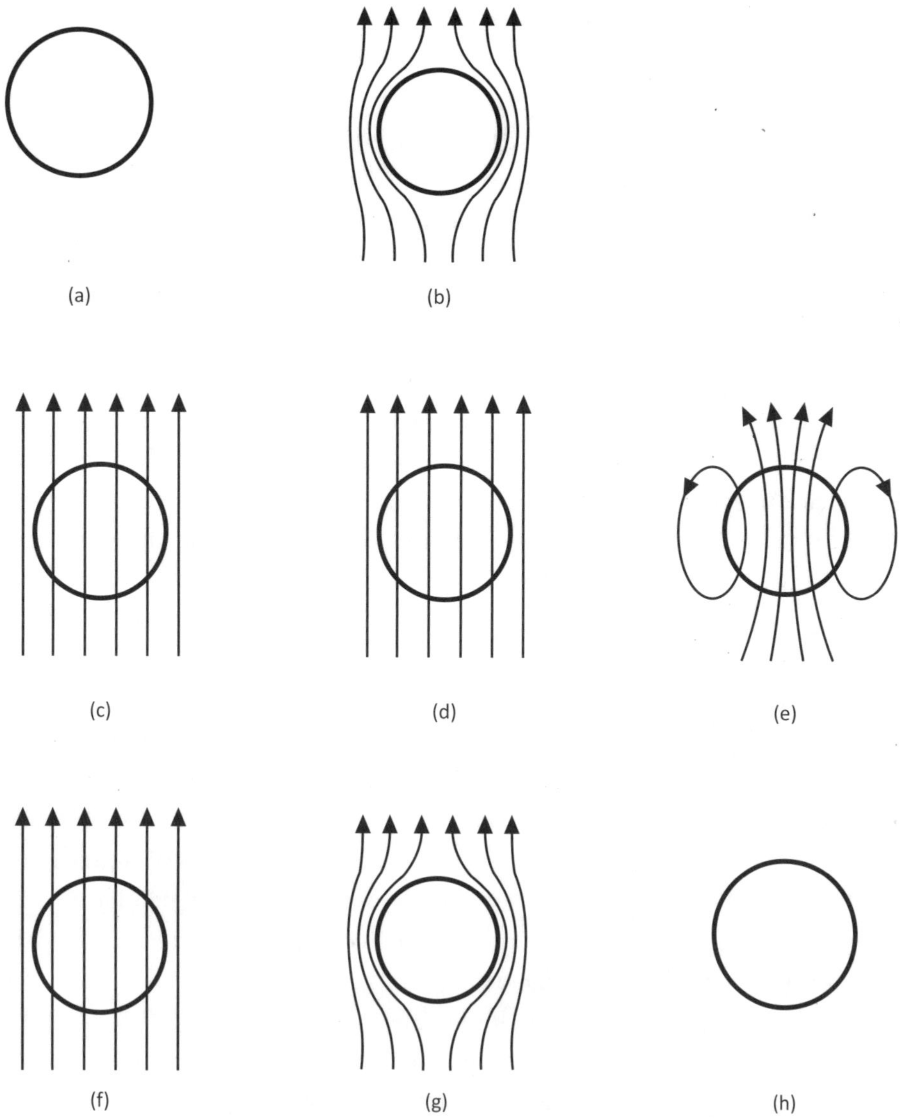

Figura 9.4 – Esfera condutora perfeita (resistividade nula) (a) na ausência e (b) na presença de um campo magnético uniforme. Esfera condutora no estado normal, (c) em presença do campo aplicado, (d) temperatura abaixada até a resistividade se tornar nula e (e) campo é desligado. Esfera supercondutora (a) na ausência e (b) na presença de um campo magnético uniforme. Esfera supercondutora no estado normal, (f) acima da temperatura crítica em presença do campo aplicado, (g) temperatura é abaixada até atingir o estado supercondutor e (h) campo é desligado.

Fonte: Lovell, 1981.

Agora, vamos supor que o campo magnético é aplicado a esse material no seu estado normal, com resistência finita, em temperatura ambiente (Figura 9.4c). Nessa situação, as linhas de campo penetram no material, conforme já vimos anteriormente. Quando a temperatura é abaixada, o material se torna um condutor perfeito (resistência nula). A lei de Faraday implica que o campo magnético deve permanecer inalterado com as linhas de campo penetrando em seu interior (Figura 9.4d). Finalmente, se o campo for desligado, a variação de fluxo magnético induzirá correntes superficiais na esfera no sentido de se opor à variação do fluxo de campo magnético. Assim, o resultado final deste experimento é que a esfera ficará magnetizada, com campo magnético em seu interior diferente de zero (Figura 9.4e).

Vamos supor agora que realizamos o mesmo experimento com um material supercondutor. Primeiramente, aplica-se o campo à esfera supercondutora, abaixo da temperatura crítica. O efeito Meissner implica que o campo no interior da esfera deve ser nulo. As Figuras 9.4a e b ilustram claramente essa situação, demonstrando que, nesse caso, o resultado do experimento com o material supercondutor é exatamente o mesmo que foi obtido com o material condutor perfeito. Entretanto, caso o campo seja aplicado à esfera supercondutora acima da temperatura crítica (Figura 9.4f) e, em seguida, a temperatura seja diminuída abaixo da temperatura crítica, o material sofre a transição para o estado supercondutor, expulsando as linhas de campo do seu interior, como resultado do efeito Meissner (Figura 9.4g). Finalmente, se o campo magnético for desligado, o seu valor deve permanecer inalterado, ou seja, nulo no interior do supercondutor. Assim, fica demonstrado que o resultado do experimento realizado com o material supercondutor (Figura 9.4h) é distinto daquele que seria obtido com um material condutor perfeito (Figura 9.4e) e, portanto, que a resistência nula não é suficiente para justificar o efeito Meissner. Desse modo, torna-se evidente o papel primordial desempenhado pelos efeitos magnéticos no fenômeno da supercondutividade.

O efeito Meissner pode ser utilizado para detectar a transição normal-supercondutor, por meio de uma medida da susceptibilidade magnética. A Figura 9.5 mostra os resultados desse tipo de medida no caso de um supercondutor de alta temperatura $YBa_2Cu_3O_7$ em torno de sua temperatura crítica (aproximadamente 90 K). Em altas temperaturas, a susceptibilidade do $YBa_2Cu_3O_7$ apresenta um valor positivo muito pequeno e aproximadamente constante, mas, quando atinge a temperatura crítica, χ diminui bruscamente para um valor grande e negativo, mostrando que o material se torna fortemente diamagnético.

As medidas de susceptibilidade determinam o estado magnético da amostra como um todo e, portanto, fornecem uma indicação do grau em que o material se converteu ao estado supercondutor. Em um material homogêneo ideal, as medidas de susceptibilidade deveriam fornecer o mesmo valor de temperatura crítica que as medidas de resistividade. No entanto, na prática, muitas vezes os valores de temperaturas críticas determinados por susceptibilidade magnética e de resistividade podem diferir. Medidas de resistividade indicam a existência de caminhos supercondutores contínuos entre os eletrodos utilizados para realizar a medida. Caso apenas uma parte da amostra estiver no estado supercondutor, mas isso resultar em uma resistência nula, a medida de resistividade acusa a transição mesmo que grande parte da amostra ainda permaneça no estado normal, enquanto uma medida de susceptibilidade não forneceria o mesmo resultado. Assim, na prática, a medida de resistividade pode resultar em uma temperatura de transição ligeiramente mais alta que a da transição da suscetibilidade e, de uma maneira geral, a medida de susceptibilidade parece ser uma medida mais fiel da temperatura crítica do material supercondutor.

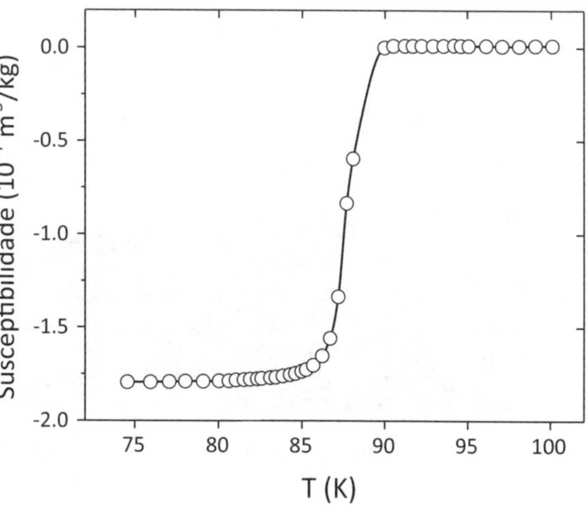

Figura 9.5 – Susceptibilidade magnética em função da temperatura do supercondutor $YBa_2Cu_3O_7$ em torno da temperatura crítica.

Fonte: Poole, 2007.

O efeito Meissner permite a realização de uma das mais conhecidas e sensacionais demonstrações envolvendo o fenômeno da supercondutividade, que é a levitação magnética de um ímã repelido por um supercondutor.[7] Essa demonstração utiliza um bloco de material supercondutor de alta temperatura em contato com um líquido refrigerante (via de regra, nitrogênio líquido) para manter o material no estado supercondutor e um

7 É importante deixar claro, entretanto, que o fenômeno da levitação magnética não é exclusivo dos materiais supercondutores, uma vez que também pode ser realizado utilizando-se materiais magnéticos convencionais.

pequeno ímã permanente. Segundo o efeito Meissner, o campo magnético no interior do supercondutor deve ser nulo. Assim, a magnetização induzida no supercondutor cria um campo externo que repele o ímã e resulta na sua levitação. As correntes superficiais induzidas e a distribuição das linhas de campo geradas por elas mantêm o sistema em equilíbrio estável. A Figura 9.6 mostra uma fotografia dessa interessante demonstração. A levitação magnética se constitui na base de diversas aplicações tecnológicas dos materiais supercondutores, como o trem de levitação magnética (veja nota "Trens que levitam" adiante).

Figura 9.6 – Levitação de um ímã permanente acima de um material supercondutor.

NA PONTA DA CIÊNCIA E DA TECNOLOGIA

Trens que levitam

Dentre as diversas aplicações tecnológicas dos materiais supercondutores, os trens de levitação magnética certamente estão entre as mais fascinantes. Os chamados trens MagLev (Lev = levitação, Mag = magnética) são mais rápidos e consomem menos energia que os trens convencionais, pois literalmente flutuam cerca de dez milímetros acima dos trilhos, numa espécie de "colchão magnético". Eliminando as rodas convencionais e fazendo o trem flutuar, a levitação magnética elimina grande parte do atrito e, consequentemente, das perdas de energia.

Conforme mencionado, a levitação magnética pode ser obtida de diferentes maneiras, explorando as propriedades magnéticas dos materiais. As técnicas de levitação magnética podem ser divididas em três grupos. O primeiro grupo é o das técnicas de levitação eletrodinâmica (EDL), que obtêm a levitação magnética por meio da indução de correntes em um material condutor convencional, utilizando a lei de Faraday-Lenz; o segundo grupo compreende as técnicas de levitação eletromagnética (EML), que empregam a força magnética atrativa entre um eletroímã e um material ferromagnético ou ímã permanente e, finalmente, o terceiro grupo é o das técnicas de levitação magnética supercondutora (SML), que exploram o efeito Meissner.

No caso da EML, caso falte energia elétrica, o trem entra imediatamente em contato com o solo e, por esse motivo, há a necessidade de que o trem disponha de rodas, e trilhos para apoiá-las. No caso da EDL, a falta de energia não causa a queda imediata do trem caso este esteja acima de uma certa velocidade mínima para levitar, mas são necessárias rodas no processo de partida e, quando a velocidade cai abaixo desse valor, ocorre essencialmente o mesmo que no caso anterior. Na SML, por outro lado, a falta de energia não interfere na levitação, pois esta é mantida sempre que os supercondutores estiverem abaixo da temperatura crítica, o que ocorre independentemente de alimentação de energia elétrica.

Até a década de 1980, a SML exigia o resfriamento do material supercondutor em temperaturas criogênicas muito baixas, da ordem de 10 K, em geral utilizando-se o hélio líquido, tornando essa alternativa tecnicamente complexa e economicamente dispendiosa. A descoberta dos materiais supercondutores de alta temperatura veio a tornar a levitação supercondutora muito mais viável, pois permite utilizar a refrigeração com nitrogênio líquido ($T = 77$ K), que é um líquido refrigerante acessível e de custo muito mais baixo.

Em 2014, o Brasil foi o primeiro país do mundo a construir uma linha de trem MagLev com a tecnologia SML em escala real. Trata-se do MagLev-Cobra, desenvolvido pelo Instituto Alberto Luiz Coimbra de Pós-Graduação e Pesquisa de Engenharia (Coppe), da Universidade Federal do Rio de Janeiro (UFRJ) (Stephan, 2015; Sotelo, 2015). A Figura 9.7 mostra o MagLev-Cobra transportando passageiros sobre sua pista de teste de 200 metros de extensão no Centro de Tecnologia da UFRJ. O detalhe da figura mostra um dos criostatos refrigerados a nitrogênio líquido, que mantêm o supercondutor de alta temperatura resfriado e fazem o trem levitar cerca de um centímetro acima dos trilhos.

Figura 9.7 – O trem MagLev-Cobra, desenvolvido na Coppe/UFRJ, deslocando-se sobre os trilhos, vista geral da pista de 200 m de comprimento e detalhe de um dos criostatos que resfriam os supercondutores a 77 K e fazem o trem levitar cerca de 1 cm acima dos trilhos.

Fonte: imagens gentilmente cedidas por R. M. Stephan, Coppe/UFRJ.

9.2.3 O CAMPO MAGNÉTICO CRÍTICO

Conforme descrito, o efeito Meissner implica que as linhas de campo magnético sejam expulsas do material, resultando num campo magnético nulo no interior do supercondutor. Contudo, se o campo aplicado for muito grande, acima de um determinado valor, as linhas de campo penetram no material, destruindo o estado supercondutor. O maior valor de campo magnético que um material supercondutor pode suportar sem perder suas propriedades supercondutoras é chamado de campo magnético crítico H_C.

Com relação a esse aspecto, os materiais supercondutores podem apresentar dois comportamentos distintos, sendo classificados conforme descrito a seguir:

a) supercondutores do tipo I – os materiais desta categoria expelem totalmente o campo magnético do seu interior até uma certa intensidade máxima, denominada de campo crítico H_C. Acima desse valor, o campo magnético penetra completamente no material, e o supercondutor retorna ao estado normal, perdendo suas propriedades supercondutoras. A Figura 9.8a mostra o comportamento da magnetização – M no interior de um longo cilindro supercondutor em função do campo aplicado H.[8] Abaixo de T_C, a magnetização tem valor igual e sentido contrário ao campo aplicado, de forma a anular o campo (veja Equação 7.5). Assim, a curva $-M \; x \; H$ é uma reta de coeficiente angular exatamente igual a 1. Quando o campo aplicado atinge o valor do campo crítico, o estado supercondutor é destruído, e a magnetização cai abruptamente a um valor muito pequeno, que depende se o material é diamagnético ou paramagnético.[9] O campo magnético crítico depende da temperatura, sendo máximo a $T = 0$ K, e cai a zero quando $T = T_C$. Os supercondutores do tipo I, também conhecidos como supercondutores macios, compreendem a maior parte dos elementos puros supercondutores, como Hg, Al, Sn, In e Ta;

b) supercondutores do tipo II – neste caso, o material apresenta diamagnetismo perfeito até um certo valor de campo crítico H_{C1}, a partir do qual o campo magnético começa a penetrar no material, enquanto a resistividade ainda permanece nula. À medida que o campo aplicado aumenta, a magnetização é gradualmente reduzida até se anular, quando o campo atinge o valor crítico H_{C2}, a partir do qual a supercondutividade é destruída, e o material como um todo volta ao estado normal. Esse comportamento está ilustrado na Figura 9.8b. Quando o campo magnético se situa entre os valores H_{C1} e H_{C2}, o material se encontra em um estado misto normal-supercondutor. Normalmente, o valor de H_{C2} é muito maior que H_{C1}. Ambos os campos críticos decrescem com a temperatura de forma análoga ao caso anterior, anulando-se em $T = T_C$. Os supercondutores do tipo II, também chamados de supercondutores duros, compreendem as ligas metálicas e os compostos intermetálicos, como NbTi e Nb_3Sn, além dos metais puros Nb, V e Ta. Os supercondutores cerâmicos de alta temperatura também pertencem a esta categoria.

8 A importância da geometria da amostra no resultado deste experimento será discutida mais adiante.

9 Em geral, materiais ferromagnéticos não são supercondutores, embora existam exceções a esse fato.

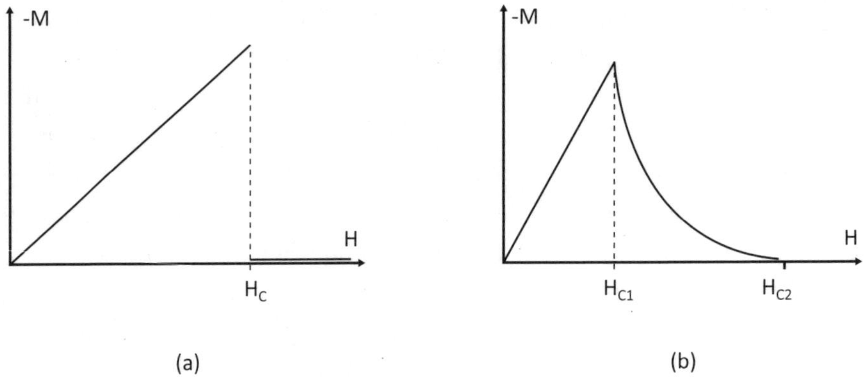

Figura 9.8 – Comportamento da magnetização – M no interior do material como função do campo aplicado H para (a) um supercondutor do tipo I e (b) um supercondutor do tipo II.

Amostras de chumbo e ligas de chumbo-índio apresentam um comportamento muito interessante de magnetização em função do campo magnético, pois o chumbo puro é um supercondutor do tipo I, enquanto as ligas de chumbo-índio são supercondutores do tipo II. Os resultados experimentais estão apresentados na Figura 9.9. O comportamento da magnetização do chumbo puro mostra a transição abrupta do estado supercondutor para o estado normal, quando o campo aplicado atinge o valor do campo crítico da ordem de 0,05 T, em acordo com o comportamento ilustrado na Figura 9.8a. No caso das ligas de chumbo-índio, observa-se o comportamento característico do supercondutor do tipo II, ilustrado na Figura 9.8b, com valores de H_{C1} inferiores ao H_C do chumbo puro e que diminuem à medida que aumenta a concentração de índio na liga. Por outro lado, os valores de H_{C2} aumentam rapidamente à medida que a concentração de índio aumenta, mostrando que, nessas ligas, o estado supercondutor, de resistividade nula, mantém-se mesmo sob a ação de campos magnéticos muito altos. Para a liga com mais alta concentração de índio, H_{C2} é da ordem ou maior que 0,3 T, quase sete vezes acima do campo crítico do chumbo puro.

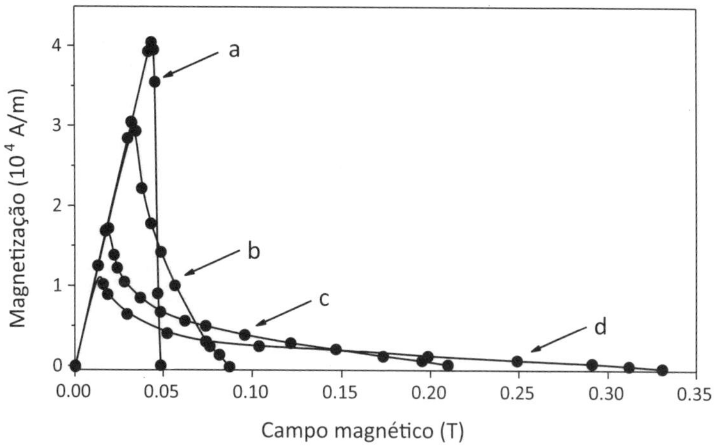

Figura 9.9 – Magnetização em função do campo aplicado para o chumbo policristalino e ligas de chumbo-índio a $T = 4{,}2$ K: Pb puro (a), Pb: 2,08% In (b), Pb: 8,23% In (c), Pb: 20,04% In (d).

Fonte: Kittel, 2006.

Embora a temperatura crítica seja um parâmetro extremamente importante, fica claro que o simples fato de resfriar o material abaixo de T_C não garante que o material atinja o estado supercondutor, pois a aplicação de um campo magnético pode converter o material para o estado normal. O valor de campo magnético crítico que, se for excedido, destrói o estado supercondutor, depende da temperatura $H_C(T)$. Esse valor de campo é máximo para temperaturas próximas ao zero absoluto, diminui à medida que a temperatura aumenta e cai a zero quando $T = T_C$. Assim, pode-se traçar um diagrama HxT, em que a região no primeiro quadrante abaixo da curva $H_C(T)$ corresponde ao estado supercondutor, enquanto a região acima dessa curva se situa o estado normal. Esse diagrama delimita as condições de existência dos estados normal e supercondutor em função da temperatura e o campo magnético. Para um supercondutor do tipo I, esse diagrama tem o aspecto ilustrado na Figura 9.10a. Ao cruzar a curva $H_C(T)$ em qualquer ponto, no sentido de campos e/ou temperaturas crescentes, o material sofre uma transição do estado supercondutor para o estado normal. A curva que delimita essa transição, ou seja, a dependência do campo magnético crítico com a temperatura, pode ser aproximada pela seguinte expressão:

$$H_C(T) = H_{C0}\left[1 - \left(\frac{T}{T_C}\right)^2\right] \qquad (T \leq T_C) \tag{9.2}$$

Em que H_{C0} é o campo magnético crítico à temperatura $T = 0$ K. Os valores de H_{C0} para diversos supercondutores do tipo I apresentados na Tabela 9.4 se situam na faixa de alguns kA/m a algumas dezenas de kA/m para a grande maioria dos materiais.

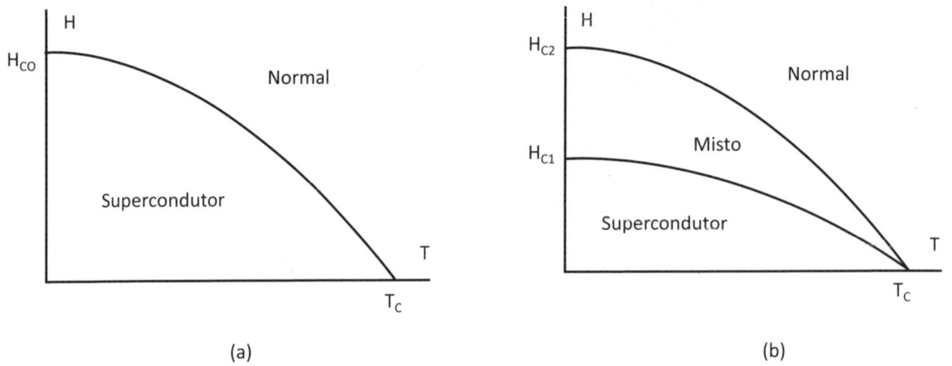

Figura 9.10 – Diagramas de fases HxT para supercondutores (a) do tipo I e (b) do tipo II.

Tabela 9.4 – Campo crítico H_{C0} (kA/m) para elementos puros supercondutores do tipo I. No caso de elementos que apresentam mais de uma fase cristalina supercondutora, apresenta-se o valor do campo crítico mais alto

Elemento	H_{C0}	Elemento	H_{C0}
Al	8,35	Ru	5,49
Cd	2,23	Sn	24,3
Ga	75,6	Ta	66,0
Hg	32,7	Tc	112
In	22,4	Th	12,7
Ir	1,27	Ti	4,46
La	87,2	Tl	14,2
Mo	7,64	V	112
Nb	164	W	0,0915

Elemento	H_{C0}	Elemento	H_{C0}
Os	5,57	Zn	4,30
Pb	63,9	Zr	3,74
Re	15,9	---	---

Fonte: Roberts, 1976.

O diagrama *HxT* apresentado na Figura 9.10 pode ser entendido como um diagrama de fases, análogo aos diagramas de fases *PxT* convencionais que indicam as condições de existência das fases sólida, líquida e gasosa, de elementos ou compostos. No presente caso, entretanto, os parâmetros relevantes são o campo magnético e a temperatura (eventualmente, a pressão também pode ser um parâmetro relevante), e as diferentes fases, como veremos mais adiante, referem-se ao ordenamento dos elétrons de condução do material supercondutor. A Figura 9.11a mostra os diagramas *HxT* para diferentes supercondutores metálicos elementares do tipo I.

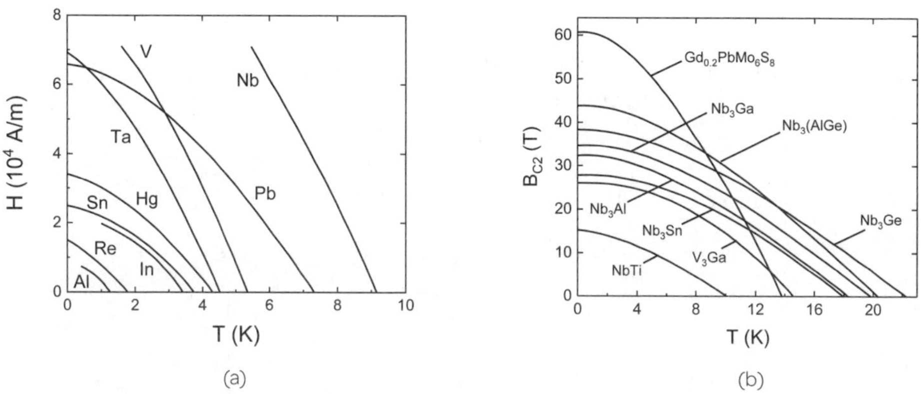

Figura 9.11 – Campo magnético crítico em função da temperatura para alguns supercondutores (a) do tipo I e (b) do tipo II.

Fonte: Roberts, 1976; Kaye, 1995.

De maneira geral, o campo magnético crítico é maior para os supercondutores de maior temperatura crítica. Uma relação aproximada entre H_{C0} e T_C pode ser obtida estimando-se as energias térmica e magnética necessárias para destruir o estado supercondutor, e igualando-as entre si:

$$\frac{1}{2}\mu_0 H_{C0}^2 \cong n\frac{k_B T_C}{E_F}k_B T_C \tag{9.3}$$

E logo:

$$H_{C0} \cong \left(\frac{2n}{\mu_0 E_F}\right)^{1/2} k_B T_C \tag{9.4}$$

Essa expressão pode ser utilizada para estimar valores de H_{C0} a partir de T_C, ou vice-versa, mas resulta em estimativas razoáveis somente para supercondutores do tipo I. A Figura 9.12 mostra os valores de H_{C0} *versus* T_C para diversos elementos puros supercondutores.

Exemplo 9.1: utilizando a Equação 9.4, estime o campo magnético crítico do chumbo a partir de sua temperatura crítica, $T_C = 7{,}2$ K.
O chumbo apresenta $n = 1{,}32 \times 10^{29}$ m^{-3} e $E_F = 9{,}45$ eV (tabela 4.3). Assim:

$$H_{C0} \cong \left(\frac{2n}{\mu_0 E_F}\right)^{\frac{1}{2}} k_B T_C = \left(\frac{2x1{,}32x10^{29}}{4\pi x10^{-7}x9{,}45x1{,}60x10^{-19}}\right)^{\frac{1}{2}} x1{,}38x10^{-23}x7{,}2 = 3{,}70x10^4\,A/m$$

O valor tabelado é $6{,}39 \times 10^4$ A/m.

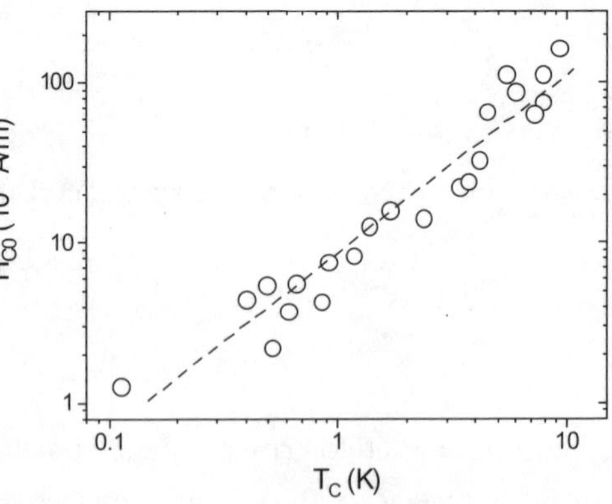

Figura 9.12 – Campo magnético crítico em função da temperatura crítica para diversos elementos puros supercondutores apresentados nas Tabelas 9.1 e 9.4. A linha tracejada é uma regressão linear aos dados experimentais.

No caso dos supercondutores do tipo II, os campos críticos H_{C1} e H_{C2} variam aproximadamente com a temperatura de forma análoga à variação $H_C(T)$ (Equação 9.2). Portanto, nesse caso, existem três regiões distintas no diagrama de fase: abaixo da curva $H_{C1}(T)$ está a região supercondutora; acima da curva $H_{C2}(T)$ está a região normal; e, entre as curvas $H_{C1}(T)$ e $H_{C2}(T)$, situa-se a região mista (veja Figura 9.10b). Os valores dos campos críticos H_{C1} e H_{C2} (a $T = 0$ K) para alguns elementos puros, ligas e compostos supercondutores do tipo II estão apresentados na Tabela 9.5. Os campos críticos dos supercondutores do tipo II podem ser, em muitos casos, consideravelmente maiores que os do tipo I, além disso, os valores de H_{C2} podem ser muitas vezes superiores aos valores de H_{C1}. Assim, observa-se que H_{C1} pode atingir valores da ordem de 10^6 A/m ($B_{C1} \cong 1$ T) e H_{C2} da ordem de 10^7 A/m ($B_{C1} \cong 10$ T). A Figura 9.11b mostra os diagramas $B_{C2}xT$ para diferentes supercondutores metálicos do tipo II.

Tabela 9.5 – campos críticos H_{C1} e H_{C2} para elementos puros, ligas e compostos supercondutores do tipo II a $T = 0$ K

Material	H_{C1}	H_{C2}	Material	H_{C1}	H_{C2}
Al_2CMo_3	7,24	12.400	$Mo_{0,16}Ti_{0,84}$	2,2	7.850
$Bi_{0,02}Pb_{0,98}$	37	58	$Mo_{0,52}Re_{0,48}$	66,5	1.600
$Bi_{0,099}Pb_{0,901}$	24	160	$Mo_{0,66}Re_{0,34}$	30,3	902,4
Bi_xPb_{1-x}	9,71	2.400 (max.)	Nb	88	270
$C_{0,44}Mo_{0,56}$	6,9	7.840	$Nb_{0,22}Ti_{0,78}$	89,5	6.100
$Cr_{0,1}Ti_{0,3}V_{0,6}$	5,6	6.720	$Nb_{0,37}Ta_{0,63}$	29	53.700
GaV_3	32	40.000	NbC	9,5	1.340
$Gd_{0,2}Mo_6PbS_8$	1.140	49.000	NbN	1.200	19.900
$GeNb_3$	1.800	29.000	SiV_3	44	12.400
$Hf_{0,5}V_2Zr_{0,5}$	803	18.300	Ta	33,8	147
$Hg_{0,10}Pb_{0,90}$	18	340	TaC	17,5	370
$In_{0,316}Pb_{0,684}$	44	290	$Ti_{0,615}V_{0,385}$	4	2.700
$In_{0,6}Pb_{0,4}$	50	259	V	64	270
$Mo_{0,05}Nb_{0,95}$	39	339	---	--	--

Fonte: Roberts, 1976; Haynes, 2017.

9.2.4 CAMPOS MAGNÉTICOS NO INTERIOR DE SUPERCONDUTORES

9.2.4.1 Supercondutores do tipo I

Conforme vimos, as correntes superficiais geradas no material supercondutor anulam o campo magnético em seu interior, mas também geram um campo externo que se superpõe e altera o campo aplicado. No entanto, o campo magnético na região externa ao supercondutor depende essencialmente da geometria do sólido considerado. No caso, por exemplo, de um supercondutor na forma de um cilindro longo com o campo aplicado na direção paralela ao seu eixo, a magnetização em seu interior é uniforme, e o campo externo se mantém praticamente inalterado em relação ao campo aplicado (à exceção da região próxima às suas extremidades), uma vez que o campo externo gerado pelas correntes superficiais no cilindro é praticamente nulo. Já quando o material tem a forma de uma esfera (veja Figuras 9.3 e 9.4), as correntes superficiais geram um campo externo que reforça o campo magnético na região do plano do equador, que é máximo num ponto próximo à sua superfície.

O campo na região externa ao material é função do chamado *fator de desmagnetização* η, que é característico da geometria do problema. O termo "desmagnetização" vem do uso desse conceito no caso de materiais ferromagnéticos. No presente caso, entretanto, esse campo tem o sentido oposto ao daquele caso, mas o termo permanece.[10] Assim, na presença de um campo magnético uniforme B_0, o maior valor do campo magnético externo ao supercondutor em um ponto próximo à sua superfície será dado por:

$$B_{ext} = B_0 - \eta \mu_0 M \tag{9.5}$$

Em que a segunda parcela do lado direito corresponde ao campo gerado pela magnetização do material supercondutor. Por outro lado, no estado supercondutor, a magnetização deve anular o campo no interior do supercondutor e, portanto:

$$M = -\frac{B_{ext}}{\mu_0} \tag{9.6}$$

Substituindo-se 9.6 em 9.5, obtém-se:

10 Na eletrostática, esse conceito corresponde ao campo de despolarização, mencionado no Capítulo 6, Seção 6.3.2.1.

$$B_{ext} = \frac{1}{1-\eta} B_0 \tag{9.7}$$

Portanto, para se obter o valor de B_{ext}, basta conhecer o valor do fator de desmagnetização, que pode ser encontrado nos livros de magnetostática. Por exemplo, para um corpo cilíndrico com o campo aplicado ao longo do seu eixo, η é obviamente nulo, mas, se o campo for aplicado na direção normal ao eixo, $\eta = 1/2$ e, portanto, $B_{ext} = 2B_0$. Para uma esfera, $\eta = 1/3$ e, portanto, $B_{ext} = \frac{3}{2} B_0$.

Suponhamos que um campo uniforme $H = \frac{2}{3} H_C$ é aplicado a uma esfera supercondutora. Como a esfera está no estado supercondutor, correntes superficiais serão geradas, anulando o campo magnético no interior da esfera e gerando um campo externo que, segundo a Equação 9.7, será exatamente igual ao campo crítico. Se o campo for aumentado ligeiramente, a região do plano do equador da esfera estará sujeira a um campo maior que o campo crítico e, portanto, deve voltar ao estado normal. Por outro lado, a esfera como um todo não pode sofrer a transição para o estado normal, pois em outras regiões o campo é menor que o campo magnético crítico. Consequentemente, o material deve permanecer em um estado intermediário, em que regiões ou domínios no estado supercondutor e domínios no estado normal coexistem no interior do material. Assim, a transição do estado supercondutor para o estado normal não será abrupta, conforme mostra a Figura 9.8a, mas gradual, iniciando em valores de campo inferiores a H_C e tornando-se completa quando o campo aplicado atinge o valor do campo crítico. Conforme mencionado anteriormente, a transição abrupta ilustrada na Figura 9.8a é observada para uma amostra cilíndrica longa, tal que seu comprimento seja muito maior que seu diâmetro, com o campo aplicado paralelamente a seu eixo, pois neste caso, $\eta = 0$.

Há, obviamente, um paradoxo na situação descrita. Caso um campo $H = \frac{2}{3} H_C$ seja aplicado à esfera supercondutora, o campo próximo à superfície em seu plano equatorial será igual a H_C, convertendo o material ao estado normal. Como consequência imediata, o material, agora dia- ou paramagnético, estará sujeito a um campo menor que H_C e deveria voltar à fase supercondutora. É claro que isso não pode ocorrer. A solução para essa situação se dá com o material adotando a configuração ilustrada na Figura 9.13a, em que o fluxo magnético penetra no material na forma de lamelas alternadas das fases normal e supercondutora, com o fluxo magnético penetrando apenas as regiões de fase normal.

Para se visualizar essa estrutura, utiliza-se uma técnica interessante. Espalha-se pó de um material supercondutor que mantenha suas propriedades supercondutoras nas condições de temperatura e campo magnético em que o experimento é realizado. Em geral, para a maior parte dos supercondutores do tipo I, utiliza-se pó de nióbio. Assim, esse pó, que é supercondutor e fortemente diamagnético, é repelido das regiões normais onde há fluxo de campo magnético e acumula-se nas regiões supercondutoras, em que não há campo. A Figura 9.13b mostra uma micrografia de microscopia óptica de uma amostra de índio puro a $T = 1{,}98$ K obtida com essa técnica. As regiões supercondutoras, onde o pó de nióbio se acumula aparecem escuras, enquanto as regiões normais, onde não há pó de nióbio, aparecem claras na micrografia.

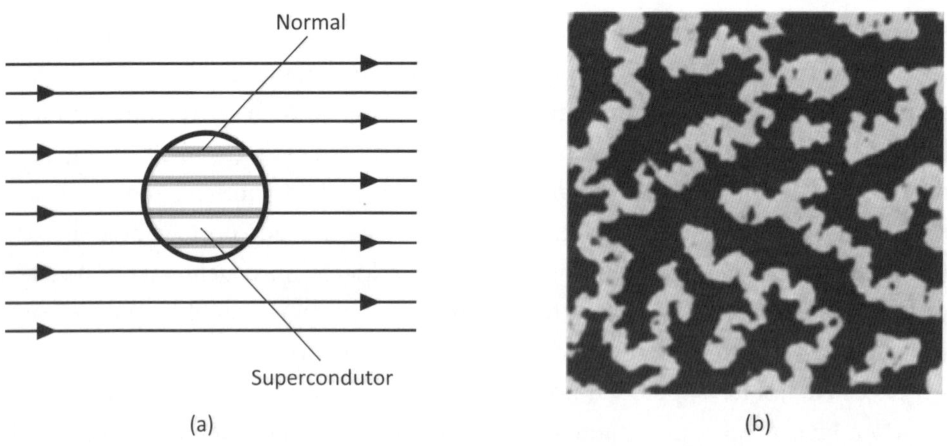

Figura 9.13 – O estado intermediário de um supercondutor do tipo I: (a) representação esquemática e (b) micrografia óptica (aumento 5x) de uma placa de índio puro a $T = 1{,}98$ K.

Fonte: Haenssler, 1967.

9.2.4.2 Supercondutores do tipo II

Conforme vimos, na região mista de um supercondutor do tipo II, o campo magnético penetra progressivamente no interior do material, enquanto as propriedades supercondutoras de resistividade nula ainda permanecem. O campo, entretanto, não penetra homogeneamente, ou nem mesmo continuamente, no supercondutor. Nessa fase formam-se pequenas regiões de material normal, denominadas *vórtices*, que concentram as linhas de campo magnético em seu interior, e são circundadas por correntes superficiais (Figura 9.14a). O campo magnético gerado por essas correntes, superposto ao campo aplicado, concentra as linhas de campo no interior dos vórtices, enquanto blindam e anulam o campo na região fora deles, mantendo o material na fase supercondutora. Cada vórtice compreende exatamente um *quantum* de fluxo magnético (veja seção a seguir).

Os vórtices interagem magneticamente entre si, repelindo-se mutuamente, de forma que, em um material homogêneo ideal, se distribuem segundo os vértices de uma rede regular. A Figura 9.14b mostra um desenho esquemático dos vórtices na superfície de um supercondutor do tipo II submetido a um campo magnético uniforme normal à sua superfície (nesse caso, apontando de cima para baixo no plano da figura). À medida que o campo magnético aplicado aumenta, a magnetização também aumenta, e o número de vórtices no interior do material cresce, fazendo com que uma fração progressivamente maior do material se converta para a fase normal. Quando o campo aplicado atinge o valor do campo crítico H_{C2}, os vórtices estão tão próximos entre si, que não há mais material supercondutor entre eles e o sólido se converte completamente para a fase normal.

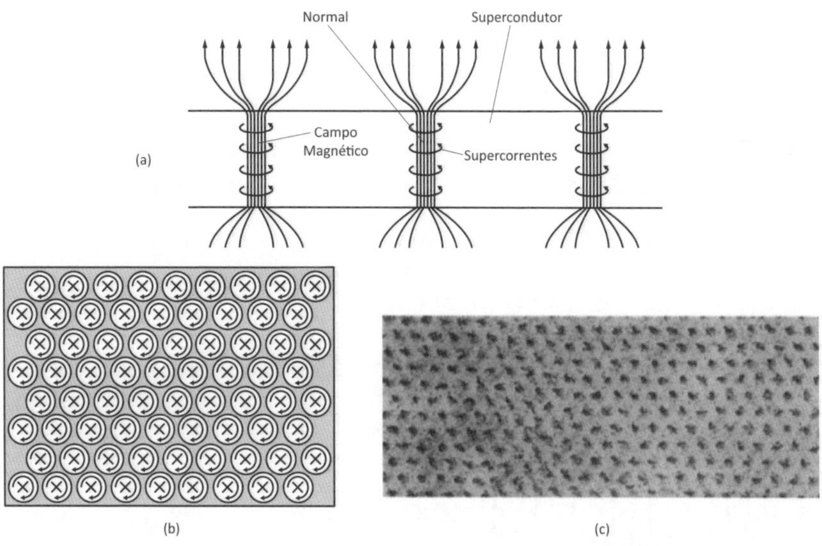

Figura 9.14 – Representação esquemática dos vórtices (a) na seção transversal e (b) na superfície de um material supercondutor do tipo II. (c) Micrografia obtida por microscopia eletrônica de varredura de vórtices decorados por átomos de ferro na superfície de uma amostra de Pb: 6,3 % at. In a $T = 1{,}2$ K, com aumento 8.300x.

Fonte: Kleiner, 2016.

Uma micrografia obtida por microscopia eletrônica da rede de vórtices na superfície de um material supercondutor pode ser vista na Figura 9.14c. Essa imagem foi obtida a $T = 1{,}2$ K, evaporando-se átomos de ferro sobre a superfície de uma liga de chumbo-índio. Os átomos de ferro se aglomeram sobre as regiões dos vórtices, onde as linhas de campo magnético saem da superfície, pois são as regiões onde o campo magnético é mais intenso. Dessa forma, a técnica de microscopia eletrônica permite visualizar a estrutura regular de vórtices, evidenciada pelos aglomerados de átomos de ferro na superfície do material.

9.2.5 QUANTIZAÇÃO DO FLUXO

Outro fenômeno magnético surpreendente ocorre quando aplicamos um campo magnético a um anel de material supercondutor do tipo I. Suponha que um campo magnético uniforme é aplicado perpendicularmente ao plano de um anel metálico em seu estado normal. Nesse caso, as linhas de campo atravessam o material do anel praticamente sem distorção. Em seguida, se a temperatura for reduzida abaixo da temperatura crítica, tornando o material supercondutor, o campo magnético será expulso do interior do material, desviando as linhas de campo que, no entanto, atravessam os espaços interior e exterior ao anel. Se, em seguida, o campo magnético for desligado, então, de acordo com a lei de Faraday-Lenz, a variação do campo vai induzir uma corrente (superficial) no anel supercondutor, de forma a fazer com que o fluxo magnético através da região interior ao anel permaneça constante. Assim, após o campo ter sido desligado, o fluxo magnético permanece capturado pelo anel supercondutor. A Figura 9.15a ilustra esta última situação.

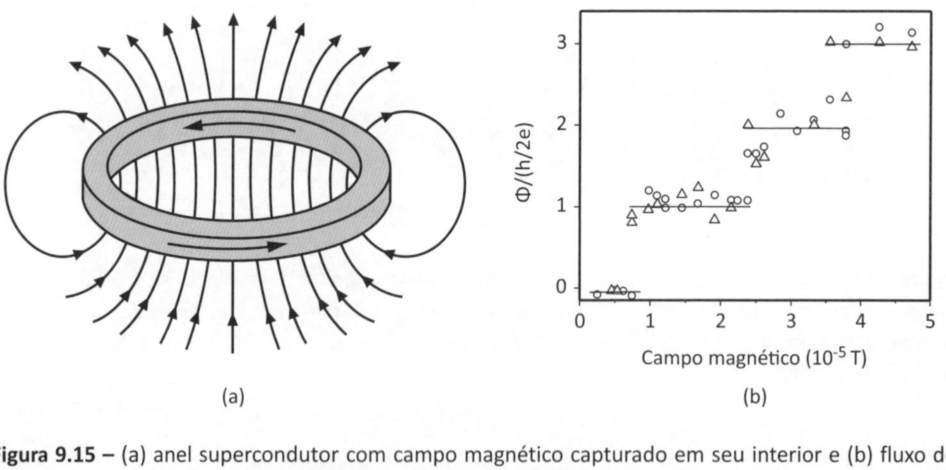

Figura 9.15 – (a) anel supercondutor com campo magnético capturado em seu interior e (b) fluxo de campo magnético normalizado através de pequenos cilindros ocos de estanho supercondutor em função do campo magnético aplicado. O fluxo magnético admite somente valores múltiplos do *quantum* de fluxo $h / 2e$.

Fonte: Deaver, 1961.

Em 1950, F. London sugeriu que o fluxo magnético no interior de um anel supercondutor não pode assumir um valor qualquer, mas deve ser quantizado, e seria um múltiplo inteiro de h / e. O valor do *quantum* de fluxo é extremamente pequeno, da ordem de apenas 10^{-15} Wb. Esse valor é aproximadamente mil vezes menor que o fluxo do campo magnético terrestre através de uma espira circular de diâmetro de cerca de um décimo de milímetro. Entretanto, a despeito de ser muito pequeno, esse fluxo pode ser medido.

Um experimento para medir o *quantum* de fluxo foi realizado em 1961, conforme descrito a seguir. Pequenos cilindros supercondutores, com diâmetros da ordem de 10^{-2} mm, foram produzidos evaporando-se estanho em torno de fios de cobre muito finos. Ao resfriar os fios em baixa temperatura, o estanho se torna supercondutor, enquanto o interior de cobre permanece diamagnético. Assim, sendo o diâmetro dos cilindros extremamente pequeno, um *quantum* de fluxo pode ser obtido por meio da aplicação de campos da ordem de 0,1 G (10^{-5} T), que podem ser facilmente produzidos e controlados. Após realizar o procedimento de magnetização conforme descrito e, em seguida, remover o campo, o cilindro permanece magnetizado, e seu momento magnético é medido de forma a determinar o fluxo magnético. Os resultados apresentados na Figura 9.15b, entretanto, mostram que o *quantum* de fluxo magnético não é igual h / e, como London havia sugerido, mas a metade deste valor. Assim:[11]

$$\Phi = n\Phi_0 = n\frac{h}{2e} \tag{9.8}$$

Em que n é um número inteiro e Φ_0 vale 2,07 x 10^{-15} Wb (T.m^2). Esse resultado está em acordo com a teoria BCS da supercondutividade (veja Seção 9.3.4).

9.2.6 CORRENTE CRÍTICA

A possibilidade de transportar corrente elétrica sem perdas fascinou os cientistas desde o primeiro momento após a descoberta da supercondutividade. No entanto, esse sonho está limitado pelo fato de que há uma densidade de corrente máxima que o supercondutor é capaz de transportar sem resistência. Quando a corrente que percorre o material atinge um determinado valor, denominado corrente crítica i_C, a supercondutividade é destruída, e o material volta a conduzir corrente como um condutor normal. Do ponto de vista prático, essa talvez seja a característica mais importante de um supercondutor, pois limita a sua aplicação como condutor elétrico. Essa limitação postergou as primeiras

11 Outro experimento, utilizando uma técnica distinta, obteve um resultado idêntico e está publicado no mesmo número da revista (Deaver, 1961; Doll, 1961).

aplicações tecnológicas da supercondutividade até a década de 1960, quando os supercondutores à base de nióbio (que apresentam alta corrente crítica) foram descobertos.

A corrente crítica i_C que um supercondutor é capaz de transportar é máxima à temperatura do zero absoluto ($T = 0$ K) e anula-se quando a temperatura atinge a temperatura crítica, em uma dependência análoga à do campo crítico (Equação 9.2). Para um supercondutor do tipo I, a corrente crítica é simplesmente a corrente necessária para gerar um campo magnético igual ao campo magnético crítico na superfície do material, e o campo magnético crítico gerado é responsável por destruir a supercondutividade. Dessa forma, a corrente crítica ou a densidade de corrente crítica J_C não são características intrínsecas aos materiais em si, mas dependem também das dimensões e da geometria dos mesmos. Assim, de acordo a lei de Ampère, no caso de um fio cilíndrico de seção reta circular de raio r, a corrente crítica seria dada por:

$$i_C = 2\pi r H_C \tag{9.9}$$

A Figura 9.16 mostra o comportamento da resistência elétrica de um fio supercondutor em função da corrente transportada pelo mesmo, em valores normalizados. Ao atingir um determinado valor crítico de corrente, a resistência aumenta abruptamente, demonstrando que o material foi convertido para a fase normal. No entanto, a resistência não adquire seu valor total imediatamente, sendo necessário ainda aumentar a corrente por um fator da ordem de 2, para que a resistência atinja o valor do metal normal. Esse tipo de experimento deve ser realizado de forma extremamente cuidadosa, pois a passagem de corrente pode gerar aquecimento e levar à mudança de temperatura, causando instabilidades e afetando as medidas.

Em contraste com a temperatura crítica e o campo magnético crítico, a corrente crítica pode ser afetada pelas características microestruturais do material como a presença de defeitos, tamanho de grão, tamanho e proporção de fases não supercondutoras presentes, corroborando que J_C não é uma propriedade intrínseca do material considerado.

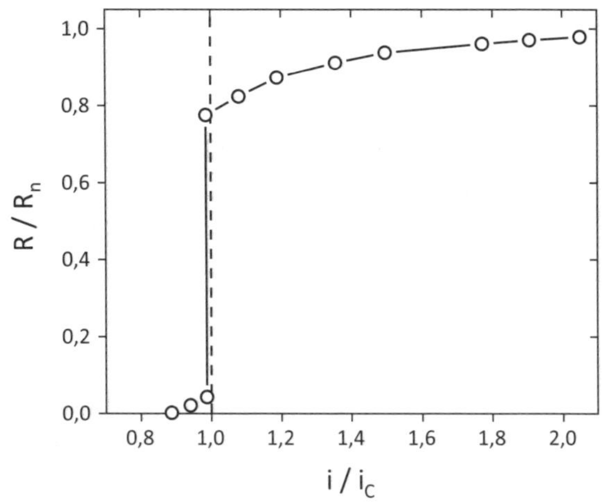

Figura 9.16 – Resistência elétrica normalizada em função da corrente em um fio supercondutor.

Fonte: Kleiner, 2016.

Exemplo 9.2: calcule a corrente crítica em um fio de chumbo de diâmetro igual a 2,0 mm a $T = 4{,}2$ K, utilizando o valor de 4,2 x 10^4 A/m para o campo magnético crítico do chumbo a essa temperatura.

$$i_C = 2\pi x 1{,}0 x 10^{-3} x 4{,}2 x 10^4 = 264\,A$$

9.2.7 CALOR ESPECÍFICO

Em baixas temperaturas, o calor específico de um metal normal é dado pela soma de um termo proporcional a T^3 relacionado aos fônons da rede e um termo proporcional a T, atribuído aos elétrons livres (veja Capítulos 3 e 4). No caso de um material supercondutor, ao atingir a temperatura crítica, o calor específico sofre uma descontinuidade, um aumento abrupto característico de uma transição entre um estado relativamente desordenado para um estado mais ordenado, ou seja, há uma redução na entropia do sistema.[12] Isso mostra que, na fase supercondutora, os elétrons estão num estado mais ordenado que na fase normal. Abaixo de T_C, o calor específico decresce apresentando um comportamento distinto do condutor normal, caracterizado por uma dependência exponencial na temperatura:

12 A descontinuidade do calor específico entre as fases normal (n) e supercondutora (s) em $T = T_C$ é tal que $\left(c_s - c_n\right)/\, c_n = 1{,}43$.

$$c_V(T) = A\exp\left(-\beta\frac{T_C}{T}\right) \qquad (T \le T_C) \qquad (9.10)$$

Em que A e β são constantes.

A Figura 9.17 mostra o comportamento do calor específico em função da temperatura nos estados normal e supercondutor. Para obter os dados relativos ao estado normal a uma temperatura abaixo da temperatura crítica, o metal deve ser submetido a um campo magnético maior que o campo crítico, de forma a destruir o estado supercondutor. O campo magnético, no entanto, não tem nenhuma outra influência sobre o calor específico do material, conforme atestam os resultados de medidas realizadas sob diferentes valores de campo magnético. No estado normal, os resultados seguem o comportamento esperado para o calor específico de um metal (veja Seção 4.4.5). No caso do alumínio, como a temperatura de Debye é alta, a contribuição do calor específico da rede é pequena em temperaturas baixas e, portanto, a dependência $c_V(T)$ é aproximadamente linear (Figura 9.17a). No estado supercondutor (sem campo aplicado), o calor específico apresenta uma descontinuidade e aumenta abruptamente em torno da temperatura crítica $T_C \cong 1{,}2$ K, para em seguida decrescer rapidamente à medida que a temperatura diminui e tornar-se menor que o calor específico do metal normal a temperaturas muito baixas. Subtraindo-se desses dados a contribuição dos fônons da rede, obtém-se o calor específico eletrônico da fase supercondutora, que apresenta uma variação exponencial com a temperatura de cerca de duas ordens de grandeza (veja Figura 9.17b). Nessa figura, também estão incluídos dados obtidos para o vanádio e o estanho, que apresentam o mesmo comportamento exponencial. A dependência exponencial do calor específico com a temperatura é característica de um sistema de dois níveis de energia (veja Exercício 2).

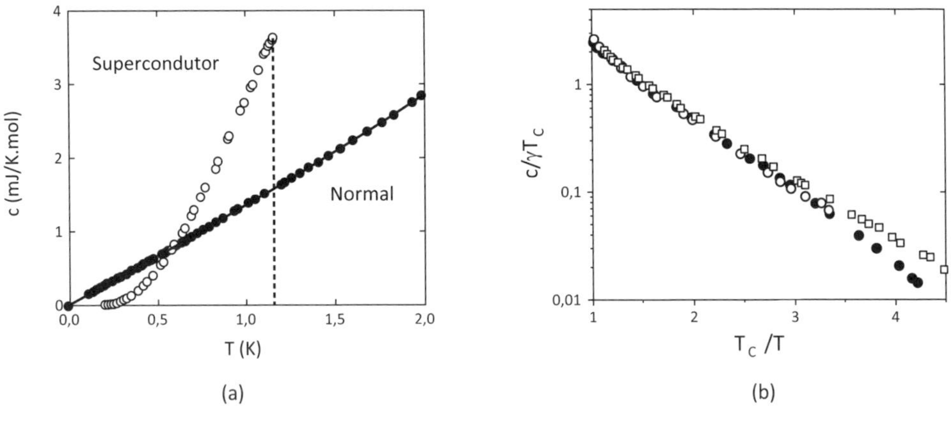

Figura 9.17 – (a) calor específico do alumínio em função da temperatura nos estados normal e supercondutor e (b) calor específico eletrônico no estado supercondutor do alumínio (quadrados), vanádio (círculos escuros) e do estanho (círculos claros) em função de T_C / T. Note que na temperatura crítica há uma descontinuidade do calor específico, que denota uma variação na entropia do sistema. Abaixo de T_C o calor específico da fase supercondutora cai exponencialmente à medida que a temperatura diminui, tornando-se menor que o calor específico do metal normal a temperaturas muito baixas.

Fonte: Phillips, 1959; Biondi, 1958.

9.2.8 EFEITO ISOTÓPICO

O chamado efeito isotópico, observado pela primeira vez em 1950, é um importante resultado para o entendimento do fenômeno da supercondutividade, pois permite relacionar a temperatura crítica com a massa atômica dos átomos da rede. Experimentos realizados com isótopos de mercúrio, cujos resultados estão apresentados na Figura 9.18, mostram que a temperatura crítica desse metal varia com a massa atômica da seguinte forma:

$$T_C \sim M^{-\alpha} \tag{9.11}$$

Com o valor determinado experimentalmente $\alpha = 0{,}504 \pm 0{,}03$. Assim, pode-se estabelecer a dependência $T_C \sim 1 / M^{1/2}$. Isso sugere que a temperatura crítica está relacionada à frequência de vibração dos átomos do sólido (frequência de Debye), correlacionando, dessa forma, o fenômeno da supercondutividade aos fônons da rede cristalina (veja Seção 9.3.4).

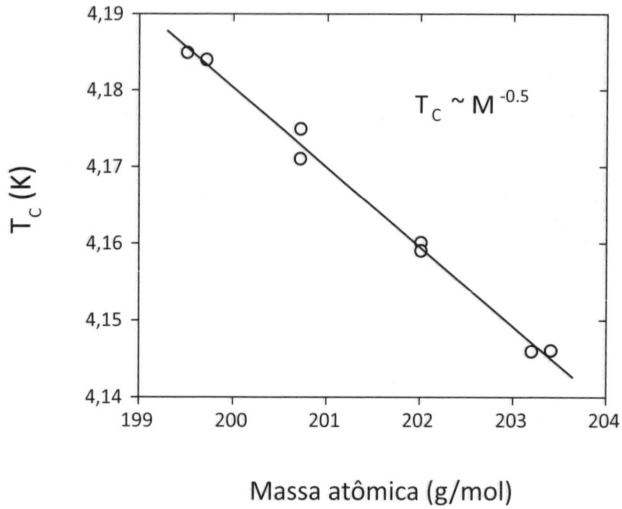

Figura 9.18 – Temperatura crítica em função da massa atômica para amostras de diferentes isótopos de mercúrio em escala log-log. A reta é um ajuste linear com coeficiente angular –0,504.

Fonte: Reynolds, 1951.

NA PONTA DA CIÊNCIA E DA TECNOLOGIA

Sob pressão, a temperatura aumenta!

Um grande passo na ciência e tecnologia da supercondutividade foi dado com a descoberta da supercondutividade a alta temperatura em materiais ricos em hidrogênio, como LaH_{10} e H_3S. Em 2015, um recorde de temperatura crítica foi atingido com a descoberta da supercondutividade do H_3S a altas pressões com $T_C = 203$ K. Somente três anos depois, em 2018, a supercondutividade do LaH_{10} sólido foi observada a uma pressão de 150 GPa com $T_C = 250$ K (– 23 °C), representando um avanço de quase 50 K na temperatura crítica (Drozdov, 2019). Embora esse fenômeno ocorra a pressões extremamente altas (100 GPa corresponde a uma pressão de aproximadamente 1 milhão de atmosferas), essa descoberta se reveste de grande importância, pois situou T_C a apenas 50 °C da meta da obtenção da supercondutividade em temperatura ambiente. Além disso, o LaH_{10} apresenta um campo magnético crítico muito alto, na faixa de 100 T, e, da mesma forma que o H_3S, comporta-se como um supercondutor convencional, em acordo com a teoria BCS. Por exemplo, ao substituir o hidrogênio por deutério, a temperatura crítica do LaH_{10} (que se torna LaD_{10}) diminui para 180 K, exatamente conforme previsto pelo efeito isotópico (veja Figura 9.19 e Exercício 3). A Figura 9.19 mostra o comportamento da resistência elétrica do LaH_{10} e do LaD_{10} com a temperatura a uma pressão de 150 GPa.

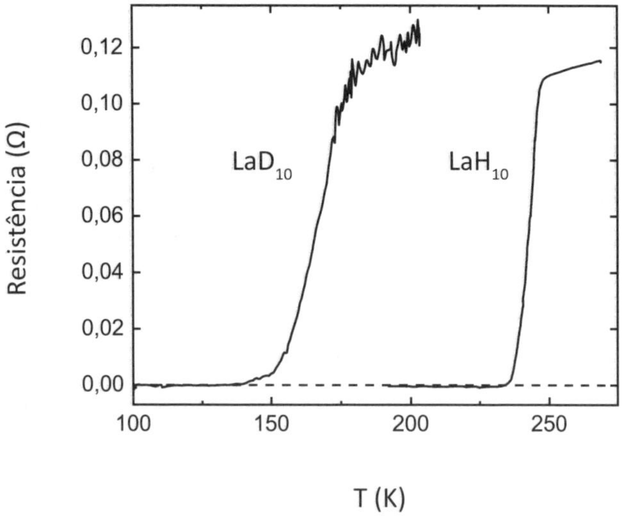

Figura 9.19 – Resistência elétrica em função da temperatura do LaH_{10} e do LaD_{10} em alta pressão.

Fonte: Drozdov, 2019.

9.3 TEORIAS DA SUPERCONDUTIVIDADE

9.3.1 O MODELO DE DOIS FLUIDOS

Um avanço importante para o entendimento da supercondutividade foi dado pelo chamado modelo de dois fluidos, em 1934. Nesse modelo, supõe-se que no estado supercondutor, os elétrons de condução podem ser divididos em dois grupos que coexistem no interior do material, os "superelétrons", que podem se locomover com resistência nula, e os "elétrons normais", que se movimentam sujeitos à resistência, de forma análoga ao que ocorre em um condutor convencional. A densidade de superelétrons n_s depende da temperatura, de forma que, quando a temperatura tende ao zero absoluto, n_s tende a igualar a densidade total de elétrons de condução do material n, e, quando a temperatura atinge a temperatura crítica T_C, n_s se torna nula, e o material volta ao estado normal. A dependência da densidade de superelétrons com a temperatura assume a seguinte forma:

$$n_S(T) = n\left[1 - \left(\frac{T}{T_C}\right)^4\right] \qquad (T \leq T_C) \qquad (9.12)$$

Uma vez que as duas contribuições para a corrente, dos superelétrons e dos elétrons normais, atuam conjuntamente em paralelo, a condução de corrente é totalmente atribuída aos superelétrons, pois esses circulam sem resistência, enquanto a contribuição dos "elétrons normais" é nula. Pode-se dizer que os superelétrons "curto-circuitam" os elétrons normais. Como os superelétrons transportam a "supercorrente" ao longo do material supercondutor, encontram resistência nula, e, portanto, a diferença de potencial também é zero. Logo, não há campo elétrico, como não há potência dissipada por efeito Joule. Caso o campo elétrico não fosse nulo, os superelétrons estariam sujeitos a uma aceleração constante, e essa parcela da corrente aumentaria indefinidamente, o que claramente não ocorre. Como não há campo elétrico, de acordo com a lei de Ohm, os elétrons normais não podem contribuir para a corrente. Dessa forma, os elétrons normais não serão levados em conta no desenvolvimento a ser apresentado adiante.

Esta argumentação, entretanto, aplica-se apenas ao caso de uma corrente contínua (ou corrente DC). Conforme mencionado no início deste capítulo, no caso de uma corrente alternada (corrente AC), a resistência do material supercondutor não é nula. O modelo de dois fluidos permite entender por quê.

Para compreender a razão pela qual a resistividade AC de um supercondutor não é nula, vamos imaginar um experimento no qual uma voltagem DC é aplicada ao supercondutor instantaneamente, em $t = 0$. Para uma voltagem de corrente contínua, a resistência é nula; logo, a corrente deveria ir a infinito. Isso, é claro, não pode ocorrer, pois nenhuma bateria ou fonte de tensão é capaz de fornecer uma corrente infinita, mas esse detalhe não é importante. O que importa é que, quando a voltagem é ligada em $t = 0$, a corrente aumenta muito rapidamente, mas não de forma instantânea, pois os elétrons, embora tenham massa pequena, apresentam uma certa inércia. Enquanto a corrente está aumentando, um campo elétrico deve estar presente, pois é preciso a ação de uma força para acelerar os elétrons.

O caso da corrente AC é análogo ao exemplo apresentado, pois, para que haja uma corrente alternada, é necessário acelerar os elétrons e, portanto, o campo elétrico não pode ser nulo. Assim, como o campo elétrico é diferente de zero, há uma contribuição dos elétrons normais para a corrente. Consequentemente, no caso de corrente AC, a resistência não é nula, e há dissipação de potência por efeito Joule. A resistividade AC de um supercondutor é, no entanto, muito pequena e aumenta com a frequência. Por exemplo, para uma frequência de 1,0 kHz, uma fração de cerca de apenas 10^{-8} da corrente total do supercondutor se deve aos elétrons normais.

9.3.2 AS EQUAÇÕES DE LONDON

Conforme foi visto, no efeito Meissner, correntes superficiais blindam o campo magnético, fazendo com que o campo no interior do material supercondutor seja nulo.

No entanto, para que essas correntes circulem somente na superfície do material, seria necessário que uma carga finita circulasse em uma camada de espessura nula, implicando uma densidade superficial de carga (e de corrente) infinita, o que não é fisicamente possível. Portanto, é necessário que a corrente se distribua no interior do material em uma camada de espessura finita, caracterizada por uma certa profundidade de penetração λ. Quanto maior a densidade de carga, mais efetiva será a blindagem e, portanto, menor será a profundidade de penetração. Dessa maneira, espera-se que a corrente, bem como o campo magnético, distribua-se ao longo de uma certa camada a partir da superfície do material e que a profundidade de penetração seja inversamente proporcional à densidade de elétrons.

A primeira descrição satisfatória para o efeito Meissner foi elaborada pelos irmãos Heiz e Fritz London em 1935, que escreveram a equação de movimento para os superelétrons com sendo:

$$\frac{d}{dt}\vec{v} = -\frac{e}{m}\vec{E} \tag{9.13}$$

Essa equação é simplesmente a equação de movimento dos elétrons livres em um material condutor normal (Equação 4.29), em que se fez a força dissipativa assumir valor nulo $(r \to \infty)$ e m é a massa dos superelétrons. Assim, pode-se escrever em função da densidade de corrente:

$$\vec{E} = \frac{m}{e^2 n_s}\frac{d}{dt}\vec{J} \tag{9.14}$$

Essa é a *primeira equação de London*. Aplicando o rotacional em ambos os lados e utilizando a lei de Faraday, obtém-se:

$$\frac{d}{dt}\left(\frac{m}{e^2 n_s}\vec{\nabla}x\vec{J} + \vec{B}\right) = 0 \tag{9.15}$$

Essa equação, que está de acordo com o eletromagnetismo clássico, aplica-se a qualquer sistema de cargas em movimento quando não há ação de força dissipativas, como no caso de um feixe de partículas carregadas se movimentando no vácuo. No caso de materiais supercondutores, entretanto, os irmãos London fizeram a suposição de que, quando o campo magnético é menor que o campo crítico, o termo entre parêntesis não deve ser apenas constante, mas deve ser nulo. Assim, chega-se à *segunda equação de London*:

$$\vec{\nabla} x \vec{J} = -\frac{e^2 n_s}{m} \vec{B} \quad (9.16)$$

É importante frisar que essa relação não se aplica a um material normal e, mais do que isso, em geral, está errada. Para um supercondutor do tipo I, entretanto, utilizando-se novamente as equações de Maxwell e considerando-se que o divergente do campo magnético é nulo, chega-se à seguinte equação para o campo magnético no interior do material supercondutor:

$$\nabla^2 \vec{B} - \frac{\mu_0 e^2 n_s}{m} \vec{B} = 0 \quad (9.17)$$

De forma a melhor compreendermos o significado da Equação 9.17, consideremos a situação simples de uma interface (em $x = 0$) entre um material supercondutor semi-infinito e o vácuo. Assim, para um campo magnético que aponta na direção y, paralela à superfície do material, tem-se que:

$$\frac{d^2 B}{dx^2} - \frac{\mu_0 e^2 n_s}{m} B = 0 \quad (9.18)$$

Cuja solução é:

$$B(x) = B_0 \exp(-x / \lambda_L) \quad (9.19)$$

Em que λ_L é a *profundidade de penetração de London*, dado por:

$$\lambda_L = \left(\frac{m}{\mu_0 e^2 n_s} \right)^{1/2} \quad (9.20)$$

Esse resultado mostra que, conforme discutido no início desta seção, o campo magnético não é rigorosamente nulo no interior do material supercondutor, mas penetra em seu interior e cai exponencialmente a partir da superfície com um comprimento característico λ_L, que é inversamente proporcional à densidade de superelétrons.[13] É importante frisar que esse fenômeno ocorre no material supercondutor sob ação de um campo magnético estático e não deve ser confundido com a penetração de um campo eletromagnético oscilante num material condutor normal (veja o conceito de "profundidade pelicular" no Capítulo 8, Seção 8.4.1.1).

A partir de 9.19, pode-se obter a densidade de corrente:

$$J_y(x) = \frac{1}{\mu_0}\frac{\partial B}{\partial x} = -\frac{H_0}{\lambda_L}\exp(-x/\lambda_L) \tag{9.21}$$

Consequentemente, a corrente supercondutora deve estar confinada à mesma região superficial que o campo magnético, pois, caso houvesse corrente em outras regiões do interior do material, o campo magnético não seria nulo. A profundidade λ_L é, de forma geral, muito pequena, da ordem de 20 a 50 nm para a maior parte dos supercondutores metálicos, podendo chegar a algumas centenas de nanômetros em alguns casos. A Tabela 9.6 apresenta valores da profundidade de penetração de London para alguns materiais supercondutores.

Tabela 9.6 – Profundidade de penetração de London λ_L e comprimento de coerência ξ_0 para alguns supercondutores dos tipos I e II

Tipo	Material	λ_L (nm)	ξ_0 (nm)	λ_L/ξ_0
I	Al	40	1520	0,03
	In	40	360	0,11
	Cd	110	760	0,14
	Sn	42	180	0,23
	Ta	35	93	0,38
	Pb	39	82	0,48

13 Em um supercondutor do tipo II (com H entre H_{C1} e H_{C2}), a situação é essencialmente diferente desta, conforme foi analisado na seção anterior (veja Figura 9.14). Voltaremos a esse assunto mais adiante.

Tipo	Material	λ_L (nm)	ξ_0 (nm)	λ_L/ξ_0
	Nb	52	39	1,33
	Pb–In	150	30	5,0
	Pb–Bi	200	20	10
	V_3Si	60	3	20
	Nb_3Sn	65	3	22
	Nb_3Ge	90	3	30
	V_3Ga	90	~ 2,5	~ 35
II	Nb–N	200	5	40
	Nb–Ti	300	4	75
	K_3C_{60}	240	2,6	92
	$YBa_2Cu_3O_7$	170	1,8	95
	$PbMo_6S_8$	200	2	100
	$(La_{0,925}Sr_{0,075})_2CuO_4$	200	2,0	100
	HgBaCaCuO	---	2,3	---
	Rb_3C_{60}	247	2,0	124

Pode-se utilizar a Equação 9.21 para se obter o campo B na superfície do supercondutor como função da densidade de corrente J, bastando fazer $x = 0$:

$$B = \mu_0 H = \mu_0 \lambda_L J \tag{9.22}$$

Exemplo 9.3: calcule a profundidade de penetração de London para o chumbo na temperatura do zero absoluto supondo uma densidade de superelétrons igual a um elétron por átomo.

$$n_s = \frac{11,34x10^3 x6,02x10^{23}}{207,2x10^{-3}} = 3,29x10^{28} m^{-3}$$

$$\lambda_L = \left(\frac{9,11x10^{-31}}{4\pi x10^{-7} x(1,60x10^{-19})^2 x3,29x10^{28}} \right)^{1/2} = 2,93x10^{-8} = 29,3nm$$

O valor tabelado é 39 nm.

Exemplo 9.4: estime a densidade de corrente crítica próxima à superfície de um fio de chumbo a $T = 4{,}2$ K, sabendo que a essa temperatura o campo magnético crítico do chumbo é 4,2 x 10^4 A/m e a profundidade de penetração de London é 35 nm.

$$J = \frac{4,2x10^4}{35x10^{-9}} = 1,2x10^{12}\, A/m^2$$

Essa é uma densidade de corrente extraordinariamente alta! Esses resultados mostram que um fio supercondutor do tipo I transporta uma densidade corrente muito alta em uma camada muito fina próxima à superfície.

A profundidade de penetração é inversamente proporcional à densidade de superelétrons (Equação 9.20). Assim, quando a temperatura aumenta e aproxima-se de T_C, a densidade de superelétrons se aproxima de zero e λ_L tende a infinito, ou seja, o campo magnético penetra completamente no interior do material, conforme se espera que aconteça no caso de um condutor normal. Utilizando-se as Equações 9.12 e 9.20, obtém-se a seguinte expressão para a profundidade de penetração em função da temperatura:

$$\lambda_L(T) = \lambda_0 \left[1 - \left(\frac{T}{T_C}\right)^4\right]^{-1/2} \qquad (T \le T_C) \qquad (9.23)$$

A Figura 9.20a mostra o gráfico da variação da profundidade de penetração de London com a temperatura dado pela Equação 9.23. A profundidade de penetração pouco varia até temperaturas de aproximadamente 80% da temperatura crítica, mas, para temperaturas superiores, λ_L aumenta rapidamente. A Figura 9.20b mostra como varia o campo magnético próximo à superfície de um material supercondutor semi-infinito em função da distância para diversos valores de T / T_C (Equação 9.19).

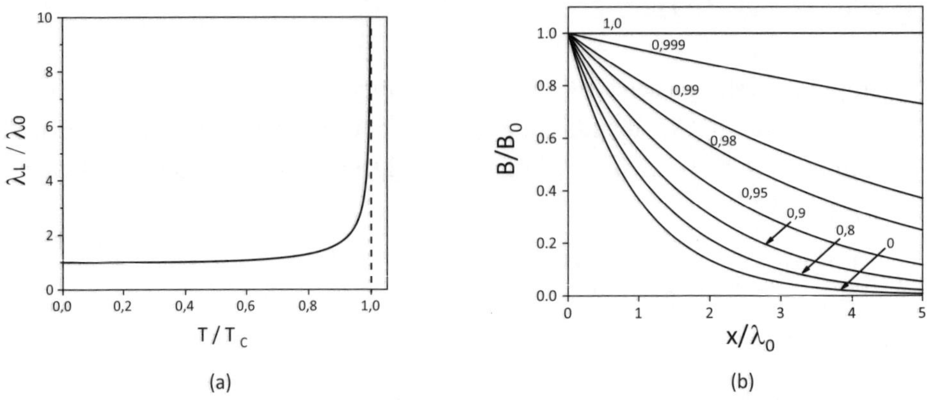

Figura 9.20 – (a) profundidade de penetração de London em função da temperatura de acordo com a Equação 9.23 e (b) penetração do campo magnético na região próxima à superfície do material supercondutor de acordo com a Equação 9.19 para diversos valores de T / T_C.

O comportamento previsto para a profundidade de penetração como função da temperatura (Equação 9.23) foi confirmado experimentalmente realizando-se medidas de λ_L em uma amostra de estanho monocristalino. Essas medidas foram realizadas medindo-se a indutância de uma bobina cujo núcleo era constituído pela amostra de estanho supercondutor. À medida que a temperatura varia, o campo magnético penetra no interior do material supercondutor, alterando o valor da indutância da bobina, que é mensurado de forma muito precisa. A Figura 9.21 mostra que os valores de λ variam linearmente com $[1-(T/T_C)^4]^{-1/2}$, em acordo com a expressão teórica.

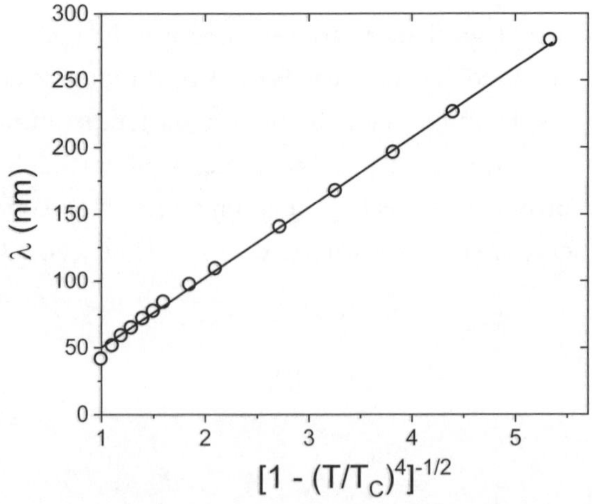

Figura 9.21 – Variação de profundidade de penetração λ com a temperatura para o estanho monocristalino.

Assim, a dependência do campo magnético crítico com a temperatura pode ser obtida:

$$B_C(T) = B_{C0}\left[1-\left(\frac{T}{T_C}\right)^2\right] \qquad (T \le T_C) \tag{9.24}$$

Que corresponde à mesma expressão apresentada no início desse capítulo (Equação 9.2).

A teoria de London para a supercondutividade, entretanto, é uma teoria puramente fenomenológica, ou seja, se limita a descrever os fenômenos relacionados à supercondutividade sem discutir as suas causas, pois não explica a origem dos superelétrons. Mais adiante, apresentaremos a primeira teoria microscópica elaborada para explicar a origem da supercondutividade, a teoria BCS, mas antes vamos introduzir o conceito de comprimento de coerência.

9.3.3 O COMPRIMENTO DE COERÊNCIA

No estado intermediário, um supercondutor do tipo I está dividido em regiões normais e supercondutoras, que se alternam (Figura 9.13). Nas regiões supercondutoras, há uma quantidade substancial de superelétrons, que depende da temperatura, enquanto nas regiões normais essa densidade é nula. Quando se atravessa a interface entre uma região normal e uma região supercondutora, entretanto, a densidade de superelétrons não pode variar de forma abrupta ou descontínua, mas deve apresentar uma variação gradual que é caracterizada por uma distância denominada *comprimento de coerência* ξ. Assim, a interface entre essas duas fases apresenta uma densidade de superelétrons que cresce gradualmente a partir de zero na fase normal, até atingir o valor constante n_s no interior da fase supercondutora. Por outro lado, conforme foi visto na seção anterior, a intensidade do campo magnético, que é constante na fase normal e cai exponencialmente a zero no interior da fase supercondutora, tem como distância característica a profundidade de penetração λ (Equação 9.19). A Figura 9.22 ilustra essa situação.

Consequentemente, há duas situações-limite possíveis:

a) a profundidade de penetração do campo magnético é menor que o comprimento de coerência dos superelétrons $\lambda < \xi$. Nessa situação, o campo magnético se anula antes que a densidade de superelétrons atinja seu maior valor (veja Figura 9.22a); e
b) a profundidade de penetração do campo magnético é maior que o comprimento de coerência dos superelétrons $\lambda > \xi$. Isso implica que há uma grande densidade de superelétrons na região onde há campo magnético (Figura 9.22b).

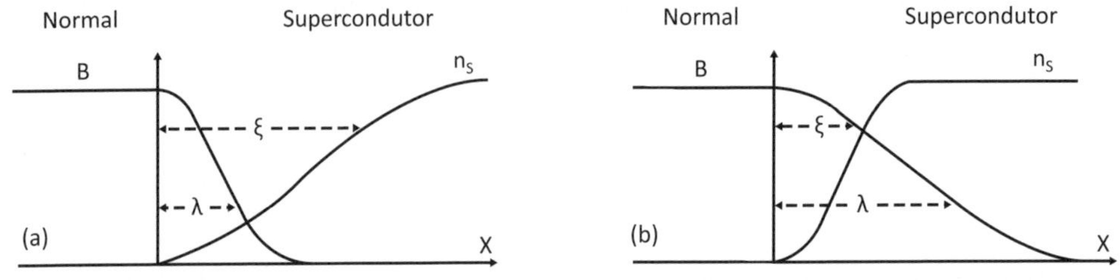

(a) (b)

Figura 9.22 – Interface entre as fases normal e supercondutora mostrando a variação do campo magnético e da densidade de superelétrons, evidenciando as situações (a) do supercondutor do tipo I, ou seja, $\lambda < \xi$ e (b) do supercondutor do tipo II, ou seja, $\lambda > \xi$.

Valores do comprimento de coerência de diversos supercondutores apresentados na Tabela 9.6 abrangem desde algumas dezenas ou centenas de nanômetros, típicos dos supercondutores metálicos elementares, até valores muito menores, de apenas alguns poucos nanômetros, no caso dos supercondutores compostos do tipo II. É interessante observar que a razão entre a profundidade de penetração e o comprimento de coerência λ_L / ξ_0 apresenta uma grande variação e é característica do tipo de material supercondutor. Assim, nos supercondutores do tipo I, essa razão adquire valores pequenos, de alguns centésimos ou décimos, enquanto, nos supercondutores do tipo II, essa razão pode atingir valores grandes, de dezenas ou mesmo centenas (veja Tabela 9.6). A teoria prevê que o limiar que separa os supercondutores dos tipos I e II é $\lambda_L / \xi_0 = 1\sqrt{2} \cong 0,71$.

Uma característica importante do comprimento de coerência é ser proporcional ao livre caminho médio dos elétrons de condução no metal. Assim, ξ pode ser grande para um cristal muito puro, mas é fortemente reduzido pela presença de defeitos e impurezas. Nas ligas, o livre caminho médio é geralmente muito menor do que nos metais puros. Por este motivo, via de regra, ligas são materiais supercondutores do tipo II. O comprimento da coerência varia inversamente com a temperatura crítica, sendo grande para os supercondutores convencionais de baixo valor de T_C e muito pequeno para os supercondutores de alta temperatura.

No modelo de London, o campo magnético e a supercorrente variam na escala da profundidade de penetração de London λ_L (Equações 9.19 e 9.21). No entanto, admite-se que, na superfície do material, a densidade de superelétrons varie descontinuamente de zero ao valor máximo, o que implicaria em $\xi = 0$. Ou seja, no modelo de London, vale a condição $\lambda_L \gg \xi$. A Tabela 9.6, entretanto, mostra que esse não é o caso dos supercondutores do tipo I; pelo contrário, para esse tipo de materiais supercondutores $\lambda_L < \xi$. Portanto, conclui-se que, na realidade, o modelo de London não descreve adequadamente os supercondutores do tipo I. O tratamento teórico do caso em que $\lambda_L < \xi$, entretanto, está fora do escopo deste texto.

No caso dos supercondutores do tipo II, o campo crítico H_{C1} delimita a situação a partir da qual se torna energeticamente favorável as linhas de campo começarem a penetrar no interior material. O estado misto se caracteriza pela presença de uma rede de vórtices, cujo interior está no estado normal com um alto campo magnético, que é blindado por supercorrentes que circulam no seu entorno, mantendo a região externa no estado supercondutor. A densidade de superelétrons é nula no interior dos vórtices, mas aumenta a partir das suas bordas e atinge o seu maior valor a uma distância da ordem do comprimento de coerência, mantendo-se constante ao longo da fase supercondutora. A densidade de supercorrente é máxima nas bordas dos vórtices, região na qual a blindagem também é máxima. Na região externa aos vórtices, no entanto, o campo magnético penetra o interior da fase supercondutora, de maneira semelhante ao que foi observado no modelo de London (Equação 9.19). A Figura 9.23 ilustra essa situação.

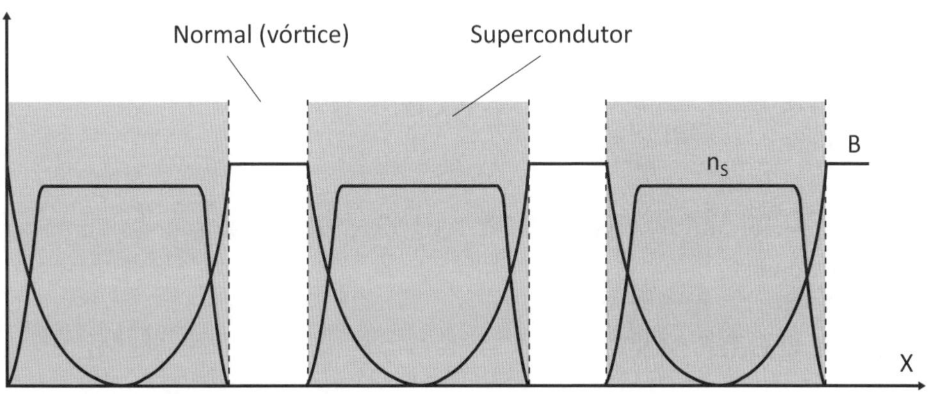

Figura 9.23 – Representação da variação da densidade de superelétrons e do campo magnético na interface entre os vórtices e a fase normal de um supercondutor do tipo II no estado misto.

Quando o campo aplicado aumenta e atinge o valor de campo crítico H_{C2}, o número de vórtices se torna muito grande, e muito próximos uns aos outros, levando a fase supercondutora a tornar-se muito estreita e, finalmente, ao seu estrangulamento, com a consequente conversão do material para o estado normal. Assim, considerando-se a área ocupada por um vórtice como aproximadamente igual a $\pi\xi^2$, pode-se obter uma estimativa para o campo crítico H_{C2}, da condição de que os vórtices entram em contato entre si, portanto:

$$H_{c2} = \frac{1}{\mu_0} \frac{\Phi_0}{\pi \xi^2} \quad (9.25)$$

Uma expressão que permite estimar o valor do campo crítico H_{C1}, entretanto, será apresentada sem justificativa:

$$H_{c1} = \frac{1}{\mu_0} \frac{\Phi_0}{4\pi\lambda^2} ln\left(\frac{\lambda}{\xi}\right) \quad (9.26)$$

Exemplo 9.5: conhecendo os valores da profundidade de penetração e o comprimento de coerência no nióbio $\lambda = 52$ nm e $\xi = 39$ nm, estime o valor dos campos magnéticos críticos H_{C1} e H_{C2} neste metal a $T = 0$ K.

$$H_{c1} = \frac{1}{\mu_0} \frac{\Phi_0}{4\pi\lambda^2} ln\left(\frac{\lambda}{\xi}\right) = \frac{2,07x10^{-15}}{16\pi^2 x10^{-7} x\left(52x10^{-9}\right)^2} ln\left(\frac{52}{39}\right) = 1,4x10^4 A/m$$

$$H_{c2} = \frac{\Phi_0}{\mu_0 \pi \xi^2} = \frac{2,07x10^{-15}}{4\pi^2 x10^{-7} x\left(39x10^{-9}\right)^2} = 3,4x10^5 A/m$$

Os valores tabelados são 88 kA/m e 270 kA/m, com diferenças de 59% e 26%, respectivamente.

9.3.4 A TEORIA BCS

Em 1957, J. Bardeen, L. Cooper e J. R. Schrieffer, elaboraram a chamada teoria BCS, a primeira teoria microscópica capaz de explicar os fenômenos físicos associados à supercondutividade. Nessa teoria, os superelétrons se constituem em pares de elétrons ligados entre si, conhecidos por *pares de Cooper*, que se movimentam através do material sem resistência e, portanto, são os responsáveis pela condução de corrente no supercondutor. Dessa maneira, o número de pares de Cooper deve ser igual à metade do número de superelétrons.

Anos antes, em 1950, H. Fröhlich (e também Bardeen) havia sugerido a possibilidade de que dois elétrons em um metal pudessem interagir entre si de forma atrativa. Esse fenômeno surpreendente – a atração entre duas partículas de carga negativa – é passível de ocorrer no interior de um sólido, caso os elétrons interajam de forma apreciável com a rede. Do ponto de vista empírico, essa associação tem suporte no efeito isotópico (veja

Seção 9.2.8), que fornece fortes evidências de que o fenômeno da supercondutividade está, de alguma forma, relacionado aos fônons da rede cristalina.

Para entender qualitativamente como é possível ocorrer uma atração atrativa entre dois elétrons, considere um elétron que se desloca em meio a uma rede cristalina,[14] e que existe uma interação entre o elétron e a rede. Durante sua passagem, o elétron pode atrair os íons positivos da rede em sua direção. No entanto, considerando que o elétron se move com a velocidade de Fermi, da ordem de 10^6 m/s (veja Tabela 4.3), percorre um parâmetro de rede ($a \sim 0{,}1$ nm) em um tempo da ordem de 10^{-16} s.[15] Os íons da rede, por outro lado, possuem massa milhares de vezes maior que a massa do elétron e, portanto, inércia também muito maior. Portanto, seu tempo característico de resposta, dado pelo inverso da frequência de Debye w_D (veja Capítulo 3), é da ordem de 10^{-13} s. Assim, após a passagem de um elétron, a densidade das cargas positivas dos íons da rede torna-se ligeiramente maior do que a densidade das cargas positivas de outras regiões do sólido, e assim permanece por um "longo" tempo (na escala de tempo dos elétrons). Outro elétron que se encontre a uma certa distância dessa região poderá ser atraído por essa concentração de cargas positivas. Caso essa atração supere a repulsão coulombiana, no cômputo geral, resulta uma atração efetiva entre os dois elétrons.

O "atraso" da deformação da rede em relação à passagem do elétron é equivalente a uma distância da ordem de:

$$d \cong \frac{2\pi v_F}{w_D} \cong 2\pi \frac{\hbar v_F}{k_B \theta_D} \tag{9.27}$$

A distância dada pela Equação 9.27 é uma medida de quão afastados estão os elétrons que formam um par de Cooper. Para um metal típico, essa distância é da ordem de 100 a 1.000 nm, ou seja, muitas ordens de grandeza superior ao parâmetro da rede cristalina (veja Exercício 9). Assim, fica claro que em um par de Cooper os elétrons estão muito distantes entre si. A essa distância, a repulsão eletrostática coulombiana entre os elétrons é blindada e, portanto, reduzida pela presença dos íons positivos da rede. Assim, caso a interação dos elétrons com a rede seja apreciável, a repulsão pode ser superada e resultar em uma interação fracamente atrativa. Além disso, é simples perceber que, na região do espaço delimitada por um par de Cooper, existe um número muito grande (da ordem de milhões) de outros pares de Cooper. A Figura 9.24 ilustra a situação de

14 Também existem materiais supercondutores não cristalinos (amorfos), mas essa é uma suposição importante dessa teoria.

15 De forma equivalente, pode-se estimar esse tempo pelo inverso da frequência de plasma (veja Capítulo 8).

maneira esquemática. Dessa forma, os pares de Cooper não podem ser considerados como partículas independentes, mas, sim, partículas macroscópicas que estão espacialmente interconectadas de uma maneira complexa. Essa é uma característica essencial da estabilidade desse sistema.

Note que a atração entre os elétrons do par de Cooper somente ocorrerá se a interação entre os elétrons e a rede for suficientemente forte, e não poderá ocorrer caso os elétrons interajam muito fracamente com a rede ou se movimentem livres, sem qualquer interação. Essa é a razão pela qual metais que são maus condutores, como o chumbo, estanho e o zinco, são supercondutores e metais que são bons condutores, como cobre, prata e ouro, não são.

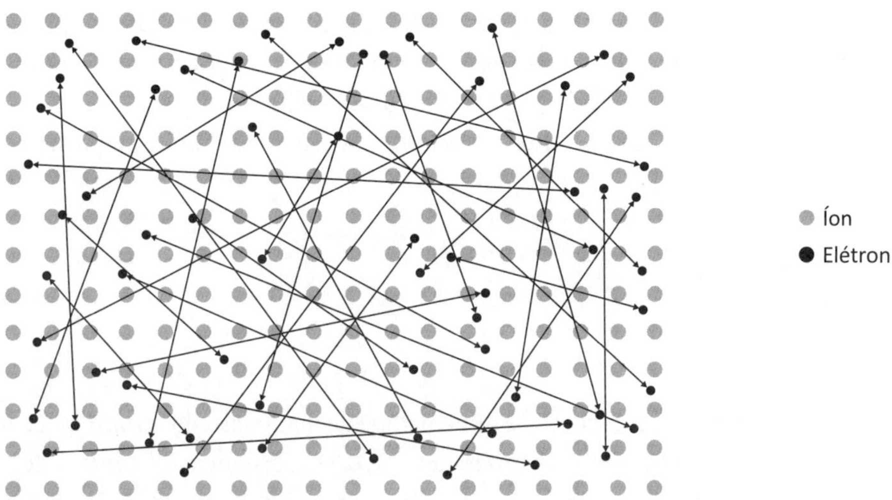

Figura 9.24 – representação esquemática dos pares de Cooper na rede cristalina de um material supercondutor. As setas representam a interação entre os elétrons de cada par.

Exemplo 9.6: estime a distância entre os elétrons de um par de Cooper no caso do alumínio.
Para o alumínio, $\theta_D = 385$ K (Tabela 3.4) e $v_F = 2{,}02 \times 10^6$ m/s (Tabela 4.3).

$$d \cong \frac{2\pi v_F}{w_D} = \frac{2\pi \hbar v_F}{k_B \theta_D} = \frac{2\pi x 1{,}05x10^{-34} x 2{,}02x10^6}{1{,}38x10^{-23} x 385} = 2{,}5x10^{-7} m = 250 nm$$

Esta distância é cerca de cerca de 600 vezes maior que o parâmetro de rede do alumínio ($a = 0{,}405$ nm).

A possibilidade de interação atrativa entre dois elétrons por meio da interação com a rede cristalina não garante, porém, que esses elétrons formem pares ligados. Cooper, entretanto, mostrou que a influência dos outros $N - 2$ elétrons, por meio do princípio de exclusão de Pauli, faz com que o par de elétrons forme um estado ligado mesmo que a interação entre esses elétrons seja pequena. Considerando o estado fundamental de um metal a $T = 0$ K, Cooper adicionou dois elétrons a esse sistema. Como todos os estados no interior da esfera de Fermi estão ocupados (veja Capítulo 4), esses dois elétrons têm de ocupar estados com energia logo acima de E_F. Supondo que exista uma pequena interação atrativa entre esses elétrons (conforme discutido), Cooper mostrou que os dois elétrons formam um par ligado, com energia reduzida de um valor Δ em relação à energia quando estão separados, de forma que a energia de ligação de um par é 2Δ. Assim, cada elétron faz parte de um par de Cooper e, ao mesmo tempo, faz parte do mar de elétrons que é necessário para manter os pares de Cooper ligados.

O princípio de Pauli exige que os dois elétrons que formam o par de Cooper tenham *spins* contrários. A mecânica quântica também exige que esses elétrons tenham momentos lineares opostos, ou seja, $p_1 = -p_2$.[16] Consequentemente, os pares de Cooper possuem momento linear total nulo e *spin* nulo, ou seja, são partículas que obedecem a estatística quântica de Bose-Einstein, isto é, são bósons (veja Seção 1.4.2). Assim, o estado de mais baixa energia (ou estado fundamental, $T = 0$ K) desse conjunto de elétrons é aquele em que todos os elétrons de condução formam pares de Cooper e compartilham a mesma função de onda. A condensação de todos os pares de Cooper no mesmo estado quântico faz o sistema se comportar como um sistema quântico macroscópico, representado por uma única função de onda que se estende por todo o volume do supercondutor.

Os experimentos de quantização de fluxo discutidos na Seção 9.2.5 (Figura 9.15b) se constituem em um importante suporte para a teoria BCS, pois confirmam que os portadores responsáveis pela condução de corrente nos materiais supercondutores são os pares de Cooper, uma vez que o *quantum* de fluxo resulta ser $h / 2e$, e não h / e, como havia sido previsto originalmente por London. É interessante notar, por outro lado, que a condução por pares de Cooper não altera o valor da profundidade de penetração, pois a troca de m_e por $2m_e$, e por $2e$, e n_s por $n_s / 2$ na Equação 9.20 mantém o valor de λ_L inalterado.

O valor de Δ se situa na faixa de 10^{-3} a 10^{-4} eV. Dessa forma, baixas temperaturas são necessárias para a formação de pares de Cooper e um aumento de temperatura pode levar à dissociação dos pares. A quantidade de energia mínima necessária para quebrar

16 A argumentação que justifica este fato, entretanto, não será discutida aqui.

os pares de Cooper em elétrons individuais, que é a diferença de energia entre o estado fundamental (pares de Cooper) e os estados excitados (elétrons individuais), é caracterizada por um *gap* de energia de valor igual a 2Δ.[17] A teoria BCS estima o valor de Δ a $T = 0$ K como:

$$\Delta_0 = 1{,}76\, k_B T_C \tag{9.28}$$

A Tabela 9.7 mostra os valores do *gap* de energia $2\Delta_0$ e da razão $\Delta_0 / k_B T_C$ para diversos supercondutores. A maioria dos valores de $\Delta_0 / k_B T_C$ se situa próximo ao valor previsto pela teoria BCS, no entanto, há número considerável de casos em que essa razão assume valores maiores. Para os supercondutores de alta temperatura, essa razão é, de maneira geral mais alta, mas essa situação também ocorre entre os supercondutores convencionais.

Tabela 9.7 – *gap* de energia $2\Delta_0$ e razão $\Delta_0 / k_B T_C$ para diversos supercondutores

Material	$2\Delta_0$ (meV)	Δ_0/k_BT_C	Material	$2\Delta_0$ (meV)	Δ_0/k_BT_C
Al	0,35	1,7	Th	0,41	1,7
Cd	0,14	1,6	Tl	0,79	1,9
Ga	0,33	1,8	V	1,6	1,7
Hf	0,044	2,0	W	~ 0,006	~ 2
Hg	1,7	2,4	Zn	0,23	1,6
In	1,05	1,8	Nb_3Sn	4,7	1,5
Ir	0,048	2,5	V_3Ge	3,1	1,6
La	1,5	1,5	V_3Si	5,4	1,8
Lu	0,028	1,6	K_3C_{60}	5,9	1,8
Mo	0,26	1,7	Rb_3C_{60}	7,5	1,5
Nb	3,0	1,9	$BaKBiO_3$	5,9	1,8
Os	0,29	2,6	$NdCeCuO_4$	7,4	2,2
Pb	2,7	2,2	$LaSrCuO_4$	13	2,2
Re	0,78	2,7	$YBa_2Cu_3O_7$	30	2,0

17 Esse *gap* não tem qualquer relação com o *gap* de energia entre a banda de valência e a banda de condução dos materiais semicondutores. Ver Capítulo 5.

Material	$2\Delta_0$ (meV)	Δ_0/k_BT_C	Material	$2\Delta_0$ (meV)	Δ_0/k_BT_C
Ru	0,15	1,8	$Bi_2Sr_2Ca_2Cu_3O_{10}$	53	2,8
Sn	1,4	2,2	$Tl_2Ba_2CaCu_2O_8$	44	2,2
Ta	~ 1,7	~ 2,2	$Tl_2Ba_2Ca_2Cu_3O_{10}$	28	1,6
Tc	2,4	1,8	$HgBa_2Ca_2Cu_3O_8$	48	2,2

Exemplo 9.7: estime o valor do *gap* supercondutor para o caso de nióbio a $T = 0$ K, utilizando a Equação 9.28.

Para o nióbio $T_C = 9{,}25$ K (Tabela 9.1), logo:

$$2\Delta_0 = 2x1{,}76x1{,}38x10^{-23}x9{,}25 = 4{,}48x10^{-22}J = 2{,}80x10^{-3}eV$$

O valor tabelado é 3,0 meV.

Em um metal normal, o estado de mais baixa energia ($T = 0$ K) corresponde à situação em que os elétrons de condução ocupam todos os estados no interior da esfera de Fermi até uma energia máxima, a energia de Fermi, e os estados acima dessa energia estão desocupados (veja Figura 4.5). A densidade de estados é uma função contínua, que cresce como $g(E) \sim E^{1/2}$ (Figura 4.6). No caso de um supercondutor, todos os estados no interior da esfera de Fermi estão ocupados por elétrons formando pares de Cooper. Em torno da energia de Fermi, situa-se o *gap* de energia 2Δ, que separa o estado fundamental (pares de Cooper) dos estados excitados (elétrons individuais), conforme mostra a Figura 9.25a. O gráfico da densidade de estados em função da energia $g(E)\,x\,E$ apresentado na Figura 9.25b mostra que os estados situados num intervalo de largura 2Δ em torno da energia de Fermi se tornam proibidos, resultando em picos da densidade de estados imediatamente abaixo e acima do *gap* de energia. Os gráficos apresentados estão fora de escala, pois a largura do *gap* supercondutor é cerca de quatro ordens de grandeza menor que a energia de Fermi ($2\Delta \sim 10^{-4} E_F$). No supercondutor, essa situação persiste em todo o intervalo de temperatura, tal que $T \leq T_C$. Entretanto, deve-se observar que, como veremos adiante, o *gap* supercondutor diminui à medida que a temperatura aumenta e anula-se em $T = T_C$.

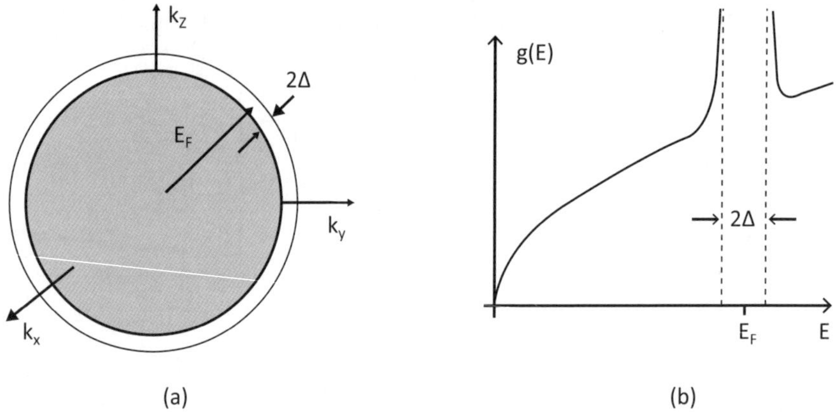

Figura 9.25 – (a) esfera de Fermi do estado fundamental e (b) gráfico da densidade de estados em função da energia $g(E)\,x\,E$ para um supercondutor a $T =$ 0 K. A figuras estão fora de escala, pois $2\Delta / E_F$ é da ordem de 10^{-4}.

Vimos que a resistência elétrica em metais normais se deve ao espalhamento de elétrons por impurezas e fônons que são responsáveis pela dissipação de energia (veja Capítulo 4). O material supercondutor apresenta resistência nula, pois o mesmo não ocorre com os pares de Cooper. Ao se aplicar um campo elétrico no supercondutor, os elétrons do par de Cooper são acelerados, aumentando seu momento e energia cinética, levando o material a conduzir corrente com resistência nula, desde que o aumento de energia cinética seja menor que o *gap* de energia 2Δ. Os pares de Cooper não podem sofrer espalhamento, pois todos os pares de Cooper encontram-se no mesmo estado, de maneira que, para se modificar o momento de um par de Cooper, seria necessário alterar o momento de todos eles. A única forma possível seria fornecer uma quantidade energia maior que o *gap* supercondutor para dissociar os pares, destruindo o estado supercondutor. O espalhamento por impurezas ou defeitos da rede cristalina, que têm massa muito superior à massa dos elétrons, não é capaz de fornecer energia suficiente, pois é um processo quase elástico (Figura 4.8). Da mesma forma, o espalhamento por fônons não ocorre, pois não há estados acessíveis, uma vez que a temperatura é menor que a temperatura crítica. Assim, abaixo da temperatura crítica, o transporte de corrente ocorre livre de resistência.

Ao se aumentar a temperatura, a energia térmica cedida pode dissociar alguns pares de Cooper, o que equivale a dizer que alguns elétrons individuais "saltam" o *gap* de energia, aumentando a energia do sistema. Esse processo pode ser monitorado por meio de medidas de calor específico. A teoria BCS mostra que, para temperaturas muito baixas o calor específico do supercondutor varia aproximadamente como:

$$c_V(T) \cong A \exp\left(-\frac{\Delta}{k_B T}\right) \qquad (T \ll T_C) \tag{9.29}$$

A Figura 9.17b mostra a variação exponencial do calor específico do estado supercondutor com a temperatura para alumínio, vanádio e estanho, em acordo com a previsão teórica (veja Exercício 2).

A descrição formal da teoria BCS relaciona a interação entre os elétrons dos pares de Cooper ao acoplamento entre elétrons e fônons do cristal. Quando um elétron do par se desloca através do cristal, os íons da rede são atraídos e voltam à sua posição original depois que o elétron passa. Isso causa a emissão de um fônon que é capturado pelo outro elétron do par e a emissão de um segundo fônon, que é absorvido pelo primeiro elétron. Essa troca de fônons atua como uma atração fraca entre os dois elétrons, que é facilmente destruída mesmo em baixas temperaturas e, portanto, os pares Cooper estão constantemente se formando e separando-se. Assim, o *gap* supercondutor é relacionado à energia de vibração dos fônons do material e ao potencial de interação dos elétrons com a rede cristalina. A teoria BCS mostra que a temperatura crítica do supercondutor é função desses mesmos fatores. À medida que a temperatura aumenta, o *gap* supercondutor diminui e torna-se nulo quando $T = T_C$, fazendo o supercondutor voltar ao estado normal. Para temperaturas próximas à temperatura crítica, o *gap* supercondutor varia com a temperatura aproximadamente de acordo com a equação:

$$\Delta(T) = 1{,}74\Delta_0 \left(1 - \frac{T}{T_C}\right)^{1/2} \qquad (T \lesssim T_C) \tag{9.30}$$

O *gap* de materiais supercondutores pode ser determinado experimentalmente medindo-se a corrente de tunelamento de elétrons entre dois metais separados por uma camada de óxido isolante muito fina (espessura entre 1 e 2 nm), que age como barreira. No efeito túnel, a probabilidade de uma partícula atravessar a barreira varia exponencialmente com a largura da barreira (veja Capítulo 1, Exercício 35). Assim, quando o contato é realizado entre dois metais normais, a camada de óxido permite a passagem de elétrons por efeito túnel e faz os níveis de Fermi dos dois metais se igualarem, levando os condutores a entrarem em equilíbrio.[18] A aplicação de uma pequena diferença de potencial V entre os condutores não altera significativamente a altura ou largura da barreira

18 A rigor, na prática, essa é a situação mais comum no contato entre dois metais, pois as superfícies metálicas estão normalmente cobertas por uma camada de óxido

e resulta na passagem de uma corrente elétrica que é proporcional à tensão aplicada, ou seja, a curva $i = i\,(V)$ obedece à lei de Ohm (veja Figura 9.26a).

Quando o contato é realizado entre um condutor normal e um material supercondutor, a situação se modifica, pois a barreira imposta pelo *gap* de energia do material supercondutor deve ser superada, logo, não há tunelamento e circulação de corrente até que a tensão aplicada atinja um valor $V = \Delta / e$. Nesse caso, a altura da barreira que deve ser vencida é Δ, pois trata-se de tunelamento de elétrons individuais, e não de pares de Cooper. Se a medida for realizada a temperaturas próximas do zero absoluto, a corrente aumenta abruptamente quando a tensão atinge esse valor, permitindo a determinação precisa do valor do *gap* de energia. Para temperaturas mais altas, a corrente aumenta de forma mais gradual em resposta à excitação térmica dos elétrons através do *gap* de energia do supercondutor, conforme ilustra a Figura 9.26b.

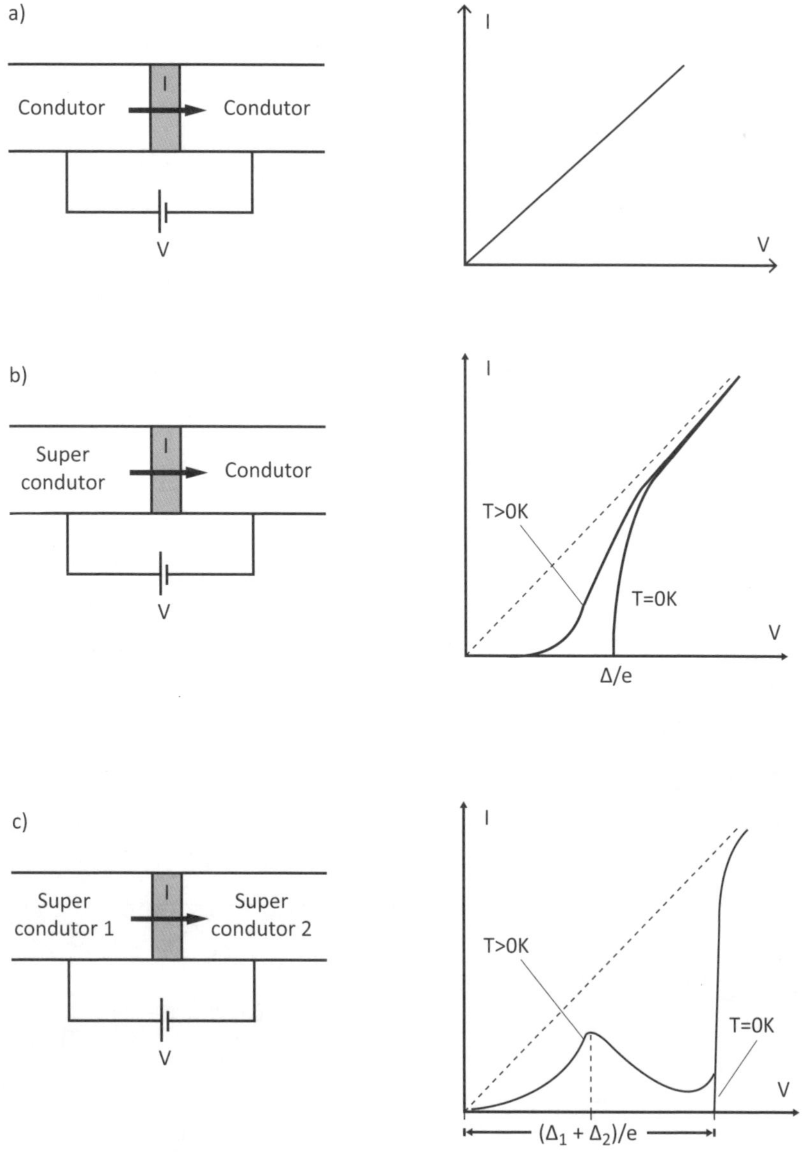

Figura 9.26 – Curvas características *i x V* dos contatos entre: (a) dois condutores normais, (b) um condutor normal e um supercondutor e (c) dois supercondutores. A letra I indica a presença de uma fina camada de óxido isolante entre os metais.

Quando são colocados em contato dois materiais supercondutores distintos, em temperaturas próximas do zero absoluto, o tunelamento ocorrerá somente quando a tensão aplicada atingir o valor $V = (\Delta_1 + \Delta_2)/e$ para, em seguida, a corrente aumentar rapidamente, de forma análoga ao caso anterior. Em temperaturas mais altas, entretanto, o comportamento é mais complexo, conforme mostra a Figura 9.26c.

Experimentos de corrente de tunelamento em baixa temperatura em contatos do tipo metal/óxido/metal, conforme os descritos, permitem uma determinação precisa do *gap* de materiais supercondutores. Valores normalizados do *gap* supercondutor em função da temperatura, obtidos por meio desse tipo de medida, estão apresentados na Figura 9.27 para índio, estanho e chumbo. A curva tracejada, que corresponde à dependência na temperatura prevista pela teoria BCS (Equação 9.30), se aproxima bem aos dados experimentais.

O *gap* de materiais supercondutores também pode ser mensurado por meio de experimentos de refletância. Quando a radiação que incide no supercondutor tem energia inferior ao *gap* do material, ocorre reflexão total, pois não pode haver absorção. No entanto, à medida que a energia da radiação incidente aumenta e o limiar $\hbar w = 2\Delta$ é atingido, passa a ocorrer absorção e, consequentemente, há uma queda na refletância. A depender do valor do *gap* do supercondutor, o limiar de absorção pode se situar nas regiões do infravermelho distante ou micro-ondas do espectro eletromagnético (veja Exercício 12).

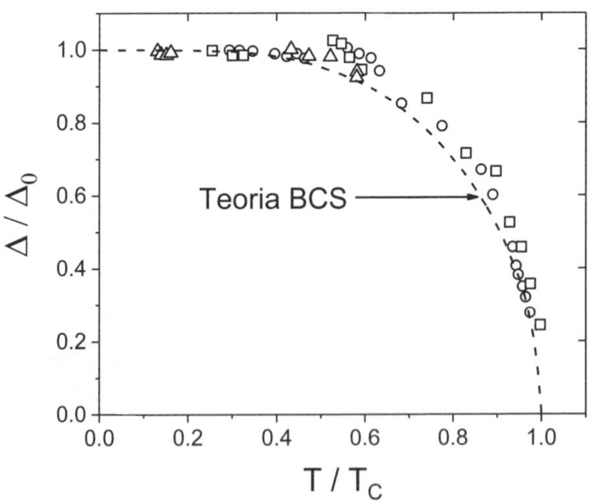

Figura 9.27 – Largura do *gap* supercondutor normalizado para índio (círculos), estanho (quadrados) e chumbo (triângulos) em função da temperatura normalizada. A linha tracejada corresponde à dependência na temperatura prevista pela teoria BCS.

Fonte: Giakver, 1961.

9.4 MATERIAIS SUPERCONDUTORES

Após a sua descoberta em 1911, a supercondutividade tornou-se uma das propriedades dos sólidos investigadas mais intensamente. Entretanto, os valores muito baixos da temperatura crítica de transição dificultaram muito o desenvolvimento de aplicações tecnológicas. Em 1929, a descoberta a supercondutividade do nióbio e seus compostos propiciou um avanço considerável nos valores de temperatura crítica. Em 1941, a temperatura crítica foi aumentada para 16 K, com o composto nitreto de nióbio (NbN) e para 23 K com o Nb_3Ge, em 1973. Ou seja, em cerca de sessenta anos, obteve-se um aumento de menos de 20 K nos valores de temperatura crítica.

A descoberta dos supercondutores cerâmicos de alta temperatura (os chamados *high* T_C) por J. G. Bednorz e K. A. Muller, em 1986, constituiu-se em uma verdadeira revolução. Esses pesquisadores da IBM sintetizaram um óxido cerâmico complexo ($La_{2-x}Ba_xCuO_4$) que se torna supercondutor a 30 K, o que levou à concessão do Prêmio Nobel de Física de 1987. Essa descoberta deu início a uma intensa atividade de pesquisa que gerou o desenvolvimento de novos compostos supercondutores com temperaturas críticas progressivamente mais altas. Assim, no início de 1987, foi descoberto o $YBa_2Cu_3O_{7-x}$, conhecido como YBCO (ou, simplesmente 123), que apresenta $T_C = 93$ K, quebrando pela primeira vez a barreira do nitrogênio líquido (77 K). Em seguida, os supercondutores da família do bismuto ($Bi_2Sr_2Ca_2Cu_3O_{10}$) foram sintetizados, atingindo a temperatura crítica de 110 K. Em 1989, a temperatura crítica foi aumentada para 130 K, com o composto cerâmico $Tl_2Ba_2Ca_3Cu_4O_{12}$. Finalmente, em 1994, foi atingido o recorde de $T_C = 138$ K com o composto $HgBa_2Ca_2Cu_3O_{8+y}$. A Figura 9.28 mostra um panorama da evolução histórica das temperaturas críticas, desde o descobrimento da supercondutividade em 1911 até os dias de hoje. Nessa figura, além dos supercondutores metálicos convencionais e dos óxidos cerâmicos complexos, também estão representados os supercondutores moleculares, *heavy-fermions* e pnictogênios.

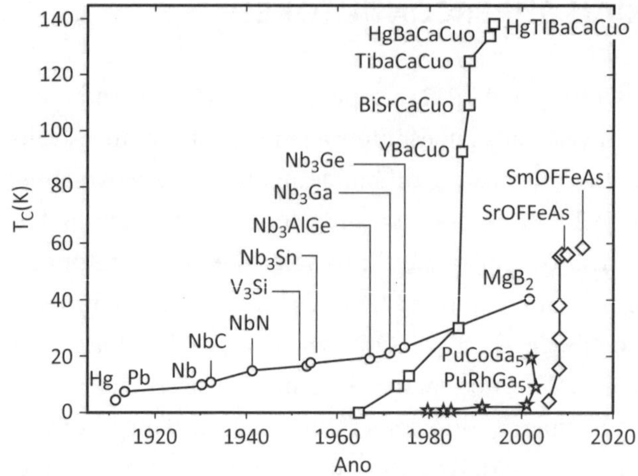

Figura 9.28 – Variação das temperaturas críticas dos materiais supercondutores em função do tempo desde sua descoberta em 1911. Estão representadas diferentes classes de materiais supercondutores: convencionais (círculos), cupratos (quadrados), *heavy-fermions* (estrelas) e ferro pnictogênios (losângos).

Fonte: Wesche, 2017.

9.4.1 SUPERCONDUTORES CERÂMICOS

Os supercondutores cerâmicos de alta temperatura de uma maneira geral são óxidos de cobre (cupratos) com estrutura cristalina do tipo perovskita, que, acima da temperatura crítica, apresentam propriedades semicondutoras. Esses materiais apresentam uma estrutura de camadas, na qual camadas de óxido de cobre (CuO_2) são responsáveis pelas propriedades supercondutoras e estão separadas por camadas isolantes, que estabilizam a estrutura e fornecem os elétrons (ou buracos) para a condução. Como consequência da estrutura de camadas, as propriedades desses supercondutores são altamente anisotrópicas. A resistividade ao longo dos planos de CuO_2 é muito mais baixa que na direção perpendicular, quando a corrente tem de atravessar as camadas de separação isolantes entre os planos. De forma análoga, propriedades como campo magnético crítico e corrente crítica podem ser uma ordem de grandeza maior na direção paralela aos planos de CuO_2, em comparação à direção normal. De forma geral, cada composto apresenta um certo número de camadas de CuO_2 vizinhas, separadas do próximo grupo por camadas óxidos de outros metais. Para um dado material, quanto maior o número de camadas de CuO_2 vizinhas, até um máximo de três ou quatro, maior é a temperatura crítica do supercondutor.

Como seria esperado, tendo em vista suas altas temperaturas críticas, esses supercondutores apresentam um comprimento de coerência muito pequeno, de apenas alguns nanômetros, e uma profundidade de penetração comparativamente muito grande. Em outras palavras, esses materiais são exemplos extremos de supercondutores do tipo II, com valores muito grandes da razão λ / ξ (veja Tabela 9.6).

Uma característica importante dos óxidos supercondutores é que sua temperatura crítica depende da concentração de oxigênio. No caso do YBCO, por exemplo, a concentração de oxigênio pode variar desde aproximadamente 6,4 até 7,0, ou seja, sua fórmula química pode ser escrita $YBa_2Cu_3O_x$, com $6{,}4 \leq x \leq 7{,}0$. Quando a concentração de oxigênio se situa na faixa $x = 7{,}0 - 6{,}8$, o material é supercondutor e sua temperatura atinge seu maior valor $T_C = 93$ K. Para valores menores de x, a temperatura crítica apresenta um patamar em torno de $x = 6{,}6$ com $T_C = 60$ K, mas cai rapidamente, e o material se torna isolante para $x = 6{,}4$. A Figura 9.29 apresenta os valores de temperatura crítica de $YBa_2Cu_3O_x$ obtidos a partir de medidas de resistividade elétrica e susceptibilidade magnética em função da concentração de oxigênio x.

Embora o aumento da temperatura crítica propiciado pela descoberta dos supercondutores cerâmicos seja um enorme avanço, esse não é o único parâmetro importante na utilização de supercondutores, pois esses materiais também necessitam suportar altas correntes e a presença de campos magnéticos intensos. Nos supercondutores cerâmicos, o campo magnético crítico H_{C2} pode ser extremamente alto, conforme se deduz a partir dos baixos valores de ξ (Tabela 9.6). No caso do YBaCuO, por exemplo, o campo magnético crítico e a densidade de corrente crítica podem atingir valores da ordem de 140 T e 8×10^{10} A/m^2, respectivamente.

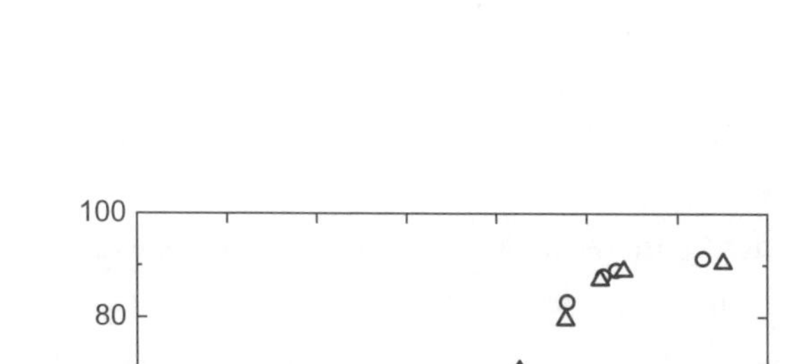

Figura 9.29 – Temperatura crítica como função da concentração de oxigênio x em $YBa_2Cu_3O_x$.

Fonte: Cava, 1990).

Diversas evidências, como medidas de quantização de fluxo, comprovam que o transporte da supercorrente nos supercondutores cerâmicos é desempenhado por pares de Cooper. A despeito disso, a teoria BCS não é capaz de explicar satisfatoriamente a supercondutividade nesses materiais. Por exemplo, o efeito isotópico é pouco evidente e, até mesmo, ausente em alguns casos, sugerindo que a interação elétron-fônon não deve ser responsável pela supercondutividade nesses compostos. Portanto, conclui-se que, apesar da intensa atividade de pesquisa que esses materiais despertaram desde sua descoberta, até hoje os mecanismos responsáveis por sua supercondutividade ainda não são totalmente compreendidos.

9.4.2 SUPERCONDUTORES À BASE DE FERRO

A supercondutividade nesses materiais foi descoberta muito recentemente, em 2006. São também conhecidos como ferropnictídeos, em referência aos compostos do grupo do nitrogênio (coluna 15 da Tabela Periódica), pois esses compostos apresentam arsênio em sua composição, ou, eventualmente, fósforo. Esses materiais podem tanto ser óxidos (como LaOFFeAs, NdFeAsOF e SmFeAsO) como não óxidos (NaFeSe, $BaKFe_2As_2$ e SrSmFeAsF). A maior temperatura crítica $T_C = 58$ K foi obtida pelo composto $SmO_{0.74}F_{0.26}FeAs$. De forma semelhante aos cupratos, esses materiais também apresentam uma estrutura de camadas cuja a condução ocorre nas camadas de FeAs, separadas por camadas isolantes que armazenam e fornecem cargas. Uma característica a ser destacada nestes supercondutores é um campo crítico H_{C2} extremamente alto, da ordem de 100 T.

9.4.3 SUPERCONDUTORES *HEAVY-FERMIONS*

A denominação desses materiais supercondutores se deve ao fato de apresentarem uma característica peculiar: seus elétrons possuem uma massa efetiva centenas ou mesmo milhares de vezes maior que a massa do elétron livre. Há uma variedade de compostos metálicos nessa categoria, como compostos de urânio (como UPt_3, URu_2Si_2 e UPd_2Al_3), cério (como $CeIn_3$, $CeCu_2Si_2$ e $CePt_3Si$), ítrio (YBiPt) e outros.

Esses compostos apresentam um orbital f (4f ou 5f) que hibridiza com a banda de condução, dando origem a um pico de densidade de estados muito grande na região da energia de Fermi. Como a densidade de estados $g(E)$ é proporcional a $(m^*)^{3/2}$ (veja Equação 4.21), resulta um valor muito grande de massa efetiva, justificando o nome. Essa característica afeta também outras propriedades desses compostos. Por exemplo, sendo o calor específico eletrônico proporcional à massa efetiva, o calor específico dos elétrons nesse caso é muito maior que o dos metais convencionais. A profundidade de penetração, por sua vez, é proporcional a $(m^*)^{1/2}$, logo, esses materiais apresentam uma profundidade de penetração extremamente grande, da ordem de 1 μm.

NA PONTA DA CIÊNCIA E DA TECNOLOGIA

Energia eterna

A descoberta dos supercondutores de alta temperatura ampliou muito as perspectivas de aplicação dos materiais supercondutores em diversas áreas, como dispositivos eletrônicos, sensores, supercomputadores, dispositivos de micro-ondas, bobinas para produção de altos campos magnéticos, ressonância magnética, meios de transporte, motores, geradores, transformadores, sistemas de armazenamento de energia e outros. Um requisito essencial para muitas dessas aplicações consiste em produzir fios e cabos flexíveis e resistentes, películas e filmes estáveis depositados sobre um suporte ou substrato.[19] Entretanto, os supercondutores de alta temperatura, em sua grande maioria, são materiais cerâmicos de propriedades mecânicas frágeis, de composição complexa e com estrutura cristalina anisotrópica. A anisotropia desses materiais impõe um problema tecnológico complexo, pois implica produzir materiais com grãos cristalinos alinhados ao longo de distâncias que podem atingir centenas ou mesmo milhares de metros para obter condutores com boas propriedades elétricas.

Em 2014, um cabo supercondutor de média tensão resfriado por nitrogênio líquido de 1,0 km de comprimento operando em 10 kV e 2.300 A foi colocado em operação na rede elétrica na Alemanha. A utilização desse cabo permitiu substituir uma conexão de alta tensão (110 kV) por média tensão (10 kV), eliminando, assim, a necessidade de transformadores e permitindo transportar cinco vezes mais energia praticamente sem perdas.

Até os dias de hoje, entretanto, a única aplicação comercial de materiais supercondutores verdadeiramente em larga escala consiste na fabricação de bobinas para equipamentos de ressonância magnética, amplamente utilizados na medicina. Nessa técnica, utilizam-se altos campos magnéticos, da ordem de 3,0 T (veja Exercício 19), que podem ser produzidos de forma econômica por bobinas supercondutoras. Nos dias atuais, os equipamentos de ressonância magnética utilizam largamente os supercondutores convencionais (em geral, o NbTi). Contudo, em 2016, a empresa Mitsubishi anunciou a primeira bobina supercondutora de 3,0 T para ressonância magnética utilizando supercondutores de alta temperatura.

Os materiais supercondutores também encontram grande potencial de aplicação em motores, geradores e outros dispositivos eletromecânicos de grande porte. Por exemplo, um motor supercondutor de 36,5 MW projetado por uma empresa americana para propulsão de navios teria apenas 20% do peso e volume do motor convencional. Um

19 Veja: *Reinforced superconducting wire, superconducting cable, superconducting coil and superconducting magnet*, Patent US 20200328013 A1.

consórcio europeu de empresas está atualmente desenvolvendo turbinas aeronáuticas elétricas supercondutoras. Um protótipo de potência de 1,0 MW com relação potência/peso de 20 MW/kg e eficiência de 99,9% deve entrar em breve na fase testes, inaugurando a era da propulsão elétrica na aviação.

No entanto, o armazenamento de energia talvez seja uma das áreas que mais fascinam os engenheiros e cientistas que trabalham com materiais supercondutores, pois o sonho de uma sociedade inteiramente baseada em energia limpa esbarra na dificuldade de se estocar energia elétrica. Existem, essencialmente, dois tipos de dispositivos de armazenamento de energia:

a) dispositivo supercondutor de armazenamento de energia magnética – nesses dispositivos, uma supercorrente flui sem resistência em uma bobina supercondutora que armazena energia elétrica na forma de energia magnética.[20] Uma vez que a corrente estiver fluindo na bobina, assim permanecerá, e a energia ficará armazenada indefinidamente (veja Seção 9.2.1 e Exercício 1);
b) dispositivo rotor de armazenamento de energia – nesse caso, um rotor suspenso por rolamentos magnéticos sem atrito, baseados na tecnologia de supercondutores de alta temperatura, é acelerado a uma alta velocidade angular (> 50.000 rpm) e armazena energia em seu momento de inércia. Quando energia é extraída (adicionada) do sistema, sua velocidade de rotação é reduzida (aumentada) de acordo com a lei de conservação de energia.[21]

Até o momento, o primeiro tipo de dispositivo tem mostrado um desempenho mais promissor. Protótipos capazes de armazenar quantidades de energia da ordem de alguns MJ e de fornecer dezenas de kW de energia elétrica já foram demonstrados com sucesso.

LEITURAS COMPLEMENTARES

ASHCROFT, N. W.; MERMIN, N. D. *Solid State Physics*, Brooks-Cole, 1976.
FOSSHEIM, K.; SUDBO, A. *Superconductivity, Physics and Applications*, John Wiley and Sons, 2004.
KITTEL, C. *Introdução à Física do Estado Sólido*. 8ª Edição, Editora LTC, 2006.
KLEINER, R.; BUCKEL, W. *Superconductivity, an Introduction*. 3rd Edition. Wiley-VCH, 2016.

20 Veja, por exemplo: *Magnetic energy storage device*, Patent US 6897749B2.
21 Veja: *Mobile type high temperature superconductive flywheel energy storage system*, Patent CN 202172330U.

POOLE JR., C. P.; FARACH, H. A.; CRESWICK, R. J.; PROZOROV, R. *Superconductivity*. 2nd Edition. Academic Press, 2007.
ROSE-INNES, A. C.; RHODERICK, E. H. *Introduction to Superconductivity*. 2nd Edition. Pergamon Press, 1994.
TINKHAM, M. *Introduction to Superconductivity*. 2nd Edition. McGraw Hill, 1996.

REFERÊNCIAS

BIONDI, M. A. *Reviews of Modern Physics* 30 (1958) 1109.
CAVA, R. J. *et al*, *Physica C* 165 (1990) 419.
DEAVER, B. S.; FAIRBANK, W. M. *Physical Review Letters* 7 (1961) 43.
DOLL, H; NÄBAUER, M. *Physical Review Letters* 7 (1961) 51.
DROZDOV, A. P. *et al.*, *Nature* 569 (2019) 528.
GIAKVER, I.; MEGERLK, K. *Physical Review* 122 (1961) 1101.
HAENSSLER, F.; RINDERER, L. *Helvetica Physica Acta* 40 (1967) 659.
HAYNES, W. N. *CRC Handbook of Chemistry and Physics*, 97th Ed., CRC Press, 2017.
JORGENSEN, J. D. *et al. Physical Review B* 41 (1990) 1863.
KITTEL, C. *Introdução à Física do Estado Sólido*. 8ª Edição, Editora LTC, 2006.
KAMERLINGH ONNES, H. *Commun. Phys. Lab. Univ. Leiden* (1911) 119b.
KAYE, G. W. C.; LABY, T. H. *Tables of Physical & Chemical Constants*. 16th Edition. National Physical Laboratory, 1995.
KLEINER, R; BUCKEL, W. *Superconductivity, an Introduction*. 3rd Edition. Wiley-VCH, 2016.
LOVELL, M. C.; AVERY, A. J.; VERNON, M. W. *Physical Properties of Materials*. Van Nostrand Reinold Co., 1981.
PHILLIPS, N. E. *Physical Review* 114 (1959) 676.
POOLE JR., C. P.; FARACH, H. A.; CRESWICK, R. J.; PROZOROV, R. *Superconductivity*. 2nd Edition. Academic Press, 2007.
REYNOLDS, C. A.; SERIN, B,; NESBITT, L. B. *Physical Review* 84 (1951) 691.
ROBERTS, B. W. *Journal of Physical and Chemical Reference Data* 5 (1976) 581.
SCHAWLOW, A. L.; DEVLIN, G. E. *Physical Review* 113 (1959) 120.
SOTELO, G. G. *et al. IEEE Transactions on Applied Superconductivity* 25 (2015) 3601005.
WESCHE, R. *High-temperature superconductors*, in Springer Handbook of Electronic and Photonic Materials, Eds.: S. Kasap e P. Capper, Springer International Publishing, 2017.
STEPHAN, R. M. *Ciência Hoje* 55 (2015) 325.

EXERCÍCIOS

1. a) Considere um anel supercondutor raio r constituído por um fio de diâmetro d percorrido por uma corrente i. A resistência R do anel se relaciona com a resistividade p de acordo com $R = p\ (l / A)$, em que l é o comprimento, e A é a área da seção reta do fio. A indutância L do anel é dada por $L = \mu_0 r/n\ (r / d)$ (no caso em que $d \ll r$).
   b) Obtenha a expressão para o tempo característico τ de decaimento da corrente em função das características do sistema.
   c) Suponha valores realistas para os parâmetros do problema e estime o intervalo de tempo necessário para a corrente decair 1% em relação a seu valor inicial, considerando um valor resistividade do material supercondutor $p = 1{,}0 \times 10^{-26}$ Ω.m.
   d) Discuta a possibilidade de alterar os parâmetros do problema, de forma a se obter um intervalo de tempo mensurável do ponto de vista prático.

2. Considere um sistema físico de dois níveis de energia E_1 e E_2 contendo um número muito grande de partículas $N\ (N \gg 1)$ que obedecem à estatística de Maxwell-Boltzmann.
   a) Obtenha a energia do sistema de dois níveis, $E = \dfrac{1}{N} \sum E_i$
   b) Observação: de forma a simplificar a solução, tome um dos níveis de energia como referência (zero de energia).
   c) Obtenha uma expressão para o calor específico do sistema, $c_V = \dfrac{\partial E}{\partial T}$
   d) Faça um gráfico para a dependência do calor específico com a temperatura $c_V = c_V(T)$.
   e) Como o calor específico $c_V(T)$ se comporta quando a temperatura tende a zero?

3. Conforme foi dito no texto, a temperatura crítica do LaH_{10} a alta pressão é $T_C = 250$ K. No entanto, quando o hidrogênio é substituído por deutério a temperatura crítica diminui para $T_C = 180$ K (veja figura 9.19).
   a) Verifique se essa variação de temperatura crítica está de acordo com o efeito isotópico.
   b) Uma vez que a temperatura crítica do H_3S a alta pressão é $T_C = 203$ K, obtenha o valor de T_C para o D_3S, supondo que o efeito isotópico vale para esse composto.

4. A partir da equação de movimento 9.13, deduza a primeira equação de London (9.14) e, em seguida obtenha a Equação 9.15.

5. A partir da Equação 9.15, deduza a segunda equação de London (9.16) e, em seguida obtenha a Equação 9.17.

6. Conhecendo o valor da profundidade de penetração de London no nióbio a T = 0 K, λ_L = 52 nm, obtenha a profundidade de penetração nesse metal nas seguintes temperaturas:
   a) 1,0 K
   b) 4,2 K
   c) 9,0 K

7. A partir da Equação 9.23 para a profundidade de penetração de London, obtenha a expressão para o campo magnético crítico (Equação 9.24).

8. Um supercondutor carrega uma densidade de corrente $J = 8{,}0 \times 10^{10}$ A/m^2. Obtenha a velocidade de deriva dos pares de Cooper, supondo a densidade de pares igual a $2{,}5 \times 10^{28}$ m^{-3}. Compare com a velocidade de deriva típica dos elétrons em um metal normal (veja Capítulo 4).

9. Utilizando Equação 9.27 e os valores para a temperatura de Debye e a velocidade de Fermi dados nas Tabelas 3.4 e 4.3, respectivamente, estime a distância entre os elétrons do par de Cooper no caso dos seguintes metais supercondutores:
   a) Hg
   b) Pb
   c) Nb
   d) Al

10. Estime o número de pares de Cooper existentes no "volume ocupado" por um par de Cooper no caso do nióbio, considerando um número de elétrons de condução igual a um elétron por átomo.

11. Calcule o *gap* dos supercondutores a seguir utilizando a expressão da teoria BCS (Equação 9.28):
   Tipo I:
   a) Al
   b) Hg
   c) Pb
   d) Ta

Tipo II:

a) Nb
b) V_3Si
c) YBCO

Compare os valores obtidos com os valores tabelados e conclua.

12. A partir dos valores do *gap* de energia, obtenha o comprimento de onda máximo da radiação absorvida (limiar de absorção) pelos supercondutores abaixo. Consulte a Figura 8.1 e especifique em que região do espectro esta radiação se situa:
    a) Al
    b) Hg
    c) Ir
    d) Pb
    e) Nb

CAPÍTULO 10
Nanomateriais

A imaginação deve dar asas aos nossos pensamentos,
mas precisamos sempre de prova experimental decisiva;
e quando chega o momento de tirar conclusões
e interpretar as observações recolhidas,
a imaginação deve ser verificada e documentada
pelos resultados factuais do experimento.
(Louis Pasteur)

10.1 INTRODUÇÃO

No primeiro capítulo deste livro, comentamos em linhas gerais como o avanço do conhecimento científico e a consequente elaboração da teoria atômica e da estrutura da matéria permitiram estabelecer as bases para o desenvolvimento da moderna ciência dos materiais ao longo do século XX. Entretanto, a despeito do imenso avanço atingido pela ciência e pela engenharia de materiais nas últimas décadas, atualmente uma nova revolução começa a ocorrer nessas áreas. Trata-se do advento da nanociência e da nanotecnologia, e o consequente desenvolvimento dos nanomateriais.

Os nanomateriais são materiais que possuem alguma dimensão ou estrutura na escala nanométrica (1 a 100 nm, aproximadamente) e, por esse motivo, exibem propriedades diferenciadas, que não podem ser atingidas por materiais convencionais. Este capítulo se propõe a apresentar uma visão geral sobre esse assunto. Primeiramente, vamos definir o que é nanociência e nanotecnologia e discutir por que a nanoescala é capaz de conferir propriedades inovadoras aos nanomateriais. Na seção seguinte, faremos uma breve perspectiva histórica da evolução do conhecimento e da técnica relacionados a esta área, desde os tempos antigos até os dias de hoje. Em seguida, a classificação dos diferentes tipos de nanomateriais e suas tecnologias de fabricação será apresentada. Na parte final do capítulo, serão apresentados e discutidos diversos exemplos de nanomateriais, com ênfase nos nanomateriais de carbono, e suas respectivas propriedades mecânicas, térmicas, elétricas, magnéticas e ópticas.

10.2 NANOCIÊNCIA E NANOTECNOLOGIA

10.2.1 DEFINIÇÃO

A nanociência é o estudo de materiais e estruturas na escala nanométrica. A nanotecnologia é a aplicação desse conhecimento para manipular, controlar, produzir e utilizar a matéria na nanoescala. O objetivo da nanotecnologia é obter fenômenos e propriedades dependentes de tamanho e estrutura, distintos daqueles associados a átomos ou moléculas individuais ou que possam ser obtidos pela simples extrapolação a partir de tamanhos maiores do mesmo material. Dessa maneira, a nanotecnologia pressupõe que três aspectos fundamentais sejam contemplados simultaneamente:

a) A escala de tamanho deve ser nanométrica;
b) deve-se ter a habilidade de manipulação e controle da matéria nesta escala;
c) deve-se obter novos fenômenos e/ou propriedades.

Portanto, o objetivo fundamental da nanotecnologia é alcançar resultados que as tecnologias convencionais não podem atingir e que estejam relacionados a estruturas com dimensões na escala nanométrica intencionalmente produzidas ou fabricadas. Assim, embora desde muito tempo cientistas e técnicos tenham produzido ou utilizado materiais com dimensões diminutas que apresentam propriedades inovadoras, somente após o surgimento de sofisticadas técnicas de manipulação e visualização (microscopia) da matéria na escala nanométrica é que o conhecimento, o domínio e o desenvolvimento dos processos da nanotecnologia se tornou possível (veja Seção 10.3).

Outra característica muito importante da nanotecnologia é que a manipulação da matéria em sua escala mais fundamental ultrapassa as barreiras entre as áreas do conhecimento convencionais, como física, química, biologia e ciência dos materiais, e faz com que a nanotecnologia seja um ponto de convergência, tornando as divisões tradicionais entre estas áreas permeáveis. Isso permite que, para o seu desenvolvimento, a nanotecnologia associe conhecimentos e técnicas das diferentes áreas para, dessa forma, atingir resultados totalmente novos, ou mesmo revolucionários.

A escala nanométrica é definida como aquela com dimensões situadas entre aproximadamente 1 e 100 nm. A Figura 10.1 mostra em escala logarítmica alguns objetos, organismos, animais e estruturas naturais ou não, dispostos de acordo com suas dimensões características, iniciando pelo tamanho do próprio ser humano (~ 1 m) e finalizando com um átomo de hidrogênio (~ 0,1 nm). Essa figura situa a escala nanométrica em uma perspectiva de dez ordens de grandeza, desde a escala atômica até a escala macroscópica e mostra o quão distantes em termos de tamanho estamos da escala nano. Fica muito claro também que, enquanto é fácil perceber os objetos de maiores dimensões, nossos sentidos necessitam do auxílio de instrumentos ou equipamentos para observar objetos muito pequenos. Normalmente, o limite do olho humano se situa um pouco abaixo de 1 décimo de milímetro (~ 1×10^{-4} m = 100 μm = 1×10^{5} nm), ou seja, dentre os itens que aparecem na figura, podemos ver um fio de cabelo, mas não podemos visualizar células humanas, como as hemácias.

A Figura 10.1 também apresenta uma série de dispositivos eletrônicos posicionados de forma aproximada de acordo com suas dimensões mínimas características. Iniciando pelo tubo de raios catódicos, concebido em meados do século XIX, válvulas a vácuo, transistores, circuitos integrados, microprocessadores, até o transistor de um único átomo, o desenvolvimento da tecnologia eletrônica (microeletrônica/nanoeletrônica) segue uma trajetória de miniaturização crescente ao longo do tempo, demonstrando a inter-relação existente entre o avanço tecnológico e a miniaturização dos dispositivos eletrônicos (veja nota sobre a lei de Moore no Capítulo 5).

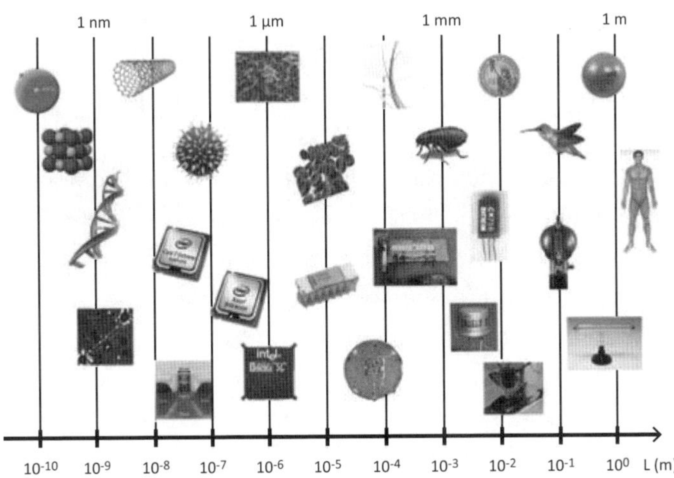

Figura 10.1 –Tamanhos de diversos objetos em escala logarítmica mostrando em perspectiva, animais, organismos e estruturas posicionados de acordo com suas dimensões características (em ordem de escala decrescente: ser humano, bola de ginástica, pássarinho, moeda, pulga, fio de cabelo, hemácias, bactérias, vírus, nanotubo, DNA, cristal e átomo de hidrogênio). Também estão apresentados dispositivos eletrônicos posicionados de acordo com suas dimensões mínimas (tubo de Geissler, válvula a vácuo, transistor de germânio, transistores bipolares, 1º circuito integrado, diferentes gerações de microprocessadores Intel – 4004, 486, Pentium II Xeon, Quad Core 2 Extreme – e o transistor de um único átomo).

10.2.2 CONSEQUÊNCIAS DA ESCALA NANO

A questão fundamental que deve ser colocada é a seguinte: por que a escala de tamanho é importante, e sua redução à escala nanométrica permite que novos fenômenos e propriedades sejam obtidos? A resposta a esta pergunta se divide em dois fatores, conforme veremos a seguir.

10.2.2.1 Efeitos de superfície

Quando estudamos as propriedades dos materiais nos capítulos anteriores, geralmente consideramos suas dimensões infinitas ou sendo constituídos por um número muito grande de átomos ($N \sim 10^{22} - 10^{23}$). Essas suposições têm como objetivo permitir que os efeitos de superfície possam ser desconsiderados, pois essas regiões apresentam características distintas do interior do material. Os átomos localizados na superfície de um material se encontram em uma configuração diferente dos átomos que se situam no seu interior, por um motivo simples: possuem um menor número de átomos vizinhos, ou, em outras palavras, o seu número de coordenação é menor. Dessa maneira, os átomos de superfície não estão sujeitos às mesmas condições para realizarem ligações químicas que os átomos do interior do material e, sendo assim, encontram-se em estados de energia distintos, apresentando características e propriedades diferentes dos demais.

No caso de um material macroscópico, o número total de átomos situados na superfície N_S é muito menor que o total N de átomos do sólido. Fazendo uma estimativa simples, considerando $N \sim 10^{23}$, então, $N_S \sim N^{2/3} \sim 10^{15}$ e, logo, $N_S / N \sim 10^{-8}$, ou seja, para cada bilhão de átomos, apenas 10 estão na superfície do material. Portanto, na maior parte dos casos, pode-se considerar uma boa aproximação desprezar os átomos de superfície. Entretanto, a superfície do material se torna progressivamente mais importante à medida que as dimensões e o número de átomos diminuem.

Um exemplo simples mostra como a área superficial relativa de um material aumenta (e, consequentemente, a parcela do número de átomos que ela contém) quando as suas dimensões diminuem. Um cubo sólido de, por exemplo, 10 cm de lado tem volume de 1.000 cm^3 (10^{-3} m^3) e 600 cm^2 (0,06 m^2) de área superficial. Mas, se esse mesmo cubo fosse dividido em cubos de 1,0 mm de lado, teríamos 1 milhão de cubos, cada um com uma área de 6,0 mm^2, perfazendo uma área superficial total de 60.000 cm^2 (= 6 m^2), mantendo o volume total inalterado. Caso dividíssemos em cubos de 1,0 μm de lado, teríamos 10^{15} cubos cada um com uma área de 6,0 μm^2, e a área total seria 6.000 m^2. Finalmente, se o cubo fosse dividido 10^{24} nanocubos de 1 nm de lado, cada um com 6 nm^2 de área, a área total de superfície total chegaria a 6.000.000 m^2.

Em lugar de calcular a área superficial (ou, alternativamente, a razão área/volume), muitas vezes é mais conveniente obter a fração de átomos situados na superfície, definida como:

$$f = \frac{N_S}{N} \tag{10.1}$$

Embora o valor de f dependa da forma e da estrutura cristalina do material, é fácil perceber que f é inversamente proporcional às dimensões do material ou objeto e, portanto, pode se tornar muito grande quando essas dimensões atingem a escala nanométrica. Para uma partícula esférica, a fração f pode ser aproximada convenientemente por:

$$f = \frac{4\pi r^2 r_o}{\frac{4}{3}\pi r^3} = \frac{6r_o}{d} \tag{10.2}$$

Em que d e r são, respectivamente, o diâmetro e o raio da partícula ou nanopartícula, e r_0 é a distância interatômica. No entanto, em geral, para que a partícula possa ser aproximada por uma forma esférica, é necessário que $d \gg r_0$. Assim, a relação 10.2 falha quando as dimensões da partícula se tornam muito pequenas; e, ademais, prevê que f tende a infinito quando o tamanho da partícula tende a zero, o que não é fisicamente razoável.

Supondo novamente, como já fizemos, uma partícula de forma cúbica com estrutura cristalina cúbica, podemos obter a fração f simplesmente computando todos os átomos situados nas 6 faces do cubo, tendo o cuidado de não contar duas vezes os átomos das 12 arestas e não descontar em duplicidade os átomos dos 8 vértices, assim:

$$f = \frac{6n^2 - 12n + 8}{n^3} = \frac{6}{N^{1/3}}\left(1 - \frac{2}{N^{1/3}} + \frac{8}{6N^{2/3}}\right) \cong \frac{6}{N^{1/3}} \cong \frac{6}{n} \tag{10.3}$$

Em que N é o número total de átomos da partícula cúbica, e $n = N^{1/3}$ é o número de átomos ao longo de uma aresta, que é proporcional ao tamanho da partícula cúbica.

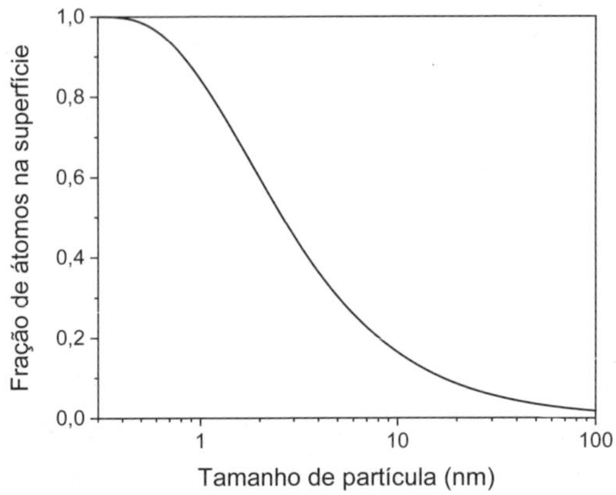

Figura 10.2 – Fração de átomos situados na superfície em função do tamanho de uma nanopartícula cúbica com estrutura cristalina cúbica e parâmetro de rede 0,30 nm (Equação 10.3).

A Figura 10.2 mostra como varia o valor de *f*, obtido pela Equação 10.3, em função do tamanho, para uma nanopartícula cúbica de parâmetro de rede $a = 0{,}30$ nm. Segundo essa estimativa, para $d = 100$ nm, alguns por cento dos átomos estão localizados na superfície. Uma partícula de tamanho $d = 10$ nm tem cerca de 16% dos átomos na superfície; em seguida, *f* cresce rapidamente; e para $d = 1{,}0$ nm são 85%. A partícula de tamanho $d = 2a$ contém 27 átomos, e apenas um deles não está na superfície, enquanto a menor partícula, com oito átomos e tamanho $d = a$, tem todos os seus átomos situados na superfície. Conforme já foi mencionado, entretanto, essas estimativas são dependentes da forma do nanomaterial considerado (veja Exercício 1). No caso de nanomateriais, como o grafeno ou nanotubos de carbono de parede única, por exemplo, 100% dos átomos estão na superfície, independentemente das dimensões do nanomaterial.

Fica claro que os nanomateriais têm uma área superficial relativa muito maior do que os materiais convencionais. À medida que a área superficial aumenta, uma parcela maior do material se encontra em uma configuração na qual ligações químicas estão insaturadas ou insatisfeitas, e/ou estão em contato com o ambiente externo, afetando diversas de suas propriedades físicas e químicas.

Conforme foi comentado, os átomos na superfície apresentam um número de coordenação menor, e, portanto, ligações insaturadas estão presentes na superfície. Essas ligações insatisfeitas representam um acréscimo à energia do sistema em relação à situação em que todas as ligações estão realizadas. Isso significa que, de modo geral, um nanomaterial é um material instável, pois não se encontra na situação mais favorável do ponto de vista energético, ou seja, não se encontra em seu estado de menor energia. Esse acréscimo de energia está relacionado à energia de superfície ou tensão superficial do material.

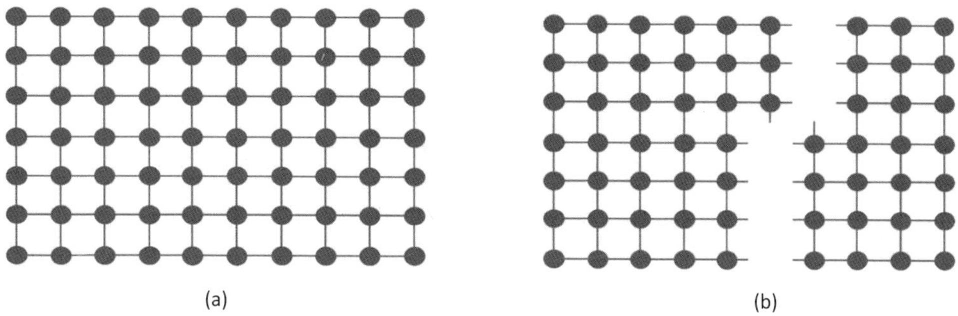

Figura 10.3 – Representação esquemática de um sólido em duas situações: (a) rede cristalina infinita perfeita com todas as ligações satisfeitas; e (b) quando as ligações são quebradas de forma a criar uma superfície.

Formalmente, pode-se definir a *energia de superfície* γ como a energia necessária para criar uma superfície de área unitária no material. A Figura 10.3 ilustra esquematicamente a diferença entre duas situações: um material com sua rede cristalina infinita perfeita, na qual todas as ligações estão satisfeitas (Figura 10.3a) e a situação em que algumas ligações foram quebradas, criando uma certa área de superfície (Figura 10.3b). A diferença de energia entre essas duas situações pode ser obtida de forma muito simples. Para isso, basta computar a energia necessária para romper as ligações. Sendo U_L a energia de ligação, a energia total necessária para cortar as ligações é NU_L, em que N é o número de ligações quebradas. No entanto, como ao se quebrarem as ligações são geradas duas superfícies, deve-se computar metade da energia para cada superfície, e, assim, a expressão para a energia de superfície é dada por:

$$\gamma = \frac{1}{2} N_s U_L \tag{10.4}$$

Nesse caso, N_S é o número de ligações por unidade de área superficial. As unidades mais comumente utilizadas para a energia de superfície ou tensão superficial são J/m^2 ou N/m. Deve-se deixar claro que esse é um modelo muito simples para a energia de superfície que fornece apenas uma estimativa em primeira aproximação. Entretanto, embora desconsidere outras contribuições importantes, como tensão mecânica, deformação ou mudanças estruturais da superfície, dentre diversas outras, esse modelo é adequado para os propósitos do presente texto.

Exemplo 10.1: estime a energia de superfície de um sólido considerando que a densidade de ligações por unidade de área é da ordem de $N_S \cong 10^{15}$ cm^2 e supondo uma energia de ligação $U_L = 3{,}0$ eV.

$$\gamma = \frac{1}{2} N_s U_L = \frac{1}{2} x1x10^{19} x3{,}0x1{,}6x10^{-19} = 2{,}4 J/m^2$$

Conforme mencionado, esse modelo despreza diversas contribuições (positivas e negativas) para a energia de superfície. Além disso, considera que todas as N_S ligações presentes na superfície estão insaturadas, situação pouco provável de ocorrer na realidade. A energia de superfície dos metais, de maneira geral, varia em uma faixa ampla, entre cerca de 0,1 a 3,0 J/m^2.

Assim, de acordo com a Equação 10.4, quanto maior for a fração de átomos na superfície de um nanomaterial, maior será a sua energia superficial. Esse fato tem consequências importantes para os nanomateriais. Por exemplo, implica que as nanopartículas apresentem uma tendência de se aglomerarem espontaneamente, de forma que a energia de superfície seja minimizada. Esse fenômeno pode ser compreendido mais facilmente dando-se um exemplo com líquidos: uma pequena porção de líquido forma uma gota esférica de maneira a reduzir sua área superficial relativa e diminuir sua energia de superfície (ou tensão superficial). Quando duas gotas líquidas entram em contato, tendem a unir-se (diz-se, que as gotas coalescem), formando uma única gota de volume maior e, portanto, menor área superficial relativa, diminuindo a energia de superfície do conjunto. Esse é um processo que acontece espontaneamente, pois ocorre no sentido de diminuir a energia do sistema. Quando se trata de nanopartículas, a aglomeração ocorre espontaneamente, caso não se tomem providências no sentido de evitá-la. Portanto, um desafio constantemente encontrado no desenvolvimento de nanomateriais é a superação da energia da superfície para impedir que as nanoestruturas aumentem de tamanho, por aglomeração, impulsionadas pela redução da energia de superfície.

10.2.2.2 Efeitos de confinamento quântico

O segundo fator que contribui para a obtenção de novos fenômenos e novas propriedades na escala nanométrica provém dos efeitos quânticos que surgem quando as dimensões são muito reduzidas e podem modificar o comportamento da matéria. Esses efeitos, conforme foi visto no Capítulo 1, são principalmente efeitos de confinamento quântico, em que um determinado sistema físico apresenta estados de energia discretos e dependentes de suas dimensões, e efeitos relacionados ao princípio de incerteza, que estabelece que não é possível conhecer simultaneamente os valores exatos da posição e do momento linear de uma partícula ou de um sistema de partículas. Os efeitos quânticos, de uma maneira geral, são inversamente proporcionais às dimensões do sistema (veja Seção 1.3.6), de forma que se tornam mais pronunciados à medida que as dimensões se tornam menores.

Conforme vimos nos capítulos anteriores, efeitos quânticos definem os estados de energia no interior dos materiais, determinando suas propriedades. A distribuição em energia dos estados de valência e de condução (densidade de estados) e a sua ocupação por elétrons, em última análise, definem se um material é isolante, semicondutor ou metálico (veja Capítulo 5) e, consequentemente, suas propriedades elétricas, eletrônicas, ópticas etc.

A distribuição em energia dos estados e sua ocupação, entretanto, são dependentes das dimensões ou da escala. A Figura 10.4 ilustra essa ideia de forma esquemática, no caso de um sistema de átomos metálicos. No lado direito, está representado o sistema no limite de um número muito grande de átomos, o limite macroscópico. Nesse limite, temos um metal convencional com sua banda de condução, constituindo um quase contínuo de estados parcialmente ocupada por elétrons, no interior do qual se situa no nível de Fermi. À medida que o sistema diminui de tamanho, o número de átomos N também diminui, e o número de estados decresce correspondentemente. A largura do intervalo de estados (banda) de energia, entretanto, não diminui proporcionalmente a N. Assim, o espaçamento entre níveis de energia aumenta progressivamente. Enquanto a diferença de energia entre níveis consecutivos for pequena em relação à energia térmica, as cargas podem se movimentar de um estado para outro, e o conjunto (aglomerado ou *cluster*) de átomos tem um comportamento metálico. Em algum estágio, entretanto, o espaçamento entre níveis se torna maior que a energia térmica disponível, k_BT. Nessa situação, o aglomerado sofre uma mudança de comportamento metálico (condutor) para não metálico (isolante), pois não é mais possível as cargas se deslocarem. Dessa forma, aglomerados pequenos podem apresentar características isolantes, mesmo sendo constituídos por átomos de elementos metálicos. Finalmente, diminuindo-se ainda mais as dimensões do sistema, tem-se no limite oposto, do lado esquerdo da Figura 10.4, a situação de um número pequeno de átomos metálicos isolados com seus níveis discretos de energia.

Uma consequência extremamente importante dos efeitos quânticos na nanoescala é que estes podem ser ajustados por meio do controle das dimensões e/ou da forma dos nanomateriais, de maneira que as suas propriedades podem ser ajustadas de acordo com a finalidade ou aplicação desejada.

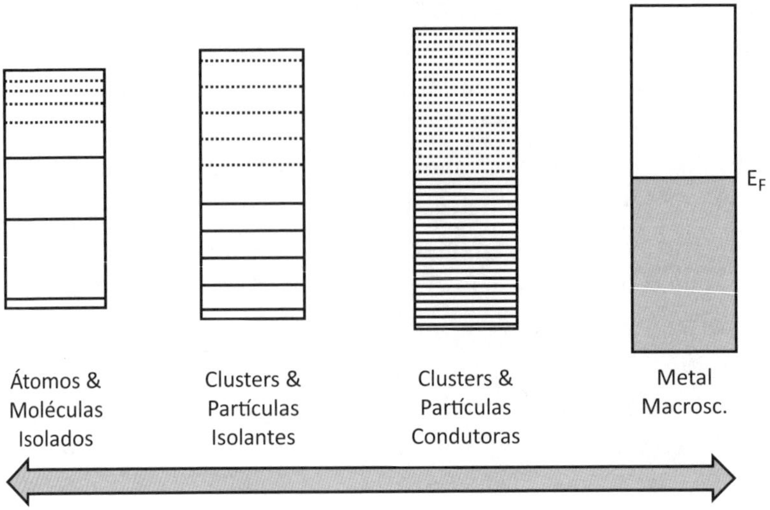

Figura 10.4 – Representação esquemática do efeito de escala sobre os estados de energia de um sistema de átomos metálicos. Os estados ocupados são representados por linhas cheias, e os estados desocupados, por linhas tracejadas.

10.3 BREVE HISTÓRICO DA NANOTECNOLOGIA

A nanotecnologia surgiu há poucas décadas, mas o desenvolvimento de tecnologias que tem como base fenômenos que ocorrem na escala nanométrica é, com certeza, muito mais antigo. Nesta seção, vamos apresentar uma visão geral, embora muito resumida, do desenvolvimento dessas tecnologias através da história até os dias atuais, dando especial ênfase ao desenvolvimento de nanomateriais.

O negro de fumo é um pó constituído por carbono puro, obtido a partir da combustão parcial de matérias-primas à base de carbono, que apresenta uma variedade de tamanhos de partículas, desde dezenas a centenas de nanometros, e diferentes estruturas, que lhe confere uma grande diversidade de aplicações. Dentre suas propriedades, sua refletância muito baixa da luz visível, que propicia um tom negro intenso, é sua principal característica, que faz com que seja utilizado como pigmento de tintas desde a pré-história. Pinturas nas paredes de cavernas da Era Paleolítica são certamente o uso mais antigo conhecido. O negro de fumo também era produzido na China desde cerca de 3000 a.C., a partir da queima de óleos vegetais e da coleta do carbono em um recipiente de cerâmica, embora também fosse produzido pela queima de madeira, osso e marfim. A tinta nanquim, uma suspensão aquosa de negro de fumo estabilizada por uma resina (goma arábica), para que as nanopartículas não se aglomerem, foi desenvolvida há mais de dois mil anos na região da cidade de Nanjin e é utilizada por desenhistas até os dias de hoje. No antigo Egito, também se utilizava o negro de fumo como pigmento para tintas e lacas.

Também no Egito, entre dois e quatro mil anos atrás, empregava-se uma interessante técnica para tintura de cabelos brancos, que consistia em sucessivas aplicações de uma pasta contendo uma mistura de óxido de chumbo e cal reduzida em um pouco de água. Após a aplicação, o cabelo tornava-se negro devido à formação de nanocristais de galena (sulfeto de chumbo, PbS) com tamanho de cerca de 5 nm, muito semelhantes aos chamados "pontos quânticos" produzidos pela nanotecnologia moderna.[1] As nanopartículas de PbS se formam a partir da reação entre o chumbo, proveniente da pasta aplicada, e o enxofre existente nos aminoácidos que compõem a queratina presente no próprio cabelo. Por outro lado, um cosmético para os olhos denominado *kajal* é utilizado desde a antiguidade na Índia, provavelmente desde 1000 a 1500 a.C., como também no Egito e algumas outras regiões da África. Além dos seus óbvios efeitos estéticos, existe a crença de que este produto seja saudável para os olhos e eficaz contra determinadas enfermidades. Em geral, sua preparação é muito simples e realizada no ambiente doméstico pela combustão em uma lamparina de óleos vegetais de algodão ou coco, entre outros. Recentemente, observou-se que o *kajal* apresenta uma estrutura em forma de rede de nanotubos e nanofios de carbono. Entretanto, uma relação entre essas nanoestruturas de carbono e os seus eventuais efeitos terapêuticos não foi estabelecida.

A produção de vidros coloridos pela adição de partículas metálicas teve início ainda na Idade do Bronze, por volta de 1500 a.C., sendo que pigmentos à base de cobre foram dos primeiros corantes utilizados para a fabricação desses materiais. Alguns vidros produzidos no final da Idade do Bronze (1200 – 1000 a.C.), encontrados em escavações na região do norte da Itália, têm um aspecto visual muito interessante, com dupla coloração, sendo seu interior constituído por um vidro azul, que se deve à presença de nanopartículas de óxido de cobre (óxido cuproso, Cu_2O), e uma camada superficial de coloração vermelha, que resulta da presença de nanopartículas de cobre metálico. A análise desses vidros revelou que, por meio de um cuidadoso ajuste das condições de produção, foi possível controlar a formação e o estado de oxidação das nanopartículas de cobre e, consequentemente, a coloração das diferentes regiões do material. A Figura 10.5 mostra uma micrografia obtida por microscopia eletrônica de transmissão de uma nanopartícula de cobre metálico observada em um dos vidros encontrados. Nanopartículas de cobre metálico também são responsáveis pela coloração vermelha de inúmeros outros achados arqueológicos, como vidros celtas opacos esmaltados encontrados na Europa Central e Ocidental, datados entre os séculos IV e I a.C., peças de mosaicos romanos do século IV, dentre outros.

1 A descoberta e desenvolvimento dos pontos quânticos motivou o Prêmio Nobel de Química de 2023 conferido a M. G. Bawendi, L. E. Brus e A. Yekimov.

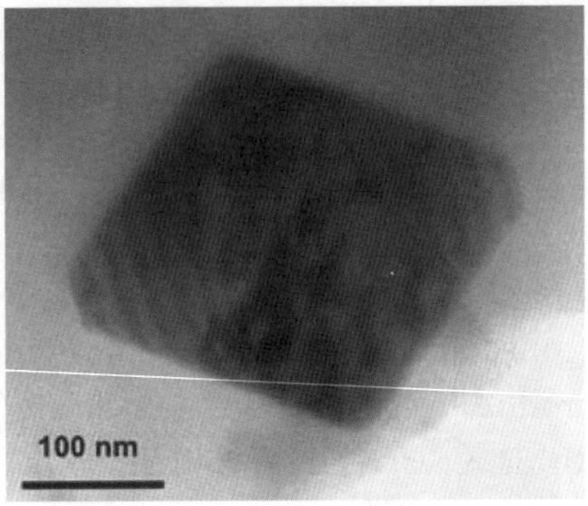

Figura 10.5 – Micrografia obtida por microscopia eletrônica de transmissão de uma nanopartícula de cobre metálico no interior de um vidro produzido no norte da Itália durante a Idade do Bronze.

Fonte: Angelini, 2004.

Uma taça do século IV que descreve a morte do rei Lycurgus da Trácia é um exemplo espetacular do uso de nanopartículas no interior de vidros para controle de suas propriedades ópticas. A chamada "taça de Lycurgus", que faz parte da coleção do Museu Britânico, quando iluminada por luz refletida, tem uma cor esverdeada opaca, que lembra o jade; mas quando é iluminada por luz transmitida, torna-se translúcida e apresenta uma intensa coloração vermelho-rubi (Figura 10.6). Esse fenômeno, denominado *dicroísmo*, nesse caso, é causado pela presença de nanopartículas compostas por prata (66,2%), ouro (31,2%) e cobre (2,6%) de tamanhos entre cerca de 50 e 100 nm. A combinação das propriedades de absorção e espalhamento de luz por essas nanopartículas determinam suas diferentes cores, sendo o ouro, principalmente, responsável pela aparência avermelhada por transmissão, e a prata pela reflexão esverdeada. As dimensões dessas partículas devem ser suficientemente pequenas para resultar no efeito vermelho-rubi por transmissão, mas também grandes o suficiente para ter opacidade à luz, quando esta incide diretamente. Sabe-se que o espalhamento de luz é proporcional à sexta potência das dimensões da partícula, enquanto a absorção cresce linearmente (veja Capítulo 8). Assim, à medida que o diâmetro da partícula aumenta, o espalhamento de luz torna-se mais importante relativamente à absorção, de forma que é necessário ter um controle estrito do tamanho das nanopartículas para se obter o efeito óptico desejado. Conclui-se, assim, que a taça de Lycurgus foi produzida contendo nanopartículas de tamanho extremamente bem controlado e na proporção certa para que o espetacular efeito de dicroísmo possa ser observado.

(a)

(b)

Figura 10.6 – A taça de Lycurgus iluminada por (a) luz refletida e (b) luz transmitida.

Fonte: Freestone, 2007.

O azul maia é um pigmento de tonalidade próxima ao anil ou ao índigo (veja as cores espectrais na Tabela 8.1) utilizado desde o século VI pela cultura maia na região da América Central e após a Invasão Espanhola, durante os séculos XVI e XVII, na Espanha, e até o século XIX, em Cuba, sob o nome de "azul havana". É um material composto orgânico-inorgânico que resulta da mistura do índigo (ou anil), um corante orgânico natural (de fórmula química $C_{16}H_{10}O_2N_2$) derivado da planta de mesmo nome, com uma argila mineral (paligorsquita ou atapulgita). Esse pigmento, descoberto no início do século XX, despertou a atenção por manter sua coloração vibrante mesmo após centenas de anos (Figura 10.7). Além disso, é extremamente resistente a diferentes agentes agressivos, como temperaturas até cerca de 250 °C, exposição a álcalis e ácidos concentrados fortes, como ácido nítrico fervente e água-régia, bem como a solventes orgânicos, agentes oxidantes e redutores, e à luz ultravioleta. A extrema estabilidade desse pigmento está relacionada à estrutura complexa da argila, que apresenta uma estrutura de camadas de alta porosidade na escala nanométrica. Dessa forma, quando o pigmento é preparado nas condições adequadas, a argila captura, mantém e protege as moléculas do corante em sua estrutura inorgânica, estabilizando o pigmento e prevenindo contra a degradação química, térmica ou biológica. Recentemente, pesquisadores descobriram um pigmento de cor amarela que foi denominado "amarelo maia", com características muito semelhantes às do azul maia.

Figura 10.7 – Detalhe de um mural da cultura Maia, cujo fundo foi colorido utilizando o pigmento azul maia.

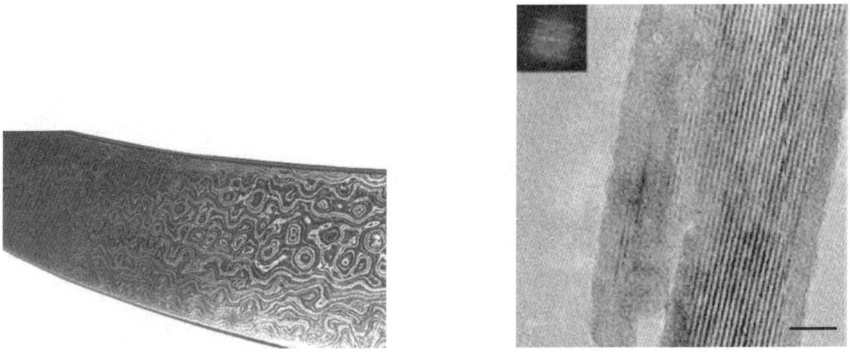

(a) (b)

Figura 10.8 – (a) detalhe de uma lâmina de aço de Damasco forjada no século XVIII e (b) micrografia obtida por microscopia eletrônica de transmissão mostrando nanofios de cementita encapsulados por nanotubos de carbono (barra de escala, 5 nm).

Fonte: Reibold, 2006.

As lâminas de aço de Damasco se tornaram famosas no Ocidente desde a época das Cruzadas, nos séculos XI a XIII, quando os exércitos cristãos saíram da Europa Ocidental rumo às regiões da Palestina e de Jerusalém, com o intuito de enfrentar os muçulmanos e tomar posse desses territórios. A fama dessas lâminas se deve não apenas às suas propriedades mecânicas de alta resistência mecânica, elasticidade e corte excepcionais, mas também à sua aparência (Figura 10.8a), que, na época, levou os ferreiros europeus a gravarem ou cobrirem a superfície das lâminas de suas espadas com filigranas, para simular o mesmo aspecto. Esse aço era produzido na Pérsia (e não em Damasco), provavelmente desde tempos pré-históricos, a partir de tarugos do chamado aço de Wootz, proveniente do sul da Índia e do Sri Lanka, por meio de um sofisticado processo que adicionava ingredientes naturais específicos à composição química singular de sua matéria-prima. A aparência desse aço de alto conteúdo de carbono se deve a uma estrutura que alterna regiões ricas em ferrita (ferro de estrutura cúbica de corpo centrado ou ferro alfa) com outras ricas em cementita (carbeto de ferro, Fe_3C) de uma maneira única. Suas excelentes propriedades são hoje relacionadas à presença de nanotubos de carbono e nanofios de cementita (Figura 10.8b) em sua estrutura, que possivelmente tem origem nos ingredientes orgânicos utilizados em sua fabricação.

A arte cerâmica atingiu grande desenvolvimento no Islã medieval, e o alto grau de sofisticação da cerâmica islâmica pode ser comprovado analisando-se a técnica do brilho metálico (*metallic luster*). Essa técnica, que se desenvolveu no Oriente entre os séculos IX e XII, consiste em produzir uma película fina de nanopartículas de prata e cobre, logo abaixo da superfície da cerâmica, que dá origem a um efeito iridescente marcante e muito brilhante. Supõe-se que a técnica foi desenvolvida como forma de se obter o brilho dourado sem utilizar o ouro, pois, de acordo com as leis islâmicas, esse metal precioso seria exclusivo para uso em objetos sagrados. Outra característica surpreendente dessas cerâmicas, além do brilho metálico, é a mudança de cor de acordo com o ângulo de iluminação ou observação. Por exemplo, uma camada que sob iluminação difusa (ou luz espalhada) apresenta cor verde ou marrom; sob luz direta (ou reflexão especular), pode apresentar um brilho metálico colorido, que pode ser amarelo-dourado, azul, verde, rosa etc. (Figuras 10.9a e b).

As propriedades ópticas dessas cerâmicas dependem de diversos fatores, da natureza das nanopartículas, suas dimensões, concentração, distribuição, espessura da camada e composição da matriz cerâmica. As nanopartículas presentes no material têm diâmetros na faixa de 2 a 50 nm, aproximadamente, e as camadas podem ter de 100 nm a 1 μm de espessura. A densidade da distribuição de nanopartículas pode variar com a profundidade em relação à superfície, dando origem a um complexo fenômeno de espalhamento e interferência que resulta no efeito óptico observado. A Figura 10.9c apresenta uma micrografia obtida por microscopia eletrônica de transmissão da seção transversal de uma cerâmica do século XII encontrada no Egito, na qual foram produzidas duas camadas de nanopartículas de prata e cobre, com espessuras e distância entre elas de dimensões comparáveis ao comprimento de onda da luz visível (~ 500 nm).

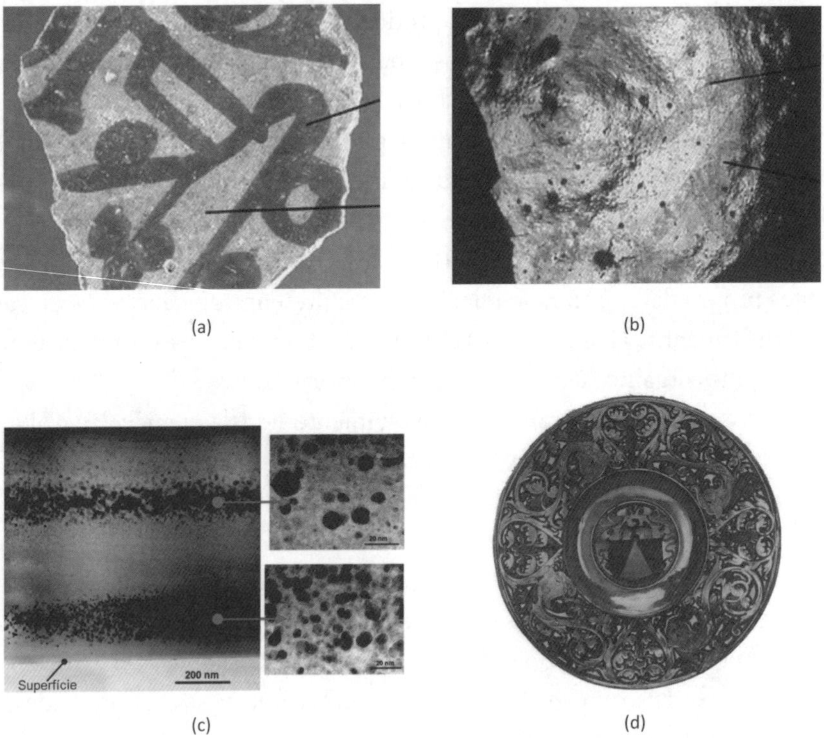

Figura 10.9 – Detalhe de uma cerâmica do século XII encontrada no Egito, evidenciando a mudança de coloração de acordo com a iluminação sob (a) luz espalhada ou (b) reflexão especular. (c) Micrografia obtida por microscopia eletrônica de transmissão da seção transversal da mesma cerâmica, mostrando a presença de duas camadas de nanopartículas de prata e cobre, onde a superfície da cerâmica corresponde à parte inferior da imagem. (d) Cerâmica de Giorgio Andreoli, conhecido como "Maestro Giorgio", região da Úmbria, Itália, 1524.

Fonte: Sciau, 2009; Coutts, 2001.

É importante observar que esses fenômenos ópticos e as colorações resultantes têm origem em características estruturais dos materiais, e não em sua composição química, o que lhes confere grande estabilidade e durabilidade. A habilidade de produzir materiais com características complexas e precisas desenvolvida pelos artesãos islâmicos medievais foi parcialmente perdida. As tentativas modernas de se recriarem esses materiais não obtiveram sucesso em apresentar as mesmas características. Tais técnicas, entretanto, difundiram-se para o Egito, a Espanha e, depois, para a Itália, onde foram aperfeiçoadas, atingindo alto grau de sofisticação durante os séculos XV e XVI. Os ceramistas italianos produziram belíssimos efeitos de brilho vermelho e dourado utilizando nanopartículas metálicas de cobre e prata com dimensões entre 5 e 100 nanômetros (Figura 10.9d).

Os vitrais das catedrais da Europa Medieval são um exemplo do desenvolvimento em larga escala de uma tecnologia que empregava nanopartículas. Esses vitrais de diferentes colorações tiveram origem ainda durante primeiro milênio da Era Cristã, mas se difundiram por toda a Europa a partir do século XII até o século XVI. Estima-se que, entre os anos 1250 e 1500, foram produzidas cerca de 40 mil toneladas de vidros na Europa, sendo uma parte substancial constituída por vidros para vitrais. O vermelho-rubi translúcido é um exemplo desses vidros de especial beleza, que utilizam nanopartículas de cobre metálico para obterem tal coloração (Figura 10.10a). Essas nanopartículas, entretanto, dão origem a uma absorção muito intensa, com pico situado em 565 nm, acompanhado de uma absorção larga em comprimentos de onda menores (Figura 10.10b), fazendo com que uma lâmina de vidro se torne extremamente escura ou totalmente opaca. Virtualmente todos os exemplares antigos de vidros vermelhos são opacos, com poucas exceções, como a taça de Lycurgus (que, como vimos, não emprega nanopartículas de cobre). Dessa forma, com o objetivo de obter a bonita coloração translúcida vermelho-rubi, estes vidros eram (e ainda são) fabricados com pelo menos duas camadas, sendo uma camada fina (~ 0,2 mm) de vidro vermelho colocada sobre uma outra camada grossa (2 a 3 mm) de vidro transparente ou levemente colorido, que serve de suporte para a primeira.

(a)

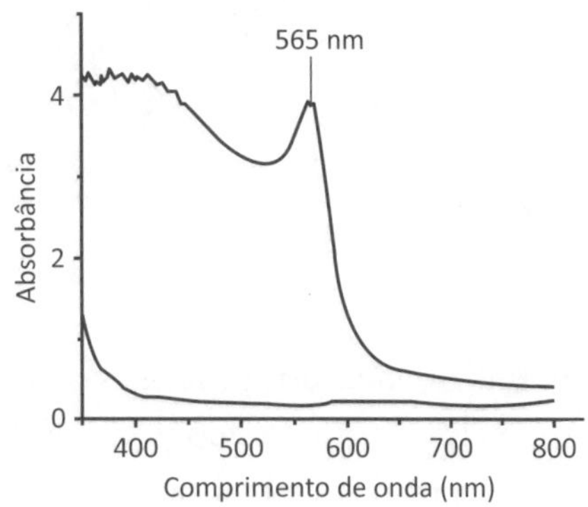

(b)

Figura 10.10 – (a) detalhe de um vitral do ano de 1444 procedente da região de Koblenz, Alemanha e (b) comparação entre o espectro de absorbância de um vidro transparente (espessura 1,64 mm) e de um vidro vermelho (espessura 0,2 mm) sobre vidro transparente.

Fonte: Hayward, 1969; Colomban, 2009.

No ano de 1449, o rei Henrique VI outorgou durante vinte anos ao vidreiro flamengo John Utynam a exclusividade da produção de vidros para vitrais em troca da prestação de serviços e treinamento de aprendizes dessa técnica que, até então, era desconhecida na Inglaterra. Essa foi uma das primeiras patentes concedidas na história e, com certeza, a primeira relacionada à produção de vidros. A produção de vidros coloridos contendo nanopartículas entrou em escala industrial graças à descoberta, por J. R. Glauber, de um processo simples de fabricação de vidros vermelhos com nanopartículas de ouro, em 1659. Esse processo se baseia na obtenção de sais de ouro utilizando água-régia (mistura de ácido nítrico e ácido clorídrico concentrados) e sua reação com cloreto de estanho para formar um pigmento vermelho-rubi, que ficou conhecido como "púrpura de Cassius" (*purple of Cassius*) (Figura 10.11). Após vinte anos dessa descoberta, o método foi adotado por J. Kunckel em uma fábrica de vidros em Potsdam, na Alemanha. A denominação pela qual o pigmento é conhecido até hoje, entretanto, se deve ao químico alemão A. Cassius, que publicou o livro *De Auro*, em 1685, no qual descreve em detalhe esse processo de síntese.

Figura 10.11 – Vidros vermelhos-rubi coloridos com o pigmento "púrpura de Cassius".

É evidente que os artistas, artesãos e técnicos que desenvolveram essas tecnologias não tinham ideia dos processos ou mecanismos que ocorrem nos materiais na escala nanométrica, nem mesmo na escala micrométrica, uma vez que não havia instrumentos que permitissem realizar observações nessas escalas. Assim, os métodos e técnicas utilizados para o desenvolvimento dessas tecnologias eram totalmente baseados no empirismo, na simples tentativa e erro, pois não havia como se obter conhecimento sobre os fenômenos envolvidos. Aos poucos, entretanto, essa situação começou a se transformar com o início da revolução científica.

Embora o uso de lentes para formar uma imagem aumentada dos objetos já fosse conhecido desde a Antiguidade, por volta do início do século XVII foi inventado o microscópio óptico composto, constituído por duas lentes, uma lente objetiva e uma ocular, dispostas no interior de um tubo. Muitos creditam essa invenção aos holandeses, H. Janssen e Z. Janssen, pai e filho fabricantes de lentes, mas não existe consenso a esse respeito. Embora essa invenção tenha representado um grande avanço, inicialmente os microscópios permitiam obter imagens de qualidade sofrível, com aumentos muito pequenos, de apenas 3x a 9x. Algumas décadas mais tarde, aumentos de 270x já eram possíveis, e o aperfeiçoamento das técnicas de fabricação de lentes resultou em imagens de melhor qualidade. Em 1667, R. Hooke (o mesmo que formulou a lei da elasticidade) publicou seu famoso livro *Micrographia*, com centenas de intrincados desenhos, em que reporta pela primeira vez na história observações de células vegetais.

A fotografia é um exemplo de emprego tecnologia na escala nano, que explora a sensibilidade à luz de partículas à base de prata. O filme fotográfico, como é conhecido hoje, é uma fina camada de gelatina contendo halogenetos (iodo, cloro e, principalmente, bromo) de prata e uma base de acetato de celulose transparente. A luz que incide sobre os grãos de sais de prata libera elétrons que migram para a superfície, onde se combinam com íons de prata para formar pequenos aglomerados de átomos de prata metálica, que absorvem luz visível e, assim, formam a imagem fotográfica (negativo). Em 1827 na França, J. Niépce produziu a primeira fotografia permanente, em um processo ainda muito rudimentar, que exigiu oito horas de exposição à luz. No ano de 1832, em Campinas, São Paulo, o francês H. Florence[2] desenvolveu, de forma independente, um método de formação de imagens com auxílio da luz utilizando nitrato de prata e cloreto de ouro, e a fixação dessas imagens com amônia, que ele próprio denominou de *photographie*, com resultados superiores ao de seus colegas franceses. Entretanto, sua descoberta terminou por cair no esquecimento, após a imprensa ter noticiado o "daguerreótipo", anunciado por L. Daguerre na Academia de Ciências da França, em 1839.

Faraday estudou a interação da luz com a matéria em meados da década de 1850. Durante esses estudos, produziu películas de ouro finas o suficiente para serem atravessadas por um feixe de luz, utilizando técnicas químicas no lugar dos tradicionais métodos mecânicos. Desse processo, resultava um líquido de cor levemente avermelhada que, ao ser atravessado pela luz, revelava o feixe bem definido pelo fenômeno de espalhamento. Assim, Faraday pôde concluir que o líquido continha partículas de ouro em suspensão, que eram pequenas demais para serem observadas diretamente, mas que espalhavam a luz. Esse efeito de espalhamento é conhecido hoje como *efeito Faraday-Tyndall.*[3]

A ideia de atuar ao nível atômico ou molecular da matéria foi provavelmente formulada pela primeira vez por J. C. Maxwell, em 1867, que imaginou um ente ou "demônio" que seria capaz de selecionar as moléculas de um gás de acordo com sua energia. Assim, o demônio seria capaz de separar as moléculas mais energéticas das menos energéticas, fazendo-as passar por uma abertura que liga dois recipientes, invertendo o fluxo de calor e, segundo Maxwell, violando a 2ª lei da termodinâmica. Atualmente, sabe-se que a 2ª

---

2 Antoine Hercule Romuald Florence, conhecido no Brasil como Hercule Florence.

3 As suspensões coloidais produzidas por Faraday, que contém partículas com tamanhos da ordem de centenas de nanometros, estão estáveis até os dias de hoje. Pode-se fazer o mesmo experimento que Faraday, passando um feixe de laser através do recipiente que está em exposição no Museu Faraday na Royal Institution, em Londres.

lei não é violada nessa situação, e diversas realizações do demônio de Maxwell já têm sido demonstradas experimentalmente.

Provavelmente o primeiro fenômeno dependente de escala, a redução do ponto de fusão de pequenas partículas e de materiais porosos, foi observado por W. Thomson (Barão Kelvin, mais conhecido como Lorde Kelvin) em 1871. Essa redução foi expressa em função do diâmetro das partículas ou dos poros pela conhecida relação de Gibbs-Thomson (veja Seção 10.4.4.2 adiante).

O desenvolvimento da lâmpada elétrica, por Thomas Edison e muitos outros, foi um imenso avanço tecnológico para a época. Para chegar a essa inovação, encontrar um material adequado para o filamento foi o principal desafio. O laboratório de Edison fez milhares de tentativas, com centenas de materiais diferentes, até encontrar o material mais adequado para a função. O material escolhido foi um filamento de carbono obtido a partir da carbonização em alto vácuo de um fio de algodão, que brilhou no interior da primeira lâmpada durante apenas 45 horas. Dez anos mais tarde, em 1889, T. V. Hughes e C. R. Chambers patentearam um método de fabricação de filamentos de carbono a partir da decomposição a alta temperatura de hidrocarbonetos gasosos, em que o carbono se deposita, formando os filamentos, e o hidrogênio é liberado. Essa técnica é hoje conhecida como *deposição química na fase vapor* (*chemical vapour deposition*, CVD). Segundo seus inventores, os filamentos assim produzidos, que são semelhantes aos nanotubos e nanofios de carbono produzidos nos dias de hoje, eram mais densos, homogêneos, resilientes e apresentavam maior durabilidade.[4] Atualmente, a técnica CVD é uma das mais utilizadas para a produção de nanotubos de carbono.

O período entre o final do século XIX e início do século XX marca uma fase de grande avanço no conhecimento científico e tecnológico (veja Seção 1.2.3) que propiciou um grande salto no entendimento do mundo microscópico. Estruturas menores que 4 nanometros foram observadas com sucesso no interior de vidros utilizando-se o "*ultramicroscópio*" desenvolvido por R. Zsigmondy e H. Siedentopf, em 1902. Esse microscópio utiliza o efeito Faraday-Tyndall para observar partículas com tamanho menor que o comprimento de onda da luz por meio da observação da luz espalhada. Zsigmondy, que recebeu o Prêmio Nobel de Química de 1925 por seu importante trabalho com soluções coloidais e os métodos experimentais utilizados, foi o primeiro a utilizar a denominação de "nanometro" para designar a fração de 1 bilionésimo do metro.

Como se sabe, a formação de imagens tem sua resolução limitada pelo fenômeno de difração e, portanto, pelo comprimento de onda da radiação utilizada. Assim, considerando-se o comprimento de onda de De Broglie (Equação 1.6), é fácil perceber que elétrons podem apresentar comprimento de onda muito menor que a luz visível, e,

4 *Manufacture of carbon filaments*, Patent US 405480 (1889).

portanto, teoricamente, imagens formadas a partir de feixes de elétrons poderiam ter resolução muito superior às imagens ópticas. O primeiro *microscópio eletrônico*, inventado por M. Knoll e E. Ruska, em 1931, produziu aumentos de apenas 400x, mas teve o mérito de demonstrar pela primeira vez que era possível manipular feixes de elétrons para formar imagens. Após dois anos, depois de diversos aperfeiçoamentos, o microscópio eletrônico já apresentava resolução superior à de qualquer microscópio ótico. O primeiro equipamento comercial foi produzido em 1938, com resolução de 10 nm. E. Ruska foi agraciado com o Prêmio Nobel de Física de 1986, junto com os inventores do STM (veja adiante). Em 1951, E. Müller desenvolveu o *microscópio de campo iônico*, que permite a obtenção de imagens com resolução em nível atômico (Figura 10.12).

Até meados da década de 1940, a eletrônica se baseava em *válvulas a vácuo*, com sérias limitações de tamanho, custo, consumo de energia, aquecimento, desempenho etc. Após o final da Segunda Guerra Mundial, a Bell Labs estabeleceu um grupo de pesquisa para tentar encontrar uma alternativa para essa tecnologia, no qual estavam envolvidos W. Shockley, W. Brattain e J. Bardeen. Em 1947, Bardeen e Brattain criaram o chamado transístor de ponto de contato (*point-contact transistor)* de germânio e demonstraram seu funcionamento em um circuito amplificador. Essa invenção não ganhou muita atenção até 1951, quando Shockley criou o transistor bipolar de junção, tecnologia que veio a ser adotada pela microeletrônica nas décadas seguintes. Shockley, Brattain e Bardeen receberam o Prêmio Nobel de Física de 1956 pela pesquisa em semicondutores e a descoberta do transistor. O transistor, ao contrário das válvulas, não precisava esquentar para entrar em funcionamento, gastava pouca energia, era barato, mas, acima de tudo, era pequeno. Poucos anos mais tarde, o desenvolvimento exponencial da indústria eletrônica, com a crescente miniaturização dos dispositivos, passou a ser a principal força motriz da nanotecnologia.

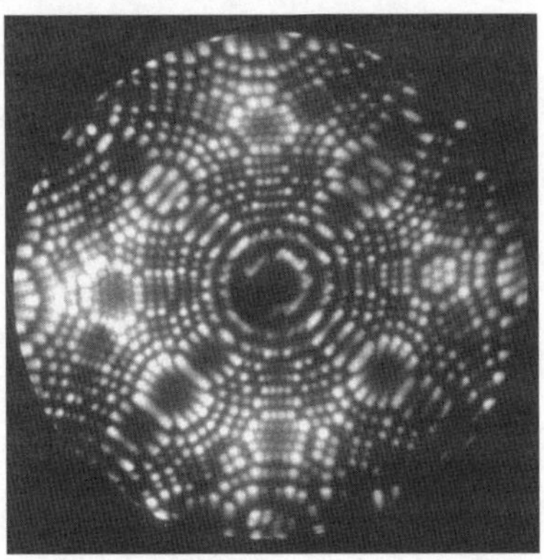

Figura 10.12 – Micrografia obtida por microscopia iônica de campo de uma ponta de agulha de platina. Cada ponto brilhante representa um átomo de platina. Imagem obtida à temperatura do hélio líquido (T = 4,2 K) em uma atmosfera mista de hélio-neônio.

Fonte: Müller, 1956.

Em 1956, A. R. Von Hippel introduziu o conceito de engenharia molecular, a partir do qual propôs uma mudança da abordagem tradicionalmente empregada no estudo dos materiais, de uma visão fenomenológica para uma investigação mais profunda da inter-relação entre as propriedades nas escalas micro e macroscópicas. Segundo Von Hippel, em lugar de selecionar materiais pré-fabricados com o objetivo de criar aplicações adequadas às suas propriedades macroscópicas, deve-se projetar e construir os materiais a partir de seus átomos e moléculas, para a finalidade pretendida, pois é possível atuar sobre as partículas para se obterem novas soluções de engenharia. A rigor, as ideias de Von Hippel contêm essencialmente os mesmos elementos que quatro anos mais tarde foram sugeridos por R. Feynman em sua famosa palestra e que constituem as bases da nanotecnologia.

O primeiro circuito integrado foi construído em 1958, na empresa Texas Instruments, por J. Kilby, dando início à lei de Moore (veja Figura 5.29). Kilby recebeu o Prêmio Nobel de Física de 2000 por esse desenvolvimento. No mesmo ano, L. Esaki observou o efeito túnel de elétrons por uma barreira isolante entre semicondutores, demonstrando pela primeira vez o efeito quântico no interior de materiais semicondutores.

No final do ano de 1959, R. Feynman proferiu a sua hoje famosa palestra na reunião anual da Sociedade Americana de Física, em que considera a possibilidade da manipulação direta de átomos para a síntese de materiais e a produção de máquinas na escala nanométrica a partir do arranjo de seus átomos individuais (Feynman, 1960). Embora essa palestra tenha sido publicada posteriormente em diferentes revistas, não despertou especial atenção na época e não apresentou influência direta sobre os desenvolvimentos científicos e tecnológicos ocorridos nesse campo nas décadas subsequentes. O reconhecimento da importância das ideias contidas na palestra de Feynman veio ocorrer a posteriori, a partir dos anos 2000.

Em 1965, G. Moore formulou a chamada lei de Moore, segundo a qual o número de transistores em um "chip" dobrava a cada dezoito meses. A partir de 1970 essa taxa se desacelerou, para dobrar a cada dois anos, aproximadamente, fazendo o tamanho dos dispositivos e seu custo diminuir de forma correspondente. Embora seja uma relação puramente empírica, essa tendência tem se mantido constante por mais de cinquenta anos (veja Nota: "Diminuí e multiplicai!" no Capítulo 5).

Em 1968, A. Y. Cho desenvolveu a técnica de epitaxia de feixe molecular (*molecular-beam epitaxy*, MBE), possibilitando pela primeira vez a síntese de materiais com controle de camadas atômicas, permitindo a produção de poços quânticos, multicamadas, super-redes, e outras estruturas. Essa técnica deu grande impulso à tecnologia de semicondutores, em particular, à área de dispositivos optoeletrônicos. A Figura 10.13 mostra uma micrografia obtida por microscopia eletrônica de transmissão da seção transversal de uma super-rede de GaAs/AlAs com período de 12 nm, aproximadamente. Dois anos mais tarde, L. Esaki e R. Tsu foram os primeiros a observar o confinamento quântico (veja Capítulo 1, Seção 1.3.6) em estruturas de camadas semicondutoras. O confinamento quântico em nanopartículas de CdS and CdSe (veja Figura 1.11) dispersas em vidros foi observado por A. I. Akimov somente em 1980.

O termo "nanotecnologia" foi utilizado pela primeira vez por N. Taniguchi em 1974, para designar a tecnologia de produção de dimensões muito pequenas e com precisão muito grande, ou seja, precisão da ordem de um nanometro. Nesse mesmo ano, M. A. Ratner e A. Aviram propuseram o conceito de eletrônica molecular, segundo o qual moléculas individuais poderiam se comportar como dispositivos eletrônicos, desempenhando funções lógicas e possibilitando a construção de computadores por meio da tecnologia *bottom-up*.

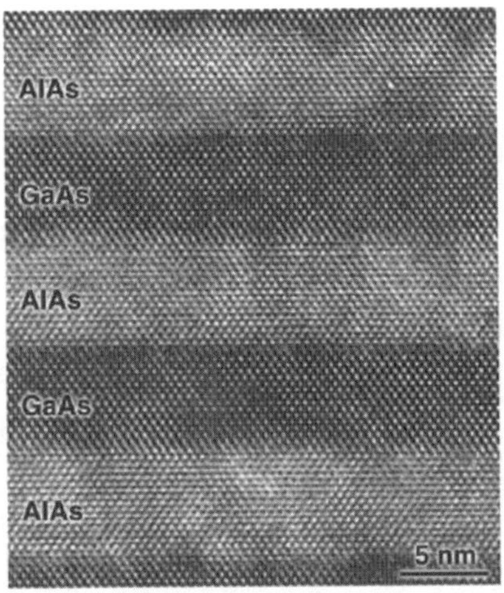

Figura 10.13 – Microscopia eletrônica de alta resolução de uma seção transversal de uma super-rede GaAs/AlAs.

Fonte: Gutakovskii, 1995.

Com uma série de grandes avanços e descobertas importantes, a década de 1980 marca o início do período de desenvolvimento da nanotecnologia propriamente dita. Em 1981, H. Gleiter propôs que as propriedades dos materiais mudariam dramaticamente em um sólido formado por partículas muito pequenas, tal que a fração de átomos localizados nas superfícies seja maior que 50%, pois esses átomos em configuração distinta, com menor número de coordenação, dominariam o material, resultando em novas propriedades. Gleiter, reconhecendo a influência da escala nas propriedades dos materiais, criou os termos *materiais nanoestruturados* e *materiais nanocristalinos*, e desenvolveu pesquisas nessas áreas.

Também em 1981, G. Binnig e H. Rohrer desenvolveram o microscópio de tunelamento de varredura (*scanning tunneling microscope*, STM) que permite obter imagens com resolução atômica e manipular átomos sobre a superfície de materiais. Nesse microscópio, a corrente de tunelamento através do vácuo entre uma ponta muito fina de tungstênio e a superfície de um material condutor ou semicondutor é monitorada à medida que a ponta varre a superfície. Conforme foi visto no Capítulo 1, a probabilidade de tunelamento varia exponencialmente com a largura da barreira (veja Nota: "Átomos no fim do túnel"). Assim, mantendo-se a ponta a uma altura menor que 1 nm em relação à superfície, cada décimo de nanometro de variação dessa distância, corresponde a uma grande variação na corrente de tunelamento (veja Capítulo 1, Exercício 35). Isso resulta em uma grande sensibilidade vertical, desde que o sistema tenha uma boa estabilidade mecânica. Para obter uma estabilidade vertical da ordem de 0,01 nm, a primeira versão do equipamento era dotada de um sistema de amortecimento mecânico e, além disso, era apoiada sobre magnetos permanentes que levitavam sobre um recipiente de chumbo supercondutor resfriado a hélio líquido. A resolução lateral melhor que 1 nm era garantida por uma preparação cuidadosa de pontas extremamente finas. Atualmente, os microscópios STM são compactos, versáteis e podem ser utilizados não apenas em vácuo, mas também em ar e até mesmo no interior de meios líquidos.

Em 1985, H. Kroto, R. Curl e R. Smalley descobriram o fulereno (C60), também conhecido como *buckyball*, a primeira forma alotrópica nanoestruturada do carbono. O fulereno é uma molécula com 60 átomos de carbono ligados em hibridização sp^2 com forma quase esférica, que lembra uma bola de futebol. A partir dessa descoberta, outras estruturas tridimensionais de carbono foram sintetizadas (como C70, C240, C540 etc.).

Em 1986, G. Binnig, C. Quate e C. Gerber desenvolveram o microscópio de força atômica (*atomic force microscope*, AFM). De forma análoga ao STM, essa técnica também utiliza uma ponta fina situada a uma distância muito pequena da superfície do material. Nesse caso, entretanto, não há corrente. A ponta interage com a superfície, sofrendo a ação de forças de atração e/ou repulsão e, portanto, desloca-se verticalmente. De forma a mensurar a força de interação, a ponta está fixada a uma pequenina alavanca (ou cantiléver), cuja constante elástica é conhecida. Assim, medindo-se o deslocamento de ponta, pode-se obter a força que atua sobre ela. No equipamento proposto originalmente, o deslocamento da ponta do AFM era monitorado por um STM acoplado, mas, algum tempo mais tarde, foi substituído por um sistema mais simples e prático, com um feixe de laser que incide sobre o cantiléver e é refletido e detectado por um sensor de posição. O AFM tem a capacidade de mensurar diversos tipos de forças intrínsecas aos materiais com sensibilidade até 10^{-15} N à temperatura ambiente (10^{-18} N a temperaturas criogênicas) e é capaz de obter imagens com resolução atômica da superfície tanto de materiais condutores, como de isolantes.

Em 1989, D. Eigler e E. Schweizer utilizaram o STM para manipular átomos sobre uma superfície e formar padrões ou estruturas (veja a Figura 1.10). A imagem da logomarca da IBM formada por 35 átomos de xenônio se tornou famosa em todo o mundo.[5] As primeiras empresas de nanotecnologia começaram a operar nos Estados Unidos também no final da década de 1980: Nanophase Technologies em 1989, Helix Energy Solutions em 1990, e, depois, Zyvex, em 1997, NanoTex em 1998 etc.

Em 1991, S. Iijima descobriu os nanotubos de carbono, que, como os fulerenos, são constituídos por átomos de carbono ligados em hibridização sp^2, mas apresentam uma forma tubular, com diâmetros que podem variar de alguns décimos a muitos nanômetros e podem ser constituídos por uma única parede, duas paredes ou múltiplas paredes.

Em 1999, C. A. Mirkin desenvolveu a técnica de litografia *dip-pen* com a ponta de um microscópio AFM para "escrever" diretamente sobre superfícies, utilizando diferentes tipos de "tintas", gravando padrões e estruturas com resolução até 15 nm.

Nos anos 2000, a microeletrônica entrou na nanoescala, pois circuitos integrados constituídos por dispositivos com dimensão mínima menor que 100 nm começaram a ser comercializados. Um transistor de um único átomo foi realizado por T. Schimmel no ano de 2004. Nesse dispositivo, a posição de um átomo de prata é controlada por meio da voltagem aplicada entre dois eletrodos, de forma a alterar o estado do transistor (*off*/*on* ou zero/um). Embora o tamanho de um único átomo seja o limite mínimo imaginável para uma tecnologia de estado sólido, o tamanho efetivo do transistor é muito maior, pois também inclui os eletrodos e está limitado pelas tecnologias de fabricação existentes.

Também no ano de 2004, A. Geim e K. Novoselov sintetizaram o grafeno. O grafeno é uma forma planar do carbono constituída por uma única camada de átomos hibridizados sp^2, de forma análoga a uma camada de grafite. As formas alotrópicas nanoestruturadas do carbono serão abordadas em mais detalhe adiante, na Seção 10.4.3.

Em 2006, J. Tour e equipe construíram um nanocarro constituído por uma molécula de oligo(fenileno-etinileno) com quatro rodas de fulerenos C60 e alcenos para fazerem o papel de eixos. Esse nanocarro é capaz de mover-se em resposta a um aumento de temperatura girando suas rodas de C60 sobre uma superfície de ouro, ou pode ser empurrado por uma ponta de STM. Uma corrida de nanocarros foi disputada em Toulouse, em abril de 2017, ao longo de uma pista de ouro de 100 nm de comprimento com a participação de seis equipes de veículos, que funcionavam estimulados por impulsos elétricos. A equipe da Suíça foi a vencedora, e o recorde de velocidade foi obtido pela equipe dos Estados Unidos e Áustria, com a velocidade de 95 nm/h.

Em 2010, a IBM criou um minúsculo mapa-múndi tridimensional, medindo 22 x 11 μm (Figura 10.14), tão pequeno que cerca de 3.250 mapas semelhantes poderiam ser gravados em apenas uma cabeça de alfinete. Nesse relevo, mil metros de altura cor-

5 Outra realização espetacular dessa técnica é o vídeo realizado pela IBM, considerado o menor filme do mundo: *A Boy and His Atom*. Disponível em: https://www.youtube.com/watch?v=oSCX78-8-q0. Acesso em: 10 nov. 2023.

respondem a aproximadamente 8 nm. Para isso, os técnicos utilizaram uma ponta de silício muito fina, medindo apenas alguns nanômetros no seu ápice, para desbastar um material polimérico. Essa técnica permite gravar padrões e estruturas de forma simples e barata, com precisão de até 15 nm. O processo de gravação do mapa foi realizado em apenas 2 minutos e 23 segundos.

Na última década, a nanotecnologia apresentou um desenvolvimento vertiginoso, com um número crescente de aplicações nas mais diversas áreas da tecnologia.

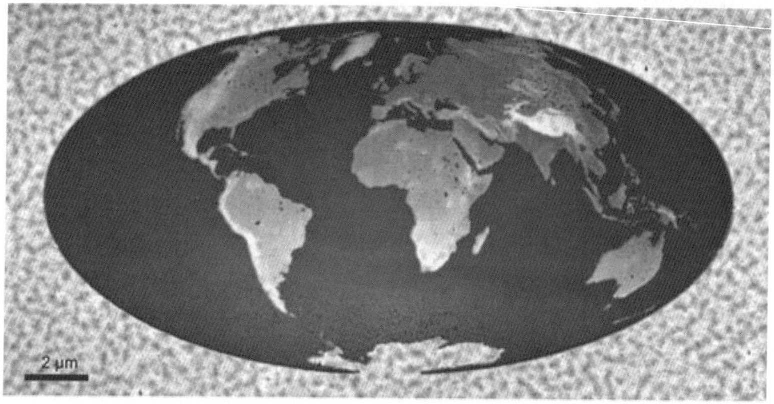

Figura 10.14 – Mapa-múndi tridimensional criado pela IBM, medindo 22 x 11 µm, gravado por uma ponta de silício muito fina em um material polimérico. Todo o processo de gravação do mapa foi realizado em apenas 2 minutos e 23 segundos.

Fonte: Knoll, 2010.

10.4 NANOMATERIAIS

10.4.1 CLASSIFICAÇÃO

Um nanomaterial pode ser definido como qualquer material que possua pelo menos uma dimensão externa, estrutura ou superfície interna na escala nanométrica. Os nanomateriais podem ser divididos em dois grupos:

a) *materiais nanoestruturados*, que apresentam estrutura interna ou estrutura de superfície na nanoescala, como materiais nanocristalinos, nanocompósitos, nanorrevestimentos, nanoaglomerados, nanoporosos, nanoespumas etc. Os materiais nanoestruturados não apresentam necessariamente dimensões externas na escala nanométrica; logo, podem ser materiais de dimensões macroscópicas;
b) *nano-objetos* (ou nanocoisas), que possuem pelo menos uma dimensão externa na nanoescala. Os nano-objetos são materiais tridimensionais discretos que

possuem pelo menos uma de suas dimensões externas na nanoescala. Em outras palavras, os nano-objetos, ao contrário dos materiais nanoestruturados, têm de necessariamente apresentar dimensões pequenas. Os nano-objetos são descritos com base em suas dimensões e sua forma, e podem ser classificados com base no número de dimensões que possuem na nanoescala:

- ▷ uma dimensão na nanoescala, como é o caso das nanofolhas e nanoplacas, sendo as nanoplacas de espessura maior que as nanofolhas. Os materiais bidimensionais, como o grafeno, compostos por apenas uma ou, eventualmente, algumas camadas atômicas, também se enquadram nessa categoria. Em alguns casos, mais uma dimensão do material pode se situar na nanoescala, mas deve, necessariamente, ser muito maior que a menor das dimensões, como é o caso de uma nanofita;
- ▷ duas dimensões na nanoescala, como é o caso de nanofios ou nanofibras, que são objetos com razão de aspecto (razão entre comprimento e diâmetro ou largura) muito grande; nanobastões, que possuem razão de aspecto pequena; e nanotubos, que são nanofios ou nanobastões ocos, podendo apresentar extremidades abertas ou fechadas;
- ▷ três dimensões na nanoescala, como nanopartículas e nanopontos (*nanodots*). As nanopartículas podem apresentar diversas formas geométricas, que, em geral, dependem de sua estrutura cristalina, e não apenas a forma esférica. Os nanopontos são nanopartículas de dimensões muito pequenas, em geral menores que 10 nm.

A Figura 10.15 resume de forma esquemática a classificação dos nanomateriais.

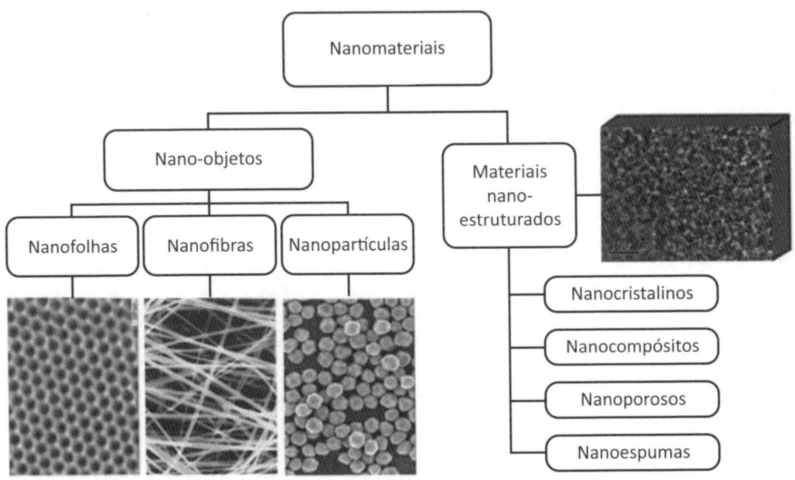

Figura 10.15 – Classificação dos nanomateriais nas diferentes categorias: materiais nanoestruturados e nano-objetos: nanofolhas, nanofibras e nanopartículas.

10.4.2 TECNOLOGIAS DE FABRICAÇÃO

Os nanomateriais podem ser produzidos ou fabricados por meio de uma infinidade de técnicas. Embora não haja neste texto espaço para discutir essas técnicas em detalhe, de uma maneira geral podemos classificar as tecnologias de produção dos nanomateriais em dois grandes grupos:

a) Abordagens *top-down* – nesse tipo de abordagem, utilizam-se técnicas de micro e nanofabricação para cortar, fracionar, deformar etc., um material macroscópico, de maneira a produzir estruturas na escala nanométrica. O termo expressa a ideia "de cima para baixo", uma vez que essa abordagem parte de dimensões macroscópicas para obter estruturas nanométricas. Um exemplo de tecnologia *top-down* é a microeletrônica, em que diversas técnicas são utilizadas para produzir estruturas de dimensões micrométricas e nanométricas em uma lâmina de silício para fabricar circuitos integrados. Exemplos de técnicas *top-down* são a produção de materiais metálicos nanocristalinos por deformação mecânica, moagem (ou cominuição) para produção de nanopartículas ou nanopós (veja Figura 1.11a), nanoestruturação de superfícies por feixes de laser, nanolitografia por feixes de elétrons ou de íons, produção de grafeno por meio da esfoliação mecânica ou química do grafite, dentre inúmeras outras.
b) Abordagens *bottom-up* – nesta categoria, as propriedades físico-químicas de átomos e/ou moléculas são utilizadas para a obtenção de estruturas moleculares e, com estas, construir estruturas mais complexas de dimensões nanométricas, ou mesmo acima. A síntese química, em todas as suas formas, seja em fase líquida ou fase gasosa, é um tipo de tecnologia *bottom-up*. Exemplos de técnicas *bottom-up* são a produção de nanotubos de carbono a partir do gás metano (CH_4) em alta temperatura, a síntese de nanopartículas em solução, a síntese pelo método sol-gel etc.

Em inúmeros casos, tanto as tecnologias *top-down* como *bottom-up* podem ser utilizadas para a obtenção de determinada estrutura ou material e, portanto, competem entre si, com vantagens e desvantagens para ambos os lados. Assim, por exemplo, a produção de nanopartículas pode ser realizada por moagem do material, que é uma técnica *top-down*, ou por síntese química em fase líquida, que é uma técnica *bottom-up*, sendo a escolha da técnica a ser utilizada dependente dos objetivos ou resultados desejados em cada caso específico. Também é possível unir as vantagens das técnicas *top-down* e *bottom-up* em um mesmo processo ou tecnologia de produção mais complexa envolvendo mais de uma etapa.

Conforme vimos na Seção 10.3, os avanços da nanotecnologia moderna estão em grande parte ligados à descoberta e ao desenvolvimento da tecnologia dos nanomateriais de carbono, como fulerenos, nanotubos e grafeno. Por esse motivo, na seção a seguir, vamos dar um enfoque especial a esses nanomateriais.

10.4.3 NANOMATERIAIS DE CARBONO

Os átomos de carbono apresentam uma grande versatilidade para realizar ligações químicas, que está relacionada ao fenômeno conhecido como hibridização de orbitais. Por esse motivo, o carbono puro pode apresentar distintas formas, os chamados *alótropos*, que se distinguem por suas distintas estruturas e diferentes maneiras com que os átomos se ligam entre si. O carbono tem número atômico $Z = 6$, pertence à coluna IV (grupo 14) da tabela periódica e, portanto, apresenta distribuição eletrônica $1s^2$, $2s^2$, $2p^2$. No fenômeno conhecido como hibridização sp^3, o orbital 2s se mistura com os três orbitais 2p, resultando em quatro orbitais sp^3 (veja Capítulo 5, Figura 5.2b), formando ligações covalentes σ espacialmente direcionadas (com ângulos de 128°28' entre si) segundo os vértices de um tetraedro regular, do qual o átomo ocupa o centro.[6] O sólido cristalino formado por átomos de carbono hibridizados sp^3 é o diamante, que apresenta a estrutura cristalina cúbica característica. O silício e o germânio, que pertencem à mesma coluna da tabela periódica que o carbono, também apresentam esses mesmos tipos de hibridização e estrutura. Na hibridização sp^2, o orbital 2s se mistura com dois orbitais 2p formando três orbitais híbridos sp^2, que realizam ligações covalentes σ no mesmo plano, com ângulos de 120° entre si, resultando na estrutura planar característica de outro alótropo do carbono, o grafite, enquanto o terceiro orbital 2p, que aponta na direção perpendicular, é responsável pela interação entre os planos. Finalmente, na hibridização sp, o orbital 2s se mistura com apenas um orbital 2p, formando um orbital híbrido sp e fazendo com que o átomo possa realizar apenas duas ligações covalentes em direções diametralmente opostas, com os outros dois orbitais 2p apontando nas direções perpendiculares. O carbino é o alótropo de carbono formado apenas por átomos hibridizados sp. A Figura 10.16 mostra os orbitais do átomo de carbono nos três tipos de hibridização.

6 O leitor que não está familiarizado com esses conceitos deve consultar qualquer bom livro de química básica.

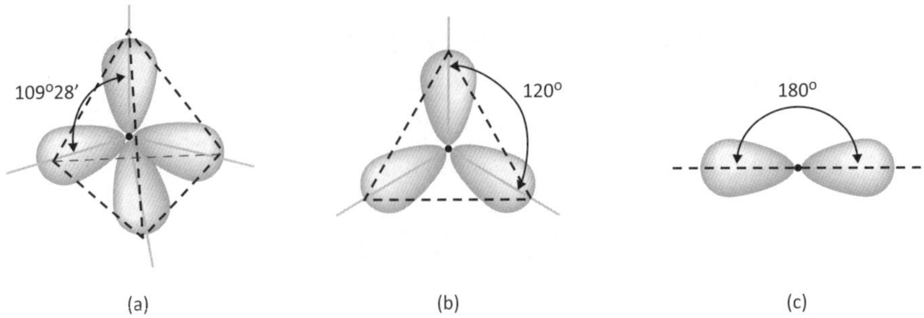

Figura 10.16 – Orbitais de valência do átomo de carbono nos três tipos de hibridização: (a) sp^3, (b) sp^2 e (c) sp.

A. Geim e K. Novoselov sintetizaram e estudaram o grafeno em 2004. Embora tenha sido uma das últimas formas nanoestruturadas do carbono a ser descoberta, o grafeno apresenta a estrutura básica a partir da qual, em teoria, as demais formas de carbono nanoestruturadas podem ser obtidas. Dessa maneira, torna-se mais natural apresentá-lo em primeiro lugar.

O grafeno é uma forma planar, bidimensional, formada por uma única camada atômica de átomos de carbono hibridizados sp^2, ligados entre si em uma estrutura cristalina hexagonal, de maneira semelhante a uma única camada de átomos de grafite (Figura 10.17a). Os orbitais p, que estão perpendiculares ao plano, se superpõem para formar os orbitais π-π^*, que constituem as bandas de valência e de condução, responsáveis pela condução e demais propriedades eletrônicas. Por ser um material bidimensional, o grafeno apresenta propriedades extremas. A camada de grafeno é quase que totalmente transparente, extremamente leve, excelente condutor de eletricidade e de calor, e tem alta resistência mecânica. Seu módulo de elasticidade é cerca de cem vezes maior que o do aço (GEIM, 2007). O Prêmio Nobel de Física de 2010 foi atribuído a A. Geim e K. Novoselov, da Universidade de Manchester, por seus experimentos com o grafeno.

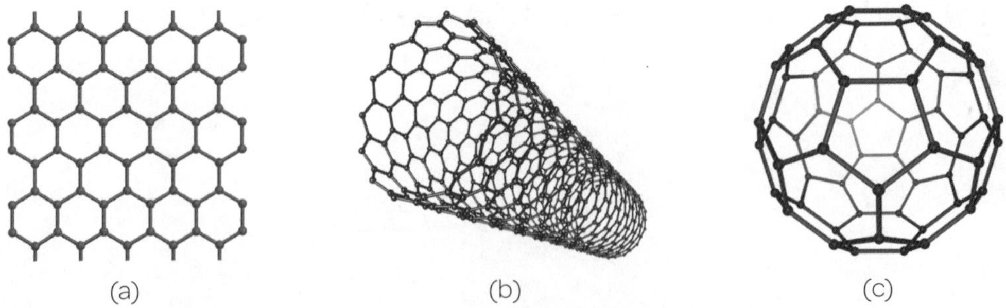

Figura 10.17 – Formas alotrópicas nanoestruturadas do carbono: (a) grafeno, (b) nanotubo de carbono e (c) fulereno (C60).

O grafeno é o material mais resistente conhecido, o que está relacionado à alta energia da ligação C-C sp^2 e sua pequena distância interatômica, r_0 = 0,142 nm (veja Equação 2.42). O grafeno pode ser produzido em uma única camada ou com algumas camadas atômicas de espessura. A Tabela 10.1 apresenta um resumo das propriedades mais importantes do grafeno.

Tabela 10.1 – Valores de algumas propriedades selecionadas do grafeno

Propriedade (unidade)	Valor
Espessura (nm)	0,335
Densidade (g/cm^2)	76,3 x 10^{-9}
Módulo de Young (GPa)	~ 1.000
Resistência à tração (GPa)	130
Condutividade elétrica (Ω^{-1}.m^{-1})	4,60 x 10^5
Mobilidade (10^5 cm^2/V.s)	25 (20 K); 1,5 (300 K)
Condutividade térmica (W/m.K)	5.300
Absorbância / Refletância (%)	2,3 / < 0,01
Área superficial (m^2/g)	2.630

O grafeno foi o primeiro representante da nova classe dos materiais bidimensionais a ser descoberto. Atualmente, essa categoria de materiais compreende uma grande diversidade de elementos e compostos com propriedades inovadoras, como borofeno (B), siliceno (Si), fosforeno (P), nitreto de boro (BN), dissulfeto de molibdênio (MoS_2), dentre muitos outros.

Como o grafeno, os nanotubos de carbono também são formados por átomos de carbono ligados em hibridização sp^2, entretanto, em uma geometria tubular (Figura 10.17b). Isso significa que os nanotubos podem ser descritos como constituídos por uma folha de grafeno enrolada em torno de um certo eixo, embora na realidade os nanotubos de carbono não sejam produzidos dessa maneira. Os nanotubos de carbono podem ser constituídos por apenas uma parede ou parede única (*single-wall carbon nanotubes,* SWCNT), que são os nanotubos que resultariam do enrolamento de uma única camada de grafeno, ou por múltiplas paredes (*multi-wall carbon nanotubes,* MWCNT), que apresentam uma estrutura de vários tubos concêntricos, com a distância entre os tubos semelhante à distância interplanar do grafite ($\cong$ 0,335 nm). Ambos os tipos de nanotubos podem ter suas extremidades abertas ou fechadas. Embora outras observações mais antigas de formas tubulares de carbono tenham sido reportadas na literatura, a descoberta dos nanotubos de carbono é atribuída ao trabalho de Iijima, de 1991.

Os nanotubos de carbono apresentam diâmetros que podem variar desde alguns décimos de nanometro a muitos nanometros, e comprimentos de algumas centenas de nanometros a muitos mícrons ou mesmo centímetros, mostrando que, em princípio, não há limite para o comprimento dos nanotubos. Os nanotubos de parede única e de paredes múltiplas apresentam propriedades distintas. Nanotubos de carbono de parede dupla (*double-wall carbon nanotubes,* DWCNT) consistem em apenas dois nanotubos concêntricos e, portanto, possuem morfologia e propriedades assemelhadas às do SWCNT. Entretanto, deve-se ressaltar que, além da quantidade de paredes, as propriedades dos nanotubos também são afetadas por outros fatores importantes. Em virtude de suas características anisotrópicas, uma mesma propriedade pode exibir valores diferentes quando medida ao longo de direções diferentes, paralela ou perpendicular ao eixo do nanotubo. Além disso, as propriedades dos nanotubos também dependem do arranjo atômico ao longo do tubo, que resulta do seu sentido de enrolamento em relação às direções principais da estrutura hexagonal do grafeno. No caso dos SWCNT, esse fator determina se o nanotubo apresenta caráter metálico ou semicondutor (Harris, 2009; Proctor, 2017).

A condutividade elétrica de nanotubos metálicos pode atingir valores na faixa de $10^6 - 10^7\ \Omega^{-1}m^{-1}$, comparável à de alguns metais comuns, e sua capacidade de transportar densidades correntes da ordem de $4 \times 10^9\ A/cm^2$ é muito superior a daqueles condutores, enquanto sua condutividade térmica em altas temperaturas é superior à do diamante. Os nanotubos também apresentam baixa densidade, resistência mecânica maior que a de qualquer metal e alta estabilidade térmica e química. A Tabela 10.2 apresenta valores de algumas propriedades de nanotubos SWCNT e MWCNT.

Tabela 10.2 – Valores de algumas propriedades selecionadas dos nanotubos de carbono de parede única (SWCNT) e paredes múltiplas (MWCNT)

Propriedade (unidade)	Valor	
	SWCNT	MWCNT
Diâmetro (nm)	1 – 2	5 – 100
Densidade (g/cm^3)	2,6	1,6
Módulo de Young (TPa)	0,32 – 1,47	0,27 – 0,95
Resistência à tração (GPa)	10 – 52	11 – 63
Condutividade térmica a 300 K (kW/m.K)	3,5	2,0 – 3,0
Calor específico a 300 K (J/mol.K)	5,10	9,55
Gap (eV)	0 – 0,5	---
Mobilidade (10^4 cm^2/V.s)	~ 1	---

Em 1985, H. Kroto, R. Curl e R. Smalley descobriram a primeira forma alotrópica nanoestruturada do carbono, o fulereno, também conhecido como buckminsterfulereno ou *buckyball*.[7] O fulereno é uma molécula com 60 átomos de carbono (C60) ligados entre si em hibridização sp^2 com forma quase esférica, com diâmetro aproximado de 1 nm. A fim de se assumir a forma esférica e satisfazer todas as ligações químicas, é necessário que a estrutura seja constituída por vinte anéis hexagonais e doze anéis pentagonais, numa forma que lembra uma bola de futebol (Figura 10.17c). O número de átomos de carbono em uma molécula de fulereno pode variar, e, a partir dessa descoberta, inúmeras outras estruturas de carbono com formas diversas foram sintetizadas (como C20, C28, C32, C44, C50, C58, C70, C76, C84, C240, C540, C960 etc.). Além disso, é possível modificar (ou funcionalizar) os fulerenos, ligando outros átomos ou moléculas à sua superfície externa, ou mesmo internamente à sua estrutura, alterando suas propriedades e buscando novas aplicações para essas moléculas. A descoberta dos fulerenos resultou na concessão do Prêmio Nobel de Química de 1996 a seus três descobridores.

Em 2004, outra classe de nanomateriais de carbono, chamada "pontos de carbono" (*C-dots*), com tamanho menor que 10 nm, foi descoberta por X. Y. Xu durante a purificação de nanotubos de carbono. O carbono é, geralmente, um material de cor negra, e até recentemente era considerado como tendo baixa solubilidade em água e fraca

7 O nome "fulereno" foi dado em homenagem ao arquiteto estadunidense Buckminster Fuller.

fluorescência. A forte fluorescência é a principal razão pela qual os C-dots atraíram grande atenção, e por esse motivo também são conhecidos como carbono fluorescente. Ademais, os C-dots também apresentam alta em solubilidade em água, inércia química, baixa toxicidade e facilidade de funcionalização.

10.4.3.1 Propriedades de nanomateriais de carbono

Por ser um material bidimensional, o grafeno apresenta propriedades eletrônicas peculiares (uma breve nota sobre este assunto foi apresentada no Capítulo 5). Uma dessas propriedades é a condutância mínima. Embora a teoria envolvida seja complexa, pode-se fazer uma estimativa da condutância mínima de uma camada de grafeno por meio de um cálculo simples.

Primeiramente, vamos obter a expressão para a condutividade. No grafeno, a densidade volumétrica de portadores é dada pela razão entre a densidade superficial e a espessura da camada δ. Dessa maneira, a expressão utilizada no Capítulo 4 para a condutividade (Equação 4.7) pode ser reescrita como:

$$\sigma = \frac{e^2 n\tau}{m_e \delta} \tag{10.5}$$

Em que n é a densidade superficial de portadores da camada de grafeno e a espessura da camada de grafeno δ pode ser tomada como igual à distância interplanar no grafite, 0,335 nm. Conforme foi mencionado no Capítulo 5, a velocidade de Fermi no grafeno é da mesma ordem dos condutores convencionais ($v_F \cong 10^6$ m/s), portanto, o mesmo vale para o comprimento de onda de Fermi (consulte a Tabela 4.3). Assim, do ponto de vista eletrônico, uma amostra de grafeno pode ser considerada como um sistema bidimensional, mesmo que constituído por mais de uma camada, desde que a espessura δ seja da ordem ou menor que λ_F. No presente caso, estamos considerando uma camada única (monocamada).

Considerando uma camada de grafeno quadrada de lado L, a resistência medida entre duas extremidades opostas é $R = \rho(L / L\delta) = \rho / \delta$ e, portanto, a condutância $G = 1/R = \sigma\delta$, em que a condutividade $\sigma = 1/\rho$ e ρ é a resistividade. Assim, utilizando-se a Equação 4.34, obtém-se para a condutância em função do livre caminho médio:

$$G = \frac{e^2 n\lambda}{m_e v_F} \tag{10.6}$$

Adotando o argumento de N. F. Mott de que o livre caminho médio dos elétrons de um metal não pode ser menor que o comprimento de onda de Fermi λ_F, podemos obter o valor da condutância mínima:

$$G_{min} = \frac{e^2 n \lambda_F}{m_e v_F} \tag{10.7}$$

De forma a obtermos uma estimativa de valor para G_{min}, vamos por um momento considerar que os elétrons na camada de grafeno se comportam como um gás de Fermi bidimensional.[8] Assim, seguindo um procedimento semelhante ao realizado no Capítulo 4, obtém-se que a energia de Fermi E_F é diretamente proporcional à densidade superficial de elétrons n, conforme a expressão (veja Capítulo 4, Exercício 12):

$$E_F = \frac{\pi \hbar^2}{m_e} n \tag{10.8}$$

Utilizando-se 10.8, é simples obter λ_F e v_F para substituir na Equação 10.7. Se, além disso, multiplicarmos por um fator 4 para levar em conta a contribuição de elétrons e buracos e as duas orientações possíveis de *spin*, obtemos uma condutância mínima expressa simplesmente por $G_{min} = 4e^2 / \hbar$.

Os resultados experimentais obtidos para um conjunto de cerca de 40 amostras de grafeno mostram que a grande maioria dos dados se concentra em torno de um mesmo valor de condutividade $G_{min} = 4e^2 / h$ (veja Figura 10.18). Algumas amostras apresentam valores mais altos de condutividade devido à inomogeneidades em sua estrutura, que podem ser reduzidos após tratamento térmico. Dessa forma, vamos adotar:

$$G_{min} = \frac{4e^2}{h} \tag{10.9}$$

Esse valor de condutância corresponde a $G_{min} = 1{,}54 \times 10^{-4}\ \Omega^{-1}$, ou, em termos de resistência, $R_{max} = 6{,}47\ k\Omega$. Esse resultado é extremamente interessante, uma vez que, ao contrário das propriedades dos sólidos de maneira geral, a condutância mínima do

8 Na verdade, conforme mencionamos no Capítulo 5, a relação de dispersão do grafeno apresenta um comportamento linear, $E(k) = \pm \hbar v_F k$, e não parabólico, como é o caso do modelo de elétrons livres (Equação 4.10).

grafeno não depende das características do material, mas apenas de constantes físicas fundamentais.

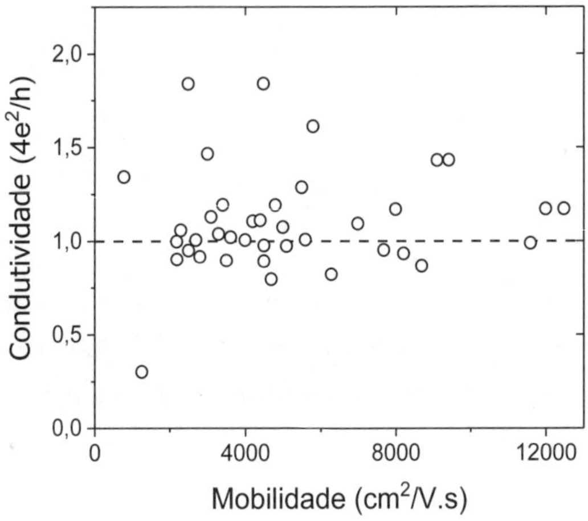

Figura 10.18 – Condutividade normalizada do grafeno.

Fonte: Geim, 2007.

A grande atividade científica sobre o grafeno teve origem, desde os primeiros trabalhos no assunto, com a observação de que é possível isolar uma única camada atômica de carbono sobre uma lâmina de vidro e facilmente identificá-la utilizando um simples microscópio ótico. Assim, desde o primeiro momento, as propriedades ópticas do grafeno despertaram grande interesse.

A partir da solução das equações de Maxwell e utilizando-se o valor constante da condutância mínima do grafeno, é possível mostrar que a transmitância óptica de uma monocamada de grafeno é dada por:

$$T = \left(1 - \frac{e^2}{4\hbar\varepsilon_0 c}\right) \tag{10.10}$$

Que corresponde a uma transmitância constante $T = 97{,}7\%$, ou seja, uma absortância $A = 1 - T = 2{,}3\%$, pois a refletância é praticamente nula (veja Equação 8.5). Esse valor de absortância é considerado muito grande, uma vez que se trata de apenas uma camada atômica.

Entretanto, conforme foi visto no Capítulo 8 (Seção 8.4.1.1), a permissividade relativa de um metal é proporcional à sua condutividade. Assim, podemos obter a permissividade relativa da monocamada de grafeno a partir da Equação 8.53, adotando o valor da condutância mínima dado por 10.10 e utilizando que $G = \sigma\delta$. Logo:

$$\varepsilon_r(w) = 1 + i\frac{4e^2}{h\varepsilon_0 \delta w} \tag{10.11}$$

O índice de refração complexo é obtido a partir da definição 8.29:

$$\tilde{n}(w) = \sqrt{\varepsilon_r(w)} = \left(1 + i\frac{4e^2}{h\varepsilon_0 \delta w}\right)^{1/2} \tag{10.12}$$

Dessa maneira, verifica-se que a condutância constante implica necessariamente em dispersão de luz. Entretanto, como a camada de grafeno é muito fina, as expressões para a transmitância e refletância desenvolvidas no Capítulo 8 não podem ser utilizadas, pois as contribuições dos feixes transmitidos e refletidos devem ser computadas de forma coerente, ou seja, levando em conta a fase, resultando em equações bem mais complexas que não serão desenvolvidas aqui.[9]

A Figura 10.19 mostra que a transmitância de camadas de grafeno é aproximadamente constante na região do infravermelho próximo e visível, mas diminui para comprimentos de onda menores que 650 – 600 nm, demonstrando a dispersão. Os espectros de transmitância de uma monocamada e uma camada dupla de grafeno (Figura 10.19 a) e de camadas mais espessas para diferentes valores de resistência de folha[10] (Figura 10.19b) mostram também que a transmitância varia de maneira inversa com a condutância.

9 O leitor interessado pode consultar Heavens (2011).

10 Para a definição de resistência de folha, veja Capítulo 4, Exercício 5.

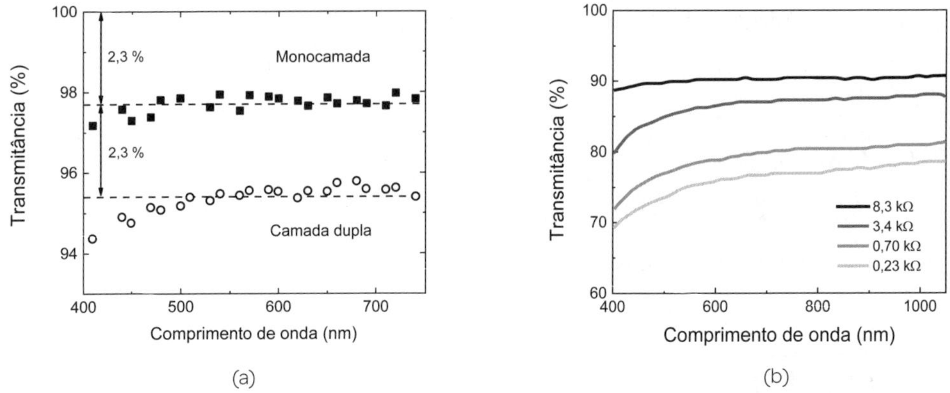

Figura 10.19 – Espectros de transmitância óptica de (a) uma monocamada e uma camada dupla de grafeno e (b) de camadas mais espessas com diferentes valores de resistência de folha.

Fonte: Nair, 2008; Gomes de Arco, 2010.

O estudo das propriedades mecânicas de nano-objetos é uma tarefa muito complexa, pois exige a utilização de técnicas experimentais específicas extremamente sofisticadas. Por este motivo, em muitos casos encontram-se resultados dispersos e até mesmo conflitantes, sendo necessário intenso trabalho e longo tempo até que essas inconsistências possam ser resolvidas.

As propriedades mecânicas de nanotubos de carbono despertaram interesse desde o primeiro momento após sua descoberta, pois a alta energia das ligações C-C sp^2 e as altas constantes elásticas do plano do grafite sugeriam que esse material apresentasse propriedades excepcionais. No entanto, a determinação confiável dessas propriedades somente foi obtida em 1997, por meio de uma técnica sofisticada envolvendo testes de tração de nanotubos individuais, utilizando duas pontas de AFM no interior de um microscópio eletrônico. Nesse experimento, um nanotubo MWCNT preso entre duas pontas de AFM diametralmente opostas, foi tracionado pelo deslocamento de uma das pontas. O movimento da ponta e, consequentemente, a deformação do nanotubo foi monitorado com o auxílio do microscópio até o momento da sua fratura. Os resultados obtidos em quatro ensaios distintos estão apresentados na Figura 10.20a. Os valores de módulo elástico e limite de resistência à tração obtidos para 19 MWCNT diferentes variaram entre 270 - 950 GPa e 11 - 63 GPa, respectivamente. Três anos mais tarde, o mesmo grupo realizou ensaios em SWCNT, obtendo resultados equivalentes (veja Tabela 10.2), embora, nesse caso os nanotubos suportem deformações menores até a fratura.

Para se obter as propriedades mecânicas do grafeno, uma técnica distinta foi desenvolvida. Buracos circulares com diâmetro de 1,0 μm foram produzidos em lâminas de silício e, posteriormente, cobertos com camadas de grafeno. Uma ponta de AFM foi utilizada para pressionar o centro das camadas e monitorar a variação da carga aplicada em função da profundidade (Figura 10.20b). Os resultados obtidos mostraram que o grafeno é o material mais resistente jamais testado, apresentando um módulo elástico de 1,0 TPa e um limite de resistência de 130 GPa.

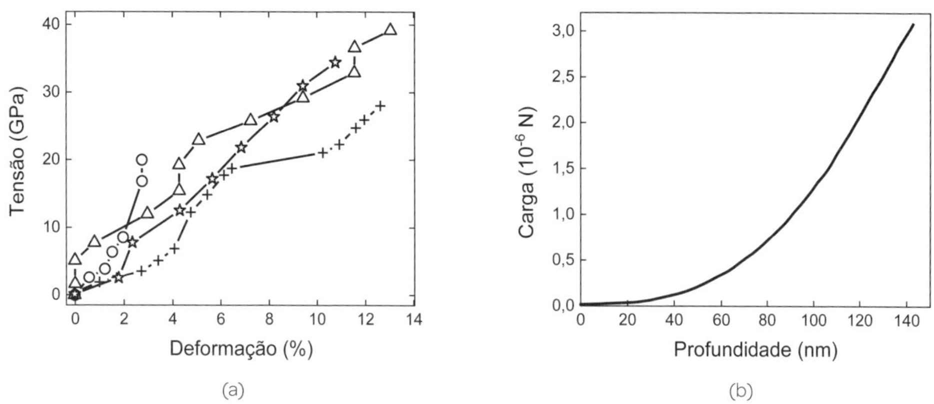

Figura 10.20 – (a) Curvas de tensão x deformação obtidas de ensaios de tração realizados em nanotubos de carbono de paredes múltiplas individuais e (b) curva de carga aplicada versus profundidade de penetração em camadas de grafeno.

Fonte: Yu, 2000; Lee, 2008.

As condutividades térmicas dos materiais de carbono são as maiores dentre todos os materiais conhecidos (veja Seção 3.6.2). Os nanotubos de carbono e o grafeno não fogem à regra e apresentam condutividades térmicas em temperatura ambiente acima de 2,0 kW/m.K, superando as do diamante e do grafite a essa temperatura e acima (veja Figura 10.21a). Em amostras de grafeno purificadas e produzidas de forma a apresentarem grãos cristalinos grandes para aumentar o livre caminho médio dos fônons (veja Equação 3.61), a condutividade térmica atinge valores de até 5,3 kW/m.K. Por outro lado, na direção perpendicular ao plano, a condução de calor é muito reduzida em razão das fracas forças de interação existentes nessa direção. No grafite, a condutividade térmica nessa direção é de apenas cerca de 6,0 W/m.K, em temperatura ambiente. A despeito disso, a condutividade térmica do grafeno suportado sobre um substrato é consideravelmente menor que a do grafeno suspenso, pois a relação de dispersão dos fônons do material é afetada quando em contato com a superfície de um substrato. Assim, por exemplo, a condutividade térmica em temperatura ambiente do grafeno sobre substrato de sílica é somente 600 W/m.K.

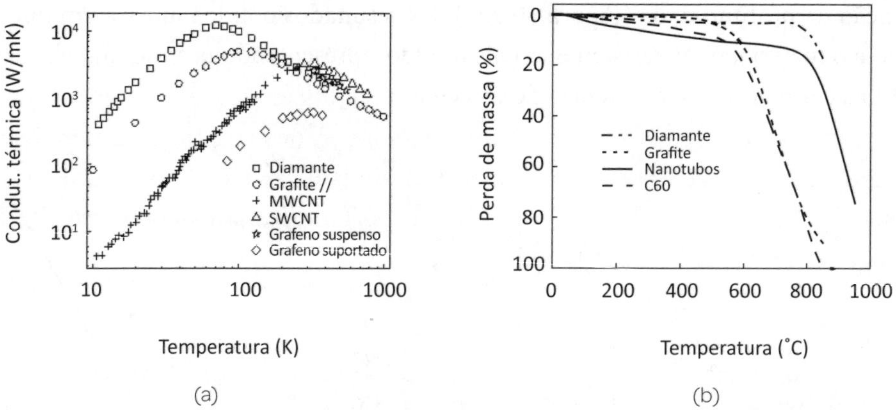

Figura 10.21 – (a) condutividade térmica de alótropos do carbono em função da temperatura: diamante, grafite (na direção paralela ao plano), nanotubos de carbono de parede única (SWCNT) e de múltiplas paredes (MWCNT), grafeno suportado e grafeno suspenso e (b) perda de massa obtida por análise termogravimétrica sob fluxo de ar para diamante, grafite, nanotubos MWCNT e fulerenos C60.

Fonte: Pop, 2012; Cataldo, 2002.

A condutividade térmica dos nanotubos de carbono pode ser ainda superior às outras formas de carbono, em especial na região de mais altas temperaturas (Figura 10.21a). Embora os nanotubos possam apresentar caráter metálico, a condução de calor é dominada por fônons, sendo pequena a contribuição dos elétrons. Os altos valores da condutividade, portanto, refletem o grande livre caminho médio dos fônons nos nanotubos, apesar de a presença de defeitos e impurezas se constituir em uma limitação difícil de se eliminar. Outro ponto importante a ser mencionado é que a condutividade de nanotubos isolados é maior que a de nanotubos agrupados, uma vez que a interação entre nanotubos pode reduzir a condutividade térmica em até uma ordem de grandeza.

Dentre todas as formas de carbono, os nanotubos são uma das formas mais estáveis termicamente, sendo capazes de suportar altas temperaturas tanto em vácuo quanto em presença de diferentes atmosferas. Quando aquecidos em presença de fluxo de ar, a oxidação dos MWCNT tem início por volta de 700 °C, aproximadamente, levando a uma perda de massa contínua até cerca de 950 °C, quando se transforma totalmente em CO e CO_2. Essa alta resistência à oxidação é similar à do diamante, a despeito das estruturas cristalinas completamente diversas desses dois materiais. A perda de massa por oxidação do fulereno C60, por outro lado, inicia-se em temperaturas consideravelmente mais baixas (~ 500 °C), apresentando comportamento semelhante ao do grafite (veja Figura 10.21b).

O carbono, de uma forma geral, é diamagnético; enquanto o diamante apresenta uma susceptibilidade magnética relativamente pequena (veja Tabela 7.2), o grafite tem uma susceptibilidade muito grande e fortemente anisotrópica. Isso significa que, quando o campo magnético aponta na direção perpendicular aos planos grafíticos, a susceptibilidade é muito maior (em módulo) do que quando o campo é aplicado na direção paralela $\left(\chi_{\perp} \gg \chi_{\parallel}\right)$. A alta susceptibilidade magnética $\chi_{\perp}$ do grafite está relacionada aos elétrons deslocalizados ao longo dos planos grafíticos, responsáveis pela condução de corrente, enquanto a susceptibilidade $\chi_{\parallel}$ é da mesma ordem da susceptibilidade do átomo de carbono isolado e, portanto, é basicamente a susceptibilidade de Langevin (veja Seção 7.4).

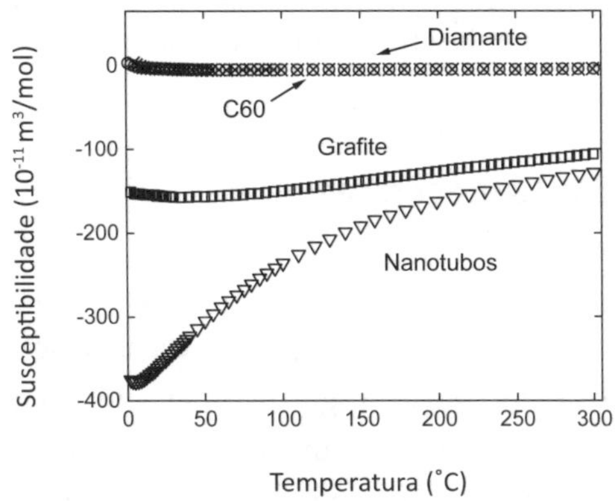

Figura 10.22 – Susceptibilidade diamagnética de diamante, fulerenos C60, grafite e nanotubos MWCNT.

Fonte: Ramirez, 1994.

Surpreendentemente, os nanotubos MWCNT apresentam uma susceptibilidade diamagnética ainda maior (em módulo) que a do grafite (veja Figura 10.22). Como os nanotubos também são estruturas fortemente anisotrópicas, esse resultado significa que, em alguma direção dos nanotubos, a susceptibilidade magnética paralela ou perpendicular ao seu eixo é maior que a susceptibilidade $\chi_{\perp}$ do grafite monocristalino. Medidas de susceptibilidade em amostras de nanotubos de carbono alinhados e em nanotubos individuais mostraram que, ao contrário do que se observa no grafite, a susceptibilidade medida com o campo magnético apontando ao longo do nanotubo é maior que a susceptibilidade na direção perpendicular, ou seja, $\chi_{\parallel} \gg \chi_{\perp}$.

Embora os fulerenos C60 sejam constituídos apenas por átomos de carbono ligados em hibridização sp^2, como o grafite e os nanotubos, sua susceptibilidade magnética é muito baixa, aproximadamente igual à do diamante (veja Figura 10.22). Esse resultado inesperado está ligado a dois fatores. O primeiro se refere ao fato de o C60 ser um semicondutor, e não um metal, portanto não possuindo elétrons de condução, como ocorre no grafite e nos nanotubos de carbono MWCNT. Além disso, o C60 é formado por anéis de hexagonais e pentagonais de carbono, o que os distinguem da estrutura do grafite e dos nanotubos, que têm apenas anéis hexagonais. Esse fato aparentemente leva ao cancelamento das correntes que eventualmente poderiam fluir nos anéis de carbono e reduz o valor de sua susceptibilidade.

10.4.4 PROPRIEDADES SELECIONADAS DE NANOMATERIAIS

Na parte final deste capítulo, faremos uma breve apresentação das propriedades de diferentes nanomateriais, selecionando alguns exemplos interessantes como ilustração. Entretanto, como este é um assunto extremamente vasto e o espaço disponível muito limitado, apresentaremos uma descrição abreviada, sem entrar em detalhes das diferentes teorias envolvidas.

10.4.4.1 Propriedades mecânicas

Antes de tratar a respeito das propriedades mecânicas dos nanomateriais, é interessante analisar a relação entre o tamanho de partícula e a presença de tensões mecânicas. Conforme discutimos, o aumento da energia de superfície ou tensão superficial com a diminuição do tamanho de partícula faz com que o interior da partícula se encontre sob pressão, em virtude do aumento da fração de átomos situados na superfície. A Figura 10.23 ilustra esquematicamente essa situação.

Na Figura 10.23a, está representada a situação no interior de um volume do material macroscópico, em que a linha tracejada representa uma superfície esférica arbitrária de raio r. Supondo o material como livre de defeitos, pode-se considerar que a força resultante que atua sobre cada um dos átomos situados sobre essa superfície é nula, pois os átomos realizam ligações com todos os seus vizinhos, encontrando-se na situação de equilíbrio. Assim, conforme mostra a Figura 10.23a, os átomos situados sobre a superfície esférica estão sujeitos a uma força radial, apontando em direção ao centro, que se deve às suas ligações com os átomos internos à superfície, e é exatamente igual e contrária à força radial que aponta em sentido oposto e se deve às suas ligações com os átomos externos a ela. No caso de uma nanopartícula esférica de raio r, ilustrada na Figura 10.23b, não há átomos externos à superfície da partícula para realizar ligações; logo, os átomos situados em sua superfície apresentam ligações insaturadas e, portanto, estão sob tensão mecânica, pois somente há forças que apontam em direção ao centro, e não há forças em sentido contrário para contrabalançá-las. Conclui-se, portanto, que a nanopartícula se encontra sob pressão ou tensão compressiva, tendendo a se contrair, diminuindo o seu raio e seu volume.

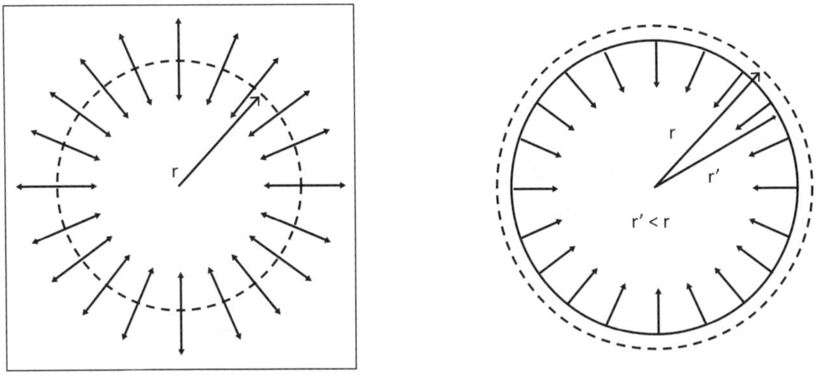

Figura 10.23 – Representação esquemática das forças que atuam sobre (a) os átomos localizados sobre uma superfície de raio *r* no interior de um sólido infinito e (b) sobre a superfície de uma nanopartícula de mesmo raio.

Esse efeito é resultado direto da redução do número de coordenação dos átomos de superfície e pode ser entendido com base na *lei de Laplace*, que estabelece que para uma gota líquida esférica de raio *r* a diferença de pressão entre o seu interior e exterior é dada por:

$$\Delta P = \frac{2\gamma}{r} \tag{10.13}$$

Implicando tensões compressivas muito significativas para partículas pequenas, que podem levar a uma diminuição do parâmetro de rede dos nanomateriais e afetar suas propriedades mecânicas.

Exemplo 10.2 - estime o valor da tensão compressiva no interior de uma nanopartícula esférica de raio $r =$ 1,0 nm, considerando um valor de energia de superfície γ = 1,0 J/m^2.

$$\Delta P = \frac{2\gamma}{r} = \frac{2x1,0}{1,0x10^{-9}} = 2,0\ GPa$$

A discussão anterior nos apresenta apenas um dos diversos efeitos que afetam as propriedades mecânicas dos nanomateriais e nanopartículas na nanoescala. Nanopartículas metálicas e cerâmicas, por exemplo, podem ter suas propriedades mecânicas muito aumentadas com a diminuição das dimensões. Nanopartículas de ouro de diâmetro médio de 22 nm foram submetidas a ensaios de nanoindentação para mensurar o módulo de Young e a dureza. A medida de nanoindentação nada mais é que um experimento de indentação no qual cargas muito pequenas (na faixa de nN a mN) são aplicadas e mensuradas em função da profundidade de penetração na escala nanométrica (veja Seção 2.6), permitindo a obtenção da dureza e o módulo elástico do material. Os resultados obtidos mostram que o módulo elástico das nanopartículas de ouro é cerca de 25% maior, enquanto a dureza é 50% superior à dureza do ouro maciço (veja Figura 10.24). Por outro lado, nanopartículas de silício (diâmetro médio 40 nm) apresentam dureza de até 50 GPa, quatro vezes superior, e nanovigas de Si mostraram resistência à flexão de 17,5 GPa, três vezes maior que o material na forma maciça (*bulk*). Esses resultados sugerem que, quando as dimensões do material diminuem, a resistência mecânica aumenta substancialmente. Esses efeitos se devem a diferentes mecanismos relacionados à criação e à movimentação de defeitos na estrutura cristalina das nanopartículas.

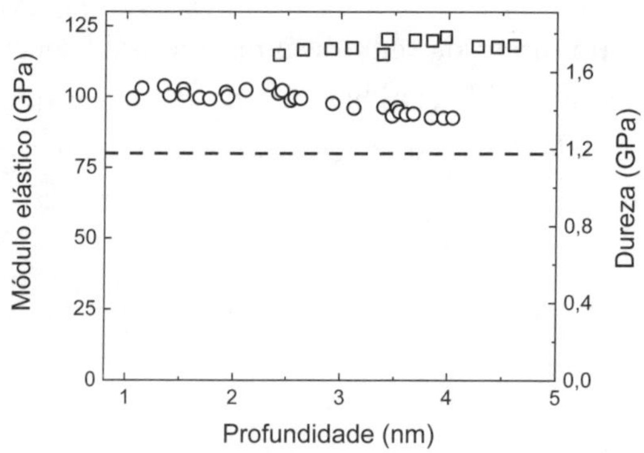

Figura 10.24 – Módulo de Young (círculos) e dureza (quadrados) de nanopartículas de ouro medidos por nanoindentação em função da profundidade de penetração. A linha tracejada assinala os valores dessas propriedades no material na sua forma maciça (*bulk*).

Fonte: Ramos, 2013.

Como consequência de suas propriedades mecânicas excepcionais, superiores a qualquer outro material conhecido, o grafeno e os nanotubos de carbono têm sido extensivamente investigados como material de reforço com o objetivo de aperfeiçoar as propriedades mecânicas de diferentes tipos de materiais. Apresentamos aqui apenas dois exemplos breves. O primeiro trata da adição de grafeno a poliuretano (PU), que é um polímero de alta elasticidade (elastômero) muito utilizado na fabricação de espumas, adesivos e selantes. A adição de pequenas quantidades grafeno ao PU permite um grande aumento do módulo elástico e da resistência à tração do material, conforme mostra a Figura 10.25a. A adição de apenas 0,24 vol.% de grafeno, aumenta o módulo de Young em mais de 70%, e o limite de resistência em 50%. Isso é consequência da alta área específica do grafeno, que faz com que uma quantidade muito pequena de material possa interagir com uma grande parcela do meio (matriz) onde está inserido, potencializando o efeito de reforço. Para maiores quantidades de grafeno, o módulo elástico aumenta ainda mais, até atingir um aumento de cerca de 550%; porém, o limite de resistência do material decresce e volta a um patamar equivalente ao do PU puro. Atualmente centenas de trabalhos utilizam não só o grafeno, como também os nanotubos de carbono, para a confecção de materiais compósitos para reforço de materiais poliméricos, cerâmicos e metálicos, com resultados muito promissores e aplicações em diversas áreas.

O segundo exemplo se refere a uma resina reforçada por alta fração em volume (até ~ 46%) de fibras de nanotubos MWCNT, resultando em um material de propriedades excepcionais, com módulo de Young e limite de resistência à tração de até 293 GPa e 3,8 GPa, respectivamente (veja Figura 10.25b). Essas propriedades atualmente não podem ser igualadas por nenhum outro polímero reforçado por fibras. Além disso, esse material também apresenta condutividade térmica de 41 W/m.K e condutividade elétrica de 1.230 $\Omega^{-1}cm^{-1}$, propriedades raras quando se trata de materiais de base polimérica.

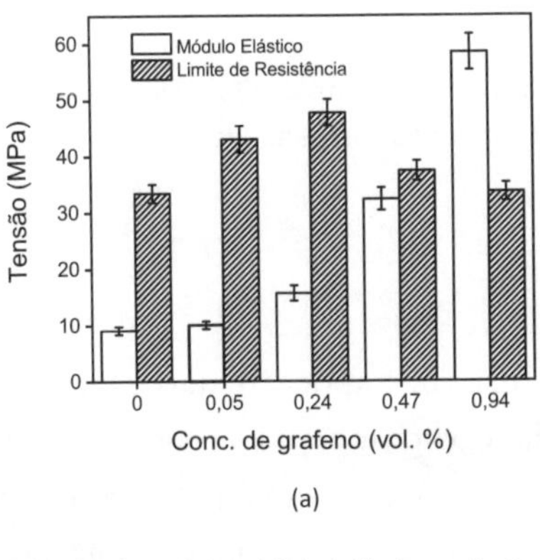

(a)

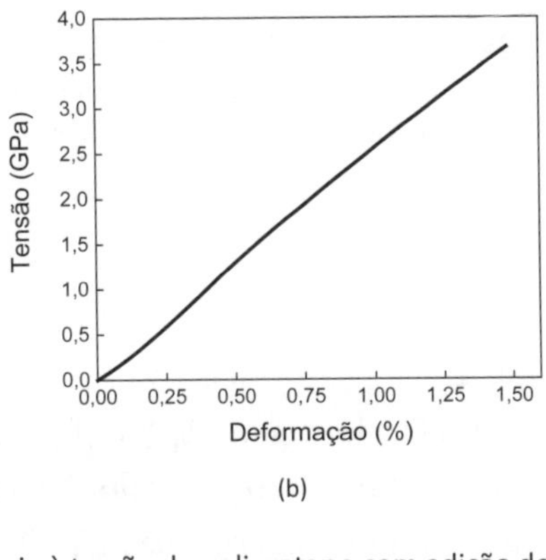

(b)

Figura 10.25 – (a) módulo elástico e limite de resistência à tração de poliuretano com adição de grafeno e (b) resultado de ensaio de tração em um polímero reforçado por fibras de MWCNT.

Fonte: Yang, 2013; Wang, 2012.

10.4.4.2 Propriedades térmicas

Conforme foi apresentado anteriormente (Seção 10.3), o primeiro fenômeno de escala observado na história foi a redução do ponto de fusão de pequenas partículas metálicas, por Lord Kelvin em 1871. O ponto de fusão das nanopartículas varia de acordo com a conhecida equação de Gibbs-Thomson, que expressa o aumento da energia da interface com o aumento da curvatura, ou seja, com a diminuição do tamanho de partícula:

$$\frac{\Delta T_F}{T_F^0} = \frac{T_F - T_F^0}{T_F^0} = -\frac{4V_M \gamma_{sl}}{\Delta \mathrm{H}} \frac{1}{d} \tag{10.14}$$

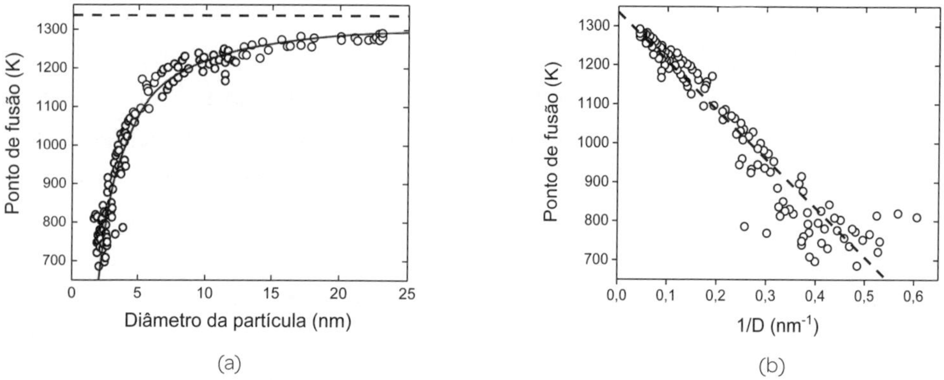

Figura 10.26 – (a) ponto de fusão em função do diâmetro de nanopartículas de ouro (a linha tracejada assinala o ponto de fusão do ouro na forma maciça) e (b) ponto de fusão em função do inverso do diâmetro das nanopartículas (a linha tracejada representa o ajuste linear aos resultados experimentais).

Fonte: Buffat, 1976.

Em que T_F e T_F^0 são, respectivamente, o ponto de fusão da nanopartícula de diâmetro d e do material na forma maciça, V_M é o volume molar do líquido, γ_{sl} a tensão interfacial entre sólido e líquido e ΔH é o calor latente de fusão. Essa expressão reflete o aumento da fração de átomos superficiais mais fracamente ligados à medida que o tamanho de partícula diminui, levando a uma drástica redução do ponto de fusão. A Figura 10.26a mostra esse comportamento para nanopartículas de ouro, em que o ponto de fusão do ouro maciço (T_F^0 = 1337 K) está assinalado pela linha tracejada. Observe que o efeito de escala começa a manifestar-se de forma mais pronunciada para nanopartículas com diâmetros abaixo de cerca de 20 nm, quando o número de átomos da partícula esférica é de cerca de 2,5 x 10^5, com cerca de 8% deles situados em sua superfície. O gráfico do ponto de fusão em função do inverso do tamanho de partícula (Figura 10.26b) confirma que o comportamento previsto pela Equação 10.14 se ajusta bem aos dados experimentais.

No cálculo do calor específico de um sólido, a contribuição das superfícies ou os efeitos de borda são, em geral, desprezados (veja Capítulo 3). A existência de bordas somente é levada em consideração para efeito da imposição das condições de contorno, levando à quantização das vibrações da rede cristalina, sem afetar o cômputo da energia interna do sistema. No entanto, quando o tamanho da partícula se torna muito pequeno, essa aproximação não é mais válida.

O calor específico de materiais nanoestruturados (metais nanocristalinos, por exemplo) é maior que o de materiais convencionais. Isso se deve à contribuição dos átomos situados nas superfícies dos grãos cristalinos, ou seja, nas regiões situadas entre os grãos (regiões intergranulares). Como vimos, esses átomos apresentam um menor número de coordenação em relação aos átomos no interior dos grãos cristalinos e, portanto, maior liberdade para vibrar. Assim, no cômputo geral da energia do sólido, apresentam uma maior contribuição para a energia dos modos de vibração e, desse modo, contribuem para o aumento do calor específico.

De forma alternativa, pode-se considerar que, embora os átomos das regiões intergranulares mantenham todas as ligações satisfeitas, essas regiões apresentam densidade reduzida em relação ao restante do material. Assim, a distância interatômica deve ser ligeiramente maior que a distância de equilíbrio r_0, e, portanto, as ligações interatômicas estão enfraquecidas, pois não se encontram em seu estado de menor energia (veja o diagrama da Figura 2.8). Consequentemente, a contribuição dessas regiões para a energia total do sólido resulta ser maior, aumentando o calor específico do sistema.

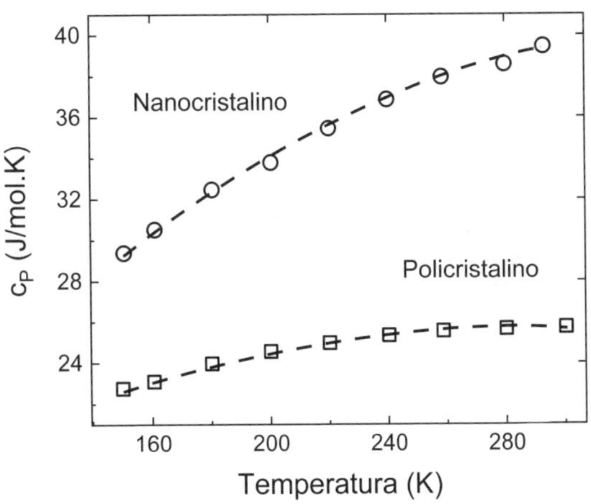

Figura 10.27 – Calor específico do paládio policristalino e nanocristalino em função da temperatura.

Fonte: Rupp, 1987.

Uma amostra de paládio nanocristalino (tamanho de grão médio de 6 nm) apresenta um calor específico substancialmente maior (entre 30 e 50%) que o metal policristalino convencional e uma densidade ou massa específica cerca de 20% menor. A Figura 10.27

mostra uma comparação das curvas de calor específico em função da temperatura dessas duas amostras metálicas, na faixa entre 150 K e 300 K. Enquanto o calor específico da amostra policristalina convencional tende a um valor próximo ao limite de Dulong e Petit (24,94 J/mol.K, vide Capítulo 3), a amostra nanocristalina atinge valores próximos a 40 J/mol.K em temperatura ambiente e não apresenta tendência de saturação. É interessante também acrescentar que, além disso, a redução do tamanho de grão para tamanhos nanométricos de materiais e ligas metálicas em geral também pode contribuir para o aumento da resistência mecânica do material.

10.4.4.3 Propriedades elétricas

As propriedades elétricas de nanofios metálicos com espessuras ou diâmetros na faixa de centenas ou dezenas de nanometros não diferem muito daquelas dos metais macroscópicos. Os nanofios exibem um comportamento de corrente em função da tensão linear, ou seja, que obedece à lei de Ohm, até valores de corrente muito altos quando, devido ao aquecimento, sua resistividade aumenta e a curva $i(V)$ desvia da linearidade.

A resistividade de nanofios de cobre de seção reta retangular de 50 nm de espessura e 2,0 m de comprimento se situa na faixa de 5,5 a 6,5 x 10^{-8} Ω.m, aproximadamente, cerca de 3,5 vezes maior que a resistividade do cobre maciço (veja Tabela 4.1). Esse valor maior da resistividade se deve a dois mecanismos distintos de espalhamento de elétrons, relacionados a: i) contornos dos grãos cristalinos; e ii) superfícies dos nanofios. O primeiro mecanismo é característico da microestrutura do material e da forma com que foi produzido. Já o segundo depende das dimensões dos nanofios e deve aumentar quando estas diminuem. Assim, espera-se que a resistividade dos nanofios aumente quando a sua espessura diminui, pois o espalhamento pelas superfícies aumenta, enquanto o espalhamento pelos contornos de grão deve permanecer constante.

Com o objetivo de separar as contribuições desses dois mecanismos de espalhamento, foram produzidos nanofios de diferentes larguras e suas resistividades foram medidas. Os resultados estão apresentados na Figura 10.28a. O mecanismo de espalhamento pelos contornos de grão está representado pela linha tracejada, enquanto a contribuição do espalhamento das superfícies está representada pela linha pontilhada. A resistividade total obtida pela regra de Matthiessen (Equação 4.36) concorda muito bem com os resultados experimentais. Assim, conclui-se que a resistividade de nanofios metálicos pode ser semelhante à do metal maciço, caso as fontes de espalhamento sejam reduzidas. Nanofios de ouro monocristalinos (espessura ~ 200 nm) apresentam resistividade menos de 10% acima daquela do metal maciço.

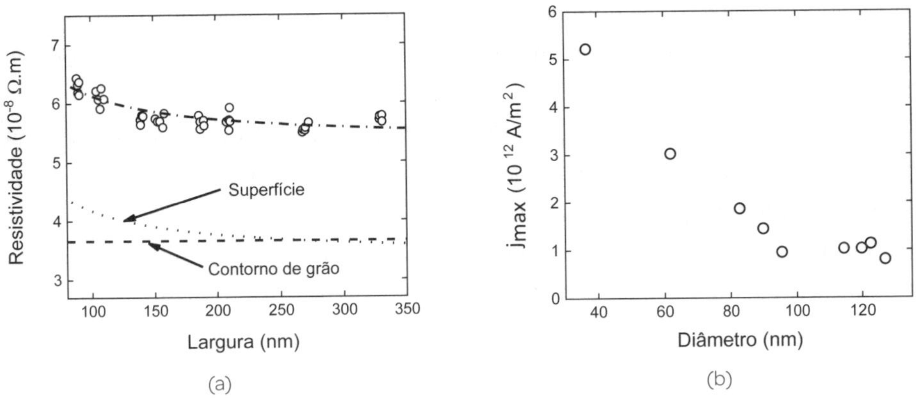

Figura 10.28 – (a) resistividade de nanofios de cobre de seção reta retangular (espessura 50 nm) em função de sua largura e (b) densidade corrente no ponto de ruptura de nanofios de ouro em função do seu diâmetro.

Fonte: Huang, 2008; Yao, 2011.

Os nanofios metálicos, por outro lado, têm a capacidade de transportar uma densidade de corrente muito superior à dos condutores convencionais. Nanofios de ouro de diferentes diâmetros foram produzidos e depositados sobre uma superfície de silício/SiO_2, e a curva corrente *versus* tensão dos nanofios foi medida até o ponto de ruptura, determinando-se a corrente máxima que cada nanofio é capaz de suportar. Observou-se que nanofios com diâmetros na faixa de 100 a 120 nm transportam uma densidade máxima de corrente de cerca de 1 x 10^{12} A/m². No entanto, no caso de nanofios mais finos, esta densidade cresce rapidamente e atinge um valor máximo de 5,2 x 10^{12} A/m² para um fio de espessura de 37 nm. O que ocorre é que a perda de calor gerado por efeito Joule ocorre essencialmente por condução para a camada de SiO_2 do substrato que suporta o nanofio. Como sabemos, à medida que as dimensões do fio diminuem abaixo de 100 nm, uma fração considerável do total dos seus átomos se encontra em sua superfície em contato com o substrato, e, conforme vimos, nessa escala, o espalhamento pelas superfícies é um mecanismo importante de perda de energia. Portanto, a eficiência de transferência de calor aumenta com a redução do diâmetro do fio e, consequentemente, a densidade de corrente máxima também aumenta.

Entretanto, quando as dimensões dos nanofios se tornam muito pequenas, da ordem do comprimento de onda de Fermi dos elétrons (~ 0,5 nm para o ouro, veja Tabela 4.3), efeitos quânticos surgem, e a condução passa a ser quantizada. Assim, quando o diâmetro ou a espessura do fio tem dimensão equivalente a apenas algumas distâncias interatômicas, modos quantizados de condução bem definidos se formam ao longo da direção transversal ao fio, com cada um dos modos contribuindo igualmente para a condutância.

Dessa forma, a condutância do fio é dada por $G = N(2e^2/h)$, em que $G_0 = 2e^2/h$ é o *quantum* de condutância, e N é o número de modos presentes no nanofio (o fator 2 vem das duas orientações possíveis do *spin*).

Nanofios de cobre preparados por um cuidadoso processo de ataque eletroquímico apresentam claramente o fenômeno de condutância quantizada de maneira estável e controlada. À medida que a espessura dos nanofios diminui, como resultado do ataque eletroquímico, sua condutância decresce correspondentemente. Contudo, quando a condutância atinge valores da ordem de $G = 10G_0$, estabiliza-se em patamares constantes, conforme mostra a Figura 10.29a. Monitorando-se o valor da condutância, é possível interromper o processo de ataque no momento desejado, de forma a se produzirem nanofios com um valor bem determinado de condutância quantizada. A Figura 10.29b mostra que nanofios com condutância constante com valores múltiplos do quantum de condutância podem ser produzidos dessa maneira.

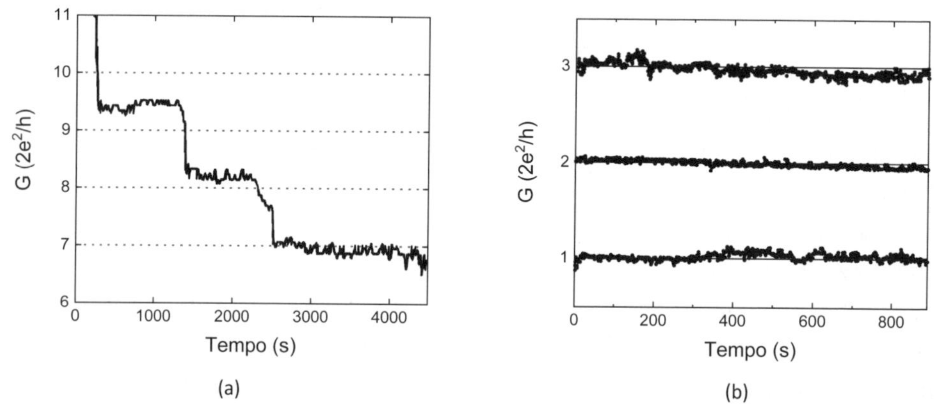

Figura 10.29 – (a) condutância normalizada de nanofios de cobre em função do tempo de ataque eletroquímico e (b) condutância de nanofios de cobre com $G = 2e^2/h$, $G = 4e^2/h$ e $G = 6e^2/h$ em função do tempo.

Fonte: Li, 1999.

10.4.4.4 Propriedades magnéticas

O *superparamagnetismo* é um fenômeno magnético que ocorre abaixo da temperatura crítica de nanopartículas de materiais ferromagnéticos, com dimensões tipicamente menores que 5 a 50 nm. Uma vez que possuem pequenas dimensões, essas nanopartículas são constituídas por um único domínio, que, na ausência de campo, magnetiza-se espontaneamente segundo uma das direções de fácil magnetização (veja Seção 7.6.4). Assim, a nanopartícula se comporta como um momento magnético único muito grande que, desde que a energia térmica seja comparável à energia de anisotropia, pode se reorientar espontaneamente entre duas direções opostas equivalentes do ponto de vista energético. Como veremos a seguir, caso o tempo de reorientação do momento magnético seja muito inferior ao tempo de medida, este pode mudar muitas vezes de direção durante a medida, e o seu valor médio será nulo, resultando em uma magnetização também nula. Entretanto, ao aplicar um campo magnético as nanopartículas tendem a alinhar seus momentos magnéticos, de maneira análoga ao paramagnetismo convencional. Como o momento magnético da nanopartícula é muito grande, a susceptibilidade magnética calculada por uma expressão análoga à lei de Curie (Equação 7.31) resulta em um valor extremamente grande, que justifica o nome.

Vamos considerar uma nanopartícula de diâmetro d constituída por um único domínio magnético, magnetizada segundo a sua direção de fácil magnetização, $\hat{z}$. Existem, portanto, dois mínimos da energia magnética equivalentes, que correspondem à magnetização apontando nas direções $\hat{z}$ e $-\hat{z}$. Entre esses dois mínimos de energia, há uma barreira de energia $\Delta E = KV$, na qual K é a constante de anisotropia magnética, e V é o volume da nanopartícula. Para um sistema de N nanopartículas em equilíbrio térmico à temperatura T, a probabilidade de ultrapassar a barreira de energia é dada pela distribuição estatística de Maxwell-Boltzmann (veja Seção 1.4.1). Portanto, a taxa de variação da magnetização M é dada por:

$$\frac{dM}{dt} = -\frac{1}{\tau_N} M = -\frac{1}{\tau_0} Mexp\left(-\frac{KV}{k_B T}\right) \tag{10.15}$$

Supondo como condição inicial (em $t = 0$) que as nanopartículas têm seus momentos magnéticos alinhados em uma certa direção, na ausência de campo, a magnetização decairá exponencialmente no tempo:

$$M = M_0 exp\left(-\frac{t}{\tau_N}\right) \tag{10.16}$$

Em que M_0 é a magnetização inicial, e a constante de tempo τ_N é o chamado de *tempo de relaxação de Néel*, que depende exponencialmente tanto do volume da nanopartícula quanto da temperatura, por meio da expressão conhecida como a *lei de Néel-Arrehnius*:

$$\tau_N = \tau_0 exp\left(\frac{KV}{k_B T}\right) \tag{10.17}$$

Na qual o fator pré-exponencial τ_0 se situa na faixa de 10^{-9} – 10^{-10} s.

O comportamento magnético das nanopartículas depende da escala de tempo da medida t_{med}. Caso τ_N seja muito inferior ao tempo de medida $\left(\tau_N \ll t_{med}\right)$, o momento magnético pode reorientar sua direção muitas vezes durante a realização da medida, resultando em um valor médio nulo e, portanto, a magnetização obtida será nula. Esse é o caso do material superparamagnético. No caso oposto $\left(\tau_N \gg t_{med}\right)$, o momento magnético não tem tempo de reorientar-se durante a medida, e, portanto, diz-se que o material está no estado bloqueado. Assim, o valor médio do seu momento magnético não é nulo, e o material se comporta como um ferromagneto convencional.

A partir da Equação 10.17, pode-se escrever:

$$\log \tau_N = \log \tau_0 + \frac{KV}{k_B T} \qquad (10.18)$$

Desse modo, a uma dada temperatura, quando o tamanho da partícula diminui e torna-se menor que um certo volume crítico, o seu comportamento pode mudar de ferromagnético para superparamagnético. De forma análoga, para nanopartículas de determinado tamanho, o comportamento pode mudar de ferromagnético para superparamagnético quando a temperatura aumenta acima de determinada temperatura crítica.

Por exemplo, pode-se estimar o volume crítico da nanopartícula a uma certa temperatura T, fazendo, $\tau_N = t_{med}$ 100 s e τ_0 = 10^{-9} s. Substituindo em 10.19, obtém-se:

$$V_C \cong \frac{25 k_B T}{K} \qquad (10.19)$$

De maneira análoga, a temperatura crítica abaixo da qual a partícula apresenta comportamento ferromagnético é a chamada *temperatura de bloqueio*:

$$T_B \cong \frac{KV}{25 k_B} \qquad (10.20)$$

É importante frisar que tanto o volume crítico quanto a temperatura de bloqueio dependem da escala de tempo da medida t_{med}, que pode variar muitas ordens de grandeza, a depender a técnica experimental utilizada. Também é importante ressaltar que T_B não está relacionada à temperatura crítica de transição de fase ferromagnética-paramagnética (temperatura de Curie) do material.

Exemplo 10.3: estime o volume crítico em temperatura ambiente para uma nanopartícula magnética de constante de anisotropia magnética $K = 1{,}0 \times 10^5$ J/m³. Considerando $t_{med} = 100$ s e $\tau_0 = 10^{-9}$ s, temos:

$$V_C \cong \frac{25k_BT}{K} \cong \frac{25x1,38x10^{-23}x300}{1,0x10^5} \cong 1,04x10^{-24}m^3$$

No caso de uma nanopartícula esférica, esse valor corresponderia a um diâmetro:

$$d \cong \left(\frac{6V}{\pi}\right)^{\frac{1}{3}} \cong \left(\frac{6x1,04x10^{-24}}{\pi}\right)^{\frac{1}{3}} \cong 1,26x10^{-8}m \cong 12,6nm$$

Exemplo 10.4: estime a temperatura de bloqueio de uma nanopartícula magnética com formato cúbico de lado 8,0 nm e constante de anisotropia magnética $K = 1{,}0 \times 10^5$ J/m³.
Novamente, considerando $t_{med} = 100$ s e $\tau_0 = 10^{-9}$ s:

$$T_B \cong \frac{KV}{25k_B} \cong \frac{1,0x10^5x\left(8,0x10^{-9}\right)^3}{25x1,38x10^{-23}} \cong 148K$$

Embora o superparamagnetismo seja um fenômeno mais complexo que o paramagnetismo, sua magnetização obedece a uma equação análoga à equação de Langevin (Equação 7.29):

$$M = nmL\left(mB/k_BT\right) \qquad (10.21)$$

A Figura 10.30a mostra que as curvas de magnetização de nanopartículas de $Fe_{0,8}Ag_{99,2}$ (diâmetro 2,5 nm) obtidas a diferentes temperaturas entre 50 K e 300 K apresentam o comportamento característico da função de Langevin, sem demonstrar sinais de histerese. Além disso, os dados das medidas nas seis temperaturas diferentes recaem sobre uma mesma curva quando apresentados em função de B / T, confirmando a validade da equação de Langevin (veja Figura 10.30b).

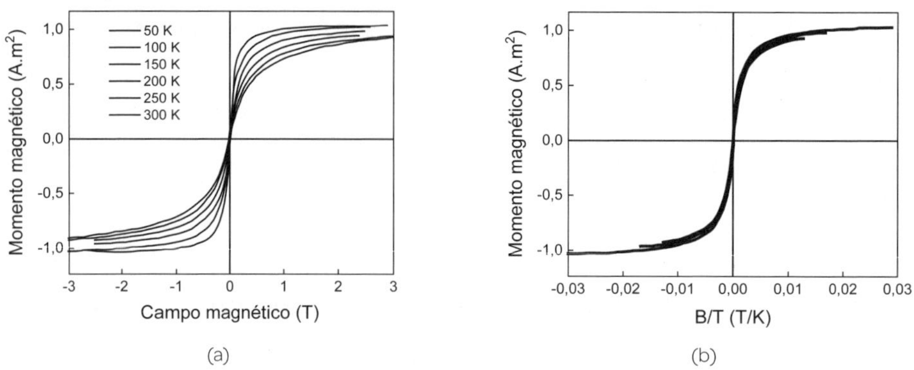

Figura 10.30 – (a) curvas de magnetização *m x B* de nanopartículas de $Fe_{0,8}Ag_{99,2}$ a diferentes temperaturas entre 50 K e 300 K e (b) mesmos dados anteriores em função de *B / T.*

Fonte: Binns, 2002.

10.4.4.5 Propriedades ópticas

Os materiais metálicos, cujas propriedades ópticas foram estudadas brevemente no Capítulo 8, apresentam a alta refletividade associada à sua alta condutividade elétrica como uma de suas propriedades mais características. Entretanto, quando as dimensões são reduzidas à escala nanométrica, essas propriedades mudam radicalmente. Nanomateriais metálicos podem ser classificados em três grupos: a) nanopartículas grandes, com dimensões maiores que o livre caminho médio dos elétrons λ à temperatura ambiente (~ 40 ou 50 nm, no caso do ouro ou prata); b) nanopartículas pequenas, com dimensões da ordem ou menores que λ, mas ainda maiores que o comprimento de onda de Fermi λ_F (veja Tabela 4.3); e c) aglomerados (ou *clusters*) de átomos, com dimensões da ordem ou menores que λ_F. Conforme veremos adiante, as propriedades ópticas das nanopartículas grandes e pequenas, embora distintas daquelas do material macroscópico, podem ser descritas satisfatoriamente pelos modelos clássicos apropriados. No entanto, na escala de tamanho dos aglomerados atômicos, surgem efeitos que somente a mecânica quântica é capaz de prever.

O espectro de absorção e emissão de luz de nanopartículas de metais nobres (Au, Ag, Pd, além do Cu) é, de uma maneira geral, dominado pelo fenômeno de ressonância plasmônica localizada de superfície. Dá-se o nome de plásmon às excitações coletivas de sistemas de elétrons. Os plásmons de volume (ou *bulk*), que foram discutidos brevemente no Capítulo 8 para o caso de um metal (veja Seção 8.4.1.1), consistem em oscilações exclusivamente longitudinais e, por esse motivo, não interagem com ondas eletromagnéticas. No caso de nanopartículas, entretanto, a alta área superficial relativa faz com que os plásmons de superfície se tornem importantes. Ao contrário dos plásmons de volume, os plásmons de superfície, além das excitações longitudinais, também apresentam modos transversais, podendo absorver e emitir luz. A teoria clássica de absorção e espalhamento de radiação por uma partícula esférica foi desenvolvida por G. Mie, a partir da solução das equações de Maxwell, em 1908. A descrição detalhada dessa teoria está além do escopo deste texto; portanto, limitar-nos-emos a uma discussão qualitativa resumida do assunto.

Vamos considerar uma nanopartícula metálica esférica de diâmetro d muito menor que o comprimento de onda da radiação, imersa em um meio de permissividade relativa ε_r. Como $d \ll \lambda$, pode-se supor que o campo elétrico incidente E_0 que atua sobre a nuvem eletrônica é uniforme. Assim, quando a radiação incide sobre a partícula, a nuvem eletrônica se desloca como um todo em relação aos íons, criando um desbalanço de cargas e gerando um momento de dipolo que oscila junto com o campo (veja Figura 10.31). A situação é análoga à considerada no caso da polarizabilidade eletrônica, na qual os elétrons se deslocam em relação ao núcleo atômico (veja Seção 6.3.1.1), entretanto, no presente caso, um grande número de elétrons se desloca em relação a um aglomerado esférico de íons.

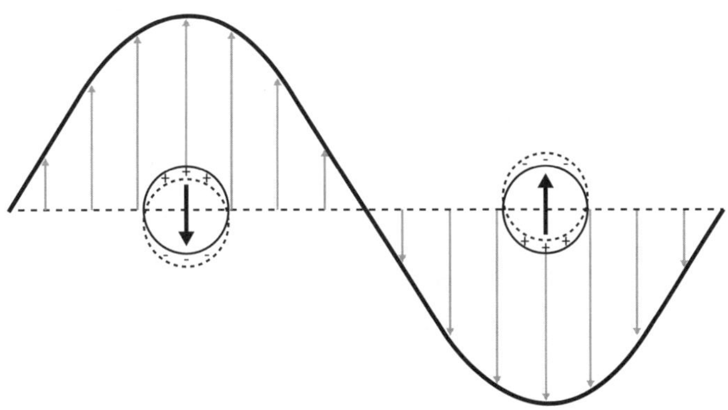

Figura 10.31 – Ilustração esquemática do fenômeno de ressonância plasmônica de superfície de uma nanopartícula metálica sujeita a um campo elétrico oscilante de comprimento de onda muito maior que o tamanho da partícula.

Para descrever a interação da radiação com a nanopartícula metálica vamos utilizar o modelo de Lorentz (veja Seção 6.4) e considerar como força restauradora, a interação dos elétrons com o campo elétrico E_p gerado pelos íons positivos que constituem a nanopartícula. Assim, a equação de movimento 6.54 para os elétrons pode ser reescrita como:

$$m\frac{d^2\delta x}{dt^2}+m\gamma\frac{d\delta x}{dt}+eE_p\delta x=-eE_0 \tag{10.22}$$

O campo elétrico E_p pode ser facilmente obtido utilizando a lei de Gauss da eletrostática, resultando $E_p=\frac{en}{3\varepsilon_r}x$. Reescrevendo a Equação 10.22 para a polarização P (Equação 6.58), obtém-se:

$$\frac{d^2P}{dt^2}+\gamma\frac{dP}{dt}+\frac{w_p^2}{3}P=w_p^2\varepsilon_r E_0 \tag{10.23}$$

Em que se utilizou a expressão para a frequência de plasma:

$$w_p=\left(\frac{ne^2}{\varepsilon_r m_e^*}\right)^{1/2} \tag{10.24}$$

Negligenciando o termo dependente de γ, pode-se obter a partir de 10.23, para a polarização da nanopartícula:

$$P=\frac{w_p^2}{w^2-w_p^2/3}\varepsilon_r E_0 \tag{10.25}$$

Conforme foi visto no Capítulo 6 (Seção 6.4), a Equação 10.25 é característica do fenômeno de ressonância, nesse caso situado na frequência $w_0=w_p/\sqrt{3}$. Esse resultado leva ao aparecimento de picos de absorção e espalhamento de luz em torno desse valor de frequência. No caso de nanopartículas metálicas, como ouro e prata, isso significa deslocar a ressonância de plasma (de *bulk*), que se situa na região do ultravioleta, para a região da luz visível. Além disso, esse resultado também implica uma frequência de ressonância que depende da forma da partícula, uma vez que o campo E_p é dependente da geometria. Pelo mesmo motivo, conforme veremos no exemplo adiante, no caso de nanopartículas assimétricas, como nanotubos, nanobastões etc., a orientação relativa entre o campo elétrico e os eixos de simetria da nanopartícula é determinante na definição das propriedades ópticas.

A Equação 10.23, entretanto, não depende explicitamente das dimensões da partícula. A dependência da ressonância de plasma de superfície no tamanho de partícula pode ser incluída nesse modelo, considerando um termo de amortecimento, relativo à colisão dos elétrons com as superfícies, proporcional a v_F / d, onde v_F é a velocidade de Fermi e d é o diâmetro da partícula. Dessa maneira, quando o tamanho da partícula diminui, o amortecimento aumenta, levando a frequência de ressonância a deslocar-se para valores maiores. No entanto, deve-se esperar que esse mecanismo somente seja relevante para partículas de diâmetros da ordem ou menores que o livre caminho médio dos elétrons (ou seja, para nanopartículas metálicas pequenas). Por outro lado, para nanopartículas grandes, a aproximação inicial de tamanho da partícula muito menor que o comprimento de onda da radiação deixa de ser válida, levando a partícula a polarizar-se de forma não homogênea, o que invalida o modelo e faz a ressonância se deslocar para frequências mais baixas.

A Figura 10.32a mostra o espectro de absorção óptica de diferentes nanopartículas de ouro na região do visível e infravermelho. Estão apresentados os espectros de nanopartículas esféricas de dois diâmetros diferentes (15 nm e 30 nm) e de nanobastões de diferentes razões de aspecto (razão comprimento/diâmetro). As partículas esféricas apresentam apenas um pico de absorção, situado em torno de 530 nm, pouco dependente do diâmetro da partícula. No caso dos nanobastões, são observados dois picos de absorção relacionados às duas orientações possíveis, ortogonal ou paralela, entre o campo elétrico da radiação incidente e o seu eixo. O primeiro desses picos é análogo ao pico apresentado pelas nanoesferas e situa-se centrado em torno do mesmo valor de comprimento de onda, enquanto o segundo pico se situa em comprimentos de onda maiores e desloca-se em direção ao infravermelho à medida que aumenta a razão de aspecto, em virtude do maior comprimento dos nanobastões.

É interessante notar que poucos elementos metálicos, como ouro, prata, paládio e cobre, exibem picos de absorção relacionados à ressonância de plasma na região ou próximo da região do visível. Isso se deve, na maior parte dos casos, à presença de uma intensa absorção banda-banda nessa região do espectro, que mascara a ressonância de plasma (veja Seção 8.5.2). No caso do ouro (e também do cobre), é possível observar essa absorção crescente em comprimentos de onda pequenos (veja Figura 10.32a). No caso da prata, a absorção banda-banda se situa no ultravioleta e, portanto, não interfere no espectro de ressonância de plasma de superfície.

Um outro ponto importante a ser observado é a dependência da ressonância de plasma de superfície com a permissividade do meio no qual a partícula está inserida. Uma mudança na permissividade do meio afeta não só a própria frequência de ressonância, por meio da alteração do valor de w_p (Equação 10.24), como também a polarização da nanopartícula (veja Equação 10.25), alterando, consequentemente, a intensidade de espalhamento e absorção de luz.

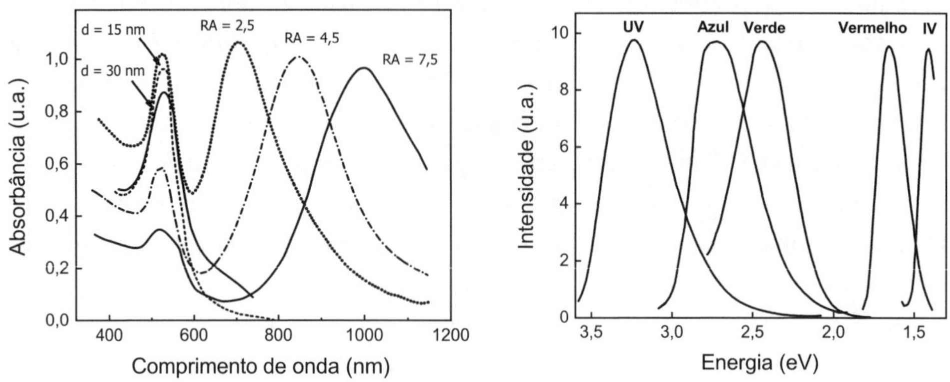

Figura 10.32 – (a) espectro de absorbância de nanopartículas esféricas e nanobastões de ouro de diferentes dimensões e razões de aspecto comprimento/diâmetro e (b) espectros de luminescência de aglomerados com N = 5, 8, 13, 23 e 31 átomos de ouro. A energia do pico de emissão varia de acordo com a Equação 10.27.

Fonte: Eustis, 2005, 2006; Zheng, 2007.

As propriedades eletrônicas de aglomerados, ou *clusters* de átomos metálicos, também conhecidos como pseudoátomos ou superátomos, por outro lado, são determinadas por estados eletrônicos quânticos que remetem aos estados eletrônicos discretos dos átomos convencionais. Para entender a estrutura desses aglomerados, vamos escolher por simplicidade um átomo com apenas um elétron de valência, como ouro ou sódio. Assim, ao agregar N átomos para formar um aglomerado atômico, a nuvem eletrônica será formada por N elétrons de valência, enquanto os N íons fazem o papel do "núcleo".

Em uma aproximação simples, podemos considerar o modelo do gás de Fermi para os elétrons, como fizemos no Capítulo 4, resolvendo a equação de Schrödinger (Equação 1.13) com um potencial que pode ser aproximado por um poço tridimensional (neste caso, de simetria esférica) para obter os estados eletrônicos no interior do aglomerado. Embora no presente caso a solução seja mais complexa, obtém-se uma expressão para as energias dos estados quantizados análoga à Equação 4.12:

$$E_n = \frac{2\pi^2\hbar^2}{m_e r^2} n^2 \tag{10.26}$$

Em que r é o raio do aglomerado. Assim, de maneira semelhante ao que ocorre em um átomo, pode-se obter a distribuição eletrônica dos N elétrons pelos estados de energia do aglomerado de acordo com os números quânticos n e l, até uma determinada energia máxima (a energia de Fermi, E_F) que independe do tamanho do aglomerado. Uma diferença importante, porém, entre esse caso e o átomo convencional é que a solução da equação de Schrödinger para o poço esférico não impõe a limitação $l \leq (n-1)$ que deve ser observada no potencial coulombiano e, portanto, estados, como 1p, 1d ou mesmo com valores de l ainda maiores são possíveis nos aglomerados atômicos.

O modelo detalhado para os estados eletrônicos dos aglomerados de átomos metálicos, que leva em conta também as interações dos elétrons entre si e com os íons que constituem o aglomerado, conhecido por *jellium*, permite obter as energias dos estados eletrônicos como:

$$\Delta E \sim \frac{E_F}{N^{1/3}} \sim \frac{E_F}{d} \tag{10.27}$$

Em que a segunda relação com o diâmetro d do aglomerado vale no caso de nanopartículas esféricas. A Figura 10.32b mostra os espectros de luminescência de aglomerados de átomos de ouro com $N = 5, 8, 13, 23$ e 31 átomos, nos quais a energia do pico de emissão diminui de acordo com o previsto pela Equação10.27.

Em semicondutores os efeitos do confinamento quântico se tornam importantes na nanoescala, levando a um aumento do *gap* de energia. Assim, a energia da absorção ou emissão de luz de nanopartículas semicondutoras, como CdTe, CdS e CdSe pode ser variada em uma faixa ampla que abrange todo o espectro da luz visível, por meio do simples ajuste do diâmetro das nanopartículas. A Figura 1.11b mostra a luminescência de nanopartículas de CdS/CdSe em suspensão líquida, com diâmetros variando de 1,7 nm (azul) até 6,0 nm (vermelho), abrangendo toda a faixa da luz visível. Efeito semelhante também pode ser obtido com essas nanopartículas dispersas no interior de uma matriz sólida, como por exemplo, um vidro.

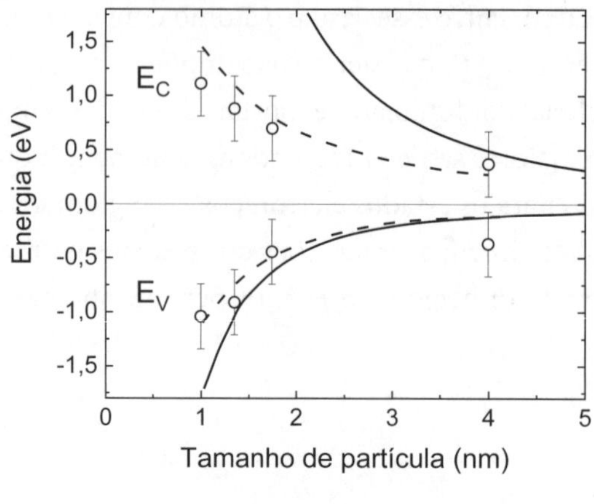

Figura 10.33 – Valores experimentais (pontos) e teóricos do máximo da banda de valência E_V e do mínimo da banda de condução E_C de nanopartículas de CdS com diâmetros entre 1,0 e 4,0 nm. As curvas cheias foram obtidas a partir da solução do poço de potencial infinito e as curvas tracejadas do poço de potencial finito.

Fonte: Lüning, 1999.

Os efeitos de escala em nanopartículas semicondutoras podem ser entendidos com base no modelo do poço de potencial tridimensional, de forma que as energias de elétrons e buracos variam aproximadamente de acordo a Equação 10.26. Isso leva a um deslocamento das bandas de condução e de valência em função do diâmetro da partícula proporcional a $1 / d^2$. Nesse caso, entretanto, deve-se lembrar que, quando o tamanho da partícula tende a infinito, o *gap* não é nulo. Assim, uma parcela constante, correspondente aos valores de E_V ou E_C, deve ser adicionada às expressões. A Figura 10.33 apresenta uma comparação entre os valores experimentais e teóricos obtidos para o máximo da banda de valência E_V e o mínimo da banda de condução E_C em função do tamanho de nanopartículas de CdS com diâmetros entre 1,0 e 4,0 nm. Nessa figura, as curvas cheias representam os resultados obtidos a partir da solução da equação de Schrödinger para o poço de potencial infinito, enquanto as curvas tracejadas foram obtidas com o poço de potencial finito. Observa-se um melhor acordo com os dados experimentais no segundo caso.

LEITURAS COMPLEMENTARES

GUIMARÃES, A. P. *Principles of Nanomagnetism*. Springer-Verlag, 2009.
HARRIS, P. J. F. *Carbon Nanotube Science, Synthesis, Properties and Applications*, Cambridge University Press, 2009.
KUMAR, N.; KUMBHAT, S. *Essentials in Nanoscience and Nanotechnology*. John Wiley & Sons, 2016.
NGÔ, C; VAN DE VOORDE, M. *Nanotechnology in a Nutshell, From Simple to Complex Systems*. Atlantis Press, 2014.
PROCTOR, J. E.; ARMADA, D. A.; VIJAYARAGHAVAN, A. *An Introduction to Graphene and Carbon Nanotubes*. CRC Press, 2017.
RAMSDEN, J. J. *Nanotechnology* – An Introduction, 2nd edition, Elsevier 2016.
RODUNER, E. *Nanoscopic Materials* – Size Dependent Phenomena, RSC Publishing, 2006.
SANDERS, W. C. *Basic Principles of Nanotechnology*. Taylor & Francis, 2018.
VOLLATH, D. *Nanomaterials* – An Introduction to Synthesis, Properties and Applications. 2nd Edition, Wiley-VCH, 2013.

REFERÊNCIAS

ANGELINI, I. *et al. Journal of Archaeological Science* 31 (2004) 1175.
BINNS, C. *et al. Physical Review B* 66 (2002) 184413.
BUFFAT, PH.; BOREL, J-P. *Physical Review A* 13 (1976) 2287.
CATALDO, F. *Fullerenes, Nanotubes and Carbon Nanostructures* 10 (2002) 293.
COLOMBAN, P.; TOURNIÉ, A.; RICCIARDI, P. *Journal of Raman Spectroscopy* 40 (2009) 1949.
COUTTS, H. *The Art of Ceramics: European Ceramic Design 1500-1830*. Yale University Press, 2001.
EUSTIS, S.; E EL-SAYED, M. A. *Journal of Physical Chemistry B* 109 (2005) 16350.
EUSTIS, S. E EL-SAYED, M. A. *Chemical Society Reviews* 35 (2006) 209.
FEYNMAN, R. *Engineering and Science*, Feb. 1960, pp. 22-36, republicado em *Journal of Microelectromechanical Systems* 1 (1992) 60.
FREESTONE, I. *et al. Gold Bulletin* 40 (2007) 270.
GEIM, A. K.; NOVOSELOV, K. S. *Nature Materials* 6 (2007) 183.
GOMES DE ARCO, L. *et al. American Chemical Society Nano* 4 (2010) 2865.
GUTAKOVSKII, A. K.; FEDINA, L. I.; ASEEV, L. A. *Physica Status Solidi (a)* 150 (1995) 127.
HAYWARD, J. *Metropolitan Museum Journal* 2 (1969) 82.

HEAVENS, O. S. *Optical Properties of Thin Solid Films*. Dover Books on Physics. 2nd Edition, 2011.
HUANG, Q. *et al. Journal of Applied Physics* 104 (2008) 023709.
KNOLL, A. W. et al. *Advanced Materials* 22 (2010) 3361.
LEE, C. *et al. Science* 321 (2008) 385.
LI, C. Z. *et al. Nanotechnology* 10 (1999) 221.
LÜNING, J. *et al. Solid State Communications* 112 (1999) 59.
MÜLLER, E. W.; BAHADUR, K. *Physical Review* 102 (1956) 624.
NAIR, R. R. *et al. Science* 320 (2008) 1308.
POP, E.; VARSHNEY, V.; ROY, A. K. *MRS Bulletin* 37 (2012) 1273.
RAMIREZ, A. P. *Science* 265 (1994) 84.
RAMOS, M. *et al. Materials* 6 (2013) 198.
REIBOLD, M. et al. *Nature* 444 (2006) 286.
RUPP, J.; BIRRINGER, R. *Physical Review B* 36 (1987) 7888.
SCIAU, P. *et al. Journal of Nano Research* 8 (2009) 133.
WANG, X. *et al. Materials Research Letters* 1 (2012) 19.
YANG, L. *et al. Royal Society of Chemistry Advances* 3 (2013) 6377.
YAO, H. *et al. Journal of Applied Physics* 110 (2011) 094301.
YU, M. *et al. Science* 287 (2000) 637.
ZHENG, J.; NICOVICH, P. R.; DICKSON, R. M. *Annual Review of Physical Chemistry* 58 (2007) 409.

EXERCÍCIOS

1. Calcule a fração f de átomos situados na superfície de uma nanopartícula de estrutura cristalina cúbica e parâmetro de rede 0,30 nm nas seguintes situações:
   a) partícula cúbica de lado $L = 20$ nm;
   b) partícula em forma de placa de razão aspecto 10:1 e volume idêntico ao do caso anterior.

2. Considerando uma energia de ligação $U_L = 3{,}0$ eV, obtenha a energia de superfície nos dois casos do exercício anterior.

3. Considerando a expressão para as energias dos estados quânticos dada pela Equação 10.26, estime o diâmetro de uma nanopartícula para o qual a diferença de energia entre os dois primeiros estados se torna da ordem de k_BT à temperatura ambiente.

4. Utilizando as Equações 10.7 e 10.8 e fazendo as suposições indicadas no texto, obtenha a expressão para condutância mínima do grafeno $G_{min} = 4e^2 / \hbar$.

5. Utilizando a Equação 10.17, estime o tempo de relaxação de Néel à temperatura ambiente para nanopartículas esféricas de ferro com os valores de diâmetro dados a seguir. A constante de anisotropia magnética do ferro é $K = 4{,}81 \times 10^4$ J/m^3 (considere $r_0 = 10^{-9}$ s):
   a) $d = 10$ nm
   b) $d = 15$ nm
   c) $d = 20$ nm

6. Utilizando a expressão obtida para o poço infinito tridimensional, faça uma estimativa do aumento do *gap* de uma partícula semicondutora com diâmetro de 2,0 nm em relação ao valor do semicondutor maciço (utilize a massa do elétron livre para ambas as bandas).

Unidades e constantes físicas

UNIDADES DO SISTEMA INTERNACIONAL

Quantidade	Unidade	Símbolo	Relação com outras unidades
Campo magnético	Tesla	T	$N/A.m = J/A.m^2 = V.s/m^2$
Capacitância	Farad	F	$C/V = J/V^2$
Carga	Coulomb	C	A.s
Comprimento	Metro	m	Unidade fundamental
Condutância	Siemens	S	$A/V = J.s/V^2$
Corrente	Ampere	A	Unidade fundamental
Energia	Joule	J	$N.m = kg.m^2/s^2$
Fluxo magnético	Weber	Wb	$T.m^2 = V.s$
Força	Newton	N	$Kg.m/s^2$
Indutância	Henry	H	$Wb/A = T.m^2/A$
Massa	Quilograma	kg	Unidade fundamental
Potência	Watt	W	J/s
Potencial elétrico	Volt	V	J/C
Pressão	Pascal	Pa	N/m^2
Resistência	Ohm	Ω	$V/A = V^2/J.s$
Temperatura	Kelvin	K	Unidade fundamental
Tempo	Segundo	s	Unidade fundamental

OUTRAS UNIDADES

Quantidade	Unidade	Símbolo	Relação com outras unidades
Energia	Elétron-volt	eV	1 eV = 1,6021 x 10^{-19} J
Comprimento	Angstrom	Å	1 Å = 0,1 nm = 10^{-10} m
Campo magnético	Gauss	G	1 G = 10^{-4} T
Energia	Caloria	cal	1 cal = 4,1868 J

PREFIXOS

Nome	Símbolo	Valor
Exa	X	10^{18}
Peta	P	10^{15}
Tera	T	10^{12}
Giga	G	10^{9}
Mega	M	10^{6}
Kilo	k	10^{3}

Nome	Símbolo	Valor
mili	m	10^{-3}
micro	μ	10^{-6}
nano	n	10^{-9}
pico	p	10^{-12}
femto	f	10^{-15}
atto	a	10^{-18}

CONSTANTES FÍSICAS[1]

Constante	Símbolo	Valor
Carga elementar	e	1,6021 x 10^{-19} C
Constante de Avogadro	N_A	6,0221 x 10^{23} mol^{-1}

1 Para valores mais precisos das constantes físicas, o leitor pode consultar o site do National Institute of Standards and Technology – NIST: https://physics.nist.gov/cuu/Constants/index.html.

Constante	Símbolo	Valor
Constante de Boltzmann	k_B	1,3806 x 10^{-23} J/K
Constante de Planck	h	6,6261 x 10^{-34} J.s
Constante de Planck reduzida	$\hbar$	1,0546 x 10^{-34} J.s
Constante universal dos gases	R	8,3145 J / mol K
Magneton de Bohr	μ_B	9,2740 x 10^{-24} A.m^2
Massa do elétron	m_e	9,1091 x 10^{-31} kg
Massa do nêutron	m_n	1,6748 x 10^{-27} kg
Massa do próton	m_p	1,6725 x 10^{-27} kg
Permeabilidade do vácuo	μ_0	4π x 10^{-7} T m/A
Permissividade do vácuo	ε_0	8,8542 x 10^{-12} F/m
Quantum de condutância	G_0	7,7481 x 10^{-5} Ω^{-1}.m^{-1}
Quantum de fluxo magnético	ϕ_0	2,0678 x 10^{-15} Wb
Velocidade da luz no vácuo	c	2,9979 x 10^{8} m/s
Zero absoluto	T_0	0 K = −273,15 °C

GRÁFICA PAYM
Tel. [11] 4392-3344
paym@graficapaym.com.br